THE PHOTOSHOP "WOW!" BOOK

（美）戴顿 吉莱斯皮/编著 李静 贺倩 李华/译

中国青年出版社
CHINA YOUTH PRESS

中青雄狮

Peachpit Press

图书在版编目（CIP）数据

Photoshop CS3/CS4 WOW! Book /（美）戴顿，（美）吉莱斯皮编著；李静，贺倩，李华译 . — 北京：中国青年出版社，2011.1

ISBN 978-7-5006-9790-9

I.①P… II.①戴… ②吉… ③李… ④贺… ⑤李…

III.①图形软件，Photoshop CS3/CS4　IV.① TP391.41

中国版本图书馆 CIP 数据核字（2010）第 255262 号

Photoshop CS3/CS4 WOW! Book

（美）戴顿　吉莱斯皮 / 编著

李静　贺倩　李华 / 译

出版发行：中国青年出版社

地　　址：北京市东四十二条 21 号

邮政编码：100708

电　　话：（010）59521188 / 59521189

传　　真：（010）59521111

企　　划：北京中青雄狮数码传媒科技有限公司

责任编辑：肖　辉　沈　莹　徐兆源

封面制作：王玉平

印　　刷：湖南天闻新华印务有限公司

开　　本：787×1092　1/16

印　　张：48. 25

版　　次：2011 年 2 月北京第 1 版

印　　次：2018 年 4 月第 8 次印刷

书　　号：ISBN 978－7－5006－9790－9

定　　价：168. 00 元（附赠 1DVD）

本书如有印装质量等问题，请与本社联系：

电话：（010）59521188 / 59521189

读者来信：reader@cypmedia.com

如有其他问题请访问我们的网站: www.cypmedia.com

前言

Adode Photoshop因其无与伦比的功能和操作的简便性，成为了当今世界最流行的图形图像处理软件，同时被广泛应用于平面广告设计、摄影、艺术创作、网页设计等众多领域，如今Photoshop在视频、3D、动画以及科学应用等领域也为用户带来了全新的体验。

Photoshop WOW！Book系列图书是目前全世界范围内最权威、最深入的Photoshop图书，自针对Photoshop 2.5软件的第一版Photoshop WOW！Book面世以来，本系列图书已被翻译成11种语言，全球销量也已突破100万册，是全美设计师协会大力推荐的Photoshop经典图书，被来自不同行业的众多设计师奉为圣经。

本书跨越了Photoshop的CS3和CS4两个版本，融合了大量革命性的新增功能与命令，策划与编写时间超过了两年，堪称厚积薄发。本书在编写过程中得到了广泛的帮助与支持，其中既有摄影师、平面设计师、插画作家、动画师，也有很多其他领域的艺术家和众多照片及图片提供者，他们不仅贡献了自己的作品和图片，还提供了他们在设计、创作时非常有效的"秘技"。本书还得到了来自于Adobe公司的官方支持，他们允许作者参与到新版本软件的测试与开发工作中，一方面使软件功能更加完善，另一方面也使得作者的技巧和思路得到最大程度的体现，这在书中的体现就是读者学到的技能更加实用、更加真实。

本书由基础知识、提示、练习实例、参考资料、作品欣赏等多个部分融合而成，在章节安排与结构顺序方面采用了"基础知识—高级技巧—综合练习"的方式。基础知识部分针对不同的应用领域将软件的功能进行拆分，分门别类地详解了Photoshop软件的各项功能和命令，可以使读者在面对复杂的Photoshop软件时不再困惑，应用时也能够做到有的放矢。高级技巧部分是本书的精华所在，它使读者有机会接触到各行业顶级设计师的智慧与技巧，将会是您在Photoshop之旅中的最大收获。综合练习是进阶高级用户的必经阶段，这些案例不仅综合应用了当前章节所讲的知识和技巧，体现了不同设计师的"独门秘技"，还完美诠释了平面设计行业的最新流行趋势。

本书中文版在翻译出版的过程中尽量做到中英文对照，力求满足不同读者对软件不同语言版本的需求。相信中文版《Photoshop CS3/CS4 WOW！Book》的推出将会给读者带来一次全新的体验与一份惊喜的收获，也衷心希望本书的出版能够对国内设计行业水平的提升有所贡献。

编者
2011年2月

目录

9 合成 *570*

合成方式 • 选择并准备图像元素 • 将某元素安置到另一表面上 • 创建全景图 • 同时在多个图层上操作 • 图层重排序 • 合并和拼合 • 图层复合

欢迎使用 Photoshop CS3/ CS4 WOW! Book

本书将对比讲解Photoshop的两个版本——CS3和CS4。为了突出强调CS4版本，本书采用黑色文字描述CS3以及CS3和CS4的共同功能，而采用蓝色文字描述CS4的特有功能。同时，本书还会在CS4的特有功能旁使用右侧的图标标识。

CS3和CS4还分别拥有两个版本：Photo-shop和Photoshop扩展版，后者不但拥有前者的全部功能，还拥有一些独特的功能。本书的大多数内容都适用于这两个版本。我们会清晰地标注出扩展版的独特功能。

Adobe Photoshop是应用于台式计算机的功能最强大的可视化设计、制作工具。在印刷业、在网页上，或在其他任何使用照片、图像的地方，Photoshop都可以算得上是专业设计、制作和管理图像的标准。虽然身为Adobe Creative Suite中的一款产品，Photoshop仍旧可以作为一个独立的产品使用。独立并不意味着单一。即便是单独发行，Photoshop仍旧配备了一些功能强大的附属产品，其中的Bridge和Camera Raw就非常有用。Photoshop CS3和CS4中的巨大转变参见第5页开始介绍的新增功能。

《Photoshop CS3/CS4 WOW! Book》中呈现的是众多迸发着灵感的实例和可操作性强的具体步骤，这些内容可以帮助你最大程度地掌握Photoshop，并最大限度地激发你的创作力。本书可以帮助你更快更好地设计作品，并且提出了关于CS3和CS4版本区别的精确指南，即便你还在使用CS3，本书同样也可以帮助你纵览高版本软件，让你受益匪浅。

用图片来表述……

打开Photoshop后，便可以审视这个拥有工具、菜单命令和面板的虚拟海洋。保持冷静能确保你不至于航遍整个"海洋"才能获取专业的效果。如果你懂得少许Photoshop的基础知识，你便拥有了一艘能巡航至书内书外、梦幻般的创作目的地的船只。**注意：**在Photoshop CS3中，面板（Panel）被称为调板（Palette），但是为了不产生混淆，我们把它们都称为面板。Adobe Creative Suite中其他所有程序的CS3版本都已经称其为面板，所以我们也对Photoshop CS3中的相应称呼进行了升级。

在Photoshop的海洋里扬帆旅行之前，可先行学习前4章的内容。它们可以帮助初学者快速了解Photoshop的原理。

在章前页中，可以了解本章要介绍的主要内容。

每个"速成"部分，例如第9章长达6页的"整合"部分提供了一个简短的用法说明和数个易于掌握的解决方案。你可以利用本书附赠光盘本书光盘中提供的众多实例的分层文件进行分解学习。

要想掌握更复杂的技巧，或者找出每个操作步骤后面隐藏的原理，可以查阅更详细的教程指导。这些更详细的教程指导以不同技法来命名。

就像Photoshop软件那样，本书是以下几类用户的理想工具。

- **摄影师**。需要使用快速、简易的方法在工作中进行修复、缩放、裁剪和基本颜色矫正等操作。了解Photoshop，可以在拍摄照片时将Photoshop作为相机的补充装备。

- 作品用于印刷输出的**设计师**、**插画家及艺术家**。因职业需要，他们广泛使用Photoshop，并位于数字图像处理行业（现在还包括3D建模和DICOM射线照片）的前列。

- **信息构筑师**、**漫画家和电视制作人**。他们从事Web以及其他交互数字发布系统的屏幕图像的构思、设计和创作工作。

除此之外，《Photoshop CS3/CS4 WOW! Book》及本书附赠的光盘还可以帮助各种各样具有创造力的、想使用Photoshop进行纹理和图案及各种视觉效果（化腐朽为神奇之效）合成的人——各种纹理、图案和视觉效果可以应用于照片、图像、文字或视频。本书还可以帮助你完成从日常创作到创建复杂特效的各种任务。

启航！

如果你是Photoshop的新手，那么可以通过阅读本书的第1章～第4章来学习Photoshop的基础知识。如果你已经很熟悉Photoshop的使用，不妨跳过前4章，直接查看其他知识点。

对于本书，你可以自由地翻阅任何感兴趣的部分。你前进的方向会在该技术的讲解中一步一步地说明。但是我们还是建议你从每一章的开始逐步学习。

类似于▼的标识与"**知识链接**"的内容提示随处可见，它们可以帮助你了解更多基础知识。如果你已经具备较好的基础，也可以跳过这些内容。

知识链接
▼ 智能滤镜 第72页

如果时间有限或者你只想简单地了解Photoshop，那么不妨查看全新的"速成"部分。该部分可以帮助初学者得到快速提升。另外，如果你有充足的时间，并想更深入地学习，**更详细的教程指导**以及全新的"**练习**"和"**剖析**"部分可以帮助你研习非常有用的隐匿在Photoshop内的精华，学会"以Photoshop的方式思考"，成为Photoshop专家，并创作出理想的作品。

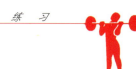

每个"练习"部分都讲述了Photoshop的一个独特
功能，以帮助你熟练掌握Photoshop的卓越功能。

每个"剖析"部分都讲述了Photoshop的一些特殊
指令。例如，第620页的"蒙版组"说明了如何创
建蒙版组以便对一系列图像应用相同的蒙版或者
为单个图层应用多个蒙版。

"真实的效果还是Photoshop的杰作？"部分将
Photoshop与传统艺术、摄影方法强强联合。"宇
宙大揭秘"部分则讲述了Photoshop的新奇用法。

你不难发现，类似于右侧带灰色标题栏的**技巧**贯穿全书
（其中的蓝色内容用于标识该技巧仅适用于CS4）。该技巧
是本页正文内容的补充，同时
也可以独立成文。你可以快速
翻阅本书来查看这些技巧以获
取大量有用的信息。

本书还在"**宇宙大揭秘**"和
"**真实的效果还是Photoshop
的杰作？**"中列出了许多关
于Photoshop的真知灼见。另

> **切换预览**
>
> 在很多Photoshop滤镜和调节
> 命令的对话框中，可以在对话
> 框开启的状态下通过按P键快速
> 地切换文档窗口预览的开启和关
> 闭。这项针对调整图层的工作用
> 于Photoshoph CS3，而不位于
> CS4的调整面板中。
>
>

外，本书的一个全新特色是"提示部分"，这里向你展示了
一些Photoshop用户拿来与众人无私分享的部分心得体会，
其中的一些心得体会是他们经过无数次创作失败总结而得
到的。

书中各章结尾是由灵感迸发的激情之作所组成的"**作品赏
析**"部分，这些作品均来自于Photoshop专家。其中收集了
很多有关作品创作细节的信息。

本书的最后是"**附录**"部分，该部分中列举的实例均由Photo-
shop及随书附赠的本书光盘中的众多素材制作而成。另
外，附录部分还叙述了使用素材制作实例的技巧和方法。

不容错过的本书光盘！

本书光盘收集了书中案例的**原始素材和最终效果文件**，以及
"速成"、"练习"、"剖析"部分的最终效果文件，可以
方便将自己的作品与书中作品进行对比学习。本书光盘还包
含了Wow presets（预设）和Actions（动作）。

- Styles（**样式**）。可以为照片、图像、文字以及Web按钮
  添加化腐朽为神奇的特效。

- Tool（**工具**）。用于绘画、图像编辑和裁剪。

- Pattern（**图案**）和Gradient（**渐变**）。用于填充或自定义
  样式。

- Action（**动作**）。可以自动执行本书中讲述的创作和绘制
  技巧。

"作品赏析"部分展示了一些Photoshop专业设计师的作品，并详细讲解了艺术家创作该作品的步骤。

"附录"部分位于本书的最后，它可以充当Photoshop滤镜、渐变、图层样式和图案等内容的查询目录。

光盘中含有的Wow Layer Styles（图层样式）、Tool Presets（工具预设）、Gradients（渐变）、Patterns（图案）和Actions（动作）可以大大简化你的工作——别提有多神奇了。你可以在本书光盘的PS CS3-CS4 Wow Presets文件夹中找到所有内容。

愉快的航行！

如果你是新手，那么你可以从本书中学会"以Photoshop的方式思考"以及工具的使用方法。如果你有一定的Photoshop基础，那么可以从书中学到全新的思维方式和创作理念。之后，再继续学习提示、技巧、样式和动作，勇往直前地开始你的Photoshop之旅吧！

Wow的约定俗成

Windows系统和Mac系统下的部分菜单命令和键盘快捷键有所不同。书中将Windows中的操作放在前面列出。例如，"右击/按住Ctrl键的同时单击"表示在Windows中单击鼠标右键，或在Mac中按住Ctrl键的同时单击鼠标左键。

安装Wow样式、图案、工具及其他预设

在Photoshop CS3和Photoshop CS4中安装预设再简单不过了。将Wow Presets文件夹从本书光盘中拖到Adobe Photoshop CS3或Photoshop CS4的安装文件夹中。之后，无论何时开启Photoshop程序，程序都可以找到Wow预设，并自动将它们加载到面板的扩展菜单和对话框中以便于使用。

Photoshop CS3/
CS4的新增功能

本章介绍了Photoshop CS3和CS4中的一些很炫的新增功能，以及相对于旧版本的一些重要改进。对于那些使用Photoshop程序的人来说，其中的很多更新与之前版本相比都有很大不同。我们先讲解比较让人激动的新增功能，接着再简单地讲述Photoshop CS3和CS4中其他有用的新增功能，最后再来看一下全新的Photoshop扩展版。

激动人心的功能

Photoshop CS3和CS4中的很多小改进使程序更加高效和富有创造性。大的改变则会让用户兴奋不已。

- CS3中首度使用的全新的**Smart Filter（智能滤镜）**技术支持用户对智能对象应用大多数的滤镜，让滤镜保持可编辑状态。有了智能滤镜，便可以随时更改滤镜设置，以及更改已添加滤镜和未添加滤镜图像的混合效果。Shadows/Highlights（阴影/高光）和Variations（变化）这两种颜色和对比度调整功能首次可以在应用后进行编辑。智能滤镜将在第2章中讲解。

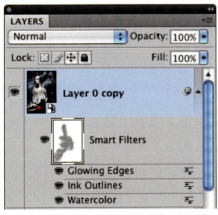

通过Layers（图层）面板，可以更改已经应用的智能滤镜的设置，更改应用过滤镜的图像与原图像的混合方式，或者选择带蒙版的滤镜效果。第72页的"智能滤镜"介绍了这个重要的新增功能并且说明了如何在CS3和CS4中应用。还可以在第5章和第9章中找到其他实例。

- 在Photoshop CS4的Adjustments（调整）面板中进行颜色和色调调整要更加容易。在此，可以对文件添加一个调整图层，不会影响对Photoshop中的其他部分进行访问。使用CS3及之前版本标配的程序对话框时，只要对话框打开，操作就会受限，在Photoshop CS4中，除非使用Adjustments（调整）面板，使用Image（图像）> Adjustments（调整）菜单中的命令也会受限。如果想查看降低图层Opacity（不透明度）或者切换到Luminosity（亮度）模式时图像效果会有何种变化，则需要在更改这些图层设置之前关闭程序对话框。有了Adjustments（调整）面板，便可以随心所欲地更改任意的图层设

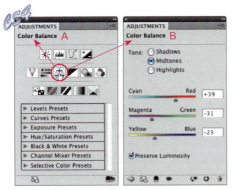

Photoshop CS4中的Adjustments（调整）面板提供了完整的调整菜单，其中的一些还具有非常有用的预设。将鼠标光标移至面板中的任何按钮之上拖动，即可在面板顶部显示相应的调整名称，如A所示。单击该按钮添加调整图层时，面板将会转而显示相应的选项设置，如B所示，所有的设置都可编辑，该图层在Layers（图层）面板中都处于选择中状态。

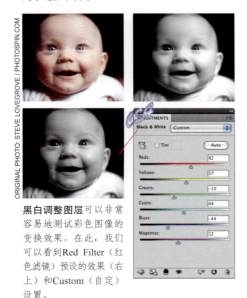

黑白调整图层可以非常容易地测试彩色图像的变换效果。在此，我们可以看到Red Filter（红色滤镜）预设的效果（右上）和Custom（自定）设置。

对于图形而言，黑白调整图层也非常有用。参见第490页的"黑白图形"。

置，绘制图层蒙版、在图层堆栈中上下移动调整图层、将其剪贴到它下方的图层上，或者将注意力完全转移到另一个图层。所有的这些操作都需要在Adjustments（调整）面板中调整选项设置可用的情况下才能进行。

- 全新的黑白调整图层可以很方便地将彩色照片更改为黑白照片。在可以单独调整色谱中6种分量的控件的帮助下，用户可以决定将图像中的蓝色更改为暗灰色还是浅灰色，同样，对于其他的5种"色系"而言也是如此。使用6种滑块中的任意一种，或者使用选中的✎，单击图像中特定的颜色，并且稍稍地左右移动，将其变为深灰或浅灰。第204页的"使用黑白着色"以及第206页的"使用蒙版着色"展示的便是该全新的调整功能。

- Photoshop CS3和CS4拥有多种用来**选择和添加蒙版**的功能，这两个操作可以隔离元素以便对其进行单独操作。

自 Photoshop CS3 出现的 Quick Selection（快速选择）工具✎可以基于颜色、纹理和边缘来进行选择。通常，使用该工具绘制的一到两道笔触可以快速地添加或者减去其他选择工具选择的很多元素。Quick Selection（快速选择）工具将在第 2 章中讲解。

自 Photoshop CS3 起，Refine Edge（调整边缘）对话框 [当选区处于激活状态并且选中了一个选择工具时，从 Select（选择）菜单或者单击选项栏中的按钮来打开] 可以扩展或收缩当前的选区，并可以硬化或软化边缘。其自带的工具也可以用于图层蒙版。

在 Photoshop CS4 中，Select（选择）>Color Range（色彩范围）命令还添加了 Localized Color Clusters（本地化颜色簇）选项。它可以帮助用户以两种重要的方式限制所选择的颜色范围：你可以基于两种（或者更多的）颜色选择选区，而不会选择两种颜色之间的所有过渡颜色。例如，可以在不选择绿色的情况下选择蓝色和黄色区域。也可以限制选区从采样点向外延伸多远。

通过调整 Photoshop CS4 中全新的 Masks（蒙版）面板的 Feather（羽化）参数可以柔化矢量蒙版的边缘，同时保持清晰的边缘特性，以便重新塑造轮廓或者在之后尝试不同的羽化值。也可以降低图层蒙版或者矢量蒙版的Density（浓度，即隐藏功能），以便图层被蒙版遮罩的区域可以有一定透视。更多内容参见第 63 页。

通常，使用采用默认值Add to selection（添加到选区）的Quick Selection（快速选择）工具，可以将大部分主体对象分离出来。接着，可以使用Quick Selection（快速选择）工具或者其他选择工具添加或者减少选区。参见第49页。

可以使用Refine Edge（调整边缘）来改善纤细头发的选择。常用的一种方法是将Radius（半径）值调高，如 A 所示，增加Contrast（对比度）值，如 B 所示，接着使用Smooth（平滑）设置减少边缘的突起，并且少量增加Feather（羽化）值来帮助选区与新背景相混合，如 C 所示。Contrast（对比度）可以消除旧背景中的毛刺，Expand（扩展）可以将主体对象提取至边缘，如 D 所示。更多内容参见第58页。

• Photomerge技术（专用于将系列图像合并为全景图）不仅得到了改进，而且在Photoshop CS3和CS4中还变得更开放。Photoshop的多个命令都可以用来将照片系列组成单一文件、对齐、添加蒙版，然后调整以便可以无缝地混合到一起。这3个命令分别是：Load Files into Stack（将文件载入堆栈）命令，Auto-Align Layers（自动对齐图层）命令以及Auto-Blend Layers（自动混合图层）命令。如果你事先已经计划好，并且拍摄了几张照片，便可以使用和**自动混合**消除场景中不理想的部分（参见第327页），甚至帮助减少数字杂色（参见第325页）。Photomerge命令中3个功能的分离为拼合全景图提供了更多的选择。带有**自动对齐**和**自动混合**的多拍技法将在第5章中讲述，全景图和Photomerge的其他用途则在第9章中讲述。

• Photoshop CS4的Content-Aware Scale（内容识别比例）是表现Photoshop分析图像能力的另一个功能。该命令用于缩放图像不重要的部分而不会改变纹理或扭曲重要的图像内容。例如，可以通过仅拉伸背景来更改人像照片的宽高比，或者精简田园风光，在保持农舍、谷仓原样的同时缩小中间的草地和天空，还可以用来扩展带摄影

利用改善后的Color Range（色彩范围）命令可以更好地控制选中的颜色。在勾选了Localized Color Clusters（本地化颜色簇）复选框的状态下，可以在不选择绿色的状态下选择蓝色和黄色。更多内容参见第51页。

Masks（蒙版）面板可以无损地调整蒙版整体的Density（浓度）和边缘的Feather（羽化、即柔和度），还可以返回到原始的蒙版状态。Mask Edge（蒙版边缘）按钮可以打开Refine Mask（调整蒙版）对话框（仅用于图层蒙版）；Color Range（颜色范围）按钮可以打开Color Range（色彩范围）对话框以便选择用作蒙版的选区；Invert（反相）按钮则可以创建当前蒙版的反相蒙版。Color Range（颜色范围）和Invert（反相）作用于图层蒙版和智能滤镜蒙版。

起初，Load Files into Stack（将文件载入堆栈）、Auto-Align Layers（自动对齐图层）和Auto-Blend Layers（自动混合图层）都只能作为Photomerge的部分隐藏效果使用。现在，它们都是单独的命令。在此，我们对齐并且混合了一组特写照片以使对象全部处于聚焦状态。参见第344页。

棚背景的产品照片，以使其适合产品目录的尺寸。

- **Camera Raw的性能改善**后，便成了很多摄影师的首选界面，在这个界面中可以调整照片的色调和颜色。事实上，在有些情况下，整个图像调整过程都可以在Camera Raw中执行。从Photoshop CS3开始，Camera Raw不只可以对相机的Raw格式文件进行处理，也可以处理JPEG和TIFF格式的文件。Camera Raw界面中的全局校正工具（包含诸如Clarity和Post-Crop Vignetting之类在Photoshop中找不到的工具）由一种可以在校正过程中逻辑性地引导用户的方式组织而成。在校正某个图像得到理想的效果后，Camera Raw便会对整张照片应用变换。除了全局更改外，还可以在CS3自带的Camera Raw以及在CS4中功能增强的Camera Raw中进行局部修饰润色。Camera Raw的简介参见第3章，其应用参见第5章。

其他有用的新功能和改善

Photoshop CS3 和 CS4 中还有一些不是太炫，但是依然明显的界面变化（CS3 和 CS4 的新界面参见第 20 ～ 24 页）。

- 那些喜欢在相对混乱、堆积了很多文件和面板的环境下工作的人，可能会受益于因Photoshop界面更改所带来的转变。但是，如果你完全不习惯现在的这种管理，也可以通过Preferences（首选项）菜单进行恢复（Ctrl/⌘+K）。

  从 Photoshop CS3 开始，调板/面板就被成组化了，仅最上方的面板完全可见，其他的则仅在组中显示名称标签。单个面板或组也可以首尾相连，偏居在屏幕的边缘。面板可以缩小为小图标或者只有名称标签的小图标。面板展开后，若在其他位置单击还可以再次将它关闭。不过，如果你认为这种操作不适合诸如 Layers（图层）之类的面板，因为它从工作区消息后，每次还得回过头来重新打开它，那么就需要关闭 Preferences（首选项）中 Interface（界面）选项面板的 Auto-Collapse Icon Palettes（自动折叠图标面板）。

  自 CS3 开始，工具箱被更改为单栏格式。CS4 新增了（应用程序），其中存放了来自 View（视图）菜单的 Extras（显示额外内容）、导航工具以及文档排列选项和屏幕模式（将不再在工具箱中出现）。Mac 系统中还新增了 Application

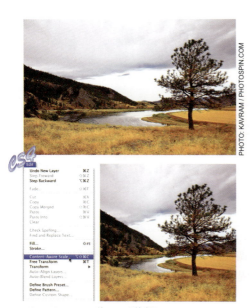

PHOTO: KAVRAM / PHOTOSPIN.COM

Photoshop CS4的Edit（编辑）>Content-Aware Scale（内容识别比例）命令可以在自动保留很重要的特征的同时压缩或者扩展图像。在此，我们是在不保护照片的基础上来应用这一命令的。通常需要添加一些粗糙的蒙版来防止特定的区域被更改，这些实例参见第243页和第419页。

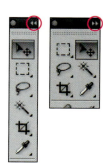

全新的单栏工具箱在显示器中所占水平空间明显变小，如果用户通常采用键盘快捷键（参见第21页）选择工具而非用鼠标操作的话，这种布局便便加理想。如果需要的话，还可以通过单击顶部的双箭头按钮切换到更紧凑的双栏格式。

OpenGL绘图

在Photoshop CS4中，OpenGL会加快视频处理进程，在操作画笔类工具时可以对画笔笔尖尺寸和硬度进行更平滑、持续的控制。在Photoshop CS4扩展版中打开、移动或者编辑三维模型时，可以显著地增强性能。

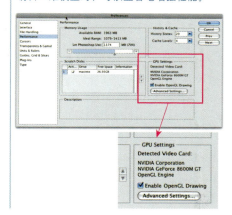

可以在Preferences（首选项）对话框（Ctrl/⌘+K）的Perfomance（性能）选项面板中进行缩放控制。在Photoshop CS4中，勾选EnableOpenGL Drawing（启用OperGL绘图）复选框后，Animated Zoom（带动画效果的缩放）就被添加到了缩放选项中。参见第19页。

（应用程度）框，这是一种类似于 Windows 的环境，可以在应用 Photoshop 时隐藏其他所有程序。

在设置完包含所需面板的自定义工作区以及自定义键盘快捷键和菜单后，可以使用 CS3 选项栏右侧或者 CS4 中全新的 Application（应用程序）栏右侧的 Workspace（工作区）菜单保存它，并且可以随时调用。

如果你有一个最新的显卡，它支持 OpenGL/GPU 加速，那么 CS4 中的几大改变可以让 Photoshop 的工作变得更有乐趣。当你打开（首选项）对话框（Ctrl/⌘ +K）并且从左侧的列表中选择 Performance（性能），便可以看到对话框右下角的 GPU Settings（GPU 设置）。如果 Enabel OpenGL Drawing（启用 OpenGL 绘图）处于勾选状态，便可以利用这些优势和其他改善过的性能。

Smooth zooming 允许用户以任意的百分比值进行缩放，且放大后的效果清晰、平滑——即便使用 33.47%。在 General（常规）选项面板中勾选 Animated Zoom（带动画效果的缩放）复选框后，则可以在放大和缩小时得到平滑的效果，而不会发生跳跃式的效果。更多的内容参见第 19 页的"缩放和平移"。

当交互式地重设画笔笔尖或者更改硬度时，可以在画笔笔尖的光标中预览到变化（参见第 71 页），因此用户可以更好地把握。

Rotate View（旋转视图）工具支持用户将当前的文档旋转任意角度，以便更舒适地绘制。使用该工具仅显示视图而非文件内容。

- 引入直方图的Curves（曲线）功能，可以帮助用户了解在哪些地方可以借用图像中的不重要的色调范围来增强重要色调范围的对比度。

- CS3中的Camera Raw以及CS4的Photoshop中都有Vibrance（自然饱和度）调整功能。它可以在保护高饱和度色彩不至于过饱和的前提下提高颜色饱和度，因此图像不会变得过于鲜艳，也不会在十分饱和的区域丢失细节。Vibrance（自然饱和度）还可以防止皮肤色调变得过饱和。

- 在修饰润色方面，Healing Brush（修复画笔）工具和Clone Stamp（仿制图章）工具的采样选项添加了Current & Below（当前和下方图层），这样一来，包含

Rotate View（旋转视图）工具![icon]可以用来更改绘画的位置。如果勾选了Rotate All Windows（旋转所有窗口）复选框，旋转一个文档就会以同样的角度旋转所有的文档。

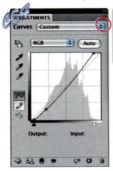

目前，在Adjustments（调整）面板（如图所示）中引入了直方图，从面板扩展菜单![icon]中选择Curves Display Options（曲线显示选项）来控制栅格尺寸以及用于坐标轴的光线和墨水。

负的Vibrance（自然饱和度）值用于去色（右图），特别是最强的颜色。第205、255和290页都是应用该功能的实例。

Clone Stamp![icon]和Healing Brush![icon]的Sample: Current & Below（当前和下方图层）选项可以帮助用户将修复固定在一个单独的图层上，用户可以在之后随心所欲地变换修改。这意味着用户可以直接在要修饰的图层之上添加一个空白的修复图层，Clone Stamp或Healing Brush在对复制或者修复材质采样时会忽略修复图层之上的所有调整图层。修复工作通常会在色调和色彩上与源图进行匹配。

调整图层的文件便可以更加便捷地提取与正在修复的图像的色调相同的复制或者修复材料。Clone Source（仿制源）面板为这两个工具提供了比软件先前版本更多的选项。用户可以设置更多的复制或者修复源，并且可以缩放和旋转复制源材料。

- 从CS3开始，Vanishing Point（消失点）的功能得到了显著的改善，超级滤镜可以帮助用户在图像中创建透视效果，然后在透视图中进行粘贴或者绘画。例如，现在可以以一个不很正确的角度创建一个添加到已有平面中的附加透视平面。第612页的"消失点"就用到了这个超级滤镜。

- Photoshop CS3和CS4均引进了几种新的颜色功能。

  拾色器中的**Add to Swatches**（添加到色板）按钮简化了为项目配备自定义色板的过程。在拾色器中调制出一种颜色，再单击该按钮将它添加到Swatches（色板）面板中。

  全新的**Lighter Color**（深色）和**Darker Color**（浅色）混合模式可以比使用Lighten（变亮）和Darken（变暗）模式更容易预知混合效果。它们之间的差异参见第182~184页。

  kuler提供了一种使用从图像或者从网上得到的共享颜色方案来制定颜色方案的方式。参见第172页。

  现在，可以看到那些颜色敏感度不太高的人对图像效果的反应。执行View（视图）> Proof Setup（校样设置）命令中的一个**Color Blindness**命令，接着，执行View（视图）> Proof Colors（校样颜色）命令。

- CS3和CS4中大量的调整功能和滤镜都可以应用于**32位图像**。因此，如果你打开或者要创建一张32位的HDR图像的话，便可以进行更丰富的编辑工作了。附录A中的滤镜实例展示了一些可以用于32位图像的滤镜。

- 在Photoshop CS3和CS4中（见下），预览打印颜色（包括油墨和纸张颜色）的选项都已经添加到了**Print（打印）对话框**中。

- File（文件）> Export导出>**Zoomify命令**（参见第12页）支持用户在Web浏览器中有效缩放和平移大图。

- 在**Bridge**这个随着Photoshop一同发布的文件管理软件

来自另一张图像的3朵大型花朵被作为仿制源取样，并且被缩放到不同的大小。使用Clone Source（仿制源）面板的更多详情参见第257页。

使用改善后的消失点滤镜，可以轻松创建附加平面并且包裹图形，更多内容参见第612页。

全新的Lighter Color（浅色）模式（右图），其混合颜色的方式与Lighten模式（变亮）（左图）十分不同。

有了Photoshop CS4的Kuler，可以直接从Photoshop将图像上传到Adobe的Kuler站点并且自动生成与图像匹配的颜色方案。有关Kuler的更多内容参见第172页。

两种常见的色盲效果预览：红色盲（中图）以及绿色盲（右图）。

中，一些命令、按钮和面板的排布发生了变更。在CS3中，可以自由地移动或者组合面板。可以使用Filter（过滤器）面板对文件进行排序。拥有Loupe视图，相当于用于放大图像的放大镜。拥有在不改变图像存储位置的情况下用于管理相关图像的虚拟收集功能。Photo Downloader（图片下载工具）可以通过相机自身的连接或者是通过适配器从相机的存储卡中收集照片，单击File（文件）>Get Photos from Camera（从相机获取照片）或者单击Bridge CS4界面左上角的📷按钮，或者将它设置为自动启动即可。CS4进一步改进了Bridge界面，改善了性能并提高了速度，并且添加了用于查看和排布图像的新方法，添加了一个带有更新的PDF Presentation、Contact Sheet II和Web Photo Gallery的导出模块，这些功能过去只能在Photoshop中使用。Bridge的内容参见第3章。

• Device Central可以用来辅助设计和测试在手机以及其他移动设备上显示的文件。可以通过执行Photoshop的File（文件）>Open（打开）命令或者File（文件）>Save for Web & Devices（存储为Web和设备所用格式）命令打开Device Central（参见第146页）。

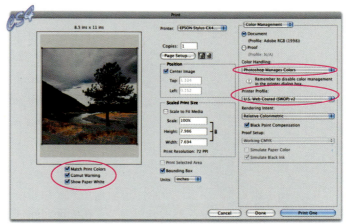

要想在File（文件）>Print（打印）对话框中预览打印的颜色和纸张的颜色，可以针对使用的打印方式选择Photoshop Manages Colors（Photoshop管理颜色）并且选择Printer Profile（打印机配置文件）。在Photoshop CS3中，选择Match Print Colors（匹配打印颜色）便可以预览油墨和纸张颜色。在Photoshop CS4中（上图所示），可以看到图像中的哪些颜色因为超出了所选打印机的色域而不能打印。用户可以通过在Color Settings（颜色设置）对话框的Working Spaces（工作空间选区）内选择配置文件来查找与特定打印机相关的文件说明，并且在对话框底部的Description（说明）选区内阅读该文件。

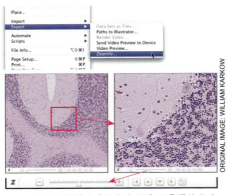

Zoomify可以自动生成和打包浏览器需要的所有文件，以便在没有下载延迟的状况下近距离检查高分辨率的图像。Zoomify查看器可以通过简单的控制栏或者快捷键操作来控制。另一个实例的操作步骤参见第130页。

wow Histology Zoomify

Device Central会显示出在不同的光线条件下，不同移动设备上的图像效果。

地球仪的3D模型使用2D的世界地图和Photoshop CS4扩展版中的3D > New Shape From Layer命令制作而成的。在Photoshop CS3和Photoshop CS4中，包含3D模型的图像都可以像标准图层那样进行堆栈和蒙版。在此，使用了两个相同的3D模型，一个以Solid模式渲染，一个以Wireframe模式渲染，此外，Wireframe图层上还应用了一个图层蒙版。

Photoshop 扩展版

CS3 是第一个扩展了动画、视频和 3D 的 Photoshop 版本，此外，它还增强了测量以及简单的统计分析功能，使其在专业、科学的应用中占有举足轻重的地位。

与 3D 应用程序和视频编辑程序相比，Photoshop 扩展版中的功能相对有限。但是，在对 3D 模型应用颜色、图案和纹理，以及改善视频剪辑时，这些功能使用起来非常便捷。第 10 章"3D、视频和动画"中涵盖了部分设计师、插画家、艺术家和摄影师觉得有用的功能，其他的功能则分布于全书的其他部分。Photoshop 扩展版中的 Animation（动画）面板功能得到了增强。除了 Photoshop 中现有的 Frame（帧）模式外，还有一个可以让用户控制带有关键帧的动画以及为动画添加视频和 3D 的 Timeline（时间轴）模式。现在，视频剪辑和 3D 建筑也被集成到了分层的 Photoshop 文件中，这使得对整个视频剪辑应用滤镜以及进行色调和颜色调整变得非常容易，参见第 687 页的"速成：Photoshop 扩展版中的视频编辑技巧"。对于设计师而言，可以使用 Photoshop CS4 中能够将图像或者文字转换成 2D 对象的功能（也可以在 3D 空间中操作）轻松地测试透视扭曲和动画图形。部分实例参见第 668 页的"Photoshop 扩展版中的 3D 材质源"。

第 11 章"测量和分析"介绍了 Photoshop 扩展版中位于 Analysis（分析）菜单内的计数和测量功能。通常，Photoshop 保存了图像文件的大量颜色数据，并且提供了自动化程度不同的多种方式来对比颜色和选择区域的相似性。现在，Photoshop 扩展版可以采用部分数据来测量线性尺寸、周长和面积，并且计算平均值和中值以及其他有用的统计数据。统计性的对比不仅可以用于科学、技术方面，还可以用来处理在摄影中的突发问题。例如，有了逐像素比较堆栈中同一图像不同版本的能力，Median 命令可以部分地（或者有时是完全地）消除某些在公众场合拍摄的照片中的不需要的部分（参见第 327 页），Mean 命令则可以用于减少杂色（参见第 325 页）。

MATLAB，一种用于数据分析和可视化的计算环境，目前 MATLAB 命令中包含了图像编辑功能。pslaunch 命令用于将 MATLAB 连接到 Photoshop，psquit 用于取消连接。位

若要在Photoshop扩展版中统计某张照片中的特征，可以像我们此处这样使用Count（计数）工具手动地放置点（第725页），或者绘制选区并且自动计算选中的区域的数量（第728页）。

Adobe Photoshop CS3\MATLAB

```
Adobe Photoshop toolbox.
Version 1.0 13-Dec-2006

General.
  psconfig           - Get and set the current
  psjavascript       - Execute the given text
  pslaunch           - Launch Photoshop or att
  psquit             - Quit the Photoshop appl

Document functions.
  psclosedoc         - Close the active docume
  psdocinfo          - Return information for
  psdocnames         - Return the names of all
  pshistogram        - Return the histogram fo
```

```
psunsharpmask.m
function [] = psunsharpmask(a, r, t)
%PSUNSHARPMASK     Run the Unsharp Mask filter.
%   PSUNSHARPMASK() runs the Unsharp Mask filter with the default
%   parameters.
%
%   PSUNSHARPMASK(A) A for amount is a percent in the range of 1 -> 500,
%   default is 50.
%
%   PSUNSHARPMASK(A,R) R for radius is in pixels in the range 0.1 -> 250.0,
%   default is 1.0
%
%   PSUNSHARPMASK(A,R,T) T for threshold is the levels in the range of 0 ->
%   255, default is 0.
%
%   Example:
%   psunsharpmask()
%   psunsharpmask(65)
%   psunsharpmask(65, 2.2)
%   psunsharpmask(65, 2.2, 34)
%
%   See also PSADDNOISE, PSAVERAGE, PSBLUR, PSBLURMORE, PSBOXBLUR,
%   PSCUSTOM, PSDUSTANDSCRATCHES, PSGAUSSIANBLUR, PSHIGHPASS, PSLENSBLUR,
%   PSMAXIMUM, PSMEDIAN, PSMINIMUM, PSMOTIONBLUR, PSOFFSET, PSRADIALBLUR,
%   PSSHAPEBLUR, PSSHARPEN, PSSHARPENEDGES, PSSHARPENMORE, PSSMARTBLUR,
%   PSSURFACEBLUR

%   Thomas Ruark, 2/3/2006
%   Copyright 2006 Adobe Systems Incorporated

if nargin < 1
    a = 50;
end
if nargin < 2
    r = 1.0;
end
```

Photoshop CS3扩展版或Photoshop CS4扩展版包含了从MATLAB中调用Photoshop的功能。

于Adobe Photoshop CS3（or CS4）>MATLAB>Required>English文件夹中的psfunctionscat.html文件列出了可以从MATLAB调用的Photoshop功能，并且提供了实例。MATLAB的Help（帮助）中也列出了一些同时使用Photoshop和MATLAB的实例。

DICOM（Digital Imaging and Communications in Medicine）是不同医学图像技术，包括 X 射线、乳房 X 线照相、超声波、PET（正电子发射技术）以及 MRI（磁共振成像）扫描的标准。除了改善对比度并且突显这些图像中的细节，Photoshop 扩展版还可以将一系列横截面组合成 3D 立体或者将一系列动作组合成动画以分析或者展示，同时保护机密的患者信息。

"推陈出新"

Photoshop CS3 和 CS4 中添加了一些新的功能，同时一些旧的功能被取消了，没有再更新。由于 ImageReady 被废止，因此 Photoshop 中便不能再直接使用 Web 的交互性了。在 Photoshop CS4 中，Fileter（滤镜）菜单中不再有 Extract（抽出）滤镜和 Pattern Maker（图案生成器）滤镜，Picture Package（图片包功能）也被删除了，不过这些功能都可以从 Adobe.com 上下载下来（参见第 120 页）。

Photoshop基础

1

Photoshop 的 Layers（图层）面板展示了文件元素的堆叠方式。在 Photoshop 中，图层是举足轻重的角色——贯穿本书始终的技巧便充分展示了此点。有关图层类型及各图层间的关系参见第 34 页的 "Photoshop 文件"。

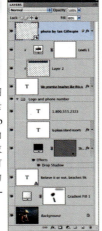

调板到面板

本书在提及 Photoshop CS3 和 CS4 版本时会使用 panel（面板）。尽管相同的项在 Creative Suite 程序中称为面板，但在 Photoshop CS3 中，官方的称法仍旧为调板（palette，旧名称）。在 Photoshop CS3 中，需要在 Photoshop 的 Help（帮助）中使用术语 palette（调板）来查找信息。

屏幕上的灰白棋盘格图案表示图像文件的透明区域，因此可以判断出哪些位置有像素以及每个可见图层中哪些部分是透明的。

本章将总述 Photoshop 的工作方式，例如，在创建或编辑图像时，程序如何管理信息，人机间如何互动，以及如何顺利操作软件。

Photoshop 的宗旨

回溯到 20 世纪末 Photoshop 诞生的年代，人们对 "Photoshop 文档" 的定义要远远比现在简单。那时候，Photoshop 文档仅仅是指一种由简称为 "pixel（像素）" 的 "picture element（图像元素）" 组成的单一图层数字图片。而像素则是一种很小的方形色块，它们的外形就像微型的用于拼贴精细马赛克图案的小方砖。而如今，Photoshop 软件变得更为强大，Photoshop 文件也变得更加复杂了。

图层、蒙版、模式和样式

常见的 Photoshop 文件都是由很多**图层**组成的，它们就像一个平铺好的三明治。屏幕中显示的图像或图像的打印稿则像是从空中俯视所看到的三明治。如左图，Layers（图层）面板实际上就是一幅动态的堆栈图表。

堆栈由几种不同类型的图层组成。

- 堆栈的最下方是 Background（背景）图层，它完全由像素填充而成。

- 与 Background（背景）图层相同的是，**一般图层**也由像素组成。不同的是，这些图层还可以包含完全透明或半透明的区域，且这些完全透明或半透明的区域下方图层的像素将一览无遗。

- Adjustment（调整）图层不但不包含组成图像的任何像素，它所含的指令还会更改其下方图层中像素的颜色与色调。

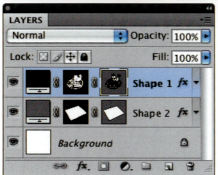

该 Logo 图案由一个带有光滑边缘的矢量蒙版和一个带有滤镜效果边缘粗糙的图层蒙版共同塑造而成。Layer Style（图层样式）可以为图像增添立体感和表面纹理，该实例参见第 517 页。

图层组上的蒙版

图层上的蒙版

图层组并非只有管理图层的功能。用户甚至可以只在图层组中放置一个图层（或一个图层组），这样一来，除了图层自己的蒙版外，还可以为图层再添加一个蒙版，如图中实例，该实例参见第 595 页。

- **Type（文本）图层**用动态的可以编辑的形式存放文字。用户可以随时根据需要更改文字的拼写、字符的间距、字体、颜色，以及其他文本特性。

- **Fill（填充）图层**和 **Shape（形状）图层**的形式也非常灵活。除了包含颜色像素外，还包括该层存放的颜色（纯色、渐变色或图案）对应的指令。

- **Smart Object（智能对象）**是元素的集合体，它好比是文件中的文件，可以把将要应用于其上的命令（诸如旋转、缩放）或者 Photoshop 滤镜累积起来，并且自动将这些指令所带来的损伤最小化，避免内容受到反复操作带来的损伤。这种损伤是什么以及如何避免这种操作参见后面的"像素与指令的区别"部分的内容。Smart Object（智能对象）可以完全在 Photoshop 中创建，也可以由 Adobe Illustrator 中粘贴过来，或者在 Photoshop 中打开来自 Camera Raw 的智能对象。

除背景图层外的其他 Photoshop 图层都可以包含两种**蒙版**，一种是基于像素的**图层蒙版**，一种是基于指令的**矢量蒙版**。这两种蒙版都可以遮盖其下方的部分图层并进行显示。另一种控制图层与图像的混合方式是**不透明度**（即控制图层的透明度）、**混合模式**（即颜色如何与图像的其他部分结合），以及其他**混合选项**（此混合不包括色调和颜色）。

除 Background（背景）图层外的其他 Photoshop 图层也都可以包含 **Layer Style（图层样式）**。Style 是一种指令集，可以创建诸如投影、发光和斜面等特效，抑或是模拟带有诸如半透明、光照、色彩和图案的材质。第 80 页的"图层样式"将详细讲述 Layer Style 的强大功能及高效性。

除了图层基本的堆栈序号以及图层的蒙版外，Layers（图层）面板还提供了很多其他方式来加强各图层之间的联系。图层可以按组（Group）收集，在 Layers（图层）面板中用"**文件夹**"图标□表示。文件夹可以被展开（以显示内容列表）或者关闭（使面板更为紧凑）。一个图层组中的多个图层可以被同时移动或缩放。对一个文件夹进行添加蒙版的操作，相当于对文件夹中所有的图层添加蒙版。

像素与指令的区别

在 Photoshop 文件的"图层三明治"中，了解基于**像素的图**

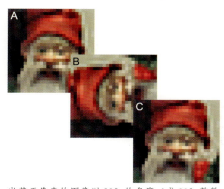

当基于像素的图像以 90°的角度（或 90°整数倍的角度）逐步旋转时，仅那些完整的方形像素发生改变，图像的质量并未降低。这种"戏剧性的重设定"显示了从左上角原始的第 206 页的"使用蒙版着色"采用的彩色照片 A（27 像素×27 像素）逆时针旋转 90°变成照片 B 后，再顺时针旋转 90°得到照片 C 的细节——照片 A 和照片 C 之间没有差异。

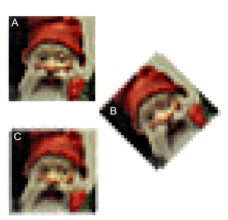

其他的变化，如缩放或非 90°旋转，则会因舍入错误导致图像的改变。在此可以依次进行缩放和非 90°旋转，每一次变化都会加大效果图像与原图的差异。当小矮人 A 逆时针旋转 45°得到图像 B 时，Photoshop 软件中必须要对倾斜的像素进行插值处理或者重定像素（即采样），将颜色均化处理以重塑像素，以适应正交垂直的网格。当图像顺时针旋转 45°恢复原状时，发生了更多的颜色平均操作，对比图像 A 和 C 可以发现图像已经明显地模糊了。

像（位图）和**基于指令的图像**（矢量图）之间的区别相当重要。我们可以把基于像素的图像想象成三明治中的面包、莴苣以及土豆，而基于指令的图像则可以看成是吃三明治时的一些提示，诸如"在土豆和奶酪中间放一些芥末，注意仅放在左边"，又或是"可根据喜好在此处放瑞士干酪或者切达干酪"。基于指令的图像不包含像马赛克那样的小方块，它只包含指令，除此之外别无它物。而计算机能够魔术般地把 Photoshop "三明治"中的指令和像素转换成可预览的屏幕图片，通过预览，我们可以预先了解将要进行的操作会带来什么样的效果。

绝大多数的 Photoshop 文件常用的还是基于像素的素材，通常都是一些扫描的图像或者数码照片。在一个分层的 Photoshop 文件中，背景图层就是由像素组成的。另外，带有图像的一般图层和图层蒙版也都是由像素构成的。对于基于像素的图像而言，Photoshop 的工作就是围绕马赛克网格中的每个像素的位置和颜色进行的，有可能的话还会更改这些位置和颜色。通常，Photoshop 所要处理的潜在像素会达数十亿或是更多。

基于像素的素材会遇到舍入错误（rounding errors）。下面将就此举例说明。在 Photoshop 中，要将一幅基于像素的图像旋转 90°完全没有问题。每一个方形像素都会转换位置并以另一条垂直边为水平基准，当图像完成转向后，Photoshop 便会立刻记录一个新的网格位置。然而，如果以任意一个非 90°的整数倍的角度（例如 45°）旋转图像的话，新旧像素之间就无法直接对应了。尽管 Photoshop 文件会尽可能地让图像与旋转前的原图保持一致，但是程序所能做的就是，在为位于网格中各个方格内的倾斜像素平均分配颜色的时候，对颜色信息进行插值处理。旋转只是导致插值处理的更改操作之一。在出现插值处理的情况下，改动后的图像会与原图稍有不同。

Photoshop 的基础术语

人们在使用 Photoshop 时常用以下几种与像素和指令相关的术语。

- **栅格**和**位图**常用来描述**基于像素**的信息。

- 另一方面，与**基于指令**的元素或功能相关的术语包括**矢量**和**基于矢量**、**路径**和**对象**。**文字**也是可编辑的，也属于基于指令的类别。

- **栅格化**指的是将指令转换为像素。

基于指令的图像就好比形状图层在打印出来或在屏幕上显示时，仅被转换成墨点或颜色像素。它即便被旋转或缩放多次也不会出现基于像素的素材那样的质损状况。该形状图层在进行两次逆时针旋转 45°再顺时针转回的操作后（此处以每次 24 像素×24 像素的速度栅格化），并未发生像基于像素的图像那样逐渐模糊的现象。上图显示的是该图像放大成像素状的效果。

Photoshop 的智能对象技术可以帮助基于像素的图像在重复进行旋转、缩放和其他变形操作时减少失真。此处执行 Layer（图层）>Smart Objects（智能对象）> Group into New Smart Object（编辑到新建智能对象图层中）命令将第 17 页的小矮人图像转换为智能对象，如 A，并将它逆时针旋转 45°转变成 B。因为图像是倾斜的，所以 Photoshop 仍旧需要进行插值处理。但是当将图像顺时针 45°旋转回原位得到 C 时，图像的质量并未受到任何损伤（相比于第 17 页的图像而言）。这是因为智能对象可以恢复原有的图像信息并将对小矮人的逆时针、顺时针旋转操作合成为一个指令，而不是依次执行变化，累积舍入错误。

在处理基于指令的素材以及操作时，仅需处理相应的数学公式。例如，要想对形状、颜色或色调，以及整个不透明度进行更改，只需通过更改几个数据来改变指令即可，而无需对所有的像素进行处理以及再处理。在基于指令的素材和基于像素的素材均可以使用的情况下，通常选择基于指令的素材而不选择基于像素的素材进行操作。选择基于指令的素材的优点在于指令操作更为简单。一旦用户改变想法，就可以彻底地进行更改。而如果这些素材已经以像素形式被锁定，那么要想进行相应的修改而又不留下任何修改的痕迹就不是那么容易了。这正如从面包上去掉芥末或者将平整的奶酪再复原一样困难。更改基于指令的像素可以彻底地还原不留下一丝痕迹，用户不至于会在后来为自己的操作而后悔莫及。在保存之前，基于指令的素材都可以还原到原始状态，也就是说，在将分层的文件转换为用于打印或上传到网页的单一像素图层前——所进行的指令操作不会对图像进行任何更改。第 34 页的"Photoshop 文件"将进一步探讨文件中各个组成部分的工作原理。

智能对象图层可以在不出现舍入错误的情况下，对基于像素的素材进行大小的调整以及形状的改变。这是因为在每一次的转换操作过程中，包括对大小的调整、形状的改变以及旋转操作，智能对象图层都能够"记住"原图内容的整个更改过程。智能对象图层在进行每一次大小调整或是形状更改时，都会以原图的信息为准，并将所有的更改指令合成一个单独的更改指令。因此，可以在前次更改的基础上，多次对智能对象图层进行大小的调整以及形状的更改，而不会降低图像的质量。

通道面板和路径面板

在 Photoshop 中对堆栈中的各个图像图层进行跟踪的同时，Photoshop 还会使用到其他功能，如颜色通道。如果我们把各个图层想象成三明治的各个组成部分的话，那颜色通道就

依附这些图层

为了拥有最大的灵活性，可以保持Photoshop文件的分层形式，而在以后进行改变。如果需要在页面布局或者网页程序中放入一个合并的文件（单一图层，没有透明度），可以执行Image（图像）>Duplicate（复制）命令得到一个副本文件，执行Layer（图层）>Flatten Image（拼合图像）命令合并它，并且将它保存为拼合的只有背景的副本。

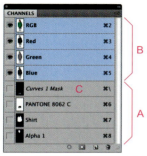

Alpha 通道显示于 Channels（通道）面板的底部 A 位置——执行 Window（窗口）>Channels（通道）命令即可打开 Channels（通道）面板。在 Channels（通道）面板中出现的通道与颜色通道没有真正的关联。相反 Alpha 通道主要存储着那些可以被激活以选取图像不同区域的蒙版。当前图层的图层蒙版仅在当前图层被选取之时，暂存在 Channels（通道）面板中 C 位置。其名字以斜体显示。

Paths（路径）面板存储了基于矢量的描边。Work Path（工作路径）是当前绘制的未保存的路径。此外，当前操作图层的矢量蒙版也会在 Paths（路径）面板中显示。因为矢量蒙版和工作路径均为临时的，所以它们的名字均以斜体显示。

Photoshop 的工作区分别对应于特定类型的任务，显示用户所需的面板。用户创建的工作区位于菜单的顶部。保存和删除工作区的命令位于底部。

Navigator（导航器）面板显示了当前在工作窗口中显示的图像区域。可以拖动框 A 到图像的其他部分以进行显示，还可以使用面板底部的滑块 B 对图像进行缩放。

好比是食物中的营养成分——蛋白质、碳水化合物、脂肪、维生素以及无机成分。同样的三明治，可以采用不同的成分分析法，而且这也算得上是 Photoshop 操作中的一种非常重要的方法。有关颜色通道的详细内容请参见第 4 章 "Photoshop 中的颜色"。

除了图层（蒙版和样式）和颜色通道外，Photoshop 还包含以下内容。

- Alpha channels（Alpha 通道）：Alpha 通道是基于像素的蒙版，它可以永久存放在 Channels（通道）面板中。

- Paths（路径）：路径是基于指令的描边或曲线。在绘制时，路径便会在 Paths（路径）面板中一一列出。有关路径的详细内容参见第 7 章。

Photoshop 界面

接下来将概述 Photoshop 界面的重要组成部分，包括 CS3 版本和 CS4 版本中更新的命令、工具和面板（注意在 Photoshop CS3 中称为调板）。

工作区

Photoshop 中有专门设计用来高效地对多个不同类型的项目进行操作的工作区。用户甚至可以自定义工作区，并针对特定任务所需的排列面板的方式保存面板。甚至可以改变菜单，隐藏那些很少使用的命令，或者为特定的命令添加颜色以突出显示、以便于查找。可以从 Photoshop CS3 的选项栏或者 Photoshop CS4 全新的 Application（应用程序）栏右端的工作区列表中保存和加载工作区。

导航

当文档放大到足够大时，工作窗口中将仅显示部分文件，可以使用 Hand（抓手）工具平移，将文件的不同部分移动到窗口中。Navigator（导航器）面板提供了一种移动图像的方式。红色的矩形框显示的是窗口中框选显示的图像部分，将矩形框移动到一个新的区域可以显示该区域的图像。也可以使用 Navigator（导航器）面板下方的滑块来放大或者缩小图像。

Photoshop的工作窗口

在Photoshop CS3和CS4（此处显示的是Photoshop CS4扩展版）中，可以保存针对特定任务或工作创建的工作区，甚至是自定义主菜单和面板菜单。无论显示器的尺寸有多大，都可以像下面显示的那样，让大多数面板使用起来得心应手，而不是碍手碍脚。面板可以被停放（锚定）在屏幕的左边或者右边，可以并排或者嵌套放置，或缩小成图标以节省空间，如何管理面板的内容参见第23页。

选项栏（Option bar）为当前工具和命令提供了相应的选项。更多内容参见第22页。

利用Photoshop CS4的应用栏程序（参见第22页）可以访问常用的查看命令。

面板可以嵌套在一起形成面板组。单一的面板或者面板组可以被头尾相接地或者并排堆放在一起。第23页详细讲解了面板操作以及如何进行管理。

工具箱可以单栏显示也可以呈双栏显示。CS4扩展版中有诸如Quick Selection（快速选择）和Rotate View（旋转视图），以及3D Scale（3D缩放）和3D Orbit（3D轨道）等新工具。

左下角的缩放框是可编辑的，可以直接输入百分比，参见第24页的"百分比的含义"。

打开弹出菜单查看文档相关的大小或者颜色的配置、文件需要多少内存或者暂存空间运行命令的时间有多长。Reveal in Bridge（在Bridge中显示）命令将会在硬盘上定位文件。此菜单的更多信息参见第32页的"效率指示器"。

右击或者按住Ctrl键单击Photoshop界面中的任意一处都可以打开一个目前所使用工具或者单击的元素所对应的快捷菜单。

Photoshop的工具箱

在Photoshop的工具箱中，一个小型的展开面板列出了工具名称以及用于切换工具箱中的工具、配合Shift键使用的键盘快捷键。以下显示的是Photoshop CS3扩展版的工具箱。在此处以粉红色高亮显示的Count（计数）工具仅存在于扩展版中。

在Photoshop CS4中，Crop（裁剪）工具和Slice（切片）工具位于同一个工具组中。Blur（模糊）、Sharpen（锐化）和Smudge（涂抹）工具没有键盘快捷键，因为R已经被指定给了新的Rotate View（旋转视图）工具。取消了Audio Annotation（音频注释）工具，Note（注释）工具与Eyedropper（吸管）工具以及其他信息工具位于同一个展开面板中。屏幕模式控件从工具箱中移到了应用程序栏（参见第22页），快捷键仍与先前的版本相同（F）。仅Photoshop扩展版才有的工具在此以粉红色高亮显示。

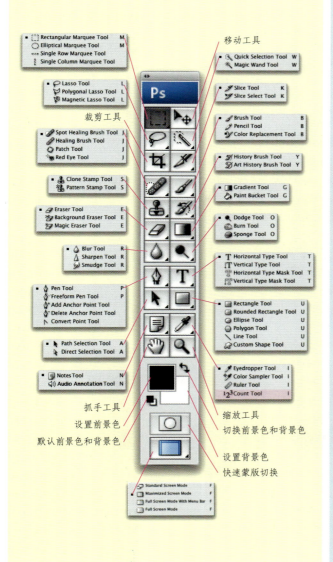

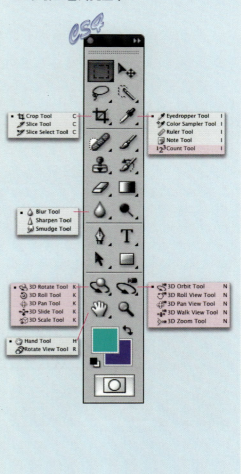

选项栏

Photoshop**选项栏**默认位于当前窗口的顶部，其中有一些对应于当前工具或者命令按钮或者输入数值用的数值框。

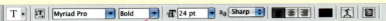

单击该按钮会弹出列表、拾取器或者滑块栏中的更多选项。（拾取器是选项组，例如可以为当前选用的工具使用字体样式、图案或者渐变。）

执行某些操作，例如使用Type（文字）工具**T**设置文字或者使用Move（移动）工具旋转时，选项栏中会出现用于取消当前更改的Cancel（取消）按钮以及用于确定当前更改的Commit（提交）按钮。

应用程序栏

在Photoshop CS4中，可以设置查看文档方式的工具还位于全新的应用程序栏中，如Hand（抓手）工具、Zoom（缩放）工具、Rotate View（旋转视图）工具，默认情况下，该应用程序栏位于选项栏的上方。应用程序栏中也有Bridge按钮（该按钮已经从选项栏中移除）、屏幕模式（已经从工具箱中移除）、文档排列方式的拾取器，以及一个可以从中选择附加显示（参考线、网格和标尺）的列表。当前活动工作区的名称与工作区列表的快捷访问方式同时在最右侧显示。

Float All in Windows
New Window

单击文档排列方式**拾取器**选择一种排列方式。

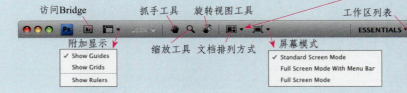

访问Bridge　抓手工具　旋转视图工具　工作区列表

附加显示
✓ Show Guides
Show Grids
Show Rulers

缩放工具　文档排列方式　屏幕模式

✓ Standard Screen Mode
Full Screen Mode With Menu Bar
Full Screen Mode

选项卡和窗口

在Photoshop CS4中，文件会以与先前版本相同的自由浮动的窗口形式或者以选项卡形式出现。Preferences（首选项）中的设置决定了Photoshop以选项卡还是浮动显示文件方式打开图像，以及如果将文件拖到靠近其他带选项卡的窗口附近时，浮动窗口是否会变成选项卡模式。更多关于首选项的信息参见第24页的"面板和文档显示首选项"。

对于带选项卡的视图而言，默认为显示一幅图像，其他图像仅显示选项卡上的标签。若要更改视图，可以从排列文档列表中选择一种布局。

浮动窗口可以堆叠在一起，如上图，还可以选择Window（窗口）>Arrange（排列）>Tile（平铺）命令将它们拼贴在一起。可以拖动浮动的窗口任意一边来重新设置大小。

面板

Photoshop面板的设计宗旨是便捷——在需要时可以轻松获取面板中的命令。将一个面板与另一个面板**成组**（嵌套）、**堆栈**在一起时，或者当面板、面板组、堆栈到达合适停放的位置时，抑或面板、面板组、堆栈贴近屏幕一边时，便会出现一条蓝色的线。可以设置Preferences（首选项），让停放的面板仅在将鼠标光标移动到边缘时才出现，参见第24页。

中间没有停放栏的图标意味着它们会作为一个嵌套的组打开。

拖曳图标或者图标堆栈的边缘可以显示面板的名称。

拖曳图标顶部的双行虚线即可分离面板。

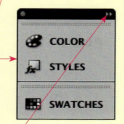

拖动顶部的**黑色栏**可以移动整个嵌套的组或者堆栈。

单击关闭按钮可以让单个面板、嵌套组或者堆栈从工作区中消失。要关闭组或者堆栈中的一个面板，可以使用面板扩展菜单中的**Close**（关闭）命令，或者在Photoshop CS3中单击面板选项卡中的×。

拖曳开启面板的名称标签即可将它从堆栈或者嵌套的组中移除。

单击面板底部的Create new（创建新）按钮可以新建样本、图层、通道或者面板上存放的任何内容。

单击黑色的栏或者双向箭头即可在完全显示和只显示图标之间切换。

单击该按钮即可打开面板扩展菜单。如果菜单中有Panel Options（面板选项）命令，就可以选择更改面板的外观。

将面板的标签拖曳到另一个要嵌套在一起的面板标签上，待显示蓝线后释放鼠标，面板便嵌套在一起了。

将面板选项卡拖曳到另一个面板，便可以将它们堆放在一起。当它们之间出现蓝色的线后，释放鼠标，面板便停放在了一起。

如果面板右下角有一个由点构成的三角形，则表示该面板可被拉长。将光标停放在底部直到光标转换为双向箭头即可拖动。如果箭头处于45°角，拖动可以同时将面板加长和加宽。

如果将光标停放在某条边的一侧，光标将转换成双向箭头形状，说明面板或者面板堆栈的宽度可以改变，拖动即可改变宽度。

标题栏标点符号

标题栏尾部的*（星号）表示先前对该文件进行过一些操作，尚未保存。

位于颜色模式/位深指示器后的#（井号）表示工作区和文件之间有一个不匹配配置。文件可能没有一个配置文件，或者该配置文件与工作区的不相同。（有关工作区的更多内容，参见第187页的"颜色管理"。）

105_2544956 copy @ 25% (RGB/8#) *

在选项卡视图下拖曳

排列选项卡有助于避免混乱，并且让查找更为容易，但是当窗口处于自由浮动状态时，在文档之间拖曳会有少许不同（参见第33页）。在选项卡的排列中，如果仅看到目标图像的选项卡，可以这样拖曳：确认要移动的图层、通道、选区或者路径已被选中，并且在文档窗口中可见，然后将其拖曳到目标窗口选项卡。只有一个轮廓显示正在拖动的内容。将光标停放在标签上直到窗口"弹开"，再将轮廓拖动到窗口中。

灰色的垂直线是部分轮廓——所有的这些都表示正在拖动的项。当标签变亮后，窗口会打开并接受它。

面板和文档显示首选项

设置Photoshop的界面首选项的步骤如下：按Ctrl/⌘+K键，从Preferences（首选项）对话框的左侧列表中选择Interface（界面）。Preferences（首选项）的Interface（界面）选项面板中提供了面板行为的选项，以及设置在Photoshop CS4（如此处）中文档以选项卡形式打开还是以浮动窗口打开。

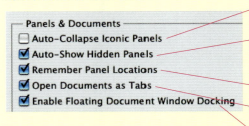

如果勾选该复选框，那么面板开启时会以图标显示，当在面板外侧单击时面板会关闭变为图标。

如果使用Tab快捷键（该快捷键会隐藏除工具箱之外的所有面板），那么将鼠标光标移动到屏幕边缘将会显示任何停放在此的面板（停放的内容参见第23页）。

Photoshop将会记住上一次的面板排列，并且在下一次启动时使用。可以保存工作区以方便调用。

如果勾选此复选框，那么文档在开启时便会以选项卡的形式出现。

如果勾选此复选框，那么浮动的文档窗口便可以被拖放到选项卡上。在拖动时按住Ctrl键便可以切换该首选项。

对话框

Photoshop的对话框之间的差别很大，但是它们大多数都有相同的属性。

单击+和-按钮可以缩放对话框预览。

在数值框中单击并且配合方向键（↑和↓）可以增大或者减小值。要想将增加量更改为10而非1，则需要配合使用Shift键。

可以移动滑块来更改设置。

如果把光标悬停在与滑块相关的名称上，光标会变为 👆。按住鼠标左键向左或者向右拖动可以减少或增加数值框中的数值。这可以提供比滑块更精确的控制。

按Enter键与单击OK按钮的效果相同。

按Esc键与单击Cancel（取消）按钮的效果相同。按住Alt/Option键可以将Cancel（取消）按钮更改为Reset（复位）按钮，单击即可恢复到默认或者先前的设置。

勾选该复选框（或按P键）可以在文档窗口中打开或者关闭Preview预览。如果关闭它，那么在每次进行细微的调整时，便可以不用等待大幅图像重绘。

单击对话框预览可以对比之前的版本。

百分比的含义

更改视图大小（在文件标题栏中显示，可以在当前窗口左下角的数值框中编辑）并不会影响图像文件，它仅更改屏幕中的显示比率。

* 以100%显示某个图像时，并不意味着窗口中显示的图像就是它的打印尺寸。它仅表示图像文件中的每一个像素均以1个屏幕像素来显示。

* 较高的百分比意味着图像文件的每个像素均采用多个屏幕像素来显示。例如200%表示图像中的每个像素均以2×2个屏幕像素来显示。

* 较低的百分比正好相反，图像文件的多个像素仅以1个屏幕像素来显示。例如50%表示图像中的2×2个像素将以1个屏幕像素来显示。

在Photoshop CS4中，如果在Preferences（首选项）对话框中勾选了Enable OpenGL Drawing（OpendGL绘图）复选框，即可以任何百分比平滑缩放。在未勾选Enable OpenGL Drawing（启用OpendGL绘图）复选框时，分别以100%（左图）、50%和25%的比率显示的图像，要比以33.3%、66.7%和104%（右图）等不太整的比率显示的图像更加平滑和精确。在未开启OpenGL Drawing此功能时，以不太整的比率显示的图像会产生图像已被损坏的视觉错觉。

在复原古董肖像画时，可以使用调整图层来研究色调和颜色选项。调整图层是可编辑的，因此，可以更改它的设置或者更改图层的混合模式或不透明度。

可以通过 Masks（蒙版）面板中的 Feather（羽化）滑块柔化蒙版的边缘。也可以调整蒙版的整体 Density（浓度）或者隐藏效果。可以通过 Color Range（色彩范围）对话框基于蒙版的颜色选择要蒙版的区域。也可以从此处打开 Refine Edge（调整边缘）对话框以进行更进一步的蒙版边缘修正。或者转换蒙版以隐藏蒙版显示，反之亦然。

高效工作

Photoshop WOW！方法更强调高效工作以及尽可能地弹性工作，以便于用户的后期更改。

使操作更灵活

保持选项的开放性是改良 Photoshop 文件的一个重要部分。通过预先准备并使用诸如 Layer Styles（图层样式）和调整图层之类的基于指令的方法，用户可以增加文件操作的灵活性，让工作更轻松，让流程更高效。

使用调整图层。使用调整图层而非菜单命令来应用颜色和进行对比度校正，即可在变换设计意图时不重做且保持原图像品质轻松进行重调整。更多内容参见第 180 页的"颜色调整选项"和第 245 页的"使用调整图层"。

保护像素。即便用户对基于像素的图像（位图）进行操作，也可以借助Camera Raw和**智能对象**来获得基于指令的元素的效果。如果图像文件是Camera的Raw格式的照片，那么Photoshop便可以自动在Camera Raw中打开它，在此，用户可以交互地进行大量的色调和颜色调整，并在用Photoshop打开它之前一次性应用这些更改。用户可以反复恢复原始的数据——它仍旧位于文件中。Camera Raw也可以用于JPEG或者TIFF文件，但是要小心不要在源文件上保存。在Photoshop中，智能对象能够针对"像素疲劳"进行保护，这种像素疲劳源于反复的缩放、旋转或者滤镜效果。智能对象的内容参见第75页，智能滤镜的内容参见第72页，Camera Raw的更多内容参见第3章。

在操作过程中保存选区。在使用选区工具或命令来创建复杂选区时（参见第 47 页），可以不时地执行 Select（选择）> Save Selection（存储选区）命令来保存 **Alpha 通道**中的选区。请确认在最后操作步骤完成后对选区进行了保存，以便能在以后的操作中重新选取同一区域。保存选区和蒙版的内容参见第 2 章。

保持选区的可编辑状态。Photoshop CS4 全新的 Masks（蒙版）面板可以设置图层蒙版边缘甚至是矢量蒙版或者蒙版的隐藏效果的柔和程度。让文件中的这些设置保持可编辑状态。可以在之后更改 Feather（羽化，即柔和度）或者 Density（浓度，

让图像的编辑或者画作的各个进程位于不同的图层可以让操作变得更灵活——即用户可以调整图像的加工方式,让它变得更有交互性。Dodge(减淡)和 Burn(加深)工具的使用比较复杂,不能在单独的图层使用,因此,我们采用"减淡和加深"图层来提高亮度并且添加对比度。接着,通过降低 Opacity(不透明度)或者更改混合模式来调整效果,该技法参见第 339 页。

如上图,对图层应用图层样式后,接着更改图层的内容,样式仍会自动适应于新的内容。Hot Rods 文本图层的字体发生了改变,阴影、斜面和浮雕效果也随之发生了变化。

即隐藏效果),甚至是返回被用作蒙版的原始选区。新蒙版的控制方法参见第 2 章。

创建一个"修复"图层或者"绘画"图层。使用 Sharpen(锐化)工具◊、Blur(模糊)工具△、Smudge(涂抹)工具✎、Clone Stamp(仿制图章)工具♨、Healing Brush(修复画笔)工具✐、Spot Healing Brush(污点修复画笔)工具✐修复图像时,可以在一个单独的、透明的顶部图层中添加修复效果,将修复隔离出来,以使新的工作不会与源图像混合。这样一来,如果用户想撤销或者修改修复图层中的部分效果,便可以单独对此部分进行擦除、选择或者删除操作,从而保证其他部分效果的完好性。用户还可以更改该图层的不透明度或混合模式来调整它对整幅图像的作用。

使用一个单独的图层也是一种可以不必冒着损伤已完成的画作的风险,对图画进行加深,减淡或者添加笔触的练习方式。当确定新添加的笔触就是所需的笔触时,便可以将它们与下方的图层进行合并(Ctrl/⌘ +E),接着添加另一个空白图层并尝试更多的笔触效果。

使用图层样式。采用图层样式的方式添加阴影、斜面或者其他特效时,可以反复对文件应用特效而不损伤原图像的品质,并且可以对同一文件甚至是其他文件中的一个或多个图层应用样式,甚至可以更改图层中已经添加的内容,而且特效可以自动即时重新应用于新内容。有关图层样式灵活特性的实例参见第 80 页。要想了解图层样式的应用,可参见第 498 页的"使用图层样式",以及第 8 章中的内容——特别是"剖析"部分。

复制图层。有时,用户想改变某个特定图层,但同时又希望能在得知改变无法获得理想效果时,轻而易举地恢复到原来的文件状态。抑或想灵活地合并原文件与改变后的文件。在这种情况下,即可复制图层(Ctrl/⌘ +J)并对图层副本进行操作。

合并复制。假设已经创建了一个分层的文件,现在需要对整个图像进行更改,如锐化或者使用滤镜应用艺术效果,一种方法是使用智能对象,另一种是在图层堆栈的顶部制作一个由文件中可见的所有内容合并的副本图层。之后,因为它是

Photoshop菜单中的很多命令都有便捷的键盘快捷键。快捷方式在菜单项的右侧显示。

右键快捷菜单提供了与当前执行操作内容相关的命令。

"创建" 按钮

在预设拾取器中选择一种预设，如选择图案，Create a new…（创建新……）按钮支持用户对当前元素命名并且将它作为新预设添加。这为用户提供了一种从诸如图层样式中的Pattern Overlay（图案叠加）中创建Pattern（图案）预设的方法。

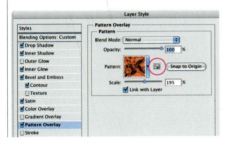

一个单独的图层，所以可以轻易地修改它、随意地进行效果试验，即使撤销，下方的所有的单独的图层都完好无损。要创建一个合并的副本，可以按下 Ctrl+Shift+Alt+E（Windows）或 ⌘+Shift+Option+E（Mac）键。

键盘快捷键

为了帮助用户管理所有的面板、命令和工具，Photoshop还提供了一个快速选择工具、执行命令的内置键盘快捷方式，因此不必在工作窗口中寻找。执行Edit（编辑）>Keyboard Shortcuts（**键盘快捷键**）命令可以添加自定义键盘快捷键。本书附赠的光盘中的Wow Goodies文件夹内有一个Wow Shortcuts.pdf文件，该文件收集了许多比选择工具更为有用的快捷键。**注意**：本书中使用的键盘快捷键为Photoshop的默认快捷键。

右键快捷菜单

在工作窗口中右击/Ctrl+单击——在文档中，Layers（图层）面板中的缩览图上或者是界面的任何其他部分，都会出现一个带有与正在执行的任务、选择的工具或者当前的图层、蒙版或选区相关的选项的右键快捷菜单。因为这些右键快捷菜单会出现在正在操作的位置且包含用户所需的命令，所以可以大大节约操作时间，而不需要在主菜单和面板扩展菜单中寻找。即便已经修改过菜单，忘记特定的命令位于何处或者更改了与特定菜单项相关的键盘快捷键，右键快捷菜单仍然奏效。

同时处理多个文件

如果有足够的内存，便可以根据需要同时打开多个文件。利用随Photoshop附赠的Adobe Bridge可以同时选择、打开或者自动处理多个文件。CS3和CS4两个版本的Bridge的相关内容参见第3章。

Photoshop的File（文件）菜单中的Automate（自动）和Scripts（脚本）命令包含了可以同时对多个文件执行的有用的自动创建任务。用户可以对**一批**文件执行**动作**（包含一系列预先录制好的操作），更多内容参见第3章。

管理预设

Photoshop 为用户创建自定义笔尖形状、特定的工具、图层

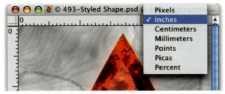

可以通过右击／按住 Ctrl 键的同时单击标尺来更改标尺的单位。

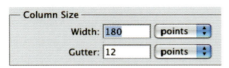

双击标尺可以打开 Preferences（首选项）对话框的 Units & Rulers（单位与标尺）选项面板，在此可以查看和更改 Column Width（列宽度）或 Gutter（装订线）。Photoshop 将列宽度用作度量新建文件或重调图像尺寸的单位。如果指定的宽度大于一列，则需要涉及装订线宽度。

Smart Guides（智能参考线）可以帮助肉眼定位元素。当某元素的中心、顶部、底部或边缘与另一个元素的中心或边缘对齐时，就会出现智能参考线。上图的是用于在图案拼贴中对齐元素的智能参考线，参见第 76 页。

Photoshop 中 Layer（图层）菜单中的**对齐链接图层**或者**分布链接图层**的所有选项，也可以在 Move（移动）工具对应的选项栏中找到。这些选项可以帮助用户对齐，或者是在数个图层中均匀分布元素。按住 Ctrl/⌘键或 Shift 键的同时单击要对齐的元素所在的图层，再执行相应的命令，或单击相应的按钮即可。

样式、图案、渐变、色板等提供了一个极其自由的空间，例如，将这些自定义设置保存为预设，这样一来，便可以在之后的使用过程中直接调用它们而不需重复设定。为了永久保存这些预设，可以将它们保存到一个已命名的组中，并保存该组。使用 Preset Manager（预设管理器）保存图层样式的说明参见第 82 页的"保存样式"技巧。创建其他预设的相同操作均为：首先使用 Createa new...（创建新的……）按钮将新的预设添加到当前组（参见第 27 页的"'创建'按钮"部分），接着执行 Edit（编辑）>Preset Manager（预设管理器）命令，选择适当的 Preset Type（预设类型），并且保存一个新设置。

善用度量工具

Photoshop 配备了度量工具。可以通过 Ctrl/⌘+R 键来切换标尺的显示和隐藏。还可以通过右击／按住 Ctrl 键的同时单击标尺，并且在弹出的快捷菜单中选择相应的选项来更改标尺的单位。双击标尺可以打开 Preferences（首选项）对话框的 Units & Rulers（单位与标尺）选项面板查看并重置列尺寸。

此外，还可以通过从标尺的顶部或侧部拖动来创建参考线。或者通过打开 Preferences（首选项）对话框（Ctrl/⌘+K）并且单击对话框左侧列表中的 Guides, Grid & Slices（参考线、网格和切片）创建自定义网格。还可以切换参考线和网格的显示和隐藏——它们的快捷键分别是 Ctrl/⌘+' 和 Ctrl+Alt+' 或 ⌘+Option+'，并且通过执行 View（视图）> Snap（对齐）命令为参考线和网格赋予磁性。有关参考线和网格的更多内容参见第 454 页的"在网格上绘制"和第 471 页的"绘图工具"。

用户可以通过执行 View（视图）> Show（显示）> Smart Guides（智能参考线）命令来开启这个短暂出现的参考线。接着，在选择 View（视图）> Extras（显示额外内容）命令后，使用 Move（移动）工具重定位图层时，一旦移动元素的中心或边缘与文件中其他元素的中心和边缘重合，便会出现这个帮助定位的好帮手。这些元素可以是图形、切片或者透明图层上的内容。

用户可以在 Transform（变换）和 Free Transform（自由变换）命令对应的选项栏中输入精确的角度和距离值。参见第 67 页的"变换与变形"。

用户需要找到图像的中心。按Ctrl/⌘+R键打开标尺。但是以下操作困难重重，即将7¹³/₁₆英尺除以2，并且要将结果牢记在心里以便将参考线拖动到标尺的中点，以标记一半长度。以下是一个快捷的查找**文档中心**的方法。

右击/Ctrl+单击任意标尺并且从快捷菜单中选择Percent（百分比）。接着，从左侧标尺向中心拖动，直到它与顶部标尺的50%对齐。参考线的交叉处标识的便是中心。

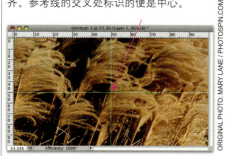

ORIGINAL PHOTO: MARY LANE / PHOTOSPIN.COM

以下是一种查找不超越文档边缘的**图层内容中心**的方法。这种方法与标尺的单位设置无关：在Layers（图层）面板中单击缩览图选择图层。选择Move（移动）工具并且在选项栏中勾选Show Transform Controls（显示变换控件）复选框。之后会显示变换控制框及4条边中心处的手柄。从顶部标尺拖动一条参考线与边手柄对齐，并且从边标尺拖动一条参考线以与顶部和底部的手柄对齐。参考线的交叉点就是中心。

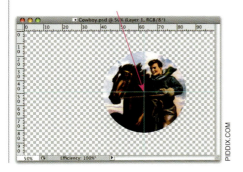

PIDDIX.COM

选择 Move(**移动**)工具时，Layer（图层）菜单中的 Align（对齐）和 Distribute（分布）命令可以自动完成元素间的等距对齐和分布。

Ruler（标尺）工具可以测量两点间的距离或者绘制角度，它们会在 Info（信息）面板中显示。**Photoshop 扩展版**增加了 Count（计数）工具和 Analysis（分析）菜单，以及有关创建图像中刻度、度量或者统计选择区域的其他支持。测量数据存储在 Measurement Log（测量日志）中，这是可以累积并将很多种在科学中有用的测量值导出作为样本对比的面板。Photoshop 扩展版的 Vanishing Point（消失点）滤镜甚至支持在透视图中进行测量，参见第 11 章。

记录操作步骤

在 Photoshop 中执行进程的过程中记录动作不会占用额外的时间和内存，动作可以帮助用户自动调用或执行某种自行研发或者在指导中找到的操作步骤。有的动作能录制但有的动作却不然。例如带颜色的画笔笔触和调色工具就不能录制为动作。在开始录制和应用动作前，请先参见第 3 章中使用动作自动操作的相关内容。

记录操作的另一个途径是使用 Edit History Log（**编辑历史记录**）。与动作不同的是，该记录不支持用户重复操作，但是它可以以文字形式保留对文件所做的所有操作记录。用户可以通过在 Preferences（首选项）对话框的 General（常规）选项面板（Ctrl/⌘+K）中的 Edit Log Items（编辑记录项目）下拉列表中选择记录的详略程度。Edit History Log（编辑历史记录）与文件一同存放。再次打开文件时，它仍旧存在，如果复制文件或者将文件以副本形式保存，它也会随之复制。当用户无法回忆起对文件执行了哪些操作时，便可以执行 File（文件）>File Info（文件简介）命令并且单击 History（历史记录），返回并且阅读日志中的文字。

从错误中恢复

即使用户可以采用图层样式、调整图层、智能对象等，但这样还是无法做到万无一失，用户不可避免地会在 Photoshop 中执行一些需要撤销的操作。Photoshop 具备足够的帮助用户恢复的选项，有了它们，尝试性的调试将变得更加轻松。

Transform（变换）命令对应的选项栏中的数值直观地反应了拖动元素变换框的中心、手柄而发生的变换。用户还可以直接在参数数值框内输入数值执行变换，例如旋转角度以及水平、垂直斜切，如上图。

历史记录面板

History（历史记录）面板会按操作先后顺序依次记录下所有的操作状态。在选择时创建的快照会存储在面板的顶部。"设置历史记录画笔的源" 🖋 图标显示了使用历史记录的工具或命令的当前的源。

历史记录画笔 🖋、历史记录艺术画笔 🖋、橡皮擦工具 🖊 和Edit（编辑）>Fill（填充）>History（历史记录）的源

单击打开面板菜单

最早的快照

最新的快照

最早的状态

状态

当前状态

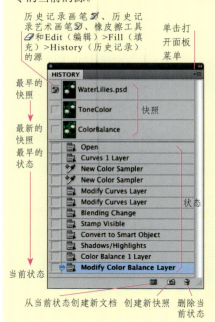

从当前状态创建新文档　创建新快照　删除当前状态

History Options（历史记录选项）对话框中的设置决定了 History（历史记录）面板的操作方式。

还原

Photoshop 中的 Ctrl/⌘+Z 键——Edit（编辑）>Undo（还原）命令的快捷键，可以将操作还原到上一步。History（历史记录）面板可以帮助用户还原更多的步骤。用户可以在该面板内单击相应的状态（更多内容，参见本章节后面的"使用历史记录面板"）或者执行 Edit（编辑）>Step Backward（后退一步）命令回到最近的操作状态（按 Ctrl/⌘+Alt+Z 键）。通过 Preferences（首选项）对话框 Performance（性能）选项面板（Ctrl/⌘+K）中的 History States（历史记录状态）选项来设置用户可以还原多少步。在具有一个以上的文本框或滑块的对话框中可以使用 Undo（还原）操作，按 Ctrl/⌘+Z 键可以还原到上一步设置。

使用历史记录面板

History（历史记录）面板是一个交互式的"事件链"，用户可以基于它恢复到先前的文件状态。该面板可以记录当前操作会话（自打开文件后所执行的操作）的最近状态或步骤，并支持用户逐步恢复操作。实际上，History（历史记录）面板的内存十分有限。为了不占用过多的内存，面板在默认状态下的保存记录为 20 条。用户可以增加保存记录的数量（Ctrl/⌘+K），但是这会占用更多的内存并降低 Photoshop 的运行速度。当关闭文件时，历史记录便会消失。因此，当再次打开文件时，当前的状态和先前创建的所有快照就都丢失了。

历史记录快照并非只是一个步骤，而是文件的一个保存版本，即使它的等效状态是为更多的近期状态腾出空间而消失了，它仍会存在。可以在按住 Alt/Option 键的同时单击 History（历史记录）面板底部的 Create new snapshot（创建新快照）按钮 🖊 来创建一个快照。通常，创建**合并图层的快照**是个很好的方法。

可以通过单击 History（历史记录）面板中的状态缩览图或快照缩览图后退到文件之前的状态。另一种用于部分恢复图像的方法是：首先选择 History Brush（历史记录画笔）工具 🖋，然后单击要用作源的状态或快照左侧的缩览图，再绘图。或者先设置好源再执行 Edit（编辑）>Fill（填充）命令。

单击History（历史记录）面板中的扩展按钮▼≡，在扩展菜单中选择History Options（历史记录选项）命令后，便可将历

除了提供多次还原外，历史记录还可以作为 Art History Brush（历史记录艺术画笔）工具❤️的源。该工具可以将 History（历史记录）面板中的状态当作源，自动依据图像的颜色和对比度等高线绘制出画笔笔触。经过精心设置后，用户便可以使用 Art History Brush（历史记录艺术画笔）工具顺利地完成绘画工作。上图中的苹果就是使用 Wow Art History Brush（Wow 历史记录艺术画笔）预设模仿彩色色粉笔效果绘制而成的。更多有关历史记录艺术画笔工具的实例可参见第 414 页以及第 407 页的"历史记录艺术画笔课程"。

渐隐

在应用滤镜、颜色调整命令或者笔触后、执行其他操作前，可以使用Edit（编辑）>Fade（渐隐）命令来减弱效果或者更改混合模式。在Photoshop具有维持颜色和色调调整以及滤镜的调整图层和智能滤镜前，Fade（渐隐）命令显得更为重要。现在，它可能只在将彩色笔触与周围颜料混合时更为有用。

史记录创建快照的默认操作设置为，在打开文件时Automatically Create First Snapshot（自动创建第一幅快照）处于勾选状态，以及在保存文件时Automatically Create New Snapshot When Saving（存储时自动创建新快照）选项可以自动命名快照。勾选Allow Non-Linear History（允许非线性历史记录）复选框时，还可以通过单击面板中的缩览图退回到较早的状态，并在该状态下进行修改，而不会丢失之后的状态。勾选Show New Snapshot Dialog by Default（**默认显示新快照对话框**）复选框时，在单击面板底部的 📷 按钮后便会自动打开Snapshot（快照）对话框，这样一来，用户便可以为快照命名，并且在需要的时候将From（自）设置为Merged Layers（**合并的图层**）。通常，单击Layers（图层）面板中的 👁 栏切换图层的可视性不会被记录在History（历史记录）面板中。但是若选择Make Layer Visibility Changes Undoable（**使图层可视性更改可还原**）见选项，History（历史记录）面板便会将图层的可视性切换记录为历史状态。Edit（编辑）>Undo/Redo（还原性的）和Edit（编辑）>Step Backward/Forward（后退/前进一步）命令也可以撤销/还原可视性。当关闭文件时，历史记录也会消失。要想永久地记录文件的更改，可以使用Edit History Log（编辑历史记录）。

复位对话框

在任何一个可以设置一个以上值的对话框中，都会有一个Cancel（取消）按钮，按住Alt/Option键可以将该按钮切换为Reset（**复位**）按钮，单击该按钮即可在对话框开启的状态下将所有设置复原到最初的设置状态。

恢复

File（文件）>Revert（**恢复**）命令可以将文件恢复到上次保存的状态。

让 Photoshop 更高效

Photoshop文件通常都很大——图层数量只受计算机容量的限制。大量信息都用于存储那些记录着图像颜色的成千上万个像素。仅打开文件这一简单的操作也会将这些信息传递给计算机的存储器或内存，并占用一小部分计算机的进程。应用特效的计算则更为复杂，它将会更改并计算图像中的所有

像素。以下是确认Photoshop有足够大的空间高效地运作的一些建议方法。

增加内存

在Adobe为Photoshop CS3和CS4列出的系统配置中，要求的最低内存配置为512MB。计算机速度越快，内存越大，Photoshop运行得就越快。在使用Photoshop软件，尤其是使用CS4版本的最新的显卡和OpenGL/GPU加速时会更有效，相关内容请参见第9页。

使用更大的暂存盘

若内存没有足够的空间运行整个文件，Photoshop 就会使用硬盘来扩展内存，这就是俗称的"虚拟内存"，Photoshop 称之为暂存盘。在这种情况下，两个因素将起到决定作用。其一是有多少硬盘空间可供使用，因为在 Windows 和 Mac 中运行 Photoshop 时会分别占用 1GB 和 2GB 的空间。暂存盘与内存的总容量至少为要运行文件的 5 倍。

其二就是硬盘传输的速率，也就是说硬盘数据读取的速率。建议将整个快速的硬盘用作暂存盘。现在硬盘越来越便宜，这无疑也为 Photoshop 提供了一个"大展拳脚"的空间。还可以将大硬盘的一个分区用作暂存盘。另外，因为不用在硬盘上永久存储，所以当空间被划分为小碎片时，硬盘或分区不会生成磁盘碎片，也不需要周期性地运行磁盘碎片整理程序来清理碎片空间以保证 Photoshop 高效运行。

释放内存

如果 Photoshop 运行速度下降，或者程序运行效率低于 100%（参见左栏的"效率指示器"），那么不妨释放内存或采用其他一些不需要占用大量内存的方式运行 Photoshop。

关闭程序。运行Photoshop 时，即使未对其他打开的程序进行操作，开启的其他程序仍旧会占用内存。

减少预设量。加载Layer Styles（图层样式）、Color Gradients（颜色渐变）、Brushes（画笔）或其他预设时，都会占用大量的内存和磁盘空间。因此，明智的做法就是将这些预设文件有条理地存放在易于查找和加载的位置，仅在需要时加载，以减少内存的负荷。第4页的"安装Wow样式、图案、工具及其他预设"就讲述了如何让预设更便于加载。

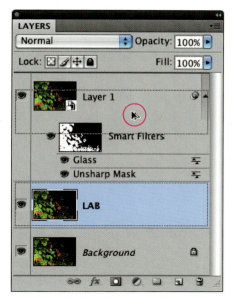

与使用剪贴板（涉及内存）将图层从文件的某个位置复制到另一个不同位置时，要按住 Alt/Option 键并拖动要复制的图层。双箭头而非先前的抓手会显示你正在复制的而非移动的图层。

借助 Image（图像）>Duplicate（复制）命令或者 History（历史记录）面板的"从当前状态创建新文档"按钮 复制文件时，新文件仅进行了命名操作（如上图）而未保存。在复制文件时，最好执行 File（文件）>Save（存储）命令（Ctrl/⌘+S）以对文档进行重命名及永久保存。

清理。运行 Photoshop 时，内存中存储的数据量要远大于在软件中执行命令、操作时涉及的数据量。剪贴板中会保存用户最后一次复制或剪切的内容 。History 面板中则只保留用户在一个文档内最后执行的一定数量的操作记录（参见第 30 页"使用历史记录面板"）。因为用户可能需要在 Photoshop 中同时打开多个文件，程序又要为每个开启的文件保存历史记录，所以这些记录会占用不少的内存，如果不使用暂存盘，那么不妨将剪贴板中占用较大内存的文件以及不再需要的历史记录清除掉。执行 Edit（编辑）>Purge（清理）命令展开子菜单，其中那些以非灰色显示的选项即表示相应的内容已被存储，用户可以选择将它清理掉。当选择清理历史记录时，历史状态将会被删除，但快照仍旧保留。

使用低内耗方式复制。如果内存有限，不妨使用以下几种不会占用剪贴板和内存空间的方法来进行"复制和粘贴"。

- **将选择图层（或该图层的一部分选区）复制为同一文件的另一个图层。**按 Ctrl/⌘+J 键或执行 Layer（图层）>New（新建）>Layer via Copy（通过拷贝的图层）菜单命令。

- **在同一个文件中复制图层**，按 Alt/Option 键将 Layers（图层）面板中的缩览图拖动到面板的图层堆栈中要复制的位置。

- **将选区复制到另一个打开的文件中。**使用 Move（移动）工具 将选区从某个文档的工作窗口拖至另一个文档的工作窗口。在拖动时按住 Shift 键还可以将选区放置在文档的中央。（在 Photoshop CS4 中，如果使用的是选项卡形式的文档，请确认已经阅读了第 23 页的"在选项卡视图下拖曳"，以了解如何在文档之间拖曳。）

- **将文件的图层、通道或快照复制到另一个文件中。**从源文件的图层、通道或 History（历史记录）面板中将它们拖动到新文件的工作窗口中。（在 Photoshop CS4 中，如果使用的是选项卡形式的文档，就不可能执行，这时不是选择面板中的图层、通道或者快照，而是从文档窗口本身拖动。完整的指令参见第 23 页的提示。）

- **将整幅图像复制为一个新文件。**执行 Image（图像）>Duplicate（复制）命令可以以保持原图层状态的方式或者以合并图层的方式进行复制。

Photoshop 文件

打印输出的 Photoshop 文件或屏幕上显示的 Photoshop 文件通常都是由多种元素组合而成的图片。Layers（图层）面板为用户提供了一个查看文件组成以及读取文件各个组成部分的方式。

在此，以第 9 章"为图像添加文字"的最终效果文件为例来讲解大多数 Photoshop 文件中的元素在 Layers（图层）面板中的显示方式。

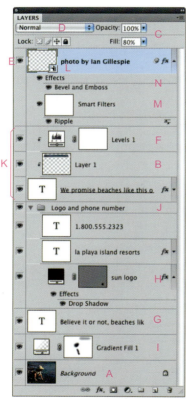

构成 Add Type-After.psd 文件的多个图层。

背景图层

ORIGINAL PHOTO: IAN GILLESPIE

Background（背景）图层 A 是既不带透明度调节也未应用图层样式的基于像素的图层。因为已被锁定，所以它不能被移动、旋转或缩放。扫描图片和数码照片通常只有一个背景图层。双击背景图层，即可设置图层的不透明度。并非所有分层的 Photoshop 文件都有背景图层，但只要背景图层存在，它一定位于图层堆栈的最底端。

透明图层

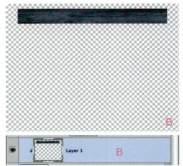

除背景图层外，其他**基于像素的图层**的**透明度**均可进行调节。在 Photoshop 中，透明图层在屏幕中以灰色的棋盘格图案显示。图层 B 中存放着背景图层的一部分副本。除部分图像外，透明图层还可以保存受 Photoshop 着色、绘画和图像编辑工具影响的像素。

ORIGINAL PHOTO: IAN GILLESPIE

如果你想打开文件并且跟随正文步骤操作，可以在随书附赠光盘中的 Wow Project Files > Chapter 9 > Add Type 找到该文件。

 Add Type-After.psd

不透明度、混合模式及可视性

除背景图层（background）外的其他图层均可调节 Opacity（不透明度）和 Fill（填充）不透明度 C（这两种不透明度的区别参见第 573 页），也可以更改混合模式 D（用于设置某一图层的颜色如何作用于其他图像）。不透明度和混合模式可以反复调节，而不会损伤图像。还可以通过反复单击 ◉ 图标 E 来切换图层的可视性。

调整图层

调整图层是基于指令的图层。它在图像中充当改变其下方图层的色调和颜色的角色。例如，该文件中的 Levels（色阶）调整图层 F 用于加亮其下方图层的图像。调整图层有一个可编辑的用于调整图层效果的内置蒙版（参见右栏中的"蒙版"）。可以随时打开调整对话框并更改调整设置，因此，用户可以借助它轻松、灵活地调整色调和颜色。Layers（图层）面板中的各种调整图层（色阶、曲线等）都对应着一个特定的符号，但是如果文件的高宽比值非常大（即高度远远大于宽度），则所有的调整图层将均采用一个通用的符号 ◐ 来表示。

文本图层

在 Layers（图层）面板中，**文本图层**以字母 T 显示，并存储着可编辑的文字。例如要改变图层 G 中的文本，需要选择并编辑文字。还可以改变文本的字体、大小、其他特征或者重塑填充区域。在每个文本图层中，文字要么被同时设置为一条直线，要么被设置为自动弯曲的段落。文字还可以被封闭在一个形状内或者被设置为随着路径摆放，就像是文字围绕着文件中的圆形 LOGO 一样。

形状图层和填充图层

形状图层和填充图层都是基于指令的图层。它们用于指示纯色、渐变色或图案如何应用至图层。这些指令可以在不干扰任何像素的情况下进行改变。内置的蒙版可以控制颜色、渐变色或图案的显示。在该文件中，右下角的太阳 LOGO 是一个形状图层 H，渐变填充图层用于加亮图像右侧以增强文本块的可读性。

蒙版

用户可以在不进行删除的情况下使用蒙版隐藏部分图层，因此可以根据需要轻松地通过更改蒙版来显示被蒙版遮盖的部分。除背景之外的所有图层可以拥有两个蒙版：一个基于像素的图层蒙版和一个基于指令的矢量蒙版。位于渐变填充图层之上的**图层蒙版** I 可以保护脸、手和标题后部的区域免受因白色渐变的影响而产生变亮的效果——此白色渐变用作段落文字的底色。形状图层上的**矢量蒙版**用于定义 LOGO 的形状，矢量蒙版可以在不柔化清晰边缘的情况下进行缩放和旋转。

组

在此使用的仅用来帮助管理 Layers（图层）面板，让它更加紧凑 J。此处的组处于展开状态，可以单击文件夹图标 ▢ 左侧的箭头切换组的关闭和开启状态。对组应用蒙版时，会作用于组中的所有图层。

剪贴组

剪贴组是一个将剪贴图层用作上部图层的一类蒙版的构造。例如，文件中使用的剪贴组可以使用图像来填充标题文字 K。该文字是剪贴图层，它遮盖（或者剪贴）了图像图层与调整图层，支持图层仅在文字"字迹"内显示。与图层蒙版和矢量蒙版相似的是，剪贴组也不具"破坏性"，详细内容参见第 65 页。

智能对象

Smart Object（智能对象）是一个"包裹" L，好比一个可以保护一个或多个图层（智能对象的内容）免受多次缩放、旋转或者其他变形的文件中的文件。它可以累积变形指令并且将它们转换成一次变形操作应用于包裹。它还包含原始文件的一个副本，允许用户返回变形前的状态。要更改包裹的内容，智能对象必须在开启状态下进行更改，接着再保存，先前应用的多个变形会自动应用到新的内容上。在此，内容是拍照人名单。

智能滤镜

滤镜可以被当作智能滤镜 M 应用于智能对象。智能滤镜设置也是可编辑的，并且滤镜可以被移动，设置被更改后，滤镜原有的效果将不会有任何残留。在这个文件中，因为 Ripple（波纹）滤镜被当作智能滤镜使用，所以滤镜的设置可以更改。智能滤镜效果的混合模式和不透明度也可以被更改。这就好比滤镜被应用于图层上方的一个副本，接着该图层的混合模式和不透明度会被更改。对于被添加到某个智能对象的智能滤镜（可能有多个）而言，这仅是一个蒙版。它可以被用来限制智能对象受组合的智能滤镜的影响程度。

近距离查看

如果图层包含多个小项目，并且想在Layers（图层）面板中放大查看，可以单击面板的扩展按钮▼☰，在弹出的扩展菜单中选择Panel Options（面板选项）命令，在打开的对话框中单击Thumbnail Contents（缩览图内容）选区的Layer Bounds（图层边界）单选按钮。

图层样式

Layer Style（图层样式）支持除背景图层之外的所有图层的颜色、纹理、尺寸和光照。第 80 页的"图层样式"是有关如何使用图层样式的说明。在 Layers（图层）面板中，样式由 *fx* 符号表示。用户可以通过单击紧挨着▼的 *fx* 展开样式列表查看，或者关闭列表以让面板更紧凑。在该图像中，标题文本及 Logo 添加了斜面和浮雕图层样式，为照片添加了雕塑感 N。

■ 《经典茶》(Retro Tea)、《艺术茶》(Deco Tea) 以及
《咖啡茶》(Espresse Tea) 是插图画家 Michel L. Kungl 为
Haddad´s Fine Arts 创作的 3 幅插图。在创作这几幅插图
时，Kungl 将 Art Deco 中轮廓分明的棱角和渐变与自然介
质所具有的纯朴质感和松散的纹理相结合。首先，Kungl 用
铅笔勾勒出茶壶的线条，然后再分别用 Adobe Illustrator、
Photoshop 以及 Corel Painter 这 3 个软件进行 3 幅插图的创
作。具体的操作步骤是：首先在 Illustrator 文件中描出轮廓，
然后切换到 Photoshop 中的 Alpha 通道。(此过程的更多细
节可参见第 155 页。) 在将文件以 Photoshop (.psd) 格式
保存后，用 Painter 打开该文件，并将 Alpha 通道用作蒙版，
以便在对多个图层使用 Painter 卓越的画笔和渐变填充工具
时，可以对色彩和纹理进行控制。最后，保存该文件 (仍旧
为 PSD 格式)，并再次用 Photoshop 打开保存过的文件，进
行色彩的调整。一切就绪后，只需将该文件转换成 CMYK
格式就可以打印了。

混合模式的兼容性

尽管 Photoshop 和 Painter 有很多相同的混合模式，但是
它们还存在一些各自特有的混合模式，即在一个软件中打
开另一个软件制作的文件时，特有的混合模式将不能顺利
应用至新的软件中。此时就需要融合部分图层，以便在两
种程序进行切换时，可以保留颜色之间的关联。

■ 为了完成画作《托斯卡纳的山脉》(Hills of Tuscany)，他使用了一种自己研发的快速、简洁的"减淡-加深"装饰系统。当需要精确地显示绘画作品抑或照片中的颜色和对比度时，这种技法非常有效。

如 A，Wainer 先是从原始画作着手，应用一个"简化的"滤镜以创建一个艺术的效果。此技法与在第 424 页的《北安普顿雾中的船》(Boats in Fog, Northampton) 中使用的技法相同。

接下来，应用一个选取颜色调整图层▼来降低背景中的绿色山脉以及前景中的草地的色调，仅调整 Greens（绿色）范围，通过添加互补色（洋红）来中和绿色。

多次复制小建筑物上的窗户为两栋建筑物添加更多的窗户。接着，通过以

下步骤改善构图：选择建筑物、执行 Edit（编辑）>Transform（变换）>Scale（缩放）命令将它们拉长，并且将 History Brush（历史记录画笔）工具 ✎ 设置为预变换状态以修复拉伸的建筑物周围的区域▼。

Wainer 选择天空，将其他照片中选择和复制的天空粘贴到此，并且复制了一些云。▼他使用大号的柔和的白色 Brush（画笔）工具 ✎ 和较低的 Opacity（不透明度）为山坡添加雾气。▼使用几种带有不同混合模式的蒙版调整图层对整体的对比度和颜色进行最终的调整，如 B。▼在创建构图时，他使用了多个单独的图层，之后执行 Layer（图层）> Flatten Image（拼合图像）命令将多个图层合并到单个的背景图层中。

▼ Wainer 使用一种事先记录好的 Action

（动作）添加需要减淡和加深的多个图层，▼因此他之后可以接着进行随意的可以呈现颜色和对比度的绘画。该动作添加了 3 种曲线调整图层，每个图层都带有黑色（遮盖所有）蒙版并且各个图层都采用了不同混合模式：一个图层采用 Multiply（正片叠底）模式（以加深），一个图层采用 Screen（滤色）模式（以增亮），另一个图层采用 Hard Light（强光）模式（以增加颜色强度与对比度）。▼如果想不执行动作而做到此，可以在按住 Alt/Option 键的同时单击 Layers（图层）面板底部的 Create new fill or adjustment layer（创建新的填充或调整图层）按钮 ⊘ 并且选择 Curves（曲线）添加第一层。使用 Alt/Option 键创建一个带黑色填充蒙版的调整图层。按 Ctrl/⌘ 键两次复制两个图层，并且为这 3 个图层更改混合模式。基

A

B

A

B

C

滤色

强光

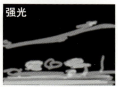

正片叠底

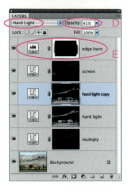

D

E

于所使用的图像和所需的颜色，可能需要尝试不同的对比度模式，例如，Overlay（叠加）或者 Soft Light（柔光），而不是 Hard Light（强光）。这 3 种没有对曲线进行任何调整的 Curves（曲线）图层，在选择了各个混合模式时，与将图像自身的 3 个成更多的副本堆叠在一起的效果相同。

Wainer 文件中的黑色蒙版将曲线图层的加深、减淡和颜色效果遮挡了。不过，现在他可以使用一支更柔软的白色 Brush（画笔）工具 随意地绘制蒙版，如 C，以在理想的位置显示这些效果。当需要更多的颜色增强效果而非单一的 Hard Light（强光）效果时，Wainer 先在 Layers（图层）面板中选择 Hard Light（强光）图层并且按

Ctrl/⌘+J 键复制它。现在效果太强了，因此可以减少新图层的 Opacity（不透明度），并且使用黑色颜料在蒙版的一些浅色区域上绘制，使用较低的 Opacity（不透明度）减少这些区域中的新图层的效果，如 D。

为了完成图层，Wainer 在图层堆栈的顶部添加了一个边缘加深的图像图层（过程详请参见第 279 页）并且使用黑色绘制蒙版以删除边缘模糊部分的加深部分，如 E。

■ Photoshop 在 Betsy Schulz 获奖的建筑马赛克作品中扮演着必不可少的角色，这幅作品位于加利福尼亚圣地亚哥市"Sapphire Tower（蓝宝石）"住宅共管开发的 9 个街边的柱子上。在广泛地研究了圣地亚哥历史以及咨询了圣地亚哥的历史协会、Sycuan Band of the Kumeyaay 民族、Barona Band of Mission Indians 等组织后，Schulz 确定了 9 个历史时期，收集了照片和其他艺术作品，并且草拟了用来描述各个时期的文字。在 Photoshop 中，她为每个柱子制作了

一个带有顶层"框架"的文件，这个"框架"代表用来将马赛克安装到柱子上的部件，如 A。接着，她又制作了拼贴，如 B，通过模板观察作品，以查看柱子的各个面，如 C。在整个项目中，Schulz 让文字保持可编辑状态，以便可以轻松地更改文字以回应评论员的意见或者按设计需要更改大小和字体。

当设计准备好后，Schulz 为客户制作了平版彩色印刷和小型的折叠卡片式的柱子模型。为了确定设计的大小和体积无误，Schulz 的团队还用夹板制

作了一个大小相当的柱子。当第一根柱子的设计完成并通过之后，她在 FedEx Kinko 按照 4 根柱面的完整尺寸进行打样并且将它们粘到柱子的模型上以查看效果。

为每根柱子制作两组黑白模板，一组是成品大小，另一组比完整的尺寸大 12.5%，被平铺在 Schulz 工作室内的大桌子上。更大的那些纸张被装在木制的框中并安放到石膏板上，充当一个用来安放制作马赛克部件的基底，如 D，以允许在烘烤时缩放。采用平板轧辊制作的粘土板可以被安放在

模板上并且按照设计的大小切割。拼贴画中的一些作品和扫描照片通过照片处理程序从Photoshop文件中输出为100~300网屏，以便将釉下彩直接打印在已经使用画笔应用了背景色的湿粘土之上，如 E 。Schulz称丝网印刷过程与在织物上印刷相似。她使用可以与丝网配合得到精细纹理的Duncan Concepts CC和CN釉下彩，

这两种釉下彩可以在粘土干的时候随着粘土一同收缩，它们满足建筑陶瓷高温烘烤的需求，并且提供了较广的色谱。Schulz凭经验学会了如何设置Photoshop的Curves（曲线）调整，以得到釉下彩的适当覆盖范围的高对比度。在设置最终的釉下彩密度时，她一边在丝网上绘制，一边改变橡胶滚轴的角度，并用X-Acto刀将粘土

切割成任意的拼贴块。所有的拼贴块被绘制、造型并烧制过后组装在Schluter模版上，再使用铝制框将其固定在水泥板上，然后使用砂浆将这些瓦片粘合起来并用薄泥浆填塞，如F、G和H。将这些板子搬运到安装地点，使用砂浆将其安装在柱子上，并且使用建筑用环氧树脂将铝制框固定好，如I。

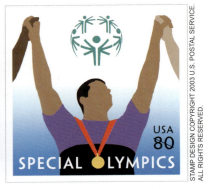

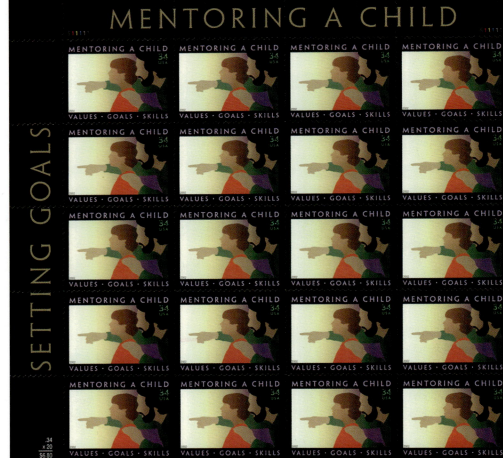

■ Lance Hidy 的插画技巧中结合了传统绘制方法以及 Photoshop 和 Adobe Illustrator。在为美国邮政部门设计指导残奥会纪念邮票时，Lance Hidy 先是从摄影开始。在定下了用作 Mentoring 邮票的形态后，他便着手拍了十几张彩色照片，并且要求模特在拍摄时不停地变换姿势，而他在拍摄时也不断地轻微调整每次拍摄的角度。Hidy 说："对于我来说，摄影的作用远大于参照，我已经把我的作品当成了摄影。实际上我在摄影时对图像进行了拼合，并弱化了细节，而保留摄影的基本元素。"

他从打印好的照片中选出了一张与创作主旨和构图极其吻合的照片，如 A。Hidy 勾勒出重要的形状（一种方法是在 Photoshop 中打开照片并且使用压敏的数位板和压感笔，使用 Pencil（铅笔）工具 ✏ 在照片上方的单独的透明图层中勾画）。Hidy 关闭照片的可视性，仅让线稿可视，如 B。接着使用 Photoshop 的选择工具和填充工具将扫描文件绘制成邮票设计稿。为插画的背景添加一个空白图层，并且使用 Gradient（渐变）工具 ■ 使用自定义"白-黄-紫"渐变色来填充，表现象征着小孩未来的光线。在早期的草图中，他使用实色填充所有的位置，

如 C。▼ 使用 Paint Bucket（油漆桶）工具 ⬦ 填充黑色线稿周围的区域时，应勾选 Contiguous（连续的）复选框以将每次的选区限制为一个线条封闭的区域，取消勾选 Anti-alias（消除锯齿）复选框以防止在边缘创建部分填充的像素，如果放大的话，便可以看到边缘存在像素化或者锯齿状的情况。但是在印刷插画中，像素并不明显。这是因为 Hidy 是以最终完稿的尺寸或者更大的尺寸、约两倍于半调印刷网屏分辨率的分辨率绘制的，因此是半调网屏而非像素决定打印边缘的光滑度。▼（颜色填充和渐变填充的备选方法参见第 421 页的"填充图层的优点"。）

填充完图形后，他先是选择黑色的边线，再在精绘边线时为当前选区填充颜色，接着使用 Pencil（铅笔）工具 ✏ 扩展两种颜色交汇处的图形（可根据需要扩展两个中任意一个或同时扩展两个）。

在邮票的最后版本（如上一页图）中，Hidy 通过为除男孩衬衣外的所有图形添加渐变来加强原本含蓄的光线效果，之所以不对衬衣添加渐变是因为它本身的鲜艳色调也能发光。

最后添加 Adobe Penumbra 字体的文字，完成邮票设计。在邮政部门提供的 Adobe Illustrator 模板的基础上，Hidy 还为邮票票面设置了文字，并将文字放在邮票的镶边处。之后，他又采用同样的方法设计了残奥会邮票。

知识链接

▼ 将线稿隔离在透明图层　第 483 页

▼ 半色调印刷的分辨率　第 105 页

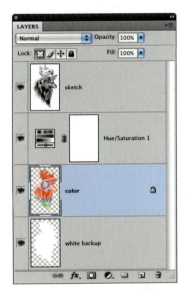

■ Bruce Dragoo 的 "《首领》（Chief）" 源于雪茄烟公鸡的铅笔素描。尝试使用各种不同的艺术媒介作画的 Dragoo 说："我喜欢的绘画媒介是石墨，但是它并不是我要找的。"

受到朋友的宽幅 Epson 打印机的打印品质的启发，Dragoo 扫描了他的铅笔素描，并且使用 Photoshop 来添加颜色。他将扫描作品的混合模式设置为 Multiply（正片叠底）并且在下方添加了多个图层。

Dragoo 使用 Magic Wand（魔棒）工具选择背景，▼按 Ctrl/⌘ +Shift+I 键反选选区以选择公鸡，并且使用白色填充选区，以充当基色。在为图层上色时，制作一个"夹纸框"以限制之

后应用的颜色。一种方式是按 Ctrl/⌘ +J 键复制白色的基础层，再单击 Layers（图层）面板顶部的☑锁定新图层的透明度。

他选择 Gradient（渐变）工具▣，并在选项栏中单击 Radial Gradient（径向渐变）按钮。从弹出的渐变拾取器中选择 Spectrum（色谱）渐变，从视线的中心向外拖动。▼

使用 Brush（画笔）工具✏并且在设置选项栏 Airbrush（喷枪）选项后在颜色图层绘制高光。为了打破平滑的喷枪颜色外观，他还随意地用一些细小的硬的画笔尖涂抹了白色颜料，并且在脖子部位添加了一些其他颜色的细小笔触。

在给扫描的石墨素描上色时，Dragoo 使用了百分百强度的明亮色彩。他说："这可以使查看变得更加容易。"为了得到更柔和的颜色，他又在颜色上添加了一个色相／饱和度调整图层，降低 Saturation（饱和度）并且提高 Lightness（亮度）。▼

Photoshop基本技法

2

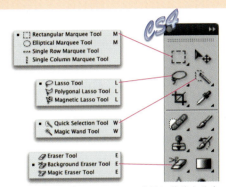

此处显示的工具以及 Select（选择）菜单中的命令主要用于选择图像——将部分图像分离出来以便用户可以单独对其进行更改或者防止它被更改。另外，还可以用 Pen（钢笔）工具绘制可以转换为选区的路径（第 454 页的"钢笔工具"详细讲述了这些工具的操作方法）。

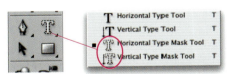

Type Mask（文字蒙版）工具用于在无法存放非栅格化文字的图层蒙版和 Alpha 通道中设置文字。在输入文字时，所有的常用文字工具均可用，但是结束输入后，文字将会变为当前选区，并处于不可编辑状态。第 7 章讲述了如何使用 Type（文字）工具，第 639 页还讲解了使用 Type Mask（文字蒙版）工具的实例。

某些特定的操作几乎在所有的 Photoshop 程序中都会用到，例如，使用基于画笔的工具、选择、应用蒙版、混合以及变换图像和重设对象大小。还有一个重要的操作是使用智能对象和智能滤镜，以及应用图层样式等。所有的这些技术都将在本章中介绍。

基本技法

下面的简述以及本章后面的练习都会讲解到选择、蒙版和变形。练习中还会简介画笔、智能对象、智能滤镜和样式，之后，本书还会对它们进行更完整的介绍。例如，第 6 章"绘画"将讲解高级的画笔笔尖设计和操作，第 5 章"润饰照片"和第 8 章"文字和图形特效"中讲解了个性化图层样式的操作。

选择

大多数用户在 Photoshop 中都会先告诉程序想对图像的哪个部分施加影响。在着手创建选区时，首先应在 Layers（图层）面板中通过单击缩览图来选择图层或蒙版。为了将更改限制在选中的图层或者蒙版中的特定部分，你可以选择它的一部分。了解选区的制作、删除、存储和调用的细节是成功地进行图像编辑和合成的基础。

下面列举一个不错的通用的选择方法。

1 绘制选区，尽你最大的能力定义想隔离的区域。

2 按需修复边缘，并且填充内部所有未选区域。Quick Mask（快速蒙版）模式（第 60 页）在此操作中非常有用。

如上图所示，在绘制一些很难选择的区域时，可能会失败。

你可以通过绘制和擦除红色的快速蒙版来清理边缘和未选区域以增减选区。

使用 Refine Edge（调整边缘）命令可以改善边缘的质量。

当边缘被平滑处理并且使用 Refine Edge（调整边缘）命令轻微柔化后，可以将选区保存为灰度蒙版，可以是 Alpha 通道或者图层蒙版。

3 定义边缘。 执行 Select（选择）>Refine Edge（调整边缘）命令（第 59 页）或者使用 Photohsop CS4 的蒙版面板（第 63 页）细化边缘，让它更平滑、清晰、柔和或者稍大、稍小。

4 以更持久的方式保存选区。 可以将它保存为 Alpha 通道（参见第 60 页）。该选区可以被转换为限制特定图层隐藏或者显示程度的图层蒙版（参观第 62 页）或者一个单独的图层（参观第 66 页）。

绘制选区

基于像素的图层选区和蒙版选区不但可以通过 **Select（选择）** 菜单、**Extract（抽出）** 命令 [在 Photoshop CS3 中该命令位于 Filter（滤镜）菜单中，但是在 Photoshop CS4 中，如果要使用它需要专门添加，参见第 57 页的"抽出滤镜"）以及 **选择工具** 来选取，还可以在 Layer Style（图层样式）对话框的 Blend If（混合颜色带）选项中选择或者通过修改文件的某个颜色通道——例如 RGB 图像的 Red（红）、Green（绿）、Blue（蓝）通道来选取。

某些工具和命令可以 **程序化** 绘制选区，所谓程序化是指基于图像中的诸如颜色或亮度等图像固有信息来绘制。而其他工具和命令则支持用户 **手绘** 选区。程序化方法通常更快、更精确。有时最好的选择方式是基于一种选择方法选择，然后使用其他工具或命令来增减选区。第 58 页的"修改选区"就详细讲解了如何完成变化。

选区的边缘可以是突兀的和"锯齿状的"（每个像素要么就被完全选择，要么就未被选择），可以是 **消除锯齿的**（将边缘像素的透明度稍稍提高以平滑边缘）或者羽化的（带有明显的部分透明的柔化边缘）。

当前选区在屏幕中以闪动的虚线边框显示。如果使用工具单击选区边界的外部，闪动的虚线会消失，选区也随之消失。如果突然丢失了选区，并且错过了撤销的机会，▼有时可以在进行另一个选择之前通过执行 Select（选择）>Reselect（重新选择）命令快速地恢复丢失的选区，但是更持久的保存选区的方式是保存它。

知识链接

▼ 撤销最近的操作
步骤 第 29 页

在默认的 Add to selection（添加到选区）模式下，使用 Quick Selection（快速选择）工具用连接的、弯曲的笔触选择了人物的大部分，绝大多数的背景未被选中。

使用较小的画笔笔尖添加少许的点以选择遗漏的头发，接着，可以在 Subtract from selection（从选区减去）模式（此处显示的模式）下删除部分不小心选中的背景。选区现在已经准备好，可以用来进行第 59 页的 Refine Edge（调整边缘）操作。

每个选择工具和命令都有自己的优点和缺点。需要依据选区的特点来判定到底使用哪种工具或命令——例如，选区是规则选区还是几何选区？选区是单一颜色还是有多种颜色？选区与背景图层存在着鲜明的对比还是与背景颜色相似，抑或是部分存在对比而其他的相似？接着再选择工具、命令或结合几种方法来完成此项工作。下面的章节将介绍 3 种选择区域的方法："根据颜色选择"、"根据形状选择"以及"根据颜色和形状综合选择"。另外，还有一种新的 Quick Selection（快速选择）工具。

神奇地选择：快速选择工具

Quick Selection（快速选择）工具的选择效果非常神奇，可以用来尝试将对象从背景中隔离出来。

使用快速选择工具可以随意地绘制要选择的区域，进一步工具进行描绘可以扩展选区。在单击或者拖动前，在选项栏中勾选或取消勾选 Sample All Layers（对所有图层取样）复选框，可以控制选区基于单一图层还是基于所有绑定在一起的可见图层。该工具借助涂抹和绘画笔触来扩展选区的边缘，以包含与已选区域颜色和纹理相匹配的连续（邻近）区域，当它识别出边缘时便会停下来。

该工具的笔触是圆形的，中心是一个十字线。使用该工具的步骤如下：定位光标使十字线位于要选择的对象上。在单击拖动之前，确定圆形的笔触完全位于要选择的区域内。如果要缩小光标的尺寸，可以使用左方括号键 [，或使用 Photo-shop CS4 的动态尺寸设置。▼接着单击或者拖动使笔触位于需要选择区域的上方，不让圆形光标穿过任何需要保留的边界。现在，选区是可编辑的，Quick Selection（快速选择）工具默认添加选区而非重选。通过单击或者拖动持续地添加选区。如果不小心选择了一些不需要的对象，还可以在使用该工具的过程中配合 Alt/Option 键来取消该区域的选择。

知识链接

▼ 重新设置画笔笔尖的大小 第 71 页

勾选 Auto Enhance（自动增强）复选框可以使用更平滑的边缘进行更大范围的选择，代替之后要使用的 Refine Edge（调整边缘）命令进行细化（参见第 59 页）。

在持续使用 Quick Selection（快速选择）工具创建选区时，该用户可以使用Magic Wand（魔棒）工具检查轮廓图，确认它的背景没有噪点，或者通过检查投影或者发光等来查看它们的作用范围：在Magic Wand（魔棒）工具选项栏中将Tolerance（容差）设置为0，并确认未勾选Anti-aliased（消除锯齿）复选框，勾选Contiguous（连续）复选框，单击背景。之后虚线框将会勾勒出颜色变换的边界，所有杂散的颜色会在背景中以杂点的形式显现出来。

Star.psd @ 50% (Color Fill 2, RGB/8)

如上图所示，Magic Wand（魔棒）工具可以帮助用户查看柔化效果的延展区域。它也可以帮助用户发现背景中不易为人发现的噪点。

Magic Eraser（魔术橡皮擦）工具选项栏与Magic Wand（魔棒）工具选项栏相似。实际上，前者与后者的操作也相似，不同的是前者用于擦除，而后者用于选择。此擦除操作是破坏性的——它会删除像素并使用透明像素来替代。

工具看似越来越了解你的选择，它能够选择比先前更复杂的区域。当它达到一定境界时，如果不小心让光标轻微地偏离到了要保留的边缘上，它会意识到这是一个错误。如果你第一次单击就接触到边缘的话，那么此时它就会选择所有的边（不是你要选择什么，而是它能识别什么），如果是在进程中不小心单击了边缘，工具才会把它看成是无意识的行为，这基于先前的选择和取消的选择。

如果选区错误，需要整个重选，可以单击选项栏最左侧的New selection（新建选区）按钮放弃当前选区。如果发现正在进行取消选择、重新选择，甚至是重新开始大量的选择，就会有些迷茫，因为很难预测在使用该工具单击或者拖动时会发生什么，可能对于工具而言，对象和背景之间有太多共享的有效颜色、纹理，这时更好的方式是使用可以直接绘制选区边缘的控制工具。（参见第54页的"根据形状选择"）。或者让选区保持略粗糙的状态，并且使用Quick Mask（快速蒙版）或者Refine Edge（调整边缘）功能来清理（参见第58页）。或者，将光标设置为合适的尺寸，更轻松地选择你所需的区域，或者选择不需要的区域然后反选，并且在合适的位置开始另一个选区（或者取消选区）。

根据颜色选择：魔棒工具、魔术橡皮擦工具、色彩范围和颜色通道

Photoshop的Magic Wand（魔棒）工具和Select>Color Range（色彩范围）命令可以用于选择所有像素具有一致颜色的选区。不同的是，Quick Selection（快速选择）工具可以通过添加与单击之处相邻的选区扩大选区，而Magic Wand（魔棒）工具和Color Range（色彩范围）命令可以选择不连续的区域。选区也可以基于**颜色通道**进行创建。

Magic Wand（魔棒）工具。在选择单一颜色区域或者要在一幅图像中选择少量相似色填充的区域，同时又不想选择那些同色杂点时（例如，如果想在一大片绿色叶子中选择几朵紫色的花朵，但并非所有的紫色花朵），使用Magic Wand（魔棒）工具是一种不错的快捷方式。用Magic Wand（魔棒）工具单击要选择的颜色像素。默认情况下，Magic Wand（魔棒）工具处于**Contiguous（连续）**模式，所以只要颜色不中断，所有被单击的像素以及与之颜色相同的像素

Magic Eraser（魔术橡皮擦）工具❤️、Background Eraser（背景橡皮擦）工具❤️和Extract（抽出）滤镜都是通过擦除要保留区域外的部分图像进行选择，而不是通过创建蒙版来隐藏各部分，保留它以使改变主意时恢复它。不过，可以避免这些方式带来的损伤。

1 复制要选择的图层。

2 关闭原图层的可视性并且在复制图层上应用损伤性方式。

3 在复制图层上完成选取后，Ctrl/⌘＋单击 Layers（图层）面板中的缩览图。

4 打开原始图层的可视性，在Layers（图层）面板中单击它的名称选择它，并且通过单击 Layers（图层）面板底部的Add a mask（添加蒙版）按钮➕添加一个图层蒙版。

5 关闭复制（擦除的）图层的可视性。

现在，可以随意地定义图层蒙版。可以让调整后的选区存储在复制图层的透明区域。

选择Sampled Colors（取样颜色）并保持Fuzziness（颜色容差）默认设置，取消勾选Localized Color Clusters（本地化颜色簇）复选框，使用吸管工具单击蓝色气球，再使用Add to Sample（添加到取样）工具选择所有的蓝色气球。

都会被同时选中。按住 Shift 键的同时单击具有相同颜色的区域，则可以在已有的选区上添加新的区域。取消选项栏中 Contiguous（连续）复选框的勾选，则可以使用 Magic Wand 工具**选择整幅图像中颜色相同的所有像素**。

在选项栏中将 Tolerance（容差）设定为 0~255 之间的任意数值可以限定魔棒工具在选择的**色彩范围**。容差值越低，颜色范围越小。可以通过勾选或取消勾选选项栏中的 **Sample All Layers（对所有图层取样）**复选框来限定是基于单个图层还是所有可见图层的颜色进行选择。默认状态下，Magic Wand（魔棒）工具的选区是消除锯齿的，即选区的边缘是**平滑的**。用户可以根据需要自行决定是否选择该选项。

Magic Eraser（魔术橡皮擦）工具❤️，是 Magic Wand（魔棒）工具的"手足"。两者的操作原理相同，只是 Magic Eraser ❤️操作过程具有破坏性——它会擦掉所有"选择"的内容。

Color Range（色彩范围）。Select（选择）> Color Range（色彩范围）菜单命令与 Magic Wand（魔棒）工具相比更为复杂，它比 Magic Wand 具有更强的**可操作性**，并能**更清晰地显示选区的内容**。在默认状态下，Color Range（色彩范围）对话框的小预览窗口会给出选区的灰度图。白色区域代表选中，灰色区域代表部分选中，随着颜色的不断加深，被选的区域越来越少，黑色则表示未选择该区域。与使用 Magic Wand 选择时出现的带规则边缘图像相比，由多个灰度等级标识的图像的信息量更丰富。可以从对话框底部的 Selection Preview（选区预览）下拉列表中选择如何在更大的文档窗口中查看选择的区域。

Color Range（色彩范围）对话框中 **Fuzziness（颜色容差）**设置与 Magic Wand 中的 Tolerance（容差）设置相仿，但是前者更易操作。这是因为前者可以通过拖动滑块来定义任意色彩范围，并且预览窗口会立即显示出变化的效果。如果将值设定在 16 以上，则可以避免选区出现毛刺边缘的现象。如果必须将值设置在 16 以下，则可以在之后使用 Refine Edge（调整边缘）平滑所有的边缘。

可以在Color Range（色彩范围）对话框顶部的Select（选择）下拉列表选择颜色标准。若要基于从图像中采样的颜色选

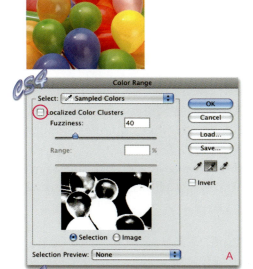

择，应选择Sampled Colors（取样颜色）。对Color Range（色彩范围）取样功能可见的在屏幕中亦可见。如果想忽略某些图层，可以在图层面板中关闭它们的●图标。在Photoshop CS4中，可以决定开启或者关闭Localized Color Clusters（本地化颜色簇），而单击的结果取决于该复选框是否被选中。

- **如果未勾选**，那么选区会延展到整个图像中，就像是在取消勾选 Contiguous（连续）复选框时单击 Maygic Wand（魔棒）工具。

- **如果已勾选**，则 Range（范围）设置会决定从离单击点起多远开始查找取样颜色。Range（范围）设置是文档更大尺寸的一个百分比——不是宽度就是高度，它决定了 Color Range（色彩范围）查找取样颜色所在的围绕单击点的柔和边缘的圆形区域。

基于当前选区扩大或缩小色彩范围，可以通过单击并拖动带 + 或 - 的吸管工具来添加新颜色或减少颜色实现。也可以在按住 Shift 键或 Alt/Option 键的同时使用最左侧的吸管工具单击来添加或减少选区。同样，在 Photoshop CS4 中，Localized Color Clusters（本地化颜色簇）也有影响：这些设置不仅影响单击点周围的半径，还影响是否仅选择单击的两种颜色（勾选 Localized Color Clusters）或者取样颜色之

设置取样大小

打开Color Range（色彩范围）对话框后，右击/按住Ctrl键单击工作窗口，可以在弹出的快捷菜单中设置取样的大小。

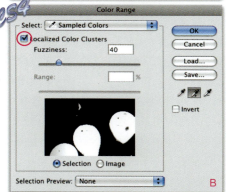

当所有的蓝色气球被选中后（参见前页），在Photoshop CS3 或者 CS4 中，当 Localized Color Clusters（本地化颜色簇）处于未勾选状态时，如图 A 所示，使用 Add to Sample（添加到取样）工具单击黄色的气球不仅会添加黄色气球，而且还会将部分绿色气球添加到选区，因为绿色位于蓝色和黄色的色谱之间。在 Photoshop CS4 中，当 Localized Color Clusters（本地化颜色簇）处于勾选状态时，如图 B 所示，可以添加第二种颜色范围（例如黄色）而不选择中间颜色。

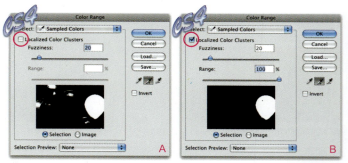

使用Color Range（色彩范围）的吸管工具和Add to Sample（添加到取样）工具选择黄色的气球，将Fuzziness（颜色容差）设置为20以减小其他被选中颜色的范围。在Photoshop CS3或者在CS4中的Localized Color Clusters（本地化颜色簇）处于勾选状态时，一些橘色和浅绿色也会被选中，如图 A 所示。仅是勾选Localized Color Clusters（本地化颜色簇）复选框会限制选区，如图 B 所示，甚至减小Range（范围）以限制区域。减小Range也会删除左边部分选择的区域。

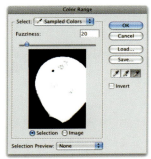

在 Photoshop CS3 的 Color Range（色彩范围）对话框中，没有 Localized Color Clusters（本地化颜色簇）复选框，仍然可以限制色彩范围选区：在执行 Select（选择）>Color Range（色彩范围）命令之前，限制其作用范围。在此，我们使用 Rectangular Marquee（矩形选框）工具□选择黄色气球的区域，再使用 Color Range（色彩范围）。

为了将蝴蝶 A 从背景中提取出来，设计者 Wayne Rankin 先在 Channels（通道）面板中检查颜色通道。复制 Blue（蓝）通道创建 Alpha 通道，这是因为在该通道中蝴蝶和背景之间边界最清晰。执行 Image（图像）>Adjustments（调整）>Levels（色阶）和 Invert（反相）命令，如 B 所示。RGB 合成照片 C，并且使用白色 Brush（画笔）工具✎绘制，减少蝴蝶轮廓内部的未选区域，并且使用黑色在背景中修补浅色区域，如 D、E 所示。按 Ctrl/⌘ 键并单击已改变的 Alpha 通道选择蝴蝶，如 F 所示。有关 Rankin 选择和蒙版的操作参见第 94 页。

间光谱的所有颜色是否都会包含在选区中（Localized Color Clusters）。例如，用滴管单击红色像素，并且使用 Add to Sample（添加到取样）工具单击黄色可以仅选择红色和黄色勾选 Localized Color Clusters）或者红色、橘色和黄色取消勾选 Localized Color Clusters）。**当然，也可以通过调整 Fuzziness（颜色容差）来添加或减去选区。**

在 Color Range（色彩范围）对话框的 Select（选择）下拉列表框中选择颜色范围即可使用**一个色系**的颜色代替取样颜色。可以通过更改 Fuzziness（颜色容差）或使用吸管工具来扩大或缩小色彩范围的方法预设同色系颜色，Localized Color Clusters（本地化颜色簇）不可用。选择 Highlights（高光）、Midtones（中间调）或 Shadows（阴影）即可仅选择浅色、中间色或深色。此外，再没有其他调节范围的方法了。

Invert（反相）复选框提供了一种**在单一背景上选择多颜色对象**的方法：先使用 Color Range（色彩范围）吸管工具选择背景，接着勾选 Invert（反相）复选框反选选区即可。

Color Channel（颜色通道）。尽管 Photoshop 中添加了 Quick Selection（快速选择）工具，且该工具可能是最好的选择，但是颜色通道有时仍是一个好的选择。通常，颜色通道(例如，RGB 文件的 Red、Green 或 Blue 通道）会显示出对象与周围对象更多的对比。查看一个对象和背景之间有明显深浅分界线的通道并复制该通道，创建一个 Alpha 通道：将颜色通道的名称拖动到 Channels（通道）面板底部的 Create new channel（创建新通道）按钮□上。之后还可以执行 Image（图像）> Adjustments（调整）> Levels（色阶）命令增加对比度，或者单击 Channals（通道）面板中新的 Alpha 通道的缩览图并且用白色来添加选择的区域，使用黑色添加未选择的区域。最后，按住 Ctrl/⌘ 键的同时单击 Channels（通道）面板上的通道缩览图载入选区。

使用This Layer（本图层）滑块选择。第66页的"混合"说明了如何将Layer Style（图层样式）对话框中的 Blend If（混合颜色带）滑块用作混合图层的蒙版方式。第66页的"从'本图层'创建选区"描述了一种将Blend If（混合颜色带）设置转变为选区的方法。这是一种独特的基于颜色和色调的选择方法。

在早期的 Photoshop 版本中，很多选区都必须使用 Lasso（套索）工具 ⌀ 选择。当主体对象与背景颜色相近时，必须依靠手绘选区边界。现在，可以使用复杂的 Quick Selection（快速选择）工具 ⌀ 来选择这类选区。在这个实例中，可以参照图示沿着边缘拖动 Lasso（套索）工具 ⌀，或者简单地在背景上使用 Quick Selection（快速选择）工具 ⌀ 单击选择。

在使用 Lasso（套索）⌀ 或 Polygonal Lasso（多边形套索）工具 ⌀ 绘制选区的过程中，按住 Alt/Option 键即可在自由拖动绘制模式的套索工具以及单击绘制模式的多边形套索工具间切换。

按住 Alt/Option 键的同时在图像周围拖动 Lasso 工具 ⌀ 即可确保选区不会错过边缘的任何像素。

根据形状选择：几何体或者自定义形状 & 不规则形状

如果要选择的区域与周围环境有着相似的色调或者颜色，手绘选区可能是最佳的方式。在这种情况下，Marquees（选框）、Shapes（形状）、Lassos（套索）和 Pens（钢笔）都是可用的工具。

选择几何体或者自定义形状。 要想框选一个选区，可以使用 Rectangular Marquee（矩形选框）⊡ 或者Elliptical Marquee（椭圆选框）工具 ◯，正如之后的说明或者使用一个形状工具。选框工具可以提供多种选择：

- 选框工具的默认操作模式是将光标定位到选区的一角，接着沿对角线拖动。但是很多情况下，需要更精确地控制绘制中心。要想从中心向外绘制选区，可以在拖动时按住 Alt/Option 键。

- 若要选择正方形或者正圆形区域，可以在拖动时按住 Shift 键限定选框。

- 若要创建特定长宽比的选区，可以在选项栏中将 Style（样式）设定为 Constrained Aspect Ratio（固定长宽比）并且设置比率。

- 绘制指定大小的选区，可以在选项栏中将 Style（样式）设置为 Fixed Size（固定大小）并且输入以像素（在数字后添加 px）、英寸（添加 in）或者厘米（添加 cm）为单位的 Width（宽度）和 Height（高度）值。

除了选框工具外，基于矢量的**形状工具**还提供了很多形状，这些形状有几何体也有自定义的。首先拖动绘制形状（与应用选框工具时使用 Alt/Option 以及 Shift 键的方法相同），接着在 Layers（图层）面板或者 Paths（路径）面板中按住 Ctrl/⌘ 键的同时单击缩览图将绘制的路径转换为选区。▼

选择不规则形状。 要选择一个多色区域，特别是在选择对象与周围环境有着非常相似的颜色时，可能需要使用 Lasso（套索）工具或 Pen（钢笔）工具来手绘选区。如果元素边界是平滑曲线，则可以使用 Pen（钢笔）工具。▼ 如果边界复杂，而且有很多凸起和凹陷，则可以使用 Lasso（套索）工具。

知识链接

▼ 使用形状工具
第 451 页

▼ 使用钢笔工具
第 454 页

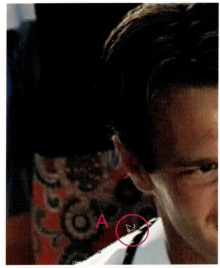

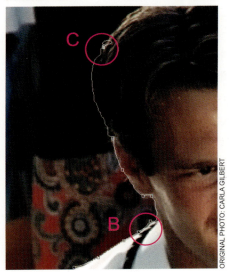

ORIGINAL PHOTO: CARLA GILBERT

Magnetic Lasso（磁性套索）工具🔗可以自动沿着清晰的边缘，例如衬衣的肩膀部分，如图 A 所示。在开始勾勒之前，确认选项栏中的 Feather（羽化）值为 0。如果有必要，可以通过单击选区边界锚定在边缘不明确的一点，例如衣领处黑色缎带上的高光，如图 B 所示。在这些区域，MagneticLasso（磁性套索）工具不能沿边缘选择，因此可以按住 Alt/Option 键再拖动以使用 Lasso（套索）工具🔗（如图 C 所示）或者单击以使用 Polygonal Lasso（多边形套索）工具🔗进行选择。

- 可以使用标准的 Lasso（套索）工具🔗绘制非常精确的边界。

- 与拖动 Lasso（套索）工具绘制边界相比，通过多边形套索工具🔗绘制一系列的短边来获取平滑边界更为容易和准确。按住 Shift 键的同时使用**多边形套索工具**，可以将移动方向限定在**垂直、水平**或者 **45°**。

- **按 Alt/Option 键**可以在套索工具🔗和多边形套索工具🔗之间切换，只需简单地拖动即可切换到套索工具🔗，单击即可切换到多边形套索工具🔗。

使用 Alt/Option 键的其他优势在于：首先，可以防止在选取结束时，**因意外释放鼠标按钮而封闭选区**。其次，如果在绘制的过程中出错，可以按住 Alt/Option 键的同时多次按下 Delete 键，直至退回到出错前的部分。而如果想**确定套索工具选取了图像的所有边界**，且没有漏掉任何像素，则可以在按住 Alt/Option 键的同时，在图像之外单击或拖动套索工具。最后一个优点在于，使用 Alt/Option 键还可以在这两种工具和磁性套索工具🔗之间进行切换，参见后面的介绍。

根据颜色和形状综合选择：磁性套索工具🔗、背景橡皮擦工具🔗和抽出滤镜

Photoshop 中的一些选择工具可以用来在颜色对比强烈的区域直接根据颜色进行选取，而在对比不明显的区域则可以改用手动选取。这些工具包括磁性套索工具🔗、磁性钢笔工具🔗、背景橡皮擦工具🔗以及 Extract（抽出）滤镜。背景橡皮擦工具和 Extract 滤镜实质上是两种"破坏性"选取方法，因为在分离所选像素之后，系统会将这些部分删除，可以参见第 51 页的""'破坏性'不是必然的""中描述的非破坏性工作区。

磁性套索工具🔗。工具磁性套索工具🔗的使用方法如下：在要勾勒的边界上单击环形光标的中心，然后让光标"漂浮"前进，即在不按下鼠标键的状态下移动鼠标或者压感笔，套索工具会自动沿着边界移动。在选项栏中，可以对 **Width（宽度）**、**Frequency（频率）**、**Edge Contrast（边对比度）**，以及 **Feather（羽化）**等参数进行设置。如果配置了图形数位板，还可以开启 **Stylus Pressure（使用绘图板压力以更改钢笔宽度）**功能。

简捷选择

无论使用什么样的选择工具，只要加大待选区域和周围环境之间的颜色或色调对比度，选取的操作都会变得更容易。例如，在图像图层上添加一个色阶调整图层，则可以使原图中的不同颜色区分得更为明显。然后就可以根据颜色进行选择，或者至少可以在一个更清晰的视图下进行手动选择。选取操作结束后即可删除此调整图层，或者关闭该图层的可视性 👁。

在 Levels（色阶）对话框中移动灰度系数滑块，可以提高图像的整体亮度，让阴影颜色更明显。

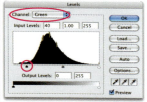

本例中，只对 Green（绿）通道进行了色阶调整操作，加大植物叶子与岩石之间的颜色对比，具体操作参见第 549 页。

以下是使用磁性套索工具 🔗 的一些建议。

- **勾勒规则的边界时**，可以设置一个较大的宽度值并快速移动鼠标。可以使用一个临时的调整图层来加大边界的对比度，操作起来更便捷，具体操作可参见左栏介绍的"简捷选择"技巧部分。**如果选择边界附近还有其他清晰可辨的边界**，则可以使用较小的宽度值并小心地沿着勾勒边界的中心选择。**如果边缘模糊**，对比度弱，便可以使用一个更小的宽度值小心选择。**如果勾勒边界的对比度弱**，无法使用磁性套索工具浮动选择，则可以通过多边形套索工具单击进行选择。或者按 Alt/Option 键在磁性套索工具（浮动选取）、多边形套索工具（单击选取）和套索工具（拖动选取）**之间切换。**

- 在使用大部分光标大小可以更改的工具时，都可以使用左、右方括号——［ 和 ］——来更改其宽度值（具体操作可参见后文），或者在打开 Stylus Pressure（使用绘图板压力以更改钢笔宽度）选项的状态下使用数位板。增加压力会使宽度值变小。

- 增加 Frequency（频率）可记录下更多的节点。节点的多少决定了每次按 Delete 键时，可以"拆开"的边界的长度。

- Edge Contrast（边对比度）选项决定了在查找边界时，工具会以多大的对比度值作为标准。如果边界的对比度较低，则可以使用一个较低的值。

背景橡皮擦工具 🔗。在工具箱中，Background Eraser 工具 🔗 与其他橡皮擦工具在同一个面板中。在某个区域拖动背景橡皮擦工具时，所经区域的像素将被删除，代之以透明色。该工具光标中心的"+"表示"热点"，而其周围的轨迹则定义工具的"勘查区域"。使用背景橡皮擦工具单击时，即可对热点下的某种颜色进行取样。拖动该工具，则会对勘查区域的像素做出评定，以确定哪些像素将被删除。至于具体是哪些像素会被删除，取决于用户在选项栏中的设置。

Tolerance（容差）会影响擦除颜色的范围。若将容差值设置为 0，则只有一种单色的像素被删除，即单击时指定的热点颜色。容差值越高，所擦除的颜色的范围就越大。

使用这 3 种取样按钮可以控制"热点"如何选择所擦除的颜色。

取样：连续　　取样：一次　　取样：背景色板

背景橡皮擦工具的 Protect Foreground Color（保护前景色）功能使该工具成为了一个非常强大的工具。在该选项的支持下，用户可以对一个颜色取样并将其保护起来，使其避免擦除——不管该颜色是否位于要擦除的颜色范围内。例如，如顶图所示，在擦除多色调灰色背景时，该选项用于防止模特的脸部被擦除。

- 选择 Sampling: Once（取样：一次），在第一次单击鼠标或按下压感笔上的按钮时，只擦除热点下的颜色。按下鼠标的按键，背景橡皮擦工具将随着光标的拖动擦除选取的颜色，直到释放鼠标。当再次按下鼠标的按键时，又将重新取样，新选取的颜色为当前热点下的颜色。

- **指定要擦除的一种或一个色系的颜色，而不管何时按下或者释放鼠标按键**：选择 Sampling: Background Swatch（取样：背景色板），然后单击工具箱中的设置背景色图标，接着在 Color Picker（拾色器）对话框中选取特定的颜色，或者单击图像进行颜色取样。

- Sampling: Continuous（取样：连续）可以反复更新要擦除的颜色。通过拖动热点，即可擦除所有的颜色，除非该颜色已设置了保护（参见下文）。

在 Limits（限制）选项中有 Discontinuous（不连续）、Continuous（连续）和 Find Edges（查找边缘）三个选项。

- **要想擦除圆形光标所经区域的颜色，可以选择 Discontinuous（不连续）选项。**

- 要想仅擦除与热点之下的颜色连续且无间断的像素，则可以选择 Continuous（连续）选项。

- Find Edges（查找边缘）与 Continuous（连续）有些相似，特别之处在于其更注意**对清晰边界的保护**。

与其他选择工具（破坏性或非破坏性）相比，背景橡皮擦工具最有特色的一个功能是选项栏中的 **Protect Foreground Color（保护前景色）**复选框。在擦除颜色的操作中，使用该功能可以对任何一种颜色进行取样并实施保护。这可以有效地保存处于所要擦除颜色的范围内的其他颜色——即便是将鼠标拖动至其上，也不必担心会擦掉该颜色。

尽管 Background Eraser（背景橡皮擦）工具或者结合 Quick Selection（快速选择）工具和 Refine Edge（调整边缘）命令（第58页）可以出色地分离很多主体对象，更为复杂的 Extract（抽出）命令在类似于此处的图像中可以工作得更为出色，在这幅图像中，卷发被背景包围了。此图像的 Extract（抽出）过程的详细描述参见第90页。

Transform Selection（变换选区）命令在旋转和斜切选区时非常有用。上图所示的是使用该命令绘制唇膏阴影的操作，唇膏已经分离到一个透明的图层中，在唇膏下方新建一个用来放置阴影的图层，在按住 Ctrl/⌘ 键的同时单击唇膏图层的缩览图将其轮廓作为选区载入。接着执行 Select（选择）> Transform Selection（变换选区）命令。在按住 Ctrl/⌘ 键的同时向右下方拖动顶端中部手柄，如图 A 所示，将选区下拉到阴影部分。接着，按住 Ctrl/⌘ 键的同时将左上角的手柄向右拖动，如图 B 所示，以扭曲选区，将其拉长以产生后退感。按下 Enter 键确认变形。再使用灰色填充选区，安 Ctrl/⌘ +D 键取消选区的选择，最后使用高斯模糊滤镜模糊边。

选择工具的选项栏中有 4 个用于指定选区的按钮，从左到右依次是："新选区"、"添加到选区"、"从选区减去" 以及 "与选区交叉"。

容差值

魔棒工具 的容差也控制着Select（选择）>Similar（选取相似）命令和Select（选择）> Grow（扩大选取）命令的范围。如果在原选区间有大量的渐变色并存在较高对比度，那么在执行这两个菜单命令时得不到的结果可能会不太理想。按Ctrl/⌘+Z键还原到执行相应命令前的状态，重新设置容差，再执行命令即可。

的原位变得透明的方法来分离图像。Extract（抽出）界面非常复杂，但是智能蒙版非常有用。第90页中的"抽出"介绍了一个非常直接的操作方式。）

修改选区

当完成选区边界的选取后，还可以通过几种方式对选区进行修改。快速蒙版（第 60 页）提供了一个稳定且易用的绘画环境，以添加或者减少选区。Select（选择）> Refine Edge（调整边缘）命令可以提高边缘质量或者扩展、收缩选区。以下列举了一些对选区边界进行操作的其他方法。

- 在选区内拖动任何一种选择工具即可只**移动选区**边界而不移动像素。

- 对选区的边界进行**斜切**、**缩放**、**扭曲**或是**翻转**操作的步骤如下：执行 Select（选择）>Transform Selection（**变换选区**）命令，然后右击（在 Mac 中按住 Ctrl 键的同时单击），之后在弹出的快捷菜单中选择所需的变换方式，拖动或者按住 Shift 键的同时拖动变换框的手柄，再按 Enter 键（或者双击框内区域）结束变形。

- 按 Ctrl/⌘ +Shift+I 快捷键，或者执行 Select（选择）> Inverse（反向）命令即可进行**反选**。

- 单击选择工具选项栏左侧的相应按钮，即可对当前选区执行**"添加到选区"**、**"从选区减去"** 以及 **"与选区交叉"** 操作，生成新的选区。

- 执行 Select（选择）>Similar（选取相似）命令可以**在选区中添加与当前选区像素颜色相似的像素**。

- 执行 Select（选择）> Grow（扩大选取）命令可以**添加与当前选区颜色相似且位于选区附近的所有像素**。每次使用该命令，选取的颜色范围都会扩大。

使用Refine Edge（调整边缘）命令

Select（选择）> Refine Edge（调整边缘）命令与选择工具的选项栏中的按钮一样，可以改善选区边缘的质量。Refine Edge（调整边缘）对话框（包括扩展、收缩、平滑和柔化）中的调整是实时的，可以预览结果，并且检查不同背景下的边缘质量。调整完边缘后，单击 OK 按钮关闭对话框，返回到原来选区的选中状态。

调整边缘

在文档窗口中评测结果时，可以使用Refine Edge（调整边缘）对话框修改选区或者蒙版的边缘。如果当前选择的是蒙版而非选区，该对话框转换为Refine Mask（调整蒙版）。对话框设置（例如平滑、柔化、收缩或者扩展选区边缘，或者细化边缘）是实时的，且有5种预览选项。在选择了选择工具时，选项栏中的Refine Edge（调整边缘）按钮可用，若当前有选中的选区，那么Select（选择）菜单中该命令可用。在Photoshop CS4中，若当前有选中的蒙版，那么Maskes（蒙版）面板中相应的命令可用。

Default（默认）设置仅提供了少量的平滑量以及均匀的少量羽化量，或者边缘柔化量。因为Refine Edge（调整边缘）对话框打开后显示的是上一次的设置，所以单击Default（默认）按钮返回到调整边缘的建议起始点。

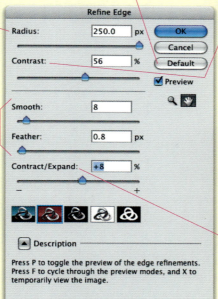

Radius（半径）决定了Photoshop将会在离当前选区边缘多远的位置查找调整边缘的精确性。对于纤细的头发，可以增大该值。对于生硬的边缘，可以保持较低的半径值。

增加Contrast（对比度）可以将部分选中的像素设置为选区或者非选区。它可以解决高半径值带来的部分选中像素的光晕问题。在半径和对比度中找到平衡是获取所需边缘细节的技巧。

Smooth（平滑）可以将凹凸不平的边缘变得平坦。Feather（羽化）可以在选择区域边缘的周围添加均匀的模糊量，部分向内延伸，部分向外延伸，柔化边缘以使选区的边缘与组成图像文件的图层堆栈下方的图像混合。

在勾选Preview（预览）复选框（上图，右上）的状态下，按F键可以在这5种预览模式下循环切换。

Contract/Expand（收缩/扩展）可以修改选区中的整个区域，基于边缘向内收缩或者向外扩展。收缩用于消除背景毛刺，扩展用于相对于边缘拾取对象，利用Preview（预览）可以更便捷地查看效果。

Standard（标准）显示了图像和选中状态下的选区。按X键可以切换选中状态。

Mask（蒙版）会以灰度蒙版预览选区。

Quick Mask（快速蒙版）可以在图像上的红色覆盖图中将选区显示为一个清晰的区域。要想从红色转换为另一种不同的颜色，可以双击该图标。

On Black（黑底）会在黑色背景上预览选中区域，是最好的查看边缘上的浅色像素毛刺的方式。

On White（白底）会在白色预览背景上预览选中区域，是最好的查看边缘上的深色像素毛刺的方式。

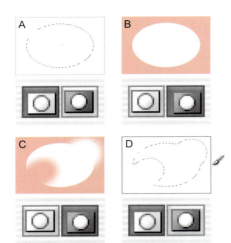

在标准模式下绘制选区，如图 A 所示，将它转换到快速蒙版模式，如图 B 所示，用黑色绘制可添加蒙版，用白色绘制可删除蒙版，如图 C 所示，然后将更改过的蒙版转换到选区模式，如图 D 所示。

使用快速蒙版

绘制一个选区，然后单击 Quick Mask（快速蒙版）按钮，即可以看到蒙版内的当前选区变成了一个空旷的区域。此时，可以用绘画工具和其他工具对该选区进行修改。在快速蒙版模式下，蒙版是图像上的一部分透明的红色覆盖图，因为可以同时看见蒙版和图像，所以能进行相当精细的修改。在编辑过程中，快速蒙版十分稳定，它可以在修改过程中保护选区。在完成对蒙版的修改操作之后，单击 Standard（标准）模式按钮即可转换回选区边界。

保存并加载选区

绘制出选区后，有必要保存该选区以便在需要时将其加载。还可以将该选区保存为 Alpha 通道。在保存后的 Alpha 通道中，白色的区域是可以被调用的，黑色的区域是不能被选择的，而灰色区域则只是部分可以被选择，并且根据灰色的亮度决定所选区域的比例。

可以选择从当前选区（虚线边界）创建一个 Alpha 通道：执行 Select（选择）> Save Selection（存储选区）命令，在打

手形光标和缩览图

在按住Ctrl/⌘键以及下面所列举的修改键的同时，单击Paths（路径）、Channels（通道）或Layers（图层）面板上相应的缩览图即可**将路径、通道、图层蒙版或图层内的对象轮廓（透明蒙版）作为一个选区载入**——要么是新选区，要么与已有选区合并。光标会进行相应变化以提示你该进行何种操作。在Photoshop CS4中，可以通过单击Masks（蒙版）面板的Load（载入）按钮和菜单命令得到同样的效果。

- 按住 Ctrl/⌘ 键的同时单击缩览图可以将它作为一个新选区载入。

- 按住 Ctrl/⌘ +Shift 键的同时单击缩览图可以将它添加到当前选区。

- 按住Ctrl/⌘+Alt键（Windows）或者⌘+Option键（Mac）的同时单击缩览图可以执行从当前选区减去的操作。

- 按住Shift+Alt键（Windows）或⌘+Shift+ Option键（Mac）的同时单击相应缩览图可以执行与当前选区相交的操作。

Alpha 通道的效率

有时候是可以避免重复操作的。如果想要选取图像的邻近区域，可以先将第一个选区存储到Alpha通道中。然后粗略地绘制第二个选区，再把其中属于第一个选区的部分细节从第二个选区中清除，进而形成一个匹配的边界。

在为例图进行手动着色的操作过程中，将皮肤部分选区（如 A 所示）存储到了一个 Alpha 通道中（如 B 所示）。然后，对裙子部分进行粗略的选取，不用勾勒出脖子和胳膊处的轮廓，如 C 所示。按住 Alt 键的同时单击（Windows），或者按⌘+Option 快捷键的同时单击（Mac）Channels（通道）面板中的该 Alpha 通道，从粗略选取的区域中清除 Alpha 通道中的共同部分，这样就可以为裙子上色了，如 D 所示。

使用以下两种方式可以更轻松地编辑图层蒙版和 Alpha 通道。

- 在Channels（通道）面板中，为了得到一个类似Quick Mask（快速蒙版）的带有一个用来标识蒙版的红色透明覆罩的视图，可以执行以下操作步骤：单击Alpha通道的缩略图（或者当前图层的图层蒙版），确认可视性👁已开启。然后按下 ~ 符号键并进行编辑。再次按下 ~ 键则可以单独显示蒙版。

可以使用镜头模糊滤镜制作 Alpha 通道。默认的蒙版是透明度为 50% 的红色。

- 为了进行黑、白两色之间的快速转换以便在红色蒙版上增加或减少这两种颜色，可以将前景色和背景色分别设置为黑色和白色（按D键，如果需要的话再按X键），然后按B键和E键在Brush（画笔）工具（用于填充黑色）与Eraser（橡皮擦）工具（用于填充白色）之间切换。还可以使用此方法设置选项栏中的画笔笔尖、Opacity（不透明度）以及Flow（流量）。

开的对话框中选择 New Channel（新建通道）单选按钮，然后单击 OK 按钮。或者执行 Window（窗口）>Channels（通道）命令打开 Channels（通道）面板，单击 Save selection as channel（将选区存储为通道）按钮🔲也可以达到同样的效果。

还可以在 Alpha 通道中载入一个选区：按住 Ctrl/⌘ 键的同时单击 Channels（通道）面板中 Alpha 通道的缩览图，或者执行 Select（选择）>Load Selection（载入选区）命令，在打开的对话框中选择要加载的文件和通道——使用该命令可以为任意打开的文件（前提条件是该文件与当前文件具有相同的像素尺寸）加载一个 Alpha 通道。

蒙版

在 Photoshop 中，除了背景图层外，其他图层都可以拥有两种"蒙版"。这两种蒙版都可以用于隐藏或者显示图层的某个部分。蒙版的作用不可小视，它们可以隐藏而非永久改变图层中的对象。用户可以在保证图像完整性的状态下使用图层蒙版或者矢量蒙版遮住部分图像，而非将它们擦除或剪切掉。蒙版常用于合成不同的图像，当然也可以用来合成同一图像的不同版本，或者在某一特定区域选择某一个色调或者颜色的调整图层。图层蒙版和矢量蒙版也可以应用于图层组，▼蒙版可以帮助确定图层样式应用的轮廓（参见第 64 页的"蒙版和图层样式"）。

知识链接
▼ 图层组
第 582 页

对图像内部的元素进行蒙版处理的方法是使用Paste Into（贴入）命令：选择要粘贴的元素并复制（Ctrl/⌘+C），然后在Layers（图层）面板上选择要贴入的图层。在该图层上选择一个要粘贴的区域，执行Edit（编辑）>Paste Into（贴入）命令。被粘贴的元素将成为一个新图层，其附带的图层蒙版则控制只显示图像中的选区部分。如果在执行Paste Into（贴入）命令的同时按住Alt/Option键，则可以产生**Paste Behind（外部粘贴）**的效果。

通常，添加图层蒙版时，图像和蒙版是链接在一起的。因此，对图像的移动或者变换操作也会同时作用于蒙版。但是默认情况下，进行**贴入**或者**外部粘贴**操作时，图像和蒙版间为非链接状态。这样一来，在对图像进行移动、重设图像大小以及其他变换操作时，蒙版都丝毫不会受到影响。

更改图层蒙版的操作步骤如下：单击蒙版缩览图，或者使用Masks（蒙版）面板中的□按钮。待该缩览图周围出现一个方框，则表明该图像被选中了。但是此时显示的仍是图像而非蒙版，不过所进行的绘制、添加的滤镜以及其他更改操作都会只对蒙版起作用，而不会影响图层。

按住Alt/Option键的同时单击蒙版的缩览图即**可使蒙版而非图像可见**。再次执行该操作，则可以回到图像的可视状态。

单击矢量蒙版的缩览图或者使用Masks（蒙版）面板中的□按钮即可在查看图层或者图层蒙版的同时**查看矢量蒙版并对其进行编辑**。此时该缩览图周围将出现一个方框，屏幕上则会显示这个路径。之后，便可以使用Shape（形状）工具或Pen（钢笔）工具，或者执行某种Transform（变形）命令来更改路径，再次单击该缩览图或按钮，即可取消蒙版的选中状态。

按住Shift键的同时单击该蒙版的缩览图或者单击Masks（蒙版）面板底部的◉按钮即可**临时关闭图层蒙版或者矢量蒙版**。若该蒙版缩览图上显示了"X"图像，则表明该蒙版已经处于关闭状态。再次按住Shift 键单击则可以重新打开该蒙版。

蒙版在 Layers（图层）面板中位于图层图像缩览图的右侧。如果图层同时拥有图层蒙版和矢量蒙版，矢量蒙版将位于最右边。如果图层拥有图层蒙版，当图层被选中时其蒙版缩览图也会在 Channels（通道）面板中显示。如果图层拥有矢量蒙版，在选中图层时矢量蒙版也会在 Paths（路径）面板中显示。图层蒙版和矢量蒙版有很大的差异。

图层蒙版

图层蒙版是一种基于像素的灰度蒙版，其包含了从白色到黑色共 256 个灰度等级。当蒙版为白色时（即为透明），图像或者图层上的调整效果都可以透过蒙版显示出来，成为合成图的一部分。当蒙版为黑色时（即为不透明），可以遮挡下方的图像。蒙版的灰色区域是部分透明的（灰色越浅，透明度越高），位于其下面图层图像（或者调整效果）中相应的像素也会变得半透明。**单击 Layers（图层）面板中的□按钮即可新建一个图层蒙版**。在添加蒙版时，如果图层中有选区处于激活状态，那么该选区将会成为蒙版上的白色区域（显示部分）。如果按住 Alt/Option 键的同时单击□按钮，则会达到相反的效果，即处于激活状态下的选区会成为蒙版上的黑色区域（隐藏部分）。第 84 页的"蒙版与混合"将帮助你快速提升蒙版的使用技巧。

矢量蒙版

矢量蒙版就是一个基于矢量的蒙版。该蒙版拥有独立的分辨率，因此可以反复对它执行重设大小、缩放、旋转、斜切等变换操作而不会发生质损现象。在使用PostScript打印机打印图像时，无论图像文件自身的分辨率（像素/英寸）是多少，只要使用了该蒙版都可以得到非常平滑的轮廓效果。然而，由于该蒙版是基于像素的，具有清晰的边缘，因此在Photoshop CS3中无法对透过它显示的图层部分进行柔化以及局部透明化处理，但是在Photoshop CS4中，全新的Masks（蒙版）面板可以调整矢量蒙版的浓度并且对边缘应用羽化。

按住 Ctrl/⌘ 键的同时单击 Layers（图层）面板中的□按钮创建一个能"显示全部"的矢量蒙版——按住 Ctrl/⌘ 键可以将该按钮切换为 Add vector mask（添加矢量蒙版）按钮。如果图层已经有了一个图层蒙版，则按钮会自动切换为 Add vector mask（添加矢量蒙版）按钮。在以上操作的基础上同

PHOTO: SUSAN HELLER

前

时按住 Alt/Option 键则可以创建一个"隐藏全部"蒙版。如果在添加蒙版时路径处于激活状态，则蒙版会显示出该路径中的区域，如不想显示，按住 Alt/Option 键将该部分隐藏即可。

在Photoshop CS4中，新的Masks（蒙版）面板在一个便捷的界面上聚焦了多个蒙版控件，如下图所示。它可以获取一些新功能：应用Masks（蒙版）面板上便捷的Density（浓度）和Feather（羽化）控件时，图层蒙版的隐藏作用和边缘的整体柔和度是可编辑的——这些改变是基于指令的，而不是永久地改变图层蒙版的像素。

后

Photoshop CS4 的 Masks（蒙版）面板中的 Density（浓度）是蒙版的全新的控件。在此，我们要加大浣熊与周围环境的区别。在使用 Quick Selection（快速选择）工具选择背景后，添加一个照片滤镜调整图层来热身，选区会自动变成调整图层的蒙版。之后，决定对浣熊应用一些效果，稍微降低**浓度**以便使蒙版的黑色部分不会将颜色更改完全隐藏，设置一个较小的（羽化）值以确保被蒙版的浣熊的边 会与背景完好地混合（具体设置参见下方的"蒙版面板"）。

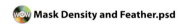

Mask Density and Feather.psd

蒙版面板

创建和修改图层蒙版的命令散布在Photoshop的各处。Photoshop CS4将几个最为有用的命令集中到了Masks（蒙版）面板中并且添加了一些全新的与蒙版相关的显著功能。

当前选择的蒙版的缩览图。

Density（浓度）和Feather（羽化）是可编辑的，可以在任何时候改变而不会永久地更改蒙版。

Density（浓度）可以均匀地减少蒙版的隐藏性，把图层蒙版的黑色和灰色部分变浅或者矢量蒙版的不透明度部分变浅。

Feather（羽化）会沿选中蒙版的边缘添加一个均匀的模糊效果，它可以被指定给矢量蒙版以及图层蒙版。

将当前选择的蒙版作为选区**载入**。

应用蒙版并且删除它——通常在合并图层前使用。

切换蒙版的可视性。

选中当前图层的基于像素的蒙版，或者在没有蒙版时添加一个。

选择当前选择图层的基于矢量的蒙版，或者在没有蒙版时添加一个。

更改蒙版在屏幕上的显示颜色。

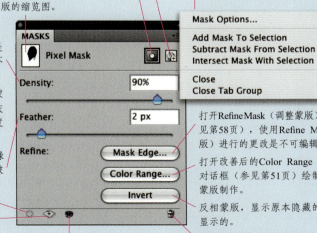

打开RefineMask（调整蒙版）对话框（参见第58页），使用Refine Mask（调整蒙版）进行的更改是不可编辑的。

打开改善后的Color Range（色彩范围）对话框（参见第51页）绘制选区以开始蒙版制作。

反相蒙版，显示原本隐藏的，隐藏原本显示的。

删除当前的蒙版，不进行应用。

在 Photoshop CS3 中，图层蒙版可以被应用于智能对象图层，但是图层和蒙版不可以链接，因此它们不能一起变形。

在 Photoshop CS4 中，智能对象图层和蒙版可以链接在一起。

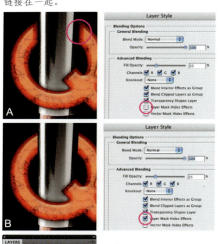

如 A 所示，若取消对 Layer Mask Hides Effects（图层蒙版隐藏效果）复选框的勾选，则 Q 图层的 Bevel and Emboss（斜面和浮雕）样式效果将沿着蒙版边缘显示。而若勾选该复选框，则插画自身的效果将予以保留，如 B 所示。

智能对象上的蒙版

在 Photoshop CS3 和 CS4 中，智能对象可以像标准图层那样拥有图层蒙版和矢量蒙版。但是这两个版本中的蒙版有些许差异。

在 Photoshop CS3 中，应用于智能对象的蒙版与图像之间不链接，实际上，不可能链接。因此，如果调整智能对象的大小或者旋转，蒙版不会与它一同变形。在 Photoshop CS4 中，蒙版默认状态是链接的，并且像是其他图层上的蒙版一样可以通过在 Layers（图层）面板中单击🔗解除链接状态。链接蒙版的能力使得图层蒙版在 Photoshop CS4 中更为有用，但是要记住以下几点：智能对象可以反复变形而无质损，这是因为有智能对象性能保护它。但是智能对象的图层蒙版不会被保护。因此，如果将蒙版与智能对象一起反复地变形（Photoshop CS4 中可以如此），蒙版的边缘就会发生质损，因此，蒙版效果不再像先前那样。

Photoshop CS3 中的智能对象蒙版的工作区

在Photoshop CS3中，虽然智能对象和蒙版不能链接，但仍**可以对智能对象和图层蒙版应用相同的变形**：在Layers（图层）面板中单击缩览图选择智能对象，执行Edit（编辑）>Transform（变换）命令进行变换操作。接着在Layers（图层）面板中单击图层蒙版（或者矢量蒙版）缩览图。执行Edit（编辑）>Transform（变形）>Again（再次）命令。对智能对象和它的蒙版应用相同的变换的结果是，蒙版会在反复的变形中发生质损，因此它不会再像原来的那样合适了。

蒙版和图层样式

默认情况下，应用了图层样式的图层中，蒙版可以帮助定义样式应用的形状。像左栏所描述的那样，蒙版创建的边界也会带有作为样式的一部分的所有边缘效果。例如，如果样式中包含了 Bevel and Emboss（斜面和浮雕）效果，则蒙版中的边界也会具备斜面效果。如果不想得到这种效果，可以更改"样式化"图层的 Blending Options（混合选项）设置。按住 Ctrl/⌘ 键的同时单击图层图像缩览图，或者执行 Layer（图层）>Layer Style（图层样式）>Blending Mode（混合模式）命令打开 Layer Style（图层样式）对话框，打开其中的 Blending Options（混合选项）界面，在 Advanced Blending（高级混合）选项组中勾选适当的复选框，避免蒙版边缘受样式效果的影响，例如，为图层蒙版勾选 Layer Mask Hides Effects（图层蒙版隐藏效果）复选框，为矢量蒙版勾选 Vector Mask Hides Effects（矢量蒙版隐藏效果）复选框。

剪贴组提供了一种可以在未栅格化的文字中遮罩照片或图像的方法，此状态下，字体和文本仍可以编辑。

剪贴组可以在一个单一的形状中遮罩更多的图像。可以对剪贴元素应用图层样式，例如此处使用的黑色的 Inner Glow（内发光）以及应用于页面顶部文字的 Pattern Overlay（图案叠加）。样式应用于封闭的图像。

剪贴组

另一个不具破坏性的合成元素便是**剪贴组**。剪贴组是一个图层组，其中，位于该图层组底层的图层的功能类似于蒙版。位于该组最底部的图层的轮廓（包括像素和蒙版）则将对该组的其他图层进行剪贴，只有位于轮廓内部的图像才会显示。

按住 Alt/Option 键的同时单击 Layers（图层）面板上两个图层名之间的边线即可创建一个剪贴组。下方的图层将成为 clipping mask（剪贴蒙版），其名称采用下划线标注。另一个图

有时，尽管已经尽了最大的努力，但还是会发现提取的元素的边缘带有原始背景的色彩。可以使用Layer（图层）>Matting（修边）的子菜单命令简单快速地去除这些不需要的"杂边"。Matting（修边）命令包括Remove White Matte（**移去白色杂边**），若选取的元素来自白色背景，执行该命令可以将该元素的边缘像素的白色替换成透明色，Remove Black Matte（**移去黑色杂边**），若选取的元素来自黑色背景，执行该命令可以将黑色替换成透明色），以及Defringe（**去边**），可以去除自多色背景中选取对象的明显"边缘"，见左栏下方的实例。**注意：** 只有在选定对象从周围像素中分离出来并被放置在一个透明图层中之后，以上命令才会起作用。

当把前景对象放到一个新的背景上时，如果发现前景对象周围包含着狭窄的背景像素"杂边"，那么可以尝试执行 Layer（图层）> Matting（修边）>Defringe（去边）命令。该命令会把选区内的颜色向外推入到边缘像素中，因此可以清除杂边。

另一种方法就是**对边缘进行修剪**。按住Ctrl/⌘键的同时单击Layers面板上的图层缩览图，即可基于图层中的对象轮廓（又被称为透明蒙版）选定一个选区。执行Select（选择）>Modify（修改）> Contract（收缩）命令缩小选区的范围，然后使用Ctrl/⌘+Shift+I快捷键对该选区进行反选，并按下Delete键就可以去除该边缘。或者在按住Ctrl/⌘键的同时单击图层的缩览图，再单击Layers（图层）面板底部的Add a layer mask（添加蒙版）按钮进行**无破坏性的修剪**。第624页的"整合"将介绍有关让被选取并隔离出来的对象与一个新的背景相匹配的其他技巧。

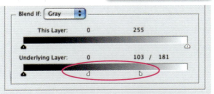

在合成图像的过程中，Blend If（混合颜色带）滑块的设置非常重要。在此处所举的实例中，罐头图层中与火焰图层中浅色像素部分叠加处的像素被隐藏。黑白两个滑块都可以用于分离滑杆区域（按住 Alt/Option 键的同时拖动），使得浅色与深色之间有一个平滑的过渡。此处则是将白色的滑块分离开来以形成一个过渡。如何在合成图像时进行 Blending Options（混合选项）的设置，可参见第 85 页的"'混合颜色带'色调"以及"蒙版与混合"中的其他实例说明。

从"本图层"创建选区

为了将This Layer（本图层）滑块所做的操作转变为选区，首先要添加一个新图层（Ctrl/⌘+Shift+N）。接着关闭除了用作本图层的图层之外的所有图层的可视性（Alt/Option+单击图层面板中该图层的👁图标）。将新图层转换为本图层的副本（Windows中Ctrl+Shift+Alt+E，Mac中⌘+Shift+Alt+E）。最后，按Ctrl/⌘键同时单击新图层的缩览图，载入一个基于新图层可见内容的选区。

This Layer（本图层）滑块用于在 Layer 0 中去除黑红色和蓝色，并且复制该图层。副本在颜色丢失的位置会以透明状态显示。

层则会作为被剪贴的对象，这一图层的缩览图将会向内缩进，并且在该缩览图的前面还会出现一个下箭头，指向剪贴图层。在 Layers（图层）面板中，按住 Alt/Option 键的同时单击图层之间的边线，则可以为该剪贴组添加更多的被剪贴的图层。将图层添加到剪贴组的必要条件是图层必须与剪贴组紧挨着，不可能添加一个图层，然后跳过下一个图层再添加一个图层。

还可以在图层堆栈中新建图层时创建（或者添加）剪贴组。操作步骤如下：按住 Alt/Option 键击 Layers（图层）面板底部的 Create a new layer（创建新图层）按钮🔲，在 New Layer（新建图层）对话框中勾选 **Use Previous Layer to Create Clipping Mask（使用前一图层创建剪贴蒙版）**复选框。

混合

在 Layers Styles（图层样式）对话框的 Blending Options（混合选项）区域有 Blend If（混合颜色带）滑块（参见左栏）。可以借助这些滑块控制目标图层（称为本图层）的像素与下方图像的混合方式。若要获取 Blend If（混合颜色带）滑块，可以在 Layers（图层）面板中单击缩览图选择一个图层，并且单击该面板底部的 Add a layer style（添加图层样式）按钮 *fx*。

This Layer（本图层）栏中的滑块决定了目标图层的哪些颜色范围将作用于合成图像。例如，如果仅需要目标图层的深色起作用，那么将 This Layer（本图层）的白色滑块向内移动以使浅色的颜色位于此范围之外。在拖动滑块时按住 Alt/Option 键将允许分离滑块。可以通过定义那些仅部分可见的颜色范围来平滑过渡。

移动 Underlying Layer（下一图层）滑杆上的滑块可以设置当前图层对下方图像颜色范围的影响。例如，如果仅想让中部至最左侧之间的颜色受到影响，则可以将 Underlying Layer（下一图层）的白色滑块向内移动，将浅色调排除在外以防止该范围内的颜色受到影响。

默认情况下，Blend If（混合颜色带）滑块使用整体色调范围（暗色到浅色）。但是，也可以通过在下拉列表中选择除了 Gray（灰色）之外的其他命令将它们限制为一个单一的颜色通道（例如，RGB 图像中的红、绿或者蓝）。

勾选Move（移动）工具🔀选项栏中的Show Transform Controls（显示变换控件）复选框之后，只要在工具箱中选择Move（移动）工具，目标图层就会显现出变换框，而不需要从Edit（编辑）菜单中选择或者按Ctrl/⌘+T键。

变换与变形

要想对所选元素进行缩放、斜切、扭曲、透视、变形或者翻转操作，可以在Edit（编辑）菜单中选择Transform（变换）或Free Transform（自由变换）命令，或使用Ctrl/⌘+T快捷键，或者在Move（移动）工具的选项栏中勾选Show Transform Controls（显示变换控件）复选框打开变换框。

变换选项

选择Transform（变换）或者Free Transform（自由变换）命令，即可出现一个变换框。可以通过拖动该变换框的手柄对图层中的对象进行缩放、旋转、斜切或者扭曲。另外，通过对选项栏中的参数进行设置，也可以达到拖动手柄的效果。

用户可以在选项栏中对位置、缩放、斜切比率以及旋转的角度进行精确的设置。在该选项栏上还有一个Commit（进行变换）按钮✔（对应的快捷键是Enter/Return）和Cancel（取消变换）按钮🚫（对应的快捷键是Esc）。

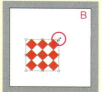
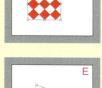
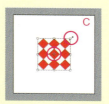

当屏幕上出现变换框时，只需拖动任意手柄即可对图层中的对象进行大小调整，如A所示。按住Shift键的同时拖动一个角手柄，则可以在调整大小时维持对象的比例不变，如B所示。按住Alt/Option键的同时按住Shift键则可以从中心点开始缩放，如C所示。

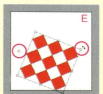

如果将光标从变换框的内部移出，光标将变成一个弯曲的双箭头形状，拖动光标即可旋转图像，如D所示。在旋转前，将中心点拖动到新位置再旋转，如E所示。

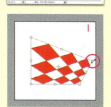

拖动单个角手柄来斜切、扭曲或者进行透视变换的操作如下：在Transform（变换）菜单（右击/Ctrl键+⌘单击打开）中选择其中的一个选项或者使用键盘快捷键，如F所示。

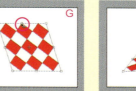

选择Skew（斜切）命令后，拖动边手柄倾斜变换框，保持边缘平行，如G所示。接着以同样的方式拖动用于斜切、缩放甚至是翻转的手柄，如H所示。

如I所示，选择Distort（扭曲）命令后，单独拖动一个角手柄或者边手柄进行斜切缩放或翻转。

执行斜切或扭曲变换的快捷方式是在按住Ctrl/⌘键的同时拖动。

选择Perspective命令后，拖动一个角手柄的同时，与其相对的另一个角手柄也发生对称的变换，如J所示。透视变换的快捷方式是在按住Alt+Shift键（Windows）或⌘+Option+Shift键（Mac）的同时拖动。

变形命令

Photoshop的变换选项栏右端有一个用于在自由变换和变形模式之间切换的按钮。

执行Edit（编辑）>Transform（变换）>Warp（变形）命令或者单击选项栏中的切换按钮即可显示变形网格，借助变形网格可以进行更多的形变控制。

Warp（变形）列表提供了一系列预设的变形形状，每个变形形状都有一个可以拖动以重塑网格形状的锚点。

预设的变形形状也可以通过Bend（弯曲）和Horizontal（水平）以及Vertical（垂直）变形数值框中输入数值来自定义。

要想对变形网格进行更多的控制，可以选择Custom（自定），接着便可以通过拖动网格或手动调整网格的方向线来对变形网格进行更多的控制。▼

─────────────

知识链接

▼ 操纵方向线
第 450 页

在变换框开启后，右击或按 Ctrl 键同时单击，在变换框内部打开快捷菜单，选择需要的变换。对未栅格化的文字或者 Photoshop CS3 中的智能对象而言，Distort（扭曲）和 Perspective（透视）是不可用的，不过在 Photoshop CS4 中已经为智能对象添加了这些功能。第 67 页中的"变换选项"以及左栏的"变形命令"说明了这些变形的工作方式。

变形可以通过手动拖动变换框执行，也可以通过在选项栏中键入数字来精确地执行。当变换框开启时，可以反复进行不同的变形，预览变换直到得到理想的结果。最后，按 Enter 键（或者在框中双击）以完成变形。只有当会话完成，Photoshop 才能真正地重绘图像，进行一次结合了开启变换框以来的所有变换的改变。

在完成一个变换后，可以通过执行 Edit（编辑）>Transform（变换）>Again（再次）命令或者按 Ctrl/⌘+Shift+T 键对同一个元素重复变换。或者在再次变形时同时按下 Alt/Option 键创建一个副本，然后对副本变形。

在 Photoshop CS4 中，新增了 Edit（编辑）>Content-Aware Scale（内容识别比例）命令。当拖动变换框的某个手柄以缩放图像时，Photoshop 会尽量缩放不重要的部分（相似颜色和纹理较大的区域），而保持重要部分的完整性。内容识别比例会维持缩放部分的纹理，而不是明显地拉伸或压缩纹理。选项栏中提供了一种帮助 Photoshop 分析的方法。这里有一个可以开启或者关闭 Protect Skin Tones（保护肤色）功能的按钮，在更改肖像画的长宽比时尤其有用，例如，拉伸或者压缩背景而不扭曲主体对象。除此之外，Protect（保护）下拉列表支持用户输入可以被 Photoshop 保护而不进行缩放的内容。可以添加一个 Alpha 通道，使用白色绘制要保护的不被缩放的内容，保存该通道，并且在 Protect（保护）下拉列表中选择它。有关内容识别比例的内容参见第 243 页的"润饰照片"。

理解重取样

正如第 1 章（参见第 17 页）所述，每次对基于像素的元素进行变换，都会面临降低图像品质的风险，使细节变得柔化、不清晰。这一切都是因为重定像素。如果变换是将对象进行放大处理，那么就要填充额外的像素。如果变换是对对象进行缩小处理，那么邻近的像素颜色就会进行平均并将新颜色指定给更少的像素。如果对对象执行旋转操作，那么倾斜的像素就会被重定位到方形像素网格内。因此尽量不要每次变换按 Enter 键确认后再执行下一个变换操作，而最好在一个变换进程中执行完所有的变换后再确认变换操作，以使图像只进行一次刷新显示。对于诸如形状和文字之类的矢量元素以及智能对象而言，变换不会导致质损（参见第 18 页），但是在一个工作进程中执行所有变换更为高效。

Image Size（图像大小）对话框

执行 Image（图像）>Image Size（图像大小）命令打开 Image Size（图像大小）对话框，在该对话框中可以查看并更改文件的尺寸与分辨率。▼

用户可以在 Resolution（分辨率）数值框中设置要以多少像素/英寸或者多少像素/厘米来输出。

在重设文件尺寸时，如果要同时缩放诸如投影、斜面和发光之类的样式，应该勾选 Scale Styles（缩放样式）复选框。若不勾选，在缩放文件大小后，样式相对来说就会较大。

勾选 Constrain Propor tions（约束比例）复选框时，更改 Height（高度）和 Width（宽度）中的任意一个值，另一个值也会随之自动更改，以维持原比例。

如果勾选了 Resample Image（重定图像像素）复选框，更改 Width（宽度）、Height（高度）或 Resolution（分辨率）将会更改文件的 Pixel Dimensions（像素大小），并重定像素。不勾选该复选框时，若更改 Width（宽度）、Height（高度）或 Resolution（分辨率），并且希望在不更改文件的像素大小的情况下通过另两个设置来补偿更改，则不会重定像素。

在 Pixel Dimensions（像素大小）选项组中，可以查看或更改用像素或最初文件大小的百分比形式显示的文档 Width（宽度）和 Height（高度）。不仅如此，还可以查看文件合并后的尺寸。（这些尺寸不包括那些延伸至文档边界外的图层部分以及 Alpha 通道的大小。）

单击 Auto（自动）按钮可以打开 Auto Resolution（自动分辨率）对话框，在此不但可以设置输出打印的挂网精度，还可以将打印图像的品质设置为 Good（好）或 Best（最好）。Good（好）选项会生成一个较小的文件，而 Best（最好）选项会制作出一个更好的印刷品。

链接图标用来标识 Constrain Proportions（约束比例）复选框已被勾选。

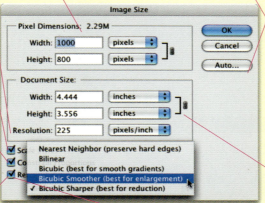

勾选了 Resample Image（重定图像像素）复选框后，即可在下拉列表中进行选择。Bicubic Smoother（两次立方较平滑）用于扩大图像尺寸（增加重定像素）。Bicubic Sharper（两次立方较锐利用于缩小图像尺寸（减少重定像素）。

知识链接
▼ 输出要求的像素大小或分辨率 第 110 页

全新的Content-Aware Scale（内容识别比例）命令不只是更改照片的宽高比。在完成绘画的处理后，Mark Wainer决意要对作品进行一些改变。他使用了内容识别比例功能，而非重新组合原始照片并且重新绘制，整个过程的更详细内容参见第419页。

扩大尺寸或减小尺寸

无论用户的计划如何周密，都免不了要对整个文件进行数次减小尺寸（减少重定像素）或加大尺寸（增加重定像素）的操作。因为用于打印输出的需求不高并且出于减少文件容量的需要，用户可能要减少重定像素。如果扫描文件达不到所需的网屏或显示尺寸下的分辨率，而扫描原件又无法进行重扫描时，则要增加重定像素。另外，如果原数码照片无法恢复到原样或者重拍时也会使用到重定像素操作。

用户可以利用上页讲述的 Image Size（图像大小）对话框，确保已经勾选 Constrain Proportions（约束比例）复选框（这样一来图像会严格按比例调整大小），且已勾选了 Resample Image（重定图像像素）复选框。

- 在Resample Image（重定图像像素）下拉列表中**选择Bicubic Smoother（两次立方较平滑）用于扩大图像尺寸**（增加重定像素）。**Bicubic Sharper（两次立方较锐利）用于缩小图像尺寸**（减少重定像素）。

- 在Document Size（文档大小）选项组的Height（高度）或Width（宽度）数值框内输入一个新的数值，即可**更改图像的打印尺寸**。其他的尺寸将会自动更改，而Resolution（分辨率）依旧，但文件尺寸发生了改变。

- 在Document Size（文档大小）选项组中将Height（高度）或Width（宽度）的单位设置为除像素（pixels）外的其他单位，接着在Resolution（分辨率）数值框中键入一个新的数值，即可**保持打印尺寸而更改分辨率**。此时，打印图像的尺寸不变，但文件大小会随分辨率一同改变。

列尺寸

如果要根据出版物的列宽调整图像大小，可以执行Edit（编辑）>Preferences（首选项）>Units & Rulers（单位与标尺）命令，并设置宽度和装订线的尺寸。接着在Image Size（图像大小）对话框中设置图像尺寸，可以将Column（列）作为Width（宽度）的单位，并以列数来设置图像的大小。如果指定多列，系统便会将装订线自动计算在内。

画笔笔尖控件

在 Photoshop 中，不仅绘画是基于画笔的操作。很多 Photoshop 的其他手动操作（例如调色、克隆、润饰）的工具都是基于画笔笔尖的。这些工具各自都有与执行任务相关的专用设置。但是，不管使用基于画笔笔尖的工具做什么，都需要能够快速地调整以下两个属性：笔触的宽度或者大小（如果小则可以进入角落或者裂缝。如果大则可以一笔盖过很多区域），以及硬度（指笔触与环境融合处是带硬边的边缘或是柔软的边缘）。本页是简易地更改画笔尺寸和硬度的速成介绍。

快捷面板

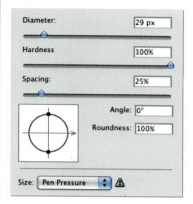

在文档窗口中右击或按Ctrl键同时单击鼠标可以打开一个带有尺寸控件、与画笔笔尖相关的适用于目前工具的快捷面板，此处显示的是Healing Brush（修复画笔）工具和Spot Healing Brush（污点修复画笔）工具对应的快捷面板。

方括号键

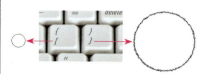

若只需简单地更改尺寸或者硬度，可以释为鼠标按键停止绘画，接着使用方括号键调整大小（［键和］键分别使预设幅度**减小和增大**），然后释放键，并且继续使用新设置大小的画笔笔尖绘制。在使用［键和］键时配合Shift键则可以相应地减少或者增加笔尖的**硬度**。

CS4 交互控件

在 Photoshop CS4 中，如果在 Preferences（首选项）对话框的 Performance（性能）选项面板中勾选 EnableOpenGL Drawing（启用 OpenGL 绘图）复选框，则可以通过以下方式简单地更改尺寸：释放鼠标按键停止绘画，接着按下鼠标左键和 Alt 键（Windows）或者 Ctrl 和 Option 键（MAC），**向左**或**右**拖动可平滑、持续地**减小**或**增加**笔尖大小。释放按键并且拖动可继续绘画。

如果需要调整画笔笔尖硬度而保持画笔大小不变，在 Windows 中需要使用 Shift 键进行辅助，即右击 +Alt+Shift 键，在 Mac 中需要使用 ⌘ 键进行辅助，即 Ctrl+Option+⌘ 键，向左拖动则硬度变小，向右拖动则硬度变大。

当使用交互式的方法重新定义或更改硬度后，光标也将显示更改后的柔和边缘。

为画笔笔尖光标设置参数

基于画笔的工具的光标外观由Preferences（首选项）对话框设置（Ctrl/⌘+K），选择Cursors（光标）并且在Painting Cursors（绘画光标）选区中进行选择（如下图所示）。可行的方式是在勾选Show Crosshair in Brush Tip（在画笔笔尖显示十字线）复选框的状态下使用Normal Brush Tip（正常画笔笔尖）或者Full Size Brush Tip（全尺寸画笔笔尖），并且在需要时使用Caps Lock键切换到Precise（精确）鼠标。

光标是来自工具箱中的**工具**的图标。

光标是**十字线**，标出了画笔笔触的中心，精确但是在重定位光标时很难查看。如果选择Precise（精确），Caps Lock键可以用来切换至带有用于标注中心的小十字的Nor-Normal Brush Tip（正常画笔笔尖）。

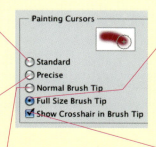

画笔笔迹显示了整个笔央的轮廓，包含从0～100%的不同不透明度的区域。**对于柔软边缘画笔的笔尖**，该光标要比Normal Brush Tip（正常画笔笔尖）**光标大**。

小十字线被添加到正常或者全尺寸画笔笔尖的中心。

光标以图案轮廓边缘的方式，显示出绘画图形。

小十字线被添加到正常或者全尺寸画笔笔尖的中心。

智能滤镜

从锐化到艺术效果，Photoshop 的 Filter（滤镜）菜单中的子程序都可以改善图像。在 Photoshop CS3 具有新增的 Smart Filter（智能滤镜）之前，在应用滤镜时，为了保护原图像，通常是复制图像图层并且对副本应用滤镜。为了混合滤镜效果与原图像，我们调整了滤镜图层的 Opacity（不透明度）或者混合模式。为了跟踪使用的滤镜设置，我们为图层起了一个复杂的名字，例如 Watercolor-Plastic Wrap-FadeSoftLight50。如果需要更改滤镜设置，可以重新开始制作副本并对其应用滤镜效果。

现在，有了智能滤镜技术便可以在不需要永久地更改操作过程中的任何像素的时候运行滤镜。滤镜设置是"活的"，因此可以回到开始，查看使用了哪些设置，并且可以更改它们。同样，智能滤镜也像副本图层，可以调整它的混合模式或者不透明度以更改滤镜效果与原图的交互。

LIZ VAN STEENBURGH / PHOTOSPIN.COM

附书光盘文件路径

> Wow Project Files > Chapter 2 >
Exercising Smart Filters:

- Halloween-Before.psd
- Halloween-After.psd

知识链接

▼ 智能对象
第 75 页

1 应用滤镜

打开 Halloween-Before.psd（参见左栏）。在应用智能滤镜之前，必须将图层（或者一系列的图层）转换为智能对象。▼ 最快捷的方式是选择图层并且右击或按 Ctrl 键同时单击打开右键快捷菜单，接着选择 Convert to Smart Object（转换为智能对象），如 A 所示。也可以执行 Filter（滤镜）>Convert for Smart Filters（转换为智能滤镜）命令，或者执行 Layer（图层）> Smart Objects（智能对象）命令或者单击 Layers 面板中的▼≡按钮，从中选择 Convert to Smart Object（转换为智能对象）命令。不管使用哪种方法，结果都是一样的。智能对象可以保护原始效果。在 Layers 中，缩览图会显示智能对象图标，如 B 所示。

执行 Filter（滤镜）>Stylize（风格化）>Glow-ing Edges（照亮边缘）命令，设置骨骼上的发光效果，如 C 所示。

两种智能调整

位于Image（图像）>Adjustment（调整）菜单中的Sha-dows/Highlights（阴影/高光）和Variations（变化）命令不可能被作为Adjustment图层应用，但是它们可以作为智能滤镜应用，并随时进行编辑。

2 更改混合模式

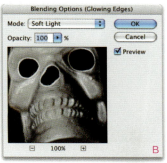

我们需要让骨骼与发光效果再次呈现。为了做到此，可以在 Layers 面板中右击或按 Ctrl 键的同时单击滤镜条目，并且选择 Edit Smart Filter Blending Options（编辑智能滤镜混合选项），如 A 所示。当 Blending Options（混合选项）对话框打开时，可以尝试其他的混合模式（如果愿意还可以调整不透明度，不过在此不调整，此处的 Soft Light（柔光）模式所产生的边缘发光效果比较理想，如 B 所示。

3 编辑滤镜设置

现在，既然骨骼已经再次呈现了，那么不妨来获取一个更强的发光效果。右击或按 Ctrl 键同时单击 Layers 面板中的 Glowing Edges，并且选择 Edit Smart Filter（编辑智能滤镜）重新打开滤镜对话框。增加 Edge Brightness（边缘亮度）让发光效果变得更强。注意，在操作过程中，不可能在主文档窗口看到照亮边缘的预览效果（其他的很多滤镜也是如此）。正是如此，将滤镜保持为像智能滤镜那样可调整的状态非常方便。

4 添加其他滤镜

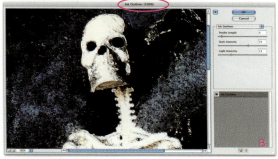

智能对象不仅局限于使用一个智能滤镜，还可以添加更多的滤镜。我们在此添加了 Filter（滤镜）> Artistic（艺术效果）>Watercolor（水彩）。Watercolor 对话框中的预览效果显示了在当前条件下为图像应用水彩滤镜且照亮边缘位于 Soft Light（柔光）模式下的预览效果，如 A 所示。接着，应用 Filter> Brush Strokes（画笔描边）>Ink Outlines（墨水轮廓）命令，预览效果将会在图像上显示带照亮边缘和水彩效果的 Ink Outlines（墨水轮廓）效果，如 B 所示。在图层面板上，每个新的滤镜都会位于先前滤镜之上。

现在，便可以更改单个滤镜的设置并且更改它们的混合模式，也可以切换任意滤镜的可视性（单击 👁 图标）。

堆栈顺序和智能滤镜预览

当重新打开智能滤镜的对话框或者混合选项对话框时，在堆栈中位于其下方的其他的滤镜效果将会在滤镜预览中显示，但是任何位于其上的滤镜效果不可用且不显示。关闭对话框后，它们的效果会重新计算并且再次显示。

5 更改滤镜顺序

因为滤镜的效果与常规的图层一样，是由堆栈顺序决定的，所以可以通过改变堆栈中的滤镜顺序来更改合成滤镜的结果。例如，当使用 Shadows/Highlights（阴影/高光）或者 Unsharp Mask（USM 锐化）校正图像时如果没有想要执行的操作，那么要不是有艺术效果的话，便可以随意地试验。从步骤 4 中的图像开始，如 A 所示，复制智能对象图层（Ctrl/⌘+J）以实验不同的排列，或者是使用不同的滤镜。复制副本可以在进一步地测试效果时保持当前的滤镜图像效果。把 Glowing Edges（光照边缘）滤镜从堆栈的底部拖到堆栈的顶部，可以像一轮满月那样照亮整幅图像，如 B 所示。

6 蒙版

通常，滤镜的效果可以仅作用于图像的一些区域，则非所有的区域。目前，因为照亮边缘位于图层堆栈的顶部，所以骨骼的细节丢失了，为了将骨骼的色调调低，可以使用内置的智能滤镜蒙版。可以对智能对象上的所有的智能滤镜仅应用一个蒙版，为照亮边缘的滤镜效果添加的蒙版也会对 Ink Outlines（墨水轮廓）和 Watercolor（水彩）产生影响。为了避免过多地影响滤镜效果，可以先用非常柔软的画笔笔尖的 Brush（画笔）工具✐并且在选项栏中选择较低的不透明度，然后再在骨骼上绘制。▼在 Photoshop CS4 中，可以以 100% 的不透明度绘制，接着在 Masks（蒙版）面板中一边减少蒙版的 Density（浓度）一边预览效果。▼

完成后，如果需要查看原始图像（前），再查看添加了滤镜后的效果，可以单击蒙版的可视性图标同时打开或者关闭所有的滤镜效果。

知识链接

▼ 画笔笔尖控件 第 71 页

▼ 蒙版面板 第 63 页

启用补充滤镜

某些滤镜，例如 Liquify 和很多非 Adobe 滤镜都不能被用来充当智能滤镜。不过，有一个称为 EnableAllFilters ForSmartFilters.jsx 的脚本允许它们作为智能滤镜使用，从 Application>Scripting>Sample Scripts 中将它们复制到 Photoshop 的 Presets>Scripts 文件夹，重启 Photoshop，执行 File（文件）>Scripts（脚本）命令运行。之后便会一直保持可用状态。注意并非所有滤镜都可以保持"活的"设置，即便是作为智能滤镜运行。

智能对象

Smart Object（智能对象）就好比文件中的文件。一旦创建好一个智能对象（或者从 Adobe Illustrator 或 Camera Raw 中导入一个智能对象），用户便可以将它当成大型文件中的一个"组件"来使用，把它用作一个单一的图层——可以对整个"组件"执行缩放、扭曲、变形或者添加滤镜效果，复制它，对它应用图层样式，或者使用蒙版、调整图层、剪贴组将它与文件合并等。

还可以通过过在 Layers（图层）面板中双击缩览图来打开该组件。通过这种方式可以将智能对象作为一个独立的文件打开（如果有必要还会打开 Illustrator 或 Camera Raw），这样一来，用户便可以进入组件内部，并像编辑其他 Photo-shop（或 Illustrator 或 Camera Raw）文件那样来编辑智能对象的内容了。在保存编辑文件时，该变换还会自动传递给智能对象所在的更大的（父）文件。

以下是为什么要使用智能对象的原因。

- 在反复缩放、旋转或执行其他变换时，智能对象可以**保护基于像素的内容**（参见第 18 页）。例如，复制一个智能对象，并对副本进行缩放和旋转。然后对副本进行复制，再进行多次缩放和旋转……多次缩放和旋转对智能对象品质的损伤并不比单次缩放和旋转操作大。

- 如果大型文件中包含几个智能对象副本（或实例），便可**通过打开、编辑和保存其中的一个副本来同时编辑智能对象的所有实例**。

- 内含智能对象及实例的**文件的尺寸要远远小于标准的图层副本**，这是因为智能对象充当了源的角色，而并非在文件内进行了真正的复制操作。

- 可以**将一个或多个实例"衍生"**为一个新智能对象，该操作会解除更新的链接。之后，更改那些已经成为新的智能对象的实例时，将不再影响其他实例，反之亦然。

ORIGINAL ILLUSTRATION: PHOTOSPIN.COM

本节介绍了如何使用智能对象来创建并修改图案拼贴的技法。不论你是否对图案的使用感兴趣，都可以从本练习中了解智能对象的优点，以及关于使用智能对象的一些重要的提示。

首先，为智能对象创建多个副本，并将它们排列好，用作如上图所示的插画背景。接着通过编辑智能对象将图案拼贴转换成一个新图案（此处用作裙子的图案），并创建一个新的智能对象，用"JOY"替代双人舞实例。之后，你便具备了智能对象的操作技能，可以随意创建自己的图案。

附书光盘文件路径

WOW > Wow Project Files > Chapter 2 > Exercising Smart Objects:

- Exercising SO-Before.psd（原始文件）
- Dancers.psd（步骤5的过程文件）
- Exercising SO-After.psd（效果文件）

1 新建文件

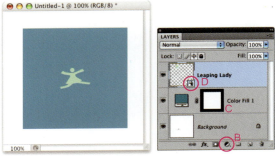

为了创建图案拼贴,应先执行 File(文件)> New(新建)菜单命令新建一个 300 像素大小的文件,如 A 所示——该文件比最终的拼贴尺寸稍大。为了创建拼贴的底图,可以在按住 Shift 键的同时拖动 Rectangular Marquee(矩形选框)工具[]来绘制一个方形选区,保留文件的边缘空白以便图层可以延伸到拼贴之外。在选区处于激活的状态下,单击 Layers(图层)面板底部的 Create new fill or adjustment layer(创建新的填充或调整图层)按钮◉,如 B 所示。然后在弹出菜单中选择 Solid Color(纯色)来添加一个 Solid Color Fill(纯色填充)图层,再拾取一种颜色,如 C 所示。

在一个单独的图层中为图案添加图形——Pedestria 字体的栅格化字符,该字体可以从 MVBFonts.com 下载。最终的效果参见 Exercising SO-Before.psd 文件。你可以打开该文件跟着操作,也可以自行创建与此类似的文件。

在 Layers 面板中,右击或者按 Ctrl 键同时单击图层名称,从右键快捷菜单中选择 Convert to Smart Object(转换成智能对象)菜单命令将图案元素图层转换为智能对象。Layers 面板内缩览图类似于凹槽的小图用于标明该图层是一个智能对象,如 D 所示。创建"文件中的文件"可以防止图形在复制变换时品质下降(步骤 3)。智能对象还为通过更改一个图层来改变整个图案提供了一个可能(步骤 5 和步骤 6)。

2 创建并复制智能对象

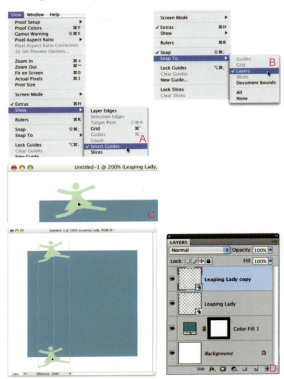

另一个"智能"技法为 Smart Guides(智能参考线)。该智能参考线可以帮助用户更便捷地对齐"杂乱无章的"图形,让它们进行无缝地拼贴,以隐藏图案的"重复的痕迹"。执行 View(视图)> Show(显示)菜单命令,并打开 Smart Guides(智能参考线),如 A 所示。同样在 View 菜单中,开启 Snap(对齐)命令,接着选择 Snap To(对齐到)命令,打开 Layers 命令选项,如 B 所示。

选择 Move(移动)工具►♦拖动图案,以便它与拼贴顶部边缘重叠。当图案与边缘的中部对齐时,它的中部就会出现一根智能参考线,如 C 所示。

接下来,在拼贴的底边对称部位放置一个同样的图案,并使位于拼贴内的图案部分与顶部悬空的图案部分平衡。这样一来,参照步骤 4 定义图案后便可以进行无缝拼贴了。复制智能对象图层(Ctrl/⌘ +J)创建一个副本,副本与原图案相互关联,因此不管对其中任何一个智能对象执行打开、编辑和存储操作,两个智能对象都能够同时更新变换。在按住 Shift 键的同时使用 Move(移动)工具►♦将当前工作窗口中的图案副本拖动到拼贴底部,如 D 所示。Shift 键可以保持副本与原图案对齐,并且 snap 命令可以提醒用户副本已与边缘中部重合、对齐。

3 创建更多的实例

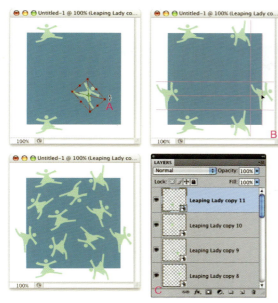

4 定义图案

为创建其他位于边缘的对称图案，可先复制智能对象：选中任何一个智能对象图层，再次按 Ctrl/⌘ +J 快捷键。为了使拼贴形式多变，可对新的智能对象进行倾斜操作（按 Ctrl/⌘ +T 快捷键，将光标移至变换框外，待它变成两端带箭头的曲线形状后，拖动变换框进行旋转操作，接着按 Enter 键进行确认），如 A 所示。使用 Move（移动）工具 ► 将变换后的对象拖动到边缘，再次借助智能参考线将对象中部与边缘对齐。再次复制用于放在对称边缘处的图案（Ctrl/⌘ +J），按住 Shift 键的同时拖动图案，直至它的中心与对边边缘重合、对齐。

对齐对称的智能对象后，可以通过以下步骤同时移动这两个智能对象：在 Layers 面板中单击其中一个智能对象的缩览图，接着在按住 Ctrl/⌘ 键的同时单击另一个智能对象的缩览图，然后在工作窗口中配合使用移动工具 ► 即可同时拖动。

按需创建其他边缘智能对象，如 B 所示。接着返回 View（视图）菜单，并闭 Smart Guides（智能对象）和 Snap To>Layer 命令，以免在填充拼贴内部图案时发生干挠。再次复制当前智能对象（Ctrl/⌘ +J），并将整个副本拖动到拼贴内部。旋转该副本。接着重复以上步骤（复制、拖动和变换）直至拼贴中有了足够多的智能对象，如 C 所示。因为它们都是智能对象图层的副本，所以它们都是相互关联的，即编辑任何一个都会改变所有的智能对象。

在拼贴中的图案排列好后，按以下步骤定义第一个图案：在按住 Ctrl/⌘ 键的同时，单击 Layers 面板中填充图层的图层蒙版缩览图进行选择，如 A 所示。接着执行 Edit（编辑）> Define Pattern（定义图案）菜单命令，如 B 所示，再为图案命名并单击 OK 按钮，如 C 所示。

执行 File（文件）> New（新建）菜单命令创建一个大小为拼贴两倍多的新文件，以测试新图案。单击 Create new fill or adjustment layer（创建新的填充或调整图层）按钮 ◑，并选择 Pattern（图案）命令来添加一个 pattern fill（图案填充）图层。在"图案填充"对话框中选择新图案（它是弹出面板中最后一个样本），如 D 所示，最后单击 OK 按钮。

在新文件中查看图案填充。如果图案不对齐（即位于边缘拼贴处的两个半截的智能对象不能无缝对齐，或者想更改智能对象的间距，可以回到拼贴文件中调整智能对象的对齐方式。还可以根据需要移动位于边缘的"智能对象"或者拼贴内的单个智能对象以加大间距。接着，再次选择方形图案（按住 Ctrl/⌘ 键的同时单击它的蒙版缩览图），并执行 Edit>Define Pattern 菜单命令来定义一个新图案。

5 编辑智能对象

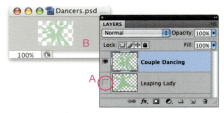

操作从现在开始将变得十分有趣。图案拼贴变化的形式将无穷无尽。因为在创建图案过程中使用的是智能对象的副本，因此只需更改其中的一个智能对象便能同时更改所有的智能对象。执行 Layer（图层）> Smart Objects（智能对象）> Edit Contents（编辑内容）菜单命令或者在 Layers 面板中双击任意一个智能对象缩览图，打开"文件中的文件"，接着通过单击 Layers 面板中的👁（如 A 所示）来关闭现有图形图层的可视性，然后在新图层中添加新图形或文字。注意：用于替代源智能对象的智能对象不能过高或过宽，如果有必要还可等比例缩放图形或文字▼（否则智能对象便会被图案拼贴裁切掉，参见第 79 页的"了解组件"）。跟随本实例继续操作，打开 Dancers.psd 文件（来自 Pedestria 字体的其他栅格化字符）并使用 Move（移动）工具🅺来拖拽及定位，如 B 所示。

按 Ctrl/⌘+S 快捷键保存智能对象。接着单击制作拼贴文件的窗口，让它变成当前文件，之后新字符将代替拼贴中的所有智能对象，并且具备与先前的智能对象相同的旋转属性，如 C 所示。

知识链接

▼ 变换　第 67 页

6 创建新的智能对象

用户还可以断开智能对象实例间的关联，这样一来，改变其中一个智能对象将不再影响其他的实例。可以通过创建新的智能对象来达到此目的。在拼贴文件的 Layers 面板中通过单击缩览图的方式选择其中一个要更换的智能对象，然后在按住 Ctrl/⌘ 键的同时单击其他智能对象的缩览图。（如果选择边缘处的智能对象，即可同时选择一对智能对象。）在此，可选择位于拼贴内部的两个智能对象，如 A 所示。

接着执行 Layer>Smart Objects>Convert to Smart Object（**转换为智能对象**）菜单命令，或者在 **Layers 面板中右击**或按 Ctrl 键同时单击目标智能对象的名字打开一个右键快捷菜单，并选择 Convert to Smart Object（转换为智能对象）命令。如 B 所示，崭新的"超级"智能对象可以记忆用户对智能对象所做的任意变换（本例中的任意变换指的是以不同角度旋转智能对象）。但是用户现在可以仅更改新建的超级智能对象而不更改文件中的其他图形。

在 Layers 面板中双击超级智能对象的缩览图。在打开智能对象文件时，双击其中的一个智能对象，并更改图形。添加一个字体为 Arial Black、颜色为黄色的"JOY"文本图层，如 C 所示。按 Ctrl/⌘+S 快捷键保存文件并更新超级智能对象，如 D 所示。最后，按 Ctrl/⌘+S 快捷键保存超级智能对象 .psb 文件以更新整个拼贴文件，如 E 所示。

7 对智能对象应用样式

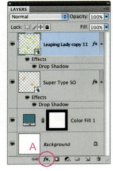

智能对象的出现，使同时为数个图层应用图层样式成为了可能。Exercising SO-After.psd 文件内含了由步骤 6 创建的嵌套的智能对象，以及接下来要添加的图层样式。

在拼贴文件的 Layers 面板中选择"JOY"超级智能对象（如上所示），并通过单击 Layers 面板底部的 Add a layer style（添加图层样式）按钮 ⨏ℵ，然后在弹出菜单中选择 Drop Shadow（投影）命令来添加一个投影特效，如 A 所示。接着调整 Distance（距离，即"偏移量"）、Size（大小，即"柔化量"）以及 Angle（角度，即"光源的位置"）来创建所需的投影类型。按 Ctrl/⌘+S 快捷键保存超级智能对象，之后拼贴文件会同时更新。

为双人舞智能对象添加相同投影特效的有效方式是：在 Layers 面板中选择它们所在的图层，然后执行 Layer（图层）> Smart Objects（智能对象）> Convert to Smart Object（转换为智能对象）菜单命令将它们转换成另一个超级智能对象，再复制"JOY"超级智能对象的投影特效并粘贴至新的智能对象图层，阴影将完全一致。▼

若要为该新建的超级智能对象中嵌套的双人舞智能对象重新着色，可以先单击任意一个的缩览图，然后再单击 Layers 面板底部的 ⨏ℵ 按钮并选择添加一个 Gradient Overlay（渐变叠加）特效。保存可编辑的智能对象文件时，新的超级智能对象文件中的所有双人舞智能对象都会更新。在保存该智能对象文件时，拼贴文件也会同时更新。

如 B 所示，选择拼贴并定义另一个图案（参见步骤 4），参见第 75 页的对插图应用两个图案。▼

知识链接

▼ 复制和粘贴图层样式　第 82 页
▼ 应用图案　第 176 页

了解组件

人们认为智能对象包含两个部分，即组件和内容。

内容指的是放在智能对象中的或者从 Camera Raw 以及 Illustrator 中导入的图形、文本或照片素材。其中智能对象通过在 Layers 面板中选择图层并执行 Layer（图层）> Smart Objects（智能对象）> Convert to Smart Object（转换为智能对象）菜单命令来创建。

组件实质上就是一个定界框，这是能最大范围地包围智能对象的不透明内容的最小矩形。

绿色的不透明区域就是内容。而"组件"则是能包裹所有内容的最小的矩形。

智能对象创建后，用户还可以在 Photoshop 中更改内容，例如，通过执行 Layer> Smart Objects> Edit Contents（编辑内容）菜单命令来更改。在保存已经编辑过的智能对象文件时，其对应的更大的"父级"文件也会跟随更改同时更新。

但是智能对象的组件，亦称为定界框，自智能对象创建起，其尺寸和形状就永久地"固定"了。这意味着，即便在编辑智能对象时创建了一个比先前内容更大的新内容，系统也会自动裁切内容以适应于原组件——除非缩小内容的尺寸（按 Ctrl/⌘+T 快捷键调出变换框，之后便可在按住 Shift 键的同时拖动边框的手柄进行调节）。

如果不希望编辑智能对象，那么不妨将原智能对象做得足够大，这样一来组件将可以接受所有类似的编辑，而不需要进行裁切和缩放。例如，在 Photoshop 中用户可以在一个用于参考的没有实际意义的图层中放置一个矩形（去除其可视性）以便为之后的更改预留出空间。

从 Illustrator 作品导入的智能对象有些许不同。放大的内容不是被裁剪，而是被非比例缩放。有关来自 Illustrator 的智能对象的更多信息，参见第 462 页。

练 习

图层样式

借助 Photoshop 的图层样式，用户可以让文字和图形瞬间变成生气勃勃、带立体纹理效果的对象，并为照片添加别致的样式——从简单的投影到半透明再到彩色的波纹面，完全可以随心所欲。接下来的 3 页将讲述样式的应用范围，旨在引导用户将样式为己所用。关于如何创建样式以及如何修改样式并设计个性样式的详情参见第 8 章以及第 265 页的"对照片进行样式化处理"。

因为 Hot Rods 文件包括文字，所以我们在制作时为其设置了大多数人都有的字体（Arial Black 和 Trebuchet）。若打开 Hot Rods 文件时，弹出一个警示对话框，则表明计算机上的字体版本与文件中的稍有区别。建议用户单击 Update（更新）按钮，并且忽略文件的一些小的差异。

附书光盘文件路径

🅦 > Wow Project Files > Chapter 2 > Exercising Styles:

• Hot Rods-Before.psd（原始文件）
• Hot Rods-Asphalt.psd（步骤2的过程文件）
• Hot Rods-Antique.psd（步骤5的过程文件）
• Wow Exercising Styles.asl（样式预设文件）

1 准备文件

ORIGINAL PHOTOS: PHOTOSPIN.COM

在着手工作之前，先打开 Hot Rods-Before.psd 文件并查看 Layers（图层）面板。因为每个图层都仅有一个图层样式，所以为了让文件的可操作性更强，文件中的各个元素均分放在了不同的图层。为了让 Layers 面板更整洁，可以单击面板底部的 Create a new group（创建新组）按钮 🗀，并将照片图层的缩览图拖动到创建的文件夹的缩览图中。

Backgroud（背景）图层是惟一一个不能应用样式的图层，因此可以在按住 Alt/Option 键的同时，双击该图层将它转换为普通图层。（如上图所示，Layer0 的可视性可以通过单击👁图标来切换。）

2 应用样式

单击 Styles（样式）面板右上角的 ▾☰ 按钮，在扩展菜单中选择 Load Styles（载入样式）命令，将 Wow Exercising Styles 添加到样式面板。单击 Layers 面板中的缩览图依次选择各个图层，再单击 Styles（样式）面板中的缩览图为各个图层添加样式。对组应用样式的相关信息参见下一页的"对数个图层应用样式"。

A Wow Hot Rod：由 Bevel and Emboss（斜面和浮雕）特效塑造的金属字母。

B Wow Red Letter*：着色由 Color Overlay（颜色叠加）和 Pattern Overlay（图案叠加）完成。

C Wow Edge Glow：样式由一个浅色的 Drop Shadow（投影）特效结合 Screen（滤色）模式共同组成。

D Wow Asphalt*：波纹状的表面由 Bevel and Emboss（斜面和浮雕）特效中的 Texture（纹理）生成。

对数个图层应用样式

在Photoshop中，通过Styles（样式）面板一次对数个图层应用样式的方法很简便。在Layers面板中只需先单击要对其应用样式的系列图层的顶部或者底部图层，再在按住Shift键的同时单击底部或者顶部的图层以全选所有图层。如果其中有不想应用样式的图层，则可以配合Ctrl/⌘键单击不想添加样式的图层。然后在图层被选中的状态下，在Styles面板中单击想要的样式即可。

如果想要对一个组中的所有图层应用同一样式，则更为简单。在Layers面板单击Group文件图标🗀，再在Styles面板中单击样式即可。

用 * 标识的纹理

在Styles面板中，Wow Style名称前的**星号**表示该样式使用了基于像素的纹理或图案，在缩放时应该引起注意。如果此类图案或纹理的放大倍数过大，图案或纹理的像素化效果将非常明显。当对它们进行缩小时（特别是以50%或25%以外的百分比进行缩小时），图案或纹理则会变得比较模糊。

3 缩放样式

在应用预设图层样式时，第一件要做的就是检查缩放。如果样式以一个不同的分辨率或者是针对一个更大或更小的对象而设计，那么，它的效果将完全不同，除非用户重新设置它的尺寸。本文件下方文字的 **Wow Red Letter** 样式就是这样的例子，如 A 所示。

同时缩放样式中所有特效非常简单，只需右击（Windows）或按住 Ctrl 键的同时单击（Mac）Layers 面板中已经应用了样式的图层名称右侧的 *fx* 按钮，并从弹出的快捷菜单中选择 Scale Effects（缩放效果）命令，如 B 所示。借助滑块或者在数值框中键入数值，抑或在按住 Ctrl/⌘ 键的同时在数值框上拖动鼠标（左右拖动）。将 **Wow Red Letter** 样式缩放至 25% 以生成斜面效果，如 C 所示，并将投影应用于文字后部，如 D 所示。

4 实例样式更改

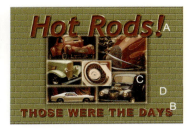

图层样式可以立即更改。在 Layers 面板中选中图层后，便可以通过单击 Styles 面板中的样式为其应用一个不同的样式，或者像左图那样缩放整个样式以改变外形，抑或更改任意元素的特效。

A Wow Brass Edge：由 Bevel and Emboss（斜面和浮雕）特效塑造的金属字母。

B Wow Brass Edge：缩放至 50% 以适用于更小的文字。

C Wow Antique：该样式使用棕色的 Color Overlay（颜色叠加）效果对照片进行着色处理。

D Wow Painted Brick *：用于 Pattern Overlay（图案叠加）中的砖形图案，也被用作 Bevel and Emboss（斜面和浮雕）特效中的 Texture（纹理）来创建立体效果。

注意：对于一个应用了 Wow Painted Brick 样式的图层而言，可以在保留砖面立体效果的同时，去除图层边缘的斜角，这样一来，墙面看起来就像已经延伸至图像之外。

知识链接
▼ 图层样式分类 **第 502 页**

5 更改内容

如果要像本实例中那样更改文字大小来更改图层的内容，样式便会立即变换以适应新的内容。

更改整个顶部文字字体的操作步骤为：首先在 Layers（图层）面板中选择图层，并选择 Type（横排文字）工具**T**。接着，不需在工作窗口中单击，直接在工具选项栏中将字体更改为 Arial Black 即可。

将文字更改为小写的操作步骤为：在 Layers（图层）面板中双击文本图层的缩览图**T**选择所有文字，然后在选项栏中选择 Arial Black 字体（或者相似的粗体）并且键入新文字。

6 缩放"样式"文件

如果想重新设置样式文件大小，可以先复制它，以确保原始文件完好无损：执行 Image（图像）>Duplicate（复制）命令。在新文件中，执行 Image> Image Size（图像大小）命令。确认左下角的 3 个复选框包括 Scale Styles（缩放样式）全部被勾选。接着在顶部的 Pixel Dimensions（像素大小）部分键入新的 Width（宽度）和 Height（高度）（此处将宽度设置为 600 像素），并单击 OK 按钮确认。

图层样式可以通过复制、粘贴操作应用到另一个图层——这两个图层可以位于一个文件，也可以位于不同文件。即便是用户未创建样式也未对应用的样式重命名和保存，也可以使用这个便捷的方式。

1 在Layers面板中，右击或按住Ctrl键的同时单击要复制的样式所在图层右侧的**fx**图标，并在弹出菜单中选择Copy Layer Style（**拷贝图层样式**）命令。

2 接着右击或按住Ctrl键的同时单击要应用样式的图层的名称，并在弹出菜单中选择Paste Layer Style（**粘贴图层样式**）命令。

无论何时修改图层样式或创建新的图层样式，为新样式命名并将它保存在一个预设中都不失为一个好方法，这样一来将更方便以后的查找和使用。

将图层中已有的样式添加至当前Styles（样式）面板以及Photoshop中的任意位置的样式拾取器的操作步骤如下：首先在Layers面板中选择已经应用了样式的图层，然后单击Styles面板底部的Create new style（创建新样式）按钮，再为样式命名，并单击OK按钮。

将样式作为预设文件的一部分永久保存，便可以反复加载样式并随时调用。保存样式的操作步骤如下：首先采用前面讲述的步骤将样式添加到Styles（样式）面板。然后单击▼三按钮打开Styles面板菜单并选择Preset Manager（预设管理器），之后，将打开Preset Manager对话框。

保存仅有少许当前样式的组的操作步骤如下：按住Shift 键或者按住Ctrl/⌘键的同时单击这些样式，之后单击Save Set（存储设置）按钮。

但是如果要保存的样式远远多于不保存的样式，那么，不妨在按住Shift键或者按住Ctrl/⌘键的同时单击那些不需要保存的样式，之后单击Delete（删除）按钮，接着选择所有剩余的样式（Ctrl/⌘＋A）并单击Save Set（存储设置）按钮。为组命名，并选择保存的路径，最后单击Save（保存）按钮确认。

所有图层样式都能"记住"它的"设计分辨率"——其源文件的分辨率（像素/英寸，ppi）。本书光盘中的大多数样式都是在可用于打印的225ppi分辨率下的文件中设计的，但Wow-Button Styles除外，该样式是在仅用于屏幕显示的72ppi分辨率下设计的。

只要将样式应用于分辨率与该样式设计分辨率不同的文件，Photoshop都会自动缩放样式。该缩放是不等比的。如果样式中包含纹理或图案，这还会导致图案的品质下降。

Wow-Gibson Opal样式（设计分辨率是225ppi），文件分辨率是255ppi

Wow-Gibson Opal样式，文件分辨率是72 ppi

为了避免不必要的自动缩放，在应用样式之前，可以通过以下3个步骤临时、无损地将文件分辨率更改为样式设计分辨率：

1 临时性无损地将文件分辨率更改为225ppi，例如，执行Image（图像）>Image Size（图像大小）菜单命令，并确认已经取消了Resample Image（重定图像像素）复选框的勾选。注意文件的分辨率。接着将Resolution（分辨率）更改为225ppi，以匹配样式的"设计分辨率"，并单击OK按钮。

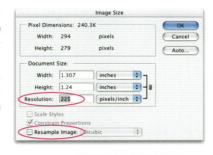

2 在Layers（图层）面板中单击选择要应用样式的图层的缩览图，并在Styles（样式）面板中单击样式缩览图以应用样式。

3 最后，无损地将文件分辨率更改回原有的分辨率：执行Image（图像）>Image Size（图像大小）菜单命令并确认Resample Image（重定图像像素）复选框仍处于未勾选状态，并键入在步骤1中记下的原分辨率。样式的外观没有任何改变。

在Wow-Gibson Opal样式应用于分辨率为72ppi的文件前，文件的分辨率被临时更改为225ppi（如步骤1所示）。然后，分辨率又被更改回72ppi（如步骤3所示）。

如果文件中的一个图层样式包含你想用于其他图层的效果，可以进行添加或者替代。在此，我们使用Hot Rods-Asphalt.psd文件（第80页）演示，其他照片图层"借"发光效果，并且将它添加到Hot Rods!文字：

1 在图层面板上找到需要的效果所在的图层，接着找到特定的效果，展开效果列表（如果它还未展开的话，单击该图层 fx 图标旁边的小箭头）。

在HotRodsAsphalt.psd中，外面的照片的发光效果由Drop Shadow（投影）效果创建而成，并且使用浅色的Screen（滤色）混合模式。

2 按住Alt/Option键的同时将效果拖动到要添加的图层。当到达合适位置时便会在图层选项周围显示粗边框。

当我们添加从照片图层借来的Drop Shadow（投影）效果时，它会取代Hot Rods!图层原本的投影效果。

蒙版与混合

图层蒙版、混合选项以及剪贴组都为混合图像提供了丰富的选项，这一点也将在接下来的 4 页篇幅的实例讲解中充分展现。你可以在本书光盘中找到部分实例中的文件，并深入分析。

如果用于混合的两幅图中有一幅是那种液状的、不定形的图像，例如云、火、海浪或者大片的植被，那么图像便可以进行无缝的、逼真的混合。不过，在对两个相同图像的不同版本（例如带滤镜效果的图像与原始图像）进行无缝混合，以及以某个色调或颜色为标准局部更改图像时，也可以借助蒙版与混合技法来达成完美的效果。

全书中有很多实例都用到了将精细选区转变为蒙版的技法。但是接下来的 4 页中的实例要展示的是：在很多情况下，混合同样也能得到与繁琐的选择、快速蒙版、很多照片自带的预置轮廓以及快速混合选项调整相媲美的精美效果。

知识链接

附书光盘文件路径

 > Wow Project Files > Chapter 2 > Quick Masking and Blending

渐变蒙版

为了减弱火焰中罐头底部的效果，并保持原文件的完好，可以在选中 Can 图层时单击 Add layer mask（添加图层蒙版）按钮□来添加一个图层蒙版，并且使用"黑－白"渐变色进行填充。在绘制渐变时，选择 Gradient（渐变）工具■，然后在选项栏中单击渐变样式右侧的小箭头，如 A 所示。选择"黑－白"渐变色（默认情况下，它是 Photoshop 自带的第 3 种渐变）。确认已经选择 Linear（线性）渐变选项按钮，如 B 所示。接着单击 Layers（图层）面版中的蒙版缩览图确认已选择蒙版。按住 Shift 键以控制渐变在拖动绘制时从起始点直线过渡到你指定的罐头与火焰完成合并之处。▼

手绘蒙版

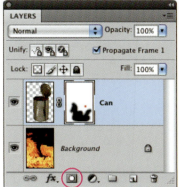

通过手绘蒙版可以精确控制两幅图的混合情况。选择 Can 图层并通过单击□按钮添加一个图层蒙版，接着选择 Brush（画笔）工具／并在选项栏中选择 Photoshop 的 soft 100-pixel（柔角100 像素）画笔笔尖，让画笔的 Opacity（不透明度）值保持 100%。（不透明度需要与图像及用户选用的混合类型一同变换。）▼

在 Layers（图层）面板中，单击图层蒙版缩览图选择它，然后通过按 X 键一到两次的方法将前景色设置为黑色。在绘制蒙版时，将 Can 图层的 Opacity（不透明度）降低到 60%，以透过罐头显示火苗。在绘制完蒙版后将图层的不透明度恢复为 100%。

 Can and Flames-Before.psd

ORIGINAL PHOTOS: PHOTOSPIN.COM

模糊蒙版

在制作用于虚化轮廓图边缘的图层蒙版时，可以先在 Can and Flames-Before.psd 文件的 Layers（图层）面板中，按住 Ctrl/⌘ 键的同时单击对象的缩览图基于轮廓创建一个选区。接着单击面板底部的 Add layer mask（添加图层蒙版）按钮 ◻ 创建一个可以显示选区、隐藏图层其他部位的蒙版（此处看不出图像的区别，因为图像的其他部位是透明的，因此没有任何东西能够隐藏）。接着模糊蒙版：执行 Select（选择）>Refine Edge（调整边缘），在 Refine Mask（调整蒙版）对话框中将所有滑块设置为 0 重新开始，接着边增加 Feather（羽化）值边观察效果，这里将 Feather（羽化）值设为 70 像素。▼ 罐头的反射表面对混合的最终效果有一定的影响。右栏中的实例是一个更常见的无反射的实例效果。

知识链接
▼ 调整边缘　第 59 页

模糊与手绘

使用左栏中的方法时，虽然边缘会变得部分透明，但是仍旧清晰可辨，如 A 所示。可以使用以下两种方法将边缘模糊化处理：

• 在关闭 Refine Mask（调整蒙版）对话框之前，将 Contract/Expand（收缩/扩展）滑块移至最左侧以让蒙版整体变小，如 B 所示。

• 使用黑色绘制蒙版的边缘（同第 84 页），如 C、D 所示。使用柔角 100 像素、50% 的不透明度的 Brush（画笔）工具 ✐ 进行绘制。

 Skull and Flames.psd

"混合颜色带" 色调

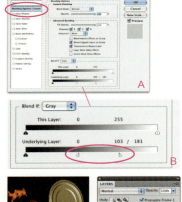

打开 Can and Flames-Before.psd 文件，在 Layers（图层）面板中双击 Can 图层打开 Layer Style（图层样式）对话框的 Blend Options（混合选项）界面，如 A 所示。在 Blend If（混合颜色带）选项组，基于图层色调调整滑块以混合图层。▼

此处通过 Blend If（混合颜色带）滑块（如 B 所示）设置一个不会让 Can 图层覆盖背景图像的浅色。由 Underlying Layer（下一图层）白色滑块设置的浅于该色调的颜色可以从背景图层中显示出来。在拖动时按住 Alt/Option 键分出两个滑块，以使两个亮度值之间的色调通过平滑混合的部分显示出来。任何深于左侧设置的色调将被上一图层隐藏起来。

注意：从 Layers（图层）面板看不出 Blend If（混合颜色带）选项组中的设置。

知识链接
▼ 使用混合颜色带滑块
第 66 页

"混合颜色带"
与蒙版

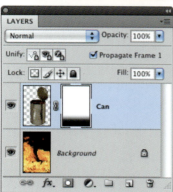

结合图层蒙版（参见第84页"渐变蒙版"）调整Blend If（混合颜色带）（参见第85页"'混合颜色带'色调"）。**注意**：因为Layers面板中不显示Blend If（混合颜色带）的更改，所以面板与只添加Gradient Mask（渐变蒙版）的效果相同。

模式与蒙版

ORIGINAL PHOTO: PHOTOSPIN.COM

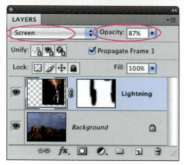

当两幅图像分处在两个图层时，可以将Lightning图层的混合模式设置为Screen（滤色）模式以去除黑色，因为黑色在该模式下没有效果。▼减少图层的Opacity（不透明度）会降低Lightning图层的色调，而手绘的图层蒙版会隐藏Lightning图层其他的显示边缘。在手绘时使用不透明度为100%的柔角100像素的画笔✎，并单击选项栏中的Airbrush(喷枪)按钮。

知识链接
▼ 使用混合模式　第181页
▼ 使用混合颜色带滑块　第66页

模式、蒙版与混合
颜色带

ORIGINAL PHOTO: JOHN CALIHAN / PHOTOSPIN.COM

在将闪电放在岩石的顶部或者岩石的后部时可以使用Blue（蓝）通道的Blend If（混合颜色带）滑块。▼在Layers面板中图层右侧样式图标上双击，打开Layer Style（图层样式）对话框的Blending Options（混合选项）界面，在Blend If下拉列表中选择Blue代替默认的Gray（灰色）选项。向右拖动Underlying Layer（下一图层）的黑色滑块，让闪电消失在那些几乎不包含蓝色的红棕色岩石区域内（滑杆上的黑色滑块表示颜色里没有任何蓝色元素）。同样，Blend If滑块不会引起Layers面板上的任何改变。

 Lightning Landscape.psd

遮罩滤镜

ORIGINAL PHOTO: PHOTOSPIN.COM

为了防止部分图像改变，首先将图层转换成智能对象——另一种方法是执行 Filter（滤镜）> Convert for Smart Filters（转换为智能滤镜）命令。接着执行变换——在 Zoom（缩放）模式下，将缩放中心设置在骑手的头部，并应用 Radial Blur（径向模糊）滤镜。在 Layers（图层）面板中单击智能滤镜的缩览图选择它。在本实例中，选择 Gradient（渐变）工具，并在选项栏中选择 Radial（径向）渐变，以及"黑—白"渐变，然后从要保护的中心向外拖动生成渐变。可以使用黑色绘制蒙版以显示原清晰图像的其他部分，如标牌和骑手的手（参见第 84 页的"手绘蒙版"）。

Masked Smart Filter.psd

滤镜效果蒙版

PHOTOSPIN.COM

对蒙版应用滤镜效果可以为图像添加一个艺术边框。制作一个自定义的虚光照效果的操作步骤如下：使用 Rectangular Marquee（矩形选框）工具绘制一个选区，接着模糊蒙版以在选区边缘创建灰色效果，并在蒙版上应用一个滤镜。具体技巧参见第 268 页，滤镜应用举例参见第 272 页和第 273 页。

在此，以 Wow-Weave 03 图案填充背景：首先在 Layers 面板中单击背景缩览图选中它，然后按 Ctrl/⌘ +A 键进行全选，最后执行 Edit（编辑）> Fill（填充）>Pattern（图案）菜单命令并在下拉列表中选择 Wow-Weave 03 图案。

知识链接

▼ 使用调整图层 第 245 页

遮罩调整

DAVE HUSS / PHOTOSPIN.COM

用于更改色调和颜色的调整图层都拥有它们内置的图层蒙版。因此，用户可以设置自己的调整效果，并对它进行遮罩来得到所需的部分图像未调整的效果。▼如 A 所示，从一张废弃的农场设备照片着手，单击 Layers（图层）面板底部的 Create new fill or adjustment layer（创建新的填充或调整图层）按钮并选择 Photo Filter（照片滤镜）命令，如 B 所示。在 Photo Filter（照片滤镜）对话框中单击色块并选择一种红色，将 Density（浓度）设置为 75% 以得到更强的颜色，单击 OK（确定）按钮对图像进行着色，如 C 所示。接着，在按住 Shift 键的同时拖动 Gradient（渐变）工具填充"黑—白"线性渐变，如 D、E、F 所示。

Masked Adjustment.psd

Marie Brown对绒毛的处理方法

对于Marie Brown而言，从灰棕色的背景中选择棕灰色的浣熊是一个挑战。在尝试了各种选择方式并且对蒙版进行整理后，仍旧得不到一个可以转换到浅色或者深色背景的单独的对象。因此，又尝试了另一种不同的方式，其中用到了Dune Grass画笔笔尖和描边路径。

知识链接

▼ 根据颜色选择　第 50 页

▼ 抽出滤镜　第 90 页

▼ 套索工具　第 54 页

▼ 钢笔工具和路径　第 454 页

▼ 调整边缘／调整蒙版　第 59 页

▼ 保存画笔笔尖预设　第 402 页

通过颜色选择（例如Select > Color Range）或者结合颜色和纹理选择（诸如Quick Selection工具）对于本实例都无法奏效，这是因为无法区分出浣熊的皮毛与它身后干枯的草地和树叶。▼

选择大挑战

PHOTO: SUSAN HELLER

Marie使用Extract（抽出）滤镜快速地进行了尝试，不管是有Smart Highlighting（智能高光）还是没有Smart Highlighting（智能高光），都无法奏效。▼Marie说："如果抽出高光器工具都不能贴合选取的话，我不认为魔棒工具能有用。直线段的多边形套索工具不是理想的选择带圆形线条的动物的工具，我知道比套索工具更好的贴边选择方式。"▼

Marie选择钢笔工具，并且沿着动物身体的平滑曲线绘制一条路径。▼接着，在Paths（路径）面板中选择路径并单击面板底部的Load Path as a selection（将路径作为选区载入）按钮将它转换成选区。

 Fur Mask.psd

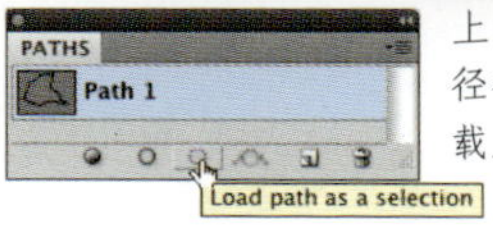

上图所示的路径被作为选区载入。

在选区被选中的时候，在Layers（图层）面板底部单击按钮为浣熊图层添加一个图层蒙版。

选区被转换成图层蒙版。

浣熊看起来像是被剪刀剪选出来似的。在Layers（图层）面板上选中蒙版，执行Select（选择）>Refine Edge（调整边缘）菜单命令，并且使用Refine Mask（调整蒙版）对话框中的设置让边缘与新的背景更好地混合。▼Marie反映："效果还是不好。"

到此，她开始考虑使用 Dune Grass 画笔。Dune Grass 中的单片草叶就像头发那样。通过修改画笔并沿着浣熊的边缘描绘路径，可以创建毛茸茸的边缘。

Marie选择画笔工具，并从选项栏的弹出拾取器中选择Dune Grass，单击选项栏右端的按钮打开Brushes（画笔）面板。她发现头发太粗，因此将Master Diameter（主直径）从112像素减少至25像素。

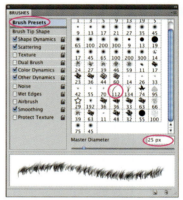

减少画笔笔尖的尺寸。

因为她想让皮毛比画笔笔尖绘制的效果更平滑，因此在画笔面板的左侧单击Scattering（散布）打开Scattering区域，将Scatter减少至20%。同时减少Count Jitter（数量抖动），这可以减少头发的斑驳性。

在Color Dynamics（颜色动态）区域，从只使用白色绘制蒙版开始就将Foreground/Background Jitter（前景/背景抖动）设置为0。

减少Scatter（散布）和Count Jitter（数量抖动）以让毛发更均一。

在Shape Dynamics（形状动态）区域，将位于Angle Jitter（角度抖动）滑块旁边的Control（控制）设置为Direction（方向）。这会对齐毛发，以让它的方向固定为与所绘制的路径相关的方向。

将Control（控制）设置为Direction（方向）会让画笔的笔迹与路径的方向一致。

Marie说："现在，我已经准备好试一把了。"她先是按Ctrl/⌘+J键复制浣熊图层并且在新图层上选择图层蒙版。将前景色和背景色分别设置为白色和黑色，并且使用黑色填充新的图层蒙版（在Windows中按D键，接着按Ctrl+Backspace键，在Mac中按⌘+Delete键）。单击Paths（路径）面板底部的Stroke path（描边路径）按钮○，之后会出现毛发，但是方向不对。

为由毛发创建的蒙版边缘路径描边，但是角度不逼真。

更改毛发的方向时，她先是按Ctrl/⌘+Z键撤销了先前的描边，并且回到Brushes（画笔）面板的Brush Tip Shape（画笔笔尖形状）区域实验效果。当勾选Flip Y（翻转Y）时，将Angle（角度）更改为20°，Spacing（间距）设置为35%，再对路径描边即可。

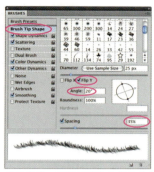

更改角度、设置间距让毛发向外扩散，重新绘制。

新的蒙版创建了平滑的皮毛。

Marie在画笔面板的▼☰菜单中选择New Brush Preset（新建画笔预设）将自定义画笔转换到预设中，将它命名为furbrush1。接着再创建两个画笔笔尖预设，一个用于浣熊的左腿（勾选Flip X和Flip Y并且将Angle更改为–30°），一个用于带有更柔软的皮毛的平滑区域（大小为10 px，

Flip X，Flip Y，Angle为–30°且间距增加到75%）。将画笔保存在Preset Manager（预设管理器）中。总共创建3个皮毛边缘的图层，每个都配有一个带有不同类型的皮毛描边蒙版。

图层面板显示的是整理后的基于路径的蒙版和3个使用由"皮毛"画笔描边的路径绘制的蒙版。

她在蒙版的最后修饰过程中使用黑色绘制了毛发边缘的各个蒙版，以隐藏除需要外的所有类型的毛发。

浣熊的轮廓。

减淡和加深蒙版

可设置为Highlights（高光）、Midtones（中间调）和Shadows（阴影）的Dodge（减淡）工具🔍和Burn（加深）工具👌能够对蒙版的密度进行局部更改。在剪影图像位于新背景上时进行这些变化可以对编辑效果更了如指掌。

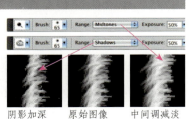

阴影加深　　原始图像　　中间调减淡

抽出

选择工具（一个以上）和 Refine Edge（调整边缘）命令的结合（用于清理选区的边缘，参见第 58 页）在很多实例中经常用到。在 Refine Edge（调整边缘）对话框中设置 Radius（半径，即边缘宽度）即可很方便地选择对象，但是现在抽出命令可以更改边缘宽度了，让 Photoshop 可以从背景中识别对象，使选择操作更加方便。不过，Photoshop CS4 中的 Filter（滤镜）菜单没有 Extract（抽出）命令，除非安装插件。

附书光盘文件路径

 > Wow Project Files > Chapter 2
> Exercising Extract:

• Extract-Before.psd
• Extract-After.psd

1 开始操作

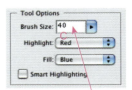

Extract（抽出）命令（Filter>Extract）是一个破坏性的过程，它会永久地删除像素。因此在执行抽出命令之前，可以按 Ctrl/⌘ +J 键复制图像图层以避免误操作。接着，单击底部图像图层的 👁 按钮关闭图层的可视性，以便可以清晰地查看抽出结果，如 A 所示。

执行 Filter（滤镜）>Extract（抽出）命令打开 Extract（抽出）对话框。在选中 Edge Highlighter（边缘高光器）工具 ✐ 的状态下，如 B 所示，在 Tool Options（工具选项）区域中设置 Brush Size（画笔尺寸），如 C 所示。大型的画笔可以得到理想的柔和的毛茸茸的边缘。一些边缘可能因为模糊或者部分透明或因为包含了拾取自背景的高光或者阴影而变得毛茸茸。通常，这种类型的边缘包含被天空映衬的纤细的头发或者树叶或者草叶。初次检查可以看到，绿色背景和黑色头发之间的对比度很强。但是头发较模糊并且很柔和，背景在头发上留下了绿色的高光。

为了高亮显示毛茸茸的边缘，可以使用较大的 Brush Size（画笔尺寸）设置。选择一个足够大的尺寸，以便可以轻易地沿着要隔离的区域（主体对象）边缘拖动，绘制出一个叠加在主体对象与背景交界处的高光，而不要偏离边缘。高光器绘画是抽出命令的一个很公正的操作，可以得到完全或者部分透明的效果。在此，我们将 Brush Size（画笔尺寸）设置为 40，并且沿着头发的边缘拖动，如 D 所示。

2 智能高光

 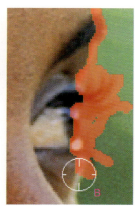

画笔越小，制作清晰的硬边缘（采用小尺寸的画笔可以防止它与靠近边缘的其他对象混淆）以及处理两条邻近边缘（小尺寸的画笔可以仅对其中的一条边缘添加高光效果）的高光效果越好。不需要重新设置画笔尺寸，只需要单击选择 Smart Highlighting（智能高光）复选框，如 A 所示，或者按住 Ctrl/⌘ 键。切换到 Smart Highlighting（智能高光）时，画笔会变得有磁性，在光标移动的过程中自动吸附到边缘，并且自动缩小画笔以尽可能地贴合边缘，如 B 所示。当对比度再次变低时，关闭 Smart Highlighting（智能高光）。

在这幅肖像画中，女人的侧面轮廓上有两条高对比度边缘——背景和高光之间的"绿色－白色"边缘（正是我们想要的边缘）以及高光和正常皮肤色调之间的"白色－棕色"边缘（不想要的）。可以按 Ctrl/⌘＋空格键放大来沿边缘绘制。在肩膀的位置，按 Ctrl/⌘ 键切换回边缘高光器的手动操作模式，并且将 Brush Size（画笔尺寸）减少到 10。智能高光可以沿着白色高光和黑色皮肤之间的高对比度绘制，切断高光。

更改画笔尺寸

重新设置Extract（抽出）对话框中所有工具的画笔笔尖尺寸的控制键是方括号键，Photoshop的绘画工具也是如此，按 *[* 可以减小画笔尺寸，按 *]* 可以增大它。

定位高光

在不关闭Edge Highlighter（边缘高光器）✍的情况下，要想在Extract（抽出）对话框中临时切换到其他工具，可以使用以下键盘快捷键：

按住**空格键**可以切换到Hand（**抓手**）**工具**🖐️，对图像进行滚动。

按住**Ctrl/⌘＋空格键**可以切换到Zoom（缩放）工具🔍，单击即可放大图像。

按住**Ctrl/z＋Alt＋空格键**（Windows）或**⌘＋Option＋空格键**（Mac）并且单击则可以缩小。

动态修复

在使用 Edge Highlighter（边缘高光器）✍的过程中如果进行了误操作，可以：

- 在误操作区域再次拖动以添加高光。
- 按住 Alt/Option 键进行擦除来删除高光材料（如右图所示）。

不灵活的切换 / 智能切换

遗憾的是，只有对于清晰、高对比度的边缘而言，智能高光显示才是智能的。因此当从高对比度边缘向低对比度边缘拖动时，需要关掉智能高光显示，并且使用边缘高光器✍手动操作。在开启Smart Highlighting（智能高光）的情况下，按住**Ctrl/⌘键**便可以自动在两者之间切换。松开按键又可以切换回原工具。

3 完成及预览

持续地沿边缘拖动 Edge Highlighter（边缘高光器），直到勾勒出整个对象的轮廓。当对象被完全包围在高光中时，高光显示操作全部完成——只要不是在图像的外侧边缘绘制而是正好在边缘上绘制就行。

若要预览抽出效果，可以选择抽出滤镜自带的 Fill（填充）工具，在高光边缘主体对象区域内单击，如 A 所示。接着单击 Preview（预览）按钮查看抽出来的对象。更改 Smooth（平滑）设置会影响边缘质量，此时就需要按下 Preview（预览）按钮来查看变化。可以使用 Zoom（缩放）工具放大一些以查看边缘，或者在对话框 Preview（预览）区域的 Show（显示）列表中更改预览的背景颜色，如红色背景，如 B 所示，来对比剩下的任何绿色边缘。也可以通过在 View（视图）设置中选择来切换视图以对比抽出对象和原图。

4 清理

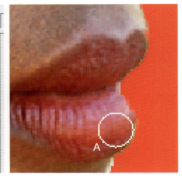

如果不喜欢预览显示的边缘质量，还有几种校正的选择。在润饰抽出效果时，切记，在执行边缘涂抹操作时，**过量要好于不足**（可以在稍后擦除多余的颜料，但是在关闭抽出对话框时就不太容易恢复缺失的颜料了）。

- 如果边缘外还有更多的像素，可以使用 Cleanup（清除）工具擦除过多的颜料，如 A 所示。如果主体对象边缘原本是实色的地方为半透明，则可以在使用 Cleanup（清除）工具的时候按住 Alt/Option 键以恢复边缘。

- 使用 Edge Touchup（边缘修饰）工具强化和移除边缘上的"像素碎片"。

- 如果边缘本身看起来不错，但是要删除边缘内部的完整区域（例如，选中的树叶之间漏出的天空的**斑驳区域**），就不需要对每个斑驳区域进行高光显示操作，相反，单击 OK 按钮关闭 Extract（抽出）对话框，接着使用 Background Eraser（背景橡皮擦）工具，参见第 56 页。

浓密的头发

如果在选择的过程中有太多头发消失了，在 Extract（抽出）或其他选择或蒙版方法的帮助下，可以通过按 Ctrl/⌘+J 键添加一个图层副本来恢复它。这会在部分透明区域创建不透明度，而那些完全不透明的地方不会改变。如果浓密的效果太强了，可以调低新图层的不透明度。

■Find Edges（查找边缘）滤镜没有参数可以设置，但是可以得到艺术化的效果。结合带滤镜效果的图像和原始图片选择照片和正确的混合模式（有时是不透明度）是一门艺术。Marv Lyons发现，那些与此处图像相似的具有强明暗对比度和中性颜色的图像，可以使用Find Edges（查找边缘）滤镜生成暗色的描边，并增加细小的纹理。采用Overlay（叠加）模式后，添加了滤镜效果的图像将带有暗色的边缘，反衬出浅色的区域。

Lyons在还没有Smart Filters（智能滤镜）之前就创建了Tehachapi Snow-birds这幅作品，创建步骤如下：将图像复制到一个新图层（Ctrl/⌘+J），接着对副本添加滤镜效果（Filter>Stylize>Find Edges），将滤镜图层的混合模式更改为Overlay（叠加）。在Photoshop CS3或者CS4中，则不必复制图层，直接将Find Edges（查找边缘）滤镜作为智能滤镜应用即可。

这两种方式的优点分别是什么？

• 使用智能滤镜的工作文件比较小（大约是一半大小），因此，如果工作内存有限，则可以使用智能滤镜。在我们的测试中，对于这两种方式而言，保存文件的大小并没有太大的区别，尤其是在保存时选择Maximize Compatibility（最大兼容性）选项后。▼

• 两种方式都允许用户更改滤镜效果的Opacity（不透明度）和混合模式，一种是通过图层设置，另一种是通过单击 按钮设置。

• 智能滤镜支持用户更改设置，保持滤镜的"活的"状态，但是若没有更改的设置，使用智能滤镜不会为未来的可编辑性带来任何好处。

• 使用普通图层时，Layers（图层）面板清晰地显示了混合模式和滤镜图层使用的不透明度，如A所示。带有智能滤镜的图层，则需要深层

次的探究（双击 按钮）才能了解，如B所示。

知识链接

▼ 最大兼容性　第127页

■《热带雨林中的蝴蝶》（Rainforest Butterflies）是《澳大利亚自然风光（Nature of Australia）》系列邮票中的最后一套。该系列邮票由Wayne Rankin设计，澳大利亚邮政部门发行。Rankin在制作雨林背景的时候，将几张不同的照片结合在了一起。具体的操作过程是使用Move（移动）工具，将这些照片拖动到用于制作邮票的合成文件中。接着使用图层蒙版将它们混合在一起。拿尺寸较大的面值为2美元的邮票来说，为了制作该邮票的背景，Rankin选用了3张Daintree热带雨林的照片。首先，Rankin选取了其中最大的一张照片，如A所示。接着通过以下方法填充邮票的空白部分：以照片的右侧为起点选取并复制了一部分图像。按Ctrl/⌘+J快捷键将其粘贴到一个新图层上，然后使用Move（移动）工具

将该新图层拖动到左上方。最后将根茎突出的照片B覆盖到刚才拷贝的副本的上方，而将瀑布图像C覆盖住了原图的右下方，这样一来重复的痕迹就不是很明显了。

在制作过程中，Rankin通过单击图标来切换虚光边缘图层、标有邮票面值的有色方块图层、文本图层以及邮票轮廓图图层的可视性。其中文本和轮廓是在Adobe Illustrator中制作而成的。之后，Rankin在Photoshop中将

对齐图像与图层

在查看工作图层与下方图像对齐的方式时，可以使用Layers（图层）面板上的Opacity（不透明度）滑块临时调低上方图层的不透明度。对齐图层并添加蒙版后，再将Opacity（不透明度）恢复为100%即可。

它们分别作为独立的图层粘贴，这样一来便可以更好地对这些标准元素进行完善的设计了。

为了混合图像，他分别为除了最底层之外的其他图像图层添加一个图层蒙版：单击（或者按住Alt/Option键的同时单击）创建一个填充色为白色"显示全部"（或者黑色"隐藏全部"）的蒙版。之后再使用Brush（画笔）工具在图层蒙版上进行绘制，或者创建选区并使用白色或黑色进行填充，然后再通过绘制柔化边缘修改蒙版的方法来修缮蒙版，让合成图看起来就像是图像与蒙版混合在一起似的。Rankin为绘制好的蒙版添加了诸如Curves（曲线）之类的调整图层，以便指示色调和颜色在需要进行无缝混合的地方更改。▼

© LIK HOTSTOCK   © LIK HOTSTOCK

© PETER WALTON

© LIK HOTSTOCK

A B C D © STANLEY BREEDON

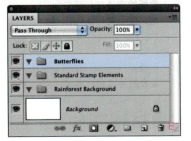

为将蝴蝶D从背景中分离出来，以便可以将它们拖入合成图中，Rankin基于一个颜色通道创建了一个选区。他为每张蝴蝶照片都选了一个能最清晰地显示蝴蝶与背景边界的通道，然后将该通道拖动到Channels（通道）面板底部的Create new channel（新建通道）按钮🔲上复制为Alpha通道。接着使用不同的Image（图像）＞Adjustments（调整）菜单命令提高边缘的清晰度。制作蝴蝶选区的过程参见第53页。

使用Move（移动）工具⯈₊将选中的蝴蝶拖入到合成的文件中，并创建一个它自己的单独的透明图层。通过执行Edit＞Free Transform菜单命令（Ctrl/⌘+T）缩放所有蝴蝶图层并通过旋转将它们放置在正确的位置。▼

先将文本图层和轮廓图层的可视性关闭，如 E 所示，执行Image（图像）＞Duplicate（复制）＞Duplicate Merged Layers Only（仅复制合并的图层）菜单命令合并图层，然后再输出。最后在Illustrator中添加上文字即完成了最终的效果。

知识链接

▼ 使用调整图层　第 245 页

▼ 变换　第 67 页

■Jeff Irwin的图像转印工作参见《秋天》(Fall)（上图）和《歌唱》(Song)（对页），这两幅图都用到了景物照片的扫描文件，并且在Photoshop中添加了元素。一部分图像元素的设计在Potoshop中进行，但是大多数在陶瓷瓷砖上完成。

操作步骤如下：使用Photoshop的Crop（裁剪）工具□可以快速地对照片或者扫描文件进行裁剪和重设尺寸。在选项栏中设置Width（宽度）、Height（高度）和Resolution（分辨率），接着手动选择要保留的区域并且按Enter键确认裁剪。Irwin先是对高分辨率的照片或者扫描文件进行该处理，将它放大到最终作品的大小（约为200像素/英寸）。《秋天》(Fall)和《歌唱》Song文件的大小按照带宽边的8英寸见方的3×3方

形瓷砖设置。按Ctrl/⌘+R键显示标尺并且拖动水平和垂直参考线来标注各个瓷砖块的边缘。

《秋天》(Fall)文件基于照片制作而成，《歌唱》(Song)则基于一幅夹板的扫描文件制作而成。在制作《歌唱》(Song)时，Irwin先是添加了从歌集书上拍摄的音乐符号照片，接着对照片进行放大，然后执行Filter（滤镜）>Sketch（素描）>Stamp（图章）命令使用Stamp（图章）滤镜来加粗线条并且平滑边缘。

当转印到陶瓷和烧结的铁氧化物（激光打印机和影印机中使用的黑色墨粉中的成分）上时，可以生成丰富的颜色。较深的色调可以被烧结成棕褐色，中间调可以烧结成深橘色，浅色调可以被烧结成浅橘色。Irwin控制颜色的方式是使用Photoshop的位于

Legacy（传统）模式下的Brightness/Contrast（亮度/对比度）功能，先调整对比度后调整亮度。在Legacy（传统）模式下，增加亮度的操作与旧版本一致，过强的调整会致使亮度的细节丢失。在Normal（正常）模式且不勾选Use Legacy（使用旧版）的选项时，Brightness（亮度）也可以在不丢失太多高光细节的情况下增加。

Irwin为每个图像都添加了白色图形。在《歌唱》(Song)作品中，他使用Elliptical Marquee（椭圆选框）工具◯（Shift+M）来选择椭圆。在《秋天》(Fall)作品中，他使用Pen（钢笔）工具◊绘制了几片叶子，接着复制、粘贴，并且执行Image（图像）> Transform（变换）> Scale（缩放）和Distort（扭曲）命令来重新塑造形状。

接着，使用设置好的参考线（选择了 View > Snap To > Guides的情况下）和Rectangular Marquee（矩形选框）工具[·]（Shift+M）为每个作品中的9个拼贴块选择内容。复制选中的方块（Ctrl/⌘+Shift+C或者执行Edit > Copy Merged命令进行作品复制），并为剪贴板内容创建新文件（Ctrl/⌘+N，接着按Enter键），然后粘贴（Ctrl/⌘+V）。

使用激光打印机在Bel Laser Decal纸（www.beldecal.com）上打印。他通常是在从Home Depot那购买的白色釉面砖上转印影像。在清洗瓷砖后，

切到边缘块，并且在一个木制框中摆好所有的瓷砖，将它们固定好以转印。将每张贴花纸依次放入水中，以将贴花纸与背纸分离。将贴花纸放在瓷砖上，挤掉水分，并且晾一个晚上让其干透。

烧制瓷砖时，Irwin还可以对颜色进行其他处理。在1987°F的温度下烧制时可以得到更多的橘色，在1945°F下炼制时可以得到更深的褐色。在烧制的过程中保持窑炉的密闭性，减少空间循环，也会在一定程度上影响颜色。例如，在《歌唱》（Song）作品中，瓷砖被包裹好放在窑内导致了左

上区域的瓷砖的棕色比其他部位深。

Irwin通常会在首次炼制后添加一些黑色的元素。他通过在整个图形中应用黑色的釉面来添加鸟的图案，接着使用白色的钢笔在釉面上草绘出作品，最后刮掉釉面（五彩拉毛技法）创作细节。然后继续以第一次烧制的温度或者更低的温度接着烧制。在切割的瓷砖上使用相同的五彩拉毛粉饰技术绘制出木制纹理边框。

使用树脂将作品粘贴到比无缝拼贴好的瓷砖整体尺寸小大约1.5英寸的夹板上。

■由线条和颜色组成的有机几何体构成了Laurie Grace的《闯入》（Intrusions）系列插画。这些插画是由多幅照片或绘画的实例相互交错地放置在一个网格中构成的，将实例的几个副本翻转、分层叠放在一起，并且分别设置两个图层的混合模式就得到了最终的效果。▼此处以上图所示的《闯入2》（Intrusion 2）为例讲解制作步骤。Grace先是执行File（文件）>New（新建）菜单命令创建一个新

的Photoshop文件，其中Color Mode（颜色模式）设置为RGB Color（RGB颜色），Background Content（背景内容）设置为White（白色）。然后使用Move（移动）工具▶+将一只狗的灰度照片A拖到新文件中。她将照片与文件的右上角对齐，然后按Ctrl/⌘+T快捷键调出变换框，然后按住Shift键向内拖动角手柄等比例缩小图像。▼

Grace对图像的主体部分进行复制，并放在原图像的右侧，如B所示。其

操作方法之一列举如下：使用Rectangular Marquee（矩形选框）工具选择图像的所需部分，接着在按住Ctrl+Alt键（Windows）或者+Option键（Mac）的同时向一旁拖动以复制选中的部分图像。若同时按住Shift键

拖动还可以保证运动严格地沿着水平方向移动，与原图像平齐。两幅图像摆放在一起后，就形成了一个矩形联合体。

接着，Grace以同样的方法选择并复制了这个联合体，制作出了一个由4幅图像组成的联合体，接着再由4幅图像制作出8幅图像，并对这8幅图像进行4次复制操作，并纵向排列好，完成图像的网格制作，如 C 所示。

之后，按Ctrl/⌘+J快捷键复制图像，并执行Edit（编辑）>Transform（变换）> Flip Horizontal（水平翻转）菜单命令翻转图像图层，如 D 所示。将图层的混合模式设置为Difference（差值）——在Layer（图层）面板左上角的混合模式菜单中选择即可。之后，狗图像纵横交错的网格将变成另外一

个完全不同的效果，如 E 所示。

添加一个蓝色填充图层，同样将图层的混合模式设置为Difference（差值）模式，之后黑色会变成合成蓝，白色会变成合成蓝的反色——橘黄色，如 F 所示。

接着，Grace设置了由同一照片中截取的选区制作的另一个图像网格图层，如 G 所示，并让该网格比其他图层略小，如 H 所示。她将新图层的图层混合模式设置为Soft Light（柔光）模式，如 I 所示。为其添加一个投影特效，最后的蒙太奇效果见上页。▼

最后在作品中添加一个由E网格细节放大所得的副本，并将该图层的混合模式设置为Normal（正常），再添加一个投影特效。

当选区处于激活状态时，拖动的结果完全取决于拖动时所按的键：

- 在选择任意选择工具时，如果不按住任何辅助键，那么只能移动选区的边框，不会移动任何像素。

- 如果在按住Ctrl/⌘键的同时拖动，选择工具就会临时变成Move（移动）工具，并且像素会跟随选区边框一起移动，原处将空无一物。

- 如果在按住Ctrl/⌘和Alt/Option键的同时拖动，便可以在同一图层中复制一个选区的副本。

- 若对原选区进行复制，并将副本放置到一个新图层中，便可以在不影响原图层的情况下，任意移动副本，但是副本与原图层间还仍旧存在相互关联的作用。其操作步骤如下：按Ctrl/⌘+J键，之后按住Ctrl/⌘键将选择工具临时转换为Move（移动）工具来拖动副本。

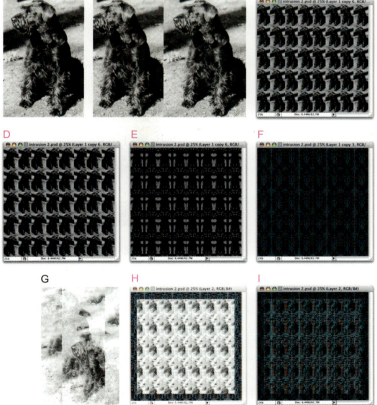

■Cristen Gillespie所做的《焰火庆典》（Fireworks Celebration）作品由两幅图（参见右侧）混合而成。在混合时使用了Photoshop的Transparent Stripes（透明条纹）渐变。使用条纹渐变蒙版可以显示在中间的国会大厦，并且创建众多焰火从大厦内部进发出来的假相。不过，在对图像进行分层之前，Gillespie需要对国会大厦进行细微的调整。

建筑的黑色阴影需要提亮（因为焰火照亮了夜空），并且拍摄者的拍摄角度使得建筑物有些向后倾斜，因此她决定将图像图层转换成智能对象。接着，她将Shadows/Highlights调整和Lens Correction（镜头校正）作为智能滤镜应用（以便后期可以按需修改）。在背景图层右击或按Ctrl键同时单击，再在右键快捷菜单中选择Convert to Smart Object（转换为智能对象）。当接下来执行Image

（图像）> Adjustments（调整）> Shadow/Highlight（阴影/高光）菜单命令时，默认的设置看起来像是能添加足够多的光线，因此，单击OK按钮确认。接着，执行Filter（滤镜）> Distort（扭曲）> Lens Correction（镜头校正）菜单命令，使用Move Grid Tool（移动网格工具）将垂直网格线与图像的柱子对齐。较小的Vertical Perspective（垂直透视）即可校正圆顶的垂直倾斜，为Edge（边缘）设置选择背景色，并且使用黑色填充，在此实例中，黑色即可达到非常好的效果，如 A 所示。▼

因为国会大厦图像太黑，所以Gillespie需要确认它只是太黑，而不是有明显的色偏，并且没有超出打印的油墨范围限制。她了解到打印机应该使用North American Prepress 2颜色配置，并且不允许黑色超过300%。因此，她首先在背景的实黑色区域使用

Color Sampler（颜色取样器）🖋️。在 Info（信息）面板中单击顶部区域中的 Eyedropper（滴管）图标🖋️旁边的小三角，并且从弹出菜单中选择 Total Ink（油墨总量）。接着，在下面跟踪颜色取样器值的区域的弹出菜单中选择 CMYK。单击图层面板底部的 Create new fill or adjustment layer（创建新的填充或调整图层）按钮⬤并在弹出列表中选择相应选项来添加一个 Selective Color Adjustment（选择颜色调整）图层。在 Selective Color（选择颜色）对话框的 Colors（颜色）列表中选择 Blacks（黑色）并且调整中性黑的滑块，直到在信息面板中看到 Magenta（洋红）、Yellow（黄色）大至相当，Cyan（青）大约高 8~10 点。需要更高百分比的 Cyan（青）含量来平衡洋红和黄色，以让黑色呈中性。接着在不同的黑色区域内移动滴管，核对信息面板顶部的读数，以核对油墨总量是否在规定范围之内。减少黑色的总量，以

将油墨总量值减少到 300% 以下，如 B、C 所示。

在国会大厦图像准备好后，打开焰火图像，并使用移动工具➕将它拖到国会大厦的顶部。让焰火盖住整个大厦，因此，可以将图层移动到位于圆顶上方的中间位置，接着使用 Free Transform（自由变换）工具（Ctrl/⌘+T）稍微放大烟花。为焰火图像添加一个图层蒙版，选择 Transparent Stripes（透明条纹）渐变，然后按住 Shift 键水平拖动 Gradient（渐变）工具▭。（应用该渐变时，渐变条的宽度取决于渐变工具拖动的远近，即拖动距离越短，条越窄——一边是一道宽的黑边，一边是一道宽的白边，如果拖动距离长的话，宽条将横跨整个蒙版。）单击 Layers（图层）面板内蒙版缩览图和图像缩览图间的链接图标🔗解除它们间的链接。接着在图像窗口中拖动图层蒙版直至大厦圆顶透过条纹蒙版显示出来。再次在蒙版缩览图和图像缩览图间单击，重新链接

它们，以便以后不至于误操作而挪动了它们的位置。

混合两幅图像，让焰火看起来像是从圆顶中蹿出来似的。首先选择渐变填充的图层蒙版，并在 Photoshop CS3 中执行 Filter（滤镜）>Blur（模糊）> Gaussian Blur（高斯模糊）菜单命令，将值调高，直至预览图中蒙版的清晰边缘变模糊，并且国会大厦通过焰火显现出来，如 D 所示。另一个选择是执行 Select（选择）>Refine Edge（调整边缘）命令▽并且设置 Feather（羽化）滑块，将所有其他的滑块都设置为 0。在 Photoshop CS4 中有 3 种可能：可以使用 Masks（蒙版）面板中的 Feather（羽化）滑块达到同样的效果，该羽化可以保持可编辑状态，除非之后想显示更多或者更少的建筑物，如 E 所示。▽当得到满意的混合效果后，如 F 所示，拖动 Crop（裁剪）工具🔲裁切整幅图像，让人们的视线关注于圆顶。▽

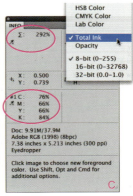

知识链接

深入、速成、浅出

3

通过 File（文件）>Open（打开）命令来查找并在 Photoshop 中打开文件的方式最为悠久，而且至今仍旧非常有效。但是 Photoshop CS3 和 CS4 还提供了更高效的浏览（通过 Bridge ▼）和"保护组件"——通过 Open As Smart Object（打开为智能对象 ▼）。

知识链接

▼ 使用 Bridge　第133页

▼ 智能对象　第75页

扫描三维物体

将小型物体放在平板扫描仪上，即可捕捉它们的维度影像（立体效果图）。它们在扫描仪平板上摆放的位置不同，扫描图像中包含的面也会从一个到数个不等。它们的立面越偏离重心（即它们的边或角与扫描仪平板接触），扫描图像中的面信息就越丰富。

本章将讲解利用 Photoshop 导入和导出图像的最佳方法，以及有关如何管理文件的技巧——借助这些技巧，用户可以便捷地查找文件。另外，本章还提出了将操作存储在 Action（动作）面板中的建议，以及其他自动操作的技巧。

深入：输入

首先来看导入、获取图像。导入 Photoshop 中的图像质量对输入图像的品质有很大影响。不仅如此，图像的质量还决定了用户在 Photoshop 中处理该图像的工作量大小。通常，导入图像的信息含量（即品质）最好要高于所需的输出图像，例如，扫描的 RGB 图像或数码照片的颜色信息量越大越好，扫描线稿的分辨率（单位是像素 / 英寸）最好是最终输出稿的两倍。色深越深，分辨率越高，图像颜色渐变将越平滑，轮廓也越清晰。即使最终导出图像时减少了颜色量、降低了分辨率，所获得的图像品质仍然会高于那些由较低品质的导入图像处理而得的图像。

扫描

可以使用平板扫描仪扫描图像打印稿、绘画、绘图甚至是一些三维物体，并将扫描后的文件导入到 Photoshop 中处理。扫描仪扫描的色深值越大——即扫描仪分辨的颜色越多，扫描图像的阴影和高光细节保留得也越多。这样 Photoshop 就可以基于这些额外的信息进行更精确的颜色和色调的调整。越来越多的新式平板扫描仪可以扫描幻灯片（正片）和负片。如果需要扫描大量的幻灯片或负片，可以考虑购买精密的**底片扫描仪**。目前扫描仪的价格大幅下降，但扫描质量和分辨率却大为提高，它们甚至可以与专业店内的电分效果相媲美。

避免"虹彩"现象

为了避免在扫描三维物体时出现"虹彩"现象，可以通过选择区域和使用Hue/Saturation Adjustment（色相/饱和度调整）来降低饱和度。在Edit（编辑）下拉列表中分别选择Reds（红色）、Greens（绿色）和Blues（蓝色）——而非Cyans（青色）、Magentas（洋红）或Yellows（黄色），并向左拖动Saturation（饱和度）滑块。颜色依旧，但虹彩现象得到了缓解。

选择什么型号的底片扫描仪，取决于用户需要扫描何种类型的底片。有的底片扫描仪甚至可以处理 35mm 胶片、传统媒介格式胶片或 APS（Advanced Photo System，先进摄影系统）胶片。新型底片扫描仪还配置有一个可以处理整卷负片的附件。另一种输入方法是使用照片服务程序扫描照片并刻成光盘，在这种情况下，扫描品质取决于扫描仪的光学和机械精度以及操作员的技术。

预扫。用户可以先在扫描仪中**预扫描**图片，并通过预览来确定最终扫描的区域。接下来，将继续学习如何设置扫描图像的尺寸、色彩模式以及扫描分辨率。用户可以根据需要适当设置这些参数，以避免收集过多不必要的信息。

设置扫描尺寸。在扫描仪显示图像的预览图时，可以使用扫描软件的裁切工具选择扫描的区域。然后在扫描软件中设置是否对后来的扫描图像设定相同的扫描区域。绝大多数的扫描仪都可以根据用户为扫描区域设置的不同的宽高值，自动调整其他扫描参数。另外，用户还可以采用原件的百分比尺寸的形式来设置扫描尺寸。

扫描设置

在扫描软件界面的输入区域中可以通过选项设置来控制扫描仪收集信息的数量。

进行彩色扫描时，可将扫描设置至少获取24位色彩。

选择（或输出）图像文件理想的分辨率。

既可以选择与原文件相同的尺寸进行扫描，也可以选择所提供的标准尺寸，抑或是自定义尺寸。

扫描软件通常会提供一些色调和颜色调整。

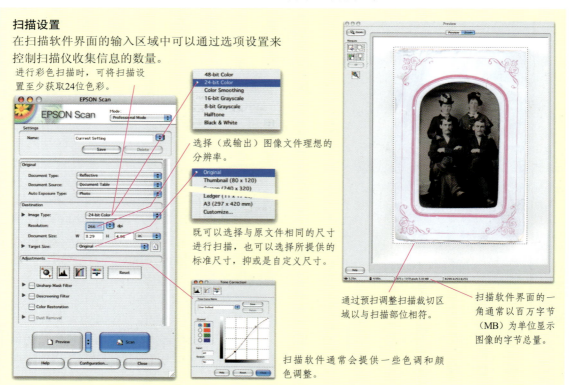

通过预扫调整扫描裁切区域以与扫描部位相符。

扫描软件界面的一角通常以百万字节（MB）为单位显示图像的字节总量。

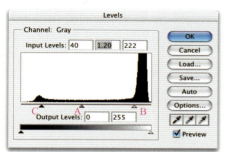

TOMMY YUNE

在彩色或者 Grayscale（灰度）模式下，扫描线稿可以获取更平滑的线条，并且可以通过 Levels（色阶）调整让"墨迹线"更明亮或更黑——例如使用 Levels（色阶）或者 Brightness/Contrast（亮度/对比度）调整。Tommy Yune 使用 Levels（色阶）调整图层（通过单击图层面板底部的 ⊘ 按钮添加）来平滑以灰度模式扫描的钢笔画中的线条。对于这样的 Levels（色阶）调整图层后，可以将 Input Level（输入色阶）的伽马（灰点）滑块 A 左移来细化线条，或右移来加粗线条。调整白场滑块 B 将灰色背景增亮到白色，调整黑场滑块 C 将墨迹线加黑。

设置扫描的色彩模式。色彩模式也会影响文件大小。▼ 例如，全彩扫描的图像记录的信息量至少是灰度扫描图的 3 倍——灰度扫描图有 1 种黑色、1 种白色和 254 种位于黑白之间的灰色。以下列举的是部分选择扫描色彩模式的准则：

- **彩色图像。**即使要将彩色图像转换为"黑白图像"（灰度模式）输出，▼ 也应以全彩模式扫描。对于扫描仪来说，这是最理想的模式，这种模式包含上百万、上亿的颜色量（16 位/通道模式），也称为"真彩色"。

- **灰度图。**类似于黑白照片。以彩色模式扫描图像，再在 Photoshop 中转换为灰度模式的效果会更好。

- **黑白线稿。**黑白线稿如果是通过以灰度模式或者是彩色模式扫描，再参照左图实例所示使用调整图层在 Photoshop 中使其达到完美效果，则线条可以变得更平滑、更连续。如果想更好地控制线条质量，可以采用 Refine Edge（调整边缘）命令进行处理（参见第 108 页）。

设置扫描分辨率。扫描软件通常会要求用户以像素/英寸（pixels per inch，ppi）或点/英寸（dots per inch，dpi）为单位来设置分辨率。要计算扫描分辨率，可以先将图像进行输

一次扫描多张图片

如果在平板扫描仪上并排摆放多张照片同时扫描（照片间有一定的空隙），那么在执行File>Automate（自动）>Cropand-Straighten Photos（裁剪并修齐照片）菜单命令时，Photoshop 会将这些照片分放到单个文件中，并在处理过程中将照片放正。

如上图所示，同时扫描 4 张照片后，执行 Crop and Straighten Photos 命令便可以将它们分成独立的文件。转换后的文件名由相同的"主文件名"+"Copy（副本）"+"序列数字"构成。

扫描印刷品中的图像时，扫描印刷的半调网屏图案有可能会干扰扫描仪取样模式，产生一些不必要的moiré（干涉图案）。很多桌面扫描仪和其他类型的扫描仪都有内置的去屏算法来消除该干涉图案。

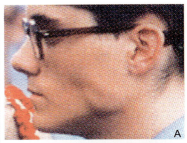

这些屏幕快照显示了放大源自图书的扫描图片的细节，A图即为未经过去网屏处理的效果，B图为经过去网屏处理的效果。启用去网屏功能并选择源（比如杂志、报纸或美术品）时，它会告知软件半调像素的模糊程度。Surface Blur（表面模糊）滤镜▼接着被用于为C图去网屏，从而使其变得更光滑。

知识链接
▼ 使用表面模糊滤镜 第321页

出打印，再将输出分辨率乘以1.5～2的系数。输出分辨率指的是线/英寸（lines per inch，lpi），是打印机使用的半调网屏。通常，对于那些没有生硬几何体图案、鲜明颜色边界和超精细细节的自然风景图片（书中的大部分图像，例如封面就属于此类图片），1.5的系数就足够了，即文件的分辨率为1.5ppi/lpi×150lpi=225ppi。那些具有生硬线条、鲜明颜色界限的人文建筑照片或者那些像拥有精细睫毛的"美女"近照，为了达到更好的效果最好用2的系数，常见文件的分辨率为2ppi/lpi×150lpi= 300ppi。大于2的系数并不会提高图片的质量。**注意**：输出分辨率系数分别为2和1.5的文件的大小相差近一倍之多。对于那些并不真正需要采用值为2的分辨率系数的用户来说，分辨率系数为2的文件里包含了太多的不必要的信息。

喷墨打印机可以采用dpi或ppi来标识打印品质（分辨率），也可以采用类似于Good(好)和Best(最好)的词来评定品质。在扫描用于喷墨打印机打印的文件时，可以将扫描分辨率设置为225ppi～300ppi，并在打印时将打印机设置为Best即可在大多数新近出品的喷墨打印机中获得接近于照片品质的打印效果。对于用来打印更高分辨率（该分辨率可以通过肉眼或者小型放大镜查看）的精美印刷品精美艺术喷墨打印机来说，文件分辨率应在200ppi～400ppi之间。使用高品质商业喷墨打印机打印文件时，应先向打印输出人员询问要打印某尺寸、某类型的印刷品需要准备多少分辨率、多大尺寸的文件。

双重检查。在扫描图像时，一旦用户设定好图像尺寸、色彩模式和分辨率，打描仪便可以预先以百万字节（MB）为单位告知用户文件的大小。第110页的表格中列出了一些典型的文件尺寸和印刷尺寸。

Corinna Buchholz对版权的研究

Corinna Buchholz的事业（piddix.com）成功不仅是基于找到杰出的作品扫描、进行细致的扫描、在Photoshop中进行整理，并且在数字拼贴板上排列好，还取决于她扫描的图像是无版权限制。

 本书附赠光盘的Wow Goodies文件夹中提供了来自piddix.com的免费扫描图。

〝版权事宜如何进展？〞是Corinna针对数字图像和拼贴文件询问最多的一个问题。她不是律师，但是在创建Piddix LLC的过程中，她与律师一同工作并且学习了版权方面的法律。

Corinna告诉我们：从1923年至1963年，美国出版的作品都受版权保护，在它首次出版时必须刊出版权提示，而且版权必须在28年后更新。因此她查找想扫描的某本书版权的其中一个方法就是查看那些提供美国国会图书馆页面图像版权更新的网址，它们按年份分类并且按字母顺序对作者名排序。

http://onlinebooks.library.upenn.edu/webbin/gutbook/lookup?num=11800

了解了原始出版物的年份和版权后，她又查看了该版权是否在28年后做了更新。Corinna说〝26、27、29和30可用。〞接着，她在书店和eBay找到原始版本，购买并且自行扫描。

我们找到了Corinna有关版本和相关主题（例如使用条款、衍生作品以及广告权限）的书面解释，这些都很好理解。我们在她的博客里找到了这个解释，同时还有很多其他好资源。

http://piddix.blogspot.com/2008/03/copyright-anddigital-collage-sheets.html

几乎美国在1923年之前出版的所有内容都公用免费的。这正是为什么你能看到很多在售的图像处于同一年代，诸如这幅由圣路易斯摄影师 F. W. Guerin 在20世纪初期拍摄的肖像画（公共意味着版权不属于任何人——由公共所有，可以以任何形式使用这些图像）。

20世纪20年代至1978年的出版物可能是公用的，因为它的出版物上没有带©版权符号，本例中清洁产品印刷标签便是如此。但是该产品的名称或者 Logo 受商标或者其他知识产权法的保护。

Carey Rockwell（出版社 Grosset & Dunlap 雇佣的一组写手的假名）编著的 On the Trail of The Space Pirates 一书的插画由 Louis Glanzman 绘制。它的版权起始于1953年，但是之后未做更新。通常，诸如此类的于1923年至1978年之间出版的受版权保护的著作，要比1923年之前创作的作品更难判别。

把调整蒙版对话框当作线稿作品清理工作室

首次见到Refine Mask（调整蒙版）对话框时，我们认为它看起来像一个理想的用来清理黑白线稿的"工作室"——不管扫描文件是打印材料还是铅笔画或者钢笔画。我们知道Refine Mask（调整蒙版）被设计用来作用于选区和蒙版，但是我们非常确认我们可以使用它来处理线稿扫描文件，正如此处我们所做的。Piddix.com的Corinna Buchholz（扫描和扫描清理的专家）非常友善地让我们使用她的原始素材来实验。

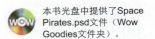

本书光盘中提供了Space Pirates.psd文件（Wow Goodies文件夹）。

1 第一步是扫描。Corinna收集了成百上千的印刷图像的实例，研发了一种可以与扫描仪一同强大工作的扫描方法，以便尽可能地减轻Photoshop的工作（参见第156页）。我们在此使用的扫描来自一本绝版的图书，Corinna已经彻底地研究了它的版权，如第107页所示。

ORIGINAL ARTWORK: LOUIS GLANZMAN /
COPYRIGHT RESEARCH & SCAN: PIDDIX.COM

上图是取自 Louis Glanzman 配图、1954年出版的图书 The Revolt on Venus 的 RGB 扫描文件，浅黄色页面上有一两点污点，文字也从页面背部隐隐地透了出来。

2 开始清理。在Photoshop中打开扫描文件，并且打开Channels（通道）面板（Window > Channels）。按Ctrl / ⌘键的同时单击Channels面板的顶部将线稿的明度作为选区加载。（对于与此相似的RGB文件而言，这是复合的RGB通道，对于灰度文件而言，此处仅有一个通道。）任何包含

在线稿作品中的污点或者模糊不清的文字将会被清除。

单击 RGB 缩览图将作品的明度作为选区加载。浅色区域将被选中，暗色区域将不被选取。

3 单击图层面板底部的按钮添加一个新的空白图层，接着单击按钮为它添加一个图层蒙版。因为当前选择了一个选区，所以线稿会被复制到蒙版中。

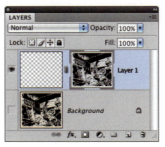

充当图层蒙版的作品。

4 现在，你有了一个蒙版，便可以使用Refine Edge（整理边缘）命令了。在Layers面板中选中新的图层蒙版时，单击面板中的 👁 取消原扫描图层的可视性，并且执行Select（选择）> Refine Edge调整边缘命令打开Refine Mask（调整蒙版）对话框。确认已经勾选Preview（预览）复选框，单击Mask（蒙版）按钮（复选框底部5个预览模式最右侧的那个）。将所有的滑块移至0处。

将所有的滑块设置为 0，便可以看到模糊的文字以及线条。

5 增加Contrast（对比度）直到纸张上的污点或者灰点（本例中隐隐约约的文字）消失。

模糊的文字不见了，但是细节也丢失了，线条看起来有些粗糙。

使用Radius（半径）滑块控制精美线稿中显示的细节量，使用Contract/Expand（收缩/扩展）滑块让线条变加粗或者变细。按需重新设置Contrast（对比度）。如果线条看起来不平滑，可以稍稍地增加Smooth（平滑）值，保持Feather（羽化）值为0。那些不是原作中的标记，例如男人鼻子上的污点，最好使用Photoshop的Eraser（橡皮擦）工具擦除，而不要在Refine Mask（调整蒙版）对话框中尝试以牺牲线稿质量作品的代价来修理。当得到满意的作品时——不止一个"结果"，这只是要说明在清理线稿达到墨水和纸张的平衡时，即可单击OK按钮关闭对话框。

6 要想从蒙版中重新显示线稿，可以先在图层面板中选中蒙版，选择全部（Ctrl/⌘+A）并复制（Ctrl/⌘+C）。

在最终的设置下，线条变细变平滑了，露出了更多的白边。

接着添加一个新图层（单击⬛）并且粘贴（Ctrl/⌘+V），最终的效果参见本页末尾。

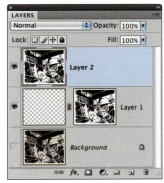

在最终的文件中，只有Layer 2中的作品可见。可以通过添加一个纯色填充图层来创建纸张颜色——单击⬛按钮，选择Solid Color（纯色命令），并且选择一种颜色，在图层面板中将新图层拖动至Layer 2之下，并且在图层面板的顶部列表中将Layer 2的混合模式设置为Multiply（叠加），不过这里并没有这么做。

高品质的数码相机可以用于拍摄细节丰富的图片，将图片放大时即可查看到丰富的细节。

知识链接

▼ Bridge　第133页

▼ Bridge的照片下载工具　第134页

数码相机

数码相机不使用胶片，而是直接以数字文件的形式记录图像。数码相机提供实时反馈，即用户可以在拍摄后及时查看拍摄效果，甚至是在拍摄前通过框景和布光来进行精确预览。该功能非常适合试拍，并且可以立刻让摄影者了解拍摄效果的好坏或者是否需要重拍。同样，用于存储照片的存储卡也可以重复使用。用户可以立即删除那些拍摄得很失败的照片，从而为其他照片留出空间。

很多数码相机都配置有 USB 或 FireWire 连接线，可以直接将相机中的图像传输到计算机的硬盘驱动器中，或者直接将相机中的图像导入到 Photoshop 中——就好像相机本身就是一个硬盘驱动器。Bridge（Photoshop 自带的文件管理程序）可以识别很多类型的数码相机并且自动下载图片。▼ 为了延长相机电池寿命，市场上还出现了为各款相机存储卡量身定做的价格便宜的读卡器（亦分 USB 和 FireWire 接口）。对比数码相机与胶片相机，不难发现，在高速拍照时（ISO 200 甚至更高）数码照片的噪点通常比胶卷照片的颗粒还多。很多数码相机的反应速度都较慢。预调焦和摇摄这两种用来

百万像素、百万字节与打印尺寸

放大数码照片（以百万像素为单位）以及不同大小的扫描文件（以百万字节为单位）时，可参见下表。或者用户可以从其他说明书中看到此表——选择要打印输出的尺寸以及打印的方式，并查看需要准备多大的文件。表中的数值仅是一个最佳参考值——要想将图像放大到指定尺寸，只需满足列表中的百万像素、百万字节和像素尺寸列的值，就可以得到足够的分辨率，而无须在Photoshop中对图像进行放大处理——那只是需要时的一个选项。

			放大尺寸（精确至0.5英寸）		
百万像素	百万字节	像素尺寸	喷墨打印机（300ppi）*	半调印刷（133lpi）**	海报/广告牌（72ppi）***
4	11.1	2272 x 1705	7.5" x 5.5"	8.5" x 6.5"	31.5" x 23.5"
5	14.4	2592 x 1944	8.5 x 6.5"	10" x 7"	36" x 27"
8	22.9	3264 x 2448	11" x 8"	12" x 9"	45" x 34"
10	28.6	3648 x 2736	12" x 9"	14" x 10"	50" x 38"
12	34.3	4000 x 3000	13.3" x 10"	15" x 11.3"	56" x 42"

*　喷墨打印机可以获取高达225~300像素/英寸的打印品质。

**　半调打印要求半调网屏中1.5~2像素/英寸对应1线/英寸（lpi）。对应上表中的放大比率，133lpi级别的缩放时，ppi与lpi 的比值较高（2ppi:1lpi）。而150lpi级别的同比缩放时，ppi与lpi的比值为1.77:1，175lpi级别的比值则仅为1.52:1。

***　广告牌需求的分辨率较低。海报因需要近距观看，所以分辨率较高。

读卡器带有多种存储卡的插槽，因此可以在不需要将相机直接接入计算机的情况下轻松下载照片，可以在 Bridge 执行 Get Photos from Camera（从相机获取照片）来使用它们。

款式简洁的相机方便携带，中型相机机身上的调节装置更多。这一款带有一个可以翻转、旋转的液晶取景器的相机支持用户在特定的角度预览拍摄效果。可以更换镜头的数码单反相机体积更大，机身上的调节装置也更多。

捕获动作的胶卷拍摄技法要比很多数码相机高明。对于胶片相机而言，光圈（镜头的通光量）与胶片并不直接相关，这意味着很难创造性地应用景深，让主体清晰而背景模糊。

▼定焦数码相机的光圈值不及高档胶片相机镜头的广，但其快门速度与常见的 35mm 相机相当。这限制了抓拍或者在强光或弱光下的拍摄能力。

知识链接
▼ 在 Photoshop 中模拟浅景深
第309页

选购数码相机。 如果你打算购买一台数码相机，在去商店之前不妨先列出一个优先购置的设备清单，这样一来，便不会单纯受功能诱惑，而片面追捧那些不实用的功能。为了进一步地优化购置清单，还需要考虑自己最喜欢何种类型的照片。在预算内购买数码相机需要考虑以下几个主要功能。同样要记住的是，在选购前最好有所准备。

- **百万像素。** 从前一页的表中可以看出，在打印大尺寸图像时，若像素足够高，就不需要使用 Photoshop 进行放大处理。如果图像文件不足够大，在裁剪图像时，则满足打印尺寸的像素有可能会过少。

- **尺寸和形状。** 亲手感受各种款式的相机，并尝试使用相机的各种调节装置，以查看哪款相机更适合你。款式简洁的相机适合放在衬衣口袋中，但是功能又太少了，**机身上仅有很少的调节装置，更改设置需要不停地切换菜单。中型**相机机身稍大并稍重，一般都配有舒适的把手，调节装置也较多。DSLR（digital single-lens reflex，数码单反相机）的机身更大更重，但相比于很多胶片单反相机（SLR），其体积更小，重量更轻——单反相机带有一个可换镜头，可直接从镜头取景而不需等待图像投影至液晶取景器上。胶片单反相机（SLR）机身上通常带有更多调节装置，并具备更多的功能。

- **取景器。** 数码相机的液晶取景器有各式各样的类型和尺寸。一些液晶取景器是倾斜的、可旋转的，这样一来，用户便可以使用独特的视角进行拍照，能够更轻松地拍摄"街头"艺术照，或者更轻松地减少屏幕反光。不过相比于几年前，这种折叠旋转的液晶取景器已经很少见了。

折叠旋转式的液晶取景器的一大优点是可以不经过取景器查看，而使用相机从拍摄物体下方拍摄——例如一朵正在生长的花。

不只是在以相机的 Raw 格式拍摄时可以利用易用的 Camera Raw 界面的优点，让颜色和色调调整保持"鲜活"，在使用 JPEG 或者 TIFF 文件时，也可以使用 Camera Raw 界面。如果是从 JPEG 文件开始操作，那么只能使用 8 位/通道模式，▼ 但是相对于在 Photoshop 中使用调整图层执行相同的操作而言，Camera Raw 在调整色调和颜色时可以节约时间和文件大小。第 141 页的"Camera Raw"介绍了 Photoshop 的这一附加功能，相应的实例参见第 297 页的"在 Camera Raw 中调整色调和颜色"。

SLR 支持摄影者直接通过镜头取景并且遮光板会在拍摄时弹起。基于此，某些 DSLR 中的液晶取景器仅用于读取菜单并查看拍摄后的图像效果而非预览拍摄效果。目前，有些 DSLR 可以使用其他传感器在拍摄照片前即时展现拍摄效果。没有任何数码单反相机具有液晶取景器预览功能。一些液晶取景器具备支持用户在昏暗或刺眼的光线下查看取景的功能，一些液晶取景器则配备了遮光罩以遮蔽亮光。

很多相机还同时配置了**光学取景器**。从光学取景器中可以观看连续移动的对象，但是它通常只显示拍摄照片中的一小部分图像（甚至是非常小的一部分），并且还会受到变焦镜头的影响。不仅此，在按快门与记录图像之间，光学取景器还有稍许延时（液晶取景器已被关闭），这会影响动态拍摄。

某些数码相机配备了代替光学取景器的 SLR 类型**电子取景器**（EVF）。这些电子取景器可以显示更多的图像，并且不受屏幕反光的影响，但是具有与液晶取景器同样的延时。果在拍摄时控制景深相当重要，请确保相机的 EVF 可以预览到此。

- **文件格式**。大多数相机以 JPEG 格式保存照片，当存储空间有限时，通常至少有两种 JPEG 的选项（大概分为 Fine 和 Normal）。一些相机也支持 TIFF 格式，一些甚至还支持生产商自己的 Raw 格式，这些 RAW 文件对应有自己的文件后缀（例，佳能、尼康的文件后缀分别为 .CRW 和 .NEF）。将照片保存为 TIFF 可以避免存储为 JPEG 格式时所发生的有损压缩，不过，通常 Raw 格式是经过压缩的（没有 JPEG 的人为压缩痕迹）并且保存速度比 TIFF 更快。对于 Photoshop 用户而言，Raw 格式更为通用。Raw 文件的第一个优点是颜色丰富，可以充分利用 Photoshop 的 16 位/通道模式。▼ 第二个优点是 Raw 文件分两部分存储：图像数据（相机搜集的光信息）和相机设置（处理指令，基于用户设置相机的方式）。使用 Photoshop 的 Camera Raw 界面▼或者使用相机生产商自己的软件查看 Raw 文件时，可以看到相机设置被应用至图像信息时的图像，用户可以在不更改 Raw 数据且不丢弃原始设置的情况下快捷地更改设置。这意味着用户可以根据需要再次返回图像的原始状态并尝试不同的设置。这就像是将胶片送回去进

数码相机会在将数据转换成图像时考虑白平衡。以上的彩色照片是在夜晚白炽灯光下拍摄的。顶端的照片是在白平衡被设置为 Tungsten（白炽灯）时拍摄的，在 Tungsten 模式下，相机会忽视灯光中的黄色，并据此来校正照片。下方照片则是在同样的环境下将白平衡设为 Daylight（直射日光型）时拍摄的。

明智型选购

数码相机的性价比在不断提高。在新款相机问世时选购那些功能相当的、刚过时的机型是一个不折不扣的好主意。你甚至可以找到一款价格突然降至你的价格承受范围内的、功能也恰恰是你心仪已久的相机。

行其他方式的处理，或者使用不同类型的胶片或者光照对同一张拍摄的照片进行重处理。

- **测光和对焦。**在对物体测光时，可以采用几种测光模式。**中央重点测光模式**可以通过为场景计算一个加权平均曝光值（画面中央部分的测光数据占 60%~80%），它适用于光照均匀的风景拍摄以及闪光灯拍摄。**矩阵测光**会对几个浅色和深色区域平均曝光值，通常在自动对焦点上加重曝光值权重，并且使用存储的曝光数据库来选择最适用该场景的曝光值。**点测光**则支持用户在小区域范围内测光（通常只有场景的 5%~10%），因此可以对某个特殊对象进行精确的曝光，与此同时，闪光对于场景的其他部分则是不规则的，可以让图像的其余部分的曝光值在可能的地方降低。**面部检测**是一种使用图案识别体系（例，查找两只眼睛）来查找面部并且为找到的面部进行曝光的点测光。在捕捉背光对象或者"游击"摄像（在不引人注目的情况下快速地拍摄人物）时，此测光方式非常有用。相机提供的测光选项越多，对何时开启和关闭这些选项的理解越深刻，拍摄者处理不同类型的光线就越容易。

部分相机提供了多种**拍摄模式**，人物、风景、运动或夜景模式。在这些模式下，相机的测光系统会自动设置理想的光圈和快门速度。少数相机能提供可供用户控制的更多选项，包括白平衡、饱和度和对比度控制、包围式曝光（bracketing）、手动曝光（manual exposure，有时候与光圈优先模式和快门优先模式一起使用）以及曝光锁定（exposure lock，可以在针对较大的、光照条件相似的区域设置曝光后重新针对小型主题调整）。现在有些数码相机已经具备了这种分别控制自动对焦和自动曝光的能力，可以将这些自动操作与手动操作结合起来，分别针对人工光源和景深来调节曝光和焦距。

白平衡是数码相机中等同于胶片相机中更换胶卷来适宜光照的功能。通常在白炽灯和荧光灯的照射下，使用日光型胶卷拍摄会得到呈橘黄色或浅绿色的照片。除非特殊需要，用户最好将相机的白平衡值设置成能让拍摄出的照片看起来像是在正常日光条件下拍摄的。部分相机甚至还可以通过"在拍摄前以一个白色物体进行自定义校正"的方法自定义白平衡。

包围式多用于曝光，一些数码相机提供了对不同参数的"包围"。上面这三张照片就是通过美能达 Dimage A1 相机对照片饱和度进行"包围"而得出的结果。

知识链接

▼ 合并到HDR　第260页

▼ 修复红眼　第318页

饱和度和对比度调节有助于用户在拍摄风景时得到更鲜艳的照片，而在拍摄人像照时能够让颜色恬淡些。

有 autobracketing（**自动包围式曝光**）的帮助，用户只需更改相关设置（**曝光**或**饱和度**之类的）即可，相机通常会设置一次拍 3 张——正常曝光、过度曝光（或过饱和）以及曝光不足（或不饱和）。当光线条件异常致使测光表失灵，让人错误地认为曝光过度或曝光不足（例如，在拍摄黑狗或日出）时，便可以采用包围式曝光。

Photoshop 可以将相同景物在不同曝光度下拍摄的几张照片合并成为一个高动态范围（HDR）的文件。▼为了拍摄出高光和阴影异常的细节，应使用可以以 0.5EV 步幅（EV 即 exposure value，曝光值，它指的是 1f/stop 或者双快门或者半快门的速度时光圈的变化）进行自动包围式曝光的相机，或者拥有光圈优先模式或手动模式以支持用户自行设置包围式曝光的相机。

焦距选项包括 autofocus（**自动对焦**）、focus lock（**曝光锁定，用于偏离中心的物体拍摄**），以及 continuous focus（**跟踪对焦，用于移动物体的拍摄**）。很多相机还配置了自动对焦辅助灯，该辅助灯开启时提供一个可以帮助自动对焦系统在昏暗的灯光下工作的光束。

- **变焦**。购买一架有变焦镜头的相机很有必要，选购时要着重考虑**光学变焦**性能。**数码变焦**也能达到与光学变焦相仿的效果，但不是真正通过镜头进行变焦。拍摄了一张不齐整的照片后，除了使用 Photoshop 进行裁切外没有其他更实际的无损修补方法。在某些情况下，可以使用相机附带的软件来放大照片，但并不比在 Photoshop 中放大更合适。

- **广角**。广角镜头的视野跨度要比正常的视野大。在拍摄单张室内照和广阔的风景照时，广角镜头必不可少。很少会有能与胶片相机中的 28mm 甚至是 24mm 胶卷相媲美的便携式相机。但是，通常需要一个体积更大的相机以得到更广的视角。

- **闪光灯**。大多数相机都配置有一个能在 Auto（**自动**）模式下工作的可开关的小型内置闪光灯系统，以**减少红眼发生的几率**（这是因为闪光灯通常都安置在镜头附近，而拍摄主体通常都会凝视镜头）。▼部分相机还提供补光，以

生产便携式照相机的几个厂商制作的几款防水相机也有诸如影像防抖功能和视频功能（参见第118页）。水下相机的防水罩是另一个选择。

及专为在焦距内、弱光下长时间曝光情况设计的**慢速同步、常规同步和后帘同步功能**。闪光灯只能用于近距离拍摄，而且在用户使用广角镜头（左右视野跨度较广）的情况下大多不能得到满意效果。一些相机支持热靴，以便用户可以使用功率更大的、功能更复杂的外接闪光灯。如果你认为自己需要高级的闪光灯，需要在购买前确认该款相机是否可以外接更高级的闪光灯。

- **影像防抖功能**（Image stabilization，IS）。相机或者镜头的这项功能可以在拍摄视频、弱光、使用长镜头以及难稳定的轻型相机拍摄时，最小化相机的抖动。即使拍摄者在拍摄时能屏住呼吸，把相机架在一些稳定物上，仍可以用到 IS。

- **微距**。如果你需要在近距离拍摄很小的物体，那么微距功能就很重要了。请仔细查看相机的焦距范围。如果最小和最大焦距之差仅在数英寸之间，那么微距拍摄就很受局限了。因为只有把镜头贴近被摄物体直至被摄物体产生畸变时，才能得到足够的放大倍率，所以在广角端的微距设置将受到限制。另外，还要查看相机是否支持微距闪光灯，用闪光灯拍摄近距离的物体，内置闪光灯无法胜任。

- **视频**。现在，很多数码相机都可以拍摄时长较短的视频剪辑，因此可以拍摄视频，并且仍旧可以从视频中截取静态照片。第118页的"Jack Davis 获取想要的照片"展示的便是视频功能的这一有趣应用。

其他优秀的、值得考虑的功能列举如下：

- 抗气候性，在露天环境中拍摄时必须要考虑的因素。

- 耐用性，可充电**电池**，可以选择使用大多数商店能购买到的电池，如果长时间不用相机可以自动关闭。

- 镜头转接器以及用于滤镜和其他附件的镜头线，例如微距镜头、长焦镜头和广角镜头；类似 SLR 和 DSLR 的中型相机最有可能配备这些附件。

- 取景器上的屈光度调节按钮可以帮助那些戴近视眼镜的人们在取下眼镜后看清取景器中的景象，以防止眼镜碰伤取景器。

数字红外

借助密度非常大的滤镜，红外线黑白胶卷可以拍摄得到壮观的让人眼前一亮的作品。因为人眼无法看到胶片上记录的近红外线波长，所以摄影师不能预览红外照片。相比于胶片相机，红外线数码相机（参见右侧的提示）有十分鲜明的优点。首先，带有液晶取景器的数码相机可以帮助拍摄者在拍摄前斟酌拍摄的方式。其次，拍摄者可以即时看到拍摄效果。还可以拍摄彩色的红外线效果。

"真实的"（通常情况下）。 在这两页上记载的数码红外摄影实例基本上都是由相机提供的——也有来自Photoshop和Camera Raw的帮助。我们希望这些照片能够激发你对红外摄影的兴趣。

红外滤镜可以阻挡可见光但是能让红外线通过。一些红外滤镜是会过滤掉可见光。同其他滤镜相比，Hoya（保谷）R72滤镜价位更低，能同时允许红外线和一些深红色光线通过。

如果不能在相机上直接安装滤镜，可以考虑购买一个用于安装滤镜的镜头转接环（或者转接桶）。对于大部分红外摄影，都需要长时间曝光以获取足够的红外"光线"进行成像。因此，需要在拍摄过程中采用三脚架保持相机的稳定。当然，在拍摄之前，还需要确认已经关闭了闪光灯。

"真实的"部分。 在接下来的实例里，摄影师Rod Deutschmann使用佳能PowerShot S45相机拍摄了一张彩色照片A，拍摄参数为程序模式、快门1/1000秒、光圈f/7.1。接下来，打开相机的黑白照片模式，装上了红外滤镜，切换到手动模式，然后在液晶取景器上设置曝光时间为0.5秒，光圈为f/3.2，拍摄照片。在拍摄时，为保持相机在长时间曝光下的稳定，他把相机放在特

制的豆袋上，并且使用了延时曝光，如B所示。

Photoshop部分。 通常情况下，数码黑白红外照片的对比度都很低。解决办法之一就是在Photoshop中添加Levels（色阶）或者Curves（曲线）调整图层。Rod单击Layers面板底部的Create new fill or adjustment layer（创建新的填充或调整图层）按钮◐并选择Levels（色阶）命令添加一个Levels调整图层，然后在Levels对话框中，向内拖动黑场和白场的Input Levels（输入色阶）滑块以调整对比度，如C所示。▼

试验彩色红外照片。 受Deutschmanns的红外线拍摄的鼓舞，我们也着手拍摄了几张彩色红外线照片。我们拍摄的池塘照片非常普通，如D所示。而之后拍摄的红外照片E，则是通过在镜头前增加一片Hoya（保谷）R72滤镜，并且将快门设置为0.8秒、光圈设置为f/2.0拍摄而成的。照片比较柔和且颗粒感较强，就像大多数用胶卷拍出来的红外照片一样。

查看红外功能

查看数码相机是否拥有红外拍摄功能的操作步骤如下：对准一台电视遥控器或者其他遥控器，然后按下遥控器按钮，如果你能从液晶屏幕上看到一个亮点，那么就代表这台数码相机可以"看到"红外线。

ROD DEUTSCHMANN

对比彩色照片A，在红外照片（B和C）中，绿色树叶变成了明亮的白色，这是因为它们同时反射和折射了红外线。天空通常是黑色的，这是红外线全都被吸收了的缘故。但是有时候在其他情况下，天空也会变成银灰色，这完全取决于空气中的物质成分。红外照片的阴影部分通常有别于正常照片中的阴影部分，且水平面更加平滑，反射率更低。

在Camera Raw中打开图像文件，▼以便可以使用它便捷的界面来试验。

Camera Raw调整的步骤如下，在Photoshop CS4中打开Infrared duck pond.psd文件，（若在Photoshop CS3中打开，则需要Camera Raw 4.2或者更新的版本进行下面的Clarity调整▼）。双击图层面板中的智能对象缩览图打开Camera Raw。

在Camera Raw中，（在Camera Raw界面的左下角）将视图设置为100%大小以在调整设置时清楚地查看效果。在Basics Panel（基础面板）中单击Auto（自动）展开色调范围，这会增加Blacks（黑色，重设黑场）和Contrast（对比度）。增加Fill Light（填充光）值以加亮阴影显示更多的细节，将Clarity（清晰度）设置为最大值以让树变得更清晰，增加Vibrance（自然饱和度）来强化一些更中性的颜色。

转到HSL/Grayscale（HSL/灰度）面板。在Hue（色相）选项卡，将Purples（紫色）和Magentas（洋红）滑块向右移动将两种颜色转换蓝色。我们的颜色更改可以增加颜色噪波，因此可以在Details（细节）面板将Color（颜色）噪波抑制增加到最大值100%。在Lens Corrections（镜头校正）面板将Amount of Lens-Vignetting设置为负值，让边框变暗以框出场景。

最后使用Camera Raw中的Adjustment Brush工具完成✎，当在界面顶部的工具栏中选择它时，会打开Adjustment Brush（调整画笔）面板，显示所有可以使用此工具进行的调整。我们将Clarity（清晰度）设置为

100，其他的滑块设置为0，选择大的画笔尺寸，并且通过设置Feather（羽化）来柔化画笔的边缘。在树上涂抹，然后减少画笔尺寸，再涂抹鸭子，通过添加Basics（基础）选项卡中设置的100%最大值来设置第二次清晰度。不对天空或者水域进行涂抹，因为不需要恢复噪波，如 F 所示。

按住Shift键单击将Open按钮更改为Open Object按钮，然后将文件作为智能对象打开。添加一个Hue/Saturation（色相/饱和度）调整图层▼并且移动Hue和Saturation（滑块，如 G 所示）。（在正常的彩色照片中更改色相值十分冒险，因为它会扭曲颜色关系，但是此处不用担心。）

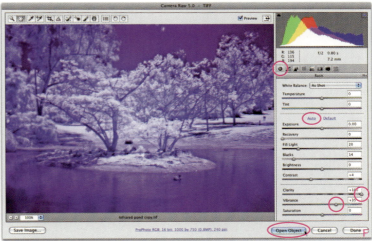

> Wow Goodies > Infrared pond.psd

知识链接

▼ 在Camera Raw中打开JPEG和TIFF照片 第141页

▼ 在Photoshop CS3中更新Camera Raw 第142页

▼ 使用调整图层 第245页

Jack Davis获取想要的照片

有志者事竟成。并不是每个一大早起来的人都想尝试在冲浪板上拍照的。但是，Jack Davis应对这一挑战的方法是：充分发挥设备性能优势并敢于突破限制、大胆尝试。

Jack先是从可以拍摄到壮观的近太平洋海岸且能够经受得住穿越海浪的挑战的相机着手——相机必须是防水、防寒且带广角镜头的。Davis先是带着冲浪板冲浪、拍摄，再返回工作室，在Camera Raw中提高色彩饱和度、对比度和清晰度，添加虚化的边缘。▼ 在此，他在Photoshop中打开照片，进行一些额外的修饰。

使用 Pentax Optio W60 拍摄的照片。

知识链接
▼ Camera Raw　第141页

在真实的拍摄过程中，需要将相机安装在冲浪板上，以便可以在冲浪期间不需要手动操作。使用Sticky Pod吸盘和万向接头将相机固定在板上（不用在上面钻孔），并且将相机设置成风景模式或者人像模式。

使用 Sticky Pod 吸盘和万向接头固定相机（www.stickypod.com）。在风景模式下，让镜头朝前放置（此处显示的图像实际上是将相机设置为人像模式下拍摄）。

现在，如何来按快门拍照呢？他不可能设置自拍并且指望在快门被按下时拍摄到完美的画面。很多便捷式数码相机可以拍摄简短的视频，一些视频的分辨率足够高，可以将其中的单帧用作静止的图像。Davis用15帧每秒的速度拍摄了HD 720p（1280×720）AVI，并且选择出将用作之后的静态照片的帧。

准备好后，便可以将冲浪板划到固定的位置。将相机设置成视频模式，拍摄波浪。在拥有持续的波浪运动和单个橡皮吸盘底座的情况下，Jack说："视频拍摄不会像平时那样工作。"不过，单帧视频画面的效果也与静态照片一样好。之后回到计算机旁，Jack观看了整个视频，选出了所有想用作静态的帧。第10章"从视频中节选出来的静态照片"讲解了一种进行

此制作的方法，以及下面展示的Jack制作的两个实例。

从安装在冲浪板上的相机所拍摄的视频中提取出来的图像。Davis瞄准冲浪板以瞄准相机。

安装在冲浪板上的相机掉过头来拍摄摄影师。

Cher Threinen-Pendarvis 利用 Photoshop 与 Wacom Intuos 数位板和笔记本，在现场绘制出了她的《阿尔卑斯山素描》（Alps Study）草图（最上方的两张图片），然后用台式计算机和手写板完成了剩余的绘画工作。在工作时，为了最优化 Photoshop 的性能，并保持画笔工具的自然媒质效果，她仅在一个图层上绘制，并且经常清除历史记录。

执行 File（文件）> Open（打开）命令并且选择一个 .pdf 文件时，会打开一个 Import PDF（导入 PDF）对话框，在此，用户可以选择打开一个或者多个图像还是一个或者多个完整的页面。如果选择 Pages（页），则可以设置打开文件的尺寸、颜色模式和分辨率。

图库

除了自己通过数码相机拍摄照片以及扫描图片之外，还可以通过本书光盘或者网络获得更多的照片、模板、纹理、插图，与此密切相关的便是使用以及付费的方式了。除了对每张图片分别支付费用以外，还有另一个选择，一些图库资源提供预付费服务，如果要下载大量图片，则图片的单价会更低，而且可以在需要时下载。本书中的部分图片来自于以下图库：PhotoSpin.com、Corbis Royalty Free、iStockphoto 和 PhotoDisc。另一个丰富的资源是 Stock.XCHNG（www.sxc.hu），它对自己的定义是"沉迷于摄影的人的友好社区，他们非常慷慨地将他们的作品无偿提供给大众"。一些 Stock.XCHNG 照片要求标明照片作者的姓名和出处。

压敏式数位板

为了效仿传统艺术媒介，例如画笔、铅笔、喷枪或者炭笔，带压感笔的压敏式数位板——比如 Wacom 的 Intuos 系列或者稍便宜的 Graphire 系列——绘制的效果会大大好于使用鼠标直接绘画的效果，此外，它还可以提供更加精准的操作。Photoshop 的绘画工具（参见第 6 章）是压敏式的，可以感觉到用户画笔的大小、粗细、颜料流量，以及画笔蘸取颜料的多少、颜料颜色改变的多少。可以仅在数位板上绘画或者勾勒草图，手的细微运动都会反映在笔触上。这些变化非常自然，即便是在传统媒介中也不可避免，它们还会将手绘效果绘制到计算机中。

从PDF中获取图片

执行 File> Open 命令，选择一个 PDF 文件打开 Import PDF 对话框，在该对话框中可以选择导入整个页面或者是单幅图像，单击以确定要打开的图像或者页面（或者 Ctrl/⌘+ 单击或者 Shift+ 单击打开多个图像或页面）并且单击 OK 按钮。另外，还可以通过 Bridge 从 PDF 导入。在 Bridge 中选择一个 PDF 文件，执行 File> Open With（打开方式）>Adobe Photoshop CS3/CS4 菜单命令打开 Import PDF 对话框。在对话框中，用户可以参照上面的方式选择图像或页面。**注意**：打开 PDF 页面可以得到数个含有透明区域的文件，因此它们可能会与用户期盼的类似于源 PDF 页面中的效果不一样。如果想象在白纸上打印 PDF 那样的效果来查看 PDF，可以在图层堆栈的底层添加一个填充了白色的图层。

PICTURE PACKAGE 软件可以通过裁切图片局部使多张图片以紧凑的方式进行排列，同时它还可以将多张图片以用户模式进行排列，参见第 646 页。PICTURE PACKAGE 没有安装在 PHOTOSHOP CS4 中，用户可以从 (MAC) HTTP://WWW.ADOBE.COM/SUPPORT/DOWNLOADS/DETAIL.JSP?FTPID=4047 或（WINDOWS）HTTP://WWW.ADOBE.COM/SUPPORT/DOWNLOADS/DETAIL.JSP?FTPID=4048 进行下载，它目前集成在 CONTACT SHEET II 软件中。

动作可以提供比单一滤镜或图层样式复杂得多的效果。有关于 WOW ACTION 的绘画案例和特效案例可以参见第 415 页和第 553 页。

速成：自动操作

本书中详细讲解的很多滤镜和图层样式均可以自动生成复杂的三维效果或者色调、颜色效果。除了滤镜和样式之外，File（文件）> Automate（自动）和 File（文件）> Scripts（脚本）两个菜单还为 Photoshop 中的自动化任务提供了几种选项。Photoshop CS4 中的部分选项已经移至 Bridge。软件中最有用的自动化工具都集中在 Actions 面板中。

动作

Actions（动作）面板提供了一个在单个文件或一批文件中**记录** Photoshop 操作并按次序**回放**的途径。用户可以将常用的操作记录成动作，或者仅将某些能制作出显著效果的创造性操作过程记录成动作，这样便有了一个操作的记录。

创建和使用动作的实质是：打开要处理的文件，开启 Photoshop 中的记录设备，运行要记录的操作，之后停止记录。接着回到 Action，在那些需要程序等待用户输入的地方或者需要插入指令或者解释的地方添加暂停。保存动作。在其他要应用同样操作的文件中回放动作。

在 Actions（动作）面板中，动作按名称排序列出，并以组为单位分放，每个组都带一个文件夹图标。组可以帮助将动作按特定工作划分为多个工具箱，用户可以在不同组甚至是其他动作中放置相同的动作。

没有动作是孤立的

以前，动作可以独立于一个组。但是现在，每个动作都必须位于一个组中，即使它是这个组中的惟一成员。开始记录一个新的运作时，首先必须选择或者创建一个它所属的组。

要同时在多个文件中运行动作，可执行 File> Automate> Batch（批处理）菜单命令，将动作放入一个图像处理器或脚本事件管理器程序中（参见第 125 页和第 126 页）。也可以把动作转换成快捷**批处理**，一个拥有独立图标的可独立运行的宏。它存放在桌面上，只要将文件图标拖至该图标上即可运行动作，参见第 125 页。

动作面板

动作以组的形式存在Actions（动作）面板中。控制栏位于面部底部，栏中有用来记录和回放动作的按钮，面板菜单▼≡中则提供了大多数供用户编辑、控制回放、保存和载入动作，以及指定快捷键的命令。每个动作都由一系列记录的步骤组成，而动作又构成了一个动作组。

紧邻**组**、**动作**或一个单独步骤的**黑色复选标记**，表示组、动作或步骤是可用的，如果单击或者在按住Ctrl键的同时单击它的名称，再单击面板底部的Play（播放）按钮▶即可播放动作。

红色的复选标记用于提醒用户该组中的某些步骤或者某个动作**当前不可用**，不能播放。

紧邻一个动作或组的**黑色对话模式**控制图标，表示在每个能启动对话框或者对应一个按Enter/Return键选择的步骤中都有一个暂停。

紧邻一个动作或组的**红色对话模式控制图标**，该图标表示这里至少有一个暂停等待输入的步骤。

紧邻一个步骤的**黑色对话模式控制图标**，表示该步骤均会暂停并等待通过设置对话框或按Enter/Return键来继续步骤。

没有复选标记表示当前特定组、动作或步骤已处于关闭、不可用状态，用户无法播放它。

停止：单击即可停止记录/播放。

记录：单击即可开始记录。按钮为红色时，表明记录正在进行中。

播放：单击即可从选定动作起运行。以按住Ctrl/⌘键的同时单击的方式播放的话将只播放选定动作，且会在播放后停止。

创建新组   **创建新动作**   **删除**：删除选定步骤、动作或组。

Action set
Action
Step

点击可展开或收起列表

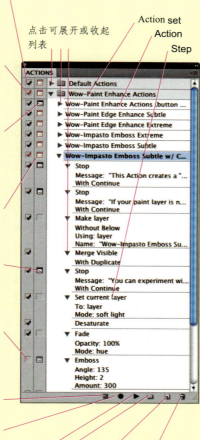

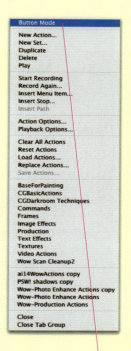

如上图所示，若将Actions面板设置成**Button Mode（按钮模式）**，便可以使用多栏布局以最大化地减少每个按钮所占的空间。拖动右下角放大面板以得到两栏或多栏，单个按钮都将变窄。另外，也可以采用颜色来标识动作，以便查找及再次播放更容易。用**颜色标识**动作不但可以在记录动作时打开的New Action（新建动作）对话框，也可以在List（列表）模式下通过执行Actions面板扩展菜单中的**Action Options（动作选项）**命令。再次执行面板菜单中的**Button Mode（按钮模式）**命令即可从当前的按钮模式切换回List Mode（列表模式）。

除了Photoshop的主菜单和面板菜单外，在上下文快捷菜单中的选择也可以被记录在动作内。

右击或者按住 Ctrl 键的同时单击可以打开一个带有可记录选项的适用于现在操作的元素或者使用的工具的菜单。

在动作中，类似于Snap To Guides（对齐到参考线）或Show/Hide Guides（显示/隐藏参考线）等**切换命令**的效果取决于该动作执行此类命令时的当前文件的状态。换句话说，尽管在录制该动作时，执行的命令是Show Guides（显示参考线），但是若在播放动作时，参考线处于显示状态，就会得到隐藏参考线的结果。

对Actions面板内选项的操作也可以被记录成动作。这意味着用户可以在已有动作中嵌套当前记录的动作。该操作步骤为：在记录时，单击Actions面板中要纳入的动作，再单击Play按钮▶。之后，该动作将被当作记录动作的一个步骤记录下来。可以嵌套动作意味着用户可以通过执行File（文件）>Automate（自动）> Batch（批处理）菜单命令或者File（文件）> Scripts（脚本）>Image Processor（图像处理器）命令轻而易举地运行多个嵌套动作。

记录动作。记录动作便可以在打开要对其应用动作的文件时反复应用一系列的步骤。记录动作的步骤如下：

- **在一个崭新的组中记录第一个动作的步骤如下**：单击Actions 面板底部的 Create new set（创建新组）按钮▢，对组命名，并单击 OK 按钮确认。接着单击紧邻该按钮的Create new action（创建新动作）按钮▣，对动作命名，并单击 Record（开始记录）按钮。在开始执行操作前，应参照本页的"可动作化定义"将选择限定在可执行性操作的限制范围内。

- **将动作记录在一个已有组之中的步骤如下**：按前文描述的步骤进行相同的操作，但不需要单击 Create new set 按钮，而是直接单击要将动作添加到的组的名称。

在单击 Stop（停止播放/记录）按钮▪结束记录工作进程之前，位于 Actions 面板底部的 Record（开始记录）●按钮一直都呈红色（表明记录仍在进行中）。

可动作化定义。很多 Photoshop 命令和工具操作都是可"动作化"的——它们可以在运行命令和使用工具时作为动作的一部分记录下来。在 Layers、Channels、Paths、History、Animation、Adjustments、Masks、3D 及其他面板，以及对Actions 面板中的选项的操作也可以被记录下来（参见本页左栏的"嵌套动作"）。

其他不能直接记录的命令和操作是工作区。

- **使用 Pen（钢笔）工具✎手绘的路径不能在绘制过程中被记录下来**，但是可以通过绘制路径，以一个能帮助识别的名字将路径作为动作保存在 Paths 面板中。▼ 接着在 Paths 面板选择该路径，单击 Actions（动作）面板中的▾≡按钮打开面板菜单并选择 Insert Path（插入路径）命令。在其他文件中播放动作时，原路径将被作为Work Path（工作路径）添加到新文件的 Paths 面板中，之后的动作命令便可以使用该路径了。

知识链接
▼ 使用路径
第448页

- **基于画笔笔触的工具不能被记录**，例如画笔工具✎、铅笔工具✎、修复画笔工具✎、污点修复画笔工具✎、仿制图章工具♣、图案图章工具♣、橡皮擦工具✎、涂抹工具✎、锐化工具△、模糊工具◊、减淡工具✎、加深工

有几个对话框和面板的设置仅在更改现有设置时方能被记录，例如Layer Properties（图层属性）、Color Settings（颜色设置）和Preferences（首选项）对话框。因此，如果想记录当前的设置，需要在记录前将其更改为其他设置。在记录对话框或面板的使用后，还可以通过展开Actions面板记录步骤的列表来调用已经记录的设置来检查它的设置。

Insert Menu Item（插入菜单项目）对话框有一点不同寻常，当该对话框开启时要求用户在对话框外操作。当对话框开启时，选择需要从 Photoshop 的某个菜单中插入的项，并且单击 OK 按钮来关闭对话框。

在 Actions 面板的弹出菜单中执行 Insert Stop（插入停止）命令时，动作将会停止运行并显示一个消息或为用户提供一个输入的选择，用户可以选择是否 Allow Continue（允许继续）。如果勾选该复选框，在动作停止时，带有一个 Continue（继续）按钮的消息就会弹出，如果不需要执行任何操作的话，可以通过单击该按钮轻松地继续动作。单击 Continue 按钮即可轻松关闭对话框并且继续。没有 Continue 按钮的话，必须在动作面板中单击下一个步骤，再单击面板底部的 Play（播放）按钮。

具🖌，以及海绵工具🖌。但是可以插入一个暂停来取代记录这些工具的操作过程，并提示用户在暂停过程中该执行什么操作。这样一来，用户便可以停止并使用这些工具执行必要的操作。可以执行 Actions 面板菜单▾≡中的 Insert Stop 菜单命令，在动作中设置一个暂停。

- **选项栏、面板**和**对话框**的部分选项设置不能被记录，部分可以被记录。（要区分哪些选择被记录，可以在记录时查看选择是否被作为步骤添加到动作中。）同样，用户可以针对那<u>些</u>不能被记录下来的选项设置添加 **Insert Stop** 命令，并指导用户在播放时进行正确的设置。

在动作的起始插入一个Stop以告知动作的内容，如何设置要运行的文档，以及如何处理出错信息。要确认的是阅读完这些内容后可以选择Continue（继续）。

- 一些命令在执行时也不能被直接记录下来。不过可以通过执行动作面板菜单▾≡中的**Insert Menu Item（插入菜单项目）**命令记录该命令。当Insert Menu Item命令打开后，在对话框外选择需要的菜单命令，并单击对话框中的OK按钮。**注意**：使用Insert Menu Item命令时，插入命令在记录工作进程时都不会执行。因此如果需要执行一个不具有可记录性的命令，以保证动作能被正确地记录下来，必须同时在该命令不可记录的状态下运行操作并且使用 Insert Menu Item命令——前一个操作要在记录的文件中执行，后一个操作用来记录命令的执行过程，以便在回放动作时命令能被执行。

- 在动作记录完后，动作只在当前文件具备符合动作执行的工作条件下运行。例如，如果动作中包括一个添加图层蒙版的步骤，在执行时，Background（背景）图层是当前图层的话，那么这个动作就不可能进行，因为背景图层不可能有蒙版。因此用户应该确保在动作中录制的所有步骤都是必需的，且针对了所有动作的步骤来准备文件——要不还可以在动作面板的菜单 ▾≡ 中选择 Insert Stop 命令，并且键入一个用于说明必需条件的消息，以便用户能及时暂停并进行文件准备。如果只需用户继续执行动作、阅读消息而不需要执行任何操作，则可以勾选 Allow Continue（允许继续）复选框。为了保险起见，如果在继续动作前必须要进行输入设置，则不勾选 Allow Continue 复选框。

在录制动作前最好注意以下事项：

- 开始记录时，可执行Image（图像）> Duplicate（复制）命令为文件的"预动作"状态创建一个副本，这样便可以在不满意动作结果时随时恢复到初始状态。

- 对某些Photoshop而言，文件必须处于一个特定模式。例如，Lighting Effects（光照效果）仅用于RGB颜色文件。如果动作要求文件必须是一个特定的模式，记录时应执行File（文件）> Automate（自动）> Conditional Mode Change（条件模式更改）菜单命令。

勾选所有的 Source Mode（源模式）选项并将 Target Mode（目标模式）设置为 RGB Color 即可使用 Conditional Mode Change（条件模式更改）命令将其他颜色模式的文件转换成 RGB 颜色模式。

- 无论动作何时创建一个新图层或通道，都请为它起一个**能帮助识别的名字**，而不要让它以默认的诸如Layer 1或Alpha 1命名。这样便可以避免在对某个已有Layer 1或Alpha 1的文件中发生问题。

完成 Record Stop 对话框的设置后，单击 OK 按钮即可。

编辑动作。如果要修改动作或者设置已记录或已加载的动作，可以参考以下简易方法：首先单击 Actions 面板中动作名称（或组名称）左侧的 ▶ 图标展开动作中的所有步骤，即可看到所有的动作。

- 在某个步骤设置**暂停动作**以便用户可以在对话框中更改设置，具体的操作如下：单击步骤名称左侧的对话**模式控制栏**，以显示对话模式**控制图标▭**，该图标表示动作会暂停并会打开一个对话框。再次单击该栏即可关闭该暂停功能，▭图标也会消失。

  对话模式控制不仅作用于对话框，而且作用于那些需要通过按 Enter/Return 键（或者双击）确认当前的设置方能继续进行的操作，例如执行 Free Transform（自由变换）命令或 Crop（裁切）工具 ☐。

- **更改带对话框的步骤设置**的操作如下：双击步骤列表中的步骤打开对话框，接着输入新设置，并单击 OK 按钮确认。

- **删除步骤（甚至是整个动作或组）**的操作如下：将要删除的步骤（动作或组）拖到面板底部的 Delete 按钮 🗑 上。

- **临时禁用步骤**，即在播放动作时不执行步骤的操作如下：单击 Actions 面板最左侧一栏，取消复选框的勾选。再次单击此栏勾选该复选框将重新启用该步骤。同理此操作步骤也适用于动作的临时禁用或启用，而不用在组中删除动作。

- **插入一个新步骤（或多个新步骤）**的操作如下：将步骤拖到动作中的新位置。接着单击 Record（记录）按钮 ● 记录新步骤，记录完成后单击 Stop（停止）按钮 ■。

- **更改步骤顺序**的操作如下：将步骤名称上下拖动到动作列表的新位置。

- **复制步骤**的操作如下：按住 Alt/Option 键的同时，将步骤拖到要复制的位置。

保存动作。一个新的或经修改的动作组可以被永久保存下来。其操作步骤为：在 Actions 面板中单击选择该组的名称，接着单击面板顶部右上角的 ▾☰ 按钮并执行 Save Actions（保存动作）。如果不想覆盖保存以前的旧版本，可以为新动作起一个新名字。

在 Actions（动作）面板的扩展菜单中的 Playback Options（回放选项）命令可以加快动作的运行——默认为 Accelerated（加速），或者一次运行一个步骤以便用户能够在动作连续运行前查看每个步骤的效果——对调试运行有问题的动作很有用，抑或一个自定义的暂停。

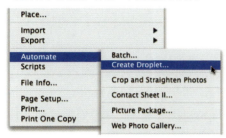

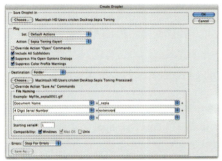

若在列表模式显示 Actions 面板中的动作名称状态下，执行 File（文件）>Automate（自动）>Create Droplet（创建快捷批处理）菜单命令，就会打开 Create Droplet（创建快捷批处理）对话框。在该对话框中用户可以选择处理文件的命名方式。如图所示的是经 Sepia Toning（棕褐色调）快捷批处理命令处理后，为文件名添加单词"_sepia"、序列数字和文件扩展名的设置。这种快捷批处理的命名设置方式很便于文件的区分，一看到文件名即可知道该文件是已经棕色色调处理后的文件。添加序列数字创建独特的文件名字可以防止子文件夹中存在相同的命名图像。

单击 Create Droplet 对话框的 OK 按钮时，动作就被导出为一个可独立运行的宏。用户可以通过将文件或文件夹图标拖动到快捷批处理图标上来运行保存在该快捷批处理中的动作。

加载动作。用户可以将任何已保存的动作组增量载入当前面板中，也可以在载入动作组时替换掉当前的面板，前者操作步骤是执行面板扩展菜单中的 **Load Actions（载入动作）**命令，而后者的操作步骤是执行面板弹出菜单中的 **Replace Actions（替换动作）**命令。**注意**：在替换动作前，请确认已对当前动作组进行了保存，否则当前动作组就不再可用。

播放动作。完成动作记录或者载入别人记录的动作后，便可以播放动作了。

- 运行整个动作（甚至是嵌套的动作序列）的操作步骤如下：单击 Actions（动作）面板中的动作名称，再单击面板底部的 Play（播放）按钮 ▶。

- 从动作的一个特定动作之后运行动作的操作步骤如下：在动作面板中单击该步骤，然后单击 Play（播放）按钮 ▶ 即可。

- 播放单个动作的操作步骤如下：单击选择该步骤，接着在按住 Ctrl/⌘ 键的同时单击 Play（播放）按钮 ▶。

自动动作。要对一批文件运行一个动作，可以将这些文件放在一个文件夹中，并执行 File> Automate> Batch 菜单命令，也可以创建一个单独的 Droplet（快捷批处理）。快捷批处理是一个通过执行 File> Automate>Create Droplet 菜单命令，由动作创建的应用程序。用户可在 Batch 对话框和 Create Droplet 对话框中选择要播放的动作。在设置文件执行动作后存放 Destination（目标）选项时，**如果选择 Save and Close（存储并关闭）选项，旧文件将被新文件替代。**如果选择将文件保存到一个指定文件夹，则可以随意对它们进行命名。可以在 File Naming 选项组的下拉列表中进行选择，也可以按自己的需要键入其他命名。

创建 Droplet 后，即可将文件或内含多个文件的文件夹拖动到桌面的 Droplet 图标上来运行 Photoshop——如有必要的话，对文件运行动作，并将结果保存在选定文件夹中。

运行动作的过程也可以通过执行 File> Scripts（脚本）下的 Image Processor（图像处理器）或 Script Events Manager（脚本事件管理器）命令来自动进行，参见第 126 页。

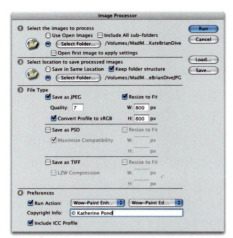

Image Processor（图像处理器）是一种将多个文件转换成打印、网络和存档三种常用格式的快捷方式。

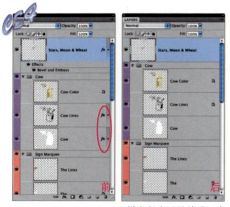

Flatten All Layer Effects（拼合所有图层效果）命令以及 Flatten All Masks（拼合所有蒙版）命令是 Photoshop CS4 中的新增命令。它们可以取出应用于文件任意位置的所有图层样式和蒙版，对它们进行栅格化，将这些效果以像素的形式合并到各自的图层中。这是一种可以让其他程序无法读取的图层样式仍能用于该文件的一键式快捷方式。这两个命令也提供了一种这样的方式：即将文件传给其他人时，不需要更改样式或者蒙版。所有的命令都位于 File>Scripts（脚本）菜单中。

脚本

即便用户不编写自己的脚本，也可以通过 File>Scripts 命令直接使用那些由 Photoshop 提供的实用性较强的脚本。Photoshop CS3 和 CS4 这两个版本都拥有可以将文件中的所有图层或图层复合作为单一文件序列导出或者将多个文件作为单个文件中的多个图层导出的脚本，在 Photoshop 扩展版中还有对图层间的彩色数据进行统计对比的脚本，以及其他诸如 Load Multiple DICOM Files 之类的更专业的命令。File>Scripts 菜单中还有两个非常实用的文件管理脚本 Image Processor（图像处理器）和 Script Events Manager（脚本事件管理器）。

图像处理器。如果要将一组文件中的不同文件以一个特殊格式、特定大小或分别执行了同组操作后保存，可以使用 Image Processor 来加快这一进程。执行 File> Scripts>Image Processor 菜单命令打开 Image Processor 对话框，选择要处理的文件夹或者打开要处理的文件，并选择文件格式（TIFF、PSD 或 JPEG）和尺寸。用户可以根据所需添加版权信息或运行选择的某个动作。如果该过程是用户经常进行的操作，建议保存图像处理器设置以备下次使用时载入。用户还可以通过执行 Bridge 的 Tools> Photoshop> Image Processor 打开图像处理器。

脚本事件管理器。在 Photoshop CS2 中的 Script Events Manager 可以调用 Script 和 Action Events Manager（动作事件管理器）。用户可以使用该命令来确保 Photoshop 能在指定事件发生时调用脚本（或动作）。事件可以是启动 Photoshop，打开、创建或保存文件等。

在此，Script Events Manager（脚本事件管理器）被用于显示打开文件的相机制造商的 EXIF 数据。在处理几个取自不同数码相机拍摄的图像时，可能需要为不同的相机运行不同的动作，运行该脚本要比为每幅图像打开 File（文件）> Info（信息）命令更简单。当处理其他文件类型时，则信息框的操作便是如此。脚本事件管理器可以轻松地打开（使用 Add 按钮）或者关闭（使用 Remove 按钮）这些自动的"迷你程序"。

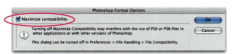

当以 PSD 格式保存文件时，会显示 Photoshop Format Options（Phothoshop 格式选项）对话框。如果通常都带合成，则可以执行 Preferences（首选项）> File Handling（文件处理）命令（Windows 中的 Edit 菜单 /Mac 中的 Photoshop 菜单），并且在弹出菜单中选择 Maximize Compatibility（最大兼容性）。

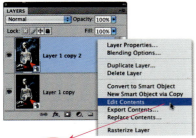

存放智能对象内容的 PSB 文件将作为智能对象所处的 PSD 文件的一部分保存。右击 /Ctrl+ 单击图层面板中的智能对象的缩览图并且从右键快捷菜单中选择 Edit Contents（编辑内容）即可打开 PSB 文件。

浅出：输出

Photoshop 保存文件的方式有十余种。保存文件的格式取决于使用文件的方式，以下是一些建议。

Photoshop（PSD）格式

PSD 格式是一种非常保守但操作灵活性很强的文件格式，用户可以很便捷地更改或者重新处理文件。该格式可以保留所有的图层、蒙版、通道、路径、可编辑的文字、图层样式和动画，以及使用 Notes/Note 工具 📃 （或者使用 Photoshop CS3 中的 Audio Annotation 工具 🔊 ，Photoshop CS4 中没有语音注释工具）添加的注释。PSD 是一种理想的保存格式，以该格式保存的文件可以再次在 Photoshop 中打开并处理。PSD 格式对于那些要在 Adobe Creative Suite 的其他程序（例如 Indesign 和 Illustrator）中处理的文件非常适用。

默认情况下，以 PSD 格式保存文件时，可以选择带合成保存或不带合成保存，如左栏提示。以不带合成文件形式保存时文件容量更小。带合成文件保存时，图像可以在支持 Photoshop 文件但不支持 Photoshop CS3/CS4 功能的软件中显示，例如早期的 Photoshop、InDesign CS 和 Illustrator CS 版本，这些软件需要合成以对 16 位/通道的 PSD 文件进行操作。选择 PSD 的另一个好处是 Adobe 推荐在**保存 PSD 格式时勾选 Maximize compatibility** 复选框，这样可以获取最大的操作灵活性，使文件可以在更高版本的 Photoshop 中使用。

大型文件及智能对象（PSB）

要创建一个2GB以上的PSD或者其他允许格式的图像文件，可以使用Large Document Format（大型文档格式，PSB），该格式支持高达300000像素×300000像素的文件，会保留用户创建的所有图层、通道、路径、未栅格化的文字、图层样式和注释。同样，当创建智能对象时会自动创建PSB文件，以存储由智能对象保护的信息。**注意**：PSB文件只能在 Photoshop CS和更新的版本中打开，不能在低版本中打开。

排版软件格式或输出格式

Photoshop（PSD）文件可以在保留原透明设置的情况下直接置入 InDesign CS 或更高版本中。这意味着页面还可以透过那些置入到 InDesign 中的轮廓状图案或部分透明的图案显示。可以调整甚至是完全更改 Photoshop 文件元素的位置以适合页面布局，可以指定哪些层显示（或者是图层组合）哪些层隐藏，

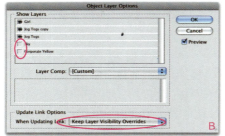

ORIGINAL PHOTO: PHOTOSPIN.COM

A

Object Layer Options

Show Layers
- Girl
- Jog Togs copy
- Jog Togs
- Corporate Yellow

OK
Cancel
☑ Preview

Layer Comp: [Custom]

Update Link Options
When Updating Link: Keep Layer Visibility Overrides

B

C

D

原始的在 Photoshop 中设计的布局共有 5 个图层，一个用于显示轮廓的 Alpha 通道，以及被转换成带有应用图层样式的矢量图形图层的文字，它采用 PSD 格式保存。为了把该文件的 3 种不同的版本放到 InDesign 中，首先在 InDesign 中执行 File>Place 命令置入它，如 A 所示。按 Alt/Option 键的同时使用 InDesign 的选择工具复制一个副本。右击或者按 Ctrl 键单击副本打开右键快捷菜单，选择 Object Layer Options（对象图层选项）打开一个可以在其中选择显示哪些图层的对话框，如 B 所示。单击要关闭可视性的图层的 👁 以得到一个带 Logo 文字和女孩影像轮廓的图像版本，如 C 所示。对于第 3 个版本 D，我们可以制作 3 个更多的副本并且为其设置可视性，一个显示 Logo 文字，一个显示女孩，一个显示天空。我们将三个副本堆在一起，拉伸天空副本，并且重新摆放女孩和 Logo 文字的位置。

wow Jog Togs.psd

因此可以分别对各个部分进行操作，如左栏所示。

对于那些不支持 PSD 文件的排版软件，可以将文件的格式设置为 TIFF、Photoshop EPS 和 Photoshop DCS 2.0。EPS 文件可以包含带清晰边缘的文字和剪贴路径来勾勒图像，因此文件没有背景，且图像也不存在白色的区域。**TIFF** 文件采用了无损图像品质的低耗压缩来压缩文件，以方便文件的存储和传送，此格式的文件也包含了剪贴路径，但是文字是栅格化的（按图像的分辨率转换为像素），因此看起来并不像 PSD 或者 EPS 格式中的清晰。因为并非所有软件都能完全支持 TIFF 和 EPS 功能，所以最好的办法是查看排版软件能接受哪种格式，或者询问设置图像或打印输出的商家能接受哪种格式。

在制作那些包括**专色**（使用特定油墨而非标准的 CMYK 印刷油墨）的文件时，可采用 InDesign CS 或者更新的版本结合 PSD 格式的方式进行。在 QuarkXPress 或 InDesign 的低版本中，则可以将专色文件以 EPS、PDF 或 DCS 2.0 格式保存。同样，最好也要查看排版软件能接受哪种格式，或者询问设置图像或打印输出的商家能接受哪种格式。

可用于与他人交流的 PDF 格式

为那些没有 Photoshop 软件的人选用一种可阅读的文件格式时，不妨选用 PDF。 它是很多打印服务提供商的选择。借助免费的 Adobe Reader 软件即可显示图像，并朗读 Photoshop 中的注释。在 Photoshop CS4 中，可以在 Save Adobe PDF（保存 Adobe PDF）对话框中选择 **Preserve Photoshop Editing Capabilities**（保护 Photoshop 编辑性能）。勾选该复选框将允许保留在 Acrobat 中添加或者编辑的注释（需要在完整的 Acrobat 程序中做到此，而不只是 Reader）。

除了将单个文件保存为 PDF 外，还可以创建一个带渐变选择的由几个 Photoshop 图像组成的幻灯片。在 Photoshop CS3 中执行 File> Automate> PDF Presentation（PDF 演示文稿）命令。在 Photoshop CS4 中则使用的 Applications（应用程序）栏的弹出菜单（参见第 136 页）——Bridge Workspace 菜单输出模块。

紧凑存储格式及传输格式

有些文件格式相对来说更紧凑。当文件大小占着举足轻重的地位时，压缩文件的格式取决于用户使用该文件的方式：

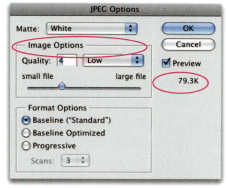

当在 Save As 对话框中选择 JPEG 格式时，就会弹出 Photoshop 的 JPEG Options 对话框，在此可以预览图像对应的 JPEG 压缩效果，以便调整 Quality（品质）直到在质量和文件尺寸之间得到理想的平衡。如果文件没有背景图层，则可以选择背景颜色（遮罩）来填充透明部位。

知识链接
▼ 16位/通道和32位/通道模式
第169页
▼ Camera Raw　第141页

- 要想获得最大的操作灵活性，保持分层以及其他特色，可使用 PSD 或 PDF 文件格式。

- 用于屏幕查看或打印输出，可使用 JPEG（详述见后文）或 PDF 格式。

- 通过 E-mail 发送的仅用于屏幕查看的图片，可使用 JPEG 格式，但是只有第一次能减少文件大小（参见下面的"准备用于 E-mail 的图像"）。

- 用于 Web 可使用 JPEG 或 GIF 格式，具体参见第 131 页。

JPEG 格式是众多数码相机默认的格式，它可以以嵌套在 E-mail 中的方式或者作为 E-mail 附件的方式发送，从而实现快速浏览。JPEG 如此流行还得益于它是如此紧凑，而它在压缩文件时会丢弃一些颜色细节信息。File> Save As> JPEG 命令提供了 12 种压缩率选项。通常，压缩率越高，图像的品质下降得就越低。从本质上讲，JPEG 通过丢弃那些在打印输出中同样会丢失的各类颜色细节信息来达成压缩效果。因此，人们很可能察觉不到高品质的 JPEG 文件在打印输出时的质损。

16及32位/通道的文件格式

Photoshop 提供了几种支持 16 位/通道模式的文件格式，▼ 分别是可以保留所有图层、通道、路径、未栅格化的文件、图层样式和 Photoshop 支持的注释的 PSD 格式、Large Document Format（大型文档格式，PSB）、PDF 和 TIFF 格式。Photoshop 的 32 位 / 通道模式图像可以以 PSB、PSD、TIFF、HDR 和 PBM（便携式位图）格式保存。除此之外，Photoshop 可以以诸如 Cineon、PNG、Photoshop RAW 和 Dicom（媒介格式，仅在 Photoshop 扩展版中使用）的特殊格式保存。

Camera Raw文件的数码负片格式

Digital Negative（DNG）格式可以保存 Raw 文件或者在 Camera Raw 中打开的要保存为 Raw 格式的 JPEG 或者 TIFF 文件。Raw 格式将照片存储为两部分，就像 Raw 数据由传感器记录，而由描述相机设置的原数据则用来从 Raw 数据生成图像。DNG 是一种可以不在 Photoshop 中打开文件、由 Camera Raw ▼ 直接转存获得的格式。在以 DNG 格式保存文件时，最好能同时将源文件以相机自己的 Raw 格式进行备份，以防止相机中的原数据不支持 DNG。

Zoomify（缩放）命令非常方便，特别是考虑到它的使用范围。若要将高分辨率的图像 A 置换成一个操作灵活的、平滑的、可缩放的图像，用于 Web 中，可以执行 File> Export> Zoomify 命令。在 Zoomify Export（缩放导出）对话框 B 中，选择一个 Template（模板），界面带或者不带 Navigator（导航）元素，Zoomify Navigator 与 Photoshop 的 Navigator（导航）窗口相似。选择一个 Base Name（基础名）和一个位置以保存缩放输出。为 Zoomify 将要制作的 JPEG 图像拼贴图选择一个 Quality（品质）水平（品质越高，每个拼贴图显示的时间越长）。设置图像在浏览器中显示的尺寸，我们发现 Width（宽度）至少设置为 350 像素，才能为导航栏上所有的按钮提供空间。确认已经勾选了 Open in Browser（在浏览器中打开）复选框，单击 OK 按钮，即可得到一个奇迹般的结果，如 C 所示。在选择的 Output Location（输出位置），找到图像文件和 html 文件上传到 Web 服务器，如 D 所示。双击 .html 图标将交互图像上传到浏览器中。

用于 Web 显示格式的 File> Save for Web & Devices（存储为网页和设备）命令可以打开一个用于选择文件格式的对话框：JPEG（提供有效的压缩但是不支持透明度）、GIF（支持透明度但是支持的颜色较少）、WBMP（仅带黑色和白色像素）和 PNG（参见下方说明）。在此，也可以像第 152 页那样平衡图像品质和文件尺寸。Device Central（设备中心）按钮可以打开一个用来测试在不同移动设备中显示的图像或者动画的对话框。

PNG 的定义

PNG是一种网络图像的文件格式，对于文本、线稿和带清晰渐变的图像而言，该格式比JPEG更好。无损，因此可以编辑或者重新保存。它被认为是GIF的替代格式，有更好的压缩、透明度和色深。现在，主要的浏览器已经支持该格式。

要将 Photoshop 作品导出成 Flash，要先以 PSD 格式保存分层文件。在 Flash 中，执行 File>New 命令新建一个文件，再执行 File> Import> Import to Stage（导入舞台）命令导入 PSD 文件。用户可以决定是否将每个图层保持为矢量、文字或者位图，而且可以在 Flash 中分别对图层添加动画效果。

Photoshop 的新功能是 File> Export> Zoomify，它可以将图像变成一个可导航的、可缩放的文件。Zoomify 可以用来制作在浏览器中快速访问的高分辨率图像，它可以拼贴图像文件，将图像分割成多个可以按需在浏览器中单个显示的小文件。除了拼贴图像文件夹外，Zoomify 还提供了 .html 文件、.xml 文件和 Zoomify 查看器——这都是为了将这个交互图像合并成一个网页。

3D、视频和动画

Photoshop 扩展版可以以 3D 和视频采用等几种格式导入和导出文件。Photoshop 的 Animation（动画）面板即便是没有 Extended 版本新增的功能，也可以将动画文件保存为 GIF 和 PSD 格式。这些格式的具体介绍参见第 10 章。

DICOM和MATLAB（标题形式）

Photoshop 扩展版可以处理 DICOM（Digital Imaging and Communication in Medicine 医学数字图像和通信）文件并且可以与 MATLAB 文件交互。详情参见第 11 章。

选择一种用于静态Web图形的文件格式

选择一种用于静态Web图形格式的主要问题是分析文件的内容并且稍微了解一些关于各个不同文件类型是如何压缩的。JPEG（.jpg）擅长压缩照片以及带连续色调的图像，这是因为它支持**完整的色域**并且可以创建出一个非常紧凑的文件。对于**单一颜色的作品**，GIF（.gif）和PNG-8是最为合适的，它们可以提供一些**透明度**选项，就算是对于那些轮廓照片而言，这两种格式也非常适合。

对于像Logo或者素描之类的**彩色图形**，GIF或者PNG-8支持用户通过减少颜色数量来减少文件尺寸，具体描述参见第152页中的"针对Web的优化"。这些格式支持透明度，因此作品不必是矩形的。

矩形的照片或者其他没有透明区域的带连续色调的图像可以使用JPEG。尝试使用几种Quality（品质）设置，对比图像品质和加载时间。通常，Low（低）品质用于照片，Medium（中）用于颜色渐变。

如果照片或者**连续色调**的图像是**非矩形**的图形——尤其是在它有一个柔和的羽化边缘或者内部透明时，如果网页背景包含无缝的、随机的不需要精确对齐的纹理，则仍可以选用JPEG。用来制作无缝拼接网页的相同的随机图像被合并到了网页的每个图形中。图形采用与背景拼贴图相同的压缩设置并保存为JPEG文件。

如果**连续色调的非矩形图像较小且为轮廓图**，则需要使用GIF或者PNG-8格式，特别是在不能与上面讲述的那些网页背景匹配时。对于多个圆角上的渐变透明效果而言，PNG-24可能是最好的选择。

WBMP（无线位图）是用于移动设备的标准格式。在这个**黑白格式**（1位，无灰色色调）中，黑色和白色像素的分布由仿色类型控制。选择Diffusion Dither（扩散仿色）后，可以调整黑白相对的量来生成所需的色调平衡。

若需要减少图像的尺寸以将图像作为Email的附件发送时，选择正确的文件格式只是解决方案的一部分。在处理文件格式问题之前，可以通过拼合文件减少分辨率来节约文件尺寸。假定，你需要给某个人发送一个供他在屏幕上查看的7.5英寸×9.25英寸封面插画。原始文件由多个图层组成，并采用适合打印的分辨率设计，另外还带有特别的分辨率以备打印小海报——350像素/英寸。我们的PSD格式分层实例文件A最初的大小为400MB。在缩小文件尺寸的过程先来看一下最终的文件尺寸会发生什么变化（因为最终的尺寸对传输而言最为重要）：

1 先制作一个单层的副本（Image > Duplicate > Duplicate Merged Layers Only），以便在减少副本大小的同时，保留原尺寸、原分辨率的分层文件，如 B 所示。以 PSD 格式保存，最终的单层实例文件为 26.2MB。

2 将副本文件的分辨率降低到 72ppi 以在屏幕上查看。执行 Image> Image Size 菜单命令，确定在 Image Size 对话框中勾选了 Resample Image（重定图像像素）复选框，将 Resolution（分辨率）设置为 72，单击 OK 按钮，如 C 所示。最终的尺寸为 1.12MB。

3 现在，我们将 72ppi 的文件设置为 JPEG 格式。执行 File> Save As> JPEG 命令，使用大小为 10 的 Quality（品质）设置，有这种品质的图像在屏幕上放大 200% 时仍可以得到理想的效果，此时文件的尺寸将减少至 486KB，如 D 所示。

每个文件都各不相同，节约的空间也因文件结构、图像内容和压缩程度有所差异。对于特定的测试图像，如果直接在步骤1之后（在减少文件的分辨率之前）制作JPEG图像，则可以使用较低的Quality设置（8），但是文件依然有1.4MB，体积是最终文件的3倍，而且较大的显示尺寸会带来诸多的不便。

原始的多图层文件。

将拼合的图像拷贝到一个单独的图层中。

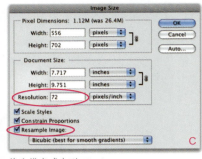

将分辨率减少到 72ppi。

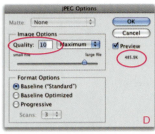

存储为高品质的 JPEG。

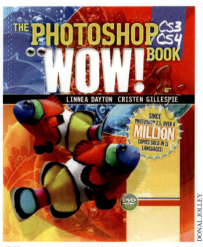

最终用于 Email 的图像大小为 486K，如果屏幕的分辨率为 72ppi 的话，其大小为 7.5 英寸 ×9.25 英寸。

Bridge 的 Preferences 对话框（Ctrl/⌘+K）可以帮助用户确定界面的颜色深浅，在 Camera Raw 中双击某个 Raw 格式图像文件时是否会打开该文件，在 Bridge 为文件生成并存储缩览图之前文件的大小应该为多少等。

通过 Bridge 启动 Camera Raw

从Bridge而非通过Photoshop的File > Opent命令打开Raw文件的优势是，从Bridge打开时，Camera Raw不会"接管"Photoshop，因此，可以让Photoshop和Camera Raw同时开启并且独立操作。从Bridge的Content（内容）面板中选择一个文件，并且执行File> Open in Camera Raw（在Camera Raw中打开）（在Photoshop CS4中也可以单击Applications栏中的⚙按钮）。或者也可以在Preferences（首选项）对话框的General（常规）面板勾选Double-click edits Camera Raw settings in Bridge（双击以在Bridge中编辑Camera Raw设置）（Ctrl/z+K）。

Photoshop 的套件

随 Photoshop 一同安装的 3 个程序分别为：Bridge、Camera Raw 和 Device Central，它们可以提高 Photoshop 的效率。Bridge 可以帮助管理和查找文件。它支持直接使用 Photoshop 的自动图像处理功能，例如 Photomerge 和 Image Processor（图像处理器），并且它还提供对 Camera Raw 的第二个副本的直接访问——可以在不干涉 Photoshop 操作的同时在 Camera Raw 中打开文件。

Camera Raw 本身便是图像文件通往 Photoshop 的前端。最初，Camera Raw 被设置用于在 16 位/通道 Raw 格式照片中快捷地调整色调和颜色，并且进行与数码相机相关的少数调整，例如噪波和色差。在最近的版本（Photoshop CS3 和 CS4）中，很多文件，甚至是 JPEG 或者 TIFF，都可以在 Cemera Raw 中进行完整的编辑而不需要打开 Photoshop。Photoshop CS3 和 CS4 的 Camera Raw 简介参见第 141 页，Camera Raw 的输入工作流程参见第 149 页。

可以在 Photoshop 和 **Device Central** 之间切换，以针对诸如手机之类的手持设备设计和调整图像。有关 Device Central 的介绍参见第 146 页。

Bridge

Bridge 是管理、查看和操作图像、图形文件、音频和视频的中心。Bridge 的 File 菜单中的很多命令（Open、Move、Rename 和 New Folder）也可以通过操作系统来执行。但是，在 Bridge 中执行这些操作有以下好处：可以看到更多类型文件的内容，可以一次性从多个地点交叉选择文件，可以有更多 Search（查找）选择，如关键字、焦距长度以及版权信息，通常不会像在操作系统中查找功能的标准那么有用。有了 Bridge，可以进行以下操作：

- 使用 **Photo Downloader（照片下载工具）**下载照片文件（参见第 134 页）。

- 将文件从一个文件夹拖放到另一个文件夹中，或者是从一个硬盘中拖动到另一个硬盘中。

- 将文件收集到**虚拟堆栈以及集合中**而不用破坏硬盘管理。

- 添加**版权**注意事项来保护文件。

Photo Downloader（标准版本）。单击
Advanced（高级）按钮以得到更多选
项（如下图所示）。

- 添加**关键字**以帮助在遗忘文件名时帮助查找。

- 作用于 Bridge 中预先选择的**多个文件**，例如在 Camera
  Raw 中处理文件，或者将一种文件格式转换成另一种，在
  Photoshop 中拼合成一个全景图。

- 创建**联系表、幻灯片**和**网站**。

使用 Bridge 工作区。为经常执行的任务自定义 Bridge，例
如添加关键字，你可能需要通过选择一个 Bridge 自带的工作
区来开始：执行 Window（窗口）> Workspace（工作区）命令，
并且选择一个工作区，或者单击 Bridge 右下角的一个工作区
按钮，参见第 135 页。在 Photoshop CS4 中，可以从菜单中
选择或者在 Applications（应用程序）栏中选择一个工作区，
参见第 136 页。

Bridge的照片下载工具

执行File> Get Photos from Camera（从相机获取照片）命令，并且在Photoshop CS4中单击 📷 按钮打开
照片下载工具，以快速管理、转换、复制文件并且添加原数据。Photo Downloader（照片下载工具）的标
准版本参见上图。下面显示的是单击Advanced（高级）按钮后得到的版本。

在下载前，可以看到系统查找到了相机或
者存储卡，并且找到了要下载的文件。

在硬盘上选择或者创建文件夹之
后，照片下载工具可以根据你选择
的标准自动创建**子文件夹**。

重命名文件以让查找更容易。使用
预设的选项或者自定义文字。

可以在此以**DNG**（数字负片）格式
来保存文件，或者将一个副本保存
到另一个文件夹中，注意在确认已
经成功下载之前，不要从相机中删
除原文件。

仅为**版本**添加基本信息，或者添加
带有自定义图像信息的原数据**模
板**（可以在Bridge的Tool菜单找到
Create Metadata Template）。

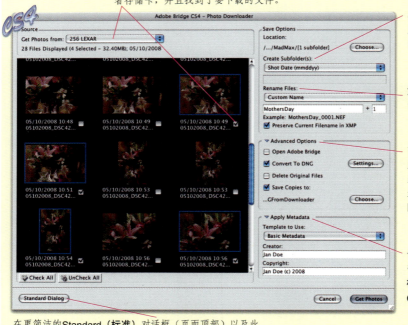

在更简洁的Standard（标准）对话框（页面顶部）以及此
处显示的Advanced（高级）界面中切换。

Bridge CS3界面

在Bridge CS3的界面中，可以自定义Bridge的大多数功能，让它们按你的所需查看、排列和管理文件。针对不同的任务创建工作区，设置"智能"集合和能便捷访问的常用文件夹，根据日期、其他的标准或者限制文件只显示此刻你要看的内容对文件进行分类。此处显示的是默认的界面，除了暗度设置和高光选择（Amber）都未修改。

将经常访问的文件拖动到Favorites（收藏夹）选项卡。或者在上下文快捷菜单中右击或者Ctrl+单击文件夹，并且选择Add to Favorites（添加到收藏夹）或者是从收藏夹中删除。

在Filter（滤镜）面板中（滤镜是Bridge用来分类的术语），选择限制文件显示，或者通过日期分类，通过自己的等级、颜色配置文件或者通过其他标准分类。

单击此处以显示Content区域内的文件夹的所有文件，就好像这里没有子文件夹。

通过从FileType（文件类型）列表中选择标准来查看此时需要的文件类型和文件夹类型。为了高效操作，Bridge会仅显示对当前文件夹内容应用的标准。

你可以Lock（锁定）筛选准则，以便在浏览不同的文件夹时仍可以使用该准则。

快速隐藏或者显示所有的面板，当其他面板隐藏时Content（内容）面板仍保持可见。

使用Recent Folders Menu（最近使用的文件夹菜单）快速查看最近访问的文件夹或者收藏夹。

单击Folders（文件夹）选项卡可以查看驱动器的目录树。

使用New Folders（新建文件夹）🗀、Rotate 90°（旋转90°）、Delete Item（删除项）🗑和Compact Mode（紧凑模式）的图标以快速访问经常使用的操作系统功能。

在Preview（预览）面板中，可以看到最多9个选中的文件。使用Loupe（放大镜）单击图像以近距离查看。在选择了多页PDF或者视频、音频文件时，预览下方便会出现播放控制键。

状态栏可以帮助用户了解Bridge何时忙于写原数据或者何时缓存，以及选择文件的数目或者隐藏的数目。

选择相关的图像并且将图像分组成堆栈以简化视图。当堆栈中多于9个图像时，就会出现"翻动的书本"和用来查看堆栈中的图像的滚动条。

在Content（内容）面板中，可以查看文件的预览效果，尽管预览某些文件（例如InDesign文件）需要使用原程序为该文件保存一个预览。

使用滑块即可缩放缩览图的大小。可以在Bridge的Preferences菜单（Ctrl/⌘+K）设置预览图像显示的品质。

为这些快速切换的图标指定3个工作区，也可以从它们的下拉列表中选择一个预设。

在这个面板中，查看用来确定选中文件的原数据，并且为元数据添加关键字。添加的原数据可以被越来越多的程序读取。

Bridge CS4界面

在Photoshop CS4中，用户经常使用的功能都可以通过图标来访问，这可以帮助用户参照自己的工作流、工作区外形设置Bridge。

位于**Applications**栏左侧的图标（从左到右）分别是用来访问Favorites列表▼、Recent Files & Folders ⟳、Photo Downloader ▣、Refine▣（改善，用于预览、批重命名以及其他的一些文件管理功能）、Open in Camera Raw ⟳ 以及Output ▣ （输出，输出到Web、PDF等）。

Bridge CS4的一些**工作区**的名称会在应用程序栏的右侧与用来访问所有工作区列表的下箭头▼一同显示。

在**Compact Mode（紧凑模式）**下，Bridge窗口会以一个较为简单的形式浮在其他应用程序窗口之上。Bridge命令会有所局限，但是可以在需要时将文件拖放到其他应用程序中。

其他有用的选项包括缩览图品质（▣表示标准，可快速显示，▣用于设置预览选项），以及通过评级☆，按选择的标准分类，旋转⟳、访问最近打开的文件📁、新建文件夹📁。以及删除当前选中的文件🗑的分类能力（在Bridge术语中称为"筛选"）。

Path栏为Content（内容）面板中当前选择的项提供了一个类似于"面团"的导航路径。

键入文件名、文件夹名或者关键字，**Quick Search（快速查找）**将会在当前快速查找到选中的文件或者文件夹。

Preview（预览）面板最多能显示9个选择的文件——多页PDF、视频和音频，甚至是某些3D格式（如果视频卡支持3D渲染）。

Playback（播放）控制键允许用户预览多媒体文件。

在**Metadata（元数据）**面板中查看与选中文件关联的元数据，并且添加**关键字**。

现在的Bridge**Filter（筛选）**分类在默认情况下是关闭的。在会话过程中，打开或者关闭分类的状态将一直保持。图钉用来在会话过程中保持诸如你选定的从文件夹到文件夹的评级之类的筛选选择。

状态栏可以帮助用户确定Bridge何时忙于写元数据或者缓存。它也明示了你选择的文件大小、数量以及隐藏的文件的数量。

在Content（内容）窗口中，除了显示各个文件和文件夹外，Bridge CS4可以确定以及**自动堆栈**用于全景图或者HDR系列的图像（Stacks > Auto-Stack Panorama/HDR）。

调节Content（内容）窗口中的缩览图的**大小**。

选择**视图**的类型：缩览图、带有附加数据的缩览图、列表视图以及锁定抑或解决锁定用于限制缩览图大小的缩览图网格。

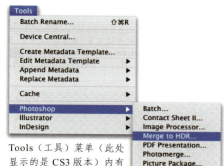

Tools（工具）菜单（此处显示的是 CS3 版本）内有制作和应用元数据模板的命令，有处理缓存的命令以及加载 Photoshop 专用的任务的命令——这些任务有 Image Processor（用于转换成标准图像格式）、Photomerge（用于创建全景图）和 Batch（用于一次性在几个图像中运行 Photoshop 的动作）。

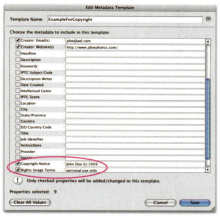

执行 Tools> Create Metadata Template（创建元数据模板）命令并且添加诸如版本注意事项之类的个人信息。保存模板。使用 Photo Downloader、工具菜单或者 Bridge 的上下文快捷菜单为每幅图像添加版权信息。

在选择的工作区中，更改那些打开或者关闭的面板的开启状态，将面板拖动到新的位置、重新设置大小，选择理想的缩览图。采用一个带描述性的名字保存任意的自定义工作区，以将它添加到工作列表中（Window >Workspace > Save Workspace/New Workspace）。在 Photoshop CS4 中，新保存的工作区将出现在 Applications（应用程序）栏列表的第一个（可以按喜好将它拖动到列表的任意位置）。对工作区的动态更改会自动保留。但是，也可以回到最初定义和保存的工作区状态：在 Photoshop CS3 中从 Window>Workspace 菜单中再次选择，或者在 Photoshop CS4 中在 Applications（应用程序）栏中 Ctrl/⌘ + 单击该工作区的名字或者单击它的名字并且执行 Window> Workspace> Reset Workspace（重设工作区）命令。

处理文件。 Bridge 的处理功能主要集中在 **Tools** 菜单以及在右击 /Ctrl+ 单击要操作的元素时弹出的**上下文快捷菜单**。工具菜单将 **Batch Rename（批重命名）** 放在列表的顶部，接下来是处理**元数据**和**缓存**的方法。元数据包含为文件添加的相机设置和非图像数据，例如关键字和版本注意事项，缓存包含已存储的和将要存储的缩览图图像和元数据列表，因此不需要在 Bridge 每次显示文件夹内容时根据文件夹中的文件重新创建。**工具**菜单也支持用户在 Content 面板中选择的文件中运行 Photoshop 的功能。

收集文件：**堆栈和集合。** 除了基本的文件操作外，Bridge 还支持用户将文件虚拟地成组为堆栈和集合。堆栈表示桌面上按日期、内容、位置或者用户采用的标准组合成组的幻灯片堆。堆栈是单个文件夹的一个组成部分，可以用于收集某个主题的照片或者取自某段视频的一个图像序列，因此不需将所有的文件筛选到文件夹中。通过选择并将它们放入堆栈中（Ctrl/⌘+G），达到管理这些文件的目的。当堆栈中的图像多于9个时，就会出现一个滚动条，方便查看。**注意**：堆栈不能移动到其他的文件夹内，但是可以在一个文件夹中拖动文件实现添加或删除。

在 Photoshop CS4 中，堆栈还有一些功能。如果执行 Stacks> Auto-Stack Panorama/HDR（自动堆栈全景图 /HDR）命令，Bridge 会选择某个文件夹中的所有图像，这些图像的相机元数据建议为全景图或者包围式曝光拍摄一系列的图像。

当右击 /Ctrl+ 单击 Bridge 中的缩览图，会弹出一个带有常用文件命令以及用来分类文件、创建堆栈（那些需要在屏幕上进行成组的文件）或者显示文件在计算机中的位置的上下文快捷菜单。Develop Settings（改善设置）命令支持用户在不打开 Camera Raw 的情况下从选择的图像文件中复制、粘贴或者清除 Camera Raw 设置或预设。

Bridge 会查找多幅间隔较短的时间所拍摄的照片序列，这些照片可以是采用不同曝光度并且有大量重复内容的照片（HDR），也可以是具有相似曝光度且只有少许内容重叠的照片（全景图）。Auto-Stack 命令的执行效率基于计算机的能力以及分类的文件夹大小，不过结果非常精确。如果执行 Tools> Photoshop > Process Collections in Photoshop（在 Photoshop 中处理集合）命令，Bridge 将在当前文件夹中处理所有的堆栈。对于大型文件夹也是如此，选择一个特定的堆栈后，再从 Tools> Photoshop 菜单中选择 Photomerge 或者 Merge to HDR（合并成 HDR）命令。

如果要根据创建日期或者客户名称将硬盘上的文件保存在文件夹中，但是又想根据流派处理它们，便可以创建虚拟的集合，只显示需要的文件，而不管它们存储的位置。在 Photoshop CS3 中，可以通过使用 Find 对话框（Ctrl/⌘+F 或 Edit > Find）来制作一个集合，在该对话框中，可以选择用来收集文件的标准，并且为集合命名，选择存储集合的位置。搜索可以在单个文件夹内进行，也可以横跨多个文件夹，或者在整个硬盘中进行。接着，在每次打开集合查看内容时，Bridge 都会执行搜索并且基于集合的保存标准再次收集文件。自设置搜索起添加的以及满足原始搜索标准的任何文件都会被添加到当前屏幕上打开的集合中。如果删除了原来收集的文件或者将它们移动到了原来设置的搜索参数范围之外的地方，它们将不会在集合中出现。

在 Photoshop CS4 中，系统把上一段提及的 CS3 版本中的收集类型称之为 Smart Collection（智能集合）。它可以通过 Find 命令创建，也可以通过单击 Collections 面板底部的 New Smart Collection（新建智能集合）按钮 来创建。新的智能集合的名称会被添加到 Collections 面板顶部列表中。

在 Photoshop CS4 的 Path（路径）栏中可以进行任意浏览。为了显示包含在文件夹中的所有文件，可以单击文件夹右侧的箭头（>）。如果想立刻查看所有子文件夹的内容（此处没有子文件夹），单击 Show Items from Subfolders（显示子文件夹中的项）即可。

Find 对话框可以在每次打开 Collection 搜索选择的文件夹时为 Bridge 创建使用标准。在 Photoshop CS3（如此处所示）中可以将 Collection 保存到选择的位置。

Bridge CS4 可以对某个文件夹进行扫描以收集单个堆栈中的全景图照片和多种曝光度的照片。在此显示的是扫描完成后的 Collection 日志,结果是两个各有 5 张图像的自动堆栈。右侧的 12 幅图像的堆栈是基于手动选择的文件创建的,其中有一个能将堆栈转换成翻动的书本的播放按钮 ⊙(当保存了视频帧序列的时候最为有用)以及支持用户以自定速度翻阅堆栈的滚动条。

在 Photoshop CS4 中打开 Collection 面板,并且单击 New Smart Collection(新建智能集合)按钮 打开 Smart Collection(智能集合)对话框。集合数据会自动保存到硬盘上的某个位置,例如在 Mac 中,该位置为 user/Application Data/Adobe/Bridge CS4 文件夹。

选择是否快速预览文件,是否以高品质预览文件。在 Photoshop CS4 中,保存 100% 预览可以在今后更快速地查看兴趣点和细节。

除了这些 Smart Collection 外,Photoshop CS4 中还有另一个集合,这种集合沿用旧名 Collection。Photoshop CS3 中的 Collection 与 CS4 中的 Smart Collection 相同,CS4 的 Collection 则不相同,CS3 中没有该类集合。在 CS4 中进行手动收集的方式是,在 Content(内容)面板中收集文件,选择它们,并且单击 New Collection(新建集合)按钮 。手动挑选的集合将在 Content 面板中的 Smart Collection 下方列出。与智能集合相比,集合的优势是可以在不指定搜索标准的前提下,添加任意的文件。如果需要收集来自 Jan Doe 账户的所有文件,收集硬盘上所有的狮子和狗的照片,以及所有应用了 Twirl(旋转扭曲)滤镜的照片,只需要将这些照片插入到集合中即可。

预览和评价图像:幻灯片放映和预览模式。 当搜索文件时,速度非常重要。当评价要包含到某个项目中的图像时,最好能在最少的干扰下看清尽可能多的图像细节。Bridge 可以针对每个会话选择所需的品质。在 Photoshop CS3 中可以将 Preferences 设置为 Quick Thumbnails(快速缩览图)、High Quality Thumbnails(高品质缩览图)或 Convert to High Quality When Previewed(在预览时转换成高品质)。即便 Preferences(预览)被设置为 Quick Thumbnails 时,右击 /Ctrl+ 单击缩览图可以显示一个高品质的缩览图。在 Photoshop CS4 中,可以通过 Path(路径)栏右侧的按钮快速查看缩览图的选择以及预览,其中还添加了一个新的选项:可以选择在缓存中存储完整的图像(100% 预览),而非较小的缩览图。这会增大缓存文件的大小,但是在需要查看细节时以 100% 大小显示载入文件,可以节约时间,因此该选项在腾出磁盘空间以存储大型预览时非常好用,可以加快操作。

Bridge CS3 预览和评估图像的方法是幻灯片放映以及预览面板。使用 Slideshow(幻灯片放映)可以逐张显示图像,而没有任何干扰界面,在其中可以对图像评级并且添加标签。在 Preview(预览)面板(参见第 135 页的 Bridge 界面)中可以同时看到 9 个文件,每个文件都有自己的 Loupe(放大镜),可将细节放大到 100% 或更大。按住 Ctrl/⌘ 键 + 拖动单个放大镜则可以同时拖动所有放大镜,检查所有图像中的同一细节。

使用键盘快捷键 H 来显示或者隐藏可以在 Slide-show 模式下使用的所有选项和快捷方式。按 Esc 键则可以回到 Bridge 中。

在 Photoshop CS4 中进入传送带视图的 Review Mode（审查模式），在此可以快速地在很多图像中进行分类，使用放大镜 A 查看细节，将挑选的文件保存到集合中，如 B 所示。

在 Review Mode（Ctrl/⌘+B）中打开 4 幅或者更少的图像时，它们会以 N-Up（N 联）而非传送带的格式显示。这种模式可以更仔细地审查图像，对比诸如作品、颜色和细节之类的属性。每幅图像都有它们自己的放大镜，只需在要放大的地方单击即可。

Photoshop CS4 添加新的审查模式。如果需要对一个存放了很多图像的文件夹执行快速编辑，可以选择所需图像并且使用 Ctrl/⌘+B 键将其全部转换成审查模式。如果选择的图像超过 4 幅，将会以"传送带"视图方式显示。在传送带模式中当前图像最大，出现在正中央，其余图像在后面按环形排列。可以使用左箭头键和右箭头键（← 和 →）在圆圈中来回移动，下箭头键 ↓ 会将图像从传送带中删除。在此模式中也可以对图像添加标签、进行评级或使用放大镜预览，当从传送带中删除文件后，可以单击 Collection 面板的 New Collection（新建集合）按钮 将剩余图像保存为集合。

当选择的图像为 4 张或更少时，进入 Review Mode（Ctrl/⌘+B）会以 N-up（N 联）的模式打开文件。即可使用多个放大镜快速地对比作品或者检查细节了。如果仅需要无干扰地审查一幅图像，则可以更快速地进入审查模式——在选中文件的情况下，按空格键进入或者退出。

让文件更方便查找：评级、标签和关键字。Bridge 有几种可以让按需查找文件变得更简单的方案。可以使用 Label（标签）

使用空格键进入特殊的 Review（审查）模式。要放大，可以单击一次，如果文件还没有被 100% 的缓存，则会在屏幕顶部见到 Loading 100%（100% 加载）。若要缩小至 Fit in Screeen（适合屏幕）视图，可以再次单击。在查看实际大小的图像时若要进行平移，只需按住左键直到光标变成抓手图像 再拖动。

添加一个新的关键字
添加一个新的子关键字

关键字可以是一个大类的子集，它们每个都可以被分配一个父类或者不被分配父类。在内容面板中选择文件（它们必须是可以接受 XMP 数据的文件格式），并且单击关键字的复选框。可以通过单击面板底部的加号图标来为列表添加一个新的关键字或者子关键字。

对文件进行彩色编码，或者通过 Bridge 的 Label 菜单对它们进行星级评级或者添加关键字（与文件内容相关的方便后续搜索的术语）。**使用 Search（查找）文本框基于关键字查找文件**（在 Photoshop CS4 中也可以使用 New Search 按钮↺）。除此之外，Bridge 还可以通过相机或者其他程序阅读（或查找）存储在文件中的元数据。

Bridge CS4 带有 Metadata（元数据）工作区，可以通过单击界面右上角的按钮来访问它（参见第 136 页）。与该界面一同显示的 Metadata 面板非常灵活，可以通过上下文快捷菜单显示或者隐藏元数据类别，可以通过拖动它们之间的间隔来加宽或者调窄数据栏，可以通过单击栏标题来对选中的文件进行排序，再次单击则可反序排列。在 Keywords（关键字）面板中可以添加或者删除字来编辑整个关键字列表，或是针对单个文件添加或删除字。

在 Photoshop CS4 中使用元数据

Adobe.com 提供了一个关于在 Bridge CS4 中使用元数据工作区的很好的视频。它的访问地址为 http://tv.adobe.com/watch/learn-bridge-cs4/working-withmetadata-and-keywords/。

Photoshop CS4 的 Filter（筛选）面板显示了与 Labels（标签）、Ratings（评级）、Keywords（关键字）以及其他被指定给 Content（内容）面板中的文件的准则相关的列表。可以使用该面析以所需的顺序显示文件或者更改显示准则。

Camera Raw

Camera Raw 界面是进入 Photoshop 处理相机 Raw 格式文件的一种高效方式。它是一个灵活、易用的一站式界面，可以在其中对 Camera Raw 进行大多数的颜色和色调的校正以及修缮，不仅可以针对 Raw 文件操作还可以对 JPEG 和 TIFF 文件进行操作，而所有的这些操作都不要求在 Photoshop 中打开照片。

数据相机的 Raw 格式文件包括两个独立的部分：(1) 来自镜头的图像信息以及被记录的 Raw 信息）；(2) 拍照时的相关相机设置（被记录为处理指令，通常相机会将这些数据转换成我们看到的图像）。Camera Raw 仅作用于相机设置。当用户通过工具、菜单和滑块操作时，Camera Raw 会实时显示一个屏幕预览效果，只有在用户单击 Open（打开）、Save（保存）或者 Done（完成）按钮时，Camera Raw 才会真正对照片进行处理。

在 Camera Raw 中处理 Raw 文件，要比在 Photoshop 中直接打开该文件更有优势。比如，用户可以简单地以 16 位/通道的模式打开大文件，并保留所有附加颜色深度的详细信息，而不会降低处理图片的速度。通过 Camera Raw 能做的事情越多，Photoshop 的压力就会越小。

其次，使用 Raw 文件即可通过强大的 Camera Raw 更改照片**白平衡**，就好像使用不同的光线回过头来重新拍摄。比如，如果希望拍摄出室内温暖的黄色光线，但是相机的自动白平衡并不能按照你的意图拍摄令人满意的结果，你便可以按照自己的意愿把照片的颜色修改为黄色，恢复这种状态。

即便用户重命名或者移动 Raw 格式文件，当下次打开该文件时，Camera Raw 仍会提取出用户最近的设置，用户甚至还可以选择恢复到相机的原始设置。默认情况下，Camera Raw 设置会保存在由 Camera Raw 创建的 sidecar 文件中（.xmp）。该文件可以与 Raw 文件一起从计算机中移除，并且可以由其他支持元数据的程序阅读。

当将 Camera Raw 的文件作为智能对象导入 Photoshop 中时，即可随时访问 Camera Raw 界面和设置。重新在 Camera Raw 中打开文件所要做的只是在 Layers（图层）面板双击智能对象的缩略图。

接下来的 3 页提供了包含面板和工具在内的 Camera Raw 界面的概览。第 149 页的"用于前期处理的 Camera Raw"讲述了一个有效的对 Raw 文件、JPEG 和 TIFF 使用 Camera Raw 的方法。第 5 章的"在 Camera Raw 中调整色调和颜色"以及"显示细节"中也讲解了如何使用 Camera Raw。

顶部的照片是未被处理过的、由美能达 Dimage A1 数码相机拍摄的照片。白色云彩散发出的光线诱使相机错误地使用了快门速度（1/3200 秒）和光圈设置（f/10），因而拍摄的照片曝光不足。但是由于相机设置成拍摄 Raw 格式文件的状态，所以当使用 Photoshop 打开该文件时，将自动启动 Camera Raw，如 A 所示。在 Adjust（调整）面板中，如 B 所示，设置 White Balance（白平衡）、Temperature（色温）以及其他设置。最后单击对话框中的 Open Image（打开图像）按钮，即可在 Photoshop 中打开该文件。

紧跟 Camera Raw 潮流

Camera Raw的更新速度要比Photoshop更快，更新的Camera Raw将具有更多的新功能、支持更多的相机。可以访问以下网址来查看最新的Camera Raw插件：www.adobe.com/products/photoshop/cameraraw.html。

对于Photoshop CS3而言，最新的版本是4.6，它添加了一个新功能，参见随本书附赠光盘中的Wow Goodies文件夹。

Camera Raw界面

如果从Bridge中一次性打开几张照片，便可以看到在此显示的是Photoshop CS4自带的Camera Raw 5.0的界面。在此显示的是可以在其中调整颜色和对比度的Basic（基础）面板。Camera Raw界面的其他面板参见第144页。

当在Camera Raw中一次性打开多个文件时便会显示缩览图的电影胶片。选择缩览图，再单击Synchronize（同步）按钮即可对这些文件应用当前图像（大型的居中图像）的部分或者全部的设置。

诸如标签和评级的Bridge设置均被保留了下来，或者可以在此设置（单击点来添加星）。

直方图给出了一幅关于从最深的色调（左侧）到最浅的色调（右侧）的颜色和色调分布的照片。可以切换Shadow（阴影）剪辑警告和Highlights（高光）剪辑警告来查看如果图像在阴影被推向了黑色或者高光被推向了白色时，图像是否丢失了细节。

可以使用Temperature（色温）和Tint（色彩）滑块来逆向更改照片拍摄的光线。

为了调整**曝光度**（图像有多浅或者多深）和**对比度**（浅色调和深色调之间有多少差异），可以使用Exposure来设置白场（将最亮的色调推向白色）并且使用Blacks将最深的色调设置为黑色。使用Recovery（恢复）可以显示高光中的细节，Fill Light（填充光）可以减淡阴影的色调来显示更多的细节。更改Brightness（亮度）让中色调更浅或者更深，更改Contrast（对比度）以在中间调中得到更多或者更少的对比度。

Clarity（清晰度）
通过增加了局部对比度来显示更精致的细节（参见第249页）。可以使用它的负设置针对诸如化妆之类的目的来抑制细节（参见第323页）。

增加Saturation（饱和度）以增加颜色强度。Vibrance（自然饱和度）也可以达到同样的效果，不过它还可以防止颜色变得太强烈了以至于无法看到更多的颜色细节、保护皮肤色调。

Save（保存）选项包括PSD、TIFF、JPEG和DNG。在对话框中可以选择文件的存放位置以及命名。Save设置会持续保留，因此可以通过按Alt/Option键+单击来跳过对话框应用上次的设置。

查看（放大）选项。

单击外形像链接的按钮即可打开Workflow Options（工作流选项）对话框。选择配置文件、位深、分辨率和文件大小以保存文件或者在Photoshop中打开文件。最近的选择会在按钮上显示。

单击此处即可在Photoshop中打开文件。根据是否在Workflow Options（工作流选项）对话框中打开了Smart Object（智能对象）选项，按钮会分别显示Open Image（打开图像）或者Open Object（打开对象）。Shift+单击即可切换到另一个选项。Alt/Option+单击可以在不将当前的Camera Raw的设置保存到文件元数据的情况下打开文件——例如，当需要保留颜色元数据，打开黑白版本的文件时，此操作非常有用。

Done（完成）会对元数据应用调整，但是不会在Photoshop中打开图像。

Camera Raw面板

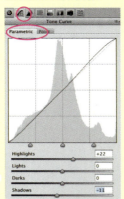

Tone Curve（色调曲线）面板可以调整选中色调范围部分的对比度。Point（点）曲线操作与Photoshop中的Curves（曲线）调整（参见第246页）相似。Parametric（参数）曲线提供了不同的操作方式，将色调范围分成了4个部分（参见第249页）。

Detail（细节）面板的Sharpening（锐化）用于补偿Raw格式文件的特点——柔软度。Noise Reduction（噪波减少）设置可以校正数字颗粒（亮度）和在较弱的光中或者高的ISO设置中出现的不自然的颜色。

HSL/Grayscale（HSL/灰度）面板的HSL部分可以分别控制八大色系的色相、饱和度和亮度。因此，可以让橘黄色稍红（Hue）、加亮蓝色（Lightness）或者删除红色外的所有颜色（Saturation），实例参见第300页。

正如此处所示，可以通过Convert to Grayscale（转换成灰度图）复选框来制作图像的黑白版本。接着使用滑块来逆向决定在转换中每个原始颜色会变成多浅或者多深的灰。

Split Toning（拆分调色）面板支持将Hightlights（高光）设置成一种颜色、将Shadows（阴影）设置成另一种颜色。Balance（平衡）值为着色确定了多少的色调范围被认为是高光、多少的色调范围被认为是阴影。向左移动滑块可以将阴影色彩应用于更多的色调，向右则可以将高光色彩应用于更多的色调。

在Lens Corrections（镜头校正）面板中，可以修正彩色条纹（色差）或者边缘发黑（镜头渐晕）的问题，这两个问题都与相机镜头相关。不是删除条纹而是再添加一个。在Camera Raw 4.2或者更新的版本中，Post-Crop Vignetting（后剪切条纹）支持用户对图像的剪切边缘应用渐晕效果（参见第280页）。

Camera Calibration（相机校准）面板被设计用来支持用户精调内置于Camera Raw中的相机配置文件。在Name（名称）菜单中，可以从几个针对相机样式创建的配置文件中选择。对于JPEG和TIFF文件（如此处所示）而言，相机已经将它的配置文件嵌入到文件的颜色数据中。

Preset（预设）面板列出了在Settings（设置）文件夹中保存的预设（例如，使用面板底部的 按钮）。

在Camera Raw 4.2或者更新的版本中，全新的Snapshots（快照）面板支持用户保存并调用该文件的多组Camera Raw设置。例如，可以将着色版本和黑白版本与优化的彩色版本一同保存。面板列出了当前打开的文件可用的快照。

Camera Raw工具

在校正照片中的色偏时，可以使用 White Balance（白平衡）工具单击图像中应该为中性色的对象。

将Color Sampler（颜色取样器）光标悬停在图像上即可读出颜色的成分（它会在直方图的下方出现），单击则可以创建4个永久采样点（读数将在工具栏下方显示）。

如果单击Preferences（参数）按钮，便可以在不跳转至Bridge的情况下重设Camera Raw参数。

浏览工具包括Zoom（缩放）和Hand（抓手，用于平移）。

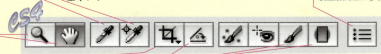

拖动Crop（裁剪）工具可重新框选图像。在图像中沿着应该是水平线的直线拖动Straighten（修齐）工具即可设置一个能修齐图像裁剪，接着按需调整裁剪即可。

Photoshop CS4添加了用来应用在任意面板中设置的任意调整的工具，不过这是局部的不是整体的：Adjustment Brush（调整画笔）可以对用户绘制的特殊区域应用更改，Graduated Filter（渐变滤镜）工具则可以在使用该工具绘制的整个渐变蒙版中有效地应用更改。

目标调整工具

Targeted Adjustment（目标调整工具是在Camera Raw 5更新版本中新增的工具。

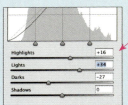

单击即可对单击处的颜色取样。如果从菜单中选择了默认的Parametric Tone Curve（参数色调曲线），那么上下拖动会增加或者减少单击处颜色位于的曲线部分的设置。

可以通过在弹出菜单中选择并且在图像中单击然后再上下拖动来操作TAT。

如果HSL/Grayscale（HSL/灰度）面板处于开启状态，或者如果从工具弹出菜单中选择的是非Parametric Tone Curve（参数色调曲线）之外的其他命令，Camera Raw都会基于当前面板调节Hue（色相）、Saturation（饱和度）或者Lightness（亮度）。如果勾选了Convert to Grayscale（转换为灰度图），那么TAT就会调节Grayscale Mix（灰度混合），决定取样的颜色将被转换成多浅或者多深的灰。

Camera Raw 中的锐化

Camera Raw 提供了两种不同的锐化：

- **捕捉锐化**（在Details面板中控制）可以校正由相机中的数字捕捉仪器产生的模糊效果。捕捉锐化可用于Raw文件。对于JPEG和TIFF文件而言，在结合捕捉信息与相机设置来拍摄JPEG和TIFF文件时，相机就已经进行了校正。基于Camera Raw参数的设置，输入锐化会成为与文件一起存储的元数据的一部分或者只能预览不能与元数据一起存储。预览选项可以帮助用户评估其他的Camera Raw设置如何看待锐化图像，选择应用Camera Raw锐化还是之后在Photoshop中锐化。

- **输出锐化**——最新的Camera Raw 5升级版（5.2和之后的版本）才提供该功能。该功能被设计用来提供最终的锐化（如果不打算在Photoshop中打开图像并且进行锐化的话）。在Workflow Options（工作流选项）对话框，可以选择3种锐化预设，Screen（滤色）、Glossy（光泽）或Matte（亚光）输出。

Adobe设备中心：移动Web

当今，网页内容已经转移到了手持设备——手机、PDA以及其他的小型 Internet 设备。因为它们的屏幕小、观看条件遍及户外阳光充足的地方到烛光餐厅，图像以及它们装饰的 Web 站点需要针对忙碌的 Web 交互操作来设计。如果你的目标受众持有的是支持 Flash Lite 的设备，Photoshop CS3 中自带的 Adobe Device Central 可以模拟常见的查看条件以及用户浏览时使用的控件，帮助你预览设计。尽管可以将 Device Central 作为一个单独的应用程序启动，但是执行 File（文件）> Save for Web & Devices（存储为网页和设备）命令，针对 Web 优化图形，再单击 Device Central 按钮在 Device Central 内部查看效果。在此可以下载模型和它们各自关于使用的模拟器的规范。可以将这些规范存储在本地库中，甚至是创建多组模型以帮助管理和针对特定项目测试。Device Central 是一个完善的应用程序，不属于本书的讲述范围，不过，它可以模拟方位（例如，手机手持的方式）以及使用的光线条件。可以运行脚本测试设计和交互性，并且让用户选择如何缩放设计。总而言之，它是一个万能的应用程序，可以帮助你针对人们与网页交互的新方式设计。

在 Device Central 中测试图形在减少了逆光照射的明亮的日光下的可视性，注意大小和方位。

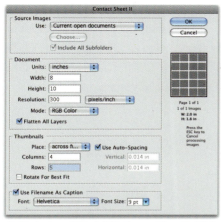

在 Photoshop CS3 中设置 Contact Sheet II（联系表 II）输出。

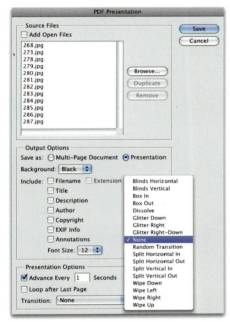

执行 Photoshop CS3 的 File（文件）> Automate（自动）> PDF Presentation（PDF 演示文稿）命令制作 PDF 演示。

位于 Bridge CS4 中的用于 PDF Presentations 和 Contact Sheets 的模板。

专门的输出选项

在 Photoshop CS3 中有 3 个专门的输出选项，Contact Sheet II 联系表 II）、PDF Presentation（PDF 演示文稿）和 Web Photo Gallery（Web 照片画廊），它们都可以通过 File> Automate（自动）菜单中的命令来执行。在 Photoshop CS4 中，这些选项从 Photoshop 中移动到了 Bridge 的 Output（输出）工作区。尽管 CS3 中的可选选项较少，但是各案例对应的界面（如左栏所示）更为简单且不需要再进行说明。在单个对话框中，可以选择需要包括的文件，设置文档格式，并且单击 Save（保存）按钮。

在 Bridge CS4 中可以在不打开 Photoshop 的状态下创建这 3 种输出。在 Bridge 中选择需要的文件，从弹出的 Workspace（工作区）菜单中选择 Output，并且在 Output 面板中进行选择。注意：如果没有显示输出面板，则需要向左拖动 Output Preview（输出预览）面板的右边框，以留出空间。如果需要为 Output Preview 面板和 Output 面板留出更多的空间，也可拖动左侧的栏隐藏 Favorites（收藏夹）和 Folders（文件夹）面板。

CS4 中的联系表

在 Output 面板顶部单击 PDF 按钮，选择 Template，并且单击 Refresh Preview（更新预览）按钮。在操作过程中，需要再次单击 Refresh Preview 按钮查看更改的效果。向下移动到 Output 面板的 Document（文档）部分（可以在需要时单击 ▶

若要在 Photoshop CS4 中制作联系表，可从 Bridge 的 Workspace（工作区）菜单中选择 Output，单击 PDF 按钮。再在 Output 面板中选择，单击 Refresh Preview（更新预览）按钮更新 Output Preview（输出预览）面板。

可以从 Photoshop CS3 的 Web Photo Gallery（Web 照片画廊）的 Options（选项）菜单中选择在菜单下方面板内显示的选项。在此显示的是为画廊的各种非图像元素选择颜色的界面。

当在 Bridge CS4 中制作 Web 照片画廊时，Template（模板）菜单提供了几种选择，如 A 所示。各个模板都有可用的样式。在此显示的是 Lightroom Flash Gallery 模板的样式，如 B 所示，结果画廊如 C 所示。

Flash 更新检测

如果创建的是Flash画廊或者需要使用Web Photo Gallery来创建新的画廊，则可以在Adobe的站点查找WPG Flash Detect Update。它包含了使用Flash Player 10插件正确地进行Web Photo Gallery的Flash Player检测工作的指令和新预设。

按钮打开它），并且选择纸张的类型和需要的背景颜色，以及其他的安全设置。在下一个 Layout（版面）部分，更改纸张的大小以及图像的数量和排列，甚至可以在整页上重复一张照片。在这种情况下，可以获取一张对应所选的每张照片的联系表。在面板的 Overlays（叠加）和 Watermark（水印）部分添加所需的文字并且对文字应用样式。最后一次单击 Refresh Preview 按钮，如果想马上打开联系表，可以勾选 View PDF After Save（在保存后查看 PDF），并且单击 Save 按钮。

CS4中的PDF演示文稿

在 Output（输出）面板单击 PDF 按钮，再在 Template（模板）区域中选择 Fine Art Mat 或 Maximize Size 选项。单击 Refresh Preview（更新预览）按钮，查看各种选择效果时也可使用该按钮。在 Document（文档）区域选择能为幻灯片生成适合宽高比的 Page Preset（页面预设）和 Size（尺寸）。在 Layout（版面）区域中取消勾选 Rotate for Best Fit（旋转以最适合），以便所有的图像可以正面朝上显示。在 Overlays（叠加）和 Watermark（水印）部分添加所需的文字并且对文字应用样式。在 Playback（播放）区域中设置是否需要全屏演示或者循环演示。为幻灯片选择显示时间并选择渐变样式。每个幻灯片的渐变只能有一种渐变，除非选择 Random Transition（随机渐变），因此可以选择 None（无）避免渐变过于混乱。勾选 View PDF After Save（保存后查看 PDF）复选框，单击 Save 按钮。

CS4中的Web照片画廊

Web 照片画廊可以基于在库中选择的图像创建缩览图和显示图像所需的 JPEG 以及所有在浏览器中操作画廊需要的支持文件。在 Output（输出）面板顶部单击 Web Gallery（Web 画廊）按钮。选择一个 Template（模板）并且单击 Refresh Preview（更新预览）按钮查看结果。对画廊进行其他选择时也可以单击 Refresh Preview 按钮查看更改。在 Site Info（站点信息）区域键入画廊标题、说明以及联系人和版权信息。在 Color Palette（色板）区域中选择按钮、文本、背景和边框的颜色。在 Appearance（外观）区域中选择缩览图的大小以及位置。最后，在 Create Gallery（创建画廊）区域，单击 Save to Disk（保存到磁盘）或者 Upload（上传）选项。要上传到 Web 站点，可以键入 FTP 服务器信息并且单击面板底部的 Upload 按钮。如果要保存到磁盘，单击 Save 按钮或者 Browse（浏览）按钮来选择一个新的位置。

用于前期处理的 Camera Raw

通常，Camera Raw 被设计为这样一种基本方式：用于操作来自相机的 Raw 格式文件的数据，扮演相机操作 JPEG 或者 TIFF 图像时扮演的角色、将捕捉的信息转换成一幅可以在 Photoshop 中进一步操作的图像。现在，Camera Raw 良好组织的、易于操作的界面使得它广泛用于调整色调和颜色，全局（整体）和局部（特殊的点）调整，调整 JPEG 和 TIFF 以及 Raw 文件。可以在第 5 章的"速成晕影"、"调整 Camera Raw 中的色调和颜色"以及"突显细节"中找到 Camera Raw 此类应用的实例。在此，我们把 Camera Raw 看成是一个有效从拍摄照片中准备 Raw 格式图像以导入 Photoshop 可以进一步操作的方式。

当手里有几幅照片需要进行相同的颜色和色调的全局调整时，就有必要在 Camera Raw 中将它们一块打开。接着，你可以选择所有的照片，并且像操作一张照片那样对所有的照片进行更改。

当有几幅需要同一种全局的颜色和色调调整时，便可以一次性在 Camera Raw 中打开它们。接着，可以选择所有的照片并且像操作一幅图像那样对所有的照片进行更改，也可以只对一幅照片进行更改，接着使用 Camera Raw 的 **Synchronize（同步）** 功能对其余的照片应用这些更改。第二种方法的优点是不需要在进行下一个更改前等待 Camera Raw 完成每个更改。这种耗时的多个应用程序的进程可以被留到最后，让 Camera Raw 自己完成这些工作，而你可以解放出来溜达一下或者干点其他的事。

打算使用同步操作时，不应该把所有可以通过同步高效处理的事留给同步操作，也不应该把那些你应该自行操作的只对某一幅图像有用的，8 而对其他图像能产生反效果的操作留给同步调节。在此，我们需要采用的策略是先在 Bridge 中查看图像，选出相似的能进行相同调节的图像，再在 Camera Raw 中将它们打开进行更改，接着选择所有的图像并进行同步操作，而分别对单个的文件或者较小的组执行那些因"图"而异的更改。另一种方法就是先调整，后分类，即在 Camera Raw 中打开一大批图像，接着选择相似的图像进行同步操作，只对某幅图像应用子更改。

1 设置

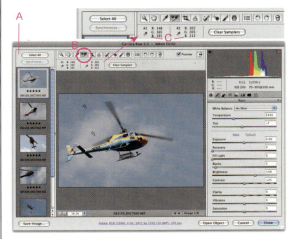

在 Bridge 中，选择所有要一次性处理的图像——例如，相似的主题内容在相似的光线条件下由一部相机拍摄的单张相片。执行 File（文件）> Open in Camera Raw（在 Camera Raw 中打开）（Ctrl/⌘+R）。采用这种方法打开多个文件时会在 Camera Raw 窗口中打开一个胶片栏，如 A 所示。▼这些图像会以默认的颜色和对比度设置打开，要么是 Camera Raw 内置的默认设置，要么是通过 Camera Raw 面板菜单≡◢保存的新设置。例如，某些摄影师喜欢先将所有的滑块设置为 0，以便可以更改这些设置并且选择 Save New Camera Raw Defaults（保存新的 Camera Raw 默认设置）。

单击胶片栏中的缩览图快速浏览 Camera Raw 中的每一幅照片并且查看对应的直方图。选择一张直方图算是整组照片中的平均值的照片进行调整，并且对其他的图像应用这些调整，才不至于得到极端的设置。

尽管可以在 Camera Raw 中以任意的顺序操作，但是如果对 6 个选项卡采用从左到右、在每个选项卡中采用从上至下的顺序为每张图像创建特征更有逻辑性。通常，之后用户还会回过头来调整早期的设置。

除了采用直方图监视整体的色调和颜色外，Camera Raw 的 Color Sampler（颜色取样）工具✐也可以用来查看图像中多达 9 个点的颜色。在此处所示的实例中，我们可以通过在界面左上方的选项栏中选择该工具 B，单击天空和白云设置两个取样点，得到如 C 所示的 RGB 读数以监视天空的蓝色，并且让白云的白色中略带蓝色。

知识链接

▼ 使用Bridge
第133页

2 基本色调和颜色调整

在（第一个）Basic（基础）选项卡中操作时，可以先从顶部的 White Balance（白平衡）开始，如 A 所示。将 White Balance 设置 As Shot（拍摄），我们看不到需要处理的任何明显的颜色变换。但是，接着来看另一个选择，从 White Balance 设置菜单中选择 Daylight。对于 Raw 图像而言，该菜单提供了一种针对拍照重设光线的方法。Daylight 可以得到和谐的蓝色；使用 Temperature（色温）和 Tint（色彩）滑块进一步调节，将菜单更改为 Custom（自定义）。注意：如果直方图显示图像曝光严重不足（所有数据都位于左端）或者过曝光（所有数据都位于右端），那么就有必要从调整曝光度和对比度着手，再调节白平衡了，因为曝光度过多的更改会致使颜色偏移。

接着向下跳转到 Basic（基础）面板的另一个区域，可以选择直接使用滑块或者尝试 Auto（自动），这是 Adobe 的最好的关于调整曝光度和对比度的猜测，给出了文件中的图像数据。因为通常可以回到默认设置，所以尝试 Auto 也没有任何损害。接着还可以使用滑块进行精确的调整，Exposure（曝光度）重设了白场，尽可能避免大的移动。Recovery（恢复）可以突显出高光中的细节。Fill Light（填充光）可以突显阴影中的细节。在使用 Fill Light 后，如果直方图与左侧有间隙，则需要调整黑色。Brightness（亮度）和 Contrast（对比度）大多数情况下作用于中间调。Clarity（清晰度）（Camera Raw 4.2 及之后的版本▼）控制着中间调中的局部对比度，可以用来突显细节。Vibrance（自然饱和度）控制着非饱和颜色的饱和度，Saturation（饱和度）控制着所有颜色的饱和度。我们可以增加 Vibrance 来锐化细节，如 B 所示，也可以增加 Vibrance 来让天空更蓝而不会使直升机的明亮的色彩过饱和，如 C 所示。第332 页的"突显细节"的步骤 1 讲述了关于 Basic 选项卡的更多详情。

知识链接
▼ Camera Raw
第142页

3 锐化和噪波

在 Detail（细节）选项卡中，Sharpening（锐化）滑块用于捕捉锐化。不管是通过相机镜头还是扫描，数字化获取的图像都有些模糊，因此 Camera Raw 中采用了 Sharpening 来处理此问题。为了捕捉锐化并产生理想的效果，需要在通过单击工具栏中的 ⊟ 按钮打开的 Camera Raw 的 Preferences（参数）对话框中选择 Apply Sharpening To: All Images（将锐化应用于所有图像）。否则，Camera Raw 将仅预览锐化效果，而将锐化操作留至 Photoshop 中执行。仅锐化预览图是为了让用户对 Camera Raw 设置对应的锐化效果有一定的感官意识。通过将 Preferences 设置为应用锐化，通常可以在不需要该效果时将 Amount（数量）设置为 0，例如，当对 JPEG 文件进行相关操作时，因为在相机中就已经进行过锐化了，所以不再需要锐化操作。预览锐化效果时，可以将视图设置为 100%（Windows：Ctrl+Alt+0，Mac：⌘+Opt+0）或者更高的值，此处使用 200%，如 A 所示。在拖动滑块时按下 Alt/Option 键以查看效果的灰度预览效果。调整 Amount（当 Camera Raw 查找到边缘时局部对比度会增加的量）和 Radius（对比度增加所应用于的边缘的两侧的像素量），如 B 所示。大的 Radius（半径）值会导致明显的晕轮。Detail（细节）会显示晕轮的效果，设置为 0 的话，几乎不会产生晕轮。如 C 所示，Masking（蒙版）控制着图像平滑区域隐藏的锐化度。例如，它可以避免对皮肤和天空进行不必要的锐化。当值被设置为默认值 0 时，整个蒙版呈现为白色（按住 Alt/Option 键）并且所有的区域都会被锐化。

要减少噪波（亮一暗或者色斑）而不减少图像中的真实细节，可以缩放某个带有真实细节和平滑颜色的区域，在 Noise Reduction（噪波减少）区域中调整 Luminance（明度）和 Color（颜色）滑块以得到需要的噪波／细节平衡，如 D 所示。

4 删除污点

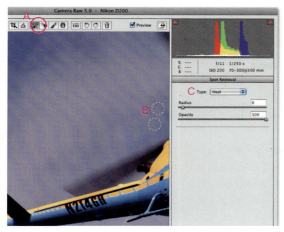

相机镜头或者传感器上的灰尘会在图像上留下污点。如果不从相机中擦除灰尘，印迹将会在每张照片的相同位置处出现。因为这个问题在每张图像中都存在，所以用同步工作流来修复这个问题是一个不错的选择，尤其是对于诸如天空或者工作室背景之类的宽阔区域。若要删除印迹，可以选择 Retouching/Spot Removal（润饰 / 污点清除）工具 ，如 A 所示，并且在污点处拖动鼠标。污点周围将会出现红色——白色的虚线圈。Camera Raw 会立即选择相同大小的源区域（由绿色——白色的圆圈标识）并对其取样，然后使用来自源中的材质来隐藏污点，如 B 所示。如果不喜欢最终的效果，还可以通过把光标置于绿色—白色相间的圆圈中拖动来移动它。**注意**：因为灰尘位于镜头或者传感器上，所以污点都处于相同的位置，但是用来修复的源却各不相同。如果在同步时任由设备自行处理，Camera Raw 将会自动在各张照片中搜索它认为理想的用于修复你已经标识的污点的修复源。但是如果你曾经从原始的自动生成的位置将修复源（绿色——白色相间的圆圈）移动到了其他的地方，Camera Raw 就会对所有的图像应用相同的自定义源位置。

在 Retouching/Spot Removal 工具被选中的状态下，对话框右侧的选项卡将被替换成"控制修补内容与将要删除污点的混合方式"的控件，如 C 所示。Heal（修复）选项可以混合修补内容与正在修补的区域的纹理。Clone（克隆）选项则不能执行此操作。

若要删除修补内容，单击它的圈再按 Backspace 键或者 Delete 键即可。使用选项卡底端的 Clear All（清除所有）按钮则可以删除所有当前的修补。当完成所有的删除工作后，还可以通过单击不同的工具恢复选项卡（例如，按 H 键切换到抓手工具）。

5 同步、保存和打开

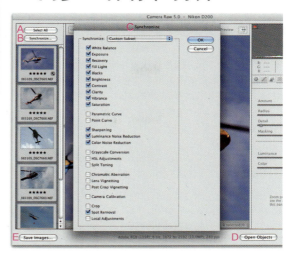

在**同步**之前，完成需要对所有打开的图像应用的其他全局调整。例如，需要调整看起来有些沉闷或是过饱和的颜色，或者需要将整批照片转换成灰度图（HSL/Grayscale 选项卡），或者删除由相机导致的晕轮（Lens Corrections 选项卡）。

当完成所有可以应用于全部图像的全局更改后，应用之：单击位于胶片栏顶部的 Select All（选择所有）按钮，如 A 所示。如果想对部分而非所有图像应用这些更改，则可以Shift+ 单击或者 Ctrl/⌘+ 单击选择需要应用的图像。接着单击 Synchronize（同步）按钮，如 B 所示。当 Synchronize 对话框打开后，如 C 所示，便可以从顶部的菜单中选择一个子设置，再单击复选框来添加或者删除特殊选项。单击 OK 按钮关闭对话框。

如果想在将来对其他图像应用部分或者全部设置，则可以保存这些设置，以便它们可以在 Camera Raw 的 Preset（预设）选项卡的列表中出现。要想做到此，可以单击 打开面板菜单，并且选择 Save Settings（保存设置）。在 Save Settings 对话框（它与同步对话框基本一致）中设置，并且单击 Save 按钮。为预设命名，以备日后使用。如果将它保存在 Settings 文件夹中，那么只要 Camera Raw 处于打开状态，都会在列表中看到该预设。

最后，单击或者按住 Shift 键单击 Open（打开）按钮都可以跳转到 Photoshop 中打开选中的图像，如 D 所示。如果只想保存文件而不需要在 Photoshop 中打开它们，则单击 Save Image（保存图像）按钮即可，如 E 所示。

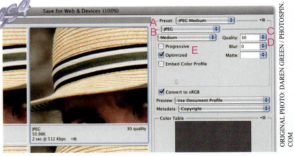

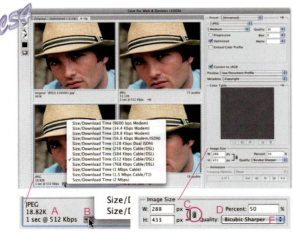

针对 Web 的优化

优化文件以在 Web 站点或者移动设备中使用的挑战是在图像品质和快速下载之间达到平衡，减少文件尺寸但是保持作品的完好外观。如今，虽然带宽已经不像以前那么重要，但是让文件尽可能小而不牺牲图像品质仍值得我们花时间和精力探索。这一切都可以在 Photoshop 中的 Save for Web & Devices 对话框中完成。在 Photoshop 中打开一幅照片或者图形文件，执行 File> Save for Web & Devices 命令。在工具区中，单击 2-Up（双联）或者 4-Up（四联）选项卡以对比原文件和优化后的版本。

在每个窗口下方都会显示文件的尺寸和下载的时间，如 A 所示。在 Photoshop CS3 中，可以单击位于预览图右上角的 ⊙ 打开一个有关下载速度的菜单。在 Photoshop CS4 中，每个预览都有自己的 扩展菜单，如 B 所示，针对典型受众选择速度。

如果作品比你所需的大，那么就要先减少尺寸。在 Image Size（图像大小）的区域，确认已经链接了 Width（宽度）和 Height（高度），如 C 所示，以便能按比例缩放作品。指定特定的宽和高，或者一个相对于原图像的百分比，如 D 所示。尝试将 Quality（品质）设置为 Bicubic Sharper [两次立方（较锐利）] 选项，即可在缩小图像大小时保持清晰的效果，如 E 所示。

减少图像的尺寸后，选择一种合适的图像格式（参见第 131 页），再按接下来的 3 页中的内容针对相应的格式操作。当得到理想的颜色和文件大小后，单击对话框底部的 Save（保存）按钮（此处未显示）保存。

附书光盘文件路径

wow > Project Files > Chapter 3 > Quick Optimizing

JPEG

为了对比 JPEG 对照片的 3 种不同的压缩程度，可以单击 4-UP（四联）选项卡。接着依次单击那 3 个优化的预览，并且选择 JPEG 设置，对比这 3 个版本和原图。

- 文件格式选择为 JPEG，如 A 所示。

- 设置品质水平：从**预设**菜单中选择，如 B 所示，再精调 Quality（品质）滑块，如 C 所示。

- 添加少量**模糊**，如 D 所示，通常可以帮助压缩到一个更小的文件尺寸，可以在不显著减少图像品质的前提下节约文件大小。Adobe 推荐使用 0.1 ～ 0.5 的设置值。

- 选择 Progressive(渐进)或 Optimized(优化)，如 E 所示。Progressive 就是先下载较低分辨率版本的图像（以先确保观众看到发生了什么事），再转换到较高的分辨率。选择该选项会增加整个文件的大小，对于小文件而言，没有很必要选择此选项。Optimized 可以减少文件尺寸。

- 为了确保图像在所有浏览器中的显示相同，可以选择 Convert to sRGB Color（转换到 sRGB 颜色）选项，这是浏览器默认使用的颜色。（在 Photoshop CS3 中，该转换选项位于对话框的菜单中。）⊙

- Photoshop CS4 的 Preview（预览）菜单中的选项支持用户查看文件在类似于自己的浏览器以及 Mac 和 Windows 平台中的显示效果。

- 删除一些元数据可以减小文件尺寸。

自动的备选方案

在操作过程中，如果你已经有了一个看似这三者之间最好的优化方案，但是你还想看一下是否可以得到更小的文件尺寸，那么可以在对话框的扩展菜单中选择 Repopulate Views（应用到预览）命令，之后以前的两幅已经优化的预览效果将会被 Quality（品质）减半以及减少至四分之一的预览所取代，比对以查看哪个是最好的方案，所有其他的设置仍保持不变。

GIF：1 设置

如果需要为图像设置透明部位使它可以在网页中以轮廓图的形式出现，那么 GIF 和 PNG-8 都是不错的选择。在 Photoshop 中打开背景图像或者拼贴图像，并且使用 Eyedropper（滴管）工具 ✎ 单击颜色，将它设置为前景色。在文件打开的状态下，执行 File（文件）> Save for Web & Devices（存储为网页和设备）命令。为 Matte（蒙版）颜色（用来填充透明的部分）选择前景色。确认已经选择了 Transparency（透明），并且将 Colors（颜色）设置为最大的数字（256）。在 Color Table（颜色表）菜单中选择 Sort by Popularity（按流行度排序）（这会将那些出现得最多的颜色置于表顶）。将 Lossy 设置为 0。

GIF：2 减少算法

Colors（颜色）设置开始于 256（最大的数字），如 A 所示。基于作品的特性选择一种颜色减少的算法（Adaptive、Perceptual 或 Selective），如 B 所示。

- Adaptive（自适应）面板被优化来重新生成图像中出现频率最高的颜色。

- Perceptual（感知）面板与 Adaptive（自适应）面板相似，但是它也会考虑人眼最敏感的频谱区域。

- Selective（选择）面板（通常是一个不错的选择）与 Perceptual（感知）面板很相似，但是同样支持那些在大的单色区域出现的颜色。

在此选择 Selective（选择）。

 Spaceman-Before.psd

GIF：3 减少颜色

要删除一些颜色（能降低文件大小），可在减少颜色数量时观看优化面板版本中的改变（参见下文叙述）。起始于 Color Table（颜色表）底部的颜色会消失，如 A 所示。在操作时，也可以尝试调整 Dither（抖动）设置，如 B、C 所示（参见下文）。

要大大减少颜色的数量，可以使用 Colors 菜单，如 D 所示（每个选项都是下一个的一半）。持续减少颜色直到图像的品质开始不让人满意为止。接着，一次性增加颜色数量。

现在一次性减少 10 种颜色：单击 Colors（颜色）字段，按住 Shift 键，再单击键盘上的下箭头键 ↓。继续操作，直到图像的质量看起来不再好为止，如 E 所示。如果最后一步品质下降太多，则可以松开 Shift 键，再次调高颜色的数量↑直到得到一个在品质和速度之间的良好平衡。单击 Preview in browser（在浏览器中预览）按钮 F 进行预览。如果有必要，可以退回到 Save for Web & Devices（存储为网页和设备）对话框中，调整 Optimize（优化）设置，再次预览，再执行相同的操作，直至得到理想的效果。

抖动

Dither（抖动）会通过散布两种不同颜色的点来创建第三种颜色的错觉。它可以防止条纹（在平滑的过渡中明显的颜色断层）。但是因为 Dither（抖动）会防碍压缩，所以尽管它支持用户减少颜色数量但是有时还是会增大 GIF 文件的尺寸。在抖动和颜色之间找到平衡需要大量的实验。

GIF：4 透明

在 GIF（或 PNG-8）文件中，透明与 Photoshop 中通常所说的透明大相径庭，可以把它看成是颜色表中的一种颜色。GIF 文件中的每个像素要么是完全透明要么是实色（不可能为部分透明）。但是，有几种伪造部分透明的方法：保持抗锯齿作品的边缘的平滑性，或者是允许柔和的边缘逐渐在网页背景中消失。如果在步骤 1 中没有选择一种 Matte（蒙版）颜色，可以现在设置一种。

如果**取消了 Transparency（透明）的勾选**，作品中所有的完全透明将被 Matte（蒙版）颜色 A 取代，该颜色将与现有的位于作品的边缘的部分透明颜色混合在一起为 GIF 图像中的每个部分透明像素提供一种实色。另外，如果**选择 Transparency（透明）**，Matte（蒙版）颜色仍会与部分透明像素（例如此处的抗锯齿效果）混合在一起，不过完全透明的像素仍旧保持透明，如 B 所示。

Transparency Dither（透明抖动）可以帮助模拟诸如阴影等需要在不同的彩色背景上呈现的带柔和边缘的图像的部分透明。Diffusion（漫射）的 **Transparency Dither（透明抖动）**通常是最有效。较低的 **Amount（数量）**设置可以让更多的部分透明的像素变成完全透明，而较高的设置则会让更多的像素完全不透明。

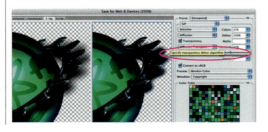

WBMP

WBMP 是用于手机之类的移动设备的标准格式。这种格式使用 1 位颜色，每个像素要么是黑色的，要么是白色的。该格式有 4 种 Dither（抖动）选择，Diffusion（漫射）可以为控制图像的整体色调和细节水平提供最多的机会。转换彩色或者灰度图像时，可以选择 UBMP 作为文件格式。最好也要查看一下 No Dither（无抖动）、Pattern（图案）和 Noise（噪波），以便为图像选择一个最合适的选项。再尝试使用 Diffusion（漫射）抖动，移动 Diffusion（漫射）滑块以调整浅色到深色的比率以及结果的颗粒度。

针对特定文件大小的操作

如果对文件大小的缩减有一个理想的定位，那么就需要使用到 Save for Web & Devices（存储为网页和设备）对话框中的 Optimize to File Size（**优化到文件尺寸**）选项了。单击 Optimize（优化）预览并且从对话框的右上角的菜单 ▶/▼≡ 中选择打开 Optimize to File Size（优化到文件尺寸）对话框。有了 Auto Select GIF/JPEG（**自动选择 GIF/JPEG**）选项，便可以在 Photoshop 中基于图像的内容选择 GIF 或者 JPEG，并且生成理想尺寸的文件。如果选择 Current Settings（**当前设置**），则用于优化预览的当前**文件格式**将被作为目标尺寸的压缩格式。JPEG 和 GIF 只是在该选项可用时的惟一格式。

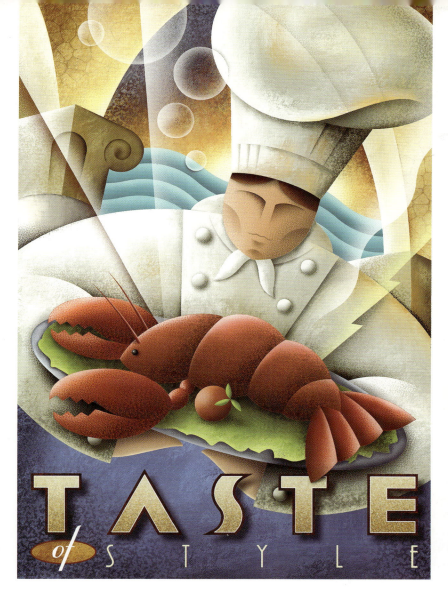

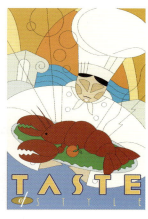

■《时尚口味》（Taste of Style）是 Mike Kungl 受美国新泽西亚特兰大的 Resrots Casinos 委托创作的插画，该插画被应用到了从火柴盒面到广告牌等一切事物上。Kunlg 先是创作了铅笔素描，然后扫描它，并将它用作 Adobe Illustrator 中的模板。Kunlg 在 Illustrator 中绘制了各种图形并且使用单一的颜色来填充它们，制作成一个如上面右图所示的设计作品。当 Illustrator 中的工作完成后，他将作品复制到剪贴板中并且将它作为路径粘贴到 Photoshop 文件中。

在 Photoshop 中，将各个子路径转换到 Alpha 通道中：使用 Path Selection（路径选择）工具 单击各个子路径，再单击 Paths（路径）面板底部的 Load path as a selection（将路径加载为选区）按钮 ，最后单击 Channels（通道）面板底部的 Save selection as channel（将选区保存为通道）按钮 。当转换完所有的路径后，便得到了一个带有一个空白图层和很多个通道的文件。以 Photoshop（PSD）格式保存文件，并且在 Corel Painter 中打开它，将

通道转换成选区并且将它们用作挡板来限制渐变填充、纸张纹理和画笔。完成了 Painter 中的工作后，再次将文件保存为 PSD 格式，并且在 Photoshop 中重新打开它，此时 Painter 中创建的层级仍会保留。在这个分层文件中，他最后润饰了整个作品，使用 Levels（色阶）、Hue/Saturation（色相/饱和度）和 Selective Color（可选颜色）进行颜色调整，然后更改图层 Opacity（不透明度）混合元素。

■ piddix.com 的 Corinna Buchholz
从全球收集免费的照片和图形，将相关
的放在一起制作 PDF 或者 JPEG 格式
的**数码拼贴图**。她的很多客户都将这些
图像用于珠宝、卡片和其他手工艺品。

Buchholz 从美国国会图书馆的网站
（www.loc.gov）上收集了一些图片，
这是一个丰富的图片库。另外，她还
用数码相机拍摄了一些古董的照片。
不过，她的大多数工作都是扫描（是
600 像素/英寸，保存为 TIFF），仔细
地清理扫描文件并且恢复颜色，确认
没有版权问题，可以自由使用（参见
第 107 页的 "Corinna Buchholz 对版
权的研究"）。

她在家中的办公室用的是一台 Epson
GT-20000 扫描仪，以利用 Epson
Scan 软件开始清理。通常，她采用

24 位颜色扫描（即便原始图像是黑
白图），以便可以拾取纸张的颜色，
通常，她还会使用软件的 Unsharp
Mask（USM 锐化）和 Descreen（去
网纹）滤镜设置以得到更好的打印效
果。通常，她会选择 Photo（照片）
选项，或者针对哑光纸上的黑白作品
选择 Document（文档）选项。

她说，"当我研究档案并且使用便携
式扫描仪（Epson Perfection 4990
Photo）时，我会保留未添加滤镜效
果的原始扫描文件，这样一来，即便
是得到了不喜欢的效果也不必重新扫
描了。"

扫描完图像后，接下来就是在 Photo-
shop 中清理。如果需要去网纹，▼则
需要执行 Filter（滤镜）> Noise（噪
波）> Despeckle（去斑）命令。配合

Photoshop CS3 和 CS4 中的智能滤镜，
▼还可以保持去网纹的操作的可编辑
性，并且在需要时进行随意的调整。

通常，Buchholz 会同时使用 Clone
Stamp（仿制图章）工具📷和 Healing
Brush（修复画笔）工具✏️，▼ 以及
诸如 Levels（色阶）和 Curves（曲
线）之类的调整图层。▼ 当处理一
系列相似的扫描文件时，通常她会在
编辑其中一个扫描文件时录制一个动
作▼，再接着对该系列中的其余扫描
文件执行该动作。

piddix digital collage sheet no. 496 ~ Wizard of Oz 1.5 in Squares ~ © 2009...

piddix digital collage sheet no. 520 ~ Stained Glass Windows ~ © 2009 piddix...

piddix digital collage sheet no. 1029
1x1.5 in Vintage Hawaii Hula & Surf
© 2009 piddix llc - www.piddix.com

清理的程度不仅取决于原始图像的条件，还取决于想获得的外观。例如《老狗和小狗》(Vintage Dogs and Puppies)（直接扫描精美的印刷品、海报、照片和 19 世纪 50 年代到 20 世纪 40 年代的卡片），以及《奥兹男巫》(Wizard of Oz)（扫描自第一版由 W. W. Denslow 绘图的 The Wonderful Wizard of Oz 的木板印刷品）的目标是净洁、具有丰富颜色。但是，对于《手工上色的特色鸟蛋》(Hand-Colored Vintage Bird Eggs)（扫描自一本 1890 年的旧书）以及《彩色玻璃窗》(Stained Glass Windows（扫描自 19 世纪 80 年代的德国百科全书中的彩色石印图）则需要锐化图像并且删除大型的污点、去除折痕，有

意地保留商标的原始外观、颜色以及纸张的颗粒感。

当扫描文件被清理完毕后，选择出要制作宣传页的图像。她说："我曾经尝试过许多不同的方式来缩减这个过程，包括剪贴组以及其他的方式来将自动化处理这个过程，但是至今仍未找到适用的方式。每页图像都各不相同。"因此，她使用固定尺寸和固定比率的矩形选框工具 ▣ 以及椭圆选框工具 ⬭ ▼，以经常采用的几种大小来将原图像分割成多个部分，复制、粘贴到她正在制作的页面文档中。在页面中摆放导入的元素时，可以使用智能参考线 ▼ 以及 Align（对齐）和 Distribute（分布）命令。▼

"我个人的模板就是一个 8.5 英寸 ×11

英寸的带白色背景的空白文件，其中有一个带有信息的文字图层，以及一个带有用来在图像被用作网页广告时保护图像的水印的减少了不透明度的图层。"她还制作了一些 4 英寸 ×6 英寸格式的单页，例如 Japanese Nature（日本自然风光）（扫描自 19 世纪中叶的日本的木版印刷品）以及 Vintage Hawaii Hula & Surf（夏威夷物色草裙舞和冲浪）（扫描和拍摄自 1919 年的日本木版印刷品、古董明信片以及旧的旅行海报和广告）。这些较小的单页可以采用照片打印机打印或者送到照片冲印中心冲洗。

知识链接

▼ 使用选框工具　第54页

▼ 智能参考线　第28页

▼ 对齐和分布　第28页

PHOTO: RAYMOND ELLSTAD

■为了采用时装设计师 ZandraRhodes 的图像装饰自己的陶瓷作品《桑德拉家的茶会》(Tea Party Chez Zandra)，Irene de Watteville 先是从自己的 Rhodes 照片 A 开始入手，并且在 Photoshop 中将它们转换成茶壶和基座的装饰图案。她使用的是黑色 VersaInk (www.g7ps.com) 印制的复制纸，这种墨水包含了一种神奇的用于在喷墨打印机打印银行可以分辨的记号的成分（氧化铁）。印在胶水处理过的透明承印物的背面后，VersaInk 图像便可以被转印到陶土上并进行烧制。

在开始这个项目时，Watteville 先是在 Photoshop 中打开照片文件，并且将每个文件转换成灰度图(Image > Mode > Grayscale)；在黑白模式下进行亮度、对比度的调整。针对茶壶的每个设计，用 Lasso（套索）工具 ⌐ 选择要使用的照片区域 ▼ 并且复制它 (Ctrl/⌘+C)。接着，执行 File（文件）> New（新建）命令新建一个些 8.5 英寸×11 英寸的灰度图像文件（用来打印的半透明的醋酸纸的大小），将复制的照片粘贴到文件中。执行 Image（图

像）>Adjust（调整）> Brightness/ Contrast（亮度 / 对比度）命令提亮粘贴的图像并且增加对比度。▼接着使用羽化的套索工具选择头发，并且让它更亮，因为她打算使用红色的罩染来上色。执行 Edit（编辑）>Transform（变换）命令缩放图像（按住 Shift 键的同时拖动角手柄）。▼接着将图像复制到新的图层 (Ctrl/⌘+J)——按需要的副本数复制。在上图所示的茶壶侧面，她制作了一个副本，并且执行 Edit（编辑）> Transform（变换）> Flip Vertical（垂直翻转）命令更改了它的方位，如 B

A

B

C

所示。在制作茶壶和基座上的装饰图案时，她还添加了扫描自 Dove 的 Catchpenny Prints 图书上的剪贴画。Watteville 依经验了解到打印的图像要比最终烧制好的陶瓷器皿上的图画稍浓稍深。

在制作转印页时，她先是在喷墨透明承印物的一个角使用永久的记号笔写上文字"glue"，再把二十五美分硬币大小的胶水涂抹在承印物带有标记的一面，用湿手指将它均匀地涂抹在整张纸上。胶水是人们使用胶棒之前所用的一种棕色液体胶，网上的好几家工艺品店中都出售 Ross 胶水，把胶水晾一整晚。在平常的纸张上测试完打印效果后，采用黑色的 Versalnk 在纸张的胶水面打印 Photoshop 图像。她说："请确定已经将打印机的软件设计为照片打印模式并且只进行黑色打印。打印后要让透明承印物晾上几个小时，或者使用电吹风在低速时吹几分钟。"——因为它是包含氧化铁的黑色墨水。

Watteville 先是从非常平滑的弱火粘土（Raku-K White EM345）着手，她使用一个厚重的辊子将粘土压成半厘米厚（辊针则用于小的器件），并且使用小刀将粘土雕刻成可以用来组合成茶壶和基座的形状。检查透明承印物定位图像，并将打印面敷在湿的粘土上。她说："我起先会用手指把它弄平，接着再用力使用信用卡的边缘将它刮平。粘土的水分会让胶水充分液化，最终完成图像的转印。但是操作时要快，转印要在一分钟之内完成，否则就会一团糟。"

Watteville 将各个部分组合到一起，并且以 Cone 06（1828°F）的温度烧制，即可得到白色粘土上的黑色图像，如 C 所示。正如她所预料的那样，图像要比打印的稀薄。在第一次烧制时，她采用了 Duncan E-Z Strokes 来绘制透明的类似于水彩的颜色以及清澈罩染的浅涂层。在这个过程中，还可以按照需要使用黑色的釉彩润饰打印的线条。再次以 Cone 06（1828°F）的温度烧制，为头发添加红色，再次烧制。她说："采用清澈的罩染来充当非常细的涂层，是为了不让黑色的线条变得太暗。还需再使用跟第一次一样的温度或者更低的温度来进一步烧制。"

注意：Watteville 总不会每天（也不会每周）都使用她的 Versalnk 墨盒打印，因此它会变得有些堵塞。如果测试打印较为模糊或者失真的话，她便会参照制造商的提议：将墨盒的墨水那面朝下放入半英尺的冷水 15 分钟左右。接着将湿的纸巾放入微波炉中 1 分钟。小心地将热纸巾从微波炉中拿出来，将墨盒放到它上面约两分钟。将墨盒拍干，重新安装到打印机中即可。

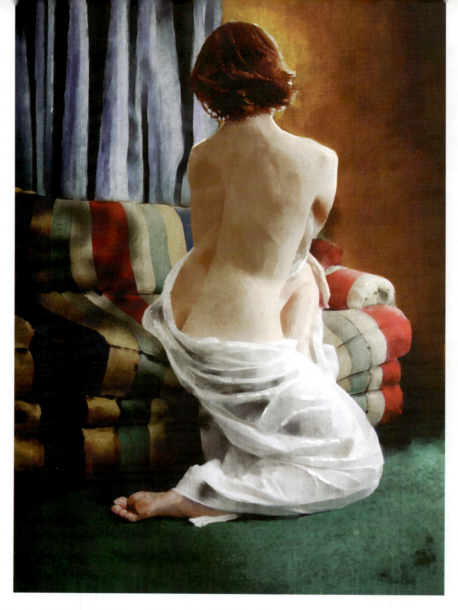

■当 Donal Jolley 为《红条纹沙发》（Red-Striped Couch）拍摄模特时，他毫不犹豫地选用了一个高速快门和一个低 ISO（感光度）设置（100），来拍摄一个略带噪点的清晰图像。因为知道可以之后在 Camera Raw 中将曝光调至 2 f/stops，因此他将注意力全部聚焦在如何拍摄模特的姿势，以什么拍摄角度来拍最合适等方面。

在 Adobe Bridge 中查看照片，并选择图像 A，然后双击该缩览图。之后，系统便自动识别该文件，并在 Camera Raw 将其打开。其中 Auto（自动）设置将立即调整颜色和色调，并基于 Raw 文件进行校正，如 B 所示。Camera Raw 的工作速度很快，另外还能交互操作，因此整个调整过程非常顺利。Jolley 稍稍调整了 Shadows（阴影）和 Brightness（高光）的值，增加对比度，如 C 所示。在完成颜色和光线设置后，单击 Open（打开）按钮在 Photoshop 文件中打开文件，并以 PSD 格式保存。

Jolley 在 Corel Painter 中打开文件，并使用 Tracing Paper（描摹纸）特性来临摹图像中的人体、沙发、地板、帷帘以及墙。接着他参照屏幕中的参考照片完成绘画作品，在工作中参照照片中的颜色样本添加细节。如 D 所示，他在完成绘画后保存文件并在 Photoshop 中再次打开。

为了创建类似上光的效果，Jolley 动用了纹理库，添加了三种纹理图层，

A   B   C   D

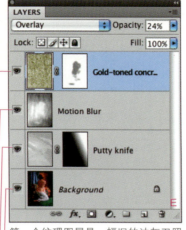

E

参见最终的 Layers（图层）面板显示，如 E 所示。

中间的纹理图像是一张经过模糊处理的车库水泥地板的照片——执行 Filter（滤镜）> Blur（模糊）> Motion Blur（动感模糊）将角度设置为 90°，并将 Distance（距离）设置为较高的值，以得到多道竖直的条纹。将图层设置为 Overlay（叠加）模式，将 Opacity（不透明度）降低至 34%，通过动感模糊处理前后边缘的清晰条纹来添加一个让画作顶端及底端发虚的效果。Jolley 使用低不透明度的柔角画笔工具 ✎ 的 Airbrush（喷枪）模式来绘制白色的动感模糊图层。该图层可以保持人体不受纹理的影响（充当了图层蒙版的角色），将图层模式设置为 Overlay（叠加），以调亮肤色。

第一个纹理图层是一幅旧的油灰刀照片，Jolley 对它执行 Image（图像）> Adjustments（调整）>Desaturate（去色）菜单命令进行去色处理，并执行 Image> Adjustments > Levels（色阶）菜单命令，并将 Output Levels（输出色阶）的黑场滑块向内拖动来加亮图像并减弱对比度。他将图层的混合模式更改为 Overlay（叠加），▼并使用 Gradient（渐变 ■ 工具）添加一个用于限制图层对右上角图像影响的可分离的图层蒙版。▼

顶层的纹理图层是 Jolley 拍摄的一张水泥公路照片，他对照片执行 Image> Adjustments> Hue/Saturation（色相/饱和度）菜单命令并通过拖动 Hue（色相）滑块来进行着色处理。之后将图层模式设置为 Overlay（叠加）模式，并且将 Opacity（不透明度）设置为 24%，就得到了一个浅橄榄色的图层。该图层扮演着"整幅画作"纹理的角色，使得整幅图像都变亮、变暖了。最后，Jolley 还添加了一个灰色的图层蒙版，以大幅减弱作品中的纹理效果。▼

打开Red Couch Detail.psd 文件（位于Wow Goodies 文件夹中）查看图层、蒙版和混合模式。

知识链接

▼ 混合模式　第181页

▼ 渐变版　第84页

▼ 绘制图层蒙版　第84页

Photoshop中的颜色

4

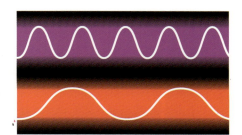

决定色相的光的波长是指从一个波峰到下一个波峰之间的距离。在我们所看到的颜色中，紫光的光波最短，红色的光波最长。

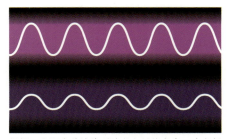

振幅，也即光从波峰到波谷之间的高度，决定颜色的亮度。振幅越大，波的能量越大因而颜色也就更明亮。

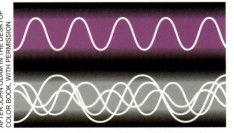

一种纯的、完全饱和或者极浓的颜色仅包含有一个波长的光。因为如果不同波长混在一起，所获得的效果会是一种更不确定的颜色——黑色、灰色或者白色，取决于明亮度。

颜色在表达图片情感方面起着举足轻重的作用。Photoshop 具备强大的功能，足以支持用户选择、应用和更改颜色。本章将详述这些功能，有关颜色的应用可参阅本书的实例。

什么是颜色？

如果让十几个人"将某样东西绘制成红色"，很可能每个人所想象的颜色都稍有不同，或者是一系列的颜色，就像一个苹果表皮上的各种红色。不过，如果给所有人展示某人所想象的颜色，绝大多数人会认同，所有绘制的颜色都可归于他们可以称之为"红色"的系列。

尽管我们对颜色的理解是主观的，是以我们的视觉体系和心理状态为基础，但是我们可以用很高的精准度来描述颜色。我们应当可以精确地描绘出颜色的特征以便能够在扫描仪、计算机显示器和打印纸上获得可预测、可重复的效果。

用科学的术语来说，颜色取决于光波的三个特征：长度、振幅和纯度。波长与色相这一颜色属性关系最为密切。振幅与颜色明度，或者亮度或者色值最相关。用科学的术语来说，颜色取决于光波的三个特征：长度、振幅和纯度。

CIE Lab 颜色空间是一个由国际标准委员会于 1931 年创设的，用于对颜色进行算术定义和测量，这样就可以对颜色进行精准描述了。光度测量仪和色度测量仪这两种工具足以对颜色进行精确测量以获得在 CIE Lab 颜色空间进行准确定位所需信息。为了对颜色进行有效创作，还要对 Lab 颜色、**颜色模式**和**色深**有一定的了解。

在绝大多数颜色模式中，第一个在 Channels 面板中列出的模式代表组合的通道（往往被人们称为"合成"通道）。在某些模式中，诸如 RGB Color，如 A 所示，和 CMYK Color，如 B 所示，Channels 面板显示的是主色。在 Lab Color 模式（如 C 所示），我们看到了 Lightness（灰色）通道和两个提供其他颜色成分的通道。在 Indexed Color（索引颜色）模式（其中调色板的颜色数量被减为 256 或是更少）中，Channels 通道（如 D 所示）中出现了一个单独的"通道"；颜色被储存在 Color Table 中，如 E 所示，可通过 File（文件）> Save for Web & Devices（存储为 Web 和设备所用格式）或者 Image（图像）> Mode（模式）> Color Table（颜色表）菜单进行选择。

ILLUSTRATIONS: JONATHAN PARKER AFTER JOHN ODAM IN *THE DESKTOP COLOR BOOK*, WITH PERMISSION

在加色模式中（以此插图为例），红色、绿色和蓝色合成后获得了白色效果。

颜色模式

Photoshop 有数个不同的色系，或者称为颜色**模式**。如左栏所示。绝大多数这些模式都可以在 Image（图像）> Mode（模式）菜单中进行选择。在某些颜色模式（如 RGB）下，**主色**（也称原色）指的是可以混合调制其他颜色的基本色，Photoshop 将所有主色的颜色信息都存储在**颜色通道**中。要查看这些通道，可打开 Channels（通道）面板。

在其他模式下，颜色不以主、次来区分定义，而是以**明度**来定义（在 Grayscale 模式中），或者以更多**颜色分量的明度**来定义（在 Lab 颜色模式中）。而在 Indexed Color（索引颜色）模式中，颜色不会被分解，而是作为特定的"色样"并以一定的数量存储在**颜色表**中。

创造性的颜色：RGB

计算机显示器、数码相机和扫描仪均通过混合光原色——红、绿、蓝（即 RGB）的方式来显示或记录颜色。当这三种原色以最大饱和度等强度混合时便会得到白色的光；去掉所有三色时则会得到黑色。当三种颜色以不同的明度进行混合时便构成了 RGB 色谱上的所有颜色。除非在 Photoshop 中创作时，因特殊需求而使用特定的颜色模式，通常 RGB 都是最佳首选模式，因为它提供的功能最多并且操作最为灵活。Photoshop 的所有工具和命令都可以在该模式下使用，而其他的模式则会受到约束。除此之外，它还拥有一个比其他模式更为宽广的色域（亦称为颜色范围），Lab 除外。

与其他模式相同的是，RGB 模式下的颜色可以分为很多不同的**颜色区域**（亦称为全色域的子集），这些颜色区域均可以在不同的扫描仪、数码相机和显示器中真实地再现。Photoshop 可以在它的颜色管理系统中使用用来描述颜色区域的 ICC **配置文件**（更多有关配置文件的详情请参看第 187 页的"颜色管理"）。

缺失的模式

如果某些颜色模式为灰色不可用状态，则因为这些颜色模式无法直接从文件当前所在的模式中直接获得。例如，要使用Bitmap（位图）或者 Duotone（双色调）模式，则需要进入到Grayscale（灰度）模式中。

在减色（上图）中，青色、洋红和黄色混合在一起得到几乎黑色的深色。

Photoshop 的 Save for Web & Devices（存储为 Web 和设备所用格式）对话框（此处显示了一部分）中的用于减少图像中的颜色数量的选择要比 Image（图像）>Mode（模式）>Indexed Color（索引颜色）命令提供的选择多。

第 221 页开始的"黄色运动衫（Lab 颜色模式）"讲述了大量 Lab 模式在保留高光和阴影细节的同时又出众地更改了颜色的实例。

印刷色：CMYK

CMYK 在商业印刷中常用于再现照片、插画和其他作品的四色工艺。CMYK 原色（也称减法原色）分别为青色、洋红、黄色和黑色，添加黑色以加强深的颜色和细节。添加黑色让深的颜色比加青色、洋红和黄色的混合量而得到的效果更鲜明。使用黑色加深也仅需要少许油墨——这一点对于印刷而言至关重要，因为在纸面上附着油墨的量是有限的。

Web颜色：索引颜色（GIF专用）

使用 256 种或者更少的特定颜色来代替全彩图像中上百万的颜色的过程就叫索引。索引往往用于创作那些应用于网络或是便携式设备的图形，通常在 Photoshop 中的 Save for Web & Devices（存储为 Web 和设备所用格式）对话框中设置。第 152 页的"针对 Web 的优化"中提供了实例。

在 Indexed Color（索引颜色）模式下，用户可以选择 Perceptual（可感知）、Selective（可选择）和 Adaptive（自适应）调板，每个调板分别使用不同的颜色（约为 2 ～ 256 种）选择标准，而这些标准又是当前图像最有代表性的颜色。Image（图像）> Mode（模式）菜单底部有一个 Color Table（颜色表）选项，该选项可以查看和编辑索引颜色图像中的颜色。用户还可以在颜色表中为颜色命名并进行保存，并且从 Color Table 或 Swatches（色板）中载入先前存储的颜色。▼

知识链接
▼ 色板面板
第 171 页

Lab颜色

Photoshop 中的 Lab Color（Lab 颜色）模式将颜色分为一个明度分量和两个色相—饱和度分量。"L"（明度）值在 0（黑色）～ 100（白色）之间。该 a 分量的值在黄色（正值）到蓝色（负值）之间，b 值从洋红（正值）到绿色（负值）之间。对 a 和 b 而言，0 值是中间值，或者说是无色的。因为其色域广度足以同时包括 CMYK 和 RGB 色域，并且可以准确表现颜色的特色，所以 Lab 颜色模式常用于 Photoshop 中的 RGB 与 CMYK 模式的中介。在 Lab 文件 L（明度）通道下时，可在不影响色相和饱和度的状态下轻松修改图像的明／暗信息。相对而言，在 a 和 b 通道下可以在不影响色调范围的情况下改变颜色。对 a 和 b 通道进行轻微的模糊化处理，能在不影响图像细节的情况下有效降低噪点。

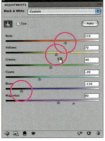

在 Black & White Adjustment（黑白调整）图层上，用户可以使用滑块来控制 6 种颜色中每种颜色的亮度对图像单色版本的作用。另外，用户可以从图像中选择一种颜色并"擦掉"它，让图像在黑白模式中看上去更浅或是更深。

灰度

Grayscale（灰度）模式下的图像（例如黑白照片）仅含亮度值，而没有彩色图像的色相或饱和度特征。要将彩色照片转换为最佳效果的黑白照片，用户使用 Black & White Adjustment（黑白调整）图层（Photoshop CS3 新增加的）要更可控、更灵活。第 214 页的"从彩色到黑白"中讲解了几种转换方法。

双色调

使用双色油墨（甚至是在印刷中应用于两个通道的单色油墨）可以得到比单色单一通道更多的阴影和色调，这样也就能在打印页中表现出更多的细节。例如，在高光中添加第二种颜色可以提高用于表示图像中最浅的色调的可用色调数量。除了延展色调外，第二种颜色还可以为黑白图像进行"加温"或"冷却"，为图像着上轻微的红色或蓝色等。另外，第二种颜色还可以用来获取一种戏剧性的效果，抑或是将一张照片制作成一组照片或其他设计元素。

Photoshop 的 Duotone（双色调）模式采用一组曲线来设置各种颜色油墨传递灰度信息的方式。双色调中的第二种颜色会加重阴影而减弱高光吗？它能用于为中间调着色吗？

Photoshop 中的 Duotone（双色调）模式提供的曲线储存着以一种到四种油墨颜色打印类似于左上角所显示灰度图像的信息。该程序拥有多组预设双色调、三色调以及四色调曲线以供加载，或者用户可以自行调整曲线的形状。

HSB 颜色

以下要讲解的是 Image（图像）>Mode（模式）菜单中未列出的，但又是 Photoshop 中很重要的一种颜色分类方法。HSB 色系——Hue（色相）、Saturation（饱和度）和 Brightness（亮度）位于 Photoshop 的选择、评测和调整颜色的工具中。例如，可以在 Color Picker（拾色器）、Info（信息）面板和 Hue/Saturation（色相 / 饱和度）调整图层找到 HSB 的踪迹，此处我们使用了它们的值。

出于我们的视觉感知，有些色相看上去要比其他色相更明亮；此处绿色的汗衫看上去就要比蓝色的汗衫显得更明亮。此外，当饱和度减少且颜色走向中性灰时，或者在颜色非常浅（柔和）或非常深的时候，很难对色相进行区分。

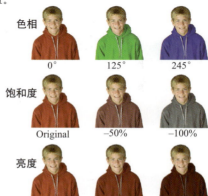

Photoshop的Duotone（双色调）模式还包括tritone（三色调）或quadtone（四色调）选项，可以用于为三种或四种油墨颜色制版。双色调图像以灰度文件和一组可以将灰度信息转换为印制版的曲线的形式进行存储，参见第199页的"双色调"技法。

参见第199页的"双色调"技法。

Photoshop 的 Presets>Duotones 文件夹中包含三色调和四色调以及双色调设置。或者用户可以指定自己的颜色。大手笔改造曲线，如在四色调中，用户可以实现高光、中间调以及阴影中不同的主导色。该四色调采用了自定义的绿色油墨，之所以可用，是因为这一彩色出版物中的其他地方曾使用到该颜色。

要将第 479 页中的彩色图形转变成程式化的黑白模式，执行 Image>Mode>Grayscale（灰度）命令，然后再执行 Image>Mode Bitmap（模式位图）。在 Bitmap 对话框中，将 Output Resolution（输出分辨率）的值设置为与输入等同的值，并选择 Halftone Screen（半调网屏），然后为点的 Shape（形状）选择 Cross（交叉线）。

回到灰度

在双色调文件中，用户始终可以回到最初的Grayscale（灰度）图像中：执行Image>Mode>Duotone（双色调）菜单，选择Monotone（单色调）类型。如果Duotone Options（双色调选项）对话框中的Ink 1图形不是默认的45°对角线，那么单击打开Duotone Curve（双色调曲线）对话框。随后，只需将曲线上的任意点拖离图形的一个边缘以恢复该对角线。

位图

与Grayscale（灰度）模式相仿的是，Bitmap（位图）模式仅使用明度信息而没有色相或饱和度信息。但是在位图模式下，像素要么处于打开状态要么处于关闭状态，这两种状态分别对应着黑白两种颜色的色域，而没有处于中间的灰色。位图模式特别适宜于制作艺术样式或者用于创作单色图形。

压印颜色

单击Duotone（双色调）对话框中的按钮，如 A 所示，打开Overprint Colors（压印颜色）对话框，调整双色调的屏显状态，让它接近自定义油墨印刷的效果。要达到这一理想的效果，需要借助一个印刷样来对比自定义油墨的实色压印显示效果。单击Overprint Colors（压印颜色）对话框（如 B 所示）中的任意一个色块打开Color Picker（拾色器），然后依据印刷样更改颜色的混合显示效果。Overprint Colors（压印颜色）对话框中的设置会在Duotone Options（双色调）对话框（如 C 所示）底部的颜色栏中显示。

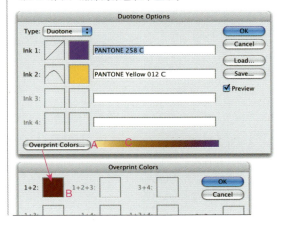

可以将专色单独添加到照片上，也可以对照片进行叠印着色，参见第 226 页。

多通道

Multichannel（多通道）是一种减色模式，因此如果将一个 RGB 文件转换成多通道文档，即可得到青色、洋红和黄色通道。如果将彩色图像（CMYK 或 RGB）的一个或多个通道删除，颜色模式将会自动转换成多通道模式。

专色

Image（图像）>Mode（模式）菜单下没有 Spot Color（专色）模式，但**专色**（也叫**自定义颜色**）可以添加到除了位图之外的任何一种其他颜色模式下。专色指的是那些特定的颜色混合而成的特定色系，例如 Pantone 匹配体系。

在 Photoshop 中，可以通过单击 Channels（通道）面板的 ⫶≡ 按钮并选择 New Spot Channel（新建专色通道）命令来添加专色。当使用某个颜色标准印制专用颜色或 Logo 时，专色通道将是最佳选择。根据标准预先调制自定义油墨，这样一来印刷色即可保持一致。专色也用于印刷那些在 CMYK 印刷色域外的颜色，例如特定的橘黄色或蓝色、荧光色、金属色或者上光。第 226 页的"添加专色"就讲解了应用专色的方法。

> **高清晰印刷**
>
> 相比标准的四色套印，Pantone Hexachrome ™ 打印机可以提供更多的颜色选择和更高的颜色准确度，其使用比标准打印更亮的 CMYK 油墨，并还添加了极浓的橘色和绿色油墨。Pantone 为 Photoshop 提供了 Hex-Image® 插件以实现向 Hexachrome 色彩体系的精确转变。

> **8 位、16 位、24 位还是 32 位？**
>
> color depth（色深）或 bit depth（位深）这个术语越来越多地用于显示器、扫描仪和数码相机。以下是一些常用的术语及说明。
>
> **8 位颜色。**8 位颜色中的每个原色都有 256（2^8）级明度。灰度模式对应着包括黑白在内的 256 级灰度。在 RGB 颜色模式下，则对应有 256 × 256 × 256（超过 1600 万）种颜色。（起初，术语"8 位颜色"指的是只能显示 256 种颜色的显示器的颜色）
>
> **16 位颜色。**16 位颜色中的每种原色都有超过 65,000（2^{16}）级的明度，也就是说灰度模式对应着 65,000 级灰色，而 RGB 模式对应着几十亿种颜色。
>
> **24 位颜色。**24 位颜色是一个更老的术语，有时它仍用来指代 8 位 RGB 颜色（8 位/通道 × 3 通道 = 24 位）。
>
> **32 位颜色。**对以不同曝光度所拍摄的同一景色的照片使用 32 位颜色，随后将这些照片在 HDR（High Dynamic Range，高动态范围）文件中合成，以便让图像看上去更像人眼脑视觉体系在观看景色时所能感知到的样子。与该程序在 8 位或 16 位文件中的功能相比，Photoshop 的 32 位/通道模式当前是受限的。

色深

除了颜色模式外，Image（图像）> Mode（模式）菜单下还有色深（也称为**位深**），即多少位/像素，Photoshop 使用色深来存储文件中每个颜色通道的颜色信息。存储的位越多，图像中包括的颜色和色调差就越大。

8位/通道

Photoshop 中的打印以及屏幕显示的颜色标准仍旧为 8 位/通道，该标准可以提供上百万的颜色和色调。Photoshop 的所有功能均可以在 8 位/通道模式下使用，并不是所有的功能都可以在更多颜色的模式中使用。

在 Camera Raw（参见第 297 页）中，或者在 Photoshop 的 16 位 / 通道中调整色调和颜色，这有时候可以获得比在 8 位 / 通道模式下更好的效果。尤其是对动态范围有限的图像而言（例如，一张深色或是低对比度的照片），在 16 位中对色调和颜色进行调整有助于避免在扩大动态范围时出现的多色调分色。

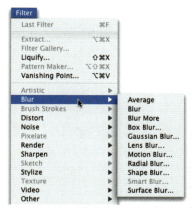

很多对运行于信息丰富的文件而言很重要的滤镜都可以在 16 位/通道模式下使用。包括 Liquify（液化）和 Vanishing Point（消失点）"超级滤镜"，Smart Filters（智能滤镜）功能可以让它们保持生动。本书附录 A 中的滤镜实例就列举了可以在 16 位/通道模式下使用的滤镜。

16位/通道

Photoshop 的绝大多数核心功能（包括图层、蒙版、调整图层和智能滤镜）都可在 16 位 / 通道模式下使用。如果所扫描的图像或是数字照片都捕捉了大于 8 位 / 通道的颜色信息（同样，在某些扫描仪提供的或是很多数字相机的 Raw 格式提供的"数十亿颜色"选项中），那么可以在 Camera Raw ▼ 或是在 Photoshop 中以 16 位 / 通道模式打开，并借助这些额外的信息进行色调和颜色调整。

知识链接
▼ Camera Raw
第 141 页

16 位 / 通道模式下大量的额外的图像信息非常有用。首先，即便某个范围内的色调很难处理，16 位 / 通道模式仍可以轻松表现图像的阴影和高光细节，因为可选的色调范围很广。显示 8 位 / 通道模式下的曝光不足的照片细节很难，而 8 位 / 通道模式中的每个色阶均可能对应着 16 位 / 通道模式下的 256 种色阶。其次，在 16 位 / 通道模式下，可能的颜色组合高达数十亿，所以颜色渐变更平滑。再次，因为在 16 位/通道模式下灰度级别高达 65,000 多种而非 256 种，所以在该模式下从彩色转换成灰度可以得到更好的单色效果。

那为什么还要在 8 位 / 通道模式下执行操作呢？原因之一就是 16 位 / 通道模式文件的大小是 8 位 / 通道模式文件的两倍，如果处理的是一个相对较大的文件，并且要在该文件中添加图层，那么操作就会变得很慢。另外，很多照片一开始是 8 位文件，打印时也是 8 位文件。尽管从理论上讲，如果将文件临时转换成 16 位/通道模式进行调整，再将文件格式转换 8 位可以得到更好的效果，但是实际上在打印输出的图像中，颜色细节的增加很难察觉到。

32位/通道

High Dynamic Range（HDR，或 32 位）文件的颜色和色调更胜于 16 位文件。因为 HDR 支持的动态范围（介于纯白或纯黑间的不同色调值）大于多数相机、打印机和显示器支持的动态范围，有人也许会对此疑惑：为什么使用这种更大的文件格式。原因是可以基于这些可用信息，选择对某部分图像动态范围扩展，而不至于丢失其他区域的可打印或可显示的色调。从某种意义上讲，在将 32 位图像转换为 16 位或 8 位图像后，即可使用 32 位图像的额外信息模拟肉眼对阴影区和高光区进行亮度调节的能力，查看阴影和高光的细节。

Photoshop 的 32 位颜色和 HDR（高动态范围）格式为结合不带选区和蒙版的同一照片的几种曝光形式提供了可能。其可制作出现实或超现实的效果。本书通过实例逐步讲解了如何合成同等曝光度以精确表现第 292 页图像中的色调范围。在此，我们借用 Loren Haury 拍摄的作品（参见第 366 页）来演示如何在包围式曝光下"手动"（不借助 HDR 选项）扩展动态范围。

除了混合包围式曝光之外，还可以对单一图像使用 Photoshop 的 HDR 功能以获得艺术性效果。第 212 页提供了相应的实例。

摄影者可以使用 Photoshop 中的 Merge to HDR（合并到 HDR）命令（执行 File（文件）>Auto（自动）菜单命令）混合同一景色不同曝光度的数张照片。有了 HDR，用户便可以将日照充足的室内照片、阴影很重的室内照片以及光照效果介于两者之间的室内照片进行结合。（照片拍摄及合并有一些限定条件。）▼

知识链接

▼ 拍摄照片并合并到 HDR

第 292 页

32 位 / 通道模式拥有一些用于编辑图像的选项——Photoshop 扩展版甚至可以允许在图层上进行绘制并提供 HDR 专用的 Color Picker（拾色器）。不过为了显示或打印文件，需要将图像转换到 16 位或 8 位/通道模式。HDR Conversion（HDR 转换）对话框内包含有几种不同的压缩动态范围的方法，你可以尝试不同方法以找到最理想的一种，尽管 Local Adaptation（局部自适应）是最常用的。

以 32 位模式保存

将 HDR 文件转换为 8 位或 16 位文件时，部分原信息会在压缩过程中丢失并且无法恢复。但是若先将 HDR 文件存储为 32 位 / 通道模式，再接着转换该文件的副本，便可以保存所有的信息，而且可以随时回到原来保存过的 HDR 文件。再复制一个副本，并更改图像不同部分的曝光度，还可以得到不同的效果。

选择或指定颜色

Photoshop 工具箱中的**前景色**和**背景色**色板显示了在不同图层中绘制时采用的颜色（前景色），以及在背景图层上擦除的颜色（背景色）。黑色和白色是默认的前景色和背景色，不过选择新的背景色很容易。

拾色器和滴管

可以选择新的前景色或背景色，只需单击工具箱上两个色块中的一个打开 Color Picker（拾色器），随后在对

前景色 / 背景色

按 D 键可以恢复到默认的前景色和背景色（黑色和白色）。按 X 键则可以互换前景色和背景色。

话框内或对话框外单击一种颜色，或者输入数值来指定分量"调制"出一种颜色。也可以使用工具箱中的 Eyedropper（滴管）工具 ✐ 进行取样来选择前景色：在任意打开的 Photoshop 文件中单击设置一个新的前景色；按住 Alt/Option 键的同时单击为新的背景色进行取样。

单击工具箱中的前景色或背景色色板打开拾色器。也可以在使用 Eyedropper（滴管）工具时，单击以选择一个新的前景色或者在按住 Alt/Option 键的同时单击来选择一个新的背景色。

色板面板和颜色面板

Color（颜色）面板拥有不同的模式，其滑块可用来查看颜色混合的效果，并通过输入数值进行精确的混合。该面板还拥有一个用于颜色取样的光谱条。

默认状态下，Swatches（色板）面板可以显示 125 种颜色样式。可以单击一种色样作为前景色或者使用 Alt/Option 快捷键同时单击选择一种背景色。要将取样的颜色添加到该滚动条面板，可以选取新的前景色并单击 Create new swatch from foreground color（从前景色中创建新的色样）按钮，或者单击面板底部的空白区域，或者可以从面板的快捷菜单中选择添加整组颜色。使用菜单还可以对自定义的色样组进行保存或加载一个色样。

要查看桌面图标或者其他程序中开启的文档中的颜色，使用Eyedropper（滴管）在打开的任意Photoshop文档内单击即可完成颜色取样。不过如果单击并在不松开鼠标按键时将鼠标拖动到文档外，将会对屏幕上任何一处的颜色进行取样。

使用Eyedropper（滴管）工具右击或按住Ctrl同时单击以打开右键快捷菜单，可以选择取样尺寸。你还可以将颜色的十六进制代码复制到剪贴板上（例如，COLOR=" #B80505"）这样就可以在不用改变Pho-toshop的前景色的情况下嵌入到HTML文档中。

如果要将一种取样的颜色添加到Swatches（色板）面板而不关心如何命名的话，那么可以在按住Alt/Option键的同时单击面板底部的空白区域。

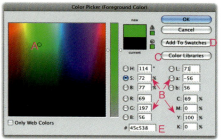

在Photoshop的Color Picker（拾色器）中只需用肉眼判断加单击来选择颜色，如 A 所示。也可以通过在该对话框中输入数值来混合RGB、CMYK、Lab或HSB样式中的颜色，如 B 所示。单击其中的一个圆形按钮进行颜色模式的切换。单击Color Libraries（颜色库）按钮，如 C 所示，可从数个自定义颜色匹配系统中进行选择。新的Add To Swatches（添加到色板）按钮，如 D 所示，可以将当前的颜色添加到色板面板然后返回到Color Picker（拾色器）状态。在对话框的底部还有一个用来描述当前颜色E的十六进制代码，用户可以直接将它复制并粘贴到HTML文档中，或者在此输入一个新的值进行颜色的精确选择。

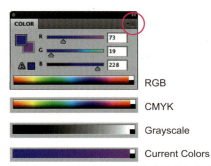

RGB

CMYK

Grayscale

Current Colors

可以在 Color（颜色）面板底部的光谱条中进行颜色取样；单击面板的菜单按钮▪≡，从菜单中选择光谱条的颜色模式，或者右键单击或按住 Ctrl 键的同时单击光谱条显示不同的颜色模式。按住 Shift 键的同时重复单击光谱条可以在选项中切换。还可以在面板菜单中选择，以光谱条中现有的颜色模式之外的模式显示，如 HSB 或 Lab。

在 Swatches（色板）面板扩展菜单中，可使用 Save Swatches for Exchange（存储色板以供交换）将面板保存为可以在 Adobe Illustrator 和 InDesign 中使用的形式。要保存部分色板，在 Preset Manager（预设管理器）中选择并保存这些色板，从快捷菜单中选择 Save Swatches for Exchange（存储色板以供交换）命令。这可以在大大节约时间、提高工作效率的同时，确保项目中颜色的一致性和可用性。

用户可以为形状设置一种与当前前景色不同的填充颜色，并且该颜色可以被保存为工具预设的一部分。这意味着用户可以为 Logo 创建一个自定义形状，并将它保存为工具预设，与所有的颜色一同载入。该操作过程参见第 453 页。

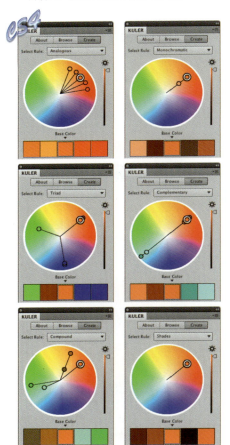

kuler 的 6 个规则会基于用户选择的基础色生成 5 大颜色主题。颜色从色轮的边缘到中央，依次由强（完全饱和）到中。单个的垂直滑块可以帮助选择颜色。

工具特定颜色

特定的工具拥有它们自己指定的颜色，该颜色可以在不更改整个剪影和背景颜色的情况下更改。例如，绘画工具（钢笔和图形工具）的颜色可以在选项栏中设置，而文字工具的颜色可以在选项栏和 Character（字符）面板中设置。

kuler

Adobe 的 kuler（发音为 Cooler）是基于 Web 的用来创建和共享颜色主题的应用程序之一。Photoshop CS4 有一个与 kuler 连接的内置链接。Photoshop CS3 没有与 kuler 的直接链接，但是可以通过浏览器访问 http://kuler.adobe.com；在站点注册使用并且下载你创建的颜色主题以及其他人上传共享的颜色主题，与 Photoshop CS4 中的效果相同。该站点上的 AdobeTV 链接还提供了使用 kuler 的指导视频。

在 Photoshop CS4 中执行 Window（窗口）> Extensions（扩展功能）> Kuler 命令打开 Kuler 面板。在联网的情况下，单击面板的 Browse（浏览）按钮可以考察网站上粘出来的颜色主题，它们按欢迎程度、新旧度甚至是主题创作者添加的主题标签顺序排列。如果找到了所需的可以截取到 Photoshop 中自用的主题，可以单击 kuler 面板底部的 Add selected theme to swatches（将选择的主题添加到色样）中，颜色便添加到了当前 Swatches（色板）面板中的末端。接着，可以根据需要来保存，在面板中将它们与其他的颜色一起保存或者单独保存。▼

> **知识链接**
> ▼ 保存色样组
> 第 402 页

即便未联网，也可以在 Photoshop CS4 的 kuler 面板中创建自己的颜色主题。单击 Create（创建）按钮显示一个色轮以及带有 6 个制作颜色主题的规则的菜单，它将诸如 Analogous（相似色）、Complementary（互补色）或 Triad（三基色）面板集中在了一起，很强大。此外，还有一个用于自由集成 5 个或者更少的颜色主题的 Custom（自定义）选项。

尤其是对于设计者而言，第二个 Create（创建）选项只有联网时才会对图像中自带的图形和文字的色板研发有帮助。在 Photoshop 的 kuler 面板中单击 About（相关）按钮可以显示 **kuler** 链接，单击它即可链接。在站点中，从左侧的菜单中选择 Create（创建）命令，接着选择 From an Image（从图像）。

单击 Upload（上传）按钮并且上传照片（仅供你使用）。Kuler
可以提出 5 种不同的主题。图像中的圆圈标识的是颜色的取样
位置，你可以通过将其中的圆圈移动到新的取样点来创建自定
义主题。为新主题命名并且保存它。接着便可以下载，然后加
载到 Swatches（色板）面板中。

Photoshop CS4中的kuler面板

执行Window（窗口）> Extensions（扩展）> Kuler菜单命令，打
开一个含三个部分的面板，该面板用于颜色主题的下载和创建。

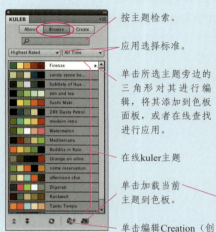

按主题检索。

应用选择标准。

单击所选主题旁边的
三角形对其进行编
辑，将其添加到色板
面板，或者在线查找
进行应用。

在线kuler主题

单击加载当前
主题到色板。

单击编辑Creation（创
建）区域中的主题。

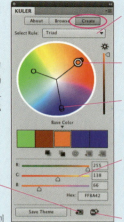

为创建颜色主题
选择一个规则。

白色的环表示基色。

移动任何一个环都
改变该颜色的饱和
度和色相。

使用RGB滑块或者数字
框（在线kuler拥有更多
的颜色混合选项）。

将当前主题上传
到在线kuler中。

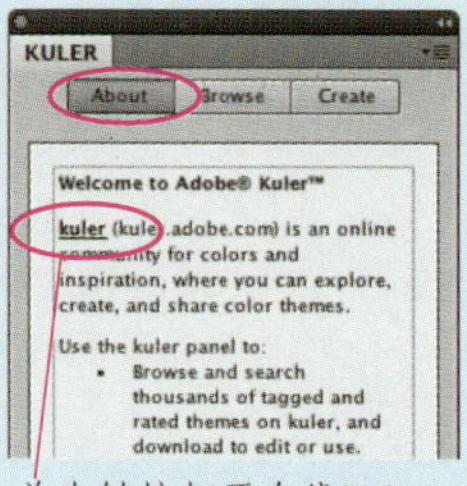

单击链接打开在线kuler，
如下所示。

kuler在线

在kuler网站中，用户可以创建与图像相匹配的颜色主题。

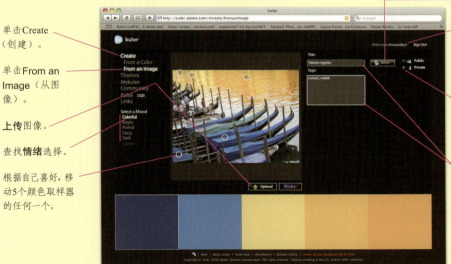

单击Create
（创建）。

单击From an
Image（从图
像）。

上传图像。

查找情绪选择。

根据自己喜好，移
动5个颜色取样器
的任何一个。

如果用户未注册，那
么需要进行注册才能
对主题命名并进行
保存。

选择Public（公开）
（共享该主题）或者
Private（保密）对访
问途径进行限制。

为主题命名。根据喜
好添加检索标签。

保存该主题。界面将
会改变以供下载该主
题，这样就可以将该
主题加载到色板中。

Edit（编辑）>Fill（填充）菜单命令的快捷键列举如下。

- 使用**前景色**填充整个基于像素的图层（或该图层的某个选区）的快捷键为：Alt+Backspace（Windows）或Option+ Delete（Mac）。

- 使用**背景色**填充的快捷键为：Ctrl+Backspace（Windows）或⌘+Delete（Mac）。

- 仅填充图层或选区有颜色的部分（换而言之，就是在保持图层原透明区域无色的状态下，仅部分替换透明区域的颜色，而**不在边缘处留下任何原颜色的痕迹**）的快捷键为：在前两种快捷键的基础上同时按住Shift键。同时按住Shift键等同于单击Layers面板顶部的⌘按钮锁定该图层的透明度。

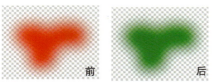

前　　　　　　　　后

按Shift+Alt+Backspace（Windows）或Shift+Option+Delete（Mac）快捷键即可使用前景色进行完全填充。

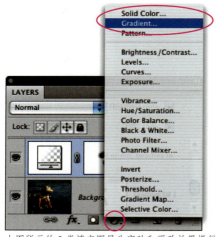

上图所示的3类填充图层为实验和更改效果提供了便利，参见第587页的"为图像添加文字"。

应用颜色

在Photoshop中，**绘画**和**填充工具**均可以应用颜色，详情参见第6章"绘画"。也可以执行Edit（编辑）> Fill（填充）菜单命令，或者使用填充图层、矢量图形图层，抑或图层样式效果来应用颜色（第265页对此操作进行了详细的讲解）。

填充图层和矢量图形图层

单击Layers（图层）面板底部的Create a new fill or adjustment-layer按钮❷并选择填充类型，如Solid Color（纯色，即当前前景色或选择的其他颜色）、Pattern（图案）或Gradient（渐变），即可添加填充图层。填充图层颜色的形状由内置图层蒙版显示或隐藏颜色图层的范围来决定。**矢量图形**图层提供了同一类颜色填充图层，但是内置蒙版却是基于矢量的图层剪贴路径。矢量图形图层参见第7章。填充图层和矢量图形图层的操作灵活性都很强——只需单击Layers面板中的图层缩览图并选择一种新颜色，即可更改颜色。

图层样式

还有一种应用颜色的方法是使用**Layer Style（图层样式）**。图层样式是效果的便携式组合，可以保存并应用于其他对象和文件中。图层样式的相关介绍参见第80页，相关实例步骤详解贯穿全书，第8章尤为集中。

渐变

在Photoshop中，渐变是一组颜色间的过渡效果。某些渐变还包括类似颜色的透明度变换。可以将渐变作为预设进行选择和应用，还可以使用Gradient Editor（渐变编辑器）修改已有渐变，参见第176页。在设计Solid（实底）渐变时，可以控制所有的颜色和不透明度的更改。若要创建Noise（杂色）渐变，▼ Photoshop会参照用户的指定随机组合颜色。应用渐变的方式有4种，分别是Gradient（渐变）工具▬、填充图层、调整图层和图层样式。

知识链接

▼ 杂色渐变
第 197 页和第 198 页

Gradient（渐变）工具▬。最初Gradient工具是一个直接应用渐变的方法，用户可在要应用颜色混合的区域拖动光标进行渐变填充。Gradient工具对应有5类渐变：Linear（线性）、Radial（径向）、Angle（角度）、Reflected（对称）和Diamond（菱形）。

ERWIN WODICKA / PHOTOSPIN.COM

该照片颜色主要受 Color Overlay（颜色叠加）图层样式的影响，因此可以随意更改色相或者替代原色的着色比率（此技法参见第 265 页）。

Wow-Gradient 09 是一个不带透明度变换的实底渐变（有关 Wow-Gradient 的实例参见第 742 页和 743 页）。

Wow-Gradient 06 是一个带内置透明度变换的实底渐变。

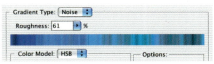

Wow-Gradient 25 是一个杂色渐变。

线性渐变始于光标拖动的起始点，止于光标拖动的结束点，横跨整个拖动经过的区域。其他四种类型的渐变则以起始点为中心进行渐变。因为在渐变中可以应用透明效果，所以我们可以应用 Gradient Tool（渐变工具）在单一图层上创建复杂的阴影或是着色效果。还有很多操作性更灵活的应用渐变方式（接下来将讲解这些"非破坏性的"，或者可编辑的方式），但是如果要创建渐变图层蒙版或者在颜色通道中创建渐变的话，渐变工具是最理想的。

渐变填充。 渐变填充图层也可以应用与 Gradient Tool（渐变工具）相同的 5 类渐变。但是使用填充会让编辑工作变得更轻松——在设置完填充后，用户可以随时双击 Layers（图层）面板上的缩览图再次打开对话框，更改渐变或者选择其他渐变。单击 Layers（图层）面板底部的 Create a new fill oradjustment layer（创建新的填充或调整图层）按钮 ⊘ 并选择 Gradient（渐变）即可添加一个渐变填充图层。

渐变映射。 Gradient Map（渐变映射）是一个包含使用选定渐变色替代图像色调指令的调整图层。渐变的起始颜色（左端）将替代黑色，终止颜色将替代白色，渐变中间色将替代中间色调。

图层样式。 使用渐变的图层样式有 Inner Glow（内发光）、Outer Glow（外发光）、Stroke（描边）或 Gradient Overlay（渐变叠加）。相关实例参见第 196 页的"渐变"以及第 767 页的"发光和霓虹"。

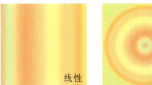

线性　　　　径向　　　　角度　　　　对称　　　　菱形

在 Gradient 工具 ▣ 选项栏或其他与渐变相关的对话框中，可以选择渐变类型。

45°　　　　80°　　　　50%　　　　150%

Linear（线性）渐变的方向由拖曳 Gradient（渐变）工具 ▣ 的方向或与渐变相关的对话框中设置的 Angle（角度）决定。

更改 Gradient（渐变）工具拖动的距离或对话框中的 Scale（缩放）即可更改颜色渐变的跨度。

勾选 Reverse（反向）复选框即可将渐变颜色顺序反向后再进行应用。

图案

与渐变相似的是，Photoshop 的图案预设可以用于基于像素的填充——通过执行 Edit（编辑）>Fill（填充）菜单命令或 Pattern Stamp（图案图章）工具进行，也可以用于填充图层或图层样式。作为图层样式的一部分，图案可以通过 Pattern Overlay（图案叠加）效果应用于表面颜色，还可以通过 Bevel and Emboss（斜面和浮雕）效果的 Texture（纹理）选项应用于表面纹理。图案的应用贯穿全书，"背景和纹理"（第 556 页）为自创提供了很多建议，另外，请参考本书光盘中的 Presets（预设）文件夹中的图案。

渐变编辑器

Gradient（渐变）工具 选项栏以及其他渐变方式对应的对话框（如右图所示的Gradient Fill对话框）中有很多**渐变设置选项**。更改渐变组成的方法参见下图。

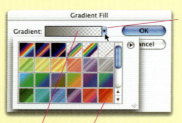

如图所示，单击箭头打开预设渐变面板。

单击渐变预览栏打开**Gradient Editor（渐变编辑器）**，如下图所示。

单击色板可选择渐变。**双击**可打开渐变重命名的对话框。按住Alt/Option键的同时单击则可以从该面板中删除该渐变。

单击Presets（预设）选项组中的一个色板，并在面板下方更改部分或全部设置即可创建一个新色板。

在**Solid（实底）**渐变（如图所示）中，用户可以设置颜色及不透明度的混合位置。而**Noise（杂色）**渐变则由Photoshop在用户的指定范围内随机生成（参见第197页）。

在渐变预览栏之上或之下单击即可添加新颜色或透明度色标。

单击色标便可设置不透明度（若它是不透明度色标，如图所示），或者更改颜色（若它是颜色色标）。

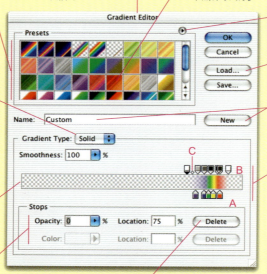

单击 按钮并在菜单中选择其他渐变或者单击 Load（载入）按钮，再查找所需的渐变组即可载入其他渐变。

如果要创建一个以后能反复使用的渐变，可以输入一个名称，并单击New（新建）按钮将它添加到预设面板中。

渐变栏下方的**色标**用于控制颜色，如A所示。渐变栏上方的色标用于控制不透明度，如B所示。单击选中色标，该色标和其后的另一个色标间便会出现一个菱形的中点，如C所示。拖动色标或中点即可更改颜色渐变。

单击Delete（删除）按钮即可删除当前选择的色标。还可以将色标拖动到对话框的边缘来删除。

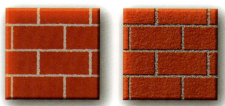

本书光盘内含许多自定义图案,具体样式参看附录 D。其中的一些图案可用于图层样式中的 Pattern Overlay(图案叠加)和 Texture(纹理)——前者用于颜色和平面设计,后者用于立体感设计。上图所示的分别是不勾选和勾选 Texture(纹理)状态下的 Bricks(砖墙)* 样式,其中勾选是默认状态。

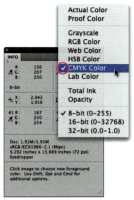

在 Info 面板菜单中选择 Palette Options(调板选项)/Panel Options(面板选项)打开 Info Options(信息面板选项)对话框。**单击其中的一个图标且不松开鼠标按键**,还可以显示增加了 16 位 / 通道和 32 位/通道的信息显示的面板选项。在对话框中可以根据个人喜好选择两种不同的颜色模式来显示组合信息。用户可以选择使用诸如 Opacity(不透明度)和 Total Ink(油墨总量)之类的任意形式来显示这两个信息。

获取颜色

Photoshop 有一些相当出色的工具,例如 Info(信息)面板和 Histogram(直方图)面板,它们可以反映图层当前的色调和颜色。这些工具也可以被用来设置成反映调整图像色调和颜色变换的统计数据。

信息面板和颜色取样器工具

用户可以借助 Info 面板和 Color Sampler(颜色取样器)工具(快捷键为 Shift+I)查看图像的颜色成分。如左栏所示,Info 面板提供了颜色成分的动态显示——移动鼠标,面板就会显示当前光标热点处的像素颜色成分。当用户应用诸如 Levels 或 Hue/Saturation 等进行色调调整时,Info 面板会在对话框中显示更改前和更改后的颜色成分。

还可以在图像中设置 4 个永久的颜色取样点,Info 面板上会分别显示它们的信息。选择 Color Sampler 工具在图像中单击即可设置要在 Info 面板显示信息的取样点,取样点最多只能设置 4 个。设置好取样点后,还可以使用工具移动它们的位置,或者在按住 Alt/Option 键的同时单击来删除。Info 面板也会显示文档大小信息并为工具的使用提供信息。

Histogram(直方图)面板

Histogram 面板显示了图像中颜色和色调的分布情况,可以执行 Window(窗口)>Histogram 菜单命令打开该面板。接着单击面板右上角的 ▾≡ 按钮并在快捷菜单中选择 Show All Channels(显示所有通道)命令放大面板,即可显示各个颜色通道。Histogram 提供了很多查看选项:

· 从面板的 ▾≡ 菜单中选择 Show Color Channels in Color(显示全部颜色通道)即可按颜色显示单个图表。

· 在面板的 Channel 下拉列表中选择 Colors,即可在复合直方图中显示颜色。

· 在选中包含 Preview(预览)选项的调整图层对话框或滤镜对话框后,可以选择 Adjustment Composite(复合图像调整)来同时查看直方图之前和之后的效果。尽管直方图还会在 Curves(曲线)和 Levels(色阶)对话框中出现(参见第 247 页),直方图面板本身是唯一同时显示之前和之后效果的面板。

Color Sampler 工具可以设置最多为 4 个的固定采样点。颜色取样器支持用户标注出图像的重要部位，并查看调整色调和颜色时复合图像颜色的更改情况。Color Sampler 工具与 Eyedropper（滴管）工具✔对应同一 Sample Size（取样大小），更改任一工具的该设置均会影响另一工具的大小以及 Levels（色阶）、Curves（曲线）和 Exposure（曝光度）对话框中的滴管大小。从带纹理的区域（如图中织物）进行颜色取样时，应该使用足够大的取样大小以平衡任何因纹理而导致的色调变化。

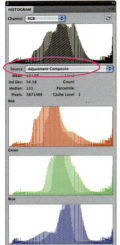

Histogram 面板显示了大量与图像中分布颜色和色调相关的信息。这些分布信息将随颜色调整而变化。较强的颜色显示了调整后的分布状况，较淡的颜色显示了调整前的状态。

在使用 Histogram 面板时，单击出现的 ⚠ 图标可以确保 Histogram 显示大部分完整、精确的信息。第 5 章 "The Histogram & Color Samplers（直方图和颜色取样）" 中提供了一些常见的直方图配置并对有关图像的色调和颜色进行了解释。

颜色视图

View（视图）菜单中有 3 个与颜色相关的命令。这些命令可以 "软校正" 屏幕中显示的图像，让预览图像尽可能与输出一致。只有显示器以及图像显示或打印输出设置具备精确的配置文件，才有可能进行精确的软校正。在屏幕中查看校样前，需要执行 View>Proof Setup（校样设置）菜单命令来指定要校正的参数。例如，可以查看 Working CMYK（工作中的 CMYK）——使用 Color Settings（颜色设置）对话框中的 CMYK 规范，▼ 也可以选择在标准的 RGB Macintosh 或 Windows 色彩空间中预览颜色效果。在 Photoshop CS4 中，还可以对两类颜色盲区进行预览，这对创建信息图形而言尤为重要。执行 View > Proof Setup > Custom（自定）菜单命令打开 Customize Proof Condition（自定义校样条件）对话框载入指定输出设置（例如桌面打印机）的配置文件。在此可以选择 Simulate Paper White（模拟纸张颜色）——比屏幕中的白色要暗，也可以选择 Simulate Ink Black（模拟黑色油墨）来查看比目标打印机的黑色更灰的效果（这些选项并非对所有的打印机可用）。

知识链接
▼ 颜色设置
第 190 页

View > Proof Colors 菜单命令可以切换显示软校样打开与关闭时的效果，与执行 Image（图像）>Mode（模式）> CMYK Color（CMYK 颜色）菜单命令将文件从 RGB 转换成 CMYK 不同的是，Proof Colors 选项并不真正转换文件，它仅提供一个预览，以便用户查看转换后 RGB 颜色信息丢失的效果，因而不会丢失 RGB 颜色信息。

Gamut Warning（色域警告）

也是 View 菜单中的一个可选项，它用于标识 RGB 图像中打印或查看时超出使用 Proof Setup 命令设置的色域的颜色。

切换视图

按 Ctrl/+Y 快捷键（对应 View >Proof Colors 菜单命令）即可在当前颜色空间和通过 View> ProofSetup 菜单命令设置的颜色空间中切换。

Photoshop的色域警告可以告知用户不能在通过View>Proof Setup菜单命令设置的CMYK颜色空间中打印的RGB文件颜色：

- 在 Info 面板中，警告采用在 CMYK 值旁边加注惊叹号来标识。该 CMYK 值用来表示与指定 RGB 颜色最接近的可打印的混合色。

- 在 Color Picker（拾色器）和 Color（颜色）面板中，采用一个警告三角形图标 ⚠ 标识最接近 CMYK 等价色的色板。单击该色板即可将选择颜色更改为可打印的等价色，如 A 所示。

注意："超出色域" 警告比较保守，实际上，某些 "超出色域" 的颜色也可以正常打印。

"不是Web安全颜色" 警告（提醒该颜色不是Web面板中列出的216 种颜色之一）是一个小立方体，如B所示。单击与它同时出现的色板即可选择一种Web安全色。

调整颜色

Photoshop 中用来调整色调和颜色的强大工具位于工具箱、Image>Adjustments 菜单以及单击 Layers 面板底部的 Create a new fill or adjustment layer 按钮 ✎ 后弹出的菜单内。Photoshop CS4 新的 Adjustments 面板中每一类 Adjustment 图层均拥有各自的按钮和预设，是不具破坏性的、可编辑的色调和颜色调整的一站式资源。相对之前版本的 Adjustment 图层，它拥有更多的优势，可以在窗口同时打开的情况下对其他图层进行操作，包括 Adjustment 图层。例如，可以在调整窗口和蒙版窗口之间切换，或者更改文件中任一图层的透明度或混合模式。

可以通过将选定颜色更改为指定的色系或者特定的亮度范围——高光、中间调或阴影来部分调整。后文的 "颜色调整选项"（第 180 页）中将指出各种调整类型的优点。

如果可能，使用调整图层通常要好过执行 Image>Adjustments 菜单下的相关命令。调整图层至少有 4 大优势：它不会更改图像中的像素；它有一个内置的用于调整的图层蒙版；还可以随时根据需要进行更改；它可以修改图层堆栈中位于它下方的图层，或者修改一个图层或少许图层。然而，Image> Adjustments 菜单的命令没有相对应的调整图层，尽管 Shadow/Highlights 和 Variations 可以对 Smart Object（智能对象）图层进行非破坏性的操作。▼因为调整命令会更

知识链接
▼ 智能滤镜
第 72 页

Photoshop提供了文件的屏幕校样——通过执行View>Proof Colors菜单命令进行，可以在屏幕中显示文件从RGB颜色模式转换成另一种RGB颜色空间或CMYK打印颜色时的效果。

要随时查看色域改变效果，用户可以为工作颜色空间和校样（如右侧的小窗口）分别打开一个窗口。如果选择了View下的Gamut Warning（色域警告）选项，视图将以淡灰（或者用户选择的其他颜色，如此处的浅绿色）显示文件转换后的会发生改变的颜色。

在Photoshop菜单中执行Preferences（首选项）>Transparency & Gamut（透明度与色域）命令，单击对话框底部的色板，并选择一种新颜色，即可将执行View>Gamut Warning（色域警告）菜单命令显示的淡灰更改为能与图像进行更好对比的其他颜色。

JHDAVIS

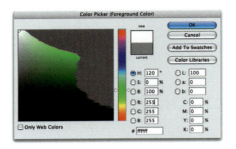

使用调整图层是
应用颜色或色调
调整的一个切实
可行的方法。

Photoshop CS4 的 Adjust-
ments（调整）面板可以
在对其他图层进行操作时
保持开启的状态，它还可
以为 Adjustment（调整）
提供预设选择。

改像素，所以最好是将进行调整之前的所有可见图层合并到
一个新图层或者对整个图像文件进行复制后，再对副本应用
调整命令。

颜色调整选项

在 Photoshop 中进行颜色调整时最具有挑战的工作便是
从 Image>Adjustments 菜单命令、Adjustments 面板以及
Adjustment 图层的若干个命令中选择最适合的调整工具。这
些命令大都用于改善或对图片应用特殊效果，第 5 章对此进
行了介绍，通过简短的描述指出了每个命令的特殊功能。此
外，第 281 页的 "色调及颜色调整" 还提供了使用调整图层
快速修复以改善照片的实用性建议。

颜色替换工具

在 Color Replacement（颜色替换）工具的帮助下，可以通过
涂抹的方法进行**颜色更改**，并且不会丢失明暗细节。该工具
使用前景色板中的颜色进行操作。在选项栏中，可以控制工
具**取样**的工作进程——是只替换在图像中第一次单击选择的
颜色，还是替换在拖动时的连续采样，抑或仅替换预先选择
的颜色。**Tolerance（容差）**决定了替换颜色的范围。**Mode（模
式）**决定了在绘制过程中哪些颜色性质（色相、饱和度、色
相与饱和度、亮度）会改变。Limits（限制）用于限制替换的
范围。参见第 301 页 "聚集技法" 中的实例。

色调工具

色调工具——Dodge（减淡）工具和 Burn（加深）工具
通过更改亮度和对比度来调整细节，它可以单独控制高光、
阴影和中间调。另一个与这两个工具共处工具箱中同一位置
的工具——Sponge（海绵）工具则用于增加或降低饱和度即
加色或减色）。色调工具虽然有功能强大的选项，但是很难
校正曝光问题（有关对比度、亮度和细节的精确控制的操作
参见第 339 页），但为那些颜色单一的作品添加**高光**和**阴影**时
却十分奏效。Photoshop CS4 的 Dodge 和 Burn 工具有所改善，
它们可以在加深或减淡过程中保留色相进而制作出更自然的
效果，尤其是使用 Dodge 工具后的效果会更精细。除了增减
饱和度，Photoshop CS4 的 Sponge 工具也可以对 Vibrance（自
然饱和度）起作用。[▼如果想按以前的方式来操作这些工具，
可选择 Option（选项）栏中的 Use Legacy（使用旧版）]。

前

后

Color Replacement（颜色替换）工具 ，可以在保留阴影细节的同时更改颜色，该工具的Limits（限制）设置可帮助用户将替换限制在线条内。该工具的相关实例参见第308页的"聚焦技法"。

Burn（加深）工具 在为作品添加阴影时表现极佳，参见第 487 页。Dodge(减淡)和Burn(加深)工具对改善蒙版均有效（参见第 89 页）。

混合模式

混合模式控制新图层、绘画或者 Smart Filter（智能滤镜） ▼ 中的颜色与已有图像作用的方式。它们合成图像的能力很强。甚至在原图像上放置一个图像副本，然后对副本应用一个不同的混合模式也可以改善颜色和对比度。

可以在 Layers（图层）面板的下拉列表中设置混合模式。在绘画工具的选项栏中或者 Photoshop 的多个对话框中，包括 Smart Filter（智能滤镜）的 Layer Style（图层样式）对话框和 Blending Options（混合选项）对话框中的不同面板，也能找到混合模式下拉列表的踪迹。在这些下拉列表中，混合模式以组类分。分组基于它们作用于颜色的方式，以及它们共享的中性色（实际上指的是中性调：黑、白或 50% 的灰）来划分。中性色是指在应用混合模式时不会发生效果变化的颜色。

知识链接
▼ 自然饱和度 第 254 页
▼ 智能滤镜 第 72 页

混合模式菜单

在Layers（图层）面板可以设置图层的混合模式。菜单根据常用效果以及共用中性色对混合模式进行了分组。如果黑色是中性色，那么白色将产生最强的效果，反之亦然。如果50%的灰是中性色，那么黑白均可以产生最强的效果，中间色调则效果更弱些，参见第182页有关单个混合模式的描述。

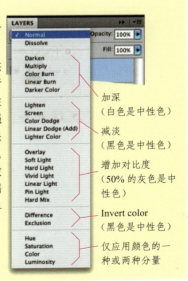

加深
（白色是中性色）

减淡
（黑色是中性色）

增加对比度
（50% 的灰色是中性色）

Invert color
（黑色是中性色）

仅应用颜色的一种或两种分量

分层图形

在图像上方放置同一个图像

仅在降低Opacity（不透明度）才能混合的模式

正常

Dissolve（溶解），Opacity（不透明度）为 75%

混合模式与颜色模式

一些混合模式在 RGB 颜色与 CMYK 颜色下的效果差异十分显著。

RGB　　　　　CMYK

为了保留RGB模式下的混合模式效果，在转换成CMYK模式时，可以执行Image（图像）>Duplicate（复制）菜单命令复制文件，再执行Layer（图层）>Flatten Image（拼合图像）菜单命令拼合副本，执行Image（图像）>Mode（模式）>CMYK菜单命令转换拼合文件。

下面在分述单个混合模式以及混合模式组的同时，还提出了行之有效的应用建议。位于左栏的实例显示了混合模式作用于不同图像图层以及相同图像图层的效果。除了 Dissolve（溶解）模式外，其他混合全部作用于 RGB 文件且上层图层的 Opacity 均为 100% 的情况。blend color（混合色）是指应用于混合模式的颜色，base color（基本色）是指图像中的原色，而 result color（效果色）是指混合后的合成颜色。

在 100% 不透明下，下拉列表中的前两种模式 [Normal（正常）和 Dissolve（溶解）] 无法混合。它们仅覆盖了下方的图像。当不透明度减少时，图像间的差异开始出现。

正常。 该模式下，不透明度值为 100% 的图层或绘画会完全覆盖下方图层。一旦在 Normal 模式下降低不透明度，图层或绘画就会变得部分透明，允许下方的颜色显示出来。

溶解。 在不透明度值为 100% 时，Dissolve 模式与 Normal 模式的效果相仿。但是降低不透明度值就会得到一个抖动（随机点状）的图案，而非让图层或绘画变得部分透明。在抖动中，一些像素变得完全透明（消失），而其他像素则变得完全不透明。不透明度值越低，消失的像素越多。

Behind（背后）和 Clear（清除）两种混合模式仅为**绘画和填充工具以及 Edit（编辑）> Fill（填充）菜单命令**提供。

背后。 它支持颜色仅应用于图层的透明（或部分透明）区域。保护所有不透明的像素。

清除。 在该模式下，绘画工具或 Fill（填充）命令扮演着橡皮擦的角色，可以让颜色变成透明色。

下面讲解变暗的 4 种混合模式，但是在某些情况下，仅混合色会变暗。在这些模式下，**白色是中性色**，也就是说，白色不影响下方的图像。

变暗。 该模式会将上方图层的各个像素与下方的同一像素比较，并逐一进行通道之间的比较。也就是说，它只同时比较两个 Red 通道、Blue 通道和 Green 通道，在各种情形下**仅选择更暗的那个通道分量**，并使用这些分量来混合效果色。因此，结果有可能是不同于混合色或基色的第 3 种颜色。

Darken（变暗）

Multiply（正片叠底）

Color Burn（颜色加深）

Linear Burn（线性加深）

Darker Color（更深的颜色）

正片叠底。在该模式中，白色颜料或上方图层的所有白色部分对下方图层不产生任何影响。颜色会让下方图像变暗，其中深色变暗的效果最明显。Multiply 模式应用的好处是应用不会完全消除下方图层阴影区域颜色的阴影，在颜色上绘制线稿或者在线稿上添加颜色，参见第 389 页的"在钢笔画上绘制水彩画"。Multiply 模式也可以提高严重褪色照片的浓度，参见第 285 页的"色调及颜色调整"。

颜色加深。该模式依次对通道进行操作，并会在加深时提高下方图像的颜色浓度。混合颜色越深，对下方图像的影响效果越显著。也正因为如此，将图像与图像副本进行混合时，合成变换仅会略微更改光线的颜色以及高光，但是会让接近中间调的值显著变深。这使得 Color Burn 可以在非常低的不透明度值下得到一个理想的混合效果——例如，在不消除高光的前提下，可以使用该模式为肖像中的苍白嘴唇上色、提高清晰度。相关实例参见第 316 页的"换妆术"。

线性加深。该模式可通过减少亮度分量来加深下方图层效果。Linear Burn 在提高清晰度方面表现良好，例如，表现碧空如洗、浮云半卷的画面。Linear Burn 模式对云朵黑色的边缘加深的作用要强于 Multiply，让边缘看上去更具立体感。Linear Burn 对颜色浓度的加深作用不如 Color Burn。

深色。Photoshop CS3 中新增的 Darker Color（更深的颜色）会对混合颜色像素和基色像素进行比较，并使用总体来说更深的颜色。最终，每个像素既是混合色又是基色。用户无法像使用 Darken（加深）模式那样获得第三种颜色。

下面讲解的是变亮的 4 种混合模式，但是在某些情况下，仅上方图层或绘画会变亮。在这些模式下，黑色是中性色，也就是说，黑色不影响下方的图像。

变亮。与 Darken（变暗）模式相似，Lighten 模式会**将上方图层的各个像素与下方的同一像素进行比较**，并逐一进行通道之间的比较。它会选择各个通道中更亮的通道分量来生成效果色，因而其也与混合色或基色不同。与 Screen（滤色）模式不同的是，当图像与图像自身发生混合时，Lighten 不产生任何影响效果。与 Darken 模式相似，Lighten（变亮）模式可以得到精密的混合效果以及更自然的纹理外观。

变亮的模式（黑色不受影响）

Lighten（变亮）

Screen（滤色）

Color Dodge（颜色减淡）

Linear Dodge（线性减淡）

Lighter Color（更浅的颜色）

仅作用于图层组的混合模式

Pass Through（穿透）是图层组的默认模式，它允许组中的每个图层在作用于组下方图层时保持自己的混合模式。如果为组选择其他混合模式，那么图层组（含各自单独的混合模式）就好比合并成了一个图层，且组混合模式只作用于这个合并后的图层。将 Pass Through 模式切换到 Normal（正常）模式可以让调整图层的影响"局部化"，即仅作用于组内。

知识链接

▼ 图层组
第 582 页

滤色。Multiply（正片叠底）的搭档——Screen（滤色）与叠加有色聚光灯非常相似。结果就是合成图像变亮了。Screen（滤色）模式在为**图像应用高光**效果或者加亮图像与图像副本混合后变暗的效果时表现良好。

颜色减淡。该模式会产生**加亮**的效果，**让颜色看起来更鲜艳**。浅色要比深色亮很多，因此该模式下的对比度要高于 Screen 模式。在低不透明度下，Color Dodge 可以通过提高颜色浓度、加强对比度来达到让画中肖像眼睛产生炯炯有神、眼光如炬的效果。相关实例参见第 316 页的"换妆术"。

线性减淡。Linear Burn 的搭档——Linear Dodge 可用来增加亮度。它**对图像中最浅颜色的加亮效果要强于 Screen 模式，但是比 Color Dodge 的效果更均匀**。

浅色。在 Photoshop CS3 中新增的 Lighter Color（更浅的颜色），**对混合色像素和基色像素进行对比，并使用总体来说更亮的颜色**作为效果色。每个像素都既是混合色又是基色。用户无法像使用 Lighten（变亮）模式那样获得第三种颜色。

接下来的 7 种混合模式会以不同的方法提高对比度。在这些模式下，**50% 的灰不受影响**。

叠加、柔光和强光。Overlay（叠加）、Soft Light（柔光）和 Hard Light（强光）提供了 3 种不同的 Multiply 与 Screen 的复杂组合。这 3 种模式均可以提高对比度。在三种模式中，**Soft Light** 对昏暗的阴影和明亮的高光的影响最小，而 **Hard Light** 的影响最大，Overlay 的影响居中。相比于**减淡**工具和**加深**工具，对 50% 灰的填充图层应用 Overlay 或 Soft Light 模式更容易得到理想的效果，并且操作更灵活。在低不透明度下，使用黑色或白色绘制图层可以减淡或加深部分区域以平衡光线效果，让图像看起更清晰，实例参见第 339 页。

亮光。该模式可基于通道依次进行加深和减淡。叠加颜色与 50% 亮度相差越大，对比度越高。当不透明度等于 100% 或接近 100% 时，Vivid Light（亮光）与 Linear Light 均可以生成颇具现代感的图像图层混合效果。尝试使用不透明度减少后的 Vivid Light 或 Linear Light，查看日出和日落时天空所显示的颜色，第 341 页提供了实例。

Overlay（叠加）

Soft Light（柔光）

Hard Light（强光）

Vivid Light（亮光）

Linear Light（线性光）

Pin Light（点光）

Hard Mix（实色混合）

线性光。Linear Light（线性光）与 Vivid Light（亮光）相似，但是它并不会极端地增加对比度。因此，Linear Light 生成的**对比度更柔和、变换更平缓**。

点光。Pin Light（点光）是 Lighten 和 Darken 的复杂组合体。与这些模式相同的是，它按通道依次对比混合色和基本色。对于各个通道而言，如果混合色变亮了，那么它会把基本色调亮以生成最终的通道。如果混合色变暗，它则会把基本色调暗。如果在特定通道中，混合色越接近 50%，那么它对该通道的作用就越不明显。与 Lighten 和 Darken 相似的是，Pin Light 在图像与自身发生混合时无效（如页面左侧）。但是它可以为混合图像图层提供某种相当柔和的效果，或者是用作图层样式中的一种混合模式。

实色混合。该模式将会对图像的每个通道应用一个 Threshold（阈值）滤镜。当不透明度为 100% 时，图像图层与其他图层（或自身）混合的效果是对最终图像进行色调分离，但是最终的颜色与 Posterize（色调分离）图层生成的颜色不一样。在另一种情况下，即不透明度值很低时，对图像图层副本应用 Hard Mix 可以均匀提高"阴影－中间调－高光"范围内的对比度。而其他的可提高对比度的模式对阴影和高光的作用要强于对中间调的作用。

在接下来的两种模式中，**黑色是中性色**，无影响，**白色**会对下方的颜色**反相**，生成对比色。除了一些非常实际的应用外，这两种模式还可以用来创建特殊的效果。

差值。该模式可以通过复杂的运算来对比上下图层的颜色。**如果像素颜色无差值，那么便得到黑色**。在颜色存在差值之处，差值会产生强烈的甚至是让人为之一震的颜色。因为该模式可以显示出两幅图像间的所有的差值，所以可以用于对齐平板扫描仪无法一次扫描成像的图像，或者用于拼合那些残损的图像。另外，它还可以用于查看添加调整图层或智能滤镜后的差异：应用调整图层或智能滤镜，并根据喜好进行更改，然后临时将更改后的图层模式设置为 Difference。差值会通过颜色表明，纯黑意味着无差值。

Difference（差值）

Exclusion（排除）

应用颜色属性模式

Hue（色相）

Saturation（饱和度）

Color（颜色）

Luminosity（亮度）

排除。该模式与 Difference 模式的共同之处是黑色无效果，白色可以生成对比色。在高不透明度值下，Exclusion 模式可以用于将图像与图像自身进行混合来生成类似于执行 Filter（滤镜）> Stylize（风格化）> Solarize（曝光过度）命令产生的效果（参见附录 A），但是更浅、更柔和。在低不透明度值下，**Exclusion 模式下的副本图层的对比度和饱和度会降低**。Exclusion 模式和 Difference 模式的另一有趣用法是，其可为黑色和白色图形添加颜色，如第 187 页所示。

最后 4 种模式可应用 3 个颜色属性（**色相、饱和度和亮度/明度**）中的一个或两个，没有中性混合色。色相、饱和度和亮度模式只能应用于 3 个颜色属性中的一个。而 Color 模式则可以应用于 3 个颜色属性中的两个（色相和饱和度）。当同一图像的两个副本分层放置时，这 4 种模式均不会产生变换。

色相。该模式**可以在不改变颜色浓度或者中性色抑或深浅的情况下变换颜色**。如果基本色是黑色、白色或灰色，那么 Hue 模式将不起作用，因为这些颜色没有色相可以更改。

饱和度。在该模式下，**混合颜色的饱和度会成为效果色的饱和度**。中性混合色会使下方颜色呈中性，更强的混合色则会提高下方颜色的强度，但是它们均不会更改颜色的色相或明暗。Saturation 模式不会影响下方的黑色或白色。

颜色。在该模式下，上方颜色的**色相和饱和度会替换下方颜色的相应值**，但明暗细节仍旧不变。下方的黑色和白色不会发生改变。

亮度。如果仅需将纹理、图形或灰度图像中的**明暗信息转换到下方图像上**而不改变其颜色，那么便可以使用 Luminosity（亮度）模式。它也可以用于锐化：复制图像图层，对副本应用 Unsharp Mask（USM 锐化）滤镜，并将锐化后的图层设置为 Luminosity 模式，以减少滤镜产生的颜色变换。

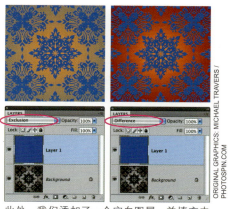
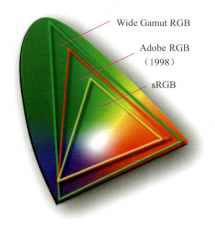

不同的 RGB 工作空间其可显示或打印的**色域**或颜色范围也不同。例如,Adobe 公司推荐的、在 Color Settings (颜色设置)对话框中作为 Web/Internet Setting (Web/Internet 设置)一部分的 sRGB 空间,要比为 Photoshop 打印文件推荐的 Adobe RGB (1998)颜色空间小。位于 Color Settings (颜色设置)对话框中 RGB 选项下拉列表中的 Wide Gamut RGB 颜色空间更大。单击 Color Settings 对话框中的 More Options (更多选项)按钮查看包含 Wide Gamut RGB 和其他选项在内的展开列表。

获取一致的颜色

造成屏幕显示与打印颜色有别的原因 3 个:第一,因为显示器颜色是发光的,所以比打印颜色要亮;第二,RGB 与 CMYK 的可显示或可打印的色域或颜色范围不同,并非所有能在屏幕上显示的颜色都能打印,反之亦然;第三,将 RGB 颜色转换为 CMYK 打印时,三原色将转换为使用黑色替代青色、洋红和黄色生成的混合色的四原色系统——而正是因为有了这第四种原色,才使得在 CMYK 系统中存在多种替代特定 RGB 颜色的方法,而又因为油墨颜料相互影响的方式,使得所有方法调制出来的颜色均存在着些许差异。最后,因为打印的方法各异,加之纸张和油墨的差异导致最终的打印效果不同。

颜色管理

不仅屏幕色与打印色存在着差异,不同的扫描仪和数码相机记录颜色的方式以及显示器显示颜色的方式也千差万别。不同类型的输入和显示设备作用于不同的颜色空间或 RGB 完整颜色范围的子集。为了补偿颜色空间的可变性,Photoshop 提供了一个颜色管理系统以进行设置和打印过程间颜色的精确转换。用户可以在 Color Settings (颜色设置)对话框(Shift+Ctrl/⌘+K)中选择一种能达成输入到输出的颜色一致性的 Photoshop 配置方式。

在理想状态下,每一个计算机图形系统的所有组成均已按照全球基准进行了校正,并随时保持一致,且有一个通用的 ICC 配置文件——Photoshop 内置的十分优秀的颜色管理系统。在这样的状态下,不管使用哪种设备或图形软件显示或打印 Photoshop 文档颜色都会保持一致性。但实际运用中并不能达到理想的状态。(ICC 配置文件是一个根据国际标准设计的用于帮助精确复制颜色的组件颜色特征。)▼

知识链接
▼ CIE Lab 标准
第 163 页

一些 Photoshop 使用者尤其是设计师或摄影师工作都很独立,他们**不需要在创建 Photoshop 文档时共享文档**,因此他们会在 Color Settings (颜色设置)对话框的 Color ManagementPolicies (色彩管理方案)选项组中选择 Off (关)

Adobe Creative Suites 中的 Bridge 可以用来调整 Color Settings（颜色设置），保证 Suite 中的所有程序都使用同一设置。上图所示的是颜色空间选项的展开列表。

选项。该选项可避免文件从其他不含相同颜色管理功能的图形软件中导入或导出时让操作变得更复杂化，例如很多 Web 页面应用程序——HTML 编辑器，或者视频编辑软件。但是在执行 File（文件）> Save As（存储为）菜单命令保存文件时也可以包含正在使用的颜色空间信息，这样一来，将更有助于工作流程中下一使用者接着操作或者自己继续操作。

另一方面，如果工作流程需要从一个系统转入其他系统或者转入 Creative 工作进程的不同平台，那么便有必要在该工作组中采用一个颜色管理系统并且共享该配置文件。设置和使用颜色管理系统还包括为每个扫描仪、数码相机、显示器以及输出设备（针对不同的分辨率和纸张有不同的设置）查找或创建 ICC 配置文件；保持工作流程中的每个组件均已校准以便 ICC 配置文件可用于该组件。

为保持 Photoshop 和其他 Adobe Creative Suite 应用程序颜色的一致性，用户可对它们的颜色设置进行同步。首先，进入 Bridge [单击 Photoshop 的 Options（选项）栏中的 Go to Bridge（转到 Bridge）按钮]。在 Bridge 中执行 Edit（编辑）>Creative Suite Color Settings 菜单命令。在 Suite Color Settings 对话框（如左栏所示）的列表中选择，或者勾选 Show Expanded List of Color Settings Files，抑或是单击 Show Saved Color Settings Files 按钮。最后，单击 Apply（应用）按钮。

个人颜色环境

为了获取一致的颜色，不但要稳定显示器的状态，还要衡定照明环境，因为照明条件的更改也会引起颜色的视觉效果。以下是一些防止环境颜色干扰屏幕颜色的方法：

- 如果在使用 Photoshop 进行操作时可以看见计算机桌面，那么将桌面设置成中性色（最好使用中性灰）而非明亮的颜色，并不要设置眩目的桌面背景。

- 让房间的灯光位于显示器的上方或后部，将它的光线调弱并始终保持一定的亮度。如果房间的光源可调，那么请在手柄和基座处做好标记，以便可以随时将光源调至同一亮度。

用户可以使用 Mac OS X 内置的 Display Calibrator Assistant（显示器校准程序助理）完成为显示器创建颜色配置文件的过程。

诸如 ColorValet 这样的生成配置文件设备可以为用户挑选打印、传输的文件以及设备,并生成配置文件。

在 Color Settings 对话框中勾选 Ask When Opening 选项,在打开(或从文件中进行复制粘贴)一个含有不同于当前工作空间的嵌入配置文件的文件时,用户可以选择使用该嵌入配置文件。只要文件的嵌入配置文件与 Color Settings(颜色设置)对话框中选择的颜色模式不一致,Photoshop 就会在文档标题栏中放置一个星号(例如,RGB/8*)作为区别提示。

- 如果计算机屏幕有反射,身后的墙面应刷成中性色,上面不要张贴颜色鲜艳的海报或其他图画。在进行与颜色相关的工作时要身穿中性色服装,以便让服装与屏幕间的颜色反射最小化。

校准并定制显示器

为了让计算机显示器显示一致的颜色——以便让今天在屏幕上显示的文件与上个星期以及下个星期显示的效果相同,显示器必须实行周期性的校准,以便它与设置标准相符。一些显示器自带了特定的校准软件。如果显示器没有自带校准软件,那么就需要使用一种可以用来调整显示器,或者在软件生成一个描述显示器当前显示颜色方式的配置文件前,告知用户哪些设置需要手动调整,以便用户手动调整的"硬件—软件"组合包(色度计)。那样,颜色管理系统便可以在显示器和不同输入和输出设置中精确地转换颜色了。

如果不使用色度计,那可以使用软件来校准和配置显示器。即便结果带有主观色彩,但是对个人使用而言已经足够了。在 Mac 中,在 Apple 菜单中选择 System Preferences(系统预置),单击 Displays(显示器),然后单击 Color(颜色)标签,再单击 Calibrate(校准)按钮也可以打开一个**显示校准器**界面。这一程序可以使用厂商校准设置来校准显示器,并为特定设备创建配置文件。此外,也有针对不同版本的可运行 Photoshop CS3 或 CS4 的 Windows 的校准设备。

对工作流程进行"颜色管理"

校准显示器并创建好配置文件后,一致性颜色管理中涉及工作流程中的其他设置——例如扫描仪、用于校样的桌面彩色打印机也需要校准,至少要具备 ICC 兼容的配置文件,这样一来,颜色才能精确地从一台设备转到另一台设备。扫描仪或打印机(以及打印纸)可能与设备制造商创建的配置文件相差甚远,并且没有一种简便的能达成设备与配置文件一致性的方法。所以相对而言一种较好的解决方案就是为特定的扫描仪和打印机生成自定配置文件。另一种选择就是购买一台像 ColorValet(www.chromix.com/colorvalet)这样能生成配置文件的设备,它可以提供坚实的保证。

该屏幕快照显示的是，勾选 Embedded Profile Mismatch 对话框中的 Use embedded profile（而非工作区）选项时打开看到的效果。这张照片是用数码相机拍摄的，其中嵌入了 sRGB IEC61966-2.1 配置文件。Photoshop 为我们显示的是摄影师在 sRGB 颜色空间操作时所看到的图像效果。不过，只有显示效果转换了，颜色数据并未受到影响。可以执行 Edit（编辑）>Convert to Profile（转换到配置文件）菜单命令，选择 Adobe RGB (1998)，当前的工作颜色空间，这一操作可以更改文件中的颜色数据而不会改变文件在屏幕上的显示。如果选择 Embedded Profile Mismatch 对话框中的 Convert document's colors to the working space 选项也可以一步完成转换操作，不过使用我们所选的方法，可以先看到图像的效果然后再决定是否进行转换。

该屏幕快照显示的是，勾选 Embedded Profile Mismatch 对话框中的 Discard the embedded profile（没有颜色管理）复选框时，同一文件所显示的效果。当忽略配置文件并假定文件的颜色数据产生于当前的工作颜色空间时，原始颜色空间为 sRGB IEC61966-2.1 的该图像饱和度更高，明暗对比更强。如果要从摄影师所看到的图像效果着手并继续进行更改，我们在此幅图像上的操作要比在上幅图上的操作多。

颜色设置

在 Color Settings 对话框中，用户可以为生成一种能最广泛应用于屏幕、打印工作流程中的一致颜色选择一个预定义的颜色管理选项。执行 Edit（编辑）> Color Settings 菜单命令打开 Color Settings 对话框。每个设置都既可以按默认值使用，也可以进行修改。Adobe 推荐用户勾选所有的 Ask When Opening（打开时询问）复选框（如第 191 页所示），以便在打开那些没有嵌入配置文件或者打开文件与颜色设置对话框中设置的工作颜色空间不匹配时，能发出警告。

指定或转换为配置文件

假设打开了一个工作颜色空间中的文件——而不是当前正在使用的。如果参照 Adobe 推荐开启了所有 Ask When Opening（打开时询问）复选框，那么视文件是否具有内嵌的配置文件，会分别发生以下情况：

含嵌入配置文件。如果文件嵌入了一个与工作空间不同的颜色配置文件，则会出现 Embedded Profile Mismatch（**嵌入配置文件不匹配**）对话框（如第 189 页所示）。Adobe 推荐勾选 Use the embedded profile (instead of the working space) 打开该文件。使用嵌入配置文件的好处在于，用户可对与来源显示一致的图像进行图像编辑。此时，你可以决定是否继续使用"外来"配置文件（例如，如果不进行太多的编辑，则无须要求显示器提供精确的预览，文件回到原始系统时不会出错），或者执行 Edit>Convert to Profile（转换成配置文件）菜单命令将文件转换成自己的 RGB 工作空间。

不含嵌入配置文件。相反，如果文件中未嵌入颜色配置文件——文件创制者或许在保存文件时没有设置软件进行配置文件的嵌入，抑或是图像可能是用无法嵌入配置文件信息的扫描仪获得的——Photoshop 无法知道如何显示来源所期望的颜色。这种情况下，Photoshop 会弹出 Missing Profile（**配置文件丢失**）对话框。对话框中的选项描述如下：

- 如果你非常了解原文件的工作空间（例如你的朋友总是在 Apple RGB 空间下工作，或者某款相机的照片大多数都是 sRGB），那么便可以选择 Assign profile（**指定配置文件**）单选按钮。该选项会在显示器上更改文件外观，以便显

颜色设置对话框

单击Color Settings（颜色设置）对话框中的Options（选项）按钮，可以找到管理颜色的多个选项。此处的选择将影响执行View（视图）菜单下的Gamut Warning（色域警告）或者Proof Colors（校样颜色）命令时的效果。

Adobe推荐使用能对创建图像的输出程序进行最佳描述效果的设置——通常是Web/Internet，或者区域性的General Purpose或Prepress Defaults（印前默认）。之后可以更改个人Working Spaces（工作空间）以与实际工作流程相匹配。例如，可以根据用于完成特定工作的打印机提供的自定义CMYK Setup设置来更改CMYK工作空间。该打印机还可能为黑白打印模式或专色打印模式提供Custom Dot Gain（自定义网点增益）设置。一旦在Color Settings中进行了相关的设置，Settings（设置）项将更改为**Custom（自定义）**，如图所示。

在Adobe Bridge中执行Edit>Creative Suite Color Settings菜单命令，Color Settings对话框将提示当前颜色设置与Creative Suite中所有程序相同。

单击More Options（更多选项）按钮，可以创建或载入弹出的Working Spaces（工作空间）菜单所列之外的配置文件。在Settings菜单中选择Custom或单击Load（载入）按钮。

单击Save（存储）按钮，可以保存不同的Color Settings首选项，以满足不同的工作需要。之后便可以在需要时载入这些设置。

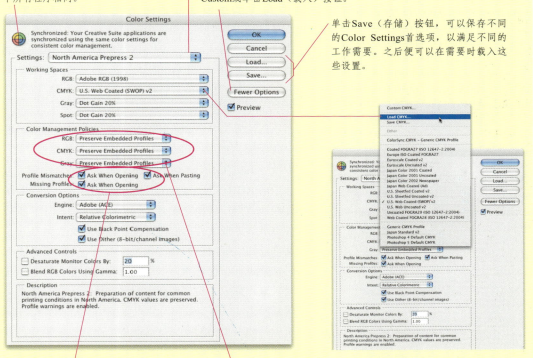

如果遵循Adobe的推荐勾选Ask When Opening（打开时询问）复选框，那么在打开文件或者粘贴对象（该对象的配置文件与当前工作空间不匹配）时，便可以覆盖Color Management Policies（颜色管理方案）。

如果不勾选Ask When Opening（打开时询问）复选框，那么用户选择的Color Management Policies（颜色管理方案）将决定在打开无嵌入配置文件或配置文件与当前工作空间不符的文件时如何提示。

在CMYK Working Spaces（CMYK工作空间）下拉列表中选择Custom选项，将打开Custom Setup对话框。在该对话框中可以选择Separation Options（分色选项）。如果不选择Custom，那么可以选择Load CMYK（载入CMYK）来载入一个CMYK配置文件——例如，用于完成特定工作的打印机提供的配置文件。

使用 Edit（编辑）菜单中的 Assign Profile（指定配置文件）命令（如 A 所示）而不在打开文件时的 Missing Profile（配置文件丢失）对话框中进行指定的一个好处在于，勾选 Assign Profile（指定配置文件）对话框中的 Preview（预览）选项（如 B 所示），同时使用该命令可以在确定配置文件指定时对文件的更改进行预览。

示文件在原工作空间中的样子。这一好处在于，你可以对与来源显示一致的图像进行图像编辑。

- 如果在 Missing Profile（配置文件丢失）对话框中选择 Leave as is (don't color manage)［保持原样（不做色彩管理）］或者 Assign working RGB（指定 RGB 模式），那么颜色信息会按当前工作颜色空间进行转换显示。例如，在 Adobe 1998 工作空间里打开的 sRGB 文件比在其被创作的系统中看上去要"热"（明暗差别更强烈且更饱和）。因此，用户将对图像进行更多的编辑，如处理增加的对比度和饱和度以及任何所需的改动。

无论是从 Missing Profile 对话框中选择工作空间，还是选择 Leave as is (don't color manage)，一旦打开文件，都可以使用更为灵活的 Edit> Assign Profile 菜单命令。即便无法判断出文件的源工作空间，也可以通过 Assign Profile 命令保存工作。执行 Edit > Assign Profile 菜单命令打开 Assign Profile 对话框，与 Embedded Profile Mismatch（嵌入配置文件不匹配）或 Missing Profile 对话框不同的是，Assign Profile 对话框在 Profile（配置）菜单中对不同的颜色配置文件进行检查，查看不同配置文件会如何影响文件在屏幕中的显示，进而找到一种能提高图像在屏幕中显示效果的配置文件。接下来，可以执行 Edit>Convert to Profile 菜单命令将文件转换为当前工作中的 RGB 空间。Convert to Profile 命令会更改文件中的实际颜色数据。转换完配置文件后，还需要执行一些必要的操作以继续完成文件的制作，接着在保存文件时嵌入工作配置文件以随时使用。如此，该文件的下一个使用者便不需要再对文件进行试探性操作以查找适宜的配置文件，因为你已经通过嵌入完成了为文件指定配置文件的工作。如果文件要上传到网上（仅有少数浏览器可以使用 ICC 配置文件信息），或用于其他不使用配置文件的地方，在完成编辑后，可复制图像并将副本转换成 sRGB 模式。同样，图像会保持不变但是颜色数据会发生变化，这样图像在 sRGB 系统中的显示会跟你所期望的相一致，在保存该副本的时候嵌入该配置文件。

进行RGB到CMYK的转换

在打印之前，绝大多数情况下都需要将图像转换为 CMYK 油墨颜色。转换可以在制作图像的几个不同阶段进行：

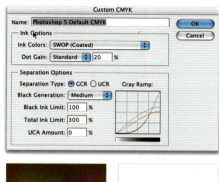

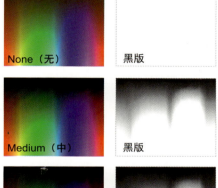

用于将RGB转换为CMYK的参数可以在Custom CMYK（自定CMYK）对话框中自定义（顶图）。Black Generation（黑色产生）选项包含好几个选项。这些选项用于控制黑色油墨以及青色、洋红和黄色混合色对黑色影响的大小。上图所示的是使用CMYK设置对话框中的不同Black Generation（黑色产生）选项将RGB转换为CMYK颜色时的效果。

- 执行 File >New>Mode（模式）：CMYK Color（CMYK 颜色）菜单命令在新建文件时将文件颜色模式设为 CMYK 颜色模式，抑或在扫描时将文件设置为 CMYK。

- 如果是从 RGB 模式开始执行操作的话，可以在操作图像的过程中执行 Image >Mode >CMYK Color 菜单命令来完成等同于在 Color Settings（颜色设置）对话框中进行的从 RGB 工作空间到 CMYK 工作空间的转换。另外，还可以执行 Image >Mode > Convert to Profile 菜单命令，例如选择 CMYK，以匹配印刷设备的配置文件。不过，一旦进行了转换，则无法通过执行 Image >Mode>RGB Color（RGB 颜色）恢复到原始的 RGB 颜色。如果效果不理想，可以在转换前按 Ctrl/⌘ +Z 键还原或者通过 History（历史记录）面板回到先前的历史状态或快照，▼抑或执行 File >Revert（还原）菜单命令返回上次保存的文件状态。

知识链接
▼ 使用历史记录面板
第 30 页

- 可以保持文件的 RGB 颜色模式直到将其导入排版软件或色分仪时（用于印刷）。通常，在进行桌面打印时，打印机驱动会自动将 RGB 文档转换为它使用的 CMYK 油墨。

如何判定哪个选项是将 RGB 转换为 CMYK 的最佳选择呢？以下列举的便是一些判定技巧：

- **从始至终使用 CMYK 颜色模式的好处就是**可以最大限度地防止颜色改变，因为它可以在整个操作过程中将图像限定在打印色域范围内。但是，如果在 CMYK 模式下工作，打印规格发生了改变（例如，要选用不同的纸张），那么之前选定的 CMYK 工作空间便不能再应用。

- 在RGB模式下操作，不到最后一刻不进行CMYK转换，这样可以得到理想的屏幕显示颜色。之后，借助Hue/ Saturation（色相/饱和度）、Selective Color（可选颜色）、Levels（色阶）和Curves（曲线）调整图层将色域外的颜色转换成与源颜色尽可能接近的CMYK替换色。

- 在RGB模式下操作的另一个优点就是Photoshop的一些精细功能[如Black & White（黑白）和Vibrance（自然饱和度）调整]以及Filter（滤镜）菜单中的半数滤镜都不能作用于CMYK模式文件。

- 当 Photoshop 的 Proof Color（校样颜色）和 Gamut Warning（色域警告）可用时，最好能在 RGB 模式下工作，并在第二个窗口中预览 CMYK 效果。执行 Window（窗口）>Arrange（排列）>New Window for <filename>（文件名）菜单命令，再执行 View（视图）>Proof Setup（校样设置）>Working CMYK（工作 CMYK）菜单命令。在操作的最后过程中真正进行 RGB 到 CMYK 的转换。抑或可以只在一个窗口中操作，并在需要时按 Ctrl/⌘+Y 键在 RGB 和 CMYK 预览窗口中来回切换。

- 从所有操作的转换过程中退出。如果使用的商业打印机有一个单独的、能在特殊打印环境下进行完美的"RGB 到 CMYK"转换的设备，那么在这种情况下，用户只需仔细检查打印机的校样，而无须耗费大量时间和气力进行 RGB 到 CMYK 的转换设置（不过费用会稍微高一些）。

不管在何时进行转换，Photoshop 的 Color Settings（颜色设置）对话框中支持设置的规格以及配置文件都会对最终效果产生影响。*Wow!*

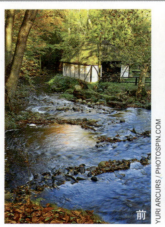
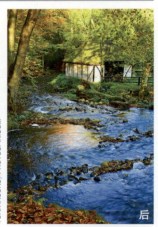
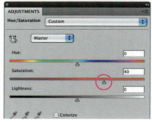

YURI ARCURS / PHOTOSPIN.COM

前　后

查看并混合通道

文档是真实的，而Photoshop扮演了清理的角色。艺术家兼作家Sharon Steuer 面临了一个要再现一份1937年的报纸原貌的挑战。该报纸被粘在一块板上，并覆上了一块柔软的、酸性膜。Sharon Steuer先是扫描了该报纸，然后着手查找一个干净的通道，并将其作为坏损、褪色文件的复原起始点。

知识链接

▼ 从 RGB 转换到 CMYK
第 192 页

▼ 颜色设置
第 190 页

1 该报纸是有关Hearst出版的报纸《New York American》在一场诽谤诉讼中胜诉的一篇报道。

以RGB模式进行扫描后，William Randolph Hearst为律师亲笔题写的祝辞看上去还不算太差，但是胶水已经渗过报纸产生了明显的纹样，某些地方甚至还透出了背面的文字。

2 Sharon单独观察了红、绿和蓝通道的通道缩览图，从中挑选了相对而言比较干净的通道开始进行修复。她执行Image（图像）>Duplicate（复制）菜单命令，复制一个文件副本来进行试验。

Red（红）、Green（绿）和Blue（蓝）通道内都有明显的污点。

3 接下来，Sharon把副本转换为CMYK模式▼，以查看是否生成了更为理想的通道图像。图像从RGB模式转换为CMYK模式的结果完全取决于CMYK的工作空间和意图。（针对某些意图，要尽可能保留更多的原色，其他意图只需保留颜色之间的关系，尽管这意味着改变更多的颜色。）▼在Color Setting对话框中勾选Advanced Mode（高级模式）选项，同样设置好工作空间和意图，单击OK按钮确认。之后执行Image>Mode>CMYK Color完成模式转换操作，并查看转换效果。接着按Ctrl/⌘+Z键返回原来的模式，尝试其他设置，并且再次进行转换工作，直到得到一个净洁的通道为止。

在 Color Settings 对话框中，为 CMYK 的 Working Space 选择 US Web Coated (SWOP) v2 选项，将 Intent 设置为 Perceptual（可感知），将产生一个带少许纹纹效果的 Cyan 通道。

4 Sharon通过Cyan（青）通道创建了一个新的CMYK文件。方法之一就是在Channels面板中单击通道的名称，仅显示该通道，按Ctrl/⌘+A键全选，然后按Ctrl/⌘+C键复制图像。按Ctrl/⌘+N键打开New File对话框，并在Mode下拉列表中选择RGB或者CMYK颜色，再单击OK按钮创建一个新的文件，然后按Ctrl/⌘+V键粘贴。之后，又新建了一个Levels调整图层，分别针对各个Cyan、Magenta（洋红）和Yellow（黄）通道调整Input Levels滑块，提高对比度且增加色彩。在Multiply模式下将一些Levels图层的副本堆叠起来，以使铅字变暗。为了修复问题特别严重的区域，又添加了一些Levels图层，还使用了混合模式和图层蒙版。

修复后的Hearst.psd放在本书光盘的Wow Goodies文件夹中。

渐变

第 174 页已经介绍了 Photoshop 中异常丰富的渐变功能。作为对前面介绍的补充，在接下来的 4 页中将通过分析文件和重建渐变来说明在实际应用中如何使用渐变功能。

可以通过工具箱 A 中的 Gradient（渐变）工具▢ 或单击 Layers（图层）面板下方的 Add a layer style（添加图层样式）按钮 𝒇𝒙 选择一种 Layer Style（图层样式），抑或通过单击 Create new fill or adjustment layer（创建新的填充或调整图层）按钮◑ C 使用 Gradient Fill（渐变填充）图层或 Gradient Map（渐变映射）图层来应用渐变。

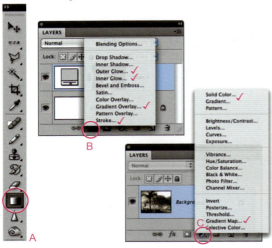

本节的部分实例使用了本书光盘中提供的 Wow-Gradients。通过单击 Photoshop 中任意一个渐变色板面板上的 ▾≡ 按钮并且从弹出的快捷菜单中选择要载入的 Wow 预置 ▾ 即可。如果还没有载入光盘中的 Wow-Gradients，也就是说弹出的快捷菜单中没有 Wow-Gradients，则可以参照本"练习"小节加载所需渐变——在弹出的快捷菜单中选择 Load Gradients（载入渐变），并且选择 Wow-Exercise.grd 文件，按如下路径找到文件。在加载 Wow Gradients ▾ 之后，这些渐变即可保中存在 Gradient（渐变）面板中，用户可随意使用。

知识链接
▼ 载入 Wow 预设
第 4 页

附书光盘文件路径

🌀 > Wow Project Files > Chapter 4 > Exercising Gradients

定向渐变填充

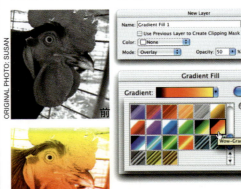

在所有与渐变相关的对话框中，可以更改渐变的几何结构、方向和大小。为了进行相关说明，首先打开一幅 RGB 模式的黑白图像，在 Gradient Fill（渐变填充）图层增加 WOW-GRADIENT 33 效果：在按住 ALT/OPTION 键的同时单击◑ 按钮，选择 Gradient（渐变）命令，按 Alt/Option 键是为了打开 New Layer（新建图层）对话框，如 A 所示，在该对话框中还可以为新建图层设置 Mode（模式）和 Opacity（不透明度）。在 Mode 下拉列表中选择 Overlay（叠加）选项，以便通过渐变为图像上色并提高对比度，单击 OK 按钮。在 Gradient Fill（渐变填充）对话框中单击渐变预览栏右侧的三角形按钮，打开 Gradient（渐变）色板，如 B 所示。双击 Wow-Gradient 33 样本——第一击用于选择渐变类型，如 C 所示，第二击则用于关闭当前面板。将 Style（样式）设置为 Radial（径向），将光标移至图像工作窗口——此时光标将变成 Move Tool（移动工具 ▶✛），拖动光标将渐变中心移至公鸡的眼睛处，如 D 和 E 所示。图像右下边角仍处于无色状态，但是可以通过提高 Scale（缩放）参数的数值来增加颜色的覆盖范围。单击 OK 并调整图层的 Opacity，此处将其设置为 65%。

🌀 **Chicken Gradient.psd, Wow-Exercising.grd**

更改颜色渐变

前

后

SUSAN HELLER

Gradient Map（渐变映射）是一个由暗到亮的颜色渐变（例如 Wow-Gradient 32、33 和 34），它可以在为照片添加颜色的同时保留该照片的一些原始色调。此处以一张仅带少量颜色的图像举例说明——如果愿意，也可以使用颜色丰富的照片。添加一个灿烂的黄昏：单击 Layers（图层）面板底部的 Create new fill or adjustment layer（创建新的填充或调整图层）按钮 ◑（或打开 Adjustments 面板），并选择 Gradient Map（渐变映射）命令。如 A 所示，在 Gradient Map 对话框中选择一个渐变——采用与左栏介绍的 Gradient Fill（渐变填充）相同的方法，即打开面板并双击 Wow-Gradient 33 样本。在 Gradient Map 对话框中通过单击渐变预览栏打开 Gradient Editor(渐变编辑器)，查看 Gradient Editor 对话框中的扩展渐变预览栏，如 B 和 C 所示。通过加强红色来强化人物和缆车的轮廓感，"重新映射"红色以使红色不能对深色区域进行上色：向右拖动红色色标，让它远离黑色色标，直到红—橙—黄平衡大大改观，再往回稍微拖动色块，如 D 所示。为了用更多的黑色替代阴影中的红色，而同时不影响红—橙—黄平衡，还可以将黑—红色条中间的菱形拖动到右侧，如 E 所示。

 Sunset Gradient.psd, Wow-Exercising.grd

杂色渐变

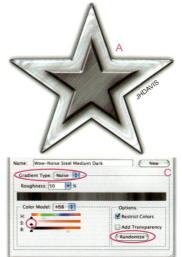

A

JHDAVIS

B

C

大多数 Wow Gradients 是 Solid（**实底**）类型，但 Wow Gradients 19 ~ 26 是 Noise（**杂色**）渐变。为了增强金属的条纹感，可以在 Gradient Overlay（渐变叠加）中对两个五角星采用 Noise（杂色）渐变，如 A 所示。首先查看第一个渐变效果：在 Layers（图层）面板中双击小五角星图层 Effects（效果）列表中的 Gradient Overlay（渐变叠加）选项，如 B 所示。打开 Layer Style（图层样式）对话框中的 Gradient Overlay（渐变叠加）面板，单击渐变预览栏以打开 Gradient Editor（渐变编辑器）对话框，如 C 所示。

移动 Noise（杂色）渐变的 Color Model（颜色模型）滑块即可设置渐变的可用颜色范围，但是渐变色的范围更窄。在 HSB Color Mode（HSB 颜色模型）下将 Saturation（饱和度）滑块移至最左侧，删除所有颜色以得到灰色渐变。由于 Saturation（饱和度）为 0，所以 Hue（色相）范围将不起作用。我们设置了相当广的 Brightness（亮度）范围。将 Roughness（粗糙度）设置为 50%，这样条纹将变得很清楚，但是不会过于锐化。高的 Roughness 值将使渐变色段更宽、更锐化。我们经常会勾选 Restrict Colors（限制颜色）复选框，这样渐变将不会包括 CMYK 油墨不能打印出来的过饱和的颜色。

下面对大五角星进行 NOISE（杂色）渐变，像处理小五角星那样，双击图层面板上的 GRADIENT OVERLAY（渐变叠加）选项。此处做的工作和刚才介绍过的小五角星的渐变操作几乎完全相同。只是我们将反复单击 RANDOMIZE（随机化）按钮，直到得到满意的效果。

 Star Gradients.psd

渐变和透明

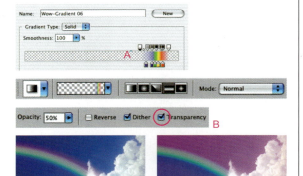

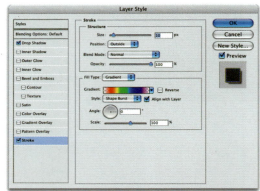

迸发状渐变

Wow Gradients 4 ～ 6 以及 43 ～ 47 拥有内置透明区域。使用 Gradient Editor（渐变编辑）中的 Opacity（不透明度）色标将透明内置于渐变中，如 A 所示。该内置透明将以不同的方式应用于渐变效果：

- 在使用 Gradient（渐变）工具 时，可通过选择 Transparency（透明）复选框来应用或者不应用内置的透明，如 B 所示。
- 在图层样式中应用了渐变的 Gradient Fill（渐变填充）图层和 Gradient（渐变）效果中，没有透明设置的功能，因此不受渐变内置透明的影响。
- Gradient Map（渐变映射）会忽略透明区域，而仅使用色标提供的信息。

上图所示的是 Wow-Gradient 06 彩虹渐变，其内置透明采用的是 Screen（滤色）模式下，Opacity（不透明度）为 50% 的 Gradient（渐变）工具 创建而成。上左图所示的是勾选了 Transparency（透明）复选框的效果，如 C 所示。上右图所示的则是不勾选 Transparency（透明）复选框的效果，渐变的外部颜色扩展填充到了透明区域，如 D 所示。

杂色渐变和透明

为 Noise（杂色）渐变添加透明的操作步骤如下：选择 Gradient Editor（渐变编辑器）右下角的 Add Transparency（增加透明度）复选框可以随机设置透明度变量。但是如果已经根据需要设置了 Noise（杂色）渐变，那么随机透明度将很可能引入比用户需要的多得多的变量。通常在应用杂色渐变时使用图层蒙版更有效果地控制杂色渐变透明度。

Stroke（描边）是 Photoshop 的一种 Layer Styles（图层样式），它可以提供一些令人激动的选项，特别是在为 Fill Type（填充类型）选择 Gradient（渐变）时。与其他部分介绍的渐变一样，此处的渐变同样包括 Linear（线性）、Radial（径向）、Angle（角度）、Reflected（对称的）和 Diamond（菱形）选项，但是还会提供 Shape Burst（迸发状）。Shape Burst 与 Radial（径向）渐变类似，它会自适应对象外形，而不是仅仅从对象中央的点向外辐射。通过调用 Wow-Gradient 05 渐变，即可实现 Shape Burst Gradient Stroke（迸发状渐变描边）效果，将 Position（位置）设置为 Outside（外部）以得到 /inline/outline（线内轮廓）效果。Shape Burst 渐变的其他实例参见第 552 页的"霓虹的轮廓"。

Shape Burst Gradient.psd, Wow-Exercising.grd

从渐变中采样

在 Gradient Editor（渐变编辑器）中**双击色标**即可进行颜色选择——可以从 Select stop color（选择色标颜色）对话框中进行选择，或者通过单击 Swatches（色板）面板或者单击任何打开的 Photoshop 文件中的图像颜色来取色。除了双击之外，用户还可以通过**单击渐变预览栏**进行采样，轻松选择渐变中使用过的颜色。

双色调

从Window（窗口）菜单打开以下面板

- Layers（图层）• Adjustments（调整）

步骤简述
将彩色文件转成Grayscale（灰度）模式，再接着转换为Duotone（双色调）模式•选择一个自定义颜色以使用黑色制作双色调•调整Duotone（双色调）曲线•根据需要对图像进行调整

在大多数双色设计作品中，采用的双色油墨为黑色和一种自定义颜色。在第二种颜色可用的状态下，Photoshop的Duotone（双色调）模式还可以用于在照片中添加能够有效拓展印刷工艺所及的色调范围的强调色。在CMYK油墨的印刷工序中会先使用双色调模式加强色彩效果，接着再将其转换为CMYK（或RGB）模式进行印刷。

认真考量项目。双色调实际上是一种存有特殊印刷信息的灰度图像。可以在Duotone Options（双色调选项）对话框中调整Ink Curves（油墨曲线），之后再改变主意，回到Duotone Options，这时当前的双色调设置并未改变，不过已经做好了改变的准备。在此，先从第二种油墨颜色的精细应用开始，并且逐渐进行更多的着色，参照上图（其他方法参见第203页的"着色效果"和第265页的"对照片进行样式化处理"）。

1a

原始灰度图象

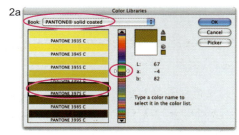

1b

执行 Image（图像）>Mode（模式）>Duotone（双色调）菜单命令，打开 Duotone Options（双色调选项）对话框，并在对话框中为双色操作选择 Duotone（双色调）选项。单击 Load（载入）按钮打开预设 Duotone（双色调）曲线。或者单击 Ink 2（油墨 2）颜色块，然后在打开的对话框中创建自定义双色调颜色。

2a

挑选 Ink 2（油墨 2）的颜色

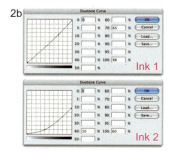

2b

更改 Ink 1（油墨 1）（黑色）和 Ink 2（油墨 2）（金色），使用金色对图像加温并扩展色调范围。

1 转换到双色调模式。Duotone（双色调）模式可以根据图像的色调范围控制两色油墨的印刷量。该控制过程通过调节 Duotone Options（双色调选项）对话框中的 Ink 1 和 Ink 2 曲线进行。用 Grayscale（灰度）文件举例说明，如 1a 所示。如果图像是彩色的，首先将它转换为 Grayscale，▼ 因为 Duotone 模式只能通过 Grayscale 转换。具体操作为执行 Image >Mode >Grayscale 菜单命令。在 Duotone Options 对话框中，如 1b 所示，从 Type 列表中选择 Duotone。为两种颜色设置曲线，如步骤 2，或单击 Load 按钮并选择一个 Adobe 提供的 Duotone 颜色设置，或者选择为该技巧提供的 Wow Warming.ado 预设。

知识链接
▼ 从彩色转换成灰度图像
第 214 页

2 预热照片。双色调曲线的调整如下：保持 Ink 1 为黑色，单击 Ink 2 的色块打开 Color Libraries（颜色库）对话框。（如果打开的是 Color Piker 对话框，则单击它的 Color Libraries 按钮。）在 Color Libraries 对话框的 Book（色库）下拉列表中选择一种色系，如 2a 所示。此处选择 Pantone® Solid Coated，接着将垂直栏上的滑块移至金色范围并单击 Pantone 3975 C 色板，为照片加温。单击 OK 按钮。

选择完油墨颜色后，单击Duotone Options对话框中某个色块的曲线块打开Duotone Curve（双色调曲线）对话框。其中，水平轴代表图像中的色调，从左侧的高光到右侧的 100%阴影。垂直轴代表油墨的浓淡，从底部的无到顶部的 100%覆盖率。因此图表上的点标识了多少浓淡的油墨将被用于特殊色调的印刷。用户可以通过单击曲线添加一个新点（该点总是与垂线对齐）并将该点拖至新的位置，或者直接在13个数值框中键入浓淡值来控制着色。

拖曳鼠标更改曲线可修改颜色方案，而且在调整曲线过程中可以随时观察图像的更改情况。Duotone Options 对话框（如 1b 所示）底部显示了混合油墨颜色的色调覆盖范围。为了巧妙地使用颜色以扩展中间调和阴影的可用色调数目，可以调整曲线以缓慢添加 Ink 2。在浅色中间调中创建仅 10% 的覆盖率，在暗色阴影处创建 60% 的覆盖率。将70%减少到65%，略微减少中间调中黑色（油墨 1）的量，如 2b 所示。单击 OK 按钮，如 2c 所示。（如果要将 Duotone

2c

在2b所显示的设置下，图像以及Duot-one Options（双色调选项）对话框底部的Overprint（压印）预览栏中几乎看不到金色。

3a

3b

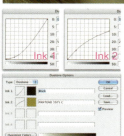

调低黑色曲线并调高油墨2的曲线可以使图像中以及Duo-tone Options（双色调选项）对话框底部的Overprint（压印）预览栏中的颜色更明显。

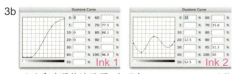

可以手动调整该设置，亦可在Duotone Options（双色调选项）对话框中单击Load（载入）按钮并选择 Wow Duotone FX.ado 进行设置。

Options 对话框中的设置保存为预设以便使用时直接载入，可单击 Save 按钮。可通过执行 Image> Mode > Duotone 菜单命令随时打开它。）

3 着色。 修改曲线得到一种能在着色效果中清晰显示油墨2的设置，或者直接载入Wow Gold Tint.ado设置，在此削弱黑色油墨的作用，将高光和浅色中间调位于色调范围20%处的点的曲线下调到5%。按此方法减少黑色后，在将Ink 2曲线中间部分向上拖动以增加Pantone 3975的作用时，可显示更多的金色。现在可以在图像及Duotone Options对话框底部的Overprint预览栏中看到金色，如 3a 所示。

为生成鲜明的着色效果，可尝试将油墨 2 的曲线调整成为震荡波形。此处可调整油墨 1 的曲线，从高光中删除黑色，并拖动油墨 2 曲线在高光色调及其他色调部分添加金色，如 **3b**、**3c** 所示。

单击油墨 2 的色块选择另一种颜色，尝试不同的着色效果，如 **3d** 所示。快速输入 7522 更改为 Pantone 7522。选择一种比原始 Duotone 色板更深或更浅、饱和度更高或更低的颜色，可以让图像大为改观。

4 调整。 Duotone 只是一种存有双油墨或更多油墨印刷信息的灰度图像。这意味着，可以对原始灰度图像更改，即便是在挑选出油墨曲线之后。例如，对 Ink 1 和 Ink 2 的 Duotone 曲线以及步骤 3 中选择的新的颜色非常满意。但是，丢失了眼睛中的反光和绝大多数细节。为了找回这些细节，添加一个"减淡和加深"图层，按住 Alt/Option 键的同时单击 Layers 面板的 按钮添加一个填充了灰色的 Soft Light 模式图层，如 **4a** 所示。接着使用 Brush 工具 （Shift+B），在 Options 栏中选择柔和的笔触并设置较低的 Opacity 值，在眼睛上方涂以白色，如 **4b** 所示。使用 50 像素的比刷，并将 Hardness（硬度）设置为 0，将 Opacity 设置为 15%。▼

要进一步实验，可尝试添加Levels Adjustment（色阶调整）图层（单击Layers面板底部的 按钮并选择Levels（色阶），或者在Photoshop CS4中使用Adjustments（调整）面板的 按钮），并将Input Levels（输入色阶）伽马（中间）滑块移至右侧，如 **4c** 所示。▼

3c

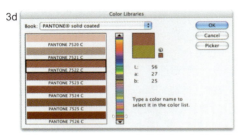

在图 3b 中的设置下，金色（Ink 2）在色调范围内分布得不是那么均匀，效果如图所示。

3d

单击 Duotone Option（双色调选项）对话框中的 Ink 2（油墨 2）颜色块，打开 Color Libraries（颜色库）对话框，更改颜色。

4a

添加"减淡和加深"图层

4b

在 Duotone（双色调）文件中，Dodge & Burn（减淡和加深）图层中的"中性灰"在 Layers（图层）面板中以 Duotone（双色调）用墨的 50:50 Overprint（压印）颜色显示。将颜色更改为 Pantone 7522（步骤 3d）并对眼睛的颜色进行减淡所得到的结果如第 199 页的顶部图所示。

准备印刷。若要以一种自定义颜色印刷双色调，需要确定两件事情。一是哪块版先印刷（黑版还是彩版），二是由谁来设置网角。通常不管彩色油墨的不透明度为多少，都应先印彩色油墨，以避免其在半调点叠加之处与黑色发生干涉。通常，彩色蜡笔颜色（包含不透明的白色）、黑色阴影（包含黑色）以及金属色的不透明度更高。网角的事宜可以向印刷人员咨询或者参看 Help（帮助）菜单中的 Printing duotones（打印双色调）和 Selecting halftone screen attributes（选择半调网屏属性）的帮助内容。

如果双色调文件要置入排版文件中进行双色印刷，那么可以执行 File> Save As 菜单命令以 Adobe 推荐的 Photoshop EPS 或 Photoshop PDF 格式保存。如果在双色调中添加一种专色通道，Adobe 建议将文件转换成 Multichannel（多通道）模式并保存为 Photoshop DCS 2.0 格式。

制作副本 [执行 Image> Duplicate 菜单命令，Duplicate merged layers only（仅复制合并图层）] 并执行 Image> Mode>CMYK Color 菜单命令，将 Duotone 转换为印刷油墨（或者在使用喷墨打印或者影印时转换位 RGB）。如果图像直接用于排版文件中，可执行 File>Save As 菜单命令直接以一种可兼容格式（例如 TIFF）保存转换后的文件。

知识链接

▼ 设置画笔工具
　第 71 页

▼ 调整色阶　第 246 页

4c

添加 Levels Adjustment（色阶调整）图层后，将内置蒙版着以黑色保护眼睛部分。

着色效果

无论是为单个的照片着色——与其他一系列照片放在一起出版——或者对图形或是图案着色，Photoshop CS3/CS4 都提供了很强大的选项。第 351 页的"为黑白照片手动上色"将讲解使用画笔和油墨模拟传统照片着色的详细操作步骤。如果不需要着色效果带有手绘效果的话，便可以参看接下来的这 9 页讲述的技法，该技法虽然简单但却十分奏效。其中的一些实例是彩色图像，而另一些实例则是黑白图像。但是为了能给黑白图像上色，这些文件必须是彩色模式。其中的大多数技法都应用于 RGB 颜色，而仅第 210 页的技法应用于 CMYK 的彩色通道或专色文件。执行 Image(图像)>Mode（模式）>RGB Color（RGB 颜色）或 CMYK Color（CMYK 颜色）菜单命令，将 Grayscale（灰度）图像转换成彩色以便着色。

很多着色技法的第一步都是单击 Photoshop CS3（左上图）或 Photoshop CS4 中的 Create new fill or adjustment layer（创建新的填充或调整图层）按钮，在 Photoshop CS4 中，还可以选择单击 Adjustments（调整）面板中的一个按钮（右上图）。

除了此处提供的方法，Camera Raw 还为 raw、JPEG 或者 TIFF 格式的单一图层文件的着色提供了很多便捷选项。第 5 章"在 Camera Raw 中调整色调和颜色"中提供了实例。

有关自定义边缘、投影，甚至是表面纹理的着色效果的详情可参见第 265 页的"对照片进行样式化处理"，本书光盘为照片提供的以及附录 C 中展示的 Wow Styles（Wow 样式）。

更多效果文件位于

 > Chapter 4 > Quick Tint Effects

从 Window（窗口）菜单打开以下面板

• Tools（工具）• Layers（图层）• Adjustments（调整）

使用自定义颜色着色

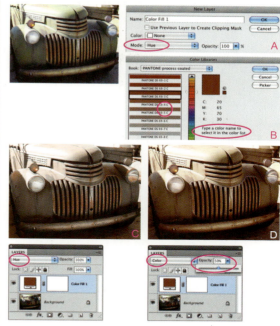

Solid Color（纯色）填充图层是一个使用特定颜色（诸如此处使用的 Pantone DS 69-3C）进行着色的强大功能。首先，在按住 Alt/Option 键的同时单击 Layers（图层）面板底部的 Create new fill or adjustment layer（创建新的填充或调整图层）按钮并从菜单中选择 Solid Color 命令。在 New Layer（新建图层）对话框中选择 Hue（色相）模式（在默认的 Normal 模式下，Solid Color 只会覆盖整幅图像），如 A 所示，该窗口之所以打开是因为使用了 Alt/Option 键，单击 OK。在 Color Picker（拾色器）对话框中单击 Color Libraries（颜色库）按钮。在 Color Libraries（颜色库）对话框中，如 B 所示，选择所需的色彩手册，输入颜色代码或者使用滑块来定位颜色，单击 OK 关闭对话框。

在 Layers 面板中可以通过选择邻近面板左上角的不同混合模式来更改着色效果。Hue 模式（如 C 所示）不对中性色（黑、白和灰）进行着色处理，在 Color 模式（如 D 所示）下，着色效果会作用于照片中非纯黑和纯白的所有其他部位。（Hue 模式下的图层对黑白照片不起作用。）

 **Solid Color Fill.psd**

"滴定" 颜色
可以借助 Fill（填充）图层或 Adjustment（调整）图层调整颜色：只需使用图层的 Opacity（不透明度）滑块混合更改预调整的颜色即可。

使用色相/饱和度着色

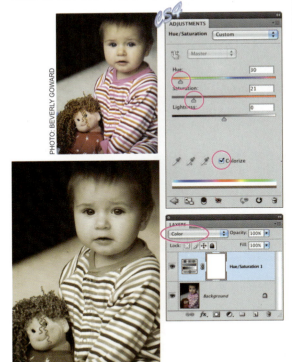

如果没有选好特定的自定义颜色（如在"使用自定义颜色着色"中），使用 Hue/Saturation（色相/饱和度）调整图层可以轻松找到理想的颜色。单击 Layers（图层）面板底部的 Create new fill or adjustment layer（创建新的填充或调整图层）按钮 ❂ 并从菜单中选择 Hue/Saturation。在 Hue/Saturation 对话框中勾选 Colorize（着色）复选框。黑色和白色将仍维持原貌，但是彩色和灰色被着色了。移动 Hue 和 Saturation 滑块直至得到理想的颜色和着色浓度，单击 OK 按钮关闭该对话框。尝试为 Adjustment（调整）图层的混合模式使用 Color（颜色）（如图所示）或者 Hue。

🔴 **Hue-Saturation.psd**

拍摄彩色照片

很多数码相机都提供了用于拍摄棕褐色而非全彩照片的 Sepia（怀旧）设置。在Photoshop强大的着色功能的帮助下，用户可以在保持选项打开时，选择所有色彩，接着使用Solid Color（纯色）填充、Hue/Saturation或Photo Filter（照片滤镜）图层，或者 Gradient Map（渐变映射）转换为棕褐色照片。▼

知识链接
▼ 使用渐变映射图层
第208页

使用黑白着色

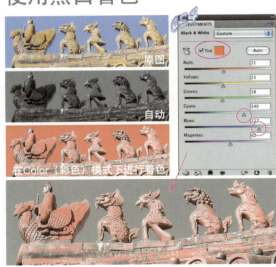

原图

自动

在Color（彩色）模式下进行着色

Photoshop CS3 中新增的 Black & White 调整图层包含 Tint（着色）选项。单击 Layers 面板底部的 ❂ 按钮，从列表中选择 Black & White。此处仅单击 Auto（自动）按钮对图层进行调整以实现转换。

接下来单击 Tint 选项，单击色样，选择一种颜色，然后单击 OK 关闭 Select target color（选择目标颜色）对话框。（在 Photoshop CS3 中，此时需要单击 OK 关闭 Black & White 对话框。在 Photoshop CS4 中，调整面板中的对话框保持开启的状态。）从 Layers 面板上方的混合模式列表中选择，将图层的模式设置为 Hue 或 Color（彩色）。在 Photoshop CS3 中，再次打开 Black & White（黑白）对话框（双击 Layers 面板中 Adjustment 图层的缩览图）。在 Photoshop CS4 中则没必要进行此操作——该窗口处于开启状态。现在即可拖动滑块或者直接在文字上拖动对 Black & White 调整图层进行尝试，直至得到与色彩搭配的最理想的转换。

🔴 **Black-and-White.psd**

系列着色

在一幅图像中使用调整图层获得理想的效果后，便可以通过在Layers面板中将调整图层拖曳到其他图像的工作窗口中来为一系列的图像应用同样的效果。▼

知识链接
▼ 复制图层
第 33 页

局部冲淡颜色：自然饱和度

有的时候，"下调"照片中的颜色可以获得理想的着色效果。Vibrance（自然饱和度）调整图层可以更轻松地制作出暗淡或者柔和的颜色。使用一张相当饱和、高对比度的图像，如图所示，单击 Adjustments（调整）面板上的 Vibrance 按钮 V，如 A 所示。将 Vibrance 滑块移至左侧，如 B 所示。即便将滑块移至左侧（−100% 处），依旧会保留某些颜色。可使用 Saturation（饱和度）滑块取而代之或者作为补充，不过使用 Vibrance 的好处在于，它可以在淡化更中性的颜色的时候有区别地保留强烈的颜色。

如果想要采取类似 Photoshop CS3（不含 Vibrance 调整）中进行的操作，添加一个 Opacity（不透明度）值减少的 Black & White（黑白）调整图层（如第 206 页的"使用蒙版着色"）。或者使用 Hue/Saturation（色相/饱和度）图层，将 Saturation 滑块向左移以获得理想的整体颜色渐淡效果，然后使用蒙版恢复强烈的颜色而非中性色。

Partial Desaturation.psd

使用色调范围着色

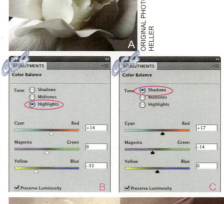

Color Balance（色彩平衡）调整图层可以通过调节某种颜色的高光或另一种颜色的阴影来对黑白照片进行着色。使用一个颜色很少或者无色的图像（像图中的玫瑰花），如 A 所示。单击 Layers 面板的 Create new fill or adjustment layer 按钮 并选择 Color Balance（色彩平衡）命令。单击 Highlights（高光）按钮，将滑块移至想要添加的颜色，如 B 所示。根据需要对 Shadows（阴影）和 Midtones（中间色调）执行同样的操作，如 C 所示。

对 Highlights（高光）添加红色和黄色，对 Shadows（阴影）添加红色和洋红，如 D 所示，为 RGB 颜色模式下的玫瑰进行着色。使用 Color Balance 调整，这3个色调范围（Highlights、Midtones 以及 Shadows）或多或少会有些重叠。这确保了颜色的光滑过渡。不过这也意味着其中一个色调范围的颜色变化会与其他两个色调范围的变化相合。因此，使用 Color Balance 是一个名副其实的平衡操作。

Color Balance.psd

保留特定颜色

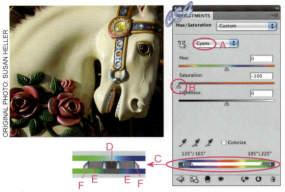

要删除图像中的所有颜色而只保留一种或两种，可添加 Hue/Saturation（色相/饱和度）调整图层（参照第204页的"使用色相/饱和度着色"）中的操作，不过将模式改为 Normal 模式）。接着，对菜单中的每种颜色执行以下操作，想要保留的颜色除外：在 Hue/Saturation 对话框中，单击 Master（主色）打开颜色列表。从菜单（如 A 所示）中选择一种颜色并将 Saturation 滑块拖至左侧，如 B 所示。此处，我们降低除红色之外所有颜色的饱和度。移动 Hue/Saturation 对话框底部色谱栏上的指示块（如 C 所示），以重新定义 Hue 的频谱部分。可以将该范围移至一个不同的色相（拖动栏中间的深灰色滑块部分，如 D 所示），扩展或缩减颜色范围（拖动更外侧的一个更浅的滑块部分，如 E 所示），或者更改范围中和范围外颜色之间过渡的突变性（移动外侧滑块，如 F 所示）。

使用 Camera Raw 的 HSL/Grayscale 选项卡中的 Saturation（饱和度）面板可以进行同样的调整，此外，该面板还添加了两个滑块：Oranges（橘黄色）滑块和 Purples（紫色）滑块，前者在对肤色进行操作时尤为有用。

 **Specific Colors.psd**

使用蒙版着色

如果想要对图像中的某些部分着以更强烈的颜色，可以使用 Adjustment（调整）图层或者 Fill（填充）图层的内置蒙版将颜色置于理想的地方。单击 Layers（图层）面板中的缩览图选中 Adjustment（调整）图层或者 Fill（填充）图层后，选择 Brush（笔刷）工具 ✐（或者按 B 键），同时为前景色选择黑色（轻按 X 键一次或两次，直到 Tools 面板中的前景色样变成黑色）。在 Options（选项）栏中选择柔和笔触并减少 Opacity（不透明度）。接着，对图像中想要保留的着色部分随意地绘制两笔，区域中的蒙版变暗，以保护图像的这一区域不受 Adjustment（调整）图层或者 Fill（填充）图层的影响。

首先，我们使用一张彩色图像，单击 Layers（图层）面板底部的 ◓ 按钮添加 Black & White（黑白）调整图层并从列表中进行选择。将调整图层的 Opacity（不透明度）减少至80%，如 A 所示，保留图像中的少许颜色，然后绘制蒙版，如 B 所示，使用 Photoshop 的默认笔刷之一（Airbrush Soft Round 100）。

 Tinting-Masking.psd

为照片图形着色

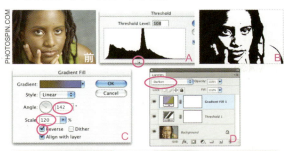

为风景进行渐变着色

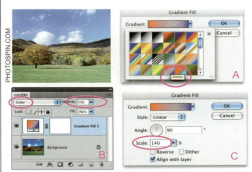

该着色技法只会将照片转换为黑色和白色——无色和无灰色。要达到此效果，可单击 Layers 面板底部的按钮 ◎ 并在菜单中选择 Threshold（阈值）来添加调整图层，或者**单击 Adjustments 面板中的** ✎。在 Threshold 对话框中尝试移动滑块来平衡黑色和白色，如 A、B 所示。

接着添加一个 Gradient Fill（渐变填充）图层对白色进行着色，而保留黑色不变：按住 Alt/Option 键的同时单击 ◎ 按钮并为图层类型选择 Gradient（渐变）。在弹出的 New Layer（新建图层）对话框中，将 Mode（模式）设为 Darken（变暗）并单击 OK 按钮。（或者选择 Lighten 来代替 Darken 对黑色而非白色进行着色。）在打开的 Gradient Fill 对话框中，单击 Gradient 色板右侧的下箭头并选择一种渐变（要使用 Wow Gradient，单击 ▾≡ 按钮打开面板菜单，选择 Wow Gradient，然后双击 Wow Gradient 15）。▼ 尝试在 Gradient Fill 对话框中对 Angle（角度）、Scale（缩放）和 Reverse（反向）选项进行设置。在此可以将 Angle 设为 142°，Scale 设为 120%，勾选 Reverse 复选框，如 C 所示。在保持 Gradient Fill 对话框打开的情况下，在工作窗口中拖动以对渐变进行重定位，然后单击 OK 按钮关闭该对话框，如 D 所示。

彩色渐变可以实现时段和季节的更换。单击 Layers（图层）面板底部的 Create new fill or adjustment layer（创建新的填充或调整图层）按钮 ◎ 并在菜单中选择 Gradient（渐变）命令。在 Gradient（渐变）对话框中单击色板右侧的小箭头并选择一种渐变，双击 Wow-Violets 渐变色板并使用默认的 90° 垂直角度以及默认的 Linear（线性）渐变样式，如 A 所示。渐变将完全覆盖图像，但是这可以通过控制图层的混合模式来进行修复，因此此处先继续下面的操作，单击 OK 按钮关闭 Gradient Fill（渐变填充）对话框。

在 Layers（图层）面板中，如 B 所示，调整渐变图层的 Opacity（不透明度）并尝试在左上角的下拉列表中选择不同的混合模式。可以看到，在 Color（颜色）模式以及 45% 的不透明度设置下能最佳地实现从夏季到秋季的转换。但是还要对渐变做进一步的调整。

继续根据需要调整 Gradient Fill（渐变填充）图层内的渐变。在 Layers（图层）面板中双击图层缩览图再次打开 Gradient Fill（渐变填充）对话框，将 Scale（缩放）设置为 140% 缩放渐变，如 C 所示，放大中间部分的透明区域以将更多的原始颜色与图像该区域的渐变颜色进行混合。你还可以在该对话框中通过在工作窗口中拖曳来调整渐变的位置，此处可以将渐变向上拖动一点，将暖色延伸得更远。

知识链接

▼ 安装 Wow 渐变
第 4 页

 **Photo Graphic.psd**

 **Gradient Fill Layer.psd**

使用渐变映射图层

Gradient Map（渐变映射）调整图层可以通过将亮度值与所选颜色渐变"重新映射"来对图像进行重着色。使用从右至右"由暗色到浅色"的渐变（只有在接近白色时才会保持旧照片的外观），可以大致保留图像的浅暗，特别是在 Gradient Map（渐变映射）为 Color（颜色）模式时——该模式可以在不更改原图像色调值的情况下更改颜色。

添加一个 Gradient Map（渐变映射）图层。单击 Layers（图层）面板底部的 Create new fill or adjustment layer（创建新的填充或调整图层）按钮 并在菜单中选择 Gradient Map（渐变映射）命令。在 Gradient Map（渐变映射）对话框中，单击渐变色板右侧的小三角并选择一种渐变（要使用 Wow Gradient ▼，单击 按钮打开渐变预设下拉列表并选择 Wow Gradients，接着单击 Wow-TintypeBrown1 渐变）。调整渐变滑块使其与图像相符。将混合模式更改为 Color（如图所示）保存原始黑白照片的色调范围（在 Photoshop CS3 中，需要在更改混合模式之前关闭对话框）。

知识链接

▼ 安装 Wow 渐变
第 4 页

 **Gradient Map.psd**

模拟"分割色调"

在黑白电影时代，自行冲洗照片的摄影师们注意到，使用特定的纸张、工艺以及化学墨粉，就可以让黑白照片呈现出色彩，颜色会根据色调值分割开来。暗室艺术家们开始有意创作这类有些不可预知的效果。在 Photoshop 中分割色调有很多技法，不过下面介绍的是一种简单的技法，且只需使用到一个 Gradient Map（渐变映射）。

用 RGB 颜色模式打开一张黑白照片，如果照片为彩色模式，那么去处颜色▼不过仍保留为 RGB 模式。在 Layers（图层）面板，单击 Create new fill or adjustment layer（创建新的填充或调整图层）按钮 并选择 Gradient Map（渐变映射）。选择暖色到冷色之间的渐变可以获得传统外观。要为图像调节色调，左边的颜色应当是深色的，并且随着向右推移不断变浅，如 A 所示。在根据喜好调整色标和中间的三角对色调进行分割时，观察图像呈现的效果，如 B 所示。▼

知识链接

▼ 从色彩到黑白 第 214 页

▼ 更改渐变中的颜色过渡
第 197 页

Split-Tone.psd

使用照片滤镜着色

Photoshop 的 Photo Filter（照片滤镜）调整图层可以模拟类似于在相机镜头前安放传统颜色滤镜后拍摄的效果。在 Layers（图层）面板底部单击 Create new fill or adjustment layer（创建新的填充或调整图层）按钮 并选择 Photo Filter（照片滤镜）命令即可添加一个照片滤镜。在 Photo Filter（照片滤镜）对话框中，Filter（滤镜）和 Color（颜色）两个选项应用颜色的方式完全一致。不同的是，Filter（滤镜）带有一个相机镜头使用的传统颜色滤镜列表，而 Color（颜色）的 Select filter color（选择滤镜颜色）对话框提供了更多的颜色选择。要实现图中的颜色，如 A 所示的橘红色可以通过单击 Color（颜色）单选按钮并在拾色器中选择。如 B 所示，将 Density（浓度）调高至 50% 以得到一个强于传统的 25% 浓度的色彩，并勾选 Preserve Luminosity（保留亮度）复选框以免滤镜将图像变暗，然后单击 OK 按钮关闭对话框。

 **Photo Filter Tint.psd**

结合照片滤镜

用户可以结合照片滤镜图层来得到双滤镜或者在同一相机镜头上安放两个校正滤镜的效果。从左栏中的"使用照片滤镜着色"的图像文件效果着手，使用 Photo Filter（照片滤镜）的内置图层蒙版将颜色限制在天空区域内：选用 Gradient（渐变）工具 （或者按 G 键）。在选项栏中单击渐变色板右侧的小箭头，在打开的面板中选择 Black, White（黑色、白色）渐变，并选择 Linear Gradient（线性渐变）样式，如 A 所示。将光标移到图像水平线以下，按住 Shift 键，水平向上拖动一小段距离。之后可以得到一个白顶黑底的蒙版，仅顶端部分可显露出橘红色，如 B 所示。按 Ctrl/⌘+J 键复制 Photo Filter（照片滤镜）图层，按 Ctrl/⌘+I 键反转蒙版，如 C 所示，双击 Photo Filter（照片滤镜）图层缩览图打开 Photo Filter（照片滤镜）对话框，单击色板并选择紫色。

 Photo Filters Combined.psd

使用三个照片滤镜

三重着色

想尝试第三个滤镜吗？在此将基于前一页的"结合照片滤镜"生成的双重着色图像文件添加一个在太阳中心发光的效果。按 Ctrl/⌘+J 键复制第二个 Photo Filter（照片滤镜）图层。接着更改新图层的蒙版：在 Gradient（渐变）工具选项栏中，仍使用 Black, White（黑色、白色）渐变，单击选项 Reflected Gradient（对称渐变）样式，如 A 所示。如果想绘制从白到黑的渐变，还可以勾选选项栏中的 Reverse（反向）复选框。再次按住 Shift 键，从太阳的水平位置下方向上拖动到想将先前橘红色着色效果增至最强的天空处。在保证蒙版位置正确的情况下，如 B 所示。双击照片滤镜缩览图并设置第三种着色效果的颜色和浓度，单击 Filter（滤镜）按钮并在下拉列表中选择 Deep Yellow（深黄）选项，保持 Density（浓度）为 50%。

三个滤镜各就其位后，还可以进一步地尝试各种不同的设置：

• 双击各个滤镜缩览图，可分别更改它们的颜色或浓度。

• 也可以通过调节不同照片滤镜图层的 Opacity（不透明度）滑块来控制颜色浓度。

• 还可以使用带柔角画笔笔尖 Brush（画笔）工具 ✐ 和柔和笔触重新对照片滤镜的图层蒙版进行着色。或者使用 Gradient（渐变）工具 ▭ 重新绘制渐变效果。或者延展蒙版大小：按 Ctrl/⌘+T 键并拖出蒙版的顶部或底部手柄让它超出图像顶端和底端，在变换框内双击完成变换。

 3 Photo Filters Combined.psd

在油墨通道绘画

前

后

在 CMYK 颜色模式下（还有 Spot Color），Channels（通道）面板中的缩览图代表油墨颜色，黑色用于标识油墨的印刷位置，白色则表示此处无油墨。快速着色技法包含在各个通道中通过随意绘制黑色来应用彩色油墨着色效果。在此，将以一幅 RGB 模式的黑白图像为实例进行讲解。首先执行 Image（图像）>Mode（模式）> CMYK Color 菜单命令将它转换为 CMYK 模式。

第一步，按 Ctrl/⌘+J 将图像复制到一个新的图层——仅对副本进行着色以保护原图像，如 A 所示。选择 Brush（画笔）工具并在选项栏中选择一个大型的柔软的画笔笔尖，调低颜色的 Opacity（不透明度），让它低于 10%。执行 Window（窗口）> Channels（通道）菜单命令打开 Channels（通道）面板，选择一个颜色通道——此处单击 Yellow（黄色）通道缩览图，如 B 所示。在通道面板顶部单击 ◉ 打开并显示栏中对应合成 CMYK 的图标，以查看工作过程中的颜色变换。在前景色为黑色时（按 X 键一到两次），在面部、头发和背景上快速绘制笔触。

接着绘制其他通道。按 Ctrl/⌘+2 键或者 Ctrl/⌘+4 键选择 Magenta（洋红）通道，并在选项栏中将 Brush（画笔）工具的 Opacity（不透明度）大幅调低（因为洋红是一种色彩感很强的颜色），再次使用黑色进行绘制，此时选择较小的画笔笔尖。按 Ctrl/⌘+1 键或者 Ctrl/⌘+3 键选择 Cyan（青色）通道，选用更小的笔尖并提高 Opacity（不透明度）来绘制眼睛，接着返回更大的画笔和更低的不透明度绘制头发和背景。

 Painting in Channels.psd

通道混合器蜡笔画

前

100%不透明度

50%不透明度

Photoshop的Channel Mixer（通道混合器）还可以生成一些有趣的彩色着色效果。打开一幅RGB图像，并通过单击Layers（图层）面板底部的●按钮、在菜单中选择Channel Mixer（通道混合器），或者**在Adjustments（调整）面板中单击Channel Mixer（通道混合）按钮**来添加一个Channel Mixer（通道混合器）调整图层。

打开的Channel Mixer（通道混合器）对话框提供了红色通道滑块。首先，移动滑块，让红色通道包含所有的源亮度信息，即Red（红色）为100%，外加一半强度的Green（绿色）通道信息——Green50%，来自Blue（蓝色）通道的亮度信息为31%——Blue31%，如A所示。现在，在Channel Mixer（通道混合器）对话框顶部的Output Channel（输出）通道下拉列表中选择Green和Blue，同样可以查看到这些通道中的亮度值。我们为Green使用Red13%、Green100%以及Blue68%。为Blue使用Red28%、Green23%以及Blue100%。整体效果是加亮所有颜色，生成蜡笔画效果。将Constant（对比度）（如B所示）设置为-11%可以通过使用图像整体略微变暗来抵消一些增亮的效果。

尝试调节Channel Mixer（通道混合器）图层的Opacity（不透明度），如C、D所示，达到理想的效果。

 Channel Mixer Pastels.psd

使用修补工具着色

前

在使用 Patch（修补）工具 ◇。进行着色时，我们感到很困惑不解，它可以在 RGB 颜色模式下的黑白照片的高对比度边缘生成微弱的光效。

首先通过执行 Edit（编辑）>Define Pattern（定义图案）菜单命令创建一个图案，如 A 所示。接着按 Ctrl/⌘+Shift+N 键或单击 Layers（图层）面板底部的 ◻ 按钮添加一个新图层。使用理想的着色颜色填充新图层。选择颜色的方法之一是执行 Edit（编辑）>Fill（填充）>Color（颜色）菜单命令，并从 Choose a color（选择一种颜色）对话框中进行相应的选择。

接着选择 Patch（修补）工具 ◇。Patch（修补）需要先选择选区，但是可以不使用该工具进行选取，而通过按 Ctrl/⌘+A 键全选。在 Patch Tool（修补工具）选项栏中单击位于 Use Pattern（使用图案）按钮右侧的 Pattern（图案）色板，打开包含当前可用图案的面板，如 B 所示。在面板底部找到新定义的图案并单击它。接着单击 Use Pattern（使用图案）按钮，Photoshop 便会花上较长的一段时间，通过修补来混合颜色和图像。

Patch Tool Tinting.psd

Cristen Gillespie将现实变为超现实

Photoshop的Merge to HDR（合并到HDR）功能可通过一种符合人类视觉感官的方式，将同一图像的不同曝光效果进行合并，该效果要比使用相机所拍摄的任何单张照片的效果好。▼不过它的HDR Conversion（HDR转换）对话框结合Camera Raw，▼将拥有不为人知的功能。此处Cristen Gillespie对单一图像同时使用Camera Raw和HDR Conversion，用超现实的颜色并通过非常灵活且便于控制的方式重新布景。

Surreal-Before.tif 文件可以在本书光盘 Wow Project Files 中的第 4 章文件夹中找到。

知识链接

▼ 合并到 HDR　第 294 页
▼ Camera Raw　第 141 页

1 要想利用Camera Raw中的独特功能，图像必须是Raw、TIFF或者JPEG格式。使用相机的Raw格式拍摄的图像会在Photoshop中自动以Camera Raw格式打开。当文件为JPEG或者TIFF格式时，在Photoshop中只需执行File（文件）>Open（打开）命令，找到并选中该图像文件，然后从Open对话框中的Format（格式）菜单中选择Camera Raw，单击Open按钮。

原图

2 使用Camera Raw格式打开图像后，备用的重要功能增强了，即便是超现实的颜色也显示在了Basic面板上。首先，一直向右拖动Recovery、Fill Light（填充光线）、Contrast、Clarity（清晰度）和Vibrance。立刻，颜色会变得

移动 Camera Raw 的 Basic（基础）面板中的滑块，通过提亮颜色来实现超现实效果。（HSL/Grayscale 选项卡在制作超现实颜色的时候也是十分有用的，不过在此处我们不用。）

很极端并且比期望的效果要浅很多。向右拖动Blacks滑块，根据需要，重新调整之前调整过的一些滑块，还原某些更深的色调。也可以使用其他滑块——Exposure（曝光）、Brightness和Saturation——不过要小心，因为很小的调整就可能导致巨大的差别，这些可以快速地让图像效果发生很大的改变。在Photoshop中操作的最后阶段进行这些调整往往更容易。当已经粗略估计出理想的超现实色彩后，在Photoshop中打开图像：单击Camera Raw的Open Image按钮（如果看到的是Open Object，那么按住Alt/Option键则可以看到Open Image或Open Copy）。

3 执行Image（图像）>Mode（模式）>32Bits/Channel（32位/通道）菜单命令，进入一种可以在调整色调和颜色时提供更多的精细、舒展效果的模式，执行Image>Mode>16Bits/Channel菜单命令打开HDR Conversion（HDR转换）对话框。从Method列表中选择LocalAdaptation（局部自适应）并单击▣按钮，打开对话框的ToningCurve and Histogram（调色曲线和直方图）区域。此时，图像看上去过于明亮或者带有冲蚀的效果。

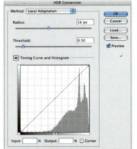

选择 Local Adaptation（局部自适应）时，图像变得非常浅而且亮。

要保存修改后的颜色，可以将图形设置为默认模式（如下图所示），将Input（输入）渐变的黑色端移至左边，向下拖动并弯曲Curve（曲线）线条，使其与直方图左手边的平缓曲线相匹配。（将左侧端点向右移动让右侧线条弯曲也能起到作用，不过此处没有必要。）上述操作是要告知Photoshop图像中的色调位置，以便将它们映射成32位空间。

一种更自然但是更单调的外观。增加Threshold（阈值），可以让邻近颜色之间的过渡更为柔和，而降低Threshold（阈值）则可让颜色边界更清晰或者会去除高Radius（半径）值产生的光环。调整Curve（曲线）、Radius（半径）和Threshold（阈值），几乎可以获得从自然到超现实、从明亮色彩（如图所示）到暗哑（如第364页实例所示）之间的任何一种效果。

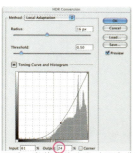 

通过一段简单的曲线对图像进行恢复，使其与一开始在Photoshop中打开时的外观更相近。

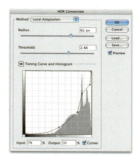

最终的曲线中包含了很多尖头锚点，并使用了高的Radius（半径）值和Threshold（阈值），所产生的是明亮的"夏天阳光"的颜色，使用光环进行完善，让这一南加利福尼亚景观突出一些不真实的感觉。

4 此时，可以在更大的32位空间进行调整，照亮或者加深特定色调范围。单击图像中要照亮或加深的位置，Curve（曲线）上会相应地出现一个标识。单击Curve（曲线）上的该点并向上拖动照亮该颜色，或者向下拖动加深该颜色。在该32位空间，可以在Curve（曲线）中随意制作各种波形隆起而不会对图像进行色调分离（将颜色和色调分割成很明显的层级效果），8位或16位颜色模式中则会发生分层效果。这是因为在32位空间中，有更多中间的色调——颜色可以"弯曲"且不会中断。

要进一步进行调节，尽管按照自己的喜好分割颜色：确定好锚点后，单击Corner（角点）复选框将锚点变成角点。Gillespie说："曲线中的角点可以实现色调值更不连贯的变化。在我想要获得非常现实的效果时我使用平滑的曲线，而当我不需要实现各值之间尽可能最平滑的过渡时，我使用角点在合适的位置放置深色和亮色。"

现在，让我们来调整Radius（半径）和Threshold（阈值）滑块。鉴于此技法的目的，我们要注意，调高Radius（半径）的值会导致更大范围的相似亮度区域，将更多像素凝集成近似值。例如，高光区域变得更大并且更引人注目，而且可能会出现光环。低的Radius（半径）值会产生

从彩色到黑白

从Window（窗口）菜单打开以下面板

- Tools（工具） • Layers（图层）
- Adjustments（调整）

步骤简述

添加一个Black & White（黑白）调整图层
• 使用Default（默认）、Auto（自动）或自定义转换将图像从彩色转换成黑白 • 根据需要，添加另一个Black & White图层并使用图层蒙版选中想要对图像进行的转换模式
• 转换成Grayscale（灰度）

ORIGINAL PHOTO: PHOTOSPIN.COM

Photoshop 有很多可以将彩色图像转换为黑白图像的方法。不过现在常用的方法集中于两种，即对单一图层的照片图像进行调整以及在 Camera Raw 中进行操作，▼或者 Photoshop CS3 中新增的 Black & White（黑白）调整。在特殊条件下或许还可以使用其他的方式（参见左侧的"转换为黑白的多种方法"），不过对绝大多数转换而言，Black & White（黑白）调整图层是一种有效且简单易行的方法。

知识链接
▼ Camera Raw 中的黑白调整图层
第 300 页

认真考量项目。 将彩色图像转换成黑白图像有两种方式。一种是，用黑、白以及一系列灰色来诠释颜色，另一种是将文件的颜色模式（通常是 RGB）转换成 Grayscale，这样打印的时候就会只有一种油墨。第一种方式中用户需要进行大量选择。

第二种方式是固定做法，非常简单。在为彩色图像选择黑白转换之后，照片看上去是黑白的，但事实上它还是处于彩色模式。要将图像更改为单色文件，执行Image（图像）>Mode（模式）>Grayscale（灰度）命令。

1 添加 Black & White 调整图层。 打开一个 RGB 图像，如 Plants-Before.psd，如 **1a** 所示。单击 Layers 面板底部的 Create new fill or adjustment layer（创建新的填充或调整图层）按钮，从选项列表中选择 Black & White，或者

转换为黑白的多种方法

整本书贯穿了专门的黑白转换实例，例如：

 第195页的"查看并混合通道"中讲述了如何混合颜色通道以修复被损坏的照片。

 第206页的"保留特定颜色"以及"快速着色效果"的内容讲解如何将黑白和其他一些原始颜色进行混合。

 第207页的"为照片图形进行着色"提供了一种仅转换成黑白而没有灰色的方法。

 第490页的"黑白图形"涉及照片之外的颜色图形的转换。

1a　原始彩色照片

1b

Black & White 是其中一种可以通过执行 Layer >New Adjustment Layer(新建调整图层)菜单命令、使用 Layers 面板 ⊘ 按钮，或者 Photoshop CS4 中 Adjustments 面板（如图所示）应用的色调和颜色调整图层。

1c

1d

默认的诠释　　　　Auto（自动）的诠释

1e

从预设菜单应用 Blue Filter（蓝色滤镜）。在试验的过程中，通常可以通过从预设菜单中选择 Default 恢复到默认设置。再次单击 Auto（自动）按钮还可以恢复到 Auto 设置。

1f

除了减少Yellows（黄色）值外，还可以稍微地减少Cyans（青色）和Magentas（洋红）以恢复花瓣中的条纹。注意：单击调整面板底部的Switch panel to Extended View（将面板切换到扩展视图）按钮 可以让滑块变宽更方便控制。

在Photoshop CS4中单击Adjustments（调整）面板的 按钮，如 1b 所示。现在看到的效果将是基于原图像颜色的默认黑白版本，如 1c 所示。单击Black & White对话框中的Auto查看第二次处理效果，该操作对不同灰的数量和分布进行了最大化处理，如 1d 所示。此时，尝试Black & White对话框中不同的预设或颜色滑块，将某些颜色转换成更亮的灰色，并将其他的颜色转换为更深的阴影：

- 对话框右上角菜单中的很多预设可以模拟拍摄黑白照片的相机镜头可能使用到的滤镜。

- 向左移动任何一个滑块都会加深用来表示图像颜色的灰，反之亦然。

- 在 Photoshop CS3 中单击图像即可显示单击处 6 种颜色中占主导地位的那种颜色，当前颜色滑块对应的色轮会高亮显示，如果在单击时按住 Alt/Option 键，它的数值框就会高亮显示。在 Photoshop CS4 中，首先在 Black & White（黑白）对话框中单击 按钮再次单击图像时，数值框就会高亮显示。当看到主导颜色时，便可以通过移动滑块或者键入数字来进行加深或者调浅。

- 单击 按钮，再在图像中拖动便可调浅或者加深用来表示拖动起始处的颜色的灰。

我们需要调高花和叶子之间的对比度，让对比度比Default（默认）或者Auto（自动）提供的更高。因为花是蓝色的，所以可以尝试Blue Filter（蓝色滤镜）预设，如1e所示。它会将蓝色调浅，加深其他颜色。注意，选择Blue Filter（蓝色滤镜）时，不只Blue Filter（蓝色滤镜）要右移，Cyans（青色）和Magentas（洋红）滑块也要右移，混合青色和洋红也能得到蓝色。

接着进行自定义设置，单击绿色的叶子（在 Photoshop CS4 中可以先单击 按钮）让 Yellows（黄色）滑块高亮显示，以显示叶子中的主要颜色是黄色。既可以在叶子上简单地向左拖动，也可以使用 Yellows（黄色）滑块。我们倾向于选择滑块，因为它看起来更容易控制。当得到理想的转换时，如 1f 所示，复制文件（Image > Duplicate > Merged Layers Only）并且执行 Image（图像）> Mode（模式）> Grayscale（灰度）命令。

<table>
<tr><td>

绿色植物中的黄色

我们看到的草地、树以及其他植物都是绿色的。但是在很多情况下，Photoshop认为它们主要是黄色。在Black & White（黑白）调整中，通常移动Green（绿色）滑块对植物的加深或者调浅的效果不如Yellows（黄色）滑块好。为了查看哪种颜色是主导颜色，可以单击图像中的植物，查看哪个滑块被高亮显示了（在Photoshop CS4中，需要在单击图像前单击Black & White的擦刮按钮🖑）。

</td></tr>
</table>

2a  **2b**

原始照片　　　　　　　自动转换

2c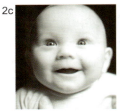

Red Filter（红色滤镜）设置可以减少面部的阴影。

2d

ORIGINAL PHOTO: STEVE LOVEGROVE / PHOTOSPIN.COM

 减少 Reds（红色）值会恢复少许面部的阴影。减少 Blues（蓝色）和 Magentas（洋红）可以保持眼睛的深色，与皮肤产生对比，但是增加 Cyans（青色）会恢复细节，并且让眼睛比以前更明亮更生动。其他滑块的少量调整会让渐变更平滑。

2 查看选项。有时，转换成黑白的目标就是要展现照片中的某种特定的特征。在这幅肖像照片 **2a** 的黑白转换中，我们需要关注孩子的眼睛。若要参照此处的步骤操作，可以先打开 Portrait-Before.psd 文件，并且像步骤 1 中那样添加黑白调整图层。查看默认版本，单击 Auto（自动）按钮查看自动转换，如 **2b** 所示。我们发现在这两个实例中，皮肤色调中的细节和脸上的阴影妨碍了得到我们想要的外观。尝试使用对话框顶部的预设菜单中 Red Filter（红色滤镜），如 **2c** 所示。得到了理想的效果，但是不太强烈。因此我们通过调整小孩前额的左侧以得到想要的效果（如果效果过强需要恢复，则可以向右拖动）。单击一只眼睛的虹膜并且向左拖动，拖动，调节滑块直到得到理想的眼睛对比度，如 **2d** 所示。参照步骤 1 那样复制文件并且转换成灰度图，即可完成。

3 结合两个渐变。当照片中的两个元素共享同一种主色，但是在要转换的黑白照片中，你需要让其中一个更浅，另一个更暗，则可以考虑分别进行两种转换，并且将它们与图层蒙版结合在一起。例如，打开 Still Life-Before.psd，如 **3a** 所示。添加黑白调整图层（如第 214 页中的步骤 1 所述），并且在 Black & White 对话框中单击 Auto（自动）按钮，如 **3b** 所示。我们对这个版本很满意，但是还想再尝试其他的效果，让花朵更浅，以衬托出叶子和花瓶更深。要加亮郁金香中的红色，可以进行拖动调整🖑（它在 Photoshop CS3 和 CS4 中的操作参见步骤 2）。单击某朵郁金香中的红色并且向右拖动将它调浅。当郁金香得到了理想的浅效果时，如 **3c** 所示，单击叶子并且向左拖动以加深颜色。我们可以采用由此产生的噪波来平衡叶子的加深效果（参见第 217 页的"避免噪波"）。

接着，复制黑白调整图层（Ctrl/⌘+J键），如 **3d** 所示。**注意**：当添加第二个黑白图层时，即便它的设置与第一个非常不同，

<table>
<tr><td>

刮擦彩色

当使用Black & White对话框中拖动时，将只从单击处开始左右拖动的地方对颜色进行采样。在拖动时不能进行持续采样。因此，在单击某只眼睛，并且拖过头发或者脸部加深或者调浅眼睛时，不会导致地脸部或头发发生变化。

当在需要调浅或者加深的图像时，整幅图像中含有开始拖动时的颜色都会发生变化，而不仅限于拖动的部分。

</td></tr>
</table>

3a / 3b

原始照片　　　　　自动转换

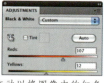

3c

单击 👆 按钮并且向右拖动以将图像中的红色
调浅。

在添加时你也不想看到变化。顶部图层没有效果，因为它看到的图像已经是黑白的了，而不是彩色的，因此不再需要进行任何转换。然而，如果你关闭了下方黑白图层的可视性，或者对它添加蒙版效果以遮蔽某些区域的效果，便能看到由上方图层应用的转换。

在下方的黑白图层上创建一个遮挡花瓶上的效果，以便让上方的黑白图层能够影响该图层的蒙版很难。在 Layers（图层）面板中单击照片图层的缩览图即可选择它，并且选择要蒙版的区域。花瓶的颜色是纯色，它的颜色与颜色斑驳的背景中的部分颜色相同，但是花瓶的纹理与背景又十分不同。因此我们可以使用 Quick Selection（快速选择）工具 ，▼ 从花瓶的中间向上向外拖动，首先向右上方的边缘拖动，接着向左上方拖动，如 3e 所示。我们不想取消盖住花瓶上的叶子的选择，在复制的黑白图层中不更改表示绿叶的色调，因此在两种转换中叶子的处理方式都相同。

3d

添加的第二个黑白图层

3e

使用快速选择工具选择
花瓶。

在完成选择后，通过在图层面板中单击下方的黑白图层的缩览图层选中它并且采用黑色填充（Edit > Fill > Black）。蒙版将会遮盖住花瓶上的图层效果，如 3f 所示。选择上方的黑白图层，加深花瓶；使用鼠标在文字上向左拖动，接着将 Magentas（洋红）滑块向左拖动，在不会产生太多人工效果的前提下进行更多的加深，如 3g 所示。复制文件，并将它的模式更改为灰度。最后的灰度结果参见第 214 页的顶部图。

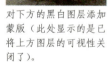

3f

对下方的黑白图层添加
蒙版（此处显示的是已
将上方图层的可视性关
闭了）。

知识链接
▼ 选择正确的选择工具
　第 48 页

3g

使用 👆 时单击花瓶并且向左拖动时，随着花瓶被加深，一些垂直条纹逐步显示出来。因此我们将 Reds（红色）滑块向右回移一些，接着把 Magentas（洋红）滑块向左移动而不要产生条纹。

避免噪波

少许经验法则可以帮助最小化黑白调整图层中的噪波和其他人工修饰的痕迹：

• 操作前先在噪波图像中减少颜色中的杂色。例如，使用 Camera Raw 中的 Lens Corrections（镜头校正）或者 Photoshop 的 Reduce Noise（减少噪波）滤镜。

• 通过调整黑白滑块来平滑颜色渐变，以便让绘制的线条能够形成一条平滑的曲线，而不是杂乱的锯齿效果。要记住的是，色系实际上就像传统的色轮一样是圆形的，因此，底部的 Magentas（洋红）相比于 Yellows（黄色）来说要更加接近 Reds（红色）。

• 在操作的过程中，以 100% 的视图大小查看屏幕上的视图，可以方便观察噪波的改变，以及调整滑块以彻底地去除噪波。

可控的重着色

附书光盘文件路径

 > Wow Project Files > Chapter 4 > Controlled Recoloring：

- Red Shirt-Before.psd（原始文件）
- Green Shirt-After.psd（效果文件）
- Yellow Shirt-After.psd（效果文件）

从Window（窗口）菜单打开以下面板

- Tools（工具） • Layers（图层）
- Channels（通道） • Info（信息）

步骤简述

添加自定色板 • 选择要进行重新着色的对象
CMYK：添加一个带自定义颜色的、模式为
Hue（色相）的Solid Color（纯色）填充图层
• 按需调整Luminosity（明度）和Saturation
（饱和度）直至颜色与色板相匹配
Lab：转换为Lab 颜色模式 • 添加颜色取样
器 • 添加一个Curves（曲线）图层并通过键
入数字调整相关颜色

在大多数PHOTOSHOP打印输出程序中，通常都在RGB模式下操作，而在操作结束时创建一个用于打印的CMYK副本。但是，如果要匹配特殊的自定义颜色（如服装类），从一开始就用CMYK模式处理，效果会比较好。这样一来，要进行匹配的色板便是固定的——是一个可以用色卡来校验的色板，并且在RGB模式向CMYK模式转换的过程中不会改变。

在进行颜色更换的过程中，还有一种简便而又行之有效的操作方式，那就是先从CMYK模式转换到Lab颜色模式，再在打印时转换回CMYK模式。在更换颜色的过程中，Lab颜色模式是常用的一种多功能模式，它可以很容易地对色调和饱和度的亮度（明度或暗度）进行分别控制。

认真考量项目。从本章的实例来说，首先，在CMYK模式下将男孩运动衫的颜色从红色转换成绿色。CMYK模式可以对那些强度（明度和饱和度）相同的颜色起到很好的效果，即便是色调不同。然后，再回到红色运动衫的状态，接着在Lab颜色模式下将其颜色转换为黄色。如果原来的颜色与新的颜色在饱和度和色调方面都存有很大的差异，那么使用

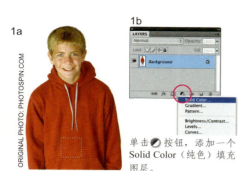

1a

1b

为色板创建一个选区。

单击 ⊘ 按钮，添加一个
Solid Color（纯色）填充
图层。

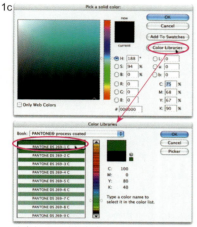

1c

为色板图层选择颜色。

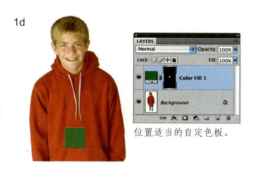

1d

位置适当的自定色板。

2a

快速选择工具对应用的选项栏，使用 30 像素的
画笔笔尖。

Lab颜色模式会起到比其他模式更好的效果。与CMYK或者 RGB模式相比，在Lab模式下进行颜色变换操作更为容易，效果也更好。因此，尽管使用Lab模式会有缩小常用色彩空间的风险，但是绝对有应用的价值！

绿色运动衫（在 CMYK 模式下操作）

1 制作屏幕上的色板。打开要重新着色的照片，我们想把 RedShirt-Before.psd 文件中的运动衫颜色更改为绿色。执行 Image > Duplicate 菜单命令复制该文件，然后关闭原文件。这样，无论进行何种操作，都不会担心原文件丢失。如果文件的模式还不是 CMYK，那么执行 Edit > Color Settings（颜色设置）菜单命令，并选择印刷人员给出的颜色设置。然后，执行 Image >Mode > CMYK Color（CMYK 颜色）菜单命令将文件改为 CMYK 模式。此处，假设客户提供的就是 CMYK 模式下的图像文件。

使用填充图层制作一个色板，操作步骤如下：使用矩形选框工具 [] 在既不太暗也不太亮的区域创建一个大小合适的色板，如 1a 所示。然后单击 Layers 面板底部的 ⊘ 按钮，并选择 Solid Color 命令，如 1b 所示。在打开的 Color Picker 中选择要匹配的颜色。此处，需要对 Pantone Process 269-1 进行匹配，因此单击 Color Libraries（颜色库）按钮，如 1c 所示，从 Book（色库）下拉列表中选择 PANTONE® process coated，向下滚动到 269-1 并选择它，然后单击 OK 按钮完成添加填充图层的操作，如 1d 所示。

2 选择要重新着色的对象。接下来，选择要重新着色的对象。▼ 在 Red Shirt.psd 文件中，有一个以 Alpha 通道形式保存的运动衫的选区，我们将参照下文来制作它，并且参照步骤来调整。另外，还可以在按住 Ctrl/⌘ 健的同时单击 Channels 面板上 Shirt 通道的缩览图，将其作为选区载入，直接进入步骤 3。

通过单击图层面板中背景的缩览图选择背景，因为我们的主体（运动衫）颜色与周围的颜色明显不同——白色的背景、男孩的皮肤和灰色的短裤，我们可以选择快速选择工具 ，在选项栏中开启 Auto-Enhance（自动增强）选项以得到令人满意的边缘，再取消 Sample All Layers（对所有图层取样）选项的勾选以便只使用背景图像，如 2a

知识链接

▼ 选择一种选取方法
第 47 页

▼ 使用快速选择工具
第 49 页

2b

取消Sample All Layers 的勾选，使用快速选择工具 单击运动衫前部的中央位置，并且拖动到胳膊附近。

2c

按住 Alt/Option 键，待快速选择工具内部的 + 号变成了 - 号时，准备在手上单击并且将它从选区中减去。

2d

使用 Refine Edge（调整边缘）对话框在反差的背景上预览选中的区域。

2e

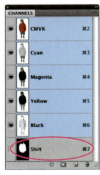

选区被保存为 Alpha 通道。

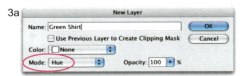

3a

在 Hue（色相）模式下添加一个实色填充图层来为运动衫着色。

所示▼ 单击运动衫前部靠近中央的部分，朝一只胳膊向上向外拖动，如 2b 所示。如果在第一次单击拖曳时，有部分运动衫未选中，那么还可以再次单击拖曳，例如，从中心向另一个胳膊处拖曳。在此，选区包括了一只手，因此可以按住 Alt/Option 键并且再次单击取消它的选择，如 2c 所示。

当创建了选区后，执行 Select > Refine Edge 命令查看精确性。在 Refine Edge 对话框中，先单击 Default（默认）按钮重设所有参数。接着单击一个与原图像背景形成对比的按钮（单击与白色对比的 On Black），如 2d 所示。如果所有的问题都位于边缘，那么就需要整理选区。▼ 我们仅看到了少部分有问题的区域——帽子下方两个白色的小三角形，以及仍被选中的部分拇指。因为这只是一个局部问题，所以只需要在制作的蒙版中手动校正即可。单击 OK 按钮。在 Alpha 通道中保存选区（Select > Save Selection），▼ 以便在出错时不需要再次创建，如 2e 所示。

3 在 CMYK 中重新着色。 在选区被选中且在图层面板中选了图像图层的状态下，在自定义颜色中参照步骤 1 添加另一个实色填充图层，不过此次要在单击 按钮时按住 Alt/Option 键，并且选择 Solid Color，打开 New Layer 对话框，如 3a 所示，在此可以对图层命名并且选择混合模式（Hue），接着单击 OK 按钮。参照步骤 1 选择同样的自定义颜色，如 3b 所示。

4 检查蒙版。 此时，可以很方便地查看蒙版是否合适。在本例中，如果绿色的运动衫边缘有红色，或者运动衫外部还有绿色，便可以单击图层面板中的自定义颜色图层的蒙版缩览图调整蒙版，如 4 所示。▼

3b

此时，运动衫比色样深。因为填充图层位于Hue模式，不会为中性色添加颜色，所以绳子不会改变。

知识链接

4

要将拇指处的绿色删除，可以选择蒙版并且使用黑色涂抹拇指，在选项栏中为画笔设置一个画笔笔尖并且减少 Opacity（不透明度）。运动衫底部的细红色线仍旧保留（顶图）。将 Green Shirt 图层的蒙版加载为选区（通过 Ctrl/⌘＋单击图层面板上的该蒙版的缩览区），并且使用↓键将选区稍稍地向下挪动。接着，按住 Alt/Option+Shift 键的同时拖动矩形选框工具□选择运动衫与矩形（底图）的交集区域，并且使用白色填充蒙版的已选中的部分。

5a

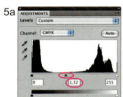

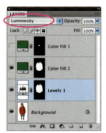

在源图像的上方添加一个模式为 Luminosity（亮度）的 Levels（色阶）调整图层，并且调整伽马值直到绿色的运动衫与自定义颜色色样相匹配。

5b

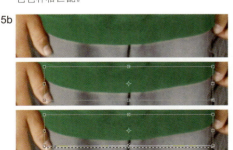

就像在图像 5a 中的那样，在图层面板中选择 Levels（色阶）蒙版，选择运动衫的底部，按 Ctrl/⌘+T 键（Edit > Free Transform）并且向上稍稍地拖动变换框的底部手柄减少 Levels（色阶）图层的蒙版并且消除浅条纹。

5 调整重着色。现在对比自定色样与选择对象——运动衫的新颜色。如果重着色的对象仅比色板浅一点或者深一点（参见 3b 所示，则需要调节亮度。若要修复运动衫绿色过暗的问题，则可以使用 Levels 反推来调节运动衫下部的亮度：在按住 Ctrl/⌘ 键的同时单击填充图的蒙版载入运动衫选区。接着单击 Layers 面板中 Background（背景）缩览图，以便之后要添加的调整图层位于背景图层之上，且只用于源照片。按住 Alt/Option 键的同时单击◑按钮并选择 Levels 命令，将新图层的模式设置为 Luminosity（亮度），以便在更改设置时仅调节亮度。[在 Photoshop CS4 中，不需要按住 Alt/Option 键，因为可以在 Levels 对话框打开后设置新图层的混合模式。打开 Adjustments（调整）面板后（Window > Adjustments），只需单击▦按钮打开 Levels 对话框。在图层面板中将新图层设置为 Luminosity 模式，并且尝试调整 Levels 设置。]在对话框的 Input Levels（输入色阶）选项组中，向左拖动中间的伽马（灰点）滑块加亮运动衫，如 5a 所示，单击 OK 按钮确认。之后便可以在运动衫下部得到浅色的条纹——运动衫的蒙版，参照步骤 4 进行改变，有必要再次调整 Levels 图层缩短蒙版，如 5b 所示，结果参见第 218 页顶部的图。

如果加亮或调暗后，重着色的对象看上去仅比色板变暖（饱和度提高）了一点或者仅变暗（饱和度降低）了一点，便可在色样图层下添加一个模式为 Saturation 带蒙版的 Hue/Saturation 调整图层，并调节 Saturation 滑块。**注意**：使用饱和度调节颜色时，进行细微调整即可得到良好效果。但是进行较大改变时，就很难保持拾取颜色中的中性高光和阴影。如果重着色需要对色调、饱和度进行相当大的更改，则采用 Lab 颜色方法（下面介绍）调整的效果更好。

黄色运动衫（Lab颜色模式）

在做颜色变换时，Lab 模式在保持颜色和底纹的平滑渐变上要略胜一筹。Lab 是一个大的色彩空间，它所含的颜色远远要比任何显示器显示或印刷机印刷的颜色丰富。但是该特色使得 Lab 特别适合于在保持阴影和高光以及保存中性颜色中性特征的同时，显著更改颜色（例如，从暗红色到亮黄色）。

将 Pantone 309-6 色板添加到 Red Shirt.psd 中。

从 CMYK 模式转换到 Lab 模式。

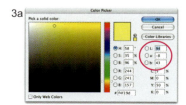

查找 Pantone 309-6 的 Lab 数值。

尽管仍可以使用在 CMYK 模式下应用的"肉眼匹配"方法，但最好还是使用 Lab 中的数值方法，该方法的优点是可以计算出稳定的颜色匹配，而不管印刷时使用哪种油墨或者在何种光线下进行查看（参见第 225 页的"何时使用数字操作"）。而且在 Lab 模式下使用数值真的很便捷。

1 制作色样。打开需要重新着色的照片，仍以 Red Shirt-Before.psd 文件为例。为了保险起见，请参见第 219 页开始的"绿色运动衫"中的步骤 1 复制该文件，然后为自定颜色制作一个色板，如 1 所示。此处，选择的自定黄色是 Pantone process color 309-6。

2 转换成 Lab 颜色。执行 Image（图像）> Mode（模式）> Lab Color 菜单命令将图像颜色模式转换为 Lab，如 2 所示。在打开的警告对话框中选择 Don't flatten（不拼合）——文件的所有图层均为 Normal（正常）模式的图像图层，因此转换过程中除了提出警告外，不会再提出任何警告。

由于 Lab 颜色空间包含了所有的 RGB 和 CMYK 颜色空间中的颜色，因此不必担心转换到 Lab 颜色模式的过程中会丢失图像数据。另外，由于要处理的也仅限于很小范围内的几种指定颜色，因此在转换回 CMYK 模式后，也不会生成任何能引起 Lab 图像和 CMYK 空间产生差异的颜色。

3 查找 Lab 数值。要想"通过数值"精确查找匹配颜色，首先得了解自定颜色的 Lab 分量。在 Layers（图层）面板上，双击色板图层的缩览图。在打开的对话框中单击 Picker 按钮打开 Color Picker（拾色器）对话框，查看 L、a 和 b 的值，并将它们记下来，如 3a 所示。

在此先对 Lab 数值所代表的含义解释一下，如 3b 所示。在 Lab 颜色模式下，L——Luminosity 值的范围是 0 ～ 100，100 表示白色。a 和 b 分别代表一个两端颜色相反的轴。a 轴包含了从 Green 到 Magenta 范围内的渐变颜色，b 轴包含了从 Blue 到 Yellow 范围内的渐变颜色。暖色调的 Magenta 以及 Yellow 都用正值表示，而冷色调的 Green 和 Blue 则用负值表示。a 和 b 值的跨度为 -128~+127。但是在 CMYK 模式下绝大多数颜色的范围仅为 -80~+80。从轴的一端滑向另一端，便会经过相反色正好相互抵消的点，这一点就是 a 和 b 轴上的 0 值，它表示中间值。

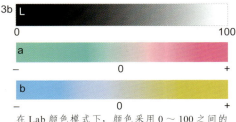

3b

在 Lab 颜色模式下，颜色采用 0～100 之间的 Lightness（明度）值以及 a 和 b 颜色通道中的正负值来描述。

3c

设置 Color Sampler（颜色取样器）工具 🖋。

3d

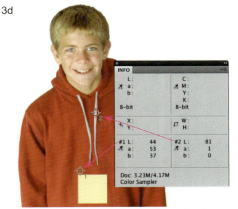

添加 Color Sampler（颜色取样器）工具，在运动衫和绳带处分别标注一个点状记号，以便在调整曲线时反复对这两个相同的点进行采样。

4a

按住 Ctrl/⌘ 键的同时单击红色运动衫上标有 Color Sampler#1 的点，以在 Lightness 曲线上增加一个代表该颜色的点。因为尚未对该曲线作出改动，Input 和 Output 的值相同。为了匹配曲线，在 Curves Display Options（曲线显示选项）选项组中设置 Show Amount of Light。在 Photoshop CS3 中（如此处所示），可以通过单击 Curves Display Options 下方的箭头展开对话框并且单击 Light 单选按钮。

单击 OK 关闭拾色器，来看有关 Lab 数值的例子：选择 Color Sampler 工具 🖋，在选项栏中设置 Sample Size 为"3×3平均"或者"5×5平均"（旨在获得一个典型的色样）而非"取样点"，便可以从一个游离的像素中选择颜色。单击红色运动衫上的"单一颜色"区域，放置一个取样点。然后单击其中的一根绳带，在该中性区域中放置第二个取样点，如 **3d** 所示。如果单击 Layers 面板上的 Background 图层的缩览图，即可在 Info 面板上看到红色运动衫（颜色取样点#1）对应的 L 值为 44，这比中间调稍深一点（如果稍微挪动取样点的位置，将会得到一个不同的值）。a 通道的值（53）是一个较大的正值，这意味着该颜色含有较强的 Magenta 分量。b 通道的值同样也是一个较大的正值（37），也可以说是 Yellow 很重，但是比起 Magenta 来还是逊色了一点。这两个通道可让运动衫的颜色呈现一种深红色。为了将运动衫的黄色与 Pantone 309-6 色板相匹配，需要将 Luminosity 的值调高（94，参见第222页），在 a 通道稍增加些 Green（-8），而在 b 通道中增加 Yellow（黄色）（43）。灰色的绳带（颜色取样点#2）几乎完全是中性色（其 a 通道和 b 通道的值分别是0和1），但是其 Luminosity 要比白色深（83）。因为要将黄色运动衫绳带的颜色调成白色，因此需要提高图像中绳带的亮度。

4 在 Lab 模式下使用曲线。可以使用 Curves（曲线）调整图层改变颜色。为了将颜色更改严格限制在运动衫部分，可在按住 Ctrl/z 键的同时单击 Channels 面板上的 Shirt 通道载入选区。然后单击 Layers 面板底部的 ⚫ 按钮并选择 Curves 命令。将光移至红色运动衫上有 Color Sampler#1 标记的点的上方，在按住 Ctrl/z 键的同时单击该点，这样就在 Lightness 曲线上创建了一个点，如 **4a**、**4b** 所示。如果底部的渐变与此处相同，即左黑右白，那么 Curves 也应与此处一致，即更深的值（更低的值）将处于左下方，而更亮的值（更高的值）将处于右上方。如果设置与此处描写的正好相反，则可以跟随本实例，更改设置，跟随图 **4a** 的指令在 Photoshop CS3 中操作，或者跟随 **4b** 的指令在 Photoshop CS4 中操作。现在，保持 Lightness 曲线上的锚点的 Input 不变，将其 Output 值更改为94，如 **4c** 所示。更改数字后不难发现绳带的亮度也提高了，这正是理想的效果。

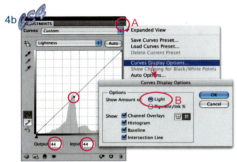

4b

在 Photoshop CS4，可以将 Curves Display Options 设置得与 CS3 中有些许不同：从 Adjustments（调整）面板菜单中选择 Curves Display Options，如 A 所示，再单击 Curves Display Options 对话框中单击 Light（光线）按钮，如 B 所示。

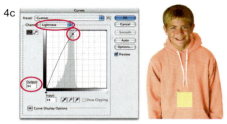

4c

在 Output（输出）数值框中键入 94（Pantone 309-6 的亮度值）以加亮运动衫和绳带。

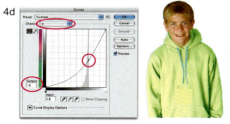

4d

在曲线上，向下移动锚点从运动衫中删除洋红色。

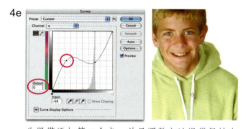

4e

为绳带添加第二个点，并且调整它让绳带保持中性色。

在保持曲线锚点的 Input 值不变的情况下， 更改 Output 值。

• 如果有一个明确的目标值， 直接在 Output 数值框里键入该目标值即可。

| Input: | 44 |
| Output: | 94 |

• 如果无法确定Output的值，则可以使用↑或↓两个键微调该值（按住Shift键的同时进行此操作可以使调整的幅度变大）。

在Curves对话框的Channel下拉列表中选择a通道。 参照Lightness通道的操作设置锚点，并将Output的值更改为-8，在步骤3中将该值定义为自定颜色的a分量，如 **4d** 所示。该操作使得绳带偏离了中性色。 为绳带设置另一个锚点——单击设置颜色取样点#2的点，然后将Output值设为0（中性色，因为不希望出现红色或是黄色色偏），如 **4e** 所示。由于在Curves对话框中，直线最能维持颜色之间的关系，因此可以通过拖动a曲线的两端来拉直该曲线，如 **4f** 所示。

此时， 运动衫的颜色已经变为黄色，但不是想要的Pantone 309-6色。可执行以下步骤：在Curves对话框中选择b通道，为运动衫设置一个锚点，然后将该锚点b通道的Output值设为43（更黄）。再次为绳带设置一个锚点，将其调整到中性色——通过按↑键将Output值调整到2，并且移动两个端点将直线拉直，如 **4g** 所示。

在完成颜色的更改后，可通过观察色板或Info面板中的数值进行对比。 在查看高光和阴影部分时，发现阴影部分相对运动衫柔和的淡黄色而言有点过深。幸运的是，在Lab模式下，可以提高阴影部分的亮度而不必影响其他颜色。返回L通道，按↑键将黑色的锚点往上移动，直到阴影部分的亮度增加至效果比较逼真为止，如 **4h** 所示。

5 查看蒙版。 参照"绿色运动衫"中的步骤4（第220页），查看蒙版。可以发现，绳带和绳孔的细节均已丢失。为了恢复绳孔部分效果，可以使用黑色涂抹蒙版。使用Tolerance为32，且勾选了Contiguous和Anti-alias复选框、取消了Sample All Layers的魔棒工具 先单击选中其中一根绳带，然后在按住Shift键的同时选中另一根绳带，然后为该选区填上淡灰色，如 5 所示。

4f

移动a曲线的两个端点，直至将该曲线拉直，这样可以保持从深色到中性色的一个平滑过渡。在本例中，该操作可以去掉阴影部分的绿色。

4g

在b曲线上添加颜色取样点#1，并将其Output（输出）值从37增加到43。然后添加颜色取样点#2，将该点的Output（输出）值从1增加到2。移动该曲线的两个端点，将该曲线拉直。经过这一操作，b曲线变得更陡了。陡的颜色通道曲线能提高颜色的清晰度。

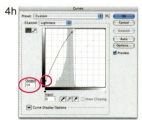

4h

在Lightness（亮度）通道中，径直向上移动黑色的锚点，提高阴影部分的亮度。

5

使用黑色涂抹蒙版以保存绳孔。选中绳带并执行Edit（编辑）>Fill（填充）菜单命令对其进行填充，其中填充色是不透明度为10%的黑色。

保存和转换。选中绳带并执行 Edit> Fill 菜单命令对其进行填充，其中填充色是不透明度为 10% 的黑色。关闭转换图层的可视性，单击 Image>Duplicate 菜单命令，在对话框中勾选 Duplicate Merged Layers Only 复选框。（调整图层并非总能在 Lab 和 RGB 或者 CMYK 之间进行灵活的转换，在转换前进行合并操作即可避免这一问题。）如果你还停留在步骤 2（转换到 Lab）操作之前的步骤，即仍处于 CMYK 颜色空间中，仅需执行 Edit> Convert to Profile 菜单命令，然后根据打印指令选择所需要的配置文件即可。操作的最终效果图见第 218 页顶部。

何时使用数字操作

如果想匹配一种特殊的CMYK工艺颜色，最大的匹配技巧就是选择特定的区域对比自定颜色——该区域应有足够光照，没有阴影，但也不存在过亮的情况。如果处理的是一张带有折痕、褶皱或者有很明显的花纹的服装照片，或者是一张耀眼的汽车或者自行车的图像，那么选择操作将会面临一定的困难。由于选区是否适当完全取决于主观意向，因此倒不如抛开各种与颜色有关的数值而仅用眼睛来操控整个过程。这也是自第219页开始介绍的"绿色运动衫"部分使用的方法。对于其他项目而言，这也是一种主要的使用方法。

然而，有人会对此提出疑异，认为即便是在颜色的更改不是很大且能够在CMYK模式下用眼睛来控制的情况下，也应该像自第221页起介绍的"黄色运动衫"那样将照片的模式转换到Lab颜色，并通过颜色的数值来匹配颜色。例如，更改某一对象颜色，使其匹配打印页面中与其邻近的其他对象。理由是：使用CMYK油墨调配"相同"颜色有很多的方式，如第193页。这意味着，通过眼睛调配出来的颜色可能会与理想匹配的颜色在CMYK成分上有轻微的不同，即便外表上没有任何区别。屏幕上显示的差别非常之小，肉眼几乎无法察觉。

打印在纸面上后，尽管在纸面其他部位印刷该标准色会致使差异更为明显，但色标的差异仍然不是很明显。可以利用某些CMYK油墨在不同的光照条件下看起来差别较大的特性，来加大显示差异。如果通过肉眼调配的颜色与附近看似"相同"颜色具备不同CMYK成分，那么在不同光照条件下，不同油墨比例的差异将会显而易见。例如，光线的更改可以让青色油墨显示效果发生比洋红油墨更大的改变，因此如果两种匹配的颜色包含了不同比例的青色和洋红，在不同光照下的显示差异将更为显著。但是如果页面上的两种颜色实例使用的颜色方案都相同，那么在荧光灯和日光下查看时，两个实例都将发生相同的改变，并且仍然匹配。

添加专色

附书光盘文件路径

wow > Wow Project Files > Chapter 4 >
Adding Spot Color:

- Spot Color-Before.psd（原始文件）
- Spot Color-After.psd（效果文件）

从Window（窗口）菜单打开以下面板

- Tools（工具）• Layers（图层）
- Channels（通道）

步骤简述

准备一幅灰度或彩色图像 • 在不压印图像的
情况下完全以自定颜色创建图像中的叠印 • 为
使用的各种自定颜色分别创建专色通道 • 选
择特定区域压印专色，并通过黑色填充专色
通道来降低不透明度 • 准备一个用于屏幕预
览的合成文件 • 咨询印刷人员并进行适当的
调整

如果想精确地匹配标准的商标色，或者通过丝网印刷方式印
制T恤衫或海报，那么自定颜色或专色将是最佳的选择。使
用这一方法可以制作出带有荧光或金属光泽的效果，或者实
现工艺油墨所无法保证实现的明亮色调、固体蜡笔画效果。
当然，如果项目已做了专色的预算，则可在不添加印刷成本
的情况下通过专色来改进图像的效果。

认真考量项目。 在为一家服装公司制作铭牌时（如上图所
示），需要进行的操作就是为黑白图像添加商标色。（可
以参照同样的操作为一幅全彩图像添加专色。）这里将
Pantone Solid Coated 系列中的两种油墨（粉色的Pantone 708
和蓝紫色的Pantone 266）用作照片中的专色。在商标色区域
中将使用这两种油墨以非饱和浓度（丝网色调）对黑白图像
进行着色。

ORIGINAL IMAGES: PHOTOSPIN.COM

1a

从组合的灰度图背景
图像开始着手制作，
将Logo文字作为矢量
图形图层进行添加。

此外，Logo文字采用周围带有白色发光效果的Pantone 266
色印刷，铭牌的边缘采用Pantone 708色。在灰度图中为
Logo文字和边缘创建叠印区（无黑色油墨的白色区域），
并且以全浓度印刷专色油墨。此外，还需要叠印自定颜色叠
加处的颜色，以避免颜色压印。例如在紫色Logo文字与粉
红渐变重叠之处将叠印上粉红色。

考虑 Illustrator 或者 InDesign

在为照片添加轮廓清晰的自定颜色文字或图形时，你可能会想到要将该背景图像导入绘图软件或者排版软件中，添加基于矢量的元素，而非在Photoshop进行相应操作。在Photoshop中，需要在通道中设置专色，并且完全基于像素。而Adobe Illustrator或者Adobe InDesign则可以保存文本或者矢量图形中清晰且拥有独立分辨率的边缘，并且自动生成叠印效果。

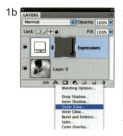

为矢量图形图层添加一个白色的外发光。

为图层添加一个显示所有的图层蒙版。

为渐变工具设置选项。

选择图层蒙版，使用渐变工具从右向左拖动，略过 Logo 文字。

1 准备艺术作品。创建背景图像。在彩色图像中选中小孩。

▼ 添加一个抽象的背景，接着使用黑白调整图层将图像置换成黑白图像，并且添加一个曲线图层来整体加亮图像。可以执行Layer > Flatten Image命令合并图像，并且执行Image（图像）> Mode（模式）> Grayscale（灰度）命令完成转换。使用黑白调整图层将文件转换成黑白文件时，各种颜色所对应转换的灰色的深浅。▼ 设置文字字体为Bickham Script，将其转换为矢量图形图层（Layer > Type > Convert To Shape），然后旋转为垂直效果（Edit > Transform Path > Rotate 90° CCW），如1a所示。为创建文字周围的白色发光效果，单击图层面板的添加图层样式按钮 *fx*，选择Outer Glow（外发光），设置Opacity（不透明度）为100%、Size（尺寸）为20px，如1b所示。▼

2 在灰度图中创建叠印。白色矢量图形图层会自动叠印在灰度图像上，为自定义颜色的Logo文字创建一个白色空间。为了给标签的粉红色边缘创建叠印，可以选择照片图层并且单击图层面板的添加图层蒙版按钮，添加一个图层蒙版，如2a所示。选择渐变工具，并且在选项栏中选择黑色、白色渐变，如2b所示。

若要制作蒙版上从黑色（用来隐藏图像并且为边缘创建叠印）到白色（需要显示此处的图像）的渐变，可以单击图层蒙版，将光标大致放置在靠文字基线（垂直）的位置（需要将此处的纯粉色渐隐到图像中），按住 Shift 键的同时将鼠标拖动到左侧，停止在字母 s 的顶部，如 2c、2d 所示。

3 创建第一个专色通道。此时，在白色或透明的部分可以轻松地着上实色的自定油墨，但是在发光区域的白色或透明的部分则不会被着上任何油墨。可以使用这些叠印特色来创建专色通道。首先为紫色的Logo 文字图层制作一个专色通道，按Ctrl/⌘键+单击Logo文字图层，将Logo文字作为选区加载，如3a所示。在Channels（通道）面板的扩展菜单中选择New Spot Channel（新建专色通道）命令，如 3b 所示。在弹出的对话框中单击色板打开Color Picker（拾色器）对话框，单击Color Libraries（颜色库）按钮并选择一种颜色（此处选

知识链接

▼ 选择方法 第 47 页

▼ 转换成灰度图 第 214 页

▼ 添加发光效果 第 506 页

2d

图层蒙版中的柔和的黑色镶边清理了 Pantone 708 Ink 的边缘。在屏幕上，灰色的棋盘格图层表示透明。

3a

在按住 Ctrl/⌘ 键的同时单击矢量图形图层的缩览图，可以将 Logo 文字将作为选区加载。

3b

在选区激活的状态下添加自定义颜色通道。

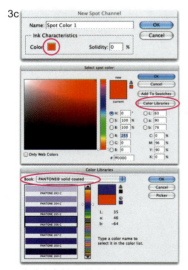

3c

在单击色板（顶图）和 Color Libraries（颜色库）按钮后，选择 PANTONE® solid coated 系列颜色。为新的专色通道选择一种颜色，可以通过快速地输入数字进行选择，在此使用 266。

择PANTONE®Solid Coated系列以及Pantone 266作为自定颜色），如 **3c** 所示，单击OK（确定）按钮关闭Color Picker（拾色器）。在新建专色通道对话框中还可以对Solidity（密度）进行设置，将该值设置为0，通过打印可以发现该专色的透明度很高，可以使其他墨色透过它显示出来，如 **3d** 所示（参见第229页"预览专色"技巧部分）。由于在打开新建专色通道对话框时，尚有一个选区处于激活状态，因此在制作通道时将会用到该选区的形状，同时该选区将被填充上黑色。Spot Color（专色）通道中的黑色表示自定颜色的着色率为100%。

4 对专色通道上的部分区域着色。 在 Gray（灰色）通道和 Pantone 266 通道均显示的情况下，在 Channels（通道）面板中选择 Pantone 266 通道，并选择想要着色的区域。使用 Lasso（套索）工具选取带圆齿的发卡，如 **4a** 所示。执行 Edit（编辑）>Fill（填充）命令，设置 Use 为黑色，对专色通道进行着色，并调整 Opacity（不透明度）的设置，此处设置为 40%，然后单击 OK（确定）按钮。结合使用多种工具选择另一个发卡，同样使用 40% 黑色进行填充，如 **4b** 所示。

知识链接
▼ 选择方法
第 47 页

5 创建第二个专色通道。 在 Pantone 708（粉色）通道中，需要将油墨铺至边缘部分区域，并将边缘区域与 Logo 文字及

3d

选中填充之后在选区被选中的状态下，一个自定义颜色通道被添加到了文件之上。

4a

在专色通道仍被选中的状态下，使用 Lasso（套索）工具选择发卡的一部分（顶左图），在选择发夹第二部分的同时按住 Shift 键，使用不透明度为40%的黑色填充选区，以40%的Pantone 266对发夹着色。

在Photoshop的New Spot Channel（新建专色通道）对话框中，可以通过设置Solidity（密度）在屏幕上模拟专色的打印效果。若将其设置为100%，专色将完全覆盖其他的颜色。若将其设置为0%，则该颜色将变得透明。事实上，对密度选项的设置并不会影响实际印刷油墨的浓度，这里仅为了预览所需。一般而言，蜡笔颜色（含有不透明的白色）、深色油墨（含黑色）以及金属色的不透明度较高，而较纯的颜色以及清漆透明度较高。在开始专色项目的操作时，有经验的印刷人员可以帮你设置一个最为合理的密度数值，从而获得准确的预览效果。

在预览绝大多数 PANTONE® Solid Coated 油墨时，将密度设为 0% 会获得不错的效果。而对 PANTONE® Metallic 和 Pastel 系列而言，使用高密度则会获得更精确的预览效果。

4b

选中填充后选择第二个发卡时（右图），选择椭圆选框工具○，在较大珠子的中心部位单击，按住 Shift 键（以选择一个正圆）和 Alt/Option 键（使选区与起始点居中）进行拖动绘制。创建第一颗珠子的选区后，按住 Shift 键单击第二颗珠子的中心部位，参照前面的操作选择第二颗珠子，使用套索工具⌗选择其余部分，等发卡部分的选择操作全部完成后为该选区填充浓度为40%的颜色。

5a

右击 Logo 图层的图层样式，在右键快捷菜单中选择 Create Layer（创建图层）命令，将外发光效果分离出来（右图）并且让它可选。

其发光重叠之处的油墨去除。这可以避免文字的紫色油墨不与边缘的粉色油墨压印，且保证白光的白色依旧。将该边缘作为选区加载，然后减去 Logo 文字和白光，并在新的专色通道中使用黑色填充剩下的选区。

发光是当前图层样式中的一个效果。如果按住Ctrl/⌘键的同时单击Logo文字图层的缩览图，将Logo文字作为一个选区加载，不过不带发光效果。我们可以在步骤3中查看到此。执行Layer（图层）> Layer Style（图层样式）> Create Layer（创建图层）命令将"发光"图层样式转换成像素后，便可以通过按住Ctrl/⌘键的同时单击发光效果的缩览图将它作为选区加载，如 5a 所示。

之后在粉红色专色通道中进行操作。按住Ctrl/⌘键的同时单击照片图层的图层蒙版，将蒙版作为选区加载，接着反选（Ctrl/⌘+Shift+I）边缘区域，如 5b 所示。接着，按住Ctrl+Alt+⌘+Option键的同时单击Logo文字图层，并且在按住Ctrl/⌘键的同时单击发光效果图层，持续按住Alt/Option键（Alt/Option键会从边缘选区中减去Logo文字和发光效果）。现在当选择New Spot Channel（新建专色通道）并且设置新的粉红色通道（Pantone 708）时，就会自动为Logo文字和发光效果包含叠印效果，如 5c 所示。

要想给玫瑰花上色，可以放大并使用套索工具⌗选择它，对选区进行着色。使用深度为40%的颜色，参照步骤4进行操作（Edit > Fill，使用不透明度为40%的Black），如 5d 所示。

5b

选择图层蒙版时，基于图层蒙版创建一个选区（左图），接着从中减去 Logo 文字（中图）以及其发光部分（右图）。

5c

Pantone 708 通道局部图，左图为该通道单独效果，右图是与其他通道混合显示的效果。

5d

在 Pantone 708 通道中选择玫瑰花部分并为其填充上浓度为 40% 的颜色。

在为印刷人员截屏制作对比图之前，单击 Layers（图层）面板的创建新的填充或调整图层按钮◑，添加一个 Solid Color（纯色）填充图层，然后将该新图层的缩览图拖至图像图层的下方——如果图像是"背景"图层，那么需要在 Layers（图层）面板中双击该图层的名称将其转换成普通图层。

选中蒙版图层时，选中并拉伸黑色边线以隐藏更多的背景图层图像部分，以便清晰地打印出粉红色。

查看 Gray（灰色）和 Pantone 708 通道，并选择 Pantone 708 通道，然后使用 Eraser（橡皮擦）工具◢减淡玫瑰花最暗和最亮部分的色彩，分离出花托部分。在橡皮擦工具选项栏中将画笔设置为一个小尺寸的软画笔笔尖，并将 Opacity（不透明度）设置为 15%。

6 校样。 为客户制作对比图或者为印刷技术人员给出指导的行之有效的方法，就是使用内置于系统软件的截图功能来展示屏幕的预览效果图，如6所示。

• 在 Windows 的系统中，按住 **Alt+Print Screen** 快捷键即可将当前窗口复制到剪贴板。在 Photoshop 中创建一个新文件（File > New）并且粘贴（Ctrl+V）即可。

• 在Mac中，按住 **⌘+Shift+4**键并且拖动以高亮显示截图区域。该文件会以"Picture"＋"数字"的名称保存到桌面。

7 调整文件。 将截屏对比图和Photoshop文件拿给印刷人员后，他建议将边缘部分的黑色再向外"推"一点，以获得一个更为清晰的粉红色渐变效果图。因此选择该图层的图层蒙版，使用Rectangular Marquee（矩形选框）工具▢由边缘向内进行拖动绘制超出渐变的区域。按Ctrl/⌘+T快捷键显示自由变换控制框，向左拖动变换框扩大边缘的叠印部分，如7a 所示。

印刷人员的另一个建议是在局部擦掉粉红色玫瑰，"使黑色油墨勾勒出玫瑰形状"。打开Pantone 708 通道，选择橡皮擦工具◢并为其设定较低的不透明度，使用小尺寸柔软笔触擦掉颜色最深和最亮区域的部分粉红色，如 7b 所示。

打印。 完成对比图的修改操作之后，在 Photoshop 中打印该文件。另外，还可以将其置入排版软件，并以 Photoshop DCS 2.0 的格式保存一份文件的副本。勾选 As a Copy（作为副本）和 Spot Colors（专色）复选框，并取消对 Alpha Channels（Alpha 通道）和 Layers（图层）复选框的勾选。

预览不透明油墨

在添加了Spot（专色）通道的Grayscale（灰度）文件中，Photoshop中的屏幕预览效果将试图模拟按Channels（通道）面板中通道顺序来印刷油墨的效果。若想预览在先印刷专色油墨后印刷黑色油墨的效果，需要执行Image（图像）> Mode（模式）>Multichannel（多通道）命令将该文件从Grayscale（灰度）模式转换到Multichannel（多通道）模式，从而随意地将专色通道拖动至黑色油墨通道的上方。

要想预览在其他油墨前印刷不透明的金属油墨，可先将 Grayscale（灰度）模式转换成 Multichannel（多通道）模式，并重新调整通道的排列顺序。

Bruce Dragoo使用渐变工具喷绘

在经典绘画中的背景以及绘画技术的帮助下，Bruce Dragoo一直都没有使用喷枪，而且他的艺术家职业发展得相当顺利。Bruce称："我被告诫不要使用喷枪，人们不认为它是一种美术工具。我一直都没有用过它，直到非用不可之时。但是当我用过后，我发现它正是我需要的。"

知识链接

▼ 使用渐变　第 174 页
▼ 混合模式　第 181 页
▼ 使用调整图层　第 245 页

Bruce 采用一种怀旧的喷绘方式来使用 Photoshop 的 Gradient（渐变）工具，涂抹渐变为扫描的石墨素描制作背景效果。在此，他与我们分享了其中的一些渐变技法，插画的最终效果参见第 422 页和第 423 页。

在制作如下图所示的《犀牛素描》（Rhino Sketch）背景时，Bruce 先是采用了线性"山水画"渐变，如 A 所示。▼ 接着添加明显的装饰图案，按住 Shift 键的同时拖动 Rectangular Marquee（矩形选框）工具 ▣，绘制正方形选区，勾选选项栏中的 Reverse（反向）复选框，并且使用放射状的前景色到透明的渐变样式填充选区。接着，执行 Edit（编辑）>Free Transform（自由变换）命令（Ctrl/⌘＋T），拖动自由变换控制框直到渐变与画布同宽，再将图层混合模式设置为 Multiply（正片叠底），如 B 所示。▼ 他通过添加 Hue/Saturation（色相／饱和度）调整图层并且减少 Saturation（饱和度）参数将颜色调节得更加中性，如 C、D 所示。▼

在 Faru and Mom 这幅作品中，背景采用的是单一的放射状渐变，渐变集中在图像中心地平线的右侧，确定了天空以及位于地平线下方的太阳的位置，如 A 所示。在最终的插画效果中，少许喷绘的云朵纹理可以将观众的视线从"很酷的 Photoshop 渐变"转移到"出色的光线"上，如 B 所示。

在《休憩》（Sleeping）这幅作品中，Bruce 先是稍微改变了 Photoshop 自带的 Chrome（铬黄）渐变样式，如 A 所示。将它应用至白色的背景之上并且将其 Opacity（不透明度）减少至 83%。在创建 purple haze（紫色薄雾）效果时，他添加了一个从黄色到粉红色到紫色的径向渐变，使其居中并靠近画布的底部，如 B 所示。他将图层混合模式设置为 Multiply（正片叠底），Opacity（不透明度）设置为 51%，如 C 所示。添加犀牛和植物并着色后，他还在图层的上方添加了另一个紫色薄雾的副本以统一作品效果，如 D 所示。最后，使用 Hue/Saturation（色相／饱和度）调整图层稍微中和颜色。

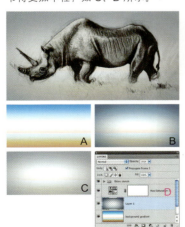

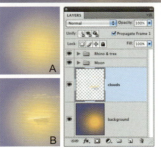

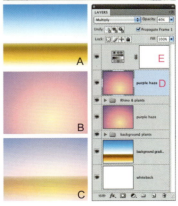

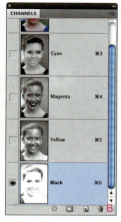

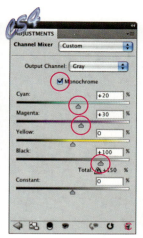

在制作Rachel的肖像时，Jack Davis从她一身舞蹈打扮的彩色照片入手，来制作一张捕捉到模特迷人个性的高光图像。在Photoshop中，Davis将原始的RGB照片A转换到CMYK颜色模式，执行Edit>Convert to Profile，在弹出的对话框中选择U.S. Web Coated(SWOP) v2选项。这个转换使用了Medium Black Generation和GCR，生成了定义肖像中重要特征的Black（黑色）通道以及位于Cyan（青色）、Magenta（洋红）和Yellow（黄色）通道中图像的其他3个黑白版本，如B所示。

接着，Davis添加了一个Channel Mixer（通道混合器）调整图层来进行彩色到黑白的转换。在Channel Mixer（通道混合器）对话框C中，他选择Black（黑色）选项进行调整，并且勾选Monochrome（单色）复选框。使用滑块将Magenta（洋红）通道的颜色增加30%，加深嘴唇和皮肤的色调的密度。将Cyan（青色）通道的颜色增加20%，显示头发和眼睛中的细节，这是由于过多的蓝色以及原始照片中眼部妆容的缘故。添加的青色也会抵消部分已经由Magenta（洋红）通道添加的皮肤色调密度效果，如D所示。

接下来的步骤就是使用柔和的高光制作图像的发光效果，而不更改眼睛和头发的暗色细节。Davis先通过盖印图层将图像复制到一个新的图层中（在Windows中按下Ctrl+Shift+Alt+E，在Mac中按下⌘+Shift+Option+E）。在使用Gaussian Blur（高斯模糊）滤镜对副本进行模糊之前，将图层混合模式为Screen（滤色），如E所示。以便在Gaussian Blur（高斯模糊）对话框中进行试验调整时可以预览发光高亮的效果。观看高光和中间调的效果直到得到理想的效果，同时忽略最暗的色调中的更改，因为接下来他还打算保护它们。单击OK按钮关闭Gaussian Blur（高斯模糊）对话框后，Davis又单击Layers（图层）面板的fx按钮，如F所示，并且在弹出的菜单中选择Blending Options（混合选项）命令。

在Blending Options（混合选项）对话框中，使用Blend If（混合颜色带）滑块▼来限制模糊图层的效果，如G所示。将This Layer（本图层）的黑场滑块向内移动，以减少模糊图层中更深的色调，接着在按住Alt/Option键的同时单击滑块将滑块一分为二，将左边的半个滑块移回到左侧，这会让影响和不影响图像效果的本图层中色调间的渐变变得更加平滑。

Davis使用一个白色的虚光边缘来完成最终的图像的修饰。添加一个新的空白图层（Ctrl/⌘+Shift+N），使用带有较大的柔和的白色画笔进行绘制，隐藏照片边缘和角落的细节。

知识链接

▼ 使用混合颜色带滑块　第66页

STEVEN GORDON / PHOTOGRAPHS © ARIZONA OFFICE OF TOURISM

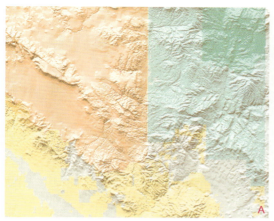

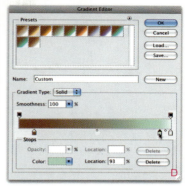

■ 在绘制《亚利桑那州的娱乐场所和历史遗址》（Arizona Recreation and Historical Sites）地图时，绘图者 Steven Gordon 在地形图上使用不同的颜色来表示亚利桑那州联邦机构属地和原著民区。他使用 Natural Scene Designer 软件绘制地形图，该软件导入了一个真实的地理海拔高度数据，用户可以设置太阳角度和其他参数，并且将数据转换成图像（www.naturalgfx.com）。在 Photoshop 中打开转换为 RGB 格式的 TIFF 图像，并将它转换为灰度图，然后再转化为 CMYK 模式，分别需要执行 Image（图像）> Mode（模式）>Grayscale（灰度）和 Image（图像）>Mode（模式）> CMYK 菜单命令。先将图像转为灰度图，然后转换为 CMYK 格式，这样一来便可以参照政府部门颁布的用于标识联邦机构属地的 CMYK 标准色进行着色。

着色的操作步骤如下，Gordon 先是执行 File（文件）>Place（置入）菜单命令，置入了一个 Illustrator 文件，该文件是他使用 MAPublisher 插件（www.avenza.com）根据各级别公众属地的地理数据创建的。他使用 Gradient Map（渐变映射）调整图层为地图上色，每种渐变色均会保持一类公众属地的颜色，并显现出地形中

的阴影和高光部分，如 A、B 所示。

创建调整图层的操作步骤如下。在按住 Ctrl/⌘ 键的同时单击图层面板上的图层缩览图，选择被置入 Illustrator 文件的每一个图层，然后单击图层面板的创建新的填充或调整图层 ◐ 按钮，并且在弹出的菜单中选择 Gradient Map（渐变映射）命令，Photoshop 将自动创建调整图层，采用蒙版的办法为选区着色，同时弹出 Gradient Adjustments（调整）面板，如 C 所示。在此，Grodon 不更改任何设置，在黑白渐变选中的情况下，继续添加下一个渐变映射图层。

创建完所有的调整图层后，Gordon 又创建了一个附加的蒙版，以对包围公众属地的区域进行着色。在按住 Shift+Ctrl/⌘ 键的同时单击置入 Illustrator 文件图层中的所有缩览图，然后执行 Select（选择）>Inverse（反向）菜单命令反选选区，然后再次单击 ◐ 按钮添加另一个渐变映射图层，以遮罩周围的区域。最后，按住 Ctrl/⌘ 键的同时单击所有的缩览图，并且在按住 Alt/Option 键的同时单击图层面板底部的 Delete Layer（删除图层）按钮 🗑，删除 Illustrator 文件中的所有层。

之后，便可以展开为各个调整图层着

色的工作了。双击图层面板上的渐变映射缩览图再次打开 Gradient Map（渐变映射）对话框，并且单击渐变栏打开 Gradient Editor（渐变编辑器）。一边操作一边预览窗口中的变化，着手设计自定义的渐变。他希望地形阴影从深棕色开始渐变，然后为各种类型的公众属地选择不同的渐变颜色，最后渐变为用来标识高光的浅色。单击渐变预览栏，创建渐变区域中的第 3 个色标，分别双击这 3 个色标并且在 Select stop color（选择色标颜色）对话框中键入数值设置所需的颜色。Gordon 一边预览地形图上的渐变效果一边拖动色块，当得到满意的效果时 Gordon 便会在 Name（名称）文本框中输入一个新的名称，然后单击 New（新建）按钮，为当前的 Gradient（渐变）预设面板添加渐变，如 D 所示。

Gordon 对所有的公众属地都执行了同样的步骤。当完成地形图的创建后，他将图片的拼合版本保存为 TIFF 格式副本，然后将其置入到 Illustrator 中，再在其中向图片添加文字、符号和线路，最终完成地图的绘制工作。

在如左图所示的 Layers（图层）面板中，我们已将 Laurie Grace 的《闯入 38》（Intrusion 38）作品中的图层名更改为所使用图层混合模式的名称。这幅图像保留了笔触的痕迹以及原始绘画作品中使用的艺术介质的混合颜色。

Grace 从一个带有白色背景且尺寸与最终图像一致的新文件着手创作。之后的工作变得极为不稳定，她不断地尝试排列、缩放、复制、翻转和合并图层操作，并不断地试验各种混合模式。

她从扫描的水彩画中复制并粘贴了一只狗，如 A 所示。然后对它进行缩放操作，▼直至可以裁剪成为一个理想的设计元素。

第二个图层是第一个图层的副本（Ctrl/⌘+J）。使用 Move（移动）工具 ▶♣ 将它拖动至一侧，并设置为 Multiply（正片叠底）混合模式。之后，两个图层结合起来便会重复狗元素的线条，效果如 B 所示。

第 3 个图层由更多的狗的副本图像组成，她对其中的一个副本执行了 Edit（编辑）>Transform（变换）>Flip Horizontal（水平翻转）菜单命令。进行了水平翻转，之后又将该副本拖动到一侧创建了一个对称的组合形状。选择上方的两个图层，并按 Ctrl/⌘+E 键将它们合并。之后将垂直翻转合并后的元素移向一侧，再进行缩放和着色处理，▼如 C 所示。在 Linear Burn（线性加深）图层混合模式下时，该图层会同时加深并加强颜色。

下方的两个图层来自于扫描的油性蜡笔画，如 D 所示。与狗相似的是，导入的元素比文档的边框还要大。Grace 对其中的一个副本进行了翻转，并将两个副本进行稍微不同的偏移。她将这两个副本图层的混合模式分别设置为 Overlay（叠加）和 Soft Light（柔光），以加大图像的对比度，并对其进行加亮处理，如 E 所示。

最后的图层 F 是狗图像两个副本的另一个合并效果，其中的一个副本在合并前进行了垂直翻转，并与另一幅绘画作品的扫描文件进行了合并。

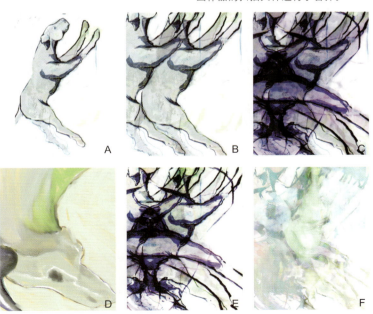

知识链接

▼ 变换 第 67 页

▼ 使用色彩平衡着色 第 205 页

润饰照片

5

使用Rectangular Marquee（矩形选框）工具口和 Image（图像）>Crop（裁剪）命令裁剪掉照片边而不对其进行重定像素。可以使文件尺寸减小，但是分辨率仍旧保持不变。

如果要使利用Rectangular Marquee（矩形选框）工具口裁剪图片的边界产生柔和或修饰性效果，可以在其上绘制矩形选区，创建一个图层蒙版，并使用Select（选择）>Refine Edge（调整边缘）命令和滤镜更改蒙版效果。参见第268页的"使用蒙版加框"。

Photoshop 提供了许多润饰照片的技巧——从诸如柔焦和晕影照片等模仿传统相机和暗室的技巧，到修饰图像和手工着色。但是大多数的日常创作只是利用 Photoshop 来获取照片可能的最佳状态——一张清晰的打印图像或屏幕显示图像，并尽可能地使用最多的颜色和色调。很多照片需要裁切，而另外一些则需要进行镜头变形校正或者去除因拍摄光线较弱而造成的数码噪点。很多照片还可以通过全面调整色调、颜色并进行局部润色、锐化修复扫描产生的柔化效果来进行调整。

如果要处理的照片是采用相机的 Raw 格式或者 JPEG、TIFF 格式拍摄的，可以在 Camera Raw 中进行裁剪、锐化和减少噪点。如果照片是 32 位 / 通道模式▼，那么在由于工作或输出而将其转换为 16 位或 8 位 / 通道模式前，仍旧可以利用文件中大量的颜色和色调信息进行裁剪、调整曝光▼、应用部分色调和颜色调整以及滤镜操作。

知识链接

▼ 32 位 / 通道模式 第 169 页

▼ 曝光调整　第 251 页

裁剪

裁剪可以改善构图，删除一些干扰内容，或者减少修复受损照片的工作量。Photoshop 提供了以下几种可以执行该操作的方式。

裁剪和裁切命令

这两个位于 Image（图像）菜单中的命令用于进行简单的裁剪。

- 使用 Rectangular Marquee（矩形选框）工具口创建选区，接着执行 Image（图像）>Crop（裁剪）命令，这种方法的优点是简单直接。在创建选区后执行 Image（图像）> Crop（裁剪）命令前，若要改变裁剪的尺寸和比例，应执行 Select（选择）> Transform Selection（变换选区）命令，之后双击确认变换。

- 执行 Image（图像）>Trim（裁切）命令，并在 Trim（裁切）对话框中进行选择，这是用来裁切带有柔和边缘图像的最理想方法，可以尽可能地多裁切一些，不会将柔和的边缘部分裁切掉。用户可以选择裁切掉图像的四边，也可以选择只裁切掉其中的任意一边。Trim（裁切）命令

使用 Trim（裁切）命令能够很好地避免生硬地裁剪一个具有柔和边缘的图片。

以内边为基准进行像素"切除"操作，可以将它设置为裁切透明像素（使用前需先将所有的背景图层设置为不可见）或者裁切和左上、右下方像素具有相同颜色的像素。

- 单击 Crop（裁剪）工具 ⊡ 并且在工具选项栏中进行设置。

裁剪工具 ⊡

在图像中拖动 Crop（裁剪）工具 ⊡ 即可确定要保留的区域。

- 只需拖动裁剪控制框的控制手柄便可**轻松调整框的大小和比例**。按住 Shift 键的同时拖动控制手柄即可进行等比缩放。

- 拖动裁剪控制框外的弧形图标即可**旋转裁剪控制框**。该功能可以**拉直扭曲的扫描图，调整倾斜图像的水平线**，或者**在不同的方向轻松地为图像重新绘制裁剪控制框**。

- 打开 Perspective（透视）并且调整单个角点，可以**矫正照片的梯形失真**现象，例如某些高的物体或者某些以奇怪角度拍摄的物体。

- 调整选项栏中的 Height（高度）、Width（宽度）和 Resolution（分辨率），即可一步完成**裁切和调整图像大小**的操作。如果将 Height（高度）和 Width（宽度）的单位设置成像素，则无须设置 Resolution（分辨率）。**注意**：使用 Crop（裁剪）工具的不足之处在于，完成裁剪时，图像会被重定像素。若将选项栏中的 Height（高度）、Width（宽度）和 Resolution（分辨率）数值框清空，并且将高度和宽度的单位设置为像素以外的其他单位，图像就不会被重定像素了。

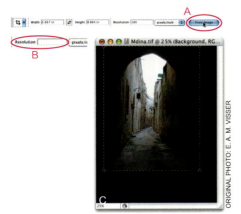

如 A 所示，使用 Crop（裁剪）工具 ⊡ 并单击选项栏中的 Front Image（前面的图像）按钮，可以保持裁剪图像的长宽比与原始图像一致。删除 Resolution（分辨率）数值框中的值，设定裁剪后不重定像素，如 B 所示。最后拖动绘制裁剪控制框以指定裁剪范围，如 C 所示。

- 在裁剪前，单击选项栏中的**Front Image（前面的图像）**按钮，可以**维持原长宽比**（这样不会出现类似相机取景范围与之后的裁剪出现偏差的情况）。可以将 Crop（裁剪）工具设置为源图像的 Height（高度）、Width（宽度）和 Resolution（分辨率）。

贴边裁剪

执行 View（视图）>Snap（对齐）命令，Crop（裁剪）工具 ⊡ 便会将裁剪控制框对齐图像的边缘。若不希望裁剪控制框贴近（而非重合）图像的边缘，可以取消 Snap（对齐）命令的执行，或者在 Snap To（对齐到）级联菜单中取消 Document Bounds（文档边界）命令的执行。

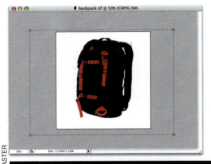

利用Crop（裁剪）工具 ⛏ 将裁剪控制框拖动至图像边缘外部（顶图）以放大画布，放置更多静物。

如果不愿意对图像进行重定像素，可以在使用Crop（裁剪）工具之前清除Resolution（分辨率）数值框中的值。

用户可以随意将图像任意一边的**画布扩展**至任意大小。首先，放大工作窗口以获取更大的空间。操作步骤为向右下角拖动工作窗口，或者在Windows 中按Ctrl+Alt+−（连字符）快键键，在Mac中按⌘+Option+−（连字符）快捷键。然后按住左键拖过整个图像。最后，向外拖动裁剪控制框的控制手柄，将裁剪控制框放大至所需大小以匹配放大了的画布（按住Shift键的同时拖动可按比例缩放，按住Alt/Option键的同时拖动则可以从中心处开始放大，同时按住Shift+Alt/Option键则可以一次达到两种效果）。

拖动绘制裁剪控制框时，Crop（裁剪）工具选项栏会自动改变。用户可以在其中利用颜色和不透明度设置是否**屏蔽**被裁剪的区域，还可以移动裁剪控制框直至得到所需的裁剪范围。如果图像未拼合，即图层除了背景图层外还包含其他图层，还可以选择是**删除**裁剪区域还是只对其进行**隐藏**——隐藏指的是位于裁剪控制框外的裁掉区域仍旧可用。隐藏在动

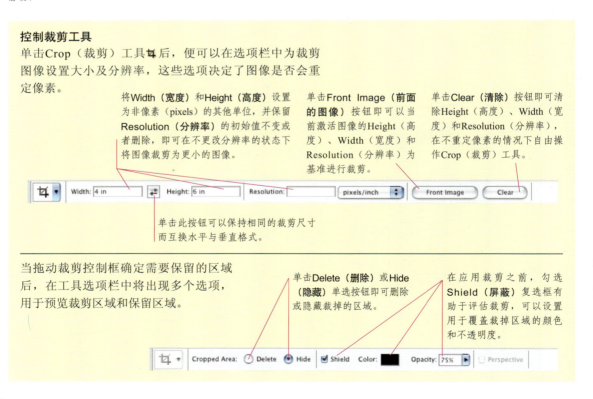

控制裁剪工具

单击Crop（裁剪）工具 ⛏ 后，便可以在选项栏中为裁剪图像设置大小及分辨率，这些选项决定了图像是否会重定像素。

将Width（宽度）和Height（高度）设置为非像素（pixels）的其他单位，并保留Resolution（分辨率）的初始值不变或者删除，即可在不更改分辨率的状态下将图像裁剪为更小的图像。

单击Front Image（前面的图像）按钮即可以当前激活图像的Height（高度）、Width（宽度）和Resolution（分辨率）为基准进行裁剪。

单击Clear（清除）按钮即可清除Height（高度）、Width（宽度）和Resolution（分辨率），在不重定像素的情况下自由操作Crop（裁剪）工具。

单击此按钮可以保持相同的裁剪尺寸而互换水平与垂直格式。

当拖动裁剪控制框确定需要保留的区域后，在工具选项栏中将出现多个选项，用于预览裁剪区域和保留区域。

单击Delete（删除）或Hide（隐藏）单选按钮即可删除或隐藏裁掉的区域。

在应用裁剪之前，勾选Shield（屏蔽）复选框有助于评估裁剪，可以设置用于覆盖裁掉区域的颜色和不透明度。

ORIGINAL PHOTO: GENOA SULLAWAY

在应用Content-Aware Scale（内容识别比例）命令时，为了防止狗和海豹的图像被压扁，首先单击Channels（通道）面板的□按钮创建一个Alpha通道。接着在黑色填充的Alpha通道和RGB通道可见且选中Alpha通道的状态下，使用白色进行绘制，以创建要被保护的区域。接着执行Edit（编辑）>Content-Aware Scale（内容识别比例）命令，在选项栏的Protect（保护）下拉列表中选择Alpha通道，并且拖曳右侧控制手柄，将图像调窄，使狗和海豹的图像靠得更近一些，接着按下Enter键完成缩放操作。

画中很有用，使用裁剪图像定义"舞台"区域的大小，再使用Move（移动）工具沿舞台拖动图像创建动画帧，并且将各个移动捕捉为帧。但是隐藏也有隐患——

就像下面的提示"警惕：'隐藏'的裁切"描述的那样。在选项栏中单击"提交当前裁剪操作"✔按钮提交（与双击等效）或者单击"取消当前裁剪操作"⊘按钮取消（与按Esc键等效），即可完成裁剪的全部操作。

一劳永逸

Image（图像）> Reveal All（显示所有）命令可以一次性将画布放大到足够大小，以完全显示文件中所有位于舞台外围的图像——即便是那些可视性●已被关闭的图层。

警惕："隐藏"的裁切

在使用Crop（裁剪）工具🔳时，如果单击了Hide（隐藏）单选按钮而非Delete（删除），那么裁剪掉的区域仍旧会保留在文件中。如果忘记了隐藏的图像边缘，部分操作会产生意外的结果。比如Photoshop将基于整幅图像（包括被切掉的"舞台外"的部分）来完成Levels（色阶）、Curves（曲线）命令的调整、图案填充（始于图像左上方），以及在运行Displace（置换）滤镜时应用的置换映射（映射与左上角对齐，并拼贴或伸展从而适合整幅图像）等操作。在Photoshop CS4中，可以像第280页描述的"剪切后的晕影效果"那样，通过在Camera Raw中裁剪，将晕影照应用到裁剪的区域而非隐藏的边缘。

内容识别比例

Photoshop CS4 有一个全新的更改图像大小和形状的方法，令人惊叹称奇。从某种意义上说，它像是一种"内部裁剪"。Content-Aware Scale（内容识别比例）命令会在无损伤地缩放细节感较少的背景的同时，重新设置图像的大小，维持重要元素的大小。对于很多图像而言，都可以仅执行 Edit（编辑）>Content-Aware Scale（内容识别比例）命令，通过拖曳自由变换控制框的控制手柄来完成这一卓越的工作，实例参见第 8 页。同时，它也用于保护需要保护的图像重要区域——比如使用选项栏中内置的"保护肤色"选项，或者创建如左栏以及第 419 页 Mark Wainer 的《Hamaroy 灯塔》中提及的Alpha 通道。

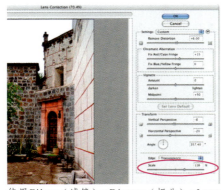

使用Filter（滤镜）>Distort（扭曲）>Lens Correction（镜头校正）命令矫正扭曲，通常都会造成图像边缘出现空白。Lens Correction（镜头校正）对话框中有自带的裁剪功能，支持用户从中心放大图像直至透明边缘被挤出裁剪框外（参见第277页），也可以退出Lens Correction（镜头校正）对话框使用Photoshop的标准裁剪方法。

JHDAVIS

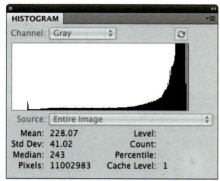

在亮色调黑白肖像的变换过程中，直方图被偏置到了右侧（参见第232页）。

校正相机扭曲

Lens Correction（镜头校正）滤镜专门用于校正相机拍摄造成的几何扭曲和颜色扭曲——执行 Filter（滤镜）>Distort（扭曲）>Lens Correction（镜头校正）命令即可打开该滤镜对话框。第 274 页的"与相机相关的扭曲补偿"详细讲解了 Lens Correction（镜头校正）滤镜的工作原理。

调整色调和颜色

完成对图像的裁剪后，通常还需要调整整个图像或选区的色调和颜色。这些操作可以通过执行Image（图像）>Adjustments（调整）级联菜单中的命令或者使用**调整图层**来完成（通常后者更理想）。在调整色调和颜色时要谨记，为了使最终效果与屏幕上显示的预览效果一致，必须先对显示器和输出设备进行校准和匹配，详情参见第4章的"获取一致的颜色"。

直方图和颜色取样器

保持 Histogram（直方图）面板的开启状态，可以在调整时查看色调和颜色更改的实时动态。直方图图表标示了 256 个不同色调或者亮度值（沿横轴分布，从左到右依次由黑到白）对应的图像像素的比例（使用竖条纹的相对高度来标识）。

一幅未进行调整照片的直方图的色调分布仅仅是用户对图像印象的补充。直方图并不是万能的，它不能满足所有图像处理需求——应该增加对比度吗？应该整体加亮吗？直方图仅用于反映图像的状态。

- **整体黑暗**的图像的直方图，其左侧像素要远远多于右侧，**明亮的图像**则正好相反。这些照片可能是由于曝光不足或曝光过度造成的，应该进行校正。不过这也有可能是拍摄内容本身颜色深或者浅造成的，这种情况下就不需要进行校正。

- **低对比度图像**两侧的竖条纹非常少，而**高对比度图像**则会在一侧或者两侧都显示高而窄的峰状突起。在很多情况下，都需要通过使色调布满整个色调范围来改善低对比度的图像，参见第 246 页"色阶和曲线"的描述。

- 在Histogram（直方图）面板的扩展菜单中选择All Chan-

ANAIKA DAYTON

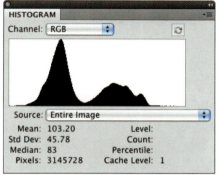

拍摄者察觉到原来的低对比度表现为直方图中左右端的缺失，这让他回想起当时拍摄场所的状况和灰色的薄雾天气。

当调整使直方图任意一边产生峰状突起时，表明高光和阴影细节正在逐步随着最亮和最暗的色调向白色和黑色靠近而丢失。调整前（顶图）两端没有突起，调整时（底图）会导致部分高光细节的丢失。直方图中的间距表示：位于用户设置色调范围内的潜在色调要多于图像中已表达的。

nels View（全部通道视图）命令，还可以查看图像各个颜色通道的色调分布情况，以确定偏色并判定如何进行校正。

调整时，可借助直方图来查看对比度（色调范围）或阴影和高光的细节。在所有包含 Preview（预览）选项的色调或颜色对话框——例如 Curves（曲线）、Hue/Saturation（色相/饱和度）、Color Balance（色彩平衡）中进行的当前调整效果以及先前的设置效果均可以在直方图中进行对比显示。在进行颜色和色调调整时，如果在调节过程中直方图的任意一端陡然增高，意味着在提高对比度的同时最亮或最暗的色调转变为了白色或黑色，图像的高光或阴影细节已丢失。如果在扩展的直方图中，某种颜色相对于其他颜色更靠左或更靠右，那么表明偏色得到了增强（或减弱）。

正如 Histogram（直方图）面板在监视色调和颜色的整体改变方面非常有用，Color Samplers（颜色取样器）工具提供了一种监视特定区域改变的最佳方式。使用与 Eyedropper（吸管）工具 🖋 位于同一工具组中的 Color Samplers（颜色取样器）工具 🖋 以及其他信息工具时，最多可以设置 4 个取样点，再在 Info（信息）面板中读取数据。▼

使用调整图层

因为调整图层非常灵活，所以**使用调整图层调整图像色调和颜色要优于 Image（图像）菜单中的命令**。在文件中，借

知识链接
▼ 颜色取样器工具
第 177 页

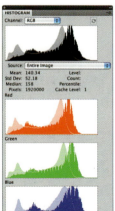

ORIGINAL PHOTO: E. A. M. VISSER

在具有 Preview（预览）复选框的对话框中修改参数后，Histogram（直方图）面板将会同时显示修改之前（浅色曲线图）和之后的曲线图。此处在 Histogram（直方图）面板的扩展菜单中选择 All Channels View（全部通道视图）命令和 Show Channels in Color（用原色显示通道）命令。

在RGB文件的Info（信息）面板中，颜色取样器取样值整体变大，表明图像变亮了，若值变小则表明图像变暗了（CMYK文件则恰恰相反）。一个或多个分量颜色值比例失常的增加表明颜色发生了改变。

在这个摘自第307页的实例中，添加调整图层比执行Image（图像）>Adjustments（调整）命令更灵活。例如，可以绘制图像蒙版来限制调整，如A所示。这样更方便还原，可以通过降低Opacity（不透明度）对"两个男人"去色，如B所示。还可以在按住Shift键的同时单击图像蒙版缩览图来隐藏图层蒙版，从而使调整应用于整张照片，如C所示。

助单独的调整图层可以随意更改调整设置，或者通过降低图层的 Opacity（不透明度）来更改其强度。此外，还可以使用各个调整图层的蒙版来设置校正。▼或者使用 Blend If（混合颜色带）滑块来设置特定的色调范围或色系。▼

单击 Layers（图层）面板底部的 Create new fill or adjustment layer（创建新的填充或调整图层）按钮✿，并且从弹出菜单中选择调整类型。使用调整图层的实例可参见本章及本书的其他部分。

在 Photoshop CS3 中，不管是使用调整图层进行调整，还是通过执行 Image（图像）> Adjustments（调整）级联菜单命令进行调整，都会弹出**相应的对话框**。并且对话框会一直保持开启状态，直到完成调整并且单击 OK 按钮。对话框保持开启状态会将 Photoshop 的活动性完全局限于对话框。在 Photoshop CS4 中，对 Adjustments（调整）面板进行了改进。添加调整图层时，Adjustments（调整）面板中会打开相应的选项面板。但是它在开启期间不会妨碍其他的 Photoshop 操作：当需要更改某个图层的可视状态或者想要更改调整图层的 Opacity（不透明度）并且进一步更改设置时，可以随意地进行这些操作。通过执行 Image（图像）> Adjustments（调整）级联菜单命令进行调整时，仍会开启与 Photoshop CS3 中相同的程序对话框。

首先从最常用的调整入手——Levels（色阶）和 Curves（曲线）。接下来，分别简要地介绍它们的特点以及可以在本书的哪一个部分找它们的详细介绍。除此之外，可以参见第281 页的"色调及颜色调整"。

色阶和曲线

Levels（色阶）对话框在**整体色调（有时是颜色）**调整方面表现卓越。拖动 Input Levels（输入色阶）滑块（将阴影和高光滑块向内拖动一些）可以增加对比度，或者（移动灰色的中间调滑块）使图像整体更亮或者更暗（但是使暗色更暗、亮色更亮）。通过拖动 Output Levels（输出色阶）滑块，可以将图像中的所有色调增亮或者调暗并且降低对比度。

知识链接

▼ 使用图层蒙版
第 61 页

▼ 使用混合选项
第 66 页

使用多个调整图层调整图像的对比度、曝光或颜色，相当于依次应用这些操作，堆栈中的图层位置越靠下，校正就越先完成。

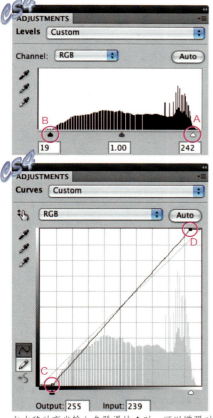

向内移动高光输入色阶滑块 A 时，可以增强对比度，此时所有比该值亮的像素都将变成白色。同理，向内移动阴影滑块 B 会使所有比该值黑的像素变成黑色。通过水平移动曲线的端点 C 和 D 也可以得到相同的结果。向内移动端点得到一条更陡峭的曲线，这表明对比度更强烈。

在 Curves（曲线）对话框中，可以实施与在 Levels（色阶）对话框中相同的整体色调调整，也可以在不让图像整体变亮或者变暗的情况下调整特定区域。例如可以像第 342 页那样使阴影色调变浅，显示更多的细节。曲线也可以用于某些特殊的颜色效果（例如，曝光过度）或者创建彩虹效果。

自动调整。 Levels（色阶）和 Curves（曲线）对话框都有自动校正色调和颜色的 Auto（**自动**）按钮。按住 Alt/Option 键并且单击 Auto（自动）按钮可以打开带有其他自动校正选择的对话框。第 281 页开始的"色调及颜色调整"中有有关此类"瞬间修复"的多个应用实例。如果 Levels（色阶）和 Curves（曲线）对话框的自动调整不起作用，则可以取消它——按住 Alt/Option 键将 Cancel（取消）按钮转变为 Reset（复位）按钮，然后单击恢复原状。接着参照下面的步骤进行手动调整。

手动调整色阶或曲线。 在 Levels（色阶）和 Curves（曲线）对话框中，用户可以手动设置阴影、高光，加深或调亮中间调，抑制颜色。对比这两个对话框，可以更清楚它们的相关设置。

1 第一步是扩展图像中的色调范围。

   使用色阶。 为了增强对比度，可以在 Levels（色阶）对话框中将 Input Levels（输入色阶）的**阴影**滑块和**高光**滑块相对于图表条纹的左右端分别稍微向内拖动。此时在 Histogram（直方图）面板中可以看到，当图表中出现了一些白色和黑色像素时，对比度即已达到最佳值（技术上的）。此时应在黑白条失控增长前结束对比度调整——因为如果不停止，就会有很多深色和浅色像素分别转变成黑色和白色，致使图像丢失很多阴影和高光的细节。

   有时，可以通过直方图最左端或最右端陡然增大的波峰来判定图像中具有非常深或非常浅的像素。在这种情况下，可以将阴影或高光滑块稍微向内拖动到波峰内，以此得到更好的效果。

   使用曲线。 Curves（曲线）对话框中的曲线代表了色调调整前后的关系。为曲线添加锚点并拖动重塑形状前，曲线是一条直线。色调的黑色端点设置在左下角，用户

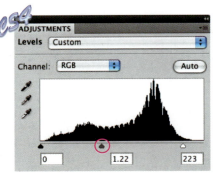

拖动Levels（色阶）对话框中的Input Levels（输入色阶）的中间调滑块，可以在不更改阴影和高光的情况下使图像整体提亮或者变暗。

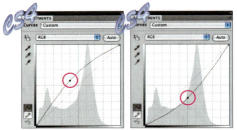

向上或者向下手动调节曲线的中部会使图像增亮或变暗。由于还可以左右拖动，因此使用Curves（曲线）可以比调节Levels（色阶）滑块进行更多的整体色调调整。

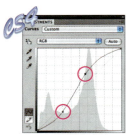

由于在Curves（曲线）对话框中可创建S形中间调的曲线，因此能对最暗或者最亮的色调进行比Levels（色阶）对话框更多的控制。

S形曲线调整可以增强中间调的对比度，实例详细操作步骤参见第342页。

改良后的M形曲线调整也可以用于增强对比度，实例详细操作步骤参见第342页。

可以沿轴水平拖动左下端黑色锚点来增加对比度，直至Histogram（直方图）面板的条纹到达最左端。沿轴水平拖动右上端锚点直至Histogram（直方图）面板的条纹到达最右端，并注意要像调整Levels（色阶）那样适可而止。

在Levels（色阶）或者Curves（曲线）对话框中，均可以通过使用Set Black Point（设置黑场）工具和Set White Point（设置白场）工具单击图像来分别拾取黑场（任何比该点暗的色调都会变成黑色）和白场（任何比该点亮的色调都会变成白色）。

2 完成步骤1中的Levels（色阶）或Curves（曲线）调整后，便可以得到一个从黑到白的完整的色调范围。但是照片可能会变得漆黑一片（曝光不足）或者苍白一片（曝光过度）。

在Levels（色阶）对话框中，可以通过移动灰色的中间调输入色阶滑块来调亮或调暗整幅图像。

在Curves（曲线）对话框中，可以通过拖动曲线中部来完成同样的校正。在RGB模式下，默认情况下向上拖动可以调亮图像。在CMYK模式下，默认情况下，浅到深的轴正好相反。Curves（曲线）命令与Levels（色阶）命令相比的优点在于，用户可以向下或向上调整曲线，以此控制曲线的缓急。当曲线陡然变化时，色调间的差异加大，色调对比度增强。此时的对比度会使图像变清晰，造成细节假象，这是因为肉眼是通过查找边缘的方法进行识别的，而提高的对比度可以帮助用户查找边缘。相反，曲线缓和的地方，色调的步幅减小，对比度和清晰度降低。

3 即便进行了整体对比度和全局曝光度的调整，图像中仍旧会存在一些让人始料不及的偏色。为了校正偏色，可以尝试在Levels（色阶）或Curves（曲线）对话框中使用Set Gray Point（设置灰场）工具，吸取图像中一个颜色，并将它作为中间调的灰（无色）。第286页讲解了一个这样的实例。如果找不到这样的点，可以参见第250页的"其他色调和颜色调整"，或者尝试第286页和第287页中的其中一种平均方法。

4 可以借助Curves（曲线）对话框调整色调范围的特定部分，例如在不影响其他部分的情况下显示出阴影细节或

如果使用Curves（曲线）命令也可以达成Levels（色阶）命令的效果，为什么还需要Levels（色阶）命令？这恐怕要牵扯到Photoshop的历史。在Histogram（直方图）面板出现之前，Levels（色阶）对话框是惟一带有图像色调分布图表的功能。Levels（色阶）直方图，查看方便，可帮助用户在不丢失高光和阴影的情况下调整黑场和白场。

后来，Histogram（直方图）成为了一个单独的面板，并且在Photoshop CS3版本中，Curves（曲线）对话框有了自己的直方图。因此，现在在Curves（曲线）对话框中也可以精确地调整黑场和白场。不过，很多用户已经习惯在工作流程中使用更简洁的Levels（色阶）对话框进行整体调整，所以它被保留下来。

Camera Raw中的清晰度

Camera Raw中的Clarity（清晰度）调整是增强中间调对比度以显示纹理或者细节的理想方式。使用Basic（基本）选项卡中的Clarity（清晰度）滑块进行全局调整。使用Adjustment Brush（调整画笔）在固定的位置提高清晰度。通过将Basic（基本）选项卡上的滑块设置为100%并且使用尺寸很大的Adjustment Brush（调整画笔）在整个图像上绘制更多的Clarity（清晰度），可以获得两倍于全局清晰度效果。

清晰度为0%
清晰度为100%
ORIGINAL PHOTO: MARK GRISSOM / PHOTOSPIN.COM

者增加中间调的对比度。将光标移出Curves（曲线）对话框之外，光标将变成吸管状。在Photoshop CS4中，先在对话框中选择Targeted Adjustment（目标调整）工具，或者按下I键切换到Eyedropper（吸管）工具。单击图像中某处，会显示该色调在曲线上的位置，**按住Ctrl/⌘键的同时单击会自动在曲线上添加该点**。确定要改变的色调范围后，可以通过单击将曲线限定在其他的多个点内，保证在此范围之外图像的对比度不会改变。接着，可以通过拖曳采样点来重塑锚点间的线条形状，并且使选中的色调范围部分增亮或者变暗。**注意：** 如果创建比M形或者S形曲线更极端的曲线，可能会遇到问题。任何幅度较大的移动都可能导致图像过度曝光。

参数曲线

位于Camera Raw中的**Parametric Curve（参数曲线）**相对于Photoshop中常见的且同样在Camera Raw中可用的Point Curve（点曲线）而言像是一把钝器。Parametric（参数）界面将曲线划分为4个部分，即高光、浅中色调、暗中色调以及阴影。借助这4个滑块可以将各个部分的色调调浅（右移滑块）或者加深（左移滑块）。这个调整不及Point Curve（点曲线）精确，但是由于滑块之间的集成方式，可以保证曲线仍旧平滑，不会出现Point Curve（点曲线）产生的那种色调和颜色中的明显间断或者奇怪波动。

除了4个滑块外，Curve（曲线）图表的水平轴上还有3个标记。移动这些标记可以重新定义4个部分的范围，例如，将更多的色调放入到由Darks（暗色）设置控制的范围或者Highlights（高光）或Lights（浅色）部分的色调中。

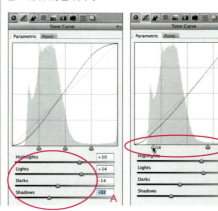

使用Highlights（高光）、Lights（浅色）、Darks（暗色）和Sha-dows（阴影）滑块调整曲线的形状，如A所示。接着，使用水平轴上的滑块精对对比度，如B所示，以更改这4部分影响范围的百分比。在此，Shadows（阴影）部分已经由色调范围中最黑的25%减少至18%。

黑白调整图层的6个滑块提供了大量的转换选择。可以轻松地创建两个不同的黑白转换版本，一个使用Auto（自动），另一个通过调整滑块来创建更为极端、"粗糙的"外观。

黑白调整图层用于增强叶子中的对比度，接下来，对图层应用蒙版以将视线集中到绿色的水果。

其他色调和颜色调整

下面简要介绍 Image（图像）>Adjustments（调整）菜单中每个命令的功能。尽管其中的一些功能被 Smart Filters（智能滤镜）▼取代，但是大多数以调整图层的身份出现。它们按字母顺序排列。

知识链接
▼ 智能滤镜　第 72 页

Black & White（黑白）。Photoshop CS3 的新功能，Black & White（黑白）调整命令已经成为了**将彩色图像转换成黑白图像**的最有效方式。在 Black & White（黑白）对话框中有预设、滑块和擦除器，所有的设置都用于调整 6 种不同的色系映射为灰色阴影。可以使用颜色来表现对比度或者降低对比度，实例参见第 214 页的"从彩色到黑白"。

Brightness/Contrast（亮度 / 对比度）。Brightness/Contrast（亮度 / 对比度）调整命令在 Photoshop CS3 中得到了改善。现在，既可以以传统的方式进行操作，也可以以一种全新的更好的方式进行操作。Use Legacy（使用旧版）模式是 Brightness/Contrast（亮度 / 对比度）对话框中的一个复选框，移动 Brightness（亮度）和 Contrast（对比度）滑块会均匀地影响图像的整个色调范围，但是它很容易将浅色转变为白色或将深色转变为黑色，忽略掉一些图像可用的潜在色调范围。取消勾选 Use Legacy（使用旧版）复选框，在移动滑块时黑场和白场仍旧保持未更改的状态。Brightness（亮度）滑块的工作原理与 Levels（色阶）对话框中的中间调滑块相似，或与向上或向下拖动 Curves（曲线）对话框中部曲线的原理相似（参见第 248 页），中间调提亮或者变暗的效果更显著。Contrast（对比度）滑块的工作原理与 Curves（曲线）

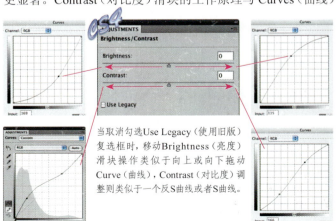

当取消勾选Use Legacy（使用旧版）复选框时，移动Brightness（亮度）滑块操作类似于向上或向下拖动Curve（曲线），Contrast（对比度）调整则类似于一个反S曲线或者S曲线。

消除偏色的方法之一是添加偏色颜色的对比色。如上图所示为由通过帐篷的光线引起的蓝灰偏色，该偏色可以通过为中色调添加红色、黄色以及少许洋红来消除。

前

后

Equalize（色调均化）命令在查看柔和的阴影是否已被裁掉并且变平整时非常有用。为了防止在裁切柔和边缘时离第一次的位置过近，可以使用 Image（图像）>Trim（裁切）命令，参见第240页。

对话框中增强对比度的 S 曲线以及减弱对比度的反 S 曲线相似（参见第 342 页），同样是中间调受影响最多。**注意**：旧的 Brightness/Contrast（亮度 / 对比度）调整的动作或者分层文件会自动调用较复杂的 Use Legacy（使用旧版）模式。

Channel Mixer（通道混合器）。Channel Mixer（通道混合器）调整命令可以通过**增减个别颜色通道**来调整图像中的颜色，相关实例参见第 211 页的"通道混合器蜡笔画"。

Color Balance（色彩平衡）。Color Balance（色彩平衡）调整命令可以**分别更改高光、中间调和阴影**——虽然这 3 个范围在某些位置叠加。为了消除照片中某种颜色的偏色，可以找到控制过多颜色（例如红色）的滑块，将它向相反方向拖动（青色）。Color Balance（色彩平衡）也可以用于为图像着色，相关实例参见第 205 页的"使用色调范围着色"。

Desaturate（去色）。Desaturate（去色）调整命令是一种删除颜色、生成灰阶外观但是保留颜色接收能力的方式，因此还可以再重新添加颜色。但是使用 Black & White（黑白）调整命令的效果更好，可控性更强。

Equalize（色调均化）。Equalize（色调均化）调整命令可以**加大颜色中相近像素间的对比度**，因此可以用于查看游离的色斑或柔和边缘的位置。

Exposure（曝光度）。在对 32 位 / 通道模式文件应用调整之前，Exposure（曝光）命令可以替代 Photoshop 多个版本的 Levels（色阶）、Curves（曲线）和其他调整。Exposure（曝光度）对话框中有 3 个滑块，向右移动任意滑块都会增亮图像，反之则变暗，不过各个滑块的表现有些许不同，影响色调范围各个部分的程度也不尽相同。

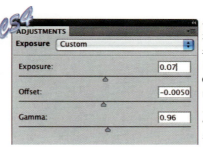

在 Exposure（曝光度）对话框中，右移 Exposure（曝光度）滑块会增加整幅图像的亮度，但是其对阴影区域的影响要慢于高光。左移 Offset（位移）滑块会使阴影变暗的速度快于高光。Gamma（灰度系数校正）滑块对中间调的影响要快于对极黑和极亮区域的影响，右移会调亮，左移则会调暗。

Gradient Map（渐变映射）调整命令使用几种颜色替代级别不同的灰度，相关实例参见第208页。

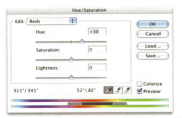

在 Hue/Saturation（色相/饱和度）对话框的Edit（编辑）下拉列表中可能没有要选择的色系（例如橘黄色）。Photoshop CS3（如上图所示）可以仅选择一种邻近色系——对于橘色而言是黄色或者红色。接着，在图像中单击或者使用添加到取样工具 ✏ 扩展目标颜色的范围。使用从取样中减去工具 ✏ 可以删除该范围中的颜色（例如红色而非橘色）。要想在改变的颜色与未改变的颜色之间创建较平缓的渐变，可以向外拖动小的白色三角形加大浅灰色的"颜色容差"，向内拖动会得到较急剧的渐变。

在Photoshop CS4中选定一种颜色之前不需要选择色系。单击Adjustments（调整）面板的 🖑 并且单击图像内部进行采样，或者左右拖动 🖑 光标以减少或者增加起始颜色的Saturation（饱和度），Ctrl/⌘+拖动沿着色谱左右移动来改变颜色。

Gradient Map（渐变映射）。 Gradient Map（渐变映射）调整命令会**使用选定的渐变色替换图像色调**。它可以灵活地试验多种创造性颜色解决方案。只需单击选择一个渐变样式，或者单击渐变栏打开 Gradient Editor（渐变编辑器）并且在其中更改渐变的颜色。可以勾选 Reverse（反向）复选框将渐变颜色顺序反向，相关实例参见第 208 页的"使用渐变映射图层"以及第 197 页的"渐变"。

Hue/Saturation（色相/饱和度）。 Hue/Saturation（色相/饱和度）对话框内有很多控制目标颜色更改的选项。取代整体更改颜色的方法是分别调节 6 个色系——Reds（红色）、Yellows（黄色）、Greens（绿色）、Blues（蓝色）、Cyans（青色）或 Magentas（洋红），单独控制色相（更改色轮中的颜色）、饱和度（让颜色更强、更中性或更灰）以及高光（让颜色接近黑色或白色）。可以在图像中提取需要更改的色系。可以在色系中扩展或缩小色系中的颜色范围，控制那些受影响颜色和不受影响颜色间的渐变间隔或连续的方式。Hue/Saturation（色相/饱和度）调整实例参见自第 281 页起的"色调及颜色调整"。使用该命令还可以在勾选 Colorize（着色）复选框的状态下使用单一颜色为图像着色，参见第 204 页的"使用色相/饱和度着色"。

Invert（反相）。 Invert（反相）调整命令可以**将颜色和色调反相**。除了可以创建反相外观，它还可将蒙版反相。在此，反相用于对前景和背景应用不同的 Hue/Saturation（色相/饱和度）调整。Invert（反相）命令可以基于前景蒙版制作背景蒙版。如果只对图层蒙版进行反相则必须借助 Invert（反相）命令或快捷键 Ctrl/⌘+I，而非添加反相调整图层，因为调整图层只作用于图层内容本身，并不是蒙版。在 Photoshop CS4 中使用 Masks（蒙版）面板的 Intert（反相）按钮可得到相同结果。

复制带有蒙版的用于调整天空颜色的色相/饱和度调整图层，对蒙版进行反相，并更改Hue/Saturation（色相/饱和度）的设置可以调整云的颜色。

前

反相/正常

反相/明度

在 Normal（正常）模式下，反相调整图层可生成颜色和明度反相的效果。在 Luminosity（明度）模式下，则只能进行色调（浅色/深色）反相，而颜色（色相和饱和度）不反相。

前

后

对 RGB 文件使用 Photo Filter（照片滤镜）调整命令时，为了不改变它的曝光度或对比度，应勾选 Preserve Luminosity（保留明度）复选框。Density（浓度）滑块控制着色强度，可以模拟相机镜头不同密度的滤镜。

前

后

Posterize（色调分离）调整命令可以针对 Web、艺术效果简化图像，甚至还可以将照片转换为绘画效果，参见第 388 页。

Match Color（匹配颜色）。Image（图像）> Adjustments（调整）> Match Color（匹配颜色）命令可以通过更改整幅图像的颜色或是图像的局部来匹配另一幅图像的颜色。要更改的图像或匹配参照图像可以是整幅图像或者是包含用户为 Photoshop 指定颜色的特定区域。该命令适用于匹配一组图像或者在使用 Photomerge 命令前匹配全景图的局部。相关实例参见第 290 页的"匹配颜色"。Match Color（匹配颜色）命令不可用于调整图层或者智能滤镜。

Photo Filter（照片滤镜）。Photo Filter（照片滤镜）调整命令可以模拟相机镜头上安装的彩色滤镜的拍摄效果。不论在对话框中选择 Filter（滤镜）还是 Color（颜色）选项，Photo Filter（照片滤镜）的工作原理均相同。不同的是 Filter（滤镜）选项提供的如 Warming（加温）、Cooling（冷却）滤镜选项与真实的镜头滤镜更为相似。关于使用 Photo Filter（照片滤镜）调整的实例参见第 288 页的"加温"、"冷却"和第 209 页及 210 页的"着色效果"。

Posterize（色调分离）。Posterize（色调分离）调整命令可以通过减少颜色（或灰度图中的色调）数量来简化图像。它能为 Web 减少图像颜色、缩小文件大小、缩短下载时间。如果在进行色调分离前执行 Filter（滤镜）> Blur（模糊）> Gaussian Blur（高斯模糊）或 Filter（滤镜）> Noise（杂色）> Despeckle（去斑）命令对图像进行轻度模糊，有时还可以得到数量更少、面积更大的色块。

Replace Color（替换颜色）。在 Replace Color（替换颜色）对话框中，可以基于取样颜色绘制一个选区，然后进一步更改色相、饱和度或亮度。在 Photoshop CS4 中还可以添加或者减少局部的颜色簇。但是 Replace Color（替换颜色）调整命令不能为日后的更改提供操作灵活性——这是因为它无法保存选区并进行还原，而且不能作用于调整图层或者智能滤镜。

Selective Color（可选颜色）。Selective Color（可选颜色）调整命令用于增加或减少特定的青色、洋红、黄色和黑色油墨的百分比。用户可以针对 6 个色系——Reds（红色）、Yellows（黄色）、Greens（绿色）、Blues（蓝色）、Cyans（青色）

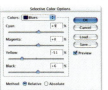

Selective Color（可选颜色）是调整单个色系中各个颜色的好方法——例如，它可以使红色更黄，蓝色更蓝。在《阿凯德之夏》（Summer in Arcata）中，可以看到 Susan Thompson 通过 Selective Color（可选颜色）对话框进行的某些调整（参见第370页）。

前

后

移动 Threshold（阈值）对话框中的滑块可以控制哪些色调变黑、哪些色调变白。

尝试调整 Variations（变化）可以帮助判断何种颜色调整是所需的。Variations（变化）不能作用于调整图层，但是可以作用于智能滤镜。

或 Magentas（洋红）中的任何一个，以及对 Black（黑色）、White（白色）或 Neutrals（中性色）进行调整。Selective Color（可选颜色）调整命令适用于调整**基于显示用户指定颜色的颜色校样的 CMYK 文件**。如果印刷工人提出需要添加一定百分比的某种原色油墨，便可以通过 Selective Color（可选颜色）调整命令进行调整。Selective Color（可选颜色）调整还适用于调整 RGB 模式下的颜色，特别适合已习惯印刷油墨术语的用户使用。

Shadows/Highlights（阴影 / 高光）。Shadows/Highlights（阴影 / 高光）调整命令专为突出照片中曝光不足或者曝光过度区域的细节而设计。它可以高亮显示阴影并提高高光的密度。默认设置专为那些带有背光物体的照片而设计，它作用于一个很广的阴影色调而非高光。勾选 Show More Options（显示更多选项）复选框可以打开如第 255 页所示的对话框，之后便可以通过 Shadows/Highlights（阴影 / 高光）控制哪些像素变暗、哪些像素变亮以及这些像素分别加亮或变暗多少。Shadows/Highlights（阴影 / 高光）**可以作用于智能滤镜**。

Threshold（阈值）。Threshold（阈值）调整命令可以**将图像中的各个像素转换为黑色或白色**。Threshold（阈值）对话框的滑块用于控制图像色调范围内黑色或白色的划分界限。它在创建单色照片或模拟线稿时表现极佳，**可以作用于调整图层**。

Variations（变化）。Variations（变化）调整命令有双重效果，它可以**用于处理一组颜色**的色相、饱和度和亮度，每一种调整都分别对应高光、中间调和阴影的调整。也可以**同时预览几种不同选项对应的效果**，并从中选择一种作为最终效果。Variations（变化）的详细操作步骤参见第 281 页的"色调及颜色调整"。尝试不同设置的结果有可能与初衷相悖，例如如果需要在图像中添加更多的红色，但是 Variations（变化）对话框也许会向用户显示增加洋红更有助于得到理想的颜色效果。Variations（变化）不能作用于调整图层，但是**可以作用于智能滤镜**。

Vibrance（自然饱和度）。Vibrance（自然饱和度）调整命令是 Photoshop CS4 中新增的功能，它是 Saturation（饱和度）的姐妹命令。它可以增加或者减少颜色的强度，就如同 Hue/

阴影/高光

Shadows/Highlights（阴影/高光）调整命令对浅阴影和深高光可以进行区别控制。Shadows/Highlights（阴影/高光）决定了把各个像素当作阴影还是高光或者什么都不是。接着，该命令还会决定将它提亮（如果是阴影像素）或者调暗（如果是高光像素）多少。Shadows（阴影）、Highlights（高光）的滑块一起作用将获取最终的结果。

Tonal Width（色调宽度）决定了多暗或者多亮的像素会被当作阴影或者高光。Tonal Width（色调宽度）值越高，越多像素会被划入阴影或者高光类别。当Tonal Width（色调宽度）为默认的50%，任何深于50%的灰都被认为是阴影像素，任何浅于50%的灰都被认为是高光像素。

实际上，Shadows/Highlights（阴影/高光）命令不只是基于每个像素自身的值来确定它是否位于阴影或者高光的Tonal Width（色调宽度）内，它还会对各个像素与邻近的像素平均值进行对比。Radius（半径）决定了它的邻近值有多大，也就是说该命令在计算平均值时会考虑大约多远的像素。例如，大多数阴影像素的邻近像素中还有其他的深色像素，如果Radius（半径）值越小，那么平均值就越深，像素越有可能被认为位于阴影的色调宽度内，并且会被调亮。Radius（半径）值越大，就越有可能包括更多的浅色像素，因此平均值就越浅，像素就越不可能位于阴影的色调宽度内，因此就不会被调亮。

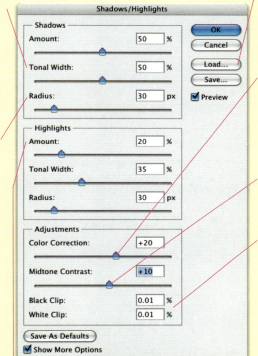

Save（存储）和Load（载入）按钮允许用户保存或者重新调用设置，例如背光（默认设置实际上就是针对它们而设计的）、过度闪光、过强的日光以及过暗的阴影。

Color Correction（颜色校正）滑块会增加Shadows/Highlights（阴影/高光）（调整命令）提高或者调暗区域内的饱和度（或者使用负值来减少它）。对应灰度图像的则是Brightness（亮度）滑块。

Midtone Contrast（中间调对比度）滑块可以用来修复中间调对比度，而不需要使用单独的Curves（曲线）调整。

增加Black Clip（修剪黑色）或者White Clip（修剪白色）值可以将更多的256色调推向全黑或者全白，增加对比度。但是将过多的色调推向两个极端会致使阴影和高光中的细节丢失，另外，当两个极端值之间剩余的值更少时甚至还会导致色调分离，呈现阶梯状的色调而非平滑的渐变。

当Tonal Width（色调宽度）和Radius（半径）值决定了像素是阴影还是高光后，Amount（数量）设置就开始起作用了。Amount（数量）决定了阴影像素能被提亮多少或高光像素将被调暗多少。位于Tonal Width（色调宽度）中最暗的（或者最亮的）像素将被提亮（或者调暗）得最多。Amount（数量）值设置越高，极端值处的提亮或者调暗的效果越显著，接近中间调的效果衰减得越快。较低的设置下极端值处的效果越不明显，衰减也越慢。

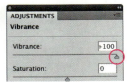

自然饱和度调整图层会增强沙发、茶色地板和艺术品中浅色的中性绿，而不会使蓝色的靠垫或者小地毯的颜色过饱和。

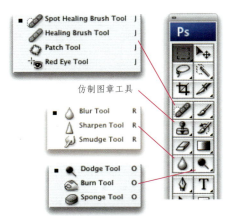

仿制图章工具

通常用于润饰和修复的工具包括Healing Brush（修复画笔）工具🖊、Spot Healing Brush（污点修复画笔）工具🖊、Patch（修补）工具🔷、Red Eye（红眼）工具🔾和Clone Stamp（仿制图章）工具🖈。这些工具的运用实例参见第312页和第314页，以及"换妆术"（第316页）。Blur（模糊）工具🖐、Sharpen（锐化）工具△、Dodge（减淡）工具🖐、Burn（加深）工具🖐和Sponge（海绵）工具🔾在快速润饰时非常有用，用于照片加工时尤为突出。通常使用智能滤镜对图像进行模糊或者锐化，同时使用带有减淡和加深效果的图层会得到更好的效果。

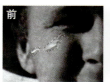
前

中

后

利用Patch（修补）工具🔷可以自动混合修补区域的边缘。在修复带有刮痕的残旧照片时十分有用（参见第312页）。该工具的选项栏中没有Sample All Layers（对所有图层取样）复选框，因此对图层副本应用该工具更是上乘之策。

Saturation（色相/饱和度）对话框中的Saturation（饱和度）设置，但是同时可以保护那些强度（纯色调）已经到达了某种程度的颜色，这些颜色的强度即使增加到某种程度，饱和度的微弱区别也不明显并无法察觉。该命令还用于保护照片中人物皮肤的色调。Vibrance（自然饱和度）对话框中也有Saturation（饱和度）滑块，它们通常都可以被用于有效地平衡来改善颜色。

润饰照片

用户可以使用Photoshop的润饰照片工具手动修复图像。以下列举一些润饰方法，使用它们可以更加快捷准确地完成对照片的润饰。使用润饰工具的实例详解参见第312页和第314页的内容。

- **Spot Healing Brush（污点修复画笔）**工具🖊**和Healing Brush（修复画笔）工具🖊是修复较小瑕疵**的理想工具，它们都可以使用周围效果自动混合修补图像。Spot Healing Brush（污点修复画笔）工具也可以自动选择修补材料的源，因此用户只需单击要隐藏的瑕疵便可以完成修补。使用Healing Brush（修复画笔）工具时，可以在按住Alt/Option键的同时单击要隐藏的点，它允许用户自行选择一个适合的修复源。

- **快速去尘和快速去除划痕**的方法是将图像转换成智能对象并且将Dust & Scratches（蒙尘与划痕）滤镜用作智能滤镜。接着使用黑色填充已有的智能滤镜蒙版，隐藏应用滤镜的整幅图像，最后在需要使用滤镜效果图像隐藏瑕疵的位置利用白色涂抹，显示效果。具体操作步骤参见第312页的"问题照片的润饰"。在使用Healing Brush（修复画笔）工具🖊之前应用蒙尘与划痕滤镜，参见第314页的"修复天空"。

- 使用**Patch（修补）工具**🔷或**Clone Stamp（仿制图章）工具**🖈**可以删除照片背景中大块瑕疵或移除背景中的非主体对象**。若事先勾选Clone Stamp（仿制图章）工具选项栏中的Sample All Layers（对所有图层取样）复选框，便可以只作用于图像上方的透明修复图层。Clone Stamp（仿制图章）工具不会像其他工具那样自动将修补边缘与源进行混合，而是根据画笔笔尖的特征来混合。该工

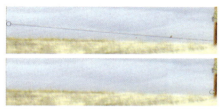

Healing Brush（修复画笔）工具✎不仅可以通过采样颜色和纹理来修复，还可以使用图案来修复。这使得以下操作成为可能，快速删除空中电线之类的细线后，在图像副本上使用Dust & Scratches（蒙尘与划痕）滤镜，然后将模糊的副本作为Healing Brush（修复画笔）工具的图案。具体方法参见第314页的"修复天空"。

沿直线或者曲线修复图像

要进行直线修复，如隐藏天空中的电线，只需使用Healing Brush（修复画笔）工具✎、Spot Healing Brush（污点修复画笔）工具✎或者Clone Stamp（仿制图章）工具♧之类的润饰工具，单击确定线的起点，按住Shift键的同时再次单击终点即可。如果修补是沿曲线进行的（例如线是下垂的），则需要沿曲线绘制一条路径，▼再选择修复工具（如有必要还需要定义源）描绘路径。▼

ORIGINAL PHOTO: KAVRAM / PHOTOSPIN.COM

具在以下情况下工作得尤为出色：中等硬度的画笔笔尖且位于非对齐模式下，短笔头而非长笔触，可以避免图像素材的明显重复。在按住Alt/Option键的同时单击拾取邻近图像细节，并在要遮盖的区域单击即可完成操作。因为此修复位于单独的图层，所以用户可以随时调整所做的修改。

- **需要隐藏照片中较大的划痕或者破缝时，Patch（修补）工具**◊**是一个很好的选择。** 该工具仅作用于当前图层，这一点不同于那些能从所有可见图层取样并在单个空图层上进行修复的工具。为了使操作更灵活，在使用Patch（修补）工具前，先复制需要修复的图层（按Ctrl/⌘+J快捷键），再对副本进行操作，以保证原图层的完好。Patch（修补）工具具有与Healing Brush（修复画笔）工具相同的边缘混合和色调匹配技能，但是它还可以反复操作——可以先选择需要修复的区域，再拖动选择用来替代它的源图像。

- **Clone Stamp（仿制图章）工具**♧**和 Healing Brush（修复画笔）工具**✎**可以一次性载入多个修复画笔**，将图像（甚至是其他图像）中的不同部分用作 Clone Source（仿制源）面板中的源，这是 Photoshop CS3 中的新增功能。

- 若要在对图像应用源图像时**缩放修补效果**或者**使修补效果呈角度变化**——例如如果需要用来修补的素材位于图像的

为了使阴暗的花园变得富有生机，选择一幅有花的图像作为源（在此未显示）并且使用Clone Source（仿制源）面板来存储3朵不同的花（该面板可以有5个仿制源）。选择Clone Stamp（仿制图章）工具♧并且设置Sample（取样）为Current Layer（当前图层）、取消勾选Align（对齐）。将画笔笔尖尺寸设置得足够大以便能围住一朵花，按住Alt/Option键的同时单击第一个仿制源的中心，并且调整Width（宽度，W）［它与Height（高度，H）成比例缩放］，使花朵的尺寸达到最理想的近距离盛开状态。为另外两朵花重复设置过程。勾选Show Overlay（显示叠加）复选框，以便在将其绘制到图像上之前预览缩放的仿制素材，从而判断它是否与目标图像中不同距离植物的比例相协调。勾选Auto-Hide（自动隐藏）和Clipped（已剪切）复选框（仅Photoshop CS4）在绘制过程中将预览限制为光标的图形。若要再次缩放，只需为各个源重新设置Width（宽度）即可，Source（源）点甚至会被维持为更改后的大小。根据图像的远近距离，可以将花朵分别放在4个图层中，距离越远，就将图层的Opacity（不透明度）降得越低，以便让它们与绿色的拱门融为一体。

Vanishing Point（消失点）滤镜拥有自己的
Stamp（图章）工具🖃，可以按用户为图像设置
的网格效果应用。上图所示的是使用该工具复制
图像下方的落叶和杂草，用于隐藏上方非主体对
象的操作，操作的细
节参见第372页。

知识链接
▼ 消失点　第 612 页

在Dodge（减淡）工具🖃或者Burn（加深）工具🖃
的选项栏中勾选ProtectTones（保护色调）复选框
可以在目标接近纯黑色或者纯白色时使工具的效
果减弱。在整个色调范围，Protect Tones（保护
色调）也会尝试保护色相，因此在改变明度后颜
色不会变得更中性。这些改善效果（Photoshop
CS4中的新功能）会让这两个工具在局部色调校
正中的效果更明显，不过在调整中它们仍旧必须
直接作用于图像。

勾选Vibrance（自然饱和度）复选框（Photoshop
CS4中的新功能）可以防止皮肤色调饱和度不自
然，同时防止饱和的颜色如更为暗淡的颜色的饱
和度那样迅速变得更饱和。因此，当Sponge（海
绵）工具模式为Saturate（饱和）模式且勾选Vib-
rance（自然饱和度）复选框时，会更平滑地添加
饱和度并且不会发生过饱和状态。

知识链接
▼ 绘制路径　第 448 页
▼ 路径描边　第 457 页
▼ 消失点　第 612 页

前沿，而修补效果自身需要在背景中
进行——可以在 Clone Source（仿
制源）面板中为 Clone Stamp（仿
制图章）工具🖃或 Healing Brush
（修复画笔）工具 ✐ 设置相应选项。另一种选择是使用
Vanishing Point（消失点）滤镜对话框中的 Stamp（图章）
工具，自动按比例收缩修改素材。▼

- **增强对比度、亮度或图像的特定区域。** 在图像上添加一
  个图层，将该图层的混合模式设置为 Overlay（叠加）或
  Soft Light（柔光），并使用呈中性的（可见的）50% 的灰
  进行填充。选择柔软的画笔工具✐使用黑色（以减淡）、
  白色（以加深）或灰色进行绘制。将 Pressure（流量）或
  Opacity（不透明度）设置得很低。如果在 Overlay（叠加）
  模式中出现过饱和现象，可以尝试将以灰色填充的图层
  的混合模式更改为 Soft Light（柔光）。减淡和加深方法
  参见第 339 页。**注意**：Dodge（减淡）工具🖃和 Burn（加
  深）工具🖃也可以用于调整对比度、亮度和细节，但它
  们的操作有一定的局限性，虽然在 Photoshop CS4 中工具
  已经有了改善，但使用在照片修复中仍较为困难。首先，
  需要在选项栏中为工具设置不同的 Range（范围），即
  Highlights（高光）、Midtones（中间调）或 Shadows（阴
  影）。其次，使用这些工具手绘时控制最佳效果的能力欠
  佳。再次，要想获得理想效果需要不断地进行还原和恢
  复操作。另外，这两种工具不能在单独的修复图层中进
  行更改。因此相比之下，使用前面介绍的减淡和加深方
  法更为合理。

- **增加或降低图像中特定区域的颜色饱和度。** 添加色相／饱
  和度或者自然饱和度调整图层，并创建一个用于修复特
  定问题的饱和度调整图层来修复特定缺陷。使用黑色填
  充调整图层的内置蒙版，完全遮罩饱和度变换，使用白
  色柔角画笔✐进行绘制，仅有白色的区域才会出现饱和
  度的改变。**注意**：Sponge（海绵）工具🖃也可以用于提高
  或降低饱和度，在 Photoshop CS4 中有一个与 Saturation
  （饱和度）相近的 Vibrance（自然饱和度）选项，但是它
  很难避免在更改饱和度时不更改对比度及不影响其他部
  分的图像。因此使用带蒙版的色相／饱和度图层要好过于
  使用 Sponge（海绵）工具，而且 Sponge（海绵）工具不
  能作用于单独的"修复"图层。

JHDAVIS

A

B

C

D

在如 A 所示的带有明显数字噪点的图像中进行颜色均化的操作步骤如下。执行 Filter（滤镜）> Convert for Smart Filters（转换为智能滤镜）命令将图像转换为智能对象，执行 Filter（滤镜）>Noise（杂色）>Reduce Noise（减少杂色）命令，平衡 Strength（强度）和 Preserve Detail（保留细节），保证在不柔化细节的情况下减少明度噪点。因为大多数噪点都是颜色像素，所以可以将 Reduce Color Noise（减少杂色）设置为最大值。使用较低的 Sharpen Details（锐化细节）设置。在此，Reduce Color Noise（减少杂色）参数高到可以达到所需的噪点减少效果，同时为眼睛着色，如 B 所示。可以使用黑色绘制智能滤镜蒙版恢复效果，如 C、D 所示。

减少杂色

Reduce Noise（减少杂色）滤镜在均化数码照片（特别是那些带有生动色调和颜色调整的数码照片）中精细颗粒的不规则颜色（**杂色**，即噪点）时非常有效。这些方法在修复颜色干涉（颜色失常）时也十分有用。左栏是一个应用 Reduce Noise（减少杂色）滤镜技法的实例，应用 Camera Raw 中减少噪点功能的实例可参见第334页"突显细节"的步骤3。如果在拍照时就预见到有可能产生噪点，可以借助 Photoshop 进行补救。

锐化

锐化与调整对比度一样与预设部分相关。**Unsharp Mask（USM 锐化）**滤镜或者 **Smart Sharpen（智能锐化）**滤镜都可以改善扫描照片的质量。变换或重设图像大小会柔化图像，因此有必要进行锐化操作——尽管在 Image Size（图像大小）对话框的 Resample Image（重定图像像素）下拉列表中的 Bicubic Sharper（两次立方较锐利）选项也可以进行适宜的锐化。▼在第337页的"突显细节的方法"中讲解了很多使用锐化滤镜或其他方法进行锐化的实例。通常，锐化是印刷前的最后一道操作，因为在诸如增强颜色饱和度的图像编辑过程中其他的合成效果会强化锐化效果，提前进行锐化可能会影响图像效果。

知识链接

▼ 变换　　　第 67 页

▼ 绘制蒙版　第 84 页

▼ 混合选项　第 66 页

锐化图像特定区域的操作步骤如下，将图像图层转换为智能对象，接着将 Unsharp Mask（USM 锐化）或 Smart Sharpen（智能锐化）用作智能滤镜。添加黑色填充的图层蒙版并使用白色画笔进行绘制，从而显示要锐化的部分。▼也可以使用 Blend If（混合颜色带）滑块▼或者 Smart Sharpen（智能锐化）界面内置的选项将锐化设置在特定的色调范围内，参见第338页。

锐化明度

锐化可以通过提高对比度来更改颜色。锐化的强度越大颜色变化越大。要最小限度地颜色改变，可以将 Unsharp Mask（USM 锐化）或 Smart Sharpen（智能锐化）滤镜转换为智能滤镜。在 Layers（图层）面板中右击/Ctrl＋单击智能滤镜图层，在快捷菜单中选择 Edit Smart Filter Blending Options（编辑智能滤镜混合选项）命令，并且将混合模式设置为 Luminosity（明度）。

FRANCOIS GUÉRIN

Francois Guérin使用Corel Painter绘制水果静物画（左图）后在Photoshop中打开该文件，并使用Sharpen（锐化）工具持续在其上绘制，用于锐化距观察者较近的梨的部分（右图）。

LOREN HAURY

如果使用了多种曝光度，那么便会有一些将它们结合为单一图像的选项，以显示阴影、中色调和高光细节。

在公共场所中无法得到无杂物或其他人物的拍摄效果时，可以拍摄多张照片并且使用Auto Align（自动对齐）命令，参见第327页。

多拍技法

在不太理想的条件下拍照时，要提前预见面对的挑战，并且思考使用 Photoshop 处理这种状况的方法。最常见的实例是拍摄全景图，如果了解如何设置拍摄并使用 Photomerge 命令（它用于将多幅作品组合为合成图，参见第 9 章），便可以拍摄一系列用于制作全景图的照片。

组合曝光：合并到HDR或者其他方法

如果在固定位置拍摄，采用从最浅到最深的多个色调所拍摄的动态范围要比单张拍摄更广，可以得到一系列能在之后组合的曝光。根据你喜欢的工作流程，使用 Merge to HDR（合并到 HDR）命令（位于 Photoshop 或者 Bridge）便可以生成用于精调的图像。将多种曝光合并到具有更广动态范围的 32 位 / 通道颜色后，如果需要，可以在转换为在网页上显示的 8 位 / 通道图像时，拾取并且选择要指定色调的位置，维持较暗图像中高光的细节、维持中等曝光图像中中间调的细节以及较浅图像中阴影的细节。第 292 页的"组合曝光"提供了一个合并到 HDR 方法的实例以及使用明度蒙版的方法，第 366 页则提供了另一种组合多种曝光的方式。

完美的组拍

为了得到所需的组拍，可以将相机安放在三脚架上，并且告诉每个人在快速连拍中的至少两张照片中摆好姿势并且保持静止的姿态。大多数人会稍有移动，但是可以挑选出一张"最佳"的拍摄照片并且替代其他部分，从而得到所有人最佳表现的照片。在 Photoshop 中执行 File（文件）> Scripts（脚本）> Load Files as Layers（将文件加载为图层）命令将它们堆栈在一起，将最好的放在顶部，带有需要替代部分的其他照片放在其下方。选择所有图层并且执行 Edit（编辑）> Auto Align Layers（自动对齐图层）命令将它们对齐，并且可以将顶部不太完美的部分用蒙版遮盖起来，使下面图层的其他部分显示出来。▼沿着堆栈向下继续操作，通过蒙版操作显示需要的部分。在需要将这些部分融合到整张图像中的地方使用修复和仿制工具。▼

知识链接

▼ 图层蒙版　第 62 页

▼ 修复和仿制　第 256 页

要减少火车站夜景照片中的噪点，可以将4张与照片 A 噪点相当的照片堆放在一起，作为单个文件中的多个图层。均化后的 B 可以用来消除颜色中随机的斑点，具体操作参见第325页。可以手动进行均化操作，也可以在 Photoshop 扩展版中自动操作该过程。

删除人流

当拍摄公共事件或者著名景点时，可能需要控制进出拍摄点的人流。在人流移动时主体仍旧静止，因此只要拍摄足够多的照片使主体的每个部分能保证至少在一张照片中是空旷的，便可混合这些照片来清除人流。第 327 页的"创建幽静的效果"便讲述了具体的操作方法。执行 Photoshop 扩展版的 File（文件）> Scripts（脚本）> Statistics（统计）命令，将 Stack Mode（堆栈模式）设置为 Median（中间值），有时可以自动化整个过程。

延伸景深

当需要的特定精度只能通过聚焦对象的一小部分来获取时，可以将几张以不同的距离聚焦拍摄的照片组合起来，得到一个对整个对象聚焦的合成图。第 344 页的"聚焦"将会使你对 Photoshop 解析系列照片的能力倍感惊讶，它可以将聚焦的多个部分混合成一个根本不可能通过单次拍摄得到的精确对焦的整体。

均化噪点

在微弱光线条件下拍摄的照片中，电子噪点是随机分布的彩色斑点。如果已预见到需要在弱光线条件（山洞中、博物馆内、不允许使用闪光灯的地方或是几近漆黑的夜光下）下拍摄，便可以多次拍摄同一照片，然后对其进行均化，从而平滑变化并且去除斑点（具体方法参见第 325 页）。

修缮照片

如果照片基本上（但非完全）满足拍摄者的需求，例如捕捉到了理想的动作，但是需要增强镜头感，或是拍摄者没留意或不能控制背景中干扰主体的细节，而且无法通过裁剪或其他润饰工具进行修缮。以下是调整此类照片的建议。

- **隐藏与明亮背景有强烈对比的黑色对象细节**。添加色阶调整图层，将 Input Levels（输入色阶）的阴影滑块右移，以便使对象呈现剪影效果或者隐藏不需要的前景细节。在对该图像进行调整前，需要先选择主体对象，使用 Blend If（混合颜色带）滑块将 Levels（色阶）调整限

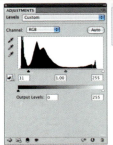

将Input Levels（输入色阶）的阴影滑块向内拖动，隐藏孩子衣着中的细节，得到剪影效果。BlendIf（混合颜色带）滑块用于将加深限制到最黑的颜色。▼

ORIGINAL PHOTO: PHOTOSPIN.COM

对透明物体上的对象进行抠像，可以在不带背景的情况下将它放在Adobe InDesign中，因此可以将它与页面上的其他对象放在一起。

制在最深的色调，▼甚至在已加深主体部分的较浅区域上继续绘制黑色。

知识链接
▼ 使用混合颜色带
第 66 页

- **抑制背景中不需要的细节**。选择背景并对其进行模糊处理，参见第 301 页的"聚焦技法"中的部分实例。第 309 页的"镜头模糊"讲解了数种使用 Lens Blur（镜头模糊）滤镜更改景深的方法。

- **删除背景**。复制图像文件，选择背景图层并删除它。如果图像仅由背景图层构成，还需要双击 Background（背景）名称，将其转换为普通图层。

- 若要在不干扰主体的情况下**缩放或者拉伸背景**，可以在 Photoshop CS4 中执行 Edit（编辑）> Content-Aware Scale（内容识别比例）命令，参见第 243 页。

- **使用不同的图像替换背景**。删除背景，接着使用复制、粘贴或拖曳操作将新的背景放入主体对象文件中，或者采用同样的方法将主体对象放至新背景文件中。第 2 章中讲解了选择主体对象的方法，第 624 页的"整合"则讲解了如何让它成为新背景中的主体。

- **简化图像并突出其风格**。例如可以执行 Filter（滤镜）> Artistic（艺术效果）> Cutout（木刻）命令，使用 Cutout（木刻）滤镜来创建色调分离效果。可以选择颜色的数量或要使用的灰色渐变，还可以控制颜色间断的平滑度和逼真度。相对于 Posterize（色调分离）调整命令或者色

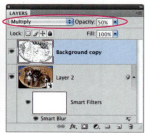

ORIGINAL PHOTO: PHOTOSPIN.COM

复制图像图层并且隐藏新图层，将背景转换为智能对象并对其执行Filter（滤镜）> Blur（模糊）> Smart Blur（特殊模糊）命令。设置Radius（半径）为10、Threshold（阈值）为30、Quality（品质）为High（高）、模式为Normal（正常）。对副本应用Smart Blur（特殊模糊）并将滤镜设置为Edges Only（仅限边缘）模式，选择滤镜效果图层按Ctrl/⌘+I键进行反相，制作出黑白图像。将图层混合模式更改为Multiply（正片叠底），使白色消失，并降低图层不透明度混合线条与颜色。这里不是简单地将Edges Only（仅限边缘）模式下的SmartBlur（特殊模糊）作为另一个智能滤镜添加的，这是因为如果作为另一个智能滤镜添加则不可能通过对结果反相而产生黑色线条。

 Puppies.psd

Unsharp Mask（USM锐化）滤镜可以使用极端设置来制作特殊颜色效果。上图是设置Amount（数量）为500、Radius（半径）为50、Threshold（阈值）为50得到的效果。带有大面积浅色的图像通常不宜采用此滤镜，例如天空。

照片中的尾灯反射了闪光灯。为了进一步加亮它们，可以使用Elliptical Marquee（椭圆选框）工具依次选择它们，并将它们复制到新图层中（Ctrl/⌘+J）。接着在Layers（图层）面板中为图层添加一个由Out Glow（外发光）和Inner Glow（内发光）组成的图层样式——将Inner Glow（内发光）设置为Center（居中），以便光线可以从中心向四周发散开来，而非从边向内扩散。对较大的灯添加红色Inner Shadow（内阴影）图层样式，将图层混合模式设置为Screen（滤色），并将阴影作为发光的一部分。

wow Valiant.psd

调分离调整图层，Cutout（木刻）滤镜生成的边缘更平滑、更干净，颜色可控性更强。Filter（滤镜）> Blur（模糊）> Smart Blur（**特殊模糊**）滤镜亦如此。

- 添加特殊的艺术效果。使用 Filter（滤镜）的 Artistic（**艺术效果**）类、Brush Strokes（画笔描边）类或 Sketch（素描）类滤镜添加特殊的艺术效果。很多 Sketch（素描）滤镜都使用前景色和背景色来创建效果，因此在应用前需要更改颜色。另一种方法是使用 Unsharp Mask（USM 锐化）滤镜进行过锐化。

- 诸如 Motion Blur（动感模糊）和 Radial Blur（径向模糊）等模糊滤镜可以在动作定格照片的背景中突出**力量和运动感**，从而制作出动感的效果。

在执行Filter（滤镜）> Blur（模糊）> Radial Blur（径向模糊）命令，为摇摆动作添加Spin（旋转）模糊前，使用Crop（裁剪）工具延展画布以加高图像的高度（参见第242页），以便在图像上方链条加固的位置定义模糊中心。将处理过的图层（背景图层）放置在下方，原始的锐化图像（背景副本）在链条、男孩面部以及"前沿"显示清晰，再将多余的画布裁剪掉。

使用Lighting Effects（光照效果）滤镜为窗户添加照明效果。另外在门的两边创建两盏灯，并创建照在墙上和马路上的光效。第357页的"变昼为夜"讲解了与此相似实例的操作过程。

CRISTEN GILLESPIE

- **改变照片的光照效果。** 用户可以使用一种或两种Glow（发光）图层样式来为图像添加光照，也可以执行Filter（滤镜）> Render（渲染）> Lighting Effects（光照效果）命令，使用Lighting Effects（光照效果）来添加光照（对话框如下所示）。Lighting Effects（光照效果）滤镜可以通过在图像的某个区域聚光，以达到聚焦于此的目的，还可以对景物的边角进行加深处理从而添加神秘感。对几个图层应用相同的光照效果可以帮助合成图像的所有部分放入同一空间（参见第626页的"征服灯光效果"）。对印刷出版物或在线出版物中数个不同的图像应用同一光照方案可以让它们协调一致，使用光照效果滤镜甚至还可以像第357页那样将照片中的白天景象变为黑夜。

光照效果对话框

Lighting Effects（光照效果）**滤镜**可以充当一个作用于整个图层或者部分图像的微型照明室。用户可以设置环境光和单个光源，环境光是发散的无方向光源，在整个画面内始终保持着均衡一致的特性，例如多云的日光。它可以有一个固有色，例如水下的日光。环境光可以影响无单个光源照射的"阴影"区域的密度和颜色。

3种单个光源分别为Omni（**全光源**，**亦称**为"**泛光源**"），向所有方向发散光，例如灯台的灯泡；Spotlight（**点光**），有方向且有焦点，可以产生真正的点光光效；Directional（**平行光**），有明确的方向但是无焦点，例如日光或月光。

单击Save（存储）按钮并命名以**存储光照方案**，以后可以将其应用于其他图层或文件。新的模式会添加到Style（样式）下拉列表中。

拖动椭圆的4个手柄之一便可以**调整**Spotlight（点光源）的方向、大小和形状。按住Ctrl/⌘键的同时拖动手柄还可以更改角度。按住Shift键的同时拖动则可以仅更改形状。

拖动中心点可以**移动光源**，按住Alt/Options键拖动中心点可以**复制光源**。

将灯泡图标拖入预览区域可以**添加单个光源**。

取消勾选On（开）复选框可**临时关闭光源**。

将光源中心点拖动到预览区域下方的🗑图标即可**删除光源**。

单击色块选择一个颜色便可以将其**设置为单个光源或环境光的颜色**。

Properties（**属性**）选项组可以控制环境光和环境的其他整体属性。

Ambience（**环境**）选项的positive（正片）值越大，环境光线越强——该值与对话框顶部选项组的单个光源设置相关，因此光源所产生的阴影就会越少。

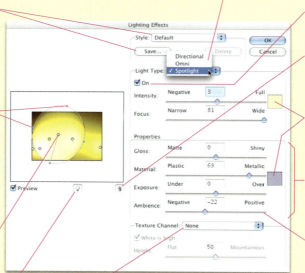

Texture Channel（**纹理通道**）可以用作与图像光源相互作用的凹凸贴图，可以使肉眼产生立体或纹理的错觉。Texture Channel（纹理通道）下拉列表包括了文件中的所有颜色通道（包括所有的专色）、Alpha通道（如果文件中存在）以及透明蒙版和当前图层的图层蒙版。

对照片进行样式化处理

附书光盘文件路径

 > Wow Project Files > Chapter 5 > Styled Photo:

- Styled Photo-Before.psd（原始文件）
- Styled Photos-After（效果文件）
- Wow-Watercolor Salt Overlay.pat（图案预设）

从Window（窗口）菜单打开以下面板

- Layers（图层）

步骤简述

将背景图层转换为普通图层 • 添加Color Overlay（颜色叠加）图层样式 • 将边缘效果和表面图案作为图层样式的一部分进行添加

从一幅颜色模式为 RGB 的图像着手，先将背景图层转换为普通图层。

ORIGINAL PHOTO: MARY LANE / PHOTOSPIN.COM

为图像着色最简单灵活的方法就是使用图层样式中的 Color Overlay（颜色叠加），例如制作传统的棕褐色外观，或者允许一些原始颜色从中透出来。

认真考量项目。将色彩存储在样式中，也可以合并其他效果，例如发光、边框、投影甚至是表面抛光，创建一个可以立即应用于其他照片的组合效果。

1 准备照片。不论从黑白照片还是从彩色照片着色，文件都需要储备颜色以便添加色彩。因此，如果文件为灰度模式，则可以执行 Image（图像）> Mode（模式）> RGB Color（RGB 颜色）将其转换为彩色模式。背景图层转换为普通图层后才能应用图层样式，如 1 所示。

2 添加色彩。单击 Add a layer Style（添加图层样式）按钮 *fx*，在菜单中选择 Color Overlay（颜色叠加）命令。在 Layer Style（图层样式）对话框的 **Color Overlay（颜色叠加）**选项面板中将 Blend Mode（混合模式）设置成 **Color（颜色）**，此时样式在不覆盖由浅到深的照片信息的情况下控制照片的颜色。单击色块打开拾色器，在其中选择一个色系（如果想得到棕褐色的效果，那么橘色就很理想），接着在大的颜色框中单击并选择一种颜色，如 2a 所示。尝试改变 Opacity（不透明度）以测试棕色效果，如 2b 对照片进行样式化处理所示。如果从彩色图像着手，降低不透明度便会允许一些原始颜色与该色彩混合在一起，如 2c 所示。

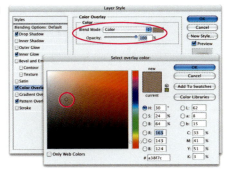

2a

单击Layers（图层）面板的 *fx* 按钮并选择Color Overlay（颜色叠加），在Layer Style（图层样式）对话框中设置颜色。因为此处颜色叠加的混合模式为Color（颜色）模式，所以颜色的明度并不重要。

2b

不透明度为100%时，Color Overlay（颜色叠加）效果会隐藏照片中的原始颜色。

2c

在Layer Style（图层样式）对话框的Color Overlay（颜色叠加）选项面板中将Color Overlay（颜色叠加）效果的不透明度降低到60%。

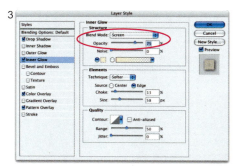

3

在图层样式中添加Inner Glow（内发光）效果。在Screen（滤色）模式下，浅色会有一种较强的光照效果。Choke（阻塞）值设置得越高，边缘颜色越纯。

3 添加边缘效果。可以使用图层样式为图像添加一个浅边缘。在 Layer Style（图层样式）对话框的左侧单击 Inner Glow（内发光）选项打开相应的选项面板。使用默认的浅黄色，但是可以通过单击色块选择颜色。其他的内发光参数使用如 3 所示的设置。Size（大小）设置决定了发光将会从边缘向内延伸多远，较低的 Choke（阻塞）值会得到更浓更纯的边缘。当得到理想的发光效果后，单击 OK 按钮关闭对话框。

4 添加投影。为图像的边缘添加向外延展的投影，需要放大图像的画布以为投影创建空间。可以使用 Crop（裁剪）工具 来执行该操作。首先，为图像提供更多额外的可扩展的空间，按 Ctrl+Alt+-（Windows）或 ⌘+Option+-（Mac）键缩小图像而非窗口。选择 Crop（裁剪）工具并且选择整个图像，接着稍微向外拖动裁剪边框以添加更多的画布，如 4a 所示，按 Enter 键确定。

在图像下方添加白色的图层以使在制作投影时更好地观察效果。在Layers（图层）面板中，按住Ctrl/⌘键的同时单击 Create a new layer（创建新图层）按钮⌘（同时按Ctrl/⌘键是为了让新图层位于当前图层的下方）。执行Edit（编辑）> Fill（填充）命令，将Contents（内容）设置为White（白色），使用白色填充新的图层。

单击 *fx* 按钮并选择 Drop Shadow（投影）命令，在打开的对话框中按照需要设置 Drop Shadow（投影）图层样式，设置如图 4b 所示。保持 Layer Style（图层样式）对话框的开启状态。

5 添加表面抛光效果。单击 Layer Style（图层样式）对话框左侧的 Pattern Overlay（图案叠加），打开 Pattern Overlay 选项面板，单击图案打开图案拾取器，单击扩展 按钮打开扩展菜单。如果安装了 Wow Patterns 预设，可以看到

4a

剪裁的边框被延伸到了图像的边缘外部，用于添加更多的画布添加Drop Shadow（投影）图层样式效果。

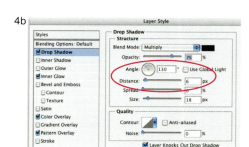

4b

Distance（距离）设置控制着 Drop Shadow（投影）的偏移量，偏移的方向由 Angle（角度）控制。

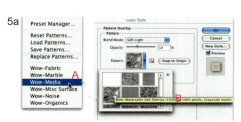

5a

如果已经安装了 Wow Patterns 预设，可以选择 Wow-MediaPatterns 选项，如 A 所示，再单击 Wow-Watercolor Salt Overlay，如 B 所示。

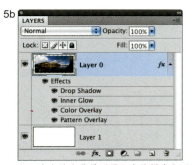

5b

位于白色填充背景图层之上的样式化照片，图层样式中的分量效果在 Layers（图层）面板的图层下方列了出来。

6

Trim（剪切）命令可以移除白色的边缘，因为阴影的颜色与纯白色的边缘非常不同，所以 Trim（裁切）命令不会通过向内裁切来使阴影的柔和边缘变得单调。

Wow-Media Patterns 选项，单击选择。在警告对话框中单击 Append（追加）按钮，再单击拾取器中的 Wow-Watercolor Salt Overlay 缩览图，如 5a 所示。如果在菜单中没有看到 Wow-Media Patterns 选项，可以在菜单中选择 Load Patterns（载入图案）命令加载 Wow-Watercolor Salt Overlay.pat 文件，可以通过更改 Opacity（不透明度）、Scale（缩放）或者 Blend Mode（混合模式）来控制图案的效果，如 5b 所示。

当得到满意的图层样式后可以将其添加到 Styles（样式）面板中，以便将其应用于其他的照片中，还可以通过 Preset Manager（预设管理器）将它永久地保存起来。▼

知识链接

▼ 保存样式 第 82 页

6 裁切边缘。执行 Image（图像）>Trim（裁切）命令，删除边缘过多的白色区域。在 Trim（裁切）对话框的 Based On（基于）选项组中单击 Top Left Dixel Color（左上角像素颜色）或者 Bottom Right Dixel Color（右下角像素颜色）单选按钮。确认 Trim Away（裁切）选项组的复选框都已经被勾选，如 6 所示。之后，图像会被恰好裁切到阴影的边缘，而不会裁切到阴影本身，否则会创建出一个不自然的单一边缘。

尝试。要尝试不同的颜色或者图案，可以在 Layers（图层）面板中双击要更改的效果名称。在 Layer Style（图层样式）对话框左侧的列表中选择其他样式来替换。要得到如下图所示的最终效果，可以将 Color Overlay（颜色叠加）更改为蓝色，将 Blend Mode（混合模式）更改为 Color Burn（颜色加深），并且为 Inner Glow（内发光）效果选择浅蓝色。

有关其他着色技法和边缘处理方式，请参见第 203 页的"着色效果"、第 268 页的"使用蒙版加框"以及第 272 页的"滤镜边框"。

从第265页的Style（样式）着手，可以更改ColorOverlay（颜色叠加）和Inner Glow（内发光）图层样式参数来获取完全不同的外观。

使用蒙版加框

附书光盘文件路径

🌀 > Wow Project Files > Chapter 5 > Framing
with Masks:

- Framing-Before.psd（原始文件）
- Framing-After.psd（效果文件）

从Window（窗口）菜单打开以下面板

- Tools（工具）• Layers（图层）• Channels
（通道）• **Masks（蒙版）**

步骤简述

创建一个图层蒙版来裁剪要加框的图像 • 柔化
蒙版的边缘 • 添加一个黑色或者彩色填充的衬
层 • 为蒙版边缘添加滤镜，结合滤镜效果

原始图像。

将Background（背
景）图层转换为普
通图层，并基于矩
形选区创建一个图
层蒙版。

制作照片自定义边框只需使用图层蒙版定义要为其加框的区
域，接着柔化蒙版的边缘并将照片混合到其中即可。也可以
为带有晕影效果的照片创建一个如上图所示的精细黑边。

认真考量项目。如果使用Refine Edge（调整边缘）命令来羽
化蒙版，即可交互地预览到整个制作柔和边缘的过程。如果
使用智能滤镜自定义边缘将会非常便利，但是，由于智能滤
镜只能作用于智能对象而非蒙版，因此不能采取这种方法。

1 创建图层蒙版。打开 Framing-Before.psd，如 1a 所示。
如果图像只有背景图层，可以将其转化为普通图层并为它创
建蒙版。双击 Background（背景）图层，在 New Layer（新
建图层）对话框中将其命名为 Image & mask。

使用 Rectangular Marquee（矩形选框）工具 ⬚框选需要加框
的图像部分，确保已预留出要创建柔和晕影的部分，宽为
1000 像素的图像边缘约为 65 像素。单击 Layers（图层）面
板中的 Add layer mask（添加图层蒙版）按钮⬚，将选区转
换为蒙版，如 1b 所示。在柔化蒙版之前，出于安全起见存
储矩形选区。在 Channels（通道）面板中单击图层并将其拖
动到 Create new channel（创建新通道）按钮⬚上。

2

B

使用Refine Edge（调整边缘）命令将蒙版羽化23像素，并且扩展40%。最初采用默认的On White（白底）视图方式，如A所示，采用Mask（蒙版）视图方式是检验边缘未被切断的不错方法，如B所示。

3

添加带有与原始选区大小相同的矩形选区的图层，填充墨绿色，使其位于图像和白色背景之间。使用它可以清晰地分辨出边框没有影响柔和的边缘效果。

2 柔化边缘。在图像下方添加一个白色填充的图层，以便在制作过程中查看框的边缘。按住 Ctrl+Alt 键的同时单击或按住 ⌘+Option 键的同时单击 Layers（图层）面板的 Create a new layer（创建新图层）按钮，在当前图层下方创建一个新图层并对其命名。接着使用白色填充新图层（按 D 键设置默认颜色，然后按 Ctrl/⌘+Delete 键使用背景色填充）。

单击 Layers（图层）面板中的图层蒙版缩览图并执行 Select（选择）> Refine Edge（调整边缘）命令柔化边缘。在 Photoshop CS4 中还可以单击 Masks（蒙版）面板中的 Mask Edge（蒙版边缘）按钮来代替此操作。在 Refine Edge（调整边缘）/Refine Mask（调整蒙版）对话框中，勾选 Preview（预览）复选框，将视图模式设置为 On White（白底），如 2 所示。使用 Feather（羽化）滑块柔化蒙版边缘，使用 Contract/Expand（收缩/扩展）滑块缩放加框的区域。在羽化到达图像的硬边后小心不要再增加羽化效果，因为硬边会将这种柔和打破。若要进一步确认，可以在对话框中切换到蒙版预览方式，查看模糊的边缘是否还在纯黑色的边缘内。

3 添加黑色背景定义边框。为了得到一个如 3 所示的与柔化边缘融合自然的精细边框，可以添加一个黑色的衬层以便更好查看柔化边缘效果。

在 Layers（图层）面板中新建图层，将其置于白色背景图层和遮罩图像图层之间。接着激活用作蒙版的同一选区——如果在创建蒙版后未曾绘制过其他选区，便可以执行 Select（选择）>Reselect（重新选择）命令，或者使用 Ctrl/⌘+Shift+D 键重新激活。也可以在 Channels（通道）面板中按住 Ctrl/⌘ 键的同时单击在步骤 1 中制作的 Alpha 通道缩览图。使用从照片中采样的黑色填充选区，或者直接使用黑色填充选区。

可以通过轻微模糊衬层来柔化锐化边框和柔和边缘之间的过渡区域。右击图层或者按住 Ctrl/⌘ 键单击图像，在快捷菜单中选择 Convert To Smart Object（转换为智能对象）命令，将新图层转换成智能对象。执行 Filter（滤镜）> Blur（模糊）> Gaussian Blur（高斯模糊）命令，此处设置 Radius（半径）为 2 像素，从而得到第 268 页顶部的效果。由于模糊效果采用智能滤镜制作而成，因此可以在稍后根据需要更改边缘效果。

4a

选择图层蒙版并执行 Filter（滤镜）>Brush Strokes（画笔描边）>Sprayed Strokes（喷色描边），滤镜库中带有预览效果。设置 Stroke Length（描边长度）为12、Spray Radius（喷色半径）为20、Stroke Direction（描边方向）为 Right Diagonal（右对角线）。

4b

在此只对蒙版应用了带有如4a所示设置的 Sprayed Strokes（喷色描边）滤镜。同时，单击黑色图层的 👁 将其隐藏。

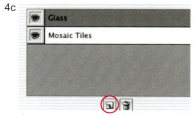

4c

在 Filter Gallery（滤镜库）中单击对话框左下角的 🗊 按钮可以复制设置完成的滤镜图层，将滤镜向上或向下拖动，便可以更改滤镜的作用顺序。要完全删除滤镜效果，可以先单击该滤镜的名称再单击 🗑 按钮。

4 为边缘添加滤镜。接下来尝试一些自定义边缘效果。单击 Image & mask 图层的蒙版缩览图，接着应用 Filter（滤镜）菜单中的一个滤镜，在此执行 Filter（滤镜）> Brush Strokes（画笔描边）> Sprayed Strokes（喷色描边）命令。打开带有喷色描边滤镜初始值的 Filter Gallery（滤镜库）对话框，如 4a 所示。该滤镜效果会更改蒙版的边缘，而这又会更改边框效果。单击 OK 按钮关闭 Filter Gallery（滤镜库）查看效果，如 4b 所示。

Filter Gallery（滤镜库）的一大优点就是可以交互组合应用多种滤镜，如 4c、4d 所示。为了尝试其他滤镜效果，首先按 Ctrl/⌘+Z 键撤销 Filter Gallery（滤镜库），执行 Filter（滤镜）菜单中的第一个命令或者按 Ctrl+Alt+F（Windows）/ 按 ⌘+Option+F 键再次应用 Filter Gallery（滤镜库），打开上次使用过的滤镜，继续制作变换。若要在保持现有效果的同时添加另一个滤镜，可以单击对话框右下角的 New effect layer（新建效果图层）按钮 🗊，接着单击滤镜库中间的样本缩览图或者从 Cancel（取消）按钮下方的下拉列表中选择适合的滤镜。Paint Daubs（绘画涂抹）、Rough Pastels（粗糙蜡笔）和 Stamp（图章）滤镜均可以与 Sprayed Strokes（喷色描边）组合生成有趣的交互效果。其组合效果以及其他组合效果参见第 272 页的"滤镜边框"。

5 尝试使用整体滤镜。在应用另一种方式时，首先按 Ctrl/⌘+Z 键还原最后一次操作，删除滤镜效果。接着按 Ctrl/⌘+J 键在 Layers（图层）面板中复制 Image & mask 图层，以便可以在新图层上进行操作，而仍保留原有的 Image & mask 图层与模糊蒙版，隐藏 Image & mask 图层，接着单击新图层蒙版的缩览图激活它。

接着尝试使用一个能同时影响蒙版白色区域与模糊的灰色区域的滤镜，例如 Texture（纹理）滤镜。执行 Filter（滤镜）> Texture（纹理）> Texturizer（纹理化）命令，该滤镜会同时作用于所有的图像和框，如 5a 所示。这种效果不错，但是需要删除图像自身的大部分纹理。因此要先显示 Image & mask 图层，并调整它的 Opacity（不透明度），如 5b 所示。之后，图像便会透过添加了滤镜效果的图层蒙版对照片进行平滑处理，最终效果参见第 268 页的顶图。

4d

在此使用Mosaic Tiles（马赛克拼贴）滤镜，设置Tile Size（拼贴大小）为10、Grout Width（缝隙宽度）为2、Lighten Grout（加亮缝隙）为10。接着单击 按钮添加一个Glass（玻璃）滤镜图层，设置Distortion（扭曲度）为2、Smoothness（平滑度）为5、Texture（纹理）为Tiny Lens（小镜头）、Scaling（缩放）为100%。

5a

上图所示的是对蒙版应用Texturizer（纹理化）滤镜后的效果，其中设置Texture（纹理）为Canvas（画布）、Scaling（缩放）为125%、Relief（凸现）为10、Light（光照）为Top（上），此时隐藏了黑色图层。

5b

为了减少（而非完全取消）图像区域中的纹理，可显示Image & mask 图层，并将其Opacity（不透明度）减少到70%，以便使White background图层透过它显示效果。

尝试。 用户可以尝试通过显示或隐藏不同的图层，使用各类滤镜并借助带有滤镜效果的蒙版、模糊的蒙版、黑色衬层或是白色背景来尝试不同的边框效果。接下来的两页将展示一些关于滤镜边缘处理的其他实例。

保存滤镜组合效果

Filter Gallery（滤镜库）中没有Save（存储）按钮，但是用户仍可以保存滤镜组合效果以便再次应用。设置理想的组合效果后单击OK按钮进行应用。接着按住Ctrl/⌘+Z键取消滤镜库操作，在Actions（动作）面板中单击Create new action（创建新动作）按钮，并单击Record（记录）按钮。按Ctrl/⌘+F键应用先前的滤镜库设置，然后单击Actions（动作）面板的Stop playing / recording（停止播放/记录）按钮，这样动作便记录下了滤镜库中所有效果的设置参数。

知识链接

▼ 保存并播放动作
第 124~125 页

图像交换

创建加框的文件后，便可以轻松将同一边框应用至尺寸相同的其他图像。首先选择Image & mask图层，接着将新图像拖入到该文件中，按Ctrl+Alt+G键（Windows）或⌘+Option+G键（Mac）为新图像图层和下方的蒙版图层创建一个剪贴组。

滤镜库以外的滤镜

用户还可以通过应用"使用滤镜加框"部分描述的遮罩和分层技巧来获取未包含在滤镜库中的滤镜的边框效果。该操作包括为图像创建图层蒙版，模糊蒙版边缘，使用滤镜修改蒙版的模糊部分，接着使用其他滤镜并进一步修改，滤镜组合的实例参见第272页。

滤镜边框

接下来的两页实例均基于一个800像素宽的图像创建而成，在这些实例中将为此图像的模糊图层蒙版添加滤镜，从而创建类似于第268页"使用蒙版加框"技法创建的边框。在使用这些滤镜时，使用白色和黑色作为前景色和背景色。

这两页页面顶部的各幅照片都只使用了一种滤镜，而底部的每幅照片均应用了两种滤镜。

- 在本页内应用了两种滤镜的图像中，均采用了先应用Filter（滤镜）菜单下的一种滤镜再应用另一种滤镜的方法，而且这两种滤镜都不位于Filter Gallery（滤镜库）中。

- 制作下页实例的步骤为执行Filter（滤镜）> Filter Gallery（滤镜库）命令，再单击对话框右下角的New effect layer（新建效果图层）按钮，并在下拉列表中选择适合的滤镜。调整设置后再次单击按钮，在下拉列表中选择其他滤镜并进行相应的设置即可。

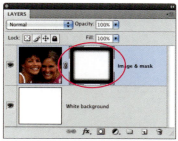

这几页的实例都是在选中蒙版的状态下制作的，在此不能使用智能滤镜，因为滤镜只能作用于图层而非蒙版。

附书光盘文件路径

> Wow Project Files > Chapter 5 > Filtered Frames

半调 Pixelate> Color Halftone：Max. Radius为5、所有Screen Angles均为45

素描 Sketch>Graphic Pen：Stroke Length为15、Light/Dark Balance为25、Stroke Direction为Right Diagonal

旋转扭曲-中度 Distort > Twirl：Angle为400°

扭曲-强度 Distort > Twirl：Angle为999°

五彩纸屑-碎 Pixelate > Color Halftone：默认设置；Pixelate > Crystallize：Cell Size为10

五彩纸屑-柔和 Brush Strokes > Spatter：Spray Radius为25、Smoothness为5；Pixelate > Crystallize：Cell Size为10

合成边 Distort>Wave：Sine、Generators为5、Wavelength的Min为10，Max为11、Amplitude的Min.为5、Max.为6、Scales为100；Blur > Lens Blur：按住Alt/Optionc键的同时单击Reset按钮

波纹-柔和 Distort > Ripple：Amount为250、Size为Large；Noise > Median：Radius为15

彩色玻璃 Texture > Grain：Intensity 为 85、Contrast 为 75、Grain Type 为 Enlarged

波纹 Distort > Ocean Ripple：Ripple Size 为 1、Ripple Magnitude 为 12

喷溅-柔和 Brush Strokes > Spatter：Spray Radius 为 15、Smoothness 为 5

边框-梯状 Pixelate > Mosaic：Cell Size 为 25

马赛克-有机 Pixelate > Crystallize：Cell Size 为 25

水彩画笔 Sketch > Water Paper：Fiber Length 为 50、Brightness 为 60、Contrast 为 75

抖动 Filter Gallery > Smudge Stick：Str. Length 为 1、Highlight Area 为 15、Intensity 为 10，置于下方；Grain：Intensity 为 25、Contrast 为 50、Grain Type 为 Speckle，置于上方

喷溅 Filter Gallery > Spatter：Spray Radius 为 15；Smoothness 为 5，置于下方；Paint Daubs：Brush Size 为 10、Sharpness 为 10、Brush Type 为 Sparkle，置于上方

同轴边框 Filter Gallery > Stamp：Light/Dark Balance 为 25、Smoothness 为 5，置于下方；Chrome：Detail 为 1、Smoothness 为 10，置于上方

木刻 Filter Gallery > Ocean Ripple：Ripple Size 为 7、Ripple Magnitude 为 15，置于下方；Stamp：Light/Dark Balance 为 25、Smoothness 为 5，置于上方

玻璃 Filter Gallery > Glass：Distortion 为 5、Smoothness 为 5、Texture 为 Frosted、Scaling 为 85，置于底部；Sumi-e：Stroke Width 为 10、Stroke Pressure 为 5、Contrast 为 0，置于上方

反射 Filter Gallery > Glass：Distortion 为 10、Smoothness 为 5、Texture 为 Frosted、Scaling 为 100，置于下方；Sumi-e：Stroke Width 为 10、Stroke Pressure 为 5、Contrast 为 30，置于上方

与相机相关的扭曲补偿

附书光盘文件路径

🌐 > Wow Project Files > Chapter 5 > Camera Distortion:

- Camera Distortion-Before.psd（原始文件）
- Camera Distortion-After.psd（效果文件）

从Window（窗口）菜单打开以下面板

- Layers（图层）

步骤简述

进入Lens Correction（镜头校正）界面 • 调节网格以适配图像 • 旋转或倾斜以校正不协调的角度 • 减少桶形或枕形影响 • 减少色差 • 裁剪

Lens Correction（镜头校正）滤镜是校正大多数与相机相关变形的"一步到位"的解决方案。与 Photoshop 众多令人叹为观止的功能相同，Lens Correction（镜头校正）滤镜的实质是科学和技术，但运用后得到的却是艺术效果。

认真考量项目。 Lens Correction（镜头校正）的优点是可以交互式地调整选项进行校正，直至得到理想的组合效果——没有绝对"合适的答案"。单击 OK 按钮退出对话框时，所有更改将一次性应用，系统将只对图像进行一次重取样（即软件中的"重定像素"），此结果要比反复应用这些更改清晰得多。如果将 Lens Correction（镜头校正）滤镜作为智能滤镜使用，便可以随时更改设置。

1 分析扭曲。 打开 Camera Distortion-Before.psd 文件或直自备的文件。在明显扭曲的照片 1 中，不可能完全依赖完全平直的边来参考，但是可以挑出差不多平直的少数水平和垂

1

RICK WORTHINGTON

上图所示的照片内包含乡村石雕、现代砖石建筑、带角度的平面和不同种类与因相机产生的扭曲，润饰目标是使视觉效果更自然。

2a

Lens Correction（镜头校正）被作为智能滤镜使用。

2b

Lens Correction（镜头校正）对话框本身、网格和预览放大倍数也可重新设置以满足任何精度级别的需要。Fit in View（符合视图大小）选项则可以重新调整图像的大小以适合预览。

2c

Fit in View（符合视图大小）是默认的打开的视图。在上图所示的情况下，放大率为80.6%。单击左下角的数字框，在弹出的列表选择所需的放大率或者直接单击"+"和"−"均可调节所需的放大率。Actual Pixels（实际像素）可以清楚显示细节。

2d

☑ Preview ☑ Show Grid Size: 40 Color: ▢

单击Color（颜色）色板打开Color Picker（拾色器），并选择与图像存在差异的颜色。接着更改网格的大小（如后所述），以便有足够的网格线，更容易区分图像中水平、垂直的对象，但也不宜过多，因为过多会干挠视线。调节Size（大小）时可以拖动弹出滑块来选择数据，也可以直接输入新数值或者直接将鼠标光标置于Size（大小）数值框上轻微拖动。

直边，并使用 Lens Correction（镜头校正）滤镜的网格来参考校正。因为在后部墙中每一面墙的石头大小都一样，所以可以推断相机镜头以及摄影师端举相机的角度导致了屋顶轮廓线的倾斜。如果直接对墙进行拍摄，使屋顶轮廓线处于水平状态，效果就会大大改善。这些校正可以大大改变图像中的所有角度，因此应该先尝试这些处理方式。

右侧的墙具有明显的几何结构，很容易检查桶形或枕形扭曲，在此可以看到桶形变形。另外，还可以在某些高对比度边缘，特别是照片左侧边缘看到鲜艳的颜色，这表明照片需要校正色差。尽管要裁剪得到"最终"效果，也要先进行 Lens Correction（镜头校正）操作，这是因为滤镜是针对相机照片而非最终裁剪设计的。

2 设置镜头校正。执行 Filter（滤镜）>Convert for Smart Filters（转换为智能滤镜）命令，接着执行 Filter（滤镜）>Distort（扭曲）>Lens Correction（镜头校正）命令，如 2a 所示。默认情况下，该图像对应的 Lens Correction（镜头校正）对话框的相关设置为：Fit in View（符合视图大小）、中性灰网格、Size（大小）为 16，如 2b 所示。首先选择查看图像的放大倍数，Actual Pixels（实际像素，100% 放大率）可以得到实际的 1:1 像素视图，如 2c 所示。接着选择与图像产生强烈反差的网格颜色和大小，以便更轻松地将图像中的水平线和垂直线与网格线区别开来，如 2d 所示。

在操作过程中使用 Move Grid（移动网格）工具拖动网格，使它们与要拉直的对象对齐，配合 Ctrl/⌘+键及 Hand（抓手）工具进行放大和平移以便更好地查看效果。使用 Move Grid（移动网格）工具拖动网格，使一些网格线与右侧墙面的垂线、屋顶或靠右侧的建筑石块间的灰泥线线条重合或者相邻。

3 旋转图像并调整相机倾斜。首先开始进行效果最显著的校正，这样其他的调整就较为容易了。在此，将后墙向外旋转并水平拉直屋顶，从而得到比其他校正方法更好的图像更改效果。

在Lens Correction（镜头校正）对话框中，将Horizontal Perspective（水平透视）滑块向左拖动旋转墙，如 3a 所示。该轴可

3a

通过更改Horizontal Perspective（水平透视）来旋转墙。

3b

拉直地平线。

3c

旋转视点并拉直后墙屋顶轮廓线后的效果。

4a

后墙向上扭曲，表明为桶状变形。

4b

消除扭曲。

使图像绕垂直轴旋转，使墙的左侧靠近观者。因为调节中几乎没有参考，所以只能靠肉眼来查看滑块的校正效果，调整至左侧的石块与右侧的石块大小一致时停止，此处设置为-20。该操作可以校正大部分屋顶倾斜，但会使人感觉照片是在相机倾斜时拍摄而成的。为了更好地查看更改效果，还可以重新调整网格的大小并根据所需使用Move Grid（移动网格）工具。

调整倾斜的操作步骤如下：单击Angle（角度）数值框，按↑或↓键（配合Shift键可以加大增量）调整数值，直至大多数重要的垂直线和水平线紧贴网格。如果更倾向于使用鼠标进行调整，还可以在Angle（角度）上通过旋转指针来得到相同的参数。最后，将Angle（角度）设置为357.40，如3b所示。以Fit in View（符合视图大小）方式放大倍数显示的屏幕预览显示出了图像修复了多少，如3c所示。勾选对话框底部的Preview（预览）复选框可以对比显示原图像及修复后的图像效果。

4 校正桶状变形。 调节水平透视和角度后，图像中清晰地显示出后墙墙顶及右侧新墙的桶状变形——从左起向上弯曲，如4a所示。将Remove Distortion（移去扭曲）滑块向右稍稍拖动调整后墙屋顶的轮廓线，直到轮廓线不再在中间凸起。值为+6即可消除桶状变形而不会干挠其他校正，如4b、4c所示。

5 调节垂直透视。 右侧的建筑会随着高度的增加变窄或倾斜。要拉直这些对象，可以小心移动网格并重新设置网格大小，使网格线与用作基准垂直对象相当。接着，将Vertical Perspective（垂直透视）滑块稍微向左移至-6处，拉直窗口的边，同时观察先前的校正防止其受校正的干扰，如5a、5b所示。

4c

使用Remove Distortion（移去扭曲）缩小桶状变形后的效果。

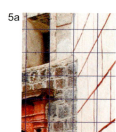

5a 调整网格尺寸使之与城堡窗口相当，移动 Vertical Perspective（垂直透视）滑块直至笔直垂直对象的顶部和底部与网格线平行。

5b 校正桶状变形和垂直倾斜后的效果。校正只会扭曲图像中的矩形，而保留右边的透明区域。

6 城堡上的数个点都有明显的边缘效应。将 Fix Red/Cyan Fringe（修复红/青边）滑块调整至+15以减少边缘效应。

7

使用 Lens Correction（镜头校正）滤镜的 Scale（比例）尝试裁剪图像。116%的 Scale（比例）设置（上图）是比例最小的能去除边缘透明区域的放大操作。在此将 Scale（比例）维持在100%，单击OK按钮。

6 征服颜色"边缘效应"。 一些照片会有沿高对比度边缘出现的颜色"光晕"或边缘效应现象。该色差由一系列的因素引起的，例如镜头折射不同波长（颜色）合成白光的方式以及数码相机中颜色传感器对亮光响应的方式。Lens Correction（镜头校正）滤镜通常用来帮助消除这些颜色轮廓，即便不是全部消除，至少是减弱效果，使其不那么明显。在照片中，位于白色天空中的建筑物很暗。通过放大，可以看到颜色边缘效应，如 6 所示。将 Fix Red/Cyan Fringe（修复红/青边）滑块向右移动，一些颜色波段变得更中性了，但是如果向右移动得更多，其他位置会出现更多波段的颜色。将其设置为 +15，减弱建筑物边缘处的颜色边缘效应，而不至于使其他位置产生显著的边缘效应。如果使用 Fix（修复）滑块时颜色边缘效应仍旧显著，还可以在退出 Lens Correction（镜头校正）对话框后尝试 Photoshop 中的其他方法来中和它，参见第 336 页。

7 裁剪图像。 在这里，Lens Correction（镜头校正）对话框中的 Edge（边缘）和 Scale（比例）选项可以帮助用户校正常见的矩形图像扭曲，例如此处的校正。默认情况下，Edge（边缘）设置为 Transparency（透明度），Scale（比例）为 100%。增加 Scale（比例）数值，即可在维持原照片宽高比的情况下消除边缘的透明区域，放大图像填充像框，如 7 所示。与 Lens Correction（镜头校正）滤镜其他选项相似的是，Scale（比例）从中心开始作用。因此，如果用户要得到一个不是从中心裁剪的图像，或者不必维持原始宽高比的图像，便可以维持该设置的默认值，单击 OK 按钮关闭对话框，再进行裁剪，如下所述。

除 Lens Correction（镜头校正）外还有其他方式可供选择。▼ 选择 Crop（裁剪）工具♯并在选项栏中单击 Clear（清除）单选按钮，即可不用在图像中重采样。沿对角线方向拖动绘制裁剪控制框，在选项栏中勾选 Shield（屏蔽）复选框，取消勾选 Perspctive（透视）复选框，拖动裁剪框的手柄重新设置其尺寸，按 Enter 键完成裁剪，即可得到第 274 页顶部的效果图。Maui

知识链接

▼ 裁剪 第 240 页

晕影照

晕影照就是会渐隐到边缘中的图像。相机中让边缘变黑的晕影处理可以是机械的（由镜头遮罩产生阴影）也可以是光学的（由镜头系统内部产生遮罩）。当光圈很小时，也可以得到光线从中心到边缘自然减淡的晕影照。在数码相机中，当光线以一个正确的直角而非斜角射入传感器即可得到更强的信号。通常，通过 Raw 格式图像可以得到更清晰的晕影效果，很多数码相机都可以在照片从 Raw 格式转换为 JPEG 或者 TIFF 时删除或者减少晕影。

在 Photoshop 中有很多方法产生边缘减弱的效果，选择的方法取决于需要获得的效果，是希望效果微弱还是效果显著，抑或适合工作流程。可以在 Wow-Vignettes Styles 中找到更简便、精致的解决方案。在此，来看一些快速的晕影操作选项。

- 模拟机械或者光学晕影照
- 自动创建晕影照
- 创建不对称的晕影以引导视线
- 使用可编辑的裁剪为图像添加晕影效果
- 将背景颜色混合到图像自身的晕影效果

附书光盘文件路径

 > Wow Project Files > Chapter 5 > Quick Vignetting

清除晕影效果

如果想消除晕影效果而不是创建或者加重晕影效果，可以尝试Photoshop的Lens Correction（镜头校正）滤镜▼或者Camera Raw中Lens Correction（镜头校正）选项卡中的Lens Vignetting（镜头晕影）功能。在Photoshop CS4中，全景图功能提供了自动的晕影删除功能，该功能用于将暗色的边角调浅以防止在将系列图像拼合成全景图时出现圆齿状外观。可以执行File（文件）>Automate（自动）>Photomerge命令或者Bridge的Tools（工具）>Photoshop>Photomerge命令应用全景图功能。

☑ Blend Images Together
☑ Vignette Removal
☐ Geometric Distortion Correction

模拟相机晕影

DENISE FORTADO / PHOTOSPIN.COM

加深的边缘可以防止细节转移观众的注意力，有助于将视线移至照片中心。在 Photoshop 中创建晕影照的一种方法是使用 Lens Correction（镜头校正）滤镜。将图像转换为智能对象，接着执行 Filter（滤镜）> Distort（扭曲）> Lens Correction（镜头校正）命令。在 Lens Correction（镜头校正）对话框的 Vignette（晕影）部分中设置 Amount（数量），负值会使边缘变暗，如 A 所示设置 Midpoint（中点），确定效果会向图像中心延伸多远，如 B 所示。通过绘制蒙版可以部分删除从手到下边角的晕影。第 304 页的"绘制重影"描述了蒙版制作的方法，在右栏和第 280 页和第 302 页可以找到其他自定义晕影的技法。

 Vignette.psd

知识链接

▼ 镜头校正滤镜　第 274 页

晕影动作

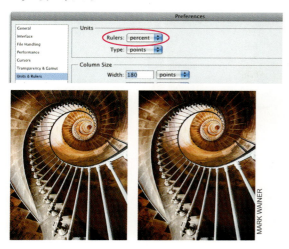

MARK WAINER

Mark Wainer巧妙地为Stairway #59, Isle de Re（如上图所示）模糊了边缘，从而将观众的视线引入到场景中。因为经常使用晕影，所以他研发了一个可以对任何尺寸、不论是垂直或者是水平格式的图像执行此操作的Photoshop动作。Edge Burn（边缘加深）动作灵活性的关键就是在记录它之前，Wainer将Units（单位）设置为Percent（百分比），通过执行Edit（编辑）>Preferences（首选项）>Units & Rulers（单位与标尺）命令。他在Actions（动作）面板中单击创建新动作按钮🔲创建新的动作，并且单击New Action（新动作）面板中的Record（记录）按钮。选择Rectangular Marquee（矩形选框）工具（Shift+M），在选项栏中设置Feather（羽化），按对角线拖动，从左上角的一个点10%向右下拖动到一个点90%，接近右下角。将选区以百分比记录可以便于将动作作用于不同尺寸的文件。

反选选区（Ctrl/⌘+Shift+I），添加色阶调整图层，当前的选区会创建一个内置的图层蒙版，调整减少Input Levels（输入曲线）的中间调滑块，使边缘比Wainer想要的更深。接着在Layers（图层）面板中将色阶调整图层的Opacity（不透明度）减少至50%，并且将混合模式设置为Multiply（正片叠底）。

运行动作时双击桌面上的图标将动作添加到Actions（动作）面板中，单击它的名字，并且单击Play（播放）按钮▶。在运行动作后，可以通过更改曲线图层的不透明度加深或者减淡晕影。在Photoshop CS4中，也可以使用Masks（蒙版）面板来修改晕影，就像在"使用蒙版加框"步骤2中的那样（参见第269页）。要想减少诸如天空之类的浅色区域的晕影效果，可以使用柔软的黑色画笔在相应的蒙版区域进行涂抹。

EdgeBurnAction.atn

带渐变的晕影

KATRIN EISMANN

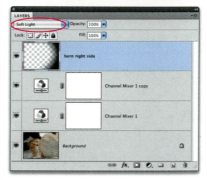

当Katrin Eismann要将观众的视线集中到这张在Greenwich乡村某位老人家中拍摄的照片中的手部时，她使用Gradient（渐变）工具对那些不太重要的部位进行了模糊处理，创建出一个不对称的晕影效果。在Layers（图层）面板中选择顶部图层，在其上方添加一个空白图层（Ctrl/⌘+Shift+N），并且将混合模式更改为Soft Light（柔光）。接着，选择Gradient（渐变）工具▭（Shift+G），在选项栏中选择Linear（线性）选项，单击色条，在弹出的拾取器中选择Foreground to Transparent（前景色到透明）渐变样式。选择黑色作为前景色（按D键切换到默认颜色）。确认取消勾选Reverse（反向）复选框，并且Transparency（透明区域）复选框已勾选。接着在边缘附近单击并且向内拖动到要模糊的终点，即接近关注点中心，从边缘上不同的点开始重复进行涂抹动作。接着在Layers（图层）面板中按需要减少图层的Opacity（不透明度），创建所需的效果。

剪切后的晕影效果

ORIGINAL PHOTO: ANAIKA DAYTON

在 Camera Raw 5.0 中，Lens Corrections 选项卡中，利用 Post Crop Vignetting 可以创建周边带有羽化边缘的柔和浪漫外观，可以交互使用裁剪和晕影使边缘造型和柔化更灵活。在 Bridge 中浏览照片，单击缩览图，并且在 Camera Raw 中执行 File（文件）> Open（打开）命令。当照片打开后，单击 Crop（裁剪）工具 ✄（位于 Camera Raw 界面中左上角的工具栏中），或者按 C 键，如 A 所示。沿对角线拖动选择要应用晕影效果的部分。如果想裁剪成一定的角度，可以向外拖动旋转裁剪框。在 Camera Raw 的 Lens Corrections（镜头校正）选项卡 B 中单击，并且在 Vignetting（晕影）中设置晕影的特性，如 C 所示。设置晕影的不透明度，将 Amount 数量设置为 +100，可以使边缘渐隐到纯白色中。如果将它设置为 –100，将边缘渐隐到纯黑色中。设置晕影图像的形状，将 Roundness 滑块从左侧的矩形拖动到右侧的圆形，决定要裁剪掉多少图像，移动 Midpoint（中点）滑块，决定边缘渐隐的突变程度，增加 Feather（羽化）值可以得到一个更柔和、更具过渡性的渐变效果。在晕影效果最终完成之前，确认可以一直看到图像晕影部分周围的所有剪贴颜色，默认情况下，如果将晕影设置为白色，那么剪贴颜色为红色，如果晕影设置为黑色，剪贴颜色则是蓝色的。在 Camera Raw 界面中，效果看起来十分鲜艳夺目，确认它在整个晕影照周围都可见，将能防止柔和的边缘被切断以及拼合。在选中 Crop（裁剪）工具的状态下，裁剪框仍是可编辑的，因此可以边调整晕影特性边更改大小、形状或者裁剪的角度，抑或向内拖动边框来调整包括的图像部分。

Patch（修补）工具晕影

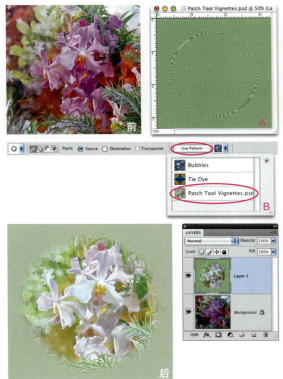

前

后

通过实验，我们发现 Patch（修补）工具 ⊘ 可以用来将明亮的彩色图像（就像市场鲜花照片的细节）混合到背景颜色中，从而得到梦幻般的彩色粉笔效果。首先将图像定义为图案，执行 Edit（编辑）> Define Pattern（定义图案）命令即可。接着添加一个新的图层（Ctrl/⌘+Shift+N），并且使用背景色填充该图层（或者执行 Edit（编辑）> Fill（填充）> Color（颜色）命令，并且在 Choose a color（选择一种颜色）对话框中选择一种颜色）。使用 Elliptical Marquee（椭圆选框）工具 ◯（Shift+M），按住 Shift 和 Alt/Option 键从需要得到晕影效果的圆形中心向外拖动，然后拖动选区边界来调整圆形的位置，如 A 所示。羽化选区可以使图像有一个柔和的边缘，执行 Select（选择）> Feather（羽化）命令，并且将 Feather Radius（羽化半径）设置为 20 像素即可。单击 Patch（修补）工具 ⊘，单击选项栏中的图案色样，并且在 Pattern（图案）拾取器中选择新图案，如 B 所示。单击 Use Pattern（使用图案）按钮并且耐心等待修复的完成。

 **Patch Tool Vignettes.psd**

色调及颜色调整

Photoshop 中有很多方法可以使不太理想的照片变得美观起来，从而使好照片更加完美。但是在绝大多数情况下，你会坚持不懈地去寻找一个既能够节省时间又能制作出高品质效果，并且使用起来非常灵活的方法，以便需要时可以进行进一步的更改。接下来的内容将会对"快速修复"方法进行详细的阐述，应该用心去体会。即便在某些情况下使用快速修复无法达到预期效果，但是通过对本部分内容的学习，你仍会有一个好的开端。

接下来的内容中讲解的大多数方法都可以通过单击 Layers（图层）面板中的 Create new fill or adjustment layer（创建新的填充或调整图层）按钮◐或者单击 Photoshop CS4 中 Adjustments（调整）面板上的按钮来应用。

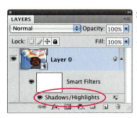

Shadows/Highlights（阴影/高光）和 Variations（变化）不能作为调整图层使用，但是它们可以作为智能滤镜使用，因此它们仍可编辑。

类似于 Match Color（匹配颜色）命令仅在 Image（图像）>Adjustments（调整）菜单中可用，因此它们不可编辑。

附书光盘文件路径

> Wow Project Files > Chapter 5 > Quick Tone and Color

变化

ROHIT SETH / PHOTOSPIN.COM

Variations（变化）命令可以提供一组色调和颜色调整——分别用来调整高光、中间调和阴影的色相、饱和度和亮度。此外，Variations（变化）还可以同时预览几个不同选项的调整效果。可以通过设置 Variations（变化）来进行更细致的调整，也可以开启 Show Clipping（显示修剪）功能来提示不要生成超出色域的颜色。Variations（变化）不能像调整图层那样应用，但是在 Photoshop CS3 和 CS4 中它可以作为智能滤镜应用。可以将照片转换为智能对象，执行 Filter（滤镜）> Convert for Smart Filters（转换为智能滤镜）命令，或者右击/Ctrl+单击 Layers（图层）面板中的照片缩览图，在右键快捷菜单中选择 Convert to Smart Object（转换为智能滤镜）即可。首先，单击 Lighter（较亮）缩览图来调浅中间调。接着通过添加互补色来删除少许红色，将 Fine/Coarse（粗细/粗糙）控制设置为最精细的设置，接着单击 More Cyan（加深青色）缩览图。

 **Variations.psd**

阴影/高光

前

后

GAGE DAYTON

功能显著的 Shadows/Highlights（阴影／高光）命令可以增加或减少那些需要同时增亮或变暗区域的对比度。▼通常，它的默认设置（上图）便可以制造出一个又一个的奇迹，修复那些具有阴影问题的照片，例如这张小孩脸部处于阴影中的照片。因为 Shadows/Highlights（阴影／高光）命令不能作为调整图层使用，但是可以用作智能滤镜，所以首先在 Layers（图层）面板中右击 /Ctrl+ 单击图像的缩览图，并且在右键快捷菜单中选择 Convert to Smart Object（转换为智能对象）命令，将图层转换成智能对象。接着，执行 Image（图像）>Adjustments（调整）>Shadows/Highlights（阴影／高光）命令，并单击 OK 按钮使用默认设置，这会加亮脸部效果而不丢失明亮的曝光和阴影效果。若要进行参数设置，可以双击 Layers（图层）面板上的 Shadows/Highlights（阴影／高光）并且单击 Show More Options（显示更多选项）。▼

知识链接
▼ 使用阴影／高光命令
第 254 页

 Shadows-Highlights.psd

遮罩调整图层

JHDAVIS

这张照片与左栏的照片有着相同的问题，但是因为这幅图像位于阴影中的部分更多，所以应用 Shadows/Highlights（阴影／高光）时会加亮更多的部分。若要尝试另一种选择——只让小女孩变亮，而仍保持其他荫凉处的暗淡效果，可以尝试使用智能滤镜蒙版来限制 Shadows/Highlights（阴影／高光）效果。在 Layers（图层）面板中单击蒙版的缩览图选择蒙版，接着使用黑色填充蒙版，在选中蒙版的状态下按 D 键可以把黑色设置为背景色。接着按 Ctrl/⌘ + Delete 键使用黑色填充蒙版。在前景色为白色的状态下，选择白色 Brush（画笔）工具在需要增亮的区域涂抹。▼因为蒙版的边缘柔和，所以调整图层与周围未被调整的图像部分可以平滑地混合在一起。在 Layers（图层）面板中按住 Shift 键单击图层蒙版缩览图可以关闭或开启蒙版的效果，即可对比带有蒙版的校正效果与不带蒙版的效果。

 **Masking Adjustment.psd**

知识链接
▼ 绘制图层蒙版
第 84 页

自动色阶或曲线

如果照片看起来缺少对比度，可以简单地应用"自动"校正命令显著改善照片的全局颜色和对比度。单击Layers（图层）面板底部的Create new fill or adjustment layer（创建新的填充或调整图层）按钮◐，并在弹出菜单中选择创建色阶或曲线调整图层来达成此效果。如果使用的是Photoshop CS4，那么另一个选择就是打开Adjustments（调整）面板，执行Window（窗口）>Adjustments（调整）命令即可，单击◢或者按钮▼后在对话框中单击Auto（自动）按钮。该校正将会查找图像中最暗的色调，并且将它们加深至黑色，并将最浅的色调调浅至白色，将中间调分散在整个色调范围以提高对比度。因为它可以分别为每个颜色通道平衡对比度（在RGB颜色模式下为Red、Blue和Green），所以该选项可以删除不需要的偏色（或者添加一个，就像在右栏中的图像那样）。

🌀 **Auto Correx.psd**

知识链接
▼ 使用色阶或曲线
第 246 页

自动选项

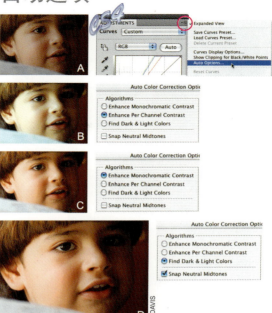

如果单击Levels（色阶）或Curves（曲线）对话框中的Options（选项）按钮而非Auto（自动）按钮，Photoshop便会应用自动调整（如左栏所示），并且打开另一个带有更多选项的对话框。如果在Photoshop CS4的Adjustments（调整）面板中使用Levels（色阶）或Curves（曲线），就不会看到Options（选项按钮），此时需要在面板的扩展菜单中选择Auto Options（自动选择参数）命令。若有一张如 A 所示的需要进行颜色和对比度调整的照片，那么在勾选和不勾选Snap Neutral Midtones（对齐中性中间调）复选框的情况下，很容易依次单击Auto Color Correction Options（自动颜色校正选项）对话框中的3个选项并对它们进行测试。

- 单击Auto（自动）按钮时将会默认单击**Enhance Per Channel Contrast（增强每通道的对比度）**按钮。对于本幅图像，它会添加不需要的偏色，如B所示。

- 如C所示，**Enhance Monochromatic Contrast（增强单色对比度）**按钮可在不更改颜色平衡的情况下平衡对比度，与执行Auto Contrast（自动对比度）调整命令效果相同。

- 如D所示，单击**Find Dark & Light Colors（查找深色与浅色）**按钮，并勾选**Snap Neutral Midtones（对齐中性中间调）**复选框，与执行Auto Color（自动颜色）调整命令效果相同。

Snap Neutral Midtones（对齐中性中间调）复选框可以将最近调节的图像中所有接近中性中间调与等量的主色调节成真正的中性。

🌀 **Auto-Options.psd**

选择及自动

Selecting-Auto.psd

当第一次选中照片的某个重要区域并需要调整其对比度时，选择自动选项通常会有不错的效果。如 A 所示的照片，添加曲线调整图层后在调整面板的扩展菜单中选择 Auto Options（自动选项）命令，在对话框中单击 Enhance Per Channel Contrast（增强每通道的对比度）单选按钮，勾选 Snap Neutral Midtones（对齐中性中间调）选项。此时会发现照片整体偏暗，这是因为 Photoshop 找到了纯白边缘并将其作为整幅图像的最亮点来应用，如 B 所示。单击 Cancel（取消）按钮，使用矩形选框工具图标创建选区，并将照片的白色边缘和部分人像边缘排除在选区外，然后添加曲线调整图层，结果如 C 所示，可以看到效果改善很多。创建选区的同时会为调整图层添加蒙版，将调整图层延伸到整个图像再删除蒙版即可（将蒙版缩览图拖动到图标按钮上）。

Camera Raw中的自动校正

ORIGINAL PHOTO: SEVERJA KIRILOVAITE / PHOTOSPIN.COM

Camera Raw 也可以通过单击一个按钮来自动校正图像。当在 Camera Raw 中打开一个 Raw 文件时，系统会自动应用默认设置来查看这幅图像。也可以使用 Camera Raw 来打开 JPEG 和 TIFF 文件。在这种情况下 Default（默认）设置没有任何校正效果，它们的效果就像在 Photoshop 中打开一样。在此，可以通过单击 Auto（自动）按钮来加亮图像，该操作会增加 Basic（基础）选项卡中的 Brightness（亮度）和 Contrast（对比度）选项。

在 Bridge 或者桌面上双击，或执行 Photoshop 中的 File（文件）>Open（打开）命令，都会在 Camera Raw 中打开 Raw 文件。要想从 Bridge 中以 Camera Raw 的方式打开 JPEG 和 TIFF 文件，可以在 Bridge 内右击 /Ctrl+ 单击图像，并且在右键快捷菜单中选择 Open in Camera Raw（在 Camera Raw 中打开）命令，还可以使用快捷键 Ctrl/⌘ +R 进行这项操作。

若要从 Photoshop 打开，则可以执行 File（文件）> Open（打开）命令，找到文件并且单击名称，再在 Open（打开）对话框的 Format（格式）下拉列表中选择 Raw 选项，单击 Open（打开）按钮。

自动及亮度

在调整如 A 所示的照片时，Auto（自动）校正会在提高棕褐色对比时去除颜色，如 B 所示。在 Levels（色阶）对话框中单击 Options（选项）按钮（在 Photoshop CS4 的 Adjustment 面板的扩展菜单中选择 Auto Options 命令）并单击 Enhance Monochromatic Contrast（增强单色对比度）单选按钮，此时颜色会增强，如 C 所示。而 Find Dark & Light Colors（查找深色与浅色）则可以过矫正颜色。因此可以返回默认的 Enhance Per Channel Contrast（**增强每通道对比度**）。要维持某些颜色，如 D 所示，可以将 Levels（色阶）调整图层的混合模式转换为 Luminosity（**亮度**），要减少由 Levels（色阶）图层过度校正引起的高对比度，可以降低 Opacity（不透明度）。

色阶/曲线及正片叠加

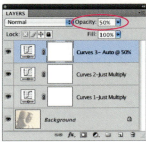

恢复一张因曝光过度或褪色而几近发白的照片，如 A 所示，使其色彩浓度恢复。单击 Layers（图层）面板的 Create new fill or adjustment layer 按钮 ◍，并在弹出菜单中选择 Levels（色阶）命令，添加一个 Levels（色阶）调整图层。在 New Layer（新建图层）对话框中将 Mode（模式）设置为 Multiply（**正片叠底**），并单击 OK（确定）按钮确认。在 Levels（色阶）对话框中直接单击 OK（确定）按钮确认。如果 Multiply（正片叠底）模式下的空白 Levels（色阶）图层未对色调范围改善太多，如 B 所示，还可以继续下面的操作。如 C 所示，按 Ctrl/⌘+J 键复制该图层，如果图像的对比度仍旧不高，可以单击 Auto（自动）按钮添加图层混合模式为 Normal（正常）的 Curves（色阶）调整图层。如果效果太强，可以减少顶层图层的 Opacity（不透明度），如 D 所示。如果仅需要更改部分色调范围（例如此处的阴影效果），可以回到 Curves（曲线）对话框中进行调整。▼

知识链接

▼ 调节曲线 第 247 页

设置灰场

前

后

PAUL K. DAYTON, JR.

Levels（色阶）和 Curves（曲线）对话框中的 Set Gray Point（设置灰场）滴管可以用于校正诸如褪色幻灯片中的偏色。（在 Photoshop CS3 中，滴管工具位于 Curves 对话框的底部以及 Levels 对话框的右下角。但是在 Photoshop CS4 的 Levels 对话框中，它的位置如上图所示。）

通过使用滴管工具在图像中单击，可以将选择的像素设置为中性灰。之后，Photoshop 便会对整幅图像的色彩平衡进行整体调节。在此，单击岩石来修复颜色。如果在第一次尝试时没有得到理想的改变，可以单击另一个可以设置为中性灰的点。当然，如果图像中没有任何可以用作中性灰的像素，便无法应用此种方法，因为如果一定要将某些颜色设置为中性灰的话，便会造成偏色现象。在这种情况下，有必要应用下面将要介绍的 Average（平均）方法，或者尝试 Color Balance（色彩平衡）命令。▼

 **Set Gray Point.psd**

知识链接
▼ 调整色彩平衡
第 251 页

平均滤镜

A
B

C
D

E

ORIGINAL PHOTO: KEIVAN DEHGHANPISHEH / PHOTOSPIN.COM

如果像左栏所讲的那样，在图像上应用 Set Gray Point（设置灰场）时发生了偏色现象，那么便有必要尝试使用 Photoshop 的 Average（平均）滤镜。此处需要减少图像 A 中蓝色的强度，并且恢复海龟和珊瑚的部分颜色。按 Ctrl/⌘ +J 键将照片复制到一个新图层，执行 Filter（滤镜）> Blur（模糊）> Average（平均）菜单命令，如 B 所示。该滤镜会将复制的图层平均为蓝绿色，如 C 所示。接着执行 Image（图像）>Adjustments（调整）> Invert（反相）菜单命令或按 Ctrl/⌘ +I 将颜色反相，即将蓝色反相为肉色。将图层混合模式设置为 Color（颜色），如 D 所示，或是 Hue（色相）模式，效果稍有不同。然后调整 Opacity（不透明度）以获得更多的中性色，此处的不透明度为 30%，如 E 所示。此方法无法将 Average（平均）用作智能滤镜，因为尽管可以更改智能滤镜的不透明度和混合模式，但是无法反转颜色。

 **Average Filter.psd**

平均及自动

Average（平均）滤镜也可以用于修复褪色的照片。打开一张 20 世纪 40 年代的彩色幻灯片，如 A 所示。可以尝试使用"设置灰场"的方法（参见第 286 页），但是因为拍摄照片时白云反射了红色的地面，因此不可能在照片中找到一个可以用作中性灰的点。按 Ctrl/⌘+J 键将图像复制到新图层中，执行 Filter（滤镜）> Blur（模糊）>Average（平均）命令，Average（平均）滤镜会将复制的图层转换成纯粉红色。接着执行 Image（图像）> Adjustments（调整）> Invert（反相）菜单命令或按 Ctrl/⌘+I 键将颜色反相，这会将粉红色更改为它的相反色，即蓝绿色。将该图层的混合模式更改为 Color（颜色）并调整图层的 Opacity（不透明度），可以将颜色平衡为理想的颜色，如 B 所示。之后即可得到更为真实的颜色，接着添加 Levels（色阶）调整图层，如 C 所示，并单击 Auto（自动）按钮作为补救措施，如 D 所示。

 **Average-Auto.psd**

色彩平衡

Color Balance（色彩平衡）调整图层可以单独对高光、中性调或阴影部分进行颜色更改，通过添加不足的相反色即可。RGB 图像的高光部分会发生黄色偏色，如 A 所示。在 Color Balance（色彩平衡）对话框中单击 Highlights（高光）单选按钮，并将"Yellow（黄色）— Blue（蓝色）"滑块移向蓝色的那端，即可去除黄色。之后再将"Cyan（青色）— Red（红色）"滑块稍稍移向红色移动，对图像加温，如 B、C 所示。勾选 Preserve Luminosity（保持明度）复选框，从而确保仅改变了颜色而非色调值。

 Color Balance.psd

加温

通常，从阴影处向外或者使用闪光灯拍摄（尤其是拍摄人物照）时，摄影师都会在相机镜头上安装一个加温滤镜，以吸收多余的蓝色并获取更强的暖色调或者单纯提高某种颜色的色温。Photoshop 的 Warming（加温）滤镜图层也可以获得相同的效果。对照片加温的操作步骤如下，单击 Layers（图层）面板的 ◉ 按钮并选择 Photo Filter（照片滤镜）命令。在 Photoshop CS4 中则可以单击 Adjustment（调整）面板（执行 Window > Adjustments 命令）中的 ◉ 按钮。接着在 Photo Filter（照片滤镜）对话框中的 Filter（滤镜）下拉列表中选择 Warming Filter (85) [加温滤镜 (85)]。所有照片滤镜默认的 Density（浓度）值都为 25%，该值可以模拟应用最广的传统滤镜——还可以根据图像进行调整，此处使用的是 35%。▼

知识链接

▼ 使用照片滤镜　第 253 页

 Warm.psd

冷却

使用 Cooling（冷却）滤镜图层可以提高海景或雪景照片，（如 A 所示）的冰冷的感觉。单击 Layers（图层）面板的 ◉ 按钮，并在菜单中选择 Photo Filter（照片滤镜）命令。在 Photoshop CS4 中则可以单击 Adjustment（调整）面板（执行 Window > Adjustments 命令）中的 ◉ 按钮，在弹出的对话框中选择 Cooling Filter(80) [冷却滤镜 (80)] 选项，如 B、C 所示。▼

知识链接

▼ 使用照片滤镜
第 253 页

 Cooling.psd

色相/饱和度

增强CMYK

在调整某些图像时仅需增强饱和度来恢复颜色，可以是常见的颜色也可是特殊的颜色。单击图层面板的❷按钮并在弹出菜单中选择命令，为图像 A 添加一个色相 / 饱和度调整图层。在 Hue/Saturation（色相 / 饱和度）对话框中，将 Saturation（饱和度）滑块轻微右移，整体加亮颜色，如 B 所示。接着，为了突出整体、三轮车和花朵，还可以在 Edit（编辑）下拉列表中选择 Reds（红色）选项，提高加强 Saturation（饱和度），如 C、D 所示。

有时为了印刷的需要，需要将颜色鲜艳的 RGB 图像转换为 CMYK 模式，使效果变淡，如 A 所示。在这种情况下，在 Hue/Saturation（色相 / 饱和度）调整图层中应用一个微弱的调整便可以恢复整体颜色的鲜艳度或者特定颜色范围的鲜艳度。如上图所示，单击图层面板中的❷按钮，在弹出的菜单中选择 Hue/Saturation（色相 / 饱和度）选项，并且在 Edit（编辑）下拉列表中默认选择 Master（全图）选项的情况下，整体调高 Saturation（饱和度），如 B、C 所示。

wow Hue-Saturation-Reds.psd

wow CMYK Boost.psd

鲜艳度

A

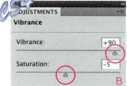

B

C

Vibrance（自然饱和度）命令在保护已经接近饱和颜色的前提下增强颜色饱和度，一般使用它来强化如 A 所示的照片内塑料袋中的玻璃球颜色。在 Photoshop CS4 中打开Adjustment（调整）面板，并且单击 Vibrance（自然饱和度）按钮▽打开 Vibrance（自然饱和度）对话框。如果尝试调整两个滑块，便可以看到 Vibrance（自然饱和度）图层和Saturation（饱和度）图层之间的差别，后者会影响所有的颜色，不管是否饱和。将 Vibrance（自然饱和度）增加到 90，如 B、C 所示。尽管 Vibrance（自然饱和度）可以对皮肤颜色以及接近饱和的颜色进行内置保护措施，但如果 Vibrance（自然饱和度）增加得太多，皮肤便会变得过热。此时可能需要使用黑色或者灰色填充 Vibrance（自然饱和度）图层的蒙版。或者需要在 Vibrance（自然饱和度）对话框中稍稍减少 Saturation（饱和度）。Photoshop CS3 中没有 Vibrance（自然饱和度）调整，可以在 Camera Raw 的 Basic（基础）选项卡中找到该选项。

知识链接

▼ 使用 Camera Raw
第 141 页

Vibrance.psd

匹配颜色

A

B

C

D

在同一地点、相邻时间拍摄的照片，其颜色和对比度还会因为相对于光源的拍摄角度以及相机设置的不同而有差异。使用 Match Color（匹配颜色）命令便可以协调这些颜色和色调差异。打开需要更改颜色的照片以及需要参照其颜色进行匹配的照片，如 A、B 所示。在处理更改颜色的照片时，首先将其复制到新的图层中，接着执行 Image（图像）>Adjustments（调整）> Match Color（匹配颜色）菜单命令，在 Match Color（匹配颜色）对话框的 Source（源）下拉列表中选择作为匹配参考的照片，如 C 所示。接着使用滑块调整颜色，Luminance（亮度）用于调整亮度，ColorIntensity（颜色强度）用于调整饱和度，Fade（渐隐）用于整体降低调整效果，使用原始颜色进行混合。如果需要消除偏色还可以勾选 Neutralize（中和）复选框。对于本照片，只需使用 Fade（渐隐）和 Neutralize（中和）选项，如 D 所示。

 Match Color 1.psd & Match Color 2.psd

Mark Wainer发现了一种"数字偏光镜"

当光线在玻璃、水面或者空气中的水滴上反射时，反射的光波会产生眩光或者模糊现象。附加在相机镜头上的偏光镜可以阻挡一半的光波，并且让另一半通过，从而使天空变暗、允许我们透过水面看到水下的东西、甚至是减少植被和涂层的闪光让我们看到更多的颜色。在摸索Lightroom的HSL/Grayscale控制时，Mark Wainer发现了一个事后的偏光镜，可以用于当太阳的角度无法让相机上的偏光镜奏效或没有偏光镜的情况。同样的技法在Camera Raw中也可以使用。

知识链接
▼ 使用 Camera Raw
第 141 页

第一步是在Camera Raw▼中进行基本的色调和对比度调整，优化Mark在靠近挪威Ramberg区域拍摄的风景照。在Basic（基本）选项卡中，Mark通过同时增加Exposure（曝光度，+0.54）以及Blacks（黑色，+7）来扩展色调范围，通过增加Fill Light（填充光线，+17）来恢复阴影，调整Clarity（清晰度，+46）来突显中间调的细节。

在开始使用偏光镜之前，他还用到了Correction（校正）选项卡。他将Fix Red/Cyan Fringe（修复红/青边）滑块调整至+35，并且勾选了Defringe（去边）：Highlight Edges（高光边缘）复选框。Mark强调"校正色差和噪点很重要，因为接着要进行HSL调整（数字偏光镜），这会强化色差。"如果有必要，也可以在进行偏光处理之后回到Lens Correction（镜头校正）选项卡。

Mark的偏光镜可以在Camera Raw的HSL/Grayscale选项卡中找到，特别是在Luminance（明度）选项卡中。他发现降低Blues（蓝色）的Luminance（明度）（在本例中一直降低到–100）会去掉水中的闪光，并且去除混浊。他说："也可以使用Aquas（浅绿色）或者Purples（紫色）来更改天空颜色。"需要将Aquas（浅绿色）设置为–50。

要加亮照片中的绿色植被，可以增加Yellows（黄色）值（+50）。在Camera Raw的HSL/Grayscale选项卡和Photoshop的Black & White（黑白）调整中，通常，植物受Yellows（黄色）滑块的影响要多于Greens（绿色）。Mark通过增加Reds（红色）设置（+40）来加亮红色建筑物。

尽管他没有对此照片执行此操作，Mark指出可以通过增加Saturation（饱和度）选项卡上的Blues（蓝色）选项来让天空变得更暗。

原始照片。

色调和对比度得到了改善，并且色差得到了校正。

使用Mark Wainer的数字偏光镜强化颜色。

MARK WAINER

ORIGINAL PHOTOS: LOREN HAURY

组合曝光

附书光盘文件路径

(wow) > Wow Project Files > Chapter 5 > Combining:

- Combining-Before文件（原始文件）
- Luminosity-After.psd和Merge-After.psd（效果文件）

从Window（窗口）菜单打开以下面板
- Layers（图层） • Channels（通道）
- Adjustments（调整）

步骤简述

Luminosity（亮度）：将3种曝光度不同的照片作为3个图层在同一文件中对齐 • 为曝光不足的图层制作高光蒙版，为曝光过度的图层制作阴影蒙版

Merge to HDR（合并到HDR）：使用Merge to HDR（合并到HDR）命令 • 转换到8位/通道

在观看明暗跨度很大的场景中的细节时，人类的视觉系统要比数码相机更有用。摄影师 Loren Haury 站在岩洞里注视着顶部的场景，可以看到明亮的入口、地板和墙壁，非常暗的屋顶以及内部房间。因为相机不可能在一张照片中拍摄到所有的场景，所以他拍摄了 3 张，不过采用的都是相同的光圈和 ISO。第一张照片的曝光时间为 1/2 秒。接着，以 1/4 秒的速度拍摄一张曝光不足的照片，再以 2.5 秒的速度拍摄一张曝光过度的照片。之后，Haury 会使用第 366 页中描述的直观、有效的方法来组合它们。在此，我们经得他的许可，使用了 3 张照片较小的版本来尝试另外两种更有技术含量的组合方法。一种是使用**明度蒙版**，另一种是使用 Merge to HDR（合并到 HDR）命令。所有的这 3 种方法各有利弊：明度蒙版方法比手动选择和手动遮罩更快速，它是一种合理、易记的技法。Merge to HDR（合并到 HDR）命令更自动更顺利（是因为在 32 位模式下），但是要使用所有的选择和控件来得到最好。这 3 种方法的目标是一致的，就是得到比单一的原始照片更多的细节。

2

目前的图层按照操作顺序堆放，顶层图层不显示。之后，基于曝光不足的图像（该图像中的高光的曝光最好）为高光制作明度蒙版。

明度蒙版

认真考量项目。 在 Channels（通道）面板中，堆栈顶部的 RGB（合成）缩览图就像是目前所看到的效果。在 Channels（通道）面板中按住 Ctrl/⌘ 键的同时单击缩览图，将它作为图像浅区域的选区加载。如果之后单击 Layers（图层）面板底部的添加图层蒙版按钮，那么选区就会变成选中图层的图层蒙版。这种像是灰度图像的蒙版称为明度蒙版。通过在曝光不足的图像上使用明度蒙版，以及在曝光过度的图像上使用反相的明度蒙版便能结合这 3 张不同的图像，并按照所需的方式有效地分布色调。

1 堆放图层。（参见左栏的"将文件自动载入图导"技巧。）打开 3 张 Combining-Before 照片，或者你自己拍摄的一系列包围式曝光照片。如果不按技巧中的方法打开图像，而是倾向于单个地打开并且自行管理它们，可以执行 Window（窗口）> Arrange（排列）> Float All in Windows（将所有浮动到窗口）命令，以便更方便地查看所进行的操作。在所有图像可见的情况下，选择 Move（移动）工具（Shift+V），配合 Shift 键将曝光不足的照片拖放到适度曝光的照片之上。接着，配合 Shift 键将曝光不足的照片拖放到堆栈顶部。按住 Shift 键拖动使导入的图像居中，因为这 3 幅图像拥有完全相同的像素尺寸，所以可以完美地对齐。Haury 使用了三脚架，而且在拍摄的这 3 秒之间没有任何东西移动，因此可以确保这 3 张照片完美地对齐。如果你使用自己的照片并且没有使用三脚架的话，便可以通过先单击选择顶部的缩览图，再按住 Shift 键单击底部的缩览图来选择所有的 3 个层。接着执行 Edit（编辑）>Auto Align Layers（自动对齐图层）命令，在对话框中选择 Auto（自动）。

2 制作高光蒙版。 首先将曝光不足图像的浅色区域添加到适度曝光（0EV）上以得到高光细节——例如入口处。单击图层面板中曝光过度图层的眼睛取消该图层的可视性，以便可以看到曝光不足的图层。在 Channels（通道）面板中，按住 Ctrl 键的同时单击 RGB 通道的缩览图。接着在图层面板中单击曝光不足图层的缩览图，再单击底部的添加图层蒙版按钮，如 2 所示。蒙版的浅色区域允许曝光不足的图像透过来显示并且与下方 0EV 图像结合，蒙版的黑色区域将隐藏曝光不足图像的黑色区域。

因为需要影响的色调区域位于0EV图像中（此处，称之为适度曝光），所以用户可能倾向于直接从该图像制作明度蒙版。这样可以隐藏其他图层的可视性，按住Ctrl键单击RGB合成通道。如果制作高光蒙版，则可以选择曝光不足的图层（仍未恢复可视性）并且单击添加图层蒙版按钮。选择适度曝光图层，按住Ctrl再次单击RGB通道缩览图，反转选区（Ctrl/⌘+Shift+I）。在选中选区时，选择曝光过度图层并且创建图层面板。显示所有图层以查看适度曝光图层上的明度蒙版效果。

4a　将带明度蒙版的图层转换为一个新组后便可以为同一图像图层添加另一个蒙版，在不影响明度的前提下改善它的效果。

4b　添加调整图层以及减淡和加深图层可以在保持色调和颜色调整灵活度的前提下精调细节。

3 制作阴影蒙版。 在图层面板中通过单击指示图层可见性按钮显示过饱和图层。目前，通道面板中的RGB通道显示的是曝光过度图像。按住Ctrl键的同时单击RGB通道将高光作为选区载入。若要选择阴影而非高光，可以反转选区（Select > Inverse 或者 Ctrl/⌘+Shift+I）。将选区转换成图层蒙版（单击图层面板中的▢），该灰度蒙版可以允许曝光过度图层所有黑色区域用于最终的复合图像。

4 精调。 选择任意一个图层蒙版，并且使用带有柔软笔尖的黑色或白色画笔来更改它。还有一种更改蒙版效果，将更改与原蒙版分离的方法。选中被遮罩的图层，单击面板的扩展按钮▾☰，在菜单中选择 New Group from Layers 命令，将该图层转换为单层图层组。接着，为图层组添加一个图层蒙版并且绘制蒙版，如 **4a** 所示。▼也可以添加用于进行最终色调调整的 Curves（曲线）图层，▼或添加此处使用的 Hue/Saturation（色相/饱和度）调整图层将色调调浅，▼还可以添加一个"减淡和加深"图层突显细节▼，如 **4b** 所示。

合并到HDR

认真考量项目。 Photoshop 中的 File（文件）>Automate（自动）> Merge to HDR（合并到 HDR）命令用于合并几个不同的曝光度图像，以创建单个的 32 位每通道文件，这一文件可以在单个文件中提供包含来自 3 种曝光度完整色调信息的亮度级别。当所有的信息收集好后，如果以后会将它用于 3D 和视频项目中，便可以将它保存为 32 位文件，或者可以将它转换成 8 位或者 16 位每通道图像，以便可以在屏幕上查看它或者打印它，因为 32 位的图像无法进行这些操作。转换后，它仍旧会包含高光和阴影细节，并且可以在 Photoshop 中使用比 32 位图像更多的工具和命令进行深入加工。

1 合并图像。 在 Photoshop 和 Bridge 中使用 Merge to HDR（合并到 HDR）命令。将 32 位通道图像转换为低的位深时，图像必须有一个指定的颜色配置文件，▼例如 ProPhoto RGB 或者 Adobe RGB，因此第一步必须确认它是以下情形：

知识链接
▼ 蒙版组 第 620 页
▼ 使用曲线 第 246 页
▼ 使用色相/饱和度 第 252 页
▼ 制作减淡和加深图层 第 359 页
▼ 颜色配置文件 第 190 页

1a

在Merge to HDR对话框中添加文件时，默认情况下勾选Attempt to Automatically Align Images复选框。

1b

在合并时可以看到图像的EV值。如果需要现在将该图像排除在外，只需简单地取消其下方的勾选即可。如果移动直方图下方的曝光滑块，在不进行任何剪切的情况下预览高光，图像通常看起来非常黑，但是之后可以有更多的机会调整色调。

2a

使用Exposure and Gamma（曝光度和灰度系数）转换。

2b

使用Highlight Compression（高光压缩）转换。

- 在 Bridge ▼中选择要合并的文件并且**查看元数据面板中 File Properties（文件属性）部分的 Color Profile（颜色配置文件）（Window > Metadata Panel）**。如果看到列出的 Color Profile（颜色配置文件），便可以执行 Tools > Photoshop > Merge to HDR 命令。另外，**如果未看到列出的 Color Profile（颜色配置文件）** 则可以双击其中的一个文件在 Photoshop 中打开所有的文件，并且进入 Merge to HDR。

知识链接
▼ Bridge
第 133 页

- 在 Photoshop 中打开要合并的文件。执行 Edit >Assign Profile（指定配置文件）命令，查看文件是否有一个指定配置文件。如果单击 Don't Color Manage This File（不对此文档应用色彩管理）单选按钮，并且没有指定任何的配置文件，那么需要指定一个。执行 File（文件）> Automate（自动）> Merge to HDR（合并到 HDR）命令。选择需要合并的文件，以便在 Use（使用）窗口中只显示它们的名字，如 1a 所示。

在 Merge to HDR（合并到 HDR）对话框的右上角的 Set White Point Preview（设置白场预览）选项，如果打算立即转换为低位深的图像，即可保持默认设置。如果打算使用 32 位颜色，则需要尽可能地调浅预览以确保不丢失高光中任何重要的细节，如 1b 所示。滑块仅控制预览，它不会更改文件中的像素。单击 OK 按钮关闭对话框并且打开 32 位图像。此时，仍然可以拖动状态栏左下角的 Exposure（曝光）滑块进行预览。

2 转换回 8 位 / 通道模式。 如果打算将文件保存为 32 位模式在其他程序中使用，可以在 Photoshop 中对图像进行更深层的调整，很多命令都可用。或者可以执行 Image（图像）> Mode（模式）>8 Bits/Channel（8 位 / 通道）（或者 16 位）将色调映射（压缩）到较低的位深，这样会打开 HDR Conversion（HDR 转换）对话框。尝试各种方法，目标是尽可能多地让压缩文件中拥有更多的数据。但是结果通常会变得比较单调，缺乏局部对比度，此后可以使用所有 Photoshop 中可用的工具和命令编辑转换后的图像：

- 如果成功地得到理想的 32 位图像，则只需选择 Exposure and Gamma（曝光度和灰度系数）选项就可以得到很好的转换，如 2a 所示。

2c

使用Equalize Histogram（色调均化直方图）转换。

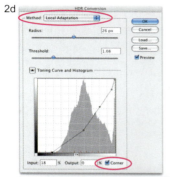

2d

使用Local Adaptation转换并且创建带角点的曲线。

3a

最终的版本在精调中使用了额外的图层。

- 如果图像的高光比其余的部分亮很多，选择 Highlight Compression（高光压缩）选项即可，该转换方法没有选项，如 2b 所示。

- 如果直方图中有几个明显的波峰（图 1a 显示的图像并没有明显的波峰），选择 Equalize Histogram（色调均化直方图）选项即可，该方法也没有调整项），如 2c 所示。

- Local Adaptation（局部适应）选项可以减少（映射）动态范围以适应 8 或 16 位每通道，基于创建的 Curve（曲线）生成显示最大对比度的结果，可以直接调整色调曲线。Radius（半径）定义了该方法增强局部对比度像素处局部区域的大小，Threshold（阈值）控制着该区域的像素应与其他像素有何不同以增强对比度。Toning Curve（色调曲线）用于指定色调范围中从多色调应用之处以及较少的色调应用之处。

如果使用 Local Adaptation 方法，可以尝试平衡 Radius 和 Threshold 选项，然后沿着坐标轴的底部和顶部向内拖动黑场和白场，使其与直方图的终点相匹配。在图像中，直方图的白色终点会自始至终地延伸至曲线的白色终点，因此此处没有更改白场滑块，而是向内移动了黑场滑块。在曲线上需要添加锚点的位置单击，拖动点使曲线变得更陡峭（为该范围指定更多的色调）或者**更平坦**（指定较少的色调）。在图像中单击查看曲线上某个特殊色调出现的位置，这样便可以调整该范围内的曲线。对于添加的任意点而言，可以单击 **Corner**（边角）复选框创建直线段，以便更容易地添加或减少色调间的对比度，这是因为可以在不影响曲线其余部分的情况下创建更平缓或者更陡峭的线段。由角点定义的线段相对于它周围的曲线形状显得更独立，如 2d 所示。

当得到理想的结果后，单击 OK 按钮关闭 HDR Conversion 对话框，同时自动打开 8 位（或 16 位）文件。

3b

最终的图层面板。

3 精调。像在前面的明度蒙版实例中所进行的操作（第 294 页中的步骤 4）以及 Haury 在合成作品所进行的操作那样，添加调整图层并添加减淡和加深图层，得到图像的最终效果，如 3a、3b 所示。

CRISTEN GILLESPIE

在 Camera Raw 中调整色调和 颜色

附书光盘文件路径

 > Wow Project Files > Chapter 5 > Camera Raw:

- Adjust Tone-Before.nef（原始文件）
- Adjust Tone-After 文件（效果文件）

步骤简述

使用Camera Raw默认和自定义设置来处理Raw文件的基本色调和颜色 • 使用HSL/Gray-scale和Split Tone选项卡基于基本图像创建渐变 • 在操作过程中将渐变保存为单个的DNG文件

当通过 Camera Raw 处理 Raw 文件时，通常默认设置或者预设可以快速地完成工作。但是一些图像，尤其是对于那些带有错综复杂曝光度的图像，很值得花费时间和努力进行自定义设置。Raw 文件有很大的灵活性——在 Camera Raw 中，可以通过多个 f-stop 来减少曝光而不对图像进行色调分离，因为太少的数据被留下来用于平滑的渐变。在黄昏时拍摄的照片是故意曝光过度的。在没有三脚架的情况下，摄影师使用了高的 ISO 来捕捉弱光。但当使用高 ISO 时，阴影的噪点会变得很明显，尤其是如果要在之后的处理中将阴影调浅。因此通常从较浅的阴影开始调整会更好（曝光度太浅），留意不要让所有的高光变暗（相机的直方图显示的是右端没有任何峰值，因此摄影师应该明白没有高光被调暗）。

认真考量项目。 从曝光过度的图像开始通常意味着不需要使用默认设置或者预设处理它。但是，我们可以把默认设置作为起点。图像也可以与黑白图像或者分离色调的图像一样有效，因此我们可以分阶段地处理它，并在操作过程中将各阶段的文件以 DNG 格式保存，因此不需要在实验的过程中关闭 Camera Raw 对话框。

1a

使用Camera Raw默认设置打
开图像。

1b

Auto选项加强了对比度，但是图像的效果并不是
所需的。

2a

减少整个曝光度，增加中色
调中的清晰度和颜色，并且
稍稍地更改Tint设置。

1 尝试预设。在 Bridge 中打开照片，右击 /Ctrl+ 单击它的缩览图并且在快捷菜单中选择 Open in Camera Raw 命令。▼ 图像将以**默认**预设打开，如 1a 所示。如果你保存的是新的 Default（默认）设置而非 Camera Raw 自带的默认设置，那么你的图像效果将与书中有所区别。如果你希望使两者完全一致，可以打开面板菜单，选择 Save New Camera Raw Defaults——之后如果想恢复当前设置，可以选择 Reset Camera Raw Defaults 命令。应用了 Default（默认）设置后，图像仍旧太浅且对比度过低。单击 Auto 文字链接，可以增加对比度，但是色调和颜色会变得太尖锐，如 1b 所示。单击 Default 文字链接便可以逐渐地调整图像，突显夜光。

2 再次显示夜光。在这个故意曝光过度的图像中，可以通过多个 f-stop 来降低整体的**曝光度**，如 2a 所示。浅色栅栏细节仍旧，因此可以使 Recovery（恢复）滑块维持在 0。由于图像曝光过渡，因此不需要使用 Fill Light（填充亮光）选项调浅阴影，使 Blacks（黑色）选项维持默认设置，但是少量地减少 Brightness（**亮度**）改善图像。▼将 Contrast 滑块设置为 0，该滑块相对于 Curves（曲线）而言比较生硬，稍后将使用 Curves（曲线）添加更多的对比度（更多的饱和度）。如果使用 Camera Raw 4.2 或更高的版本，可以使用 Clarity（**透明**）选项为中间色调添加更多的清晰度，使用 Vibrance（**细节饱和度**）突出夜色。最后，如果喜欢 Vibrance 突显的夜色，可以将 Tint 滑块从 –4（轻微的绿色）调节到 +2（更多的洋红）。

单击 Tone Curve（色调曲线）选项卡。**Parametric curve（参数）选项卡**▼中所有的滑块默认设置都为 0。Point curve（点）选项卡的默认设置是 Medium Contrast（中对比度）——在编辑时，几乎每个 Raw 文件都需要它来稍稍地加大对比度。此处使用 Parametric curve 选项卡增加对比度，如 2b 所示。

3 在制作过程中保存文件。在 Camera Raw 中，当得到理想的结果后可以采用几种方式保存当前的设置。保存预调的一种方式是单击 Presets（预设）选项卡的🗐按钮。如果准备对设置命名，以便之后删除不需要的预设，这便是一个好方法，如 3a 所示。另一种方法是单击 Camera Raw 对话框左下角的 Save Image（存储图像）按钮，选择 DNG 格式及存储位置，对单个文件进行命名。其优点是可以在 Camera Raw

2b

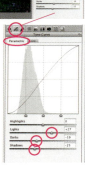

添加 Parametric curve 来加深曝光度、增加对比度。默认的 Point curve（Medium Contrast 预设）中已经添加了一些对比度。Camera Raw 中的曲线也可以增加饱和度。如果不需要这样做的话，可以在 Basic 选项卡中将 Vibrance 或 Saturation 设置为负值，或者通过调节 HSL/Grayscale 选项卡的 Saturation 滑块下调单个颜色的色调进行补偿。

3a

将 Camera Raw 设置保存为预设。

3b

将过程文件以 DNG 格式保存，使其保持可编辑状态。使用原文件名字母或者数字的方式可以方便再次查找源文件。

4a

Graduated Filter 可以局部应用色调和颜色校正。在 Camera Raw 对话框的顶部工具栏中选择该工具，并且拖动过图像，从需要应用百分百的强度位置拖动到完全渐隐的位置。接着调整滑块控制色调和颜色。

或者 Photoshop 中随时再次打开而不需要打开原始的文件，应用预设，再次打开或保存文件，如 **3b** 所示。在之后与 Photoshop CS4 一同发行的 Camera Raw 版本中也可以保存快照，▼以此来对比并且保存自定义设置。

4 局部修正。 在 Photoshop CS4 中，对于那些需要比整体改变更多的图像部位可以应用局部编辑。可以选择 Adjustment Brush 调整画笔工具 ✐，也可以使用 Graduated Filter（渐变滤镜）工具 ▣，后者与 Photoshop 调整图层中的线性渐变十分相似。使用 Graduated Filter 拖过图像明亮的左下角，如 **4a** 所示，并选择要加深和柔化的设置，这样不至于影响中部图像，如 **4b** 所示。可以通过拖动任意的两个端点来直接更改渐变的设置、角度和范围，而不需要创建新的渐变。

5 创建过程文件。 在单击 Save Image 按钮保存图像调整后的版本之后查看黑白效果。单击 HSL/Grayscale（HSL/ 灰度）选项卡并且勾选 Convert to Grayscale（转化为灰度）复选框开始处理。为了得到与彩色版本中相同的逼真对比度，可以将橘黄色和红色滑块移动至右侧，将篱笆和树木调浅，再将除黄色滑块外的其他滑块向左侧移动加深草地和灌木丛，如 **5a** 所示。如果使用的 Camera Raw 版本为 5.2 或者更高，即可使用 Targeted Adjustment（目标调整）工具代替滑块，在需要更改色调的区域中拖动。在工具下方组成颜色的所有滑块将被一次性选中。将工具向下拖动来加深草地。▼最后将自定义黑白版本保存为 DNG 文件。

接下来将在黑白版本中尝试分离色调。 在 Split Tone （分离色调） 选项卡中为高光选择饱和的橘黄色 （至少需要设置饱和度， 否则不会出现该颜色）， 并且为阴影设置一个中等饱和度的深蓝色。 此时需要使图像的颜色变暖， 因此可以将 Balance（平滑）滑块右移，为颜色添加更多的橘黄色调（高光色调），如 **5b** 所示。

知识链接
▼ Camera Raw 面板
　第 144 页
▼ 目标调整工具
　第 145 页

4b

使用Graduated Filter工具
从图像的一角向内拖动，
以应用类似于渐变蒙版的
更改。

在保存了 Split Tone 版本后，尝试制作一个彩色黑白图像，对夜光中的红、橘黄和黄色之外的所有颜色进行去色操作。在 Split Tone 选项卡中将所有的参数设置为 0。在 HSL/Grayscale 选项卡中取消勾选 Convert to Grayscale 复选框，并且将所有其他颜色的 Saturation（饱和度）滑块移动到最左端，如 5c 所示。

在 Camera Raw 中清零

要想在Camera Raw选项卡中将所有数值框一次清零，可以选择顶部文本框中的，将它设置为0，反复按Tab+0键依次在各个数值框中跳转，直到所有的数值框都归零。

5a

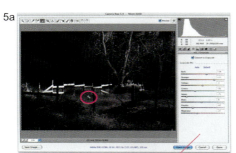

在HSL/Grayscale选项卡中勾选Convert to Grayscale复选框，调整单个原始颜色的深浅度。如果使用的版本足够高，可以使用Targeted Adjusment工具拖过需要更改的区域。

添加或者删除基本调整效果

Camera Raw的**Adjustment Brush**可以仅对需要区域应用通过Basic（基本）选项卡设置得到的效果。（Camera Raw与Photoshop中默认的蒙版效果完全相反，在Camera Raw中，红色覆盖显示了效果的应用位置以及受保护不会改变的空白区域。）有时，仅在需要绘制处涂抹较为合适，有时进行整体涂抹然后再擦除不需要涂抹的少许地方合适。为了使幼鹰 A 看起来更柔和，可以使用Adjustment Brush进行调整并且将Clarity设置为–100，从而得到最大的柔和效果。使用该调整工具涂抹整个图像，为了显示眼睛和嘴部的细节，可以使用更硬更小的画笔进行擦除，如B所示。在Adjustment Brush面板的顶部选择Erase，或者在绘制时按住Alt/Option键，即可进行擦除操作。

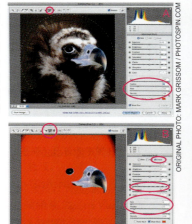

ORIGINAL PHOTO: MARK GRISSOM / PHOTOSPIN.COM

5b

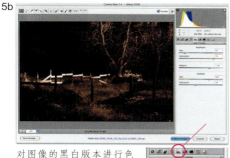

对图像的黑白版本进行色调分离。

5c

返回到彩色版本（步骤4中的文件）对暖色系高光颜色外的所有颜色进行去色操作，此类着色通常会产生很明显的效果。

聚焦技法

对照片背景进行模糊、去色或者着色处理（甚至是结合这3种技法）是一种非常有效的使主体对象突出的方法。例如让观众的视线聚焦在拥挤婚礼场面中的新郎和新娘身上。尽管这8页中的一些实例还需要将主体仔细地从背景中隔离出来，但是大部分实例不需要精确的选择。在着手处理照片前应先分析照片，并像"Photoshop 那样思考"，从而查找最快速的解决方案：

• 不精确选择主体对象是否能得到理想的结果？

• 主体对象周围区域的颜色是否为中性色？如果是的话，某些"重影"的方法即可达到快速的理想效果（参见第304页）。

• 能否使用一个矩形选区孤立主体对象？一种"条纹"方式便可以轻松得到此结果（参见第306~307页）。

• 主体对象是否与背景或者照片中的其他元素有着不同的颜色？如果是，第307页的"对特殊颜色去色"便值得一试。

更多效果文件位于

(wow) > Wow Project Files > Chapter 5 > Quick Attention-Focusing

在不丢失任何元素的情况下裁剪

第一种方法是单击Crop（裁剪）工具 ⌗（Shift+C）拖动创建裁剪，在选项栏中单击Hide（隐藏）单选按钮，可以隐藏被裁剪的元素而非永久性的删除，这有利于之后更改裁剪的效果。然而，必须要记住的是对图层边缘应用的任意效果都会应用到整个图层而非裁剪的边缘。在Photoshop CS4中有第2个选择，即在Camera Raw中裁剪（参见第302页）。最后一种方法是Photoshop中历史最久的方法，它不会隐藏任何的边缘，就是在进行裁剪前复制图像。如果对原始文件进行了备份，就可以在复制的文件中继续操作，在使用裁剪工具时就可以在选项栏中单击Delete（删除）单选按钮。

裁剪

CORBIS ROYALTY FREE

ORIGINAL PHOTO: CORBIS ROYALTY FREE

裁剪是最常见的用于聚焦至主体对象的方法——通过裁剪掉分散元素或者简单地让主体对象占用图像中较大的空间即可达到聚焦的效果。在执行 Image（图像）>Duplicate（复制）菜单命令复制照片后，如 A 所示，选择 Crop（裁剪）工具 ⌗（Shift+C），它可以在尝试使用裁剪框进行裁剪时，通过隐藏图像裁剪区域来查看不同的裁剪选项。在选项栏中单击 Clear（清除）按钮，如 B 所示，可以确保不会在裁剪过程中误调整文件尺寸。在图像中沿对角线拖动创建一个包含男孩和早餐在内的矩形裁剪控制框。在裁剪控制框中拖曳移动裁剪框，拖动手柄重新设置尺寸和形状，接着按下 Enter 键完成裁剪，如 C 所示。

上述裁剪后的图像将用来应用下两页应用技法（Ghost-Tint-Halos.psd）。

重影

在Photoshop中如果先使用Crop（裁剪）工具 ⊅ 的Hide选项裁剪照片（参见第243页的"警告：隐藏的裁切"），再使用Lens Correction（镜头校正）滤镜应用晕影，晕影不会紧跟裁剪的边缘，而是会紧跟原图像的边缘，这其中包含隐藏的部分。在Photoshop CS3中的Camera Raw也是如此。但是在Photoshop CS4自带的Camera Raw 5.0中，Lens Correction选项卡提供了Post Crop Vignetting（裁剪后晕影）选项组，因此有被裁剪掉的部分还会保留以备后用。因为用户通常会在Camera Raw中裁剪，在Photoshop中作为智能对象打开，▼但是也可以使晕影效果紧紧跟随裁剪后的边缘而非原始边缘。

默认情况下，Photoshop CS4的Camera Raw会在那些已裁剪掉区域被遮住但仍旧显示的情况下显示裁剪后的图像效果，就像在Photoshop CS3版本中的那样。

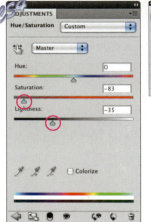

但是在Camera Raw 5.0中，只需单击除裁剪工具外的工具，例如抓手工具，即可看到去掉周围裁剪区域后的版本。在Post Crop Vignetting选项组中，可以加深裁剪后的边缘而非原始边缘，它可以用裁剪工具Hide功能所不具备的方式让元素消失。Post Crop Vignetting选项组也可以帮助控制晕影边角处的Roundness（圆度）以及晕影边缘的Feather（羽化）。

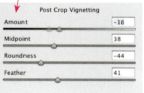

不管是需要像此处这样逐步选择，还是使用接下来几页中的蒙版或者条纹技法，Hue/Saturation（色相／饱和度）对话框都可以提供对周围环境进行去色、加深和着色的一站式服务。从第301页的裁剪照片开始，选择主体，反向选择选区（Ctrl/⌘+Shift+I），再单击 Layers（图层）面板的 Create new fill or adjustment layer（创建新的填充或者调整图层）按钮 ⦶，添加 Hue/Saturation（色相／饱和度）调整图层。在 Adjustments（调整）面板中将 Saturation（饱和度）滑块左移以去掉大多数颜色，将 Lightness（亮度）滑块左移，从而加深背景与主体的对比度。

 **Ghost-Tint-Halos.psd**

重影与着色

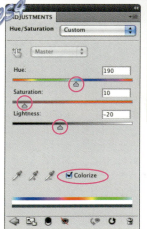

为了给加深的背景添加颜色，可以勾选 Hue/Saturation（色相／饱和度）对话框中的 Colorize（着色）复选框。为了保留在第 302 页的"重影"中制作的重影效果，可以复制 Hue/Saturation（色相／饱和度）调整图层（Ctrl/⌘+J）。接着取消 Hue/Saturation（色相／饱和度）调整图层的可见性，并且使用复制。在 Photoshop CS4 中，Adjustments 面板会自动打开 Hue/Saturation（色相／饱和度）对话框，因为该图层是当前选中的图层。在 Photoshop CS3 中，则必须双击 Layers（图层）面板中的 Hue/Saturation（色相／饱和度）图层缩览图重新打开对话框。在 Hue/Saturation（色相／饱和度）对话框中，勾选 Colorize（着色）复选框并且调整 Hue（色相）滑块，并且重新移动 3 个滑块，调整 Saturation（饱和度）和 Lightness（亮度）滑块，直至达到理想的平衡效果。

添加暗色晕影

如果已经为主体对象创建了一个精确的选区，制作了重影效果并进行了着色（如左栏所示），但是还需要进行更多的强调，便可以通过为 Hue/Saturation 调整图层添加图层样式来制作"暗色晕影"效果。应用样式时，默认状态下样式中所有边缘效果会紧跟随蒙版的边缘。Hue/Saturation 调整图层蒙版用于周围对象，而非主体对象。因此在主体对象周围添加暗色晕影时，不能使用 Drop Shadow（投影）图层样式，否则投影效果将作用于主体对象。应使用 Inner Shadow（内阴影）图层样式单击图层面板的添加图层样式按钮，在弹出菜单中选择 Inner Shadow（内阴影）命令，将 Distance（距离）设置为 0 使阴影不会偏离中心，调大 Size（大小）使阴影从边缘扩展开来，提高 Choke（阻塞）使阴影更稠密。

为添加的文字或图形设置一个相应的黑色发光效果。添加一个图层样式，但是此次在弹出的菜单中选择 Drop Shadow（投影）命令。再次将 Distance（距离）设置为 0，设置一个与 Inner Shadow（内阴影）图层样式尺寸相当的 Size（大小），并设置一个与 Choke（阻塞）相当的 Spread（扩展）值。

wow Ghost-Tint-Halos.psd

晕影重影

颜色能吸引人的注意力，聚光至皮筏艇的操作步骤如下。选择椭圆选框工具◯，并在选项栏中将 Feather（羽化）设置为 10 像素。接着，在图像中拖动选择皮筏艇，按 Ctrl/⌘+Shift+I 键反选除皮筏艇外的其他对象。单击 Layers（图层）面板的创建新的填充或调整图层按钮◑，并在弹出菜单中选择相应原命令，添加 Black & White（黑白）调整图层。也可以在 Photoshop CS4 中单击 Adjustments（调整）面板中的按钮◥，如 A 所示。▼在 Black & White（黑白）界面中将 Reds（红色）滑块轻微右移来达到转换，如 B 所示（在 Photoshop CS3 中单击 OK 关闭对话框）。反向选择的部分变成了保护皮筏艇颜色的蒙版 C。若要恢复图像其余部分的颜色，可以将 Black & White（黑白）调整图层的 Opacity（不透明度）降低，这里设置为 85%。

知识链接

▼ 黑白调整图层
第 250 页

Vignette Ghosting.psd

绘制重影

在这幅照片中，要创建一个比左栏晕影更简单的几何晕影效果。考虑到随意绘制的蒙版可以达成这一特效，可以像左侧描述那样添加 BLACK & WHITE（黑白）调整图层，然后调整应用默认设置。

选择画笔工具✐，在选项栏的 Brush Preset（画笔预设）拾取器中选择一个大尺寸的柔软画笔笔尖。在 Layers（图层）面板中选中调整图层，使用黑色绘制调整图层蒙版以恢复女孩的颜色。（这幅照片的中性背景使其不需要进行精确绘制，非常适合此方法。如果背景的彩色更多则需要精确绘制。）在选项栏中减小画笔笔尖尺寸，并降低 Opacity（不透明度），接着使用白色绘制，用于去除溢至母亲手部的颜色。

Painted Ghosting.psd

借助焦点框选

为了将注意力集中到照片的特定区域，首先使用矩形选框工具图标创建选区，然后将其复制到一个新图层中（Ctrl/⌘+J）。执行 Filter（滤镜）>Convert for Smart Filters（转换为智能滤镜）和 Filter（滤镜）>Blur（模糊）>Gaussian Blur（高斯模糊）菜单命令将下层图层变得模糊，将 Radius（半径）设置为 1.0 像素可以轻微地模糊这张低分辨率的图片。

wow Framed Focus.psd

遮罩模糊

这是另一个将主体对象保持在清晰焦距之中，创建风格化的焦距外效果，从而减少背景细节的便利方式，尤其可用于表现或加强动感。首先使用径向模糊滤镜，执行 Filter（滤镜）> Convert for Smart Filters（转换成智能滤镜）命令，再执行 Filter（滤镜）>Blur（模糊）> Radial Blur（径向模糊）命令，拖动 Blur Center（中心模糊）使模糊与主体对象的位置相符，如 A 所示。设置 Amount（数量）为 10，单击 OK（确定）按钮。

单击新建的智能滤镜蒙版。选择渐变工具，在选项栏中选择黑白渐变并单击 Radial Gradient（径向渐变）按钮，如 B 所示。将光标置于主体对象的中心向外拖动，并停止在模糊效果的最强处。

wow Masked Blur.psd

孤立条纹

前

后

有时简单的条纹选区可以高亮显示一组拍摄照片中的一个人物或者长街区中的一段区域。在此，使用 Rectangular Marquee（矩形选框）工具创建一个选区，包含需要突出的女士。执行 Select（选择）> Inverse（反向）菜单命令或者按 Ctrl/⌘ +Shift+I 键反向选择选区以外的所有对象。单击 Layers（图层）面板的创建新的填充或调整图层按钮 ▼，并在菜单中选择 Black & White（黑白）命令▼，可以尝试 Black & White（黑白）中的预设或者自定义设置，我们喜欢通过单击 Auto 按钮得到的转换，在 Photoshop CS3 中需要单击 OK 按钮来关闭对话框。由反向条纹选区制作的图层蒙版可保护条纹的颜色。

知识链接

▼ 黑白调整图层
第 250 页

 Isolated Strip.psd

条纹轮廓

CORBIS ROYALTY FREE

A

B

C

如果图像中的数个主体对象都只显示了轮廓形状，如 A 所示。便可以通过更改主体对象周围的条纹颜色来突出其中的单一个体。使用 Rectangular Marquee（矩形选框）工具 创建一个条纹选区。接着，单击 Layers（图层）面板的 Create new fill or adjustment layer（创建新的填充或调整图层）按钮 并选择 Invert（反相）命令。在 Photoshop CS4 中单击 Adjustments 面板中的 ，添加一个创建补色条纹的 Invert（反相）调整图层，如 B 所示。将 Invert（反相）的图层混合模式更改为 Color（颜色），▼保持轮廓为黑色，如 C 所示。对大多数轮廓图像来说，在原背景中保留主体对象而不更改其余部分的颜色会得到更好的效果。在这种情况下，可以在添加 Invert（反相）调整图层前按 Ctrl/⌘+Shift+I 键反选。

对于条件的其他颜色选项而言，可以添加 Hue/Saturation（色相 / 饱和度）调整图层并且移动 Hue（色相）滑块来更改背景颜色，或者使用 Solid Color Fill（纯色填充）调整图层选择用于条纹的颜色。

知识链接

▼ 混合模式
第 181 页

 Stripping a Silhouette.psd

修整条纹

PHOTOSPIN.COM

条纹选区是一种很有效的分离对象的方法，但它不能完全胜任这一工作。在此我们使用（矩形选框）工具 ⬚ 在女士身上创建一个条纹选区。按 Ctrl/⌘+Shift+I 键反选选区，单击 Layers（图层）面板的 ◐ 按钮添加一个 Black & White（黑白）（或者在 Photoshop CS4 单击 Adjustments 面板中的 ▬ 按钮）。接着，可以简单地使用 Brush（画笔）工具 ✐ 蘸上白色的颜料在其头部和另一个男士手持的位于颜色条纹中的纸夹笔记板之上绘制蒙版，并沿着条纹左边绘制一条垂直笔触，以柔化男人服装近乎中性的颜色与黑白调整图像的完全中性之间的过渡。要同时查看图像和蒙版，可以在 Layers 面板中单击的同时按住 Alt/Option+Shift 键。

 Modified Strip.psd

对特殊颜色去色

PHOTOSPIN.COM

在 RGB 图像 A 中，人们的皮肤色调中包含的红色通常要多于蓝色或绿色，只需进行少许的修饰便可以"突出"主体对象。单击图层面板底部的创建新的填充或调整图层按钮 ◐，添加一个 Hue/Saturation（色相/饱和度）图层（在 Photoshop CS4 单击 Adjustments 面板中的 ▥ 按钮）。在 Hue/Saturation（色相/饱和度）图层依次从下拉列表中选择 Green（绿色）、Blue（蓝色）和 Cyan（青色），并且一直向左移动 Saturation（饱和度）滑块对颜色进行去色，如 B 所示。不改变女孩皮肤、头发和 T 恤颜色中的 Reds（红色）、Yellows（黄色）和 Magentas（洋红），如 C 所示。为了删除左上角中的黄绿色补丁，可以将 Greens（绿色）左侧的垂直标记稍微往左朝黄色移动，如 D 所示。同样，将 Blues（蓝色）范围向右朝洋红扩展，删除滑块下的大多数紫色，如 E 所示。在 Photoshop CS4 中，可以单击 Adjustments 面板中的 Hue/Saturation 的 ☝ 按钮，并且向左刮擦补丁上的颜色以减少饱和度。

 Desaturating Colors.psd

替换红色

CORBIS ROYALTY FREE

前

后

肉眼对红色最为警觉，即便图像中红色的面积很小。在处理这幅照片时，首先按 CTRL/⌘ +J 键将图像复制到一个新图层中，以保存原图像的完好。按 Ctrl/⌘ + + 键放大图像，接着单击工具箱中的前景色色块，在 Color Picker（拾色器）中选择红色，并单击 OK（确定）按钮。选择 Color Replacement（颜色替换）工具 ✎（Shift+B 可以在工具箱中循环选择工具），在选项栏中设置参数，将 Mode（模式）设置为 Color（颜色），在绘制过程中工具会更改男孩衬衣的色相和饱和度，但是原有的深浅关系仍会保留。将 Sampling（取样）设置为 Continuous（连续），将 Tolerance（容差）设置为 30%。将 Limits（限制）选项设置为 Find Edges（查找边缘），以便绿色的衬衣能帮助限制颜色改变的区域。在光标移动时，工具将十字光标下方的颜色以及工具笔迹中闭合的阴影和色调替换成红色。按需降低画笔笔尖尺寸和容差，以方便对此低分辨率图像的小区域进行操作。

 Replacing with Red.psd

聚光灯

GAREN CHECKLEY

前

A

B

C

后

一种吸引观众注意力的方式是使用聚光灯（软件中称之为"点光"）。在有多个人物或动作的照片中应用该方法是一个不错的选择。该方法也可以降低整体的亮度来突出聚光灯区域。首先，执行 Filter（滤镜）> Convert for Smart Filters（转换成智能滤镜），接着执行 Filter（滤镜）> Render（渲染）>Lighting Effects（光照效果）菜单命令。Lighting Effects（光照效果）滤镜的预览很小，如 A 所示，很难看清楚在更改设置时发生了什么情况。但是，可以通过修改 Default Spotlight（默认的点光）选项来创建比所需更好的光照，重复此处的设置。在预览窗口中拖动点光手柄让光照区域变得更小更垂直，让光线从顶部直射下来，将 Ambience（强度）设置为 28，接着单击 OK（确定）按钮关闭对话框。

在 Layers（图层）面板中双击 Lighting Effects 中的 ☰，如 B 所示。尝试滤镜效果的混合模式▼以及 Opacity（不透明度）。最终使用 Overlay（叠加）蒙版，40% 的 Opacity（不透明度），如 C 所示。单击 – 和 + 缩放按钮更改视图，在得到理想的效果时单击 OK 按钮。

 Spotlight.psd

知识链接

▼ 混合模式
第 181 页

镜头模糊

通常，摄影师使用浅景深来模糊环境，而保持主体清晰。Photoshop 的 Lens Blur（镜头模糊）滤镜可以非常逼真地模拟浅景深，甚至可以将背景中的高光塑造成失焦效果。接下来的 3 页内容讲解的实例都涉及了 Lens Blur（镜头模糊）的功能。

如果目的是要逼真模拟背景虚化，则应该考虑以下浅景深的事项。

- 使用浅景深拍摄照片时摄影师通常都会将镜头光圈开到最大（较大的光圈值可以得到一个较短的景深范围），尽可能地靠近拍摄主体——不论是通过标准焦距镜头还是通过长焦镜头，因此靠近是虚化背景的不错选择。

- 使用浅景深时景深范围的大致分布为焦点前的区域为三分之一，焦点后的区域为三分之二。

- 一个特别模糊的前景——不管它是否是真实相机拍摄的效果，都可以被分离。

使用 Lens Blur（镜头模糊）的简单方法是使用存储在 Alpha 通道中的灰度蒙版。默认情况下，通道中的黑色告知 Lens Blur（镜头模糊）将图像的相应部分保持在清晰的焦点中，而与通道白色对应的区域则位于焦点外——可以通过勾选 Lens Blur（镜头模糊）对话框中的 Invert（反向）复选框进行切换。黑色到白色间的蒙版过渡越平缓，即中间的灰色梯度越平缓，焦距的改变也就越缓和。

保留原图像

Lens Blur（镜头模糊）滤镜是不能用作智能滤镜的滤镜之一。为了使操作的灵活性更强，可以按 Ctrl/⌘+J 键将图像复制到一个新的图层中，以便副本中使用 Lens Blur（镜头模糊）滤镜而保留原图像。新建图层的优点是可以减少它的 Opacity（不透明度），从而混合原效果和经滤镜处理后的效果。

附书光盘文件路径

(wow) > Wow Project Files > Chapter 5 >
Exercising Lens Blur

前景对象

A   B

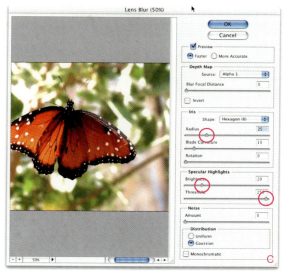

C

如果照片中的主体对象是离观众最近的物体，那么便可以通过延伸照片的边缘（通常是底边），很轻松地制作出逼真的模糊效果。这样一来，在主体对象位于焦平面与焦外的背景之间将出现一个非常明显的间隙，用户不需要仔细勾画模糊与清晰间的过渡。另一个不需要减少焦距的情况是主体对象位于空中的照片，它与观察者之间没有其他的东西，例如上面的蝴蝶，如 A 所示。

要想使背景位于焦点之外，只需为主体创建一个用于锐化（清晰）的蒙版。在文件中有一个已经存储在 Alpha 通道（Alpha 1）中的蒙版，执行 Window（窗口）> Channels（通道）命令，打开 Channels（通道）面板即可看到，如 B 所示。▼执行 Filter（滤镜）> Blur（模糊）> Lens Blur（镜头模糊）命令即可创建或加强背景模糊，如 C 所示。按住 Alt/Option 键单击 Cancel（取消）按钮恢复滤镜的默认设置。移动 Radius（半径）滑块可以设置模糊的量，Iris（光圈）和 Specular Highlights（镜面高光）用于控制焦点外的高光特性。

知识链接

▼ 从选区创建 Alpha
通道 第 60 页

 **Lens Blur Butterfly.psd**

缩短焦距

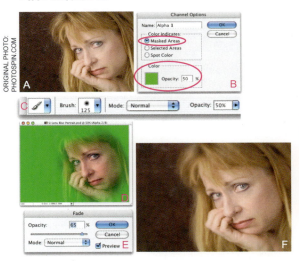

若只想让部分主体对象位于焦距内，例如此肖像画中人物的部分脸部，如 A 所示，可以使用 Lens Blur（镜头模糊）自带的 Alpha 通道蒙版来展示平缓渐变。在绘制通道时，通过同时查看图像和 Alpha 通道可以绘制这样的蒙版。在 Channels（通道）面板中单击 Create new channel（创建新通道）按钮添加 Alpha 通道。在黑色通道可见的情况下，显示图像，便可以看见图像完全被一个代表 Alpha 通道蒙版的彩色覆盖图所覆盖。在肖像画中，将蒙版的颜色更改为绿色（双击 Alpha 通道的缩览图，在对话框中单击色块并选择新颜色），如 B 所示。之后使用绿色来表示焦距外的区域。

选择具有柔软笔尖的白色画笔，在选项栏中将 Opacity（不透明度）设置为 50%，绘制 Alpha 通道，如 C 所示。清除位于清晰焦距中的蒙版，并清除从清晰到模糊过渡间的部分渐变区域，如 D 所示。▼

绘制完蒙版后再次选择图像图层选中图层，单击 Channels（通道）面板中隐藏 Alpha 通道。执行 Filter（滤镜）> Blur（模糊）> Lens Blur（镜头模糊）命令，在 Source（源）下拉列表中选择 Alpha 1，为了使图像保持清晰处的蒙版为白色，可以勾选 Invert（反向）复选框。拖曳 Radius（半径）滑块得到理想的模糊度，此处为 30，单击 OK（确定）按钮，如 E 所示。另一种方法是执行 Image（图像）> Fade Lens Blur（渐隐镜头模糊）菜单命令并降低 Opacity（不透明度），如 F 所示。

ⓦⓞⓦ Lens Blur Portrait.psd

中景对象

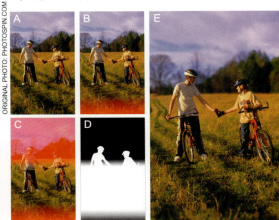

如果位于焦点中的对象不位于图像的前方，如此处的自行车骑手，如 A 所示，清晰对象站立的地面仍在焦距内，但是其前方和后方均位于焦距外。首先通过单击 CHANNELS（通道）面板的⊡按钮创建一个 Alpha 通道，用来应用 Lens Blur（镜头模糊）效果，然后在通道面板中显示图像。选择渐变工具并在选项栏中设置 Black, White（黑色、白色）渐变、Normal（正常）模式和 Linear（线性）样式，并勾选 Reverse(反向)复选框，如 B 所示。遮罩前景的步骤如下，按住 Shift 键的同时，从焦距区域的前边开始拖动至模糊最强烈处结束。遮罩背景的步骤如下，在选项栏中将渐变工具的 Mode（模式）设置为 Darken（变暗），保护现有的渐变。在按住 Shift 键的同时从清晰区域的后部开始向上拖动至图像原本就位于焦距外的部分。为了保持视觉差效果，应该使渐变结束在草地表面，而不是延伸至与地平面垂直的树上，如 C 所示。

另外，还需要取消主体对象延伸到清晰区域上以及延伸到蒙版内的其他部分遮罩。使用画笔笔尖 Hardness（硬度）为 80% 的画笔和高不透明度的白色进行绘制。按~键切换到仅显示蒙版的视图中，如 D 所示。

选择图像，执行 Filter> Blur> Lens Blur 命令，并在按下 Alt/Option 键的同时单击 Cancel（取消）按钮复位。勾选 Invert（反向）复选框，调整 Radius（半径），在此设置为 8 即可，如 E 所示。

ⓦⓞⓦ Lens Blur Bikes.psd

遮罩其他元素

如果主体对象不是照片中惟一的物体，那么要添加逼真的 Lens Blur（镜头模糊）滤镜则需要一个更复杂的蒙版。在这幅国际象棋照片 A 中，我们需要对焦至棋子象，而将车和王置于焦距外，并让王后位于它们之间的过渡区域。

添加 Alpha 通道并使用渐变工具▇创建与 310 页"中景对象"相似的焦距内的区域，如 B 所示。使用钢笔工具✎描绘出象的轮廓，▼将它添加到蒙版中，如 C 所示。接着单击路径面板将路径作为选区载入按钮◉，并使用白色进行填充——按下 X 键一到两次使前景色变为黑色，然后再按 Alt+Backspace 键（Windows）或者 Option+Delete 键（Mac）填充选区。马位于焦点外的前景中，因此它需要进行遮罩处理以匹配通道中黑色的位于焦距外的区域。使用钢笔工具✎选择位于焦点内的"马"的一部分，并在 Alpha 通道中使用黑色填充选区（按下 X 键和 Delete 键）。

接下来选择车，并在保持 Alpha 通道的选择状态下使用吸管工具✒对紧邻车底座的蒙版进行采样，使用采样得到的暗灰色前景色填充选区。对王后重复进行选择、采样和填充操作，使用取自王后站立处过渡区域处的浅灰色。Lens Blur Chess.psd 文件的 Alpha 1 通道中存放着最终的蒙版，如 D 所示（单一显示效果如 E 所示）。

接着，执行 Filter（滤镜）> Blur（模糊）> Lens Blur（镜头模糊）命令，勾选 Invert（反相）复选框，设置 Radius（半径）为 25，单击 OK（确定）按钮，完成效果如 F 所示。

平面对象

如果主体对象自身向后倾斜——如 A 所示，可以很容易制作页面焦点。创建页面焦点的操作步骤为：单击 Channels（通道）面板的创建新通道▣按钮，添加一个 Alpha 通道，按下 ~ 键打开图像的可见性。选择 Gradient（渐变）工具▇，并在选项栏中选择 Black, White（黑、白）渐变，Normal（正常）模式和 Linear（线性）样式，按住 Shift 键的同时从页边的顶部拖动至底部来创建渐变，如 B、C 所示。

按 Ctrl/⌘+ ~ 键再次选择图像（Photoshop CS 中为 Ctrl/⌘+2），执行 Filter（滤镜）> Blur（模糊）> Lens Blur（镜头模糊）菜单命令，设置 Source（源）为 Alpha 1，不勾选 Invert（反相）复选框。在当前工作窗口中单击想要清晰对焦处——页面中部的文字 Vivid Light 处，Blur Focal Distance（模糊焦距）滑块会自动移动，如 D 所示，并且位于单击点之前或之后的其余部分图像会逐步偏离焦点。单击时，与单击点相关的渐变填充 Alpha 通道会变成对焦色调，渐变中所有更浅或更深的图案则逐步偏离焦点。每次单击，都会设置一个新的清晰区域。可以通过更改 Radius（半径）来更改最大模糊量，将 Radius（半径）设置为 20，回到原始的对焦点并单击 OK（确定）按钮，如 E 所示。

知识链接

▼ 使用钢笔工具
第 454 页

问题照片的润饰

Phtoshop 润饰工具的使用贯穿本章始末，此处我们将修复一幅破损的家庭旧照。目的是学会分析照片中的问题，并找到使用润饰工具 [Patch（修补）◇、Healing Brush（修复画笔）✐、Spot Healing Brush（污点修复画笔）✐和 Clone Stamp（仿制图章）♨] 及滤镜的最高效处理方法。

如果受损的照片有很大的面积缺失了，可以使用 Clone Stamp（仿制图章）工具♨进行修复（仿制图章工具的使用方法参见第 315 页）。

附书光盘文件路径
(wow) > Wow Project Files > Chapter 5 >
Retouching Photos

1 分析问题

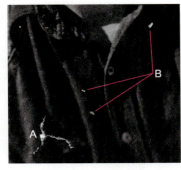

这幅带草帽的男人照片至少有 3 个问题需要修复。夹克、脖子和草帽都有不同程度的折损、感光乳剂被刮开和剥落、白色的纸张暴露了出来，如 A 所示。同样，夹克上还有三个更小的白色污点，整幅照片中布满了零星的斑点。

首先从最大的问题——折损入手，接着消除污点，最后修复斑点。相对于 Spot Healing Brush（污点修复画笔）✐和 Healing Brush（修复画笔）✐，修复折损效果极佳的 Patch（**修补**）工具◇涂抹的面积更大，前两者更适合修复较小的点。如果需要修复大量斑点时，可以使用 Dust & Scratches（蒙尘与划痕）滤镜。

修补选择

在使用Patch（修补）工具◇时，不一定非得使用该工具进行选择。还可以先使用其他的工具或命令创建选区，▼再选择修补工具。在使用时，一定要确认工具选项栏中的设置正确，再将光标移动到选区内部进行拖动。

知识链接
▼ 创建选区 第 48 页

2 修补

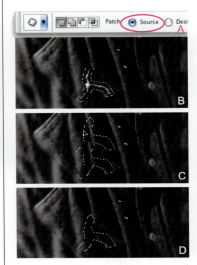

选择 Patch（修补）工具◇，并且在选项栏中单击 Source（源）单选按钮，如 A 所示。Patch（修补）工具的选项栏中没有 Sample All Layers（对所有图层取样）复选框，它只能作用于要修复图像的图层，而非一个单独的仅用于保存修复效果的图层。因此可以按 Ctrl/⌘+J 键将图像复制到一个新图层中，保留原有图像的完好，以便随时进行恢复。

可以使用类似 Lasso（套索）工具◉（徒手绘制选区边缘）的操作方式或者类似 Polygonal Lasso（多边形套索）工具◉（按住 Alt/Option 键的同时单击创建多边形选区）的操作方式使用 Patch（修补）工具◇。先修补夹克中带有 3 条分岔的较大破损处。按住 Alt/Option 键的同时沿破损边缘单击，如 B 所示。在创建选区之后，将光标移至选区边缘内，按住左键将其拖动到与此处纹理完全一致的地方。向上拖动直至原选区的白色破损消失，如 C 所示。松开左键即可完成修补，如 D 所示。使用同样的方法修补颈部和草帽处的破损，修补完后按下快捷键 Ctrl/⌘+D 取消选区。

3 污点修复

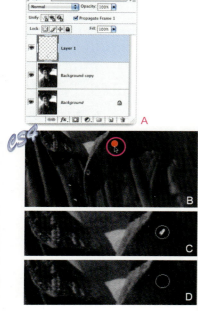

4 修复画笔工具

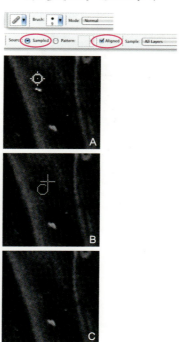

5 蒙尘与划痕

在修复 3 个较小的污点时，可以使用修复画笔工具🖌和污点修复画笔工具🖌，它们的选择与修复速度都比修补工具快。两种工具的选项栏中都有 Sample All Layers（对所有图层取样）复选框，因此用户可以在一个单独的图层中进行修复工作。单击图层面板的 🔲 按钮添加一个用于修复的图层（Ctrl/⌘+Shift+N），如 A 所示。Spot Healing Brush（污点修复画笔）工具🖌 是用于去除被均一材质包围的污点的理想工具，使用它可以通过涂抹来覆盖污点，衣领下方的白色印记就是这样的污点。选择 Spot Healing Brush（污点修复画笔）工具，勾选 Sample All Layers（对所有图层取样）复选框，并且将光标放在污点之上。调节 Diameter（直径）使画笔笔尖大于污点，可以通过使用方括号（「和」）来增加或者减少预设的画笔笔尖，在 Photoshop CS4 中启用 OpenGL 功能，▼ 右击 +Alt+ 向右或向左拖动（Windows）或者 Ctrl+Option+ 向右或向左拖动（Mac），如 B、C 所示。单击完成修复操作，如 D 所示。

夹克上另外两处大小相当的污点周围的色调不一致，使用污点修复画笔工具有可能会将高光材质拖动到阴影区域中。在此类情况下，**修复画笔工具**🖌更能施展拳脚，因为它可以控制采样部位。选择修复画笔工具，在选项栏中单击 **Sampled（取样）**单选按钮，勾选 **Aligned（对齐）**复选框。在处理每个污点时，要将画笔笔尖的尺寸设置得略大于污点（参照左栏中污点修复画笔工具的描述）。在按住 Alt/Option 键的同时单击附近相似的阴影区域取样（选择污点正上方的区域），如 A 所示，放开 Alt 键通过单击或拖动的方式涂抹污点，如 B 所示。释放左键完成修复，如 C 所示。

知识链接

▼ OpenGL 第 9 页

▼ 绘制蒙版 第 84 页

使用 Dust & Scratches（蒙尘与划痕）滤镜可以修复数量繁多的小污点。首先，为滤镜创建一个合成图层，按下 Ctrl+Alt+Shift+E 键（Windows）或 ⌘+Option+Shift+E 键（Mac）。为了保持"蒙尘与划痕"滤镜的可编辑性，可以右击或在按住 Ctrl 的同时单击新图层的名称，在快捷菜单中选择 **Convert to Smart Object（转换成智能对象）**命令，以便可以在之后继续进行调整。接着，执行 Filter（滤镜）> Noise（杂色）> **Dust & Scratches（蒙尘与划痕）**命令，调节 Radius（半径）遮掩斑点，调节 Threshold（阈值）保留感光乳剂的颗粒感，如 A 所示。在这幅小型图像中，将 Radius（半径）设置为 2 像素，Threshold（阈值）设置为 20 像素。

由于眼睛中的反光较小，因此可以使用滤镜将它们移除。而右侧眉毛下方的污点比较大，使用滤镜不能完全修复所有问题。为了修复反光，可以在 Layers（图层）面板中选择使用"蒙尘与划痕"滤镜时自动添加的蒙版，使用带有柔软笔尖的黑色画笔在眼睛上绘制，▼遮盖修复痕迹。在修复眉毛下方的污点时，新建"修复"图层，再使用 Healing Brush（修复画笔）工具🖌，如 B 所示。

修复天空

不管是否有云，天空中变幻的色调都必然决定了采用无缝"复制"的方法修复图像很难实现。然而，使用 Healing Brush（修复画笔）工具 ✐，再结合 Dust & Scratches（蒙尘与划痕）和 Add Noise（添加杂色）滤镜便可以轻松地去除电线。使用该方法时应把修复画笔工具的模式设置为 Pattern（图案）使用。

附书光盘文件路径

🌐 > Wow Project Files > Chapter 5 > Retouching Sky

1 为修复画笔创建图案

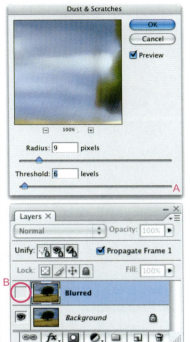

首先，按 CTRL/⌘+J 键将图像复制到一个新的图层。因为电线相对来说很细，与划痕相似，因此可以执行 Filter（滤镜）> Noise（杂色）> Dust & Scratches（蒙尘与划痕）菜单命令，对其进行修复，如 A 所示。将 Radius 设置为 9 像素，充分模糊图像消除粗的电线，将 Threshold（阈值）设置为 6 以隐藏电线而恢复图像的"颗粒"，单击 OK（确定）按钮关闭对话框。

当复制图像中的电线被模糊消除后，接下来执行 Edit（编辑）>Define Pattern（定义图案）菜单命令将模糊后的图案定义为图案。接着单击 Layers（图层）面板 B 中模糊图层的指示图层可见性图标👁，恢复显示电线。

2 用图案修复

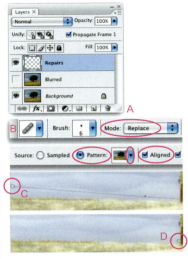

新建一个用于修复的空白图层（单击"图层"面板的🗋按钮），如 A 所示。选择**修复画笔工具** ✐。在选项栏中单击 Pattern（图案）单选按钮，如 B 所示。将 Mode（模式）设置为 Replace（替换），这样可以防止修复树或电线杆等对比度高的元素时发生"拖尾效果"，勾选 Aligned（对齐）复选框。将画笔设置为比细电线粗一点的大小，这里设置为 6 像素（使用方括号［和］可以调整画笔笔尖）如果在 Photoshop CS4 中启用了 OpenGL，▼右击+Alt+ 向右或向左拖动（Windows）或者 Ctrl+Option+ 向右或向左拖动（Mac）也可以调整大小。接着，在 C 点单击确定笔触的始点，按住 Shift 键的同时单击电线另一端的 D 点，在两点间绘制一条直线。按住 Shift 键的同时连续单击覆盖整条电线（如果电线下垂，还可以拖动鼠标来替代 Shift 键 + 单击），或者沿着下垂电线的曲线绘制路径，▼再对路径进行描边。▼

3 匹配颗粒

当所有电线都被隐藏后，使用 Noise（杂色）滤镜恢复修复图层上使用 Healing Brush（修复画笔）描边的颗粒。执行 Filter（滤镜）> Noise（杂色）> Add Noise（添加杂色）菜单命令，调节滤镜设置，在 100% 放大率下查看结果（View > Actual Pixels 或者 Ctrl/⌘ +1），直到修复后照片中的颗粒与其他图像匹配，此时 Amount（数量）为 2%，Distribution（分布）为 Gaussian（高斯）。

在步骤 1~3 中，我们的目标是不露痕迹地去除电线。在锐化图像时，我们需要根据不同的输出更改设置，或者应用可以在之后调整强度的特殊效果滤镜，在此我们仅需消除电线并使修复后的效果与图像的其余部分相匹配。当应用多个滤镜后便可以看到结果。因此，我们只需通过制作模糊的副本图层和修复图层来保护源图像，而不用使用带智能滤镜的智能对象图层。

4 污点修复

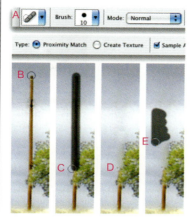

移除电线杆时，可借助**污点修复画笔工具** ✏ 完成大部分的工作。如果很难设置污点修复画笔工具的起始点，还可以使用右栏中描述的"复制"模式。

因为污点修复画笔工具可以拖动周围材质来填充污点，所以在何处下笔非常重要（朝一个方向拖动），此处可以拖动天空部位来隐藏电线杆。在工具选项栏中设置模式为 Normal（正常），如 A 所示。选择比需要遮盖物（本例中的电线杆）宽度大一点的大小（这里使用 10 像素）。将光标放置在能包围电线杆顶部和两侧天空的位置，如 B 所示。向下拖动鼠标，用天空替代电线杆，如 C 所示。按住 Shift 键沿直线从电线杆向下拖动到叶子处。当向下拖动时，创建的新的天空图像将覆盖电线杆。释放鼠标左键查看修复效果，如 D 所示。

放大图像查看作品效果。如果看到遗漏的边缘或污点，可以使用污点修复画笔工具来回拖动清除它们，如 E 所示。

5 复制

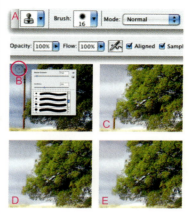

仿制图章工具 🔖 可以用来去除电线杆。在选项栏中勾选 Aligned（对齐）复选框，如 A 所示。这样即使重新开始绘制笔触，仿制图章工具仍会拾取光标左侧的天空图像。还可以勾选 Sample All Layers 复选框，以便可以持续作用于修复图层。将画笔设置为电线杆直径的两倍，即 16 像素，并将 Hardness（硬度）设为 30% 就可以得到一个理想的效果，如 B 所示。执行 Edit（编辑）/Photoshop> Preferences（首选项）> Cursors（光标）菜单命令，单击 Full Size Brush Tip（全尺寸画笔笔尖）单选按钮，以便在屏幕上显示包括柔边在内的笔尖的完整直径，如上图所示。按住 Alt/Option 键单击贴近电线杆的天空进行取样，此距离可使仿制图章工具的取样点位于电线杆之外。将光标移到电线杆上，按住左键向下拖动，直至到达树叶时停止，如 C 所示。

处理电线杆底部时，在仿制图章工具选项栏中勾选 Aligned（对齐）复选框，在按住 Alt/Option 键的同时单击电线杆左侧的天空取样，接着将光标移至电线杆上，向下拖动以覆盖，如 D 所示。最后按住 Alt/Option 键对一些稀疏的叶子单击取样，在电线杆上进行涂抹覆盖，如 E 所示。

换妆术

从整体色调调整和颜色校正▼着手，再进行特定的润饰（例如接下来的 7 页要讲述的"换妆术"）即可达到最佳的照片修复效果。在大多数修复过程中都不必直接在原图像上进行修复工作，因此不必担心因反复操作而损毁它。Photoshop 的一些图像修复工具（例如修复画笔工具），可以在单独的透明图层中进行照片修复工作。对于那些不可以进行此类修复工作的工具而言，可以复制图像（或者部分图像）并对副本进行修复操作。为了使操作更灵活，还可以更改图层混合模式，降低不透明度或者添加图层蒙版，以便将副本与原文件进行混合时有更多的选择。

载入Wow-Image Fix Brushes

"速成换妆术"中包括**本书**光盘中 Wow Image Fix Brushes 的使用。第 4 页的"安装 Wow 样式、图案、工具及其他预设"讲解了如何载入其他 Wow 预设中的 Wow Image Fix Brushes。还可以进入 Wow Project Files > Chapter 5 > Quick Cosmetic Changes 路径，双击 Wow Image Fix Brushes.tpl 图标进行载入。

画笔大小

可以使用方括号键调整画笔笔尖。按]键可以放大画笔笔尖，按[键可以缩小画笔笔尖。在Photoshop CS4中，在启用OpenGL的情况下，缩放画笔笔尖更加便捷。按住Ctrl+Option（Mac）或者鼠标右键+Alt（Windows）并且向左或者向右拖动即可持续性缩放画笔笔尖。松开按键或释放鼠标右键即可继续进行绘制。

附书光盘文件路径

 > Wow Project Files > Chapter 5 > Quick Cosmetics

知识链接

▼ 色调和颜色调整
第 244 页

▼ 画笔笔尖设置
第 71 页

亮白牙齿

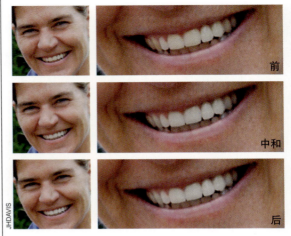

前

中和

后

JHDAVIS

亮白牙齿或明亮眼眸的一个快捷方法是去除污点，接着整体提亮牙齿。使用带有 Wow-White Teeth Neutralize 和 Wow-White Teeth Brighten 预设（参见左栏的加载方法）的 Brush（画笔）工具（Shift+B），或者参见下面的方法设置自己的画笔。

首先，按 Ctrl/⌘+J 键复制整个图像，或者使用套索工具随意地选择嘴部图像，并按 Ctrl/⌘+J 键复制选区。

选择画笔工具（Shift+B）。使用 Wow 预设的步骤如下：在选项栏的左端单击的下拉按钮，打开 Tool Preset（工具预设）拾取器，并双击 Wow-White Teeth Neutralize 画笔，该选项栏显示了该画笔是柔笔尖。▼将 Mode（模式）设为 Color（颜色），以便在不更改表面细节的情况下抑制（中和）污点。调低 Opacity（不透明度）以便中和操作不会太过迅猛而失控。单击启用喷枪模式，以便在某处停握画笔时还能继续进行绘制。白色为该画笔的预设效果。按需要重设画笔笔尖大小（参见左侧的"画笔大小"）。为了避开牙龈和嘴唇，可以单击轻触牙齿来去除污渍。按 Ctrl/⌘+J 键将图层复制到新图层中。

接着选择 Wow-White Teeth Neutralize 预设，或者在选项栏中将刚才的预设画笔更改为 Soft Light（柔光）模式和较低的不透明度，在牙齿上涂抹以增白。在 Layers（图层）面板中单击 white-teeth 图层的指示可见性图标来查看亮白效果。如果亮白效果看起来不逼真，还可以在图层面板中降低图层的 Opacity（不透明度）。

 **White Teeth.psd**

上唇彩

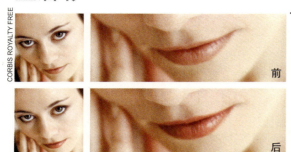

前

后

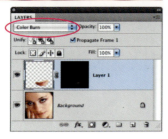

为了给苍白的嘴唇上色，又不至于使位于高光处的嘴唇出现模糊的现象，可以尝试将嘴唇副本图层的混合模式设置为Color Burn（颜色加深），并将Opacity（不透明度）调低。调整后嘴唇的浅色调和高光将发生细微的变化，但是中间调会显著变暗。

按Ctrl/⌘+J键将图像复制到一个新图层，或者使用套索工具⌘随意选择嘴唇及周围区域，再按Ctrl/⌘+J键基于选区创建一个新图层。在图层面板中设置混合模式为Color Burn（颜色加深）。接着，在按住Alt/Option键的同时单击图层面板的"添加图层蒙版"按钮▢，在Photoshop CS4中则是在Masks（蒙版）面板中单击Add a pixel mask（添加像素蒙版）按钮▢，添加一个隐藏所有的图像的黑色填充蒙版。（按住Alt/Option键是为了添加黑色蒙版。）

选中蒙版后选择画笔工具✎，按下D键选择默认的白色前景色作为颜料。在画笔工具选项栏中将Mode（模式）设置为Normal（正常），并调低Opacity（不透明度）——在此设为25%。选择一个小尺寸的柔角画笔调整嘴唇区域。接着通过涂抹颜色（在蒙版上涂抹）来隐藏嘴唇中过强的颜色。如果颜色不是太强，在嘴唇上反复绘制会削薄蒙版。如果颜色太强，可以在Layers（图层）面板中降低Color Burn（颜色加深）模式图层的Opacity（不透明度）。也可以使用黑色画笔，在选项栏中降低画笔工具的Opacity（不透明度），在需要减弱效果的地方绘制蒙版。

明眸

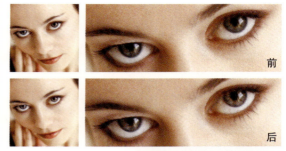

前

后

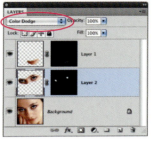

可以尝试使用Color Dodge（颜色减淡）图层混合模式使双眸炯炯有神。将眼睛副本图层的混合模式设置为Color Dodge（颜色减淡）后，眼睛中的浅色将比深色变亮更多。如果仅选择并复制虹膜和眼睛，**Color Dodge（颜色减淡）**在增强对比度的同时会加亮颜色，使双眸看起来明亮动人。

采用左栏中对嘴唇的处理方式，将整体图像或者眼睛部分复制到新的图层中。单击Layers（图层）面板上的Background（背景）图层的缩览图选择原图像，使用套索工具⌘（Shift+L）选择眼睛和周围的区域，并按Ctrl/⌘+J键将它们复制到新的图层中。

在按住Alt/Option键的同时单击图层面板中的添加图层蒙版按钮▢（在Photoshop CS4中则是在Masks（蒙版）面板中单击Add a pixel mask按钮▢），添加一个能隐藏所有图像的黑色填充蒙版，设置图层混合模式为Color Dodge(颜色减淡)。

使用白色画笔绘制显示眼睛，但是要将Brush（画笔）工具选项栏中的Opacity（不透明度）调高（此处使用80%）。

如果眼睛中的高光过弱，还可以在蒙版涂抹黑色进行调节，在选项栏中将蒙版的Opacity（不透明度）设置为40%。

 **Lips and Eyes.psd**

修复红眼

 B
 C
 D

Photoshop 的 Red Eye（红眼）工具 是为快速修复红眼问题专门设置的。选择红眼工具 （Shift+J），按住 Shift 键的同时沿对角线拖动绘制包括红眼和外部少许边缘的方框，如 A 所示。接着释放鼠标左键，如 B 所示。采用定义方框的方式是为了防止黑色模糊瞳孔和虹膜外部区域或者调整中心偏移的现象。如果第一次调节时不能得到理想的结果，可以按 Ctrl/⌘ +Z 键还原，然后在选项栏中更改 Pupil（瞳孔大小）和 Darken Amount（变暗量）设置，并再次尝试。为了得到如 B 所示的效果，这两个选项可以使用默认的 50%。减少这些设置可以减弱黑色的范围和浓度（此处设置为 1% 和 1%），如 C 所示。增强（此处设置为 100% 和 100%）则可以得到相反的效果，如 D 所示。

 Red-Eye.psd

红眼现象产生的原因

在拍照时，眼睛会直接注视着闪光灯，而瞳孔在昏暗的环境中会自然张大以更好地观察周围的环境。因为闪光灯离镜头非常近，所以被拍摄的人凝视相机时也正好会看着闪光灯。光线穿过张大的瞳孔时，便照亮了位于眼部后方视网膜内含有的充足血液。这种情况通常发生在使用小型照相机拍摄时——胶卷相机和数码相机都会出现。

带有防红眼功能的相机可以采用预闪光来解决这一问题。在第一次闪光时眼睛会发生相应条件反射，因此当真正的闪光开始后，瞳孔已经变小了。到达瞳孔的光线越少，暴露在相机面前的视网膜面积越小，红眼的可能性也就越小。但是，减少红眼的可能性是有代价的。此时，瞳孔看起来就像是在充足的曝光下，而非在一个低光环境。同时，预闪光会引起被摄对象姿势和面部表情的不自然。因此，更多的摄影师倾向于在拍摄过程中关掉防红眼功效，而在Photoshop中对其进行修复。另外，还可以通过使用补偿闪光灯来避免红眼的产生，或者使拍摄对象不要直接注视相机。

修复"电眼"

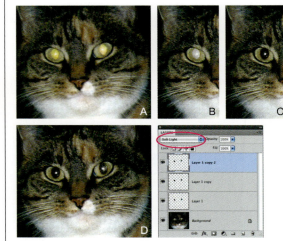

"电眼"是发生在猫、狗和其他一些动物身上的类似于红眼的现象，如 A 所示，这是由眼睛中特殊的反射膜造成的。消除电眼的第一步是中和颜色。选择 Brush（画笔）工具 （Shift+B）。在选项栏中将 Hardness（硬度）设置为 0，并将 Master Diameter（主直径）调整为一个适合涂抹瞳孔的大小，另外设置 Mode（模式）为 Saturation（饱和）、Opacity（不透明度）为 100%，关闭 Airbrush（喷枪）选项 。使用黑色（按下 D 键将黑色设置为前景）在瞳孔上绘制，如 B 所示。在 Saturation（饱和）模式下，画笔工具可以在不消除细节的情况下应用黑色颜色的饱和度（0，因此无色）。

单击 Layers（图层）面板的创建新图层按钮 ，添加一个空白图层。对新的透明图层操作时，在选项栏上将画笔工具的模式更改为 Normal（正常），并且使用黑色颜料让瞳孔呈实色黑，画笔笔触的软边会延伸到图像边缘。若显示了带柔边的实色黑，可在 Layers（图层）面板中将图层的混合模式由 Normal（正常）更改为 Soft Light（柔光）。为了让图像浓密更合适，可以按 Ctrl/⌘+J 键多次复制，直至瞳孔比所需的黑，在此总共使用了 3 个绘画图层，如 C 所示。

之后，通过在顶层副本绘制来精调这一还原效果。执行 Filter（滤镜）> Blur（模糊）> Gaussian Blur（高斯模糊）菜单命令，帮助改变后的瞳孔与眼睛其他部位进行混合，如 D 所示。如果效果不理想，还可以降低顶层图层的 Opacity（不透明度）或者添加图层蒙版，使用黑色画笔绘制有选择性地恢复修饰效果。

 Eyeshine.psd

增大眼睛

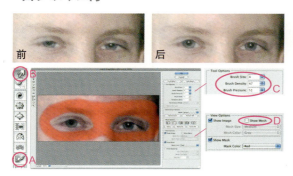

前　后

有时在一组照片中，部分照片中的人物可能有眼睛半闭或者斜视情况，可以找到该系列中另一张眼睛效果好的照片进行复制、粘贴和修复。如果使用其他照片来替代的话，可以使用 Liquify（液化）滤镜对眼睛执行"睁眼"的操作。

选择眼睛周围的区域，按 Ctrl/⌘+J 键复制到新的图层，执行 Filter（滤镜）>Liquify（液化）命令。使用 Freeze Mask（冻结蒙版）工具✐（按 F 键）涂抹不想更改的大部分区域进行保护，如 A 所示。（眉毛和眼睑需要保持解冻状态）接着，单击 Forward Warp（向前变形）工具✐（按 W）键，如 B 所示。调整画笔的 Size（尺寸）、Density（密度）和 Pressure（压力），如 C 所示。（通过使用方括号键来重新设置 Liquify 对话框中画笔笔尖的大小，这与在 Photoshop 主界面的操作相同，参见第 316 页的"画笔大小"。）Brush Density（画笔密度）保持默认值，将 Pressure（压力）减半，减小强度以避免在眼睑形成"波纹"。要想逐步地睁开眼睛，可以从瞳孔的中央向外、从虹膜向外以及从虹膜的顶部向上向新的瞳孔区域周围绘制几笔短笔触。按需要扩展眼白部分，通常保持眼睛形状不变。（在操作时打开或者关闭网格，如 D 所示，以保证眼睑不出现波纹。）耐心添加短而平缓的笔触是使用 Liquify（液化）滤镜进行美容手术的关键，在绘制每一道笔触后检查图像，如果出现错误立即撤销（Ctrl/⌘+Z）。完成后单击 OK 关闭 Liquify（液化）对话框。此外，对图像进行其他的更改，使用套索工具在液化过的左眼中选择高光，将它复制到一个新的图层（Ctrl/⌘+J），接着使用 Move（移动）工具▸（Shift+V）将其拖动放置到右眼中并且轻微地旋转（执行 Edit > Transform > Rotate 命令，并且拖动自由变换控制框）。

减轻眼袋

前　后

人物的黑眼袋可以通过创建减淡和加深图层来减轻。打开图像，在按住 Alt/Option 键的同时单击"图层"面板的"创建新图层"按钮▢。在弹出的 New Layer（新建图层）对话框中，将 Mode（模式）设置为 Soft Light（柔光），勾选 Fill with Soft Light-neutral color 50% Gray［填充柔光中性色（50% 灰）］复选框，并单击 OK（确定）按钮。这样 Soft Light（柔光）模式中的灰色将可见。

按 D 键和 X 键将前景色设置为白色。选择画笔工具✎，在选项栏中将 Hardness（硬度）设置为 0，使用一支柔软的画笔。设置与要修复的区域大小合适的 Master Diameter（主直径），在此幅小图中可以设置为 18 像素，使用] 键减小画笔的尺寸以修复精细的线条。由图层的混合模式设置为 Soft Light（柔光），所以可以将画笔模式设置为 Normal（正常）。调低不透明度，此处将它设为 10%。关闭喷枪特性以便白色颜料不会堆积得太快。使用画笔刷过需要加亮的区域。根据需要进行最大的修正，并尝试调整图层面板中的 Opacity（不透明度），从而得到最适当的加亮效果。

 **Liquify Eyes.psd**

Under Eyes.psd

减淡和加深

在照片中，脸部的突出部位通常会得到更多光照，因此，它们也会造成其他部位产生阴影效果。此实例图像的对比度非常强，可以通过添加相当集中的光线和阴影，创建用于减淡和加深的图层，来塑造脸部特征。在此，创建一个 Overlay（叠加）模式的加深和减淡图层（Alt/Option+ 单击 ）。在 New Layer（新建图层）对话框中勾选 Fill with Overlay-neutral color 50% Gray［填充叠加中性色（50% 灰）］复选框，并单击 OK（确定）按钮。在 Overlay（叠加）模式下，浅色和深色色调比 Soft Light（柔光）模式下变浅或变深的效果更显著。使用白色在图层上绘制来表现每只眼睛的突起，使用黑色创建眼睑部位和眼睛下部的阴影。另外，还可以使用白色来柔化狗的口鼻和颈部，从而加强眼睛中的逆光效果。

 Sculpting.psd

去除污点

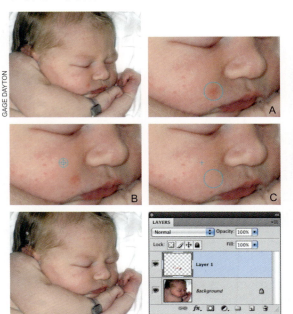

修复画笔工具和污点修复画笔工具可以神奇地去除污点和瑕疵。打开图像，单击 Layers（图层）面板的创建新图层按钮 ，添加一个用于修复的新图层。将光标移动到第一个要修复的污点。按下 或者 键收缩或者放大光标，直到它正好包围污点，如 A 所示，接着进行以下操作。

- 如果污点周围的皮肤恰好拥有修复后的色调和颜色，可以选择污点修复画笔工具 （按下 Shift+J 键直到选中它）。确认 Proximity Match 和 Sample All Layers 已经被选择，并且 Mode（模式）被设置为 Normal（正常），接着单击污点即可。

- 如果在污点周围没有找到需要的色调和颜色，可以选择 Healing Brush（修复画笔）工具 （按Shift+J键直到选中它）。在选项栏中设置Mode（模式）为Normal（正常）、Source（源）为Sampled，勾选Sample All Layers（对所有图层取样）复选框。将光标移动到与污点效果相似的区域，如 B 所示。按住Alt/Option键的同时单击采样。松开Alt/Option键将光标移回到瑕疵部位，单击进行修复，如 C 所示。

 Removing Spots.psd

平滑肤色1：表面模糊

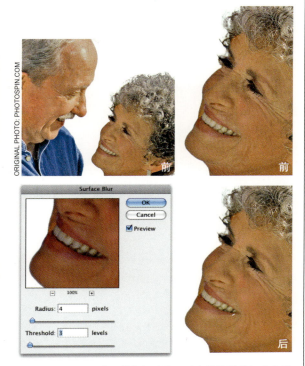

ORIGINAL PHOTO: PHOTOSPIN.COM

前　前

后

Surface Blur（**表面模糊**）滤镜可以在模糊图像细节的同时保留高对比度边缘（参见右栏的"使用'表面模糊'滤镜"）。当需要保留某些皮肤的细节颜色但是隐藏毛孔或是平抚细纹但与周围保持颜色一致时。首先将图像图层转换为智能对象（Filter > Convert for Smart Filter），以便在使用滤镜时保护原始照片。▼接着执行Filter（滤镜）> Blur（模糊）>Surface Blur（表面模糊）命令。调节 **Radius（半径）**和**Threshold（阈值）**，查看要平滑的区域以及要保持清晰的面貌，直到得到所需的结果。对于这幅图像而言，设置Radius（半径）为4像素、Threshold（阈值）为3像素即可，轻微地平滑男人的皮肤颜色，而使他看起来不像是化过妆一样。保持设置同样轻微平滑妇人的皮肤，除去那些因背光而产生的噪点。可以看到，经过平滑操作之后，头发和其他细节仍旧清晰。

知识链接

▼ 使用智能滤镜
第 72 页

 **Smooth Skin.psd**

▼ 使用智能滤镜
第 72 页

使用表面模糊滤镜

Surface Blur（**表面模糊**）滤镜通过检测边缘（强对比度或者强色差的区域）以及在模糊对比度较少的细节或者纹理时保护这些边缘的方式来应用。如果需要在保护面部特征的同时平滑肤色，就可以使用该滤镜。你可以在不丢失眼睛、牙齿和头发高光情况下达到目的。同时，它不像Dust & Scratches（蒙尘和划痕）滤镜的Threshold（阈值）滑块那样，在轻微地平滑较大的痕迹时可以保持最精细的细节。

模糊是颜色平均的过程。执行Filter（滤镜）> Blur（模糊）>Surface Blur（表面模糊）命令，弹出Surface Blur（表面模糊）对话框。Radius（半径）设置控制着Photoshop计算平均颜色的范围。Radius（半径）值越大，效果越模糊。Threshold（阈值）决定了多大差异的像素会被看成边缘，Threshold（阈值）值越高区别越大，Photoshop识别的边缘越少，则模糊越显著。设置较低的Threshold（阈值）时，只有精细的细节才会被模糊处理。值较高时，则存在较大对比度的差异区域也会被执行模糊处理。

将Surface Blur（表面模糊）滤镜用作智能滤镜时，可以通过尝试其他设置或者更改滤镜效果的不透明度和混合模式来精调滤镜效果。▼

黑色蒙版或白色蒙版？

添加图层蒙版时，可以进行以下选择：是添加完全覆盖图层的黑色蒙版，然后使用白色画笔涂抹要显示的部分还是添加白色的蒙版然后使用黑色颜料涂抹？

在第313页中，Dust & Scratches（蒙尘与划痕）滤镜用于隐藏散布在图像中的大量污点，滤镜的效果只需在少数地方被遮罩（恢复眼睛中的亮光）。在此类情况下，添加白色蒙版显示所有的滤镜效果然后使用黑色画笔在少许需要隐藏效果的地方涂抹即可。

相反，在第322页中，Dust & Scratches（蒙尘与划痕）滤镜被用来化妆，便需要最大范围地应用滤镜，添加黑色填充智能滤镜蒙版隐藏效果，接着使用白色画笔涂抹蒙版，变换画笔的不透明度以尽可能地多或少地制作平滑的效果。

平滑肤色2：蒙尘与划痕

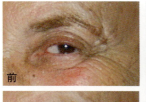

前

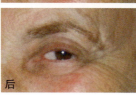

后

Dust & Scratches（蒙尘与划痕）滤镜会以产生过重修饰痕迹的方式来平滑皮肤，使诸如毛孔等极小的纹理仍旧可见。观察者的感受是"如果细小的毛孔可见，那么皮肤的其他部分就必须像它的外表那样。"

首先将图像转换成智能对象（Filter > Convertfor Smart Filters）。接着执行Filter > Noise > Dust & Scratches命令。尽可能地将Radius（半径）和Threshold（阈值）设置得低一些，增加Radius（半径）值直到斑点和皱纹消失，达到理想的最大范围。此处将Radius设置为4像素，便可以"用周围颜色来模糊它们"的方式清除黑色斑点并且去除红热斑。若要重新显示毛孔和照片的颗粒感，可以提高Threshold值直到刚才隐藏的瑕疵恰好出现，接着降低Threshold值直到它们消失的临界点，在此将其设置为14像素。不用担心眼睛、牙齿或者头发中的重要细节会丢失。

在图层面板中，通过双击Dust & Scratches智能滤镜后的 来实验效果。在Blending Options（混合选项）对话框中，一边观察皮肤效果一边调低滤镜的Opacity（不透明度），直到在平滑与清晰之间得到平衡。在此，将不透明度设置为80%。单击图层面板中智能滤镜的蒙版缩览图，隐藏滤镜效果，按D键设置默认颜色，然后按Ctrl/⌘+Delete键使用黑色填充（参见第321页的"黑色蒙版或白色蒙版"）。若要恢复所需的平滑效果，使用大小适当的白色柔软画笔工具 在需要的位置上涂抹，可以通过降低选项栏中的Opacity（不透明度）控制画笔显示或者隐藏的量。

 Soft Skin.psd

平滑肤色3：清晰度

ORIGINAL PHOTO: JHDAVIS

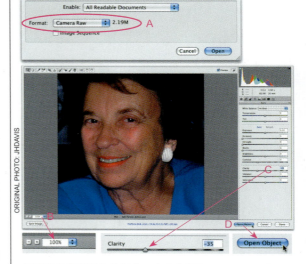

尽管经常用到锐化的细节，也有使用Camera Raw Basic选项卡上的负值Clarity（清晰度）滑块来润饰的情况（让细节看起来有些发皱、毛孔若隐若现）。**注意**：如果使用的是Photoshop CS3，Camera Raw中便没有Clarity选项，除非使用的是Camera Raw 4.2或者更新的版本。参见步骤1以及第332页的"查看及更新Camera Raw版本"了解如何按需升级。

在此使用Soft Skin-Before.jpg进行实例讲解。从Bridge中打开Camera Raw的步骤如下：找到文件，执行File（文件）> Open in Camera Raw（在Camera Raw中打开）命令（在Photoshop CS4中可以使用Bridge顶部的 按钮代替命令）。从Photoshop中打开Camera Raw的步骤如下：执行File（文件）> Open（打开）命令，找到文件，单击名称或缩览图，接着在Open（打开）对话框底部的Format（格式）下拉列表中选择Camera Raw选项，如 A 所示。当文件在Camera Raw中打开后，在左下角的Select zoom level（选择缩放级别）菜单中选择100%选项，如 B 所示。在Basic选项卡中，将Clarity滑块左移直到获得所需的效果，如 C 所示。−35的设置便可以平滑皮肤，添加光效，并且增亮脖子上的阴影。如果在Camera Raw界面的右下角没看到Open Object按钮，可以按住Shift或Alt/Option键让它再次出现。单击该按钮在Photoshop中将文件作为智能对象打开，如 D 所示。可能还需要添加一个空白图层并且使用修复画笔工具 来进一步加亮阴影、柔化脸颊上的"红热斑"。（可以使用与第323页"柔化阴影"中的相同设置。）

 Soft Skin-Before.jpg

柔化阴影

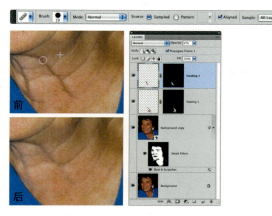

脖子上醒目的阴影因闪光灯而产生，使用 Dust & Scratches（蒙尘与划痕）滤镜并不能完全消除，拖动 Camera Raw 中的 Clarity（清晰度）滑块进行柔化时会使此处变得过黑（两个步骤详情参见第 322 页）。要想移除阴影，可以尝试使用 Healing Brush（修复画笔）工具 🖌。在此，使用的是第 322 页蒙尘与划痕的实例文件。首先，单击图层面板底部的创建新图层按钮 🔲，在创建时对该图层命名。

在修复画笔工具的选项栏中设置比需要覆盖污点稍宽的一种硬边画笔笔尖。将修复画笔的 Mode（模式）设置为 Normal（正常）。设置"源"的 Sampled，以便能从图像中提取修复纹理。勾选 Sample All Layers 复选框以便修复画笔可以从合成图像中取样，并在新的空白图层中绘制。勾选 Aligned（对齐）复选框，即每次绘制笔触时，修复画笔都会从与笔触平行的点取样，而不是从原先的取样点取样。

将光标移动到右侧阴影线顶部的点，按住 Alt/Option 键单击设置取样的起点。沿着阴影线向上拖动鼠标并且使用短笔触在线上绘制。如果需要还require次按下 Alt/Option 键单击重新取样。新建图层（按住 Alt/Option 键单击 🔲 按钮），并且在另一处阴影上使用修复画笔进行修复，选择较小的画笔笔尖，并且避开衬衣避免拾取到蓝色。为了将修复画笔笔触混合进照片，可以调整每个修复图层的 Opacity（不透明度）并且为需要淡出的痕迹添加蒙版。▼

 **Soft Shadows.psd**

知识链接

▼ 绘制蒙版　第 84 页

去掉红热斑

在去除晒斑或其他因素诱发的红皮肤现象时，可以选择柔软、不透明度较低的 Hue（色相）模式的画笔，在不覆盖细节或阴影的情况下减少红色。按 Ctrl/⌘+J 键将整个图像复制到新图层，或者使用套索工具 🔘 等工具绘制选区，并按 Ctrl/⌘+J 键复制它。

选择画笔工具 🖌，接着在选项栏的左端单击画笔旁的下拉按钮打开 Tool Preset（工具预设）拾取器，在此调整 Master Diameter 和 Hardness。对于这幅图像而言，40 像素的画笔比较适合要修复的区域，将 Hardness（硬度）设置为 0 即可以得到柔软的画笔，可以用来混合更改后的效果与原始色彩。在 Mode（模式）下拉列表中选择 Hue（色相），在绘画时它可以改变皮肤的色相而细节和阴影不会被覆盖掉。将 Opacity（不透明度）设置为 50%，可以在进行颜色更改时进行更好的控制。使用画笔时，应按住 Alt/Option 键单击正常肤色的区域取样。松开 Alt/Option 键在红色区域上涂抹以调低其色调。完成后，如果想整体恢复一些红色的光效，可以在 Layers（图层）面板中减少图层的 Opacity（不透明度），允许原始颜色混合进来。

 Reducing Red.psd

你没有看到的

摄影师Mary Lynne Ashley说："我最喜欢Photoshop的原因是它能给我在摄影工作室中工作的自由度。"要知道她可以在后期的Photoshop处理过程中通过复制清除掉多余的元素，创建一种通过其他方式无法营造出来的氛围。

Mary Lynne在拍摄"Who´s That Guy?"（下图）时使用了一个黑色的背景，小孩坐在镜子制成的地板上，周围围着黑色的窗帘。在拍摄完照片后，她在Photoshop中选择了孩子、倒影和一些周围的背景，再进行反选（Ctrl/⌘+Shift+I），使用从周围边缘的黑色填充。同时，她还通过复制清除掉孩子周围不必要的倒影。

Mary Lynne说："我通常使用仿制图章工具来清除父母扶住孩子而被拍到的手。"在最后的成品中它们没有一丝痕迹。

让孩子们放松、高兴、安静的难度会随着孩子们的数量增加而增加。当她从孩子们身后拍摄"Now They Can´t See Us"时，Mary Lynne让孩子们的妈妈在他们前面吹泡泡。泡泡可以在Mary Lynne拍摄时吸引孩子们的注意力，之后她在Photoshop中使用仿制图章工具配合从背景中采集的"修复"元素，将泡泡完全清除了。

为了进一步处理，她将照片复制到一个新的图层（Ctrl⌘/1+J）并且减少了副本的饱和度。▼接着为原始照片

图层制作另一个副本，将其放置在"图层"面板顶部，并且将它转换成棕褐色。▼她为棕褐色图层添加了蒙版并且使用黑色涂抹它以防止整体变成棕褐色。▼（在Photoshop CS4中的Image > Adjustments > Hue/Saturation对话框为部分去色的怀旧风格和棕褐色色调提供了预设。）

知识链接

▼ 部分去色　第 206 页

▼ 棕褐色色调　第 203、204 页

▼ 绘制图层蒙版　第 84 页

均化杂色

附书光盘文件路径

(wow) > Wow Project Files > Chapter 5 >
Averaging Noise

- Noise-Before（4张JPEG格式原始文件）
- Noise-After（2张PSD格式效果文件）

从Window（窗口）菜单打开以下面板

- Layers（图层）

步骤简述

将几张具有同样杂色效果的照片分层并对齐放置
• 通过调整图层的不透明度或者使用Photoshop
扩展版的Mean（中间值）命令混合图层 • 使用
"自由变换"命令校正图像透视 • 结合蒙版进行
锐化操作避免锐化剩余的杂色

ORIGINAL PHOTOS: GAREN CHECKLEY

将文件加载到一个堆栈对杂色进行均化处理。

较低的照明条件便会生成带有杂色的照片，正如本系列中的每幅照片一样。

Op: 33%
Op: 50%
Op: 100%

这4个堆栈图层的Opacity（不透明度）设置逐渐递减，最终它们对均化复合图像的随机杂色的贡献各为25%。

拍摄带有暖色光效的火车站和蓝色天空夜景时，需要进行长时间曝光，在没有三脚架的条件下拍摄，极有可能生成模糊的效果——此时图像应该需要进行锐化。但由于照明条件较差，产生较多杂色，因此如果不尽可能地去除杂色，锐化处理会使效果变得更糟。在一系列照片中，我们选出了4张最清晰的照片用于合成。

认真考量项目。 在低照明条件下拍摄的照片中，数字噪点（杂色）是随机的电子现象。因此，如果可以对同一场景的3～4张照片中各个像素的颜色值进行平均处理，那么除了杂色、随机的颜色和色调会相互压制外，真的色彩将会呈现出来。可以对照片分层，通过调整对各个图层效果的百分比来控制均化。在Photoshop中，可以通过控制各个图层的Opacity（不透明度）来进行此操作。在Photoshop 扩展版中还可以通过Statistics（统计）命令自动进行均化操作。

1 准备、堆栈并对齐照片。 在Photoshop或者Bridge中从所拍的照片中选出3～4张比较清晰的，以便在混合时可以制作成最清晰的图像，再进行下面的操作。

如果是在Photoshop中打开图像，执行File（文件）> Scripts（脚本）> Load Files Into Stack（将文件载入堆栈）命令，在对话框中单击Add Open Files（添加打开的文件）按钮，如 1 所示。选择其他列出的但不需要的文件，单击Remove（删除）按钮，接着勾选Attempt to Automatically Align Images（尝试自动对齐源图像）复选框，单击OK按钮。

2c

均化堆栈的图
层后，杂色显
著减少了。

2d

Photoshop 扩展版中的Statistics命令可以自动进行
均化操作。

2e

在Photoshop 扩展版中打开分层文件时，可以通
过将这些图层转换成智能对象，然后执行Layer >
Smart Objects > Stack Mode > Mean命令。

3a

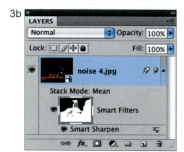

使用FreeTransform命令来校正镜头扭曲。按住Ctrl/
⌘键可以单个拖动各个角手柄。

3b

要想让图像清晰，可以使用Smart Sharpen（智能锐
化）滤镜。在Noise-After文件的图层面板中单击
Smart Sharpen项，以便查看Smart Sharpen的设置。

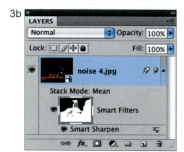

如果是从 Bridge CS4 中打开，可以选择要打开的照片，▼执行 Tools > Photoshop > Load Files into Photoshop Layers 命令，然后在 Photoshop 中执行 Edit（编辑）> Auto-Align Layers（自动对齐图层）命令。

2 混合图层。该步骤取决于使用的版本是Photoshop还是Photoshop 扩展版，以及是否在Photoshop CS4中用Bridge打开。在Photoshop中，在减少杂色的过程中，需要隐藏除了底部图层的所有图层（单击👁图标），放大（Ctrl/⌘+ +）杂色较多的区域，如 2a 所示。接着单击上一层的缩览图，显示图层并且将其Opacity（不透明度）设置为50%。现在看到的复合图像便是混合后的效果，一半效果由第二个（50%）图层生成，另一半效果由底部显现出来的图层生成。

显示上一层图层，并将其 Opacity（不透明度）减少到33%。因为这个图层的效果为三分之一，所以下方两个图层的平均值效用为三分之二。如果还有第 4 个图层，显示图层后应将其 Opacity（不透明度）设置为 25%，如 2b、2c 所示。

当完成整个均化操作时，在 Layers（图层）面板中选择所有的图层（单击顶部图层，然后在按住 Shift 键的同时单击底部图层）并且将它们转换为一个智能对象（以便之后进行锐化操作，右击 /Ctrl+ 单击图层，在快捷菜单中选择 Convert to Smart Object 命令）。

如果使用 Photoshop 扩展版，可以执行 File>Scripts>Statistics 命令，并且在 Image Statistics（图像统计）对话框中，将 Stack Mode 设置为 Mean，如 2d 所示。可以看到，杂色显著减少。如果在 Bridge 中打开，可以将它们转换成一个智能对象（执行 Layer > Smart Object > Convert to Smart Object 命令）。最后，平均所有的图层（执行 Layer > Smart Objects > Stack Mode > Mean 命令），如 2e 所示。

3 最后的步骤。显示网格，（执行 View > Show > Grid 命令），按 Ctrl/⌘ +T 键显示自由变换控制框，修齐路灯灯柱，如 3a 所示，按 Enter 键完成变换。使用 Rectangular Marquee（矩形选框）工具选择再执行 Image > Crop 命令进行裁剪。▼执行 Filter > Sharpen > Smart Sharpen 命令，▼调整设置，并且添加用于影响锐化的蒙版，如 3b 所示。▼ *Wow!*

创建幽静的效果

附书光盘文件路径

🌀 > Wow Project Files > Chapter 5 >
Solitude

- Orchid Show-Before（原始文件）
- Orchid Show-After.psd（效果文件）
- Sculpture-Before（原始文件）
- Sculpture-After.psd（效果文件）
- Statue-Before（原始文件）
- Statue-After.psd（效果文件）

从Window（窗口）菜单打开以下面板
Layers（图层）

步骤简述
将拍摄的一系列照片堆栈成单个文件中的多个图层 • 在Photoshop中移除各个图层中不需要的元素，然后对齐并且混合图层，或者在 Photoshop 扩展版执行File>Scripts>Statistics (Median)命令 • 按需裁剪并润饰照片

PHOTOS: SUSAN HELLER

取自Orchid Show-Before的两张照片。

在公共场所拍摄静物时，最常遇到的问题就是不断进入镜头的人物。Photoshop 的自动堆栈、对齐和混合功能可以达成去除多余的印迹的目标。兰花展上的人很多，走廊也很窄。摄影师从臀部位置高度拍摄，她知道可以利用 Photoshop 清除照片中不需要的元素，只留下花。在本实例后面的几种情况下，堆栈、对齐和混合即可得到不错的效果，不过，之后还需要进行一些润饰。

认真考量项目。 当你打算从一系列照片中使用两张或者更多照片拼合起来移除干扰元素时，在对齐之前先移除不需要的元素效果将更为理想。这样一来，Photoshop 的 Auto-Align Layers（自动对齐图层）功能就不会尝试以那些不需要的元素为参照物对齐。照片对齐后，便可以进行无痕混合了。如果使用的版本是 Photoshop 扩展版，它的 Statistics 命令可以将很多对齐和混合过程以及选择删除干扰元素的操作自动化。

简单的方法

1 **对照片进行堆栈操作。** 从一系列照片中选出两张照片，如 1a 所示，在Bridge CS4中选择文件（单击某个缩览图，再按住Ctrl/⌘键单击其他的缩览图），执行Tools > Photoshop > Load Files Into Stack命令，将它们堆栈在一起。或者在 Photoshop中执行File > Scripts > Load Files Into Stack命令，弹出 Load Layers（加载图层）对话框，如 1b 所示，单击 Browse（浏览）按钮，找到并且打开文件。如果文件已经打开，单击Add Open Files按钮，在打开文件列表中选择不需

设置Load Layers对话框。

将人物移除后的图层堆栈效果。

Auto-Align Layers对话框中的Layout（布局）选项与Photomerge对话框的相同。

应用Auto-Align Layers命令之后的效果。

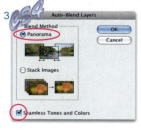

Photoshop CS4的Auto-Blend Layers被设置为无痕地集成这两部分。

要用于本项目中的文件（在按住Ctrl/⌘键的同时单击文件名称），再单击Remove按钮将它们删除。取消勾选Attempt to Automatically Align Source Images和Create Smart Object after Loading Layers复选框，Photoshop会进行自动对齐，单击OK关闭Load Layers对话框。

2 对齐图层。在对齐图层之前首先删除不需要的部分选择顶部图层（在图层面板中单击缩览图即可），使用 Rectangular Marquee（矩形选框）工具 (Shift+M)拖动框选画面中的参观者（尽可能地选择少一些），按下 Backspace/Delete 键将图像删除。接着隐藏顶部图层，选择底部图层，使用同样的方法删除该图层中的参观者，如 2a 所示。接着选择这两个图层（按住 Ctrl/⌘ 键的同时单击顶部图层的缩览图），重新显示顶部图层。执行 Edit > Auto-Align Layers 命令。在 Auto-Align Layers 对话框中单击 Auto 单选按钮，如 2b 所示。因为这两张照片中没有镜头扭曲的效果，因此可以保持 Lens Correction 选项组中复选框的不勾选状态，单击 OK 按钮确认。由于原始照片的色调和颜色十分相似，因此即便不进行混合效果也极好，如 2c 所示。

3 混合图层。为了查看 Auto-Blend Layers 命令能否提供一个更好的效果，可以在选择两个图层的情况下，执行 Edit > Auto-Blend Layers 命令。在 Photoshop CS4 的 Auto-Blend Layers 对话框中单击 Panorama 单选按钮，并且勾选 Seamless Tones and Colors 复选框，如 3 所示（在 Photoshop CS3 中，这些选项会自动默认选择）。单击 OK 按钮。如果有必要 Photoshop 将为每个图层创建一个蒙版，并且 Photoshop 还会调整这两幅图像中未遮罩的相交部分的色调和颜色。对于本例的图像而言，惟一的改变就是中心位置花朵和叶子光照中的差异。

4 裁剪。裁剪对齐过程中留下的透明边缘的操作为：单击 Rectangular Marquee（矩形选框）工具 (Shift+M)，沿对角线拖过图像，选择不包括透明边缘在内的选区，接着执行 Image > Crop 命令，结果参见第 327 页。

1a

3张原始照片。

1b

在Photoshop扩展版的Image Statistics对话框中，将Stack Mode设置为Median。

1c

在Photoshop扩展版中运行Statistics(Median)脚本后的效果。

2a

Gaussian Blur被用作智能滤镜。

另一种方法（Photoshop 扩展版）

1 堆栈并对齐照片。 Sculpture-Before 文件存放了 3 张 Bill Reid 拍摄的《海达群岛之精神》（The Spirit of Haida Gwaii），这些照片拍摄于温哥华的不列颠哥伦比亚机场中，如 1a 所示。

- 在 Photoshop 中，可以按照第 327 页"简单的方法"中的步骤 1 和 2，将文件加载到一个堆栈中并且对齐它们。但是在本例中，需要使用更为精确的选择工具将场景中身着绿色茄克的男人及他的倒影删除，Rectangular Marquee（矩形选框）工具 可能会删除过多的图像。如果使用快速选择工具，但是该工具创建的选区不太精确。▼ 选择图层面板中 3 个图层并且将它们转换成智能对象（Filter > Convert for Smart Filters），准备进行下一步操作。

知识链接

▼ 快速选择工具
第 49 页

- 如果使用的是 Photoshop 扩展版，那么可以尝试一些不同的操作。与"简单的方法"中步骤 1 和 2 不同的是，在 Photoshop 扩展版中执行 File > Scripts > Statistics 命令。弹出 Image Statistics 对话框，如 1b 所示，将 Stack Mode 设置为 Median，并且勾选 Attempt to Automatically Align Source Images 复选框，单击 Browse 或者 Add Open Files 按钮来添加源图像，并且单击 OK 按钮。数字系列的平均值就是中间值。要想从对齐的照片堆栈中删除干扰元素，如果在过半源图像中主体对象的各个部分都很清晰的话，那么可以使用 Median 方法，这样一来合成图像就十分清晰了（参见第 330 页的"关于 Median 的更多内容"）。勾选 Attempt to Automatically Align Source Images 复选框后使用 Median 时，便可以完全、无痕地删除绕雕塑行走的旅行者，如 1c 所示。但是不能去除左下角的人，因为他在每张照片中都出现了，因此不能通过 Median 方法删除。Statistics 命令可以生成一个智能对象。

2b

更改滤镜效果的混合模式和不透明度。

2 柔化背景。 在删除参观者之后参照"简单的方法"中使用的方法，使用 Rectangular Marquee（矩形选框）工具创建选区后裁剪照片，以减少部分修剪工作量。为了减少背景中的元素，将模糊用作一个智能滤镜（Filter > Blur > Gaussian Blur），如 **2a** 所示。在图层面板中双击滤镜的符号，将混合模式更改为 Screen（滤色），并且降低不透明度，如 **2b** 所示。单击"图层"面板上智能滤镜蒙版的缩览图，使用黑色画笔 ⌘ 涂抹蒙版，去除雕塑上的模糊效果。

2c

最终的图像 Sculpture-After.psd。

2d

最终的图层面板。

新建一个图层（单击图层面板底部的按钮），单击 Clone Stamp（仿制图章）工具（Shift+S），在选项栏中勾选 Sample All Layers（对所有图层取样）复选框，清除掉左下角的人物、雕塑基底处的白纸以及右下角的

关于Median的更多内容（仅Photoshop 扩展版）

Median是一系列数值的中间值。例如，在数字序列2、2、3、97、210 中，中间值是3。

在Photoshop 扩展版中，当从系列照片中删除不需要的元素时，像素的Median值非常有用。通过执行File > Scripts > Statistics (Median)命令可以制作没有人物的合成图，而不需要通过手动选择并删除照片中的人物。当堆栈中**过半数图层中的主体对象是清晰的**（并且没有杂物遮挡）时，主体对象的颜色值将被用于合成图像中（例如，如果在系列照片中主体对象的值是3，那么合成图像的值也是3）。有时，清除多余人物只需要使用Statistics (Median)命令。

然而，这还有两个潜在的因素。首先，如果系列照片的张数为偶数而非奇数，那么这将没有用作Median值的单个中间值，如 **B** 所示，因此Photoshop会通过平均这两个中间值来计算Median值。在序列2、2、3、3、97、210中，Median值为3，因为$(3 + 3) \div 2 = 3$。但是，在序列2、2、3、97、97、210中，Median值为50（一个甚至没有在序列中出现的数字），因为$(3 + 97) \div 2 = 50$。

另一个复杂的因素是Photoshop扩展版的Median是分通道计算的。也就是说，对于RGB图像中的每个像素，会分别计算Red、Green和Blue通道的中间值，它的合成效果可能会在最终的合成图像中生成源照片中没有的颜色，如 **C** 所示。

然而，对于3张或者3张带有需要删除人物的照片而言，通常都可以使用Statistics (Median)命令进行处理。

A

对于这3张照片而言，使用Photoshop 扩展版的Median命令便可以成功删除多余人物。

B

对于由奇数层图层制作而成的合成图而言（此处的2），如果应用Statistics (Median)命令，就会得到这个均化效果。

C

Photoshop 扩展版的Statistics (Median)命令分别应用于各个颜色通道。这会生成奇怪的人为痕迹。

1a

3张Statue-Before照片。

1b

将文件载入到堆栈后，删除每张照片中的人物并且对齐，一些较小的透明区域还需要修补。

1c

Statistics (Median)脚本生成了一个需要进行少许清理操作的效果。

2a

裁剪合并后的图像。

鞋，如 2c、2d 所示。

多通道

1 堆栈、对齐和混合照片。 在Statue-Before文件夹中的3张照片，如 1a 所示，每张照片中都有不少的人。在某些情况下，可能在多张照片中存在着相同的多余元素。这意味着，如果参照"简单的方法"中的步骤1～3在Photoshop中操作，从3个图层中选择并且删除人物后，便会得到一些透明区域，这些透明区域是由于删除了堆栈照片3个图层中的相同区域积攒成的，如 1b 所示，这需要执行步骤2中的修补操作。

在 Photoshop 扩展版中，第 329 页的"另一种方法"中描述的 Median 方法值得一试，但是也许因为 Median 会按照通道计算像素颜色，因此需要进行大量的清理工作，如 1c 所示（参见第 330 页的"关于 Median 的更多内容"）。因此，在不保存文件的情况下关闭文件，并且使用前面讲解过的 Photoshop 方法。

2 清理。 裁剪图像，这次使用的是裁剪工具 （按 C 键）。拖动鼠标绘制出裁剪框，当光标变为双箭头时，拖动旋转裁剪框直到底部的边缘与阶梯平行，如 2a 所示。按下 Enter 键完成裁剪。在堆栈顶部添加一个空白图层，并且使用"另一种方法"步骤 2 中的 Clone Stamp（仿制图章）工具 修复图像中的透明区域。最后添加用来加亮图像的 Curves（曲线）调整图层，并且通过单击 Curves（曲线）对话框中的 Auto（自动）按钮突显出黑色雕塑中的细节，接着调亮阴影的色调，并且将图层的混合模式设置为 Luminosity（亮度），以避免颜色变换，如 2b 所示。

2b

使用修补图层覆盖住透明区域，并且使用Curves（曲线）调整图层调节图像的曝光度和对比度。

突显细节

附书光盘文件路径

WOW > Wow Project Files > Chapter 5 > Bringing Out Detail：

- Bringing Out Detail-Before.psd（原始文件）
- Bringing Out Detail-After.psd

从Window（窗口）菜单打开以下面板
- Layers（图层）

步骤简述
- 在Camera Raw中打开JPEG • 使用Recovery（恢复）和Fill Light（填充光）恢复高光的细节并且突显阴影的细节 • 减少数字噪点，去除彩色"边缘" • 保存文件的同时保存Camera Raw设置 • 在Photoshop中柔化"闪光灯阴影"

查看及更新 Camera Raw 版本

当Photoshop版本不变时，Adobe会周期性地更新Camera Raw插件。不只是会添加Camera Raw可以处理的新型相机的Raw文件，还会添加一些新功能。为了了解是否有更新的版本，可以进入Adobe的官方网站进行查询，在www.adobe.com/support/downloads/上可以找到更新。如果想使用步骤2中提到的Clarity（清晰度）滑块（该步骤可选）并且目前使用的是Photoshop CS3，则需要安装Camera Raw 4.2以上的版本。查看Camera Raw 版本的方法如下：在Mac操作系统下，在Photoshop中执行Photoshop > About Plug-In > Camera Raw命令，在Windows操作系统下，在Photoshop中执行Help>About Plug-In>Camera Raw命令。

Photoshop中有很多种突显细节的方法，而在Camera Raw中则更多。我们的目标通常是有效地完成此项工作，并让其后更改的灵活性更大。

认真考量项目。Camera Raw能够出色地控制高光恢复、阴影填充，减少高对比度边缘处的颜色边缘。由于Camera Raw可以打开JPEG、TIFF以及Raw文件，因此我们可以先在此改善JPEG。接着在Photoshop中柔化由闪光灯生成的刺目阴影。从第337页起讲解的"突显细节的方法"，还讲解了一些适用于其他情况的不同方法。

1 进入 Camera Raw。如果使用的是 Photoshop CS3，那么可以先阅读左栏中的提示。如果使用的是早于 Camera Raw 4.2 的版本，那么便需要安装更高版本的，以便能使用步骤 2 中的 Carity（清晰度）。不过，由于这一步骤为可选操作，用户可以自行决定是否使用 Carity（清晰度）。在 Bridge 中打开 JPEG 文件，可以右击 /Ctrl+ 单击在快捷菜单中选择

从Bridge中打开Bringing Out Detail-Before.jpg。

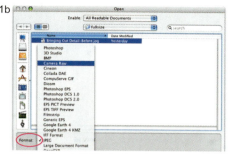

在Photoshop中打开Bringing Out Detail-Before. jpg。

RICK WORTHINGTON

原始照片。

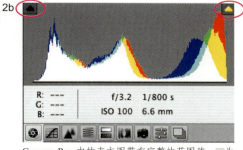

Camera Raw中的直方图带有完整的范围值，▲为限幅指示器按钮。

Open in Camera Raw（在 Camera Raw 中打开）命令，如 **1a** 所示。也可以选择从 Photoshop 中打开，执行 File（文件）> Open（打开）菜单命令，并在 Format（格式）下拉列表中选择 Camera Raw 选项，单击 OK 按钮，如 **1b** 所示。

2 抑制高光并且突显阴影。 在数字照片 **2a** 中，颜色看起来很精确，因此，在Camera Raw的Basic（基本）面板中可以保持White Balance（白平衡）、Temperature（色调）和Tint（色调）等数值不变。

图像中的"明一暗"平衡很明显，但是此处需要加亮背景墙的阴影部分，并且降低台阶上最亮区域的色调。照片具有完整的从黑到白的色调范围，与Camera Raw**直方图**中的显示相似，如 **2b** 所示，直方图中的**竖条**同时延伸到了直方图的左右两端。直方图顶部边角中的两个小三角形是限幅指示器，如果单击任意一个均可以打开它，在图像的纯白色处显示的是红色，而在纯黑色处显示的是蓝色。在这幅图像中，可以看到前景中的石头上有少量红色，悬顶的边缘上有少量蓝色。因为图像中有一些纯白色，因此可以不设置**Exposure（曝光）**选项（用来设置白场），直接到**Recovery（恢复）**，该选项用于突显高光中的细节。

按住**Alt/Option**键单击**Recovery（恢复）**滑块。除了一些白色和一些主色区域外，预览图将会转为纯黑色。这些图像区域中最亮的值至少能在一个RGB通道中达到最大值，即255。白色的点则会在3个通道中达到最大值。这里没有图像数据需要恢复，如果执行恢复操作，只会将图像的白色区域转换成相同的灰色。彩色区域显示RGB通道中的一个或两个通道中有一些图像数据，如 **2c** 所示。Camera Raw可以较好地仅恢复带有该信息的细节。按住**Alt/Option**键的同时将滑块缓慢地向右拖动直到整个视图都转为黑色。当所有的彩色像素被删除后，没有高光会被转换成纯白色。**注意**：调整**Recovery（恢复）**选项时，直方图1代表高光的右端所受的影响要多于左端。

接着，向右拖动**Fill Light（填充亮光）**滑块以调亮阴影并且突显背景墙上的细节，持续拖动直到看到阴影中有足够细节。如果直方图显示最左端有少许空间，便可以稍微向右拖动**Blacks（黑场）**滑块，如 **2d** 所示。只要稍微增加对比度即

2c

按住Alt/Option键时在Recovery（恢复）预览中看到的局部图，色斑处表示该处是可以恢复的高光细节。

2d

注意，调整Recovery（恢复）选项后，直方图右侧不再平坦而是更为倾斜了。Fill Light（填充亮光）调亮了阴影色调，并且稍微地增加黑场，将最黑的色调全部转换成了黑色。

2e

在Basic面板中调整后的照片。

可，而不要使最左端出现太突兀的条状物。

Clarity（清晰度）可以很好地增加中间色调的对比度（以及锐化的外观）。如果需要确认Clarity（清晰度）滑块没有将高光推得过远，可以查看直方图或者在按住Alt/Option键的同时再次单击Recovery滑块。Vibrance（自然饱和度）会增加颜色的饱和度，但是添加的程度比较自然，不及Saturation（饱和度）那么强烈。现在所得到的颜色已经较为理想了，如2e所示，因此可以跳过Vibrance（自然饱和度）和Saturation（饱和度）选项，处理照片的杂色和颜色边缘。

3 消除杂色。 按下Ctrl/⌘+Option+0键将视图调节至100%或者按Ctrl/＋＋键放大至更大，查看更黑的中性区域，例如更大的台阶阴影面。在此，我们可以看到杂色，并不非常清晰但带有红色、绿色和其他色斑，如3所示。在Detail（细节）面板的Noise Reduction（减少杂色）区域中向右移动Color（颜色）滑块中和杂色。不调整Luminance（明亮度）滑块是因为明—暗噪波效果较为理想，并且不希望模糊岩石颗粒中的对比度。

4 删除颜色边缘。 在这张照片中，可以看到左侧墙上对角线阴影上的"紫色边缘"、台阶阴影和图像右上角几处清晰的带边缘效应的颜色，如4a所示。产生颜色边缘效应的原因有两种，其中一个是色差，这是因为镜头对不同波长光线的折射量不同，因而将白色光分成了多个分量，这种边缘效应因此产生，它通常更多地出现在广角拍摄时以及照片的边角。另一个原因是电子溢出，传感器会被非常明亮的光淹没，其中的一些电子会溢出转移到临近的传感器上。Lens Corrections（镜头校正）面板可以用于校正这两种边缘效应。

3

在Noise Reduction（减少杂色）部分，可以最小化明度噪波和彩色噪波（杂色）。杂色通常显示为纯色黑暗区域内的彩色屑状区域。

4a

4b

沿高对比度边缘出现的"紫边"现象。

使用Defringe: All Edges后,大多紫边都消失了。

4c

删除最后的颜色边缘。

5

当退出Camera Raw时,不管是否在其中进行了保存,Camera Raw设置都将作为JPEG的元数据包含在内。然而,如果你使用的是Photoshop CS3的Camera Raw,则有可能产生混淆。当再次打开JPEG文件时(不论是基于何种方式、何种程序、何种首选项设置来打开它),它可以作为经过Camera Raw修正后的版本打开,也可以作为原始版本打开。因此,保存Camera Raw修正后的版本非常重要,这样每次打开时都能保证严格一致。另一种方式是将文件保存为JPEG格式,它会将Camera Raw的更改嵌入到像素中。以不同的名字进行保存以便不会覆盖原文件,例如,filename-CRadjusted.jpg,或者还可以(.DNG)Digital Negative格式保存。

将图像放大到100%甚至是更大,使用Hand(抓手)工具移动图像,观察图像中部的台阶部分,此处对比度十分高。从Defringe(去边)下拉列表中选择All Edges(所有边缘)选项,如4b所示。如果颜色边缘所在位置的效果是灰色的线,则应选择Highlight Edges(高光边缘)选项。

接下来,调整一个或者两个Chromatic Aberration(色差)滑块进行操作。按住Alt/Option键的同时单击Red/Cyan(红色/青色)滑块,接着将只显示红色、青色和中性灰。它可以帮助定位更深的红色边缘或青色边缘——例如,位于右上角的红色边缘。向右或者向左拖动滑块减轻边缘效果。如果拖动的方向相反,边缘效果会加强。注意边缘在什么时候消失,消失时便停止拖动以免出现调整过度的效果,如4c所示。如果需要,可以重复调整Blue/Yellow(蓝色/黄色)滑块,以查看此处的变换是否会减少更多的边缘效果。

校正后,某处的边缘效果可能会比其他地方突出。因此,在消除图像中某个区域中的颜色边缘效果后,应该整体检查图像其他部分的效果。在重新调整Chromatic Aberration(色差)滑块时,就需要综合考虑。

5 保存更改后的文件。Camera Raw没有Photoshop中有的图层、混合模式或者用于精调图像、精确校正的其他功能。但是,在计算机系统或非Photoshop程序中处理Camera Raw处理过的JPEG和TIFF文件时有可能产生混乱,因此最好将处理过的文件进行保存。单击Camera Raw界面左下部的Save Image(保存图像)按钮,为文件设置保存位置、名称和文件类型,如5所示。单击Save Options(存储选项)对话框的Save(存储)按钮。

6 柔化"闪光灯阴影"。单击Open Object(打开对象)按钮,在Photoshop中打开图像(如果看到的是Open Image而不是Open Object,按住Shift键即可更改它)。在Photoshop中,若想柔化阴影而不丢失墙壁上的细节,新建一个用于阴影修复的空白图层。在图层面板中将图层的混合模式设置为Darken(变暗),以便在柔化时发散阴影。接着选择Blur(模糊)工具。在选项栏中选择Soft Round 13 pixels的画笔,设置Strength(强度)为100%,并且勾选Sample

Blur（模糊）工具◌与其他使用画笔笔尖的工具一样，可以以直线模式操作。单击确定直线笔触的始端，接着将光标移动到笔触的末端，并在按住Shift键的同时单击。

All Layers（对所有图层取样）复选框。沿着阴影的外部边缘绘制（参见左栏的提示）新图层中是边缘的模糊版本，如6所示。模糊操作会使一些像素变亮，一些像素变暗。但是若图层的模式为Darken（变暗）时，则只有加暗的像素会显示出来，在不产生明亮光晕的情况下发散和柔化阴影边缘。最后将分层的文件保存为PSD格式（执行File>Save As命令）。

6

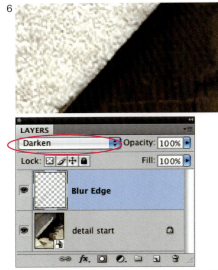

在一个独立的混合模式为Darken（变暗）的图层中，使用Blur（模糊）工具◌轻微地柔化阴影的边缘。

Camera Raw的色差校正过强之时

有时候图像的边缘效果太强以至于不能通过Camera Raw中Lens Corrections（镜头校正）面板（或者Photoshop的Lens Corrections滤镜，参见第277页）的控件进行修正。在这种情况下，可能需要尝试以下方法。单击Layers（图层）面板底部的◌按钮并添加Hue/Saturation（色相/饱和度）调整图层。单击颜色下拉列表中选择需要减少的颜色，使用Hue/Saturation Eyedropper（色相/饱和度滴管）工具◢准确选择图像中的颜色。如果大幅地移动Hue（色相）滑块，例如一直向右，便可以了解到：当使用Saturation（饱和度）滑块减少颜色边缘效果时，从更改颜色的区域开始有多少图像会受影响。拖动颜色栏中的三角形滑块，让它们更接近，并且通过移动Hue（色相）滑块进行复查，直到只选择要减少的颜色为止。将Hue（色相）滑块恢复到0，并且向右拖动Saturation（饱和度）滑块，使颜色边缘效果融入周围的效果。如果边缘效果中的颜色也在图像的其他区域中出现，则需要在Hue/Saturation（色相/饱和度）调整图层的蒙版中绘制黑色来恢复这些区域的颜色效果。

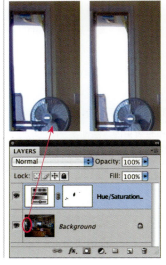

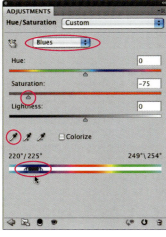

突显细节的方法

第332页的"突显细节"综合使用了Camera Raw和Photoshop来突显隐藏在图像中的细节，第249页介绍了Camera Raw的Clarity（清晰度）调整。以下将介绍一些其他的快捷方法来加大颜色和色调的差异。

- 使用诸如 Unsharp Mask（USM 锐化）、Smart Sharpen（智能锐化）或 High Pass（高反差保留）之类的滤镜，可以增加边缘两侧的对比度。

- 在原图像之上放置一个图像副本，并在 Layers（图层）面板中设置混合模式为 Contrast（对比度）型混合模式，例如 Overlay（叠加）模式。

- 进行 Shadow/Highlight（阴影/高光）调节或快速涂抹混合模式为对比度类型的"减淡和加深（dodge and burn）"图层，以增加阴影色调和高光的对比度。

- 添加一个带 S-形或 M-形曲线的 Curves（曲线）调整图层。

使用智能滤镜、调整图层或者复制图像图层均可以分离更改图像效果。因此，你将拥有最多的精细调整细节的选择：

- 可以对比为副本**应用不同对比度类混合模式**后的效果。

- 要减弱副本图层的效果，可以简单地在 Layers（图层）面板中降低 Opacity（不透明度），混合副本与原图层。

- **修改图像的特定区域**可以通过添加图层蒙版，按需显示或隐藏修改后的效果。

- 如果已经找到一种完美的加强特定细节的方法，但同时要**防止某些色调或颜色发生变化**，可以尝试调节 Layer Style（图层样式）对话框中 Blending Options（混合选项）的 Blend If（混合颜色带）滑块。

- 因为更改的数值基于文件输出的方式，因此保证更改状态是可编辑的，就可以**得到任意不同的输出效果**。

对于任何图像来说，突显细节或达到理想效果的方法都不止一种，"混合和匹配"之路永无止境。

附书光盘文件路径

 > Wow Project Files > Chapter 5 > Quick Detail

使用USM锐化

RICK WORTHINGTON

锐化前

锐化后

成功提高细节对比度之后，是应用Unsharp Mask（USM锐化）滤镜的最佳时机。在处理这幅数码照片时，我们先是对它进行转换以便可以应用智能滤镜（在"图层"面板中右击/Ctrl+单击图像图层的名字，并且执行Convert to Smart Object命令）。接着，执行Filter（滤镜）> Sharpen（锐化）> Unsharp Mask（USM锐化）菜单命令，并在Unsharp Mask（USM锐化）对话框中设置参数。有效的方式是暂时将Threshold（阈值）设置为0——Threshold（阈值）决定着滤镜评定边缘颜色差异的标准以及锐化边缘的界限，0意味着任何差异都将视为边缘。接着调整Amount（数量）（即增强彩色边缘的强度）和Radius（半径）（彩色边缘对比度强度增加的延伸范围），直至重要的细节达到所需的清晰度后，尽可能地提高Threshold（阈值），注意不要使细节模糊。提高Threshold（阈值）可以加大滤镜在调整诸如颗粒和噪点时的清晰度差异。

 Detail-Unsharp Mask.psd

估计锐化效果

锐化度需根据具体情况而定，但是过度锐化会使照片的人为痕迹过重。但是如果要将图像用于打印，要切记锐化在屏幕上显示的效果要比用更高分辨率打印的效果更强，在进行锐化调整时要预先估计到。

使用智能锐化

Smart Sharpen（智能锐化）滤镜可以生成逼真的"锐化焦点"。与 Unsharp Mask（USM 锐化）（第 337 页）相似的是，"智能锐化"滤镜会查找颜色边缘并进行锐化，但是它产生的"光晕"效果更小。可以将该滤镜与 Gaussian Blur（高斯模糊）滤镜 [Unsharp Mask（USM 锐化）采用的同样的计算方法]、Lens Blur（镜头模糊）（对于一张不对焦拍摄的照片来说，这是一个较好的方法）或者 Motion Blur（动态模糊）（适用于相机抖动或拍摄主体移动）进行中和。单击 Advanced（高级）单选按钮，可以防止 Shadows（阴影）和 Highlights（高光）受锐化的影响，从而得到更真实的结果。

为了突显细节，可以把图像图层转换成智能对象，再执行 Filter（滤镜）> Sharpen（锐化）> Smart Sharpen（智能锐化）命令。设置 Strength（强度）为 100%、Radius（半径）为 1.9 像素、Remove（移除）为 Lens Blur（镜头模糊），如 A 所示。单击 Advanced（高级）单选按钮，在 Highlight（高光）选项组中渐隐"过锐化"的"亮白"外观——设置 Fade Amount（渐隐数量）为 15%、Tonal Width（色调宽度）为 80%、Radius（半径）为 1，如 B 所示。在 Shadow（阴影）选项组中轻度渐隐"锐化"——设置 Fade Amount（渐隐数量）为 4%、Tonal Width（色调宽度）为 20%、Radius（半径）为 5。

 Detail-Smart Sharpen.psd

对比度模式下的高反差保留

Photoshop 的 High Pass（高反差保留）滤镜适用于降低无边缘区域的颜色和对比度，但同时会保留颜色毗邻处边缘区域的对比度。在对某种对比度类混合模式——包括 Overlay（叠加）、Soft Light（柔光）、Hard Light（强光）等——使用该滤镜，便可以得到一个锐化细节的强大工具。

第一步，将图像图层转换为智能对象，接着执行 Filter（滤镜）> Other（其他）> High Pass（高反差保留）命令，并单击 OK（确定）按钮。双击图层面板中 High Pass（高反差保留）项右侧的图标，如 A 所示，打开 High Pass（高反差保留）对话框，如 B 所示，将 Mode（模式）设置为 Overlay（叠加），并且单击 OK（确定）按钮，这样可以在调节滤镜设置时预览 High Pass（高反差保留）的效果。在"图层"面板中双击滤镜的名称重新打开 High Pass（高反差保留）对话框，尝试调节 Radius（半径）。在 High Pass（高反差保留）对话框中的方形预览区内，可以看到滤镜与该混合模式的结合效果，如 C 所示。

Detail-High Pass.psd

使用阴影高光

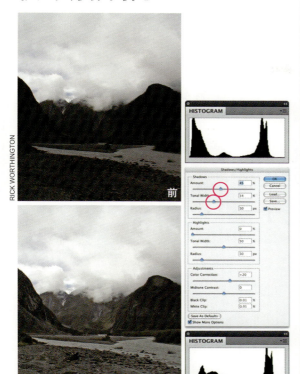

RICK WORTHINGTON

前

后

Shadows/Highlights（阴影／高光）命令可以在明亮高光突显的细节或阴影减弱的细节处添加对比度，但是不能像调整图层那样使用，只能作为智能滤镜使用。在处理这张照片时，先执行 Window（窗口）> Histogram（直方图）命令，打开显示阴影区波峰的 Histogram（直方图）面板。从该波峰可以看出，展开暗色调后即可突显该区域的细节。执行 Image（图像）> Adjustments（调整）> Shadows/Highlights（阴影／高光）菜单命令，在对话框中勾选 Show more options（显示其他选项）复选框。保持大多数设置的默认值，仅更改 Shadows（阴影）选项组中的 Amount（数量）和 Tonal Width（色调宽度）。默认为 50% 的 Tonal Width（色调宽度）会把深于 50% 灰的颜色作为阴影并进行亮化处理。该设置意味着会丢失云中的某些细节，因为它们都属于 Shadows（阴影）范围。为了避免损失，可以降低 Tonal Width（色调宽度），仅使该色调范围内最暗的 34% 部分发生变化。尝试调节 Amount（数量）直至得到最理想的效果——该值为 45%。Histogram（直方图）会显示阴影色调重新分布后的结果。

Detail-Shadow Highlight.psd

添加"减淡和加深"图层

前

"减淡和加深"图层

JHDAVIS

后

创建"减淡和加深"图层可以很容易地按需增加深浅区域的对比度，弱化色调或加强细节。其对应的调节步骤如下。打开图像文件，按住 Alt/Option 键的同时单击 Layers（图层）面板底部的 Create a new layer（创建新的图层）按钮。在弹出的 New Layer（新建图层）对话框中将模式设置为 Overlay（叠加），勾选 Fill with Overlay Neutral 50% gray［填充叠加中性色（50% 灰）］复选框。之后在该图层中使用柔角画笔工具，使用黑白色来绘画——Airbrush（喷枪）选项是否选择都可，同时将 Opacity（不透明度）和 Flow（流量）调低。这样一来，便可以放慢颜料的堆积速度，在突显细节时控制颜料的堆积。

Detail-Dodge and Burn.psd

管理"减淡和加深"图层

在绘制 Overlay（叠加）模式下的"减淡和加深"图层时，如果图像看起来过于饱和，即颜色过强，则可以将该图层的混合模式更改为 Soft Light（柔光）。

在"对比度"模式下复制

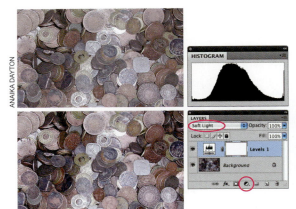

Soft Light（柔光）是一种主要用于增强中间调对比度的混合模式。除了突显细节外，还可以增加颜色强度。因此，它可以在那些主要由中间调构成的并包含不饱和颜色的图像中发挥较好功效，帮助它们增强颜色。如果图像颜色并不鲜艳、多样，将该图层混合模式设置为 Soft Light（柔光）模式时，很容易将颜色调到非打印色域内，因此屏幕中显示的颜色差异效果有可能在打印时表现不出来。

调节 Soft Light（柔光）效果的步骤如下：按 Ctrl/⌘ +J 键复制图像，或者添加一个"空白"的 Levels（色阶）调整图层——该方法和原理参见下方的"图像图层的'轻量级复制'"技巧。在 Layers（图层）面板中将添加图层的混合模式更改为 Soft Light（柔光）。

 Detail-Soft Light.psd

图像图层的"轻量级复制"

还有一种办法可以得到与"将图像复制到新图层中并更改混合模式"相同的效果，这样不会因为增加了一个图像图层而增大文件尺寸，这个技巧就是使用"空白"的调整图层。单击 Layers（图层）面板底部的 Create new fill or adjustment layer（创建新的填充或调整图层）按钮 ◑ 并在弹出的菜单中选择 Levels（色阶）命令——实际上，在弹出菜单中选择任何一个调整命令都可以达到理想的效果。在弹出对话框中单击 OK（确定）按钮关闭对话框，不进行任何改变，然后在 Layers（图层）面板中更改新图层的混合模式。使用该方法添加的好处是更改原图像时，不需要重新创建副本。

降低不透明度

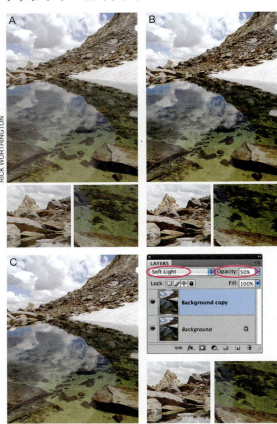

有时，复制图层或调整图层都可以得到正确的效果，但可能整体效果过强。为了降低滤镜、混合模式或调整图层的效果，可以仅降低智能滤镜或已添加图层的 Opacity（不透明度），减少它对混合图像的影响。

在这幅图像中的目标是突显岩石（不论是水上或水下）的细节。在原照片中，颜色十分中性，如 A 所示。由于需要增强的色调也是中间调，因此决定使用左栏介绍的"在'对比度'模式下复制"添加混合模式为 Soft Light（柔光）的复制图层，如 B 所示。此时，中间调的细节增强了，但是绿色的饱和度过强。尽管 Soft Light（柔光）图层混合模式主要作用于中间调，但是它也作用于深色阴影区域和浅色的雪和天空，因此这两类范围中的细节也会丢失。将 Soft Light（柔光）图层的 Opacity（不透明度）约设为 50%，可以得到一个更理想的效果，如 C 所示。

 **Detail-Opacity.psd**

使用"混合颜色带"保护色调

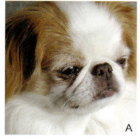

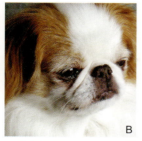

在这幅肖像照中，如 A 所示，为图像添加Soft Light（柔光）模式的"空白"Levels（色阶）调整图层（参见第340页的"在'对比度'模式下复制"），便可以为棕色毛发调整出理想的效果，通过提高颜色细节来增加中间调的对比度，从而提升细腻感，如 B 所示。但是在那些全色调范围的图像中（例如此处的这张），Soft Light（柔光）图层混合模式也会模糊阴影或高光细节。此处狗毛上最亮和最暗的部分就丢失了很多细节。在类似的情况下，Layer Style（图层样式）对话框中的Blend If（混合颜色带）滑块可以起到很大的帮助作用。

在 Layers（图层）面板中选择 Soft Light（柔光）图层，右击或者 Ctrl+ 单击调整图层缩览图，在弹出的菜单中选择 Blending Options（混合选项）命令，如 C 所示。右移 Underlying Layer（下一图层）的黑场，如 D 所示，加亮阴影。此时图像的暗色调（由黑场左滑块代表的色调）受 Soft Light（柔光）图层的保护了。为了得到保护色调与未受保护色调间的平滑过渡，可以进行以下操作。按住 Alt/ Option 键将黑场滑块分为两部分，向左拖动左侧的滑块。采用同样的方法处理狗毛中保护浅色调的白场，如 E、F 所示。

Detail-Blending Options 1.psd

因为Linear Light（线性光）混合模式会在增强对比度的同时加深颜色，所以很适合突显天空的细节。不管是带着云朵的浅蓝色（天空将变得更蓝）还是在日出或日落时的天空（颜色会变强），都能获得较好的效果。可以根据天空自身的具体需要进行调节，或者像下面这幅图像按照大地、雪或水域的需要进行调节。

使用Linear Light（线性光）模式，添加无变化的Levels（色阶）调整图层的操作步骤如下。单击Layers（图层）面板的Create new fill or adjustment layer（创建新的填充或调整图层）按钮，在弹出菜单中选择Levels（色阶）命令，在Photoshop CS3中单击OK（确定）按钮不做任何调整，此时可以看到新添加的"空白"调整图层，未对图像产生任何效果。接着，在Layers（图层）面板中设置图层的混合模式为Linear Light（线性光）模式。对大多数图像而言，得到的效果都要大大超出所需的强度，如下图所示。

通过降低Opacity（不透明度）来减弱Linear-Light（线性光）图层混合模式的效果。

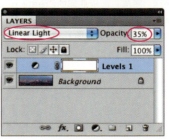

在这幅图像中，35%的Opacity（不透明度）值便可以在不丢失柔和薄雾效果的情况下，突显出摄影师记忆中的图像细节和颜色。

Detail-Linear Light.psd

使用S曲线

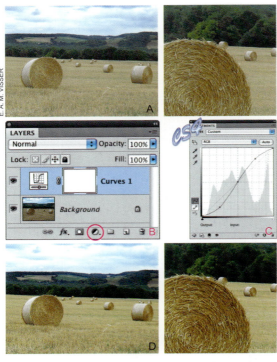

E. A. M. VISSER

S曲线调整法可以少量提高图像的中色调以及并不特别明亮或特别暗的色调的对比度，例如此处照片中的干草，如A所示。为了突显干草卷的细节，可以先单击Layers（图层）面板的Create new fill or adjustment layer（创建新的填充或调整图层）按钮 ⊘，并在弹出菜单中选择Curves（曲线）命令，新建曲线调整图层，如B所示。在Curves（曲线）对话框中单击线上的中点，但并不整体调亮或调暗图像。接着单击四分之三处的色调点，并将其稍微向下拖动一点。最后单击并拖动四分之一处的色调点，完成S形的调整，如C所示。目前的色调范围内较为陡峭（近乎垂直），对比度增加了。相反，那些平坦处（近乎水平）的对比度减弱了。S曲线可以通过将某些中间调推入高色调范围和低色调范围来突显细节，如D所示。

需要注意的是，Curves（曲线）调整图层在突显干草细节的同时还会使天空、树木和山脉图像发生变化。如果不需要进行这些变换，还可以通过图层蒙版来遮盖这些区域的调整。▼

知识链接
▼ 绘制蒙版 第 84 页

使用M曲线

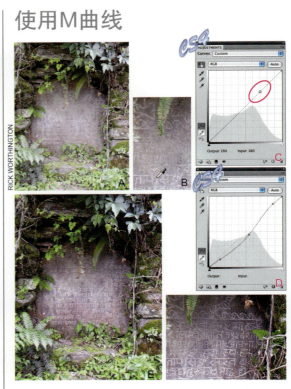

RICK WORTHINGTON

如果要突显中间调细节的图像内还拥有部分非常暗的色调，如 A 所示，那么微小的M曲线即可达到比S曲线更好的效果。为了突显石头图像的刻痕，可以参照左栏内容，单击 ⊘ 按钮添加一个Curves（曲线）调整图层。弹出Curves（曲线）对话框后，将吸管状的光标移至图像窗口内，沿带刻痕的石头周围拖动，如 B 所示。观察Curves（曲线）对话框内对角线上小圆点的移动，如 C 所示，不难看到岩石表面大部分（刻痕和表面）的色调都位于上部的中色调范围。为了突显细节，可以通过加大这些曲线的陡峭度来增加这些色调的对比度。首先是将中点向下、向右拖动，将石头整体调暗。接着，单击曲线上端，并将新添加的点稍向左上方拖动，使中点和该点间的曲线变得更陡峭，并且创建M形曲线中的第一个驼峰。单击底端曲线，并再次向左上方提升，完成M形的创建，如 D 所示。这可以恢复因拖动中点而变得"平淡"的阴影细节，如 E 所示。（在Photoshop CS3中需要单击OK按钮确认调整效果。）

使用图层蒙版选择

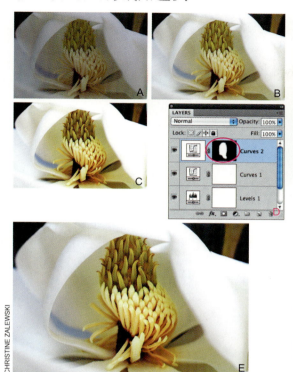

CHRISTINE ZALEWSKI

使用颜色混合带保护颜色

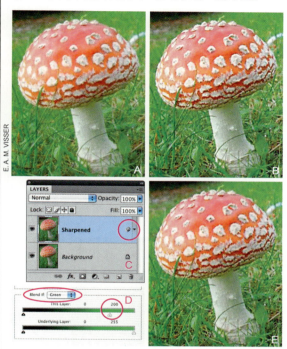

E. A. M. VISSER

为了将细节增强效果限定在图像的局部范围内，可以在增强图层上添加一个"隐藏所有"的图层蒙版，并接着使用白色画笔勾出绘制需要显示的部分。Christine Zalewski通常会在植物素描画中使用S形曲线来增强细节。在此处的木兰图像中，她将变换定位在花朵中部，以将观众的眼球吸引至此。从原照片开始，如 A 所示。完成大多数的准备工作，如 B 所示。接着应用带S形曲线的Curves（曲线）调整图层（具体操作参见342页的"使用S曲线"）。调整曲线直至花朵中心突出来，如 C 所示。接着使用黑色填充调整图层的蒙版，完全隐藏Curves（曲线）调整图层效果（如果黑色是前景色，可以通过按Alt/Option+Delete键来填充。如果黑色是背景色，则可以按Ctrl+Delete键）。Zalewski单击Brush（画笔）工具 ✎，并在选项栏中选择一支大的柔角画笔笔尖，调低Opacity（不透明度）。将前景色设为白色，使用白色绘制花朵中心的蒙版，将需要呈现的曲线调整效果轻松地体现出来，如 D、E 所示。

Layer Style（图层样式）对话框中的Blend If（颜色混合带）滑块可以保护特定的色调范围，参见第341页的"使用'混合颜色带'保护色调"。有时，这些滑块在保护特定颜色时也非常有用。在这幅小型的伞菌照片 A 中，将采用第337页的"使用USM锐化"中应用的Unsharp Mask（USM 蒙版）进行锐化处理。设置Amount（数量）为200、Radius（半径）为2、Threshold（阈值）为1，如 B、C 所示。以上锐化设置可以强化红白相间的菌盖细节，同时也会增强周围草地的对比度，当增强得过多时便会造成画面的混乱。因为草地和菌盖的颜色很不相同，可以使用Green（绿）"Blend If（颜色混合带）"滑块减弱对比度，同时不至于过多减弱菌盖的锐化效果。

单击Layers（图层）面板的扩展按钮，在扩展菜单中选择Blending Options（混合选项）命令，在Blending Options（混合选项）面板的Blend If（颜色混合带）选项组中选择Green（绿）通道。拖动This Layer（本图层）滑块进行调整，将亮绿色末端的白场移至左端。使用此方法减少草地对比度的速度要远大于对菌盖锐化的减弱。在此，我们将其设置为200，如 D、E 所示。

 **Detail-Blending Options 2.psd**

聚焦

附书光盘文件路径

🔵 > Wow Project Files > Chapter 5 > In
Focus：

- Focus-Before（6个JPEG格式的原始
  文件）
- Focus-After.psd（效果文件）

从Window（窗口）菜单打开以下面板
　　Layers（图层）

步骤简述
将系列照片作为单个文件的多个图层载入并
对齐·使用"自动混合图层"命令·按需绘
制黑色蒙版隐藏其他图层中未对焦的部分

1

PHOTOS: GAREN CHECKLEY

在此显示的是7张系列照片中的第一张和最后一
张，第一张聚焦的是头部，最后一张聚焦的是竖
立的尾部。

使用Bridge CS4可以节省少量的内存

如果聚焦系列文件很大，不妨考虑从Bridge
中打开它们以节约Photoshop内存。在
Bridge中选择图像并且执行Tools（工具）>
Photoshop > Load Files Into Photoshop
Layers（将文件加载到Photoshop图层）命
令。在最终的分层文件中选择所有的图层，
执行Edit（编辑）> Auto-Align Layers（自动
对齐图层）命令，然后执行Edit（编辑）>
Auto-Blend Layers（自动混合图层）。

为了延展近距照的浅景深，可以拍摄一系列的照片并使每
张照片的焦距略有不同，接着再将照片混合在一起。在
Photoshop CS4 中可以自动完成这一操作。在 Photoshop CS3
中还需要手动操作，对于上面这幅在一张从主体对象向四
周延展的照片而言，再多的工作量都值得，类似于 Katrin
Eismann 的《鲭鱼的美丽》（Mackerel Beauty）（第 648 页）
这样的作品，较大的工作量也是合理的。

认真考量项目。 如果使用的是 Photoshop CS4，则在拍摄时
就要考虑为同一主题选择不同的焦距，使相机和拍摄对象保
持静止状态。一定要确保采用了不同焦距拍摄主体对象的各
个部位，剩下的工作可以交给 Photoshop CS4 轻松完成。

1 拍摄多幅照片。 Garen Checkley 拍摄了 6 张澳大利亚胡须
蜥的照片，如 1 所示。（并非所有的动物都能像胡须蜥这样
长期保持静止状态供你拍摄，因此最好拍摄产品或是静物。）
使用佳能 EOS 400D 结合三脚架来拍摄 6 张照片，相机使用
18–55 mm 镜头、f/4.5 光圈、ISO 200。白天室内的光线来自
于窗户，落地灯用于补光。他采用手动对焦的方式，拍摄时
间均不超过 5 秒。

2 堆栈并对齐照片。 在 Photoshop 中打开文件，执行 File（文
件）> Scripts（脚本）> Load Files Into Stack 命令，在 Load
Layers 对话框中，单击 Add Open Files 按钮查看所有开启文
件的列表，如 2 所示。如果除了系列照片外还打开了一些不
需要文件，使用 Remove（删除）按钮将其清除。如果需要
对齐照片以便之后能更好地进行混合，可以勾选 Attempt to

2

设置Load Layers对话框。

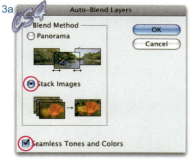
3a

Photoshop CS4的Auto-Blend Layers对话框中提供了Stack Images选项，该选项可以将混合不同焦距系列照片的过程自动化。

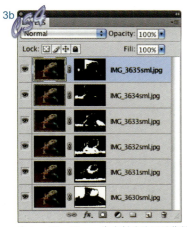
3b

由Auto-Blend Layers命令创建的图层蒙版。

Automatically Align Source Images 复选框，单击 OK 按钮关闭 Load Layers 对话框。

3 混合图层。堆栈并对齐后文件后即可混合图层。以下是在 Photoshop CS3 和 CS4 中存在较大差异之处：

- 在Photoshop CS4中堆栈完成后，在图层面板中默认选择的是底部图层。要想选择所有的图层，可以按住Shift键单击顶部图层。执行Edit（编辑）>Auto-Blend Layers命令。在Auto-Blend Layers对话框中Blend Method设置为 Stack Images，勾选Seamless Tones and Colors复选框，如 3a 所示。Photoshop会对比所有图层，查找细节中带有清晰对比度的区域，并为每个图层添加蒙版，以调节这些区域对最后效果的作用。位于焦距外的区域的细节对比较低（较为模糊），已经进行了蒙版处理，如 3b 所示。

- 在Photoshop CS3中，Auto-Blend Layers功能不知道如何对堆栈进行混合堆栈。它会尝试对所有的图层进行全景组合，发现不能拼合成全景图时便为一个图层添加白色蒙版，为其他的添加黑色蒙版。手动混合是一个巨大的工程，在查看如图 3b 所示的图层面板中的蒙版时便可以想象。若要混合图像，可以先选择顶层图层的蒙版，使用黑色画笔进行绘制，以隐藏图层中不对焦的区域。重复此过程，向下移动图层堆栈，在白色蒙版中绘制黑色，直到所有的图像变得清晰。

完成最后的润饰。到此，如果需要调整颜色和对比度则可以添加调整图层（此处未添加）。▼使用Crop（裁剪）工具▲ ▼裁剪掉由Auto-Align Layers创建的透明区域。为了锐化图像，可以盖印图层（Windows中为Ctrl+Shift+Alt+E，Mac中为⌘+Shift+Option+E），执行Filter > Sharpen > Unsharp Mask，设置Amount为90、Radius为1.5、Threshold为6。

▼ *Wow!*

知识链接

▼ 使用调整图层 第 245 页

▼ 使用裁剪工具 第 240 页

▼ 锐化 第 259 页

柔焦

附书光盘文件路径

wow > Wow Project Files > Chapter 5 > Soft Focus:

- Soft Focus-Before.psd（原始文件）
- Soft Focus-After.psd（效果文件）

从Window（窗口）菜单打开以下面板
- Layers（图层）• Layer Comps（图层复合）

步骤简述
混合模糊副本与清晰的原图像 • 通过更改 Opacity（不透明度）和图层混合模式控制效果，限制两个图像版本相互作用的色调范围 • 遮罩混合图层，进一步限制效果

自 19 世纪末，摄影师们就开始使用柔焦和朦胧效果来为图像增添浪漫效果。在使用相机拍摄时，可以通过在镜头前面的中性密度滤镜上抹上一层凝胶体或者在镜头上哈气形成的一层薄雾来达到此效果。如今，可以使用 Photoshop 混合模糊化的图层和清晰的原图，并且调节柔焦区域来尝试不同效果。

认真考量项目。 使用 Gaussian Blur（高斯模糊）滤镜制作整体柔和、平滑的模糊。因为不同的图层混合模式和不透明度会影响柔和的外观，所以可以尝试几种不同的结合方式，将最理想的效果保存为 Layer Comps（图层复合）以便预览。Layer Comps（图层复合）面板可以记录图层不透明度、混合模式和其他混合选项的改变，但是不能记录智能滤镜的更改。因此要在图像的副本上使用该滤镜，再将带有滤镜效果图像与不带有滤镜效果的图像混合在一起。

1 将图像复制到新的图层。 打开Soft Focus-Before.psd文件，将其复制到一个新的图层——使用Layer（图层）> New

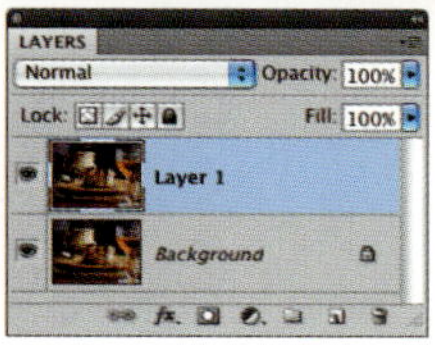

原照片被复制到新图层中。

副本图层已被模糊。

（新建）> Layer Via Copy（通过拷贝的图层）菜单命令或按 Ctrl/⌘+J 快捷键，如 **1** 所示。

2 对复制的图层进行模糊化处理。为了制作出朦胧感，可以执行 Filter（滤镜）> Blur（模糊）> Gaussian Blur（高斯模糊）命令，如 **2** 所示。Radius（半径）决定了能够取得的光晕大小或者柔化程度。此处将1000像素宽的图像的Radius（半径）设置为10像素。双击"图层"面板中的图层名称，更改名称可以帮助记忆滤镜设置。

3 调整混合模式和不透明度。为了使模糊效果呈现出一种浪漫的光晕效果，可以在 Layers（图层）面板中设置图层混合模式为 Lighten（变亮），或 Screen（滤色）模式，如 **3a**、**3b** 所示。在两种模式下，经过模糊化处理的浅色像素都可以照亮位于其下方的像素，而其中的黑色像素则仅会产生很小的影响或根本不产生任何影响。在混合图像中，这会限制高光部分的绝大多数柔化处理，而保留中间调和阴影中的一些清晰细节。

> **知识链接**
> ▼ 混合模式
> 第 181 页

注意 Lighten（变亮）不会减弱高光，也不会像Screen（滤色）模式那样过多加亮中间调。在Screen（滤色）模式下，顶层图层的所有像素都被用于加亮底层的像素，而最亮的像素加亮得最多。因此，除最暗区域外的整个混合图像将显著调亮。▼

4 创建图层复合。为图层创建图层复合，以便将它们与其他

3a

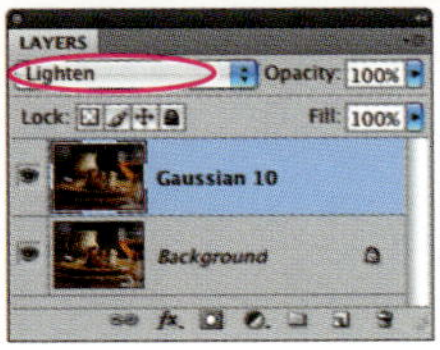

将顶部图层的混合模式设置为Lighten（变亮），即可达到模糊无处不在的效果。

3b

将顶部图层的混合模式设置 Screen（滤色），显著加亮照片。

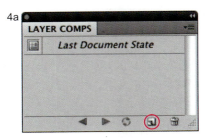

4a

单击"创建新的图层复合"按钮 打开New Layer Comp Options（图层复合选项）对话框。勾选 Appearance（Layer Style）复选框以记录图层复合的不透明度和混合模式。

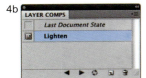

4b

单击New Layer Comp 对话框中的OK按钮记录Layer Comps面板中的复合。

4c

另一个以模糊图层的混合模式命名的图层复合已被添加至Layer Comps面板中。

4d

减少Screen模式下的模糊图层的不透明度以生成柔光效果。

选项进行对比。单击Layer Comps（图层复合）面板的 Create New Layer Comp（创建新的图层复合）按钮 。在Layer Comp Options（图层复合选项）对话框中勾选了 Appearance（Layer Style）［外观（图层样式）］复选框，如 4a 所示。尝试调节不透明度和混合模式，如果勾选了 Appearance（外观）复选框，这两种操作都会记录在图层复合中。将复合命令为"Lighten"并单击OK（确定）按钮，如 4b 所示。接着将混合模式更改为Screen（滤色），并创建另一个复合，将它命名为"Screen"，如 4c 所示。

尝试调节Opacity（不透明度）以及更多的混合模式，创建更理想的图层复合。在Screen（滤色）模式下，将Opacity（不透明度）设为60%，便可以得到理想的效果，如 4d 所示，因此又得到了一个图层复合。在Overlay（叠加）模式下，将Opacity（不透明度）设为60%，如 4e 所示。在Soft Light（柔光）模式下将Opacity（不透明度）设为60%，如 4f 所示。也可以为图像添加戏剧化效果——这两个结果也可以保存为图层复合。

5 基于色调混合。经过测试发现，Screen（滤色）模式最为理想，如果需要达到暗部仍旧发暗，高光产生Screen（滤色）全发光的效果，可以尝试以下操作步骤。在"图层"面板中双击模糊图层的图像缩览图，打开Layer Style（图层模式）对话框，General Blending（常规混合）选项组中将 Blend Mode（混合模式）设置为Screen（滤色）、Opacity

4e

将Overlay模式下模糊图层的不透明度设置为60%，加亮图像的浅色和深色区域。

外观（图层样式）

在Layer Comp Options（图层复合选项）对话框中勾选Appearance（Layer Style）［外观（图层样式）］复选框，图层复合将记录下Layer Style对话框中的所有设置——包括Blend Mode（混合模式）和Opacity（不透明度），甚至是在"图层"面板中的设置。

4f

Opacity为60%的Soft Light模式也可以加大浅部和暗部，但对比度不及Overlay（叠加）模式。

5a

将This Layer黑场滑块分开后，可以控制混合图像的暗色调对合成图像的作用。除了提供Advanced Blending（高级混合）选项外，Layer Style（图层样式）对话框还允许用户重新设置Blend Mode和Opacity。

5b

This Layer设置主要限制了模糊图层的高光和浅色调效果。

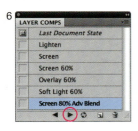

6

在Layer Comps（图层复合）面板中单击Apply Next Selected Layer Comp按钮执行复合。

（不透明度）为80%。在Blend If:Gray（混合颜色带：灰色）选项组中，按住Alt/Option键向右拖动This Layer（本图层）黑场的右半个滑块，如 5a 所示。滑杆代表从黑到白的全色调范围，移动的右滑块所对应的色调（即较亮的色调）会全部作用于合成图像。两个黑色滑块之间的色调（即较暗的色调）仅部分作用于合成图像。而在此范围外暗色端点外的其他色调则不会影响图像。最大程度地削弱模糊图层最暗像素的效果，即可在保持原清晰图层的暗色调时整体柔化图像。将滑块分成两部分得到一个平滑的渐变，以防止模糊图像之间出现明显的不连续，如 5b 所示。尝试不同的Blend If（颜色混合带）设置，并在得到任何一种理想的结果后单击OK（确定）按钮确认，即可创建一个新的图层复合。

6 选择一个复合。 要检验保存后的复合，可以单击 Layer Comps 面板的 Apply Next Selected Layer Comp（应用选中的下一图层复合）按钮执行选中的复合，在最理想的复合处停止，如 6 所示。选择名为 Screen 80% Adv Blend 的复合。

7 遮罩效果。 快速、随意地绘制图层蒙版，将"浪漫效果"应用至图像指定区域。单击图层面板的添加图层蒙版按钮，添加图层蒙版。选择大的柔角画笔，将前景色设置为黑色。在选项栏中将画笔的 Opacity（不透明度）设置为15%，涂抹要减少发光效果的区域。为了突出糕点，可以遮罩部分玻璃、水罐和汤匙效果，如 7 所示。循环应用图层复合，可以发现所有图层复合中都显示了蒙版。

检查部分

检查创建的部分而非所有的图层复合时，可以在按住Ctrl/⌘键的同时单击要查看的复合名称，接着单击▶按钮执行选中的复合。

7

绘制好的图层蒙版会影响发光（如在糕点上生成高光——该发光已受混合模式、不透明度和高级混合设置的影响）。

从复合到文件

可以基于图层复合制作单个文件。在制作完图层复合后，执行File > Scripts > Layer Comps to Files（图层复合导出到文件）命令，根据对话框的指令创建并且保存单个文件。

使用旋转模糊

本页有两个应用旋转模糊的实例，一个是完全在拍摄时完成模糊，这可以避免因弱光环境引发的问题。另一个是在Photoshop中对拍摄完成的照片进行模糊处理，这为抓拍动作的照片添加了动感。

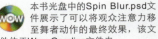

本书光盘中的Spin Blur.psd文件展示了可以将观众注意力移至舞者动作的最终效果，该文件位于Wow Goodies文件夹。

"真实"（大多数情况）：图像是裁剪后的效果，因此"锐化中心"偏离正中央，略高于照片拍摄的中心。

"**真实**"：参观里斯本的Coach博物馆时，由于该博物馆不允许使用闪光灯拍照，因此摄影家Katrin Eismann决定使用模糊拍摄。她使用了适宜在弱光环境中使用的高ISO设置（ISO 800），并在拍照时采用了半秒钟的曝光时间来捕捉足够的光线。她没有想尽办法避免因长时间手持拍摄导致的必然抖动，而是在拍摄时把相机竖起——由此状态开始移动相机并按下快门，平滑地旋转相机可以让模糊集中出现在照片的边缘。镜头中心没有移动，因此照片的中心部位仍旧清晰。Katrin 说："要想拍摄到理想的效果就必须得多拍，而且还要看你是否幸运。" 锐化（清晰）中心有可能并不在最终图像的中心，所以还需要在Photoshop中裁剪照片。

Photoshop：Photoshop 的Radial Blur（径向模糊）滤镜能确保旋转精确地位于这张动感舞者照片的中心，因此可以将添加了滤镜效果后的图像和未添加滤镜效果的照片合并在一起，操作步骤如下。将图像转换成智能对象（Filter > Convert for Smart Filters）。▼接着执行Filter（滤镜）> Blur（模糊）> Radial Blur（径向模糊）菜单命令，打开Radial Blur（径向模糊）对话框。▼将Blur Method（模糊方法）设置为Spin（旋转），并在Blur Center（中心模糊）中将旋转中心轻微地向右侧拖曳，根据舞者的左臀（在此处裙布像是被固定住了，因此旋转运动将以此为中心）来决定该中心的位置。因为Radial Blur（径向模糊）滤镜没有Preview（预览）选项，所以可以将Quality（品质）设置为Draft（草图），以得到一个快速的效果。设置Amount（数量）值后单击OK（确定）按钮。若要尝试其他设置，可以在"图层"面板中双击Radial Blur智能滤镜，并且更改Amount（数量）值，直至得到理想的动感效果——此处Amount（数量）值为10，将滤镜的Quality（品质）设置为Best（最好），并单击OK（确定）按钮，确定最终效果。

由于只需要保留裙子部分的模糊效果，因此可以通过智能滤镜的内置蒙版来消除裙子部分以外的模糊效果。使用黑色填充蒙版完全遮盖整幅图像（在"图层"面板中选择图层，按下D键恢复默认前景色，再按下Ctrl/⌘+Delete键使用黑色填充蒙版）。使用白色的柔软画笔涂抹要添加模糊的地方，为裙子添加旋转模糊效果，按照需要在选项栏中更改Opacity（不透明度）值。▼如果白色涂抹得过多，可以再次使用黑色画笔进行涂抹将其隐藏。

Phtoshop（大多数情况）：一些动感源自于拍摄原照片使用的闪光灯。

知识链接

▼ 智能滤镜　第 72 页

▼ 使用径向模糊　第 263 页

▼ 绘制图层蒙版　第 84 页

为黑白照片手动上色

附书光盘文件路径

> Wow Project Files > Chapter 5 > Hand-Tinting:

- Hand-Tint-Before.psd（原始文件）
- Wow Tints.aco（色板预设）
- Hand-Tint-After.psd（效果文件）

从Window（窗口）菜单打开以下面板
- Layers（图层） · Swatches（色板）

步骤简述
从RGB颜色模式的黑白照片着手 · 针对各个颜色创建一个单独的Color（颜色）混合模式图层，并调整Opacity（不透明度）· 创建一个"减淡和加深"图层

1a 复制原RGB扫描文件，以便可以在对副本进行操作的同时保存原文件的完好。

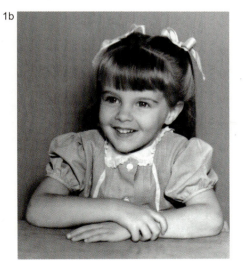

1b

经过颜色中和、色调调整和破损修复处理后的Hand-Tint-Before.psd。

在早期的摄影史中，摄影师们使用各种颜料和染料为黑白照片上色，如今这一方式又开始以各种形式风靡起来。

认真考量项目。在 Photoshop 中，为各种颜色创建一个单独的 Color（颜色）混合模式的图层，以便更灵活地控制各种颜色与黑白照片的交互作用。在其中可以像处理小女孩的脸部一样仔细地上色，也可以选择简化和轻松的处理方式，就像处理裙子和背景那样。为了使着色的操作更为灵活，可以分别为每种着色添加一个新的图层——有时同一种颜色不止对应一个图层，这样便可以将一种颜色应用于图像的不同部位。应用各种颜色的方法是绘制一道笔触，然后设置不透明度为 100%（最深的着色效果），逐步减少图层不透明度直至得到理想的着色效果，再继续绘制。因为颜色浓密的缘故，所以第一道笔触往往显得有些突兀，但是一旦图层不透明度调试完成后，颜色便会显得十分自然，绘制过程也会变得十分自然和快速。（有关其他非手动上色的方法，请参见第203 页的"着色效果"。）

在Color（颜色）模式下着色

在为黑白照片着色的过程中，若绘制图层的混合模式被设为Color（颜色）时，将很难准确预测特定颜色与下方灰色范围的相互作用方式。在此，对Color模式下的透明图层应用全饱和光谱渐变，并将它置于黑白全色调范围的图层之上。

此着色并不会显示黑色或白色。同样，中间调的着色最强，但是接收最多着色的色调范围将随颜色的不同而有差异。**注意**：如果某部分为非常浅的灰，就不能以这种方法将它着上亮红色。如果某部分为暗灰，则不能成功地将它着上黄色。

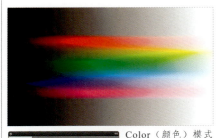

Color（颜色）模式图层上的渐变为下方图层的灰色着色。

如果载入了Wow预设，那么Swatches（色板）面板菜单中就会出现Wow-Tints。如果没有载入，可以选择Load Swatches（载入色板）命令将它添加至当前面板。

1 准备照片。首先，准备一张具有上色潜质的黑白照片。如果照片为灰度格式，可以先执行 Image（图像）>Mode（模式）> RGB Color（RGB 颜色）菜单命令，将其转换成 RGB 格式。执行此操作时图像的外观不会改变，但是具有了上色的"潜质"。如果照片是一个带有颜色的文件，如 **1a** 所示，要想将该文件的颜色中性化以使其具有上色的潜质，最可控的方式就是使用 Channel Mixer（通道混合器），不过还有其他的快速转换方法。▼

为了得到用于着色的全灰色图像，可以将按需添加 Levels（色阶）或 Curves（曲线）调整图层，▼或者将 Shadows/Highlights（阴影 / 高光）命令用作智能滤镜。▼再使用修复画笔、污点修复画笔、修补工具或其他工具，如 **1b** 所示。▼

2 设置颜色。在着色过程中选择少量要使用的颜色。参见下方的"收集颜色"技巧，选择10种颜色并将它们在Swatches（色板）中隔离出来。如果想使用书中使用的颜色，单击Swatches（色板）面板的扩展▼≡按钮，在弹出的扩展菜单中单击载入Wow-Tints.aco文件，如 **2** 所示。如果还没有载入Wow预设，▼扩展菜单中将不会出现这一项。在这种情况下，可以选择Load Swatches（载入色板）命令，并查找到Wow Tints.aco文件（参见第351页的"附书光盘文件路

收集颜色

为了在操作时创建一组易于挑选的颜色，可以将它们存储在Swatches（色板）面板的末尾。单击面板中各颜色对应的色板，将光标移动到面板最后的空白处，在此光标会变成油漆桶形状，单击即可将前景色"倾注"到一个新色板中。

Wow-Tints.aco 包括大量的皮肤、头发和眼睛颜色和色调，以及用于着色的环境色。对"为黑白照片手动上色"中使用的颜色进行取样或混合，并将它们倾注到 Wow-Tints 面板后部、紧接黑色色板的 10 个色板中。

颜色名称

为了以名称和色板列表的形式查看 Swatches（色板）面板，可以单击面板的扩展按钮并选择Small List（小列表）命令。

3a

添加新图层，并将其图层混合模式设置为Color 模式。

3b

选择柔角画笔，将Opacity（不透明度）和Flow（流量）分别设置为100%，大小设置为100像素，使其更适用于小女孩的手臂。

4a

在Opacity为100%的图层中的第一道笔触。

4b

将图层的Opacity降低为75%，以得到一个满意的着色。

4c

在BasicSkin图层上擦除眼睛和牙齿处颜色的效果。Opacity为100%的绘制效果如左图所示。

径"），将它添加到"色板"面板中。

3 设置图层和画笔。 单击"图层"面板的创建新图层按钮，在图像之上添加一个图层。当面板中出现新建的图层时，设置图层的混合模式为Color（颜色），如 **3a** 所示。将着色图层设为Color（颜色）模式可以在添加着色的同时，维持原图像明度（明暗）。这样一来，便不会以不透明的色块结束。

在工具箱中选择画笔工具，在选项栏的Brush Preset（画笔预设）拾取器中拾取柔角画笔笔尖，选择一个与第一次着色区域匹配的大小。将Opacity（不透明度）和Flow（流量）设置为100%，如 **3b** 所示。在全不透明度和流量的设置下，可以均匀地应用颜色，而不会在画笔覆叠之处产生条纹。

4 从皮肤色调开始。 使用画笔工具在Color（颜色）图层上着手绘画，在Swatches（色板）中单击颜色并绘制一道笔触。使用Light Skin颜色开始绘制女孩的手臂，如 **4a** 所示。接着调整Layers（图层）面板中的Opacity（不透明度），直至着色效果变得理想为止，将不透明度降低至75%，如 **4b** 所示。如果单纯调整不透明度得不到理想的效果，可以从Swatches（色板）面板中选择另一种颜色，或者单击工具箱中的前景色块，并从拾取器中选择其他颜色。选择了理想的颜色后，单击Swatches（色板）面板最后一个色块之后的空白区域进行保存。

在绘制过程中，可以使用括号键（[和]）将画笔笔尖调小或调大。不要指望得到完美的边缘——在进行传统的手工着色时，颜料也不可能完美应用。在女孩的手臂和脸部绘制，不用刻意避开眼睛和嘴。选择橡皮擦工具，将Mode（模式）设置为Brush（画笔），调低Opacity（不透明度），使用较小的柔角画笔笔尖擦除溢出至其他区域的肤色。擦除眼部除睫毛和眉毛的部分，并且擦除牙齿部分而不要影响嘴唇部位。嘴唇中的颜色将充当之后着色的基色。

到此，双击图层面板中着色图层的名称，将其重命名为"Basic Skin"，以便在进行更改时轻松识别图层，如 **4c** 所示。

5 绘制强调色。 下一步将强调脸部受光部位的形状。添加一个Color（颜色）模式的新图层，选择Light Skin Accents 颜

5a

使用Light Skin Accents颜色
应在模式为Color（颜色）、
Opacity（不透明度）为20%
的新图层中绘制。绘制的
强调色如左图所示，此时
Opacity为100%。

5b

5c

Light Brown Hair颜色被
用于Basic Hair图层，图
层Opacity（不透明度）
为100%。

5d

使用Hair Highlights 1和
Hair Highlights 2笔触在
另一个图层中添加高
光。此图显示的图层不
透明度为100%，但文
件中的不透明度已被削
减至15%。

同样的Light Skin Accents颜色被用于Lips和Gums
图层，Lips和Gums图层的Opacity（不透明度）
分别为20%和35%。

色，并且将画笔工具的尺寸调小。在脸部试着绘制一笔，并
及时调整图层的Opacity（不透明度）直至颜色恰到好处，
在此处设置为20%。接着继续在脸颊、下巴、鼻尖和眉毛上
涂抹。使用非常小的画笔工具，蘸取颜色轻轻涂抹眼角，并
沿下眼睑的边缘绘制笔触，如5a所示。如果需要，还可以加
重手和手臂的颜色。

为嘴唇和牙龈分别创建一个模式为Color（颜色）的图层。对
于那些肤色较浅的人，嘴唇和牙龈通常与皮肤色调同色，但
是更深，如5b所示。而对于那些肤色较暗的人，则应对嘴唇
和牙龈使用比脸颊更冷的肤色调（在里面加入更多的蓝）。

继续为头发、虹膜、眼白以及牙齿添加图层。在创建作用
于头发颜色的基础图层时，只需简单地拾取一种看上去与
最亮值匹配的颜色，并将图层不透明度设为100%，如5c所
示。使用单一一种颜色绘制的头发看起来会十分不自然，因
此可以添加另一个图层并使用两种强调色来绘制少量条纹，
如5d所示。将图层的混合模式设为Normal（正常），并将
Opacity（不透明度）减弱为15%。

为眼睛的虹膜绘制蓝色，同时为眼白和牙齿上色。在着色后
的照片中，即使是再浅的颜色也要比原来的灰色更自然，如
5e所示。

6 管理图层。完成绘制后选中所有的绘画图层，并且将它们
放在一个图层组中，以便可以简单地调整组的不透明度来
更改整体颜色的浓淡，而无需改变相关部分的颜色平衡。
创建图层组的方法如下：在图层面板中单击将放置图层组中
的顶部图层，再按住Shift键单击底部图层，单击面板扩展菜

5e

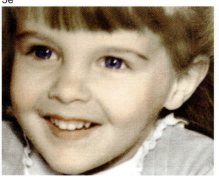

使用Blue Eyes颜色为虹
膜着色，并使用暖色调的
White-Eyes & Teeth颜色
去除眼睛和牙齿里的灰色
（图层不透明度分别设为
10%和20%）。

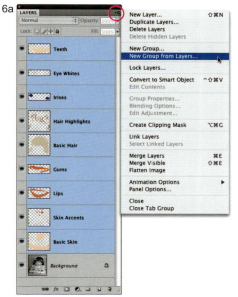

6a

已经由已选图层创建好了Girl图层组。**注意**：对于目前显示的Layers（图层）面板而言，Panel Options（面板选项）对话框中选中的是Layer Bounds选项（在图层面板的菜单中选择Panel Options，接着在对话框的Thumbnail Contents选项组中选择Layer Bounds）。

6b

创建组后，可以在图层面板中展开组以访问各个图层：单击文件夹缩览图左侧的小三角形即可。

7

Table和Wall图层使用两种存储在Swatches（色板）面板WowTints末端的两种褐色进行着色。服饰图层被放置在一个图层组中，而Wall和Table图层等则存放在Background图层组中。

单中的New Group from Layers命令，如 **6a** 所示，或按住Alt/Option+Shift键的同时单击面板的Create a new group按钮，即可实现对图层组的创建和重命名，如 **6b** 所示。

7 完成着色。 完成其他图像的着色工作。在单独的图层中分别对裙子、发带以及装饰物进行着色，并将它们编成组。在处理裙子时使用与眼睛相同的蓝，并将图层不透明度设置为45%。对装饰物进行涂抹，为其添加非常浅的蓝。继续采用这种方法来表现领口织物的半透明或裙子的反射光，但需要使用小尺寸的橡皮擦工具来清理。同样，使用较低不透明度设置的橡皮擦工具来擦除阴影中过强的颜色。添加另一个Color（颜色）图层，并使用Pale Yellow 颜色绘制装饰物，将图层Opacity（不透明度）调节为25%。使用与裙装相同的颜色绘制发带，但是将图层设为Overlay（叠加）模式，以此提高的对比度模拟缎子闪光在此将Opacity（不透明度）设为50%。同样在单独的图层中为桌子和墙着色，将它们放置在另一个图层组中进行管理，如 **7** 所示。

8 最后的修缮。 为了平衡最终图像的色调和颜色，可以参照以下步骤添加一个"加深和减淡"图层。在Layers（图层）面板中选择最上方的图层，按住Alt/Option 键单击面板底部的按钮。在New Layer（新建图层）对话框中，将Mode（模式）设置为Overlay（叠加），并且勾选Fill with Overlay-neutral color (50% gray)［填充叠加中性色（50% 灰）］复选框，接着单击OK（确定）按钮。之后使用较大的柔角画笔，以低不透明度设置在需要加深的图像处绘制黑色，增强颜色浓度，而在要变浅的图像处绘制白色，如 **8** 所示。

尝试。 现在，各种颜色已经分别位于单个图层，图层也都成组，图层的操作非常灵活。下一页中的两幅图像将展现从步骤8的文件着手，并执行以下操作步骤后的效果：

- 通过调整单个图层或者整个图层组的Opacity（不透明度）来更改颜色的强弱。

- 更改部分或全部图层的混合模式。使用Overlay（叠加）模式可以添加发光或闪耀效果，如果将部分或全部图层组默认的Pass Trough（穿透）模式（该模式可以"穿透"组中单个图层的模式）更改为Soft Light（柔光）模式，可以得到淡淡的着色效果。

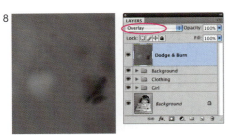

8

位于图层顶部的"减淡和加深"图层用于平衡图像中的光线,它会轻微加重脸部以及图像右侧袖子处的颜色,使它们变暗,并且使左侧的袖子变亮,最终效果参见第351页的顶图。

• 通过添加Hue/Saturation(色相/饱和度)调整图层更改单个颜色,将其"剪贴"到想要改变的图层中。例如,要调整墙的颜色,可以先在Layers(图层)面板中选择Wall图层,接着按住Alt/Option键单击图层面板的创建新的填充或调整图层按钮◒,并在弹出菜单中选择Hue/Saturation(色相/饱和度)命令。在New Layer(新建图层)对话框中勾选Use Previous Layer to Create Clipping Mask(使用前一图层创建剪贴蒙版)复选框,单击OK(确定)按钮添加一个仅影响位于其下方的Wall图层的图层。分别在勾选和不勾选Colorize(着色)复选框时,通过调整Hue(色相)和Saturation(饱和度)滑块,更改墙壁颜色。

将Clothing和Background图层组的混合模式更改为Soft Light(柔光),并将Girl图层组的Opacity(不透明度)减低至70%。

在Wall图层之上添加一个Hue/Saturation调整图层,更改背景的颜色。为了使调整仅限于Wall图层,创建剪贴图层。剪贴图层名称带有下划线,并且调整图层的缩览图呈锯齿状。

变昼为夜

附书光盘文件路径

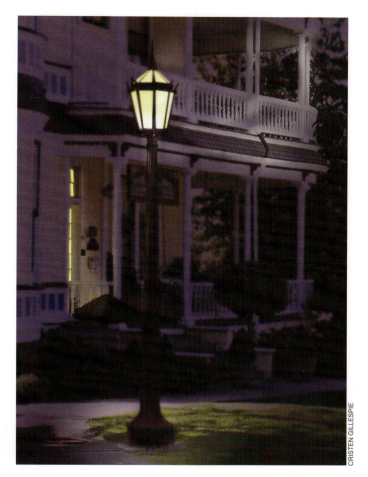

> Wow Project Files > Chapter 5 > Day Into Night:

- Day2Night-Before.psd（原始文件）
- Wow-Day2Night Lighting Styles
- Day2Night-After.psd（效果文件）

从Window（窗口）菜单打开以下面板
- Tools（工具） • Layers（图层）

步骤简述
将Lighting Effects（光照效果）滤镜用作智能滤镜，减少来自图像的光 • 选择会变成新光源的区域并且着色 • 添加Lighting Effects智能滤镜，创建不同光源的投射光线 • 创建一个可以根据需要显示和隐藏投射光线的蒙版 • 为了逼真添加最终的修饰

原始照片拍摄于一个阳光灿烂的正午。当把日景转变成夜景时，水管会成为阴影的一大部分，很难删除。

照片中原始的日光充分地展现了建筑古色古香的魅力，同时它还包含了一些可以用于不同效果（描绘了仲夏夜的浪漫和神秘）的元素。使用Photoshop和Lighting Effects滤镜，关闭日光，点亮老旧的路灯，并且对室内的静物着色，要远远比通过架三脚架、高举闪光灯并找寻适当的拍摄时机来得容易。

认真考量项目。 在开始变昼为夜的过程之前，先是要确定需要怎样的光线，是古旧的路灯、窗户的灯光、月亮或是星星？在此决定让室内的玻璃窗格变亮，以便使房间看起来像是有人在家，再调整路灯的光线。洒在阳台上的月光可以显露出维多利亚建筑的更多细节，并且将目光引向图画。因为Lighting Effects（光照效果）滤镜将在变昼为夜的技巧中扮演一个重要的角色，所以需要在智能对象图层上使用智能滤

1a

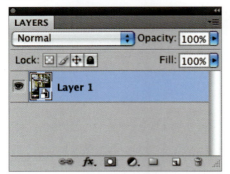

将Background图层转换为智能对象图层以便使用智能滤镜。

1b

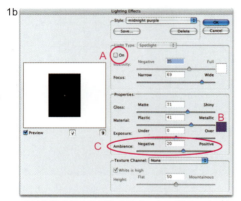

通过关闭光源去除图像中的光，如A所示。为一个媒介设置用作反射光的暗色，如B所示。采用低的Ambience正值，如C所示，恢复稍许的细节。

2a

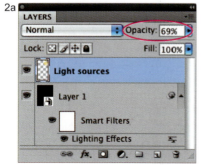

新建图层，选择表示光源的区域，使用合适的颜色填充。减少图层的Opacity（不透明度）也可以影响添加颜色的强度。

镜。▼这样不仅可以根据需要重新设置滤镜参数，还可以随意地为滤镜效果添加蒙版，按照图像中的形状更改光线。由于此图中的光源非常分散，因此，需要使用带有单个的、适用于不同人造光源和"光线"的滤镜蒙版的智能对象图层。当一个智能对象只有一个滤镜蒙版时，如果光源发生重叠，便需要分离智能对象图层，以便可以最大限度地通过蒙版控制光源的光线形状。

1 添加夜色。 如果需要使用本书Lighting样式，可以将光盘中的Wow-Day2Night lighting样式复制到Photoshop应用程序文件夹下的Plugins > Filters > Lighting Styles文件夹中。对于精确调整效果而言，Lighting Effects的预览太小了。但是使用智能滤镜可以重新打开滤镜并且调整夜晚的颜色和暗度，直到得到满意的效果，如1a所示。

知识链接
▼ 使用智能滤镜
第72页

执行Filter > Render > Lighting Effects命令。打开对话框后，取消勾选Light Type（光照类型）下方的On（开）复选框，关闭所有的光源。（如果使用本书的样式，可以从Style（样式）下拉列表中选择Wow-Midnight Purple）单击Properties（属性）选项组中的色板，在拾色器中选择中性的紫色，单击OK按钮返回对话框。对于黑暗的夜晚而言，Gloss（光泽）和Material（材料）的属性不会有太大的区别，但是Ambience（环境）决定如何更好地展现结构，以及光源对整个图像的效果影响。尝试多个设置并且在单击OK按钮后预览结果，接着，在图层面板中双击滤镜的名称，重新打开滤镜对话框，再次调整Ambience设置，最终将其设置为20，如1b所示。

2 打开光源。 使用Polygonal Lasso（多边形套索）工具▽（Shift+L）选择路灯的一块玻璃。从单击某个角开始，接着移动光标在下一个角单击。当回到起点时光标上方出现一个小圆圈，单击即可封闭路径。为了添加选区，可以在开始选择另一块玻璃之前按住Shift键。如果选区添加得过多，可以在使用工具时配合Alt/Option键从选区中减少多余的区域。▼选择灯和门上的所有玻璃窗格。由于在智能对象图层中不能填充一个选区，因此，创建一个新的空白图层，使用白炽灯的颜色填充选中区域。双击前景色色块选择暖黄色，使用

2b

在单独的图层上添加使用黄色填充的窗格。

3a

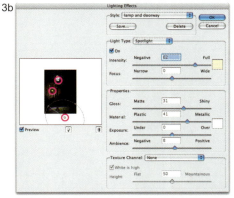

可以在文件中将一个智能对象图层与它的修改图层嵌套在另一个智能对象图层中维持最大的灵活性。在此智能对象"Layer 1"和"Light sources"图层被选中并且合并。

3b

可以在单个Lighting Effects光线样式中添加16个光源，在此只有3个光源。Properties（属性）选项的设置应用于所有的3个光源，但是单个光源的Intensity（强度）、Focus（聚焦）和颜色可以单独进行调整。

该颜色填充该选区（在Windows中按Alt+Backspace键，在Mac中按Option+Delete键），取消选择。如果颜色看起来太过于明亮，可以减少Opacity（不透明度），在此将不透明度减少至69%，如2a、2b所示，这样会使边缘变得更柔和。

3 创建投射光和反射光。 如果需要让光源把光线投射到图像上，不受紫色暗度控制，需要添加新的Lighting Effects滤镜。首先，按住Shift键选择智能对象图层，让它与黄色填充的图层一同选中，并且执行Filter > Convert for Smart Filters命令。用此方式将两个图层嵌套在一个新的智能对象中，从而确保可以在组合图层上应用一个新的Lighting Effects滤镜，以便这些新的滤镜可以重复编辑，如3a所示。

执行Filter>Render>Lighting Effects命令。可以在Style（样式）下拉列表中选择Wow-Day2Night Lights选项，或者在对话框中添加和调整光线。若要添加光线，可以将电灯泡图标✑向上拖动到预览窗口。在Light Type（光源类型）下拉列表中有Directional（平行光，来自远距离光源的平行光，类似阳光）、Omni（全光源，就像一只灯泡向四周发射光线）和Spotlight（点光）。▼若要选择一种光源并更改参数，可以在预览中单击它。需要删除光源时，选择光源并将它拖动到垃圾箱图标上。使用一个浅黄色的Spotlight（点光源）来表现由路灯在地面产生的光线投影。将Focus（聚焦）设置调窄，使光源不会变得太强烈，让衰减变得迅速。添加一个暖白色的Omni（全光源）光源模拟路灯中明亮的点，即路灯中的灯泡。第三个光源使用一个黄色的Spotlight（点光源），使其覆盖住门口附近的区域增大Focus设置后会有更多的强光覆盖门口周围的大多数区域，如3b所示。这些光线叠加在一起会产生比所需多更多的光线，随后会使用蒙版减弱光线效果。单击OK按钮对图像应用光线后返回窗口，如3c所示。

知识链接

▼ 光照效果滤镜
第 264 页

4 再次使用Lighting Effects滤镜。 当为Lighting Effects照明样式添加多个光源后，仅可以更改这些光线本身的设置。Properties（属性）与场景中整体反射光相关，而非与某个光源的光线投射相关，因此，不能为每个光源更改Ambience和反射光的颜色。如果需要更改给定光

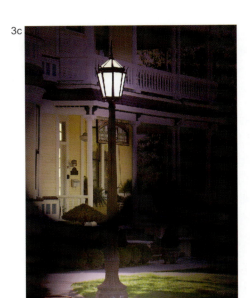

3c

为窗户和路灯添加光源。

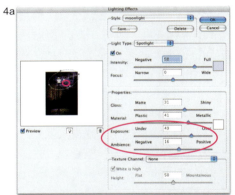

4a

当添加了单独的Lighting Effects滤镜时，可以更改反射光线的Properties（属性）。在此，可以增加Exposure（曝光度）和Ambience（环境）以补偿月光的暗蓝色。

源的反射光品质，则需要单独更改该光源的滤镜。在一个智能对象图层中应尽可能地运用尽量多的滤镜，所有的滤镜都是可编辑的，甚至可以以不同顺序拖动应用。每个滤镜保持的不止是其本身的滤镜设置，而且还会保持混合模式选项的设置。

在右上角添加一个模拟银色月光的苍白效果的光线，为了能更改反射光线，可以再次执行 Filter > Render > Lighting Effects 命令，以便只为月光添加单独的 Lighting Effects 滤镜。这样，月光可以安全地越过人工光线的边缘并且与它产生交互影响，就像现实生活中的那样。因此，不需一个单独的智能对象图层——一个蒙版就可以控制两个光线类型。可以在 Style 下拉列表中选择 Wow-Moonlight 样式，或者将自行设置的 Spotlight（点光源）调整成苍白的蓝灰色以保持灯光的冷效果，增加 Exposure（曝光度）和 Ambience（环境）以更多地补偿月光的暗蓝色而非暗黄色。可以尝试调整这些设置让它看起来更加自然，不过，采用智能滤镜用作滤镜效果会更好。如果不能按理想的方式与环境混合，就可以双击图层面板中的滤镜名称，返回对话框调整颜色和 Properties（属性）设置，如 4a 所示。得到满意效果后单击 OK 按钮应用月光，如 4b 所示。

4b

在右上角添加月光。

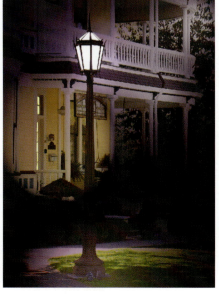

5a

反转智能滤镜蒙版隐藏光线，在需要的光线部位涂抹。

5b

如果使用黑色填充的蒙版来隐藏光线，使用白色涂抹蒙版即可重新显示光线的话。更改Brush（画笔）的Opacity（不透明度），在图像中添加的光线便会呈现随着与光源距离的加大而减弱的效果。

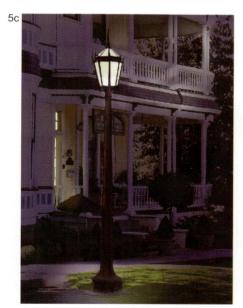
5c

为人工光源和月光绘制了蒙版之后的效果。

5 遮罩滤镜效果。 在完成最后的光效之前，需要减弱一些效果，以防生成刺眼的叠加椭圆或圆。因为图像中的大多数效果都不受Lighting Effects滤镜的影响，所以可以单击智能滤镜蒙版并且反向选择它（Ctrl/⌘+I），如 5a 所示，此时可以只在需要的地方绘制光线。

选择柔边画笔✐，并且在选项栏中设置较低的Opacity（不透明度）。如果逐步增加光线，便可以更为容易地判断是否得到了需要显示的光线总量。在绘制过程中可以使用[和]更改画笔尺寸，并且通过在输入数量来更改Opacity（不透明度）（例如，10和35），如 5b 所示。▼按下X键可以在显示光线的白色和隐藏光线的黑色之间进行切换。在此阶段，值得花时间绘制一个能模拟自然光线效果的蒙版，在光源附近处十分强烈，然后逐步地衰减到无光线，如 5c 所示。

知识链接
▼ 画笔笔尖控件
第 71 页

6 添加氛围。 当光线各就其位并且被添加了蒙版后，就快大功告成了。为了制造柔和夜色的视觉效果，为图像应用Gaussian Blur滤镜。阴影中的对象要比那些被光线照射着的对象更模糊。如果在同样的图层上对光照效果使用Gaussian Blur，那么当前用来显示光线的蒙版会导致光照的区域而非暗色区域被模糊，因此不能这么做。应首先制作光线效果的合并版本（在Windows中按Ctrl+Alt+Shift+E键或者在Mac中按⌘+Option+Shift+E），再执行Filter>Convert for Smart

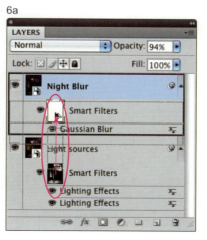
6a

按住Alt/Option键的同时将绘制好的智能滤镜蒙版拖动到新的智能滤镜图层中。当添加用于混合的合成图像图层时，我们将它重命名为Night Blur（在Layers面板中双击名字，并且输入新的名称）。

6b

为了显示阴影中的模糊效果而不让光照区域显得
过于清晰，可以使用光照蒙版的副本，对其进行
反转，再进行些许修改。

6c

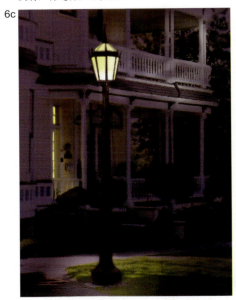

对图像进行模糊和遮罩处理后的效果。

7a

尽管智能对象图层上的所有滤镜都共享同一蒙版，
智能滤镜的Blending Options仍旧支持用户单个更改
各个滤镜的混合模式及Opacity。

Filters命令，最后执行Blur>Gaussian Blur命令，设置"半径"为2～4像素之间的数值，单击OK按钮并且查看暗色区域，如果觉得图层过于模糊则可以减少图层的Opacity（不透明度）。为了避免模糊效果影响到理应在光线中清晰可见的区域，需要对光照区域进行遮罩处理。由于目前已经有了一个能显示光线的蒙版，因此对其进行复制并且进行反向处理。按住Alt/Option键将蒙版从Lighting Effects智能滤镜拖动（复制）到全新的Gaussian Blur智能滤镜中，如 6a 所示。当Photoshop询问是否需要替换当前图层蒙版时，单击Yes（是）按钮。接着反转蒙版（Ctrl/⌘+I）以防止光线模糊。之后，稍加处理以减少路灯中更多的模糊效果，完成蒙版的制作，如 6b、6c 所示。

7 完成修饰。 最后，减少阳台上由紫色夜光与月色交互产生的颜色，在图层面板上双击顶部（月光）Lighting Effects滤镜的 图标，打开滤镜的Blending Options（混合选项）对话框，将混合模式更改为Luminosity（明度），如 7a 所示。路灯底部的颜色较多，因此单击 按钮添加Hue/Saturation（色相/饱和度）调整图层，仅降低Saturation（饱和度）值。反转调整图层的蒙版，使用黑色填充（Ctrl+I/⌘+I）并且使用白色在路灯基座周围涂抹，仅减少此处的饱和度，如 7b 所示，最终效果参见第357页的顶部图。

现在，大部分工作已经完成，还需要尝试调整夜色、暗度，甚至是来自其他窗户的光照或者视图之外的光源。如果双击Lighting Effects智能滤镜缩览图，则可以返回到第一个

7b

Lighting Effects滤镜，或者更改包含基础光源的图层。保存更改后的智能对象文件时（Ctrl/⌘+S），编辑的结果便会显示在文件中。由于使用的是智能滤镜、蒙版和调整图层，因此还可以进行更多修改。

调整图层上的最终蒙版选中了一小部分区域，该区域叠加了通过使颜色变得更为强烈来影响真实性效果的Lighting Effects区域。

引人入胜的镜头光晕

在传统摄影中，当光线发散并在相机镜头内部表面发生反射时便会产生镜头光晕现象。发散的光线会成记录在照片中——这种效果通常是人们不需要的。使用胶片相机拍摄时，只有将胶片冲洗出来后才能看到镜头光晕——此时图像已经坏损了。而使用非单反相机（胶片或数码的均可）时，则可以通过取景器预览到镜头光晕效果，因此可以避免出现该现象——或许可以将它拍摄下来提升景色美感，传递日光强烈的效果或者在照片中添加迷人的设计元素。非单反数码相机中的LCD 显示屏会显示镜头光晕，因此可以十分容易地将镜头光晕合并至数码相片中。当然，还可以在Photoshop 中进行后期处理时，添加镜头光晕。

现实或超现实

Photoshop的Lens Flare（镜头光晕）滤镜（Filter>Render > Lens Flare）可作为特效中光和光线的主要来源。

真实：在使用相机拍摄非常明亮的光源时或者拍摄相框时外侧的光源非常明亮时，便会产生镜头光晕现象。不使用遮光板遮挡相机镜头或者镜头张得很大（低f-stop值），都很有可能出现眩光现象。

Photoshop：在Photoshop中执行Filter（滤镜）>Render（渲染）> Lens Flare（镜头光晕）菜单命令可以模拟光晕效果以及镜头内部的反射，从而为照片添加情趣。

RICK WORTHINGTON

JOHN ECKMIER / PHOTOSPIN.COM

在上面这幅照片中，镜头光晕中的五角形反射弧变成了多条引导徒步旅行者穿越吊桥的"线"。在裁切后的图像中，眩光成为了映衬剪影图的衬托物，并用于平衡图像左侧的阴影。

Lens Flare（镜头光晕）对话框中的预览可以帮助查看调试镜头类型、亮度以及光源位置时的效果。作为智能滤镜应用时，▼光晕参数仍旧是可编辑的，因此设置、混合模式以及Opacity（不透明度）可以调整。

知识链接
▼ 智能滤镜 第72页

■当Cristen Gillespie需要使用白天拍摄的照片创作《睡美人》（Sleeping Woman）时，她先使用了Camera Raw和HDR Conversoin（HDR色调）对话框增加照片中不太暗的颜色的饱和度，并且有选择性地对它们进行加深处理。在Bridge中，右击/Ctrl+单击文件，在弹出的快捷菜单中执行Open in Camera Raw命令。接着，调整Basic选项卡中的滑块，直到图像变得更暗，如 A 所示，不过要保留所需的细节和颜色。在Photoshop中打开图像，将它转换成32位模式（执行Image > Mode > 32 Bits/Channel

命令），接着再将其转换成16位/通道。▼此时弹出的HDR Conversion对话框可以帮助她选择Local Adaptation并且调节曲线，如 B 所示。她逐步地调暗其他部分并保留了臂膀上的高光，仿佛只有一小束光线照射到睡觉

的女人和她的毯子上。一旦高光创建完毕后，便可以使用大的Radius（半径）和Threshold（阈值）值强迫高光逐渐地扩展并且混合到周围更暗的区域中。

A

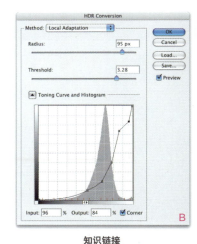

B

知识链接

▼ 使用 Camera Raw 和 HDR Conversion 得到超现实主义颜色
第212页

■为了创建Boston这幅作品，Amanda Boucher使用佳能350D的Raw格式拍摄夜景照片，并且在Camera Raw中进行操作。▼照片所需的是调整曝光度和对比度，如 A 所示。对于这样一张拥有完整色调（从黑色到白色）的照片而言，如果使用的是Photoshop CS3或Photoshop CS4的Camera Raw则不需要调整Exposure（曝光度）或者Blacks（黑场）滑块。若要调整中间的色调，可以进行以下操作。Fill Light（填充亮光）可以突显阴影细节，如 B 所示，大幅调高Brightness（亮度）、稍微地调高Contrast（对比度）即可显示中间调。相对于增加Exposure（曝光度）而言，这些操作加亮高光的效果比较不显著。增加Recovery（恢复）数值可以恢复高光中的细节（如窗口中的高光），这些细节会因为增加Brightness而过亮。接下来可以调节Temperature（色温）和Tint（色彩）来减少红色，同时保持图像的暖度，如 C、D 所示。Boucher同时还在Lens Corrections（镜头校正）中减少了Color Noise（杂色）。在Camera Raw中得到较为理想的效果后在Photoshop中打开图像，使用调整图层▼（Selective Color▼和Curves▼）精调颜色和对比度，得到最终图像。

A　　　B　　　C　　　D

■Loren Haury创作的《悬崖寓所》（Cliff Dwelling）实质上是由3张曝光时间不同的照片混合而成的。他采用三脚架支撑相机，设置好曝光并拍下了第一张照片，如 A 所示。然后他将相机的模式设置为光圈优先模式——此时快门速度就成了惟一可更改的参数，继续拍摄了两张照片。其中一张照片是以过2档曝光拍摄的。如 B

所示。另一张则是以欠2档曝光拍摄的，如 C 所示。

Haury使用套索工具，分别从过档曝光和欠档曝光拍摄的照片中粗略地选取了一个比所需部分稍大的区域，并将所选区域复制到曝光正确的照片文件中，如 D 所示。将粘贴的两个图层的Opacity（不透明度）减少至50%，使用移动工具将这两个图层与Background（背景）图层对齐。然后，他再次增加图层的Opacity（不透明度），直至获得最合适的曝光组合效果。使用带柔角画笔笔尖、Opacity（不透明度）较低的橡皮擦工具擦掉粘贴区域的部分边缘，使最后的图像看上去没有合成的痕迹，如 E 所示。（另一种进行曝光合成的方式就是在按住Shift键的同时，

将过度曝光和曝光不足的图像拖曳至正常曝光的文件中。这种方式可以将导入的图像放置在文件的中心位置。接着在图层面板选中三个图层，并且执行Edit（编辑）>Auto-Align Layers（自动对齐图层）命令可以更好地对齐它们。为所有导入的图层添加黑色的图层蒙版，并在需要显示导入照片的部位涂抹白色。该蒙版方法参见下一段中介绍的"减淡和加深"操作步骤。这是一种无损的方法——整个过度曝光或者曝光不足的图像会始终保持着完好无损的状态。如果想在之后更改图层对图像的影响，只需修改蒙版。但使用这种方法获得的文件容量较大。例如创作后的《悬崖寓所》（Cliff Dwelling）文件大小就是先前文件的两倍。

在拼合好这些照片后，Haury先执行 Image（图像）> Duplicate（复制）> Duplicate Merged Layers Only（仅复制合并的图层）菜单命令，创建一个合并复制图层，并着手进行"减淡和加深"处理。首先按如下操作步骤加亮洞顶，按Ctrl/⌘+J键或者执行Layer（图层）> New（新建）> Layer Via Copy（通过拷贝图层）菜单命令复制图像，并在Layers（图层）面板中将新图层设置为Screen（滤色）图层混合模式。接着在按住Alt/Option键的同时单击图层面板的添加图层蒙版按钮◻，添加图层蒙版。使用带有柔软画笔笔尖的白色画笔工具在需要加亮合成图像处涂抹以显示此处图像，如 F 所示。▼

将图像复制到一个新的图层，并且再次添加黑色的蒙版，这次将图层混合模式设为 Multiply（正片叠底）并使用白色在需要加深的位置进行涂抹，如 G、H 所示。

最后，Haury还进行了相应的调节来恢复场景颜色，从而完成整幅图像的创作。他执行Image（图像）> Adjustments（调节）>Hue/Saturation（色相/饱和度）菜单命令，降低Saturation（饱和度）轻微地中和颜色。之后，他还通过单击图层面板中的创建新的填充或调整图层按钮◐，为图像添加Color Balance（颜色平衡）调整图层，并且在Midtones（中间调）和Shadow（阴影）中添加Cyan（青色）和Yellow（黄色）来平衡红色。再次单击创建新的填充或调整图层◐按钮，添加一个Curves（曲线）调整图层，如 I 所示，设置S形曲线调整中间调的对比度▼，得到最终的图片效果。

A

EV 0

F

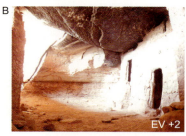
B

EV +2

G

C

EV −2

H

减淡和加深

D

E

合成效果

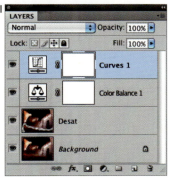
I

知识链接

▼ 使用橡皮擦工具　第 380 页

▼ 绘制蒙版　第 84 页

▼ 使用 S 曲线调整　第 342 页

■ Alexis Marie Deutschmann在拍摄《Point Loma海港》（Point Loma Harbor）的原始照片时，通过为蓝色的海水设置曝光度，并且使用逐步渐变的中性密度滤光片来减少天空的亮度，如 A 所示。

接着，她应用Curves（曲线）和Hue/Saturation（色相/饱和度）调整命令来调亮图像并且突出图像的颜色。她综合运用混合模式、不透明度调整和图层蒙版来混合图像的3个版本，按照需要直接增加对比度和颜色，具体操作如下。

首先，Deutschmann在Photoshop打开图像并且将它们复制到另一个图层（Ctrl/⌘+J），对复制的图层执行Image（图像）> Adjustments（调整）> Curves（曲线）命令以增加对比度，如 B 所示。▼ 接着，在Layers（图层）面板中设置图层混合模式为Screen（滤色），以此限制高光和更亮的中间调的对比度增加，▼ 这样可以防止阴影和暗色中间调丢失细节。同样，在Layers（图层）面板中将Opacity（不透明度）减少至60%，防止丢失高光，如 C 所示。

单击Layers（图层）面板中的Background的缩览图，再次复制该图像（Ctrl/⌘+J）并且将新的副本拖动到图层面板的顶部。为了强化第3个图层的颜色，她执行了Image（图像）>Adjustments（调整）>Hue/Saturation（色相/饱和度）命令，并且向右移动Saturation（饱和度）滑块，如 D 所示。设置图层混合模式为Saturation（饱和度），以避免影响亮度，如 E 所示。她还添加了一个图层蒙版（单击图层面板底部的▢按钮）并且使用黑色画笔涂抹，防止部分图像的饱和度增加，如 F 所示。▼

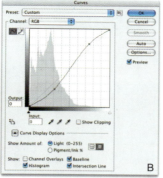

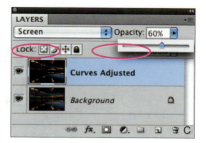

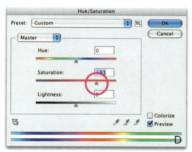

■Susan Thompson制作《阿凯特的夏天》（Summer in Arcata）的步骤如下。从一张扫描到Photoshop中并且进行了更改的宝丽来SX-70照片开始着手，将它复制到新的图层（Ctrl/⌘+J）保护原始照片（参见左图）。执行View（视图）>Actual Pixels（实际像素）命令（Ctrl/⌘+1）获取实际视图。滚动图像并使用Healing Brush（修复画笔）工具✐和Clone Stamp（仿制图章）工具♨删除污点和划痕。选择Sponge（海绵）工具◐，并在选项栏上为该工具设置Saturate（饱和）模式，然

后使用该工具增强绣球花和旱金莲花上的颜色。▼

为了变换扫描后、编辑过的照片颜色，Thompson在需要整体更改的位置以及被选中的区域添加了多个调整图层，她反复地尝试调整图层对话框中的设置，直到得到所需的颜色。

为了整体调节颜色和对比度，她添加了一个Curves（曲线）调整图层（单击图层面板底部的◖按钮

知识链接
▼ 使用修复画笔工具 第 256 页
▼ 仿制图章工具 第 256 页
▼ 海绵工具 第 258 页

并在菜单中选择Curves命令）。在Adjustments（调整）面板中依次选择各个颜色通道，并且向内水平地拖动曲线的端点（如下方显示的Red通道）。调整所有的通道曲线，使其结果与单击Curves（曲线）对话框Auto（自动）按钮的效果相似（但并非完全相同），即通过单独调整各个颜色通道来增强颜色和对比度。为了调整整个RGB曲线，Thompson在按住Ctrl/⌘键的同时单击需要精确调整的阴影色调。每次单击都会为曲线添加一个点，轻微地拖动点可以调亮选中的色调。为了防止高光在整个过程中变得太亮，她还在曲线的顶部添加了另一个点并且稍稍地向下拖动进行调整。

Thompson还使用Selective Color调整图层加深或者更改图像中指定颜色色系中的颜色。首先在Colors（颜色）下拉列表中选择Neutrals（中性色），这样之后进行的调整将主要影响中性色（接近灰色）。正如下图所示的，她通过移除少许的蓝色（将Cyan和Magenta滑块左移）、添加

黄色及少量的黑色来为图像中的灰色添加温暖的效果。接着，她转向另一个色系，使用减少补色的方法加强绿色，Magenta（洋红色）。

完成整体更改后，她先使用添加了蒙版效果的调整图层来精细勾选选中的区域。使用Selective Color调整图层加亮，使用Hue/Saturation（色相/饱和度）调整图层，中和灰色的台阶。她通常使用Feather（羽化）设置为0像素的Lasso（套索）工具 选择需要调整的区域来创建带有内置蒙版的蒙版调整图层。在选区仍旧选中的情况下，添加一个调整图层。选中的区域会自动变为调整图层内置蒙版中的白色区域，显示她在调整面板中所进行的调整。为了平滑调整所影响区域和未影响区域间的渐变，Thompson柔化了蒙版黑色和白色区域间的边缘（这可以通过执行Select>Refine Edge命令来完成）。不过她更倾向于采用这样一种方式："创建硬边蒙版的精细控制，再在屏幕预览更改时模糊边缘"，而不是在一开始创建选区时盲目地选择合适的Feather（羽

化）值。

在完成最后的图像效果时，她通常还会使用Nik滤镜（www.niksoftware.com）。首先新建一个新的盖印图层，这个操作可以通过按住Shift+Ctrl+Alt键（Windows）或Shift+⌘+Option（Mac）和E键来完成，Photoshop会自动地将所有可见的作品复制到这个新图层上。她先使用Nik Color Efex Pro系列中的Sunshine和Skylight滤镜，再将添加了滤镜效果的图像复制到一个新图层中（Ctrl/⌘+J），再应用Nik Sharpener Pro系列中的锐化滤镜。

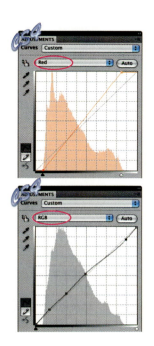

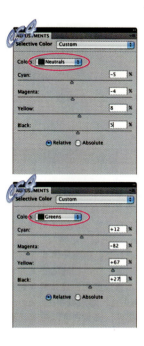

LILY DAYTON

■在《公园午后》（Afternoon in the Park）作品中，Marie Brown将Lily Dayton的照片 A 复制到一个新图层，接着执行Filter（滤镜）> Vanishing Point（消失点）菜单命令。▼她使用Create Plane（创建平面）工具 单击创建网格的4个角——该网格可以在将前景的草地树叶复制并分散到背景时，提供正确的透视关系，如 B 所示。在使用Edit Plane（编辑平面）工具 调整网格时，她通过按Alt/Option键切换Stamp（图章）工具 ，对图像的底部取样，接着单击覆盖远处要隐藏的元素。在Vanishing Point（消失点）动态载入的画笔笔尖移动至要覆盖的区域时，复制素材也会动态缩放，以适应图像，如 C 所示。

知识链接

▼ 消失点滤镜 第 612 页

仿制的自然效果

Clone Source（仿制源）面板支持用户预览Clone Stamp（仿制图章）工具 将要使用的源材料，并且更改它的比例和角度。在Photoshop CS3中，Clone Stamp（仿制图章）工具预览不会被剪切掉，因此可以查看整个源，而不仅仅是很难诠释修复外观的画笔笔尖区域。Vanishing Point（消失点）对话框中的Stamp（图章）工具与Clone Stamp（仿制图章）工具功能相同，即便Photoshop CS3的修缮不需要透视校正。在Photoshop CS4中，预览可能会被剪切掉，因此，它仅在画笔的笔迹中显示。但是，尽管如此，当需要在透视图中缩放并且重设源时，通常需要避免创建一些明显可辨识的重复，Vanishing Point（消失点）对话框中的Stamp（图章）工具要比Clone Stamp（仿制图章）工具更好，因为它可以自动缩放。

■Rod Deutschmann的《点光房屋》（Point Light-house）把Photoshop看作是相机装置的另一部分。灯塔、篱笆和阴影是一幅绝美的景象，不容错过，尽管这意味着要使用相机径直地对着太阳拍摄。Deutschmann先拍摄了一张照片，并了解到拍摄时会拍到镜头眩光，快速查看拍摄的照片进行如下确认，如 A 所示。眩光中明亮的光线非常有趣，但是过于强烈，带有红色边缘的绿色区域位于阴影之中，干扰了整个构图，这些问题很难在Photoshop中修复。因此，再次拍摄这张照片时他将手掌放在相机前挡住阳光，如 B 所示，将一个近乎不可能完成的任务转换成一个可以轻而易举完成的工作——在Photoshop中修补或替换天空。

Deutschmann首先添加蒙版来遮盖住手。按Ctrl/⌘+Shift+N键在图像上方添加一个空白图层，选择Gradient（渐变）工具■，按住Alt/Option键临时切换到Eyedropper（吸管）工具✒，单击顶部的天空选取蓝色作为前景色，按X键切换前景色和背景色，并且在按住Alt/Option键的同时再次单击指尖附近的天空，拾取天空渐变的第二种颜色。

在选项栏单击渐变色条的下三角按钮，单击Forg-round to Background（前景到背景）渐变样式。按住Shift键从指尖向上拖动，使用天空渐变色进行填充。为了再次显示图像，在按住Alt/Option键的同时单击Layers（图层）面板的Add a layer mask（添加图层蒙版）按钮□添加蒙版，使用柔软的白色画笔绘制蒙版以显示之前绘制的天空并隐藏手。Deutschmann在选项栏中将Opacity（不透明度）调低，在蒙版中添加白色的斜纹，将真实的天空与绘制的天空进行混合，如 C 所示。如果为天空"打补丁"很难——例如图中存在电话线或树枝，可以考虑选择整个天空区域并将该选区创建为蒙版来显示渐变。

A

B

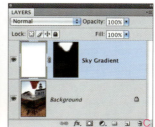

C

道（Select>Save Selection）。选择Channels面板中的Alpha通道的缩览图并单击Gray（图像）通道的指示通道可见性图标█，显示该通道，可以同时看到蒙版（红色）和图像。她对蒙版进行反转操作（Ctrl/⌘+I），以便隐藏该图层上的人物，如 A 所示。使用带有硬边画笔笔尖的白色画笔来擦除硬边，从而创建更好的配合效果。▼如果擦除得太多，还可以重新使用黑色画笔进行绘制。当蒙版过于紧密时，如 B 所示，Pendarvis便会先激活存储在Alpha通道中的选区（按住Ctrl/⌘键，同时单击通道面板中该通道的缩览图），接着通过单击Layers（图层）面板的Add layer mask（添加图层蒙版）按钮█，将该选区转换成图层蒙版。最后，轻微地柔化蒙版的清晰边缘。在Photoshop CS3和CS4中，可以执行Select（选择）>Refine Edge（调整边缘）命令来完成此操作。▼在Photoshop CS4中，如果在Masks（蒙版）面板中设置Feather（羽化）值，▼则该值可以保持可编辑与可更改状态。

■因为来不及拍摄一幅正式、端正的肖像，Cher Pendarvis在夏威夷冲浪运动员的家中完成了对其的视频采访之后仅拍摄了一幅快照。她在Camera Raw中打开了Raw格式的文件，并且使用HSL/Grayscale Mix面板进行了黑白颜色的转换。勾选Convert to Grayscale（转换为灰度）复选框，并且单击Auto文字链接。得到理想的效果后，她在Photoshop中打开该文件完成肖像的编辑。

Pendarvis需要减少景深，轻微地模糊背景中的细节。她先将图像复制到一个新的图层（Ctrl/⌘+J），并且模糊这个复制图层（Filter > Blur > Gaussian Blur）。接着，使用Clone Stamp（复制图章）工具█消除背景

中的少许干扰元素。▼

接着，创建能允许清晰图像从下方图层显示出来的图层蒙版。作为一个熟练的画家，Pendarvis非常习惯使用数位板，因此她先是使用Pen（钢笔）工具█快速绘制蒙版的轮廓。▼再通过单击Paths（路径）面板的Load path as a selection（将路径作为选区载入）按钮█将它转换成选区。接着，她以一种稳定的基于像素的形式将选区存储为Alpha通

为了给云朵的午后照 A 添加戏剧效果，创建《坦帕神光》（Tampa God Rays）作品，Jack Davis添加了一个Levels调整图层。他在Adjustments（调整）中单击Auto（自动）按钮，将图像的色调范围从全白扩展至全黑，如 B 所示。

接下来，他通过单击Layers（图层）面板上的缩览图选择Background（背景）图层，按Ctrl/⌘+J快捷键复制该图层，然后将副本的缩览图拖动至面板的顶部，使其位于Level（色阶）调整图层的上方，并且将它的图层混合模式设置为Overlay（叠加），这是一种用于提高对比度的混合模式。▼为了塑造出云朵，增添立体感和空间感，可以执行Filter（滤镜）> Other（其他）> High Pass（高反差保留）菜单命令。通过相应的设置，David保留了已添加滤镜图层的绝大部分中性灰，用更暗的灰色将云和光线一边的轮廓凸显出来，而用稍亮的灰色或是白色来凸显另一边的轮廓，如 C 所示。

知识链接
▼ 对比度混合模式
第 184 页

首先设置混合模式

当计划为图层添加滤镜并且结合图层与图像时，可以考虑在应用滤镜前更改混合模式。这样一来，至少是对于那些有Preview（预览）选项的滤镜，例如High Pass（高反差保留）来说，用户需要在尝试调节滤镜设置以实时预览到图像的效果之前更改复制图层的混合模式。

将滤镜处理后图层的混合模式设置为Overlay（叠加），如 D 所示，使图层中的中性灰消失，因为在对比度图层混合模式下，50%的灰度意味着中性和透明。然而，更深或是更浅的灰则可以提高Davis要强调部分的对比度——如图中已有的形状以及对比区域的周围，使得阴影看上去更具戏剧化效果。

A

B

C

D

绘画

6

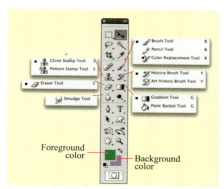

Photoshop 提供的使用颜色和图案绘画的工具包括画笔工具、铅笔工具、橡皮擦工具、颜色替换工具和涂抹工具。对绘画来说最重要的复制工具是图案图章工具（印象派效果模式下）和历史记录艺术画笔工具。历史记录画笔或者 Erase to History（抹到历史记录）模式下的橡皮擦工具在复原对图片中先前被过度处理的部分时十分有效。填充工具包括油漆桶工具和渐变工具，可以将颜色"倾洒"到选定区域内。

使用 Photoshop CS4 中的 Rotate View（旋转视图）工具 拖动当前工作窗口移动画布。（Photoshop 将检测用户视频卡是否支持 OpenGL 的新版本。）

Photoshop 提供了至少 4 种在画布上绘制笔触的有效途径，包含从徒手画笔笔触到全自动复制的全色域画笔功能。

- 在空白画布或者扫描的照片或图画中，使用Brush（画笔）工具 进行"手绘"，参见第389页的"在钢笔画上绘制水彩画"。

- 使用Smudge（涂抹）工具，通过手绘的方式复制现有图像，参见第395页中的"绘制'湿笔混合效果'"。

- Pattern Stamp（图案图章）工具 的Impressionist（印象派效果）选项是将照片"复制"到一张自然媒质佳作中的最佳选择，参见第403页的"图案图章水彩画"。

- 使用Art History Brush（历史记录艺术画笔） 可以将照片自动转换成一幅绘画作品，参见第407页的"历史记录艺术画笔课程"。

  此外，Photoshop还提供了多种为选定区域填充色彩的有效途径。

接下来的几页中将讲述绘画工具和复制工具的基础知识，重点讲解这些工具画笔笔尖所具有的惊人功能，并对填充工具进行了介绍。我们将展示特定的滤镜和Actions（动作）在模拟传统艺术媒体时的功效，并在最后介绍一些有趣的"预处理"（准备一张用于绘画的照片）和"后处理"（进行最终的润饰，使数字绘画看上去与传统绘画相差无几）选项。

本章介绍的是绘画功能，在第7章将介绍Photoshop的技巧绘图工具——虽然美术性较低但却非常精确——而且能够不受约束地顺利实现缩放功能。

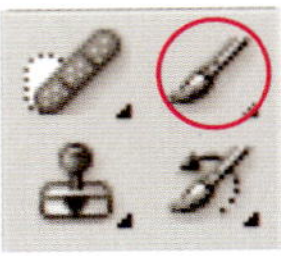

在 Photoshop 中，Brush（画笔）一词指画笔工具，如上图工具面板中所示，也可以指其他手动绘画或复制工具中的任何一种（特定的修复工具或调色工具，第 5 章中已有所介绍）。

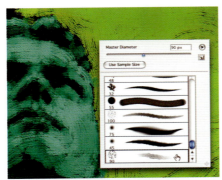

选择绘图或者复制工具后，右击（Windows）或者在按住 Ctrl 键的同时单击（Mac）当前工作窗口的任意处就能自动调出画笔预设拾取器。用户不必返回到选项栏或者画笔面板就可以选择新的画笔笔尖。

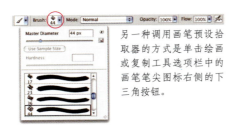

另一种调用画笔预设拾取器的方式是单击绘画或复制工具选项栏中的画笔笔尖图标右侧的下三角按钮。

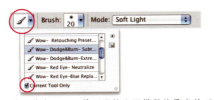

默认状态下，工具预设拾取器提供的是当前可用的工具预设（如图中所示的画笔工具预设），也可以选择显示自定义的预设。

新术语简介

Photoshop 的绘画工具和画笔面板中有一些专业术语是一致的，尤其是“Brush（画笔）”一词。打开 Photoshop 进入界面后将会看到如下界面：

画笔和画笔笔尖

Brush（画笔）是工具名称——在工具箱中直接单击选择或者是按下 B 键切换到 **Brush（画笔）**工具（或者 Paintbrush 笔刷）。本书中的 Brush 或 Brushes 的意思往往指我们所称的“画笔笔尖”。

选择Brush（画笔）工具或者是其他绘画或复制工具后，便可以通过**Brush Preset（画笔预设）拾取器**来改变**画笔笔尖**。由于画笔笔尖是与Photoshop中很多工具配合使用的，因此第1章的“画笔基础知识”中对查找拾取器的基本知识进行了讲解。用户可以在右键快捷菜单、选项栏或者独立的**Brushes（画笔）面板**［Window（窗口）> Brushes（画笔），第382页］中找到画笔预设拾取器。因此，**画笔预设拾取器**、**画笔面板**以及**快捷菜单**与画笔笔尖的本质含义相关，而与Brush（画笔）工具本身无关。

循环选择画笔笔尖

在绘画过程中，使用以下快捷键可以不必跳转到Brush Preset（画笔预设）拾取器，在不中断绘画操作的情况下循环选择众多画笔笔尖：

- 按 >（句点）键即可在拾取器中向前循环选择。
- 按 <（逗号）键即可在拾取器中向后循环选择。
- 按 Shift+> 键可以跳至拾取器中的最后一个画笔笔尖，按 Shift+< 键则可以跳至第一个画笔笔尖。

工具预设

工具预设是特定工具的现成自定义版本。例如使用 Brush（画笔）工具时，预设不仅包含画笔笔尖，还涵盖内置混合模式、不透明度和流量，有时候甚至是颜色。工具预设可以在选项栏左侧的 **Tool Presets（工具预设）拾取器**（左图）或者独立的 **Tool Presets（工具预设）面板**（Window>Tool Presets）中找到。

绘画工具

手动绘画工具都有其独特的方式，在选项栏中用户可以设置

在绘制一幅很小的图画时，如果电脑以更慢的速度运行，铅笔工具 🖊 和具有简化笔触的画笔工具 🖌 的性能差异较为不明显，尤其是在Photoshop CS4中。Cher Threinen-Pendarvis使用Hard Round 5 pixels（硬圆角5像素）的灰色画笔和Wacom Intuos数位板绘制了这幅素描。

多个特性，包括画笔笔尖、不透明度以及混合模式（所应用的颜色与已有颜色相结合的方式）。要想对画笔大小、形状或者绘制方式进行微调，或者创建自定义的精细画笔，参见第382页有关Brushes（画笔）面板的内容。

Wow 预设拥有大量预设画笔，第 413 页的"练习：Wow 绘画工具"介绍了如何使用这些预设。

画笔工具 🖌

选择Brush（画笔）工具后拖动鼠标可以绘制一条带有平滑边缘（抗锯齿）的彩色笔触。若仅单击而不拖动则仅得到画笔笔尖形状的单一笔迹。Photoshop的很多Brush（画笔）工具预设均与默认设置不同，预设画笔柔软，因此笔触中部为实色，越靠近边缘透明度越高。这种绘图效果由**Hardness（硬度）**选项控制。Brush（画笔）工具的**Opacity（不透明度）**用于设置颜料的覆盖率，值越大颜料越不透明。**Flow（流量）**选项用于修改Opacity（不透明度），将Flow（流量）值降低可以降低覆盖率。

无论按住鼠标在一个位置停留多久，颜色都不会堆积或扩展开来，除非单击画笔工具选项栏中的 **Airbrush（喷枪）**选项。使用喷枪时，光标在某点停留的时间越长，颜色堆积得就越多。开启喷枪并设置高流量，颜料流速快，颜料会一直堆积直至达到设定的不透明度（Opacity）。在低流量设置下，只要保持光标停留足够长的时间，颜料也会堆积到设定的同一不透明度，但是堆积的速度缓慢，再次单击 按钮就可以关闭喷枪功能。

铅笔工具 🖊

Pencil（铅笔）工具 的操作类似于画笔工具，但是线条边缘不像画笔工具那样柔软甚至具有抗锯齿效果。使用铅笔工具，Photoshop 不必执行柔化和抗锯齿所要求的不间断运算，因此拖动鼠标时线条会随着光标的移动立刻呈现在屏幕上。正是因为这个原因，使得铅笔工具成为所有绘图工具中用于快速素描的最具有"自然"本色的工具。由于不抗锯齿，在铅笔笔触中的曲线或者斜边的"梯变"部位可以看到像素化效果。但是如果素描图的分辨率高，或者素描图仅作为参考不出现在最终艺术作品中，那么铅笔工具将是最佳的选择。

使用Brush（画笔）工具 🖊 随意绘制，为扫描后的油墨素描添加颜色，在线条上方拖动Smudge（涂抹）工具 🖊 应用油墨。途中显示的是画作的细节，使用的技法将在第389页的"在钢笔画上绘制水彩画"中进行逐步讲解。

ORIGINAL PHOTO & PAINTING: JHDAVIS

在绘图过程中，Smudge（涂抹）工具 🖊 能够自动从参考照片中对颜色进行采样。上图所示是参考照片，下图所示是绘制过程中早期阶段的详图。便用技法参见第395页的"绘制'湿笔混合效果'"。

橡皮擦工具 🖊

Eraser（橡皮擦）工具 🖊 用于清除像素或者更改像素颜色。默认状态下，如果在"背景"图层上使用橡皮擦工具，那么被擦除的部分将以**背景色**填充。在其他图层中使用橡皮擦工具则会擦除至透明色。在选项栏中的 Mode（模式）下拉列表中选择不同选项，可以像操作**画笔**（Brush）、**喷枪**（Airbrush）或者**铅笔**(Pencil)一样使用橡皮擦。[另一种模式是 Block(块)。Block 模式是早期 Photoshop 版本中橡皮擦工具提供的惟一模式。和其他模式相比，它的用处不是很大，但是它在删除水平或者垂直边缘的颜色时非常有效。]

选项栏中的 Erase To History（抹到历史记录）复选框支持用户擦除到绘制的先前状态，参见第 385 页的"两个历史记录画笔工具"。

历史"开—关"切换
绘图的同时按下Alt/Option键，可将橡皮擦设定为（或者退出）Erase To History（抹到历史记录）模式。

涂抹工具 🖊

Smudge（涂抹）工具 🖊 会在拖曳时涂抹颜色。若勾选选项栏中的 Finger Painting（手指绘画）复选框将会使用前景色涂抹，否则笔触的颜色将在光标之下采样颜色，并且使用该颜色进行涂抹。如果画笔笔尖足够大可以选取多种颜色，Smudge（涂抹）工具将可以应用由采样颜色组成的条纹。在选项栏中设置的 Strength（强度）越高，Smudge（涂抹）工具的每一种新颜色都会涂抹得越远。当 Strength（强度）为 100% 时，涂抹工具将只应用其第一次采样的颜色。若 Strength（强度）较低，那么第一种颜色便会逐渐消隐，在遇到新颜色时，Smudge（涂抹）工具便会涂抹新颜色。当 Opacity（不透明度）不为 100% 时涂抹的过程将会非常缓慢。当 Opacity（不透明度）等于 100% 时，涂抹工具在涂抹像素时便会产生艺术效果，参见第 395 页的"绘制'湿笔混合效果'"和第 389 页的"在钢笔画上绘制水彩画"。

颜色替换工具 🖊

如果需要更改所绘制笔触的颜色，可以使用 Color Replacement（颜色替换）工具 🖊，该工具可以进行颜色取样及替换。Color Replacement（颜色替换）工具通常用于无缝更改照片中的衣物或其他产品的颜色，更多详情参见第 180 页。

当 Pattern Stamp（图案图章）工具处于 Impressionist（印象派效果）模式时，可以一笔一笔地为照片绘制水彩画效果，如上图所示。第一步是将整张照片定义为一个样式，参见第 404 页。

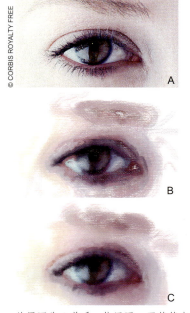

© CORBIS ROYALTY FREE

A

B

C

从原图像 A 着手，使用同一画笔笔尖根据 Art History Brush（历史记录艺术画笔）工具选项栏中的不同设置创建出不同的效果。如果将"样式"从 Tight Long（绷紧长）（如 B 所示）修改为 Tight Short（绷紧短）（如 C 所示），自动绘画程序将会更精确地沿着原图像的轮廓进行绘制，对于处理那些具有很多细节的图片来说，这一特性有非常大的帮助。

艺术复制工具

Photoshop 的复制工具可以复制当前图像的一部分或者另外的图像，也可以对正在编辑图像的先前状态进行复制。对于数字绘图来说，最有用的复制工具是 Art History Brush（历史记录艺术画笔）工具和"印象派效果"模式下的 Pattern Stamp（图案图章）工具。该工具选项栏中的很多选项与绘图工具相同，某些选项是个别工具所独有的，下面将对此进行介绍。

图案图章工具

在选项栏中勾选 Impressionist（印象派效果）复选框，用户将可以使用 Pattern Stamp（图案图章）工具在源图像颜色的基础上像画笔一样给图片上色。要使用图案图章工具，首先要给整个源图像制作一个"图案"，这样在每次下笔的时候图案图章工具就能将它作为源图像使用。使用技巧参见第 403 页的"图案图章水彩画"，在第 413 页的"Wow 绘画工具"中也有部分实例。

知识链接
▼ 使用历史记录面板
第 30 页

历史记录艺术画笔工具

单击 Art History Brush（历史记录艺术画笔）工具即可绘制出多道笔触，该笔触会自动跟踪 History（历史记录）面板［Window（窗口）>Show History（历史记录）］中被选中目标的颜色边缘或者对比边缘。用户可以单击快照（Snapshot）左侧的列（有的版本显示在面板的顶部）或者某个状态（最近的一步操作在面板下部显示）来选择源。▼

历史记录艺术画笔运用的成功与否取决于对其自动化的控制，选项栏中的 Style（样式）和 Area（区域）选项可以实现部分控制，通过这些选项可以控制自动笔触的长度、跟随源图像中颜色的逼近程度以及每次单击绘制的笔触数。Tolerance（容差）选项可以保证在历史记录艺术画笔能够绘制图像的前提下，控制绘制图像与源图像之间所允许的差异。这意味着在对其他区域进行绘图的同时，用户可以保留最近绘制中一些与源图像差异不大的细节。但是对大多数的绘画来说，将容差设为默认值 0 效果会很好，这样一来，历史记录艺术画笔便能够在现有的所有笔触上绘制了。

在使用历史记录艺术画笔时，最好能够在绘制图像时显示源图像，因为用户单击的地点决定着源图像中哪一种颜色边缘

画笔工具选项栏

选项栏中提供了一些常用的修改绘画和复制工具操作方式的选项。独立的Brushes（画笔）面板具有7个控制选项和5个附加的功能，能够为用户提供更多选择。下面介绍Brush（画笔）工具 ✎ 选项栏以及3个附加的面板。

单击打开**工具预设拾取器**（未显示）。

单击弹出如图所示的画笔预设拾取器。

设置绘画的**混合模式**。

设置**最大的颜料覆盖度**。

单击打开**Brushes（画笔）面板**，子面板如下所示。

开启喷枪，该设置用来控制颜料流量。关闭喷枪，低于100%的数值在透明区域的效果会减弱。

在勾选Airbrush（喷枪）复选框时设置颜料堆积速度，未勾选Airbrush（喷枪）复选框时，小于100%的设置将会使覆盖度低于不透明度数值框中的设置。

Noise（杂色）将笔迹或者笔触变得粗糙。

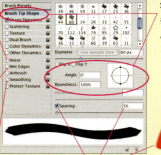

在Brush Tip Shape（画笔笔尖形状）面板中可以选择画笔笔尖的大小、倾斜度和形状。

此处显示的是tapered stroke（锥形笔触），其笔触的大小由压感笔控制。

如放大的视图所示，在Wet Edges(湿边)效果下，笔触仅会完全覆盖边 。

A   B   C

Smoothing（平滑）就好像有一只"固定的手"，它可以减少笔触中不经意的摆动。

如果勾选了Spacing（间距）复选框，低设置能够在拖动光标时产生连续的笔触效果，如 A 所示。数值设置较高时笔触的外形将较为粗糙，例如25%时得到的效果，如 B 所示，或者50%时得到的效果，如 C 所示。如果取消Spacing（间距）复选框，那么拖动速度越慢，绘制出的线条越连续。

7个选项中有好几个都有Control（控制）下拉列表，在此用户可以根据压感笔的压力、笔触的倾斜度、方向或者其他选项设定画笔笔尖的特性。尽管这些Control下拉列表通常位于Jitter（抖动）设置下（在使用画笔笔尖时将会介绍随机变化量），实际上Size Jitter（大小抖动）下的Control（控制）选项控制的是Size（大小）而非Jitter（抖动），Angle Jitter（角度抖动）下的Control（控制）选项则控制着Angle（角度）本身，以此类推。

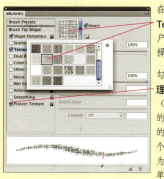

在Brushes（画笔）面板中的Texture（纹理）子面板中，用户可以通过弹出的纹理拾取器选择创建一个表面纹理。

勾选Protect Texture（保护纹理）复选框，当前的Texture（纹理）面板选项将应用于选定的所有画笔笔尖，覆盖笔尖原有的所有内置纹理设置。这是使多个画笔笔尖产生相同纹理，并为绘图保持持续表面的一种简单途径。

用户可以使用Photoshop自带的画笔笔尖绘制令人惊叹的实时插画效果。在使用位于Photoshop画笔笔尖默认设置顶部的Scattered Maple Leaves（散布枫叶）预设时，可以进入Brushes（画笔）面板的Color Dynamics（颜色动态）子面板，将Foreground/Background Jitter（前景/背景抖动）设置为100%，允许画笔在前景色黄色到背景色橘黄色的整个范围内随机改变颜色。对于Dune Grass（沙丘草）的预设（同样也是默认设置），内置的Foreground/Background Jitter（前景/背景抖动）是100%，因此需要做的就是为前景和背景选择两个绿色阴影。

在绘制的线条形状和颜色中起最重要的作用。第407页开始的"历史记录艺术画笔课程"将介绍使用历史记录艺术画笔的操作步骤，使图像的最终效果看起来像"手工绘制"的，而不是被简单的"处理"过。第413页的"Wow绘画工具"包含了使用本书Wow预设中历史记录艺术画笔的一些实例，这些预设能够创造出在画布上或者纸张上看似艺术作品的媒质。

选择、编辑、创建画笔笔尖和工具

在使用和自定绘画工具之前，请先阅读第378页的"新术语简介"技巧。由于Brush（画笔）一词在Photoshop中有好几种用法，如果不预先将其分清，就很有可能混淆。接下来请阅读本节的"画笔笔尖"和"工具预设"。

画笔笔尖

Brush Preset Picker（画笔预设拾取器）对于选择画笔笔尖或者更改画笔笔尖的大小和硬度而言都非常方便。不过如果要进行更多的控制，独立的 **Brushes（画笔）面板**有异常丰

渐隐

利用Photoshop的绘图工具，在Brushes（画笔）面板中选择Fade（渐隐）选项，可以得到一些非常有趣的效果。例如，在Shape Dynamics（形状动态）、Color Dynamics（颜色动态）和Other Dynamic（其他动态）子面板将数个Control（控制）设置为Fade（渐隐），将各个Fade（渐隐）设置为不同的步长，用户就可以通过对以下功能的不同设置来设置同一画笔笔触：收缩画笔大小、降低透明度以及改变颜色（从前景色到背景色）。

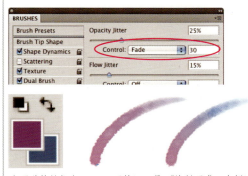

这两道笔触都由Brush（画笔）工具 ✎ 绘制而成。左侧这道笔触的大小、前景色到背景色的转换以及不透明度均设定为40步长渐隐。右侧这道笔触的渐隐仍为40步长，但是颜色变换渐隐步长为15，而不透明度渐隐步长为30。抖动设置[例如此对话框中显示的Opacity（不透明度）和Flow Jitter（流量抖动）设置]产生了丰富各异的效果。

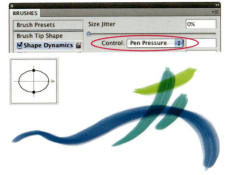

Photoshop的Watercolor Loaded Wet Flat Tip（平头湿水彩笔）预设是绘制和复制工具的默认画笔预设之一。在使用Brush工具✏绘制树叶细节或者水面波纹时十分好用。由于它是Dual Brush（双重画笔），▼因此它不具有快速的性能，但是在有序绘图时能使用它创建大笔触。要想模拟水彩的透明效果（如图显示），可以尝试在选项栏中将其混合模式更改为Multiply（叠加）。与压感笔和数位板一同使用时，Pen Pressure（钢笔压力）用于控制笔触的宽度。如果更改对压感笔的方向，那么笔触的厚度也会更改，仅仅由于画笔笔尖是椭圆形的而非圆形的。

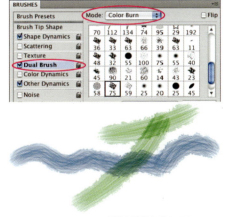

Rough Round Bristle（粗糙圆形钢笔）（在Photoshop的默认画笔笔尖组中）的独立毛边可以应用于不同密度的前景色。条纹状的毛边效果源自于Dual Brush（双重画笔）设置中具有的Color Burn（颜色加深）模式。▼这种画笔笔尖很适用于在较大的绘画区域内绘制以及在已有的颜料上添加纹理。若想绘制半透明的淡彩效果，只需在选项栏中将混合模式从Normal（正常）模式更改为Multiply（正片叠底）模式即可。

知识链接

▼ Dual Brush（双重画笔）设置如何发挥作用 第429页

富的附加选项、单击选项栏右端的 Toggle the brushes palette（切换画笔面板）按钮 📄或者执行 Window（窗口）>Brushes（画笔）菜单命令，即可打开该面板。

新建画笔笔尖

除了从 Photoshop 当前加载和现有的资源中选择画笔笔尖外，用户还可以**自行设计画笔笔尖**。

- **修改现有画笔笔尖**。选择画笔笔尖，并在画笔拾取器（大小、硬度或者圆度）或 Brushes（画笔）面板中（有更多选项）更改设置，再将自定义画笔笔尖添加到 Brush Preset（画笔预设）拾取器中即可。单击"创建新的工具预设"📄按钮 [或者单击扩展按钮并选择 New Brush Preset（新建画笔预设）] 命令，弹出 Brush Name（画笔名称）对话框，输入一个名称后单击 OK 按钮确认即可。

- **从头开始创建画笔笔尖**并将其添加到 Brush Preset（画笔预设）拾取器中，参见第 400 页的"画笔笔尖"。

任何添加到 Brush Preset（画笔预设）拾取器中的画笔笔尖都可以永久地保存下来以便以后加载，具体操作参见第 402 页的"保存画笔笔尖"。

工具预设

对于绘画工具如 Brush（画笔）工具和 Smudge（涂抹）工具而言，除了画笔笔尖预设以外还有更复杂的工具预设。这些工具预设可在 **Tool Preset Picker（工具预设拾取器）** 中设置——单击工具选项栏左下部的工具图标（参见第 382 页）或者执行 Window（窗口）>Tool Option（工具预设）命令均可以打开工具预设拾取器。默认状态下面板只显示当前工具的预设，不过可以取消勾选 Current Tool Only（仅限当前工具）复选框，同时显示当前载入到 Photoshop 的所有工具的预设。在此不仅可以对画笔笔尖进行预设，还可以对工具的其他特征进行预设，包括混合模式（Blend Mode）、不透明度（Opacity）、流量（Flow）、颜色（Color）等。

填充工具、填充图层以及叠加效果

Paint Bucket（油漆桶）工具✏和Gradient（渐变）工具■以及Fill（填充）命令最初是Photoshop应用实色填充或颜色

载入备用画笔库

为了载入不同画笔预设组或工具预设，单击选项栏中的画笔笔迹或者工具预设，当拾取器打开后，单击扩展 按钮，在扩展菜单中进行选择。当对话框出现时单击Append（追加）按钮即可将新的画笔库添加到拾取器中。单击OK（确定）按钮使用用户选定的设置替换当前的预设。如果用户已经对当前选取的画笔进行了添加或者修改，在被替换之前系统还会提示是否保存这些设置。

删除画笔笔尖或预设

如果Brush Preset（画笔预设）拾取器或者Tool Preset（工具预设）拾取器由于拥有过多条目而显得累赘，可以在按住Alt/Option键的同时单击需要删除的画笔笔尖或者逐个进行删除。**注意**：向拾取器添加自定义画笔笔尖或者工具预设时，确保在开始删除之前就保存了该设置，这样就不会永久性丢失预设。

两个历史记录画笔工具

Eraser（橡皮擦）工具 的Erase To History（抹到历史记录）选项为用户提供了可以使用两种不同绘画方法的"历史画笔"简易方法。用户可以为两个工具选择不同的画笔笔尖，并且通过快捷键在两种工具之间随意转换。

E 是Eraser（橡皮擦）工具

Y 是History Brush（历史记录画笔）工具

两种画笔都可以对"源"使用相同的History Snapshot（历史快照）或状态。

使用数位板和压感笔

使用压敏式数位板和压感笔能够更好地控制绘制的线条，而不用担心快速绘制时出现失控的状况。在使用类似Wacom公司出品的数位板时，可以花一点时间来发掘自定义画笔笔尖行为支持的大量设置。

Brushes（画笔）面板设置中的大多数选项下都有一个Control（控制）下拉列表。Pen Pressure（钢笔压力）、Pen Tilt（钢笔斜度）和Stylus Wheel（光笔轮）控制在以下选项中可用：

- Shape Dynamics（形状动态）——画笔笔尖的大小、角度和圆度；
- Scattering（散布）——计算散布数量和笔迹数量；
- Texture（纹理）——深度随机性；
- Color Dynamics（颜色动态）——从前景色到背景色的改变；
- Other Dynamic（其他动态）——不透明度和流量。

就压感笔自身的驱动软件，用户可能想要：

- 设置**顶部遥杆按钮**，将其设置为**Alt/Option键+单击**，这样便可以在绘图时轻松进行颜色取样。
- 设置**底部遥杆按钮**，将其作为**右键+单击/Ctrl+单击**打开右键快捷菜单。
- 将**末端按钮**设为**橡皮擦**，这样便可以将压感笔倒置像使用传统画笔那样使用橡皮擦。

两朵花均使用带柔圆角画笔笔尖的Hardness（硬度）为25%、Spacing（间距）为30%的Brush（画笔）工具 绘制而成。在使用鼠标绘制左侧的花朵时，可以使用括号键更改画笔笔尖尺寸——[]和[]。如果在Photoshop CS4中启用了OpenGL功能，右击的同时按住Alt键（Windows）或者使用Ctrl+Option键同时拖动可以进行动态大小调整。使用数位板和压感笔绘制右侧花朵时，只在绘制花蕊时更改了一次画笔笔尖大小，其他时候，笔触宽度由Pen Pressure（钢笔压力）调节。使用鼠标绘制和压感笔绘制的最大区别是使用后者时绘制速度更快，效果更自然。

在Alicia这幅作品中，Amanda Boucher使用了Magic Wand（魔棒）工具选择需要填充的区域，对红色前景和蓝色花部分使用实色填充。在另一个图层混合模式为Multiply（正片叠加）的图层中使用图案填充添加花朵中的细节，参见第421页关于该技法的更多内容。

使用Gradient（渐变）工具 ▦ 在照片上"绘制"的彩虹，该技巧在第198页的"渐变"中介绍。

"反填充"工具

魔术橡皮擦工具 ✎ 和橡皮擦工具，位于工具箱的同一个工作组，它有点像油漆桶，不过它"泼墨"的不是颜料而是透明色。和油漆桶工具一样，它可以选择是否连续填充、是否消除锯齿边缘。它可以使填充区域以组成颜色为基础或者仅以其中一个图层中的颜色为基础。

取消对MagicEraser（魔术橡皮擦）工具选项栏中Contiguous（连续）复选框的勾选，单击一次删除整个图层中所单击的颜色，留下透明区域。

渐变的惟一方式。现在它们在很大程度上被Solid Color（实色）、Pattern（图案）和Gradient Fill（渐变填充）图层以及Layer Styles（图层样式）中的Color（颜色）、Pattern（图案）和Gradient Overlay（渐变叠加）效果所取代（参见第502页），因为它们在其后需要进行编辑时更为容易。不过，对某些艺术家而言，原始的"单击并填充"工具仍旧具有特定的手动操作的吸引力。

油漆桶工具 ✎

Paint Bucket（油漆桶）工具 ✎ 可以填充实色或者图案。该工具可以使用从取样处选择的颜色填充区域，该颜色可以是应用当前工具时选择的当前图层的颜色。如果在选项栏中勾选了All Layers（所有图层）复选框，该颜色甚至还可以是所有图层的组合颜色。Tolerance（容差）决定了与取样颜色存在多大范围差异的像素可以被取代。有时设置Tolerance（容差）是一种技巧，设置得足够低则Paint Bucket（油漆桶）不会更改过大范围内的颜色，设置得足够高时则可以改变抗锯齿像素，避免在新颜色的边缘出现旧颜色的"边缘"残留。勾选Contiguous（连续的）复选框时，使用Paint Bucket（油漆桶）工具可以替换与单击位置颜色相同并且连续的像素。取消勾选Contiguous（连续的）复选框，整个图层和选区中取样颜色的所有像素都将会被油漆桶工具选取的颜色替换。填充图像的边缘可以是**抗锯齿**（部分是透明的，将与周围颜色进行混合）也可以不是。

渐变工具 ▦

Gradient（渐变）工具 ▦ 可以对整个图层或者选区进行颜色填充，渐变的中心和方向由工具拖动方向控制。在选项栏中可以选择预设混合颜色并指定需要的几何渐变效果——**如Linear（线性）**、**Radial（径向）**、**Angle（角度）**、**Reflected（对称）**或者**Diamond（菱形）**。还可以选择是否将颜色命令进行**反向（Reverse）**、是否应用**仿色（Dither，在渐变颜色中轻微混合像素以防止渐变效果在打印时出现明显的颜色段）**以及是否采用渐变中内置的**透明区域**，或者忽略渐变中的所有内置的透明渐变效果，而使用不透明的颜色。第196页的"渐变"中便列举了几种设置和应用渐变工具的方法。

其他填充方式

除了Gradient（渐变）、Paint Bucket（油漆桶）工具和Fill（填充）命令，还有两种填充方法。

改变填充或绘制区域颜色的操作步骤如下，在Layer（图层）面板中选中需要更改颜色的图层在面板中单击锁定透明像素按钮，锁定透明像素。使用Paint Bucket（油漆桶）工具或者Gradient（渐变）工具重新进行填充，或者执行Edit（编辑）>Fill（填充）菜单命令进行。所有透明区域都将会被保留，而不会留下任何原始颜色。

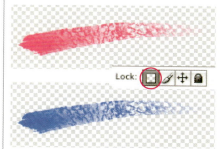

透明度被锁定的情况下重新填充的前（上图）后对比效果，第一种颜色不会留下任何残色。

使用Cutout（木刻）滤镜对图像进行色调分离制得，接着使用Posterize Edges（海报边缘）滤镜描绘出轮廓（参见第433页的更多操作步骤）。

本书光盘的一些动作被设置用于添加绘画效果，从而将照片转换成插画风格（参见第416页的"Wow线条画"）。

- 单击Layer（图层）面板的Create New Fill/Adjustment Layer（创建新的填充或调整图层）按钮，在弹出的快捷菜单中选择添加**填充图层**。根据所选择的图层种类，可以为整个图层指定一种**实色、图案或渐变效果**。图层还包括一个图层蒙版，这样便可以通过修改图层的设置来控制填充颜色显示的位置。

- 将**颜色、图案或者渐变叠加效果**作为图层样式使用。这样会使填充和样式内其他效果之间的交互作用变得更易控制，例如填充效果与发光、内阴影和斜面效果之间的相互作用。Overlay（叠加）效果的使用参见第502页的"叠加"。

利用滤镜和动作"绘画"

Photoshop的一些滤镜可将图像风格化为美术作品。执行Filter（滤镜）>Filter Gallery（滤镜库）菜单命令，可以打开几组用于制作特殊效果的滤镜，例如Artistic（艺术效果）、Brush Strokes（画笔描边）和Sketch（素描）滤镜等组。在滤镜库中将这些滤镜结合在一起添加绘画细节，或者合成滤镜化的图像和原始图像，详情参见第262页。用户可以在"附录A：滤镜演示"中找到Photoshop滤镜效果的展示。

另外，Photoshop中的（Action）**动作**功能提供了一种保存工作进程的方法，这样用户就可以轻松地将其应用于其他图像中。第415页开始的"使用Wow动作绘画"一文中有使用本书光盘提供的动作来实现"美术化"效果的实例，第120页的"自动操作"也讲述如何记录自定义的动作。

预处理和后期处理

在Photoshop中进行绘画是一个具有创造性、表现性的过程。如果对象是一张照片，那么Photoshop会提供一些有用的图像制作技巧。

- **改变构成**，通过选择图像中的某些部位并进行删除、拉伸或压缩（参见第419页）操作，或者从其他图像中选取元素进行复制和粘贴。

- 添加一个半透明的"**描图纸**"图层（参见第404页），便于对照片进行素描，并对绘制的笔画与原始笔画进行区分，或找出从何处使用历史记录艺术画笔工具开始进行绘制。

CHER THREINEN-PENDARVIS

原图如 A 所示，尝试以下技法中的一个。色调分离，如 B 所示。提高颜色饱和度，如 C 所示；大幅度调整色阶，如 D 所示；过渡锐化，如 E 所示。从简化的图像中可以为自定义色样组进行颜色取样（参见第402页），或者使用描图纸（参见第404页的步骤3）对简化形状进行描图。

- 添加 Posterize（色调分离）调整图层简化图像中的形状。

- **在 Hue/Saturation（色相 / 饱和度）调整图层中，将 Saturation（饱和度）滑块拖动至右侧，可以提高颜色浓度。** 或者使用 Vibrance（自然饱和度）适当地强化饱和的颜色而非高度饱和的颜色，以此保护皮肤色调。

- 添加一个 Levels（色阶）调整图层并将 Input Levels（输入色阶）代表阴影和高光的三角形滑块移向中心，同时提高颜色的浓度并简化形状。

- 应用 Unsharp Mask（USM 锐化）滤镜并设置较高的 Amount（数量）和 Radius（半径）参数，提高颜色的浓度并尝试发光效果（如左图所示）。

- 使用 Smudge（涂抹）工具时若要生成**鬃毛痕迹**，在开始绘制前为图像添加噪点（参见第 395 页）。

在 Photoshop 中进行绘制的另一个优势是其打乱顺序的能力。用户可以先绘制然后选择理想的画布种类，或者先应用颜料再决定水彩和纸张的湿度以及油或丙烯的厚度。

- 使用 Photocopy（影印）滤镜可以将颜料聚合在一种水彩颜色中（参见第 406 页），或者将粉笔绘画中的纹理和细节凸显出来。

- 使用 Emboss（浮雕效果）滤镜可以使颜料变厚，将画笔笔触变得更明显（参见第 398 页）。

- 使用 Layer Style（图层样式）（参见第 406 页）或者 Burn（加深）工具 （参见第 393 页）添加画布或纸张纹理来完善置入画笔中的纹理。

- 进行**锐化**操作可以将画布或纸张纹理凸显出来或者创建水彩特有的"纸张白"边缘。

- 对水彩进行"盐渍"、"纸张白"效果处理（第 427 页）。

一些Wow动作可以用于为绘画添加效果，包括数字化制作或使用传统媒介进行绘制和扫描（参见第417页）。

FRANKIE FREY

在钢笔画上绘制
水彩画

附书光盘文件路径

wow > Wow Project Files > Chapter 6 > Watercolor Over Ink：

- Watercolor-Before.psd（原始文件）
- Wow-BT Watercolor.tpl（工具预设文件）
- Wow-Texture 01.asl（样式预设文件）
- Watercolor-After.psd（效果文件）

从**Window**（窗口）菜单打开以下面板

- Tools（工具） • Layers（图层）
- Brushes（画笔） • Styles（样式）

步骤简述

扫描图画 • 将扫描图层设置为Multiply（正片叠底）模式，置于白色填充图层之上 • 使用Brush （画笔）工具✐和Wow BT-Watercolor画笔在背景和扫描图层之间的单个图层中绘画 • 尝试调节绘画颜色 • 添加纸张纹理和背景淡彩效果 • 使用Smudge（涂抹）工具✐涂抹"墨水"

在钢笔画的基础上绘制模拟水彩画效果的快速插图模式可以先以手绘素描画或者从 Illustrator 或 Photoshop 中创建的线条画，又或者从剪贴画开始。Frankie Frey 以一幅毡头墨水笔绘图为原图。

认真考量项目。 要制作绘画，需将线稿图层置于顶端（这样颜色就不会模糊线条）并将其设置为 Multiply（正片叠加）模式（这样白色背景为透明并且不会模糊颜色），将颜料放置于线稿图层下方，"纸张"图层放置在颜料图层之下。在该图层下面，可以保留清理过的图画副本以备用。

和 Photoshop 中的其他艺术化媒质一样，水彩画与传统材料相比更具弹性和包容性。一方面用户可以打乱顺序，将在传统媒质中同时进行的部分过程分离开，或者改变绘画的顺序。可以先填充颜料，感受水彩在画纸上流动的效果，然后确定想以多大程度覆盖墨迹，还可以在前景色设置完成之后选择背景淡彩颜色。

1 准备图画。 扫描图画并进行必要的清理工作，▼ 或打开一幅剪贴画或者图画文件，如 **1a** 所示。复制图画所在的图层（按 Ctrl/⌘+J 键）。单击背景图层，并单击图层面板的 Create a new fill or adjustment layer 按钮 ◑，在菜单选择 Solid Color（实色）。在 Color Picker（拾色器）中选择白色，单击 OK（确定）关闭对话框。

知识链接
▼ 扫描并清理线稿
第103页和第108页

1a

在Photoshop中打开灰度扫描图并执行Image（图像）>Mode（模式）>RGB Color（RGB颜色）菜单命令，将其转换成彩色图。

1b

随着上色的进行，将位于透明绘画图层之上的图画副本模式更改为Multiply（正片叠底）模式，以Solid Fill（纯色填充）填充的"纸张"图层隐藏该图画的共有副本。

使用 Wow 水彩预设

▼使用压感式数位板进行绘制时，施加的**压力**越大笔触就会越粗。

要想控制颜料的数量，可以通过在选项栏中降低Opacity来减少每个笔触中所填充颜色的最大值。降低Flow来放慢颜色填充的速度。这些画笔参数同样会随着**压感笔的压力**增加而增大。

绘制显示边缘的**叠加描边**的方法是绘制一条线条并释放鼠标左键或者提起压感笔，然后按下鼠标的左键或者压感笔再次绘制描边。

创建**连续淡彩**（扩大无内部笔触痕迹的颜色）效果的方法是使用连续笔触，而非频繁地开始和终止绘制。

由于使用**颜色**（颜色越淡，纹理显示得较少）▼和**绘画方式**（快速绘画需比慢速绘画设定更高的流量值）的不同，绘制效果也各异。

保留墨水的颜色为黑色，但是使图层顶部的白色部分呈透明，以便下一步填充的颜色可通过该透明部分显现出来。单击顶部图层的缩览图，设置图层混合模式为Multiply（正片叠底）。在该图画图层的下方添加一个透明图层以保留最初的填色，按Ctrl/⌘键单击面板的Create a new layer（创建新图层）按钮，按Ctrl/⌘键可使新的调整图层位于目标图层之下，如 **1b** 所示。

2 绘画。选择画笔工具 ✐ （Shift+B），在选项栏中，单击Tool Preset（工具预设）拾取器并双击弹出的拾取器中Wow-BT Watercolor预设中的一个画笔，如 **2a** 所示。Frey选择从Medium（**中号**）开始。（如果尚未载入Wow-ArtMedia Brushes预设，Wow-BT Watercolor预设便不会出现在扩展菜单中。▼可以通过以下方式仅加载Wow-BT Watercolor中所需的那部分工具，在拾取器的扩展菜单中选择Load Tool Presets（载入工具预设）命令，加载位于本书光盘中的Wow-BT-Watercolor.tpl文件。

和传统水彩画笔相似的是，当Wow-BT Watercolor预设画笔停留在某一点时，颜料能够在画纸上流动。当用户在先前使用的颜料上绘制笔触时能够创建颜色，并且可以模仿在湿笔触边缘堆积颜料的效果。同时，与画纸纹理的互动功能也被添加到画笔中。

选取一种颜色，在画面中随意地填充，根据需要调整画笔，牢记左侧的"使用Wow水彩预设"技巧。要想达到最大限度的灵活，可以通过为每一个新颜色添加一个新图层来实现。在本次绘画中，Frey选择以Wow-BT Watercolor-Medium预设开始，将笔触稍稍调小，降低不透明度和流量，稀释颜料并控制颜料堆积，如 **2b** 所示。在填色时切换不同的画笔大小，并调整不透明度和流量，并添加了更多图层，如 **2c** 和 **2d** 所示。不同图层上都有元素，因此可以通过降低图层的不透明度来使颜料效果更透明。若要使颜色更厚重，可以按Ctrl/⌘+J快捷键复制该图层，并降低该附加图层的不透明度以达到理想的颜色浓度。在不同颜色笔触重合的地方，用户可以参照下面的"颜色取样"技巧，给画笔加载混合颜色。

2a

在Tool Preset（工具预设）拾取器中选择中等大小的Wow-BT Watercolor画笔。

对于绘图和填充工具（画笔、铅笔、颜色替换、油漆桶和渐变工具）来说，按住Alt/Option键就可以切换到Eyedropper（吸管）工具，单击即可对颜色取样并将其替换为前景色。用户也可以同时按住Caps Lock键来切换精确控制取样的开关，取样区域有Point Sample（取样点，单个像素）、3 by 3 Average（3×3平均）或者更大，都由Eyedropper（吸管）工具选项栏中Sample Size（取样大小）选项的当前设置决定。

3 集中图层。 为了降低工作文件的大小，用户可以合并一些图层。在颜色重叠之处（例如沙发上的格子花呢）保持图层间的独立是个不错的方法，万一进行改动便可以独立地控制颜色。但是在各元素并不重叠的情况下，用户可以将这些图层进行合并，此后若需要改动，便可以通过选择将它们分开。单击Layers（图层）面板中要进行合并的所有图层，如3所示。执行Layer（图层）>Merge Layers（合并图层）（或者使用Ctrl/⌘+E快捷键）将选中的图层合并为一个图层。

2b

降低选项栏中的Opacity值（降低至50%左右），同时保持Flow（流量）为100%，以便流畅地绘制。通过分层笔触进行上色，如左侧粉色花朵的颜色效果。设置Flow（流量）为25%）、Opacity（不透明度）为100%时，颜料和纹理变得更加明显，如图中右侧花朵的填充效果。

2d

对衣服部分，Frey设置Opacity（不透明度）约为50%、而Flow（流量）为25%或者更少。

2c

对喷壶和沙发上的格子花呢上色时，Frey在选项栏中设置Opacity（不透明度）为75%，保持Flow（流量）为低值（25%）。在一个图层中填充蓝色条纹，在上面的另一个图层中填充粉色条纹。

4 增加颜色的亮度。 如果想要调整部分或者全部颜色，可以添加调整图层。为了提亮颜色，Fery首先单击Layer（图层）面板中顶部的绘画图层——位于钢笔画图层正下方，然后单击面板的按钮并在菜单中选择Hue/Saturation（色相/饱和度）命令。在Hue/Saturation（色相/饱和度）对话框中将Saturation（饱和度）滑块向右移动（+30）并单击OK（确定）按钮。由于衬衫的颜色过亮，所以Fery选择了一个柔和的画笔笔尖，使用黑色填充Hue/Saturation（色相/饱和度）

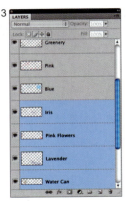

3

对图层进行重命名有助于明了图画中的各个元素（双击图层面板中各个图层的名称，然后输入新的名称即可）。要减小工作文件的大小，可以选中元素不重叠的图层并将其合并为一个图层。

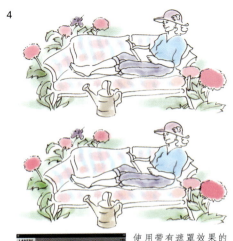

4

使用带有遮罩效果的Hue /Saturation（色相/饱和度）调整图层调亮颜色之前（上图）和之后（下图）的效果。

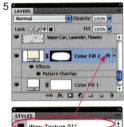

5

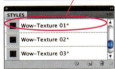

利用带有遮罩效果的Solid Color（纯色）图层创建背景淡彩效果。Wow-Texture 01*图层样式可以应用与Wow-BT Water-color画笔预设相似的纹理。

图层的内置蒙版以隐藏衬衫过亮的部分，如 4 所示。（可以按D键恢复默认的前景色和背景色，然后按X键将前景色设置为黑色。）

5 添加背景淡彩效果。为了增加背景淡彩效果，可以先添加一个Solid Color（纯色）调整图层。在Layers（图层）面板中选中底部附近的白色图层。单击⬤按钮并在菜单中选择Solid Color（纯色）命令，在该图层上方添加一个纯色图层。在Color Picker（拾色器）中选择浅的、相对中性的颜色，然后单击OK（确定）按钮。（选取的颜色将被"填充"到所有的白色区域。如果想保留部分区域为白色，可以使用下文讲述的方法进行遮罩处理。）现在，添加纸张纹理使其与绘图图层画笔线条的纹理相匹配。在Styles（样式）面板的扩展菜单中选择Wow-Grain-Texture Styles命令，追加样式后单击面板中的Wow-Texture 01*，如 5 所示。（如果用户尚未装载Wow预设，▼需要在扩展菜单中选择Load Styles（载入样式）命令并查找到Wow Texture 01.asl。）Wow-Texture 01*与内置于Wow-BT Watercolor画笔中的样式相似，并与上色后的笔触相匹配。为了使淡彩具备一个柔和、不规则的形状，可以在画笔笔尖拾取器中选择尺寸为100像素的柔软笔尖，在纯色调整图层中使用黑色绘制内置蒙版的边缘。

知识链接
▼ 载入Wow预设　第4页

6 "驱走"墨迹。为可水解的墨迹创建"出血效果"的操作步骤如下。在Layers（图层）面板中单击Background copy（背景副本）图层，然后选择Smudge（涂抹）工具，选择一种柔软的画笔笔尖，将尺寸设置为17像素柔软画笔并且将强度减少到大约为50%，确保已经取消勾选Sample All Layers（对所有图层取样）和Finger Painting（手指绘画）复选框。要想使单个笔触"出血"部分的线条更宽或更容易绘制，可以将画笔变平。在Brushes（画笔）面板中单击左侧列表中的Brush Tip Shape（画笔笔尖形状）在右侧将圆度设置为50%，如 6a 所示。

在绘图过程中寻找线稿上带有颜料的区域。将光标移动到线上，向下绘制以"驱走"墨迹。如果从线条开始，而非线条上方开始绘制的话，墨迹会出血但是线条仍然会保留下来。如果从线条上方开始，并且从上到下贯穿了该线，那么这条

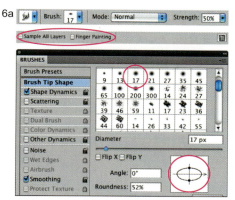

6a

设置Smudge（涂抹）工具来驱走墨迹。

6b

取消勾选选项栏中的手指绘画复选框，在线稿上使用Smudge（涂抹）工具拖动以创建模糊的墨水效果。从线条开始可以抹掉黑色和线条的颜色，但是线条仍然会留下来。

线将会被涂抹掉。如果操作失误可以按 Ctrl/⌘ +Z 快捷键取消操作，然后调整 Strength（强度）、笔尖大小或者画笔的圆度，再进行尝试。去除作品中其他墨迹的方法与此相同，如 6b 所示，完整的绘制效果参见第 389 页顶部图。

改善绘画。 在绘图完成之后，还可以尝试很多方法进行一些改变。例如要**增加线条作品的颜色密度**，可以双击背景图层解除其锁定状态，然后将其拖到图层列表的顶部，设置图层混合模式为 Multiply（正片叠底），尝试调整 Opacity（不透明度）。也可以在附加的透明图层上**绘制细节**或者双击 Solid Color（纯色）图层并**选择一种新颜色**来改变画纸或者淡水彩画的效果，甚至可以**在一些区域**参照下面的技巧呈现纸张的颗粒。

在适当的地方添加画布或纸张纹理

如果想要在特定部分显示出画布纹理，可以对使用了内置纹理画笔绘制的图画进行复制，执行(Image（图像）>Duplicate（复制）菜单命令，然后：

选择带有内置纹理的绘画工具，在Brushes（画笔）面板中单击面板左侧的Texture（纹理），如 A 所示。Pattern（图案）色板中显示了工具内置的纹理，如 B 所示。单击拾取器旁的Create a new preset from the current pattern（从当前图案创建新的预设）按钮，如 C 所示。注意看是否勾选了Invert（反相）复选框，如 D 所示。

从Wow-BT Watercolor Brush工具预设捕获纹理。

选择Burn（加深）工具，在Brushes（画笔）面板中单击Texture（纹理），如 E 所示。单击Pattern（图案）色板，如 F 所示，在Pattern（图案）拾取器中单击刚保存的纹理（拾取器中的最后一个色样），需要时勾选Invert（反相）复选框，如 G 所示。

将Burn（加深）工具拖至需要强调纹理的上方区域。在选项栏中，尝试降低Exposure（曝光度）或者选择"错误的"Range（范围）设置，如H所示。例如，如果画笔经过的颜色是Midtone（中间调），那么可尝试选择Shadow（阴影）以获得较微弱的效果。在画笔面板中尝试勾选和取消勾选Texture each tip（为每个笔尖设置纹理）复选框，如I所示。

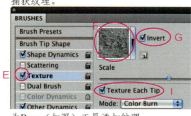

为Burn（加深）工具添加纹理。

对线稿快速应用颜色淡彩

无论是使用扫描图还是使用黑白Illustrator线稿或剪贴画，此处将提供一种为线条添加颜色的快速方法。就像在墨水线稿上使用水彩或是艺术家签名时一样，该方法可以创建出线稿周围模糊的色彩区域。可以在Refine Mask（调整蒙版）对话框中对油墨的数量和特性进行调整，从而达到理想的效果。在添加了一种颜色之后，要添加更多颜色就显得轻而易举了。

Color Wash.psd 文件可在本书光盘中找到 （在 Wow Goodies 文件夹中）。

知识链接

▼ 清理扫描图　第 108 页
▼ 拾色器　第 170 页
▼ 绘制蒙版　第 84 页

1 打开一个清理过的扫描图，▼或者在一个RGB文件中绘制或输入黑白线条。

piddix.com的Corinna Buchholz为John Tenniel的插画《疯帽子和三月兔》（Hatter and Hare dunking Dormouse）制作了一份RGB模式的扫描图，该图来自Lewis Carroll（Charles Dodgson）创作的《爱丽丝梦游仙境》（Alice's Adventures in Wonderland）。Corinna对该RGB图像进行了清理（参见第108页），使其看上去有一种"古式的"背景色，将该文件合并成一个单一的背景图层。

2 首先创建一个用于着色的颜色图层，在Channels（通道）面板中按住Ctrl/⌘的同时单击RGB通道的缩览图，加载其明度（浅色区域）并作为一个选区，然后反选该选区（使用Ctrl/⌘+Shift+I快捷键），这样就可以选中线稿部分而非浅色背景。在Layers（图层）面板中按住Alt/Option键的同时单击Create new fill or adjustment layer（创建新的填充或调整图层）按钮 ，并从菜单中选择Solid Color（纯色）命令。在New Layer（新建图

层）对话框中选择Multiply（正片叠底）模式并单击OK（确定）按钮关闭对话框，在弹出的Color Picker（拾色器）中选择一种颜色▼并单击OK（确定）按钮。

此时，Solid Color（纯色）调整图层上的蒙版只是将颜色放在了黑色线条的上方，使线稿看上去更丰富。

3 将颜色扩张为淡彩，在图层面板中选择Solid Color（纯色）图层蒙版，执行Select（选择）>Refine Edge（调整边缘）命令，打开Refine Mask（调整蒙版）对话框。勾选Preview（预览）复选框，单击最左侧的视图标识（标准）。如果看到选定区域出现闪烁点，可以使用Ctrl/⌘+H快捷键将其隐藏。

将Refine Mask（整理蒙版）对话

框中所有的滑块都移至0，然后拖动Radius（半径）、Feather（羽化）、Smooth（平滑）和Contrast / Expand（对比度/扩展）滑块，将颜色调整至理想状态。

Refine Mask（调整蒙版）对话框中的这些设置可以生成上图所示的效果。使用标准视图并隐藏选区边界，可以实时观察调整Refine Mask（调整蒙版）滑块后的颜色效果。

在该操作中无须停顿。尽可能多地复制经过遮罩处理的Solid Color（纯色）调整图层（Ctrl/⌘+J），从而更改图像颜色，使用黑白颜色绘制蒙版，▼可以将不同的颜色锁定在作品不同的部分。

绘制"湿笔混合效果"

附书光盘文件路径

> Wow Project Files > Chapter 6 > Wet Acrylies：

    Wet Acrylies-Before.psd（原始文件）
    Wow-Wet Acrylies.pat（图案预设文件）
    Wet Acrylies-After.psd（效果文件）

从Window（窗口）菜单打开以下面板
• Tools（工具）• Layers（图层）• Brushes（画笔）

步骤简述
调整颜色并进行裁切 • 添加Overlay（叠加）模式的杂色图案图层、"背景"画布图层和空白图层 • 使用Smudge（涂抹）工具绘画 • 添加模式为Overylay（叠加）的绘画浮雕副本 • 使用Pattern Fill（图案填充）调整图层添加更多的画笔纹理

使用油画或者丙烯颜料进行湿笔混合方法创作时，绘画者会从先前的笔触中拾取颜色，混合颜色。湿笔混合画法不是主流画法，但是由于速度较快，艺术家通常使用此方法来捕捉实地风景画中的光线或是人物非正式肖像的表情。在绘画的过程中画面始终是湿的，为了保证颜色的纯度，必须增加色彩的浓度。

认真考量项目。 若计算机足够强大，可以将涂抹工具的Strength（强度）设置为100%，Photoshop的涂抹工具 就会成为自响应"画笔"，而且绘制过程非常流畅。Strength（强度）较低的设置需要计算机进行更多的计算，因此绘图操作和图像显示之间会出现滞后现象。压感式数位板和压感笔也可以使绘图过程更像传统绘画，由于对压感笔的施压会动态地影响画面中的笔触，这就使得笔触更加具有个性。

1 准备图像。 选择图像，调整颜色并裁切到合适大小，或直接打开 Wet Acrylies Before.psd，如 **1a** 所示。为了使绘画增添斑驳感，让画笔笔触显示出笔毛的痕迹，可以使用 Wow-Noise Patterns 预设添加图案填充图层。在此使

1a

原始照片

1b

Alt/Option+单击Cre-
ate new fill or adju-
stment layer按钮打
开菜单并选择Pattern
（图案）命令。

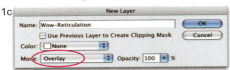

1c

将Pattern Fill（图案填充）图层设置为Overlay
（叠加）模式。

1d

在Pattern Fill（图案填充）对话框中选择Wow-
Reticulation Blotched图案。

1e

如上图所示的是在
Overlay（叠加）
模式下，为图案填
充图层添加Wow-
Reticulation Blotched
之前（左侧）和之
后（右侧）的效果
对比。

添加到文件中的画
布（或"背景"）
和绘画图层效果。
在绘画过程中背景
被隐藏。

2

用 Wow-Reticulation Blotched 作为填充图案，Wow-Media
Patterns 预设中的 Wow-Noise Small Strong Gray 等其他预设
也可以达到同样的效果。

添加图案填充图层以引入颜色的多变性，在按住Alt/Option
键的同时单击图层面板的创建新的填充或者调整图层按钮
，在弹出菜单中选择Pattern（图案）选项，如 1b 所示。
按住Alt/Option键，会在添加图层的同时打开New Layer（新
建图层）对话框。在New Layer对话框中设置Mode（模式）
为Overlay（叠加），如 1c 所示。

在New Layer（新建图层）
对话框中单击OK（确定）
按钮即可打开Pattern Fill（图
案填充）对话框，如1d所
示。单击图案色样旁边的下

查看图案名称

如果在Patterns（图案）面板中**看
不到名称**而仅能看到样板，可以
在扩展菜单中选择Small List（小
列表）命令显示名称。

三角按钮打开Pattern（图案）拾取器，在拾取器的扩展菜单
中选择Wow-Media Patterns选项。如果用户未载入Wow预
设，▼要选择Load Styles（载入样式命令并找到Wow-Wet
Acrylics.pat，该文件拥有几种可供选择的Noise（杂色）和
Media（介质）图案以及步骤6中的厚涂图案。从拾取器中选
择Wow-Reticulation Blotched（或者另一
种介质或杂色图案），如 1e 所示。

知识链接

▼ 载入 Wow 预设
第 4 页

2 准备画布和绘画图层。单击图层面板的创建新图层按钮
，然后选择合适的颜色填充新图层作为画布。例如，执行
Windows（窗口）>Swatches（色板）菜单命令打开Swatches
（色板）面板，选择白色、黑色或者与图像对比鲜明的任
意一种颜色（或者使用Eyedropper（吸管）工具 从图像
中进行颜色取样）。按Alt/Option+Delete快捷键将颜色填充
到图层中。在Layers（图层）面板中双击图层的名字，键入
Ground重命名图层。

再次单击 按钮，保持新图层空白，用户绘制的画笔笔触将
保存在此图层中。隐藏Ground图层，如 2 所示。如果不这
样做，接下来要使用的涂抹工具将从画布中取样，而不是从
其下的图案与杂色混合图层中进行颜色取样。稍后再次显示
该图层即可。

为Smudge （涂抹）工具设置选项。

3b

在Photoshop自带的Natural Media（自然介质）组中找到Charcoal（炭笔）画笔。

4a

上图显示了绘画过程中的画面细节，隐藏Ground图层（左图），由于源图像是从下方透过显示的，所以很难分辨图画中是否有缝隙。重新显示Ground图层，即可看到缝隙。

4b

准备好在背景中进行粗略地描绘，并旋转画布使画笔绘画更容易。此处显示的是显示（左图）与隐藏（右图）Ground图层的效果对比。

3 为绘画设置参数。 选择Smudge（涂抹）工具 。在选项栏中设置Mode（模式）为Normal（正常），将Strength（强度）设置为100%，并且勾选Sample All Layers（对所有图层取样）复选框，如 3a 所示。这样便可以在顶部的透明图层中绘画，并从下面的所有可见图层中对颜色进行取样。同时取消勾选Finger Painting（手指绘画）复选框。在Brushes（画笔）面板中更改设置，如 3b 所示。在面板的扩展菜单中选择Natural Brushes（自然画笔）命令。在对话框中单击Append（追加）按钮将这一组画笔添加到当前画笔笔尖中。如果单击OK（确定）按钮，它们将替换当前的画笔笔尖。选择使用Charcoal 59 pixels（炭笔59像素）。在左侧的列表中单击Shape Dynamics（形态动态），如果使用压感式数位板和压感笔，可以将用于控制Size（大小）的Control（控制）选项设置为Pen Pressure（钢笔压力）——压力越大则笔触越大。如果没有数位板，则可以选择Off（关）。在左侧列表中单击Other Dynamic（其他动态）并且将用于控制Strength（压力）的Control（控制）选项设置为Pen Pressure——压力越大则颜料涂抹得越厚。

4 绘画。 使用Smudge（涂抹）工具进行绘制，根据需要隐藏Ground图层。该操作可以隐藏原图像和杂色，这样一来在绘画的过程中即可检查绘图，如 4a、4b 所示。如果使用Pattern Fill（图案填充）调整图层添加色调变化，图案产生的颜色变化会清晰地显示出来，可以看见中间色调的鬃毛痕迹。不过这不会显示在图像最亮或最暗的区域。在为阴影部分绘制高光或者滤色时，临时减少Pattern Fill（图案填充）调整图层的Opacity（不透明度）或将其**混合模式**更改为

涂抹工具绘画技巧

- 要想更好地发挥源图像中的颜色和形状的效用，应**让笔触尽可能地短**，以提高颜色取样频率。

- 要添加细节以增加细腻程度，可以在画笔组中**选择更小的画笔**。

- 在绘画（应用笔触）过程中，如果**翻转或旋转画布**（在Photoshop CS3或者CS4中执行Image（图像）>Rotate Canvas（旋转画布）> 90°CW［90度（顺时针）］/90°CCW［90度（逆时针）］菜单命令，将更容易获得更自然的移动效果。该操作可立即翻转或者旋转整个图像，包括所有图层。另外，因为这些改变均为90°的倍数，所以图像的质量不会降低。在Photoshop CS4中，如果用户的视频卡支持OpenGL Drawing，那么可以使用新的Rotate View（旋转视图）工具 以任何角度旋转画布，而不会降低图像的质量。

绘制"湿笔混合效果" **397**

要使绘画更具活力，用户可以有意在两个笔触间留下不涂抹的缝隙，然后添加对比颜色。重新显示Ground图层，选择第一次强调的颜色，例如前景色。在Ground图层中绘制时查看Ground图层和Paint图层，用户可以使用Brush（画笔）工具快速地在Ground图层上"填充图画中的小洞"。

在该绘画细节处，可以看到Paint图层（左上图）有意留下的缝隙。对Ground图层（右上图）应用加强颜色时，该加强颜色会通过缝隙显示出来（下图是最后的混合效果图）。

Multiply（正片叠加）的话则可以进行此调整。完成了最亮或最暗区域的操作后，将Pattern Fill（图案填充）调整图层恢复为Overlay（叠加）模式并再次增加其Opacity（不透明度）。对猫最黑的部位使用这一滤色方法，恢复Pattern Fill（图案填充）图层后微调画笔笔触，如 4c 所示。

5 添加"厚涂"效果。可以通过复制已绘制完毕的作品并对其进行笔触"浮雕处理"，使作品的外观更为厚重。单击Paint图层，然后按住Ctrl+Shift+Alt+E（Windows）或者⌘+Shift+Option+E（Mac）为其添加合并图层副本。执行Image（图像）>Adjustments（调整）>Desaturate（去色）命令去除图层颜色。为了实现最大限度的灵活性，执行Filter（滤镜）>Convert for Smart Filters（转换成智能滤镜）命令，这样可以根据需要更改滤镜设置。执行Filter（滤镜）>Stylize（风格化）>Emboss（浮雕效果）命令应用浮雕效果滤镜，如 5a、5b 所示。在Overlay（叠加）模式下，应用50%灰度可以让图层不可视，浮雕中更深或更浅的颜色会"凸显"画笔笔触，使其看上去有厚涂的效果。如果需要尝试浮雕效果，那么可尝试更改图层的混合模式或者Opacity（不透明度）。如果将Emboss（浮雕效果）作为智能滤镜来应用，那么双击Emboss滤镜图层即可尝试滤镜对话框中的不同设置。

4c

Wow-Reticulation图层的混合模式被临时改变为Screen（滤色）模式，从而使猫的面颊和身体部位产生颜色变化。降低Opacity（不透明度），约15%。此处显示的是显示与隐藏（上图）Ground图层的效果对比。

5a

对一个已进行过合并与去色的图像副本应用浮雕滤镜，执行Filter（滤镜）>Stylize（样式化）>Emboss（浮雕效果）菜单命令。

5b

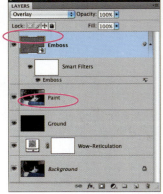

Overlay（叠加）模式可以使50%的灰度不可视，并可凸显画笔笔触。将Emboss（浮雕效果）作为智能滤镜使用，可以最大化未来的可编辑性。

6a

在添加画布纹理前，图层混合模式为Overlay（叠加），Opacity（不透明度）为100%，是带有"厚涂颜料"浮雕效果图层的绘画特写。

6b

在Overlay（叠加）模式下添加带有厚重笔触的图案填充图层（其细节单独显示于此），从而提供更多的画笔细节。

6c

Overlay（叠加）图层混合模式下的图案填充图层中添加了纹理，它的内置蒙版被涂为黑色，从而隐藏某些区域的画笔笔触。

6 增强厚涂效果。 在上一步中对笔触应用浮雕效果增加了绘画的真实感，如 6a 所示，下面可以通过添加更多的绘画纹理进一步提高手绘视觉感。在Overlay（叠加）模式下创建另一个Pattern Fill（图案填充）图层并填充一种用于添加画布或画笔纹理Wow图像。这种无缝重复图案有些是由真实画布扫描而得到的，另外一些，像本例中所使用的是在Corel Painter中制作的。▼这里使用Wow-Dry Bristle，如 6b 所示。▼在Layers（图层）面板中尝试更改不透明度，以获得理想的纹理。如果不喜欢某些图案的笔触组织方式，可以在新填充图层的内置蒙版上使用与绘制图像相同的画笔绘制黑色，如 6c 所示。如果认为某些地方使用水平画笔笔触效果会比垂直画笔笔触更好，可以使用Wow-New Acrylics Brush 2 Overlay进行填充并尝试使用蒙版。

7 进行最后调整。 垫子的蓝色过浓，可能会分散人们对猫的注意力。因此选中Paint图层，然后执行Select（选择）>Color Range（颜色范围）菜单命令选择蓝色部分，如 7a 所示。▼为选区添加Hue/Saturation（色相/饱和度）调整图层，以减少蓝色的饱和度并轻微地加深其颜色，如 7b 所示。

7a

执行Select（选择）>Color Range（颜色范围）菜单命令选择蓝色部分。

知识链接

▼ 无缝拼贴图案　第 560 页

▼ 加载 Wow 预设　第 4 页

▼ 使用Color Range（颜色范围）进行
　　选取　第51页

7b

添加Hue/Saturation（色相/饱和度）图层减少饱和度和明度。

画笔笔尖

还在为如何寻找绘画用的完美画笔而发愁吗？这里提供了一种制作个性化简单画笔笔尖，并用它来制作 Brush（画笔）工具预设的方法。要想得到更多的画笔笔触变化，在设计画笔笔尖时（步骤 1～4），需要在各种画笔画板界面中尝试不同的 Jitter（抖动）值。如果拥有一块压感式数位板，还可以尝试一些可以利用压感笔进行控制的选项设置。

创建几种尺寸

在制作画笔笔尖时，可考虑制作两到三个尺寸的"匹配组"，即使用户当前不需要这么多尺寸，拥有完整的设置仍旧可以以备不时之需。

在绘画时增大或者缩小一个单独的画笔笔尖很容易（在画笔预设拾取器中调节或者使用方括号快捷键即可——［和］），或者在Photoshop CS4中绘制时，按住Alt键的同时单击右键（Windows中）或者按住Ctrl+Option键的同时单击（Mac中）。但是在实际操作中，改变的并非只有笔迹大小，将画笔笔尖增大得过多时笔触会呈现出像素化。如果笔尖缩小得太多的话，则笔触会丧失一些细节。

将相关的画笔笔尖保存并在面板中编组之后，就可以使用 ＜和 ＞来轮流选择它们。

一次性制作3个不同大小的关联画笔笔尖比制作一个笔尖以后再试着设置一个与之相匹配的笔尖大小更容易些。

1 制作笔迹

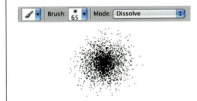

新建一个带有白色背景的 PHOTOSHOP 文件。选择 BRUSH（画笔）工具 ✐ 并选用一个 65 像素的柔角画笔笔尖预设。在选项栏中将 Mode（模式）设置为 Dissolve（溶解）。Dissolve（溶解）模式会将柔软、半透明的画笔笔尖变为散点状，它们将会成为新画笔笔尖的笔毛。在工具箱中单击前景色块，使用暗灰色在当前工作窗口中绘制。按照需要重复以上操作，额外创建 21 像素和 45 像素大小的画笔笔尖。

2 编辑笔尖

执行 FILTER（滤镜）>BLUR（模糊）> GAUSSIAN BLUR（高斯模糊）菜单命令"柔化"笔迹，将 RADIUS（半径）设置为 0.5 像素。要重塑笔迹，可以先使用 ERASER（橡皮擦）工具 ✐ **擦除部分笔触的笔毛痕迹**——在选项栏中将 Mode（模式）设置为 Brush（画笔），并选择一个较小的画笔笔尖（可以从橡皮擦工具选项栏中打开画笔预设拾取器进行选择）。尝试为橡皮擦工具设置不同的硬度和不透明度来绘制出不同类型的基本画笔笔迹。

3 捕捉笔尖

在完成对画笔笔尖的设计之后，使用 RECTANGULAR MARQUEE（矩形选框）工具 ⬚ 选择画笔笔迹，如 A 所示。执行 Edit（编辑）>Define Brush Preset（定义画笔预设）菜单命令，如 B 所示。在 Brush Name（画笔名称）对话框中为新建画笔命名，如 C 所示。该新画笔笔尖将会被添加到 Brush Preset（画笔预设）拾取器中，并列在最后一个，按 Ctrl/⌘ +D 键取消选择。

当需要**选择一个绘画工具**，如 Brush（画笔）工具 ✐ 时，可以在选项栏或者 Brushes（画笔）面板的预设拾取器中**找到用户新创建的画笔笔尖**，或者通过在当前工作窗口中右击 /Ctrl+单击来开启画笔预设拾取器。单击画笔名称或者缩览图将其选中。**选择一种颜色**（一种方法是单击工具箱中的前景色色块并使用拾色器）。在选项栏中将模式更改为**正常模式**，即可通过绘画来**测试笔触**，如 D 所示。

4 改进笔触

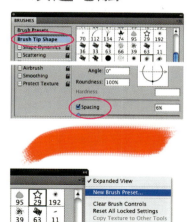

如果笔触不像需要的那样平滑或者不是预期的效果，可以打开Brushes（画笔）面板进行改进，一种方法是在选项栏中单击Toggle the Brushes Palette（切换画笔调板）按钮。单击面板左侧列表中的Brush Tip Shape（画笔笔尖形状）。为了获得更平滑的笔触，可以降低Spacing（间距）设置，但是间距值设置越低，画笔绘制的速度也越低。这可能会引发绘制操作和笔触在屏幕上显示之间的滞后现象，可能会影响到绘画的"自然媒质"的效果。这里将Spacing（间距）设为6%。

要将修改后的间距作为画笔笔尖的一部分保存，单击画笔面板中的扩展按钮并在菜单中选择New Brush Preset（新建画笔预设）命令，为该预设起一个新名字，然后单击OK（确定）按钮。

到此，已经创建好一个基础笔触的变形体，还可尝试在该笔迹的基础上修改Brushes（画笔）面板中其他子面板内的选项。通过改变Brush Tip Shape（画笔笔尖形状）子面板中的Angle（角度）和Roundness（圆度）可以轻松地获取更具书法效果的画笔。或者尝试调节Color Dynamics（颜色动态）或者启用Airbrush（喷枪）功能。一定记得将理想的试验结果保存为New Brush Preset（新建画笔预设）。

5 添加纹理

笔触可以借助内置纹理揭露"画布"形态。在Brushes（画笔）面板的左侧列表中单击Texture（纹理），然后单击图案样板打开图案选择面板，单击扩展按钮访问更多图案设置。选择Wow-Media Patterns替换当前的图案，并在面板中选择Wow-Canvas Texture 02纹理。（如果尚未载入Wow预设，▼面板的选项列表中就不会显示Wow-Media Pattern选项。）

使用已添加的纹理绘制笔触，然后在Texture（纹理）子面板中尝试调节Sacle（缩放），切换**Texture Each Tip（为每个笔尖设置纹理）**复选框的勾选，更改Mode（模式）和Depth（深度）的设置。将缩放设为50%，取消勾选Texture Each Tip（为每个笔尖设置纹理开关）复选框，将Mode（模式）设置为Subtract（减去），Depth（深度）设置为30%。

知识链接

▼ 载入 Wow 预设
第 4 页

▼ 使用图层样式
第 80 页

制作"图片"画笔

Photoshop的画笔笔尖并不仅仅局限于模仿传统绘画工具。用户还可以自定义一个能够绘制出多样化符号或者图片而非连续的绘画笔触。

Photoshop的Scattered Maple Leaves（散布枫叶）画笔笔尖可以根据Brushes（画笔）面板的Scattering（散布）子面板中的设置分配符号。Shape Dynamics（形状动态）子面板中的Size Jitter（大小抖动）、Angle Jitter（角度抖动）和Roundness Jitter（圆度抖动）设置能够创建多样化的大小、方向和形态。Color Dynamics（动态颜色）子面板中的Hue Jitter（色相抖动）能够创建颜色变化效果。

绘制"点状线"画笔效果时，使用尖角画笔在Brushes（画笔）面板中的Brush Tip Shape（画笔笔尖形状）子面板中，将Spacing（间距）设置为200%。之后在一个透明图层上绘制，并应用Wow-Metal样式中的Wow-Gold ▼。

选择Photoshop的Custom Shape（自定形状）工具，在选项栏中单击"填充像素"按钮，拖动绘制图形。使用矩形选框工具选择标记，并执行Edit（编辑）>Define Brush Preset（定义画笔预设）命令。在画笔面板中将Spacing（间距）设置为120%，然后在Shape Dynamic（动态形态）选项组中将Angle Control（角度控制）设置为Direction（方向），这样箭头记号就可以跟随着画笔笔触了。

6 保存画笔笔尖

要将画笔笔尖作为画笔笔尖组（或库）的一部分永久保存，以便以后选择或再次载入时有以下两种情况。

- 需要保存当前 Brush Preset（画笔预设）拾取器中的所有画笔笔尖组时，可以在 Brushes（画笔）面板扩展菜单中选择 Save Brushes（存储画笔）命令，为该组命名，并将其保存到理想的保存位置，然后单击 Save（保存）按钮，如 A 所示。在 Photoshop 的 Brushes（画笔）文件夹中保存该组，确保它的名字出现在画笔面板的菜单中。

- 只保存当前画笔面板中的部分画笔笔尖时，可在画笔面板左侧的列表中选择 Brushes Preset（画笔预设），在面板的扩展菜单中选择 Preset Manager（预设管理器）命令。在 Preset Manager 对话框中，如 B 所示，在按住 Shift 键的同时选择或者在按住 Ctrl/⌘ 键的同时选择需要保存的画笔笔尖，单击 Save Set（存储设置）命令，为该组命名后单击 OK（确定）。**提示**：如果想在当前组中保存的画笔笔尖上想要删除的笔尖多，出于节省时间的考虑可以选择需要删除的画笔，单击 Delete（删除）按钮后按 Ctrl/⌘ +A 键全选，最后单击 Save Set（存储设置）按钮。

7 保存工具预设

用于绘画或者复制的**工具预设**不仅包括画笔笔尖预设，还包括特定工具的风格特点预设。可以在 BRUSH TOOL（画笔工具）✐预设中保存步骤 1～5 中创建的画笔笔尖。

选择画笔工具，在选项栏中保持默认的 Mode（模式）、Opacity（不透明度）和 Flow（流量），打开或关闭 Airbrush（喷枪）✎，测试笔触效果。将 Flow 降低到 40% 以显示笔毛印记，并且开启喷枪功能时喷绘颜料。

单击选项栏中最左端的图标，打开 **Tool Preset（工具预设）拾取器**，如上图所示。单击 Create new tool preset（创建新的工具预设）按钮并为新预设命名。如果想"预先载入"具有前景色的画笔，可勾选复选框启用该功能，当前的前景色将包括在工具中。如果画笔笔尖设置了 Foreground/Background Jitter（前景/背景抖动），背景色同样也可以被包括在内。单击 OK（确定）按钮后新建的预设将会出现在工具预设中，按照名字字母顺序排列。要永久保存一组自定义工具可以参照步骤 6，使用**预设管理器**时选择 Tools（工具）选项而非 Brushes（画笔）选项。

打开图像的副本，并尝试其他使用画笔笔尖的工具。例如，如果发现使用新的画笔笔尖作为 Clone Stamp（仿制图章）🅱工具或者 Eraser（橡皮擦）✐工具笔尖时可以产生有趣的效果，同样可以将其作为该工具的一种预设保存起来。

保存自定义颜色面板时（也许是为了一系列相关的绘图或者是插画的需要）可执行 Windows（窗口）> Swatches（色板）菜单命令打开 Swatches（色板）面板，并清除不需要的颜色。按 Alt/Option 键显示剪刀光标，然后单击不需要的色板进行清除。

添加色板时，可以通过以下方式选择颜色。

- 选择 Eyedropper（吸管）工具✐并从任意一个打开的 Photoshop 文件中选择一种样本颜色。

- 在工具箱中单击前景色板，然后在拾色器中选择颜色。

- 使用 Color（颜色）面板（执行 Win-dows>Color 命令）中的滑块混合出一种颜色或者从色谱条中取样。

选择一种颜色后将光标移动到面板最后一个色板后的空白区域内——光标变成 Paint Bucket（油漆桶）工具🅰，单击（或者按 Alt/Option+单击跳过色板命名对话框）可以"喷"出一个新色板。执行 Window（窗口）>Extensions（扩展功能）> Kuler，使用 Photoshop CS4 的 kuler 面板可以为色板面板添加一个颜色主题的色样（参见第 172 页）。

添加完所有理想的颜色后在面板的扩展菜单中选择 Save Swatches（保存色板）命令，保存自定义色板。

Cher Threinen-Pendarvis 从 Photoshop 的默认 Swatches（色板）面板着手，将除了黑色、白色和几个灰色之外的所有色板全部删除，然后从一张颜色增强了的参考照片入手创建自己的自定义样式（参见第 388 页）。

图案图章水彩画

附书光盘文件路径

 > Wow Project Files > Chapter 6 > Pattern Stamp Watercolors：

- Pattern Stamp Painting-Before.psd（原始文件）
- Wow-PS Watercolor.tpl（工具预设文件）
- Wow-Texture 01.asl（样式预设文件）
- Pattern Stamp Painting-After.psd（效果文件）

从Window（窗口）菜单打开以下面板

- Tools（工具）• Layers（图层）• Styles（样式）

步骤简述

准备一张可以通过增强颜色途径复制的照片 • 使用Pattern Stamp（图案图章）工具 • 将图像定义为绘画所需的源图案 • 创建"画布"表面 • 添加透明图层并在其上绘画 • 使用图层样式和影印滤镜增强绘画效果

DONAL JOLLEY

水彩是一种跟其他颜料一起使用时有很多技巧的丰富介质。例如有时绘画者特意在绘画时留下白色空白区域——通过应用防腐剂或者在绘制时小心谨慎避免颜色接触，或是在绘制完成时抹去或刮去颜料。

认真考量项目。 在将照片转换为具有逼真效果的水彩画时，Pattern Stamp（图案图章）工具 是最佳选择。作为两种"绘画"复制工具之一，图案图章工具的控制功能比Art History Brush（历史记录艺术画笔）工具更强。用户可以使用它一笔一画地进行绘制，基于源图像涂抹颜色但不包括细节，还可以小心绘制留下白色区域。

1 准备照片。 选择需要转换成水彩画的照片，选择Pattern Stamp-Before.psd或者选择一张RGB照片，如 **1a** 所示。如果打算使用其他照片，除了修齐和裁剪，还可能需要做以下改变。

1a 原图像

1b 修齐图像(Ctrl/⌘+T)然后使用Rectangular Marquee（矩形选框）工具选取并裁剪掉左侧部分区域。执行Image（图像）>Crop（裁剪）命令再次进行裁剪，添加画布。

知识链接

▼ 变换　第67页

2a

为图案命名。

2b

选择Pattern Stamp（图案图章）工具。

2c

"加载"带有图案的Pattern Stamp（图案）工具。

3

添加了白色图层作为画布，降低其透明度。根据图层内容来命名图层，有助于绘制文件的组织。（在图层面板中双击图层名称选中，键入新的名称。）

- 如果需要使图片颜色变亮，可以增大照片的颜色和对比度，如使用 Hue/Saturation（色相 / 饱和度）调整增加 Saturation（饱和度）。或者在 Photoshop CS4 中，使用 Vibrance（自然饱和度）调整。Vibrance（自然饱和度）和 Saturation（饱和度）都可增加颜色浓度，不过 Vibrance（自然饱和度）可以保护深色不会被过度加深，另外还可以保护皮肤色调。

- 如果想使图片拥有"未完成边缘"的视觉效果，可以添加一个白色边框。按D键将背景色设置为白色，执行 Image（图像）>Canvas Size（画布大小）命令（在 Windows 和 Mac 中对应的键盘分别为 Ctrl+Alt+C 和 ⌘+Option+C），再增加 Height（高度）和 Width（宽度）即可，如 1b 所示。

2 给画笔加载"颜料"。 在使用图案图章工具绘画时，将照片设置为绘画源，执行Edit（编辑）>Define Pattern（定义图案）命令将整个扩展后的图像定义为一个图案。在Pattern Name（图案名称）对话框中定义图案名称并单击确定按钮，如 2a 所示。

将新图案作为复制源图像，选择图案图章工具，如 2b 所示。在选项栏中单击图案样本右侧的下三角按钮打开样式面板，找到并单击刚才定义的图案，如 2c 所示。在选项栏中勾选Aligned（对齐）和Impressionist（印象派效果）复选框。

3 创建一个"画布"（或者绘制表面）图层。 该步骤将在图像上添加一个表面图层充当绘画的底稿，同时作为照片和绘画之间的可视障碍。这样可以在绘图过程中清楚地查看绘画的笔触。按D键恢复默认前、背景色），添加新图层（Ctrl/⌘+Shift+N）并进行填充（Ctrl/⌘+Delete）。当Layers（图层）面板中出现新图层时，降低图层的Opacity（不透明度），这样即可透过该图层看到源图片，如 3b 所示。

4 准备绘画图层并绘图。 单击Layers（图层）面板中的 Create a new layer（创建新图层）按钮 添加一个透明图层。在图案图章工具选项栏中单击Tool Preset（工具预设）拾取器，如 4a所示，双击Wow-PS Watercolor预设中的一个预设（"PS"代表图案图章），使用Medium版本的预设工具开始绘图。如果尚未加载Wow-Pattern Stamp预设，▼可以通过以下方法仅载入此处所需的Wow-PS

4a

选择Wow-PS Wa-ercolor预设开始绘画。

4b

如上图所示的是绘制过程中的图片，此处白色图层的Opacity（不透明度）为100%。

5a

复制绘画图层以增加颜料浓度。

知识链接
▼ 加载 Wow 预设
第 4 页

Watercolor工具。在拾取器的扩展菜单中选择Load Tool Presets（加载工具预设）命令，找到本书光盘中的**Wow PS-Watercolor.tpl**文件夹（Wow Project Files>Chapter 6>Pattern Stamp Watercolors）。

开始绘画时牢记以下几点。

- 初绘时通常使用较大的画笔笔尖，再使用较小的画笔笔尖添加精致的细节。

- 制作能够追随源图像颜色和形态轮廓的画笔笔触。与真正的水彩画一样，不要让颜色互相接触，避免随着绘画颜料的混合绘画细节变得模糊。如果需要保持部分边缘的清晰度，可以在一个单独的图层中绘制该部分。

- 模仿单色水彩画淡彩时，可以使用连续笔触覆盖一个区域，而不要时断时续地进行绘制。

- 如果颜料过多，使得画纸纹理的显示程度达不到理想的效果，还可以尝试在图案图章工具选项栏中降低 Flow（流量）。

> **改变画笔大小**
>
> 与使用鼠标相比，使用带压感笔的压敏式数位板会为用户提供更好的感觉和更多控制画笔的选项。但是即使是使用鼠标，用户也可以改变画笔笔尖的大小。按住键盘上的括号键即可使画笔变大（按键]）或者变小（按键 [）。在Photoshop CS4中开启OpenGL功能，按住鼠标右键同时按Alt键（Windows 中）或者使用Ctrl+ Option快捷键 （Mac中）并向右或左拖动，也可达到同样的效果。

临时将白色画布图层的 Opacity（不透明度）恢复为 100%，这样可以完全隐藏照片，以便显示整个绘制过程，如 4b 所示。

5 改善绘画效果。 当绘画完成后，可能需要尝试以下技法来改善自然介质的效果。

- 若要增强颜色的密度，可通过复制绘画图层实现，如 5a 所示。这个多余的图层将用于创建部分透明的笔触，如果颜色过于强烈，可以减少该图层的 Opacity（不透明度）。如果还需要加强颜色，则可以再次使用 Ctrl/⌘ +J 键复制图层。得到理想的强度后合并绘画图层，按住 Ctrl/⌘ 键的同时单击选择需要合并的图层，并按 Ctrl/⌘ +E 键进行合并。

5b

Wow-Texture 01*图层样式被应用于合并后的绘画图层。该样式使用叠加模式以应用画布图案。要查看此处使用的图案，可以双击合并图层的 Pattern Overlay（图案叠加）图层样式选项。

- 可以通过将 Wow-Texture 01* 样式应用到绘画图层中来加强画纸的纹理，如 5b 所示。这种样式使用的是相样内置于 Wow-PS Watercolor-Medium 工具预设（以及其他所有 Wow 水彩画预设——这是一种配套的设置）中的拼贴水彩画纸图案。如果已加载，Wow 样式，▼那么在 Layers（图层）面板中选择绘画图层，在 Styles（样式）面板的扩展菜单中选择 Wow-Texture 样式，然后在面板中选择 Wow-Texture 01* 样式。如果尚未加载 Wow-Texture 样式，可以通过以下方法仅加载此处所需的 Wow-Texture 01* 样式：在扩展菜单中选择 Load Styles（载入样式）命令，在本书光盘中找到 Wow-Texture 01.asl 文件（Wow Project Files > Chapter 6 > Pattern Stamp Painting）。

知识链接
▼ 载入 Wow 预设
第 4 页

- 对合并后的文件副本应用 Photocopy（影印）滤镜，使颜色的边缘颜色更深，轮廓变得更明显。创建合并图层副本的方法是选中合并后的图层，在按住 Ctrl+Shift+Alt 键（Windows）或者 ⌘+Shift+ Option 键（Mac）的同时按 E 键。然后执行 Filter（滤镜）>Convert for Smart Filters（转换为智能滤镜）命令，如 5c 所示。这样可以保持 Photocopy（影印）滤镜处于可编辑状态，用户需要对其进行调整或者想要将同一设置应用于另一幅绘画时，可以返回操作查看滤镜设置。确保前景色和背景色设置为黑色和白色（按 D 键）。执行 Filter（滤镜）> Sketch（素描）>Photocopy（影印）命令，调整设置，此处将 Detail（细节）设置为 10，Darkness（暗度）设置为 7），然后单击 OK（确定）按钮，如 5d 所示。在 Layers（图层）面板中将混合模式设置为 Color Burn（颜色加深），如 5e 所示。

5c

Filter	
Gaussian Blur	⌘F
Convert for Smart Filters	
Extract...	⌥⌘X
Filter Gallery...	
Liquify...	⇧⌘X

将合并后的图层副本转换成Smart Object（智能对象），为使用Photocopy（影印）滤镜做准备。

5d

对该智能对象图层应用Photocopy（影印）滤镜，生成深色边缘。

5e

Photocopy（影印）滤镜的图层混合模式设置为Color Burn（颜色加深），这样黑色可以增加颜色浓度，使颜料汇集在颜色的边缘处。

DONAL JOLLEY

历史记录艺术画笔课程

附书光盘文件路径

从Window（窗口）菜单打开以下面板

• Tools（工具）• Layers（图层）• History（历史记录）

步骤简述

准备照片 • 创建历史快照 • 添加"纸张"图层和透明图层作为绘画的载体 • 使用历史记录艺术画笔工具 在快照的基础上绘图，调整笔触的大小、形态和覆盖程度 • 用画笔工具 添加细节

PHOTOSHOP的历史记录艺术画笔工具 "着眼于"从图像和笔触（每次单击都会产生一些笔触）将图像再现为一幅艺术作品。选项栏中的不同设置，可以产生差距巨大的艺术效果，从抽象主义风格到超现实主义风格。如果谨慎地选择设置，可以将一张照片转换成为一幅"手工艺术作品"——尤其是在使用其他绘图工具添加细节的情况下。

认真考量项目。 使用Art History Brush（历史记录艺术画笔）工具涉及改善源照片、制作历史快照、添加彩色"纸张"图层为绘画装框并显示画笔笔迹、对颜色进行不光滑处理以及绘制细节。不过绘画是一个流畅的过程，尤其是在使用像Art History Brush（历史记录艺术画笔）工具这样的自动工具时，可能需要在操作过程中对步骤进行一些修改。可以在开始前进行一些设置，以便在后面的操作中进行修改。

1 准备照片。 打开Art History Pastels-Before.psd文件或者使用自己的图片，执行File（文件）>Save As（存储为）以新文件名保存，如 **1a** 所示。调整照片颜色，Jolley使用了

1a

原图片，宽度为2745像素。

1b

自然状态中的绿色确实很黄。想要更改组成图像中Yellow（黄色）的颜色，需要减少Magenta（洋红）的数量并增加Yellow（黄色）的数量。Jolley还减少了使绿色和金色发暗的红棕色，他对Blue（蓝色）和Cyan（青色）进行了调整，使天空和裙子的颜色看上去更鲜艳。

1c

添加黑色"画纸"边缘后的效果。

Selective Color（可选颜色）调整图层使草地看的绿色更均匀，增加蓝色的浓度，并改变头发和远处玉米田的颜色，如1b 所示。▼根据需要进行润饰，删除不需要的图像。▼

要绘制"色粉笔素描"，首先要从制作"彩色画纸"开始，这样才能确定图像边缘和蜡笔画之间小空隙的对比度。使用Rectangular Marquee（矩形选框）工具选中图片的大部分区域，执行Select（选择）>Inverse（反向）命令将选区转换为边缘。在Eyedropper（吸管）工具🖋选项栏中勾选Sample All Layers（对所有图层取样）复选框，单击树的深绿色进行取样，在Selective Color（可选颜色）调整图层上方添加新的图层并为选区填充取样的绿色，然后按Ctrl/⌘+D快捷键取消选择，如 1c、1d 所示。

2 设置历史记录源。 按设定状态调整图像时可以**拍摄照片的合并快照**。在History（历史记录）面板的扩展菜单中选择New Snapshot（新建快照）命令。在New Snapshot（新建快照）对话框中选择Merged Layers（**合并的图层**）选项，如2a 所示。为快照新建名称单击OK（确定）按钮。当History（历史记录）面板顶部出现新建的快照缩览图时，单击左侧的设置历史记录画笔的源图标，将它设置为要绘制的源，如2b 所示。

3 设置画纸图层和粉笔图层。 创建新图层并填充需要的颜色，将其作为绘画的画纸，按住Alt/Option键的同时单击Create a new layer（创建新的图层）按钮🔲，将图层命名为Paper。按Alt+Delete（Windows）或者Option+Delete（Mac）使用填充外部边缘选区的前景色来填充图层。为了看清笔触的落笔位置，适当降低该图层的不透明度（此处为75%）。最后，在Paper图层上再新建一个图层用于存放

1d

在Adjustment（调整）图层上方的单独图层上创建边缘，这样可以在绘制时根据需要随意进行更多的颜色调整（见步骤4），而不会更改边缘的颜色。图中显示的是Art History Pastels-Before.psd的Layers（图层）面板。

知识链接

▼ 选择性颜色调整　第 253 页

▼ 覆盖不需要的元素　第 256 页

制作合并快照。

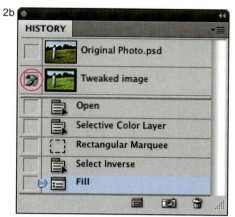

指定新的快照作为绘制源。开始绘制时会发现需要调整源图像的颜色，从而得到所需的绘画颜色。如果需要这样做，应在此制作一个调整后图像的新快照，并且在History（历史记录）面板中选择该新快照。

将Paper图层不透明度设置为75%用来对比下方的图像。添加Chalk Large图层用于绘制。

最初的色粉笔记号，如 3 所示。Jolley将该图层命名为Chalk Large。

4 选择、操作并且修改Art History（艺术历史记录）预设。选择Art History Brush（历史记录艺术画笔），在选项栏中打开Tool Preset（工具预览）拾取器，单击扩展，在扩展菜单中选择Wow-Art History Brushes画笔。如果没有加载Wow预设，则需要在扩展菜单中选择Load Tool Presets（加载工具预设）命令，找到Wow Chalks.tpl文件（为该项目提供了多个文件），单击Load（加载）按钮。在此可能需要阅读本步骤的后续内容，在继续绘制之前研究Wow-AH Chalk预设。

在Tool Preset（工具预览）拾取器中选择Wow-AH Chalk-Large，如 4a 所示，并且在选项栏中检查以下设置：

知识链接
▼ 载入 Wow 预设
第 4 页

- 在混合**模式**设置为 Normal（正常）。要得到更加细腻的笔触，则需要将模式更改为 Lighten 或 Darken，以添加生动的高光和阴影。

- Opacity（**不透明度**）设置为 100%。如果使用数位板和压感笔，轻的力度将生成较细的粉笔效果。

- Style（**样式**）设置为 Tight Short（绷紧短），如 4b 所示。Style（样式）控制着笔触在源图像中跟随颜色等高线移动的紧密程度——分为 Tight（绷紧）或 Loose（松散）两类，以及这些笔触的长度和形状。

- Area（**面积**）设置为 20 像素（如 4b 所示）。采用小的 Area（面积）设置时，每次单击 Art History Brush（历史记录艺术画笔）工具时都只会生成少许快速且短小的笔触。值越低，在移动时笔触跟随光标就会越紧，下笔绘画与笔触显示间的延迟就越小。

历史记录艺术画笔的样式设置

要掌握历史记录艺术画笔工具的绘画技巧，可以在选项栏中设置样式为Tight Long（绷紧长）来粗略地勾绘颜色掌握在稍后切换为Tight Medium（绷紧中）或Tight Short（绷紧短）绘制细节。除了Tight Long（绷紧长）、Tight Medium（绷紧中）和Tight Short（绷紧短）外,其他样式都会生成一些看起来比手绘效果更机械的效果。

4a

选择Wow-AH Chalk-Large。

4b

运用Wow-AH Chalk-Large预设使用Tight Short样式在小区域中绘制。

4c

在Brushes（画笔）面板的ShapeDynamics（形状动态）子面板中，设置Wow-AH Chalk预设的Control（控制）为Pen Pressure（钢笔压力）。

4d

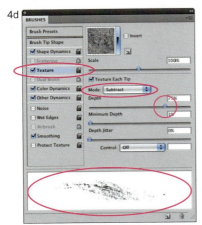

Subtract模式下的预设外观。

5a

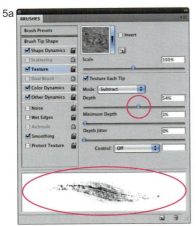

更改该纹理的Depth（深度）选项以增加Jolley的粉笔的覆盖率。

- Tolerance（容差）设置为默认的0%，它支持用户在先前绘制的笔触上随意地添加颜料。

Wow-AH Chalk预设设置为使用**压感式数位板**绘制，这也是我们极力推荐的。压力控制在展开的Brushes（画笔）面板中设置——单击选项栏中的 按钮即可弹出画笔面板。在Brushes（画笔）面板的左侧**单击Shape Dynamics（形态动态）**，可以看到大小抖动的Control（控制）已经被设置为Pen Pressure（钢笔压力），如4c所示，越大的压力将会生成越大的画笔笔尖和越长的笔触。

知识链接

▼ 为压敏性设置画笔控制
第385页

打开Brushes（画笔）面板的上述子面板时，Jolley试着调试了所有设置，从而了解哪些可以控制Wow Chalk预设。他发现**Texture（纹理）**子面板非常有趣，如4d所示。一个粗糙的名为Wow-Watercolor Texture的图案已经被加载了，它的Mode（模式）被设置为Subtract（减去），这个粗糙的图案是通过精调真实的水彩纸扫描文件制作而成的，结合Subtract设置后该图案为工具赋予了粗糙表面上的干媒介效果。

5 绘制。 仔细检查History（历史记录）面板，确认之前创建的快照左侧出现了 图标，在Layers（图层）面板中选中空白的绘画图层。

当Jolley使用Wow-AH Chalk-Large预设和数位板粗略绘制颜色时，他需要使用Art History Brush（历史记录艺术画笔）

历史记录艺术画笔技巧

使用Art History Brush（历史记录艺术画笔）工具 的时机如下。

- 至少有3种方法操作该工具——可以**单击、点按或拖动**。在每次应用笔触系列时单击；或者按住左键（或压感笔）并且观察笔触的堆积直到得到理想的结果；或拖动画笔绘制几组笔触。

- 通常会参照"历史记录艺术画笔的样式设置"技巧中解释的原因设置Style样式为**Tight（绷紧）**笔触。

- 通过在一个拥有清晰边缘的颜色或对比度区域中单击来"锚定"笔触十分有用，这样一来笔触便可以沿着需要强调的细节绘制。

- 每次在选项栏中更改设置时都可以进行快速的尝试——单击一次查看是否能得到理想的效果。如果效果不理想就在撤销（Ctrl/⌘+ Z）后更改设置。

5b

使用Wow-AH Chalk-Large 2预设粗略绘制颜色。在透明图层上单独显示的笔触效果如顶图所示，在Opacity（不透明度）为100%的Paper图层上显示的笔触效果如底图所示。

5c

使用Wow-AH Chalk-Medium 2预设添加细节。在透明图层上单独显示的笔触效果如顶图所示，在Opacity（不透明度）为100%的Paper图层上显示的笔触效果如底图所示。

工具进行更多覆盖来得到所需的特殊外观。该预设揭示了较多的纸张外表。因此，他在选项栏中将Style（样式）设置为Tight Medium（紧绷中），以便可以在移动光标的同时更快速地放置笔触。在Brushes（画笔）面板的Texture（纹理）子面板中，将Depth（深度）从75%降低到54%，如5a所示。随后他保存了预设，▼将其命名为Wow-AH Chalk Large 2。

为了得到最终文件中Chalk Large图层的覆盖样式，在工具预设面板中选择Wow-AH Chalk-Large 2。如果使用的是压感笔，可以轻轻地随意绘出大致的颜色。如果想通过鼠标绘制同样的效果，可以在选项栏中降低Opacity（不透明度）设置并不时查看绘画过程。选择Paper图层，将Opacity（不透明度）恢复到100%完全隐藏源照片，如5b所示。在完成查看后再将Opacity（不透明度）设置为75%左右。

知识链接
▼ 保存工具预设
第 402 页

如果需要想保持作品最大的灵活性，可以像步骤4那样，单击使用Wow-AHChalk-Medium 2预设之前的图层，在其上新建图层（Alt/Option+单击 ☐ 按钮）。通过修改Wow-Art History Chalk-Medium创建更小的预设，这次只改变用作纹理的图案，再一次进行更完整的覆盖绘制。使用Wow-Art History-Medium 2添加细节，如5c所示。使用压感笔时可以使用较少的压力绘制更精细、更简短的笔触。使用鼠标操作，则可以更改选项栏中的Opacity。

为了得到更精细的细节，可以在图层列表顶部添加一个新的图层（Alt/Option+单击 ☐ 按钮）并且使用Wow-AH Chalk-Small绘制。要获得像照片一样逼真的细节（很多真实地忠于历史快照的小画笔笔触），可以使压感笔的笔尖"像羽毛一样轻轻接触"画板。还需要使用规则的Brush（画笔）工具在另一个图层中制作一些手工细节效果，如5d所示。这是因为使用自动设置的Art History Brush（历史记录艺术画笔）工具有效不能地生成这些细微效果。选择Brush（画笔）工具✐，并在Tool Preset（工具预设）拾取器中选择Wow-BT Chalk-Small或者

5d

Wow-BT Chalk-X Small（获得类似Wow-AH Chalk预设的"粗糙表面上的干介质"的视觉效果。Jolley使用Wow-BT Chalk Small预设，通过较轻的接触来减少笔触大小，并且使用Photoshop自带较小柔软画笔预设进行绘制。

完成绘制之后，将Paper图层的不透明度恢复为100%，完全隐藏源图片，这样便可以检查绘画效果了。如果想做一些改变，还可以选择合适的Chalk图层，使用需要的预设绘制出更多的笔触。如果想删除笔触，还可以使用Eraser（橡皮擦）工具。Jolley喜欢纸张部分透明的精细效果，它模拟了粉笔薄层，即便是在空的区域，因此他将Paper图层的不透明度减少到45%，如 5e 所示，以便使改善后的照片图层透过来与纸张颜色结合起来，并且创造出薄层效果，如 5f 所示。

Jolley使用Wow-BT Chalk-Small和Photoshop自带的画笔添加最后的细节，这两个图层上的笔触单独显示的效果如顶图所示。在Opacity（不透明度）为100%的Paper图层上与其他笔触效果一同显示的效果如底图所示。

6 最后的加工。 要减少文件大小并保持绘画的可编辑性，可以结合这3个底部图层（照片、调整图层和边框）。按Ctrl/⌘+单击图层名称选择图层，按Ctrl/⌘+E键执行Layer > Merge Layers命令，如 6 所示。

尝试。 一旦找到使用Wow-AH Chalk 预设进行创作的感觉，还可以尝试使用其他Wow-AH预设来获取不同的效果，▼如油画、海绵、点彩画或水彩画效果。

知识链接
▼ Wow 历史记录艺术
画笔 预设
第 414 页

5e

细节图显示的是同时显示部分透明的Paper图层以及所有绘画图层的效果（Opacity为45%）。

6

Paper图层的Opacity（不透明度）被减少，源图像图层被合并到了一起。

5f

所有的绘画图层以及Paper图层的不透明度都为45%，源图像透过这些图层显示，从而填充精细的细节，并且创建一个色粉笔薄层。

Wow 绘画工具

附书光盘 PS Wow Presets 文件夹中的 Wow-Tools 包含了 3 种绘画工具的预设——Brush（画笔）工具✐、Art History Brush（历史记录艺术画笔）工具✐和 Pattern Stamp（图案图章）工具✐。▼它们共享画笔笔尖设置，因此可以使用自动的 Art History Brush（历史记录艺术画笔）工具和 Pattern Stamp（图案图章）工具绘画，再使用较小的画笔手绘细节。这些 Wow 绘制工具可以模拟粉笔、干画笔、油画、蜡笔、海绵、点画以及水彩等绘画效果。7 种 Wow-Brush Tool 预设（显示如下）都有内置的压力敏感性，在此对比了使用鼠标（顶部）和压感笔绘制的笔触效果。不同尺寸各个媒介的预设与传统画笔的绘制效果完全相同。

所有的 Wow 绘画工具预设都有内置的表面纹理，可以强调绘画特性或是在颜色与纸张、画布接触时显现它们。Wow-Grain & Texture Styles（参见附录 C）以及"使用 Wow 动作绘画"（参见第 415 页）用于强调纸张或画布纹理。

在本书光盘中提供了右栏"Wow 画笔工具预设"所示效果的分层文件，可以查看图层结构，该文件的背景图层为源照片，用于试验第 414 页展示的 Wow-Art History Brush 和 Wow-Pattern Stamp 预设效果。

知识链接

▼ 载入 Wow 预设
第 4 页

Wow-BT Chalk

Wow-BT Dry Brush

Wow-BT Oil

Wow-BT Pastel

Wow-BT Sponge

Wow-BT Stipple

Wow-BT Watercolor

附书光盘文件路径

🔴 > Wow Project Files > Chapter 6 > Exercising Wow Painting

Wow画笔工具预设

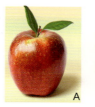

Photoshop Brush（画笔）工具✐对应的 Wow 艺术介质画笔预设有 7 种（BT 表示 Brush Tool，即画笔工具）。可以像使用传统艺术媒介那样依次使用这些工具绘制笔触。

使用这些工具的一种方法是从源照片 A 开始，在其上新建"画布"图层——单击 Layers（图层）面板的 Create new fill or adjustment layer（创建新填充或调整图层）按钮，在菜单中选择 Solid Color（纯色）命令，并选取理想的画布颜色，在此使用白色。单击面板的 Create a new layer（创建新图层）按钮添加一个用于绘画的空白图层，临时隐藏画布图层，以便从照片中进行颜色采样。选择 Brush（画笔）工具在按住 Alt/Option 键的同时单击绘制。如果需要还可以创建一个自定义色板。▼显示画布图层👁并调整其不透明度，使画布部分透明。使用可以绘制出照片特殊感的最大画笔笔尖草绘出图像效果（在此使用 Wow-BT Sponge-Medium）。临时将画布的不透明度设置为 100% 以查看绘制效果，如 B 所示。为需要单独控制的图像局部，如背景或需要使用 Wow-BT Chalk-X Small 绘制更细小笔触的地方添加更多的图层，如 C 所示。为了完成绘画，保持画布的不透明度为 100%，或是调低它允许源照片作用于最后的图像，也可以使用黑色或灰色绘制图层蒙版部分显示照片，如 D 所示。▼

知识链接

▼ 自定义色板
第 402 页

▼ 绘制图层蒙版
第 84 页

 Wow Brush Painting.psd

Wow图案图章预设

Wow-PS Watercolor
+ Wow-Texture 01*

Wow-PS Oil +
Wow-Texture 03*

Wow-PS Dry Brush+
Wow-Texture 02*

Wow-PS Chalk +
Wow-Texture 07*

在 **Wow 图案图章预设**（它们的名字都带有 PS）的帮助下，用户可以使用图案图章工具手绘各种复制笔触。PS 预设有着与第 413 页 Wow 画笔工具预设相同的画笔笔尖，且 Impressionist（印象派效果）模式（对复制绘画很重要）内置于工具预设中。

上方的实例使用第 403 页的"图案图章水彩画"中描述的技法绘制而成。同样，第 390 页的"使用 Wow 水彩预设"中就特别针对水彩画提及了几个应用图案图章工具的技巧。使用"图案图章水彩画"中的方法将源照片定义为图案，并创建与"Wow 画笔工具预设"中相同的带有"画布"图层的各个采样文件，并添加数个绘制图层，最后对它们进行合并。

在绘制完毕后，单击面板底部的 Add a layer style（添加图层样式）按钮 *fx*，并且从先前载入的 **Wow-Texture Styles** 预设中选择样式来对合并后的绘画图层进行应用。▼所有 Wow-Texture Styles 实例参见附录 C。

知识链接
▼ 载入 Wow 预设
第 4 页

Wow历史记录艺术画笔预设

Wow-AH Watercolor+
Wow-Texture 01*

Wow-AH Oil +
Wow-Texture 02*

Wow-AH Chalk +
Wow-Texture 07*

Wow-AH Stipple+
Wow-Texture 10*

Wow-AH Pastel +
Wow-Texture 01*

Wow-AH Sponge+Wow-
Texture 09*

Wow 历史记录艺术画笔预设（它们的名字都带有 AH）可以自动根据源图像对比度和颜色特征绘制笔触。因为 Art History Brush（历史记录艺术画笔）工具可以一次绘制数道笔触，因此它的复制速度要快于 Pattern Stamp（图案图章）工具，但是其自动性又使得它的可创作性降低了。第 410 页的"历史记录艺术画笔技巧"就列出了几点使用该工具的技巧。

在绘制以上实例时，用到了第 407 页的"历史记录艺术画笔课程"中讲解的技法。参看由 Wow 画笔工具预设创建的带有"画布"图层的文件，并将数个绘画图层合并起来，最后使用左栏的 **Wow Texture** 样式添加样式。

使用 Wow 动作绘画

附书光盘中有几种可以将绘画效果应用于照片的动作，▼还有几种动作用于改善绘画效果——无论是在计算机中绘制或在传统媒介中绘制，也无论是拍摄或是扫描所得的效果。请尝试任意一种 Wow "微程序"并观察这些效果。

执行 Window（窗口）>Actions（动作）命令打开 Actions（动作）面板。如果已经加载了 Wow 动作，可以单击面板上的扩展按钮▼☰并从面板扩展菜单中选择 Wow-Photo Enhance，将它添加到面板。对 Wow-Paint Enhance 执行同样的操作。如果没有载入 Wow 动作，需要单击 Actions（动作）面板的扩展按钮▼☰。选择 Load Actions（载入动作）命令，并且载入针对本部分内容的 Wow-Painting. atn。

执行动作的步骤如下，在 Actions（动作）面板中单击动作名称，并单击面板底部的 Play selection（播放选定的动作）按钮▼☰。▼

如果 Actions（动作）面板被设置为 But ton Mode（按钮模式），那么可以简单地单击动作按钮来运行动作。在运行动作时如果遇到了带有"停止"消息的动作，需要针对其说明进行操作，再单击对话框中的Continue(继续)按钮，继续执行动作。

附书光盘文件路径

🔵 > Wow Project Files > Chapter 6 > Wow Paint Actions

Wow滤镜水彩画

源照片

Wow-Watercolor 1

Wow-Watercolor 2

Wow-Watercolor + Linework，Threshold（阈值）为215

尝试使用 Wow-Watercolor 动作为插画设置一系列样式，甚至是将其"保存为"一张拍摄失败的照片。

🔵 **Watercolor Actions.psd**

Wow线条画

Original photo

Wow-Linework Alone，Threshold（阈值）为248。

Wow-Stippled Linework+Colored Antialiased, Threshold（阈值）为130。

Wow-Stippled Linework+Gray, Threshold（阈值）为130。

对于那些带有简单的、清晰可辨形状的照片而言，Wow-Linework 动作的效果尤为出色。其中的每种动作都包含一个 Stop（停止）步骤，需要用户设置 Threshold（阈值）参数，决定线条或条纹的浓密。每个 Wow-Linework 动作都会生成两个线稿图层，一个是有锯齿的图层，另一个是消除锯齿的图层。

Linework Actions.psd

添加签名

如果需要在数字作品中使用标准的画笔笔触签名，可以将该签名存储为Custom Shape（自定义形状）预设。▼完成绘画后便可以使用Custom Shape （自定形状）工具来添加它。在厚涂颜料绘画中，如果想通过浮雕效果来强调画笔笔触，可以先添加签名，接着对签名图层进行着色或者更改不透明度的操作，并在创建厚涂颜料图层之前执行Layer（图层）>Merge Down（向下合并）命令或者按Ctrl/⌘+E键将其与绘画合并起来。▼

知识链接

▼ 创建自定义形状预设
第 453 页

▼ 添加厚涂颜色图层
第 398 页

合并效果

原图像上的Wow-Linework Alone，Threshold（阈值）为248。

在原始照片或其他图层之上进行 Wow-Linework 处理可以大大增强创造的可行性。每个 Wow-Linework 动作都可以通过创建复制图层或者单个文件来保护源图像，从而保证源图像的完好性。如果动作创建的是一个单独的文件，便可以在按住 Shift 键的同时将加工图像从一个文件拖曳到另一个文件中（使用 Shift 键是为了将图像导入与源文件大小相同文件时进行完美的对齐）。接着，在 Layers（图层）面板中更改导入图层的混合模式或 Opacity（不透明度）。

以下将单独运行 Wow-Linework Alone 动作。由于动作会创建一个新的线条画图层而非整个新文件，因此当动作运行完毕后，在合并消除锯齿的线稿图层与源图像时，只需将线稿图层的混合模式更改为 Overlay（叠加），将 Opacity（不透明度）更改为60%，隐藏线稿图层。另外，也可以将线稿图层的模式更改为 Multiply，从而得到墨水颜料效果，详情参见第415 页。

Wow绘画效果强化

Original Art History Brush painting

Wow-Paint Edge Enhance Subtle

Wow-Paint Edge Enhance Extreme

Wow-Impasto Emboss Extreme

Wow-Impasto Emboss Subtle

Wow-Impasto Emboss Subtle w/Canvas

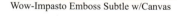 **Paint-Enhancing Actions.psd**

在这些实例中，将在使用 Art History Brush（历史记录艺术画笔）工具绘制的图画中使用默认设置下的 Wow-Paint Enhance 动作——该绘画中用到了第 407 页的"历史记录艺术画笔课程"中讲述的方法。如果发现动作创建的暗色、浮雕效果过强，还可以通过降低强化图层的 Opacity（不透明度）来减弱效果。

两个 Wow-Paint Edge Enhance 动作可以对水彩画产生更为理想的效果，此效果与第 405 页"图案图章水彩画"的步骤 5 以及本章第 426 页"作品赏析"中的效果相似。

松节油还是Photoshop？

画家Daren Bader在Photoshop创作中沿袭了他的油画以及丙烯画的绘画技法，但是他并没有因此而放弃传统绘画。尽管对Daren来说没有任何事物能取代手持绝版手绘油画作品的那种感觉，但是他还是非常喜欢数字绘画的优点。

当Daren使用计算机创作时，他倾向于将作品以最终的打印尺寸显示（对于小型作品而言），或者以适合全屏的尺寸显示，以保证能看到整个画作。他不对画作进行放大处理，以免丢失细节，并且使用更精确的适合该风格的方法结束绘画。他期待着有一天数字绘画也可以进行展出，就像艺术家们绘制其他作品并展现出来一样。Daren作品的小版本刊登于www.darenbader.com之上。

有时，将传统绘画技法与Photoshop技法相结合是完成工作的最好方式。在一本讲述插画的图画书修订再版时，客户通过E-mail的方式给Daren发送了其画作的扫描文件。Daren在

Photoshop中打开扫描文件按需进行修改，然后再将它通过E-mail返回给客户。这种方式大大地节约了邮寄的时间，更不要说等待画作变干的时间了。

Daren Bader 的《森林守护者》(Forest Rangers)使用传统美术工具和材质（油画颜料），在处理过的冷压纸板上进行铅笔素描，然后继续绘制而成。

《维京海盗》（Viking），完全使用Photoshop绘制而成，参见第430页。

R. A. Salvatore 的《黑暗之路》（Paths of Darkness）一书的封面插画，原稿由油画颜料绘制而成，扫描文件和最终文件在Photoshop中完成。数字创作加快了整个工作的进程。Daren修改了Photoshop的Chalk画笔，以便使数字笔触与传统笔触保持一致。

可以在The Art of Daren Bader中看到Daren Bader更多的绘画作品（油画、丙烯画和数字绘画）。如果不看标题，你将几乎无法区别出来哪些是传统绘画，哪些是数字绘画。

■ Mark Wainer 基于拍摄的数码照片创建了《Hamaroy 灯塔》(Hamaroy Lighthouse)。直到他完成了作品 A 绘制时才决定要改善作品效果。在 Photoshop CS4 的 Content-Aware Scale (内容识别比例) 功能的帮助下，这十分容易达成。

Wainer 希望使右侧的红色建筑靠近其他建筑物，缩小红色建筑物和下一幢房屋之间的距离。由于建筑物本身、船和大块的岩石都拥有大面积近乎纯色的颜色，因此，他需要保护它们避免缩放。打开照片 A，使用 Rectangular Marquee (矩形选框) 工具 选择建筑物之间的区域，接着将选区反向 (Ctrl/⌘+Shift+I)，选择该区域外的所有对象。将选区保存为一个 Alpha 通道 (执行 Select > Save > Selection 菜单命令)，将新通道命名为 area to protect，如 B 所示。

在缩放图像之前，Wainer 为文件制作了一个合并副本 (执行 Image >

Duplicate 菜单命令)。实际上，在默认情况下文件打开或者创建完成后，Photoshop 会为文件创建历史快照，如 C 所示，该快照将充当缩放后所需的修补源。

Wainer 执行了 Edit (编辑) >Content-Aware Scale (内容识别比例) 命令。在选项栏的 Protect (保护) 下拉列表中选择那个 Alpha 通道，如 D 所示。接着，向内拖动变换框的右侧手柄，直到建筑物之间的距离达到了理想的接近程度。Alpha 通道白色区域保护了大部分图像，仅压缩了建筑物之间的区域。在进行缩放后，Wainer 仔细检查了天空、水域和岩石部分因为压缩而产生的人为痕迹，如 E 所示。History (历史记录) 面板中的 Duplicate file 缩览图左侧带有 符号，使用 History Brush (历史记录画笔) 工具 消除人为痕迹。▼

知识链接

▼ 使用历史记录面板
第 30 页

■ 受到 Alfons Mucha 等人的新艺术绘画和海报的影响，Amanda Boucher 从照片 A 开始着手制作她那十分现代、奢华的《艾莉西娅》（Alicia）。她先使用开启了 Colorize 功能的 Hue/Saturation（色相/饱和度）调整图层，将数码照片的副本转换为浅蓝色，接着打印它并且使用 Micron 钢笔和黑色墨水在打印纸上绘制。她很细心地将要在 Photoshop 中使用单一颜色和图案填充的区域内的线闭合起来，以便可以高效地选择这些区域。

她首先扫描了这幅素描，接着将整个黑色的线稿（不带有蓝色）拖曳到它自己的透明图层之上。▼在该图层的下方添加一个白色的图层，这样在线

稿和白色图层之间的透明图层中绘制时便可以时参照线稿。▼

借助数位板和压感笔，她在 Photoshop 中像传统绘画那样绘制这幅肖像画。她将图像分成 4 个部分绘制，同时利用了 Photoshop 的图层来创建颜色。她使用 Brush（画笔）工具和 Smudge（涂抹）工具来绘制，并且交替使用了几种不同的画笔笔尖来应用并混合颜色，如 B 所示。她将原始照片用于参考，并且从中提取颜色（在选择任意绘画工具的情况下，按住 Alt/Option 键单击即可提取单击处的颜色）。

在绘制的过程中，她使用调整图层来更改整体或者局部的颜色。为了得到最终的绘画效果，她先是使用大红色填充背景区域，使用蓝色和白色填充花朵。接着，使用 Photoshop 的 Strings 图案在另一个图层填充花朵，将图层设置为低不透明度的 Multiply（正片叠底）模式，以便使图案与花朵融合在一起。Strings 图案位于图案库中，可以从 Photoshop 的 Patterns（图案）拾取器中选择。在勾选 Contiguous（连续）复选框（限制选区范围）、取消勾选 Antialias（消除锯齿）复选框（防止边缘部分选中的像素不会完全地填充上颜色）的同时，按住 Shfit 键单击 Magic Wand（魔棒）工具可以选择多个填充区域。

为了柔化某些区域中的黑色线稿，她擦除了一些线条，并且使用颜色来绘制其他的部分，如 C 所示（单击 Layers（图层）面板顶部的锁定透明像素按钮可以保护图层的透明度，将颜色限制在那些绘制完成的区域中）。引入另一个新艺术主义元素，使用 Pen（钢笔）工具在一些边缘上绘制较粗的黑色填充轮廓。

填充图层的优点

基于在 Photoshop 中的工作方式，使用填充图层可能是绘制带有纯色、渐变或者图案的作品的极佳选择。首先，选择要填充的区域，接着，单击 Layers（图层）面板底部的"创建新的填充或调整图层"按钮在弹出列表的顶部自行选择添加纯色、渐变或者图案填充图层。

在此列出的是使用填充图层好过于常规图层的优点：

- **若要选择不同的填充**，只需在 Layers（图层）面板中双击填充图层的缩览图，然后选择一种新的颜色、渐变或者图案。

- 若要在边缘处进行了完全填充的情况下**重新定位渐变或者图案**，可以**在工作窗口中拖动**。

- 在 Photoshop CS3 而非 CS4 中，如果决心**更改填充类型**，例如将纯色更改为渐变，只需执行 Layer（图层）> Change Layer Content（更改图层内容）命令，并选择其他的图层类型。

如果想使用只能应用工具或者滤镜的基于像素的图层，可以执行 Layer（图层）> Rasterize（栅格化）> Fill Content（填充内容）命令，在栅格化之后，图层将不再具备特殊的填充图层属性。

Bruce Dragoo创作了《法鲁和母亲》（Faru & Mom）（上图）和《休憩》（Sleeping）（对页图），用于儿童书的角色插画。他先是绘制石墨素描——这是他最喜欢的媒介，接着扫描素描并且在Photoshop中添加颜色和光照效果。

将素描图层的混合模式设置为Multiply（正片叠底）模式，并且采用一个白色填充的图层作为基底，以便填充颜色时方便查看。他使用Pen（钢笔）工具绘制路径，画出组成素描角色的形状。将路径载入为选区，使用Gradient（渐变）工具填充位于素描图层和基底图层之间的图层。此时钢笔路径会沿着由铅笔勾画的动物形状，不过，它允许位于边缘的手绘钢笔线条延展到颜色中，从而维持外部边缘的手绘特性。Dragoo在渐变填充形状的上方图层中绘制了多个高光效果，如《休憩》（Sleep-ing）中牛椋鸟的颜色。

Dragoo为背景、高光和大气使用渐变的细节参见第231页。他通过多个植物图层来创建环境效果，这些植物都本着与插画协调的宗旨绘制并缩放。在《休憩》（Sleeping）中，前景由3个绘画图层组成，一个粗糙的颜色基底图层A，该图层使用带有柔软笔尖的画笔工具绘制而成

A   B   C   合并   D   E   合并

两个草图层由Photoshop的Dune Grass（沙丘草）画笔笔尖的绘制而成。他分别将Dune Grass自定义为长而柔软的紫色版本，如 B 所示，以及干而僵硬的版本，如 C 所示，内置于画笔笔尖中的尺寸、角度和颜色有更多的变化。▼

右侧前景中的大型植物和熟睡动物身后的草，起初是位于绘制图层E上方

的使用Multiply（正片叠底）模式的素描D。12个其他的绘画图层和缩放图层组合成了场景。

在Photoshop中，他尝试保持一种直观的创造性方式，并且极力避免受限于程序的技术现状。他说：″素描是源头，我绘制的速度很快，可以避免在技术中迷失。″

知识链接

▼ 使用钢笔工具　第 454 页

▼ 将路径加载为选区　第 451 页

▼ 使用渐变工具　第 174 页

▼ 缩放图层　第 67 页

▼ 为画笔笔尖设置硬度　第 71 页

▼ 自定义 Dune Grass　第 88 页

Mark Wainer根据自己拍摄的照片制作了由街景、山水和海景组成的限量版印刷品。他的目标是模拟传统艺术家的媒介，不使图像轻易泄露计算机处理的痕迹。这里展示的作品名为《北安普敦雾中的船》（Boats in Fog, Northhampton）。

Wainer先是在Camera Raw中调整照片的色调和颜色，▼接着在Photoshop中打开图像，如A所示。按住Shift键单击Camera Raw的Open（打开）按钮即可在Open Imgae（打开图像）和Open Object（打开对象）按钮之间进行切换，Open Imgae（打开图像）按钮会将文件作为标准的背景打开，Open Object（打开对象）按钮则会将文件作为智能对象打开，保持跳转回Camera Raw的链接，以便以后编辑，

Wainer使用的是Open Imgae（打开图像）按钮。

通过单击Layers（图层）面板底部的 ⊘ 按钮添加Curves（曲线）调整图层。在Curves（曲线）对话框中通过单击添加锚点更改曲线形状，并且移动这些点来加深阴影和增加中间色调的对比度，其中中间色调用来存放将会转变为画笔笔触的细节，如B、C、D所示。

Wainer的下一个步骤是修饰，将一些不想包括在绘画中的元素移除出照片。使用Healing Brush（修复画笔）工具 ✐ 可以隐藏一些小的元素，按住Alt/Option键的同时单击，在需要隐藏图像的附近区域上单击取样。▼以同样的方式使用Clone Stamp（仿制图章）工具 ♣ 隐藏较大的图像。▼

当色调、颜色和作品准备就绪后，他还使用了两个滤镜来创建画笔笔触。首先，将调整和修饰过的图像复制到新的图层（按Ctrl+J键），再使用Topaz Simplify 2滤镜（www.topazlabs.com），如E所示。一种用于Simplify（简化）的预设模仿了由BuZZ Simplifier滤镜创建的效果，他发现Topaz Simplify 2滤镜是不错的替代品，滤镜的BuzSim预设是一个很好的起点，滤镜减少了图像中的细节量以创建单调颜色的"补丁"。

在使用滤镜后，Wainer减少了滤镜图层的Opacity（不透明度），从而显示

所需的尽可能多的原有细节，如F所示。有时，他还会使用图层蒙版来限制图像不同区域的细节量。在这种情况下，他将Opacity（不透明度）设置为80%，没有使用蒙版。

Wainer接着添加了一个新图层，新图层是由分层作品合并的副本（在Windows中按Ctrl+Shift+Alt+E，在Mac中按⌘+Shift+Option+ E），对图像进行锐化。通过应用Dry Brush（干画笔）滤镜（执行Filter > Artistic > Dry Brush命令）使边缘更清晰。在某些图像中，Wainer选择通过多次使用Dry Brush（干画笔）滤镜来锐化边缘，或者将图像复制到一个新图层中再使用High Pass（高反差）滤镜（执行Filter >Other > High Pass命令），最后将该图层的混合模式更改为Soft Light（柔光）来增加中间色调的对比度。

为了完成该作品，他添加了一个混合模式为Multiply（正片叠底）的Curves（曲线）调整图层，来加深图像的一些区域，如G所示。未调整的Curves（曲线）调整图层有点像下方的复制图像，在Multiply（正片叠底）模式下它会加深图像。由黑色填充的"可以隐藏所有图像"的图层蒙版会影响Curves（曲线）调整图层的效果，使用白色绘制恢复加深效果。要添加带有黑色填充蒙版的调整图层，可以在按住Alt/Option键的同时单击Layers（图层）面板底部的 ⬤ 按钮。

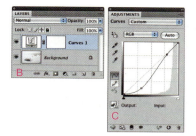
B

C

D

E

F

G

A

智能三方滤镜

一些第三方（非Adobe）滤镜，包括Topaz Simplify 2都可以用作Photoshop中的智能滤镜。它们的设置仍旧是可编辑的——如果将图层转换成智能对象并且应用一种滤镜，滤镜的名称会出现在Layers面板中智能对象名称的下方，单击该名称将会打开所应用滤镜的设置对话框。如果之后需要更改设置，即可随时返回到滤镜设置状态，接着再使用带有新设置的滤镜。也可以更改添加了滤镜后的图像与原图像的混合方式——单击 ⇄ 图标后即可更改滤镜图像的混合模式或者不透明度。

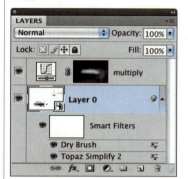

如果Mark Wainer对他的作品使用了智能滤镜，那么Layers面板的外观将如此图所示（实际的图层显示如左栏所示）。使用智能滤镜的优点是可以随意地修改滤镜设置，但是如果选择了带有图层蒙版的滤镜效果，所有使用的滤镜将受同一蒙版的限制。Wainer用来控制混合模式和不透明度并且返回到预设滤镜状态的方法是，在每次添加滤镜效果之前将图像复制为一个新图层，这同时也可以为每个滤镜设置一个单独的蒙版——尽管他没有在这一作品中添加任何蒙版。

知识链接

▼ 混合模式　第181页

A

B

C

D

■ 在创作《姆瑞独木舟》（Moorea Canoe）时，Jack Davis先是基于山水、独木舟和云朵的照片创建了一幅抽象拼贴画。之后，执行Image（图像）> Adjustments（调整）>Hue/Saturation（色相/饱和度）菜单命令来调亮颜色，如局部图 A 所示。再执行Edit（编辑）> Define Pattern（定义图案）命令将调亮后的图像定义为图案。该图案将被用作Pattern Stamp（图案图章）工具进行复制时的源，复制时Davis还在选项栏中勾选了Impressionist（印象派效

果）复选框。参见第403页中的步骤，添加一个透明图层，并沿着下方的原始抽象拼贴画进行绘制，如 B 所示。

为了在钢笔素描画上创建水彩效果，Davis先是复制了合并图层，然后执行Filter（滤镜）>Stylize（风格化）> Find Edges（查找边缘）以及Image（图像）> Adjustments（调整）> Threshold（阈值）菜单命令来创建"墨迹"，如 C 所示。他通过将复制图层的混合模式更改为Multiply（正片叠底），使复制图层与其下

方完整的绘画图层混合起来，如D所示。

Davis接着将图层样式设置为图案叠加，应用"盐渍"（Wow-Texture 09*，参看附录C）来完成最终效果。接着使用Photocopy（影印）滤镜增强绘画的细节。

Wow-Linework Alone 动作（Wow Presets > Wow-PhotoshopActions > Wow-Paint Enhance Actions.atn）可基于照片创建"钢笔画"，如上方C所示。

■ 超级现实主义大师Bert Monroy采用了第551页展示的"霓虹字体"中的系列方法，为灯箱上的文字创建了霓虹灯管的效果。先使用Pen（钢笔）工具绘制路径，接着使用Brush（画笔）工具多次绘制描边，添加新的图层分别保存描边效果。在绘制路径并且选择了Brush（画笔）工具和所需的前景色后，Monroy又在Paths（路径）面板中单击了Stroke path with brush（用画笔描边路径）按钮。 ▼

通常，他采用从下到上的顺序绘制描边。使用柔软的圆形画笔笔尖绘制外发光，该效果通常用于白色或者霓虹灯后较浅的背景颜色。

灯管的绘制在3个图层中完成。他使用一只硬的圆形画笔笔尖蘸着某种相对较强的颜色绘制，接着再使用较为柔软且更小的画笔笔尖来绘制较浅且更窄的效果，最后再使用更小的柔软画笔绘制更细的白色描边。

在制作符号基座上反射的霓虹灯光时，他先复制了拥有霓虹灯管的彩色描边图层，再将新图层的混合模式设置为Hard Light（强光），▼ 在Layers（图层）面板中将该图层拖动到灯管的底部，即基座的上方，执行

Filter（滤镜）>Blur（模糊）> Gaussian Blur（高斯模糊）命令对新图层进行模糊处理。使用Move（移动）工具 移动霓虹灯后的反射效果。利用这种"图层三明治"的方法，他调低了单个颜色的Fill（填充）参数，擦除了在创建灯管立体效果和灯管发光效果的过程中位于关键位置处的颜色。

Monroy为Brush（画笔）工具定制了一组用于为霓虹添加尘埃、污浊效果的预设。他在Brushes（画笔）面板中为画笔笔尖的Size（大小）、Scatter（散布）和Angle（角度）添加了Jitter（抖动）。他还在Brushes（画笔）面板的Dual Brush（双重画笔）子面板中为硬的圆形画笔笔尖内部的脏东西进行蒙版处理，将该画笔笔尖大小调整到与绘制灯管的笔尖相同。当使用绘制尘埃的画笔对路径进行描边时，因为Jitter设置的存在，灯管上会呈现出不规则的尘埃效果，同时，双重画笔可以防止它们延伸到霓虹灯管边缘之外。

在下方显示的粉红色霓虹灯管中制作彩色的反射效果。复制霓虹灯管红色描边的图层，在Hard Light（强光）模式下模糊复制图层，稍稍移动图层

并减少其不透明度。

在制作白色的霓虹灯管时，他为外发光应用了一种浅蓝色的柔和描边，使用带有硬边且蓝色更深的描边来定义灯管，较浅的蓝色和白色用来定义内部效果。为了绘制出灯管的破损效果，他擦除了部分白色和浅蓝色图像，并且使用定义好的用于绘制尘埃效果的画笔来添加尘土。

在为灯管添加黑色的遮罩效果时（例如G下方），按住Ctrl键的同时单击Layers（图层）面板中边缘清晰、带有亮绿色描边的图层将灯管轮廓作为选区加载。他添加了一个新图层并且使用画笔工具蘸着黑色来添加黑色素材，接着使用Eraser（橡皮擦）工具 擦除部分图像上的黑色。

知识链接

▼ 绘制路径、描边路径
第454和第457页

▼ 混合模式 **第181页**

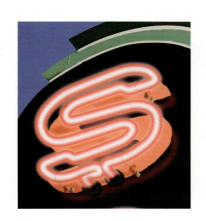

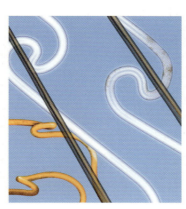

DAREN BADER

■ Daren Bader在开始创作他的数字绘画，例如上图所示的《维京海盗》（Viking）时，先是创作一幅铅笔素描并扫描成电子文件。接着他按照与最终绘画文件相同的尺寸和分辨率新建了一个文件。在Photoshop中打开扫描文件时，他将扫描文件拖曳到新创建的文件中充当参考图像。执行Edit（编辑）>Free Transform（自由变换）菜单命令，按住Shift键的同时拖动自由变换控制框的手柄，将扫描文件等比例放大至与新文件相等。然后，根据需要参照第105页描述的方法使用调整图层得到清晰的黑色线稿。接着，将扫描图层的混合模式设置为Multiply（正片叠底），使白色更清晰，这样可以同时看到线稿及下方图层中将要绘制的图像。

Bader同时还添加了一个透明图层，并使用与默认Chalk（粉笔）画笔相似的"粉笔式"画笔笔尖进行绘制。他还通过设置控制选项，通过数位板以及压感笔上的压力来控制笔触的Opacity（不透明度）和Size（尺寸）。

DAREN BADER / © KOSMOS GAMES

DAREN BADER / © KOSMOS GAMES

DAREN BADER / © KOSMOS GAMES

■ DaDaren Bader通常会使用从先前作品中采集的颜色来绘制新插画。他使用Brush（画笔）工具在原有颜色上涂抹低不透明度的彩色，并在按住Alt/Option键的同时单击，在涂抹过程中采集颜色。

他先草绘出大致的颜色效果，再继续添加细节。在这个过程中，他通过不断隐藏和显示图层的方式来实时检查绘制进度。得到理想效果后，他便将该图层与之前绘制的图层合并起来——按Ctrl/⌘+E键或者执行Layer（图层）>Merge Down（向下合并）命令。另外，如果发现图层效果未达到预期，他还会通过将该图层拖至Layers（图层）面板的Delete layer（删除图层）按钮 🗑 将其删除。Bader说："有时，我在绘制油画或丙烯画时也会有相同感受，但是使用绘画颜料时修复起来十分困难。"因为重绘会弄脏原有颜色。

为了使画笔高性能地工作，以便画作更流畅，Bader通过在绘画过程中合并图层来减少文件大小。他首先复制原素描图层（Ctrl/⌘+J）以保存原文件的完好性，然后将其隐藏起来，最后再在扫描的素描上进行绘制，并对其进行合并处理。

在工作过程中，Bader始终采用了对图像进行完整显示的视图模式。仅在为那些需要引起人们注意的局部添加细节时，他才进行放大操作，如在创作《海里托斯》（Helitos）（上左图）的下部细节时。Bader受托为某个奇幻游戏绘制一组卡片，《海里托斯》（Helitos）便是这32幅插画系列作品中的一幅。

在绘制这组系列作品时，Bader接到了一个卡片版面的模板，该模板上标出了文本框的位置和尺寸。它将该图

适合屏幕

要想缩放图像至适合屏幕的大小，可以按Ctrl/⌘+0快捷键。

层拖曳到所有文件中，并将图层混合模式设为Multiply（正片叠底），以便可以在绘制的过程中查看那些固定和非固定的空间。

在绘制第一个纹身时——参看《卡布凯特》（Kabukat）（上中图）和《赛伦特斯罗》（Silentosol）以及《海里托斯》（Helitos），他先是创建了一个单独的图层并且使用Pencil（铅笔）工具 ✏ 快速绘制。接着他执行Filter（滤镜）>Blur（模糊）>Gaussian Blur（高斯模糊）命令对图层进行轻微模糊。他通过不断测试，找出了可以让纹身颜色与皮肤底色进行完美结合的混合模式以及不透明度，即Hard Light（柔光）模式，Opacity（不透明度）为83%。接着，他将该纹身图层拖曳至一个新的插画文件中，按Ctrl/⌘+A键选择图层的内容，再按Delete键删除旧纹身，在已经确定了混合模式和不透明度的图层中绘制一个新的纹身。

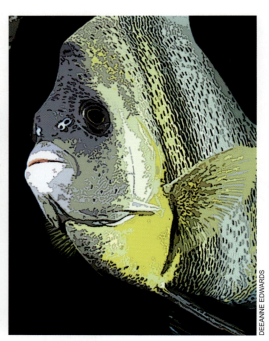

DEEANNE EDWARDS

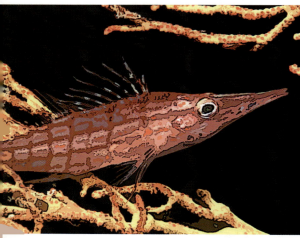

■这幅名为《海洋生物印象》（Marine Life Impressions）的作品是根据水下拍摄的多幅照片，在 Photoshop 中通过艺术手法重新制作而成的。Deeanne Edwards 先是清除了凌乱的背景。她选择并且加深背景（其中素材图片也采用同样方法进行处理）或者选择并且模糊背景。▼

接着，使用一组滤镜对图像进行分色，将图像简化为少数的几种颜色并且添加"墨"线。在制作类似效果时，Cutout（木刻）、Dry Brush（干画笔）、Ink Outlines（墨水轮廓）和 Poster Edges（海报边缘）滤镜的组合可以产生极佳的效果。

她所使用的这些滤镜都可以作为智能滤镜。先在 Layers（图层）面板中选中图像图层，执行 Filter > Convert for Smart Filters 命令，接着执行 Filter > Filter Gallery 命令。在 Filter Gallery（滤镜库）对话框中单击右下角的 New effect layer 按钮，如 A 所示。再从下拉列表（位于 Cancel 按钮下方）中选择相应的滤镜，如 B 所示。

要想达到对页中显示的组合效果，应首先使用 Cutout（木刻）滤镜，再单击按钮选择 Poster Edges（海报边缘）选项。当对话框的右下角显示了这两个效果层时，如 C 所示，单击任意一个并且更改设置，这样便可以交互地调整这两个滤镜，从而达到理想的效果。当 Filter Gallery（滤镜库）作为智能滤镜使用时，便可以通过在 Layers 面板中双击滤镜图标来再次打开它，而且还可以随意根据需要在之

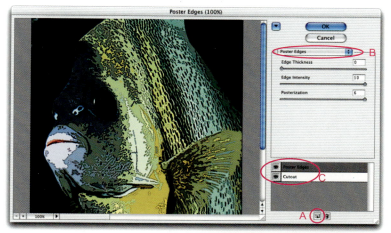

后进行交互式调整。▼

知识链接
▼ 征服背景　第 262 页
▼ 智能滤镜　第 72 页

更大的预览效果

单击 Filter Gallery（滤镜库）顶部的按钮可以切换滤镜效果样本缩略图的开关状态。开启时可以通过单击选择滤镜，关闭时可以为预览节省更多空间。

智能滤镜库之旅

当使用滤镜创建一系列风格相仿的图像时——正如Deeanne Edwards创建《海洋生物印象》（Marine Life Impressions）这样，每幅图像的设置只有稍许不同。如果将Filter Gallery（滤镜库）作为智能滤镜，则一旦为某幅图像设置滤镜参数后，便可以直接搬至其他的图像。

首先，将Filter Gallery（滤镜库）作为智能滤镜应用于第一幅图像（执行Filter>Convert for Smart Filters命令和Filter > Filter Gallery命令），并且在Filter Gallery（滤镜库）对话框中选择滤镜，调整设置。接着，在新的图像文件中选择要添加滤镜的图像图层（在图层面板中单击该图层的缩览图）并将其转换成智能对象（执行Filter > Convert for Smart Filters命令）。接着，将Filter Gallery（滤镜库）从已添加滤镜效果的文件拖曳到新的图像文件中。Filter Gallery（滤镜库）设置立即生效，在Layers（图层）面板中双击新文件的Filter Gallery（滤镜库），即可打开Filter Gallery（滤镜库）对话框调整相应的设置，从而适应新的图像。

文字与矢量图形

7

Type Shape Pixels

Photoshop 的文字和基于矢量的图形均不受分辨率的影响。当在 PostScript 输出设备上输出时，例如输出本书的印制板时，无论图像文件最初的分辨率是多少，都可以生成平滑的轮廓。在这个插画实例中，文件的分辨率被设置得很低（仅有 38 像素 / 英寸）——这会使图片产生很夸张的像素化效果。Type 图层没有变化，Shape 图层被转化为形状，Pixels 图层被栅格化（转为像素）。该文件以 Photoshop 的 PDF 格式保存，并内含矢量信息。打印时，Pixels 图层出现锯齿，另两个图层边 光滑，提供颜色和图案的图层样式也与边相符。但是基于像素的图层和样式，在 38 像素 / 英寸的情况下输出时显得十分粗糙。

Photoshop 拥有一系列惊人的基于矢量的文字输入和绘图能力。这些性能足以与 PostScript 绘图的最佳特性以及诸如 Adobe Illustrator、Adobe InDesign、QuarkXPress 的排版软件相媲美。在进行缩放、旋转以及其他方式的操作时，基于矢量的文字和绘图的边缘不会因"柔化"而受损。利用 Photoshop 可以创建以下内容。

- **文字**（带有拼写检查以及高级间隔和格式控制）。文字不但可以被放置在**路径上**或者**路径内**（路径定义参见下文），并且还能够在传输到输出设备的过程中保持"未栅格化状态"以及可编辑特性和锐利的边缘。

- **路径**。路径是不受分辨率影响的曲线或者轮廓，它们与文件所有图层均无关联，但是可以保存、激活、用于创建选区、充当基线或者文字轮廓，或者是文件输出时的轮廓。

- **矢量蒙版**。矢量蒙版用于勾画单个图层或者图层组的轮廓。▼

- 基于矢量的**形状图层**。基于矢量的形状图层是实色图层，该图层通过矢量蒙版来控制颜色显示的位置。

基于矢量的文字和绘图具有高效（可以很方便地进行再变形）、经济（与基于像素的图层相比，它们占用的文件存储量更小）的特点。本章讲述了如何使用 Photoshop 的"矢量功能"，同时阐述了在何种情况下使用精确的基于 PostScript 的诸如 Illustrator 等插画软件，以及如何在这些软件和 Photoshop 之间顺利传输文件。

知识链接

▼ 蒙版 第 61 页

▼ 图层组 第 583 页

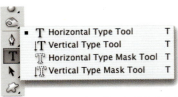

尽管这里有 4 种文字工具，但是大多数文字都使用 Horizontal Type（横排文字）工具 T 进行设置。大多数情况下，使用"非栅格化"文字工具并从文字中创建必要的蒙版比使用文字蒙版工具效率更高。

路径可用作文字基线。居中对齐的文字（如图所示）将以路径上的第一次单击处作为中心同时向两个方向延伸。

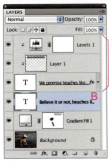

未栅格化的文本图层中的文字可用图像填充，且仍保持可编辑性。可以使用剪贴组完成此过程，如 A 所示。标题被设置为点文字，但是主体广告文字被设置为段落文字以放入规定的空间，如 B 所示。

文字

Photoshop 采用了强大的文字引擎，可以使用 Open Type 的特性（该字体在 Windows 和 Mac 中使用同一字体文件夹，且该字体可为连字符提供诸如使用自动替代特殊字符或符号之类的高级印刷控制）。因为可将文字放置在路径之上或者路径之中，所以用户可以在 Photoshop 创作的基于图像的单页文档中根据需要进行所有文字的排版。

大多数情况下，用户可以保持文字的"未栅格化"（可编辑）状态，同时仍然可以控制它的颜色、不透明度、特效以及与文件中其他图层的混合方式。例如，可以使用图层样式和变形效果来添加特效。并通过使用带文字的剪贴组▼作为基底图层，将图像遮罩于文字内。

知识链接
▼ 剪贴组
第 65 页

Photoshop 含有 4 种**文字工具**，如左上角所示，但是对于多数任务来说，使用的是 **Horizontal Type（横排文字）工具**——工具箱中的默认文字工具。平时所提及的 Type（文字）工具指的就是该工具。**Vertical Type（直排文字）工具**和 Horizontal Type（横排文字）工具的工作方式相似，但是默认状态下该工具采用纵排文字的方式。

开始学习

在了解文字基础知识时，可以先从文字工具用法的"使用一览表"开始，接着转到特定文字控制功能。很少能够做到一次将文字设定到位。接下来会讲述如何将文字准确地放置于理想的位置，以及如何返回并在稍后编辑文字。我们将看一下如何进行文字缩放或变形以制作特效，最后，会考虑何时以及如何将文字用作智能对象。

以下是文字工具的简明"使用一览表"。

- 在 Photoshop 中**添加文字的操作步骤**为：选择 Type（文字）工具 T（按 Shift+T 键），在工作窗口中单击或者拖曳，然后输入文字。如果单击（而非拖曳），那么所得到的文字将是**点文字**，即文字呈单行连续排列，除非用户发出指令另起一行。如果使用文字工具**拖曳**而非单击，Photoshop 将创建一个矩形定界框，在输入文字时，每当文字遇到矩形定界框的边界时，都会自动"换到"新的一行，这种自动换行的文字被称为**段落文字**。

路径内的文字是一种特殊的段落文字。当一个封闭的路径处于激活状态时，便可以在路径内移动文字工具的光标，此时光标会变成如图中所示的路径内文字光标。在这一状态下输入的任何文字都会把路径作为定界框。这就可以将文字限定在非矩形空间内。

多行点文字

要将文字置于多行，而不受定界框所限，便可以使用点文字。使用 Enter/Return 键开始**新的段落**，或者使用 Shift+Enter/Return 键开始**新的一行**。

- **新行**的创建就是这么简单。将光标移动到要开始新一行文字的位置，使用当前的对齐方式（左对齐、右对齐或者居中对齐，可在选项栏或者段落面板中设置）和行距（行之间的空间，在字符面板中设置）。

- **新段落**同样开始于新行，但是除了当前的对齐方式和行距之外，在新段落之前还可能会有额外的空间，或者新段落的第一行与文本的其他行相比可能会有不同的缩进值。这些段落的属性在 Paragraph（段落）面板中设置。

选择字体

选择文字工具 **T**（Shift+T），然后可以通过以下两种方式查看不同字体的效果。

- 在列表中**循环**向上或者向下尝试不同的字体，首先拖曳选择文字，再单击选项栏中的 Set the font family（设置字体系列）文本框，并且配合使用↑和↓键。同时按住 Shift 键可以直接获取列表中第一个或者最后一个字体。

- 要快速地跳转到**特定字体**位于列表中的位置，可以在选项栏中单击 Set the font family（设置字体系列）文本框并且输入要使用的字体的名称。

点文字是标题和标签的理想文字。在输入几行文字时，如果用户想要精确控制换行的位置，或者不想受定界框的束缚（例如第 417 页的实例），使用该工具的效果也很不错。**段落文字**对于在限定空间内输入合适的文字很有效，用户可以先创建一个恰好适用的定界框，再在定界框中键入文字。

- **文字属性**。例如字体、大小、对齐和间距等特点，分布在选项栏、Character（字符）面板和 Paragraph（段落）面板中（参见第 440 页和第 441 页）。可以在选择了 Type（文字）工具后（即单击或者拖曳开始输入前），立即设置属性，也可以先输入文字再设定属性。本页的"参数设置范围"便讲述了如何将文字属性应用到图层中部分或者全部文字上。

参数设置范围

选项栏、Character（字符）面板或者 Paragraph（段落）面板中的设置可以应用到选定的文字、整个文本图层，甚至多个文本图层。操作时，用户可以先通过在 Layers（图层）面板中单击文本图层的名称来选中该图层，然后分别针对不同情况来操作。

- **仅作用于添加到文本图层的新文字**。选择 Type（文字）工具 **T**（Shift+T 键）并单击要插入的位置。设置参数，并输入文字。

- **仅更改图层上的部分文字**。选择 Type（文字）工具 **T** 并选中要更改的文字——例如，通过拖曳选择，然后更改设置。

- **更改图层上的所有文字**。选择 Type（文字）工具 **T**，不在工作窗口中单击，而是直接更改设置。

- **一次更改数个文本图层**。只需在按住 Shift 键或者 Ctrl/⌘键的同时单击 Layers（图层）面板中的其他图层进行选择，再选择文字工具 **T**，并进行设置。

借助文字工具选项栏中的色板，可以不使用在工具箱中更改前景色的方法来更改文字颜色。

当文字图层处于激活状态时，右击／按住 Ctrl 单击 Type（文字）工具 **T**，便可以打开一个快捷菜单，省去了移动到菜单栏中进行操作的辛苦。

段落文字的设置选项多于点文字对应的选项。多出的选项包括版面调整（使文字块两侧与文本框边框平齐的功能），**连字符**（行末尾单词是否间断以及如何间断，以使文字位于文本框内），**悬挂标点**（软件界面中称为"溢出标点"，为了保证视觉上的平衡和对齐效果，诸如引号和逗号等标点符号可稍微溢出文字块的边界），以及利用 Adobe Composer 获得的更精密的控制选项（更多详情参见第 440 页）。

- 无论设定的是点文字还是段落文字，Photoshop 都会建立一个**文本图层**，在这里文字与该文件夹中的其他元素相互独立，这样就能对该图层进行独立操作而且保持"未栅格化状态"以便于后期编辑使用。当完成文字输入，并且准备好要**退出文本图层**进行其他操作时，一种方法是单击选项栏中的 Commit any current edits（提交所有当前编辑）按钮 ✔ ，或者是 Cancel any current edits（取消所有当前编辑）按钮 ⊘。按 Ctrl+Enter 键（Windows）或者 ⌘+Return 键（Mac）是提交的快捷方式，按 Esc 键是取消的快捷键。

- **若要在之后返回并编辑文字**，可选择合适的文字工具，并在 Layers（图层）面板中单击文本图层的名称。此时，便可以像第 444 页的"返回编辑文字"中讲述的那样选中并更改文字。

- 若要在一个包含了文字的文件中**再新建另一个独立的文本图层**，可以通过以下这种简单的方式操作：添加一个新的透明图层（在 Windows 中为 Ctrl+Shift+Alt+N，在 Mac 中为 ⌘+Shift+Option+N）接着输入文字，然后把新图层转换为文本图层。

文字控制选项

在选择文字工具后，所有**控制选项**都会显示在选项栏中，包括 Character（字符）面板（可控制字符）以及 Paragraph（段落）面板（可控制段落缩进和段前段后的间距）。第 440 页和第 441 页的"文字控制选项"就展示了这些控制选项。第 464 页的"文本图层"则涵盖了字距调整以及其他字符高度的控制，以及可以提高工作效率的键盘快捷键。另一种节省时间的方法是，在文本图层处于激活的状态下，在当前工作窗口中右击／按住 Ctrl 键单击来打开**快捷菜单**。

拖动（拖动即"点按并拖曳"）Set the font size（设置字体大小）图标可以增加或者减少文字大小。

调整大小快捷键

要放大或者缩小文字，可以先选择要重新调整大小的文字，按下 Ctrl+Shift（Windows）或者 ⌘+Shift（Mac）并且按 **>** 和 **<** 键来放大或者缩小文字。

Lorem ipsum dolor sit amet, consectetuer

拖动段落文字虚线文本框的手柄可重设文本框的大小，并且相应地重排文字。**注意**：此处使用了溢出标点，可以在 Paragraph（段落）面板的弹出菜单中选择该设置。

不管段落文字或路径内的文字为左、右或居中对齐，它的起始位置都会距文本框或封闭路径尽可能地近，如果这样导致断行不美观（顶图），则可以通过按Enter/Return键（创建空白段落），接着拖动Paragraph（段落）面板中的Add space before paragraph（段前添加空格）图标将文字下移。

设置合适的文字

为了让点文字或段落文字与可用空间快速、动态地相适应，可以在选中 Type（文字）工具 **T** 的状态下，通过以下方法更改它们的整体大小：按 Ctrl/⌘+A 键全选，然后在选项栏或者 Character（字符）面板中通过拖动来设置文字大小。对于其他文字的适配设置——例如字间距（更改整体字母间距）来说，可以使用 Character（字符）面板中的拖动工具进行调整。应尽量避免通过更改 Character（字符）面板中的设置（例如字符的高度或者宽度）来适配文字与空间，这实际上也会致使文字本身发生变形（第 445 页的"防止文字变形"将讲述本建议背后的原因）。

段落文字提供了更多适配文字的选择，其中之一就是加大文字定界框。如果输入的文字不能全部置于文字工具拖曳生成的文本框之中的话，Photoshop 将会"保留"这些超出的文字并在文本框右下部分手柄处显示一个"×"，以提醒用户此处存储着过多的文本。拖动任何一个手柄都将重塑文本框的形状。随着文本框的加大，超出的文字部分将逐步出现在文本框内。然而，在很多情况下，用户不可能放大文本框，因为文本输入的区域有限。第 593 页中的"文字适配调整"就提供了更多适配段落文字的建议以及应用这些建议的合理顺序。

适配**路径内的文字**与适配常见的段落文字的设置相同，用户可以拖动路径手柄重塑路径形状以便为多余的文字创建更多的空间，使其可视。

适配**路径上的文字**的设置方法参见第 443 页。

移动或倾斜文字

移动点文字、段落文字或者路径内的文字的操作步骤如下：首先确保已经选择了文本图层（在图层面板中单击该图层的缩览图），而且选中了一种文字工具（**T** 或 **T**）。接着，在文字区内单击，按住 Ctrl/⌘ 键，待光标变成箭头状时拖动。倾斜文字的操作步骤如下：再次按住 Ctrl/⌘ 键，将光标移至定界框的某个手柄外，直至光标变成弯曲的箭头状，然后拖动进行旋转。**注意：按住 Ctrl/⌘ 键拖动实线定界框的手柄**将会使文字和文本框一同发生变形（参见第 445 页的"防止文字变形"）。

文字选项

Photoshop为文字工具提供了用于创建和编辑文字的各种控制选项，它们分布在选项栏、字符面板和段落面板以及几个对话框中。选项栏中有字体、大小和对齐选项。更多的选项位于字符面板和段落面板中（参见下文以及下一页）。

单击按钮可以打开一个带有15种预置样式的对话框，用户可以根据需要进行选择和调整。

Toggle the character and paragraph panels（切换字符和段落面板）按钮可以打开字符和段落面板。

文字工具选项栏提供了将文字设为**水平或垂直**的选项，单击该按钮可以在文字工具间切换。

选项栏中为文字和文字蒙版工具提供了3种**对齐方式选项**。

单击**色板**设置不同于工具箱中前景色的文字颜色。

默认的Sharp（锐利）**消除锯齿**方法对大多数文字来说都是不错的选择；Crisp（犀利）较为不清晰。对于显示器上的小文字来说，可选择Strong（浑厚），或者Smooth（平滑）使文字平滑，抑或选用None（无）使边缘模糊或是增大文字尺寸用过渡色填充多余区域。

使用文字工具单击时，选项栏中便会出现Cancel any current edits（取消所有当前编辑）和Commit any current edits（提交所有当前编辑）按钮。单击"取消"按钮等同于按Esc键，它可以退出文字设置而不会保留当前键入或工作进程中所做的更改。"提交"按钮等同于按Ctrl/⌘ +Enter键接受更改并退出文字设置。

Paragraph（段落）面板中的很多选项（例如缩进和段落间距）只对段落文字和路径内的文字可用。但是**Justify All（全部对齐）**按钮对于在路径上的跨距文字也很有用（参见第417页）。

Roman Hanging Punctuation（罗马式溢出标点）（如下图中的第二段所示）允许开放式或封闭式标点符号，例如引号、连字符和逗号超出文本框边界。因为这些标点都很小，如果它们跟大的字符一同对齐的话，就会使整个文本看起来"参差不齐"（如下图中的第一段所示）。

Adobe Single-line Composer（Adobe单行书写器）和**Adobe Every-line Composer（Adobe多行书写器）**的区别参见下方的段落。单行书写器将通过单独为每一行选择最适合的间距来进行调整。它首先会调整单词间距，然后是连字（本例中不允许），之后才是字母间距——压缩间距的效果要好过扩展间距。必要的话，**多行书写器**可以通过改变整个段落的间距，解决任何一行的间距问题。保持间距（甚至是整个段落中的间距）被赋予了最高的优先权。

"What she did," he said to his long-time friend.

"Yeah, I know," said his friend, putting his drink on the table.

在**Justification（对齐）**对话框中，可为对齐操作设置可接受的间距变化范围。用户可以控制字母间距和单词间距，甚至文字的水平缩放。还可以在Character（字符）对话框中设置用于文字大小百分比的**Auto Leading（自动行距）**。

在**Hyphenation（连字符连接）**对话框中，可以选择是否自动连接标准文本或者大写单词。可以指定由多少个字母组成的单词需放在单独的一行中，有多少连续的行中可以以连字符结束——**Hyphen Limit（连字符限制）**，以及单词距右边界最小的距离——**Hyphenation Zone（连字区）**，该选项只适用于文字未对齐以及使用Single-line Composer（单行书写器）的情况。

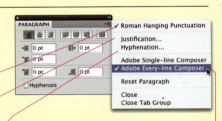

单行

Pellentesque laoreet ligula sit amet eros. In neque mauris, sodales in, pharetra vel, condimentum sit amet, massa. Aenean lacinia ligula sit amet.

多行

Pellentesque laoreet ligula sit amet eros. In neque mauris, sodales in, pharetra vel, condimentum sit amet, massa. Aenean lacinia ligula sit amet.

在Character（字符）面板中可以进行**字距微调、字距调整和基线偏移**，并逐字符设置其他文字规格。

Photoshop会根据所选**语言**决定在执行Edit（编辑）>Check Spelling（拼写检查）命令时选用的词典。

在关闭**Fractional Widths（分数宽度）**后，可确保字符较小时显示的文字不会重叠。

打开**System Layout（系统版面）**，便可在操作系统默认的文字显示下查看界面设计中的文字效果。打开该选项时，选项栏的消除锯齿将自动设为None（无）。

No Break（无间断）可以不让一个单词或者多个单词在行尾断开。

Reset Character（复位字符）命令可以快速将选中图层上的文本格式返回到默认状态。程序默认使用前景色控制文本颜色。例如，如果前景色为绿色，字符复位后将会使文本变为绿色。注意段落的属性，例如对齐，这是复位字符默认状态下没有规定的，但是在Paragraph（段落）面板中的Reset Paragraph（复位段落）命令则规定了这个设置。

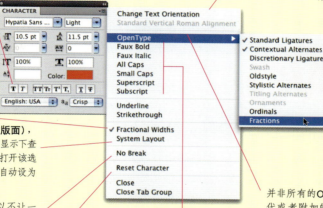

Change Text Orientation（更改文本方向）选项可以使用户在水平和竖直文字设置间切换。**Standard Vertical Roman Alignment（标准垂直罗马对齐方式）**可将字符依次往上堆（如 A 所示）。将其关闭后，可得到将文字水平放置后整体顺时针旋转90°的效果（如 B 所示）。

VERTICAL TEXT A

VERTICAL TEXT B

这部分菜单中的大多数样式（对应字符面板底部的图标）是Photoshop生成的而不是字体的一部分。**Small Caps（小型大写字母）**既可以使用字体自身具备的小型大写字母，也可以在字体中没有时自动生成。

LOREM IPSUM dolor sit amet, consectetuer ~~adipiscing~~ elit.

应用了**Faux Bold（仿粗体）**的文字不能被转换为形状或者路径。但是，为使用图层样式或者滤镜而将文字栅格化时，**Faux Bold（仿粗体）**和**Faux Italic(仿斜体)**将会很有用。对于大多数内含粗体和斜体的字体来说，仿粗体和仿斜体与它们很不一样。

Bold　**Faux Bold**
Italic　*Faux Italic*

并非所有的**Open Type**字体都包含可以替代或者附加的字形（字符）。尽管一个Open Type 字体中可以包含多达65,000种字形，但是很多设备只在它们的PostScript或者True Type格式中包含了256种标准字形。要想获取Open Type字体中的所有可以替代的字形，只需从弹出菜单中选择即可。列表中的选项若以灰色显示，则表明当前字体中不含有该替代字形。

On the 3rd Tuesday of this month, the meeting of the Guard committee was held at 17548 Banyon Street. They agreed to fulfill their contract to keep Platform 9 3/4 a secret.

On the 3rd Tuesday of this month, the meeting of the Guard committee was held at 17548 Banyon Street. They agreed to fulfill their contract to keep Platform 9¾ a secret.

可以使用 Pen（画笔）✎ 工具或者 Shape（形状）工具中的一种为路径上的文字绘制路径，同时还应单击选项栏中的 Paths（路径）按钮。

出现"路径上的文字"光标时，所输入的文字都会沿着该路径排列。

当出现此光标时，在按住 Ctrl 键的同时拖动"路径上的文字"的起始符号重设起点，并沿着路径移动该文本。

当出现此光标时，拖动终止符号重设终点，并沿着路径移动该文本。

可以通过移动中间点来移动居中对齐的文本。两个端点符号也会随之移动。

文本溢出符号表明该处包含了过多的文本。从文本处向外移动该符号，即可显示多出的部分。

路径上的文字

路径上的文字是一种使用路径作为基线的点文字，其不仅仅局限于水平方向——若使用 Vertical Type（垂直文字）工具 IT 则位于垂直方向。路径可以是开放的（含两个端点），也可以是封闭的（连续且无断开的端点）。要让文字更易阅读，通常最好的方法就是使用曲度较小的简单的路径和形状。

若要在路径上放置文字，可以单击 Paths（路径）面板上的路径缩览图来选择现有路径，或者单击 Layers（图层）面板上的图层缩览图来激活形状图层，抑或绘制一个新的路径。其中**手绘路径**的方法是：选择 Pen（钢笔）工具 ✎，并在选项栏中单击 Paths（路径）按钮 ▨，然后着手绘制。绘制预设路径（或形状）的方法是选择任何一种 Shape（形状）工具（按 Shift+U 键在工具间切换），或者在选项栏中，单击 Paths（路径）按钮 ▨，然后绘制形状。▼

知识链接
▼ 使用绘图工具
第 448 页

创建路径后，即可在选项栏中设置包括对齐在内的文字属性。然后，将光标移至路径上方，直到显示倾斜的路径符号 ↓ 为止，并单击路径——单击**左对齐文字的起始位置**，或者**右对齐文字的终止位置**，抑或是**居中文字的中心**。

在路径上输入文本时，一定要有耐心。因为要在 Photoshop 中显示不断闪烁的插入光标需要等上一会。之后，Layers（图层）面板中会新建一个文本图层。"×"和"〇"这两个端点符号将与该插入光标共同出现在路径上，以标出文字的范围。Photoshop 会尽可能地把这些点放置在理想的位置。

• 对**左对齐文本**而言，"×"会位于单击处，而"〇"则位于该路径的终点。

• 对**右对齐文本**而言，"〇"会位于单击处，而"×"则位于该路径的起点。

• 对**居中文本**而言则更有意思，首先会得到一个标记中心位置的菱形符号（◇）。此后，路径中的任何一个靠近单击处的端点都会被标注上一个端点符号，在距单击处等距的另一边将会标注出另一个端点符号——如果不这样的话，文字就不会基于中心点对齐了。

若将形状图层作为文字路径，那么在添加新的文本图层时，仍会保留单独的形状图层。要沿着封闭路径的两侧创建文本，较为简便的方式就是在两个不同的图层上分别创建文本，如上图所示。标题文本采用 Horizontal Type（横排文字）工具 T 完成输入。在 Character（字符）面板中将基线设置为负即可让文字置于路径下方。作者的名字则使用 Vertical Type（直排文字）IT 工具输入而成。

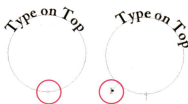

开始输入时，字符会出现在适当的符号处。如果输入的文本超过了端点符号之间的容量，那么 Photoshop 会"保存"多余的部分，并且会显示一个"○"中带"+"的端点符号，以表明还隐藏了多余的文本。

可以随时移动任意一个符号来更改文字的跨度，具体操作是：在选中文字工具的情况下，单击文字的某个位置——任何一处均可，然后，按住 Ctrl/⌘ 键并将光标"悬浮"在该符号上方，直到该光标转变为带有一个或两个粗箭头的I形光标——↧，↧或者↥ 为止，接着，沿着路径向一个方向拖动该符号。在此操作中需要注意以下两个问题。

- 首先，如果 Photoshop 将操作理解为垂直而非沿着路径拖动粗箭头（即便你的本意并非如此），那么文字会跳到路径的另一边，并且会向下并向后翻转。要恢复原状，只需再次将光标置于该符号上方，在出现粗箭头光标时，反向拖动并穿过路径即可。

- 其次，如果在某处，若通过在选项栏或者 Paragraph（段落）面板中选择另一个选项来更改对齐方式的话，那么端点符号就不会自行移动。需要对其进行手动移动。

调整路径上的文字。要调整路径上的文字的大小和字距，可以采用第 439 页描述的方法。不过对于路径上的文字，还有另一种文字调整选项。在选项栏中单击 ▤ 按钮打开 Paragraph（段落）面板，可发现右端的 Justify all（全部对齐）按钮处于可用状态，而对其他的点文字而言，该选项是不可用的。单击该按钮，Photoshop 便会将文字分散到两个端点符号之间，进行强制对齐，如果文字为一个单词（中间没有空格），Photoshop 便会加大字母间距对字符进行分散。但是如果文字不止一个单词，那么单词间的间距便会加大。更多调整参见第 444 页的"沿路径分散文字"。

要想为沿路径分布的文字**创建更多空隙**，可以像前文讲述的那样移动一个或两个端点符号。或者通过 Direct Selection（直接选择）工具 ▷ 拖动路径的某个控制点或某段路径来调整路径本身。▼

如果要放置文字的路径曲度或角度过大，那么文字通常需要进行行距调整（调整整体字距）或字距微调（仅调整字母对之间的距离）。要注意防止特殊文字特性会干扰字距调整。

因为在 Paragraph（段落）面板菜单中勾选了 Hyphenate（连字），因此在字距调整（左图）和字距微调中，"Th"字母不会发生任何改变。未选择该选项时，字距调整和字距微调才会产生效果（右图）。

为了将文字均匀地散布在路径上的两个端点符号之间，可以将整个文本串作为一个单词输入，效果如 A 所示。在 Paragraph（段落）面板中选择 Justify All（全部对齐）选项，效果如 B 所示。为了在单词间插入空格时仍然保持文字分散对齐的效果，可以在空格处单击，并在 Character（字符）面板中将字距微调设为一个大的正值，效果如 C 所示，还可以根据需要进行额外的字距调整和字距微调。

A

B

C

移动或倾斜路径上的文字。 除了沿路径移动文字外，还可以移动整条路径以及同时移动路径和文字，或者移动文字以在路径上进行重定位。移动或倾斜路径的方法基本上与移动点文字的方法相同。选择 Type（文字）工具，按住 Ctrl/⌘ 键，将光标移动到离符号足够远的位置，在它成为箭头而非 I 形光标时拖动即可。

返回编辑文字

如果已经转到其他的操作，而之后又需要返回之前文字编辑工作的话，只需在 Layers（图层）面板中单击文本图层的名称并选择 Type（文字）工具 **T**，然后根据需要进行相应操作。

- **若要更改图层上的所有文字**，不必在任何位置拖曳。如果文字中没有出现光标，只需在选项栏或者 Character（字符）和 Paragraph（段落）面板中更改设置即可。

- **若要对特定的字符进行更改**，或者重调、移动、倾斜文字，首先应单击文字显示插入光标或者通过拖曳选择部分文字，接着再进行更改。

如果有大量文字，就可能会用到 Edit（编辑）> Find and Replace（查找和替换文本）命令来帮助更改拼写错误，但是不要对该功能期望过高，它无法与 InDesign 和 Microsoft Word 相媲美。

重设文字大小和形状

我们已在"设置合适的文字"和"路径上的文字"中介绍了如何重设文本框或路径的大小和形状。同样，也可以通过 Transform（变换）命令或者 Warp Text（变形文字）功能重设文字的大小和形状。

选择 Type（文字）工具 **T** 以及文本图层后，便可执行 Edit（编辑）菜单中的 Check Spelling（拼写检查）命令了。在 Check Spelling（拼写检查）对话框中勾选 Check All Layers（检查所有图层）复选框是个不错的主意。如果不勾选，则 Photoshop 的拼写检查只会在选择图层中进行。该设置是一个不变的首选项，如果未检查所有的图层，系统将不进行任何提示。

因为未栅格化的文字是基于矢量的，重画大小并不会影响边缘的质量，但是会影响文字的美观。也正是因为如此，除非要达到特殊变形的效果，否则最好通过选项栏以及字符面板的设置进行大小和间距的调整，而不要通过拉抻或者压缩对文字进行变换。文字大小的变换需要配合相关的字符间距调整，才能得到理想的效果。同样，在水平或垂直方向上大幅缩放文字块以使它适配特定空间时，会导致粗、细笔触之间的不同变形，破坏字体内笔划的原有比例。

Lorem ipsum
dolor sit amet,
consectetuer

选择文字工具**T**并按下 Ctrl/⌘ 键，文字周围便会显示一个实线框，拖动任意手柄即可同时缩放文字和文字框。

Steven Gorden设置了4行行距很密的左对齐点文字，并接着使用Twist（扭转）变形来使它产生流动感，最终效果参见第494页。

变换。 只要文字中有一个插入点，该图层上的所有点文字或段落文字都可以通过按住 Ctrl/⌘ 键拖动文字定界框的手柄来进行缩放、斜切、旋转或翻转。变换文字是一个整体的过程，不可能仅在一个图层中选择并变换一部分文字。如果对路径上或路径内的文字进行变换，路径也会随之改变。若要对路径进行其他更改，如添加或删除锚点，抑或重设曲线形状，可以使用与 Pen（钢笔）工具 ✎ 同一工具组路径编辑工具 。 ▼

知识链接
▼ 编辑路径
第 455 页

如果先按住 Ctrl/⌘ 键时拖动手柄，接着按住 Shift 键，那么更改就会**受限**。对于角手柄而言，这会产生等比变化，对于其他手柄而言，拖动则会限制在垂直或水平方向，如果正在使用双向箭头光标进行旋转，则会将旋转步幅限定在 15°。

变形文字。 使用 Warp Text（变形文字）功能可以重新设定文字的形状，该功能可以弯曲、拉伸或者以一种与"封套"适配的方式扭曲文字。当文本图层处于选中状态时，单击选项栏中的 Create warped text（创建文字变形）按钮 ⌐ 或者执行 Layer（图层）>Type（文字）>Warp Text（文字变形）命令即可打开 Warp Text（变形文字）对话框。在 Warp Text（变形文字）对话框中，用户可以从 Style（样式）下拉列表中选择一种封套类型，接着为弯曲和扭曲设置参数。

- Style（样式）中显示了封套的常用类型，例如，Arc（扇形）。
- Bend（弯曲）控制着文字适应形状的扭曲程度。例如，是需要得到一段弧度较小的弧（较低的设置值）还是弧度较显著的弧（较高的设置）。
- Horizontal Distortion（水平扭曲）和 Vertical Distortion（垂直扭曲）设置控制着效果的居中位置——左或右，上或下。

变形后的文字仍旧是"**未栅格化的**"，因此还可以再次应用 Warp Text（变形文字），重新设置已有封套的形状，或者是选择一个新的封套样式。

与旋转、斜切和缩放相似的是，**变形也应用于整个文本图层。**用户不但无法选择单个字符并进行变形，也无法单独对路径的封套重设形状，只能逐点地编辑轮廓。要想得到更完善的效果，还可以将文字转换成矢量图形或者智能对象。

Photoshop 的变形记忆

对位于路径上的或者路径内的文字进行变形时，变形的封套会同时扭曲文字和路径，接着，路径看起来像是消失了一样。但是如果需要的话还可以重新显示它（例如若要在稍后更改定界框或者路径以得到不同效果），可进行如下操作：按Ctrl/⌘+J键复制变形文本图层，单击原图层的 👁 图标隐藏它以查看操作的效果，接着单击选项栏中的Create warped text（创建文字变形）按钮 ⌗，将 Style（样式）设为None（无），之后文字会恢复到"未变形"状态，原路径也会恢复显示。使用Type（文字）工具 T 单击文本图层或者单击Paths（路径）面板中的路径缩览图即可看到路径。

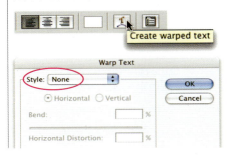

kick

未栅格化的文字不但可以充当图像的蒙版，还可以应用图层样式。但是要旋转单个字符或者编辑单个字符形状的话，还要先执行 Layer（图层）>Type（文字）> Convert to Shape（转换为形状）命令将文字转换为形状图层，再接着执行 Edit（编辑）>Transform Path（变换路径）命令并选用一种路径编辑工具单个旋转字母，并配合 Shift 键选择多个控制点并拖曳来拉伸字母 K，如图所示。

保存文字

为了得到最大的灵活度，最好以 PSD 格式保存内含文字的文件。如果保留图层并选择 Preserve Photoshop Editing Capabilities（保留 Photoshop 编辑性能）。便可以在系统中使用 Adobe Reader 打开文件，在打开时，文字轮廓会不受分辨率影响进行无损显示，且文字可以作为文本进行复制。如果需要，还可以在 Photoshop 中重新打开 PDF 对文字进行编辑。

若以 Photoshop EPS 格式保存时选择了 Include Vector Data（包含矢量数据）复选框，便会保留印刷时所需的矢量信息，但是不论是使用 Photoshop 还是其他软件再打开文件时，文字都是不可编辑的，因为文字已经变成了合并的单一图层文件，不再具备单独的文本图层。

转换文字的时机

将的文字保持为未栅格的可编辑状态，可以得到更大的灵活性。在以 PDF 和 EPS 这些可以保存剪贴组、图层样式、智能对象的格式保存时，无须对文字进行栅格化处理，甚至可以将文字转换为形状图层输出。然而，仍有以下例外。

- 在文字块中，**对单个字符进行形状编辑或倾斜操作时**，可以先执行 Layer（图层）>Type（文字）>Convert to Shape（转换为形状）命令将文字转换为形状图层，接着使用 Direct Selection（直接选择）工具 ↖ 或与 Pen（钢笔）工具 ✑ 同一工作组的工具选择并修改单个字符的轮廓。▼

- 尽管未栅格化的文字可以进行变换，▼ 但 Distort（扭曲）和 Perspective（透视）这两个功能不可用且变形受限。要想进行更多控制，可以进行以下两种操作：（1）将文字转换成智能对象，让其可编辑并且可以使用 Edit（编辑）>Transform（变换）>Warp（变形）命令进行更精确的变形。（2）可以将文字转换为形状图层，这样文字将被栅格化、不再可编辑，但是可以通过 Edit（编辑）>Transform（变换）>Distort（扭曲）或 Perspective（透视）以及 Warp（变形）命令进行变换。

- 在**对文字应用滤镜**时，文本图层要么被转换成智能对象，要么先被栅格化。

<table>
<tr><td colspan="2">**知识链接**</td></tr>
<tr><td>▼ 编辑路径</td><td>第 455 页</td></tr>
<tr><td>▼ 变换与变形</td><td>第 67 页</td></tr>
</table>

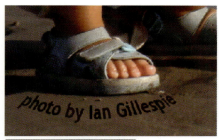

将文字图层转换成智能对象的方法如下：右击 / Ctrl+ 单击图层的名称，选择 Convert to Smart Object（转换为智能对象）命令。这与在 Layers（图层）面板中选中该图层再执行 Filter（滤镜）> Convert for Smart Filters（转换为智能滤镜）命令或者 Layer（图层）> Smart Objects（智能对象）> Convert to Smart Object 命令的结果相同。

当变形和变换不能像预期的那样应用时，可以将文字转换为智能对象以便对变换进行更多的控制。将文字刻入沙滩的操作参见第 593 页。

Photoshop 很少会在不通知用户的情况下执行破坏性操作。如果想在文字图层上运行滤镜，则系统会询问用户是否真想栅格化文字。通常，最好的选择是将文字转换成智能对象以便它仍旧保持未栅格的状态，在之后还可以被编辑。

- 如果文字需要与同一文字的形状版本或栅格化版本（例如在专色通道或蒙版中）**完全一致**，最好将文字转换为形状图层。因为即便是系统中的字体名称或者字距调整值稍有不同，也会致使文字中的未栅格化文字和通道或蒙版在输出时不匹配，参见第 226 页的"添加专色"。

- **为了确保带文字的文件能够被打开并且能像预期的那样印刷**，而不管下一个阶段用于处理文件的系统是否安装有该字体，则应该执行 Layer（图层）>Type（文字）>Convert to Shape（转换为形状）命令将文字转换为形状图层。文字依旧保持平滑，但是不需要字体兼容。

在Illustrator和Photoshop间传送文字

Illustrator、InDesign 和 QuarkXPress 都具有附加的文字功能，例如定义字符和段落样式，在这些软件中利用此类功能进行某些操作要比在 Photoshop 中简单。例如，在制作文字密集的单页设计作品（例如菜单或者图书的护封）时，就经常会将 Photoshop 作品转入 Illustrator（或 InDesign、或 QuarkXPress）中，再添加文字。

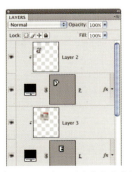

John Odam将文字的各个字母放入了不同的图层，以便可以在将各个字母中放入被遮罩的照片之前对它们分别进行倾斜操作。

当所有的字距微调、字距调整和其他调整完成后，将文字转换成形状图层可以防止字体不兼容（参见第 468 页）。

低版本的 Illustrator

针对低版本，Adobe Creative Suite 为我们提供了 Adobe 主要设计软件间的更多的兼容性。但是，我们并不能依此而认定 Photoshop CS3 和 CS4 支持的所有特征均可以从旧版本的 Adobe Illustrator 导入。 例如，当 Illustrator 9 以 PSD 格式保存时，文本的可编辑性就不复存在。CS 版本之前的 Photoshop 不支持路径上的文字， 因此，没有任何低版本的 Illustrator 可以导出能在 Photoshop 中编辑的路径上的文字。

Photoshop 中的路径上的文字仅有一种样式，而 Illustrator 中的样式则更多。将 Illustrator 文件以 Photoshop（PSD）格式保存时，路径上的所有文字都会保留。在 Photoshop 中，文字和路径都是可编辑的，并且文字会保留相对于路径的原方向，因此即便是你的机器上没有 Illustrator 软件，该文件仍可以用作另一种创建路径上的文字的可编辑源。

Path Type.psd

在其他情况下，例如要为文字添加一个 Photoshop 的图层样式，或者将文字与图像进行合并，则需要在 Illustrator 中创建文字，再将文字导入 Photoshop。如果需要在 Photoshop 中编辑文字，可以复制、粘贴 Illustrator 文字，将文字转换为纯文本，或者在启用 PDF Compatibility（PDF 兼容性）和 Preserve Text Editability（保留文本的可编辑性）功能的情况下将文件导成 PSD 文件格式。如果需要保持所有的效果，并且想在之后编辑文字，不妨考虑将它粘贴成智能对象。

▼ 如果不需要编辑文字，则可以将它作为图像对待，以确保保留文字的外观。

知识链接
▼ 使用智能对象
第 75 页

绘图

与基于像素的绘画相比，矢量绘图有着不受分辨率影响的优点。当在 PostScript 设备上打印矢量图形时，不管输出内容的分辨率或者尺寸为多少，图形的线条都会保持光滑的效果。这使得 Photoshop 的基于矢量的绘图工具（钢笔和形状工具）成为了理想的创建清晰、平滑边缘图形的工具。

开始学习

在 Photoshop 中每次开始绘图时都会面临以下 3 种选择。

1 **选择何种绘图工具？** 在工具箱中选择 Pen（钢笔）工具或 Shape（形状）工具：使用 Pen（钢笔）工具将会从一笔一画开始创建形状，使用 Shape（形状）工具采用预设形状绘制。

2 **创建哪类元素？** 配合位于绘图工具选项栏左端的操作模式按钮，用户可以选择绘制 Shape layer（形状图层），或者纯线条的 Path（路径）——无图层，仅是存储在 Paths（路径）面板中的线框轮廓。路径可以用于创建选区、充当文字的基线或者充当创建基于像素的图层中的填充或描边的元素。第 3 种选择（仅对形状工具可用）就是跳出矢量范畴、在已有的常规（透明）图层或背景图层上绘制由像素填充的区域。

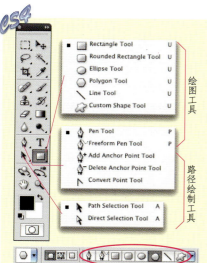

Photoshop 中用于绘图并基于矢量的图形的工具包括形状、钢笔以及路径编辑工具。一些路径编辑工具与钢笔工具位于工具箱的同一工具组中。选择任意的形状或钢笔工具时，选项栏中都会显示所有的形状和钢笔。单击选项栏中的按钮即可进行切换。

注意：“操作模式”设置将会保留上次使用钢笔或形状的设置。要养成在选择工具后，检查操作模式设置的习惯。原本打算创建一个形状图层，但是却发现生成的是工作路径（Work Path），这很浪费时间。虽然可以将路径转换成形状图层（参见第 456 页“可逆性”技巧的描述），但是这并不是一时半会就能完成的。

3 是开始新的形状图层或路径，还是修改当前选择的呢？

可以通过单击选项栏右端的一个按钮进行此选择（参见本页的“绘图工具的合并选项”）。

除了这些选项外，还可以选择在绘图过程中插入一个图层样式或者一种不同的颜色（参见第 450 页的“绘图工具的模式和颜色选项”）。

除了这些常见的矢量绘图工具外，每个工具都有其特殊的功能。比如使用 Polygon（多边形）工具绘图时，可以决定图形的边数，第 452 页的“特殊的绘图工具选项”讲解这些选择。

绘图工具的模式

Shape（形状）和 Pen（钢笔）工具具有如图中所示的操作模式，可以生成矢量图形或者修改当前选择的图形。

对于所有的钢笔和形状工具而言，Shape layers（形状图层）可创建一个带矢量蒙版的颜色图层，其中蒙版用于准确定义哪里显示颜色，哪里隐藏颜色。

对于所有的钢笔和形状工具而言，Paths（路径）选项可生成一条不受分辨率影响的路径。该路径存储在 Paths（路径）面板之中（参见第 451 页），可在该面板选择它来创建形状图层、文字的基线或者是基于像素的图层中的填充或描边区域。

Fill pixels（填充像素，仅形状工具拥有此模式，钢笔工具没有）是一种可以快速添加基于像素的图形的方法，但是这些图形会受分辨率的影响。当选中背景或常规（透明）图层与该选项时，便可以设置混合模式和填充不透明度，还可以选择边缘是否进行消除锯齿。

绘图工具的合并选项

单击新建按钮即可开始形状图层或路径的绘制。接着，可以使用其他按钮进行添加或者减去操作，再次单击新建按钮可以新建另一个形状图层和路径。

新建（仅在形状图层操作模式下可用）

添加（快捷键是 ＋ 键）

减去（快捷键是 – 键）

仅保留**交叉**的区域

排除重叠区域

要从形状图层中添加或者减去，必须先在 Layers（图层）面板中选择图层的蒙版。选择的操作如下：单击蒙版缩览图，待双边框出现时即表明蒙版已被选中。

第 471 页的"绘图工具"是快速绘制和编辑矢量对象的教程。

路径术语

路径、形状图层和矢量蒙版都可以通过更普通的术语来描述。**路径**（path）由可以在**锚点**（anchor point）间拉伸的**路径段**（path segments）组成。锚点可以是平滑点（在此处，通过该点的曲线平滑连续），也可以是角点（在此处，路径突然更改方向形成一个角或尖端）。

两个锚点间的路径段如何弯曲取决于一到两条**方向线**（dirctdion line），方向线的"杠杆"位于锚点处。方向线通过作用于线状路径段上的绷紧度来控制曲线的陡峭和平滑程度。绷紧度可以通过调节杆杠来更改。**平滑点的方向线**可以连续地绕平滑点旋转。移动方向线的一端时，另一端也会同时移动，这样便可以控制曲线段并维持曲线的平滑度。**角点的两个方向点**可以分别进行移动，因此可以分别控制两个线段。

路径可以包含多个**路径组件**（component path）或子路径。在结束一系列路径段并接着开始绘制新的路径段时，没有新建形状图层、矢量蒙版或路径时，就会生成路径组件。

路径分解

由 Photoshop 中的 Pen（钢笔）和 Shape（形状）工具创建的路径由锚点和方向线共同定义而成。其中，锚点又分为平滑点和角点。

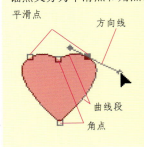

平滑点
方向线
曲线段
角点

绘图工具的模式和颜色选项

在绘制形状图层时，可以在绘制的过程中添加图层样式或颜色，或者在绘制完毕后更改样式或颜色，还可以保存包含内置样式和颜色的绘图工具预设（参见第 453 页）。

如图所示，当按钮颜色**变暗**时，样式或颜色的更改将被应用于**当前选中的形状图层**。当按钮颜色变浅时，样式或颜色的更改的应用仅发生在绘制完**下一个形状图层**时。要想为下一个形状图层设置样式或颜色而不更改当前图层，可以单击该按钮直至它的颜色变浅，接着再进行样式和颜色的选择。

可以从弹出的样式拾取器中选择一种**图层样式**，而不用打开 Styles（样式）面板。

形状图层的可以通过单击该色板并选择颜色进行设置，其设置独立于前景色。

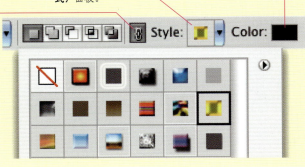

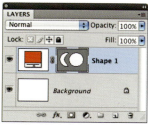

可以在不影响路径中其他组件的情况下
选择和操控路径组件。

路径面板

Paths（路径）面板（参见下图）提供了所需的所有操作，包括存储、填充、描边，选区与路径间的相互转换，绘制剪贴路径以导出轮廓区域。

形状工具

形状工具——Rectangle（矩形）工具▢、Rounded Rectangle（圆角矩形）工具▢、Ellipse（椭圆）工具◯、Polygon（多边形）工具◯、Line（直线）工具╲和 Custom Shape（自定形状）🐾工具，均位于工具箱的同一工具组中，如第449页所示。形状工具通过拖曳来操作。默认情况下，可以通过从一个角拖曳到另一个角来绘制形状。对于大多数工具来说，还可以从中心向外拖曳来绘制图形，其他选项参见452页的"特殊的绘图工具选项"部分。

循环选择自定义形状

可以通过方括号键（[和]）在选项栏的自定义形状工具中循环选择众多的预设拾取器。按]可以选择拾取器中的下一个自定义形状，按[可以选择上一个。同时按 Shift 键可以跳至拾取器中最后一个（Shift+]）或者最开始的工具（Shift+[）。

保存工作路径

单击 Paths（路径）面板的空白区域，当前的工作路径（Work Path）便会消失，接着便可以重新开始绘制。为了避免将工作路径意外取消，可以在面板中双击该路径的名称，打开 Save Path（存储路径）对话框进行保存。

路径面板

Paths（路径）面板中的每一项都代表一条路径，其中还可能包含路径组件。路径可以被指定为剪贴路径以导出不带背景的对象。

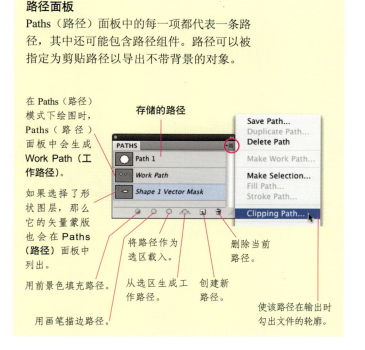

在 Paths（路径）模式下绘图时，Paths（路径）面板中会生成 **Work Path（工作路径）**。

如果选择了形状图层，那么它的矢量蒙版也会在 Paths（路径）面板中列出。

存储的路径

将路径作为选区载入。

删除当前路径。

用前景色填充路径。

从选区生成工作路径。

创建新路径。

使该路径在输出时勾出文件的轮廓。

用画笔描边路径。

特殊的绘图工具选项

选项栏中除了具有所有形状或钢笔工具都可用的设置外，各个工具还有它们自己的特殊选项，这些特殊选项位于各自对应的选项栏中，或者单击右侧的 ▾ 按钮，在打开"几何选项"面板中会显示。如果在选项栏中设置了图层样式或者颜色，那么它便会在绘图过程中出现。

Pen（钢笔）工具 面板中的惟一选项是 Rubber Band（橡皮带），该选项可以帮助用户在单击设置另一个锚点时，预览即将绘制的下一个路径段。

在 Freeform Pen（自由钢笔）工具 面板中可以设置 Curve Fit（曲线拟合）——用于决定路径跟随光标移动的紧密度。在自由钢笔工具选项栏中，还可以设置 Magnetic Pen（磁性钢笔） （参见第 454 页）。

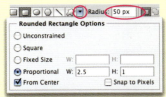

在 Freeform Pen（自由钢笔）工具 面板中可以设置 Curve Fit（曲线拟合）——用于决定路径跟随光标移动的紧密度。在自由钢笔工具选项栏中，还可以设置 Magnetic Pen（磁性钢笔） （参见第 454 页）。

使用**多边形工具** 绘制**多边形**和**星形**时，可以在 Sides（边）数值框中设置边数或角数。因为没有特定的 Radius（半径）设置，所以大小由拖动的距离决定。与其他形状不同的是，多边形通常从中心向外绘制而成，它有固定的宽高比，并且拖动的方向控制着图形的方向。用户可以选择 Smooth Coners（平滑拐角）或尖锐的角（如上图所示），以及 Star （星形），还可以选择边的缩进（Indents）量以及是平滑缩进（Smooth Indents）还是尖锐缩进。

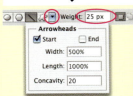

自定义箭头可以用于使用直线工具 绘制的直线的两端。Width（宽度）、Length（长度）和 Concavity（凹度）采用线条 Weight（权重）的百分比设置。负的凹度值会使箭头的底部背离箭尖，如上图右侧的两个箭头。最左端的箭头是使用直线工具单击，然后朝向箭尖方向拖动而非背离箭尖拖动绘制而成。

可使用**矩形工具** 和此处显示的**圆角矩形工具** 绘制出正方形。可使用**椭圆工具** 绘制圆。可选择 Fixed Size（固定大小）或者 Width（宽度）和 Height（高度）间的 Propor tinal（比例）关系，而不需手动拖曳控制。还可选择从**中心**（From Center）向外拖来绘制。另外，还可为 Rounded Rectangle（圆角矩形）设置圆角的 Radius（半径）。

在选择**自定形状工具** 时，可以从存储着多个预设形状的**自定形状拾取器**（如上图所示）中选择理想的形状。选择器可以通过单击选项栏中 Shape（形状）缩览图右侧的 ▾ 按钮来打开。可以在"几何选项"弹出面板（左图）中选择将形状限定为原始**定义的大小**（Defined Size）或**定义的比例**（Defined Proportions），指定一个**固定大小**（Fixed Size），或者从中心（From Center）开始绘制。

经常用于特殊颜色或图层样式的图形可以以一种方式保存，以便可以在绘图过程作为已有的样式或颜色使用。对于带公司标准色的Logo、照片或艺术品的数字签名，或者其他要合并至 Photoshop 文件中的图形来说，这是一个不错的主意。以下是保存步骤。

1 在创建带自绘图形的**形状图层**后，可以将其添加到可以使用 Custom Shape（自定形状）工具绘制的形状中：在 Layers（图层）面板中选择图层的矢量蒙版，并执行 **Edit（编辑）>Define Custom Shape（定义自定形状）**命令（第 474 页的"定义并保存"就是这样一个实例）。

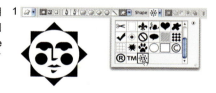

当定义完自定形状预设时，即便形状已经应用了图层样式或颜色，也会作为黑色的图形进行存储，但是如果将形状定义为**工具预设**的话，则可以将图层样式与颜色、图形一同存储起来。

2 选择 Custom Shape（自定形状）工具，单击靠近选项栏左端的 Shape layers（形状图层）操作模式，如 A 所示，并在**自定形状拾取器**中单击已存储的形状选择它，如 B 所示。按需添加样式和颜色——一种方法是使用选项栏中的**样式拾取器 C** 和**色板 D**。按需缩放样式。▼

> **知识链接**
> ▼ 缩放样式
> 第 81 页

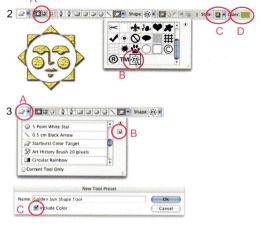

3 单击**选项栏左端的按钮**打开**工具预设拾取器**，如 A 所示。当拾取器打开时，单击 Create new tool preset（创建新的工具预设）按钮，如 B 所示。**在 New Tool Preset（新建工具预设）**对话框中，对工具命名，确认已经勾选了 Include Color（包含颜色）复选框，如 C 所示，然后单击 OK 按钮。

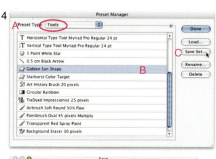

4 执行 **Edit（编辑）>Preset Manager（预设管理器）**命令，并在 Preset Manager（预设管理器）对话框的 Preset Types（预设类型）下拉列表中选择 **Tools（工具）**而非 Custom Shapes（自定形状），如 A 所示。在工具组中，单击新工具，如 B 所示，接着在按住 Shift 或 Ctrl/⌘ 键的同时单击其他要纳入组中的工具。单击 Save Set（存储设置）按钮，如 C 所示。在 Save（存储）对话框 D 中为设置命名，并单击 Save（存储）按钮，接着单击 Done（完成）按钮并闭 Preset Manager（预设管理器）对话框，如 D 所示。之后会创建一个带有新工具和指定设置的工具预设文件。

现在，便可以从工具预设拾取器中载入组以供使用，单击 ▶ 按钮并且选择 Load Tool Presets（载入工具预设）命令。如果参照步骤 4 保存了预设文件，那么预设便会出现在工具预设拾取器 ▶ 菜单的底部。

单击绘制一个角点。

拖动绘制一个平滑点

添加带一个弯的路径段。

添加带两个弯的路径段（S-形状）。

封闭路径。

在不封闭的情况下结束路径分量的绘制。

在不封闭的情况下结束路径分量的绘制。

在网格上绘制

执行 View（视图）>Show（显示）>Grid（网格）和 View（视图）>Snap To（对齐至）>Grid（网格）命令，便可以在绘制路径时使 Pen（钢笔）工具 ♦ 紧紧跟随网格，将锚点和方向点定位至网格点之上，绘制出对称的曲线和形状。

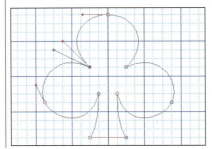

钢笔工具

借助钢笔系列工具的帮助，用户可以通过单击和拖曳创建出自己的路径。如果你是绘制的新手，可能还需要在绘制的过程中为 Pen（钢笔）工具打开 Rubber Band（橡皮带）选项（参见第 452 页）。

使用 Pen（钢笔）工具。 可以使用 Pen（钢笔）工具 ♦（Shift+P），完成路径的绘制，接着返回并编辑，或者在放置其他角点时调整路径。以下是各种绘制方式（第 455 页的"编辑图形和路径"讲解了调整过程）。

A 设置角点， 以得到角或尖端（在此处路径突然更改了方向），只需单击即可。

B 放置平滑（曲线）点， 单击要放置点的位置，接着向下一条曲线段的走势拖曳来塑造曲线的形状。

C 若要绘制一个带曲度的路径（至少是 C 形状），可以在结束线段处单击，接着向与先前角点上的方向线相反的方向拖曳。

D 若要绘制双曲（S 形）的路径线段，可以在结束线段处单击，接着向与先前角点上的方向线相同的方向拖曳。

E 若要封闭路径， 可将光标移近起点，并在光标旁出现一个小的圆圈 ♦ 时单击。

F 若要在不封闭的情况下结束路径分量的绘制以便开始另一个独立的分量路径，可以按住 Ctrl/⌘ 键并在路径外单击。

G 若要添加路径， 从一个开放的端点继续移动到路径的终端，直到看到 ♦ 或者 ♦，单击该端点，接着继续放置下一个锚点。

使用 Freeform Pen（自由钢笔）工具。 借助 Freeform Pen（自由钢笔）工具 ♦ 像使用铅笔工具那样拖曳来创建曲线。绘制过程中，锚点会自动放置并创建路径。在选项栏的弹出面板中，也可以将 Curve Fit（曲线拟合）设置为 0.5 ～ 10 像素中的任何一个值，该值决定了路径跟随光标移动的接近度。在值较小的情况下，曲线会跟随得更紧，放置更多的锚点。

尽管不具备Photoshop自带网格的精确度和
"对齐"特性，透视网格仍旧是绘图时常用
的参考线。在文件中，参照此处的操作，按
Ctrl/⌘+Shift+N键添加一个空白图层或者按
Ctrl/⌘+J键复制白色的背景图层。接着执行
Filter（滤镜）>Vanishing Point（消失点）
菜单命令，并按需创建透视网格。▼

单击左上角的▼≡按钮，选择Render Grids to
Photoshop（渲染网格至Photoshop），再
单击OK按钮。之后网格便会出现在添加的
图层中。为了将该网格用作其他图层绘图的
参考线，可以更改该图层的混合模式并适当
调节不透明度，并按需进行放大。

（在 CS4 版本的 Photoshop 扩展版中，
New 3D Postcard from Layer 命令提供了另
一种创建透视网格的选择。）▼

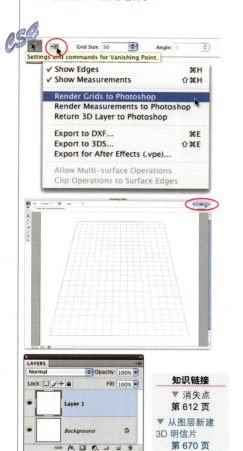

知识链接

▼ 消失点
第 612 页

▼ 从图层新建
3D 明信片
第 670 页

Freeform Pen（自由钢笔）工具选项栏中的 Magnetic（磁性的）
选项可以将该工具转换为 **Magnetic Pen（磁性钢笔）工具**
，磁性钢笔工具可自动跟随图像中的颜色和对比度的差异
绘制路径。使用 Magnetic Pen（磁性钢笔）工具在要勾画的
边缘处单击，接着"浮移"光标——移动鼠标或压感笔而不
按键。为了控制 Magnetic Pen（磁性钢笔）工具，可以在使
用 Freeform Pen（自由钢笔）工具时设置 Curve Fit（曲线拟合）。
还可以设置 **Width（宽度）**（在浮移光标时工具查找的区域）、
Contrast（对比）可以通过颜色变换辨认边缘的差异）以及
Frequency（频率）（用于确定绘制曲线的固定点间的距离，
它决定了用户按 Delete 键时会折回多远）。Magnetic Pen（磁
性钢笔）工具的使用很需要技巧，在实际操作中，你会发
现它的效率比下文"勾画边缘"中使用 Pen（钢笔）工具和
Freeform Pen（自由钢笔）工具的效率更高。

勾画边缘

在以照片为参考勾画边缘时——尤其是在最终目标不是忠实
于原有轮廓而是重在描绘细节时，最好能同时使用 Pen（钢
笔）工具 和 Freeform Pen（自由钢笔）工具 。用户可
以按 Shift+P 键在 Pen（钢笔）工具 和 Freeform Pen（自
由钢笔）工具 间切换。使用 Pen（钢笔）工具通过既
光滑又精细的线条来勾画对象，接着按 Shift+P 键切换到
Freeform Pen（自由钢笔）工具继续沿这个边缘绘制路径。
当想继续绘制平滑选区时，还可再次按 Shift+P 键切换回
Pen（钢笔）工具。仔细地勾画边缘——不要一边画一边调
整各个锚点和路径段，而是在完成路径绘制后按 Ctrl/⌘ + +
键放大要修复的区域，并使用下文"编辑图形和路径"中介
绍的技巧快速地完成调整。

编辑图形和路径

Photoshop 的路径编辑工具用于编辑由绘图工具创建的轮廓。
一些编辑工具与 Pen（钢笔）工具存放在一个位置。

A 使用 Add Anchor Point（添加锚点）工具 单击路径即可
　添加锚点，从而对路径形状进行更多的控制。

B 使用 Delete Anchor Point（删除锚点）工具 单击锚点可
　以减少路径的复杂性。

在路径上单击添加一个锚点。

在锚点上单击将其删除。

在平滑点或角点上单击将它们转换成另一种类型。

C 使用 Convert Point（转换点）工具 单击或拖曳锚点即可实现平滑点与角点间的互换。

其他两个路径编辑工具：Path Selection（路径选择）工具 和Direct Selection（直接选择）工具 位于另一个工具组中。

使用Direct Selection（直接选择）工具操作路径段 。

- **重定位锚点或者笔直的路径段**：使用 拖动它们即可。

- **让曲线路径变得更陡峭或更平坦**：使用 拖动路径段的中心即可。

- **重新调整曲线路径段形状**的另一种方法是：使用 单击锚点并拖曳其方向线的一端或两端，或者将锚点进行平滑点或角点的互换，并在按住Alt/Option键的同时拖曳方向线的端点重新调整曲线的形状。

使用Path Selection（路径选择）工具 操作整个路径或整个组件路径，而非路径段。

- **移动路径或组件路径**：使用 拖曳即可。

- **复制路径或组件路径**：使用 单击一到两次（直至锚点显示出来），按住Alt/Option键的同时拖曳。按住Shift键的同时单击或拖曳可以选择多种组件路径。

- **转换形状图层属性**，以便实体转换成空洞（或反向转换），激活形状图层的矢量蒙版组件（在图层面板中单击该蒙版缩览图一到两次，直至它周围出现双边框）。接着，在当前窗口中，使用 单击要转换的组件路径，并单击选项栏中的Add（添加） 或Subtract（减去） 按钮（参见第449页）。

- **将闭合的组件路径组合为一条组件路径或单条路径**。首先，应确认所有组件路径的正、负属性已按你的设想设置好了。要重设这些属性，可以使用 单击组件路径，接着单击选项栏中的属性按钮——Add（添加） 、Subtract（减去） 、Intersect（交叉） 或Exclude（除外） 。再选择要永久组合的组件路径，最后单击选项栏中的Combine（组合）按钮即可。

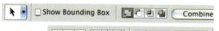

Path Selection（路径选择）工具 ▶（Shift+A）可用于移动、复制或组合路径或组件路径，让形状图层在"透明背景上的形状"与"实色背景中的'洞'"之间互换，对齐或分布组件路径。

Move（移动）工具 ⊕ 可以对两个或更多形状图层进行对齐或分布。

执行 View（视图）>Show（显示）>Smart Guides（智能参考线）命令后，可以使用 Smart Guides（智能参考线）对齐路径、形状图层或其他元素。要显示智能参考线，需在 View（视图）菜单中选择 Extras（显示额外内容）命令。

图案化形状

要创建基于图案（或者基于渐变）的形状图层，可以先使用 Pen（钢笔）或 Shape（形状）工具创建形状图层，再执行 Layer（图层）>Change Layer Content（更改图层内容）>Pattern（图案）/Gradient（渐变）菜单命令。

对齐路径和形状图层

路径和形状图层也可以应用 Photoshop 的精确对齐功能。

- **对齐或均匀分布组件路径**：在按住 Shift 键的同时使用 Path Selection（路径选择）工具 ▶ 选择它们，再单击选项栏中的 Align（对齐）或 Distribute（分布）按钮。

- **对齐或分布形状图层**：在 Layers（图层）面板中单击形状图层的缩览图选择一个形状图层，接着 Shift+ 单击或者 Ctrl/⌘+ 单击增量选择图层即可。现在，选择 Move（移动）工具 ⊕ 并单击选项栏中的一个对齐按钮即可。

还可以通过智能参考线对对象进行大致的对齐。执行 View（视图）>Show（显示）>Smart Guides（智能参考线）命令开启该选项时，当某个对象的中心或边缘与另一个对象的中心或边缘对齐时，就会出现参考线。.

变换路径

选择路径或形状图层时，Edit（编辑）>Free Transform（自由变换）命令会变成 Edit（编辑）>Free Transform Path（自由变换路径）命令。执行该命令（或者使用 Ctrl/⌘+T 快捷键）可以显示一个变换框，通过该变换框，用户可以进行缩放、扭曲，移动选中的路径、组件路径或者路径线段的操作。▼

知识链接
▼ 变换 第 67 页

描边或填充路径

Photoshop 提供了大量用于**填充路径和描边路径**的选项。**背景、常规（透明）图层或者图层蒙版**上的路径可以使用像素填充或描边。这些图层和蒙版是仅有的能接受基于像素填充或描边的对象。在选择图层或蒙版时，可以通过在 Paths（路径）面板中单击路径缩览图来选择路径。如果只想填充或描边部分组件路径而非所有，可以使用 Path Selection（路径选择）工具 ▶，在工作窗口中单击或者 Shift+单击进行选择。

- **简单地使用前景色填充**：单击 Paths（路径）面板底部的 Fill path with Foreground color（用前景色填充路径）按钮 ●。

- **使用选择的颜色（不同于前景色）或图案填充**：按住 Alt/ Option 键的同时单击 ● 按钮打开 Fill Path（填充路径）对

在Fill Path（填充路径）对话框中选择不同
的选项，便可让单条路径生成不同的填充效
果。按住Alt/Option键的同时单击Paths（路
径）面板最左侧的按钮●即可打开该对话
框，在其中选择填充、混合模式和羽化量。

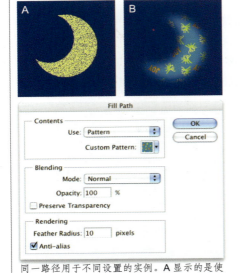

同一路径用于不同设置的实例。A 显示的是使
用前景色以 Dissolve（溶解）模式填充路径的
效果，而 B 显示的是图案以 Normal（正常）
模式带羽化边缘的填充效果。

话框，用户可以在此选择填充颜色或图案，还可以为填
充指定混合模式和不透明度，甚至是 Feather（羽化）设置，
以柔化填充区域的边缘。

- **使用前景色描边路径**：在工具箱中单击要用来描边的绘画
  或着色工具，在选项栏中设置它的特征，单击 Paths（路
  径）面板底部的 Stroke path with brush（用画笔描边路径）
  按钮○。（如果当前工具不是绘画或着色工具，描边操作
  将使用画笔工具 ✐ 的当前设置，或使用上次应用绘画工
  具时的设置。）

- **从工具列表中选择可描边路径的工具**：在按住 Alt/Option
  键的同时单击 Stroke Path（描边路径）按钮○，打开
  Stroke Path（描边路径）对话框，选中的工具会延用最后
  一次使用时的设置，在该对话框开启后，便无法查看或
  更改它的设置。

"柔化"矢量作品

除了描边和填充路径外，还有很多为矢量作品添加纹理和更
为复杂的颜色的方法。第 482 页的"为剪贴作品上色"就是
为黑白艺术作品添加颜色、阴影和立体效果的实例，从第
475 页开始讲解的"有机图形"和第 479 页的"滤镜处理"
也提出了使用 Photoshop 滤镜为单色调艺术品赋予不同风
格的多种方法。

用户可以使用不同的工具、不同的画笔大
小或颜色对一条路径进行描边和重描边，
以对"颜料"分层。

按住Alt/Option键
的同时单击Paths
（路径）面板底部
的Stroke path with
brush（用画笔描
边路径）按钮○打
开Stoke Path（描
边路径）对话
框，该对话框中
的菜单列出了所
有可以用于描边
路径的工具。

本案例是对透明图层上的月亮路径使用以下 Brush（画笔）工具✐描边而成：在
Adobe 的 Thick Heavy Brush（粗重笔）预设中选择 Flat Bristle（扁平硬笔刷）画
笔笔尖，设置 Diameter（直径）为 60 像素、Roundness（圆度）为 40%，Size（大小）
控制设为 Off（关）而非 Pen Pressure（钢笔压力），且勾选了 Noise（杂色）选项，
如 A 所示。接着，在另一个图层中使用以下画笔描边：Adobe 的 Assorted Brushes
（混合画笔）预设中选择 Crosshatch 4（交叉排线 4）画笔笔尖，设置 Diameter 为
60 像素，Spacing（间距）为 180%（可分散"星星"），并将 Angle Jitter（角度抖动）
设为 10%，如 B 所示。对两个图层添加图层样式后的效果，如 C 所示。

在勾选 Strake Path（描边路径）对话框的 Simulate Pressure（模拟压力）复选框时，任何内置于画笔笔尖的钢笔压力都会被释放出来。描边的效果就像是钢笔压力在下笔时较轻，后来逐渐增加，接着逐渐抬起。

描边或填充形状图层

如果路径是形状图层的一部分，那么便不可以使用第 457 页描述的使用像素填充或描边的方法。对它进行填充可以通过形状工具选项栏中的色板或者更改图层内容（参见第 457 页的"图案化形状"）的方法来更改。另一个更便捷的方法就是使用图层样式。Color Overlay（颜色叠加）、Gradient Overlay（渐变叠加）和 Pattern Overlay（图案叠加）效果都可以用来填充，而且 Bevel and Emboss（斜面和浮雕）效果的 Textrue（纹理）分量也可以用于添加表面纹理。图层样式的 Stroke（描边）效果可以用于勾画形状。用户可以轻松更改作为图层样式一部分的填充和描边，而且它们与分辨率无关，所以放大后不会影响它们的品质。Layer Styles（图层样式）的详述参见第 8 章。

结合使用 Photoshop 与 Illustrator

Photoshop 与 Illustrator 间可以进行图形和文字的传送。（文字传送内容参见第 447 页）。

Illustrator独特的绘画功能

尽管 Photoshop 有强大完整的印刷、矢量绘图和排版工具，但是在某些矢量绘图方面，Illustrator 还是略胜一筹。如果你安装过 Illustrator 软件，可能需要了解以下的这些性能。如果你没有安装该软件，以下的性能也可以帮助你了解何时使用该软件比较理想：

- Illustrator 的 Spiral（螺旋线）工具可以通过对圈的数量、半径和衰减速率的控制，得到比 Photoshop 自定形状种类更丰富的螺旋。

- 按住 Alt/Option 键，使用 Illustrator 的 Star（星形）工具可以自动绘制出带有均匀边角的星形，参见第 460 页。用户可以在绘图过程中控制边角的数量，或者在工作过程中控制缩进的深度（在着手绘图后，按住 Ctrl/⌘ 键）。

- 两个 Grid（网格）工具——Rectangular（矩形）和 Polar（极坐标）工具可以快速地为这些形状绘制精确对齐的路径。

- 在制作一系列相关形状或两个形状间的过渡形状时，可以用 Blend（混合）工具或命令来完成由某个矢量路径或形状间的变形，用户还可以指定中间形状的数量。

- 可以使用矢量Art Brush（艺术画笔）来模拟水彩、炭笔或书法钢笔。也可以使用Pattern Brush（图案画笔）快速创建复杂的线或边。

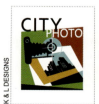

滤镜和纹理可用于"柔化"矢量图形（参见第 479 页）。

上图中各式各样的星形和螺旋可以使用 Illustrator 的 Star（星形）和 Spiral（螺旋线）工具制作。

右边两个星形的边不对齐——这样的星形可以使用 Photoshop 的 Polygon（多边形）工具 ⬡ 在 Star（星形）模式下轻松绘制出来（见下图）。左边星形的边是对齐的，在 Illustrator 中可以自动得到该效果。在 Photoshop 中，只有确定正确的 Indent Sides By（缩进边依据）值才方可对齐这些边，但是该值会随着星形的边数而改变，对于五角星而言，该数值为 50%。

上图所示的星形由选择了 Star（星形）和 Smooth Indents（平滑缩进）选项的 Photoshop 多边形工具 ⬡ 绘制而成。Illustrator 中没有与此等同的选项。

Flare（闪光）工具是 Illustrator 的矢量绘画工具。可以通过拖曳它来调整闪光的半径、长度和角度。

Illustrator 的 Object（对象）>Blend（混合）命令用于创建星形和圆形间的 3 个过渡形状。混合可以由特定多个阶段（如此处所示）或者阶段间特定的差异组成。底部的实例从无填充的星形创建而成。而顶部实例中的星形拥有与圆形同样的绿色填充，这是因为填充的不透明度被设为了 0%。

- **Symbol Sprayer（符号喷绘）工具**可以在画布上"喷绘"出符号。接着，用户还可以交互地调节它们的大小、形状、分布、颜色和透明度。

- 在 Illustrator 中有更多用于对齐形状和路径上单个点的选项，且更为简单。例如，创建一个对称的"之"字形路径。

- **Live Trace（实时描摹）**命令可以自动将图像勾画成矢量图形，而且还带有便于勾画的交互控制选项。

- **Live Paint（实时上色）**使得绘制矢量图形的工作与传统艺术家使用绘图和着色工具的工作更为相似。Live Paint（实时上色）认为所有的路径都位于同一平面上，并将该表面分为不同的区域，这些区域可以被填充。当路径被重新编辑后，颜色填充区也会随之变化。

在 Photoshop 和 Illustrator 间传递作品

有时，在 Photoshop 和 Illustrator 间传递的文字和矢量作品中的字体信息或路径不会受到损伤。而在某些情况下，基于矢量的作品必须先经栅格化或者至少是简化才能完成这一"旅途"。两个程序间的作品传递方法取决于用户传递的作品类型以及要保留的最重要的属性。因为不同程序会生成不同的文字和矢量作品，很难对传递设置一组严格遵循的规则。当特例与规则共存时，便很难预测到准确的结果。以下列出的是一些移动作品的概况（文字选项参见第447页）。

拖曳并合并（路径和形状）。默认情况下，当 Illustrator 作品从 Illustrator 拖曳到 Photoshop 中进行合并时，便会被栅格化。但是如果在拖动时按住 Ctrl/⌘ 键则可以保持路径的可编辑状态。相反，将 Photoshop 中的路径和形状拖曳到 Illustrator 中时，路径和形状则都会保持它们的矢量特性和可编辑性。

复制和粘贴（像素、路径和形状）。正确设置首选项后（参见第461页的"粘贴自 Illustrator"），当将 Illustrator 对象粘贴到 Photoshop 中时，便会弹出带有粘贴为 Pixels（像素）、Path（路径）或 Shape Layer（形状图层）选项的 Paste（粘贴）对话框。还可以选择粘贴为 Smart Object（智能对象），用户可以返回 Illustrator 对智能对象进行编辑，编辑后的效果会自动在 Photoshop 文件中更新。

在Illustrator CS3/CS4中，必须勾选Preferences（首选项）对话框中Files Handling & Clipboard（文件与剪贴板）选项面板的AICB复选框，才能将可编辑的形状或路径粘贴到Photoshop中。

接着，当从剪贴板将对象粘贴到 Photoshop 中时，便会弹出 Paste（粘贴）对话框，让用户选择是否栅格化剪贴板中的内容（将它转换为像素），或者将它以路径或者形状图层导入。还可以将它作为智能对象粘贴，这样一来，便可以在之后回到 Illustrator 中进行进一步编辑。

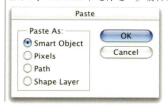

当然，Illustrator并不是惟一的可以生成能够在Photoshop中处理的文件的PostScript绘图程序。CorelDRAW文件也可以被栅格化和导出为Photoshop文件，或者以Adobe Illustrator格式保存。处理从CorelDRAW到Illustrator的复杂文件时不会很精确。

在进行 Photoshop 到 Illustrator 的复制和粘贴时，只需选择并复制需要的元素，接着将它粘贴到 Illustrator 文档中即可。而且它的像素或矢量特性都会保留。

文件（多个形状和多个图层）。 为了将 Illustrator 文件传递至 Photoshop 中，可以在 Illustrator 中执行 File（文件）>Export（导出）命令并在 Export（导出）对话框中选择 Photoshop（PSD）格式。在以 PSD 格式保存时，Illustrator 会尽可能地保存可编辑性。

执行File（文件）>Export（导出）>Paths to Illustrator（路径到Illustrator）命令，可以将Photoshop路径传递到Illustrator中。对于形状图层而言，需要以Photoshop（PSD）格式保存，接着在Illustrator中打开。在Illustrator的Photoshop Import Options（Photoshop导入选项）对话框中选择Convert Photoshop layers to objects and make text editable where possible（将Photoshop图层转换为对象尽可能保留文本的可编辑性）选项，并单击OK按钮确定。

当在 Illustrator 中打开或置入（嵌入）PSD 文件时，可以选择 Convert Photoshop layers to objects（将 Photoshop 图层转换为对象）选项以保留尽可能多的图层结构而不损坏文档的外形。这条规则决定了图层合并（以及作品的哪部分会被栅格化）的结果非常复杂，但是通常情况下，那些带有 Illustrator 不支持特性的图层会被合并。

此 Logo 是在 Illustrator 中绘制的，各元素的组织方式基于它们在 Photoshop 中使用的方式，并以支持多图层的 PSD 格式保存。在 Photoshop 中，为了方便，图层还会被进一步地成组。

每个智能对象都含有两个部分：可编辑的内容以及一个从智能对象创建时便已生成、之后不能更改的"组件"（定界框）。在Illustrator中创建作品，如 A 所示，并将它作为智能对象粘贴入Photoshop中，如 B 所示。组件是能包含作品的最小的矩形。

如果之后双击Photoshop中Layers（图层）面板中的智能对象缩览图并且在Illustrator中编辑该作品，将作品放大，使其超出原定界框，那么在Illustrator中的效果看起来像是组件已被放大，如 C 所示。但是当保存编辑好的文件后，Photoshop会按需（通常是无比例的）缩放编辑后的内容以放入原智能定界框中，如 D 所示。

缩放通常是不需要的。因此，为了避免发生这一现象，在创建Illustrator作品时便要进行一些准备工作，来确保Photoshop可以生成一个更大的能适应更多更改而不会扭曲作品的组件。

在Illustrator中创建完作品后，添加一个可见（无描边和填充）的比作品本身要大一些的定界框，如 E 所示。将对象和作品的中部对齐，以便在Photoshop中进行旋转和缩放时，图形周围的部分可以进行正确变换。

如果之后还需要在Illustrator中编辑智能对象的内容，便可以在定界框内的任何位置添加元素，而不至于在保存用Illustrator编辑后的文件时，发生作品在Photoshop中扭曲的现象，如 F 所示。

当用户在Illustrator中编辑作品时，还应该将编辑后的作品与未更改的定界框中心进行重新对齐。这样做的目的是为了在智能对象"记忆起"Photoshop文件先前的变换时，让Photoshop使用新的图形中心。

A

Illustrator 中的原图形。

B

作为智能对象粘贴到 Photoshop 中，并添加颜色及纹理图层样式后的效果。

C

在 Illustrator 中进行编辑。

D

更新 Photoshop 文件后出现变形效果。

E

当图形首次创建时添加一个可见矩形，为智能对象创建一个更大的组件。

F

图形可以在一个"大尺寸"定界框中编辑，且更新 Photoshop 文件时不会发生扭曲。

原 Illustrator 作品 A 被作为形状图层导入，并复制了三次，如 B 所示。接着，在各个图层中删除不同子路径，如 C 所示，并应用图层样式，如 D 所示。最终的文件参见本书光盘（在 Wow Goodies > Outtakes 中）。

 Separated graphics.psd

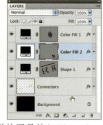

原 Illustrator 作品被作为形状图层粘入 Photoshop 之中，并应用了图层样式，如 A、B 所示。接着，当部分组件路径被选中、剪切并与添加的矢量图层被粘贴至新的 Solid Color 图层中后，霓虹灯的颜色便可以被更改了，如 C、D 所示，将粉红色的霓虹样式复制到新的图层，接着更改组成样式的效果的颜色。这个文件位于本书光盘（在 Wow Goodies > Outtakes）中。

Neon. psd

导入复杂的图形。一种常用的工作流程是在 Illustrator 中创建复杂的图形，接着将图形导入到 Photoshop 中对单个组件应用图层样式、着色或者其他的效果。目标是将所有需要不同的样式或颜色的元素放到 Photoshop 中的各个图层中，参照原图形将各个元素对齐。第一种方法参见第 482 页的"为剪贴作品上色"。根据 Photoshop 处理的需要，将元素分别存放在不同图层，并将分层的 Illustrator 文件以 PSD 格式保存。

第二种方法，参见左栏中使用的 Caffein[3] 插画，将理想的作品选择并复制至 Illustrator 中的剪贴板中，接着将它作为单个形状图层复制到 Photoshop 中，然后按需复制多个形状图层，再在各个图层中删除不需要的部分。

此处还有第三种方法，参见左栏中的 Neon.psd。在从 Illustrator 中复制作品后，可以将它粘贴为一个形状图层，在粘贴图层中选择要放入图层中的路径并将它剪切到剪贴板中。接着单击 Layers（图层）面板底部的 Create new fill or adjustment layer 创新的填充或调整图层按钮添加 Solid Color（纯色）填充图层，按住 Alt/Option 键单击 Layers 图层面板底部的 Add vector mask 添加图层蒙版按钮添加矢量蒙版并进行粘贴（Ctrl/⌘+V）。之后，路径会准确地进行原位粘贴，即粘贴在新图层中的用户选择并复制之处。

最后，可以在 Illustrator 中创建作品（参见对页的提示"用智能对象设计 Illustrator 作品"），将它复制到剪贴板中，并作为**智能对象**粘贴至 Photoshop 中。▼接着便可以在 Photoshop 中采用常规图层的处理方式处理它，反复应用样式和变换而不会发生质损，它的智能对象状态保护着它。若要编辑作品，可以双击 Layers 图层面板中智能对象的缩览图重新在 Illustrator 中打开该文件，再做更改。在 Illustrator 中保存编辑好的文件，之后，Photoshop 文件中的对象会自动更新。

知识链接
▼ 使用智能对象
第 29 页

文本图层

Lance Jackson 为《旧金山新闻》（San Francisco Chronicle）报的节日卡片设置了以下这件艺术作品。在作品中，他用到了 Electra 体（www.linotype.com）。在此，征得他及《Chronicle》报的同意，我们将它用作探讨文字设置的范例，来讲解如何在 Photoshop 中的单个文本图层中设置文字，以及在何种情况下要为文字任务的各个字符单独设置多个图层。

在 Photoshop 中管理文字是一个很有挑战性的任务。要想成功，需要先掌握文字设置控制，而文字设置控制大多数可以通过选项栏进行。以下列举了一些重要的技巧，可以帮助掌握如何管理文本图层。该文字练习覆盖了以下知识要点。

• 如何设置应用于整个文本图层的全局变换。

• 如何进行逐字更改。

• 如何创建一个新的文本图层（而不是在现有图层中键入）。

• 如何为文字制作蒙版。

• 如何完成文本图层的工作（参见右栏中的"退出文本图层"）。

在本实例中，我们采用 Mac 和 Windows 都支持的 Georgia 字体（见底图）。

LANCE JACKSON /
SAN FRANCISCO CHRONICLE

AFTER LANCE JACKSON, WITH
PERMISSION

附书光盘文件路径

wow > Wow Project Files > Chapter 7 > Exercising Type Layers

1 设置文字

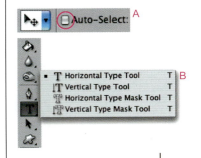

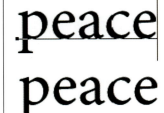

按Ctrl/⌘+Enter 键前

按Ctrl/⌘+Enter 键后

要想参照本实例步骤操作，应先执行 File（文件）>New（新建）命令创建一个 6 英寸宽、3 英寸高、分辨率为 225 像素 / 英寸、带白色背景的 RGB 模式的 Photoshop 文件。在着手设置文字前，选择 Move（移动）工具，并在工具选项栏中**取消勾选 Auto Select Layers（自动选择图层）复选框**，如 A 所示。可以让文本图层的管理更容易。

选择 Horizontal Type（横排文字）工具**T**，如 B 所示。保持选项栏中原有的字体、大小等设置不进行更改，直接单击工作窗口，并键入 peace。此处，我们键入的文字为 Minion 字体、24 点大小。

接着按 Ctrl/⌘+Enter 键。此时，Type（文字）工具仍旧处于选中状态，但是闪烁的插入点文字光标和基线指示器从文字线中消失了，如上图所示。当文字中没有插入点时，在选项栏中所做的更改将作用于图层中的所有文字。

退出文本图层

在完成文字更改时可进行以下操作。

• 可按 Ctrl/⌘+Enter 键接受更改。

• 可按Esc键或Ctrl/⌘+句号键继续操作而不更改。

2 更改图层文字规格

peace

单击选项栏左端紧挨着字体名称的 ▾ 按钮，并选择 Georgia，如 A 所示。如果没有安装 Georgia 字体，也可以尝试 Arial 字体。

一种将文字大小调得比选项栏弹出大小列表中提供尺寸更大的方法是：将光标置于 Set the font size（设置字体大小）文本框左侧的 T 符号，向右"拖动"以增加大小——我们使用 160 点，如 B 所示。如果文字超出工作窗口的边缘，也不用担心。只需按住 Ctrl/⌘ 键拖动切换到 Move（移动）工具 ▸，将文字拖曳至理想的位置，再释放 Ctrl/⌘ 键切换回 Type（文字）工具即可。

接着，更改颜色：单击选项栏中的色板，如 C 所示，打开 Select text color（选择文字颜色）方框显示 Color Picker（拾色器），选择亮红色，并单击 OK 按钮关闭拾取器。

一次更改数个文本图层

要想一次更改数个文本图层的颜色、字体或其他特性，可先在 Layers（图层）面板中单击某个文本图层的缩览图将该图层选中。接着按住 Shift 或 Ctrl/⌘ 键的同时单击选择其他图层。之后在选择文字工具但没有插入点时（如果插入点可见，可以按 Ctrl/⌘+Enter 键将它隐藏），在选项栏中更改设置。

3 尝试其他字体

peace　　　Minion Pro

peace　　　News Gothic Std

peace　　　Nueva Std

peace　　　Georgia

如果在此时想对文字尝试其他字体效果，那也十分容易。选择文本图层——在 Layers（图层）面板中高亮显示，并且选择 Type（文字）工具，隐藏插入点，以便在选项栏中选择不同的字体时可以将字体更改应用至整个图层。要想逐一尝试字体列表中的所有字体，可以使用下文中的"自动展示文字"讲述的方法。

如果选择非 Georgia 字体进行操作的话，需要设置的字距微调值，该值将与本练习的设置略有不同。

自动展示文字

为文字尝试不同的字体系列是一件很容易的事。首先确认已在 Layers（图层）面板中选择了文本图层。之后选择 Type（文字）工具 T，要确保不会出现插入点（如果显示了插入点，还可以按 Ctrl/⌘+Enter 键将它隐藏）。在选项栏中单击 Set the font family（设置字体系列）输入文本框。接着按键盘中的上、下箭头键，即 ↑ 或 ↓ 交替应用所有可用字体。

在按 ↑ 键的同时按住 Shift 键会将字体更改为下拉列表最上方的字体，按 ↓ 键的同时按住 Shift 键则会更改为最后一个字体。

4 添加描边

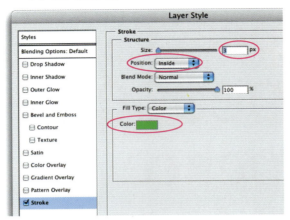

可以使用图层样式为 Photoshop 图层中的所有文字添加描边。在 Layers（图层）面板中选择文本图层，单击 Layers（图层）面板底部的 Add a layer style（添加图层样式）按钮 *fx*，在弹出菜单中选择 Stroke（描边）命令。在弹出的 Layer Style（图层样式）对话框中单击色板选择一种描边的颜色（此处选择亮绿色）。接着尝试调节 Size（大小）和 Position（位置），我们使用较细的描边（3 像素），并选择 Inside（内部），以便描边不会使字体变大。完成描边设置后，单击 OK 按钮关闭 Layer Style（图层样式）对话框。

5 更改单个字母

到此为止，我们已经对整个文本图层完成了所有的更改。接下来，我们将对单个字母进行颜色、位置的更改。选择部分文字时，在选项栏中所做的所有更改只作用于选择的文字。选择 Type（文字）工具，在 p 和 e 之间单击，向右拖曳选中字母 e。使用选项栏中的色板将颜色更改为黑色，先不按 Ctrl/⌘+Enter 键，注意描边仍旧存在。

隐藏高光

选择文本图层上的字符时，便会出现一个高光文本框以显示选择了哪个字符。但是位于该选区高光中的反白颜色会使文字变换很难辨认。因此可以按 Ctrl/⌘+H 键隐藏高光。再次按 Ctrl/⌘+H 键则可恢复高光显示。

在很难辨认已选文字的文字特性时（上左图）。可以通过按 Ctrl/⌘+H 键隐藏选区高光，仅显示已选文字。

6 旋转字符

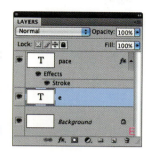

在 Photoshop 中，用户可以变换整个文字图层（缩放、旋转或斜切），但是不可以仅选择并变换部分字符。因此要旋转 e，必须先将该字符放入一个单独的文本图层中。

选择 e（保持我们在"5 更改单个字母"的选择），按 Ctrl/⌘+X 键将它从当前图层中剪切掉，接着按 Ctrl/⌘+Enter 键完成更改。接下来为 e 创建一个新的文本图层：**按住 Shift 键**，单击 e 原来所处的位置。因为按 Ctrl/⌘+Enter 键会隐藏插入点，而在使用光标单击之前按住 Shift 键，则会使得在按 Ctrl/⌘+V 键粘贴 e 时添加一个新的文本图层，不用担心字母 e 是否粘贴在适当的位置，如 A 所示。要注意的是，描边没有随着剪切、粘贴的字母一起移动，当对象剪切并粘贴到一个崭新的图层中时，图层样式会在移动中消失。在 Jackson 的设计中，这正好歪打正着。我们将在第 468 页中的"叠加及还原样式"中讲述如何保持样式。

在旋转并移动 e 时，可先按 Ctrl/⌘+Enter 键告知 Photoshop 已经完成了文字设置。接着执行 Edit（编辑）>Transform（变换）>Rotate 180°（旋转 180°）命令，如 B 所示。按住 Ctrl/⌘ 键切换到 Move Tool（移动）工具 ，并将字母拖曳至理想的位置，如 C 所示。在 Jackson 的 peace 设计中，e 使用的字体所对应的字母中的"横线"要高于此处使用的 Georgia 字体。因此我们要将 e 稍微下移。

继续进行 Jackson 的设计，将 e 移到其他字符的后部：拖动该字母的缩览图，将该图层放置于 Layers（图层）面板中 pace 图层的下方，如 D、E 所示。

7 字距微调

现在，e 已经被移至了另一个图层，并且完成了旋转，我们接下来要做的就是调节 p 和 a 之间的间距，以便它们可以与 e 产生交织效果。在 Layers（图层）面板中通过单击 pace 图层的缩览图选择该图层。再选择 Type（文字）工具，在 p 和 a 之间单击，如 A 所示。

在选项栏的右端，单击 按钮打开 Character（字符）面板。在不叠加这两个字母的前提下，尽可能地紧缩它们之间的距离。可以通过在字距微调数值框中输入一个负值并按 Enter 键来达到此效果，如 B 所示。在 Windows 中按 Ctrl+Alt+0 键或者在 Mac 中按 ⌘+Option+0 键将视图放大到 100%。接着，尝试设置较大的负值（−93），直至两个字符的轮廓看起来快要相接。（在更改字距微调设置时，可以使用第 465 页中讲述的调整字体大小的方法。但是为了更精确地控制，应先在微调数值框中拖动选择数字，再键入新的数字，接着按 Enter 键完成微调操作。）**注意**：如果字距过近的话，这两个字符会合并在一起，叠加处的描边会消失。这是因为图层样式中的描边效果基于图层内容的轮廓，在合并两个字符时，轮廓便会更改，而且描边也会相应地发生改变。

按 Enter 键完成字距微调，按 Ctrl/⌘+Enter 键告知 Photoshop 编辑已经完成，如 C 所示。

8 叠加及还原样式

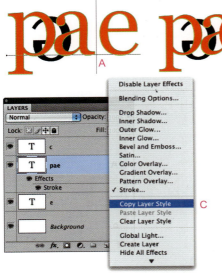

9 交织文字

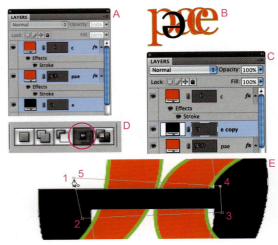

接下来，将文字转换为形状图层，为间距做最后的调整。通过转换，可以确保文件在其他系统中输出时不受字体兼容性的影响。在进行转换前，应先选中文本图层：单击最上方的文本图层，然后在按住 Shift 键的同时单击最下方的文本图层选择所有的文本图层，接着执行 Layer（图层）>Type（文字）> Convert to shpe（转换为形状）命令，如 A 所示。

为了将黑色 e 的横线放在 p 和 a 之前，可以先将黑色的 e 的副本放在红色的 pae 图层上，并隐藏除横线外的其他部分：单击 e 图层的黑色缩览图，并按 Ctrl/⌘+J 键复制该图层。在 Layers（图层）面板中将新建图层的缩览图拖动到 c 和 pae 图层之间。接下来，确认已经选择了该图层的矢量蒙版，在 Layers（图层）蒙版中单击蒙版缩览图一到两次，直至蒙版缩览图外出现双边框，如 B、C 所示。

隐藏 e 中除横线外的其他部分的操作步骤如下：选择 Pen（钢笔）工具，并在选项栏 D 中单击 Intersect shape areas（交叉形状区域）按钮，以便在使用 Pen（钢笔）工具绘制形状时，只有 e 和新形状交叉的部分才会显示。按 Ctrl/⌘++ 键放大，并使用 Pen（钢笔）工具进行逐点单击，沿着横线绘制出一条路径，如 E 所示。在该路径中包括一些不会被 p 和 a 叠盖住的 e 的其他部分也可以。单击起始点完成路径的绘制（一个小型的圆表示该单击会闭合路径），e 的大部分会消失，只留下横线来完成交织的效果。最终的 peace 效果参见第 464 页的底部。

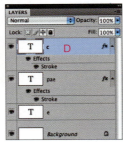

要想拉近 a 和 e 的距离，并将 c 置于上方，可以将插入点拖过字母 c，将它选中，并按 Ctrl/⌘+X 键剪切它，接着在 a 和 e 间单击，并采用第 467 页的"字距微调"中讲述的方法微调它们的间距，使它们成为 ae 对，如 A 所示，此处我们使用的微调值为 −129。最后，按 Ctrl/⌘+Enter 键确认调整，接着在按住 Shift 键的同时使用 Type（文字）工具单击以创建一个新的文本图层。按 Ctrl/⌘+V 键粘贴 c，并再次按 Enter 键。按 Ctrl/⌘ 键切换至 Move（移动）工具，并将 c 拖到理想的位置，如 B 所示。

与上页"旋转字符"的 e 相同，c 在移动时丢失了描边。但是我们可以恢复它。在 Layers（图层）面板中，右击 / Ctrl + 单击 pae 图层后部的 fx 按钮，并在弹出的快捷菜单中选择 Copy Layer Style（拷贝图层样式）命令复制该图层的样式，如 C 所示。接着右击 /Ctrl + 单击 Layers（图层）面板中的 c 图层，并选择 Paste Layer Style（粘贴图层样式）命令在 c 图层中添加样式，如 D、E 所示。

圆上的文字

从Window（窗口）菜单打开以下面板

- Tools（工具）• Layers（图层）

步骤简述

绕中心元素绘制一个圆• 在圆上设置文字，在顶部居中• 复制文本图层• 替换复制图层上的文字• 降低基线圆• 旋转文本图层以绕圆移动文字

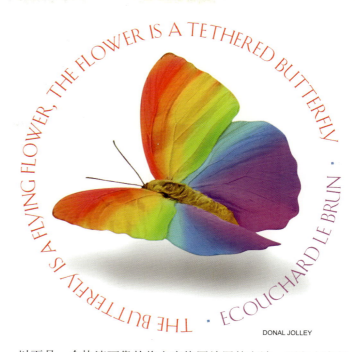

DONAL JOLLEY

1a

Circle Type-Before.psd 文件是一个带白色背景的蝴蝶图案。

1b

为 Ellipse（椭圆）工具选择 Paths（路径）模式。

1c

圆形路径与蝴蝶图案居中。

2a

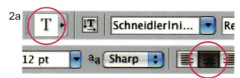

设置文字规格，包括居中文字，Jolley 使用的是 Schneidler Initials 字体。

以下是一个快速可靠的将文字绕圆放置的方法，两段文字都采用从左到右的阅读顺序。

认真考量项目。Photoshop 不可能真的在一个图层上为路径上的文字设置两个方向——引用语顺时针排列，作者名字逆时针。要想获得这种效果，你需要使用两个文字图层。在这个实例中，引用语将圆形路径作为基线。作者的名字位于同一圆形的基线之下，但是位于不同的图层。

1 **绘制圆。**从 Circle Type-Before.psd 文件着手，如 1a 所示，或者从你自己的图像着手。使用 Ellipse（椭圆）工具 (Shift+U)，并且在选项栏中选择 Paths（路径）选项，如 1b 所示，绘制一个圆，方法是：将光标近似地放在文字将要围绕的元素的中心并且向外拖动，接着，按住 Shift 键和 Alt/Option 键，以起始点为中心绘制一个正圆，如 1c 所示。

2 **设置顶层文字。**现在，选择 Type（文字）工具**T**。在选项栏中，选择 Center text（居中文字）选项，并且选择所需的字体、大小和颜色，如 2a 所示。单击圆形的顶部（路径光标上将会显示文字），如 2b 所示，并且键入所需的文字。键入文字后，它会在圆形的顶部扩展开来，如 2c 所示。按 Ctrl/⌘+Return 或 Enter 键提交文字。

将光标放在圆形的顶部。

2b

2c

最终的文本图层。文字会从原始光标位置的两个方向展开。

3 设置底部文字。 设置与第一个圆形相同的尺寸，并且让它们在同一位置居中，复制文本图层（Ctrl/⌘ +J）。接着执行 Edit（编辑）>Transform Path（变换路径）> Flip Vertical（垂直翻转）命令，如 3a 所示。现在，该副本正面朝上方向正确，但是位于圆形的内部而非外部。在将文字移出前，先用要放在底部的文字替换它：选择所有文字将光标放在文字中并按 Ctrl/⌘+A 键），如 3b 所示。键入新文字，如 3c 所示，然后按 Ctrl/⌘+Return 或 Enter 键提交文字。

4 下调文字。 要将文字放在圆外理想的位置只需下调基线：选择所有文字，并在 Character（字符）面板的基线位移数值框中输入负值，如 4 所示。也许还需要调整字间距并进行字距微调。▼ 完成设置后，按 Ctrl/⌘+Return 或 Enter 键。

5 旋转文字。 将文字绕左移动非常容易：同时旋转两个圆形，在 Layers（图层）面板中单击一个文本图层的缩览图，在按住 Ctrl 键的同时单击另一个文本图层的缩览图，如 5 所示。接着选择 Move（移动）工具 ▶✛（Shift+V），按 Ctrl/⌘+T 键，拖动旋转文字，最终的文字效果参见第 469 页。

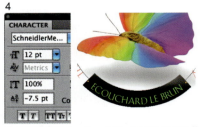

知识链接
▼ 调整字间距 第 439 页
▼ 字距微调 第 467 页

3a

3b

选择用来置换的文字。

3c

键入新文字。

文本图层被复制，新图层被翻转，这会将文本放在圆形的底部——内部而非外部。

4

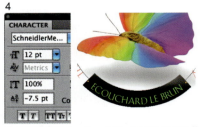

除了更改基线外，Don Jolley 还添加了项目符号和空格。接着，选择文字并更改颜色。

5

在旋转文字前选择两个图层。

练习

绘图工具

使用 Photoshop 中的绘图工具，例如 Shapes（形状）、Pen（钢笔）以及路径编辑工具，可以创建基于矢量的元素，并可以在不损害其边缘质量的情况下，对其进行延伸或是重塑形状。

本练习的目标是创建一个如下图所示的太阳形状。所有的部分都位于同一个形状图层中，这样就可以将其保存为一个 Custom Shape（自定形状）。你将从中学到以下知识：

- 如何使用 Grid（网格）、Guides（参考线）以及 Transform（变换）命令。

- 如何设置选项栏以新建形状图层，或者对现有的形状图层进行修改。

- 如何使用形状工具和钢笔工具进行绘制。

- 如何修改和合并形状。

- 如何复制形状。

- 如何定义自定形状以备用。

看完这些知识选项后，就开始学习吧。

附书光盘文件路径

> Wow Project Files > Chapter 7 > Exercising Drawing Tools

1 创建绘图文件

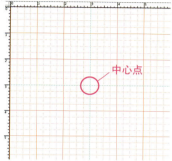

首先，执行 File（文件）>New（新建）菜单命令新建一个大小为 6 英寸×6 英寸、72 像素/英寸，能在屏幕上以 100% 显示比例显示的新文件。按 Ctrl/⌘+K 键打开 Preferences（首选项）对话框，并从顶端菜单中选择 Guides,Grid & Slices（参考线、网格和切片）创建网格——此处的 Gridline（网格线）间隔为 1 英寸且子网格为 4，单击 OK（确定）按钮。执行 View（视图）>Show（显示）> Grid（网格）命令将网格打开。

在 View（视图）菜单里，确保勾选了 Snap（对齐）复选框（如果未勾选，请单击将其选中）。执行 View（视图）>Snap To（对齐至）菜单命令。

勾选 Grid and Guides（网格和参考线）复选框。这样网格（以及之后添加的参考线）就具有了"磁性"，当光标靠近时就会抓住光标，以便更轻松地进行精确的绘制。

之后，在当前工作窗口中创建一个中心点，具体操作如下：按 Ctrl/⌘+R 快捷键显示标尺。从左边的标尺处向中心拖曳创建一条垂直的参考线，并从顶部标尺向下拖动创建一条垂直交叉的水平参考线。

2 绘制图形

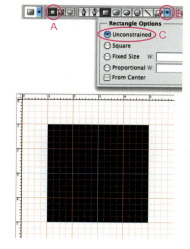

选择 Rectangular（矩形）工具 ▭（Shift+U）。确保在选项栏中选择了创建形状图层 ▢ 的对应设置，如 A 所示。单击 Geometry Options（几何体选项）按钮 ▾，如 B 所示，并确保选择了 Unconstrained（不受约束）单选按钮，如 C 所示。这样一来，就可以在绘制的过程中配合辅助键来更改绘制的方式（参见下文提示）。如果色板不是黑色的，还可以单击色板并从 Color Picker（拾色器）中选择黑色。

将光标放在中心点，按住 Shift 键和 Alt/Option 键的同时向外拖动光标。按 Shift 键可以将图形限定为正方形，按 Alt/Option 键则可以从中心点开始，向四周扩展绘制图形。

绘图中的辅助键

使用 Shape（形状）工具**开始绘制**，然后按以下键：

- **Shift键**，将宽高比限定为1:1。

- **Alt/Option键**，从中心开始绘制。

- **空格键**，移动路径，之后释放空格键可继续绘制。

3 添加形状

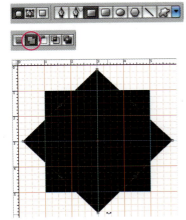

要添加第二个旋转的正方形以完成太阳的光环部分，可以单击选项栏中的 Add to shape area（添加到形状区域）按钮 ，要复制正方形并同时将副本旋转 45°，可按 Ctrl+Alt+T 快捷键（Windows）或者 ⌘+Option+T 快捷键（Mac），并在变换框外以 45°角旋转拖动光标，记住在开始旋转时要按住 Shift 键。（按 Alt/Option 键是为了创建用于变形的副本，而按 Shift 键则可以将旋转限定在诸如 45°的特定角度范围内。）在变换框中双击或者按 Enter 键，结束变形操作。

4 减去形状

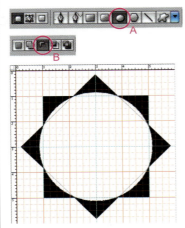

现在，执行 View（视图）>Snap To（对齐到）菜单命令，取消对 Grid（网格）的勾选，这样它将不再具有磁性，且可以自由地选择圆形与方形中发生剪切的位置。但是要保留对 Guides（参考线）的勾选，以保证中心点仍是对齐的。要想快速选择 Ellipse（椭圆）工具 ，可在选项栏中单击该按钮，如 A 所示。另外再单击 Subtract from shape area（从形状区域减去）按钮 ，如 B 所示。再次配合使用 Shift 键和 Alt/Option 键，同时从中心点向外绘制一个圆形。拖动光标，直到圆形扩展到与太阳光环交汇的地方。

5 复制路径

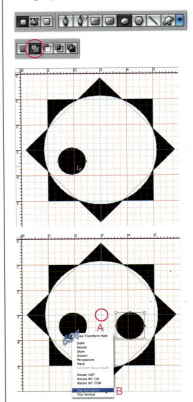

要添加两颊部分，可单击选项栏中的 Add to shape area（添加到形状区域）按钮 ，按住 Shift 键不放，拖动 Ellipse（椭圆）工具 创建其中的一个圆形的脸颊。然后按住 Ctrl/⌘键不放切换到 Path Selection（路径选择）工具 ，并将该脸颊拖至合适的位置。

通过复制第一个脸颊来创建第二个脸颊：按 Ctrl+Alt+T 快捷键（Windows），或者 ⌘+Option+T 快捷键（Mac）。在变换框中将中心点拖至垂直的参考线上，如 A 所示。然后在窗口中右击或者在按住 Ctrl 键的同时单击，打开快捷菜单，选择 Flip Horizontal（水平翻转），如 B 所示。在变换框中双击完成操作。

只有 "新建" 可用

有时候在形状图层上工作时，你会想要添加或减少形状，但是此时你发现，在5个绘图模式按钮中，只有 Create new shape layer（创建新的形状图层） 是可用的。导致这一现象的原因可能在于你不小心 "取消" 了对形状图层蒙版的选择。要解决这一问题，只需在 Layers（图层）面板上单击一次或两次矢量蒙版的缩览图，直到看到其周围出现双边框为止。

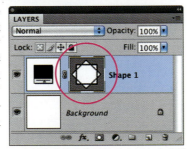

双边框表明该形状图层的内置矢量蒙版已被选中了。

6 钢笔绘图1

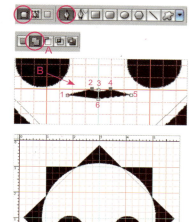

在绘制上嘴唇（由一系列直线段组成）时，选择 Pen（钢笔）工具（Shift+P）🖋并确保在选项栏中选择了 Shape layer（形状图层）▢ 和 Add to shape layer（添加到形状图层）▢ 选项，如 A 所示。然后进行点到点的单击操作——不拖动（跟随上图标注的数字操作，如 B 所示），通过再次单击起始点以完成该操作。

如果想更改嘴唇的形状，可选择 Direct Selection（直接选择）工具 ▶，该工具与 Path Selection（路径选择）工具▶位于工具箱中的同一位置。按住 Shift 键的同时单击要移动的点并拖动。此处，我们将 2 和 4 向上拖动。

重调路径形状

重新调整路径的形状时，应选择 Direct Selection（直接选择）工具 ▶，然后执行以下操作：

- 拖动路径段重新调整路径的形状。
- 单击或者拖动选择一个点（该点是实心的，而其他的点则为空心的），然后拖动该点以移动该点。

7 钢笔绘图2

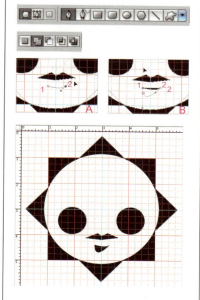

在绘制用于定义下嘴唇的阴影时，你或许想先判定出阴影的方位，然后再开始绘制。此处为你提供了操作的要领，即：单击 1，单击并拖曳 2，按住 Alt/Option 键并同时单击 2，单击并拖曳 1。

首先，选择Pen（钢笔）工具🖋（Shift+P，选中Shape layers ▢ 和Add to shape area ▢）绘制出第一个点（1），然后单击并将该点稍微向右拖动绘制出第二个点（2），使用拖动动作塑造出1和2两点之间的曲线，如 A 所示。由于该路径段是曲线，Photoshop会认为此时要绘制曲线，因此会创建一个新的曲线点（2）。但是，事实上，为了勾画出下面的嘴唇，需要将点2变成一个尖角，或者一个"转折点"。要告知Photoshop将该点转变成一个尖头，只需按住Alt/Option键不放（一个细小的"转折点"图标▶便会被添加到钢笔的光标上），然后再单击点2。接着，单击点1，拖出一个手柄（稍向上并往左拖动）来重新调整该曲线段，完成操作并封闭该路径，如 B 所示。

8 钢笔绘图3

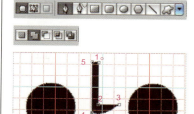

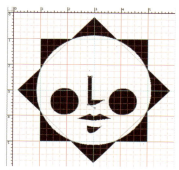

在绘制鼻子部分时，可以参照图中数字并跟随以下步骤进行绘制，同时要以垂直参考线为中心。若要在参考线附近操作，但又不与该参考线对齐，你或许会想要进行放大处理——按Ctrl/ ⌘+ +。

首先选择 Pen（钢笔）工具 🖋，单击并绘制出右边的第一个点（1）。按住 Shift 键在第一个点的下方单击以绘制出鼻尖（2）。按住 Shift 键同时单击右侧的一点以绘制出鼻子外侧的一角（3）。然后单击并拖动（4）绘制出底部的曲线。由于最后一个路径段是一条曲线，所以在绘制时需告知 Photoshop 将 4 变为一个尖头而非一个曲线点。因此，按住 Alt/Option 键不放，再次单击点 4。现在，单击顶部（5）的时候，便会得到一条直线线段。再次单击点 1，关闭该路径。

封闭路径

在使用Pen（钢笔）工具进行绘制时，当光标与起始点的距离足够近的时候，光标的旁边会出现一个"o"🖋，提示用户可以封闭路径。

9 合并路径

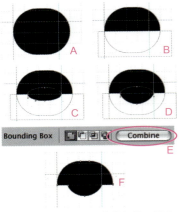

可以使用 Photoshop 中的钢笔工具和网格来绘制对称的眼睑形状，不过另一种选择是，使用 Shape（形状）工具绘制：在选项栏中选择圆角矩形工具▢，同时选中 Shape layers ▣和 Add to shape area ▣，对 Corner Radius（角半径）进行设置（此处将它设为40px），拖动绘制一个宽度与要绘制的眼睛尺寸相同、高度是其两倍的形状，如 A 所示。

接着，减去绘制图形的下半部分：在选项栏中选择 Rectangle（矩形）工具▢ 并且单击 Subtract from shape area 按钮▢，接着，拖动圆形矩形的下半部分，如 B 所示。

添加眼球时，可以在选项栏中选择 Ellipse（椭圆）工具●，单击选项栏中的 Add to shape area 按钮▣，接着拖动绘制一个覆盖在眼睑形状上的椭圆，如 C 所示。如果要像我们在此处这样调整眼球形状，可以选择 Direct Selection（直接选择）工具 ▷（Shift+A）并且将底部点向下拖动。

将眼睑和眼球合并为一个形状的步骤为：选择 Path Selection（路径选择）工具 ▷（Shift+A），接着按住 Shift 键单击这 3 条路径，并且单击选项栏中的 Combine（合并）按钮，如 E、F 所示。

10 最后加工

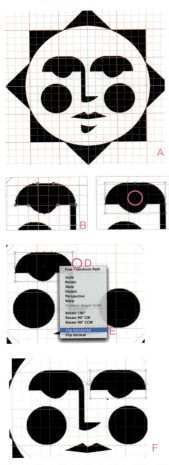

调整眼睛位置的步骤如下：使用 Path Selection（路径选择）工具拖动，如 A、B 所示，放大（Ctrl⌘++）以做更精细的控制。绘制另一只眼睛，按 Ctrl+Alt+T（Windows）或⌘+Option+T（Mac）进行复制并且调出变换框，如 C 所示，正如此处对脸颊所进行的操作。与前面的操作相同的是，将变换框的中心点重新定位到垂直的参考线上，如 D 所示。接着，在窗口中右击／按住 Ctrl 键单击，打开右键快捷菜单，选择 Flip Horizontal（水平翻转）完成对眼睛的绘制操作，如 F 所示。在变换框内部双击，确认该变换操作。

11 定义并保存

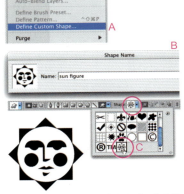

若要将这个新的太阳标识添加到形状列表中，应先确保选中了其矢量蒙版的缩览图，然后执行 Edit（编辑）> Define Custom Shape（定义自定形状）菜单命令，如 A 所示。为该形状命名并单击OK（确定）按钮，如 B 所示。现在，如果选择自定形状工具 ⬯，即可以在弹出的Custom Shape（自定形状）拾取器的底部找到要新建的形状，如 C 所示。绘制时，按住 Shift 键的同时拖动，可以保持该形状的比例。为了保险起见，可以使用 Preset Manager（预设管理器）▼ 来保存任何新建的形状组。

知识链接

▼ 使用预设管理器　第 82 页

在绘制过程中样式化

使用路径绘制工具（形状和钢笔工具）可以在绘制过程中添加图层样式，具体操作如下：在选项栏中确保未按下▨（深色）。打开Style（样式）拾取器选择一个样式。现在，你所绘制的每一个已填充的路径都会自动包含该样式。

有机图形

附书光盘文件路径

> Wow Project Files > Chapter 7 >
Organic Graphics:

- Organics-Before.psd（原始文件）
- Wow-Organics.pat（图案预设文件）
- Organics-After.psd（效果文件）

从 Window（窗口）菜单打开以下面板

- Tools（工具）· Layers（图层）

步骤简述

从图形开始（黑色及白色上的单调颜色），制作一个模式为Multiply（正片叠底）的复制图层，并且使用Photocopy（影印）滤镜为边缘添加阴影。· 将黑色和颜色分放在两个图层。· 添加一个图案背景和一个纹理图层，调整纹理图层的混合模式

原 Adobe Illustrator 作品被复制到一个新图层。

Photocopy（影印）滤镜被作用于智能对象之上。在此，我们通过单击 OK 按钮左侧的箭头按钮来隐藏滤镜缩览图，让预览窗口变得更大。Detail（细节）被设置为 10，并且 Darkness（暗度）被设置为 8。

ORIGINAL ARTWORK: AP GRAPHICS / PHOTOSPIN.COM

有时候，你需要将一个清晰的基于矢量的图形从单调的环境中提取出来，并放入一个有着更多纹理和特征的空间中。跟随本章中所列举的详细步骤操作，你可以对线稿、颜色和背景进行单独处理。

认真考量项目。这种方法需要使用滤镜，而智能对象更有优势。▼ 例如，对一个智能对象添加滤镜效果后，还可以随意更改滤镜设置。因此，在对文件进行其他调整后，可以回过头来，看看滤镜设置的更改与其他效果的交互作用。或者将某个智能对象的滤镜处理效果拖动到另一个文件。

当对每个智能对象只应用一个滤镜时，为滤镜图层设置 Opacity（不透明度）和混合模式会产生与对整个智能对象图层设置不透明度和混合模式相同的效果。决定在整个智能对象图层中控制这些因素，只是出于简单、明了的目的——这些设置位于 Layers（图层）面板顶部，更改非常容易。

1 导入 PostScript 艺术作品。将 Post-Script 艺术作品在 Photoshop 中作为一个图层打开、置入或者粘贴。▼ 打开一个 Illustrator 文件，将其大小设置为 1000 像素 × 像素，并对其进行栅格化，如 1 所示。将艺术作品放在白色的背景上，这很重要，因为有些滤镜在透明图层上会产生不同的效果。使用带透明特性的分层文件来完善 PostScript 作品的方法，请参见 482 页。

知识链接

▼ 智能滤镜 第 72 页

▼ 导入 PostScript 艺术作品 第 460 页

如果要制作的图形是有高对比度边缘的矢量图形时，最好选用一个分辨率为打印用半调网屏分辨率值的 2～3 倍的文件，或者，如果要制作网页用的图形，则选用两倍于最后图像大小的文件。使用更高的分辨率，可以减少在添加滤镜效果或变形操作的过程中所产生的人工修饰痕迹。

首先使用 Ctrl/+J 快捷键，或是执行 Layer（图层）>New（新建）>Layer Via Copy（通过拷贝的图层）菜单命令复制该作品。在此对图层进行重命名，将下方的图层命名为 Original，将上方的新图层命名为 Photocopy。要命名图层，只需在图层面板中，双击该图层的名称并键入新的名称即可。

2 为边缘添加阴影。在图层面板上，单击 Photocopy 图层的缩览图选中该图层，并且将它转换成智能对象以添加滤镜效果（**Filter > Convert for Smart Filters**）。另外，按下 D 键，将前景和背景的颜色分别设置为黑色和白色（默认颜色）。然后执行 Filter（滤镜）>Sketch（素描）>Photocopy（影印）菜单命令，此处，将 Detail（细节）设定为 12，将 Darkness（暗度）设定为 10，将该 Photocopy 图层转换为添加了阴影效果的黑白版本的艺术作品，如 **2a** 所示。为了让下方的颜色透过并显示出来，可以在 Layers 面板的左上角将该图层的模式设定为 Multiply（正片叠底），如 **2b** 所示。如果要柔化该 Photocopy（影印）效果，可以减少图层的 Opacity（不透明度）。

3 从颜色中分离出黑色。接下来就是将黑色从艺术作品中分离到一个图层，并将其他颜色分离到另一个图层，这样就可以十分轻松地对两者进行单独处理了。在图层面板中，单击 Original 图层的缩览图，再次复制该图层（Ctrl/⌘+J）。我们根据图层的内容将这个新图层命名为 Colors。新的 Colors 图层，选择魔棒工具，并在选项栏中参照 **3a** 进行设置，选

2b

经过滤镜处理的图层的模式为 Multiply（正片叠底）模式，这一模式可以让白色部分变得透明。其中，Opacity（不透明度）的值为 75%。

3a

使用 Magic Wand（魔棒）工具选择第二个原作品的副本中的黑色部分。在此，我们将 Photocopy 图层的可视性关闭以更好地显示在彩色图层中选择的选区。

以下是Photocopy（影印）滤镜对图形的作用：

• Photocopy（影印）滤镜对**白色**区域无效，白色仍保留白色状态。

• 对**黑色**元素而言，滤镜可以将形状的中部变白，并从边缘向内延伸创建黑色阴影。然而，如果黑色形状狭窄（例如文字），边缘的阴影就会以各种方式延伸到中部，因此只剩下少许白色或者没有白色的状况。

• **彩色和灰色**由它们与周围颜色的明暗对比度决定。当它们与更浅的颜色或者白色相邻时，滤镜会将它们变得更黑，创建的阴影会延伸到边缘的内部。但是在与更深的颜色或者黑色相邻时，滤镜会将它们变得更白，只创建较少的阴影或干脆不产生阴影。如果彩色形状没有黑色轮廓，其阴影效果将会更强。

• Photocopy（影印）滤镜的Detail（细节）参数控制着阴影由边缘向内延伸的距离。Darkness（暗度）参数决定了阴影的浓密度。

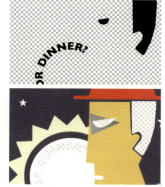

3b

将选中的黑色部分剪切到新的图层当中（Ctrl/⌘+Shift+J），而将含其他颜色的部分留在原图层中。此处显示的是分离后的两个图层。

4a

添加了一个带 Wow-Hay Paper 图案、Scale（缩放）为 50% 的图案填充图层。

4b

图案填充图层提供了一个有机的背景。将 Black 图层的不透明度减少至 70%，并为 Colors 图层选择 Multiply（正片叠底）模式。这会制作出一个不错的视觉效果，即便未对其进行再加工。

取黑色，将 Tolerance（容差）设定为 0，这样在单击黑色像素时，只有 100% 的黑色区域才会被选中；勾选 Anti-aliased（消除锯齿）选项，可以获得一个平滑的边缘效果；取消对 Contiguous（连续）选项的勾选，可以选中所有的黑色区域，无论该黑色区域是否与单击处的黑色相连接。在这样的设置下，Magic Wand（魔棒）工具创建的选区还不是最完美的。整体上而言，该选区要比原始线稿略小，仅留下了位于颜色区域周围的薄薄的深色边缘。不过这并不成问题，因为位于上方的 Photocopy 图层将会对这些黑色的边缘进行勾画。单击黑色部分创建选区之后，通过执行 Layer（图层）>New（新建）>Layer Via Cut（通过剪切的图层）菜单命令（Ctrl/⌘+Shift+J），将黑色分离到自己的图层上，如 3b 所示。我们将这个新图层命名为"Black"。

4 添加背景。 将新图层放置在合适的位置。添加背景的方法之一就是使用图案填充图层。在图层面板中，单击Original图层的缩览图选中该图层。然后单击面板底部的创建新的填充或调整图层按钮 ⊘，并从弹出的菜单中选择Pattern（图案）。在Pattern Fill（图案填充）对话框中，如 4a 所示，单击图案样板右侧的小黑色三角形打开可用图案的面板。我们从Wow Organic Pattern组中选择了Wow-Hay Paper，并且将Scale（缩放）调整为50%。如果还未从附书光盘中加载Wow预设，▼ 那么可以单击图案菜单右侧的 ⊙ 按钮，选择Load Patterns（载入图案），找到**Wow Organics**。在对话框中单击Append（追加）按钮将Wow Organic Patterns添加到当前的样板中。

选中 Colors 图层，并为其选择 Multiply（正片叠度）模式，让 Pattern Fill（图案填充）透过该图层显示出来。此时，可以尝试调节不透明度，将 Colors 图层的 Opacity 的值设定为 100%，但是要将 Black 图层的 Opacity 值减少到 70%，以获得我们想要的效果，如 4b 所示。

通过名称查找图案

要查找特定的图案吗？在Photo-shop中，只要打开Patterns（图案）面板并从面板弹出的菜单列表中选择Large List（大列表），你就可以看到所有的图案名称以及对应的样式。但是，即便是在不使用列表模式的情况下，执行Preferences（首选项）>General（常规）菜单命令（Ctrl/⌘+K），并勾选Show Tool Tips（显示工具提示）选项，将光标停留在色板的任何一个样式上片刻，就会出现该特定样式的名称。

知识链接

▼ 载入 Wow 预设 **第 4 页**

如果拥有一个含图案填充图层的Photoshop
文件，那么就可以将该图案添加到Patterns
（图案）预设中，以便可以在任何Photo-
shop文件使用该图案。在Layers（图层）
面板中，只需单击该图案填充图层的缩览图
打开Pattern Fill（图案填充）对话框，就会
在该样板中看到该图案。单击Create a new
preset from this pattern（从此图案创建新的
预设）按钮。

5 "喷绘"。要获得柔软的、微妙的喷漆效果，选中 Colors 图层，执行 Filter > Convert for Smart Filters 命令把它转换成智能对象，然后执行 Filter（滤镜）>Blur（模糊）>Gaussian Blur（高斯模糊）菜单命令将它模糊，如 5 所示。将 Radius（半径）值设为 3 像素，以获得理想的模糊化程度，因为我们使用的是智能滤镜，所以可以在之后按需调整设置。

6 添加纹理。要在图形上添加全局纹理，可以尝试 Photoshop 中自带的 Patterns 2（图案 2）预设中的 Stucco（灰泥）图案，具体操作如下：在图层面板中单击选中 Photocopy 图层。单击创建新的填充或调整图层按钮并选择 Pattern（图案）。在 Pattern Fill（图案填充）对话框中，单击样板右侧的小三角打开 Pattern Preset（图案预设）拾取器。然后单击该面板的 ▶ 按钮并从菜单中选择 Pattern 2（图案 2）。在弹出的警示对话框中，单击 Append（追加）按钮。Pattern 2 将被添加到样板列表的最下方，再选择 Stucco（灰泥），如 6a 所示。

现在，将新的灰色的灰泥填充图层的混合模式已更改为 Overlay（叠加），或者在混合模式中选择恰好位于该模式下方的一种模式。我们选择的是 Vivid Light（强光）模式，因为该模式可以提高背景颜色的亮度并且强化纹理，如 6b 所示，第 475 页的最上方的图便是最后的效果图。

尝试其他纹理。将纹理和背景放置在 Pattern（图案）图层后，可以很轻易地尝试其他纹理——几乎像是拥有"活的"滤镜图层一样。双击其缩览图，从多样的 Wow 预设中选择其他图案即可。你还可以通过切换各图层的可视性或更改图层的不透明度，来尝试不同的效果。

5

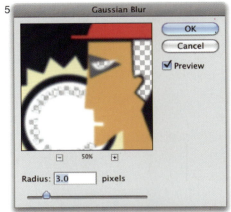

对 Colors 图层进行模糊处理获得的更柔和的"喷绘"效果，看上去也十分不错。

6a

从 Adobe 的 Patterns 2 中为纹理图层选择 Stucco 图案。

6b

将纹理图层设置为 Vivid Light（强光）模式以加亮图形。

滤镜处理

在 Photoshop 的 Filter（滤镜）菜单中，有一些选项极为适合将颜色单调的艺术作品转换成有机的、带有纹理的或具有立体感的效果。

要制作出此处所示的任何一种效果，都可以找到 Photoshop 的 Filter（滤镜）菜单，执行 Convert for Smart Filters 命令▼，接着选择一种滤镜并且并按照每一效果的文字说明进行选择。

注意：在运用滤镜之前，工具箱中的 Forground（前景）和 Background（背景）的颜色分别为默认的黑色和白色，可以按 D 键进行设置。

从此 Logo 着手操作，该 Logo 大小为 1000 像素的方形（包括白色边界部分）。

执行 Filter > Convert for Smart Filters 命令并且应用一个或者更多的滤镜。

附书光盘文件路径

> Wow Project Files > Chapter 7 > Quick Filters

知识链接

▼ 智能滤镜 第 72 页

粗糙化线条

以下的滤镜操作会同时作用于对线条和边缘。

Brush Strokes（画笔描边）>Spatter（喷溅），Spatter Radius（喷色半径）：5，Smoothness（平滑度）：10

Distort（扭曲）>Glass（玻璃），Distortion（扭曲度）：3，Smoothness: 5，Texture（纹理）：Frosted（磨砂），Scaling（缩放）：100

Artistic>Poster Edges（海报边缘），Edge Thickness（边缘厚度）：2，Edge Intensity（边缘强度）：6，Posterization：2

Artistic > Rough Pastels（粗糙蜡笔），Stroke Length（描边长度）：6，Stroke Detail（描边细节）：4，Texture（纹理）：Canvas（画布），Scaling: 100，Relief（凸现）：20，Light（光照）：Top Left（左上）

图案和纹理

此处所示的滤镜为可为作品添加图案。

Artistic（艺术效果）>Sponge（海绵），Brush Size（画笔大小）：0，Definition（清晰度）：25，Smoothness：1

Distort>Diffuse Glow（扩散亮光），Graininess（粒度）：10，Glow Amount（发光量）：5，Clear Amount（清除数量）：10

Pixelate（像素化）>Color Halftone（彩色半调），Max.Radius（最大半径）：6，默认 Angles（网角）

Texture（纹理）>Grain（颗粒），Intensity（强度）：30，Contract（对比度）：50，Grain Type（颗粒）：Contrasty（强反差）

单色效果

Sketch（素描）中的多数滤镜会以前景和背景色对艺术作品进行渲染。

Sketch（素描）>Chalk & Charcoal（粉笔和炭笔），Charcoal Area（炭笔区）：6，CArea（粉笔区）：6，StrokePressure（描边压力）：1

Sketch>Halftone Pattern（半调图案），Size: 1，Contrast（对比度）：10，Pattern Type（图案类型）：Line（直线）

Sketch >Reticulation（网状），Density（浓度）：12，Foreground Level（前景色阶）：15，Background Level（背景色阶）：15

Sketch>Conté Crayon（炭精笔），Foreground Level: 11，Background Level: 7，Texture（纹理）：Canvas，Scaliing: 100，Relief: 4，Light: Top Right（右上）

立体效果

有些滤镜可以模拟光和阴影来为图像添加厚度感。

Render（渲染）>Lighting Effects（光照效果），Style（样式）：Default（默认值），Texture Channel（纹理通道）：Green（绿），Height（高度）：100）

Artistic>Plastic Wrap（塑料包装），Highlight Strength（高光强度）：20，Detail（细节）：7，Smoothness: 7

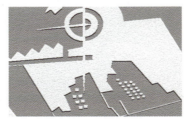

Sketch>Note Paper（便条纸），Image Balance（图像平衡）：20，Graininess（粒度）：5，Relief: 10

Sketch（素描）>Plaster（塑料效果），Image Balance（图像平衡）：29，Smoothness: 1，Light（光照）：Top Right（右上）

光照

Photoshop 的内置光照工作室［Filter（滤镜）>Render（渲染）>Lighting Effects（光照效果）］以及其他的一些滤镜，可以提高图像的亮度。

Render（渲染）>Lighting Effects（光照效果），Style（样式）：Triple Spotlight（三处点光），Intensity（强度）：100

Sharpen（锐化）>Unsharp Mask>USM 锐化），Amout（数量）：400，Radius（半径）：75，Threshold（阈值）：0

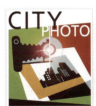

Render > Lens Flare（镜头光晕），Brightness（亮度）：100，移动后的 Flare Center（光晕中心），Lens Type（镜头类型）：50-300mm Zoom（50-300 毫米变焦）

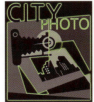

Artistic>Neon Glow（霓虹灯光），Glow Size（发光大小）：5，Glow Brightness（发光亮度）：20，Glow Color（发光颜色）：黄绿

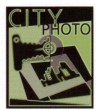

Artistic>Neon Glow（霓虹灯光）、（Glow Size（发光大小）：-5，Glow Brightness（发光亮度）：20，Glow Color（发光颜色）：黄绿

扭曲作品

若要对整个图像包括边缘部分进行扭曲操作，则需要在艺术作品周围添加一些空白区域，参见第 479 页。

Distort（扭曲）>Twirl（旋转扭曲），Angle（角度）：−30

Distort>Pinch（挤压），Amount（数量）：50

Distort>Spherize（球面化），Amount：100，Mode（模式）：Normal（正常）

混合滤镜

通过更改滤镜混合模式或不透明度来产生显著的效果（双击滤镜右边的 打开 Blending Options（混合选项）对话框）。

Render（渲染）>Fibers（纤维），Variance（差异）：16, Strength（强度）：64, Overlay（叠加），Opacity（不透明度）：50%

Blur（模糊）>Average（平均），Hue（色相）模式，Opacity（不透明度）：100%，位于原图像上方。

Stylize（样式化）>Find Edges（查找边缘），Multiply（正片叠底）模式，Opacity（不透明度）：100%

分层滤镜

为了获得其他有趣的组合，可以将第二个滤镜用作智能对象，减少不透明度或者改用其他的混合模式。

Other（其他）>High Pass（高反差保留）、Radius（半径）：30]；Sketch>Photocopy（影印），Detail（细节）：7, Darkness（暗度）：8

Other>High Pass（Radius：30）；Sketch>Halftone Pattern（半色调图案）、Size（大小）：1, Contrast（对比度）：10, Pattern Type（图案类型）：Line（直线），采用Color Burn（颜色加深）模式, Opacity：100%。

Artistic>Plastic Wrap（塑料包装）、Higlight Strength（高光强度）：20, Detail：7, Smoothness：7；Artistic>Neon Glow（霓虹灯光），Glow Size（发光大小）：5, Glow Brightness（发光亮度）：20, Glow Color（发光颜色）：黄绿，采用 Normal（正常）模式, Opacity：60%

DONAL JOLLEY

为剪贴作品上色

附书光盘文件路径

 > Wow Project Files > Chapter 7 >
Coloring Clip Art:

- Coloring Clip-Before.psd （原始文件）
- Checkered.pat （图案预设文件）
- Coloring Clip-After.psd （效果文件）

从Window（窗口）菜单打开以下面板

- Tools（工具）• Layers（图层）
- Channels（通道）

步骤简述
将作品分为多个图层以便分别进行操作 • 仅
创建线稿图层和白色填充的基底图层 • 为
Multiply（正片叠底）模式的新图层添加颜色
• 添加图案填充图层 • 添加图层样式以增加立
体感

随便选择一幅由 PostScript 绘图软件绘制的作品，或者其他
任意一幅可以应用 Photoshop 各类着色工具及特效的剪贴画。
此处我们使用的是 Don Jolley 在 Adobe Illustrator 中绘制的
一个 Logo。使用自己选用的作品，或者打开 Coloring Clip-
Before.psd 文件，参照以下步骤进行操作。

认真考量项目。 具体的上色过程取决于原始作品的复杂程度
和具体的制作过程，以下的一些经验可供参考。

- 如果想分别使用剪贴作品中的一些元素，可以设立文件
  以便可以轻易地分离作品。

- 像很多剪贴作品文件那样，Jolley 的原始 PostScrip 艺术
  作品 Bellowing Bluegrass Stampede 由多个黑白填充的图
  形组成。但是在我们的 Photoshop 文件中，其中的一个目
  的就是将那黑色的"线稿"分离到具有透明背景的图层
  中以便可以应用 Layer Styles 来添加一些立体效果。最"不
  拖泥带水的"方法就是使用作品自身的明度来选择线条。

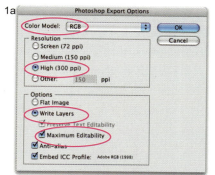

从 Adobe Illustrator 中以 Photoshop PSD 格式导出该文件。

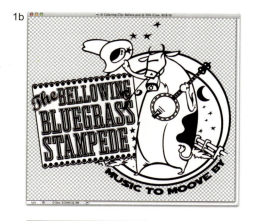

在 Photoshop 中打开该分层文件，添加一个图层组，管理该作品的三个主要组成部分：奶牛、标识以及背景。

- 需要以一种不会在颜色和线稿中产生间隙的方式来使用彩色替代白色。我们可以在透明图层上以 Multiply（正片叠底）模式使用单调的颜色，再使用 Photoshop 的画笔类工具改善效果。

- 图案填充图层是创建图案边缘的一个很好的方式，因为可以对它进行缩放和移动来得到最理想的效果。

1 准备作品。通过执行 File（文件）>Document Color Mode（文档颜色模式）命令，Jolley 将该 Illustrator 文件设置为了 RGB 文档。在 Illustrator 中，将该文件的组成部分分别放置在不同图层上，在能够区分不同的颜色填充、绘画或图层样式的前提下尽可能使用最少的图层。我们最后使用了 6 个图层，从底部图层到顶部图层分别为：背景元素图层 4 个框和字母图层、奶牛图层、星星、月亮和稻草图层。我们决定将奶牛、框、字母，以及背景元素分开。这样，就可以调整它们之间的空间关系。

导出文件（File > Export）并且在 Save As（存储为）下拉列表中选择 Photoshop（psd）格式，在 Photoshop Export Options（导出选项）对话框中将 Color Mode（颜色模式）设置为 RGB，如 1a 所示，将 Resolution（分辨率）设为 Hight（高），并勾选 Anti-alias（消除锯齿）（用于获得平滑的边缘）和 Write Layers（写入图层）（直接转换成 Photoshop 图层）。在 Photoshop 中打开该文件，会保持原有图层的名称。我们为分别为 Cow（奶牛），Sign（标识）和 Background（背景）这 3 个组成部分添加图层组，如 1b 所示。▼

知识链接

▼ 创建图层组
第 583 页

2 创建带透明背景的黑色作品。为了分离该黑色线稿，可以将该作品的明度加载为选区（本例中，我们从 Cow 图层开始），具体操作步骤如下：首先，按住 Alt/Option 键单击图层面板上的 ◉ 图标，只保留要从中提取线条的图层的可视性，如 2a 所示。然后，在按住 Ctrl/⌘ 键的同时单击通道面板中 RGB 复合通道的名称，将它的明度加载为一个选区，如 2b 所示。执行该操作将会选中图层中所有的白色区域（但不选择黑色区域），部分选择灰色像素，例如消除锯齿中那些用来平滑线条边缘的像素。较浅的灰色被选中的概

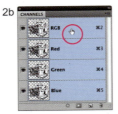

仅让 Cow 作品图层可见。

按住 Ctrl/⌘ 的同时单击复合颜色通道，将 Cow 图层的明度加载为选区。

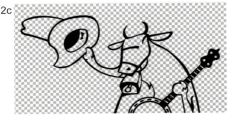

在新的透明图层上对选区填充黑色，以便在接下来的操作中对其应用图层样式。此处所显示的是新的 Cow Lines 图层的一部分。

单独显示的已完成的奶牛的白底部分。

率要大于较暗的灰色。执行反选操作（Ctrl/⌘+Shift+I）以选中黑色而非白色的部分。在作品图层的上方添加一个新的透明图层。在本实例中，按住 Alt/Option 键的同时单击图层面板底部的创建新图层按钮，或者按 Ctrl/⌘+Shift+N 打开 New Layer 对话框以便在创建时对其进行命名；此处将其命名为 Cow Lines。在该图层上，将黑色设为前景色（按 D 恢复默认的颜色），使用 Alt+Backspace 快捷键（Windows）或者 Option+Delete 快捷键（Mac）对选区填充黑色，如 2c 所示，然后取消选择（Ctrl/⌘ +D）。使用选择和填充的方法取代将该线稿剪切或者复制到新图层的方法，可以避免线条边缘在消除锯齿时产生的灰色阴影。

3 创建白底图层。 现在，已经将该黑色的线稿分离并放在新的 Cow Lines 图层上了，且该黑白作品的下方就是原始的 Cow 图层。对该作品添加颜色的过程（步骤 4）取决于 Multiply（正片叠底）模式的使用，如果使用该模式，实色会充满黑色"线条"内的所有区域。但是，要想让 Multiply（正片叠底）模式正常工作，其下方一定要有不透明的物体，这样颜色才会产生效用。因此，我们需要在该线稿下添加一个用白色填充的形状。

若要将原始的黑白作品转换成白底以便进行颜色填充，可以在图层面板上单击该图层的缩览图将它选中，此处我们选中了 Cow 图层。在工具箱中将背景色设定为白色（按 D 键），且不选择任何选区，使用 Ctrl+Shift+Backspace 快捷键（Windows），或者 ⌘+Shift+Delete 快捷键（Mac），将该图层上所有的非透明区域填充上白色，如 3a 所示。同时按住 Shift 键可以临时打开 Lock transparent pixels（锁定透明像素）功能，该功能位于图层面板的最上方。这样一来，透明区域仍旧会保持透明的性质，而所有部分透明的像素——指需要消除锯齿的部分，将在保留部分透明的情况下被重新着色。

要确保白色边缘不超出上方图层中黑色线稿的边缘，需要修剪白色图层的边缘：按住 Ctrl/⌘ 键、单击白色图层的缩览图加载其轮廓，然后执行 Select（选择）>Modify（修改）>Contract（收缩）（1 像素）菜单命令收缩该选区，如 3b 所示。反选该选区（Ctrl/⌘+Shift+I），选择周围的透明区域和白色细边，按 Backspace/Delete 键进行裁切，再取消选区（Ctrl/⌘+D）。

3b

对白底部分的选区进行收缩量为 1 像素的收缩处理（如上图所示）。然后反选该选区，并删除 1 像素的边缘。

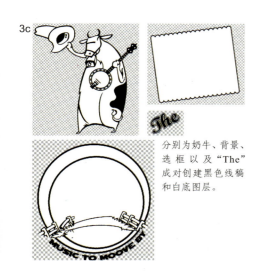

3c

分别为奶牛、背景、选框以及"The"成对创建黑色线稿和白底图层。

4a

新建一个图层以填充颜色。

4b

对魔棒工具 ✱ 进行设置，以便在颜色图层上选择填充区域。

重复分离线稿的操作和创建并裁切出白色背景的操作。为背景元素图层（Background Elements）、选框图层（Marquee）以及单词"The"创建黑色的线稿和白底图层，如 3c 所示。

4 对作品进行上色。对每一对"线稿图层和白底图层"而言，都需要在其上添加一个用于上色的图层。单击线稿图层的缩览图，此处先从 Cow 图层开始。然后在该图层上新建一个图层（Ctrl/⌘+Shift+N），在 New Layer（新建图层）对话框中选择 Multiply（正片叠底）混合模式，如 4a 所示。

接下来，选取作品中各个封闭形状并上色。首先，选择魔棒工具 ✱：勾选 Contiguous（连续的）和 Sample All Layers（对所有图层取样）选项，取消对 Anti-alias（消除锯齿）复选框的勾选，将 Tolerance（容差）值设定为 254，如 4b 所示。

- 在使用魔棒工具进行选取时，Contiguous（连续）设置会将选区限制在黑色单线条所封闭的区域内。

- 在对新的透明图层进行操作时，选择 Sample All Layers（对所有图层取样）选项可以让魔棒"看见"所有图层中的作品以进行选取。

- 取消对 Anti-alias（消除锯齿）复选框的勾选，可以创建一个全部以颜色填充的选区，而不会只在边缘处添加部分透明度。这样可以防止在经过选择和再选择，以及对选区进行颜色填充和再填充时，边缘处变得混乱。

- 将 Tolerance（容差）设定为 254（比最大值255少1）意味着，如果单击白色区域，那么除了纯黑之外的像素都会包含在该选区中，即该选区会浸入黑色线条并包含锯齿像素。用颜色填充的区域会轻微越过黑色线稿，这样就不会在两者之间出现缝隙了。

显示线稿和底层，即 Cow Color、Cow Lines 以及 Cow 图层，同时隐藏其他图层。使用魔棒工具单击各个由黑色线条封闭的区域，如果还想添加另一个区域并对它填充相同的颜色，可以按住 Shift 键单击该区域，然后选择前景色，使用 Alt+Backspace 或者 Option+Delete 键对该选区进行填充，如 4c 所示。此处使用魔棒工具选择并填充，而未使用油漆桶工具的原因是前者可以同时选择多个选区并填充——如上文所述。并且我们可以在填充之前查看用虚线显示的要填充区域。

4c

在 Cow Color 图层上，所有基本颜色填充完毕后单独显示的效果图如左上图所示。与 Cow Lines 和白底图层同时显示的效果图如右上图所示。可以将颜色图层的模式临时从 Multiply（正片叠底）更改为 Normal（正常）模式，以查看颜色的边缘是如何与黑色线条进行叠加的。

5 使用渐变着色。 对 Cow Color 填充完所有的颜色之后，关闭 Cow 图层组的可视性，并打开 Background Elements 图层组的可视性。我们为该图层组新建了一个 Multiply（正片叠底）模式下的透明图层以保存该组的颜色。对该图层中的篱笆和草，应用与奶牛相同的技巧。为了对天空添加蓝色渐变，可在按住 Shift 键的同时选择组成天空的区域，然后选择两种深蓝色渐变作为前景和背景的颜色——双击工具箱上前景或背景的色板并选择一种颜色即可完成前景色或背景色的设置。在 Gradient（渐变）工具  （Shift+G）中，我们选用了 Foreground to Background（前景到背景）的线性渐变，如 5a 所示，并从该选区的顶部拖至底部。▼ 不对圆形边框上色，如 5b 所示。随后，对该区域应用图案（参见步骤 8）。

知识链接
▼ 使用渐变
第 174 页

设置渐变工具  对 Background Elements Color 图层的天空部分进行颜色填充。

5b

对背景元素进行颜色填充和渐变处理后的效果图。

6 添加倾斜的色带。 在制作标识框时，可以参照步骤 4 中介绍的相同技巧为该标识填充黄色。打开 Marquee 的线稿、底层以及颜色图层的可视性，除此之外，还要打开字母图层的可视性，以便可以清晰地对 BLUEGRASS 这个单词后面的绿色进行定位，如 6a 所示。我们需要创建一个倾斜的矩形选区以对该区域进行上色。创建倾斜的选区的一种方法是选择测量工具 （Shift+I），沿着标识的一边拖动光标。例如，将光标定位在标识右侧边缘的底部附近，然后沿着边缘向上拖动，如 6b 所示。这一操作将绘制出一条非打印线条，选项栏和 Info（信息）面板中的 A 值表示其角度，记下该数字，因为一会就将用到该数值。选择矩形选框工具 并拖出任意大小的矩形框。执行 Select（选择）>Transform Selection（变换选区）菜单命令，并在选项栏中的 Set rotation（设置旋转）文本框中输入一个与测量工具中的值相等但是反向的一个值，如 6c 所示。如果该值是 –82.5，那么就输入 82.5；或者如果该值是 –50，那么就应该输入 50。然后使用变换框的手柄扩展或者收缩该选区以获得一个适合的上色区域，如 6d 所示。结束该变形操作（在该变换框内按 Enter/Return 键或者双击），然后对该选区进行着色，如 6e 所示。

6a

对背景元素进行颜色填充和渐变处理后的效果图。

检索测量结果

要检索使用测量工具绘制的最后一条线的长度、宽度、原点以及角度值很容易，只需再次选择该工具 。要检索使用测量工具绘制的最后一条线的长度、宽度、原点以及角度值很容易，只需再次选择该工具。

6b

| ✐📐 | X: 3.005 | Y: 1.762 | W: 0.280 |
| H: 2.115 | A: -82.5° | L1: 2.133 | L2: |

使用 Measure（测量）工具 ✐ 找到标识框的倾斜角度。

6c

| ▦⊹ | X: 507.8 px | △ Y: 876.1 px |
| W: 25.9% | 🔗 H: 370.3% | ⊿ 82.5 ° |

执行 Select（选择）>Transform Selection（变换选区）菜单命令之后，输入角度测量的负值。

6d

倾斜后的矩形选区。

6e

将前景色设为绿色后，按 Alt+Bakspace 键（Windows）或者 Option+Delete 键（Mac）对选中的条状区域上色。

7a

LAYERS
Normal ▾ Opacity: 100% ▸
Lock: ☒ ✐ ✛ 🔒   Fill: 100% ▸

锁定颜色图层的透明度。

7 对颜色进行精调。 若要调整各个颜色图层上的颜色，可以使用用于添加高光效果的减淡工具 🔍（Shift+O）以及用于添加阴影效果的加深工具 ✍（Shift+O），或者使用画笔工具 ✐（Shift+B）且在选项栏中选择喷枪模式 ✍ 以添加高光和阴影效果。首先，单击图层面板最上方的 ⊡ 按钮锁定颜色图层的透明像素，如 7a 所示，以防止"对线条外的区域进行上色"。如果需要填充某个选区，那么可以再次使用魔棒工具 ✨（Shift+W）选取单一颜色区域，不过这次需要取消选项栏中对 Sample All Layers 的勾选，如 7b 所示，这样一来，魔棒工具在进行选取的过程中，就只会"查看"当前图层了，本例中即为颜色图层。保持 Contiguous（连续）复选框的勾选状态，并将 Tolerance（容差）的值设定为 254，这样每次使用魔棒工具单击时就会选中单击区域内部的所有颜色，并且所有颜色均被透明的缝隙包围着——即便是你对该选区填充了渐变颜色或者使用其他的阴影和色调修改过该颜色。你可以根据需要进行选择、着色、绘画或者再填充。我们使用带柔边笔尖的加深工具 ✍（Shift+O），加深奶牛和帽子部分的几处区域的颜色，如 7c 所示。另外，在奶牛选区，使用画笔工具 ✐（Shift+B）将牛蹄填充上灰色，并对牛尾填充上棕色。我们使用画笔工具 ✐ 并在选项栏中选择喷枪模式 ✍，对篱笆的栅栏和柱子添加高光效果，如 7d 所示。

7b

对魔棒工具 ✨ 进行设置，以选取要精调的颜色块。

7c

使用画笔工具 ✐ 对牛蹄和牛尾上色，然后使用加深工具 ✍ 调整牛身和帽子的颜色。在调整身体部分的颜色时，首先使用一个大的柔边笔触（左图），向下绘制一道垂直的笔触，以加深该区域的颜色。然后减小该笔触的大小和曝光度，绘制该区域边缘的颜色。在 Photoshop CS4 中，可以打开 Protect Tones（保护色调）来防止将浅色或者深色推得过远，并保护原始色调。

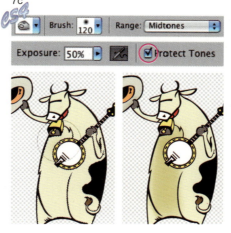

7d

在精细调整 Background Elements Color 图层时，选择画笔工具 ✏️ 且选中喷枪选项 ✈️，为篱笆栏杆和柱子部分喷绘浅棕色以添加高光效果。

8a

选取圆环部分（左图）并添加图案填充图层。

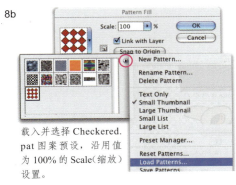

8b

载入并选择 Checkered. pat 图案预设，沿用值为 100% 的 Scale（缩放）设置。

8c

放置好的图案填充图层。

8d

打开 Cow 图层组的可视性之后，在圆环内部轻微调整图案的位置。

8 使用 Pattern（图案）填充图层。 对外侧的圆环部分，我们想要使用棋盘格图案。除了选择该圆环并对其进行填充之外，我们还可以使用图案填充图层来控制图案的位置和大小。具体操作如下：选中 Background Elements 图层，使用魔棒工具 ✨（Shift+W）并参照步骤 4 进行设置——勾选 Sample All Layers 复选框，按住 Shift 键的同时单击选中该圆环的所有部分。完成该选区的选取工作之后，单击图层面板底部的创建新的填充或调整图层按钮 ⬤，并选择 Pattern（图案），如 8a 所示。在 Pattern Fill（图案填充）对话框中，单击图案样板一侧的小三角形打开图案样板，如 8b 所示。然后单击 ⊙ 按钮，从菜单中选择 Load Patterns（载入图案）选项。**加载 Checkered.pat**（与本节其他的文件一同提供），在移动该图案（拖入当前窗口）或者使用缩放滑块调整图案的大小时，观察当前窗口的变化，如 8c 所示。将缩放系数设为 2 的倍数（例如，50% 或者 25%）以避免图案的"柔化"。如果要在以后的操作中更改图案的大小或位置，可以双击图层面板上该图案图层的缩览图打开 Pattern Fill 对话框即可，如 8d 所示。

9 对部分黑色作品上色。 我们想对黑色作品中的星星、月亮、稻草和 Bellowing Bluegrass Stampede（Inner Lettering 图层），选框中灯和星星，以及单词"The"等部分进行上色。

• 选中星星、月亮和稻草所在图层并锁定该图层的透明度（单击 🔒 按钮）。选择画笔工具 ✏️（Shift+B），使用尖角笔尖且将 Opacity（不透明度）设置为 100%，如 9a 所示。按住 Alt/Option 键的同时单击进行颜色取样。我们使用加深工具 ⚫ 并参照步骤 7 中的操作，加深月亮的颜色，可参见第 482 页的效果图。

• 在 Inner Lettering 图层，选择颜色并锁定透明度（单击 🔒 按钮），然后使用 Alt+Backspace（Windows）或者 Option+Delete（Mac）快捷键为字母部分、圆形选框以及 3 个星星同时上色，如 9b 所示。然后使用画笔工具 ✏️，选择尖角笔尖和白色，将灯和星星的颜色更改为白色，如 9c 所示，选择一个比灯大一点的圆边笔触，单击最上方一排灯的左端，在按住 Shift 键的同时单击右端，对底排的灯以及三颗星（从上到下）也进行同样的操作。

9a

绘制星星。

9b

锁定 Inner Lettering
图层的透明度，并对
其上色。

9c

在锁定透明度的情况下，
对点状和星星部分填充
白色。

9d

设置 Painter Bucket（油漆桶）工具。

9e

勾选 Contiguous（连续）
复选框，单击即可将字母
填充上红色且保留黑色的
轮廓线。

- 要对"The"部分填充红色且保留黑色的轮廓线，锁定 The Lines 图层的透明度并选择油漆桶工具 ◇（Shift+G）。在选项栏中，将 Tolerance（容差）的值设定为 254，并选择 Contiguous（连续），如 9d 所示。单击 3 次即可将此处字母中的黑色像素（包括消除锯齿的部分透明区域的黑色像素）替换为红色像素，如 9e 所示。不过，黑色的轮廓线并不会发生改变，因为其未接触到字母被单击的区域（未与它相连）。

10 添加图层样式。 添加完颜色后——因为此时已经创建好了颜色图层，所以通常可以在稍后回过头来重新着色——便可以使用图层样式来为黑色线条添加立体感。要想让 Cow Lines 图层产生凸现的效果，可以单击图层面板底部的添加图层样式按钮 *f★* 选择 Bevel and Emboss（斜面和浮雕），如 10 所示。若要复制和粘贴样式，可以在 Layers（图层）面板中，右击或者按住 Ctrl 键同时单击添加 *f★* 了样式后的图层的 *f★* 图标，并选择 Copy Layer Style（拷贝图层样式）选项。然后，若要一次性将复制的样式粘贴到几个图层中，可以按住 Shift 键或者 Ctrl 键单击多个图层的缩览图并选择 Paste Layer Style（粘贴图层样式）。将该样式复制并粘贴到"Background Elements Lines"和"Marquee Lines"图层，以及"Stars, Moon, and Wheat"和"Inner Lettering"图层。

要制作出第 482 页插图中的精细分层效果，可对奶牛、选框以及背景的白色底层仅添加 Drop Shadow（投影）图层样式。当作品放在页面背景上时，Drop Shadow（投影）的效果最为显著，如 482 页的顶图所示。

10

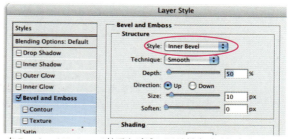

在 Bevel and Emboss（斜面和浮雕）图层样式对话框中设置 Inner Bevel（内斜面）为默认的 Smooth（平滑）方法，并调整 Depth（深度）和 Size（大小），以使线稿产生"凸起"的效果。

黑白图形

将图形从彩色转换为黑白时，Photo-shop 的黑白调整极为便捷。可以通过单击 Layers（图层）面板底部的 Create new fill or adjustment layer（创建新的填充或调整图层）按钮 ◐ 来添加黑白调整图层，在 Photoshop CS4 中则可以单击 Adjustment（调整）面板上的 ▶ 按钮。如果不喜欢默认的转换，可以尝试单击 Auto（自动）按钮，如果得到的效果还不理想，可以调整滑块或者在图像中向右或左刮擦来减淡或加深用于表示原始图像中颜色的灰色效果。当得到理想的转换后，可以通过执行 Image（图像）> Mode（模式）> Grayscale（灰度图）命令将图像转换为单一颜色以打印。

与照片相比，插画在添加了黑白调整图层后，对原始颜色的记忆较困难。但是用户需要颜色信息以便可以在正确的位置刮擦或者将滑块移动到合适的位置。如果图形相对简单，那么 Layers（图层）面板中的大型缩览图就可以作为颜色参考了。从 Layers（图层）面板菜单中选择 Palette Options/Panel Options（调板选项/面板选项）命令，并选中最大的缩览图。要想得到一个更为复杂的插画（如右栏的地图），可能需要在它自己的浮动窗口中复制作品（Image > Duplicate > Duplicate Merged Layers Only）。

知识链接
▼ 黑白调整 第 214 页

附书光盘文件路径
 > Wow Project Files >Chapter 7> Quick Black & White

转换图形

ORIGINAL GRAPHICS: FANATIC STUDIO / PHOTOSPIN.COM

在为黑白调整图层评估了默认和自动设置后，我们决定在图像中进行拖动调整。在 Photoshop CS3 中轻轻地向左或向右调整。在 Photoshop CS4 中需要在着手前单击 Scrubber（刮擦工具）按钮。不断地尝试不同的深浅效果，直到得到理想的平衡效果。如果找到了最接近的效果，但无法通过试验来得到更贴近的效果，则可以添加一个 Levels（色阶）或 Curves（曲线）调整图层（单击图层面板上的 ◐ 按钮并选择相应的调整图层，在 Photoshop CS4 中则需要单击 Adjustments 面板上的 ⛰ 或者 ▦ 按钮）。可以使用 Auto（自动）按钮，或者手动精调。

 BW Graphics.psd

保存预设

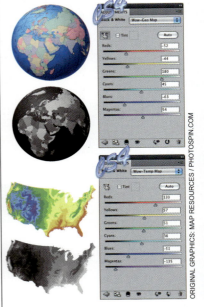

ORIGINAL GRAPHICS: MAP RESOURCES / PHOTOSPIN.COM

当制作出一个很有用的可以反复使用的黑白设置时，便可以保存它。例如，地图经常采用 4 种柔和的颜色来区分国家或者州，尽管这些颜色差别很大，但当转换成灰色时，就很难区分了。通常，气候图会使用跨度很广的、不能自动转换成一系列有用的灰色。如果要转换一系列地图、图表或者插画，那么就有必要将黑白设置保存为预设，并将它应用于整个系列。尽管目前仅转换其中的一幅地图，但该预设还可以用于以后的其他地图。

我们先尝试默认和 Auto（自动），接着为全局效果制定一个转换。在对气候图进行调整时，还可以使用颜色滑块作进一步调整。此外，还可以添加一个用于精调的 Levels（色阶）或 Curves（曲线）调整图层。

🌀 **BW Presets**

在创作《第9，逃亡》（No. 9, The Escape）时，Alicia Buelow糅合了很多图像和技法。她将混凝土的照片扫描后用作背景，并通过下面的方法创建位于图像中心的矩形的顶部，即使用Rectangular Marquee Tool（矩形选框工具）选择区域，接着执行Image（图像）>Adjustment（调整）>Hue/Saturation（色相/饱和度）菜单命令，打开色相/饱和度对话框，然后勾选Colorize（着色）复选框进行着色。

在绘制中心矩形下部时，她借助了传统的拼贴方式，将碎纸片粘贴在画板上，然后扫描，并在Photoshop中打开扫描文件，对颜色执行反相操作（Ctrl/⌘+I）创建一个负片效果，之后借助Hue/Saturation（色相/饱和度）命令采用与对顶部着色相同的办法对其进行着色。

Buelow扫描了一道用黑墨水绘制的宽墨迹，然后将它复制（Ctrl/⌘+C）并粘贴（Ctrl/⌘+V）到当前操作的文件中，并将图层的混合模式设置为Multiply（正片叠底）。她在扫描的纹理上选择了多道狭长的矩形选区，并将它们设置为Color Burn（颜色加深）模式，最后使用金色对背景进行着色，并在背景上面放上一张19世纪的地图扫描图片。

为了创建出素描的轮廓感，她先使用Pen（钢笔）工具来绘制鸟。接着选用白色的前景色，单击Paths（路径）面板底部的Fill path with Foreground color（使用前景色填充路径）按钮（右图中红色框中的白色填充）。接着，按住Ctrl/Z键的同时单击Layers（图层）面板中鸟的缩览图将鸟作为一个选区加载，再制作一

个稍小一点的选区（Select > Modify>Contract），按住Alt/Option键单击Layers（图层）面板底部的Add a layer mask（添加图层蒙版）按钮，将会制作一个遮住除鸟图形边缘之外的所有部分的黑色蒙版。单击Layers（图层）面板中图形和蒙版之间的解除它们的链接。在选择Move（移动）工具的情况下，通过单击Layers（图层）面板中的蒙版缩览图选中蒙版，并在图像中拖动以移动蒙版来创建一个不规则的轮廓。

PERSUASION: RECEPTION AND RESPONSIBILITY

Charles U. Larson 10th Edition

JOHN ODAM

在为 Charles U. Larson 所著的《说服：接受与责任》（Persuasion:Reception and Responsibility）第 10 版制作封面插画时，设计师 John Odam 使用文本对照片进行遮罩处理。首先，他创建了一个 Futura Extra Bold 文本，其中每个图层上仅有一个字母，且均为黑色。要对文字进行的更改（如缩放文字大小、更改文字基线）都可以通过一个图层来完成。但是要想单独对字母进行倾斜（旋转）操作，以某种顺序进行叠加，并为每个图层添加单独的投影效果时（即便是在叠加的情况下），则需要将字母放在不同的图层上。

Odam 不需要将该文本保持为可编辑的状态——此时不再需要更改书的标题，因此对文本进行栅格化处理即可避免在输出时出现字体问题。在将它转换成形状图层时便可以保留清晰的文字轮廓，即便是该图层的尺寸发生变化。可以单击 Layers（图层）面板上该图层的缩览图选中该图层，然后执行 Layer（图层）>Type（文字）>Convert to Shape（转换为形状）菜单命令。

转换文字后，Odam 通过单击 Layers（图层）面板中的各文本图层缩览图选中其中一个文字，并对图层上的单个黑色文本进行变形操作［执行 Edit（编辑）>Free Transform Path（自由变形路径）菜单命令对应的 Ctrl/⌘+T 快捷键，在变换框外拖动角手柄可以旋转，按住 Shift 键同时拖动角手柄可以等比例缩放，而在变换框内拖动光标可以对该变换框进行重定位］。

完成排版之后，如 A 所示，Odam 开始添加照片，其中一些照片是 Odam 用数码相机自行拍摄的，另一些照片是从图库中购买的。打开照片文件，然后单击当前排版文件工作窗口激活该文件。如果选中一个字母图层，并将想要使用该图层进行遮罩处理的照片拖入该图层文件中，那么该照片会变成字母图层之上的一个图层。然后按住 Alt/Option 键同时单击图层面板上照片图层与字母图层之间的边界，

创建剪贴组以在字母内对照片进行遮罩处理，如 B 所示。选择移动工具，在当前窗口拖动光标移动照片，直到在字母中显示出图像的适当部分为止。

当所有的照片都被剪贴到字母中后，选中其中一个字母图层，单击图层面板底部的添加图层样式按钮 *fx*，从弹出的菜单中选择 Drop Shadow（投影），以添加 Photoshop 默认的投影效果，然后单击 OK（确定）按钮关闭该 Layer Style（图层样式）对话框。然后将该投影效果复制到其他几个字母图层上（参见下文的"3 种选择"）。

一个完好的包括剪贴组和图层样式的文件可使操作更加灵活，因为此时人们还可以对各个照片、字母形状以及效果进行设置。

完成 Illustrator 制作之后，Odam 制作了一个单一图层的副本，执行 Image（图像）>Duplicate（复制）菜单命令，勾选 Duplicate Merged Layers Only（仅复制合并的图层）复选框，将其保存为 TIFF 格式，并放置到排版文件中，最后在该文件中添加标题和作者名。

A

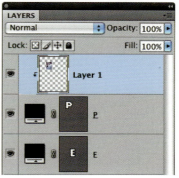

B

3 种选择

复制全部或者部分图层样式时，可以有以下 3 种选择：

- **仅复制图层样式中的一种效果**（例如 Drop Shadow 或 Inner Glow），按住 Alt/Option 键并在 Layers（图层）面板中从已经添加过样式的图层中将其拖动到其他图层。

- **如果想复制样式中的所有效果**，但是不复制图层的混合模式或者 Opacity（不透明度）设置，或 Layer Style 对话框里的 Blending Options（混合选项）部分的其他选项组，则可以在 Layers（图层）面板中按住 Alt/Option 键从添加过样式的图层中将效果选中拖曳到其他图层。

- **复制所有的效果以及图层混合模式或者 Opacity（不透明度）、Fill Opacity（填充不透明度）以及 Layer Style 对话框里的 Blending Options（混合选项）部分中的其他设置**，可以右击/Ctrl+单击图层的 *fx* 符号并选择 Copy Layer Style（复制图层样式）命令，接着右击/Ctrl+单击要将样式添加到其上的图层处的 *fx* 符号，选择 Paste Layer Style（粘贴图层样式）命令。

在这 3 种方法中，复制、粘贴方法是惟一一种允许一次复制多个图层的方式。可以使用这种方法复制样式，接着一次性选择多个图层（通过在 Layers 面板中按住 Shift 键或者 Ctrl/⌘键单击图层缩览图即可），粘贴到选中图层之一即粘贴到所有的图层。

THE
SEASONS
OF A SOUL
RHYME
WITH
HOT
WARM
COOL
AND
COLD.

为给《心灵季节》（Seasons of the Soul）中的文本制作抽象的背景，Steven Gordon 打开了一张照片，如 A 所示，并将其转换成图案，执行 Edit（编辑）>Define Pattern（定义图案）菜单命令。关闭该照片文件，然后新建一个 72 像素 / 英寸的文档。Gordon

选择了 Pattern Stamp Tool（图案图章工具），单击选项栏左侧的 Tool Preset（工具预设）拾取器，从预设的 Wow Pattern Stamp Brushes 组中选择 Wow-PSDry Brush-Large 预设。▼在选项栏中，将画笔的 Opacity（不透明度）调至 50%，同时保持该图

案的 Aligned（对齐）设置，并勾选 Impressionist（印象派效果）。Gordon 在画布上绘制了一些短的相互叠加的笔触，如 B 所示。由于来源图像要比所进行绘制的文档大，因此只有左上角的图像才会在该 Pattern Stamp（图案图章）笔触中显示。

完成绘制之后，Gordon 添加了一个 Hue/Saturation(色相 / 饱和度)图层[单击 Layers(图层)面板底部的◑按钮]，并增加了 Saturation（饱和度）的值，以使颜色看上去更鲜艳。Gordan 将文档的分辨率增加到 288 像素 / 英寸[执行 Image（图像）>Image Size（图像大小）菜单命令，勾选 Resample Image（重定图像像素）复选框]，使用 Unsharp Mask（USM 锐化）滤镜对该作品进行锐化处理。▼

为了创建四季的说明文字，Gordon 选择了 Horizontal Type Tool（水平横排文字工具）T。在选项栏的字体列表中选择 Cancione 字体，这是 Brenda Walton 设计的一种全大写字体（www.itcfonts.com）。为了创建一个在变形过程中仍能捆绑在一起的纯文字块，Gordan 单击选项栏中的 Toggle Character and Paragraphpalettes（显示 / 隐藏字符和段落调板）按钮 并将字体大小和行间距设置成统一的大小，以让文本的行与行之间

的距离保持最小。单击当前工作窗口，系统会自动创建一个新的文本图层，先输入 "WINTER"，然后在每个单词后按 Enter/Return 键。完成文本的设置之后，Gordan 单击选项栏中的 Create warped text（创建文字变形）按钮，选择 Warp Text（变形文字）对话框中的 Twist（扭转）样式，如 C 所示。Gordan 调整了 Bend（弯曲）和 Distortion（扭曲）的设置，直到获得了想要的几何形，如 D 所示。在 Layers（图层）面板上，Gordan 将图层的混合模式更改为 Overlay（叠加），这样一来，绘画的背景颜色就会作用于该文本。最后，Gordan 单击 Layers（图层）面板底部的 fx 按钮，为文本添加了 Drop Shadow（投影）以衬托该文字，且将颜色更改为白色、将 Mode（模式）更改为 Normal（正常）、将 Opacity（不透明度）的值更改为 30%。要将文字右边部分颜色减淡，Gordan 通过单击面板底部的◻按钮添加了一个图层蒙版并对其应用了渐变。▼

制作诗句部分时，Gordan 使用了段落文本，具体操作如下：使用 Type Tool（文字工具）T 拖动创建矩形文本框，然后将光标移至文本框之外，逆时针拖动一个角手柄，将该文本框旋转到一个满意的角度。在选项栏中，选择 OpenType LithosPro 字体，并选择右对齐选项。在 Character（字符）面板中，选择文本大小和自动行间距，输入该诗句，要开始新的一行输入时按 Enter/Return 键即可，如 E、F 所示。

 Wow Goodies 中收录了 Steven Gordon 的 Seasons.psd 文件的低分辨率版本，可以从中查看它的结构并试用字体。

知识链接

▼ 载入 Wow 预设　第 4 页

▼ 使用 USM 锐化　第 337 页

▼ 渐变蒙版　第 84 页

B

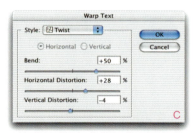

Warp Text

Style: Twist

● Horizontal ○ Vertical

Bend: +50 %

Horizontal Distortion: +28 %

Vertical Distortion: -4 %

C

D

THE SEASONS OF A SOUL RHYME WITH HOT WARM COOL AND COLD

E

F

文字和图形特效

8

如果还没有大量地使用过样式，也没有认真阅读过第 80 ～ 83 页"图层样式"一节的内容，那么请立即阅读该小节，该小节为本章主题的简要介绍，包括一些关于应用、复制和保存样式的重要提示。

第 83 页"样式的设计分辨率"讲述了如何将 Wow Style 按照设计时的外观展现出来，无论将该样式应用到的文件的分辨率与设计时的分辨率的差别有多大。掌握该技巧以后，都可以创建出如上左图所示的效果（将 Wow-Clear Orange Style 应用到 72 像素 / 英寸的文件上）和如上右图所示的效果（将同样的样式应用到 255 像素 / 英寸的文件上）。

将平面图像或者文字转换为半透明的立体对象只是图层样式可以完成的工作之一。用于完成上述文字转换工作的内容请参见第 525 页的"清爽的颜色"。

本章介绍的绝大多数功能都可以用于模拟光和材质相互作用所产生的各种特殊效果，小到阴影，大到铬合金、拉丝金属以及玻璃等材质所产生的复杂反光以及折射效果。利用 Photoshop 的图层样式可以创造出生动的文字和图形特效。

使用图层样式

有了 Layers Styles（图层样式），用户便可以根据需要随时创建整个三维灯光效果和进行色彩处理。Styles（样式）是 Photoshop 中比较强大的功能之一，第 2 章的"图层样式"部分对此作了详细的介绍（第 80 页）。此处仅对 Styles（样式）的一些比较重要的特征进行简要重述。

图层样式包含了多种效果，如发光、阴影、描边和纹理等，这些效果可以添加到任何未锁定的图层（图层面板中图层名称旁边没有小锁标记 🔒 的图层）。可以任意编辑这些效果，比如改变光照角度、斜面形状等，而不会影响应用样式的图像质量。

边缘由图层内容的轮廓（即图层的像素、类型或者形状的"脚印"）定义的，它是图层上透明部分和不透明部分的分界线。可以通过**图层蒙版或者矢量蒙版**修改轮廓。▼ 在默认情况下，这两种蒙版都可用于为图层样式定义边缘。

知识链接
▼ 使用蒙版
第 61 页

图层样式由 12 种不同的效果以及 **Blending Options（混合选项）** 组成——混合选项控制着图层中对象效果的互相影响，以及图层本身和文件中其他图层之间的互相影响。大部分图层样式（以及混合选项）都具有多个参数，用户可以对它们进行更改，而不同参数产生的排列组合效果不计其数。

Photoshop 自带了一些预设样式的集合，可以通过执行单击扩展按钮 ▾☰，在弹出菜单中选择相关命令来加载这些样式。弹出菜单的下部显示了当前 Styles（样式）文件夹中的**预置样式**。在安装 Photoshop 程序的时候，系统将自动在 Photoshop 应用程序文件夹的 Presets（预置）文件夹中创建 Styles（样式）文件夹。

打开一个现存的样式并且在 Layer Style（图层样式）对话框中对其进行编辑，就可以**创建自定义样式**了。也可以基于一

图层样式列表

所有能在图层样式中混合使用的效果都会被列在Layer Style（图层样式）对话框的左侧窗格中。

单击样式名称可以打开不同的选项面板，以便用户进行编辑。

单击样式名称左侧的复选框，可以显示或隐藏相应的效果。

个随意的勾画来创建样式：在 Layers（图层）面板中选中任何未锁定和未加载样式的图层，单击面板下方的 Add a layer style（添加图层样式）按钮 *fx*（或者使用在第 500 页的"打开图层样式对话框"中介绍的其他方法），并从弹出的菜单中选择一个效果，即可打开 Layer Style（图层样式）对话框。在该对话框中可以对用户选择的参数进行调整，如果需要，还可以在左侧窗格中选择另一种效果。根据以上所述步骤，即可选择效果并设置参数。

应用样式之后，用户可以将样式连同其所有的效果一同复制到其他图层或是文件中——也可以对该图层进行命名并保存为**预设**以备用。在将这些可移动的样式应用到其他图层上时，可以对其进行**缩放调整**以符合所应用的新元素，而所有的效果调整通过简单的大小缩放操作即可一次性完成。

应用预设样式

第80页"图层样式"简略但全面地介绍了样式的使用方法。这里将总结如何从Styles（样式）面板应用样式。通过Layers（图层）面板和Styles（样式）面板都可以应用样式——这两个面板均可以从Window（窗口）菜单中打开。

1 选择任何未锁定的图层（单击图层面板中的图层缩览图）。

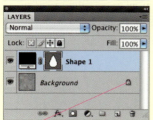

样式不能应用于背景或者其他被锁定的图层。

2 在 Styles（样式）面板中单击选择样式，即可显示所有已经加载的样式以及用户保存的新的样式（第 4 页讲解了加载 Wow Styles 的方法）。

3 在 Layers（图层）面板中，右击／Ctrl+ 单击已经应用了样式的图层旁边的 *fx* 按钮，然后从快捷菜单中选择 Scale Effects（缩放效果）命令。尝试调整 Scale（缩放）以得到最理想的效果。含有图案的样式应该小心缩放（参见第 81 页）。

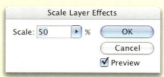

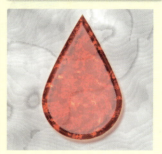

将某个图层中的样式复制到另一个图层中

可以将一个图层中的样式复制到另一个图层中，无论该图层是在同一个文件中，还是在其他已经打开的不同文件中。

1 在 Layers（图层）面板中，右击/Ctrl+ 单击已应用了样式的图层旁边的 fx 按钮，然后从弹出的快捷菜单中选择 Copy Layer Style（拷贝图层样式）命令。

2 在 Layers（图层）面板中，右击/Ctrl+ 单击未应用样式图层名称右边的空白处，在弹出菜单中选择 Paste Layer Style（粘贴图层样式）命令。

3 也可以打开 Scale Layer Effects（缩放图层效果）对话框尝试不同的缩放数值，以查看不同效果，可以参见第 499 页的步骤 3。

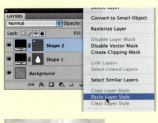

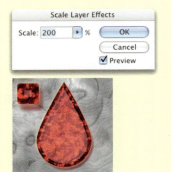

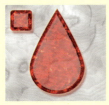

打开图层样式对话框

有多种打开 Layer Style（图层样式）对话框的方法。在打开 Layer Style（图层样式）对话框时，可以在左侧窗格中的切换效果，或设置 Blending Options（混合选项）（参见第 499 页）。

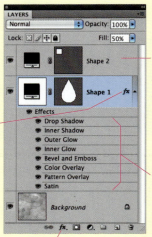

对于一个已经应用了样式的图层而言，双击图层名称右侧的 fx 图标可以打开 Layer Style（图层样式）对话框的 Blending Options（混合选项）选项面板。

双击 Layers（图层）面板中图层名称右侧的空白区域可打开 Layer Style（图层样式）对话框中的 Blending Options 选项面板。

单击 Layers（图层）面板下方的 Add a layer style（添加图层样式）按钮 fx，然后选择需要的**样式**。

在 Layers（图层）面板中某个图层（该图层已经应用了样式）包含的样式扩展列表中，双击 Effects 将直接进入 Layer Style 对话框中最近打开的样式界面，若直接双击某个特定的样式名称，则会打开特定样式的设置窗格。

执行 Layer（图层）>Layer Style（图层样式）命令，在子菜单中选择一个需要的**样式**，即可打开 Layer Style（图层样式）对话框中的该样式选项面板。

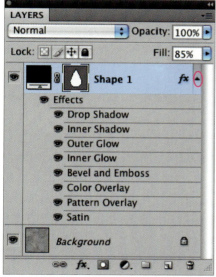

图层面板中图层名称右侧的 **fx** 按钮表示该图层已应用了图层样式。通过单击 **fx** 按钮旁边的小三角图标，可以列出该图层应用的图层样式。上图所示的"宝石"是通过对 Layer Style 添加暗灰色填充形状得到的。

Styled Shape.psd

理解样式

后面几页内容将展示文件中的组件如何影响 Photoshop 的图层样式。接着，本章的剖析部分将通过实例来说明，多个样式如何共同作用以创建不同的材质、立体和光影效果。在本书光盘中拥有样式的分层 Anatomy 文件将提供简洁、交互、有趣的方法，帮助用户轻松掌握书中相关的知识点。样式中的所有不同效果与混合选项可以相互影响，并且这些组合的微小差别都可以导致真实的结果与理想的结果千差万别。如果保留一两处小的设置不修改，或者 Blending Options（混合选项）的设置略有不同，那么得到的有可能不是蓝色的半透明玻璃，而是具有丝滑感的黑色塑料制品。

本章中"特殊效果技巧"的详尽操作步骤，将向用户说明如何使用附加的图像图层和调整图层创建更突出的立体效果。当开始按照这些详尽步骤进行学习时，用户**不仅需要打开本书光盘中的"原始文件"，还应对比"效果文件"**。但是，如果只想使用最终效果，而不是想了解如何实现该效果的步骤，则可以通过复制和粘贴对目标文件应用样式，参见第 500 页的内容。

了解图层样式对话框

了解设置阴影、发光或其他图层样式的其中一个方法是：创建一个文本图层或者形状图层，打开 Layer Style（图层样式）对话框，单击左侧列表中的样式名称，然后展开对应的选项面板。将 Opacity（不透明度）设为 100%，将 Blend Mode（混合模式）设为 Normal（正常），再将所有其他参数设为最小值。一次只更改一个参数，即可看出该参数将如何影响最终效果。

拆分样式

另一个有趣的尝试是利用多种效果创建一个样式，就像本页左侧显示的 Styled Shape.psd 文件，然后栅格化效果，方法是：右击 / 按住 Ctrl 键的同时单击添加图层样式 **fx** 图标，从快捷菜单中选择 Create Layers（创建图层）命令。之后，每种样式都将会被分离为一个单独的图层，如下页所示——有的样式甚至会需要被分离成两个图层。注意新图层在 Layers（图层）面板上的位置——有的图层会在应用了该样式的图层之上，有的则会在该图层之下。图层的顺序具有

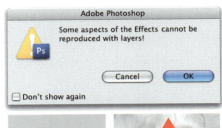

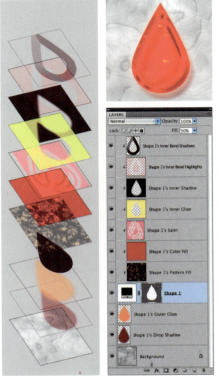

Create Layers（创建图层）命令以分层的形式提供图层样式效果，正如此处所示的对第501页的 Styled Shape.psd 文件所进行的操作一样，有时对整体应用图层样式要好于分别对部分应用后的效果总和，且使用样式创建的合成效果无法成功地栅格化到单独的图层，有些重要细节会因此而丢失。

一定的提示功能。位于原"样式化"图层之上的"效果"图层会包含在剪贴组中，▼并以该原始图层作为底图（如左栏图中所示的图层面板），因此，各种效果只会在由原图层限定的轮廓内的部分区域中显示。此时，若按住 Alt/Option 键的同时单击 Layers（图层）面板上原始图层与位于其上一个图层之间的边界，该图层将从剪贴组中释放出来，你将看到最终的剪贴组效果。现在，单击单个图层的 👁 图标查看效果。

知识链接

▼ 剪贴组
第 65 页

转换过程中的质损

当选择Create Layers（创建图层）命令时，会弹出一个警示框提示用户有些效果可能会在转换的过程中丢失。为了保险起见，在使用 Create Layers（创建图层）命令之前先保存该样式，具体操作如下：单击Styles（样式）面板底部的Create New Style（创建新样式）按钮 🔲 ，根据需要为该样式命名，然后单击OK按钮。该样式会被添加到 Styles（样式）面板中。

图层样式分类

Layer Style（图层样式）的许多单个样式都是以该特效的原名命名的，例如 Drop Shadow（投影）、Inner Glow（内发光）、Outer Glow（外发光）等。第 503 页的"图层样式选项"列举了这些效果的实例。不过带有明亮颜色的 Drop Shadow（投影）也可以被视为发光效果（如第 759 页的"发光和霓虹"部分所述），深色的 Inner Glow（内发光）效果有助于创建逼真的阴影效果（如第 525 页的"清爽的颜色"部分所述）。如果能摆脱名称的束缚，进一步理解每种效果与其他效果之间的交互效果，那么将可以极大地发掘样式的潜能。

样式的另一个重要作用是光照——光线照射的角度，是从头顶直射还是倾斜照射，且倾斜度如何。我们首先从以下几种最简单的效果入手：Color（颜色）、Gradient（渐变）以及 Pattern Overlays（图案叠加），然后再来研究光照和光照起作用的其他效果。

叠加

3种叠加（Overlay）效果为添加实色、样式或渐变提供了一种简便、灵活的方式，可以随时对其进行更改，并调整内容、不透明度和混合模式。叠加产生的效果就好像是按照

图层样式选项

图层样式可以由此处所示的几种效果组成：3种用于为表面着色的**叠加**效果，两种**阴影**效果和两种发光效果，一种**光泽**效果，及一种**描边**效果。**斜面和浮雕**效果共有5种不同的斜面结构以及一个**等高线**控制斜面的形状。斜面和浮雕效果中的结构和光照还控制了由**纹理**效果所添加的凸起映射。

 Style Samples.psd

Color Overlay（颜色叠加）

Gradient Overlay（渐变叠加）：Solid（实色混合）、90°、Reflected（对称的）

Gradient Overlay（渐变叠加）：Noise（杂色）、27°、Linear（线性）

Pattern Overlay（图案叠加）

Drop Shadow（投影）

Inner Shadow（内阴影）

Outer Glow（外发光）

Inner Glow（内发光）：Edge（边缘）

Inner Glow（内发光）：Center（居中）

Satin（光泽）

Stroke（描边）：Color（颜色）

Stroke（描边）：Shape Burst Gradient（迸发状渐变）

Bevel and Emboss（斜面和浮雕）：Inner Shadow（内阴影）

Bevel and Emboss（斜面和浮雕）：Outer Bevel（外斜面）

Bevel and Emboss（斜面和浮雕）：Emboss（浮雕效果）

Bevel and Emboss（斜面和浮雕）：Pillow Emboss（枕状浮雕）

Bevel and Emboss（斜面和浮雕）：Stroke Emboss（描边浮雕）

Bevel and Emboss（斜面和浮雕）：Contour（等高线）

Bevel and Emboss（斜面和浮雕）：Texture（纹理）

使用Drop Shadow（投影）图层样式创建的
阴影，可以与图形对象分离并成为一个单独的
图层，方法之一是执行Layer（图层）>Layer
Style（图层样式）>Create Layer（创建图层）
命令。然后，可以使用Free Transform（自由
变换）命令（Ctrl/⌘+T）对其进行变换，以
制作出投影。▼接着，可以将另一个包含Drop
Shadow（投影）的Layer Style（图层样式）添
加到图形对象中，以便创建出立体效果以及
未栅格化的可编辑的
表面特征。

知识链接
▼自由变换
第 67 页

使用了 Layer Style（图层样式）为 Home icon
图层添加 Drop Shadow（投影）效果。然后
将该样式分离以创建一个独立的可以为该图层
创建投影的阴影图层。为 Shape Layer（形状图
层）添加一个含 Drop Shadow（阴影）的新样式，
将 Distance（距离）设置为 0 可以制作出深色
光环效果，Home icon 图层会变得有立体感和
光泽感。

它们在Layer Style（图层样式）对话框列表中的顺序进行堆
叠：Color Overlay（颜色叠加）这种实色填充位于顶层，然
后是Gradient Overlay（渐变叠加），最后是Pattern Overlay
（图案叠加）。以下是使用Color Overlay（颜色叠加）时可
执行的少部分操作。加深凹进部分的颜色，使其看上去好像
是对表面进行雕刻后的效果，两个Wow-Carved样式（参见
附录C）为此提供了案例。存储经常使用的颜色信息（如标
识所需的相同颜色），以便可以在需要时随时应用这一颜色
叠加。

如果勾选了Gradient Overlay选项面板中的Align with Layer
（与图层对齐）复选框，那么渐变效果将始于图层内容的边
缘处。勾选该复选框，整个渐变就像是"涌入"了图层内容
的轮廓中。如果**取消**勾选该复选框，**渐变将与文件的边缘
对齐**，而仅有部分渐变会落入到该轮廓内。（如果图层过
大或者部分"离开了舞台"，那么图层的边缘可能会落在
画布区域外。）Angle（角度）用于设置颜色更改的方向，
Styles（样式）提供了5 种渐变类型（参见第175页）。使用
Scale（缩放）滑块可以对渐变区域进行缩放或扩大。Scale
（缩放）的值小于100%时，可扩展末端颜色以对边缘进行
填充。

如果勾选了Pattern Overlay（图案叠加）选项面板中的Link
with Layer（与图层链接）复选框，图案将起始于图层内
容的左上角。如果取消勾选该复选框，图案将起始于文件
内容的左上角。在应用图案之后，勾选或取消勾选都不会
改变图案的位置。取消勾选该复选框，单击Snap to Origin
（贴紧原点）按钮，在图像窗口拖动鼠标，也可以改变图
案的位置。勾选Link with Layer（与图层链接）复选框可以
将图层和图案绑定。如果在关闭Layer Style对话框之后移动
图层内容，则图案也会随着图层内容一起移动。使用**Scale
（缩放）**滑块可以在不调整图层内容大小的状态下对图案进
行缩放或扩大。

注意：由于图案基于像素，而不像绝大多数其他效果那样基
于命令，所以缩放会致使Pattern Overlay（图案叠加）产生
"柔化"效果。Texture（纹理）效果以
及图案化描边亦是如此。▼

知识链接
▼缩放含图案的样式
第 81 页

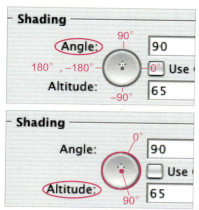

在 Layer Style（图层样式）对话框中的许多效果对应的光照图表中，圆周的方向决定了光源的方向。圆周与圆心的距离决定了光源的高度，其中圆心（90°）处代表最高，圆周上的点则代表了"地平线"（0°）。

图层样式中的光照

为了更好地理解图层样式中的光照，可以把许多图层效果中光照设置的小圆圈（如左栏图所示）想象成图像上方的半圆屋顶。Angle（角度）设置决定了光线在圆圈周围的位置，而Altitude（高度）则决定了光源挂在圆屋顶的距离——位于0°（位于地平线）到90°（位于圆屋顶的顶部）之间。

全局光

每一个可以添加图层样式的Photoshop文件（包括刚新建的空白文件）都有内置的Global Light（全局光）设置，用于对Angle（角度）和Altitude（高度）进行调整。使用Use Global Light（使用全局光）选项——位于Layer Style（图层样式）中的Drop Shadow（投影）、Bevel and Emboss（斜面和浮雕）等选项面板中，可以轻松地协调样式中的所有效果或者一个文件中的所有图层样式，使得光线的角度看上去是一致的。

当对文件应用图层样式时，如果已经为该样式的效果选择了Use Global Light（使用全局光）选项，那么这些效果将自动采用文件中现有的全局光设置。这些可以是Adobe的默认设置，即Angle（角度）值120°，Altitude（高度）值为30°，也可以通过自定义设置实现。用户可以查看全局光的设置，或执行Layer（图层）>Layer Style（图层样式）>Global Light（全局光）命令对其进行自定义。

如果在文件中为图层样式的每一种效果都选择了Use Global Light（使用全局光）选项，那么可以更改该效果的Angle（角度）和Altitude（高度）值。新的Angle（角度）和Altitude（高度）设置将变成全新Global Light（全局光）的值，同时也会影响到其他选择了Use Global Light选项的所有效果。在Layer Style（图层样式）对话框中，由于Use Global Light选项默认为选中状态，因此，在对一个图层的一种效果进行调试时，会很容易更改了整个文件的光照效果。（参见第506页"光照：全局或非全局"中使用光照的技巧。）

其他光照控制

除了Altitude（高度）和Angle（角度）设置以及是否开启Global Light（全局光）外，图层样式中还包括其他可以更改光照的设置，包括颜色、混合模式、可分别控制各个单一效果的阴影和高光的不透明度以及光泽等高线。

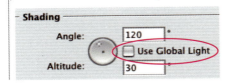

光照：全局或非全局

启用**全局光**可以轻松地对文件中所有样式的光照角度进行调节，但是它也会破坏通过**Altitude（高度）**设置模拟的**材料特征**。例如，如果Global Light（全局光）迫使Satin（光泽）效果采用与Bevel and Emboss（斜面和浮雕）效果相同的Altitude（高度）值，那么依赖于高的Altitude（高度）值的光泽表面会显得阴暗。

假设要利用全局光的优势来设计样式，那么便可以冒险在另一种情景下进行应用：已置入文件中的全局光会产生多于所需的不同材料特征。这是因为一个文件仅允许使用一种全局光效果，文件已有的全局光会"接管"该Layer Style（图层样式）。为了保护高度设置，最佳选择是在进行单一效果设置之前，**取消对**Use Global Lighting（使用全局光）复选框的勾选。

阴影和发光

与Layer Style（图层样式）中许多其他效果一样，可以通过复制图层内容的轮廓来应用阴影和发光——这些轮廓可以是由蒙版创建的像素、矢量轮廓或是两者的组合。之后，可以对该副本填充颜色（投影、外发光或居中的内发光）或将副本用作已填充了颜色的叠加的孔。Shadow（阴影）和Glow（发光）的主要区别如下。

- Shadow（阴影）**可以偏移**，但是Glow（发光）则会均匀地向所有的方向辐射。

- Glow（发光）**可以使用渐变或实色**，Shadow（阴影）则仅能使用实色。

距离和角度

Shadow（阴影）效果中的Distance（距离）设置决定了阴影向某个方向偏移的距离。更改Distance（距离）的方法有如下几种：使用滑块，在数值框中键入数值，使用键盘上的箭头键（↑和↓），或在对话框打开的同时在工作窗口中拖动。

可以为每个Shadow（阴影）效果和样式中的其他效果，例如Bevel and Emboss（斜面和浮雕），单独设置决定光源位置的Angle（角度）值。也可以启用**Global Light（全局光）**，**对所有的效果应用与**Angle（角度）**相同的光照。参见左栏中的技巧提示。**

Glow（发光）效果无法偏移。如果已在Layer Style列表中选择了一种Glow（发光）效果，那么将不存在Distance（距离）和Angle（角度）值设置，且它们不受全局光的控制。

混合模式、颜色以及渐变

在我们看来，阴影是暗的，而发光是亮的。其实则不然，Shadow（阴影）和Glow（发光）效果既可以是暗的也可以是亮的，这取决于所选颜色和Blend Mode（混合模式）的设置。默认状态下，Shadow（阴影）为暗色且处于Multiply（正片叠底）模式，而Glow（发光）则为Screen（滤色）模式下的亮色，但是可以根据需要颠倒此设置。▼Screen（滤色）模式下Distance（距离）值为0的浅色阴影会呈现

绿色文字部分添加了黄色的 Stroke（描边）。为了制作出硬边缘黑色阴影，此处使用了 Shadow（阴影）和 Drop Shadow（投影），且将 Choke（阻塞）和 Spread（扩展）的值都设定为100%。详细步骤可参见第542页的"斜面"。

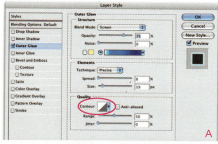

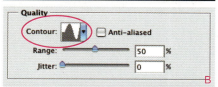

A 中所示的直线等高线是 Shadow（阴影）和 Glow（发光）效果的默认状态。不过可以使用 Contour（等高线）设置"重新映射"色调，如此处的 Outer Glow（外发光效果）效果，如 B 所示。

Glow Contour.psd

知识链接
▼ 混合模式
第 181 页

出发光的效果。Multiply（正片叠底）模式下的深色Outer Glow（外发光）则会产生发光均匀的阴影效果或是"深色光环"效果。

Glow（发光）偏移能力较弱，可以使用**渐变**来弥补。Glow（发光）选项面板中不仅提供了色板——与Shadow（阴影）界面相同，还提供了渐变选项。其中，渐变包含了适当的颜色和透明度的组合，可以用于创建多种颜色的发光效果。另外还有3种Gradient（渐变）**发光**的辅助控制选项。Noise（**杂色**）引入了一种带深浅变量的随机图案，这样便可以防止打印渐变时出现明显的带状效果。Jitter（**抖动**）可以混合渐变颜色中的像素，使颜色渐变的过渡不至于太明显，一直向右拖动Jitter（抖动）滑块，将渐变降低为颜色喷洒的混合效果。Range（范围）设置决定了用作Glow（发光）的渐变部分。

内外的差异

与逻辑相符的是，外部效果，即Outer Glow（外发光）和Drop Shadow（投影），从应用该效果的图层内容边缘**向外**延伸。可以将其想象为已上色的模糊的轮廓图的副本，且置于该图层的后面——即在图层堆栈中位于该图层的下方。

内部效果，即Inner Shadow（内阴影）和Inner Glow（内发光）则发生在边缘的内部。以Edge（**边缘**）作为Source（源）的Inner Shadow（内阴影）和Inner Glow（内发光），将从边缘处向内辐射，越靠近中心，效果越微弱。

大小、扩展和阻塞

在阴影和发光效果中，Size（大小）决定了应用于充当阴影或发光效果的颜色填充副本的模糊程度。Size值越大，阴影或发光效果被模糊化的程度也就越高，因此，Size的值越大，阴影或发光的效果越分散——即越微弱且发散得越远。

Spread（扩展）和Choke（阻塞）会与Size（大小）设置相互作用。增加外阴影和外发光的Spread（**扩展**）值，或者增加内阴影和内发光的Choke（**阻塞**）值，可增强或集中效果，并在由Size创建的范围内控制密集到透明的变换程度。

使用 Satin（光泽）效果添加的内部光照可微妙（顶图）也可显著。此处所示的是对 Layer Style（图层样式）添加 Satin（光译）效果前后的两幅"样式化"图形的示例图。

Satin.psd

等高线

Contour（等高线）设置类似于Curve（曲线）设置，它会对用于制作Shadow（阴影）或Glow（发光）效果的模糊创建的**中间调进行"重新映射"**。如果选择默认的**线性**（45°直线）Contour（等高线），那么色调或颜色会与经过模糊化处理后的状态保持一致，从轮廓开始，由不透明向透明过渡——向内或者向外。

如果你选择的不是Contour（等高线）的默认状态，那么中间调会根据Curve（曲线）的设置而发生改变。应用含多个波峰和波谷的Contour（等高线），在Glow（发光）或Shadow（阴影）效果中可以得到一些无序的"条纹"（参见第507页）。

光泽

结合两个经过模糊、偏移以及反射处理的图层内容轮廓图，便可以制作出Satin（光泽）效果。这可以用于模拟**内部反射**或者**光洁的抛光面**。Size（**大小**）控制模糊效果的程度，Distance（**距离**）控制两个经过模糊化和偏移处理的副本的叠加量，Anlge（**角度**）则决定偏移的方向。如在其他效果中一样，Contour（**等高线**）会根据所选Curve（曲线）对经模糊化处理后的色调进行重新设置。

要想知道更改光泽选项设置后的效果，可以尝试如下操作。

1 选择Ellipse（椭圆）工具，在选项栏中单击Shape Layers（形状图层）按钮，创建一个含有填充圆形或椭圆形的图层。

2 双击图层打开Layer Style（图层样式）对话框，切换至Blending Options（混合选项）选项面板。在Advanced Blending（高级混合）选项组中取消勾选Blend Interior Effects As Group（将内部效果混合成组）复选框，将Fill Opacity（填充不透明度）设定为0。（填充过的圆形将消失。）

3 单击对话框左侧列表中的Satin（光泽）选项，切换至Satin（光泽）选项面板。调试Size（大小）（模糊）、Distance（距离）以及Angle（角度）。单击等高线样板右侧小三角形按钮，在弹出的面板中选择一个复杂的等高线，如Ring-Double（环形-双）（Photoshop 自带的一个预设），并尝试不同的Distance（距离）值，不妨看看会出现什么效果。

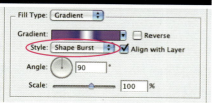

将白色图形（上图中左）的填充 Opacity（不透明度）值减少至 0，选择 Shape Burst（迸发状）渐变并添加 Stroke（描边），即可制作出此按钮。右边两个按钮的区别在于为渐变选择了不同的颜色以及不同的 Inner Glow（内发光）和 Outer Glow（外发光）的值。

Neon Stroke.psd

Bevel and Emboss（斜面和浮雕）效果中的浮雕样式可以将斜面设计成部分向内、部分向外的效果，让位于下方图层的颜色以及当前图层的颜色能够显示出来。此处是对带样式的图层应用浮雕后的效果，不过该倾斜效果也将影响到下方的图层，可参见第 755 页的案例。

描边

对 Stroke（描边）而言，Size（大小）决定着图层内容轮廓描边的宽度，Position（位置）决定描边是从边缘向内还是向外，是居中还是处于边缘。根据所选择的**Fill Type（填充类型）**对描边宽度进行填充：纯色、图案或者5 种常用渐变样式中的一种——Linear（线性）、Radial（径向）、Angle（角度）、Reflected（对称的）或Diamond（菱形）。另外，还有一种Photoshop 其他功能中没有的渐变形式，即**Shape Burst（迸发状）**渐变。将渐变类型设置为Shape Burst（迸发状）时，颜色会沿着轮廓快速生成霓虹文字（参见左栏）、文字的内部线条/外部线条（参见第198页），如果渐变外边缘包括透明度的话，还会产生带有多彩的发光效果。可以在Stroke宽度范围内对图案和渐变进行大小调整。在为Outer Bevel（外斜面）进行着色时，如果不想让位于下方的图层透过本图层显示出来，则可以使用纯色描边，参见第543页。

斜面和浮雕

Bevel and Emboss（斜面和浮雕）选项面板比较复杂，但是如果你脑海里已经有了一个填充和模糊处理的基本概念，那么便可以轻松地掌握此效果的工作原理。为了制作高光和阴影效果来模拟出斜面阴影，Photoshop 对经模糊化处理的带明暗效果的副本进行了偏移和裁剪处理。由于模糊的原因，即便是将不透明度的值设为100%，高光和阴影都是半透明的，因此，它们会与下方图层的颜色进行混合，制作出斜面的假象。

斜面和浮雕效果具有的潜能远远超过其名称显示的范围，第542页"斜面"对其中的一些功能做了深入的探究。

结构

在对斜面和浮雕进行调试时，**Direction（方向）**选项的效果较为明显。默认状况下勾选的**Up（上）**复选框，可以将效果从表面抬升；**Down（下）**则可以将效果下沉到表面以下。

然后选择Style（样式），其中，**Inner Bevel（内斜面）**创建的边缘是从图层内容的轮廓向内倾斜的，因此对象本身看上去变薄，斜面产生的高光和阴影将与图层内容的颜色混合在一起。**Outer Bevel（外斜面）**创建的边缘则是从图层内容的轮廓向外倾斜，且与图层内容之外的其他对象进行混合。轮廓之外的材质可以由位于下方的图层提供，也可以是Stroke（描边）效

本图（同第 542 页"斜面"图片）在中央的五角星上应用了斜面和浮雕样式，其 Structure（结构）选项组中的 Technique（方法）设置为 Smooth（平滑）。其他元素如大五角星、圆环、条纹等的 Technique（方法）均设置为 Chisel Hard（雕刻清晰）。

高的 Altitude（高度）设置值可以添加厚度并可以模拟表面较强的反射，此处为 70°，如右边镜框所示。左边的眼镜所应用的斜面和浮雕效果使用了 Photoshop 默认的 Altitude（高度）设置，即 30°。

Altitude.psd

在创建明暗"反射"以使铬合金看上去有光泽且有曲线感的过程中，Bevel and Emboss（斜面和浮雕）选项面板中的 Gloss Contour（光泽等高线）起到了很重要的作用，参见第 536 页的"闪光"。

果创建的色带。在 Emboss Style（浮雕效果）中，斜面会"跨越"轮廓，创建出类似牌照和街边标志牌上的部分向内倾斜、部分向外倾斜的斜面效果。Pillow Emboss（枕状浮雕）是一种双斜面效果，该斜面会从轮廓向两个方向延伸，类似于中间絮有棉花的效果。如果添加了一个描边效果，Stroke Emboss（描边浮雕）便会创建一个仅为描边宽度大小的斜面。

Technique（方法）决定了边缘的特征：Smooth（平滑）可以创建最平滑或最生硬的边缘。Chisel Hard（雕刻清晰）模拟坚硬物体的边缘。Chisel Soft（雕刻柔和）模拟柔软物体的边缘。

Size（大小）也是制作该效果过程中的一个模糊化程度值，它决定了斜面向内或向外的远近——即斜面所占用的形状或背景的多少。Soften（软化）控制着远离轮廓边缘的状态——这一边缘是否不连续，是尖角边还是圆形边。如果设定一个较高的 Soften（软化）值，那么边缘会更为圆滑。

Depth（深度）决定斜面两边的陡峭程度。较高的 Depth（深度）设置可以增加高光和阴影之间的色调对比度，并使得斜面对象看上去从表面凸起或凹陷的程度更大。

阴影

此处的 Angle（角度）设置的工作原理与 Shadows（阴影）中是一样的，它决定了光线的方向。通过增加 Altitude（高度）的值，可以将"斜面高光"远离应用了该样式的前（上）表面。这一操作的结果是，更高的 Altitude（高度）值所创建的更强的高光，会使表面看上去更有光泽。

Gloss Contour（光泽等高线）会对斜面高光和阴影处的色调进行重新映射，以让表面的光泽感和反射更强或是更弱。在为带有多重高光的表面模拟高抛光效果的过程中，Gloss Contour（光泽等高线）发挥了不小的作用。

你可以使用 Color（颜色）、Mode（模式）和 Opacity（不透明度）设置来单独控制高光边缘和阴影边缘的特征。因此，可以根据喜好使用这些设置模拟两种不同颜色的光源（如下页头部的彩色文字所示），而不仅局限于模拟单一的高光和阴影。

等高线

在 Layer Style（图层样式）对话框左侧的列表中，Contour（等

将文字的 Color Overlay（颜色叠加）设置为红色，然后用斜面和浮雕效果将其"照亮"。在斜面和浮雕选项面板中，为斜面高光部分选用 Screen（滤色）模式下的黄色，为阴影部分选用 Color（颜色）模式下的紫色，以模拟两种有颜色的光源照在红色的字体上发光的效果，参见第 544 页。

高线）位于Bevel and Emboss（斜面和浮雕）选项下方。Contour（等高线）与斜面的Structrue（结构）有关，它对斜面的"肩"作了定义。要探究它的效果，可以从一个灰色的形状开始操作，如第512页左栏中的Bevel Contour.psd。然后，添加默认的Bevel and Emboss（斜面和浮雕）效果，并加大Size的值以增加斜面的宽度。单击对话框中左侧列表中的Contour（等高线），单击Contour（等高线）右侧的下三角按钮，在弹出的拾取器中进行选择，你会看到Contour （等高线）改变了斜面的横截面。使用Range（范围）滑块进行调试，该滑块可以控制Contour（等高线）对斜面进行"雕刻"的程度——换句话说，是"肩"所占据的斜面面积。低的Range参数可以让"肩"变小，并远离图层内容的轮廓。

斜面和浮雕的设置

Bevel and Emboss（斜面和浮雕）的 Style（样式）决定了斜面创建的位置——图层内容轮廓的里、外或者与轮廓交叠的部分。

Technique（方法）控制斜面的平滑程度。Smooth（平滑）设置可以创建最平滑的斜面，Chisel Soft（雕刻柔和）则可以创建出最圆润的斜面。

Depth（深度）控制斜面高光和阴影之间的对比度。设置越大的 Depth（深度）值，对比度就越强，斜面也就越陡。

Direction（方向）决定了倾斜对象是从表面凸起：Up（上），还是陷入表面里：Down（下）。

Size（大小）控制斜面宽度。

Soften（软化）决定了远离图层内容轮廓的斜面的边是圆形还是成一定角度。

Angle（角度）控制造成高光和阴影的光照方向。Altitude（高度）控制着光源与表面之间的距离。使用 Use Global Light（使用全局光）选项，则可以统一文件所有 Layer Styles（图层样式）使用了 Angle（角度）或 Altitude（高度）的所有效果的光照。

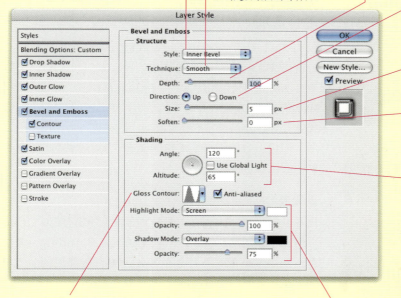

通过重新映射斜面高光和阴影的色调，Gloss Contour（光泽等高线）可以控制表面的发光程度，从不光滑到高度抛光不等。

可以独立地控制斜面高光和阴影的 Mode（模式）、Color（颜色）和 Opacity（不透明度）的设置。

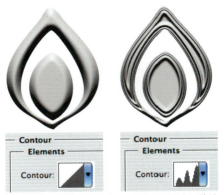

可以使用 Bevel and Emboss（斜面和浮雕）效果中的 Contour（等高线）设置塑造斜"肩"。上图中，左侧为默认的 Linear（线性）等高线值，右侧为自定义的等高线值。

🌀 Bevel Contour.psd

内斜面

外斜面

浮雕

枕状浮雕

描边

当对 Bevel and Emboss（斜面和浮雕）效果添加 Texture（纹理）时，Bevel and Emboss（斜面和浮雕）选项面板中的 Style（样式）设置决定了纹理显示的位置，如上图所示。仅有最底部的示例图中添加了描边效果，以使 Bevel and Emboss（斜面和浮雕）的 Stroke（描边）样式发生作用，且 Texture（纹理）会出现在该描边之上。

纹理

在效果列表中，Texture（纹理）选项位于 Contour（等高线）选项下方。除了图案是灰色的以外，Texture（纹理）选项面板中的图案样板与 Pattern Overlay（图案叠加）选项 Texture（纹理）选项面板中的图案完全一样。这是因为 Photoshop 只使用了图案的明部和暗部来模拟表面的凸起和凹陷。对 Pattern Overlay（图案叠加）和 Texture（纹理）使用同样的图案，可以使表面的纹理和图案相匹配。

对 Inner Bevel（内斜面）而言，浮雕图案仅在图层内容轮廓的内部出现——Pattern Overlay（图案叠加）也是一样。对 Outer Bevel（外斜面）而言，浮雕图案会出现在图层内容轮廓的外部，因此它会呈现出应用了该样式的图层的下方图像的外观。对 Emboss（浮雕）和 Pillow Emboss（枕状浮雕）而言，浮雕图案同时向内和向外延伸，而对 Stroke（描边）而言，图案仅出现在描边宽度以内。图案的"浮雕"还受到 Bevel and Emboss（斜面和浮雕）中的 Depth（深度）和 Soften（软化）设置和 Shading（阴影）选项面板中所有设置的影响。

混合选项

Layer Style 对话框中的 Blending Options（混合选项）选项组（参见第513页图示）管理图层间相互作用的方式。在 General Blending（常规混合）选项组中可以更改 Blend Mode（混合模式）和 Opacity（不透明度），这些更改将在 Layers（图层）面板上方的混合模式和 Opacity（不透明度）设置中反映出来，且可在那里进行调控。▼

知识链接
▼ 使用混合模式
第 181 页

高级混合

同样能够反映在 Layers（图层）面板上的还有 Fill Opacity（填充不透明度）设置，即 Advanced Blending（高级混合）选项组中的第一项。使用该设置可以降低图层"填充物"的不透明度而不会降低整个图层的不透明度。这意味着——举例来说，你可以使图层内容部分透明，但使其周围的阴影和发光保持最大强度。

Advanced Blending 选项组中的其他设置稍微有些复杂。Fill Opacity（填充不透明度）滑块下面的两个复选框可以决

混合选项的设置

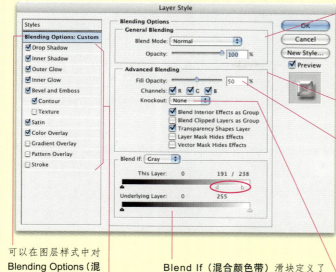

在Blending Options的**General Blending（常规混合）**选项组中，可以进行**Blend Mode（混合模式）**和**Opacity（不透明度）**设置。在Layers（图层）面板上方可以找到同样的设置。在此处更改设置时会引起Layers（图层）面板中相应设置的变化，反之亦然。

Layers（图层）面板中没有显示Advanced Blending（高级混合）选项组中的自定义设置。

使用**Fill Opacity（填充不透明度）**的技巧在于明确填充图层的成分。取消前两个复选框的勾选，原始图层内容将组成整个填充。如果勾选**Blend Interior Effects as Group（将内部效果混合成组）**复选框，任何Overlay（叠加）效果、Inner Glow（内发光）以及Satin（光泽）效果都会被认为是Fill（填充）的一部分。如果勾选**Blend Clipped Layers as Group（将剪贴图层混合成组）**复选框，任何剪贴图层都会被视为填充的一部分。

Shallow（浅）和**Deep（深）**的**Knockout（挖空）**选项可以把下方图层挖出一个"洞"。因此若降低Fill Opacity（填充不透明度）值，将可透过当前图层看到下面图层。

可以在图层样式中对**Blending Options（混合选项）**进行控制。

应用此列表中的任何一种效果时，都会使Layers 面板中图层名称的右侧出现 *fx* 图标。

Blend If（混合颜色带）滑块定义了当前图层像素比下方图像像素优先的色调或颜色的范围。按住 Alt/Option 键可以分开黑色和白色滑块。这可产生一个柔和的过渡，使像素混合而非完全相互代替。

取消勾选 Blend Interior Effects as Group 复选框（上左图），在 Fill Opacity（填充不透明度）降至 50% 时仅会减少原始颜色的不透明度，图像没有变化是因为 Gradient Overlay（渐变叠加）已将其覆盖。勾选 Blend Interior Effects as Group 复选框（上右图），在降低填充不透明度之前 Gradient Overlay（渐变叠加）已成为形状表面的一部分。

定，特定的内部效果是否被认为是用于调整Fill Opacity（填充不透明度）的Fill（填充）的一部分。勾选**Blend Interior Effects as Group（将内部效果混合成组）**复选框，那么在减少Fill Opacity（填充不透明度）时，Inner Glow（内发光）、任何内部斜面的高光和阴影、三种Overlay（叠加）以及Satin（光泽）效果——所有位于图层内容内部的效果，都会被认为是填充物的一部分。

对以样式化图层为底层的剪贴组的任何图层而言，**Blend Clipped Layers as Group（将剪贴图层混合成组）**复选框都可以控制是在添加图层样式之前还是之后，将该图层纳入到剪贴组中。勾选该复选框，则表示在应用图层样式之前，剪贴图层就已经是填充的一部分了。因此，Color Overlay（颜色叠加）、Gradient Overlay（渐变叠加）或Pattern Overlay（图案叠加）效果将遮住或更改剪贴的图像，参见第502页。

如果想在某个图层之下的另一图层上挖一个洞，可以将其填充不透明度降至0%，并为**Knockout（挖空）**选择合适的选项。

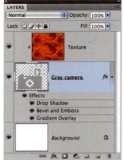

图像对玳瑁色图像进行了"剪切"处理。取消对 Blend Clipped Layers as Group（将剪贴图层混合成组）复选框的勾选（左图），结果看上去像是玳瑁色表面被放置在了 Gradient Overlay（渐变叠加）之上且将其覆盖住了。如果勾选该复选框（右图），则看上去像是首先将玳瑁色表面变为原始图形的一部分，然后再对其添加了 Gradient Overlay（渐变叠加）。

◎ Blend Clipped

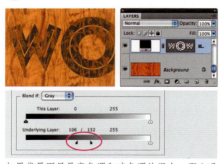

如果背景图层是亮色调和暗色调的混合，那么通过消除当前图层在亮部和暗部区域的效用即可实现对文字或图形的"磨损"效果。对黑色滑块进行上图所示的设置，旨在不让黑色图形覆盖住木质颗粒的深色区域。分离滑块（按住 Alt/Option 键不放同时拖动滑块）则可以创建一个平滑的过渡。

◎ Style Samples.psd

- 如果选择Deep（深），Knockout（挖空）将挖空下方所有图层直到（但是不会穿过）背景图层，如果没有背景图层则挖空至透明状态。

- 如果选择了 Shallow（浅）选项，那么 Knockout（挖空）会挖到第一个逻辑停止点——例如，直达剪贴组或图层组的底部。如果没有剪贴组或图层组，那么挖空效果将会一直延伸到背景图层或者直至透明。与 Deep（深）的原理一样。

- 如果 Knockout（挖空）的设置为默认状态下的 None（无），则该挖空的孔状效果不会应用到下方的图层上。

两个 Blend...as（将……混合）复选框设置以及图层组是否处于 Pass Through（穿透）模式，都会对 Kockout（挖空）设置的最后结果产生影响，此处则不用说单独图层的混合模式和是否存在嵌套图层组了。

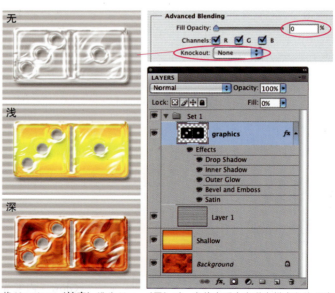

将 Knockout（挖空）设为 None（无）时，条纹表面会出现在样式化的"玻璃"图形后面。若将 Knockout（挖空）设定为 Shallow（浅），则图形会挖空条纹表面，因为该条纹表面是该图形所在图层组的一部分。但是该图形不会挖空位于图层组下方的渐变图层。若将 Knockout（挖空）设为 Deep（深），则图形将向下挖空直至背景图层。

◎ Knockout.psd

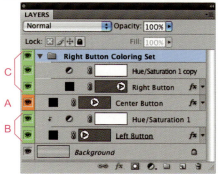

有时可以不用编辑单个的效果就可以更改图层样式中的颜色。中间的按钮 A 是 3 个按钮的原始颜色。为了更改左边按钮的颜色，可以调整图层色相 / 饱和度后，将其添加到以该按钮图层作为"剪贴层"的剪贴组图层组中，如 B 所示。阴影部分的颜色仍旧没有发生改变，因为其位于按钮图形之外。为了更改右边按钮 C 的颜色，我们调整图层同样的色相 / 饱和度值，但是该图层位于一个由原来默认的 Pass Through（穿透）模式更改为了 Normal（正常）模式的图层组。此例中由于调整图层未被按钮图形剪贴，阴影部分的颜色也发生了改变。

 Color Adjustments.psd

混合颜色带设置

Blend If（**混合颜色带**）滑块位于 Blen-ding Options 选项面板的底部，它为图层与其下方图层所形成的图像进行混合提供了可能。▼用户可以使用这些滑块来控制作用于当前图层的颜色和色调，以及看上去像是透明且可以让下方图像透过它显示出来的颜色和色调。这些控制对应用至表面的文字或图形提供了一种强大的"磨损"方式。

知识链接
▼ 使用颜色混合带滑块
第 66 页

增强图层样式

在应用了一个 Layer Style（图层样式）之后，要想对颜色或光照进行调整，通过添加调整图层或使用 Lighting Effects（光照效果）滤镜比重新混合所有样式中的所有效果更为容易。也可以通过使用 Distort（扭曲）滤镜来扭曲反射的图像，使其与应用样式的对象相符。滤镜还可以对应用了纹理样式的表面边缘进行粗糙化处理，以获得更真实的效果。

调整图层

在某些情况下，可以通过调整图层对 Levels（色阶）、Curves（曲线）、Color Balance（色彩平衡）以及 Hue/Saturation（色相 / 饱和度）进行调整，而不必再回到 Layer Style（图层样式）对话框中，对应用了样式的图层的颜色或亮度进行更改（左栏提供了相应的实例）。你可以设置调整图层，使其只影响样式化对象的内部，或者内部和外部效果。但是一定要确保勾选了 Layer Style 对话框 Blending Options（混合样式）选项面板中的两个 Blend...as 复选框，以便调整图层会如预期的那样对内部效果和剪贴图层起作用。

- 若调整图层处于以样式化图层为底层的剪贴组中，那么调整图层将**仅仅影响对象的内部**。如果勾选了 Blend Interior Effects as Group（将内部效果混合成组）复选框，它将影响所有的原始填充以及 Overlay（叠加）、Inner Glow（内发光）或者 Satin（光泽）效果。

- 若调整图层不是剪贴组的一部分，那么它不但会对对象的**内部**发生作用，还会作用于**外部效果**，如Drop Shadow（投影）或Outer Glow（外发光），以及位于其下方的**任何可视图层**。

在铬合金处理过程中对风景照应用了 Glass（玻璃）滤镜，并将它放置于样式化图形之上。具体技巧参见第 530 页"自定义铬黄"和第 539 页"自定义玻璃"。

岩石最初的"雕刻"效果是通过对透明图层上的图形应用 Bevel and Emboss（斜面和浮雕）、Shadow（阴影）和 Overlay（叠加）图层样式得到的。使用 Displace（置换）滤镜对样式化图层进行修改，以使斜面边缘与岩石表面的纹理一致。使用 Lighting Effects（光照效果）添加点光源以提高光照。（有关样式、置换以及光照效果技巧的具体操作参见第 545 页）

在此腐蚀金属效果中，对公鸡图形和背景图形同时应用了 Wow-Rust 图层样式之后，使用两个调整图层以提高公鸡的亮度，并使其颜色中性化。然后，对相应的图层蒙版应用 Spatter（喷溅）滤镜使边缘"变粗糙"，与应用该样式而呈现的表面腐蚀效果相匹配。另外，还添加了"环境"图像以进一步"腐蚀"该金属。相应技巧可参见第 517 页的"添加尺寸、色彩和纹理"部分。

- 用户可以设置自己的文件，以便调整图层可以作用于一系列连续的图层，即便这些图层不位于堆栈的底部或者未进入剪贴组。要达到此效果，可以创建一个图层组，将调整图层放在图层组的顶部，并将该图层组的混合模式设置为 Normal（正常）。制作图层组的步骤为：借助 Shift 键和 Ctrl/⌘ 键选择所有图层，然后单击 ▾≡ 按钮，在弹出的菜单中选择 New Group from Layers（从图层新建组）命令。

光照效果

使用 Lighting Effects（光照效果）滤镜，可以在需要的位置添加 Spotlights（点光）以创建光域。一种灵活使用 Lighting Effects（光照效果）的方法是使用智能滤镜，智能滤镜可以让滤镜保持激活状态，在第一次应用滤镜时，从预览窗口不能确切观察到最终效果时，可以通过改变滤镜参数来改善效果。你可以通过双击 Layers（图层）面板中的滤镜名再次打开滤镜窗口，根据需要改变方向、强度、颜色以及其他影响光照效果的因素。你可以改变智能滤镜的混合模式和不透明度，甚至可以为效果应用蒙版，参见第 547 页。

其他滤镜

执行 Filter（滤镜）>Distort（扭曲）>Glass（玻璃）命令，可以应用 Glass（玻璃）滤镜，在对环境图像进行扭曲处理方面特别有用，它可以制作出抛光金属或玻璃表面的反射效果，如左栏图所示。相关实例参见本章第 530 页和第 539 页。Displace（置换）滤镜是 Distort（扭曲）滤镜组的一员，它可以通过扭曲图层内容放大"雕凿"效果，与目标纹理表面保持一致，如左栏图所示。

其他滤镜，如 Spatter（喷溅）滤镜，可以用于调整图像的边缘，以使其纹理与图层样式中的 Texture（纹理）的粗糙效果相一致，参见第 517 页的"添加尺寸、色彩和纹理"部分。像 Texturizer（纹理化）、Add Noise（添加杂色）、Clouds（云彩）、Fibers（纤维）以及其他滤镜，则在创建背景、纹理、图案和样式时非常有用，可参见第 556 页的"背景和纹理"以及第 560 页的"无缝拼贴图案"部分内容。

DONAL JOLLEY

添加尺寸、色彩和纹理

附书光盘文件路径

 > Wow Project Files > Chapter 8 >Rusted:
- Rusted-Before.psd（原始文件）
- Wow-Rust Project.asl（图层样式预设文件）
- Rusted-After.psd（效果文件）

从Window（窗口）菜单打开以下面板
- Layers（图层）• Styles（样式）• Adjustments（调整）• Masks（蒙版）

步骤简述

创建或导入矢量图形 • 应用图层样式以添加立体效果、纹理和光照 • 使用滤镜图层蒙版粗糙化边缘 • 在剪贴组中应用调整图层更改"样式化"对象的颜色和纹理 • 为周围的空气添加环境照片

结合图层样式中的 Overlay（叠加）和 Bevel and Emboss（斜面和浮雕），对基于矢量图形的作品应用图层蒙版，可以灵活地为表面和边缘创建逼真的效果，就像此处我们所做的"风化金属"。

认真考量项目。 Don Jolley 准备了一张在 Adobe Illustrator 中制作的黑色"公鸡"图案，他把其中的文字转换成曲线，以避免出现字体问题。▼首先要确定导入项目时，图像是以形状图层的方式还是以智能对象的方式导入。▼这两种方式都不受分辨率的影响（反复缩放，边缘也会保持光滑和清晰）。使用智能对象的优点是用户需要修改公鸡图像时，可以很轻松地回到 Illustrator 进行修改，Photoshop 会自动将对旧对象所做的所有工作应用到新图层上，但是改变 Illustrator 制作的标志是不太可能的。我们选择形状图层的方式，可以使文件在图层面板中突出显示。我们可以快速、轻松地使用图层样式为其赋予纹理并进行着色。

1 设置文件。 在Illustrator中选中作品，如 **1a** 所示，将其复制到剪贴板上，并作为形状图层粘贴到Photoshop中，如 **1b** 所

知识链接

▼ 转换文字
第 446 页

▼ 将 Illustrator 文件导入为智能对象
第 462 页

1a

在 Adobe Illustrator 中绘制该作品，选中并将其复制到剪贴板中。

1b

将该艺术作品作为 Shape Layer（形状图层）粘贴到 Photoshop 中。

1c

在 Photoshop 文件中对该作品进行缩放处理。

1d

在选项栏中设置圆角矩形工具。

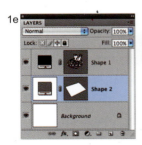

1e

导入的作品以及添加的薄板图形。

2a

在 Styles（样式）面板中，从 Wow-Metal 预设中选择 Wow-Rust。

示。然后对粘贴后的艺术作品进行缩放处理，缩放时，使用 Ctrl/⌘+T键或执行Edit（编辑）> Transform（变换）命令，同时按住Alt/Option+Shift键拖动四角手柄进行等比例缩放处理，如 1c 所示。

在Photoshop中，我们在Logo后面添加了一个倾斜放置的薄板：首先单击并选中背景图层，以便在背景和导入的图形之间添加该形状图层。选择形状工具，在选项栏中选择Shape Layer（形状图层）🔲、圆角矩形工具🔲，以及Create New Shape Layer（创建新的形状图层）🔲。此处将Radius（半径）设置为30像素，单击色板并选择一种中性灰度，如 1d 所示。在当前窗口中拖动创建一个矩形框，然后使用Ctrl/⌘+T键或执行Edit（编辑）>Free Transform（自由变换）命令，并在变换框外拖动鼠标旋转该图形。按住Ctrl/⌘键同时轮流拖动变换框的各个角手柄，对薄板进行变形处理。将光标移至变换框内部，拖动鼠标，将该图形移至适当位置后在该变换框中双击即可，如 1e 所示。

2 对Logo和薄板进行风化处理。 为了跟随下面的步骤完成风化公鸡图案的操作，首先打开Rusted-Before.psd文件，其中两个形状图层均已准备好。如果想使用自己的RGB文件，请将其设置为白色背景并输入文字，绘制好矢量图形，或者像第1步阐述的那样导入图片。

要为两个图层添加颜色、表面纹理以及带有斜面的边缘，可以使用Wow-Rust样式（参见第522页的"凸起"部分）。

为了同时对两个图层应用样式，单击标志图层缩览图，然后按住Shift键单击薄板图层缩览图。在Styles（样式）面板中单击右上角 ▾≡ 按钮，选择Wow-Metal样式。如果还未加载Wow预设样式，▾菜单中则不会出现Wow-Metal样式。要加载此项目所需的两种样式，选择Load Styles（载入样式）并查找Wow-Rust Project.asl（Wow Project Files>Chapter 8>Rusted）。一旦加载了这些样式中的一种，单击Wow-Rust 缩览图即可应用该样式，如 2a、2b 所示。

知识链接
▼ 载入 Wow 预设
第 4 页

3 腐蚀Logo的边缘。 下面要对Logo的边缘进行粗糙化处理。一个有效的且不会对艺术作品产生任何破坏的方法是，

2b

对两个图形图层应用 Wow-Rust 样式。可以单击图层 *fx* 图标旁的小箭头隐藏效果列表，让 Layers（图层）面板变得更紧凑，例如此处图示中的顶部图层。

为该形状图层添加一个基于像素的图层蒙版，对该蒙版的边缘进行锈蚀化处理。步骤2中添加的图层样式将对该图层蒙版以及图层内置矢量蒙版定义的图形应用斜面、投影以及其他效果。添加图层蒙版之前，应确保选中了Logo图层——单击Layers（图层）面板上该图层的缩览图。然后，将该艺术作品的轮廓加载为选区，具体操作如下：在Layers（图层）面板上，按住Ctrl/⌘键的同时单击矢量蒙版的缩览图或者智能对象的缩览图，如3a所示，然后单击面板底部的Add a layer mask（添加图层蒙版）按钮 。

要使新图层蒙版的边缘更为粗糙，可执行Filter（滤镜）>Brush Strokes（画笔描边）>Spatter（喷溅）命令应用Spatter（喷溅）滤镜。在Spatter（喷溅）对话框中，如 3b 所示，首先将Smoothness（平滑度）设置为15，以获得粗糙但不松散的边缘，然后调整Spray Radius（喷溅半径），直到获得理想的边缘效果（此处设置为8，若使用更高的参数，公鸡身上的细线条和清晰的点则会开始变得模糊）。与在Spatter（喷溅）对话框中的预览效果一样，可能看不出图形或文本边缘发生的变化，这是因为只有以下两个遮罩元素相互协调才会对边缘进行定义：经过粗糙化处理的图层蒙版以及硬边缘的矢量轮廓。图层蒙版边缘被滤镜"吃进"的地方，其效果将会显示在最终的作品中。而如果该滤镜只是铺在蒙版边缘的外部，则不会对图层蒙版的边缘产生任何效果，因为矢量轮廓的硬边缘会遮罩住这些突起，如 3c所示。这一操作对希望达到的腐蚀效果很有帮助，当金属边缘被腐蚀后就不见了，还不会向外溅开，单击OK按钮关闭Filter Gallery（滤镜库）。如果需要进行不同的设置，可使用Ctrl/⌘+Z撤销所进行的操作，然后按Ctrl+Alt+F 键（Windows）或者⌘+Option+F 键（Mac），再次打开滤镜库以便更改设置。对薄板图层重复进行遮罩和过滤处理。

3a

按住 Ctrl/⌘ 键时单击形状图层的矢量蒙版缩览图，如 A 所示。单击 Add layer mask（添加图层蒙版）按钮 创建相匹配的图层蒙版，如 B、C 所示。

3b

对Logo图层蒙版应用Spatter（喷溅）滤镜，执行Filter（滤镜）>BrushStrokes（画笔描边）>Spatter（喷溅）命令可自动打开Spatter滤镜库。

3c

借助剪贴组使用矢量蒙版处理的图层蒙版边缘，使样式化的图层被腐蚀得非常厉害。

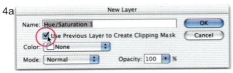

4a

添加 Hue/Saturation（色相／饱和度）图层，将其剪贴到图层堆栈中位于其下方的 Logo 上。

4b

将 Saturation（饱和度）的值设置为最小，可以去掉 Logo 的颜色。

4c

由于使用 Logo 图层对色相／饱和度调整图层进行了剪贴，因此该调整图层不会影响薄板的颜色。缩进且向下的箭头表明该图层已被剪贴。

4 更改表面的特征。 在对两个图形进行样式化处理之后，调试纹理和颜色就变得非常容易了。若要将腐蚀化的 Logo 转变成带凹痕的金属（非腐蚀化），可以去掉 Logo 图层中的颜色并增加对比度、突出纹理，具体操作如下：要去掉颜色，在 Layers（图层）面板选中该 Logo 图层，然后在其上方创建一个色相／饱和度调整图层。

- 在 Photoshop CS3 或 CS4 中，在按住 Alt/Option 键的同时单击 Layers（图层）面板的 Create new fill or adjustment layer（创建新的填充或调整图层）按钮，在菜单中选择 Hue/Saturation，以创建色相／饱和度调整图层。用 Alt/Option 键打开 New Layer 对话框，如 4a 所示，勾选 Use Previous Layer to Create Clipping Mask（使用前一图层创建剪贴蒙版）复选框，这样色相／饱和度调整就只作用于 Logo 图层，而不会对位于其下方的图层产生影响。单击 OK 按钮退出对话框。

- 在 Photoshop CS4 中有其他方法，可在 Adjustments（调整）面板中单击创建新的色相／饱和度调整图层按钮，切换至 Hue/Saturation（色相／饱和度）面板，单击面板底部的 clip to layer（此调整剪切到此图层）按钮。

在 Hue/Saturation（色相／饱和度）面板中，将 Saturation（饱和度）值减少至 -100，并单击 OK 按钮，如 4b、4c 所示。

现在运用另一个调整图层提高对比度。

- 在 Photoshop CS3 或 CS4 中，按住 Alt/Option 键击按钮，在菜单中选择 Levels（色阶）命令，再次勾选 Use Previous Layer to Create Clipping Mask 复选框，以便将色阶图层添加到剪贴组中，而不会影响薄板图形。

- 在 Photoshop CS4 中还可以单击调整面板的按钮，然后单击 Levels（色阶）按钮 在面板中设置参数，最后单击 clip to layer 按钮。

在 Levels（色阶）面板中，将 Input Levels（输入色阶）的白色滑块左移以增加对比度，直到出现白色的高光为止，如 4d 所示。

5 增强"氛围"。 通过增强"氛围"，可让样式化元素展示更逼真的风化外观，如果需要的话，还可以掩盖或弱化图层样

4d

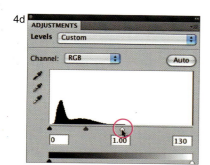

式中纹理图案的重复现象。拖动或者将一张模糊的环境照片复制并粘贴到该图层的上方，在 Rust-After.psd 文件中可找到类似图层。更改该图层的混合模式——此处使用 Hard Light（强光），减少其 Opacity（不透明度）为 30%。

为环境图层创建蒙版是一个有技巧又符合逻辑的步骤。

- Photoshop CS3/CS4 中的方法是：在按住 Ctrl/⌘ 键的同时单击 Logo 图层的矢量蒙版的缩览图，将蒙版轮廓加载为选区，在 Windows 中按住 Ctrl+Alt+Shift 键的同时单击，或者在 Mac 中按住 ⌘/Option+Shift 键的同时单击 Logo 图层蒙版的缩览图（此操作可以将该选区更改为图层蒙版和矢量蒙版的交集，并清除其中不在两者叠加区域内的部分）。最后在按住 Ctrl/⌘+Shift 键的同时单击薄板的矢量蒙版缩览图（此操作可以将薄板的轮廓添加到选区中）。在该合并选区处于激活状态下，单击照片图层的缩览图，然后单击 Layers（图层）面板的 ▣ 按钮添加图层蒙版，如 5a 所示。

移动色阶调整图层的高光滑块，可以加亮金属中的高光。也可以根据所需效果，稍微向右移动黑场滑块，恢复部分内部对比。

- 在 Photoshop CS4 的 Masks（蒙版）面板中，可以选中蒙版，从扩展菜单中选择两个蒙版的交集，如 5b 所示。▼

知识链接

▼ 蒙版面板
第 63 页

尝试。此处还可以对样式化图形尝试另外两种选择。

- 要完整地去掉铁锈的颜色，从剪贴组中释放调整图层，以使 Saturation（饱和度）和 Levels（色阶）调整可以同时作用于 Logo 和薄板。按住 Alt/Option 键的同时单击要释放图层与下方图层之间，可将该图层从剪贴组中释放出来，位于该释放图层上方的所有图层也会被释放出来。

- 为了制作出炽热的金属效果，可以隐藏 Layers（图层）面板中照片和调整图层，按住 Shift 键的同时选中两个图层，单击 Styles 面板中的 Wow-Hot Metal。

5a

添加一个模式为 Hard Light（强光）、Opacity（不透明度）为 30% 的经过遮罩处理的模糊照片，可以使图形的腐蚀效果更强。"复合"图层蒙版可以隐藏 Logo 和薄板之外的图像。效果图参见第 517 页。

5b

使用 Masks（蒙版）面板可以在选区和蒙版之间进行并集、差集、交集操作。

从剪贴组中释放调整图层，使得调整图层对两个图形图层都起作用。

Wow-Hot Metal 图层样式可以将金属加热。

凸起

在此处所示的以及第 517 页"添加尺寸、色彩和纹理"所使用的 Wow-Rust 图层样式中，分量效果制作出了锈蚀化金属表面纹理。要探究这些效果是如何共同起作用制作出该样式，可先打开 Bumy.psd 文件，然后打开 Layers（图层）面板并**双击 Graphic 图层名称右侧的 fx 图标**，打开 Layer Style（图层样式）对话框，单击窗口左侧每个单独样式的名称，如此处所描述的，打开相应样式的"选项面板"。

附书光盘文件路径

wow > Wow Project Files > Chapter 8 > Anatomy of Bumpy

图层内容

首先，在 Illustrator 中将作品复制到剪贴板上，然后执行 Edit（编辑）> Paste As Shape（粘贴为图形）命令将其复制到 Photoshop 文件中。你还可以选择将其复制为 Smart Object（智能对象）。这样，你便可以返回 Illustrator 中对原始的艺术作品进行修改，并自动对 Photoshop 文件进行相应的更新。（有关如何在 Illustrator 中编辑矢量智能对象以得到理想效果的相关技巧，可参见第 462 页内容。）

是否是智能对象

在 Photoshop 中执行编辑 > 粘贴命令后，在弹出的 Paste（粘贴）对话框中可以选择 Paste As Shape Layer（粘贴为形状图层）或 Paste As Smart Object（粘贴为智能对象）。在 Photoshop CS3 中，如果单击选择 Paste As Shape Layer（粘贴为形状图层）单选按钮，则粘贴后的图层无法转化为智能对象。而在 Photoshop CS4 中，即使单击选择 Paste As Shape Layer（粘贴为形状图层）单选按钮，在图层上单击鼠标右键，可以在快捷菜单中选择 Convert to Smart Object（转换为智能对象）。

颜色和图案

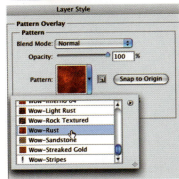

Pattern Overlay（图案叠加）效果提供了 Wow-Rust 样式中的表面颜色和图案。选择好 Pattern Overlay（图案叠加）之后，便可以很方便地观察其他效果是如何作用的了。选中 Layer Style（图层样式）对话框左侧列表中的 Pattern Overlay（图案叠加），可切换至该选项面板。

单击 Pattern（图案）样板，从弹出的面板中选择 Wow-Rust 图案（Wow-Rust 是随书附赠光盘中 Wow-Misc Surface Pattern 组中的一部分）。▼

保留对 Link with Layer（与图层链接）复选框的勾选状态（默认状态）。▼

知识链接

▼载入 Wow 预设
第 4 页

▼ 与图层链接
第 504 页

混合选项

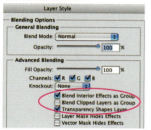

我们下一步所进行的操作不会对艺术作品产生直接的效果，但是却会极大地改变样式的多功能性。在 Layer Style（图层样式）对话框中，单击左侧列表中的 Blending Options（混合选项），在 Advanced Blending（高级混合）选项组中我们使用如下设置：

• 勾选 Blend Interior Layers as Group（混合内部图层为组）复选框，这样我们使用的 Pattern Overlay（图案叠加）样式便可以完全取代样式化图层"原本"的颜色。

• 取消勾选Blend Interior Layers as Group（混合内部图层为组）复选框，我们可以使用剪贴组中的一个调整图层来对图层样式的颜色进行更改，如第520页的"添加尺寸、色彩和纹理"中的步骤4所介绍内容。如果勾选Blend Interior Layers as Group（混合内部图层为组）复选框，剪贴组中的任何一个调整图层将会在应用图层样式之前对图层原有的颜色进行更改——结果是不会显示调整图层的效果，因为它们会被Pattern Overlay（图案叠加）"覆盖"。

投影

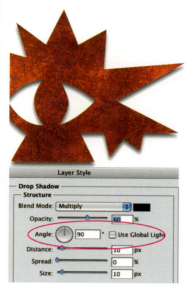

要想为对象添加立体效果，可单击列表中的 Drop Shadow（投影）并调整其设置，以使它看上去像是金属的轮廓在白色表面上投下阴影，具体操作如下。

• 将光标移至当前窗口中，抓取阴影并垂直往下拖动，直到 Angle（角度）变为 90°（这样看上去就好像处于中午 12 点的光线下一样）且 Distance（距离）的值变为 10 像素为止。取消对 Use Global Light（使用全局光）复选框的勾选，因为其与斜面有关（下个效果将应用）。▼

• 将 Opacity（不透明度）的值减少至 60%，并提高 Size（大小）默认值（提高至 10 像素），这可以对阴影部分进行轻微的柔化——Size（大小）的值越大，阴影的扩散效果越明显。

Distance（距离）、Angle（角度）、Size（尺寸）以及 Opacity（不透明度）的混合使用，可以对环境光线进行特性化处理。

斜面结构

要增加立体效果，可先单击 Bevel and Emboss（斜面和浮雕），再在面板中的 Structure（结构）选项组中创建一个方向为 Up（上）的 Inner Bevel（内斜面）。在此设置下，斜面将以图形的边缘为起点，并向内提升。▼ 将 Technique（方法）设置为 Chisel Hard（雕刻清晰），以在边缘处制作出精细的凿痕效果。Smooth（平滑）方法无法制作出凿痕效果，而 Chisel Soft（雕刻柔和）方法则会使凿痕看上去过于明显，就好像在柔软的材料上凿出的边缘效果一样。我们将 Depth（深度）值提高至 300%，以获得更大的斜面。

此时，Bevel and Emboss（斜面和浮雕）中的 Shading（阴影）选项组仍旧保持默认值，但是接下来我们要进行一定的更改。

知识链接

▼ 关闭全局光
第 506 页

▼ 斜面
第 509 页和第 542 页

斜面阴影

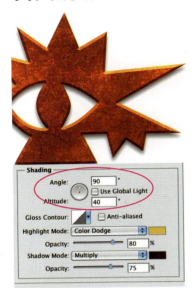

打开Bevel and Emboss（斜面和浮雕）选项面板，单击Shading（阴影）选项组中的色板，在Color Picker（拾色器）中为Highlight（高光）选择黄色，将高光模式设置为Color Dodge（颜色减淡），将Opacity（不透明度）设置为80%，即可创建出暖色光照的效果。

要保持光照的连续性，我们将Angle（角度）设置为与Drop Shadow（投影）同样的数值，即90°。将Altitude（高度）设置为40°，可以将光线提高到图形表面上方更高的地方，使其看上去像是位于头顶更高的位置。取消勾选Use Global Light（使用全局光）复选框。如果该选项处于被勾选状态，只要对另一文件应用该样式，文件现有的Altitude（高度）——通常是Adobe的默认值30°，便可以更改斜面的属性。

为斜面创建Shadow（阴影）的方法是：单击色板，然后单击图形上的图案化表面，为斜面的阴影面选取深棕色作为样色。

表面纹理

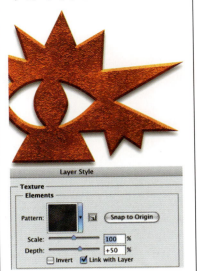

Bevel and Emboss（斜面和浮雕）效果不但可以控制边缘，还可以控制表面纹理的"浮雕"效果。在Layers（图层）面板中单击 Bevel and Emboss（斜面和浮雕）下的 Texture（纹理）子类别。

从 Texture（纹理）选项面板的 Pattern（图案）选项面板中选择 Wow-Rust 图案。在样板中，该图案显示为灰色，这是因为只有亮度信息而非颜色，才能用于创建表面纹理。

我们对 Pattern Overlay（图案叠加）中使用的同一图案进行了浮雕化处理，因此我们保留了 100% 的 Scale（缩放）值，以与此处使用的 100% 默认值相匹配。仍旧保留对 Linked with Layer（与图层链接）复选框的勾选，以便使浮雕与 Pattern Overlay（图案叠加）保持一致。如果想对该图案应用一种不同的纹理以分裂该图案，那么可以取消对 Link with Layer（与图层链接）复选框的勾选，并在当前工作窗口中拖动鼠标，直到移至该纹理中断图案的理想位置为止。

Depth（深度）控制纹理被雕刻的深度，50% 即可有相当深的浮雕效果。

边缘清晰度

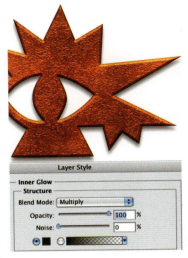

Multiply（正片叠底）模式下的灰色 Inner Glow（内发光）为边缘内侧添加了阴影效果，以提高对比度并增强边缘的清晰度。

阴影和风化

使用 Satin（光泽）效果来完成此样式的制作。使用互补色、Overlay（叠加）模式，以及通过调试确定的 Angle（角度）、Satin（光泽）创建出基于 Contour（等高线）的色调渐变。Contour（等高线）会对模糊化副本的色调进行重新映射。Satin（光泽）可以通过添加修饰化效果来更改表面光线，并可以隐藏 Pattern Overlay（图案叠加）和 Texture（纹理）中重复的部分。

清爽的颜色

用于 Clear.psd 的图层样式（如下所示）是 Wow-Clear Blue 的"变体"。要探究各分量效果共同作用、将文字或图形转换成立体、透明的物体的过程，可打开 Clear.psd 文件，然后打开图层面板，双击"O"图层名称右侧的 *fx* 符号以打开 Layer Style（图层样式）对话框。在 Layer Style（图层样式）对话框左侧列表中，单击单个效果的名称，如此处所叙述的一样，即可打开该效果的"选项面板"，设置各项参数。

附书光盘文件路径

wow > Wow Project Files > Chapter 8
Clear Anatomy

图层内容

首先，在条纹背景上以 Bees Wax 字体输入字母 O。原本可以直接对该文字应用 Layer Style（图层样式），但是由于在 Clear.psd 文件中，该文字已经被转换成了形状图层，因此，即便未在系统上安装该字体，也可以对该 Layer Style（图层样式）进行测试操作，而不会弹出警示对话框。▼

替换颜色

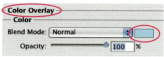

将 Layer Style（图层样式）放在一起时，最好从能产生最大变化的效果开始。然后逐步添加细微的效果，并观察 Layer Style（图层样式）的变化。

在这个例子中，我们首先使用 Color Overlay（颜色叠加）效果来应用色彩。单击 Layer Style（图层样式）对话框左侧列表中的 Color Overlay（**颜色叠加**），然后单击选项面板中的色板打开 Color Picker（拾色器），选择浅蓝色。将该效果的模式设定为 Normal（正常），并将 Opacity（不透明度）设置为 100%，这样便可以确保该样式总是产生淡蓝色的效果，完全取代文字或图形原有的颜色。

知识链接

▼ 将文字转换为形状图层 第 446 页

混合

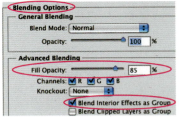

由于我们正创建一个含多个内部效果的样式，如 Color Overlay（颜色叠加）、Inner Glow（内发光）以及 Satin（光泽），所以要勾选 Blending Options（混合选项）选项面板中的 **Blend Interior Effects as Group（将内部效果混合成组）** 复选框。这样，诸如 Fill Opacity（填充不透明度）等 Blending Options（混合选项）设置就会作用于整个"O"内部，并作为一个混和体应用到所有复合的内部效果中。例如，将 **Fill Opacity（填充不透明度）** 的值降至 85% 可以让"O"变得部分透明，同时也使 Color Overlay（颜色叠加）、Inner Glow（内发光）以及 Satin（光泽）变得部分透明。如果未勾选该复选框，那么 Color Overlay（颜色叠加）则会保留 100% 的 Opacity（不透明度）设置，使"O"看上去呈纯蓝色，即便是将该图层的 Fill Opacity（填充不透明度）的值降至 0%。[勾选 **Transparency Shapes Layer（透明形状图层）** 复选框，会使得将样式应用到形状图层变得没有差别。但是如果需要的话，还是需要将样式应用到常规图层或文字图层。]

为投影着色

下一步可以添加 **Drop Shadow（投影）** 效果，首先在"O"的"后面"制作一个偏移且模糊的副本，为其创建立体感。此处我们对透明的图像使用 Drop Shadow（投影），以使光线看上去像是穿过了蓝色字母"O"。单击色板打开 Color Picker（拾色器）选择更暗、饱和度稍低的蓝色。为了从顶部照亮"O"，将 Angle（角度）的值设定为 90°。勾选 Use Global Light（使用全局光）复选框会带来很大便利，这样，该 Angle（角度）会自动作用于所有使用了光照 Angle（角度）设置的效果。但是，当 Altitude（高度）设置对创建有光泽的表面具有重要意义的时候，使用 Use Global Light（使用全局光）是有风险的（参见第 506 页的"光照：全局或非全局"内容）。确保 Drop Shadow（投影）面板底部的默认设置 **Layer Knocks Out Drop Shadow（图层挖空投影）** 复选框处于勾选状态，这样阴影就不会使半透明的"O"变暗。

为边缘添加阴影1

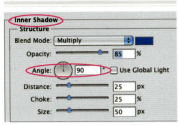

此处应用的 Inner Shadow（内阴影）效果（创建于边缘**内侧**的模糊化偏移副本），可使"O"的边缘看上去更圆滑。我们为柔和的圆角制作了一个过渡［**Size（大小）** 控制着模糊化效果的柔化或分散的程度］，以将由 Color Overlay（颜色叠加）创建的颜色变暗。尽管我们选择的是一种稍亮的蓝色，但是仍保留了 Inner Shadow（内阴影）默认的 Multiply（正片叠底）模式。将 **Angle（角度）** 的值设定为 90°，使其与 Drop Shadow（投影）的设置相同。［Inner Shadow（内阴影）通常用于制作切割或雕刻的效果，但是由于已经设置了阴影，且使得"O"看上去有了漂浮在背景图层之上的效果，因此 Inner Shadow（内阴影）不会创建出该幻象。］**注意**：勾选 Blend Interior Effects as Group（将内部效果混合成组）复选框时，**Inner Shadow（内阴影）** 不会跟其他诸如 Overlay（叠加）、Inner Glow（内发光）和 Stain（光泽）内部效果混合，这与其阴影的性质名符其实。

为边缘添加阴影2

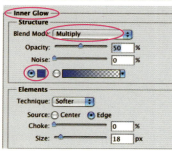

使用 Inner Glow（内发光）可增强已由 Inner Shadow（内阴影）效果处理的边缘圆滑度。将 Blend Mode（混合模式）从默认的 Screen（滤色）更改为 Multiply（正片叠底），使用与 Inner Shadow（内阴影）大致相同的颜色。在 Multiply（正片叠底）模式下，深色的 Inner Glow（内发光）会加深 Inner Shadow（内阴影）为"O"的内部边缘制作的阴影。但是，与 Inner Shadow（内阴影）不同的是，Inner Glow（内发光）不属于偏移效果，因此其深色的光晕均匀地应用到了边缘上，那些未受 Inner Shadow（内阴影）效果作用的区域（例如"O"的下边缘）也变暗了。

添加高光

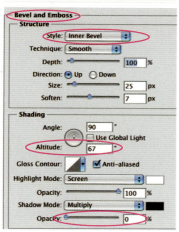

此处，使用 Bevel and Emboss（斜面与浮雕）效果的目的不是为了添加斜面效果，而是为"O"的表面添加反射的高光效果。将 Style（样式）设为 Inner Bevel（内斜面），将 Highlight Mode（高光模式）设为 Screen（滤色）模式下默认的白色。但是，由于已经使用了 Inner Shadow（内阴影）和 Inner Glow（内发光）来控制阴影部分，不需要再使用斜面的 Shadow（阴影），因此实际上可以将其 Opacity（不透明度）的值设为 0（拖动滑块可设置），关掉该效果。将 Altitude（高度）的值更改为65°，该操作很重要，因为它可以将高光从立体的"O"的顶部拉到前表面处。再次将 Angle（角度）的值设为 90°，以使光照与 Drop Shadow（投影）和 Inner Shadow 一致。

精调光泽

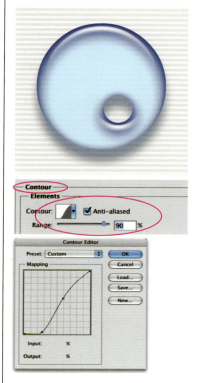

在 Layer Style（图层样式）对话框左侧的效果列表中，单击位于 Bevel and Emboss（斜面与浮雕）下方的 Contour（等高线）。在 Contour（等高线）选项面板中，单击 Contour（等高线）的缩览图，并在 Contour Edit（等高线编辑）对话框中对曲线进行自定义调整，如上图所示。另外，将 Range（范围）的值更改为 90%。这些更改设置会使高光部分变窄、变清晰，并使其偏离"O"的边缘，以便看上去像是一个坚硬表面的反射。

斑纹效果

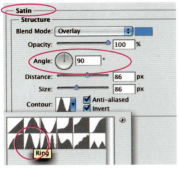

为了在颜色上添加细微的条纹和斑点，我们对"O"图层的副本应用了 Over lay（叠加）模式下的浅蓝色 Satin（光泽）效果。使用 Distance（距离）设置缩放副本，由于 Angle（角度）的值为 90°，所以垂直方向的距离减少了。这一设置决定了 Satin（光泽）副本扭曲的角度。90°的设置从垂直方向压扁了该副本，使其看上去更短、更胖。与 Layer Style（图层样式）中的其他选项组一样，Size（大小）设置控制着模糊化的程度，通过模糊化使该副本看上去更稀薄。单击 Contour（等高线）缩览图右侧的小三角，为模糊的、压扁的副本选择一种可以提供"亮—暗—亮"变化的 Contour（等高线）——在 Adobe 中的默认设置为"Ring（环形）"，使其看上去像是光线在该立体图形内部闪烁。

创建折射

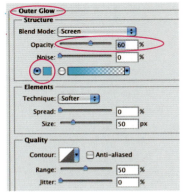

最后，对图形应用默认的 Screen（滤色）模式下的浅蓝色 Outer Glow（外发光）效果。为 Technique（方法）选用 Softer（柔和），使得创建出的效果比另一个 Precise（精确）选项创建出的效果看上去更为发散和不规则。由于发光处于 Screen（滤色）模式下，因此只会作用于比自身更暗的阴影部分区域，而且仅稍稍影响浅色的背景。这样一来，提高了 Drop Shadow（投影）的亮度，并使其有了颜色，看上去与"O"的边缘更为接近。就好像是光线透过塑料聚焦一样，下方的阴影更亮了。通过调整光线的 Opacity（不透明度）可以控制亮度。

控制透明度

要减少某个元素的不透明度，但是不减少 Drop Shadow（投影）、Inner Shadow（内阴影）或 Outer Glow（外发光）的不透明度，应该减少 Fill Opacity（填充不透明度）而不是 Layer Opacity（图层不透明度）。这两种 Opacity（不透明度）设置都可以在 Layer（图层）面板和 Layer Style（图层样式）对话框的 Blending Options（混合选项）选项面板中找到，可以在其中任何一处更改该设置。

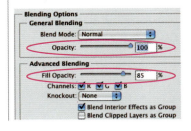

检查缩放率

在应用 Layer Style（图层样式）时，最好检查一下缩放率，以确保该缩放率与所应用的对象最相符。打开 Scale Effects（缩放效果）对话框的方法之一是执行 Layer（图层）> Layer Style（图层样式）>Scale Effects（缩放效果）菜单命令。在打开的对话框中调整弹出的 Scale（缩放）滑块即可尝试不同的设置。

缩小 Wow-Clear Blue 样式（左上）以使它与按钮（右上）相匹配，此时，该样式看上去就很不一样了。

缩放效果

按Ctrl/⌘+J复制第一个字母，使用文字工具T将字母O改为数字2，在选项栏中修改字号。然后使用移动工具将数字2移动到需要的位置。▼记住，在Clear.psd文件中，所有的文字都被转换成了形状图层以避免打开文件时受字体的影响，因此在文件中只能看到形状图层而看不到文字图层。

为了使图层样式与缩小后的数字相匹配,右击或者按住 Ctrl 键单击 *fx* 图标,从弹出菜单中选择 Scale Effects（缩放效果）命令，在弹出的对话框中设置缩放数值，直到样式与数字 2 匹配为止。

调整颜色

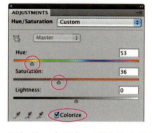

添加另一个对象，再次选中并复制字母 O，这次将 O 改为 C。下面要改变字母 C 的颜色，但是不想改变每个图层样式中的设置。因此，我们单击图层面板底部的 ⬤ 按钮，在弹出菜单中选择 Hue/Saturation（色相 / 饱和度）命令，添加一个调整图层。在 Hue/Saturation（色相 / 饱和度）对话框中勾选 Colorize（着色）复选框，然后调整色相和饱和度滑块。最后进行调试，使颜色的改变只发生在字母 C 和它的阴影、发光区域。（参见右侧的"改变样式化图层的颜色"）

为了使字母C上的斑纹更加明显，在图层面板中双击字母C的Satin（光泽）样式，打开Layer Style（图层样式）对话框，将混合模式改为Hard Light（强光）（可以参考第525页的最终效果）。

知识链接

▼ 使用文字工具　第 436 页

色相 / 饱和度调整图层提供一种改变样式化图层颜色的方法，而不用打开对话框逐一改变每个效果的参数。但是当色相 / 饱和度图层被应用之后，你就需要找到正确的配置来应用颜色。

- 按住Alt/Option键单击两个图层之间部分创建剪贴组，它会将颜色改变的操作限制在样式化图层中，投影、外发光、内发光、内阴影效果都不会受到影响。

- 将调整图层与样式化图层放到图层组中，颜色的改变将影响其下的所有图层。

- 但是如果你将图层组的混合模式由默认的Pass Through（穿透）改为 Normal（正常），这两个图层的合成效果看起来就像是一个合并的图层。

自定义铬黄

附书光盘文件路径

wow > Wow Project Files>Chapter 8>Reflective Chrome:

• Shiny Chrome-Before.psd（原始文件）
• Wow Chrome Project.asl（样式预设文件）
• Cloud Reflection.psd（用于创建反射效果）
• Shiny Chrome-After.psd（效果文件）

从Window（窗口）菜单打开以下面板

• Tools（工具）• Layers（图层）• Channels（通道）• Styles（样式）

步骤简述

准备带背景图像的RGB文件和图形图层•应用Wow-Chrome 03 图层样式为图形添加发光和立体效果•为图形创建置换贴图•使用带Glass（玻璃）滤镜的置换贴图在图形表面应用反射图像•为金属表面润色•创建用于放置图形的立体表面•应用和修改表面的样式

在仿制铬合金表面独特光泽的过程中，最大的挑战就是如何获得正确的反光效果——即抛光物体的圆形曲面对环境的复杂扭曲倒影。

认真考量项目。选择在Illustrator中创建的图形文件，然后复制粘贴到带有背景图片的Photoshop文件中。首先要考虑的是以何种方式导入图片，是基于像素、形状图层还是智能对象。使用智能对象不会给我们带来什么优势，因为如果图形发生变形，那么置换贴图（用于扭曲反射环境）也需要重新制作，而且不能自动完成，因此我们选择基于像素的形式。

下面通过添加图层样式开始制作铬黄效果。第536页的"闪光"解析了铬黄样式，附录C的"Chrome（铬黄）"部分介绍了另外19种铬合金变体。

将粘贴进来的图形应用图层样式后，我们将使用带有由图层创建的置换贴图的Glass（玻璃）滤镜，对外部环境图像进行弯曲处理，使环境看上去在光滑表面形成倒影。下面我们将环境图像转换成智能对象，然后以智能滤镜的方式应用Gaussian Blur（高斯模糊）和Glass（玻璃）滤镜，这将保持滤镜的"激活"状态，以便在需要修改或应用同样滤镜时，可以随时更改。

1 准备文件。打开想要用作铬合金物体背景的文件，或者打开预备的Shiny Chrome-Before.psd文件。如果你的文件不

1

将文字和在 Illustrator 中创建的椭圆形复制到剪贴板上，并将它以像素形式粘贴到大理石文件中。

2a

选择 Wow-Chrome 03 样式。

2b

应用 Wow-Chrome 03 样式之后，其具体样式效果便列在了 Layers（图层）面板中 Orbit Logo 图层下方。

3a

按住 Ctrl/⌘ 键的同时单击 Layers（图层）面板上 Orbit Logo 图层的缩览图，并执行 Select（选择）> Save Selection（保存选区）菜单命令，开始进行映射文件的置换。

是RGB Color模式，则应先执行Image（图像）>Mode（模式）>RGB Color（RGB 颜色）菜单命令对它进行转换——因为Glass（玻璃）滤镜无法在CMYK模式下工作。导入想要制作成铬合金的图形或文本，或者在Photoshop的透明图层上进行创建。首先，我们使用一张1000像素宽的已被设置成蓝色的大理石扫描图，▼并添加一个在Illustrator中制作好的Orbit标志，复制到剪贴板后，执行Edit（编辑）>Paste（粘贴）>Paste As: Pixels（粘贴为像素）菜单命令▼，粘贴至Photoshop文件中，如1 所示。

2 添加铬合金样式。 在Styles（样式）面板中单击▼≡图标，选择Wow-Chrome样式。如果未加载Wow预设，▼那么**Wow-Chrome 样式**则不会出现在菜单中。要想仅加载与本项目相关的样式，可选择Load Styles（载入样式），找到Wow-Chrome Project.asl（文件路径为Wow Project Files>Chapter 8>Custom Chrome）。加载了样式组中的一种样式后，单击面板中的Wow-Chrome 03即可，如 2a、2b 所示。要创建镀铬的立体感和光泽感应该为图层创建一个图层样式，可以参见第536页"闪光"中的具体操作。如果不想创建而直接使用该样式，单击Style（样式）面板中▼≡图标，选择Wow-Chrome Styles。

3 建立置换贴图。 要想在铬合金中制作环境反射效果，就需要扭曲表面的环境照片。首先从图形中制作一个置换贴图（单独的文件），该滤镜用于Glass（玻璃）滤镜以完成扭曲。Glass（玻璃）滤镜的工作原理与Displace（置换）滤镜的工作原理是一样的，Glass（玻璃）滤镜移动了目标图层的像素，每个像素移动的距离均取决于置换贴图中对应像素的亮度。除了位图模式外的任何Photoshop格式（.psd）的图像都可以作为置换贴图。在使用一个灰度文件时，白色的像素会以最大的距离移动对应图像中的像素，黑色的像素则以相反的方向进行最大化置换，而50%的亮度则不会产生任何置换。Glass（玻璃）滤镜也添加了闪光物体的高光信息。

要想制作置换贴图，具体操作是：按住Ctrl/⌘键的同时单

知识链接

▼ 为图像着色
第 203 页

▼ 从 Illustrator 中粘贴图像
第 460 页

▼ 载入 Wow 预设
第 4 页

3b

Save Selection（存储选区）命令可以打开一个新的黑白图形文件。

3c　模糊置换图像。

3d

此处所示的置换贴图必须在应用 Glass（玻璃）滤镜前保存为 Photoshop 文件（切记存放的位置）。

4a

对导入的白云图像进行定位及拉伸，转换成智能对象。

ORIGINAL PHOTO: JHDAVIS

击Orbit logo图层缩览图，创建原始图形的轮廓选区。执行 **Select（选择）>Save Selection（存储选区）** 命令，在打开的Save Selection（存储选区）对话框中的Ducument（文档）下拉列表中选择**New（新建）** 选项，将该选区存储为新文件，对其重命名（这里命名为Orbit displacement map），单击OK按钮，如 3a、3b 所示。取消选区（Ctrl/⌘+D）。为了生成平滑的圆形边缘，可以将置换贴图设置成从黑色到灰色再到白色的柔和过渡。而要制作出灰色色调，则需要执行 Filter（滤镜）>Blur（模糊）>Gaussian Blur（高斯模糊）菜单命令对新文件进行模糊化处理。凭经验，最好将铬合金Layer Style（图层样式）的Inner Bevel（内斜面）选用Size值的一半作为Radius（半径）。由于**Wow-Chrome 03** 样式的Size值是16像素，因此将Radius设为8像素，如 3c 所示。双击Layers 面板效果列表中的Bevel and Emboss（斜面和浮雕），在打开的选项面板中可检查斜面大小的设置。此时，执行File（文件）>Save As（存储为）菜单命令保存置换贴图文件，只有保存后才能使用Glass（玻璃）滤镜，如 3d 所示。

4 添加反射。 下面添加要作为被反射的环境的图像，有必要保证该图像与制作铬合金文件的画布大小具有相同尺寸，以便Glass（玻璃）滤镜能够正常工作。打开要使用的图像（此处使用附书光盘中的**Cloud Reflection.psd**文件），选择Rectangular Marquee（矩形选框）工具 ⬚ 选取想使用的区域，或者全选（Ctrl/⌘+A），然后复制（Ctrl/⌘+C）。在铬合金文件中，选中图形图层，并进行粘贴（Ctrl/⌘+V），将图像粘贴到图形的上层。在图层面板中降低新图层的不透明度，以便可以看见该图层下方"样式化"了的图层。

对齐的重要性

应用使用了置换贴图的滤镜，例如Displace（置换）滤镜或者Glass（玻璃）滤镜时，Photoshop 会将置换贴图与应用了该置换贴图的图层的左上角对齐。如果图层过大且超出了画布的顶部或左侧区域，或者达不到**该图层左上角**，那么就会有问题了。这种情况下，在使用滤镜时，置换图会以一种难以预料的方式对齐图层。举例而言，如果基于文件中的图形制作了一个置换贴图，并在一个更大或是更小的图层上应用该置换贴图的话，那么滤镜所产生的变形将不会与图形对齐。为了避免此种情况的发生，在应用该滤镜之前，可以对图层的多余部分进行裁剪，具体操作是：全选（Ctrl/⌘+A），然后执行Image（图像）>Crop（裁剪）菜单命令。如果图层的像素未能填满画布，则需要在使用该滤镜之前，继续对该画布的空白部分进行填充，或者全选（Ctrl/⌘+A）。

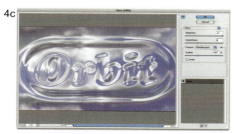
4b
对白云图像进行轻微的模糊化处理。

4c

对经过模糊化处理的白云图层应用 Glass（玻璃）滤镜。

4d

应用了 Glass（玻璃）滤镜之后，白云图层的不透明度为100%。

4e

剪贴组仅允许铬合金图形上的白云部分显示出来。减少白云图层的不透明度，直到获得适当的反射强度。

5a

使用 Blur（模糊）工具消除像素化颜色的裂纹之前（左图）和之后（右图）的效果。

按Ctrl/⌘+T键可以放大或缩小图像，使反射图像和图形相匹配。接下来要确认在图像周围你可以看到足够多的操作空间（默认为灰色）。在Photoshop CS3中，按住文件右下角的手柄向外拖动扩大窗口。在Photoshop CS4中，如果你正在使用浮动窗口模式，也可以使用同样的方法。如果正在使用新的文件窗口，可以执行View（视图）> Zoom Out（缩小）菜单命令，看到完整的定界框后，拖动手柄放大或缩小。确保图像扩大到比画布更大的面积，并对其进行定位（在变换框内拖动鼠标），如 4a 所示，在变换框内双击完成变换操作。

全选（Ctrl/⌘+A），然后执行Image（图像）> Crop（裁剪）命令裁切掉画布的出血部分，然后取消选区（这个裁切的步骤对玻璃滤镜的正确运行而言非常重要）。

当图像被放置到合适的位置并被裁切后，将它的不透明度恢复为100%，执行Filter（滤镜）> Convert for Smart Filters（转换为智能滤镜）菜单命令将其转换成智能对象，然后执行Filter（滤镜）>Blur（模糊）> Gaussian Blur（高斯模糊）菜单命令进行模糊化处理，应用最小值，保证图像不出现像素化效果。要制作出柔和的白云图像，可以将高斯模糊的Radius（半径）值设为4像素，让白云的边缘看上去更柔和，并隐藏胶片颗粒，如 4b 所示。

接着，执行Filter（滤镜）>Distort（扭曲）> Glass（玻璃）菜单命令应用玻璃滤镜，如 4c 所示。制作纹理时，可先从弹出的菜单中选择Load Texture（载入纹理）菜单，然后对步骤3中制作的置换贴图进行定位，单击Open（打开）按钮。此处，我们使用了最大的Distortion（扭曲）参数（20），并将Smoothness（平滑度）的值设定为6。较低的平滑度设置可以产生更清晰的边缘，但是也会产生像素化的间断。较高的设置会制作出更为平滑的扭曲效果，但是边缘则变得更为柔和。我们将Scaling（缩放）设置保留为100%，并取消对Invert（反向）的勾选。当达到满意的效果时——即便是在图像中还是有一些小的像素化区域，单击OK（确定）按钮以应用该滤镜，如 4d 所示。接着在下一步中处理这些细小的点。

可以通过制作剪贴组的方法将扭曲的环境贴图限定在图形本身范围内。在Layers（图层）面板中，按住Alt/Option 键的同时，单击智能对象图层与图形图层之间的边缘。

5b

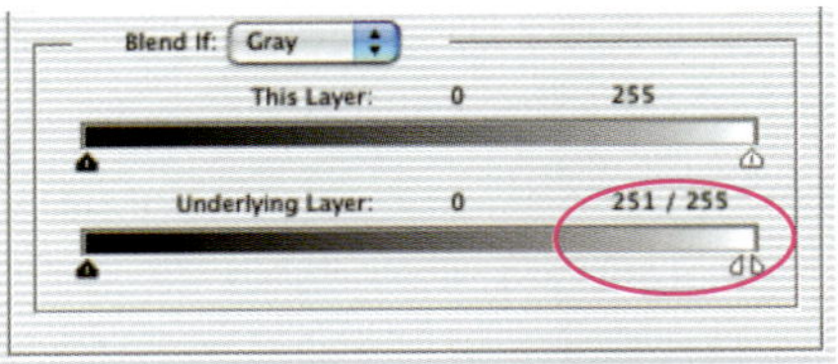

使用 Blend If（混合颜色带）设置之前（左图）和之后（右图）的效果，该设置可以恢复一些在覆盖白云图像图层之后减少的清晰的镜面高光。

6a

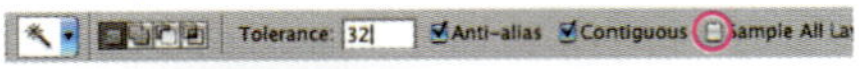

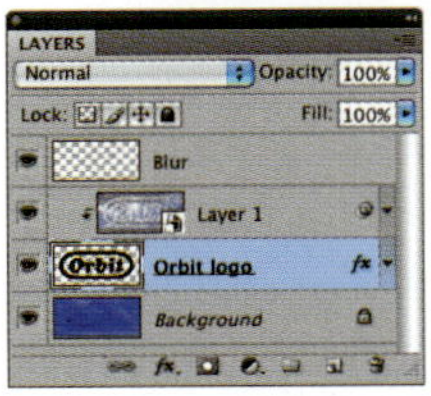

设置魔棒工具以选择 Orbit logo 图层中椭圆形内部的空白空间。

6b

按住 Shift 键的同时单击将字母添加到椭圆形选区，使其处于多边形套索工具的包围中。

6c

添加新的图层，并使用蓝色填充椭圆形选区。

根据Wow-Chrome 03图层样式中已经设置好的Blending Options（混合选项），剪贴图将与下面图层的样式所产生的边缘特效相互作用，如 4e 所示。▼尝试降低图像图层的Opacity（不透明度），以便图像和Satin（光泽）效果制作出来的明暗相间的条纹正确混合，此处选择60%的Opacity（不透明度）。

知识链接

▼ 混合选项
第 512 页

5 修饰。若要平滑反射图像内部像素化的点——例如，在本例中"i"的点，可选择模糊工具（Photoshop CS3中的快捷键为Shift+R，在Photoshop CS4中没有对应的快捷键，R键对应3D旋转工具）。在选项栏中单击"Brush（画笔）："样板并选择一个小的、柔软的笔触，减少Strength（强度）值——此处使用13像素的笔触并选择80%的强度，勾选Sample All Layers（对所有图层取样）。在像素化的区域绘制一些短的笔触，以消除粗糙边缘，如 5a 所示。

如果想要避免铬合金中最亮的镜面高光受白云图像的影响而变暗，可以双击白云图层，打开Blending Options（混合选项）选项面板。然后按住Alt/Option 键不放，稍向左拖动混合颜色带选项组Underlying Layer（下一图层）白场滑块，如 5b 所示。在251/255设置下，部分最白的高光区域即可免受白云图像的影响。

6 添加内表面。此刻在椭圆形铬合金内以及Orbit字母后添加宝石表面，具体操作如下：首先选择Eyedropper（吸管）工具，在蓝色背景上单击，设置好前景色。接下来，选中椭圆形：选择魔棒工具并选中Orbit Logo图层，关闭阴影图层的可见性。在**选项**栏中取消勾选Sample All Layers（对所有图层取样）复选框，如 6a 所示，单击椭圆形内部字母以外的区域。为了将字母添加到选区中，可以在选用多边形套索工具的同时按住Shift 键不放，多次单击创建一个可以将字母添加到现有选区中的选区边缘，如 6b 所示。完成对选区的选取后，在按住Ctrl/⌘键的同时单击Layers（图层）面板底部的Create a new layer（创建新图层）按钮，在Orbit Logo图层的**下方**添加一个新图层，然后按Alt/Option+Delete 键（填充前景色对应的快捷键）将选区填充上蓝色，然后取消全选（Ctrl/⌘+D），如 6c 所示。

7 更改样式。下一步将应用Wow-Red Amber样式，为宝石表

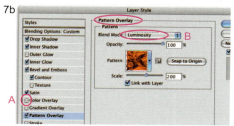

7a

对蓝色椭圆应用Wow-
Red Amber样式。

面创建一个图案化、经过抛光的表面，并更改其设置以保留复杂的图案结构，去掉橘红色。在Styles（样式）面板中单击Wow-Red Amber样板；该样式位于Wow-Gems样式中，也位于Wow-Chrome Project 样式中（参见步骤2），如7a所示。［椭圆形铬合金的外部阴影变得较暗的原因是Wow-Red Amber的Drop Shadow（投影）Distance（距离）、Size（大小）和Spread（扩展）设置都较大。］

对样式的设置进行更改需要在Layers面板中双击蓝色椭圆形添加样式中的Color Overlay（颜色叠加）效果，打开Layer Style对话框的Color Overlay选项面板。此时，至少在局部，我们会发现出现了由颜色叠加产生的红色。因为椭圆形已经被填充上了理想的蓝色，我们也就不需要Color Overlay了。因此取消对话框左侧列表中对该效果的勾选。取消勾选并不会完全消除红色，由于Pattern Overlay 是惟一选用的覆盖效果，可以推断出颜色很有可能是从该效果中来的。切换至Pattern Overlay选项面板（单击名称而非复选标记），通过查看色板，可以发现该样式置入了橘红色，没必要对其进行更改。相反，由于图层中已经有了想要的蓝色，只需将Blend Mode（混合模式）更改为Luminosity（明度）即可，以便只应用图案的明暗细节而非颜色，如7b所示。

7b

取消对Color Overlay效果复选框的勾选，如A所示。将Pattern Overlay（图案叠加）更改为Luminosity（亮度）模式，如B所示。稍降低Bevel and Emboss（斜面和浮雕）的Altitude（高度）值，如C所示，可以产生第530页所示的宝石效果。

其他更改：要将宝石变得扁平以便让停留在其上方的铬合金字母看上去更舒服，可以将高光稍微移向边缘。在Bevel and Emboss（斜面和浮雕）选项面板中，稍微减少Altitude（高度）值（此处使用了58°）。

变化。所选的"环境"图像可以使铬合金的外观看上去有很大的变化。下面是应用了Wow-Chrome 03样式的几种被"否决了"的Oribit logo 图形。在步骤4 中，使用从新的图形中制作的置换贴图以及Glass（玻璃）滤镜对环境照片进行扭曲处理。这几个例子之间的惟一区别就是使用了不同的环境照片。

经过修改的Logo 的置换贴图。

与步骤4中使用的相同的白云图像，但是将不透明度的值更改为100%。

E.A.M.Visser 拍摄的 Arc de Triomphe 照片。

本书光盘中的Re-flections.psd 文件（Wow Project Files > Chapter 8>Chrome Reflections）包含了以上三种自定义铬合金处理效果。

接管颜色

执行Window（窗口）>Layers（图层）菜单命令打开图层面板，双击Orbit Logo图层打开Layer Style（图层样式）对话框，为图层创建样式。在Advanced Blending（高级混合）选项组中**勾选Blend Interior Effects as Group（将内部效果混合成组）**复选框，同时**取消勾选Blend Clipped Layers as Group（将剪贴图层混合成组）**复选框，这样便可以在铬合金中添加反射图像，参见第530页"自定义铬黄"的步骤4。如果不进行这些设置，就不会发生反射。

尽管 Orbit Logo 图形已经被填充上了黑色，我们还是使用了 **Color Overlay（颜色叠加）** 效果来为图层样式设置颜色，以创建可以应用到含有任意颜色的文本或图形之中的样式。从 Layer Style（图层样式）对话框左侧列表中选择 **Color Overlay（颜色叠加）**。在 Color Overlay 界面中，仍保留 Blend Mode（混合模式）为 Normal（正常），以及 100% 的 Opacity（不透明度）值不变。单击色板打开 Color Picker（拾色器），选择黑色作为该样式的基础色。

添加投影

为了产生物体位于空间的错觉，可以通过以下方式实现：从对话框的列表中选择 Drop Shadow（投影），将代表阴影偏移的 Distance（距离）设置为 10 像素，并将 Size（即阴影从边缘向外延伸的距离）设定为 20，保留 Spread（扩展）的原有设置（0）。Spread（扩展）设置决定阴影是柔软和分散的（较低数值）还是浓厚和清晰的（较高数值）。

保留 Angle（角度）的值为默认的 120°，但是**取消勾选 Use Global Light（使用全局光）**复选框，以使得光照角度可以独立于文件中其他的 Layer Style（图层样式）。工作原理如下：

在 Layer Style（图层样式）中为某一效果启用 Use Global Light（使用全局光），之后选择的 Angle（角度）设置会对同样使用了 Use Global Light（使用全局光）的文件中已有的其他 Layer Style（图层样式）的光照进行重新设置。同样地，如果随后对该文件添加另一种也使用了 Use Global Light（使用全局光）的样式，那么光照的角度会再次被更改，以与新的 Angle（角度）相匹配。

前

后

闪光

接下来的 3 页将对 Wow-Chrome 03 图层样式进行检验，以便查看各个效果是如何在此样式以及其他发光样式中作用的。此处的目的在于展示如何创建或修改可以添加立体感和闪光效果的图层样式。为了跟着说明进行操作，你可以打开 Chrome Anatomy-Before.psd 文件并逐步创建该样式，也可以打开 Chrome Anatomy-After.psd 文件，检验所描述的效果。

第 530 页的"自定义铬黄"介绍了使用照片对铬合金添加环境反射的具体操作。附录 B 中的"铬黄"展示了 Wow 光盘中所有的 20 种铬合金的样式。

附书光盘文件路径

> Wow Project Files > Chapter 8 > Shiny:

- Chrome Anatomy-Before.psd（原始文件）
- Wow-Chrome.shc（等高线文件）
- Chrome Anatomy-After.psd（效果文件）

剖 析

添加厚度

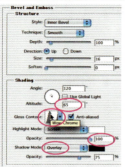

要为镀金属创建圆润的边缘，我们先打开Bevel and Emboss（斜面和浮雕）选项面板，在Structure（结构）选项组中，设置Technique（方法）为Smooth（平滑），将斜面的样式设为Inner Bevel（内斜面），以创建从图形边缘向内倾斜的斜面。将Size（大小）的值增加到16像素。在Shading（阴影）选项组中再次取消勾选Use Global Light（使用全局光）复选框。设置Altitude（高度）值为65°，将高光定位在斜面的"肩"上，并为Gloss Contour（光泽等高线）选择一个自定义的等高线（Wow-Chrome）。这一等高线可以使高光部分更亮、更清晰。［如果正在创建该样式，那么可以单击Contour（等高线）样板右边的小三角，在Contour（等高线）面板中单击 ⊙ 按钮，加载Wow-Chrome.shc，并在面板中单击Wow-Chrome。］

将Highlight Opacity（高光的不透明度）更改为100%，并将Shadow Mode（阴影模式）设置为Overlay（叠加）。该模式不会即刻产生效果，但是当添加Satin（光泽）效果时，为Shadow（阴影）使用Overlay（叠加）将增加Satin（光泽）创建的明暗条纹的对比度。

塑造"肩形"

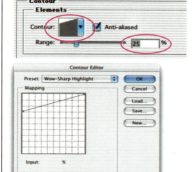

接下来单击左侧列表中 Bevel and Emboss（斜面和浮雕）下方的 Contour（等高线）选项，打开等高线选项面板。Contour（等高线）与其他斜面特征相互作用，以控制边缘的形状和光照。在本例中，我们对等高线进行了自定义，单击等高线的缩览图打开 Contour Editor（等高线编辑器）对话框，向上拖动曲线的左端。Contour Editor（等高线编辑器）对话框具有实时预览的功能，这样我们便可以看到创建的新曲线。

回到 Contour（等高线）界面，减少 Range（范围）的百分比值，以增加高光部分的复杂程度，并为物体的阴影面添加一些高光。

网格缩放

在Layer Style（图层样式）对话框中，要想在Contour Editor（等高线编辑器）中进行粗糙和精细的网格之间的切换，只需将光标移动到Mapping（映射）框中按住Alt/Option键单击即可。此操作同样适用Photoshop的Curve（曲线）对话框。

创建反射

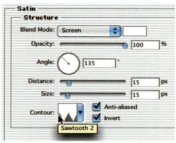

现在，我们可以使用 Satin（光泽）效果来制作奇妙的反射效果了。我们选择白色，并将 Blend Mode（混合模式）设置为 Screen（滤色），以提高物体的整体亮度。为尽可能地达到最高的光照效果，我们使用了 100% 的 Opacity（不透明度）值，为 Contour（等高线）选择了 Sawtooth 2，目的在于制作出多重光源照射在抛光的曲面上的明暗线条效果。在默认的19° ～135° 范围内调试效果的 Angle（角度）值，以便将高光部分定位在理想的位置。为了充分发挥 Satin（光泽）与其所应用的图形形状之间的交互作用，我们也对 Distance（距离）值进行了调试。尽可能地将设置调低（15像素），以在字母和椭圆形内部制作出多层重复图形形状的效果，并在字母上获得清晰的镜面高光。增加 Size（大小）的值，对重复部分（也是15像素）进行精细的模糊化处理，而不模糊整个图形。

加深反射

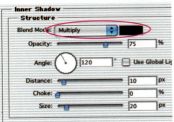

通过调试 Inner Shadow（内阴影）和 Inner Glow（内发光），提高镀铬中高光和阴影的复杂程度，并提高边缘的清晰度。

我们将 Inner Shadow（内阴影）的 Angle（角度）值设为 120°，再次取消勾选对 Use Global Light（使用全局光）复选框。调整 Satin（光泽）效果中的 Distance 和 Size 值，直到这两种效果恢复一定的金属灰度，并进一步明确和柔化 Satin（光泽）效果所创建的明暗条纹。最后，我们将 Distance 设定为 10 像素，并将 Size 的值设定为 20 像素。

提高圆度

与 Inner Shadow（内阴影）（用于图形的棱角处以加深某些区域）不同的是，Inner Glow（内发光）会被均匀地运用到物体上，从图形的边缘向内逐步扩展。Inner Glow（内发光）的默认值会产生明亮的发光效果，在此我们将 Color（颜色）更改为黑色，并将 Blend Mode（混合模式）更改为 Multiply（正片叠底）。选择一个中性的 Opacity（不透明度）值（50%）——刚好将边缘覆盖到阴影中，降低边缘的亮度以平衡物体的圆润感。

额外的阴影

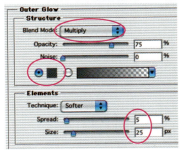

最后，为了让铬合金看上去像是立于宝石表面之上而不是浮于它的上方，我们为其添加了 Outer Glow（外发光），且使用了 Multiply（正片叠底）模式下的中性灰度。[使用灰色而不是黑色，是为了使用 Opacity（不透明度）滑块更好地控制阴影的厚度。]将 Size（大小）和 Spread（扩展）的值分别设定为 35 和 5，Outer Glow（外发光）会在图形的边缘创建出分散的阴影效果，使闪光的外形更为清晰，并在纯色字母之间以及字母与边缘之间创建交互式阴影。到此为止，我们的铬合金样式就完成了，单击 OK（确定）按钮退出 Layer Style（图层样式）对话框。

闪光样式的内置 "反射"

在 Layer Style（图层样式）中，三种 Overlay（叠加）效果会相互作用，就好像它们以 Layer Style（图层样式）对话框中的顺序堆叠在一起一样。其中，Color（颜色）位于最上方，其次是 Gradient（渐变），再次是 Pattern（图案）。因此，当我们为闪光样式添加 Pattern（图案）或是 Gradient Overlay（渐变叠加）以创建反射时，Color Overlay（颜色叠加）的 Opacity（不透明度）或 Blend Mode（混合模式）一般都会进行调整以添加渐变效果。

在 Wow-Chrome 05 样式中，反射环境与 Gradient Overlay 相似。减少白色 Color Overlay 的不透明度，以在效果中显现出 "下方" 的铁蓝色渐变。

另外，在 "附录 C：Wow 图层样式" 中的 "铬黄" 部分还提供了其他几种样式化铬合金效果。你可以对自己的文本或图形应用这些样式中的任何一种，在 Styles（样式）面板中单击对应样式即可。或者你也可以从 Wow-Chrome Samples.psd 文件中进行复制、粘贴，参见第 500 页的详解。

自定义玻璃

附书光盘文件路径

> Wow Project Files > Chapter 8 > Custom Glass:

- Custom Glass-Before.psd（原始文件）
- Displace.psd（玻璃滤镜的置换贴图）
- Earth.psd（反射文件）
- Custom Glass-After.psd（效果文件）

从Window（窗口）菜单打开以下面板
- Tools（工具）·Layers（图层）

步骤简述
对图形应用Wow-Chrome 03 样式·添加、剪贴并扭曲背景图像的副本·调整图层样式·添加发光和反射图像

对第 530 页的"自定义铬黄"技巧稍加变化，即可制作出此处所示的玻璃板。

认真考量项目。创建铬合金和玻璃效果的区别在于，在玻璃效果中还需要对背景图像进行扭曲，并使用 Logo 对该扭曲副本进行剪贴，使其看上去好像是透过透明物体所观察到的背景效果。另外，表面反射的"环境"照片的不透明度的值要比铬合金效果中的值低，这是因为玻璃的反射性没有那么强。通过对图层样式的其他调整，即可完成玻璃效果的制作。

1 设置文件。打开要作为玻璃体的背景文件，在另一图层上创建或者导入图形。我们选用的Glass-Before.psd文件是一个1000像素宽的背景图，其中还包含另一个Logo图层。要创建新的玻璃样式，可以参照第531页的内容对图形图层应用Wow-Chrome 03样式。或者，可以打开Custom Glass-After.psd文件，从中进行复制。▼或许会需要对该样式进行缩放处理以与图形相符。右击或者按住Ctrl键的同时单击该图层样式的 *fx* 图标，在弹出菜单中选择Scale Effects（缩放效果）命令，调整滑块直到铬合金的表面看上去恰当为止，如1所示。无须担心外部阴影，我们将在步骤3中对其进行更改。

知识链接

▼ 复制图层样式
第 500 页

2 让物体变得透明。在 Layer 面板中复制背景图像，单击缩览图选中该图像，然后按 Ctrl/⌘+J 快捷键。在面板中向上拖动新图层的缩览图使其位于图形上方，按住 Alt/Option 键同时单击该副本和下方图形图层之间的边界，将背景副本"剪贴"到图层形状内，如 2a 所示。接着执行 Filter（滤镜）> Convert for Smart Filters（转换为智能滤镜）菜单命令。

1

经 Wow-Chrome 03 图层样式处理后位于背景图像上的图形。

2a

被图形剪贴后的
背景图像副本。

2b

对背景副本应用
Glass（玻璃）滤
镜以进行扭曲处
理，使其看上去像
是透过圆形玻璃标
识呈现的效果。转
换为智能滤镜是为
了随后调整滑块设
置和纹理。

要对背景进行扭曲，使其看上去像是透过玻璃看到的效果，需要从图形中制作置换贴图（参照"自定义铬黄"部分步骤3所述），使用的置换贴图是Displace.psd文件。使用置换贴图并执行Filter（滤镜）>Distort（扭曲）>Glass（玻璃）命令应用Glass滤镜，对背景副本图层进行"玻璃化"处理，在Glass（玻璃）对话框中单击▼≡按钮，在弹出菜单中选择Load Texture（载入纹理）命令，载入置换贴图文件。将Distortion（扭曲度）和Smoothness（平滑度）分别设为20和5，如2b所示。

3 调整样式。要增强图形的玻璃化效果，可在图形图层上对该样式作出如下更改。

- 在Layers面板中，双击Inner Shadow（内阴影）效果选项打开Inner Shadow选项面板，将Blend Mode（混合模式）更改为Overlay（叠加）。这一操作可以提高玻璃边缘部分的亮度，如3a所示，这是由于Overlay 模式要比Multiply模式所起的变暗作用小。Overlay模式制作出的效果很不错，不过或许需要尝试一下Soft Light（柔光）或者其他模式。▼

  知识链接
  ▼ 使用混合模式
  第 181 页

- 单击Layer Style（图层样式）对话框左侧列表中的Outer Glow（外发光）。将外发光从"暗色光晕"更改为发光，模拟光线透过玻璃折射的效果以提高表面下方的亮度，单击色板，将颜色更改为白色。将Blend Mode（混合模式）更改为Overlay（叠加），如3b所示。可以提高图层亮度，但是又不如Screen（滤色）模式那么明显，将Size的值减少到20像素。尽管使用了Outer Glow（外发光）以提高亮度，玻璃图形仍旧投有一些阴影，这全靠Drop Shadow（投影）起作用。这样一来，便得到了透明的实体材料的效果。

3a

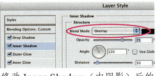

修改 Inner Shadow（内阴影）后的效果。

3b

更改 Outer Glow（外发光）。

- 根据所使用的背景图像的不同，创建出来的玻璃效果会看上去比背景更暗或更深。如果出现这种效果，可以减少Bevel and Emboss（斜面和浮雕）选项面板中Shading（阴影）选项组下Shadow（阴影）的Opacity（不透明度），或者将阴影模式改为Soft Light（柔光），并将Opacity（不透明度）设定为75%，如 3c 所示。

4 创建发光效果。通过降低玻璃化背景副本的Opacity（不透明度），来"反射"来自玻璃图形表面分散的光。最后为Background copy（背景副本）图层选择85%的Opacity，如 4 所示。

5 反射环境。若要在玻璃表面制作反射图像，可选中Background copy图层，打开照片文件并拖动该图像，此处选择Earth.psd图像。然后按住Alt/Option 键的同时单击Layers面板上该图层的下方边缘，将该新图层添加到剪贴组中。在图层面板中双击导入的图像图层的名称，输入Reflection。

在对该图层进行"玻璃化"处理前，确保裁切掉了图层的多余部分，这样置换贴图才会与该图层按照正确的方式进行对齐（使用Ctrl/⌘+A快捷键全选，然后执行Image（图像）>Crop（裁剪）命令）。要再次应用相同设置的Glass（玻璃）滤镜，按住Alt/Option键将智能滤镜图层从Background copy图层拖动到Reflection图层上，如 5 所示。然后降低Reflection图层的Opacity（不透明度），直到该反射的强度达到所需的效果，此处选择10%，得到了第539页的效果图。

3c

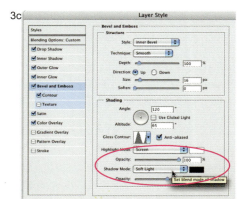

更改 Bevel and Emboss（斜面和浮雕）的 Shadow（阴影）。

4

降低玻璃化后的 Background copy 图层的不透明度，以创建轻微的表面发光效果。

5

添加照片作为反射图，并使用 Glass（玻璃）滤镜进行修改。

斜面

Photoshop 中的 Bevel and Emboss（斜面和浮雕）是图层样式中用于将文本和图形转换成有形的物体操作中最有用的效果之一。本章中的绝大多数特殊效果都用到了 Bevel and Emboss（斜面和浮雕），它可以使原有的平滑、圆润的物体变得粗糙且有棱角。可以在 Layer Style（图层样式）对话框的 Bevel and Emboss（斜面和浮雕）、Contour（等高线）和 Texture（纹理）选项面板中，找到创建斜面效果的必要工具。Stroke（描边）效果在创建斜面效果中也很有用。

从第 509 页开始，介绍了有关 Bevel and Emboss（斜面和浮雕）设置的基本操作以及与 Contour（等高线）（用以塑造斜面的"肩"，参见第 510 页）和 Texture（纹理）（添加浮雕表面，纹理位置取决于斜面的类型，参见第 512 页）之间的相互关系。"剖析斜面"这一部分将探究与本章节其他部分中有关 Bevel and Emboss（斜面和浮雕）的不同之处。

在 Star.psd 的 4 个图形应用的图层样式中，Bevel and Emboss（斜面和浮雕）效果是创建实心、立体物体的关键。使用该文件来探究斜面位置的重要性，以及 Stroke（描边）在创建斜面效果中的重要性。

Star.psd

附书光盘文件路径

> Wow Project Files > Chapter 8 > Anatomy of Bevels

斜面的位置

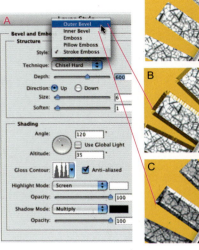

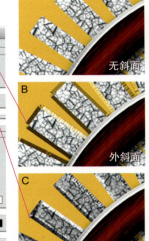

在 Bevel and Emboss（斜面和浮雕）选项面板中，如 A 所示，可在 Structure（结构）选项组中对斜面的 Style（样式）或位置进行设置。该设置决定了与图层内容边缘相关的斜面所创建的位置。Inner Bevel（内斜面）和 Outer Bevel（外斜面）分别向内和向外扩展，这毋庸置疑。Emboss（浮雕效果）会跨过轮廓，Pillow Emboss（枕状浮雕）也是如此。Stroke Emboss（描边浮雕）的位置取决于整个 Stroke（描边）的位置（参见第 543 页"斜面与描边"内容）。选择斜面位置时，应考虑如下问题。若要跟随以下步骤操作，应先单击图层面板上 Stroke 图层的 图标隐藏该图层上的描边效果。**注意**：要想获得斜面效果更简化的视觉图，你或许还想关闭 Shadow（阴影）和 Glow（发光）效果的可视性（此处没有）。

• **Outer Bevel（外斜面）向外延展**，如 B 所示，因此，如果对文本使用该效果，需要加大文字间距。另外，**外斜面是半透明的**，且允许图层堆栈中任何位于其下方的图层透过斜面显示出来（如本例中的黄色），除非在使用外斜面时还结合使用了描边效果，如第 543 页的描述。

• **Inner Bevel（内斜面）**会沿用元素自身的特征（如颜色或图形），因而其创建的实色边缘不会让背景透过该图层并显示出来，如 C 所示。内斜面会"消耗"掉它所应用的对象的一部分图形，如果要应用的图形或文字很精致就不适合使用这种图层样式。

• **Outer Bevel（外斜面）**会圆化任何尖锐点的周围部分，而 **Inner Bevel（内斜面）**则拥有尖锐的棱角，Emboss（浮雕效果）会制作出中间圆化的效果。

斜面与描边

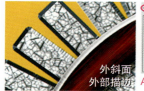

外斜面
外部描边 A

内斜面
内部描边 B

描边浮雕
内部描边 C

Bevel and Emboss（斜面和浮雕）和 Stroke（描边）效果的合成图可以帮助用户为应用的斜面定制边缘轮廓和光照：

- Outer Bevel（外斜面）原本是半透明的，但是可以通过添加一个位置为 Outside（外部）的 Stroke（描边）对其进行填充。在设置好描边后，如 A 所示，黄色背景不再会像第 542 页的"外斜面"那样透过图层显示出来。要想让斜面和描边完好地结合，可以对描边的大小以及斜面和浮雕的大小进行**匹配设置**，然后根据需要进行调整。[制作实体外斜面的另一种方式是，**使用带外部描边的 Stroke Emboss（描边浮雕）**。]

- 对 Inner Bevel（内斜面）而言，添加 Inside（内部）**描边**可通过不需要将任何 Overlay（叠加）效果 [Color（颜色）、Gradient（渐变）或者 Pattern（图案）]"泼溅"到斜面上的方式，来创建出干净的"剪切"边缘效果，如 B 所示 [要查看该效果，可以将 B 与第 542 页 Inner Bevel（内斜面）效果进行对比，后者叠加的效果一直从顶面延伸到了斜面上]。Center（居中）描边可以以同样的方式用于 Emboss（浮雕效果）或 Pillow Emboss（枕状浮雕）斜面 [描边不会隐藏与 Bevel and Emboss（斜面和浮雕）关联的 Texture（纹理）效果]。

- 内斜面的 Shading（阴影）不仅会影响斜面本身，也会影响到使用该斜面对象的"顶面"。如在 B 中，斜面和浮雕的阴影使表面变暗了。但若使用的是带 Stroke Emboss（描边浮雕）的 Inside（内部）描边，而非 Inner Bevel（内斜面），则可得到顶面无阴影的相同斜面效果，如 C 所示。

斜面和光照

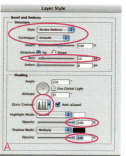

A

B

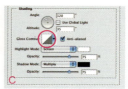

C

在 Bevel and Emboss 选项面板中的 Shading（阴影）选项组中，可以通过 Gloss Contour（光泽等高线）、Mode（模式）、Opacity（不透明度），以及高光和阴影的颜色设置斜面的光照效果。如左栏文字所述，在应用 Stroke Emboss（描边浮雕）和 Stroke（描边）时，斜面和顶面之间特性相互独立互不影响。在"剖析"Small Star 图层的 Bevel and Emboss 时，你可能会想要关闭 Satin（光泽）效果的可视性——该图层含有一个 10 像素的 Center（居中）描边效果，和 15 像素的 Stroke Emboss（描边浮雕）效果。

通过选择带多个波纹的复杂 Gloss Contour（光泽等高线），如 Ring-Triple（环形—三环），如 A 所示，即可生成明暗对比很强的高反射线。在 Highlight Mode（高光模式）和 Shadow Mode（阴影模式）分别被设为 Screen（滤色）和 Multiply（正片叠底）时，使用较高的 Opacity（不透明度）会使斜面边的反射能力**更强**。如 B 所示，将两项的 Opacity（不透明度）设为 75% 并查看区别，接着对比使用默认 Gloss Contour（光泽等高线）效果，如 C 所示。

斜面和颜色

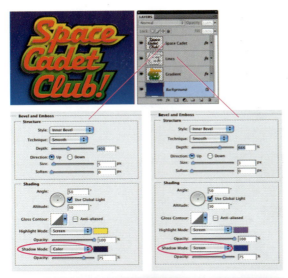

使用Bevel and Emboss（斜面和浮雕）效果不仅可以对文本或图形添加厚度感和光照方向，还可以为它们设置光照的颜色。此处提供了两个实例，分别在两个单独的图层上创建文本和边界，以便使其拥有各自的图层样式：

- 为Space Cadet图层选用Inner Bevel（内斜面），分别选择黄色和亮紫色作为Highlight（高光）和Shadow（阴影）的颜色。我们将Shadow（阴影）的模式设置为Color（颜色）模式，以遮盖斜面阴影边缘的颜色，使其看上去像是另一个光源从下方射出来似的。

- 要制作Lines图层的黑色轮廓，可使用Inner Bevel（内斜面），并选用Screen（滤色）模式下的洋红色Highlight（高光）以及紫色的Shadow（阴影），再一次模拟附加的光源。

　　［在Space Cadet这个Logo文本上，为Bevel and Emboss（斜面和浮雕）选用较高的Size（大小）设置：将Lines图层的Size（大小）值由3改为5，以使Logo文本看上去更厚，好像离背景更远。］

 Space.psd

不是斜面的斜面

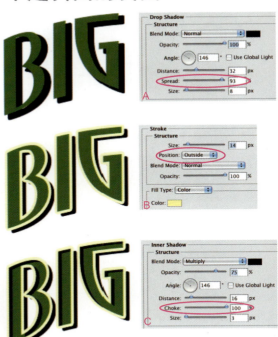

什么时候Bevel（斜面）不是斜面呢？使用此处所描述的"多描边"的方法，可以使用内置的"方形"斜面制作出古典的立体效果。首先，我们从已经添加了绿色Color Overlay（颜色叠加）效果的图形开始。

- 使用Drop Shadow（投影）。Distance（距离）的值决定了偏移的程度，Size（大小）的值决定了宽度。我们设置Spread（扩展）为93%，使柔化的边缘变硬，如A所示。

- 添加一个浅色的描边，如B所示。这将为直斜面创建出扁平的顶面。在Stroke（描边）选项面板中的Structure（结构）选项组里，将Position（位置）设置为Outside（外部）选项可以让字母变厚。

- Inner Shadow（内阴影）添加了投影效果，以将描边转换为内置边缘，如C所示。在Structure（结构）选项组中，将Choke（阻塞）设置为100%以获得一个硬边缘效果。

- 确保选用了与Drop Shadow（投影）同样的Angle（角度）设置，以保证光照的统一。如果对Drop Shadow（投影）效果的可视性 👁 进行切换，还可以感受到将字母制作成实体有多重要。另外还要注意，即便在角落处的"投影"效果不是很完美，但立体的效果还是出来了！

 Big.psd

雕刻

附书光盘文件路径

> Wow Project Files > Chapter 8 > Carving:

- Carving-Before.psd 文件（原始文件）
- Wow-Carving.asl（样式预设文件）
- Carving-After.psd 文件（效果文件）

从Window（窗口）菜单打开以下面板

- Tools（工具）• Layers（图层）• Styles（样式）

步骤简述

为图形添加一个图层样式以使它在平面的背景中产生雕刻效果 • 使用Lighting Effects（光照效果）滤镜加强雕刻的立体效果 • 切换到平滑的带有图案感的背景图像，偏移该表面图像的副本，使用图形蒙版，以增加纵深感的错觉 • 切换到纹理化的背景图像，基于该图像创建一个置换贴图，并使用Displace（置换）滤镜将雕刻效果粗糙化

有时候，你需要为边缘添加细微的高光和阴影，使其看上去像是经过雕刻或切割过一样，以创建出三维立体效果。在Photoshop 中，获得这种效果的方法之一就是利用图层样式。

仔细考量项目。用Bevel and Emboss（斜面和浮雕）效果创建切割边缘，利用Inner Shadow（内阴影）添加雕刻的纵深感，并用Color Overlay（颜色叠加）来控制凹进区域的整体阴影，添加Lighting Effects（光照效果）滤镜可以增加真实感。在一个独立图层上运行这个滤镜可以获得满意的结果，不仅可以调整不透明度和混合模式，还能将其转换成智能滤镜，在需要时随时调整。

如果表面是光滑平整的，那么使用图层样式和光照效果就足够了，但是如果平滑的表面具有明显的诸如木质颗粒的彩色标记，那么就需要通过对雕刻内部进行**偏移**来调整该效果。这一操作会在标记中创建出明显的"跳跃"感，为雕刻部位添加凹进的效果。

如上图所示的岩石粗糙纹理，可使用Displace（置换）滤镜对图像进行处理。使用通过图像自身产生的置换贴图，Displace滤镜可以"中断"或弯曲雕刻图形的边缘，使它与表面纹理一致。

Carving Smooth-Before.psd 文件包含了一个位于透明图层之上且放置在平滑表面之上的图形。该平滑表面通过对颜色填充图层应用图层样式创建而成。

将图层样式预设载入到 Styles（样式）面板中。

在 Wow-Carved Sharp 样式中，用黑色的 Color Overlay（颜色叠加）代替对象原有的颜色（此例中，由于图形中已具有黑色，所以使用该操作与否没有多大区别）。减少填充的不透明值（25%，也已内置于样式中）使得黑色的图形变得部分透明。这样，雕刻的凹进部位就变暗了。

在 Bevel and Emboss（斜面和浮雕）选项面板中，将 Style（样式）更改为 Emboss（浮雕效果），并将 Technique（方法）更改为 Smooth（平滑）。

1 为平滑表面的雕刻工作做准备。 打开或创建一个不含明显标记或纹理的平滑表面图像。将想要雕刻的图形添加为此文件中的透明图层，可以对该艺术作品进行复制、粘贴，或者从另一个文件中通过拖曳来添加，▼或者使用Photoshop中的一种绘画工具来绘制。或者，也可以打开**Carving Smooth-Before.psd** 文件，如1 所示。其中红色的表面是通过使用图层样式创建出来的（**Wow-Red，Wow Plastics** 样式中的一种，参见附录C）。该图形是一个老式的剪贴画，经过扫描、修改并从白色背景中隔离而得到。▼

2 为图形添加图层样式。 要在表面雕刻图形，应首先单击Layers面板上该图层的缩览图，选中图形图层，并对它应用附书光盘中的**Wow Halos & Embossing** 样式中的**Wow-Carved Sharp**图层样式，第542页的"斜面"便讲解了这一样式效果以及其他样式效果是如何共同制作出立体边缘的。要应用该样式，可以在Styles（样式）面板中单击该样式（如果已经参照第4页的讲解安装了Wow预设），或者可以从面板菜单中选择Load Styles（载入样式）命令，如 2a 所示。从该项目文件夹中找到Wow-Carving.asl文件并载入，一旦将其载入到Styles面板中，单击**Wow-Carved Sharp**样式即可应用该样式，如 2b 所示。

根据所使用的图形的大小和类型，你可能会想要对整个样式进行缩放处理（此处未进行此操作），▼或者需要对其中的一些效果进行修改。此处，我们未对为雕刻边缘创建投影的Inner Shadow（内阴影）以及使凹进部位整体变暗的Color Overlay（颜色叠加）效果进行更改。但是，这幅图像的斜面和浮雕效果看上去太重了，所以可以在Bevel and Emboss（斜面和浮雕）选项面板中进行一些更改，如 2c 所示。将基于黑色图形向外创建雕刻边缘的方式由Outer Bevel（外斜面）更改为Emboss（浮雕效果），便可以使一半边缘向外、一半边缘向内。另外，将Chisel Hard（雕刻清晰）方法更改为Smooth（平滑）以获

更改 Style 后的雕刻图形。

知识链接

▼ 使用绘画工具 第 448 页

▼ 从透明背景分离图形 第 483 页

▼ 缩放样式 第 81 页

3a

为光照添加 Overlay（叠加）模式下的灰色填充图层。

3b

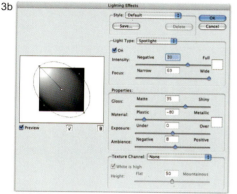

创建点光源。

3c

设置好的光照，效果图可参见第 545 页。

4a

已经对图形应用了 Wow-Carved Sharp 样式的 Carving Pattern-Before.psd 文件。

得经过加工的效果，如 **2d** 所示。［若想对Inner Shadow（内阴影）或者Color Overlay（颜色叠加）进行调试，可单击Layer Style对话框左侧列表中的样式名称；复选标记表明该效果已启用了，且会对样式产生效果，不过需要单击该效果的名称，打开对应的选项面板才能进行更改。］

3 创建"光照"图层。 要使雕刻图像看上去有生气，不妨使用Lighting Effects（光照效果）滤镜来添加Spotlight（点光）。▼不过，我们将其用作一个单独的"光照"图层，以更好地控制该效果，具体操作如下：选中该图形图层，按住Alt/Option键的同时单击Layers（图层）面板底部的Create a new layer（创建新图层）按钮，新建一个Overlay（叠加）模式下的图层，使用Alt/Option 键可以打开New Layer（新建图层）对话框，选择Overlay（叠加）模式，勾选Fill with Overlay-neutral color (50% gray)［填充叠加中性色（50%灰）］复选框，如 **3a** 所示。由于该模式下的灰色是中性的（不可视），因此单击OK按钮退出该对话框不会更改图像，但是在Layers（图层）面板上仍可以看见该灰度填充的图层。

> **知识链接**
> ▼ 光照效果滤镜
> 第 264 页

执行Filter（滤镜）> Convert for Smart Filters（转换为智能滤镜）菜单命令，然后执行Filter（滤镜）>Render（渲染）> Lighting Effects（光照效果）菜单命令并设置光照效果即可创建Spotlight（点光），如 **3b** 所示。我们从默认的光照开始，更改光线的方向使左上角的光线最强，并向内拖动底部手柄使其更接近圆形。Lighting Effects（光照效果）预览仅会显示灰色图层，且无法预览当前工作窗口中图像的效果，但是可以随时调整智能滤镜。在图层面板中可通过调整Spotlight（点光）的混合模式或减小不透明度减弱点光效果来进行调试。还可以双击滤镜名重新设置参数，这里我们将Intensity（强度）减小到30，将Gloss（光泽）改为35，将Material（材料）设置为－80。在此仍沿用Overlay（叠加）模式，不过将不透明度降低为85%，如 **3c** 所示。

4 雕刻图案化表面。 要雕刻带图案的表面，可以打开你的图像文件并添加图形（参见步骤1），然后应用Wow-Carved Sharp样式（参见步骤2），并添加光照效果（参见步骤3）。或者打开Carving Patterned-Before.psd文件，其中已应用

4b

取消图层副本与蒙版之间的链接。

4c

前

后

对遮罩处理的副本图层进行轻微的偏移处理，以创建出"跃入"图案的效果。

5a

对图形图层应用了 Wow-Carved Smooth 图层样式的 Carving Rough-Before.psd 文件。前景中的一些树叶也被应用了雕刻效果，不过我们将在步骤6中对此进行调整。

了Wow-Carved Sharp样式，复制Spotlight，将Material（材料）设置为30，如4a所示。

要移动凹进区域以加强深度的效果，可以为表面图层**创建一个经过遮罩处理的副本**，具体操作如下：在Layers（图层）面板上选中表面图像，使用Ctrl/⌘+J快捷键进行复制。按住Ctrl/⌘键的同时单击图层缩览图，将该图形图层加载为选区，单击Layers面板底部的添加图层蒙版按钮。接下来的一个重要步骤是，单击图像缩览图与图层蒙版缩览图之间的 🔗 图标**取消**该图层副本与蒙版之间的**链接**，如4b所示。该操作可以在保持蒙版位置不变的同时移动木质图像。选中图像而非蒙版。选择移动工具 ▶⊕，按键盘上的方向键移动图像，直到该图像移动到理想位置，如4c所示。

5 雕刻带有纹理的表面。如果要进行雕刻处理的表面具有粗糙感，可以通过另外一种处理来添加效果。如果要跟随我们的实例进行操作，那么请打开Carving Rough-Before.psd文件，如5a所示，或者，如果你使用的是自己的图像或图形，可以参照步骤1～步骤4进行操作，只不过在步骤2中，不再使用Wow-Carved Sharp样式，而是尝试**Wow-Carved Smooth**，使雕刻看上去"更圆润"，显示出久经磨损的效果，如5b所示。改变智能光照效果滤镜，将Gloss（光泽）改为0，将Material（材料）改为85。

对两种材料进行分层

在"雕刻"带有图案的表面时，所创建的蒙版（"雕刻"中的步骤4）不仅可以移动凹进的表面，还可以将其替换为另一种材料（一个用Wow-Wood 06图案填充的图层，见附录C）。单击Layers面板中该带有蒙版的图层，打开要用作第二表面的图像文件。选择移动工具 ▶⊕ 将该图像拖动到雕刻文件中，它将被放在经过遮罩处理的图层的上方。按住Alt/Option键将蒙版缩览图拖动至新导入图层上，"将蒙版复制"到该新建图层上。

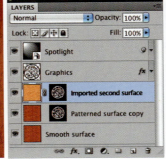

5b

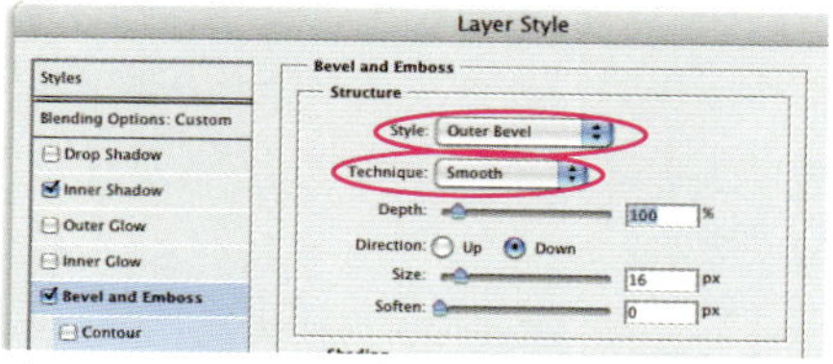

在 Layer Style（图层样式）对话框的 Bevel and Emboss（斜面和浮雕）选项面板中，选择一个较高的 Size（大小）设置（为 Wow-Carved Smooth 选用 16，取代 Wow-Carved Shape 采用的 9），并将 Technique（方法）设置为 Smooth（平滑），以获得更为柔和、圆润的斜面边。

6a

对仅显示石头图像图层的雕刻文件进行复制，着手准备制作置换贴图。

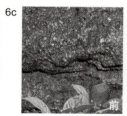

6b

在将置换贴图文件转换为灰度后，我们对其进行了轻微的模糊化处理，以处理纹理中的细节。

6c

对置换贴图进行模糊化处理前后的效果对比。

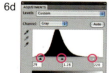

6d

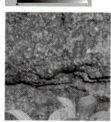

使用 Levels（色阶）调整图层和 Blend If（混合颜色带）滑块来提高最暗处石头的对比度，在不夸大岩石"颗粒"的情况下突出暗处的裂缝。［右击或者按住 Ctrl 键的同时单击调整图层的缩览图，打开 Blending Options（混合选项）选项面板。］

6 使雕刻"粗糙化"。 要获得一个粗糙的表面，接下来的步骤就是使用 Displace（置换）滤镜创建置换贴图，以使雕刻看上去像是受到了表面拓扑抬升（较亮区域）和凹陷（黑暗区域）的影响。Displace（置换）滤镜通过向上或向下，向左或向右"推动"像素，对图像产生作用。对每一个像素而言，其所移动的方向都取决于置换贴图中对应的像素是暗还是亮，置换程度则取决于明暗程度。▼

此时，为防止出现图层大小超出画布的现象，可以全选（Ctrl/⌘+A），然后执行 Image（图像）>**Crop（裁剪）**菜单命令，这样能保证在使用 Displace 滤镜时所创建的置换贴图与表面图像相匹配。然后在 Layers 面板中暂时隐藏除表面图层之外的所有图层，执行 Image（图像）>Duplicate（复制）菜单命令，勾选 Duplicate Merged Layers Only（仅复制合并的图层）复选框，如 **6a** 所示。

要想更方便地查看新图层中的对比是如何作为置换贴图作用的，可以先执行 Image（图像）>Mode（模式）>Grayscale（灰度）菜单命令将该文件转换为灰度图。然后，你或许会想通过模糊化处理去掉不想要的细节，如 **6b**、**6c** 所示，并增加对比度以夸大表面各大特征处的明暗区别。使用 Level（色阶）调整图层加大对比度▼，然后使用 Blend If（混合颜色带）滑块将对比度的调整限制在暗调区域，如 **6d** 所示。▼将文件**保存为 Photoshop（PSD）格式**，因为 Displace 滤镜要求保存为 Photoshop 文件。

要使雕刻"粗糙化"，可先选中图形图层，单击 👁 图标显示图层。执行 Filter（滤镜）> Convert for Smart Filters（转换为智能滤镜）命令，以便在需要时更改滤镜设置，如 **6e** 所示。然后执行 Filter（滤镜）>Distort（扭曲）>Displace（置换）菜单命令，在 Displace（置换）对话框中，键入 Horizontal Scale（水平缩放）和 Vertical Scale（垂直缩放）的值（这里都使用 6），单击 OK（确定）按钮。找到刚创建的置换贴图，单击 Open（打开）按钮。如果在完成置换操作后还想进行修改，可以双击滤镜名打开对话框，在上次设置的基础上增加或是减少数值后单击 OK（确定）按钮。

知识链接

▼ 置换滤镜　第 575 页

▼ 色阶　第 246 页

▼ 混合颜色带　第 66 页

6e

图形图层转换成了智能对象，以便应用置换滤镜。

应用 Displace（置换）滤镜对经过雕刻的图形进行扭曲处理，以与表面相匹配。

调整绿色通道的色阶以提高树叶和岩石之间的对比度，这样就更有利于沿着边缘使用磁性套索工具 进行选取。

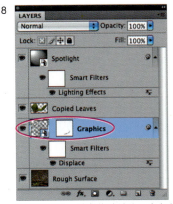

8

完成选区后，需要将前景的元素复制到一个单独的图层（置于图形上方）。色阶调整图层被删除掉，然后在图形图层上添加图层蒙版，使一些区域的高光变暗一些。

7 将前景元素放置到雕刻作品的前面。无论雕刻作品的表面平滑、带有图案还是带有纹理，若表面图像中的物体需要出现在雕刻前面，都可通过选择该对象并将其复制到新的图层上，将该物体置于雕刻作品前。

使用一种适于操作对象的选择方法。▼要使工作量最小化，可只选择那些覆盖在雕刻作品上的树叶。由于树叶本身的色调和饱和度不一致，并且岩石表面斑驳，所以要想使用快速选择工具、魔棒工具或者Color Range（色彩范围）命令会很困难。因此，我们决定使用磁性套索工具 ，沿着明显边缘处"浮移"光标，不按鼠标进行选择，▼然后，在需要帮助跟踪边缘的地方单击或者在按住Alt/Option 键的同时拖动光标。不过，在开始之前，我们先提高了树叶和岩石之间的对比度，以便利用磁性套索工具能够更清楚地"看清"边缘：单击图层面板底部的创建新的填充或调整图层按钮 ，并选择Levels（色阶）。有时候，只需向内移动Input Levels（输入色阶）黑场、白场滑块来提高对比度。然而在本例中，我们决定借助绿叶位于中性背景上这一事实，从Levels（色阶）对话框顶部的Channel（通道）下拉列表中选择绿色，向内移动黑场滑块，将岩石变为深洋红色，如 **7** 所示，这样就可以更轻松地对树叶进行选取了。完成选区的创建之后，我们删除了Levels（色阶）图层，再次选中图像图层，将树叶复制到新的图层上（Ctrl/⌘+J）。然后，只需拖曳树叶图层，并将其放置在图层面板的图层堆栈中雕刻图层之上，再次打开点光图层的可视性即可。

8 完成修饰。要降低岩石底部切割处的斜面高光，需要在图形图层上添加蒙版（选中图层，单击面板底部的 按钮）。选择柔软、较低不透明度的笔触在蒙版上绘制，如 **8** 所示。

如果图像的阴影存在偏色，可以在Layer Style对话框中单击色板，然后单击图像中的阴影区域进行颜色取样。要进一步夸大一些元素的置换效果，则需要制作一个拼合的文件副本，方法是：执行Image（图像）> Duplicate（复制）菜单命令，勾选Duplicate Merged Layers Only（仅复制合并的图层）复选框，尝试使用Liquify（液化）滤镜。▼ *wow!*

知识链接

▼ 选取选区的方法
第 47 页

▼ 使用磁性套索工具
第 55 页

▼ 使用液化滤镜
第 575 页

霓虹文字

第429页展示了超现实主义大师Bert Monroy如何完成城市角落的手绘霓虹效果。Crafting a Neon Glow. pdf中提供了本书上一版本中对应的案例，这次又将它放到了本书光盘中，以便为新内容腾出空间。在文件中详细讲解了利用形状图层创建霓虹标志、用图层样式制作发光效果、为图形增加"捏"的细节的方法。这里我们也能看到一些更简单的快速霓虹文字样式。

Quick Neon Type文件中包含了这里提到的所有案例（文字已被栅格化），因此，你可以轻松地查阅图层样式设置（在图层面板中双击图层名即可）。Quick Neon Type文件也可以作为霓虹样式的素材源文件，你可以将这些样式复制、粘贴到需要的文件中。

附书光盘文件路径

 > Wow Project Files > Chapter 8 >Quick Neon Type

查看字符

如何知道对象使用特定字体后的效果？这里有一些建议：

• 选择文字工具，在工具选项栏的字体菜单中可以查看到Sample列展示了不同字体的效果。

• Windows和Mac系统都提供了查看字体的方法。在Windows的字符映射表（开始>附件>系统工具中可以看到）中可以查看某种字体的所有字符。可以将它们复制、粘贴到Photoshop中。在Mac OS X中Character Palette（字符面板）中显示了某种字体的所有字符，或者是同一字符的所有不同字体效果。从Finder菜单中执行Edit（编辑）> Special Characters（特殊字符）命令，打开面板。或者执行 > System Preferences > International > Input Menu命令，选中Character Palette复选框。

创建霓虹字体

对于显示的字体，如 Eklektic（上面 space bar 的字体）和 MiniPics Confetti（卷曲图标的字体），是理想的用于模拟霓虹灯的字体。这些文字都使用了 monoweight（单权重）笔划（霓虹灯管粗细均匀），并以圆角结束。照亮字体非常简单，只需先输入文字（选择文本工具T，在工作窗口单击后输入），然后应用 Wow-Neon & Glows 中的图层样式（参见 759 页），如果需要可以执行 Layer（图层）> Layer Style（图层样式）> Scale Effects（缩放效果）菜单命令缩放图层样式。

在本案例中，选择钢笔工具 绘制一条路径，然后选择文本工具，在路径上输入文字 space。复制路径文字图层（Ctrl+J），在新图层上按住 Ctrl/⌘ 键使用移动工具向下拖动新图层，让光标划过文字，选择文本工具并输入"bar"。调整两个图层的位置。▼

添加一个新的空白图层，快捷键是 Ctrl+Shift+N，或者按住 Alt/Option 键新建图层，打开 New Layer（新建图层）对话框。在其中输入文字使其成为第三个文字图层——以 MiniPics Confetti 字体输入一个符号。然后，缩放、旋转卷曲图标使其与另外两个文字相匹配（按下 Ctrl+T 键，再按住 Shift 键拖动右下角的手柄进行缩放，在定界框外侧拖动光标进行旋转）。

知识链接
▼ 调整路径文字
第 443 页

 Made for Neon.psd

字间距

要想调整**相邻字符的字间距**，只需将光标定位在两个目标文字之间，按住Alt/Option键，按键盘上的 → 或 ← 键。要想调整**整段文字的字间距**，需要让光标划过全部目标字符，按住Alt/Option键，按键盘上的 → 或 ← 键。

为霓虹效果而创建

很多monoweight（单权重）字体，虽然不是非常完美，但是也很适合霓虹效果。在上述案例中：

- Pump Tri D字体（用于zebra room）、Harpoon字体（用于city deli），以及Chunky Monkey字体，尽管笔划的结尾是方形不是圆角的，但都是非常合适的备选字体。

- 在Motel 5上，我们使用了Balloon字体，设置了两种字号（粗体字36点，细体字80点），这使得两种文字看起来具有相同的直径。这种字体具有圆角的结尾，笔划中间很少中断，看起来与现实中的霓虹灯管相似，是推荐使用的霓虹灯字体。

- 用于joe's的Circle D字体是单权重、具有圆角结尾的字体，但是对于霓虹灯来说有些太细了。因此，在输入完文字后需要将字体变粗，具体方法是单击工具选项栏上的 🗎，打开Character（字符）面板，单击面板右上角的 ▾☰，在弹出的菜单中选择Faux Bold（仿粗体），此时霓虹灯管就变成了我们希望的粗细。

- 云雨图标来自Inkfont Dingbats。为了得到紫色，我们使用了色相/饱和度调整图层（单击图层面板底部的◔按钮，然后拖动色相滑块）。这种调色的方法同时也会改变内发光和外发光的颜色。在这个案例中是成功的，甚至没有用到剪贴组，因为云雨图层在所有其他字体图层的下方，而背景是黑色的（无色相），因此这些图层都不会受到色相/饱和度图层的影响。

霓虹的轮廓

你可以使用带有渐变描边的图层样式，使霓虹灯与字体外轮廓相匹配。选择一种没有尖锐端点的粗字体，输入文字，使用一种图层样式将会掩盖的颜色。单击图层面板底部的Add a layer style（添加图层样式）按钮 *fx*，在弹出的菜单中选择Blending Options（混合选项）。在打开的对话框中，在Advanced Blending（高级混合）选项组中设置Fill Opacity（填充不透明度）为0，让文字变得透明。确认取消勾选Blend Interior Effects As Group（将内部效果混合成组）复选框未被勾选。这是为了保证Fill Opacity（填充不透明度）设置为0的情况下描边效果处于文字内部的部分也会显示出来。

在Layer Style（图层样式）对话框左侧的列表中单击Stroke（描边），设置Position（位置）为Center（居中），描边效果将会压在边界上，字符不会太宽也不会太窄。设置Fill Type（填充类型）为Gradient（渐变），设置Style（样式）为Shape Burst（迸发状）。再设置一种渐变，从中央的浅色或白色开始，以明亮的相同颜色结束。为了让霓虹灯的发光效果自然，调整描边效果中Size（大小）的滑块。为了在霓虹灯上产生发光效果，需要添加内阴影和外阴影，均可设置为Screen（滤色）模式。

- crow bar使用了Fluf字体。

- 选择BeesWax字体，输入blue和hippo，hippo旁边的轮廓图形使用了Animal字体。圆点是处于路径上的文字（句号字符），需要在段落面板上打开Justify All（全部对齐）选项，使它们均匀地分布。然后应用一个类似左边"为霓虹效果而创建"中的样式。

- Ink的第一个字母使用了Hygiene字体，其他两个字母使用了BubbleSoft字体。

 Almost Made for Neon.psd

 Outlining with Neon.psd

Wow 动作特效

Wow-Graphix Enhance Actions是一个非常简短的程序，用来为文字或图片添加一些很难用图层样式完成的特殊效果。**每个动作会创建一个分层文件**，因此可以自行调整结果。

如果你还没有安装Wow Actions，请先安装（参见第4页）。然后执行Window（窗口）> Actions（动作）菜单命令打开Actions（动作）面板，单击▾≡在菜单中选择Wow-Graphix Enhance Actions。

为了运行动作，在Actions（动作）面板中单击动作的名称，然后单击面板底部的Play selection（播放选定的动作）按钮▶，如果你的Actions（动作）面板处于按钮模式，直接单击相应按钮即可。**在运行动作的过程中无论何时出现停止信息，都需要仔细阅读相应说明。**

FX.psd是Wow-Graphix Enhance Actions的目标工作文件——图像和文字在上层，图像在下层。

本书提供了这些文件，你可以测试这些动作，结果在随后的内容中将会有所介绍。

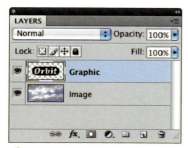

FX.psd

附书光盘文件路径

wow > Wow Project Files > Chapter 8 > Quick FX

Wow-Silvery（银）
Wow-Golden（金）

在 Wow-Silvery 和 Wow-Golden 动作中，光照效果滤镜创建了初始的光照效果，然后使用图形的模糊副本创建维度。Color Balance（色彩平衡）调整图层可以精调颜色，然后再用一个图层样式添加厚度和闪光。

当你在 FX.psd 或其他文件上尝试过这些动作的设置后，需要执行 File（文件）> Revert（恢复）菜单命令，然后再次运行。这次在 Lighting Effects（光照效果）对话框中作一些改变，比如调整灯光的位置（拖动中间的手柄）改变产生高光的部分。

在最终的分层文件中，试着改变 Graphic Wrapped 图层的混合模式、▾不透明度，或色彩平衡设置。▾

知识链接

▾ 混合模式　第 181 页

▾ 色彩平衡　第 251 页

Wow-Streaked
Metal（拉丝金属）

在 Wow-Streaked Metal 动作中，光照效果滤镜和图层样式提供了光效和维度。添加一个明亮的金属表面，该表面用 50% 的灰进行填充，并使用 Overlay（叠加）模式。在灰色图层上应用 Noise（杂色）滤镜，再应用运动模糊滤镜将杂色变成条纹。

要想创建环境，可以使用曲线调整图层，并使其中的曲线弯曲程度较大，用以创建斑驳的光效。▾曲线调整图层降低了不透明度，使反射效果更加微妙。

知识链接

▾ 曲线调整图层
第 247 页

请注意像素

有些Wow-Graphix Enhance动作使用了Photoshop中基于像素的滤镜。如果你的文件比我们的文件（1000像素宽）**大很多**或是小很多，这里的动作可能会产生不一样的效果。第555页的"检查动作"会讲解如何使滤镜和文件相匹配。

Wow-Streaked Steel（拉丝钢）Wow-Oily Steel（油性钢）

在Wow-Streaked Steel和Wow-Oily Steel动作中，光照效果滤镜和图层样式提供了光效和维度。就像在Wow-Silvery和Wow-Golden中一样，然后用杂色滤镜和运动模糊滤镜制作拉丝效果，就像Wow-Streaked Metal一样。然后为Wow-Streaked Steel和Wow-Oily Steel添加更加锐利的斜面——表面颜色和条纹不要延伸到斜面上。

如Wow-Streaked Metal中一样，创建曲线调整图层，并使其中的曲线弯曲程度较大，使它看起来像是从拉丝钢表面反射出来一样。在油性钢中添加一个类似的曲线调整图层，设置较大的不透明度值，使表面出现五颜六色的外观。

Wow-Chromed（镀铬）Wow-Crystal（水晶）

Wow-Chromed 动作利用一个图像图层创建镀铬表面的反射效果，其结果类似第 535 页"自定义铬黄"的"变化"部分。Wow-Crystal 动作同时模拟了表面反射和水晶内部折射的效果。

在这两个动作中，当玻璃滤镜对话框打开时需要用户载入 Displace.psd（该文件由动作创建，作为纹理使用）。

在 Wow-Chromed 中，Bkg Blurred 图层和 Hue/Saturation I 调整图层用于创建背景和金属之间的对比效果，选择的颜色需要和金属表面的高光和阴影相匹配。

在 Wow-Crystal 中，要想改变水晶材料的特征，可以改变 Reflection 图层的混合模式。▼ 或者降低 Wow-Crystal 图层的不透明度，在保持发光效果的基础上，让物体更加透明。

知识链接
▼ 混合模式　第 181 页

▼ 混合模式　第 181 页

更换背景

应用Wow动作后，可能会需要改变图像中的背景，以此来强化图像效果，或是将图形导入到其他文件中。可以通过以下方法完成这些工作。

- 选中文件中最下方的图层（单击图层面板中的缩览图），然后将另一张图像拖进来。

- 如果你将动作运行的分层结果打包到一个图层组中，那么可以将图层组复制到其他文件中。按住Ctrl/⌘键并单击图层名称，在图层面板中选择需要打包的文件，然后单击▾☰，在弹出的菜单中选择New Group From Layers（从图层新建组）命令。之后就可以将整个文件夹轻松拖动到其他文件中了。

- 你也可以在拖动之前创建图层组的合层副本，从而不用移动分层文件。在图层面板中选中图层组，并将其复制（这样在原始文件中依然保留了分层的文件），在图层面板中按住Ctrl键并单击图层组，在弹出的菜单中选择Duplicate Group（复制组）命令。然后按下Ctrl/⌘+E键将新组合并为一个单一图层。

Wow-Distressed （扭曲）

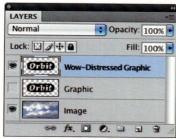

可以在应用类似 Wow-Metals Styles 中的 **Wow-Heavy Rust** 样式前应用 **Wow-Distressed** 动作。

减缓运行速度

默认情况下，Photoshop 运行动作很快，以至于你可能看不清发生了什么。但是如果你希望看清动作面板中发生的每一步，可以打开面板菜单 ▾☰，选择 Playback Options （回放选项），然后选择 Step by Step （逐步）或 Pause For （暂停）1 或 2 秒。

Wow-Fire （火焰）

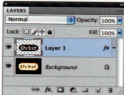

FX2 _After. psd

Wow-Fire 动作可以在文字或图形边缘添加火焰效果。这里，我们在黑色的字母 "i" 上运行这个动作。为了使字母前面也出现火焰，我们在图层面板中双击 layer 1 的缩览图，调整 Underlying Layer （下一图层）滑块，按住 Alt/Option 键将黑色滑块分开。▾ 然后提高内发光效果的大小和范围属性。

在逐步运行 **Wow-Fire** 时，你会发现这是一个很有趣的动作（参见左侧的"减缓运行速度"）。

检查动作

要想每次运行一个动作，查看在运行下一步前电脑会做哪些工作，首先在动作面板中单击动作名称前面的小三角按钮，展开命令列表。选中第一条命令，按住 Ctrl/⌘ 键单击面板底部的 ▶ 按钮，这条命令被执行，下一条命令被选中，执行完以后动作会停下来并等待用户指令。继续按住 Ctrl/⌘ 键单击 ▶ 按钮执行后面的每个步骤。单击命令前面的三角按钮，你可以从展开命令的参数设置列表中查看各种设置。

如果你想从对话框中改变某个步骤的设置，可以按 Ctrl/⌘+Z 键取消这一步，然后单击步骤前面的 Toggle dialog on/off （切换对话开/关）按钮，添加对话框图标。

再次按住 Ctrl/⌘ 键单击 ▶ 按钮，会弹出相应的对话框。所有在对话框中进行的更改，在本次运行时都会执行，但是动作本身并不受本次修改的影响，以后运行仍使用之前的设置。要想做到这点，需要编辑动作，并将变化记录下来。▾

背景和纹理

Photoshop 为你提供了关于滤镜、图案和图层样式的魔术套装。当你看到一些原始材料支持某些概念或满足延展图形需要时，这可能就是某些伟大工作的开始。借助这些工具，你可以从无到有地创建图案和纹理，使其成为背景，或是使平面、字体、图形等表现出难以置信的效果，或是使用 Photoshop 扩展版将表面转换成 3D 对象。（在接下来的几页中会有一些案例，在上一版图书中出现的"Legacy Backgrounds & Textures"，在用 Photoshop CS3 版本 /CS4 版本升级后，放在了本书光盘中。）在开始学习"背景和纹理"中的案例前，请确认已经载入了 Wow 预设（至少应包括图案和渐变），参见第 4 页。

除了此处列举的方法外，还可以使用图层样式中的图案来生成一些特殊的表面纹理，可以是图案叠加或斜面与浮雕中的纹理，第 522 页的"凸起"中详细介绍了相关的细节。

附书光盘文件路径
 > Wow Project Files>Chapter 8 > Quick Backgrounds

背景和纹理遗产

刷过的金属（添加杂色滤镜、运动模糊滤镜、光照效果滤镜）

混合金属（Adobe 金属渐变）

颜色混合（在颜色通道应用渐变）

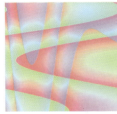

颜色混合和波浪扭曲（正弦模式）

颜色混合和波浪扭曲（方形模式）

颜色混合、旋转扭曲和玻璃扭曲

砖表面（Wow-Brick 图案，Wow-Misc，表面图案，光照滤镜和混合模式）

地毯（纤维滤镜）

木材表面 1（纤维滤镜）

木材表面 2（纤维滤镜和液化滤镜）

之前版本《Photoshop WOW! Book》中讲解的创建背景和纹理的方法依然十分有效。但是为了能够节省页面空间来容纳新的内容，我们将这部分内容转换为 PDF 格式，放在了随书附赠的光盘中。文档中提到的各种方法都已经用 Photoshop CS3/CS4 升级过。

Legacy Backgrounds.pdf

背景和纹理遗产（续）

大理石（云彩滤镜）

粗糙岩石（云彩滤镜和光照效果滤镜）

纸 / 墙（添加杂色滤镜、高斯模糊滤镜、浮雕效果）

方格（杂色、渐变、USM锐化）

织物（纤维滤镜、混合模式）

织物图案（纤维滤镜、混合模式、图案生成器）

来自照片的纹理（图案生成器）

表面特征（纹理化滤镜）

*Photoshop CS4 中没有再安装图案生成器，而是作为插件和预设出现。

知识链接

▼ 外挂程序与预设
第 120 页

多云的天空

执行Filter（滤镜）>Render（渲染）>Clouds（云彩）菜单命令可以制作出白云和天空，但效果可能不太理想。如果要对天空背景添加白云，可以尝试在图像上方的图层上使用Clouds（云彩）滤镜，并使用从天空中采集的蓝色作为前景色，将白色作为背景色。首先创建一个仅显示天空的蒙版，使用Magic Wand（魔棒）工具 单击蓝天，然后单击Layers（图层）面板底部的Add a layer mask（添加图层蒙版）按钮，你可以使用Ctrl/⌘+F快捷键重复使用该滤镜，生成一组新的白云，同时查看天空的效果变化。还可以更改白云图层的混合模式和不透明度，以使它与蓝天相匹配。选择Brush Tool（画笔工具） ，设置较大的柔角画笔笔尖，并使用较低的不透明度值。

前

后

PETER CARLISLE

纹理的来源

Adobe支持的纹理文件可以创建效果非常好的凹凸贴图，进而使用Texturizer（纹理化）滤镜创建出色的表面特征。（在Photoshop CS3中，纹理被安装在Photoshop的预设目录中。在Photoshop CS4中，可以在<language>/Goodies/Presets/Textures目录下找到预设文件，或从adobe.com网站下载。）

▼纹理目录中的一些文件是psd格式，已经符合Texturizer（纹理化）滤镜的要求。另一些是jpg格式，要想在Texturizer（纹理化）滤镜中应用它们（置换滤镜和其他一些滤镜也使用psd文件来创建、强化纹理），首先要在Photoshop中将它们另存为psd格式。

要想使用Texturizer（纹理化）滤镜（就像前面的这些案例），需要执行Filter（滤镜）> Texture（纹理）> Texturizer（纹理化）菜单命令。单击纹理菜单旁边的 ▼≡ 按钮，选择Load Texture（载入纹理），找到纹理文件夹（或其他包含psd文件的文件夹），选择纹理后，将其载入。

绘制背景

这张工作室的背景是用一张源自照片的笔触绘制的。你可以修改笔触，在Brushes（画笔）面板中改变设置，进而改变笔触的"笔迹"（参见右侧的"源自图像的笔触"）。

绘制背景前，首先按照分辨率和尺寸的需要创建新文件（Ctrl/⌘+N），单击工具栏中的前景色色板，选择需要的基础颜色（此处选择中蓝）。用这个颜色填充文件（Alt/Option+Delete）。添加一个透明图层（Ctrl/⌘+Shift+N），选择画笔工具，自定笔触、使用相同的颜色进行随机绘制。借助 和 ，或在Photoshop CS4中右键单击，或按Alt键（Windows）、按Ctrl+Option键（Mac）拖动可以进行自由调整。内置的Color Dynamics Jitter（颜色内置抖动）采用了一些相关的颜色。你可以调整该图层的不透明度或者使用Eraser（橡皮擦）工具擦除部分绘制完的图像，得到需要的效果，在得到满意的背景之后，执行Layer（图层）>Flatten Image（拼合图像）菜单命令。

Painted Background files

想要创建一个抽象的、基于图像的笔刷，首先要创建一个新文件（Ctrl/⌘+N），将背景设置为白色，使其尺寸略大于目标笔刷的大小。我们希望笔刷至少有200像素，因此创建了一个方形300像素的文件。

按D键恢复色板默认的黑白设置，选择Brush（画笔）工具，在工具选项栏画笔下拉菜单中，选择一个常用图像的笔触，此处从安装在Photoshop中的Special Effect Brushes（特殊效果画笔）中选择大玫瑰花。

如果需要的话，可以按 和 键调整笔触的大小，然后在文件中单击一次，创建一个笔刷图案。接下来，对这张图进行修饰。

降低图层的不透明度。使用画笔模式的Eraser（橡皮擦）工具（在工具选项栏中进行设置），为笔触设置合适的柔软度，在图像边缘擦除，以破坏边缘。使用降低不透明度的橡皮擦轻轻处理图像内部，将图像进一步打破。

现在，在画笔面板中调整以下设置。如果使用图形输入板，可以选择画笔的特征，比如画笔压力或方向，作为对这些设置的控制。如果使用鼠标，也可以改变设置创作完全随机的纹理。

比如，尝试改变其中一种、几种或全部设置：在Shape Dynamics（形状动态）中设置较大的Angle Jitter（角度抖动）。在Color Dynamics（颜色动态）中稍稍增加（10%~15%）**颜色、饱和度、亮度抖动**。另外两个可以让画笔产生随机效果的是Shape Dynamics（形状动态）中的Size Jitter（**大小抖动**）和Scattering（散布）中的Scatter（散布），还可以利用Color Dynamics（颜色动态）中的Foreground/ Background Jitter（**前景/背景抖动**）添加更多的颜色。▼

在使用新笔刷（如左）绘制背景前，需要先保存笔触。▼

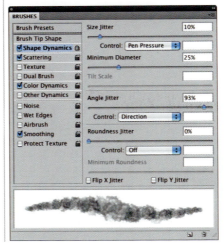

BackgroundBrush.abr

知识链接

▼ 保存画笔笔尖　第402页

添加光效

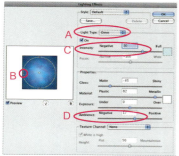

使用Lighting Effects（光照效果）滤镜可以使对象从背景中凸显出来，甚至可以改变背景的颜色。你还可以保持滤镜的激活状态以便随时修改。在图层面板中，选中背景图层，执行Filter（滤镜）>Convert for Smart Filters（转换为智能滤镜）菜单命令，将其转换为智能对象，然后应用光照滤镜。在弹出的对话框中，将灯光类型设置为Omni（全光源），如A所示，该光源的效果类似于灯泡照向各个方向。调整灯光周围的手柄，使圆周差不多覆盖整个背景，如B所示。设置较低强度，稍稍增加环境，如C、D所示。单击灯光颜色的色板（上边的色板），选择颜色。当预览窗口中的效果符合要求时，关闭对话框。要想看到没有被光照到的效果，可以在图层面板中单击光照效果滤镜前的 ◉ 图标。

添加纹理

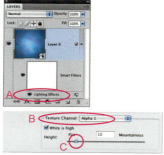

如果以智能滤镜的方式应用光照滤镜创建了一幅背景（如左），以后可以随时修改滤镜的参数，在旧背景基础上创建新背景。▼这里我们要添加一张微妙的纹理。

在新文件中打开通道面板，单击面板底部的创建新通道按钮，新建通道。执行Edit（编辑）> Fill（填充）菜单命令，设置Use（使用）为Pattern（图案）。我们选择Wow-Organics图案中的Wow-Rice Paper White。▼

双击图层面板中光照效果滤镜的名称，如A所示，再次打开对话框，然后选择Alpha通道作为纹理通道，如B所示。将Height（高度）设置为较小的数值（这里用10），如C所示。确认后关闭对话框。

知识链接

▼ 智能滤镜　第72页

▼ 载入 Wow 图案　第4页

改变颜色

通过单击图层面板底部的 ◐ 按钮，在背景图层上设置色相/饱和度调整图层进行着色操作。移动色相滑块观察背景的色彩变化，找到一个适合柔软纸张纹理的颜色。如果需要，请调整饱和度与透明度数值。

对于一张单色图案图片（只有暗红），请在色相/饱和度对话框中勾选Colorize（着色）复选框。

无缝拼贴图案

由于Photoshop提供了无数种使用图案的方法，因此最好学会如何创建属于自己的图案。如果想要将图像（如第556页的"背景和纹理"中所示的一种）转变为无缝的拼贴图案，首先需要评估将整个图案定义为图案拼贴时产生的缝隙。接下来，如果必要的话，还应选择一种隐藏缝隙的方法。

有些图案图像会自动隐藏缝隙。例如，第557页创建的方格包含的是从左到右、从上到下延伸的直线，因此，当图案拼贴重复的时候，边缘会自动对齐且非常完美。其他的例子如"Joy"图案和与其相似的图案（第75页和第568页的图形元素组合）。然而，绝大多数图案素材，即便是颗粒精细的纹理，都需要进行一些编辑，以隐藏两块拼贴之间的缝隙。

参照右栏内容对缝隙进行评估之后，使用接下来介绍的3种方法（修复、污点修复和修补）中的一种去除缝隙。然后，进行复查缝隙并在必要时作进一步的隐藏处理。最后，将更改过的图像定义为图案文件，参照第562页"定义及应用图案"部分内容。

要制作出左边的插图，可将图案作为图层样式中Pattern Overlay（图案叠加）和Texture（纹理）的元素，并对图形图层应用该元素。打开文件，参照第563页的说明，找到图层样式或者将它们捕获为所需的形式。

Seamless.psd

附书光盘文件路径

WOW > Wow Project Files > Chapter 8 > Quick Seamless Patterns

评估缝隙

A

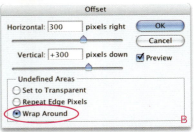

B

C

制作图案拼贴时，需要一个仅包含想要作为拼贴区域的单一图层文件。本例中使用了一个450像素的文件，如A所示。如果所使用的文件含多个图层，或者不想使用整幅图像作为图案拼贴，那么可复制该文件。执行Image（图像）>Duplicate（复制）命令，勾选Duplicate Merged Layers Only（仅复制合并的图层）复选框（如果该选项可用）。在副本文件中，如果只想使用图像的一部分，可以选择裁切工具🔲，将需要的图像裁切下来。

接下来，若未进行任何隐藏缝隙的操作，可使用**位移滤镜**查看缝隙的严重程度，如B所示。执行Filter（滤镜）>Other（其他）>Offset（位移）命令，在Horizontal（水平）和Vertical（垂直）数值框输入像素大小，使其分别约为文件宽度和高度1/2左右。在Undefined Areas（未定义区域）中勾选Wrap Around（折回）复选框，单击OK（确定）按钮应用该滤镜。任何不相匹配的"缝隙"将会被移到内部并在图像的中心附近清晰显示，如C所示。如果看不见任何缝隙，则可以直接进行"定义及应用图案"部分的操作（参见第562页）。否则，应根据正在制作的图案拼贴的性质去除缝隙。

修复缝隙

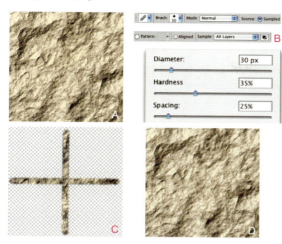

如果图像中的纹理极不规则且纹理细密，那么在运行Offset（位移）滤镜之后，如A所示（参见第560页），可以通过"修复"来隐藏缝隙。在隐藏缝隙的过程中，为了能够快速修复出现的错误，可以添加一个空白的"修复"图层（Ctrl/⌘+Shift+N）。选择修复画笔工具✐，在选项栏中将Mode（模式）设为Normal（正常），如B所示，勾选Use/Sample All Layers（用于所有图层/对所有图层取样）选项。打开画笔拾取器（单击画笔笔触右侧的小三角），为缝隙选用Hardness（硬度）为35%的30像素画笔。

要进行取样并着色，可在按下Alt/Option键的同时，单击远离垂直缝隙和靠近（但不是正好在）图像顶部边缘的地方，以加载带有源图像素材的工具，松开Alt/Option键并单击与取样约位于同等高度位置上的缝隙。按住Shift键并单击靠近（但不是正好在）垂直缝隙底部的位置，绘制出一条覆盖该缝隙的垂直笔划。对水平缝隙重复该操作，检查对明显边缘或重复元素的修复效果，修复图层如C所示，效果如D所示。如果出现错误，可以使用橡皮擦工具✐或套索工具删除该错误，或者使用修复画笔工具✐，按住Alt/Option键的同时单击缝隙之外的区域进行取样，然后单击该缝隙，在该问题区域轻轻涂抹。

执行Layer（图层）>Flatten Image（拼合图像）菜单命令拼合该文件，再次运行Offset（位移）滤镜并采用相同的设置，参照第560页"评估缝隙"部分的操作，并再次检查中间的缝隙（如果能够远离边缘的话就不会有任何缝隙）。如果需要进行精细的修改，可以在另一修复图层上使用修复画笔工具✐进行修改，然后再次对该图像进行拼合。当图像"无缝"后，转到"定义及应用图案"部分。

污点修复

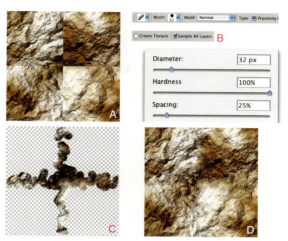

如果图像中的纹理是随机的，而且相邻区域在色调方面有很大差别，在运行Offset（位移）滤镜后（参见第560页），如A所示，这时可以用Spot Healing Brush（污点修复画笔）工具隐藏缝隙。在左侧"修复缝隙"中使用的空白修复图层在这里也适用。选择Spot Healing Brush（污点修复画笔）工具✐，在工具选项栏中将Mode（模式）设置为Normal（正常），如B所示，勾选Sample All Layers（对所有图层取样）复选框。选择一个合适的笔刷，设置大小为32，由于污点修复画笔工具内置了羽化特征，因此这里将Hardness（硬度）设置为100%。

为了隐藏缝隙，选择污点修复画笔工具，沿缝隙的角度从浅色向深色拖动光标，反之亦然。改变笔划的长度，查看纹理和色调发生随机变化，如C所示。确保缝隙上的笔划接近边缘，但一定不能超过边缘。如果区域不能很好融合，可以尝试改变画笔的大小（⌇增大，⌇缩小），或者是轻轻单击而不是拖动光标。检查那些模糊或锐化过度，以及出现重复细节的边缘。如果发现这样的错误，可以使用橡皮擦工具✐擦除错误区域，或使用污点修复画笔工具轻轻修复。

执行Layer（图层）>Flatten Image（拼合图像）菜单命令对文件合并，再次使用Offset（位移）滤镜，参照第560页的"评估缝隙"中的设置，检查中央的缝隙（如果操作离边缘太远，这里可能就会出现错误），如D所示。如果还需要做一些细节的修饰，可以在另一个修理图层使用污点修复画笔工具合并图层。当图像"无缝"后，转到"定义及应用图案"部分。

复制小片和小块

如果图像是一张粗糙的纹理或用不连续的对象进行填充，
如 A 所示，覆盖缝隙的最佳方式就是选取、复制并覆盖
图像叠加的部分。对包含不连续物体的照片而言，如卵
石、樱桃、云彩或画笔描边，使用该方法往往可以得到不
错的效果。对于这张使用Corel Painter软件的Auto-Painting
功能绘制的图片，使用套索工具 ⌇ 在扫描的手绘画布上
选取一块，然后将选取的对象复制到新的"补丁"图层
（Ctrl/⌘+J）。再使用移动工具 ⯈₊ 将补丁拖动到缝隙上。
如果需要翻转或旋转图像，可以使用自由变换工具（Ctrl/
⌘+T）。▼注意尽量不让"补丁"接触图像的边缘，因为
这会创建出生硬的边缘而不是无缝的边缘。变换时，不要
更改复制对象中光线的方向，以使其与原始图像中的光线
发生冲突，按下Enter键完成变换操作。

现在，可以对该对象进行复制（Ctrl/⌘+J），移动并对新
的副本进行变换操作，用以覆盖另一缝隙。如果多次使用
相同的选取对象，那么修改的迹象会过于明显，而且对象
会由于重复变形操作而变得模糊。因此，可以单击Layers
（图层）面板上原始图层的缩览图选中该图层，然后创建
另一选区，并将其复制到新的图层上，依此类推，如 B 所
示。将缝隙隐藏好以后，如 C、D 所示，执行Layer（图
层）>Flatten Image（拼合图像）菜单命令对文件进行合
并，再使用Offset（位移）滤镜，参照第560页的"评估
缝隙"中的设置，对新的缝隙进行检查。如果需要的话，
创建更多的"补丁"，并再次对文件进行拼合。然后转到
"定义及应用图案"部分内容。

知识链接
▼ 自由变换
第 67 页

定义及应用图案

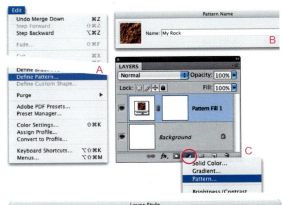

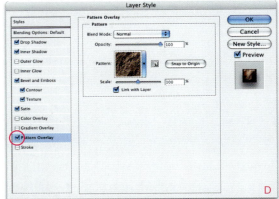

如果准备将一张图像用于图案，需要执行Edit（编辑）>
Define Pattern（定义图案），如 A 所示。在Pattern Name
（图案名称）对话框中为其命名，如 B 所示，然后单击
OK（确定）按钮。在Photoshop中，只要打开Patterns（图
案）面板，图案样板的最后一个图案就是这个新图案。

现在，可以将该图案用于**图案填充图层**，如 C 所示——**图
层样式**中的一种，如 D 所示。作为图案图章工具 ▩ 的"颜
料"，或者作为常规图层或选区，通过执行Edit（编辑）>
Fill（填充）菜单命令进行应用。详细说明请参见附录D。

保存图案

要永久性地将图案保存到图案面板中，可以在Photoshop
中的Edit（编辑）菜单，或者从图案面板的扩展菜单中选
择Preset Manager（预设管理器）。在**Preset Manager
（预设管理器）** 对话框中，选择Patterns（图案）作为
Preset Type（预设类型）。按住Shift键或Ctrl/⌘键同时单
击以选取要保存到新的Patterns（图案）预设文件中的所
有图案，单击Save Set（存储设置）按钮即可。

要创建一个带有明显重复的图案，可以按照如下操作进行。

1. 在一个透明图层上创建图案元素。然后使用矩形选框工具 ☐ 选取该图案，并在周围为重复部分预留一半的空间。执行Image（图像）>Crop（裁剪）菜单命令，裁切掉多余的空间。

2. 执行Edit（编辑）>Define Pattern（定义图案）菜单命令。在Pattern Name（图案名称）对话框中为该图案命名，单击OK（确定）按钮。可以到此为止，或者继续创建更复杂的图案，如步骤3～步骤5部分所述。

3. 若要创建图案，以便预备栏中的元素偏移，可以参照如下步骤：执行File（文件）>New（新建）菜单命令，在New（新建）对话框中的Background Contents（背景内容）选项中选择Transparent（透明）选项，新建一个宽和高分别是附带步骤1所设空白图案对象两倍的文件。执行Edit（编辑）>Fill（填充）菜单命令对该文件填充步骤1中定义的图案。

4. 在图案填充图层使用矩形选框工具 ☐ 选取图案的一栏，执行Filter（滤镜）>Other（其他）>Offset（位移）菜单命令，并将UndefinedAreas（未定义区域）设为Wrap Around（折回）。将Horizontal Offset（水平位移）的值设为0，并使用上下箭头键（↑或↓）键配合Shift键加大步幅）根据喜好对图案进行偏移处理。

5. 取消选定Ctrl/⌘+D，并执行Edit（编辑）>Define Pattern（定义图案）菜单命令。现在便可以将图案应用到任何背景之上了。如果要更改该图案的颜色，也可以使用Layer Style（图层样式）中的ColorOverlay（颜色叠加）效果或者使用调整图层，如右所示。

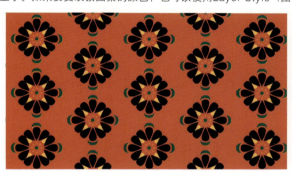

Altered
Repeat.psd

在图案填充图层或图层样式中使用的任何一种图案，都可以被轻松"捕获"并添加到图案面板中以作他用。要捕获一种图案，首先要找到它，即在图层面板中双击该图案填充图层的缩览图，或者在Layer Style（图层样式）效果列表中双击Pattern Overlay（图案叠加）、Texture（纹理）或者Stroke（描边）。当看见想要使用的图案样板时，单击样板右侧的小按钮"从此图案创建新的预设" ▣，该图案即可被添加到图案面板中了，且在Photoshop中只要使用图案，就能够找到该图案样式。

from far away she looked like jesus

wild mane of hair
crown of thorns
from far away she looked like jesus
crucified, suffering
now close I can see
she is an angel
her disguise translucent as tissue paper
laid in wet strips over her breaking heart
the pain of her possession
how much she wants to have it

comfort comes only
in the shape of a lover
the size of the earth
who sees the beauty of sadness
who sees love inside fear
who pushes through her like the ocean
and changes the tide forever

this cocoon falls away
I can see what I've been seeing
hear what I've been hearing
touch what I've been touching
lavish heart
perfect beauty
turning everyone inside out
her music still resonating
within me

within me

Fig.97

close I can see
she is an angel

■在创作CD封面《远远望去，她就像耶稣一般》（From Far Away She Looked Like Jesus）时，Alica Buelow 首先选取了一张灰色水泥墙的照片并将其扫描以作为图像的背景，意在借用其中的源效果。接着，Buelow用移动工具 将树和树根照片拖曳到当前文件中，在Color Burn（颜色加深）混合模式中为树设置了50%的Opacity（不透明度），为树根设置了90%的Luminosity（亮度）。▼

为了制作出图像中部幽灵般的人物外形效果，Buelow使用了三张图像，分别是小孩的头部图像、青年的身体图像以及Buelow自己的手部扫描图。Buelow先对头和身体两幅图像进行颜色转换（使用Ctrl/⌘+I快捷键），然后依次对三幅图进行了羽化，并使用移动工具 将所选取的部分拖曳到当前文件中。在设置混合模式时，Buelow为头和身体图像设置了Screen（屏幕）模式，而为手设置了Luminosity（亮度）模式。Buelow通过调整图层的Opacity（不透明度）并借助图层蒙版将三幅图拼合在一起。其中添加图层蒙版的具体操作是，单击Layers（图层）面板底部的Add layer mask（添加图层蒙版）按钮 ，用带柔软笔尖的画笔工具 为图层填充黑色，同时在选项栏中选择低的不透明度。

Buelow在Getty Images中选用了一张带翅膀的图像，并将其拖曳到当前文件中，然后复制一个带有翅膀的图层并对该图层进行翻转操作，以生成一对翅膀。之后，Buelow为这两个带翅膀的图层分别制作了一个副本，并分别对下方的各个副本图层

执行Filter（滤镜）>Blur（模糊）>Motion Blur（动感模糊）命令，进行模糊操作。

完成以上操作后，Buelow用Adobe Illustrator绘制了一个白色立方体，并以像素的形式将其复制、粘贴到Photoshop文件中。▼Buelow将立方体图层的混合模式设置为Overlay（叠加）模式，然后单击Layers（图层）面板上的Add a layer style（添加图层样式）按钮 并选择了Outer Glow（外发光）效果。选择默认的淡黄色，但将效果混合模式设为Overlay（叠加）模式，并将Opacity（不透明度）的值调为80%。

最后，Buelow用Type（文本）工具 T 在数个图层上输入了一些数字和单词，并执行Filter（滤镜）>Blur（模糊）>Gaussian Blur（高斯模糊）命令对其中的一些图层进行了轻微的模糊处理。为了实现图像左边文字部分后面的阴影效果，Buelow复制了该文字图层，并将处于下方的图层设置为深灰色，单击文本工具选项栏上的色板即可。再使用移动工具 将阴影图层向图像右下方拖曳，用Gaussian Blur（高斯模糊）对该图层进行强模糊化处理，并将图层的混合模式设置为Color Burn（颜色加深）。由于该阴影是一个单独的图层，不是通过Drop Shadow（投影）在原文本图层

上制作出的效果，因此，Buelow可以为该阴影添加一个图层蒙版，并选择黑色对部分阴影进行模糊化处理，以制作侵蚀后的外观。

复制和变换

如果要同时复制和转换副本，可以在变换时按住Alt/Option键，如执行Edit（编辑）>Transform（变换）>Flip Horizontal（水平翻转）菜单命令。

知识链接

▼ 使用混合模式
第 181 页

▼ 从 Adobe Illustrator 中复制和粘贴
第 460 页

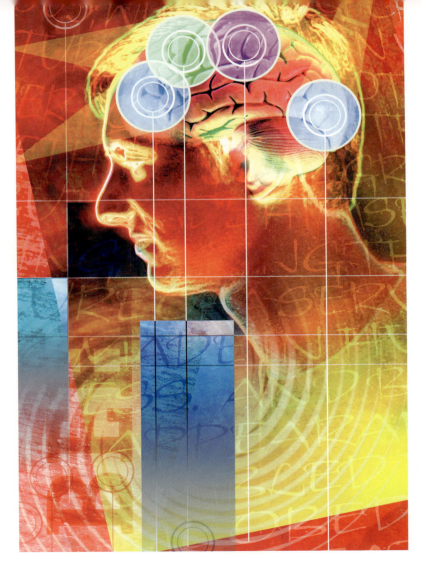

■DonJolley创作的这幅插画《行为》（Behavior）用到了分层的照片、Adobe Illustration作品、蒙版、混合模式，以及调整图层。文件中单一的图层样式不是为了创建立体效果，而是作为一个解决图像创建过程中遇到的问题所设计的解决方案。

为了制作该复合图像，Jolley对朋友提供的已经用滤镜处理过的照片进行了分层，并放置在原始照片之上，如A所示，然后添加了多个大脑模型照片的副本，如B所示。他从自己的纹理库（参见第137页）中拖入了多

个图像，并添加透明图层（由画笔工具 ✐ 绘制），以及经过遮罩处理的调整图层 ▼ 以获得扭曲的颜色，如C所示。Jolley从Illustrator中导入一页文本、垂直标题文字，以及一个螺旋状物体——它有20根螺旋线并采用Illustrator中的Filter（滤镜）>Distort（扭曲）>Twist（扭转）菜单命令绘制而成。在Photoshop中，Jolley通过添加图层蒙版来隐藏与人脸叠加部分的绝大多数文本和螺旋状物体，如D所示。 ▼

另外，Jolley还将在Illustrator中制作

的线条和圆形网格粘贴进来，以高亮显示大脑的4个区域，如E所示。他使用了正在完善中的复合图层中的一个拼合副本作为Illustrator的模板，以便能将这4个圆形放在理想的位置。将网格放置在合适的位置上之后，Jolley又添加了一系列几何形状的选区并为其上色，同时上色的还包括网格的某些部分。为了高亮显示4个大脑区域，Jolley需要选取比Illustrator中的圆形更大但是同圆心的区域。为了实现该操作，他先找到了同心圆的圆心，以便能从中心向外绘制选区。

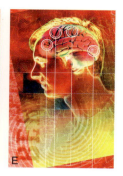

A　　　B　　　C　　　D　　　E

此处有一种方法，那就是利用能够"对齐至"参考线的变换框的中心点，具体操作如下：显示标尺（Ctrl/⌘＋R），从垂直标尺处拖出一条参考线以与一组圆形的"直径"对齐，如 F 所示。接着，使用Rectangular Maquee（矩形选框）工具以及新的参考线绘制一个从圆形外层的顶部到底部的选区（矩形的宽度不会对结果产生影响，只有高度才有影响）。使用Ctrl/⌘＋T快捷键调出变换框，如 G 所示。在View（视图）菜单中选择Snap（对齐），从顶部标尺处向下拖出一条参考线直到其与变形框的中心对齐，如 H 所示。此时，可以退出变换和选区（对应快捷键分别为Ctrl/⌘＋句号，Ctrl/⌘＋D），只保留圆形中心处相交的两条新的参考线。

使用两条相交的参考框找到圆形的中心点之后，Jolley选择Elliptical Marquee（椭圆选框）工具并按住Alt/Option＋Shift键同时从交叉点向外拖动创建一个所需的圆形，如 I 所示。然后单击图层面板底部的Create new fill or adjustment layer（创建新的填充或调整图层）按钮，选择Hue/Saturation（色相/饱和度）命令。在对话框中勾选Colorize（着色）复选框，调整Hue（色相）滑块，同时增加Lightness（明度）的值。所创建的圆形选区便成了调节Hue/Saturation（色相/饱和度）的蒙版。

为了获得额外的高光，Jolley添加了更多的经过遮罩处理过的Hue/

Saturation（色相/饱和度）图层。参照前面的操作，利用相交的两条参考线找到圆形的圆心，然后重新调用该选区——在Layers（图层）面板上按住Ctrl/⌘键的同时单击Hue/Saturation（色相/饱和度）图层的蒙版缩览图，并将其移至另一对圆形上，如 J 所示。当选区移动到适当的位置之后，选区的中心会自动与交点对齐。

将Hue/Saturation（色相/饱和度）图层放置在合适的位置之后，Jolley决定在这些稍大的圆形的圆周外添加一个描边。此时，图层样式就开始发挥它的作用了。选中其中一个Hue/Saturation（色相/饱和度）图层，单击Layers（图层）底部的Add layer style（添加图层样式）按钮，从效果列表中选择Stroke（描边），该Stroke（描边）会自动沿着图层蒙版的边缘进行绘制。可以调节Size（大小）——Jolley为1700像素宽的图像选择了10像素，Position（位置）——Jolley选择了Outside（外部），以及Color（颜色），直到获得满意的效果为止，如 K、L、M 所示。然后就可以将该样式复制并粘贴到其他的Hue/Saturation（色相/饱和度）图层上。▼

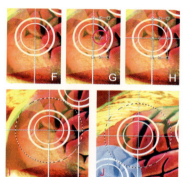

F　　G　　H

J

Layer Style

Stroke
Structure
Size: .... 5 px
Position: Outside
Blend Mode: Normal
Opacity: .... 100 %

Fill Type: Color

Color:

K

L

M

ORIGINAL ILLUSTRATIONS: PHOTOSPIN.COM

■ 在创作《音乐乐趣》（Joy of Music）系列中的《弹竖琴的女士》（Lady with a Harp）这幅作品时，保持插图间的视觉联系是非常重要的，但是Cristen Gillespie不想采用相同的图案。因为Gillespie在为第一幅插图（左上图）绘制图案时使用了智能对象，并保存了这个拥有图层和智能对象的psd图案文件，所以在制作新但是有关联的图案时，还需要更改该文件中的一些元素（有关原始图案的制作过程参见第75页的"智能对象"）。

Gillespie决定在透明图层上制作新的图案，以便可以将该图案应用到所有背景上。她打开了图案的过程文件（第75页的Excercising SO-After.psd），单击Layers（图层）面板上

背景图层和Solid Color（实色）填充图层的 ◉ 图标以关闭这两个图层的可视性。要为竖琴绘制出新的图案，Gillespie想要分别控制"JOY"和跳舞的小人。因此决定制作两个分开的图案，一个含"JOY"，一个含跳舞的小人，当同时使用时看上去就像是同一个图案。在制作"JOY"时，她先关闭了"Leaping Lady"智能对象的可视性，仅让"JOY"可见，如A所示。

Gillespie对"JOY"智能对象的Layer Style（图层样式）作了一些更改，为其添加了一个Color Overlay（颜色叠加）和Sat in（光泽）效果。▼为了捕获该图案，在按住Ctrl/⌘键的同时单击Solid（实色）填充图层的蒙版将其作为一个选区载入（该蒙版为定义

图案的方形拼图，参见第76页），如B所示。在选区处于激活的状态下，执行Edit（编辑）>Define Pattern（定义图案）菜单命令，保存并为之命名。

接着，Gillespie对图案中跳舞的小人进行了修改，如C所示，具体操作如下：恢复"Leaping Lady"智能对象的可视性，同时关闭"JOY"的可视性。双击"Leaping Lady"智能对象的缩览图打开.psd文件，并双击嵌套在该文件中其他的智能对象实例。当第二个.psd文件打开后，添加了一个含栅格化处理、Pedestria PictOne字体的不同字符的新图层，并关闭了下方图层的 ◉ 图标。使用Free Transform（自由变换）命令对应的快捷键为Ctrl/⌘+T，对新的字符进行

大小调整，以使其与文档相符，并且保证边缘部分不会被裁切掉。添加一个含Gradient Overlay（渐变叠加）效果的图层样式，对新的字符着色。

然后再返回到嵌套的智能对象中并对其进行更新，具体操作如下：在保存该智能对象文件之后（Ctrl/⌘+S），所有"超级"智能对象文件中所有"跳舞"的成组字符实例都会自动更新。当该字符以满意的方式组合之后，保存该"超级"智能对象文件（Ctrl/⌘+S）并对其更新。Gillespie参照制作"JOY"图案的方法，在透明图层上定义了一个含该"跳舞"图形的图案，如 D 所示。

要在透明的背景图层上定义跳跃的小人图案，Gillespie打开了嵌套的智能对象，并找到一个可以只显示该图形的文件，如 E 所示，然后保存该文件以自动更新。要将所有的图案元素替换为跳跃的小人，要进行两次操作。一次是替换掉"Leaping Lady"超级智能对象中的跳跃的小人，一次是替换掉"JOY"超级智能对象中跳跃的小人。返回到主要图案的过程文件中，并开启这两个智能对象的可视性，同时使其他图层均不可见，以便捕获透明图层上的"跳跃的小人"图案，如 F 所示。

现在，Gillespie可以将新的图案应用到她的《弹竖琴的女士》（Lady with a Harp）插图当中了。选中图像的背景，使用Magic Wand（魔棒）工具，取消对Contiguous（连续）复选框的勾选，选择所有的蓝色背景。▼按住Alt/Option键同时单击Layers（图层）面板底部的Create new fill or adjustment layer（创建新的填充或调整图层）按钮，选择Pattern Fill（图案填充）。在Pattern Fill（图案填充）对话框G中，选择刚创建的"跳跃的小人"的图案，将其缩放到50%，然后单击OK（确定）按钮。墙纸看上去太亮，所以Gillespie将该Pattern Fill（图案填充）图层的Opacity（不透明度）值减小到了80%。

再次选中背景（Background）图层，选择Magic Wand（魔棒）工具单击，然后按住Shift键单击，选择含金色竖琴的三个选区。然后选择"跳舞图形"图案，创建另一个Pattern Fill（图案填充）图层。复制该图层（Ctrl/⌘+J），在Layers（图层）面板上双击该图层副本的缩览图，再次打开Pattern Fill（图案填充）对话框。在该对话框中选择"JOY"图案。"JOY"和"跳舞的小人"图案图层对齐得非常完美，以至于看上去像是单独的一个图层。不过，将两者分开的一个好处在于可以单独对"JOY"图层的混合模式进

行调整。将其更改为Hard Light（强光）模式，以获得更有趣的混合效果。最后，为达到图案之间的平衡并减淡小人头发中灰色的发丝颜色，Gillespie添加了另一个图案填充图层来填充该发丝，并将"跳舞的小人"图案缩放到25%。Gillespie将混合模式设置为Luminosity（亮度）（这样图案的颜色就不会产生作用），并降低图层的Opacity（不透明度）的值，以使图案的颜色变得更柔和，如 H 所示。

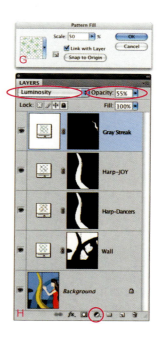

附书光盘文件路径

🌐 >Wow Goodies >Chapter 9 > Lady with Harp.psd

合成

9

第 587 页的"为图层添加文字"演示了 Photo-shop 中有关图像、文本以及图形合并所用到的各种遮罩和混合技巧。该文件也被用于演示如何将 Photoshop 文件的各个组成部分合并在一起，参见第 34 页。

ORIGINAL PHOTO: BEVERLY GOWARD

执行 File（文件）> Place（置入）菜单命令，将图像文件（这里使用了一个小女孩的影像）导入为智能对象，准备通过缩放和移动，使其处于合成图像中适当的位置。

Photoshop 的特定功能在于它可以用于制作图像的各种合并效果，从无缝合并的"假照片"到蒙太奇或是排版等。本章集合了前几章所介绍的一些照片合并技巧，其中包括不同照片的合并，也包括使用同一照片中的元素进行合并。

合成方式

在Photoshop 中，常用的一些合并工具、命令和设置有**选框、蒙版、剪贴组**以及**混合选项**（参见第2章），除此之外还有**混合模式**（参见第4章）以及**调整图层**（参见第5章）。以上功能以及其他的一些图像合并功能均可在Layers（图层）面板中创建并进行设置，第573 页将对此进行详细说明。

Photoshop 中用于图像合并最为有效的工具和命令如下。

- Quick Selection（快速选择）工具、Filter（滤镜）> Extract（抽出）命令和 Select（选择）> Refine Edge（调整边缘）命令在需要获得边缘清晰的选区时非常有效，如头发图像，它们使得对象无缝地合成到背景图像中。在第 2 章中可以找到关于选择方法的案例，将选择出来的元素合并到新背景的演示请参见第 624 页。

- 从其他文件中将需要的图像移动到合成文件中时，可以执行Edit（编辑）> Copy（复制）命令和Edit（编辑）> Paste（粘贴）命令。也可以使用Move（移动）工具将需要的图像拖动到合成文件中，拖动时按住Shift键可以将内容准确地放在目标图像的中央。另一种方法是执行File（文件）> Place（置入）命令，它可以将图像以智能对象的方式导入，置入图像处于文件中央且已打开缩放控制框，在移动或缩放时智能对象的状态会显示在下方。

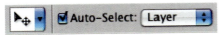

在 Move（移动）工具 ▶⊕ 选项栏中勾选 Auto Select Layer（自动选择图层）或 Auto Select Group（自动选择组）复选框后，在窗口中单击鼠标就会自动选择光标位置处于最上层的图层或组，只要它们的 Opacity（不透明度）不小于50% 即可。参见第 582 页和第 620 页可以获得更多有关图层组的知识。

自动选择图层之 "所见"

一个图层可能会因为使用了混合模式而变得不可见，此时使用勾选了 Auto Select Layer（自动选择图层）复选框的Move（移动）工具 ▶⊕ 仍能选择这个物体，只要其所在图层仍然可见即可。Auto Select Layer（自动选择图层）功能不会选择Opacity（不透明度）小于50%的对象。如果使用Fill（填充）来代替Opacity（不透明度），那么该图层依然可以被选中。

下一页将结合 Layers（图层）面板，对类似于如上图所示的合成文件中常用的组成元素进行详细讲解。版面上使用了蒙版、剪贴组、图层组以及智能对象。其中 Filter Gallery（滤镜库）滤镜是作为智能滤镜来应用的。

• 使用Move（移动）工具▶⊕可以将图层拖动到任何地方，Photoshop甚至会保留图层被移出画布的效果。此外还可以设置Move（移动）工具的选项，使其在指定位置自动选择图层或是图层组。

• 结合移动工具，Smart Guides（智能参考线）功能可以使各个元素对齐。Layer菜单中的Align（对齐）和Distribute（分布）命令以及移动工具选项栏中的按钮可以一次性对多个元素进行调整。

• Edit（编辑）>Transform（变换）命令以及Free Transform（自由变换）命令用于调整对象大小并对其进行扭曲等，使其与整幅图像相匹配。▼将某一元素转换为智能对象，即可进行自由的图像合成尝试，可以根据需要进行多次变换，而这些操作对图像的质量所造成的影响却非常小。▼

• 使用Patch（修补）工具⊘、Clone Stamp（仿制图章）工具♣和Healing Brush（修复画笔）工具✐可以将图像的一部分内容复制到该图像的其他区域中。Clone Source（仿制源）面板中将会为Clone Stamp（仿制图章）工具和Healing Brush（修复画笔）工具存储最多5种不同的仿制源，还可以对仿制源的大小和角度进行调整控制。

• 为了使一个图像与另一个图像的表面相符，可以使用Liquify（液化）滤镜（参见第599页）、Displace（置换）滤镜（参见第595页）或者执行Edit（编辑）>Transform（变换）>Warp（变形）命令（参见第603页）。另一个塑造对象使其匹配的工具是Warp Text（变形文字，参见第445页）。

• Photomerge 命令可以将一系列图像拼成一个全景图，参见第576页。

现在，Photomerge的3个功能被分开，Load Files Into Stack（将文件载入堆栈）命令位于File（文件）> Scripts（脚本）菜单中，Auto-Align Layers（自动对齐图层）命令和Auto-Blend Layers（自动混合图层）命令位于Edit（编辑）菜单中，在合成工作中这些命令用来叠加同一主题的多张图片，以便延长焦距、减少噪点或是消除散落在场景中的不同元素，具体讲解请参见第5章。

知识链接

▼ 变换 第 67 页

▼ 智能对象 第 75 页

Photoshop文件的组成

每个图层都有自己的**混合模式**，它决定该图层上的颜色如何影响位于下方图层的颜色。

图层蒙版是基于像素的蒙版，它可以显示图层的一部分而隐藏其他部分。除了"背景"图层（包括图层组的"文件夹"）都可以应用图层蒙版。

矢量蒙版是基于路径、硬边的蒙版，该蒙版可以显示图层的一部分而隐藏其他部分。除了"背景"图层外，任何图层（包括图层组的"文件夹"）都可以应用矢量蒙版。

可以使用**颜色编码**显示相关的特定图层。

可以在合成图像中切换所有或部分图层的**可见性**状态。

如果将一个或者更多的图层转换为**智能对象**，就可以对其进行缩放、旋转、斜切等变换操作，并反复进行调整，但不会使图层的内容质量变得低下。同样的，滤镜在转换为**智能滤镜**后也可以保持可编辑状态，以便用户随时修改，而不会降低图像质量。

图层样式是一系列应用到图层的可编辑效果。其中一些图层效果，如Drop Shadow（投影）在图像合成过程中十分有用。

背景（Background）图层是一个不透明的底层，它决定了画布的大小（或边界）。该图层不能添加蒙版或者图层样式。

链接图层使多个图层中的内容可以更轻易地被同时选中。

降低图层的 Opacity（不透明度），下面的图层就可以显示出来了。

Fill（填充）百分比可以减少图层的不透明度，但不会影响 Drop Shadow（投影）等外向型图层样式的效果。

Lock（锁）栏上有 4 个切换按钮，可以避免图层不受其他操作的影响。这 4 个工具从左到右分别是锁定透明像素、图像像素、位置和锁定全部。

可折叠的**图层组**可以在图层数量增多时使面板更易操作和管理。对图层组添加蒙版相当于对所有的图层添加蒙版。

Type（文本）图层中简单的或变形的文字都是未栅格化的可编辑的。

Shape（形状）图层由带内置矢量蒙版的纯色填充组成。

在 clipping group（剪贴组）中，处于最底部的图层可以"遮罩"剪贴组的其他图层，以保证其他图层都处于剪贴图层图像和蒙版的作用范围内。

调整图层包含了用于改变其下方图层颜色和色调的指令。它的效果可以由蒙版选中，也可以单独作为剪贴组的一部分。调整图层在统一图像的颜色和亮度时非常实用。

Fill（填充）图层可以使用纯色（solid color）、样式（pattern）和渐变（gradient），该图层拥有一个内置的图层蒙版。

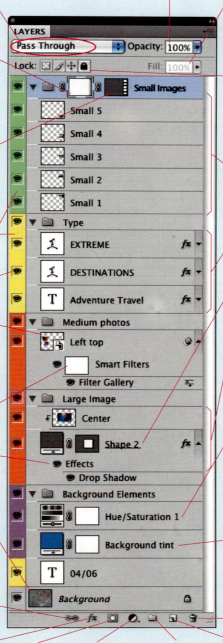

用于添加图层样式　用于添加图层蒙版 / 矢量蒙版　用于创建新的填充或调整图层　用于创建新组　用于创建新图层

用于删除图层

在Vanishing Point（消失点）滤镜的界面中，单击Create Plane（创建平面）工具 ▦ ，即可设置透视平面的四个角。将该透视平面放置在合适的位置并进行调整，将诸如上图中的标语图形等要粘贴的对象拖动到该平面的网格中，被拖动对象的透视角度将自动与网格透视角度相匹配。使用Vanishing Point（消失点）滤镜还可以在透视图中上色和复制。有关VanishingPoint（消失点）滤镜的使用介绍可参见第612页的"消失点"。

- Vanishing Point（消失点）滤镜可以智能地粘贴一个元素到需要的透视图中。

- Image（图像）> Variables（变化）菜单命令可以帮助用户创建一个模板，该模板可以在同一个布局中自动地交叉替换一组图像或文字。

选择并准备图像元素

要想成功地创作出一幅天衣无缝的合成作品，应先确定选择的图像部分是否在关键的几个方面与贴入的图像相匹配。例如光线的角度应当一致，颜色与阴影、高光中的细节数量应相同，图像颗粒度也应当匹配。相对而言，以下几个方面的因素尤为重要。

- 可通过执行Image（图像）>Adjustments（调整）>Shadows/Hihghlights（阴影/高光）命令来**处理高光和阴影部分的细节**——也可以使用Curves（曲线）或Levels（色阶）调整图层，这两种调整图层都很有效。▼

- **色偏**（例如阴影中的色偏）可以用Info（信息）面板中的RGB 或者CMYK 读数来识别——执行Window（窗口）>Show Info（显示信息）命令或者按F8键即可打开该面板。▼之后便可以使用Curves（曲线）、Levels（色阶）、Color Balance（颜色平衡）或者Match Color（色彩匹配）调整该色偏。▼第625 页的更换背景部分在处理色偏时就使用了Match Color（匹配颜色）命令。

- **改变光线的方向更具挑战性**——如果要混合的对象比较平面化（像墙上的照片一样），则可以使用Lighting Effects（光照效果）滤镜、LayerStyle（图层样式）中的Bevel And Emboss（斜面和浮雕）、Drop Shadow（投影）或是Inner Shadow（内阴影）图层样式或者是结合使用这几种效果（参见第626页）。此外还可以对合成图像中的所有图像应用同样的光照效果（参见第626页），从而"压过"图像中各式各样的"原有"光泽。还可以通过减淡或者加深来创建高光和阴影。▼如果Lighting Effects（光照效果）滤镜或者减淡和加深调整都不起作用的话，与尝试进行进一步的调整以校正光照角度相比，继续寻找照片中与光源匹配的元素通常会获得更好的效果。

使用 Lighting Effects（光泽效果）滤镜制作的点光有助于统一该合成图，它在 Mat 和 Frame 图层上添加了由 Layer Style（图层样式）提供的光照效果。要想了解该图像的制作过程，可参见第626 页。

当 Don Jolley 将标志图像贴到墙上并做旧时，Displace（置换）滤镜发挥了巨大的作用，它使图片与砖块完美地结合在一起。具体的操作步骤请参见第595 页的"将图像应用至纹理表面"。

• 可以使用Lens Blur（镜头模糊）滤镜或者Wow Noise 中的一种图案（参见第624页开始的"整合"）来**模拟胶片颗粒或者数字噪点**，使其与图像其他成分的颗粒相匹配。

将某元素安置到另一表面上

在图层堆栈中，若想让一幅图像具有与下方图像相同的等高线或者纹理，Photoshop 提供了3种方法，用于对该图像进行变形处理已达到该目的。它们分别是Displace（置换）、Liquify（液化）滤镜以及Warp（变形）命令。

Displace（置换）滤镜

Displace（置换）滤镜［Filter（滤镜）>Distort（扭曲）> Displace（置换）］需要一个被称为**置换贴图（displace-ment map**，这种称谓非常贴切）的第3方图像来扭曲上方的图像。该滤镜用亮度的差别来决定对不同部位进行应用的程度。置换贴图中的深色像素会将图像像素向下和向右推，浅色像素则会向上和向左推动。由表面图像本身得到的置换贴图会对所应用的图像成功地进行变形操作，使图像在缝隙和凹痕区域的部分有下陷的感觉，因为它们处于阴影处而呈深色，而凸起的、高光区域部分则有上升的感觉。如果表面有一些与深度更改（例如样式或者投影）无关的亮光和阴影，那么由表面图像本身得到的置换贴图就不起作用了，可以绘制自己的灰度置换贴图，用Displace（置换）滤镜画出深色的斜面以及突出的"小山"。

要制作图像中的栅格化文字或者布满水平或垂直花纹的清晰图案，适合使用Display（置换）滤镜，因为它们很容易显现扭曲效果。相反，复杂的图形或者图案则几乎不会显示出任何置换的效果。第595页的"将图像应用至纹理表面"便列举了使用Displace（置换）滤镜合成图像的实例。

Liquify（液化）

与没有预览功能的Displace（置换）滤镜不同的是，**Liquify （液化）**滤镜使用了完全可视的变形操作。使用Liquify（液化）滤镜，可以通过"手指作画"使上方的图像与其下的图像的紧密契合，对图像进行变形直至其与下方的图像相匹配，变形程度视具体情况而定。可以设置滤镜来同时显示

利用 Liquify 命令可以有效地将图像应用在对象的轮廓，具体操作过程可参见第 599 页的"应用液化滤镜绘制纹身"。

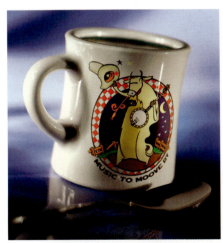

Warp（变形）命令可使几何体的变形更柔和。这里扭曲一个图案，将混合模式设置为 Overlay（叠加），使其与杯子相匹配。一个应用了蒙版的倒影加强了图像效果，更多的内容请参见第 603 页。

变形部分图像，合成图中未变形的其他部分，这样就可以观察合成的图像效果。"液化"滤镜进行的更改不会应用到"液化后的"图层本身，除非单击OK（确定）按钮并退出Liquify（液化）对话框。都不会影响到像素。事实上操作只扭曲了Liquify（液化）网格，之后该网格才会扭曲图像。由于Liquify（液化）滤镜一次只能应用于一个图层，因此在关闭Liquify（液化）对话框之前应对网格进行保存，当应用于另一图层时再重新加载，即可对几种元素进行变形使其与同一表面相匹配。

Warp（变形）

在将图形或者图像应用到弯曲的、几何的或者近似形状图像的过程中，Edit（编辑）>Transform（变换）>Warp（变形）命令非常实用。与仅能基于像素图层作用的Displace（置换）滤镜和Liquify（液化）滤镜不同的是，Warp（变形）命令可以作用于基于像素的图层，也可以作用于形状图层和智能对象。在作用于智能对象时，Warp（变形）命令提供了一种"表面模板"，这种模板可以快速替换图像和图形，将其作为表面艺术作品，参见第603页的"根据表面变形图形"。

合成技巧

要想使含复杂拓扑结构的混合图像达到最真实的效果，以下操作十分可行。先使用Displace（置换）滤镜、Warp（变形）命令或者Warp Text（文字变形），然后使用Liquify（液化）滤镜修饰图像，更清晰地显示轮廓。

创建全景图

在Photoshop中执行File（文件）> Automate（自动）命令或是在Bridge中执行Tools（工具）> Photoshop命令，都可使用Photomerge命令将一系列照片拼合为全景图。第577页的"Photomerge的界面"展示了该对话框中的所有选项，第578页的"选择Photomerge选项的简明规则"提供了获得全景图片的直接方法，第580页的"Photomerge选项"展示了Layout（版面）选项的使用方法，如果能理解每个选项的含义，那么在挑选一系列全景照片时将节省大量时间。第630页的"Photomerge（拼合全景图）"将展示Photomerge操作。

当为获得全景图而拍摄时，这里有一些技巧可以使最终的拼合工作简单一些。

• 检查相机是否有全景图的特殊设置。

• 如果没有，可以手动设置曝光，只设置一次，再将这个设置应用到全部拍摄过程中。

• 如果可能的话将相机固定在同一个位置，只旋转相机角度而不要移动它。保持相机水平，使其前后左右均平衡。三脚架会起到巨大的帮助作用。

• 每次至少保证有25%的重叠部分，太多会导致需要拍摄过多的照片，而太少则会导致合并不成功。

• 对于最典型的水平全景图，可以将照片拍摄得稍稍"高"一些，这样会在顶部和底部获得足够的边缘空间。在Photoshop中为了拼合图像而上下移动图片时，就不会出现重叠重要部分或是裁切掉重要部分的情况。有一个方法是以人物的垂直方向进行拍摄。

组合全景图时，目标可能是真实存在的景象，或者仅仅是一个赏心悦目的效果甚至是独特的组合，无论真实与否，Photomerge可以将一系列图片叠加在一起组成全景图，它可以将图片排成简单的一行（即使在连续拍摄时相机发生移动，它也可以轻微调整图片，使其略微向上或向下），或是变换单一的图层（旋转、缩放或扭曲），或是沿曲线排列图片使组合的效果更加优秀。如果使用的是矩形图像，最后需要在合成文件的边缘进行裁切或修饰边缘部分的空白。

Photomerge 命令不会丢弃图像的任何部分。如果不能将多个图像拼合成全景图，它也会保留这些图像，创建更大的文件来容纳它们，而不是抛弃它们。这里有一张意外的图片，被放置在由多个图片拼合成的全景图之上。

Photomerge的界面

对比Photoshop CS3和Photoshop CS4的Photomerge对话框，Layout（版面）选项组有微小差别，具体描述请参见第580页。

单击 Browse（浏览）按钮选择需要合成为全景图的文件。

Photomerge 对话框中的所有文件在合成全景图的时候都会用到，因此在运行Photomerge 命令之前选择多余的文件，然后单击 Remove（移去）按钮将其移去。

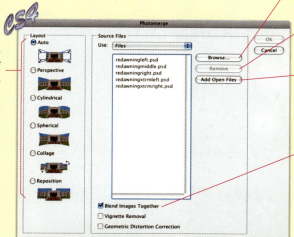

在这里选择需要的 **版面** 选项，请参见 第 578 页的"简明规则"，那里有详细的文字和图片说明。

单击 Add Open Files（添加打开的文件）按钮，将打开的所有文件都添加到全景图列表中。

Blend Images Together（混合图像）复选框让 Photomerge 创建图层蒙版、调整图像重合部分的色调，使相邻的图像可以无缝地连接在一起。在 Photoshop CS4 中，Vignette Removal（晕影去除）复选框照亮深色边缘，避免在图片相接处出现"扇形"外观。Geometric Distortion Correction（几何扭曲校正）复选框用于校正镜头扭曲。Photoshop CS3 中 Vignette Removal（晕影去除）和 Geometric Distortion Correction（几何扭曲校正）不可用。

这3张原始照片是以手持方式，采用自动曝光方式拍摄的。即使原始照片序列违反了大部分为全景拍摄而设定的规则，Photomerge还是能表现得很好。

执行File（文件）>Automate（自动）>Photomerge命令，勾选Blend Images Together（混合图像）复选框的情况下，Auto（自动）使图像在水平方向发生弯曲，减小了天空的高度。

Cylindrical（圆柱）选项可获得更好效果，Blend Images Together（混合图像）复选框依然被勾选。

为了能够变换和重新调整各个部分的位置，选择 Cylindrical（圆柱）选项，取消勾选 Blend Images Together（混合图像）复选框。

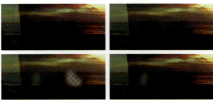

放大照片的局部，可以看到海边的人和标志的剪影。降低最上层图像（中央图片）的不透明度，可以看到左侧图片从中穿过。使用Eraser（橡皮擦）工具将中央图片中的人物擦除，将左侧图片中的标志擦除，再选中中央图片，恢复其不透明度。

选择Photomerge选项的简明规则

Photomerge提供了很多选项来发挥创造力，在第636页～第637页可以看到很多巧妙的案例。如果目标是将分开的图像拼合在一起，再现拍摄时的场景，下面的方法将为实现目标提供高效而准确的指导。

1　如果不知道全景照片跨越了多大角度，可以先尝试Auto选项，同时勾选Blend Images Together复选框。如果不希望在照片中看到镜头畸变（如广角镜头和鱼眼镜头）或光晕（黯淡的边缘），可以勾选Vignette Removal和Geometric Distortion Correction复选框。在Photoshop CS3中没有提供这两项功能，可以在Camera Raw▼中进行处理或在运行Photomerge命令前使用Lens Correction（镜头校正）滤镜。▼

2　如果选择Auto选项后得到了透视（蝶形）结果，就需要大量手动调整使其可用。再次执行Photomerge命令，选择Cylindrical选项，依然勾选Blend Images Together复选框，同时开启镜头校正选项。很多全景图都会跨越很大角度，因此Cylindrical选项是个不错的选择。

3　后面的操作取决于是否接近目标需要。

如果符合需要，但是图像的各个组成部分需要重新定位或微调（如要移除穿越场景的人物），可以重新执行Photomerge命令选择合适的选项，但要取消勾选Blend Images Together复选框，这样可以自动对齐图像的各个部分，而非应用图层蒙版和混色功能，它们是手动调整内容和位置的障碍。

如果不符合需要，在Photoshop CS3中可以尝试Interactive（交互）选项，同时取消勾选Blend Images Together复选框。或是在Photoshop CS4中尝试Reposition（调整位置）或Collage（拼贴）选项，Photoshop CS3中的Interactive（交互）选项可以尽最大可能调整照片位置，同时提供用于旋转、缩放、应用透视的工具。移动图像时，它会使图片的重叠部分变得透明，以便用户了解图像内容是否匹配到位。

对独立的图层进行变换。完成对齐操作后，可以调整图层的不透明度方便观察。按住Ctrl/⌘键单独拖动变换框的手柄，使

知识链接
▼ Camera Raw 的简单描述
第 280 页

▼ 镜头校正滤镜
第 274 页

执行Edit（编辑）> Auto-Blend Layers（自动混合图层）菜单命令，在确定色调的无缝后连接单击Panorama（全景图）单选按钮，创建蒙版和混色来完成日落全景图。

创建拼合层的副本图层，选择一个小区域进行镜像变换。选择Crop（裁剪）工具✝进行裁切。选择右下角突出的长条区域，执行Edit（编辑）>Content AwareScale（内容识别比例）命令将其延展以填补空白。添加一个加深减淡图层来调整小区域的亮度，再添加一个Hue/Saturation（色相/饱和度）调整图层提高红色、青色和黄色的饱和度。

Photoshop CS3的Interactive（交互）选项允许用户指定全景照片中的"头部"。此处，在拍摄5张全景照片中的中间一张时，摄影师正对房屋，但是在透视图中却朝向了最左边。

图像与图片序列相匹配。如果希望移除图层中某个移动元素，可以选择Eraser（橡皮擦）工具✐，使用柔软笔尖将对象擦除。调整角度并移除不需要的元素后**恢复所有图层的不透明度**。选择所有图层，执行Edit（编辑）> Auto-Blend Layers（自动混合图层）命令。在Photoshop CS4中，Panorama选项带有色调无缝连接功能，在Photoshop CS3中这些选项是被自动选中的。

4 当全景图被拼合在一起后使用其他Photoshop工具来完成最终图像。为了填充图像间的缝隙，按Ctrl/⌘+Shift+N键在图层列表顶部创建新图层，使用Clone Stamp（仿制图章）工具♨或是小笔尖的Healing Brush（修复画笔）工具✐进行绘制。如果需要使用Free Transform（自由变换）命令或是Lens Correction（镜头校正）滤镜消除画面变形，首先新建合层全景图的副本，选中顶部图层，按Ctrl+Alt+Shift+E键（Windows）或是⌘+Option+Shift+E键（Mac）。

在使用Free Transform（自由变换）命令和Lens Correction（镜头校正）滤镜（用于更正桶形形变、倾斜、水平或垂直透视失真）之前，需要将新图层转换为Smart Object（智能对象），这样可以反复变换和应用滤镜，而不损伤原图层的质量。在使用Free Transform（自由变换）命令时不要忘记变形选项。可以添加加深或减淡图层，或用调整图层调整颜色和饱和度。为了将粗糙的边缘去除，可以使用Crop（裁剪）工具✝。

在Photoshop CS4中，Photomerge命令没有提供Interactive（交互）选项，可以执行File（文件）> Scripts（脚本）> Load Files Into Stack（将文件载入堆栈）命令，将多个图层导入到一个文件中。选中所有图层，再执行Edit（编辑）>Auto-Align Layers（自动对齐图层）命令，在其中选择Perspective（透视）单选按钮，再执行Edit（编辑）>Auto-BlendLayers（自动混合图层）命令，在其中选择Panorama（全景图）单选框，如A所示。在多选、对齐、混合之前锁定图层可以改变透视角度，如B、C所示。

Photomerge 选项

在拼合全景图时，Photomerge的每个Layout（版面）选项都会产生不同的效果，但是它们共同的目标是"反向"相机将三维真实场景记录为二维图像序列时造成的变形。为了构想应用Photomerge命令后的样子，可以想象我们拥有3张为制作全景图而拍摄的照片，Photoshop将以映射的方式将3张图合成，每张照片都从各自的源头出发投射到屏幕上，内容一致的地方相互叠加并对齐。Layout（版面）选项提供的就是不同的映射、叠加和对齐方式。了解各种选项设置分别适用于何种变形，可以帮助用户有针对性地选择照片和尝试。

Auto（自动）。如果选择 Auto（自动）选项，Photomerge 会基于这 3 个文件的内容尽最大努力拼合图像（经常有惊喜的效果）。它借用了一些 Perspective（透视）选项和 Cylindrical（圆柱）选项的变化。

Perspective（透视）。为了构想应用 Perspective（透视）选项后的样子，可以想象投射源处于同一个平台的同一点上，距离屏幕平面几英尺。当然，3 个投射源不会占据同样的空间，但是可以这样想象。照片序列里中央照片的投射源正对屏幕。左侧图片的投射源充分对向左边，因此与中央图片的投射重叠部分只有中间一小部分，仅够对齐之用，图像的其余部分延伸到左边。第 3 个投射源对应右侧的图像，充分对向右边。

当投射源离屏幕越远，投射出的图像越大。对于向左和向右的投射源，镜头离屏幕外边缘的距离要远于镜头离内边缘的距离，离中央越远则变形越大。选择 Perspective（透视）选项之后，将会获得"蝶形"效果。Perspective（透视）选项非常适用于相机在同一点拍摄且全景图跨越角度较小的情况（否则"蝶形"效果将会变得过于严重）。

Cylindrical（圆柱）。该选项非常适合相机在同一点拍摄且全景图跨越角度大于 Perspective（透视）选项的情况，因为 Cylindrical（圆柱）选项不会将图像拉伸得像使用 Perspective（透视）时一样。建议在跨度大于 120°时选择 Cylindrical（圆柱）选项，也就是拍摄时相机需要旋转 1/3 周的情况。

假设 3 个投射源处于同一点的同一平台，向左和向右的投射源比之前旋转的角度更大。目前的屏幕是一个巨大的圆柱，投射源处于圆柱内部中心。此时照片内外边缘与中央到屏幕的距离是一样的，由于屏幕包围着四周，这样就不会产生蝶形扭曲效果，但是镜头的曲率会在每张映射照片的顶部和底部产生膨胀扭曲。映射图像投射到圆柱屏幕上，展开圆柱即可看到 Photomerge 命令中 Cylindrical 选项的映射效果。

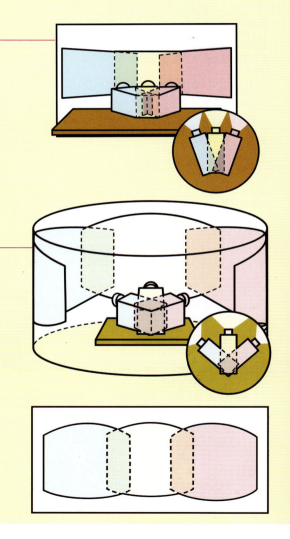

Spherical（球面）。为了构想在Photoshop CS4中选择Spherical（球面）选项后的样子，可以想象3个投射源处于一个大球的中心而不再是圆柱，然后就像圆柱部分的说明一样，将球体展开压平即可。Spherical（球面）映射用来满足摄影者全方位360°的拍摄，在高于水平线或低于水平线拍摄系列图片时也适用。

Reposition Only（仅调整位置）/Reposition（调整位置）。如果选择Reposition Only选项（仅调整位置，CS3版本）或是Reposition（调整位置，CS4版本），那么Photomerge命令只会向四周移动图像并将它们对齐，而不会旋转、缩放或扭曲。就像是3个投射源将图像投在了平面屏幕上一样，只不过这时的投射源处于分开的状态，每个面都直接投射在屏幕上，形成没有任何扭曲的矩形图像。投射源可能会被提高一些，但是不会有蝶形扭曲和圆柱膨胀扭曲。Reposition（调整位置）选项适用于平行移动相机并进行拍摄的情形。同时也适用于显微照相，切片从显微镜镜头的一侧移动到另一侧时，可以拍摄一系列图片。

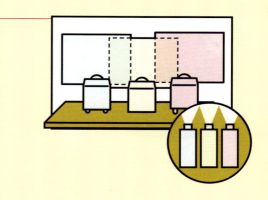

Collage（拼贴）。Photoshop CS4的Collage（拼贴）选项可以像Reposition（调整位置）选项一样移动图像。但是它也可以旋转和缩放照片，使它们能够完美地制作出全景图。这就像是投射源散布在空间中，每个都面对平面屏幕（与调整位置选项一样），但是现在每个投射源都有一些侧身（因此矩形照片会沿逆时针方向或是顺时针方向旋转一定角度）。同时，投射源会靠近或者远离屏幕，因此矩形投射图像的尺寸会发生变化。这些矩形图像不会发生变形，因为每个投射源都是正对屏幕的。在Photoshop CS3中没有Collage（拼贴）选项。

Interactive Layout（交互式版面）。Photoshop CS3 的Interactive Layout（交互式版面）选项提供了一个很好的、用于手动调整的界面。上方有一个"灯箱"，下方是工作区，提供了充足的空间和众多的工具来调整各种元素位置和透视属性（参见第579页）。在Photoshop CS4中没有类似的功能，但是可以通过将图像导入同一文件来进行正确处理，执行 Edit（编辑）> Auto-Align Layers（自动对齐图层）菜单命令，使用 Move（移动）工具自定义版面布局,最后执行 Edit（编辑）> Auto- Blend Layers（自动混合图层）菜单命令（参见第 579 页）。

链接多个图层。在图层面板中单击图层的缩览图，然后按住Shift键单击另一个图层，选择两个图层中间的所有图层，再按住Ctrl键逐一增减。接下来单击面板底部的Link layers按钮。要想取消链接，选择任何想从链接组中移除的图层，单击下方的 按钮即可。

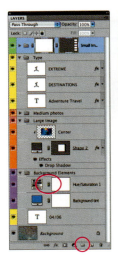

图层组提供了一种可以快速整理图层面板的方法。图层组同时还提供了一种可以对多个图层应用相同图层蒙版和矢量蒙版的方式，或是对单个图层应用蒙版。

▼ 拖动图层　第 22 ～ 23 页
▼ 复制粘贴图层样式　第 82 页

用小尺寸副本进行试验

Photomerge没有草稿功能，因此如果需要试用多个模式时可以将照片保存为小尺寸的副本，这会大幅节省Photomerge的运行时间。一旦确认了将会使用的Photomerge选项，再在全尺寸照片中执行Photomerge。一个潜在的缺点是在缩小时会丢失一些对Photomerge完成对齐和混合工作很有帮助的细节，但是这些损失相对于节省项目的工作时间来说要小得多。

同时在多个图层上操作

Photoshop 中的一些操作可以同时在多个图层中进行。要想在两个以上的图层中操作，可以在图层面板上创建这些图层之间的链接，将其聚合到一个**图层组**中。以按住 Shift 键的同时单击或按住 Ctrl/⌘ 键的同时单击多个图层缩览图的方式，来实现一次选中多个图层。

"多选"

当多选图层时，可以有以下几种方法。

- 从文档窗口或是图层面板中选中图层并进行拖动，将其拖曳到另一个文件当中。▼

- 单击图层面板上的扩展按钮▾≡，在菜单中选择 Lock Layers（锁定图层）命令，可以锁定或者取消对所有多选图层的锁定。

- 通过复制一个图层的**图层样式**，再粘贴到另一个图层上的方式，可以将同一图层样式粘贴到多个图层。▼

尽管图层组与多选图层相比有一定的优势，多选图层也有其自身的优势——即便是各图层在图层面板列表中不连续，仍可以对其操作，而图层组的图层则必须连续。

链接

链接是多选的固化形式。当图层面板的目标图层不在一起、不能轻易使用图层组时，或者想对它们进行联动操作时，链接非常有用。为了链接图层，首先多选图层，然后单击图层面板的 Link layers（链接图层）按钮 。左击或右击其中任意被链接的图层的 图标，在面板菜单中执行 Select Linked Layers（选择链接图层）命令，即可再次多选这些图层。

图层组

图层组是管理图层的十分有用的方式——在图层面板中可以

单独的图层组提供了添加第 2 个图层蒙版的方法。图层蒙版勾勒出了男孩和他的充气筏，图层组的蒙版使他藏在了女孩和水面背景之间，更多内容参见第 620 页。

成组与取消的快捷键

选中多个图层后，按Ctrl/⌘+G键可以快速建立图层组，按Ctrl/⌘+Shfit+G键可以在保留图层的情况下将组取消。

按住 Shift 键选中需要成组的图层，然后在面板扩展菜单中选择 New Group From Layers（从图层新建组）命令，或是按住 Shift 键单击图层面板的 Create a new group（新建组）按钮。

移动图层组

为了同时重新定位图层组中的图层，在工具选项栏中将 Auto Select （自动选择） 设置为 Group （组）， 然后在工作窗口中就可以移动图层组了。

将多个图层隐藏到一个"文件夹"中，使面板看上去更紧凑，并将关联的图层组织到一起。单击文件夹图标左侧的下三角图标，则可以隐藏或是显示所有该图层组中图层的缩览图。在一个含有多个图层的文件中，关闭一个文件夹可以更易于定位其他图层并对其他图层进行操作。

单击图层面板中的 Create a new group（新建组）按钮 即可创建一个图层组，也可以多选或链接图层（参见第 582 页），然后在面板扩展菜单中选择 New Group From Layers（从图层新建组）命令。图层组建立后可以拖动更多图层，将其添加到图层组中，或者将图层组展开，将图层拖动到需要的位置上。同时，还可以在图层组中新建图层，只需选中图层组文件夹再单击图层面板的 Create a new layer（创建新图层）按钮。

借助图层组可以同时控制整个组内特定的图层属性。另外，图层组也可以拥有自己的图层蒙版和矢量蒙版。

当对图层组应用蒙版时，该组中每个图层自身的蒙版仍会起作用，"双重遮罩"的具体实例可参见第 620 页。图层组拥有嵌套功能，这样就可以完成一些复杂的蒙版和混合操作，在第 620 页的"蒙版组"中有更多的介绍。

图层组的 Opacity（不透明度）和混合模式不会取代单独图层的相应设置，两者是相互作用的。

- **图层组的不透明度是图层组中每个图层不透明度的系数。** 如果图层组的不透明度为 100%，则也不会改变整个合成图像的外观。如果该值低于 100%，则图层组的不透明度将会按比例减少其中图层的不透明度。因此，如果将一些图层的不透明度设置为 50%，而将另外一些图层的不透明度设置为 80%，如果此时将图层组的不透明度减至 50%，则叠加的效果就是一些图层的不透明度只有 25%（50% 的 50% 即为 25%），而另一些图层的不透明度则为 40%（50% 的 80% 即为 40%）。

- **图层组的默认混合模式是 Pass Through（穿透）**，但其中每个图层都会保留自己的混合模式。如果为图层组选择任何一种混合模式，得到的效果像是将图层组中所有图层（附带各自现存的混合模式）合并为单一图层，并将该混合模式应用于该合并图层一样。

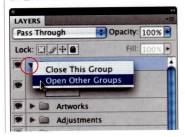

并不是所有对图层的操作都可以作用于图层组，如图层样式。图层组的蒙版也不受其中任何图层的图层样式的控制。另外图层组也不会成为剪贴组的一部分。

可以通过拖动图层组中图层的缩览图将该图层放置在图层组的上方或下方。可以通过将图层组的图标 拖至 按钮来删除图层组。需要删除图层组但保留其中的各图层，可以在按住 Ctrl/⌘ 键的同时将 图标拖动至 按钮。**注意**：在进行解组操作时，图层组中的所有图层蒙版和矢量蒙版也将被一并删除。

颜色编码

可以在图层面板中对图层进行颜色编码，为有着某种关联的图层分配同一种颜色。颜色编码操作对所应用的图层或者图层组不会产生任何影响，它只是一种可视的用于管理图层的工具。

以下是使用颜色编码的一些建议。

选中一个图层组，然后单击图层面板底部的 按钮，弹出警示对话框。在该对话框中可以选择删除 Group and Contents（组和内容）或者解散 Group Only（仅组）而保留各图层。按住 Alt/Option 键单击 按钮就会直接删除图层组，而不会弹出任何警示对话框。

- 可以对**图层组**的所有图层使用相同的颜色代码，这样在展开图层组时可以很快找到该图层组的所有图层。

- 可以对**同一原图层**产生的所有副本图层和**智能对象**使用同一种颜色进行识别。（当一个图层被复制后，新副本就会具有相同的颜色编码）。

- 可以使用同一颜色来识别多个不同文件中**相互关联的元素**，如可以将所有"未栅格化"的文字图层编为黄色，以便在要将其转换成形状图层或者进行栅格化处理时可以快速进行定位。

通常，拖动图层组缩览图到 按钮上是最快速的删除方法，此时 Photoshop 不会询问是否要进行操作。按住 Ctrl/⌘ 键的同时拖动，只会解开图层组，但是其中的图层依然会保留。

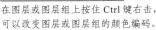

在图层或图层组上按住 Ctrl 键右击，可以改变图层或图层组的颜色编码。

在 New Layer（新建图层）和 New Group（新建组）对话框中会出现颜色编码下拉列表。在将图层或者图层组添加到文件中时，可以对其进行颜色编码操作。

图层面板的扩展菜单以及Layer（图层）菜单提供了多个合并可见图层的选项，还有一些选项则分布于其他位置，如下文所述。同一键盘快捷操作方式（Ctrl/⌘+E）可以替代其中多个选项。

- 选中Layers（图层）面板中的图层组，选择 **Merge Group（合并组）命令（Ctrl/⌘+E）** 可以合并图层组中所有可见图层，**不可见图层除外**。

- **Merge Down（向下合并）命令（Ctrl/⌘+E）** 可用于合并当前图层和紧贴其下方的图层。合并时位于底部的图层必须是一个基于像素的图层。

- **Merge Visible（合并可见图层）命令（Ctrl/⌘+Shift+E）** 可以合并所有可视图层，**并保留所有不可视图层**。

- Image（图像）>Duplicate（复制）命令提供了Merged Layers Only（**仅复制合并的图层**）选项，该选项可以为文件制作一个合并副本，不包含不可见图层。

- 执行Edit（编辑）>Copy Merged（**复制合并图层**）命令（Ctrl/⌘+Shift+C）可以创建一个含所有可见图层所选区域的副本。再执行Edit（编辑）>Paste（粘贴）命令（Ctrl/⌘+V）可将该副本转换为一个新的图层。

- 在Save As（**存储为**）对话框中，取消对Layers（图层）复选框的勾选，即可保存文件的合并副本。

- **Merge Clipping Mask（合并剪贴蒙版）** 命令可以合并剪贴组中的所有图层。为了使这个命令有效，需要选中基层，而且它必须是基于像素的图层。

- **Flatten Image（拼合图像）** 命令将舍弃所有不可见图层，将所有可见图层合并为背景图像，将其余透明部分填充为白色。

既可以在创建图层或图层组时对其进行颜色编码，也可以在创建之后进行此操作。

- 在创建图层或图层组时，按住Alt/Option键不放的同时单击图层面板的🔲或者🔲按钮，即可在对话框中进行颜色选择。

- 要对已有的图层或者图层组进行颜色编码，可以执行Layer（图层）>Layer Properties（图层属性）或者Layer（图层）> Group Properties（组属性）命令，或者使用第584页展示的快捷菜单。

- 若对图层组进行颜色编码，则该组的所有图层会被自动进行颜色编码。但是，将新图层移动到图层组中时该图层会保留原有的颜色编码。如果之前未对该图层进行颜色编码，拖动后该图层则会显示图层组的颜色。

图层重排序

在图层面板中向上或者向下拖动图层的缩览图即可更改图层排列顺序。使用Ctrl/+|快捷键可以**向上移动**选中图层，Ctrl/ + |则可以**向下移动**。按Ctrl/ +Shift+|或者Ctrl/+Shift+ |则可以分别将图层移至图层列表的**顶部或者底部**。

合并和拼合

合并可以将两个或两个以上的可视图层合并为一个图层。由于合并减少了图层的数量，于是也相应地减少了文件所需要的内存空间。进行图层合并操作时，会涉及到图层样式和蒙版的应用与取消应用，文字图层也会被栅格化。合并后的图层会采用所有图层中最底部图层的混合模式以及不透明度。只有当合并系列的底部图层是背景图层时，合并图层才会变为背景图层。

特定文件格式需要**拼合**的文件。即便是一个透明的单一分层文件也不行。执行Layer（图层）>Flattern Image（**拼合图像**）命令，可以将所有可见图层合并为背景图层。执行命令后会弹出警告对话框提示不可见图层将被排除在外。合并后图像中的透明部分将填充当前的背景色，图像中的Alpha通道将被保留。

Layer Comp（图层复合）面板可以保存多个图层复合的可选版本，如上图所示的由 Sharon Steuer 创作的《油画灵魂》（Oil Spirit）。首先，Steuer 为原始雕塑品的照片（左上图）复制了多个副本，然后使用了滤镜和其他各种效果，使用混合模式和蒙版对结果进行合成。在完善可供选择的复合版本时，Steuer 将它们"收集"为图层复合。Steuer 为每一个有利用价值的图层生成一个新的图层复合并对其命名，这样便可以随时返回查看。只需单击一次即可显示某个特定版本的所有图层和蒙版。

图层复合

对具有蒙版和图层样式的多图层复杂文件而言，图层复合为最终合成作品提供了跟踪的可能性。图层复合是对图层面板当前状态的"快照"。在 Layer Comps（图层复合）面板的扩展菜单中选择 New Layer Comp（新建图层复合）命令，或者单击面板中的 Create New Layer Comp（创建新的图层复合）按钮 即可。图层复合会保存每个图层的位置、可视性、蒙版、不透明度以及混合模式信息。另外，还可以保存 Layer Style（图层样式）对话框中的设置，如混合模式、Blend If（混合颜色带）设置以及其他混合选项。一旦保存了图层复合，对以上这些特性进行更改都不会对现有的图层复合产生影响。可以尝试对图层可视性、位置或者图层样式效果进行更改，然后再创建另一个图层复合进行其他尝试。要想回到任何一个图层复合所代表的状态，单击面板中该图层复合左侧对应的区域即可。

图层复合并不会冻结图像的内容，如果添加或者删除像素、编辑形状图层、在图层面板中移动图层位置或者更改文本图层中的文字，这些更改也会应用到含有该图层的图层复合中。当然，也可以在不改变图层复合的情况下更改内容，也就是在新的图层中进行更改操作。例如在图层面板中复制文本图层，隐藏原文本图层，然后更改该副本，再制作另一个图层复合。

为了可以快速找到某个特定的图层复合，可以对图层复合进行命名。单击图层复合面板中某图层复合的名称，可以调整它的可视性、图层位置或者效果，然后单击面板底部的 Update Layer Comp（更新图层复合）按钮 更新图层复合状态即可。

将图层复合命名为具有明确意义的名字，对于在文件中查找特定内容会有很大帮助。可以在创建图层复合时命名，也可以在图层面板中通过双击来输入新的名字。左侧展示了图层复合的使用方法，第346页的"柔化聚焦"逐步地讲解了其操作方法。

Believe it or not, beaches like this
still exist. Where the waves are
gentle, the sand is soft, and marine
life is everywhere in abundance.

For a vacation in unsurpassed
natural beauty with wonders that
never cease, come to La Playa
Island Resorts. You'll find us on
the Web at www.laplaya.com.

1.800.555.2323

为图像添加文字

附书光盘文件路径

> Wow Project Files > Chapter 9 > Add
Type:

- Add Type-Before.psd （原始文件）
- Wow Sun Logo.csh (自定义形状预设文件)
- Add Type-After.psd (效果文件)

从Window（窗口）菜单打开以下面板

- Tools （工具） • Layers （图层）
- Character （文字） • Paragraph （段落）
- Adjustments （调整） （可选）

步骤简述

延展图像•添加带有图案填充的标题文字•
对部分背景进行增亮处理并在其上方放置段
落文字•导入Logo并添加图层样式•绕圈放
置文字•放置文字并将其"刻入"沙滩中。

Photoshop专业的文本设置工具与具备沿路径排列功能的文本强强结合，使得用户无需借助其他程序即可轻松地进行从Logo到广告主体文字的全面设计。

认真考量项目。 这张图片的背景非常流畅，而且没有明显的颗粒，是理想的候选图片。可以轻微地调整照片的比例，使其符合要求，特别是在Photoshop CS4中提供了Content-Aware Scale（内容识别比例）功能之后。对于一张背景较大且其上没有重要细节的图片，无论是将背景调亮使文字更容易阅读，还是改变文字本身的色调并添加独立于背景的阴影，添加文本的工作都会比较轻松。对于比较小的文字，从图像中获取并应用深色的颜色作为样本，可以使文字变得更加协调，同时，Bevel and Emboss（斜面和浮雕）图层样式可以使文字看起来像是被雕刻在沙子当中。

1 选择照片。 首先选择一张适合主题且适宜放置文本、标题

原始照片

以及Logo的照片，如**1**所示。实际运用中常常会碰到所选照片版式不十分符合要求情况，如照片内容集中于左侧，而右侧太空，或者是顶部空间略少，影响标题的摆放。

2 重新设置图像的比例。打开照片文件，并新建一个RGB格式文件，使其大小符合广告的尺寸。执行File（文件）>New（新建）命令，设置宽为7.2英寸、高为5.5英寸、分辨率为225像素/英寸。使用Move（移动）工具▶┿将照片拖曳至新文件中并将其放置在左侧。若要对该文件进行进一步的清理，按Ctrl+A键全选，再执行Image（图像）> Crop（裁切）命令，裁切超出画布部分的图像，如**2a**所示。

在拉伸图像前，可能需要保留原始照片中的一些特征，如**2b**所示，以便用于替换明显被拉伸的元素。执行Image（图像）> Duplicate（复制）命令，在拉伸前保存图像，这样获得一个干净的用于克隆的原文件。

Adding Type Before. psd 文件。该文件是为广告而新建的，其中照片已经被放置在适当的位置且与背景混合在了一起。

拖动Rectangular Marquee（矩形选框）工具▢，对女孩头部上方的部位进行选取。选区越高，拉伸就越少，此处选区要位于帽子的上方。

在画布上方拉伸选区，步骤如下所述。

- 在Photoshop CS3中按Ctrl/⌘+T键，或执行Edit（编辑）> Free Transform（自由变换）命令。

- 在Photoshop CS4中执行Edit（编辑）> Content-Aware Scale（内容识别比例）命令，该命令在拉伸时会取得很好的效果。

向上拖动中上部的控制手柄，使用图像填充画布的上部区域，如**2c**所示，按Enter/Return键完成变换操作。

那些外形较小、比较模糊的贝壳会被拉伸但是看起来变形并不明显。另一些则会被删除。图中标注的这些需要的贝壳被保留下来，而且没有变形。

接下来在女孩右侧选择一个尽可能大的选区，在Photoshop CS3中按Ctrl/⌘+T键，在Photoshop CS4中执行Content-Aware Scale（内容识别比例）菜单命令，将图片向右拉伸直到画布的边缘，如图**2d**所示。在Photoshop CS3中拉伸的效果并不令人满意，在Photoshop CS4中，使用Content-Aware Scale（内容识别比例）命令后，下方的两个贝壳没有受到变形操作的影响，效果令人满意，但是上面的贝壳被拉伸了。

在图层面板中选中照片图层，如**2a**所示，图像上部被拉伸到画布的上边 。

3 纠正细节。按Ctrl/⌘+Shift+N键添加修复图层。删除那些

2d

CS4

图像的上部和右部都被拉伸过。在 Photoshop CS3 中（顶图），贝壳全部被拉伸，在 Photoshop CS4 中（底图），最大的一对贝壳保持了其原有的形状。

3a

在 Photoshop CS3 中使用 Clone Stamp（仿制图章）工具移除明显被拉伸的图像。

3b　CS4

使用 Clone Stamp（仿制图章）工具将细节重新添加回来，具体步骤可以参考步骤 2，这里的图片显示了消除前的效果。

4a

输入标题时设置文字格式。

已经被明显拉伸的贝壳，按Shift +S键选择Clone Stamp（仿制图章）工具，在选项栏中设置Sample（样本）为All Layers（所有图层），再选择一个柔软的笔尖，以便将用于修复的图像与原始照片很好地融合：按住Alt/Option键在海滩区域取样，这里的色调比较近似，松开Alt/Option键后在被拉伸的贝壳上绘画，如3a所示。为了取代比较大的、被变形的贝壳（在Photoshop CS3中会出现3个，在Photoshop CS4中只出现了1个），按Ctrl/⌘+Shift+N键添加另一个修复图层，再次选择Clone Stamp（仿制图章）工具，这次使用尺寸略大于贝壳原图的柔软笔尖在拉伸前的原图上取样，在拉伸后的图层中进行绘制，将贝壳复制出来，如3b所示。检查图像上是否有明显的操作痕迹。如果有，就添加第3个修复图层，综合应用Healing Brush（修复画笔）工具、Spot Healing Brush（污点修复画笔）工具和Clone Stamp（仿制图章）工具进行修复，应用时需要设置Sample（样本）为All Layers（所有图层）。▼最后按Ctrl/⌘+Shift +E键，将所有图层合并为背景。

4 输入并使标题"样式化"。 制作标题部分时使用文字工具T，在选项栏中选择粗体字（这里使用28pt 的Trebuchet MS Bold），将Alignment（对齐）选项设为居中，选择一种与图像形成鲜明对比的颜色，如4a所示。制作居中点文字时，单击想要输入的区域然后键入文字。输入完成后按下Ctrl/⌘+Enter键，如4b所示。在文字工具仍被选中的状态下，可以按住Ctrl/⌘键不放，将文字工具转换为移动工具，拖动调整文字的位置。

为了突出文字部分，可以添加一个样式图层。最好在调整文字间距之前进行此操作，因为添加样式图层会更改文字间距的显示方式。单击图层面板的添加图层样式按钮，选择Drop Shadow（投影）。取消勾选Use Global Light（使用全局光）复选框▼，设置Angle（角度）45°、Distance（距离）为13像素、Size（大小）为12像素、Spread（扩展）为23%。保留Blend Mode（混合模式）和Opacity（不透明度）的默认值，即75% 的Multiply（正片叠底）值。

知识链接

▼ 使用仿制图章工具
　第 256 页

▼ 使用修复画笔工具
　第 256 页

▼ 使用污点修复画笔工具
　第 256 页

▼ 使用全局光选项
　第 505 页

4b　标题文字设置。

4c　添加 Drop Shadow（投影）图层样式效果。

此时，可以看见图层样式对文字的间距产生的效果，如 **4c** 所示，可以根据需要对标题进行互动调整。在需要进行间距调整（字距微调）的两个字母间单击创建一个插入点，或者通过拖动选取多个字母对整个间距进行更改（字距调整）。按住Alt/Option键不放，通过按→和←键分别选择更多或更少的间距。或者在Character（字符）面板输入数值或者按住鼠标左键后左右拖动进行更改。▼当间距达到满意的效果时按Ctrl/⌘+Enter 键确认文字。

知识链接
▼ 拖动调整
第 24 页

5a　绘制一个能够容纳所有文字的矩形选区。

5 填充标题。 使用选框工具▢选取文字周围的矩形区域，如 **5a** 所示。隐藏文字图层，然后选中背景图层。对所选取的区域进行复制，选中文字图层然后将复制部分粘贴到该图层当中。由于选中了文字图层，复制部分将会作为一个新的图层被粘贴到该图层上方。此时，恢复被粘贴图层隐藏的文字。在图层面板中按住Alt/Option 键的同时单击文字图层与粘贴图层缩览图之间的边界，建立一个剪贴组，使得该粘贴图层只显示文字内的部分，如 **5b** 所示。

5b

创建剪贴组对文字内部进行蒙版处理。由于进行蒙版处理的图像和背景是一样的，只有 Drop Shadow（投影）效果能够将文字突现出来。

在文字图层中选择并剪贴的区域与背景一致，不过通过提高其亮度即可使其突显出来，按住Alt/Option 键的同时单击创建填充或调整图层按钮◐，选择Levels（色阶）并勾选Use Previous Layer to Create Clipping Mask（使用前一图层创建剪贴蒙版）复选框，以便使色阶调整只对剪贴到文字里面的部分图像起作用，单击OK（确定）按钮关闭New Layer（新建图层）对话框。在Photoshop CS4中可以单击Adjustments（调整）面板中的▦图标，打开Levels（色阶）对话框，然

5c　为剪贴组添加 Levels（色阶）调整图层，提高文字内部的亮度。

5d

在剪贴组中，文字图层是对图像矩形区域以及 Levels（色阶）调整图层进行蒙版处理的基础。

6a

为 Gradient（渐变）填充图层设置渐变。

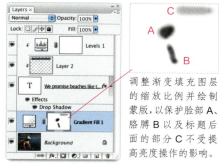

6b

调整渐变填充图层的缩放比例并绘制蒙版，以保护脸部 A、胳膊 B 以及标题后面的部分 C 不受提高亮度操作的影响。

7a

使用文字工具 **T** 在画面右边侧拖动定义一个文本框。可根据需要在后面的操作中对该文本框再进行调整，以便更好地容纳文字部分。

后单击面板下方的 ⬤ 按钮创建剪贴组。向左移动Input Levels（输入色阶）的白场滑块，同时提高文字的亮度和对比度，向右移动Output Levels（输出色阶）的黑场滑块，在不改变对比度的情况下进一步提高文字的亮度，如5c和5d所示。在Photoshop CS3中需要单击OK按钮退出Levels 对话框。

6 准备文字区域。 要提高照片中部分区域的亮度，以便毫不费劲地阅读该区域上的黑色文字部分，可使用渐变填充图层。▼选择白色作为前景色，再次选中背景图层，为其添加Gradient（渐变）调整图层。在打开的Gradient 对话框中选择前景色即白色到透明的渐变样式。若不是可单击该渐变，并在Gradient Preset（渐变预设）拾取器中选择Forground to Transparent（前景色到透明）样本。对渐变进行如下操作，如6a 所示。

知识链接

▼ 渐变填充图层
第 175 页

- 从左到右创建由透明到白色的简单过渡，设置Style（样式）为Linear（线性），并将Angle（角度）设置为180°。

- 在Gradient Fill（渐变填充）对话框仍旧打开的状态下，可以移动该渐变区域并调整其密度，为文字提供更合适的背景。将光标移至图像窗口中，光标自动变为移动工具 ▸⊹，将渐变拖动至适当的位置，直到光照效果看上去正好是女孩的脸颊部位开始（在后面的操作中可以将女孩脸部和胳膊部分的渐变效果去除）。

- 在Gradient Fill（渐变填充）对话框中调整Scale（缩放）为75%，使由透明到白色的渐变跨度范围更小，为文字部分创建足够亮的背景。

当渐变的位置和大小都达到满意的程度时单击OK（确定）按钮。由于渐变是白色的，可以保留Gradient Fill（渐变填充）调整图层默认的Normal（正常）模式，但是如果使用的是有颜色的渐变，则可以尝试Screen（滤色）或者Lighten（变亮）模式。

可以使用渐变填充图层自动生成的蒙版来修复过亮的区域。例如，女孩脸部和胳膊的边缘部位看起来太亮了。选择画笔工具 ✎，在Brush Preset Picker（画笔预设拾取器）中选择软笔触。在工具选项栏中将不透明度降至50%（以更好地控制强度），将前景色更改为黑色。只对脸和胳膊部位的蒙版进

7b

在选项栏中指定字体。

7c

使用 Character（字符）和 Paragraph（段落）面板添加文字规格。

7d

将正文文本输入到文本框中。尽管可以在 Paragraph（段落）面板中设置段落间距，但是我们也可以直接在文本框中使用 Enter/Return 键进行空行操作。

拼写检查

当所有文本都输入完之后，为了确保没有出现输入错误，执行 Edit（编辑）>Check Spelling（拼写检查）菜单命令，Photoshop 会打开一个 Check Spelling（拼写检查）对话框，逐条列出系统不知道的单词。在此对话框中，可以从 Photoshop 的字典中找到合适的词进行替换。也可以忽略该错误，或者将新词添加到字典中（例如，"www"或者一个商标名），以便系统纠错程序不会每次都要对该词进行询问。也可以选择对文档中所有的未栅格化的文字进行检查。

行绘制，以去除调整图层效果。同样对标题右侧文字部分后面的区域进行绘制，以便提高文字和背景之间的对比度，如 **6b** 所示。

7 键入文字。制作与标题右部边缘对齐的文本段落时，显示标尺（Ctrl/⌘+R），从左侧标尺拖动参考线，使其与标题的最后一个字母对齐。定位好参考线之后选择文字工具。从与女孩眼睛的水平等高位置向左下方拖动光标，创建可以容纳文本的文本框，如 **7a** 所示。如果需要移动该文本框，按住 Ctrl/⌘键不放拖动即可。

在文字工具的选项栏中为正文选择一种字体，该字体要足够粗以便与背景明显区别开来，这里选择了 Adobe Caslon Pro Semibold，将 Size（大小）设定为9.5pt。单击"Left align text（文本右对齐）"按钮，将颜色设置为黑色，如 **7b** 所示。在 Character（字符）面板中设置行距为11.5pt，如 **7c** 所示。在 Paragraph（段落）面板中取消勾选 Hyphenate（连字）复选框，"Add space before paragraph（段前添加空格）"和"Add space after paragraph（段后添加空格）"值都为0，因为更倾向于分割段落时使用完整的行间距。输入主体文字，如 **7d** 所示。此时还未进行精调，是进行拼写检查的最好时候。如果文本与文本框不符，则可以参照下一页的"文字适配调整"技巧部分所阐述的方法对间距进行调整。

8 添加已存储的Logo。接下来是添加Logo。该Logo 已经被存储到 Custom Shape（自定形状）预设中，且将被添加为形状图层。选择 Custom Shape（自定形状）工具，在选项栏中打开 Custom Shape Preset（自定形状预设）拾取器，如 **8a** 所示，在扩展菜单中选择 Load Shape（载入形状）命令并从 Adding Type 文件夹中载入 Wow Sun Logo.csh 文件。此时，可看见 Wow Sun Logo 已经被列到了拾取器底部位置，单击该形状。在选项栏的色板中选择一种颜色，对女孩腿部的阴影处进行采样，获取深色的暖棕色为色样。为了对Logo 进行定位，可添加一条与女孩凉鞋相同水平位置的参考线。按住 Shift 键拖动自定形状工具并以一个合适的大小来绘制该Logo（使用 Shift 键的目的是保留Logo的原有比例）。按住 Ctrl/⌘键不放，临时切换到移动工具，即可对该Logo 进行定位操作，如 **8b** 所示。

8a

准备将 Wow Sun Logo 载入到 Custom Shape（自定义形状）拾取器中。

8b

经缩放的 Logo 被放置在合适的位置，与女孩的脚底齐平。

文字适配调整

可以参照以下操作对段落文本进行调整，以使其与文本框的空间更相符。

1 Photoshop使用一种尖端的文字引擎。在Paragraph（段落）面板的扩展菜单中选择Adobe Every-line Composer（Adobe 多行书写器）命令，Photoshop可以对段落中的任何一个间距进行调整，从而解决任何一行中的间距问题。如果设计允许对**文本框灵活地调大或调小**，只需对文本框的大小进行调整，并让Adobe 多行书写器重新调整文字，即可获得看上去十分专业的文字设置。

2 如果对文字的设置仍不满意，但是又无法再对文本框进行调整，可以在Character（字符）面板中**调整字体的大小或者行间距**，从而使文本与文本框相符。大小和行间距数值框中所输入的值可以包含两位小数。

3 如果项目允许可以勾选Hyphenate（**连字**）复选框。

4 最后一种选择是在Paragraph（字符）面板中对字距进行**微调和调整**。

为 Logo 添加投影效果，使其看上去像是浮在页面上方一样。为了创建这一样式，可为图层添加投影图层样式。取消勾选 Use Global Light（使用全局光）复选框，并为阴影设置相应的参数。此处设置 Angle（角度）为 45°、Distance（距离）为 3px、Spread（扩展）为 1%、Size（大小）为 7px，如 8c 所示。

9 在圆上添加文字。为了在 Logo 周围创建文字，首先创建一个圆形的路径。选择椭圆工具，在选项栏中单击 Paths（路径）按钮。按住 Shift 键和 Alt/Option 不放，从 Logo 的中心位置开始向外拖动，绘制一个正圆。如果发现该圆偏离了中心，按下空格键，拖动鼠标使该圆的中心与起始点重合，然后释放空格键继续绘制。

选择文字工具T并设置文字规格。在选项栏中选择 Trebuchet MS Bold 字体，并将大小设置为11pt，单击 Center text（居中对齐文本）按钮。单击色板后单击 Logo 部分进行颜色取样。单击字符面板中的 Small Caps（小型大写字母）按钮，设置字距调整为 +25。选择移动工具，将光标移至该路径的顶部的中心位置，当光标变为**路径上的文字**图标时，单击并键入文字。使用 Ctrl/⌘ 键 +Enter 快捷键确认输入的文字，如 9 所示，根据需要在选项栏中调整字体的大小。▼

知识链接

▼ 使用文字工具
第 436 页

为了使文字样式与Logo样式相符，在图层面板中右击（Windows）或者按住Ctrl键同时单击（Mac）Logo 图层，在快捷菜单中选择Copy Layer Style（拷贝图层样式）命令。选择文字图层后右击或者按住Ctrl键单击该图层，在快捷菜单中选择Paste Layer Style（粘贴图层样式）命令。

此时，可能需要进行字距调整和字距微调，从而使文字排列更符合圆环的形状，参照制作标题的方法操作。如果在字距微调之后需要对圆环上的文字再定位,选择 Path Selection（路径选择）工具，将光标悬浮在文字圆环顶部的中心位置,光标变为形状时拖动鼠标。

将输入的电话号码设置为 Trebuchet MS Bold 字体、大小为 10pt 的**点文字**。单击选项栏中的色板后单击 Logo 部分进行颜色取样，使用参考线作为基准线。

10 使文字"刻入"沙滩。选择Pen（钢笔）工具并单击

8c

仅含为 Logo 添加的
Drop Shadow（投影）
效果的图层样式。

9

使用大写字母可以使文字形成的圆环"带"看上
去更统一。选择小型大写字母可以在不减少点大
小及灵活性的情况下，让字母的高度与太阳保持
比例。将微调字距设为正值（此处为 +25）通常
可改善圆上的文字设置。

10a

绘制文字路径

10b

文字被放置在路径上。

10c

使用 Distort（扭曲）命令将栅格化文字拼合到沙
滩中。

选项栏中的Paths（路径）按钮。在女孩右脚下方绘制曲
形路径，如10a所示。▼选择文字工具，在选项栏中设置字
体为Trebuchet MS Bold、粗体、9pt的字体，并选择Left aligned
（左对齐文本）按钮，对深色湿沙滩部分
进行颜色取样。单击该路径，键入文字后
按下Ctrl/⌘+Enter 快捷键，如10b 所示。

知识链接
▼ 使用钢笔工具 ◊
第 454 页

使用Distort（扭曲）命令扭曲文字，该命令比Warp Text
（变形文字）和Warp（变形）命令更容易控制。由于扭曲
命令不能用于未栅格化文字，因此应先执行Layer（图层）
>Rasterize（栅格化）>Type（文字），接着执行Edit（编
辑）>Transform（变换）>Distort（扭曲）命令，并拖动变
换框的手柄延展文字，双击完成操作，如10c所示。需要重
新进行扭曲时，按Ctrl/⌘+句号键或者按Esc键，再次执行
Edit（编辑）>Transform（变换）>Distort（扭曲）命令。

接着使用"波纹"滤镜轻微地扭曲字母，并使用图层样式
添加阴影创建立体感。先执行Filter（滤镜）> Convert for
Smart Filters（转换为智能滤镜）命令，再执行Filter（滤
镜）>Distort（扭曲）>Ripple（波纹）命令，设置Size（大
小）为Small（小）、Amount（数量）为70%，如10d 所示。
接着为图层添加Bevel and Emboss（斜面和浮雕）调整图层取
消勾选Use Global Light（使用全局光）复选框，设置Direction
（方向）为Down（下），以便文字内的阴影与图像中沙地突
起产生的阴影相匹配。设置Angle（角度）为35°、Altitude
（高度）为16°、Depth（深度）为50%、Size（大小）和
Soften（软化）为0。在图层面板中，将该雕刻图层的Fill
（填充）不透明度减少至80%。与减小Opacity（不透明
度）不同，减小Fill（填充）数值会加亮字母，但不会影响
图层中斜面阴影和样式的高光效果，如10e所示。

10d

对字母使用轻微的波浪
滤镜。

10e

应用 Ripple（波纹）滤镜、添加样式并减少填充
不透明度后的文字外形。

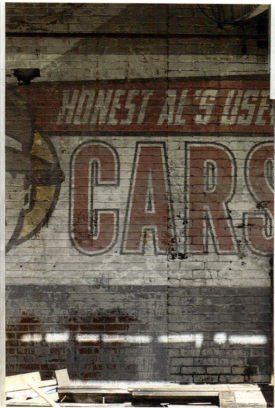

将图像应用至纹理表面

附书光盘文件路径

>Wow Project Files > Chapter 9 >Apply Image:

- Apply Image-Before.psd（原始文件）
- Apply Image-After.psd（效果文件）

从Window（窗口）菜单打开以下面板

- Layers（图层）• Channels（通道）

步骤简述
将一个图层上的图形"应用"到另一个图层的表面图像上 • 调节混合模式和不透明度 • 按需添加蒙版

对图像或图形进行弯曲、轻微扭曲以及"老化"等处理，使其看上去像是另一幅图像表面纹理的一部分，这样可以制作出统一且能够强烈体现出某种概念的视觉效果。

认真考量项目。Liquify（液化）滤镜能够很有效地对图像进行精细处理，使其符合另一图像的轮廓，如第605页所述。但是像将图形绘制到老化的灰泥砖面上这样精确、实践性的操作时，就不能使用该滤镜了。本例也可以使用Warp（变形）命令（参见603页）进行操作。但是为了对图像或图形应用恰当的混合模式、透明度以及蒙版，本案例使用了Displace（置换）滤镜，置换贴图来自于墙体表面的形状。在置换贴图比较暗的地方，图像像是被"推"到了墙体表面之内。在置换贴图比较亮的地方，图像像是被"拉"到了墙体表面之外。Displace（置换）滤镜没有预览，因此需要将目标图像转换为智能对象来更好地完成实验。这样可以对滤镜反复进行设置和应用。

1a

打开 Apply Image-Before.psd，标志被粘贴到了合适的位置。

1b

将标志图层转换为智能对象。

2a

为该标识应用 Overlay（叠加）混合模式，设置 50% 的图层 Opacity（不透明度）为 50%。

知识链接
▼ 缩放 第 67 页

1 准备元素。打开主图像，再导入即将应用在墙面上的图片，或者打开 Applying Image-Before.psd，其中包括了 Don Jolley 设计的处于分层状态的标志图片和照片的主体，明亮的消防栓后处于阴影下的老化砖墙，如 1a 所示。Jolley 将标志图片复制粘贴到照片中，使用 Move（移动）工具 将其拖曳到合适的位置，调整标志大小。▼ 右击（Windows）或按住 Ctrl 键单击（Mac）目标图层，在弹出的快捷菜单中选择 Convert to Smart Object（转换为智能对象）命令，如 1b 所示。

2 混合。设置图层混合模式为 Overlay（叠加），然后试着减小图层的不透明度，直到标志图像和照片主体的融合效果满意为止，这里将 Opacity（不透明度）设置为 50%，如 2a 所示。先忽视本应该处于主图像前方的局部，即两根柱子，在第 5 步中再处理它们。还可以尝试其他的不透明度设置与混合模式，诸如 Multiply（正片叠底）、Soft Light（柔光）、Hard Light（强光），或者尝试各种颜色以获得不同的视觉效果。这里使用 Soft Light（柔光）模式对标识进行加亮或变暗的尝试，如 2b 所示，此外还使用了 Multiply（正片叠底）模式尝试对标识进行加深和褪色的操作，如 2c 所示。

3 创建置换贴图。准备一个由表面图像文件生成的灰度置换贴图。在后面将使用该置换贴图与 Displace（置换）图层对图形进行扭曲，使图形看上去像是受到了表面特征的影响（此例的目标是将图像浸入到砖之间的砂浆缝隙以及砖本身的凹痕上）。注意：如果使用的图形扩展到了主体图像的边缘之外，则需要对该超出部分进行裁切，以便能够使置换贴图发挥正常。全选（Ctrl/⌘+A）后执行 Image（图像）>Crop（裁剪）命令。一旦创建了置换贴图，则不能对该文件再次进行裁切和大小调整，至少直到使用了 Displace（置换）滤镜之后才可以。要想由照片图层创建一个灰度的置换贴图，可以在图层面板中按住 Alt/Option 键的同时单击该图层的标识，将其作为惟一的可见图层。执行 Image（图像）>Duplicate（复制）命令，在打开的 Duplicate（复制）对话框中勾选 Duplicate Merged Layers Only（仅复制合并的图层）复选框，然后单击 OK（确定）按钮。在新的图像中执行 Image（图像）>Mode（模式）>Grayscale（灰度）命令。为了使灰度图像更好地发挥置换贴图的作用，可能需要通过模糊处理来

2b

Soft Light（柔光）模式下，Opacity（不透明度）
为 65% 的标识图像。

2c

Multiply（正片叠底）模式下，Opacity（不透明度）为 100% 的标识图像。

3

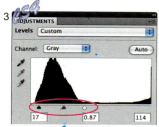

复制只有背景照片可见情况下的文件，并将其转换为灰度模式。通过调整色阶来提高砂浆线条和砖之间的对比度。

4a

使用置换滤镜。要想获得更高的分辨率并进行更多的置换，可以使用更高的 Scale（缩放）设置。

去掉最精细的细节部分（本例没有进行模糊处理，由于灰泥的线条本身就很细，因此置换将会很细微），或许需要执行 Image（图像）>Adjust（调整）>Levels（色阶）命令提高对比度以加大明暗之间的差距，向内移动 Input Levels（输入色阶）的黑场和白场滑块，并向右移动伽马滑块，如 3 所示。（此处没有采用类似操作）。调整之后按 Ctrl/⌘+S 键将其保存为 PSD 格式，因为置换滤镜只使用 PSD 格式的文件。

4 应用置换贴图。 返回到合成图像，重新显示智能图层并将其选中。执行 Filter（滤镜）>Distort（扭曲）>Displace（置换）命令，在 Displace（置换）对话框中，如 4a 所示，分别设置 Horizontal Scale（水平缩放）和 Vertical Scale（垂直缩放）。该值越高，则图形中的像素会被置换贴图文件中的明暗像素推得越远。由于此处仅需将图画稍微往砂浆缝里"推"，因此设置 Horizontal（水平）为 2、Vertical（垂直）为 1。在 Displace（置换）对话框中，Displacement Map（置换贴图）和 Undefined Areas（未定义区域）选项组的设置之间没有关联，因为这两个文件的尺寸是相同的，所以未定义区域无关紧要。单击 OK（确定）按钮，为已经制作好的置换贴图定位，然后单击 Open（打开）按钮。滤镜会对图形进行置换，如 4b 所示。如果对 Displace（置换）的效果不满意，可以右击（Windows）或按住 Ctrl 键单击（Mac）目标图层，在弹出的快捷菜单中选择 Edit Filter Settings（编辑智能滤镜）命令，效果如 4b 所示。

5 对图形进行遮罩处理。 要想将图形放置到图像中某些应该位于前面的元素的"后面"，可以使用图层蒙版。在创建蒙版时，首先选中表面照片所在的图层并选择其中靠前的元素，这里是指两根木质支柱。▼ 一个方法是使用 Quick Selection（快速选择）工具，取消勾选 Sample All Layers（对所有图层取样）复选框，使工具只能"看见"照片，而"看不见"标志图形。设置笔尖大小，使其与支撑物的宽度相匹配（可以使用中括号键 [和] 来调整笔尖大小）。▼ 反复拖动鼠标扩大立柱的选区，减小笔尖尺寸在更窄的区域上单击，如 5a 所示。没有使用 Quick Selection（快速选择）工具添加立柱阴影区域的原因是，该工具在选取阴影区域的同时也会选择绝大部分墙砖。单击工具栏最下方的 Edit in Quick Mask mode（以快速蒙版模式编辑

知识链接
▼ 使用快速选择工具　第 49 页
▼ 重新定义画笔笔尖大小　第 71 页

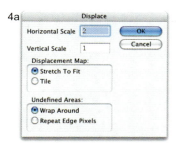

4b

应用 Displace（置换）滤镜前后的效果。

5a

设置 Quick Selection（快速选择）工具选项。

5b

立柱上的快速蒙版被清除了，Jolley同样擦除了墙上一些局部配件的蒙版。

6

选中Underlying Layer，将Blend If 中的黑场滑块向里移动，使得墙上最黑的标记部分穿透标识显示得更清楚，使整个墙面呈现出又破又脏的样子。按住Alt/Option 键不放将滑块分开，以便在这些区域创建出一个平滑的过渡。

7a

创建一个图层组，用蒙版对标识右下角进行褪色处理。

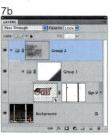

7b

再创建一个用于"腐蚀"掉部分标识的图层组，使更多墙面元素透出来。

按钮，进入快速蒙版模式。使用带有硬边圆形笔触（9 像素）的画笔工具以及白色，擦掉更粗的支柱阴影部分的蒙版，如5b所示，单击Edit in Standard Mode（以标准模式编辑）按钮。确定选区后选中标志图层，在按住Alt/Option键的同时单击面板中的Add layer mask（添加图层蒙版）按钮，使立柱出现在标志的前面。

6 尝试调节Blending Options（混合选项）。 要"磨损掉"部分应用图形，在图层面板上右击或者按住Ctrl同时单击该图形图层的缩览图，在打开的菜单中选择Blending Options（混合选项）命令，打开Layer Style（图层样式）对话框，然后调整Blend If（混合颜色带）滑块，如6所示。▼

7 添加"增亮"蒙版和"暗化"蒙版。 将图形图层拖入到图层组中，▼这可以添加第2个图层蒙版。按住Shift键单击图层面板的Create a new group（创建新组）按钮，这是New Group from Layers（从图层新建组）命令的快捷方式。选中新建的图层组，单击图层面板的按钮创建图层蒙版，使用渐变色填充蒙版褪掉标志右下角部分的颜色。在工具栏中将前景色和背景色分别设置为黑色和白色，单击黑色前景色的色板，选择一个中间的灰色，选择Gradient（渐变）工具（Shift+G），将渐变设置为从前景色到背景色，从右下角开始沿对角线方向拖动绘制渐变，如7a所示。▼

将此图层组嵌套进另一个图层组中，并为外面的图层组添加蒙版，这样就有了另一次单独遮罩操作的机会，对标志应用暗化效果。选中第一个图层组，按住Shift键再次单击按钮。存储在Apply Image-Before.psd文件Alpha通道中的是Jolley的纹理。可以将其转换为新建图层组的蒙版。在通道面板中按住Ctrl/⌘键同时单击"Alpha 1"的缩览图，将通道的明度加载为选区。选中新的图层组并单击按钮。为了控制蒙版对标志的腐蚀程度，执行Image（图像）>Adjustments（调整）>Levels（色阶）命令，调整Input Levels（输入色阶）或者Output Levels（输出色阶），将暗化蒙版放置在恰当的位置，如7b所示，最后将标识图层的不透明度设置为80%，得到第595页所示的最终效果图。

知识链接

▼ 使用混合颜色带 第66页

▼ 图层组 第582页

▼ 渐变蒙版 第84页

ORIGINAL PHOTO: YURI ARCURS / PHOTOSPIN.COM; GRAPHICS: FRED FRASCO / PHOTOSPIN.COM

应用液化滤镜绘制纹身

附书光盘文件路径

(wow) > Wow Project Files > Chapter 9 >
Liquify a Tattoo:

- Tattoo-Before.psd（原始文件）
- Tattoo-After.psd（效果文件）

从Window（窗口）菜单打开以下面板

- Tools（工具）
- Layers（图层）

步骤简述

在一张人物照片中添加一张线稿，并使用Multiply（正片叠底）模式 • 使用自由变换工具缩放线稿，使其尺寸适合照片 • 复制并保留初始线稿，对图层副本应用图层蒙版 • 使用液化滤镜调整纹身图形，保留网格 • 通过调整图层图透明度、应用图案填充功能，使纹身与模特图像完美混合

有时为完成广告或是商业插画设想的完美照片还需要一些简单的合成要求。使用一张弯曲的大尺寸纹身美化模特的后背，往往只有靠细微的调整才会产生最令人信服的效果，此时，Liquify（液化）滤镜是非常合适的操作工具。

认真考量项目。 使用一张线稿来欺骗观众的眼睛，使它看起来更像是模特的纹身，这个任务已经不能依靠 Transform（变换）菜单命令下的变形功能完成了。使用 Liquify（液化）滤镜调整网格使其适合身体形状，然后使复杂的线稿在网格上流动，Multiply（正片叠底）图层混合模式可以使"墨水"与皮肤完美融合。

1 初步匹配两张图片。 在Tattoo-Before.psd中，龙的图案通过使用移动工具▸♦被放置在模特的后腰上。

▼ 双击图层的名字后输入新名称即可。

为了去除白色背景，只显示黑色线条，需要将纹身图层的混合模式设置为 Multiply（正片叠底），如 1a 所示。按 Ctrl/⌘ +T 键应用自由变换命令，调整线稿大小。按

知识链接
▼ 在选项卡视图下拖曳
第 23 页

1a

将线稿图层的混合模式设置为Multiply（正片叠底），去除白色背景。

1b

使用自由变换命令缩放线稿，使其比身体略大。

2a

复制线稿图层，对副本使用蒙版。

2b

Liquify（液化）对话框的默认打开视图，左下角的按钮用于视图缩放。

2c

Liquify（液化）滤镜提供了很多选项来查看正在变形的区域。

住 Shift 和 Alt/Option 键，使图像等比例进行缩放，直到纹身图像稍稍大于模特的身体，如 1b 所示。当使用 Liquify（液化）滤镜来修饰线稿使其符合身体时，滤镜会使边缘部分的线稿折起来，这样就不会在边缘产生缝隙和破洞了。双击变换框完成修订尺寸的操作。

2 准备使纹身变形。 复制纹身图层（Ctrl/⌘+J），为了保留原始的线稿便于以后的修改工作，将新图层命名为Liquify，隐藏原始的线稿图层。在新图层中使用Lasso（套索）工具 ♀ 快速选择线稿超出模特后腰的部分，包括与模特短裤重叠的部分。按住Alt/Option键单击图层面板底部的Add layer mask（添加图层蒙版）按钮■，创建图层蒙版，将选择的区域隐藏起来，如 2a 所示。选择Brush（笔刷）工具 ✎，设置较低的羽化值，使用黑色进行绘制，对模特的拇指部分也进行覆盖。然后使用白色进行绘制，清理蒙版和躯干重叠区域的边缘部分。▼

知识链接
▼ 蒙版 第61页

确保复制后的线稿副本依然被选中，执行 Filter（滤镜）> Liquify（液化）命令，如 2b 所示。可以发现纹身图案被完整地显示在 Liquify（液化）对话框中。在默认情况下，除激活图层之外，液化网格和其他图层都不会显示出来。为了能够更加容易地判断网格变形是否合适，可以勾选 Show Mesh（显示网格）复选框。设置选择网格尺寸和颜色，以便工作时能够更加轻松。

好的网格结构对于复杂模型的"地形"细节非常有帮助，大的网格适用于大的对象，这里将网格大小设置为Medium

设置背景

Liquify（液化）对话框中的Show Backdrop（显示背景）复选框可以显示除了正在应用液化滤镜图层之外的其他图层。可以选择查看当前操作图层旁边的图层，或是选择All Layers（所有图层）来查看文件中所有可见图层的合成效果。如果选择All Layers（所有图层）选项，会发现当前操作图层处于其原始状态，这很难清晰地看到制作出的变形结果。为了便于操作，在执行 Filter（滤镜）> Liquify（液化）命令之前，需要隐藏所有你不想在"背景"中看到的图层，其中包括你打算应用液化滤镜的图层。使用保留下来的图层创建一个合层的副本，快捷键为Ctrl+Alt+Shift+E (Windows) 或 ⌘+Option+Shift+E (Mac)。接下来选中将要应用液化滤镜的图层，使其可见，执行 Filter（滤镜）> Liquify（液化）命令，在Liquify（液化）对话框中选择合层副本作为背景，这样你就可以看到液化图层和其他图层的合成效果。

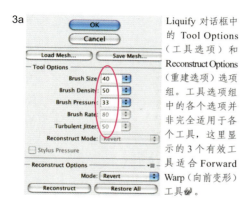

3a

Liquify 对话框中的 Tool Options（工具选项）和 Reconstruct Options（重建选项）选项组。工具选项组中的各个选项并非完全适用于各个工具，这里显示的 3 个有效工具适合 Forward Warp（向前变形）工具。

3b

变形网格使其适合模特身体。

3c

关闭网格显示，无阻碍地观察变形效果。

3d

将 Use（使用）设置为 **All Layers（所有图层）**后，在视图中会同时显示变形前和变形后的效果。

（中）。为了看到线稿正在应用的对象，勾选Show Backdrop（显示背景）复选框，选择包含了文件的各个图层（参见第600页的"设置背景"），这里选择Background（背景）。将Opacity（不透明度）保持为默认的50%，如 2c 所示。可以尝试不同的设置，查看哪种最符合调整需求，也可以按照自己的需求进行自定义设置。

3 使用液化滤镜制作微妙的效果。选择 Forward Warp（向前变形）工具，因为纹身图案的区域的宽只有 300 像素，同时线稿拥有丰富的细节，因此需要减小画笔的尺寸，使其一次只影响一个很小的区域（这里选择 40 像素），还需要减小画笔压力（这里选择 33），使笔划的变形比较小，如 3a 所示。画笔密度在使笔划变形的部分发生羽化——在中心的效果要大于边缘的效果，高数值会使画笔边缘变硬。

在一些不太关键的区域，使用Forward Warp（向前变形）工具前后推动像素非常容易。试着在模特右手拇指处使用Bloat（膨胀）工具，着重表现拇指按压皮肤后产生的凹陷。按住鼠标左键的时间越长，Bloat（膨胀）工具的效果就越大，这里只使用短暂的单击来使纹身发生变形，连续操作直到获得满意的效果为止，如 3b 所示。多次缓慢的操作将会比一次性较大程度的变形容易控制。选择Freeze Mask（冻结蒙版）工具，绘制一个用于控制变形工具的保护性蒙版（参见下面的"蒙版=冻结"）。同样，Liquify（液化）滤镜也支持使用Edit（编辑）> Undo（撤销）命令（Ctrl/⌘+Z）完成单次撤销操作，也支持Edit（编辑）> Step Backward（后退一步）命令（在Windows中Ctrl+Alt+Z，在Mac中⌘+Option+Z）。但是如果这些操作不能退回最原始的状态，可以选择Reconstruct（重建）工具，将画笔速率设置得比较低，在需要重新液化的区域上涂抹。

蒙版 = 冻结

Liquify（液化）对话框中的蒙版功能可以指定图像的"冻结"区域（使其不受液化工具的影响）和"解冻"区域（使其发生变化）。在Liquify（液化）对话框中使用Freeze Mask（冻结蒙版）工具创建一个蒙版，或是从蒙版选项组中选择一个已经存在的蒙版。黑色区域处于保护状态，白色区域处于暴露状态。可以通过Freeze Mask（冻结蒙版）工具和Thaw Mask（解冻蒙版）工具改变蒙版。默认情况下，图层蒙版不会对液化滤镜的应用过程产生影响。但是你可以在液化窗口的蒙版选项组里选择图层蒙版作为冻结区域。

3e

关闭对话框应用液化滤镜之后，会发现图层蒙版重新发挥了作用。

4a

降低纹身 Opacity（不透明度）属性后的效果。

4b

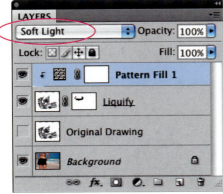

通过新建图案填充图层来制作"皮肤"纹理，使纹身看起来更真实。

如果需要对整体进行调整，而非局部校正，可以在重建选项组中进行设置。单击 Reconstruct（重建）按钮可以在局部或全局恢复图像，Mode（模式）用于控制重建的性质。单击 Restore All（恢复全部）按钮可以移除所有的变形效果。当变形非常复杂，会希望在新区域中操作之前，冻结一些已经完成变形操作的区域。调整完毕后隐藏网格，显示未变形的图像，如 3c 所示。显示所有图层，对比操作前后的图像效果，如 3d 所示。如果对液化滤镜效果满意则单击 Save Mesh（存储网格）按钮。在弹出的对话框中为网格设置描述性的名称，将其保存在与图片相同的文件夹中以便再次打开，然后单击 Save（保存）按钮。单击 OK（确定）按钮应用滤镜，返回到文件窗口，如 3e 所示。此时纹身看起来有些暗淡且光滑，下面介绍的两个简易技巧，可以使纹身与模特融合得更完美。

4 添加最后的效果。 首先降低纹身的不透明度，这里设置为56%，如 4a 所示。此时纹身看起来不是那么崭新，而且看起来像是被很强烈的太阳光照射一样。按住Alt/Option键单击图层面板底部的Create new fill or adjustment layer（创建新的填充/调整图层）按钮 ，在弹出的菜单中选择Pattern（图案）命令。在对话框中勾选Use Previous Layer to Create Clipping Mask（使用前一图层创建剪贴蒙版）复选框，设置模式为Soft Light（柔光）。在图案拾取器的扩展菜单中选择 Artist Surfaces（艺术表面）命令，然后选择Wax Crayon on Vellum（描图纸蜡笔画）图案。但是在此处，任何具有细微颗粒的灰度纹理都会破坏纹身图案的外轮廓，可以试用其他的设置。单击确定按钮应用图案，如 4b 所示。

> **保存网格——优势何在？**
>
> 当花费很多时间创建液化网格使图像与另一个表面相匹配，比如使龙纹身匹配身体，一定确保在离开液化对话框前保存网格。如果希望对纹身图案做出一些改变，最保险的方法是打开原始的图像（或是原始图像的副本），执行Filter（滤镜）> Liquify（液化）命令后，单击 Load Mesh（载入网格）按钮载入之前保存的网格。在进行调整后单击OK（确定）按钮。利用这种方式，即使是进行一些小的调整，也能够避免因多次修改而导致的图像质量损失。
>
> 如果需要切换到其他图像，比如将龙换为蝴蝶图案，可以在文件中添加蝴蝶图像图层，执行液化滤镜命令后载入之前保存的网格。网格会立刻调整蝴蝶的形状使其适合身体，然后就可以进行其他调整。

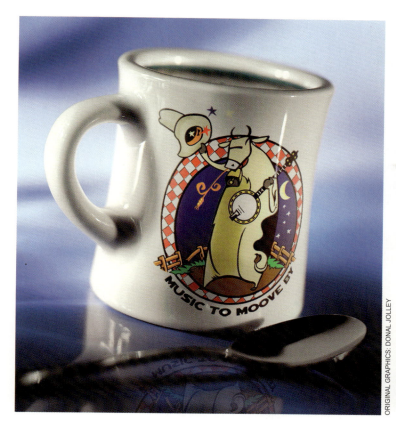

ORIGINAL GRAPHICS: DONAL JOLLEY

ORIGINAL PHOTO: PHOTOSPIN.COM

根据表面变形图形

附书光盘文件路径

wow > Wow Project Files > Chapter 9 > Warping Graphics:

- Warp Mug-Before.psd（原始文件）
- Warp Graphics files文件（应用文件）
- Warp After 文件（效果文件）

从Window（窗口）菜单打开以下面板

- Tools（工具）・Layers（图层）

步骤简述

绘制网格・转换成智能对象・对网格进行缩放、定位、变形和混合・打开智能对象文件，添加图形并将其更新保存到主文件中・复制主文件并精调副本

在将艺术图形应用到诸如瓶子、汽车或者咖啡杯等平滑曲线表面上时，Photoshop 中的变形命令不失为好选择，特别是在使用 Photoshop 基本版而不是具有 3D 功能的扩展版，或是无法找到合适的 3D 模型时。

认真考量项目。为了实现高质和高效，可结合使用变形和智能对象技巧来仿制 3 个咖啡杯，并使用混合模式以及蒙版来加强视觉效果。为了添加一个图片作为咖啡杯的倒影，在此需要将杯子复制为智能对象，这样在咖啡杯图像发生改变时倒影也能同步进行更新。选择一个文件用于变形和倒影，选择另一个文件用于变形操作，然后再分别将每一个咖啡杯的设计保存为单独的文件，以便对设计应用最终的效果。

1 创建一个智能对象网格。打开要应用图形的对象文件，或者打开 Warp Graphics-Before.psd 文件，如 **1a** 所示。这个咖啡杯基本上是圆柱形的，只是杯子的"腰身"稍微有点向内收缩。为了获得更好的变形效果，该图形将被应用到面

1a

Warp Mug-Before. psd 文件。

CORBIS ROYALTY FREE

1b

在自定形状拾取器中的 Tiles（拼贴）图案组中 选择 Grid（网格）图案。

Grid

1c

按住 Shift 键的同时拖动绘制网格。为了更好且 直观分辨 Layers（图层）面板中的各个图层，我 们对该图层进行重命名，双击面板中的图层名称 然后键入 "Artwork" 即可。

1d

将网格图形转换成智能对象，该图层的缩览图后 将会出现一个识别标志。

2a

执行 Edit（编辑） >Free Transform （自由变换）菜单 命令，可以对网格 进行旋转、缩放以 及定位操作。

向右侧的杯身部位。首先将参考网格应用到对象上，选择 自定形状工具，单击形状图层按钮。在弹出的 Custom Shape（自定形状）拾取器中选择 Grid（网格）形状，如 1b 所示。按住 Shift 键的同时按住左键进行拖动，制作一个方 形的网格，创建一个与咖啡杯等高的方形格，如 1c 所示。

在将网格放置到杯身表面上之前，先将其转换为**智能对象**，▼ 这样可以避免在进行变形操作的过程中对图形造成损坏，同 时也可以不用重复进行变形操作。右击（Windows）或按住 Ctrl 键单击图层名，在弹出的菜单中选择 Convert to Smart Object（转换为智能对象） 命令，如 1d 所示。

知识链接
▼ 智能对象
第 18 页

2 对智能对象进行变形。 为了使网格与对象相匹配（此处为 咖啡杯），可以执行 Edit（编辑）>Free Transform（自由变换） 菜单命令（Ctrl/⌘ +T）。首先进行整体调整，再从细节上进 行修改。此处首先确定网格的方向并对其进行大小调整，然 后将其形状变形为圆柱形并"收缩腰部"，最后对变形作进 一步调整。

为了将网格的左侧部分放置到合适的位置，如 2a 所示，先 向里拖动鼠标变换框移动网格，再向外拖动变换框的一角 （光标会变为弯曲的双向箭头），将网格旋转到与对象一致的 角度。可以在按住 Shift 键的同时拖动一个角手柄进行大小的 调整。为了弯曲网格，可对图形进行 Warp（变形）操作。在 自由变换控制框内右击（Windows）或者按住 Ctrl 键同时单击 （Mac），在快捷菜单中选择 Warp 命令，如 2b 所示，或者单 击工具选项栏中的在自由变换和变形模式之间切换按钮。

变形网格由网格 4 个角上的控制点进行定位。每个控制点的 两个手柄都能起到杠杆的作用，用于对控制点之间的曲线进 行弯曲变形操作，从而对网格的形状进行重塑。使用该命令 可以随心所欲进行调整。智能对象会"搜集"所有的变形信 息并将其应用到图像上，与单独使用变换或变形操作相比, 它不会对图像产生任何破坏效果。

对网格和 Grid（网格）进行变形，使其与咖啡杯身相匹配的 具体操作如下。

- 分别将右侧两个控制点拖动至恰当的位置，如 2c 所示。

2b

在快捷菜单中从变换切换到变形。

2c

移动右边两个角落的控制点。

2d

使用角控制点的水平手柄弯曲顶部和底部边缘。

2e

拖动角控制点的垂直手柄"收缩"左侧和右侧边缘。

- 为了使网格顶部和底部的线条与咖啡杯顶部和底部的曲线保持同一走势，如 2d 所示，分别向下拖动网格顶部线条上的两个手柄（如果需要可以同时朝两侧向外拖动），分别向下并向外拖动网格底部线条上的两个手柄。

- 若对咖啡杯"收缩杯腰"，只需稍稍向内拖动网格左边侧的两个手柄，接着向内拖动右边缘的手柄，如 2e 所示。

- 网格的中间"列"离我们最近，而两边则随着杯子的表面曲线向杯后退。分别向里稍稍拖动顶部的水平手柄，使中间列变得更宽一点，对底部的手柄重复此操作。

- 由于要使网格的中间"一行"达到"收缩"的效果，可以通过调整将其变短——分别向下拖动顶部两端的手柄，再向上拖动底部两端的手柄。

- 此时，拖动网格内部的空间和线条来完成最后的变形，如 2f 所示。保证中间列的每个方格都是按照原来的顺序排列的（当然，可以顺着咖啡杯的斜度）。

当网格都调整完成后可以去掉控制点和手柄，从而获得更为清晰的效果图，如 2g 所示。执行View（视图）>Extracts（抽出）命令，或者使用Ctrl/⌘+H 快捷键（这是一个切换开关，可能需要重复使用两次）使网格不可视。完成后将左上角稍向左移动一点，直接拖动该角即可，即便是在网格不可视的情况下。

得到较为理想的网格效果后按下 Enter 键或者单击选项栏中的进行变换按钮✔。网格将会变成不可视的模板，可以对智能对象中更换的其他图形进行缩放、定位以及变形操作。但是变形网格将仍保持活动状态，如果需要对其进行调整，还可以将其激活。

3 将应用的图形与表面进行混合。 现在对 Artwork 图层的混合模式以及不透明度进行调试，以便使对象表面的特征（杂色、颗粒、纹理或者光线）显现出来，使图形看上去就是表面的一部分，而不是粘贴上去的效果，如 3 所示。设置图层混合模式为 Overlay（叠加）、不透明度为 90%。

4 添加倒影效果。 为了图形效果看上去更真实，还可以将其添加到咖啡杯的倒影上。如果使用智能对象的副本来制作艺术作品的倒影，那么只要对咖啡杯的主体图形进行更改，该倒影就会自动同步更改。复制智能对象图层（Ctrl/⌘+J），对

2f

在 Warp（变形）网格的单个单元格内部进行拖动调整后的效果图。

2g

隐藏网格，通过调整左上角来完成最终的操作。

3

将 Artwork 图层的混合模式更改为 Overlay（叠加），并将不透明度降低至 90%，这一操作可以将光线引入到图形中，使得网格与咖啡杯的表面混合在一块。

4a

复制智能对象，并将该副本进行垂直翻转，将这一新的图层命名为 Reflection。

4b

向下拖动网格副本。

新的图层重命名，此处将该图层命名为 Reflection。执行 Edit（编辑）>Transform（变形）>Flip Vertical（垂直翻转）菜单命令垂直翻转该图层，如 4a 所示。向下拖动该图层并将其旋转，重新确定位置和方向，如 4b 所示。调整网格，对网格倒影重新变形，如 4c 所示。

要想将网格在勺子部分的倒影隐藏起来，可以单击添加图层蒙版按钮◻，添加图层蒙版。为了遮住勺柄，使用画笔工具✐和黑色颜料对该蒙版进行着色，此处使用圆笔触，并设置 Hardness（硬度）为 50%、不透明度为 100%。▼为了使倒影部分的对比不是那么强烈，将 Reflection 图层设为 Soft Light（柔光）模式，并将不透明度降低至 40%，如 4d 所示。

知识链接

▼ 绘制图层蒙版
第 84 页

5 在智能对象中进行图形替换。 现在可以对网格进行图形替换了。在图层面板中双击任一智能对象副本（Artwork 或者 Reflection）的缩览图，打开智能对象的子文件（Artwork.psb），添加图形。打开将要应用到咖啡杯的 3 个图形文件中的一个——Cow Graphics.psd。使用移动工具▸+将该图形拖曳至 .psb 文件，如 5a 所示（如果工作区处于选项卡模式，请参见第 23 页有关拖动文件的介绍）。只要该图形没有超过网格元素所创建的"画布"大小（按住 Ctrl/⌘+T 快捷键，在按住 Shift 键的同时拖动一个角），那么该图形在应用到咖

4c

对其进行变形，使其与咖啡杯的倒影相匹配。按住 Ctrl+Alt+连字符（Windows 中）或者 ⌘/Option+ 连字符（Mac 中）可以收缩窗口，以便看到网格延伸到图像底部以下的部分。

4d

为 Reflection 图层添加图层蒙版，使勺子图像位于倒影的上方。设置图层的混合模式为 Soft Light（柔光）、不透明度为 40%。

5a

将奶牛图形导入 Artwork.psb 文件中，并对其进行缩放，同时观察网格正确地对该图形定位。

5b

附带有缩放处理过的图形以及被隐藏网格的 .psb 文件正待保存。

5c

保存为 .psb 文件后，单击主文件的工作窗口，即会自动将 Smart Object 图层两个副本中的网格替换为奶牛图形。

6

在对奶牛图形进行进一步调整之前，对正在处理的咖啡杯文件进行复制。

7a

调整 This Layer（本图层）中的白场滑块，去除 Warp Cow 文件中 Artwork 图层的白色，对 Reflection（倒影）图层进行同样的操作。

啡杯上时就不会被裁切掉。

在将新的图形放置在 .psb 文件中的适当位置之后，隐藏网格图层，如 5b 所示，并将其保存（Ctrl/⌘+S）。单击主文件的工作窗口，新的图形即会替换网格——自动变形并与咖啡杯以及倒影相符，如 5c 所示。

6 分别保存单个文件。对 Cow Graphics 的调整与 Horses 照片或 In different 文字会有不同之处，因此单独将 Cow Graphics 保存为一个副本进行最后的调整，而该调整不会应用到其他几幅设计上。（如果继续在咖啡杯的同一文件中进行调整，那么所作修改将对其他 3 幅设计也产生影响。）快速又安全的保存文件版本的方法（同时保持 Smart Object 图层处于选择状态）就是对该文件进行复制。执行 Image（图像）>Duplicate（复制）菜单命令，取消对 Duplicate Merged Layers Only（仅复制合并的图层）复选框的勾选，如 6 所示。将该图层重命名为 Warp Cow。

7 精调咖啡杯上的图形。在 Warp Cow 文件中，可以看到图形的白色部分相对于咖啡杯的阴影部分而言过亮。为了其中的白色部分达到未填充的效果，而使咖啡杯的白色显示出来，可以尝试如下操作。选中 Artwork 智能对象，在图层面板的扩展菜单中选择 Blending Options（混合选项）命令。在 Blend If（混合颜色带）选项组中将 This Layer（本图层）的白场滑块向左稍稍移动一点，如 7a 所示，直到红白格子和班卓琴处的白色消失，只剩下白色区域的边缘部分为止。当值为 235 时停止移动滑块，此时本图层中任何浅于 235 像素（亮白色的值为 255）的颜色将会被隐藏起来。接着，按住 Alt/Option 键的同时向左拖动左侧的白场滑块，去掉白色边缘，此处设置为 130。滑块区域的分段可以使那些浅色而非亮白色的像素得以显示，诸如白色边缘部分的抗锯齿区域,这种部分透明的设置会形成一个平滑的过渡。要移走 Reflection 图层的白色部分，可以在该图层中重复进行 Blend If（混合颜色带）调整操作，如 7b 所示。这些调整使得图形中的浅色比需要的颜色更暗淡一点，不过可以随后再对其进行调整。

8 完成第一个咖啡杯文件的制作。要完成实体模型的创作，可以从图形的颜色中取样，作为背景颜色。还可以恢复因

7b

通过调整 Blend If（混合颜色带）移走 Artwork 和 Reflection 图层中最亮的色调，使得咖啡杯上的白色得以显示出来。

8a

要想改变有颜色的背景但不改变中性咖啡杯的颜色，可对其使用 Hue（色相）模式下的色相／饱和度调整图层。

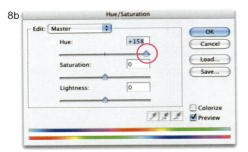

8b

移动色相滑块，对抽象背景重新上色。

8c

8d

重新上色后的背景。

制作正片叠底模式下的 Artwork 副本、减淡和加深图层以及色阶调整图层，最终得到 Warp Cow.psd 文件（参见第 603 页）。

去除白色而被减少的色彩浓度，同时提高阴影部分的图形亮度。为了改变背景的颜色，可使用Hue（色相）模式下的色相/饱和度调整图层，因为它可以在不影响咖啡杯自身灰色（中性色不会受到Hue 模式下调整图层的影响）的情况下更改背景的颜色。▼在按住Alt/Option键的同时单击创建新的填充或调整图层按钮◐，并选择Hue/Saturation（色相/ 饱和度）命令。在Photoshop CS4中可以在Adjustments（调整）面板中按住Alt/Option键的同时单击按钮▦。在New Layer（新建图层）对话框中选择Hue模式，如 8a 所示，单击OK（确定）按钮。在Hue/Saturation 对话框中向右移动Hue滑块（此处为+158 ），如 8b 所示，将绿色的背景改为蓝色，单击OK（确定）按钮，如 8c 所示。

为了提高咖啡杯上图形的亮度，先选中Artwork图层并对其进行复制，将图层副本的混合模式设定为Multiply（正片叠底），并将其不透明度降低至40%。

按住Alt/Option 键的同时单击新建图层按钮，在New Layer（新建图层）对话框中选择Overlay（叠加）模式，勾选Fill with Overlay-Neutral Color (50% gray)［填充叠加中性色（50% 灰）］复选框，然后单击OK（确定）按钮，即可添加一个Overlay（叠加）模式下灰色的"减淡和加深（dodge-and-burn）"图层。在需要提高亮度的地方使用大号软画笔和白色随意地涂抹，并在选项栏中设置较低的不透明度值。为了制作边缘部分更深的阴影效果，可以使用黑色绘制。▼

为了提高对比度，单击图层面板中的◐按钮，选择Levels（色阶）命令，在Levels（色阶）对话框中单击Auto（自动）按钮，如 8d 所示。▼

知识链接
▼ 使用混合模式 第 181 页
▼ "减淡和加深" 图层 第 339 页
▼ 自动色阶 第 247 页

应用所有修改后，执行File（文件）>Save As（存储为）命令将该文件保存为Photoshop格式，其附带的智能对象"子文件"（.psb）将与该文件一同被保存。如果再次需要变形、混合、调整色调和颜色，甚至是智能对象后续修改，都可以进行此操作而不对源文件产生任何影响（此处仅指Warp Mug-Before.psd 文件）。如果需要对图形进行更改操作，单击Warp Cow.psd文件中的一个智能对象图层，即可打开包含

将 Horses.psd 文件中的照片拖曳到 .psb 文件中并进行缩放处理。在对其进行缩放及定位操作过程中将将照片顶部和底部的部分放置在栅格区域外，这样一来，在自动应用到咖啡杯上时，该部分就会被裁切掉。

保存 .psb 文件会自动将照片应用到 Warp-Before. psd 过程文件中的咖啡杯面上。

在 Warp Horses 文件中拉伸照片的两侧用于填充可用的空间。拉伸的部分将作为"单独的"变形操作被存储在智能对象文件当中。

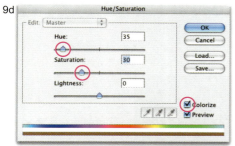

勾选 Hue/Saturation（色相／饱和度）调整图层中的 Colorize（着色）复选框，对咖啡杯以及背景进行上色操作。

Cow Graphics图层的智能对象文件。

9 为第二个咖啡杯添加照片。 如果需要对咖啡杯应用照片，返回到步骤5 中的文件（此处指制作中的Warp Mug-Before. psd文件）。在图层面板中双击Artwork 或者Reflection 图层的缩览图，这两种方式都可以打开Artwork.psb 文件。打开照片文件，此处使用Horses.psd。将该文件拖曳到.psb文件中，并对其进行缩放（Ctrl/⌘+T），如 9a 所示。隐藏除照片之外的所有图层，并保存该文件（Ctrl/⌘+S），然后单击工作窗口中的Warp Mug-Before.psd过程文件，查看照片在咖啡杯上和阴影中的效果，如 9b 所示。

执行Image（图像）>Duplicate（复制）命令复制文件，将其命名为Warp Horses，对咖啡杯设计进行精细调整。

- 将照片放置在恰当位置后，如果需要对其进行放大，可按Ctrl/⌘+T键，向外拖动右侧中部的手柄，如 9c 所示。（这说明对"单独保存"的文件进行精细调整的效果更好，该操作可对马的图像进行更改，使其在不扭曲外观的情况下轻微拉伸，而不导致更改对Cow Graphics的影响。）对Reflection图层重复进行此操作。

- 使用Normal（正常）模式下的色相/饱和度调整图层对背景图像进行上色，并勾选Colorize（着色）复选框，模拟将照片应用到茶褐色咖啡杯上的情景，如 9d 所示。

- 将Horses 图层的混合模式更改为Soft Light（柔光），并将不透明度恢复到100%。复制该图层（Ctrl/⌘+J），设置图层副本的混合模式为Multiply（正片叠底）、Opacity（不透明度）为40%。将照片和咖啡杯的表面进行混合，效果非常满意，如 9e 所示。保留白色部分的不透明状态，使其看上去像是被"印制"在咖啡杯上一样。

- 添加色阶调整图层，不过不用添加减淡和加深图层。

10 制作"Indifferent" 咖啡杯。 返回到Warp Mug-Before.psd的过程文件，双击Artwork 图层打开.psb 文件。将整个组拖曳到.psb文件中，导入修改好的Indifferent.psd文件，如 10a 所示。缩放图形使其与网格适配，将Different中的t向右延伸一点，使其可以生成绕咖啡杯弯曲的效果，如10b 所示。再次保存该.psb 文件，并单击主文件窗口更新混合图像。

9e

使用两个分别处于
Soft Light（柔光）和
Multiply（叠加）模
式的图层混合照片和
咖啡杯图像。

执行 File（文件）>Save As（存储为）命令单独保存文件的
第 3 个版本，并将其命名为 Warp-Indifferent。选中 Artwork
图层，使用 Move（移动）工具对该图形进行重新定位，
并调整图层的不透明度（85%）。为了突出主题对象的效果，
在照片上面添加色相/饱和度调整图层，并降低饱和度，
使背景变得更暗。使咖啡杯的正面仍处于阴影中，在图层
列表中添加一个色阶调整图层，单击 Auto（自动）按钮改
善对比度。

10b

在 Artwork.psb
文件中调整图
形，以便文字显
示在视线外的曲
线上。

10a

制作 Indifferent.psd 文件时，先对两个文本图层
进行颜色设置和间距调整（IN 用红色，Different
用黑色），执行 Layer（图层）>Type（文字）>
Convert to Shape（转换为形状）命令，将其转换
成形状图层。使用自定形状工具添加标
记，将此形状图层的混合模式更改为 Color Burn
（颜色加深），以便让穿过黑点部分的斜线消失，
看上去像是从黑点背后穿过去一样。单击选中一
幅设计的缩览图，并使用 Shift+ 单击同时选中
另外两幅设计的缩览图，在面板的扩展菜单中
选择 New Group from
Layers（从图层新建
组）命令，将这 3 幅
设计放入一个组中。

知识链接
使用文字 第 436 页

为玻璃杯添加标签

要仿制一个贴在玻璃容器上的标签，可以添加一些细节，使玻璃容器
的透明感看起来更逼真，具体操作如下。

• 使用两个图层来构建该标签，一个使用纯色填充的标签形状的图层，
一个是含标签文字的图层，后者位于前者之上。减少标签形状图层的
不透明度，直至呈现的半透明效果适合为止——此时下层图像可以透
过该图层显示出来。选中图层面板上的文本图层，将其与下面的图层
合并（Ctrl/⌘+E）。该操作将标签的两个组成部分合并在一起，并
保留了标签形状图层的半透明和文本图层的完全不透明状态。

• 如果容器内盛有物体，为其添加投影会加强视觉效果。单击添加图
层样式按钮，在菜单中选择 Drop Shadow（投影）命令。在 Layer
Style（图层样式）对话框的 Drop Shadow（投影）选项组中单击
色板，从图像中进行投影颜色的取样。分别设置 Opacity（不透明
度）、Spread（扩展，即密度）、及 Size（大小，即柔度），使其
与照片中的光线相符。拖动图像，对 Distance（距离）和 Angle（角
度）参数进行调试，移动阴影，在标签与标签所覆盖的物体之间留
下一个合适的物理空间。

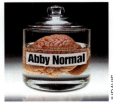

该标签由两部分组成：
含文本的图层和不透明
度为 70% 的标签形状图
层（左图）。合并两个图
层进行变形，添加 Drop
Shadow（投影）图层样式。

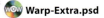 Warp-Extra.psd

倒影

倒影有助于为景色添加平静和雅致的感觉。使用Photoshop可以模拟倒影，通过将主体与环境融为一体，使合成的图像看上去更像是拍摄的照片且更具有三维效果。下面提供了3种"捕捉"倒影的方法。

Rod和Robin Deutschmann将他们的摄影技术提炼成了系列书《absolutely Photoshop-free》，为数字摄影师提供了大量创造性的技巧。《Off –Camera Flash》是系列书的第一本。

真实的：捕捉风景宜人且得到令人信服倒影的方法之一是徒步20英里并爬上10000英尺高的地方，对准景物按下快门。

使用这一方法要求有高山风和日丽的真实景象。

Photoshop：另外一个方法是在文件中复制并翻转图像，使用蒙版隐藏翻转图像的局部区域，就像第603页介绍的"根据表面变形图形"那样。

因为勺子的遮挡，图层蒙版隐藏了倒影的局部区域。取消图层蒙版与倒影之间的链接，使得倒影移动时，蒙版不会离开自己的位置。

"真实的"：第三种方法就是使用小镜子制作出湖、海或者薄雾的倒影。Rod Deutschmann详细教授了此种方法。镜子需平坦且四周不带有任何斜面，而且要与镜头成直角。使用数码相机可以轻易地调整相机与镜子的角度，同时对得到的图像进行预览，从而获得想要的合成图像。

第一步，在一个较宽的景色中找到所需的图像。

Deutschmann 选取了棕榈树的树冠。

Deutschmann 让朋友帮忙拿着偏光器，自己调试相机、偏光器以及镜子之间的最佳组合，然后使用液景取景器对所拍景色进行预览。

带有倒影的图像。为了制作在"水"中的"动感模糊"效果，Deutschmann 使用了柑橘基清洁剂去掉镜子背面某些区域的镀银。

呈现出新的几何图形的结构。

镜子使得圣路易在天空下的轮廓图像更加完美。

消失点

Photoshop 中的 Vanishing Point（消失点）"魔术"滤镜支持用户在透视图中进行粘贴、绘制和仿制。透视网格创建好后，便始终存于文件中。之后，用户便可以往返于 Vanishing Point（消失点）和 Photoshop 间，根据需要切换回透视网格。

本实例演示了 Vanishing Point（消失点）滤镜的基本功能，我们将会设置网格、在适当位置复制新标记、重新绘制现有的木质装饰条并将它延展到另一面墙，移除警铃，进行更彻底的清理操作，以制作下面的合成作品。

Vanishing Point（消失点）滤镜可以在空白图层中运行，因此可以保护文件的其余部分免受更改，并且可以稍后在 Photoshop 中修改，而且该滤镜支持多次撤销（按 Ctrl/⌘+Z 键即可执行撤销操作）。

在操作中建议分层操作，并且根据内容命名图层——在 Layers（图层）面板中双击图层名然后输入新名称即可。

附书光盘文件路径

> Wow Project Files> Chapter 9>Exercising Vanishing Point

VP-After.psd

1 装配组件

A

B

**VP-Before.psd
Sunrise Bakery.psd**

GRAPHICS: DONAL JOLLEY

C

打开 VP-Before.psd 和 Sunrise Bakery.psd 文件。可以看到已经对 VP-Before.psd 文件进行了预先的准备，如 A 所示。删除了原有的 Logo，留下了空白的广告牌。另外为标识前面绿叶出现的区域创建了一个矩形选框选区，在这里绿叶要出现在标识的前面，然后对该选区执行 Select（选择）>Color Range（色彩范围）菜单命令。将选取的叶子从背景图层中复制并粘贴到一个新图层中（Ctrl/⌘+J），如 B 所示。此时就可以在两个图层之间添加新的图层，在其上进行 Vanishing Point（消失点）滤镜的更改操作了。根据需要隐藏或显示 Plants 图层。

新的标识图形是在 Adobe Illustrator 中按照实际标识所占空间的估算大小来设计的，这样就不必为适合标识牌的大小而再对其进行不成比例的延伸操作了。将该文件保存为 EPS 格式并在 Photoshop 中打开，其分辨率与照片的分辨率相同（225ppi），且与图像中的标识大小相近（3 英寸宽，1 英寸多高），如 C 所示，这样将其复制并粘贴到 Vanishing Point（消失点）对话框中时就更易于操控了。

2 创建透视平面

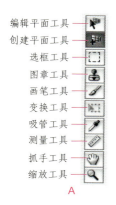

编辑平面工具 ——
创建平面工具 ——
选框工具 ——
图章工具 ——
画笔工具 ——
变换工具 ——
吸管工具 ——
测量工具 ——
抓手工具 ——
缩放工具 ——
A

B

C

在 VP-Before.psd 文件中执行 Filter（滤镜）>Vanishing Point（消失点）菜单命令，打开 Vanishing Point（消失点）对话框。在 Vanishing Point（消失点）滤镜中制作出来的任何效果都是从网格的创建开始的，即所谓的透视平面（perspective plane）。图像加工工具如 A 所示，会自动更改编辑操作的比例，以便与该透视相匹配。要想为图像创建网格，先分别将锚点固定在一个对象的 4 个角上，该对象是矩形，代表了图像透视，比如门或窗户或是本例中的广告牌。确定对象后，将 4 个角的位置按照需要调整好。在开始放置各个点之前，先阅读右栏"网格体操"部分介绍的对该步骤的独到见解。

成功与否取决于网格的绘制和调整。在使用 **Create Plane（创建平面）** 工具 来放置 4 个角的锚点时，可以按住 X 键临时放大图像以便看得更精确（在其他消失点工具处于选中的状态下，也同样可以使用 X 键）。一旦放置好 4 个锚点并释放鼠标左键，即可看到红色、黄色（如 B 所示）或者是**蓝色**（如 C 所示）的**网格**。尽管可以在红色或者黄色的网格上使用各种工具，但是该颜色会警告 Vanishing Point（消失点）滤镜有可能无法对其上的元素进行准确地缩放以及比例调整，而蓝色的网格则是一个理想的选择。在将第 4 个点定好位之后，系统会自动切换到 **Edit Plane（编辑平面）** 工具 ，此时则可以移动锚点来调整网格。在 VPBefore.psd 中可以看见标识并没有因为透视而严重扭曲，因此选择第 4 个锚点并对其位置进行编辑，创建一个单元格基本成矩形的网格（如此处显示的蓝色网格）。要想更清晰地查看图像中各元素是如何与 Vanishing Point（消失点）透视面板相互作用的，可以更改位于 Vanishing Point（消失点）对话框顶部的 **Grid size（网格大小）** 选项，并使用 Edit Plane（编辑平面）工具**拖动网格线**来**对齐网格**。创建好网格之后单击 OK（确定）按钮返回到 Photoshop 主界面。

网格体操

如果要在垂直面对画面的表面创建一个Vanishing Point（消失点）透视平面，则该面板由方形的单元格组成，如 A 所示。

表面倾斜度越大，透视扭曲的效果越明显，方格的扭曲度也会更大。例如，若使用一个不是垂直面对画面而是倾斜了很大角度的墙面，那么随着网格被透视缩短，单元格会变为被拉长了的倾斜矩形，如 B 所示。

A

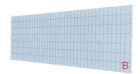
B

如下图所示，当创建了Vanishing Point （消失点）透视平面之后，对每个单独点位置的轻微调整都会导致网格发生很大变化。相应的，所得到的结果也会发生很大的变化。

是否能将4个锚点精确地放在所要应用的矩形对象上关系并不是很大，更重要的是要确保这4个锚点所生成的网格对图像而言有用。在出现以下情形时，有必要对生成的网格进行扭曲调整。

- 虽然做出了很大的努力，但是可能在定位锚点时将其中一个锚点固定在了矩形对象的偏下方。
- 所使用的"矩形"有可能在实际生活中不是很标准的矩形。
- 相机镜头导致了扭曲。
- 以上几种情形的任意组合情形。

3 以透视形式粘贴

要想在 Sunrise Bakery.psd 文件中导入新的标识，可选中整幅标识图形（Ctrl/⌘+A）并将其复制到粘贴板上（Ctrl/⌘+C）。在 VP-Before.psd 文件中，单击 Layers（图层）面板的 Background（背景）图层之上添加一个新的图层（Ctrl/⌘+Shift+N）。再将图形以 Vanishing Point（消失点）的形式粘贴到该文件中时，使用这个新图层来保留图形。在新图层处于激活状态时，再次打开 Vanishing Point（消失点）对话框（Windows 中按 Ctrl/⌘+Alt+V，Mac 中按⌘+Option+V）并粘贴该标识图形副本（Ctrl/⌘+V）。

所粘贴的对象将出现在左上角，如 A 所示，此时，Marquee（选框）工具 处于可用状态。向内拖动所粘贴的对象，可将其移至面板上——该对象的透视将发生改变以与面板相匹配，如 B 所示。**注意**：如果使用的网格与此处所用的网格不一样，那么将会看到与此处所显示的画面不一样的效果。可以调整粘贴的对象（参见右侧"轻微地'欺骗'"），由此得到的结果会有所不同。或者可以打开 VP-with grid. psd 文件，打开 Vanishing Point（消失点）对话框粘贴标识图形，并按照下文的步骤逐步操作。

现在，选择 Transform（变换）工具 调整所粘贴的对象，并移动该 Logo 图形。在使用 Photoshop 的变换功能时，向内拖动变换框中的一个角手柄即可对该 Logo 进行等比例收缩。将光标置于变换框内，拖动鼠标即可对该 Logo 进行重新定位。此处将图形缩小，使其不高于该标识空间（参见右侧的"剪切或不剪切"），不断移动图形直至在图形两边留出相等的空白，如 C 所示。完成此操作之后，在不退出 Vanshing Point（消失点）对话框的情况下进入步骤 4 操作。

轻微地"欺骗"

根据需要多数情况下可以对所粘贴的对象进行等比例调整而不会造成明显的扭曲效果。拖动两边、顶部或者底部的中心点手柄可对对象进行水平或垂直缩放。再按住 Alt/Option 键对中部周围的区域进行均匀调整。

如果需要进行大的改动，使所粘贴的对象达到所期望的效果，或许应选择重新绘制网格。

剪切或不剪切

在 Vanishing Point（消失点）对话框菜单⊙中选中 Clip Operations to Surface Edges（剪切对表面边缘的操作），当向消失点窗口粘贴对象并将其移动到平面上时，粘贴的对象看起来像被平面剪切了。这时需要向四周拖动被粘贴的对象，找到用于缩放粘贴对象的手柄。

另一个选择是关闭这个选项。在这种情况下将一个对象粘贴进来后，整个图像都会显示出来。看起来没有被剪切，这对于缩放操作来说非常方便，因为没有任何一个手柄被隐藏。但是粘贴的元素可能会隐藏平面的边缘。

在粘贴一个"固态"对象时，有个简单的规则即开启这个选项，使用"消失"的手柄进行操作。但是如果粘贴的是文字或是带有透明背景的图片，它们不会隐藏视图中的平面，那么可以关闭这个选项。

Clip Operations "On"

Clip Operations "Off"

4 扩展透视平面

在 Vanishing Point（消失点）对话框中创建好透视平面之后（如步骤 2 中的操作），可以随时使用 Edit Plane（编辑平面）工具对该平面进行调整或扩大。编辑该平面不会改变任何更改操作的透视，而只对后面操作中更改的透视有影响。

在本例的图像中，标识的透视或许会与其所在墙面左侧部分的透视稍有一些偏差，标识的透视会更靠后一点。但是因为两者的透视十分相近，可以对 3 个表面使用同一网格，而不必再使用独立但是重叠的网格，因为后者会更难操纵。

要想扩大该平面以覆盖整个墙面，向外拖动每个中心点手柄即可。要想缩小以便看到整幅图像，按 Ctrl/⌘ +0，在 Vanishing Point（消失点）对话框中还提供了快捷键——使用 "Ctrl/⌘ + 连字符" 快捷键可以进行缩放，使用 Ctrl/⌘+ + 快捷键可以进行扩大。扩大网格超出图像边界可以使选区超出图像边界。

创建好网格并按照上面的操作对其扩展后，单击 OK（确定）按钮退出 Vanishing Point（消失点）对话框。在 Photoshop 中新建一个空白图层用于绘制木质装饰条（Ctrl/⌘ +N），返回 Vanishing Point（消失点）对话框中（Ctrl/⌘+Option+V）。

5 使用画笔进行绘制

如果要防止颜色溢出蓝色木质装饰条的右侧边缘，最简便的方法就是使用 Marquee（选框）工具创建一个选区来限制颜料的作用范围，使用默认的 Feather（羽化）设置（1 像素）。如果选区不超出文档边缘，那么选框便可以保留该选区边缘部分像素未被选择。如果已经准备放大，并且未选择超出文档边缘部分（本例中的左边缘），可以在相反的一边选择更多的部分。将光标放置在选区内，拖动直到选区边框线与要保留的文档边缘对齐，如 A 所示。选区的另一条边将会消失在文档边缘内，如 B 所示，表明该选区当前已经延伸到边缘外。

与 Photoshop 相比，在 Vanishing Point（消失点）对话框中为 Brush（画笔）工具设置颜色的操作稍有不同。如果想要使用 Vanishing Point（消失点）滤镜的 Brush（画笔）工具进行颜色取样，应当在选择 Brush（画笔）工具之前进行该操作。选择 Eyedropper（吸管）工具并单击 Backery 一词中的红色，然后选择 Brush（画笔）工具。要想完全覆盖住蓝色，可将 Heal（修复）设置为 off（关）并保留 100% 的 Hardness（硬度）值，如 C 所示。将光标定位在需要绘制的起始点，设置 Diameter（直径），使用左右括号键（[和]）调整大小。如果需要进行精细调整，在 Diameter（直径）上单击并拖动数值进行更改。先将木质装饰条左端的 Diameter（直径）设置为 81（可以根据网格的情况设置不同直径）。画笔会自动地调整它的大小，使其与所要绘制的透视平面相匹配。单击想要绘制的起始点，如 D 所示，在按住 Shift 键的同时单击另一端（使用 Shift 键可以保证画笔的直线操作），如 E、F 所示。按 Ctrl/⌘+H 取消勾选 Show Edges（显示边缘）复选框，隐藏选框以便显示右边缘，如果想再次进行操作，还可以按 Ctrl/⌘+Z 键撤销操作。

在将Heal（修复）设置为Off（关）后使用消失点滤镜的选框、图章和画笔工具时，可以复制、仿制或者绘制出与Photoshop主界面中相同工具的相同效果。它们都可以在两种模式下操作，这两种模式是将Heal（修复）设置为On（开）或Luminance（明亮度）。使用这些选项，消失点滤镜的选框操作效果类似于选框和修补工具的结合效果，图章工具类似于图章工具加修复画笔工具的效果，而画笔工具则类似于画笔工具加污点修复画笔工具的效果。

画笔工具✐用于绘制。在将Heal（修复）设置为Off（关）后，该工具可以使用选定的颜色对其下方的所有对象进行覆盖。将Heal（修复）设置为Luminance（明亮度）后，画笔会使用选定颜色绘制，但是使用覆盖区域的亮度（画笔笔迹如此处所示）。将Heal（修复）设置为On（开）后，画笔会忽略选择的颜色并将其替换成绘制区域的取样颜色和亮度。

在Heal为Off模式下，**选框工具**（参见下方）和**图章工具**可以通过对指定源进行仿制来覆盖图像。选框的Opacity（不透明度）和Feather（羽化）或者图章的Hardness（硬度）控制着图像被覆盖的程度。在Heal为Off模式下，选框和图章工具可以复制选择的材质（此处指的是墙砖部分）以遮掩要粘贴的选区。Heal为Luminance模式时，工具会保留粘贴至区域的亮度。在Heal为On模式时，它们会将沿用源区域的细节，但是使用粘贴至区域的颜色和亮度。

当图章工具要求先设置源时，选框工具有两种Move Modes（移动模式）——Destination（目标）和Source（源）。将移动模式设置为Destination（目标）并使用辅助键来更改操作模式（Ctrl/⌘+拖动从选区外复制材质到选区内或者按Alt/Option+拖动将选区复制到图像的另一个区域）时，操作起来更容易。

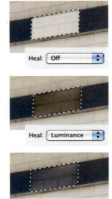

6 用于复制的选框

下一步便是将红条复制到墙的右边，再在标识左边添加少许红条。如果在步骤5取消勾选Show Edges（显示边缘）复选框，现在还需要再勾选它（Ctrl/⌘+H）。选择Marquee（选框）工具，保持它的默认设置，即Feather（羽化）为1，Opacity（不透明度）为100%，Heal（修复）为Off（关）。选择左侧的大部分条纹（包括阴影中的底边）为最右侧创建副本。接着，按住Alt/Option键（复制）并向右拖动（移动副本）。拖动的同时按住Shift键（保持副本与原条纹对齐），在沿着墙壁移动副本的过程中，条纹将等比例扩大，如A所示。在这个过程会覆盖一部分警铃，但是这并没有太大关系。将副本条纹的左侧与标识对齐（按Ctrl/⌘+H键），释放鼠标左键和按键以应用复制，但是不要取消选择状态。

要想延伸条纹，而非再次复制（再次复制会导致两副本之间的结点出现印记），可以仅拉伸副本，这样便不再需要担心任何纹理或细节。在副本仍旧被选中的状态下选择Transform（变换）工具，选择右侧的中间锚点并将其恰好拖出右边缘之外，如B所示（必要的话可使用Ctrl/⌘+连字符快捷键缩小，以找到边缘的外侧）。

将最初的红条纹复制到标识的左侧，像使用Photoshop的Patch（修补）工具那样使用Marquee（选框）工具。选择Marquee（选框）工具，在要替换的小区域周围拖动，将该选区稍向上偏移以表示这两块墙面是分离的，在选区选框中包括足够的空间以制作条纹带阴影的底边。接着，在按住Ctrl/⌘键的同时拖曳原条纹，将其仿制到选区内，如C所示。如果有必要，按Ctrl/⌘+H并使用Transform（变换）工具进行调整，如D所示。完成红色的条纹制作后单击OK（确定）按钮，如E所示。

7 用图章移除物体

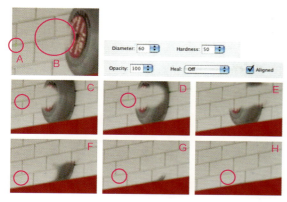

返回到 Photoshop 中，新建一个空白图层并再次打开 Vanishing Point（消失点）对话框。使用砖形覆盖警铃，Maquee（选框）工具看似是用于从其他区域复制墙砖的最合适工具。但是，由于能够覆盖警铃的足够大区域要比警铃附近的区域更亮，因为警铃较暗，所以将 Heal 设置为 Luminance（亮度）或 On（开）都不起作用。

因此，为了跟警铃周围的墙砖相匹配，可以选择 Stamp（图章）工具。按住 Alt/Option 键，使十字线与警铃左侧砖内垂直和水平的灰泥线对齐，如 A 所示。这样，便可以避免更亮的墙砖在右侧而阴影靠近标识的边缘。

因为只有在按住 Alt/Option 键的同时单击源，才能获取 Stamp（图章）工具"载入的"画笔笔刷的笔尖预览，如 B 所示，所以在设置源后调整画笔的大小更为方便。设置 Size（大小）以保证能更容易与已有墙砖对齐，但是又要保证该大小不会拾取到警铃的任何部分，此处将 Diameter（直径）设为 60，此外还可以选择柔软的画笔，设置 Hardness（硬度）为 50%，这会更容易查看仿制墙砖如何与原墙砖混合，也可以防止出现容易让人识破仿制效果的硬边缘，勾选 Aligned（对齐）以便在移动光标时自动对齐。

载入 Stamp（图章）后，将光标移至下一个"灰泥交界处"并单击，在右侧 C、D、E 处多次单击便会覆盖警铃的中部。由于取样在左侧进行，因此从左到右进行操作可确保每次单击时得到"干净的"涂抹效果。接着，可以对顶部或底部重复从左到右的操作，如 F、G、H 所示。如果仍旧得到一些污点，还可以通过在右侧设置新的源以平滑色调，在"污渍"区域上进行仿制。接着单击 OK（确定）按钮返回 Photoshop。

8 用于覆盖的选框和图章

为了删除超市手推车，可以添加另一个图层并打开 Vanishing Point（消失点）对话框（Ctrl+Alt+V 或 +Option+V）。因为需要创建数条直边（左侧的文档边、右侧标识的墙面边缘以及底部平板的顶部），因此使用 Marquee（选框）工具是一个快速的覆盖方法，如果需要可以使用 Stamp（图章）工具来创建细节。

使用 Maruqee（选框）工具选择需要替代的区域，将选区延伸至文档外部，确认已经包括了所有的边缘像素，如 A 所示。为了将其他区域复制到选区中，将光标拖至要替代推车车篮的画笔时按住 Ctrl/⌘ 键。如果拖动的同时按下 Shift 键，可以将移动限制在沿透视网格对齐的状态，使平面边缘对齐更为容易。如果喜欢用"预览图"覆盖推车车篮的方式，可以松开鼠标左键设置"仿制"，如 B 所示。如果要还原或者重新尝试，也需要回到之前的一定状态（Ctrl/⌘+Z），直到 Move Mode（移动模式）不再是灰色的不可用状态。完成操作之后按 Ctrl/⌘+D 键取消选择。

在对那些有可能会泄露仿制的硬边进行小面积的仿制或者重复元素的仿制时，可以使用 Stamp（图章）工具来制作理想的效果。选择 Stamp（图章）工具，按住 Alt/Option 键的同时单击"载入"它，并且单击添加新的灌木和墙砖，按需"重新加载"。使用一个小的硬边画笔笔尖来仿制画笔与墙砖汇合之处，使用一个大的柔软画笔修饰能够看出仿制痕迹和不自然的区域，如 C 所示。如果需要，可按 Ctrl/⌘+Z 键并尝试新的选项，直到得到满意逼真的修饰效果。完成所有操作后单击 OK（确定）按钮。

9 清理

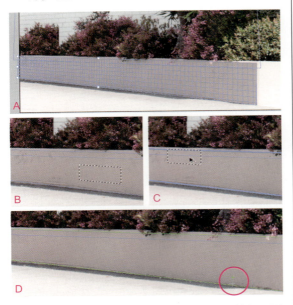

再次添加一个空白图层并且再次打开该滤镜对话框。可以看到花坛墙面已被破坏，使用**选框**工具⬚可快速修复大的区域。选择并拖动干净的区域到破损的区域上进行清理，任何纹理都会自动缩放以适应透视效果。

如果使用Edit Plane（编辑平面）工具▸将网格底部的中间手柄向下拖动，可以看到源网格不再与花坛墙面的透视效果相符。为了得到此处的清理效果（带有一些纹理的空白墙面），现有的网格或许会起一些作用，但是一般而言这种情况更需要一个新的平面。使用Create Plane（创建平面）工具⬚设置锚点，使用编辑平面工具调节网格，如A所示（参见步骤2）。

为了从墙上移除痕迹而不丢失原有的亮度和颜色，可以使用**Marquee（选框）**工具⬚，将**Heal（修复）**设置为**On（开）**，选择一个干净的区域，如B所示。在按住Alt/Option键的同时反复拖曳，覆盖住其他区域中最不好的痕迹，如C所示。在取消选择（Ctrl/⌘+D）之后，使用柔软笔尖、小尺寸、不透明度为60%的**Stamp（图章）**工具▲，在将Heal（修复）设置为On（开）后对墙面的底部进行操作，同时不让人行道上临近的阴影将修复效果调暗，如D所示。完成修复后单击OK（确定）按钮。

重做

在Vanishing Point（消失点）对话框中，如果想在还原某个变化后返回原变化，可以按Ctrl+Shift+Z键（Windows）或⌘+Shift+Z键（Mac）还原该操作。

---

10 透视图中的转角

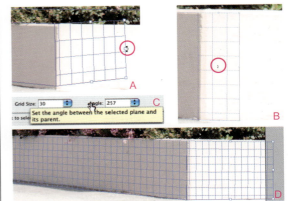

为了在花坛侧壁"绘制"标识使它包裹住转角，此处将使用Vanishing Point（消失点）滤镜在Photoshop CS3出现的一个重要功能——让网格适合任意角度转角，而不仅仅是90°，然后让粘贴的元素包裹在转角上。首先，将针对矮墙转角上的小斜面和右侧矮墙创建网格。

将网格调整到任意角度的方法是先将角度调整为90°，然后像操作合页门那样操作网格，使其开合到任意角度。要想添加新网格按住Ctrl/⌘键，使用Edit Plane（编辑平面）工具▸向右拖动右侧中央的手柄，新增一个新的平面，朝向右方，如A所示。为了在新建网格上获得新的分段来匹配实际照片角度，按住Alt/Option键沿着两个网格交汇处的"合页"旋转外侧中央的手柄。当光标变为一个弯曲的双向箭头↗后，单击并上下拖动直到网格对齐矮墙转角斜面的边缘，如B所示，匹配之后向左移动右侧中央的手柄，使斜面上的网格变窄。

接下来将为明亮的墙体部分创建网格，按住Ctrl/⌘键拖动窄斜面右侧中央的手柄，然后调整网格角度，就像之前调整斜面网格角度一样。如果需要也可以将网格拖动出图像区域，然后在选项栏的Angle（角度）上拖动鼠标调整角度，直到网格符合墙面透视，如C、D所示。拖动中央的手柄精确对准图像区域，如果愿意也可以让网格稍稍超出图像区域。

11 包裹住转角

![Wall Sign.psd] Wall Sign.psd

现在打开 Wall Sign.psd，全选（Ctrl/⌘+A）并复制（Ctrl/⌘+C）。打开 VP-Before.psd，新建一个图层，再次打开 Vanishing Point（消失点）对话框，按 Ctrl/⌘+V 将标识粘贴进来，如 A 所示。将标识拖动到植物上方——可以看到标识适合每个它要应用到的透视平面。拖动标识到侧墙上，使其可以包裹住转角。大致调整好标识之后，如 B 所示，使用 Transform（变换）工具 ▥ 将它移动到位，按住 Shift 键拖动四角的手柄调整标识尺寸，如 C 所示。单击 OK（确定）按钮返回到 Photoshop。

12 添加最后的细节

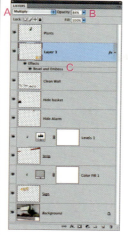

知识链接

▼ 使用调整图层　第 245 页

▼ 使用图层样式
第 174 页

因为是在单独的图层中编辑消失点，所以之后可以在 Photoshop 主界面中进一步完善该效果。打开 VP-After.psd 文件查看最后的效果（参见第 612 页）。为了完成这幅图像，可以在剪贴组中使用 Levels（色阶）调整图层以调暗红色条纹。▼使用剪贴组中的另一个 Levels（色阶）图层加亮花坛墙面的标识，如 A 所示，使其与封面上的光泽相匹配，如 B 所示。再添加一个图层样式模拟绘制标识上的墙面纹理，如 C 所示。▼放大的标识在图像中会显得过于清晰和明亮，因此，添加一个进行了蒙版处理的 Solid Color（纯色）填充图层——颜色为取自墙砖的亮灰色，将标识图层和灰度图层创建为剪贴组，将消光效果限制在标识上，然后将 Opacity（不透明度）降低为 20%。

使用多平面操作

在消失点界面中使用Create Plane（创建平面）工具和Edit Plane（编辑平面）工具创建好第一个透视平面后，可以创建其他相关的平面或者是重新创建一个新的平面。工具可以在光标所处的平面透视效果中自动操作。

若要绘制新的平面，可单击Create Plane（创建平面）工具 ▥ 绘制出4个新的角锚点，并使用Edit Plane（编辑平面）工具 ▸ 调整它们以创建平面。

若要创建第二个与当前平面成某种角度的平面，可使用Edit Plane（编辑平面）工具 ▸，在按住Ctrl/⌘键的同时拖曳中点手柄。如果第二个新平面差不多适合要匹配的元素，则可调整角锚点直至它适合。切记，调整会使其他相关的平面发生褶皱。因此如果保留源平面很重要，应还原并重新开始绘制新的独立平面。

按住Shift键 ▸ 可以**多选网格**，按住Ctrl/⌘键可以**取消选择**。第2平面被认为是独立的网格。

若创建了叠加适配平面，可以按住Ctrl键 ▸ 在其中重复单击来**激活所需平面**，激活区域中的平面直到选中所需平面。

若要删除平面，可以先使用Edit Plane（编辑平面）工具 ▸ 高亮显示该平面 ▸，再按Backspace/Delete键删除。

蒙版组

在 Photoshop 中图层组的功能类似于"家政"服务，将多个图层收纳在一个图层组里，确实可以让图层面板更加精炼整齐。但是图层组，特别是添加了图层蒙版的图层组，其功能远不止于此。下面将提供一些案例，都是由图层组开始的。

要想创建图层组，在图层面板中选中一个或多个图层（选中第一个图层的缩览图，按住 Shift 键或 Ctrl 键即可选中其他想要添加到图层组的图层），然后按住 Shift 键单击 Create a new group（创建新组）按钮▭。当新组创建后，单击它左侧的下三角按钮即可显示其中每个单独的图层。

为图层组添加图层蒙版的方法和为普通图层添加图层蒙版的方法一样。在图层面板中选中图层组，单击 Add layer mask（添加图层蒙版）按钮▢即可像为普通图层添加蒙版一样添加蒙版。▼

附书光盘文件路径
🔴 > Wow Project Files > Chapter 9 > Masked Groups

为多个图层应用蒙版效果

借助图层组中的蒙版，可以对多个图层应用相同的蒙版效果▼，比如这里应用的用于减淡 3 张对齐图像下部的渐变蒙版，如 A 所示。可以使用一个独立的图层蒙版来显示或隐藏图层的部分内容，也可以对图层组应用蒙版，影响其中的所有图层，如 B 所示。图层组的蒙版不仅隐藏图层的部分内容，还影响了这些图层中的图层样式效果，这里它隐藏了部分内发光和外发光图层样式效果，如 C 所示。

🔴 **Group Mask.psd**

独立的蒙版，独立的功能

合并图层蒙版和图层组蒙版的效果，获得一张照片的轮廓，然后将其放置在另一张照片的前景和背景之间。用于获得轮廓的蒙版与用于合成的蒙版相互分离，如 A 和 B 所示。这样就为自己留下了重定位、缩放轮廓蒙版的自由。此处，图层蒙版从这张照片中勾勒出了男孩和他的充气筏。将这个图层添加到一个空白的组中，形成一个具有单一图层的图层组，以便隐藏男孩、充气阀和女孩重叠的部分。调整图层组蒙版使他藏在女孩和水面背景之间。使用这种设置方法，调整男孩和女孩的尺寸、大小比例关系成为了可能，只需使用 Move（移动）工具▶拖动男孩图层（链接图层蒙版）即可。

为嵌套的图层组应用蒙版

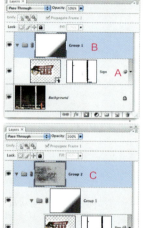

不要满足于图层组蒙版和图层蒙版，将图层组嵌套进另一个图层组可以拥有第3种蒙版。Don Jolley 使用图层蒙版将立柱放在了墙面标识的前面，如 A 所示。他将这个图层放在了只包含这个图层的图层组里，应用蒙版减淡标识的右下角，如 B 所示。然后他将这个图层组嵌套进一个新的图层组中，添加蒙版并用纹理"侵蚀"墙上的标识，获得更真实的效果，如 C 所示。第 595 页"将图像应用至纹理表面"的第 7 步有该过程的详细介绍。

避免堆积蒙版

如果需要对图层面板中连续的几个图层应用同样的蒙版，在图层组上应用一个蒙版就足够了。除此以外，包含抗锯齿边缘，堆积在一起的蒙版的半透明区域将按照强度进行合成。这就会使上面的图层比下层隐藏更多的边缘，这会创建浅色、较暗或是着色的边缘。

为了描绘海洋中的对话，首先扫描了一张来自南加利福尼亚的海报，其中包含了水草和珍稀的鱼类。使用 Levels（色阶）调整图层（由于减小对比度）和 Hue/Saturation（色相/饱和度）调整图层（用于去除颜色）建立图层组。在图层组中添加一个使用黑色填充的蒙版，然后使用白色在需要显示两个调整图层效果的部分进行绘制。

在CS3中将蒙版链接到智能对象

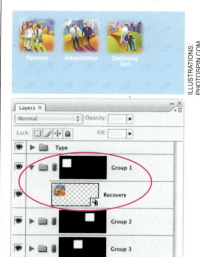

在使用 Photoshop CS3 的智能对象时无法将智能对象与蒙版链接起来。也就是说蒙版和图片无法同时定位。但是可以通过创建包含单一图层的图层组，并将蒙版与图层组链接起来。确保图层组和蒙版处于链接状态，如果没有看到❸图标，只需在这个位置单击即可。选择 Move（移动）工具，在工具选项栏中勾选"**自动选择**"，并设置为"组"，移动图层组，智能对象和蒙版就会一起移动了。注意：在 Photoshop CS4 中智能对象和蒙版既可链接又可解除。▼

知识链接
▼ 智能对象上的蒙版
第 64 页

Smart Object Group Mask.psd

Derek Lea 分割不同部分

在分离阴影和高光、分离纹理和颜色方面，DerekLea是一位大师，他可以综合运用各种有关色彩和对比度的调整技巧获得需要的效果。他为《Pharmacy Practice》杂志绘制的封面作品Voodoo，描绘了关节极度疼痛的感觉，这是一个极具价值的案例。

作品Voodoo的素材来自于他自己玩具的一张照片，上面的细针来自Strata 3D CX5软件，用于图像的纹理来自于Derek手边的材料库。他首先用粗糙的布、填充物、纽扣和线制作玩具，然后将它放在地板上斜靠在门边，照亮场景并进行拍摄。在Photoshop中，他使用Clone Stamp（仿制图章）工具修饰木地板和木门。下面完善玩偶图像，首先选择和复制玩具"皮肤"上的小区域到新图层，并进行旋转和定位，添加图层蒙版，然后设置柔软笔触，使用黑色在布片边缘进行绘制，使其更好地融合。

Derek在完成这幅合成作品时大部分操作都发生在通道、图层、路径面板中。这里对各个部分进行命名，说明它们的功能。

将对象从背景中分离出来。他使用
Pen（钢笔）工具围绕玩偶绘制一条路径，▼并将它存储为Alpha通

原始照片

道。▼单击Paths（路径）面板底部的Load path as a selection（将工作路径作为选区载入）按钮，然后执行Select（选择）> Save Selection（存储选区）命令。

玩偶路径被保存为Alpha选区。

现在他可以将Alpha通道作为选区载入，▼使随后应用的调整图层效果只影响玩偶本身。方法是单击图层面板底部的"创建新的填充或调整图层"按钮。或者按住Ctrl键单击这个按钮，获得反向的蒙版效果将对象分离出来，保护玩偶。

这里有一个调整图层用于背景，其他的用于玩偶。名为"Doll 1"的曲线调整图层被应用了2次，使用了不同的混合模式和不透明度属性来创建Derek需要的效果。

分离高光和阴影。 首先借助Doll通道，Derek可以创建其他用来分离高光和阴影的蒙版。借助通道面板可以轻松创建用于选中高光区域的蒙版。方法是按住Ctrl/⌘键单击Doll的缩览图，载入选区。然后按住Ctrl+Alt键（Windows）或是按住⌘+Option键（Mac）的同时单击RGB缩览图，读取照片的亮度作为选区，此处恰好这个选区正处于激活状态。将这个合成结果存储到另一个Alpha通道，方法是执行Select（选择）>Save Selection（存储选区）命令，再选择New Channel（新建通道）。

然后他可以轻松地创建Dollshadows蒙版来选择图像中的暗调。方法是将Doll highlights通道拖动到通道面板下方的Create new channel（创建新通道）按钮上，然后按住

Ctrl键单击缩览图读取玩偶的轮廓作为选区，再按Ctrl+I键反转选区的颜色。

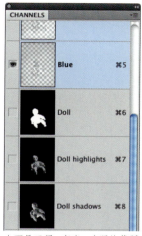

上面是玩偶、高光、暗调的蒙版。

分离纹理。 他使用的每个纹理都用来创建一些小的花边。Derek创建了一个新的Alpha通道，从他的纹理库中打开一个文件全选并复制，然后粘贴到新的通道中，将纹理文件读取为选区，使用他希望的颜色填充这个选区。

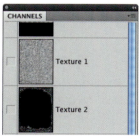

将纹理图像粘贴到Alpha通道，保存纹理但忽视其颜色。

Alpha 通道存储的纹理可以读取为选区，在新图层中使选择的颜色进行填充，用蒙版处理后放置在需要的位置上。

分离对比度。 复制图像的副本图层，应用Soft Light（柔光）图层混合模式提高图像的对比度，特别是中间调，但是这也会导致一些不需要的颜色。如果将这个图层的混合模式设置为Luminosity（明度），颜色的问题就会被解决，但是对比度的加强效果又失去了。因此将图层混合模式设置为Soft Light（柔光），然后执行Image（图像）> Adjustments（调整）> Black & White is one way（黑白）命令使图像去色，可以保证图像的对比度效果而不会改变颜

色。▼通过这种方式，可以同时获得两种模式的效果。

一张低不透明度且设置为 Soft Light（柔光）模式的黑白图像，可以增加中间调的对比度。

在Strata 3D中，照片被用作背景，以便能够将针创建到位。返回到Photoshop中导入这些针，然后精调对比度和颜色。他创建闭合的曲线路径（参见上页）作为绘制针阴影的选区。阴影采用Gradient（渐变）工具▢绘制，▼使用Multiply（整片叠底）混合模式。

左图是杂志封面的最终稿。可以在 Derek Lea 的图书《Creative Photoshop CS4》和《Creative Photoshop》（CS3）中找到更多的操作技巧。

知识链接

▼ 使用钢笔工具
第 454 页

▼ Alpha 通道
第 60 页

▼ 将通道载入为选区
第 61 页

▼ 对比混合模式
第 184 页

▼ 使用渐变工具
第 174 页

整合

无论在合成文件中所做的分离操作有多么小心，而且无论采用了怎样的方法来选择并放置其中的元素，肯定需要一些额外的操作来使元素聚集在同一空间中能够更"舒适"。这6页内容提供了一些有用的建议，它们可以单独应用，或用于合成。这些方法基于灯光与照射对象如何相互作用，阴影与其他平面如何相互作用以及倒影是如何工作的。

倒影效果的另一种处理方法

第629页的"以某个角度"讲解了如何将对象及其阴影放置在透视空间中。在Photoshop扩展版中执行3D> New 3D Postcard（从图层新建3D明信片）命令，提供了一种简单且采用不同几何方式的方法。因此如果安装了Photoshop CS4扩展版，可以参见第670页的内容进行操作。

还原模糊区域的颗粒

第628页"加强氛围：杂色与颗粒"中提供的技术，不仅适用于统一合成文件中来源不同的各个元素，还适用于在照片背景中保留颗粒。这些背景会因为提高景深感（参见309页）和增加关注度（参见305页）而变得模糊。另一种保持模糊区域使其不会过度光滑的方法是使用Lens Blur（镜头模糊）滤镜的Noise（杂色）选项组。▼

附书光盘文件路径
 > Wow Project Files >Chapter 9 > Quick Integration

知识链接
▼ 镜头模糊滤镜
第 309 页

在边缘溢出光线

模糊前

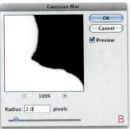

模糊后

ORIGINAL PHOTO: LILY DAYTON

要想将对象用蒙版提取出来，在更换新背景之后看起来像是在家中拍摄的一样，可以使蒙版内侧变得模糊，使背景颜色溢出对象。获得这个微妙的效果非常容易，按住 Ctrl/⌘ 键在图层面板中单击图层蒙版载入选区，如 A 所示。选区会限制将要应用的模糊效果，使它向内延伸而不会向外扩展。单击缩览图选中图层蒙版，隐藏其边界（Ctrl+H），执行 Filter（滤镜）> Blur（模糊）> **Gaussian Blur（高斯模糊）** 菜单命令，提高 Radius（半径）数值，观察图像边界的颜色溢出情况，如 B 所示。如果它延伸出了图像边界，就像这张图的下方，取消选区（Ctrl/⌘+D），选择 Brush（画笔）工具 使用白色在蒙版边缘进行绘制。

 Spilling Light.psd

中和颜色亮点

对象在边缘处可能还带有原背景的颜色，如 A 和 B 所示。要想移除前额、睫毛和头发处的绿色，需要按住 Ctrl/⌘ 键在图层面板中单击缩览图，将人物轮廓载入选区。执行 Select（选择）> Modify（修改）> Border（边界）菜单命令，在 Border Selection（边界选区）对话框中设置 Width（宽度）为 10 像素，如 C 所示，然后单击 OK 按钮。在激活选区的情况下，如 D 所示，单击图层面板中的创建新的填充或调整图层按钮，在菜单中选择 Color Balance（色彩平衡）命令。

利用选区制作一个用于限制色彩平衡调整图层效果的蒙版，如 E 所示。为了中和边界选区内的颜色亮点，选择 Highlights（高光），找到需要中和的颜色，反方向移动滑块。此处向洋红方向移动洋红 / 绿色滑块，向红色方向移动青色 / 红色滑块，如 F 和 G 所示。如果需要调整更多具有颜色亮点的区域，使用白色在蒙版上绘制。为了减小某个特定区域的颜色调整效果，设置低不透明度后使用黑色在蒙版上绘制。

 **Neutralizing.psd**

匹配颜色

Match Color（匹配颜色）命令可以将一个对象的轮廓整合到一个具有复杂色彩光线的背景中去。要想改变对象的颜色，匹配新背景的复杂光线，首先要复制对象所在的图层（由于调整图层和智能滤镜无法使用匹配颜色命令，因此该命令在应用时是具有"破坏性"的，会直接作用在图像上）。隐藏原始图层，然后执行 Image（图像）> Adjustments（调整）> Match Color（匹配颜色）菜单命令，设置 Source（源）为当前文件，在 Layer（图层）下拉列表中选择包含新背景的图层，如 A 所示。对象的颜色发生了戏剧性的变化，如 B 所示。使用对话框中的 Fade（渐隐）滑块来减小新颜色的色阶，让它看起来比较恰当，此处设置为 75，如 C 所示，然后单击 OK 按钮。重新显示原始图层，对匹配颜色图层试用不同的混合模式和不透明度设置。对于比这张日落照片更精细的背景图，可能会希望将匹配颜色的效果限制在阴影或是高光部分，在进行这样的操作时，请参见第 66 页的有关于混合模式的案例，或是参见第 622 页 Derek Lea 的蒙版使用方法。

由于要在明亮的天空下生成自然的阴影，因此添加一个使用了蒙版的曲线调整图层，并将混合模式设置为 Luminosity（明度），如 D、E 所示。如果对象边缘需要更好地融合，可以使用第 624 页"在边缘溢出光线"中的方法。

 **Matching Color.psd**

使用图层样式创建灯光效果的建议

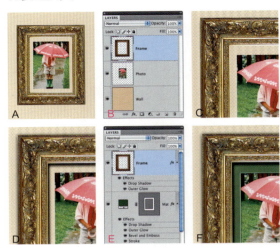

征服灯光效果

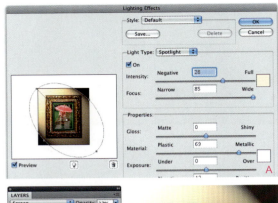

在图层样式中的阴影和斜面效果设置中，勾选 Use Global Light（使用全局光）复选框可以对所有元素使用统一方向的光源。在本例的背景图像文件中，将照片和相框拖进来，这两个图片相互独立，具有透明图层背景，如 A、B、C 所示。相框上的光照非常直接，镀金边框将光线反射到相反的方向，因此这个元素的灯光适应性比较强。单击图层面板中的 Add a layer style（添加图层样式）按钮 *fx*，选择菜单中的 Drop Shadow（投影）命令。设置 Angle（角度）为默认的 120°，勾选 Use Global Light（使用全局光）复选框，另外在整个边框周围添加平坦、细长的阴影。在对话框左侧单击 Outer Glow（外发光），然后将颜色更改为从相框取样的深棕色，再将混合模式设置为 Multiply（整片叠底），如 D 所示。

下面制作画的衬边。选中照片，按 Ctrl/⌘+Shift+N 键在其上再新建一个图层，选择 Rectangle（矩形）工具 ，单击工具选项栏上的 Shape layer（形状图层）按钮 。减小形状图层的不透明度，这样就可以透过形状看到下面的内容。再次选择 Rectangle（矩形）工具，在工具选项栏中选择 Subtract from shape area（从形状区域减去）模式 ，把衬边中间掏空。在衬边的裁切边缘添加以下图层样式。投影效果用于创建厚度，描边效果用于在衬边内侧的裁切边缘，采用 Stroke Emboss（描边浮雕）样式和勾选了 Use Global Light（使用全局光）的斜面和浮雕效果用于匹配相框光照的方向。使用同样方法，在相框上应用外发光效果，如 E、F 所示。

对合成文件中的所有元素应用强烈的灯光效果，可以使它们看起来像是处于同一空间。可以使用合并图层之后的副本应用灯光效果，而不用单独为每个图层应用同样的 Lighting Effects（光照效果）滤镜。在图层面板中显示所有希望出现的图层，选择最上层的图层，按 Ctrl+Alt+Shift+E 键（Windows）或 ⌘+Option+Shift+E 键（Mac）合并图层。在图层面板中右击（Windows）或按住 Ctrl 键单击（Mac）图层，在选择 Convert to Smart Object（转换为智能对象）命令，然后执行 Filter（滤镜）> Render（渲染）> Lighting Effects（光照效果）命令，应用点光照亮图像的左上，与图层样式的灯光一致，如 A 所示。

统一合成效果的另一个方法是添加一个小小的"强光"图层，为相框镶上玻璃。按 Ctrl/⌘+Shift+N 键添加新图层，使用 Rectangular Selection（矩形选框） 工具按照片和衬边的大小绘制选区，并使用白色进行填充。将混合模式设置为 Screen（滤色）模式，降低它的不透明度。单击图层面板中的 Add layer mask（添加图层蒙版） 按钮，然后选择 Gradient（渐变） 工具，在工具选项栏中选择黑白色进行填充，如 B、C 所示。

Lighting.psd

投影：简单

投影：复杂

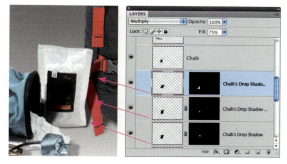

投影样式可以使轮廓图像看起来像是一个三维对象，也可以使对象所处的表面更加真实。在图层面板中单击目标图层的缩览图将其选中，单击面板下方的 Add a layer style（添加图层样式）按钮 *fx*，添加投影效果。调整 Spread（扩展）和 Size（大小）数值，可以使图像的边缘更加锐利或是更加柔和，▼单击 OK 按钮完成**投影**效果，如 A、B 所示，关闭图层样式对话框。在图层面板中右击 / 按住 Ctrl 键单击图层名右方的 *fx* 按钮，在弹出菜单中选择 Create Layer（创建图层）命令。选中阴影图层，对其应用斜切、缩放、变形等变换操作，然后放置在需要的位置并使其在对象后变窄一些。一种方法是在右键快捷菜单中选择 Skew（斜切）命令，沿左右方向拖动顶端中央的手柄，选择 Scale（缩放）命令向下拖动顶端中央的手柄，最后选择 Distor（扭曲）命令调整所有手柄。另一种方法是使用 Free Transform（自由变换）命令（Ctrl/⌘+T），使用辅助快捷键可以简单地在**缩放、斜切**和**扭曲**操作之间切换。▼

为了表现阴影随距离增大而衰减的效果，添加一个图层蒙版（单击图层面板下方的 ▢ 按钮），然后在蒙版中使用 Gradient（渐变）▢ 工具，如 C、D 所示。▼ 为了使阴影消散得更多，先执行 Filter（滤镜）＞ Convert for Smart Filter（转换为智能滤镜）菜单命令，将阴影图层转换为**智能对象**，再应用 Gaussian Blur（高斯模糊）滤镜，在智能滤镜的蒙版里应用渐变工具。▼

如果在合成文件中，一个元素的阴影投射到多个表面时，就会需要制作多个阴影图层的副本（方法参见左侧的介绍）。比如，粉笔袋的阴影投射到了地板、红色背带和背包主体上。这意味着需要 3 个阴影副本，并需要将它们分别旋转到 3 个不同的角度。当它投射到肩带和背包等垂直的平面时，阴影将拥有非常陡的角度。为每个阴影图层分别设置蒙版，使阴影被限制在投射平面上。

叠加阴影

当在 Photoshop 中叠加 Multiply（整片叠底）模式的柔和阴影时，叠加部分阴影会变得更暗。但是在现实世界中并不是这个样子的，因此需要在叠加的区域使用蒙版进行处理。

知识链接

▼ 投影效果 第 506 页

▼ 变换命令快捷键 第 67 页

▼ 渐变蒙版 第 84 页

▼ 智能滤镜 第 72 页

Shadows-Atmosphere.psd

加强氛围：平均

前

A

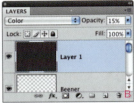

B

后

如果需为图像中所有元素创建共享的"氛围"，可以统一颜色并降低颜色饱和度。按Ctrl+Alt+Shift+E键（Windows）或⌘+Option+Shift+E键（Mac）添加一个**合层的副本图层**，如 A 所示。执行Filter（滤镜）> Blur（模糊）> Average（平均）命令，将图层设置为Color（颜色）模式，调整不透明度，如 B 所示。

加强氛围：杂色与颗粒

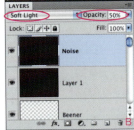

A

B

C

D

数字格式或源自胶片的颗粒提供了另一种使图像各部分一致的方法。在图层面板中新建一个用灰色填充的图层，作为应用杂色滤镜的目标图层。选中最上方的图层，按Ctrl/⌘+Shift+N 键打开 **New Layer（新建图层）**对话框，如 A 所示，在这里可以将新图层的混合模式设置为 Soft Light（柔光），勾选**填充柔光中性色（50% 灰）**复选框，单击 OK 按钮。执行 Filter（滤镜）> Noise（杂色）> Add Noise（添加杂色）菜单命令，调整数量，添加比需要更多的**单色颗粒**。减小图层的不透明度直到颗粒符合要求为止，如 B、C、D 所示

 Shadows-Atmosphere.psd

倒影：正对

就像阴影一样，倒影可以帮助合成对象很好地融合到新的环境。此例中添加了一个收音机图像，如 A 所示，复制这个图层。执行 Edit（编辑）> Transform（变换）> Flip Vertical（**垂直变换**）菜单命令，然后选择移动工具，拖动倒影图像到对象的下边，如 B 所示。单击图层面板底部的 Add layer mask（添加图层蒙版）按钮，使用渐变工具在其上进行绘制，减淡倒影图像，如 C 所示。接下来将倒影图层的混合模式设置为 Screen（滤色），降低不透明度，再为原照片图层上添加 Drop Shadow（投影）图层样式，将 Angle（角度）设置为 90°，在收音机旁创建小的阴影，如 D、E 所示。

适用于制作倒影效果的对象

如果照片是从正面拍摄的，而不是从上、下或是两边拍摄的，那么创建倒影就会容易得多。如果是从略微向上的角度拍摄的，比如这里显示的收音机，还需要通过蒙版去除一些不会在现实中出现的倒影，比如收音机上表面。适用于制作倒影的对象正面相当平坦，没有突出部分，并且"坐"在平坦的平面上，即不是用几条"腿"支撑起来。这是因为如果有任何部分伸出来或是对象被支撑起来，那么通过倒影就会看到对象的下表面，而这是不可能出现在真实照片中的。

倒影：以某个角度

如果需要为一个平面对象制作透视效果并添加倒影，就需要在获得透视效果之前先制作倒影，这样就可以同时让对象和倒影具有透视效果了。否则，还需要完成一些高精度的调整工作使对象的下边缘与倒影的下边缘对齐，同时还要保证垂直的边缘一直处于垂直状态。

导入一张画放置在左侧，复制这个图层并垂直翻转，将其移动到合适的位置，如 A 所示。在图层面板中单击缩览图，选中画和倒影（按 Ctrl 键单击缩览图）。执行 Edit（编辑）> Transform（变换）> Perspective（**透视**）菜单命令，向上拖动右下角的手柄。执行 Edit（编辑）> Transform（变换）> Scale（**缩放**）菜单命令，向内侧拖动左侧手柄，使两者缩短，如 B 所示。执行 Edit（编辑）> Transform（变换）> Skew（**斜切**）菜单命令，向下拖动左侧手柄，使底边稍稍倾斜。通过应用图层蒙版和降低不透明度，使倒影减淡（左侧）。添加第 2 张画，为其制作倒影并应用透视、缩放、斜切操作，这次换成另一个方向。完成所有操作后使用 Drop Shadow（投影）样式和 Bevel and Emboss（**斜面和浮雕**）图层样式为两张画增加厚度，如 C、D 所示。

Reflections-Straight.psd

Photomerge（拼合全景图）

随着Photoshop CS3和CS4版本中Photomerge功能的进步，可以更加容易地将一系列部分重叠的照片拼合成全景图。它的3个主要功能也被有效地分开——第一个是将一系列照片拼合成一个图像（**载入文件到堆栈**），然后对齐图像（**自动对齐**），最后调整色调、借助图层蒙版将所有图像融合（**自动混合**）。命令功能的分开使这个命令更加实用，不仅适用于全景图，也适合其他类型的连拍技术，比如第5章中讲到的平均、杂色、对焦等内容。

命令功能分开后的另一个优势是如果需要在某些位置调整对齐属性，它允许在对齐和混合操作过程中进行干预。混合之后调整对齐可能会因为图像结合处的蒙版和匹配颜色而导致一些问题。

将操作过程分成几个部分的另一个好处是，在处理更多、更大的照片时会比使Photomerge功能本来的速度快很多，占用的内存也少很多。

第576～582页提供了有关于Photomerge命令的详细介绍以及一些合并全景图的案例。在这个部分将会看到Photomerge的具体选项和内部命令。如果需要获得有关Photomerge功能的更多细节，可以参考第576页～第579页的介绍材料。

附书光盘文件路径

(WOW) > Wow Project Files > Chapter 9 > exercising Photomerge

---

知识链接

▼ 匹配颜色命令 第253页

▼ 图层蒙版 第62页

▼ 绘制图层蒙版 第84页

▼ 变换 第67页

▼ 修复画笔工具，污点修复画笔工具，仿制图章工具
第256页

匹配颜色

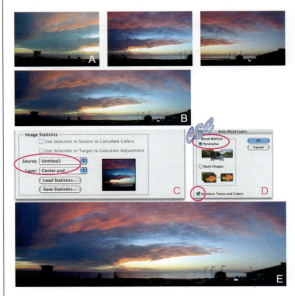

第578～579页的日落全景图在拍摄时使用了不同的曝光设置，因此当相机对准远处或近处分别拍摄时，就导致了各张图片的颜色差异很大，如A所示。Photomerge在混合颜色方面非常出色，如B所示。但是如果想让整张全景图的颜色与其中某张特定照片的颜色一致，最好是使用Match Color（**匹配颜色**）命令，▼而不是Photomerge命令。执行File（文件）> Scripts（脚本）> Load Files into Stack（**将文件载入堆栈**）命令，单击Browse（浏览）或者Add Open Files（添加打开的文件）按钮载入即将用于全景图的文件。或者在Bridge CS4中选择需要的图片，再执行Tools > Photoshop > Load Files into Photoshop Layers命令。在随后获得未命名的新文件中，选中需要调整颜色的图层在本例中是Left.psd。执行Image（图像）> Adjustments（调整）> Match Color（**匹配颜色**）菜单命令，在匹配颜色对话框中，将Source（源）设置为**未命名**文件，然后选择希望匹配的图层，这里选择Center.psd.，如C所示，单击OK按钮关闭对话框。执行所有需要的编辑操作（参见第578页）。选择文件中的所有图层，执行Edit（编辑）> Auto-Align Layers（**自动对齐图层**）菜单命令，选择Cylindrical（圆柱）选项。再执行Edit（编辑）> Auto-Blend Layers（**自动混合图层**）菜单命令，选中Panorama（全景图）选项，如D所示，再勾选Seamless Tones and Colors（无缝色调和颜色）复选框，单击OK按钮，如E所示。

 Match Color Panorama

动作序列蒙太奇（CS3）

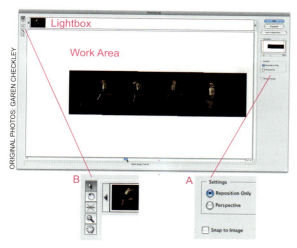

在Photoshop CS3中，Photomerge的Interactive（交互）版面选项提供了一个用于排列图像的"舞台"。这里放置了5张舞蹈家Adam Gauzza的排练照片，启动Bridge，选中这5张照片，执行Tools > Photoshop > Photomerge菜单命令。在Photomerge对话框中，选择Interactive（交互）版面选项，取消勾选Blend Images Together（将图像混合在一起）复选框，由于它会创建意料之外的蒙太奇效果，因此并不是真正的全景图。在运行Photomerge命令之后，需要借助图层蒙版手动混合图层。

在Interactive（交互）版面中可以将图像存储在上方的lightbox中，直到将它们拖动到正在创建的全景图中。选择Reposition Only（仅调整位置）选项，如A所示，而不是Perspective（透视）选项，取消勾选Snap to Image（捕获图像）复选框可以在工作区内自由对齐图像。

这里提供的工具用于重定位和旋转图像，如B所示，也可以用来改变视图，如和。

当拖动图像，它会在与其他图像重叠的部分变得透明，这样根据图像内容就可以很容易地对齐图像。这里拖动图像调整舞者之间的空间，使相邻两张图的地板相互对齐。

单击OK按钮得到一个分层文件。为其添加图层蒙版，▼使用黑色进行绘制，降低不透明度，使相邻图像的背景融合在一起。▼执行Free Transform（自由变换）命令（Ctrl+T），减小左侧图像的尺寸。▼最后使用Rectangular Marquee（矩形选框）工具选择需要保留的图像区域，最后执行Image（图像）> Crop（剪切）菜单命令。

动作序列蒙太奇（CS4）

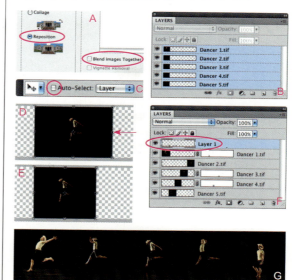

在 Photoshop CS4 中，Photomerge 没有 Interactive（交互）版面选项，但是 Photomerge 仍然可以将所有图片容纳到一个足够宽的文件中。如果从 Bridge 开始操作，选择图像后执行 Tools> Photoshop > Photomerge 菜单命令，在 Photomerge 对话框中选择 Reposition（调整位置）版面选项，取消勾选 Blend Images Together（混合图像）复选框，如 A 所示，单击 OK 按钮。结果是一个很宽的文件，但是所有的图像都处于最左端，如 B 所示。选择移动工具，在工具选项栏中取消勾选 Auto Select（自动选择）复选框，如 C 所示。选中图层，将它们分别拖动到希望的目标位置。减小图层的不透明度，以便可以更容易地对齐图层。如果需要，可以向左栏介绍的那样应用变换命令和图层蒙版。另外，对于自由变换，Photoshop CS4 中提供了 Edit（编辑）> Content Aware Scale（内容识别比例）命令，该命令在缩放平面背景的时候表现出色，而且不用分离照片背景中的元素。向内或向外拖动变换框的手柄可以缩小或放大背景，如 D、E 所示。

如果需要再次修改合成效果，比如去掉地板上的白色眼镜或是去除某个镜头中另一演员的腿部，

选中图层面板中最顶端的图层，单击创建新图层按钮。将 Sample（样本）设置为 All Layers（所有图层），分别使用修复画笔工具、污点修复画笔工具和仿制图章工具，如 F、G 所示。▼

Dancer Montage

完成全景图

无论是使用Photomerge命令，还是使用自动对齐图层、自动混合图层命令创建全景图后，总会需要做一些收尾工作获得完美效果。这些工作经常是在图像效果的**合并图层副本**上完成的，获得这个副本图像的快捷键是**Ctrl+Alt+Shift+E**（Window）和**⌘+Option+Shift+E**（Mac）。

除了全局调整之外，使用合并图层副本可以选择图像的局部区域进行变换，而不用再选择涉及到的独立照片。如果选择了副本上需要调整的区域，需要在调整前将其复制为独立的图层，可以在选择变换图层和合并图层副本之后执行Auto-Blend Layers（自动混合图层）命令，将两个图层混合在一起。记住，可以移动变换框的中心点来改变旋转中心。

在Photomerge中应用Spherical（球面）版面之后，如果希望这张360°全景图的两端向下移动一些，可以在一个新图层中创建合层副本，使用矩形选框工具选择图像左端，如A所示。

将选区中的内容复制到新的图层（Ctrl/⌘+J），按（Ctrl/⌘+T）键，拖动变换框的中心点到湖面的最右端，如B所示。将光标移动到变换框外侧时向下旋转左侧图像，图像将会沿着新的中心点转动，如C所示。

选中合层副本和变换图层，执行Edit > Auto-Blend Layer命令，使两个图层无缝连接，如D、E所示。

拼贴作品：1 设置图像

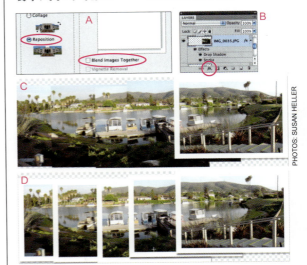

PHOTOS: SUSAN HELLER

有时使用 Photomerge 命令并不一定要获得无缝的全景效果。借助圣马科斯湖上的这些小艇，需要使场景表现出夏日假期的感觉，可以使用的是一些分成局部且比较杂乱的照片。首先在 Bridge 中选择 5 张图片，执行 Tools > Photoshop > Photomerge 菜单命令。在 Photomerge 对话框中选择 Reposition Only（仅调整位置）/Reposition（调整位置）版面选项，**取消勾选 Blend Images Together（混合图像）复选框**，如 A 所示，然后单击 OK 按钮。获得一个包含重叠图像的分层文件，这些图像没有被旋转和缩放。

在新的全景图文件中选中一个图层，使用图层样式创建白边边框并设置投影，如 B、C 所示。具体方法是单击图层面板底部的 fx 按钮，在菜单中选择Stroke（描边）命令。设置颜色为白色，设置Position（位置）为Inside（内部），设置Size（大小）为30像素。在左侧单击Drop Shadow（投影）创建需要的阴影效果，具体方法是设置Angle（角度）为120°、Distance（距离）为8像素、Size（大小）为8像素。右击（Windows）或按住Ctrl键单击（Mac）具有图层样式的图层，在快捷菜单中选择Copy Layer Style（拷贝图层样式）命令，然后选中多个图层，在快捷菜单中选择Paste Layer Style（粘贴图层样式）命令，如D所示。

拼贴作品：2 精细调整位置

安排好所有图像并添加边框后，可能会需要删去一些照片，重新安排剩余照片的位置。隐藏全景图中的 2 张照片，将剩余 3 张照片的中间这张拖动到最上层，如 A 所示。

为了获得更大的工作空间，选择缩放工具，按住 Alt/Option 缩小图片（Ctrl/⌘＋－）。选择裁剪工具 🔫，清除工具选项栏中的宽度、高度和分辨率设置，如 B 所示，这样就可以自由地裁剪图像了。沿对角方向从图像整体的左上角拖动到右下角，将裁切框的边角控制手柄拖动到画面外侧，直到在文件中获得足够的工作空间（能够放下阴影和所有需要进行的图像重排工作），如 C 所示，按 Enter 键完成裁剪操作。

下面制作背景。首先在底部新建一个图层，单击当前底部图层的缩览图将其选中，然后按住 Ctrl 键单击创建新图层按钮 🔲（按住 Ctrl 键新建图层，可以将新图层放到当前图层的下边）。使用 Eyedropper（吸管）工具 🖋 从图像中吸取黄褐色并填充到新图层中，快捷键是 Alt+Backspace（windows）或 Option+Delete（Mac）。

现在，可以重新安排这些照片，提高全景图的质量或是为图像增添一些乐趣。依次选中每个图层，执行 Edit（编辑）> Transform（变换）> Rotate（旋转）菜单命令，确定每张照片的方向，如 D 所示。在变换框内部拖动鼠标，将照片移动到合适的位置。

拼贴作品：3 添加深度

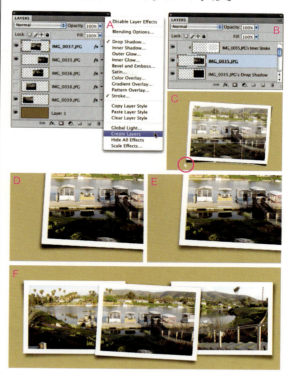

设置完成版面属性之后，可以添加一些"堆积"的细节。首先要分离照片和它的阴影，这样就可以对阴影进行单独操作。

首先在图层面板中右击 / 按住 Ctrl 键单击 𝑓𝑥 图标，在弹出的菜单中选择 Create Layer（创建图层）命令，忽略警告信息，单击 OK 按钮。这样，描边和投影效果被完美地"翻译"成了新的图层，如 A、B 所示。

接下来选中阴影图层，执行Edit（编辑）> Transform（变换）> Warp（变形）菜单命令，拖动边角的手柄稍稍扭曲阴影，使边角的阴影大于照片中间的阴影，如 C 所示，创建出照片边角稍稍卷起的效果。

为了能够使阴影更加柔和（另一种方法是在照片和阴影投射表面之间创建距离效果），可以使阴影变得更加模糊（使用高斯模糊滤镜），如 D 所示。或者在边角的阴影上使用 Blur（模糊）工具 💧 或者降低阴影图层的不透明度或填充数值，如 E、F 所示。

Collage Panorama

■为了完成合成作品《Addie的艺术作品》（Addie´s Artwork），Melissa Au使用了一张午后暖光下拍摄的照片和两张儿童绘画作品进行合成。根据构思，她新建了一个文件（8英寸×10英寸，300ppi）。在照片副本文件中使用快速选择工具✎选择女孩，▼手动清理图像边缘（方法之一是使用快速蒙版）。▼执行Select（选择）> Refine Edge（调整边缘）命令柔化选区边缘并稍加羽化，使女孩的形象能够更好地与合成图像中的白色背景相融合。▼Au反转选区（Ctrl/⌘+Shift+I）后删除背景，然后使用调整图层（色相/饱和度、曲线）加亮颜色，并使颜色变冷。▼合并图层（Ctrl/⌘+Shift+E）。在合成文件中执行File（文件）> Place（置入）菜单命令，选择人物轮廓图像，在进行定位和缩放之后按Enter键将其添加进来，并将其转换成智能对象。

使用同样的方法置入两张儿童绘画作品。在完成所有元素的定位和缩放操作后，她选中所有智能对象并进行栅格化操作（右击/按住Ctrl单击图层名，在弹出的快捷菜单中选择栅格化命令）。她使用套索工具选中阳光画面中的小人，将他剪切到一个新图层里（Ctrl/⌘+Shift+J），使用移动工具将他放在太阳的下面。复制照片图层（Ctrl/⌘+J），使用高斯模糊滤镜后，设置图层混合模式为Overlay（叠加）并降低不透明度。模糊效果可以使照片的颜色和对比度不会过于跳跃。

PHOTO: BEVERLY GOWARD

■使用几张30年前拍摄的照片，Marv Lyons通过扫描和分层创作了《在帕皮提等待的女人》（Woman Waiting in Papeete）（上）和《三个女孩》（Three Girls）（右）。在每张作品中Lyons都将原始照片与使用吊灯棱镜拍摄的棕榈树照片进行合成。通过类似拍摄棕榈树照片、增强氛围的方法，Lyons经常会制作出很有意境的作品。他的合成工作起始于暗房，然后转换到Photoshop，扫描每一层图片，再设置不同的混合模式和不透明度即可。

在《在帕皮提等待的女人》（Woman Waiting in Papeete）中，棕榈树图层的混合模式设置为Overlay（叠加），不透明度为100%。Lyons创建了一个"暖色滤镜"，他新建图层，设置前景色为金色，按Alt＋Backspace键（Windows）或Option＋Delete键（Mac）进行填充。设置该图层的混合模式为Multiply（正片叠底），设置不透明度为17%。

在《三个女孩》（Three Girls）中，Lyons两次使用棕榈树图层，一次设置图层混合模式为Overlay（叠加）、不透明度为100%。另一次放置在最上层，设置图层混合模式为Multiply（正片叠底）、不透明度为41%。

■借助使用了广角镜头（16-36mm）的Canon EOS 1D Mark II相机，Allen Furbeck拍摄了两组城市风景照片。在《第24街和第七大道》（24th Street & Seventh Avenue）中"我拍摄了17张照片"，Furbeck说，"在《第23街和第七大道》（23rd Street & Seventh Avenue）中我拍摄了26张照片，在十字路口进行了360°全方位拍摄，但是我只使用了其中的22张。"

Furbeck在拍摄城市风景照片时，使用了往复的方式，拍摄时从上到下形成一组柱状的照片，然后向两侧旋转一些再从下到上进行拍摄。或是从左到右拍摄一行照片，然后上下移动一些，再从右到左进行拍摄。他时常旋转相机，很少会使相机处于水平方向，经常会在系列照片中变化相机的焦距和曝光。"我了解拍摄全景照片时的一般规则"，他说，"手动设置焦距和曝光，在拍摄时保持这些设置不变。使用三脚架使相机与地面保持水平。"还有很多规则。Furbeck形容自己的拍摄是"在场景中使用相机舞蹈。如果我拍摄的每张照片都有自己的趣味性，那么合成效果看起来就会更加完美"。

Furbeck在拍摄时对Photoshop的能力十分了解，在拍摄时就能预测到在Photomerge中使用的版面选项。▼但是当他回到自己的工作室，他会尝试其他版面选项，享受Photomerge拼合照片带来的惊喜。同样，他也会事先移除系列照片中的一张或是几张（甚至是完成后），使Photomerge在运行后出现非常不一样的结果。

Furbeck在学校中学习摄影，而后追求绘画为职业，在Photoshop出现后又回到摄影领域。

他首先将照片拼在一起，是为了获得打印尺寸和细节，这些细节来自曾经为他获得很多传统风景照片的数码相机，

然后再用中大型格式胶片相机拍摄。他在Photoshop中应用Photomerge命令合并照片前，先执行Edit（编辑）> Transform（变换）菜单命令，再应用调整图层和图层蒙版。

在Photoshop CS3和CS4中，Photo-merge功能的提升以及新增加的自动对齐图层和自动混合图层命令 ▼ 使得对齐和混合两个过程分开处理成为可能。运行Photomerge时关闭混合图层选项，然后在执行Auto-Blend Layers（自动混合命令）命令前，使用变换命令使图层对齐。▼在

Photoshop CS4中执行Photomerge和自动对齐命令时，用户可以设置是否校正由相机镜头产生的几何变形。

对于这两组照片，Furbeck都使用了Photomerge命令。对24街的照片，他选择Auto（自动）选项。对23街的照片，他选择Cylindrical（圆柱）选项，创造出了沥青"叶片"的效果。他喜欢未裁剪过、非矩形的城市风景照片。"形状外观不应该成为图像的限制"，他说。不同于普通的、被限制为矩形格式的照片，特别是全景照片，他的城市风景照片强调了图像与

广阔世界的超越边界的连接性。

■在创作《脚印》（Footprints）杂志40周年纪念刊——《16家户外、旅行用品商的冒险》（Adventure 16 Outdoor & Travel Outfitters）报道时，Betsy Schulz将封面和内文跨页设计成了Photoshop中的分层文件。在Photoshop中，Schulz为每一个跨页创建了一个原尺寸大小的RGB文件（22英寸×12英寸），并将分辨率设定为适宜打印的300dpi。通过执行File（文件）>Import（导入）菜单命令，Schulz对照片和绘制的文件进行了扫描，并将其拖动到排版文件当中。她对其中一些图层进行了着色▼，并执行Edit（编辑）>Free Transform（自由变换）菜单命令（Ctrl/⌘+T），对其进行缩放和旋转，然后将其放置在合适的位置。

在创作封面的Footprints这一标识时，如 A 所示。Schulz找到了一张生锈金属的纹理图像，并将其拖动到Photoshop中。使用钢笔工具✍绘制出需要的形状路径，首先在选项栏中单击Paths（路径）▨ 按钮和Add to path area（添加到路径区域）▣ 按钮。▼然后单击Paths（路径）面板底部的Load path as a selection（将路径作为选区载入）按钮，从该路径中创建一个选区。单击Layers（图层）底部的Add a layer mask（添加图层蒙版）按钮▣，新建一个图层

蒙版（在选区处于激活的状态下单击添加蒙版，隐藏选区以外的其他区域）。在图层蒙版处于激活的状态下〝挖空〞文字。首先，使用Horizontal Type Mask（水平文字蒙版）工具对文字进行设置，按住Ctrl/⌘+Enter键完成对文字的设置。▼然后按下Backspace/Delete键为文字填充黑色（当图层处于激活状态时，黑色是默认的背景色，使用Delete键即可将选区填充为黑色）。

Schulz单击Layers（图层）面板底部的 fx 按钮，并添加Drop Shadow（投影）效果，如 B 所示。为每张照片创建阴影，然后将该阴影渲染到一个单独的图层上，以便对其进行修改。要在Layer Style（图层样式）中进行渲染，可以右击/按住Ctrl键的同时单击Layers（图层）面板中的 fx 按钮，并选择Create Layer（创建图层）。将每一个阴影放置在单独的图层上，执行Edit（编辑）>Transform（变换）>Distort（扭曲）菜单命令对其进行扭曲操作，使快照看上去有点

卷曲的效果。

在创作承载文本内容的纸张时，如 C 所示，Schulz对带有纹理效果的被单进行了扫描并添加了Drop Shadow（投影）图层样式。Schulz复制了所需要的纸张，有时还会为副本涂上颜色。然后，使用钢笔工具为需要的纸张绘制形状路径。与制作Footprint标识一样，Schulz将路径作为选区载入，并添加图层蒙版以便仅显示选区中的图像。Drop Shadow（投影）效果会自动地应用于蒙版定义的形状。

Schulz将每个完成文件以EPS格式分别保存在Photoshop中，并将其导入到QuarkXPress文件当中。在该文件中，Schulz为页面添加标识和其他图形，为文字选择VTypewriter系列中的字体（www.vintagetype.com）。

A

B

C

■在塔斯马尼亚旅游时，Katrin Eis-mann 了解到这个岛屿有 40% 的面积属于国家公园，并有着严格的准入制度。"我注意到这里的人们是那么热爱自然和他们的国家"，Eismann 说，"然后我注意到这里是那么的干净，我很疑惑他们是如何处理垃圾的。带着这个疑惑我来到了霍巴特市的城市垃圾处理中心。"

她建立了一个小型工作室，如 A 所示，花费了一整天来拍摄她感兴趣的东西。上面显示了两组对象，**浴室秤和油漆桶盖子。**

"在垃圾进入填埋场之前"，Eismann 说，"工人会检索这些物品，找出有用的东西。这些材料（木料、家具、花盆等拍摄对象）会在垃圾场门口附近的旧货商店出售（非常便宜），人们可以在这里买到艺术材料、工艺品或其他家庭用品。"

Eismann 将白天使用哈苏 503cxi 拍摄的照片导入 Lightroom（飞思 P25 数码后背，120 微距镜头，闪光灯）。选择需要应用在合成文件中的照片。

在 Lightroom（与 Adobe Camera Raw 具有相同的照片优化功能）中处理完文件之后，▼她在 Camera Raw 中打开这些文件，从这里将文件作为智能对象向 Photoshop 输送。从 Lightroom 2 中可以将文件直接作为智能对象向 Photoshop 输送，但是将不能决定文件打开时的尺寸。在 Camera Raw 中，可以单击窗口下方的链接，如 B 所示，在弹出菜单中选择不同的尺寸。Eismann 的原始照片文件每张为 128MB，因此在导入 Photoshop 时缩小文件尺寸就变得十分重要，这样她才可以在每个合成文件中设置蒙版并自由安排 6 ~ 8 张照片。从 Camera Raw 导入为智能对象的文件大约为 6 ~ 8MB——这在文件尺寸上有明显区别。

Eismann 新建了一个足够大的 Photoshop 文件来容纳 6 张浴室秤的照片，并借助网格将它们排列好。借助移动工具，她将所有智能对象作为独立图层拖曳到合成文件中的适当位置，如 C 所示。

Eismann 需要去除每张照片中的背景。添加参考线，指明每张每个秤的边界，▼ 然后为每个智能对象添加图层蒙版，去除图像的边界，如 D 所示。▼
她使用 Pen（钢笔）工具✎（Shift+P）围绕每个秤创建路径，然后使用这些路径创建图层蒙版并添加曲线、色相 / 饱和度、可选颜色调整图层，使它们相互匹配。▼ 为了将调整操作限制

在每个秤的图像上，她创建了剪贴组，使秤照片成为基底层，如 E 所示。▼

Eismann 为每个智能对象使用 Smart Sharpen（智能锐化）滤镜，▼通过将浴室秤的路径载入为选区，她将锐化操作限制在每个浴室秤图像上，然后反转选区，在智能对象内置蒙版的对应区域中填充黑色，如 F 所示。▼

在完成很多调整工作，"还消耗了很多咖啡后"，Eismann 说，背景之间依然不能很好地相互匹配，"我需要一些对象来定义参考线"，如 G 所示。一个画线的方法是选中合成文件的最上层，使用 Line（直线）工具╲（Shift+U），在工具选项栏中单击 Shape layers（形状图层）按钮，将粗细设置为需要的数值，单击 Add to shape layer（添加到形状区域）按钮，然后按住 Shift 键的同时拖动鼠标画出每一条线，再拖动到需要的位置。

接下来，执行 Image（图像）> Duplicate（复制）菜单命令复制文件，再执行 Image（图像）> Image Size（图像大小）菜单命令，将图像缩放到需要的打印尺寸。因为锐化滤镜应用在智能对象上，因此如果需要为不同的打印尺寸设置不同的锐化效果，她可

以再次打开智能锐化对话框调整锐化效果。

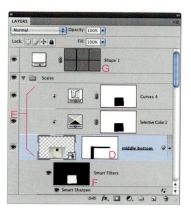

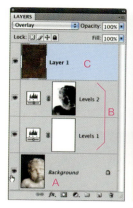

■为了创作这幅《恐惧》（Afraid），Derek Lea 使用了一张英格兰圣玛丽教堂中的小天使照片，照片在拍摄时失焦，如 A 所示。他添加了两个色阶调整图层，如 B 所示。一个用于增强对比度、使整体变暗，另一张用于使暗调更暗（使用图层蒙版选中阴影区域的方法请参见第 622 页）。▼他在图层面板最上方添加了一张纹理，设置图层混合模式 Overlay（叠加），如 C 所示，用来做旧小天使画像并为其着色，如 D 所示，进而使小天使的皮肤与即将添加的眼睛相匹配。

他使用了一张老人的眼睛照片，选择每侧眼睛复制粘贴到单独的图层中，缩放、旋转后放置到合适的位置，如 E 所示。Lea 选择眼睛的虹膜，为其添加色阶调整图层，激活的选区成为了调整图层的蒙版，因此灯光效果被限制在虹膜区域。使用同样的蒙版，添加可选颜色调整图层，增加中性色的洋红和黄色，减少青色和黑色，如 F 所示。使眼睛的颜色靠近小天使的颜色，如 G 所示。为了统一合成效果，按住 Alt/Option 键拖动纹理图层的缩览图进行复制，然后将它放置到眼睛图层的上方。

Lea 添加其他几张纹理图片到分层文件中，单击通道面板底部的 Create new channel（创建新通道）按钮，为每个纹理创建 Alpha 通道，然后将纹理复制粘贴到新通道中，如 H 所示。在第一个通道中他使用了一张碎饼干的扫描图片，在另一个通道里使用了划痕纹理，制作方法是：打开复印机的盖子，操作后获得一张黑色的纸，使用砂纸打磨这张纸，再将其变皱，最后扫描得到结果。在将每张纹理都保存到 Alpha 通道后，将纹理载入为选区（在通道面板中按住 Ctrl 键单击缩览图），使用图层上的颜色进行填充，随后调整这些图层的混合模式和不透明度，获得上页中的最终效果。

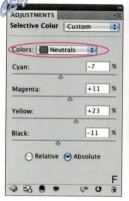

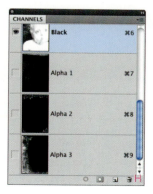

知识链接

▼ 使用色阶 第 246 页

▼ 可选颜色调整图层 第 253 页

▼ 复制图层蒙版 第 361 ～ 362 页

■在作品《Jack Davis 的恩惠》(Jack Davis´s Grace) 中，图层样式和混合模式在获得华丽色彩方面发挥了巨大作用。Davis 从一个黑色背景开始他的工作，然后以分层方式导入一张古老图书的封面图片和一个木盒子图片，如 A、B 所示。每张图片都被分离出来拥有了透明的背景。▼在木盒图层中，他添加投影和外发光图层样式，二者都使用 Overlay（叠加）模式并变暗，在投射到下面图书封面图层的位置上加强了色彩和对比度。

接下来添加翅膀图层，使用黑色、Multiply（整片叠底）模式的阴影，使图像下方变暗，但并没有改变图像的色彩饱和度。为了完成基础的合成效果，如 C 所示，她新建了一个包含重叠鹦鹉螺贝壳图像的图层，再次应用 Multiply（整片叠底）模式的阴影效果。接下来 Davis 添加了一张边缘很暗的复杂纹理图像，如 D 所示。一张使用恰当混合模式的纹理图像会增加豪华的感觉，同时还能使图像的各个组成部分变得协调起来。Soft Light（柔

光）模式会提高图像的对比度和色彩饱和度，如 E 所示。色调、饱和度统一后的效果如 F 所示。Davis 决定使用 Difference（差值）模式，它可以让颜色反相，让阴影变亮，如 G 所示。

A

E

B

F

C

G

为了加深合成文件的边缘，他添加了一个新图层，如 H 所示。使用 Overlay（叠加）模式，使用 50% 灰色填充，在这个模式下该图层没有任何效果。然后他加深图层的边缘。方法是使用矩形选框工具▯绘制选区，然后执行 Select（选择）> Refine Edge（调整边缘）命令▼羽化选区，最后反转选区（Ctrl/⌘+Shift+I），使用黑色填充。在 Overlay（叠加）模式下，黑色变暗，更加饱和。

查看现阶段的效果后，Davis 想提高鹦鹉螺贝壳的亮度。因此增加了一个亮度/对比度调整图层，如 I 所示，并使它与纹理图层组成剪贴组。使其只影响纹理图层。▼在提高亮度之后，他反转这个调整图层内置的蒙版（Ctrl/⌘），使用黑色填充的蒙版隐藏了亮度调整效果，然后她用白色在蒙版上进行绘制，在需要加亮贝壳的区域上恢复提亮效果，就像上一页中展示的最终效果一样。

ORIGINAL PHOTOS: BEVERLY GOWARD

■在为婚宴成员制作婚礼纪念印刷品系列时，摄影师Beverly Goward打算将新娘的照片与另外4张候选照片进行组合。在处理Goward的照片时，Marie Brown使用了Photoshop中的Picture Package（图片包）命令，并从手捧鲜花的新娘着手。**注意**：它在Photoshop CS3中Picture Package自动安装，<u>在Photoshop CS4中作为插件出现（详情参见第120页）</u>。

在Photoshop中，Brown首先执行

Bridal Party layout位于Wow Goodies 文件夹中，其中还包含一个更小的**Creating a Mat.psd**文件，该文件展示了带有斜度的衬边的结构。

File（文件）> Automate（自动）> Picture Package（文件包）命令，Brown找到包含了新娘肖像的文件夹，将其裁切成5×7水平版式。▼

在Picture Package（图片包）对话框中，Brown将Page Size（页面大小）设置为0.8英寸×10.0英寸，如A所示。将分辨率设置为300像素/英寸，如B所示。在Layout（版面）下拉列表中选择"（1）5×7（4）2.5×3.5"选项，如C所示，这与Brown想要的版式最接近。5个区域所显示的都是新娘的肖像，如D所示。

Picture Package（图片包）的常规用途是重复放置图像，最大化各照片之间的间隔，以方便将照片裁切开。不

过Brown和Goward想要的结果与此不同——他们想要获得一个平衡的间隔，以便为图像添加"衬边"。在对照片进行替换之前Brown修改了版面。她单击窗口右下角的Edit Layout（编辑版面）按钮打开了对话框，如E所示。

在Edit Layout（编辑版面）对话框左上角，Brown将版面名称命名为Bridal Party，如F所示，并将Unit（单位）设定为英寸，如G所示。为了更方便地调整各个区域的大小并对其进行排列，Brown勾选了Snap to（对齐）复选框，如H所示，以显示"磁性"网格。Brown将网格的大小设置为0.25英寸，即最小的划分大

小，如I所示。

Brown拖动最大区域两侧的手柄，缩小该区域的面积以便在周围留出间距。之后，Brown将光标置于图像的上方，拖动鼠标将该区域移至整个页面顶部的中心位置。接着，Brown拖动两侧的手柄缩小4个小区域的面积，并向内拖动每个区域使外侧的边缘，使它们与大照片的一侧对齐，如J所示。对齐之后，就可以上下拖动每一区域了。通过顶部和底部的白色间距，可以明确照片之间的间距。

Brown表示："在Picture Package（图片包）功能中，我注意到了一些有趣的现象。第一，如果我既要编辑版式，又要替换调其中的一些照片，那么应当在**进行替换前进行编辑**，这很重要。因为如果调换顺序的话，只要单击Edit Layout（编辑版面）按钮，替换照片就会丢失。""第二，在Picture Package（图片包）命令中对区域的调整操作，与使用Transform（变换）命令进行的大小调整不一样。在Picture Package（图片包）中无论拖动哪一个手柄，都会对照片进行等比例缩放。但是如果使用两侧中间的手柄，那么宽会成为临界尺寸，在照片的顶部和底部会添加空白以填充整个区域。在我需要对齐照片两侧的边缘时，我使用了两侧中间的手柄。如果使用顶部或底部中间的手柄，高会成为临界尺寸，在两侧

会相应添加空白。如果我要对齐照片的顶部或是底部边缘时，我会使用顶部或底部中间的手柄来调整该区域的大小。"

Brown单击Save（存储）按钮，如K所示，打开了Enter the new layout file name（输入新版面的文件名）对话框。Brown为版式重命名，并单击Save（存储）按钮。此时，Picture Package（图片包）的主对话框再次被打开，这次显示的是新的版式。该版式的名称还会出现在Layout（版面）下拉列表中，以便在制作其他印刷品时可以使用该版式。

要替换小的照片，Brown返回到含有手持鲜花新娘照片的文件夹中，该文件夹中的照片已经被裁切成5×7的水平格式，这与2.5×3.5的纵横比是一致的。"使文件裁切得符合正确的比例是非常重要的"，Brown说。

她单击其中一张图片，将其拖动到Picture Package（图片包）对话框中，放置到需要的位置上，重复这个过程直至所有图片都摆放到合适的位置上，如L所示。另一个方法是单击Picture Package（图片包）的预览区域，在弹出的对话框中选择需要的文件。

在对话框的Document（文档）选项组中勾选Flatten All Images（拼合所有图层）复选框，可以看到Photo-

shop会创建一个名为"Picture Package 1"的文件，所有的照片都被放置在一个图层中。

Brown为此文件添加了一个衬边。在Layers（图层）面板中选中文件的Background（背景）图层，单击面板的Create new fill or adjustment layer（创建新的填充或调整图层）按钮◐，选择Solid Color（纯色）命令，然后对其中一张照片进行取样。

在对该衬边进行"裁切"时，▼Brown先单击Layers（图层）面板中的缩览图再次选中该照片图层，然后单击面板底部的Add a layer style（添加图层样式）按钮 *fx*，并在菜单中选择Bevel and Emboss（斜面和浮雕）命令。将Style（样式）设置为Outer Bevel（外斜面），从每张照片的边缘向外创建一个带提升感的半透明效果，使得衬边而非照片看上去有了斜度。▼

■ Katrin Eismann 的作品《鲭鱼的美丽》(Mackerel Beauty) 呈现出了一种在单独照片中不可能出现的对焦效果。为了让对焦在微距拍摄的鲭鱼和远处的天空上，Eismann 拍摄了 4 张照片，使用图层蒙版对这 4 幅照片进行合成，突出显示最吸引人的部分。

Eismann 将从市场买回来的鲭鱼放在自家阳台的一面镜子上，使用三脚架从上方对准这条鱼，离它只有几英寸。静物拍摄时，她对焦到无限远以获得镜中天空的清晰图像，如 A 所示。在了解图像在镜中反射的原理后，设置焦距时要基于天空到镜子的长距离，而不是相机到镜子的短距离。

在获得天空的照片后，Eismann 将微距镜头对准了鲭鱼的皮肤。镜头在近距离使用时景深非常浅，她拍摄了 3 张照片，用来获取后背、鳍和腹部的照片，如 B、C、D 所示。

她将 4 张照片分层导入一个单独的文件中，然后使用黑色在图层蒙版中绘

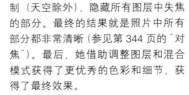

制（天空除外），隐藏所有图层中失焦的部分。最终的结果就是照片中所有部分都非常清晰（参见第 344 页的"对焦"）。最后，她借助调整图层和混合模式获得了更优秀的色彩和细节，获得了最终效果。

■Sharon Steuer手提包系列的最大特色是她把艺术拼贴画印在了布料上，然后将这些布料缝合成手提包。Photoshop至少会完成她的一部分拼贴工作，可以参考第586页的《油画灵魂》（Oil Spirit）中介绍的图层复合功能，Oil & Rain中的一些元素就来自那幅画。她还扫描了一些传统媒体的画作作为另一个素材来源。

为了获得提包的最终拼贴效果，Steuer将她的作品使用喷墨打印机打印在纸上，然后使用了Jonathan Talbot（talbot1.com）教授的方法。她将光亮的丙烯凝胶涂抹在打印出来的纸的两面，在明胶晾干之后将纸裁开排列好。安排好位置后她将不沾且无法漂白的羊皮纸放在上边，使用一个小的电烫器将丙烯凝胶融化在一起，将各个部分拼合好。因为纸张的正反两面均被涂抹过，重叠的部分将以她选择的任意方式进行拼接。

此时，Steuer经常会使用水彩画笔加强拼贴的效果，比如本页右上的《雨季》（RainySeason）和《长颈鹿》（Giraffes）。接着她使用数码相机拍摄拼贴效果，在Photoshop里进行再加工，然后将这些文件导入InDesign。在这里她可以轻松地排列和裁切图片，完善版面（如右下所示），将四个提包的各部分打印到一码左右的布料上。这些能够将作品打印到布料的公司（spoonflower.com）需要将文件存储为Lab颜色模式的TIFF格式。因此Steuer从InDesign导出PDF文件，在Photoshop打开后将其转换成Lab模式，再存储为TIFF格式。在打印完布料之后，就可以将它们裁剪缝合为提包了，这些提包在steuerbags.com上进行销售。

3D、视频和动画

10

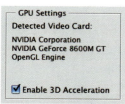

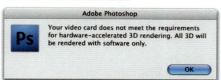

为了能够更顺畅地在 Photoshop 扩展版中使用这些与 3D 有关的功能，你的电脑显卡要能够支持 OpenGL ▼ 和 GPU 的 3D 加速功能，并通过执行 Preferences（首选项）> Performance（性能）命令（Ctrl/z+K）来激活相应选项，如顶图。如果不支持 OpenGL，就会看到一个警告，如底图。

本章的大部分内容只适用于 Photoshop 扩展版。只有在扩展版本中，我们才能发现这些工具、命令、用于三维模型的面板，以及比逐帧编辑方式更高端的视频编辑能力。Animation（动画）面板的 Frame（帧）模式同时存在于 Photoshop 基本版和 Photoshop 扩展版中，但是 Timeline（时间轴）模式只存在于扩展版，这就使软件能够处理更多、更复杂的动画。3D、视频和动画可以在此进行合成，进而产生出一些更精彩的效果。即使你并不打算进入 3D 或者视频领域，但是掌握了这些功能也可以让静态的图像效果得到加强。本章将介绍 3D、视频和动画相关内容，向你展示这些强大的功能。

3D

在 3D 领域中，Photoshop 一直扮演着重要的角色。在 3D 软件中可以导入利用 Photoshop 创建的各种图像和图案，作为纹理贴图（表面颜色和图案）或凹凸贴图（表面属性）。在 Photoshop 中也可导入从三维软件中渲染出来的图像，以便在 Photoshop 进行合成。典型的 Photoshop 和 3D 工作流程包括：在 Photoshop 中创建背景图像，保存图像，然后在 3D 软件中打开图像，3D 场景中的模型将根据背景图像来制作和完善。在 3D 软件中渲染并保存该模型后（通常带有 Alpha 通道以保留轮廓），用户可以在 Photoshop 中将其打开，并将其与原始的图像合成。你可以在本章的"作品赏析"中找到一些采用这种工作方式的例子。现在使用 Photoshop 扩展版可以直接处理此类问题，特别是 Photoshop CS4 版本。

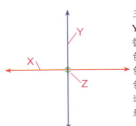

三维空间是由 X、Y、Z 方向定义的，彼此成直角。X（红色）表示左右，Y（蓝色）表示上下，Z（绿色）表示前后，在这里，我们只能看到 Z 轴点的箭头。

这个新增的功能应用价值依然有限。有经验的3D工作者看到这些功能时，会发现它和自己的需求有一定距离，因而依然会使用自己最喜爱的3D软件。而那些从未接触过3D软件的人，将会感觉自己发现了一个新的领域，能够获得很多平面设计软件中没有的新词汇和功能。借助这些新鲜的功能，设计师和绘画者将可以大展拳脚，这也是我们要讲解的重点所在。

三维世界和它的词汇

在 Photoshop 扩展版中，3D 模型存在于一个**场景**中，包含**对象**、**地面**（地板，或是物体在三维空间中移动的参考）、**光源**、提供场景视野的**摄影机**。每个对象都由网格组成，并包含了一组或多组相关材质。**网格**是模型的骨架，定义了模型的三维形状。**材质**像是覆盖在网格上的皮肤，网格（立方体是一个非常简单的例子）可以有几种材质（例如，立方体的 6 个面中每个面各一种材质），每种材质应用到网格的不同部分。另一个例子是头部模型，面部、头发和眼球拥有不同的材质。每一种材质可以具有多达 9 个特征或**纹理**。例如，某个纹理用来表现表面的颜色或者图案（称为漫反射），某个纹理用来表现表面的属性（称为凹凸），某个纹理用来表现光亮。

利用 3D 工具对对象、摄影机和光源进行控制时，是基于 3 个轴向的，就像左栏显示的一样。当你观看屏幕时，X 轴控制左右，Y 轴控制上下，而 Z 轴控制前进与后退，且垂直于屏幕。

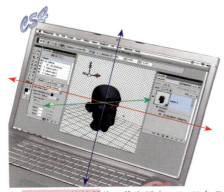

在 Photoshop 扩展版的三维空间中，X、Y 和 Z 轴的左右、上下、前后方向是基于屏幕的。但是在 CS4 扩展版中，X、Y 和 Z 轴是基于模型本身方向的，而不是屏幕。

Photoshop CS4扩展版的**3D Axis（3D轴）部件**（第656页解释其操作）拥有自己的X、Y和Z轴。这是模型被保存或导出时就带有的。但是，在扩展版中部件的轴线将会重新定位并与模型一起移动。你可以在Photoshop扩展版的三维空间中使用3D工具移动或缩放对象，聚焦摄影机。也可以使用3D轴部件沿着对象自己的轴向移动或缩放。

3D 界面

Photoshop CS3扩展版和Photoshop CS4扩展版的3D界面差别很大。在Photoshop CS3扩展版中，执行Layer（图层）> 3D Layers（3D 图层）> Transform 3D Model（变换3D模型）命令后，就可以定位、缩放对象和摄影机。而在Photoshop CS4扩展版中，3D功能更加简单易用，3D功能不仅拥有独立的操作面板，而且还有两组工具被放置到了工具箱中。此外，还可以通过执行Window（窗口）>3D命令打开3D面

原始状态

旋转对象

旋转摄影机

如果在 Photoshop CS4 扩展版中打开地面的显示，可以很容易地看到旋转模型和旋转摄影机的区别。如果没有地面作为参考，这两种操作的结果看起来是一模一样的。

模型：DIGITALTUTORS.COM

3D 工具的切换

当使用3D功能的时候，只需要按住键盘上
Alt/Option键，就可以很容易地在3D Rotate
Tool（3D旋转工具）和3D Roll Tool（3D
滚动工具），以及3D Orbit Tool（3D环绕
工具）和3D Roll View Tool（3D滚动视图
工具）之间进行切换。

利用3D模型进行工作

Photoshop CS3扩展版和Photoshop CS4扩展版都可以打开多
种格式的3D文件（文件格式列表参见第668页），这样你就
可以利用Photoshop扩展版顺利工作了，移动、缩放、旋转
网格，编辑纹理，改变光源，或在三维空间中移动摄影机得
到模型的不同视角。从第668页开始的"Photoshop扩展版中
的3D材质源"将会介绍如何打开或导入三维模型，以及如
何在Photoshop扩展版中创建一些非常简单的模型。

3D 对象工具

利用3D对象工具可以移动、旋转或缩放模型。它
们只改变了模型的位置或大小，而没有改变你的
观察视角，也不是处在场景光源的位置来观察。
如果不用这些工具的话，在Photoshop CS3版本
中你可以在下拉菜单中输入数值，在Photoshop
CS4版本中可以在菜单栏右侧输入数值。

3D 滑动工具可以让你在水平面（XZ平面）中
将模型移动到任何位置，无论左右还是远近。按
住Shift键可以将操作单独限制在X或Z轴方向。

3D 比例工具可以改变模型的大小比例。按住
shift键左右拖动鼠标可以在X轴方向单独改
变模型比例；按住Shift键上下拖动鼠标可以
在Y轴方向单独改变模型比例；要想单独改
变Z轴方向的比例，则按住Alt/Option键并拖
动鼠标，而不是按住Shift键。

3D 旋转工具可在拖动鼠标时使对象沿着垂直轴（Y轴）转动。
如果上下拖动鼠标，对象将会沿着水平轴（X轴）转动。若沿
某个角度拖动鼠标，对象将同时沿着两个轴转动。按住Shift键，
可限制沿一个方向旋转。

3D 滚动工具使对象沿Z轴
旋转，向右拖动鼠标为顺
时针旋转，向左拖动鼠标
为逆时针旋转。

3D 平移工具可以将模型拖
动到XY平面的任意位置，
无论左右或是上下。按住
Shift键，可以将移动操作
限制在X方向或Y方向。

3D 摄影机工具

3D 摄影机工具改变的只是摄影机的
位置或对焦属性，用于改变你的观
察点。该对象相对于地面或光源本
身不会移动。与3D对象工具相似，
按住Shift键，也可以将多种工具的
操作限制在单一方向上。如果不用
工具的话，在Photoshop CS3版本
中可以在下拉菜单中输入数值，在
Photoshop CS4版本中可以在菜单
栏右侧输入数值。

3D 环绕工具使摄影机沿着围绕
模型的环形轨迹运行，无论是水
平或垂直的摄影机。

3D 滚动视图工具使
摄影机沿Z轴转动。

3D 平移视图工具使
摄影机在XY平面内，
左右、上下移动。

3D 缩放工具可改变摄影机
的视野，推近或者拉远。

3D 移动视图工具可使摄影机靠近或者远离对象。
上下拖动鼠标将沿Z轴移动，左右拖动鼠标摄影
机将沿水平方向移动。

Photoshop CS3 扩展版中的3D功能

用户可以借助Photoshop CS3 扩展版来导入3D对象，并修改它们的位置和大小。可以做一些简单的处理，比如添加光源，设置以何种方式显示物体，包括实色、线框或其他方式。还可以修改纹理，这是模型的"皮肤"。

执行 Layer（图层）> 3D Layers（3D图层）>Transform 3D Model（变换 3D 模型）命令可以打开 3D 编辑功能。它提供了三维选项栏，如下图，选项栏中提供了用于修改网格、光源和 3D 视图的多种工具和命令。Layer（图层）> 3D layers（3D图层）中的子命令，用于打开三维模型并将其作为一个图层、替换 3D 文件本身自带的纹理（在图层面板中显示），以及栅格化图层（将其 3D 属性去掉，转换成一个普通图层）。

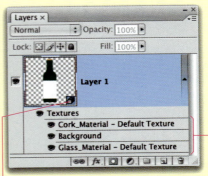

打开或导入 3D 文件之后，Photoshop 扩展版将以 3D 图层的方式进行显示。

该模型的纹理显示在图层面板中，通过单击 👁 图标可以打开或关闭它们的显示状态，通过双击其名称可打开纹理文件，进而进行修改。

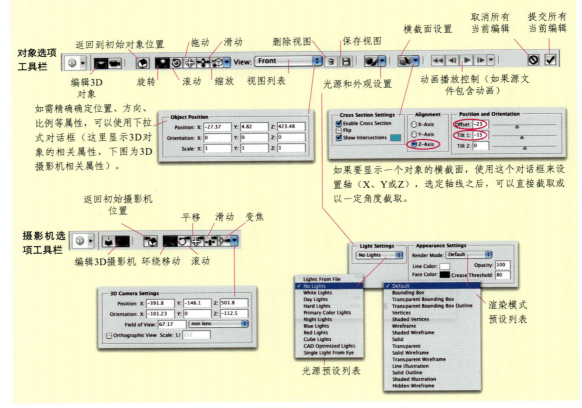

如需精确确定位置、方向、比例等属性，可以使用下拉式对话框（这里显示3D对象的相关属性，下图为3D摄影机相关属性）。

如果要显示一个对象的横截面，使用这个对话框来设置轴（X、Y或Z），选定轴线之后，可以直接截取或以一定角度截取。

Photoshop CS4扩展版中的3D功能

在Photoshop CS4扩展版中，3D功能拥有独立的面板。该版本还增加了新的命令，来帮助用户创建、修改、输出3D对象。虽然Photoshop创建3D模型的功能仍然非常有限，但它可以创建一些基本的模型作为新的图层，这部分内容会在本书第668页开始的"Photoshop扩展版中的3D材质源"中详细讲解。针对这些模型，可以重新绘制或修改它们的纹理。

创建

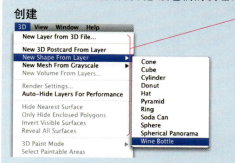

上半部分的命令主要用来创建简单模型、改变对象的显示状态。

下半部分的命令主要用来绘制对象的纹理和渲染输出。

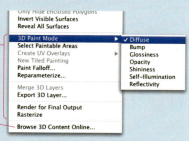

菜单中的最后一项命令可以帮助用户在线获得各种3D设计材质。

编辑

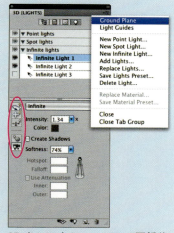

3D（Scene）[3D（场景）]面板包含了3D场景的所有元素。在这里你可进行渲染设置，并在3D对象上轻松地绘画，而不用选择一个纹理进行单独调整。默认的纹理类型是漫反射。

3D（Mesh）[3D（网格）]面板可以让你清晰看到每个模型的网格。同样，处于预览状态时，工具箱和选项栏中的各项工具和参数均有效，这可让你对网格整体进行方便的调整。

3D（Materials）[3D（材质）]面板中，可以为每个材质设置9种纹理。单击这些属性右面的按钮，可以打开一个菜单，在此你可以选择一个不同的文件作为新的纹理，或是创建一个新的纹理文件。在这个面板中，还可以改变环境光的颜色。

3D（Lights）[3D（光源）]面板控制除环境光和自发光属性之外的所有光源属性。环境光与自发光属性是在3D（Materials）[3D（材质）]面板中进行控制的。你可以决定场景中每个光源的位置和强度，以及是否产生阴影、光线延伸多远、光源的类型（点光、聚光灯、无限光）。你还可以添加光源、删除光源、改变光源类型。选择光源后，面板左侧的工具将被激活，这些工具专门用来移动光源。

每个面板底部有4个按钮，分别用来显示地面、显示光源信息（包括类型、角度以及衰减）、创建新光源和删除光源）。

输出

3D Render Settings（3D渲染设置）

对话框替代了Photoshop CS3中的Appearance Settings（外观设置）对话框（参见第654页）。可以通过执行3D > Render Settings（渲染设置）命令或单击3D（Scene）[3D（场景）]面板上的Render Settings（渲染设置）按钮（参见第655页）来打开这个对话框。在3D面板中进行的任何设置都会在这个对话框中反映出来，当然也可以在这里改变设置。只要你的显卡支持，还可以用不同的方式来显示模型。

实色的**表面样式**是最典型的，可以以设置渲染实色对象的方式设置相应属性。
边缘样式和**顶点样式**确定了线框（网格）显示和渲染的方式。
体积样式主要用于 DICOM 渲染，在涉及玻璃和光栅滤镜的时候会用到。

存储当前视图　删除当前所选视图　对横截面的每一侧应用不同的设置

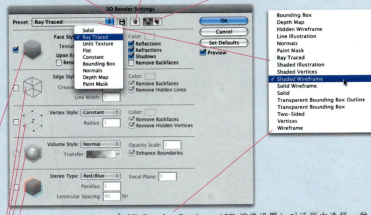

在 3D Render Settings（3D 渲染设置）对话框中选择一种**预设**，然后设置适当的渲染属性。使用此对话框具有 3D 面板不具备的优势，可以将常用的渲染设置保存下来。如果已经创建了一个横截面，还可以通过对话框上方的按钮为平面的不同部分设置不同的渲染参数。

3D 轴部件

Photoshop CS4扩展版的**3D轴部件**如下图所示，执行View（视图）> Show（显示）> 3D Axis（3D轴）命令可查看它。它代表了对象的原始方向和旋转属性。还可以用它来代替3D对象工具，对对象进行缩放、旋转和移动。红色代表X轴，蓝色代表Y轴，绿色代表Z轴（此处本轴不可见，是因为这个轴指向屏幕内）。箭头、圆环、方块、立方体等轴的各个组成部分在激活后显示为黄色。

当开始使用这个部件的时候，上面会出现一个灰色栏。拖动灰色栏部件可以重新定位以便调整。单击左端可最小化 3D 轴部件，单击右端后拖动可以放大 3D 轴部件（左缩小，右扩大）。

拖动**白色立方体**可以改变对象尺寸比例，向上拖动变大，向下拖动变小。

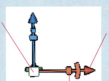

将光标悬停在**小方块**上，直到它变成黄色，然后沿轴线向内（向立方体）拖动可以压缩对象。向外（远离立方体）拖动可扩大对象。

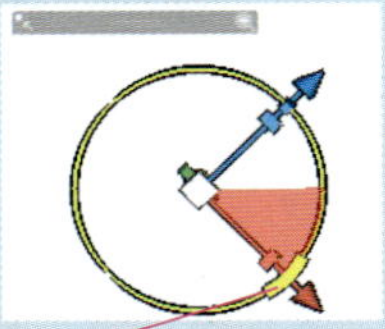

拖动**锥形箭头**可以沿轴线移动对象。

拖动**圆环**可以顺时针或逆时针旋转对象，并显示出旋转的角度。

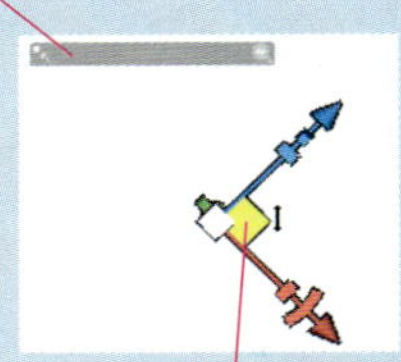

在两个轴靠近中央白色立方体的位置移动光标，会出现一个**黄色方块**，上面有 I 标记。这个方块代表平面由两个轴组成（这里是 **XY** 平面）。这时可以拖动鼠标，将对象移动到这个二维平面的任何位置。

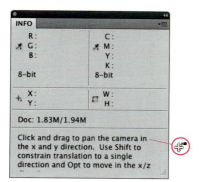

如果想了解如何使用 3D 对象工具和 3D 摄影机工具，可以打开 Info(信息)面板。如果你没有看到当前选择的 3D 工具的说明，可在面板的扩展菜单▾☰中选择 Panel Options（面板选项）命令，并在弹出窗口的下方勾选 Show Tool Tips（显示工具提示）复选框。

修改纹理。Photoshop扩展版中不能为模型添加新材质，但是，任何已被模型应用的材质都可以修改，包括其现有的纹理。在Photoshop CS4扩展版中，可用其他的纹理文件替代现有的纹理，也可以添加新的纹理（可以通过打开一个新的2D文件来创建一个新的纹理），并可以使用Photoshop的基本功能来绘制和调整纹理。在Photoshop CS3 扩展版中可以通过双击Layers（图层）面板中的纹理名称来打开纹理文件，然后就像处理其他图像一样，进行绘制或者编辑。▼

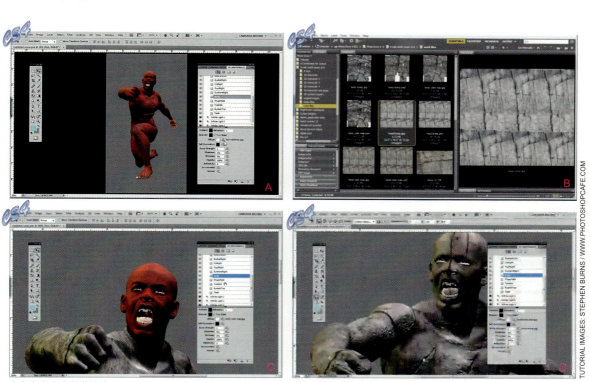

在本书光盘的教学影片Photoshop CAFE_poser.mp4 中，Stephen Burns演示了如何使用Photoshop CS4扩展版来替换和添加头部和身体模型的材质，如A所示，这个模型是他利用3D软件Poser创建的。他讲解了如何使用Bridge软件创建对象表面的图案和纹理，如 B 所示。他使用Photoshop扩展版的3D Matearial（3D材质）面板来读取Diffuse（漫反射）和Bump（凹凸）的纹理，并设置凹凸纹理的应用强度，如 C 和 D 所示。

在"作品赏析"（第708页）中，可以看到伯恩斯是如何完成他的最终作品的。

WOW PhotoshopCAFE_poser.mp4

知识链接
▼ 使用画笔工具
第 71 页

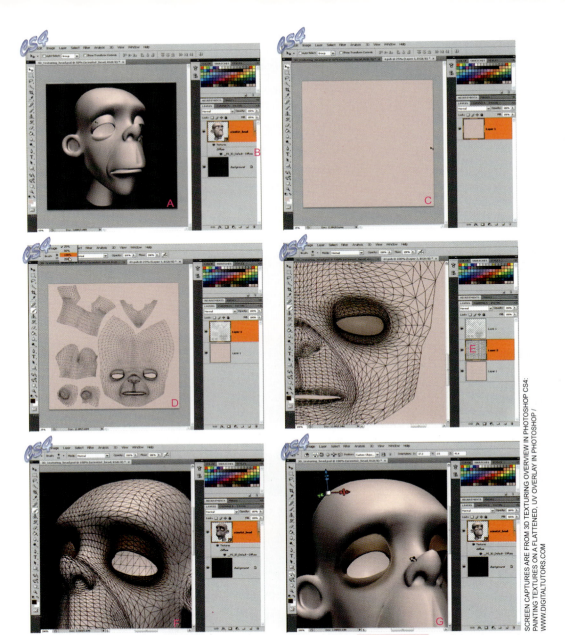

面对这样一个模型（图A），很难将它的纹理绘制得非常完整，哪怕是使用Photoshop扩展版的画笔直接在3D图层上绘制也难以完整绘制，这是因为模型具有丰富的几何细节，比如眼部上方的褶皱。当我们打开Diffuse（漫反射）纹理文件（双击纹理，图B）后发现，在单调的粉色平面（图C）上我们根本无法辨认出哪里是眼部区域。为了能清楚辨认，我们可以选择3D > Create UV Overlays（创建UV叠加）命令。这个命令可在2D纹理文件上添加一个独立的覆盖层，这个层清晰地标明了眼部区域（图D）。可以新建一个透明的图层来进行绘制（图E）。在保存（Ctrl/⌘+S）纹理之前，如果没有关闭UV层的显示，那么UV就会在3D图层上显示出来（图F）。如果关闭了UV的显示，那么UV就不会在3D图层上显示（图G）。**注意：** 任何图层被指定为2D纹理文件并保存之后，它将保持激活状态。因此，当创建一个新的空层作为2D纹理并保存后，在3D图层上进行绘制的时候，绘制操作将直接应用到这个空层上，并独立于其他2D纹理文件。利用这种方式，可以随时删除或者修改这个图层。

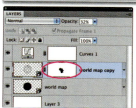

当你在Photoshop CS4扩展版的3D（Llghts）[3D（光源）]面板中单击 ▾≡ 按钮,选择Light Guides（光源参考线）命令时，就能够看到光线的照射方向和扩展属性。这里从左到右显示了点光、聚光灯和无限光。

WORLD MAP: DESIGN PICS / PHOTOSPIN.COM

在这幅作品中，一张长宽比为2:1的图片设置被应用到了一个由Photoshop CS4扩展版创建的球体上，创建的命令为3D> New Shape from Layer（从图层新建形状）> Sphere（球体），随后作者用3D Rotate（3D旋转）工具 ✎ 和3D Roll（3D滚动）工具⊙进行调整，显示出需要的区域。我们复制（Ctrl/⌘+J）一个3D图层，并更改这个副本的渲染属性，将默认的实色模式更改为线框模式，随后将线框的颜色设置成白色。为线框模式的图层添加图层蒙版，并在蒙版上用黑色将部分区域的线框删除。最后调整线框图层的透明度，并用曲线调整图层加亮整个图像。第704页Derek Lea的作品Biorhythms也是两种渲染设置综合应用的典范。

这种方法在 Photoshop CS4 扩展版中也适用，另一种方法是将不同的纹理层直接加载到 3D 图层上。▼还可以对 3D 图层进行绘画，而不用打开纹理。另一项改进是 UV 叠加，它帮助用户确定在二维纹理文件的哪个位置进行绘画。为了能够准确地进行修改,可以选择 **3D > Create UV Overlays（创建 UV 叠加）** 命令来添加 UV 信息（默认是线框模式），它可以帮助用户了解纹理与模型是如何进行匹配的。如果没有在 3D 环境下操作的经验，那么可能不了解，UV 是衡量模型几何特征的重要参考。一旦添加了叠加图层，并保存了 2D 纹理文件，那么叠加图层将成为 3D 图层的一部分，除非在保存前关闭该图层的显示状态或是将其删除。

光源

在 Photoshop CS3 扩展版中，光源的选择受到了预设列表的限制（见第 654 页）。在 Photoshop CS4 扩展版中，可以通过 3D（Lights）[3D（光源）] 面板添加新的光源。也可以修改现有的光源，甚至将它保存为预设。Photoshop CS4 扩展版的 3D 功能提供了 3 种光源，与此类似，Lighting Effects（光照效果）滤镜中的灯光类型也有 3 种。▼这 3 种光源分别是**点光**（类似于一个灯泡，向各个方向发送光线）、**聚光灯**（能聚光，有方向，类似光照效果滤镜中的 Spotlight，即点光）以及**无限光**（光源很遥远，只有一个方向，类似灯光效果中的 Directional，（平行光）。除了位置，可以为每个光源设置强度和颜色，决定是否产生阴影，并根据具体光源类型设置其他属性。

渲染、栅格化、保存和导出

渲染是将在屏幕上看到的网格、材料、光源信息、摄影机信息转换成图像的过程。在 Photoshop CS3 扩展版中的"外观设置"对话框（见第 654 页），Photoshop CS4 扩展版中 3D Render Settings（3D 渲染设置）对话框（见第 656 页）进行相关设置，该对话框可以通过 3D> Render Settings（渲染设置）命令打开。除了这些设置之外，3D Render Settings（3D 渲染设置）对话框中存在一个 best（最佳）选项，该选项经常在选择 3D >Render For Final Output（为最终输出渲染）命令时使用。

知识链接

▼ 在 Photoshop 中创建纹理
第 556 ~ 562 页

▼ 光照效果滤镜
第 264 页

前　　后

当你想将视频中的帧转换为正方形像素的形式，并用于印刷或是网络时，一定不想见到任何可见的隔行扫描效果。Photoshop 的 Filter（滤镜）> Video（视频）>De-Interlace（逐行）命令可以做到这一点。有关隔行扫描和逐行扫描内容请参考 680 页。

创建一个包含 3D 图层的文件后，可以将其保存为 Photoshop 格式，其中包含了所有的 3D 图层信息，选择格式后勾选 Maximize Compatibility（最大兼容）复选框。如果选择的格式不支持 3D 图层（例如 JPEG），Photoshop 将以此格式保存一个副本（保存并关闭新文件），保存分层信息的文件依旧处于开启状态。也可以将 3D 图层单独输出为 3D 软件的格式 [3D > Export 3D Layer（导出 3D 图层）]。在 Photoshop CS3 扩展版中，不能输出 3D 文件，或存储为 3D 格式。但如果不再需要 3D 属性，想将它转换成标准的基于像素的图层，可以执行 3D> Rasterize（栅格化）命令。

视频

在 Photoshop 中，可以捕捉视频中的某一帧并将其应用于印刷或网络，也可以将静态图像转换为视频剪辑。在 Photoshop 扩展版中，可以将一整段视频剪辑作为 Photoshop 文件中的一个视频层，对它的色调进行调整，甚至可以将其变成一个智能对象，应用滤镜后再次存储为视频格式。下面我们即将开始的有关视频的操作同时适用于 Photoshop 的基本版和扩展版（参见第 662 页）。

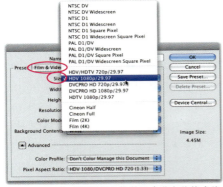

Photoshop 针对影视行业提供了多种文件格式的支持。选择 File（文件）>New（新建）命令后，可以在预设下拉列表中选择 Film&Video（胶片和视频），最后打开 Size（大小）下拉列表选择合适的尺寸。

像素长宽比

不同的视频格式采用不同的数字编码方式，其中很多格式使用非方形像素。Photoshop 可以管理多种视频格式的椭圆像素，从而能够抓取视频帧，并把它变成静态图像用于印刷或网络（参见第 678 页），也可在 Photoshop 中创建静态图像应用于其他视频（参见第 681 页）。

对视频进行设计

若要在 Photoshop 中创建一张用于视频的静态图像，最好先了解一些视频应用和印刷、网络应用之间的区别。

为了使 Photoshop 中的视频在变形和非变形之间切换，可以先选择 View（视图）> Pixel Aspect Ratio（像素长宽比）命令，选择合适的格式，然后通过 Pixel Aspect Ratio Correction（像素长宽比校正）命令进行切换。

- 为了使制作的文件能够被现有的广播电视系统接受，必须要知道一些**广播电视的制式**，这些制式之间的差距很大。最常用的广播制式有 NTSC（北美标准）、PAL（欧洲、澳大利亚和新西兰的主要标准）、SECAM 制式（法国标准）以及现在的 HDTV 和 HDV。

左图为Photoshop中视频帧的缩放后视图[勾选Pixel Aspect Ratio Corrected（像素长宽比较正）]，借助 Ellipse（椭圆）工具，可以在按住Shift键的情况下画一个圆，在未缩放的视图里，圆圈看起来被拉伸了，如右图，但无论哪种方式，当它在电视上显示时，将作为一个圆圈被解码。

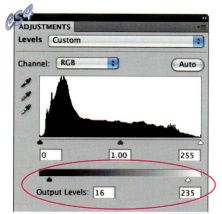

可以将色阶调整图层的Output Levels（输出色阶）设置为如上图所示，以保证对比度（有时是色彩饱和度）处于视频安全范围。深色深于16、浅色轻于235的标准是比较保守的。

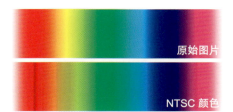

对于扫描线的广播电视信号，Photoshop的Filter（滤镜）>Video（视频）>NTSC Colors（NTSC颜色）命令可以防止某些颜色出现"溢色"现象。

- 当使用视频格式来创建一个新文件时，Photoshop会提供参考线以保证文字和图片的重要部分处于"**安全区**"之内，使得在图像边缘的部分不被裁切掉，可以参考第681页的"参考线"。

- 不同于网络和印刷领域的应用，在显示宽度小于2像素的水平线和字体的衬线时，会产生我们不需要的闪烁问题。这时需要使图像和字体显得更"强壮"，或者使用无衬线类型。

- **对比度与色彩**。视频的颜色在信道传播的过程中需要经历转换过程，此时其颜色精度是无法与印刷媒体相媲美的。例如，出于特殊键控的考虑采用模拟信号的视频保留纯黑色，并使白色变暗，从而保证图像信号不会影响音频信号。为了保持**黑白对比度**处于安全的范围，可以使用一种很保守的做法，即调整Output Levels（输出色阶），选项使深色深于16、浅色轻于235，如左图。或者针对正在使用的特殊的广播电视标准进行调整。

  有时对比过于强烈也会产生问题。这时可以执行Filter（滤镜）>Blur（模糊）> Motion Blur（动感模糊）命令，将Angle（角度）设置为0°以产生足够的中间色调，从而避免时出现图像抖动的问题。在栅格化文字和图片前，需要通过抗锯齿设置来避免在边缘处产生过于强烈的对比。

- 即使已调整对比度，图片可能仍然包含高饱和度（强烈）的颜色，比如一件明亮红色的衬衫，其颜色会影响到周围。为了降低**色彩的饱和度**以符合广播电视的标准，可以采用以下3种方法：执行Filter（滤镜）> Video（视频）> NTSC Colors（NTSC颜色）命令（这是一种保守的做法，其效果可能要比你的期望差很多）；执行Edit（编辑）> Convert to Profile（转换为配置文件）命令将正在使用的RGB色彩空间转换为符合广播电视标准的色彩空间；依然使用RGB色彩空间，将其保存为配置文件（在弹出的对话框中检查嵌入颜色的配置文件），并将其应用于视频编辑软件。

在Photoshop扩展版中打开一段QuickTime 格式的视频文件作为视频图层，它将成为这段音乐视频的开始。复制图层，为了对它的所有帧应用过滤器，我们把其副本转换成智能对象。单击如 A 所示的秒表图标，分别在如 B 所示的位置设置关键帧，如 C 所示，使两个图层通过不透明度属性混合起来。我们在观看最终效果的时候会发现，影片开始时带有滤镜效果，随着影片的播放，滤镜效果减淡，显露出原始的视频，直到最后（具体的操作步骤请参见第684页）。

存储应用于视频中的图片

为了保存用于视频中的图片，我们需要先了解视频后续处理软件支持哪种格式，有些软件（比如 Adobe 公司的 After Effects 和 Adobe Premiere Pro）支持分层的 Photoshop 文件（PSD），有些甚至支持图层样式，但是也有一些软件只支持单一的图层。

Photoshop的视频编辑流程

在 Photoshop 的基本版中，有很多方法可以处理视频的帧图像。可以利用视频编辑软件将帧图像输出为一个独立的文件，利用 Photoshop 进行修改并重新保存，然后重新导入到视频编辑软件。就像上面提到的流程，你肯定不希望将视频图像转换为方形像素再重新导入，可能会希望 Photoshop 改变预览方式，以避免错误地将其拉伸变形。

> **巧用动作功能**
>
> 如果在使用Photoshop基本版而不是扩展版时，想导入一段视频图像序列进行编辑，并希望将这些文件重新保存且重新导入视频编辑软件，可以使用动作功能。▼记录第1张图片的处理过程，然后选择File（文件）> Automate （自动）>Batch（批处理）命令将同样的操作应用到其他图片上。
>
> **知识链接**
> ▼ 记录和使用动作，第 120 页

在视频的处理过程中，了解 Photoshop 的文件格式兼容性是十分必要的，这样才能保证视频编辑人员输出的文件能够被你所用，你提供的文件能重新导入到视频编辑软件中。对于一系列的帧，还需要知道命名的规则，这些信息可以在视频编辑者提供的素材说明里看到。

Photoshop扩展版视频编辑流程

Photoshop 扩展版可以对整个视频剪辑进行处理，包括改善颜色和对比度、设置滤镜、应用 3D 效果并设置动画，以及用不同格式进行渲染输出。

1 在 Photoshop 扩展版中打开一个视频文件。在 Layers（图层）面板中会显示一个视频图层，在 Animation（Timeline）[动画（时间轴）] 面板中会看到时间轴（该面板的使用方法参见第 666 页）。

2 拖动时间轴的 current time indicator（当前时间指示器）观看视频，可以找到你想要的部分。移动到**工作区域指示器**

默认情况下，当Animation（动画）面板以帧模式打开时，3个Unify（统一）按钮和Propagate Frame 1（传播帧1）复选框会自动显示在Laryers（图层）面板的顶端，也可以单击Laryers（图层）面板的扩展按钮▾≡，选择Animation Options（动画选项）命令让这几个选项总是显示或总是隐藏。

Unify（统一）按钮用于控制图层的变化，比如改变图层位置（比如使用移动工具⊹ 移动图层中的内容）、**图层可见性**（显示或者隐藏）👁 或样式（改变图层样式的效果或让文字变形）。

当统一功能被激活，对当前图层的操作将适用于所有的帧，对图层随后的任何更改也适用于所有帧。如果只想更改其中某几帧的位置、可见性和样式，可以在单击相应按钮关闭这些功能之后，再通过Animation（动画）面板选择特定的帧进行更改。单击选中想改变的第1帧，然后按住Shift键单击其他帧以选择一个连续的区域，或通过Ctrl/⌘选择不连续的帧。**注意**：可见性与Layers（图层）面板中的不透明度是不同的，不透明度是通过滑块进行调节的，即使激活统一功能，仍然可以控制单个帧的不透明度，也可以为它设置动画属性。▼

知识链接
▼ 过渡
第 664 页

确定视频的开始和结束位置。Photoshop扩展版将只渲染这个部分，而不会浪费任何时间和运算能力在不需要的部分上。

3 如你所愿地进行改变。

可以在视频图层上简单地添加调整图层调整色彩，具体案例参见第687页。

如果想在视频上应用**滤镜**，可以先将视频转换成Smart Object（智能对象），具体命令是Filter（滤镜）> Convert for Smart Filters（转换为智能滤镜），第684页的"利用Photoshop扩展版制作视频动画"将展示如何应用和删除滤镜。

对于视频，也可以进行**逐帧描摹**，或者进行绘画、克隆。可以绘画或克隆得到正确的视频图层，而对原图层没有任何损害，如果要撤销操作，可以执行Layer（图层）> Video Layers（视频图层）> Restore Frame（恢复帧）（针对某一帧）或Restore All Frames（恢复所有帧）命令来还原视频。对于用户来说，最方便的是在视频上新建一个或几个图层进行逐帧描摹操作，具体命令是Layer（图层）> Video Layers（视频图层）> New Blank Video Layer（新建空白视频图层）。

4 执行File（文件）> Export（导出）> Render Video（渲染视频）命令可以渲染视频，参见第686页。

动画

动画包含了一系列静态的图片，称为"帧"。通常相邻两帧图像之间只有很小的变化。只要拥有足够的帧和足够快的速度，就能在播放动画中的所有帧时，产生动态的影像。在Photoshop扩展版中，**Animation（动画）面板**有两种模式，**Frames（帧）**和**Timeline（时间轴）**，Photoshop基本版中的Animation（动画）面板只有Frames（帧）一种模式。

帧动画

在**Frames（帧）**模式中，Animation（动画）面板显示一系列帧，每一个"快照"都显示了此时刻所有可见图层的效果，可以返回到任何一帧来修改图层的可见性和图层的具体内容。可以控制动画的时间，调整每个帧上播放的动画内容。

设置动画的 3 种方法。 在 Photoshop 中有如下 3 种设置动画的方法。

- **逐帧制作。** 创建一个单一的帧，然后复制这个帧并进行修改（为新内容添加新图层），使这个新的帧看起来略有不同。然后复制这个新的帧作为下一帧，赋予其更多的变化，再复制，再次改变，以此类推，详细案例参见第 694 页。

- 另一种方法是在 Photoshop 单独的图层中提前创作帧效果。然后在动画面板的扩展菜单中选择 Make Frames from Layers（**从图层建立帧**）命令，第 665 页的 Spin 动画就是这样的例子。

- 相对于手工制作每一帧，你可以为动画序列设置开始和结束时的效果，然后让 Photoshop 自动生成中间过程。这种自动生成中间效果的过程称为 tweening（**过渡**）。有 3 种层属性可以设置过渡动画，分别是：图层中的位置、不透明度和样式（图层样式和文字变形），可以在第 700 页看到相关的案例。

Frames（帧）模式下的Animation（动画）面板

在Frames（帧）模式下的Animation（动画）面板中，可以利用图层和过渡功能创建GIF动画。

当 Unify（统一）按钮处于激活状态时，对目标图层的任何操作都将影响到所有的帧。统一功能影响到 3 种图层属性，**位置、可见性**（不同于不透明度）和**样式**。

如果想让对第 1 帧的修改影响后续帧，要确认 Propagate Frame 1（**传播帧 1**）被选中。

图层可见性、不透明度和样式的变化将直接反映到 Animation（动画）面板上的其他帧上，如果改变图层的内容，图层中所有可见帧都会发生变化。

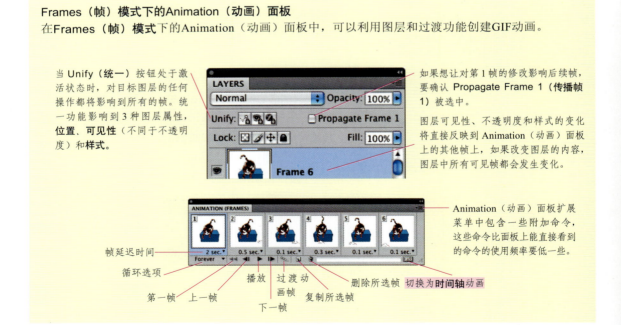

Animation（动画）面板扩展菜单中包含一些附加命令，这些命令比面板上能直接看到的命令的使用频率要低一些。

帧延迟时间

循环选项

第一帧　上一帧

播放　过渡动画帧

下一帧

复制所选帧

删除所选帧　切换为时间轴动画

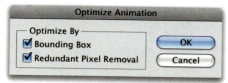

Optimize Animation（优化动画）对话框中提供的这两个动画选项可以对图像进行裁切，并在不影响原图像质量的情况下，显著减少帧图像中的像素数。Bounding Box（外框）选项可对图像进行有效裁切，使电脑只计算原图中发生变化的区域。Redundant Pixel Removal（去除多余像素）选项使所有透明像素变得如同前一帧一样。

延迟时间。创建帧后，即可在 Animation（动画）面板中设置时间和循环选项，然后使用面板中的 Play（播放）按钮▶来预览动画，以便对时间进行调整（参见第 698 页的案例）。

优化和保存动画。可以使用 Photoshop 将动画保存为 GIF 格式，在 Animation（动画）面板的扩展菜单中选择 Optimize Animation（优化动画）命令，勾选两个复选框，再单击 OK 按钮。然后执行 File（文件）>Save for Web & Devices（存储为 Web 和设备所用格式）命令，在弹出的对话框中（参见第 666 页）按照如下步骤进行操作，减小文件容量，加快文件读取速度。

1　在面板上端选择 GIF 格式。

2　在 Image Size（图像大小）区域中减小文件尺寸。

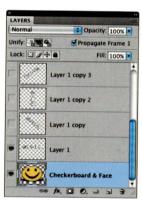

Spin.psd

通过巧妙构思和使用键盘快捷键，Geno Andrews 利用 Photoshop 的过渡功能飞快地完成了这段 SPIN 动画，（文字的旋转和透视属性不是使用过渡功能完成的）。输入文字 SPIN，执行 Layer（图层）> Rasterize（栅格化）> Type（文字）命令。然后他通过快捷键只用一步就将 SPIN 图层复制并旋转 45°，快捷键为 Ctrl+ Alt + T 键（Windows）或 z+Option+ T 键（Mac）。执行 Filter（滤镜）> Blur（模糊）>Radial Blur（径向模糊）命令模糊文字。然后，他用同样的快捷键将模糊后的图层复制和旋转 6 次以上。在 Layers（图层）面板中，按住 Shift 键选择所有的 SPIN 图层，再执行 Edit（编辑）> Transform（变换）> Perspective（透视）和 Scale（缩放）命令让它们变形。在 Animation（动画）面板的扩展菜单中选择 Make Frames from Layers（从图层建立帧）命令。最后，他单击笑脸图层前面的指示图层可见性图标👁，保证这个图层处于可见状态，再单击 Unify layer visibility（统一图层可见性）按钮，使每一帧中的笑脸图层和背景图层都处于 SPIN 图层的下方。然后，删除第 1 帧并调整帧持续时间，使旋转动作变得顺畅。

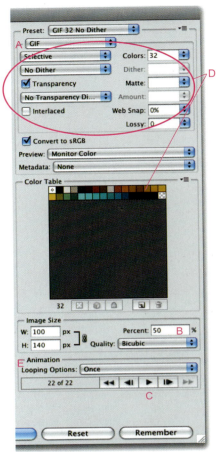

为了保存动画，选择格式为 GIF，如 A 所示，并减小文件尺寸，如 B 所示。使用播放控制选择指定的帧，如 C 所示，设置颜色选项进行优化，如 D 所示，再设置需要的循环方式，如 E 所示，然后预览并保存动画。

知识链接

▼ 优化 GIF 文件
第 152 页

3 通过 Animation（动画）选项组中的动画控制按钮浏览动画，并选择其中颜色最复杂的一帧，在面板上端设置颜色属性。▼

4 设置动画的循环次数。

5 使用 Preview in browser（在浏览器中预览优化的图像）按钮，查看最终动画并单击 Save（存储）按钮。

时间轴动画

在**时间轴模式**下的 Animation（动画）面板中，可以将 2D、3D（静态或动态）和视频制作成影片。与使用独立显示快照的帧模式不同，时间轴模式将每个图层都显示为一个**时间条**，只有背景图层是锁定的，不能设置动画，它在时间轴窗口中不显示。通过调整时间条，可以决定目标图层何时显示在影片中。拖动**当前时间指示器**可以看到影片的任何部分。**关键帧指示器**可以被添加到独立图层上以控制影片的效果，比如，控制对象的起始位置和最终位置，控制视频何时开始变暗并完全淡出，控制 3D 模型的旋转与摄影机的对焦。那些在帧模式下可应用过渡功能的属性可以设置关键帧，包括位置、不透明度、样式（在帧模式下称为"效果"）。另外，3D 图层对象和摄影机的位置属性可以用关键帧来"过渡"，这是添加对焦和旋转属性的基础，没有 3D 功能是不可能实现的。在工作的时候，可以打开 onion-skinning（启用洋葱皮）选项以启用一个当前帧的镜像，这样就可以直观地对比修改的结果了。

利用 Photoshop 扩展版，可以将一段动画保存为 GIF 格式（请参见第 665 页），或是执行 File（文件）> Export（导出）> Render Video（渲染视频）命令将动画输出为 QuickTime 格式、AVI 格式（Windows）、MPEG-4、3G 或其他格式（请参见第 686 页）。

Timeline（时间轴）模式下的Animation（动画）面板

使用Photoshop扩展版中的时间轴功能可以创建、编辑、渲染
包含了3D、视频、动画序列的影片。

时间数字按照"时分秒帧"的顺序
显示了当前时间。按住 Alt/Option
键单击数字可以在时间和帧数之间
进行切换。

编辑时间轴**注释**

除了 3 种基本属性
之外，**3D 对象**拥
有很多其他的动画
属性。

单击**秒表图标**，可
以为指定属性设置
关键帧。

帧速率

拖动当前时间指示器
可以浏览影片，确定
关键帧的位置。

帧缓存指示器告诉
用户影片的哪些部
分已经被渲染并保
存在内存中。

两个工作区域指示器
可以缩短或加长影片
用来预览输出的片段。

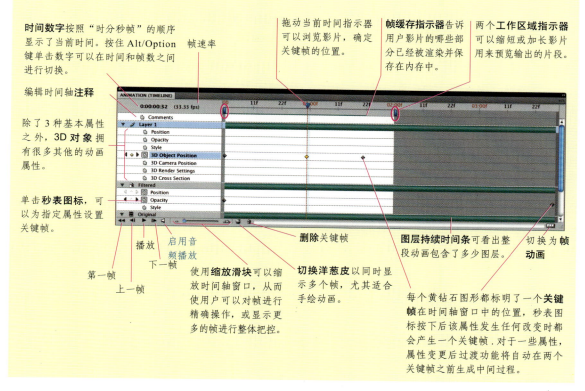

播放
启用音
频播放
下一帧
第一帧
上一帧

使用**缩放滑块**可以缩
放时间轴窗口，从而
使用户可以对帧进行
精确操作，或显示更
多的帧进行整体把控。

切换洋葱皮以同时显
示多个帧，尤其适合
手绘动画。

删除关键帧

图层持续时间条可看出整
段动画包含了多少图层。

切换为**帧**
动画

每个黄钻石图形都标明了一个**关键
帧**在时间轴窗口中的位置，秒表图
标按下后该属性发生任何改变时都
会产生一个关键帧.对于一些属性，
属性变更后过渡功能将自动在两个
关键帧之前生成中间过程。

利用 Photoshop 扩展版的 3D 图层、视频图层、智能滤镜和关键帧，可以创
建令人印象深刻的动画作品。如果想学习更多有关 Photoshop 的动画知识，
我们向你推荐 Adobe Photoshop CS3 Extended: Photoshop in Motion。Corey
Barker 从基础的动画（时间轴）面板讲起，演示讲解了一些经典的案例，融
合了蒙版动画和图层样式等内容。他使用智能对象、智能滤镜和嵌套动画创
建火焰，使用图层样式、智能对象和变形命令设计卷曲的毛发和闪烁的灯光。

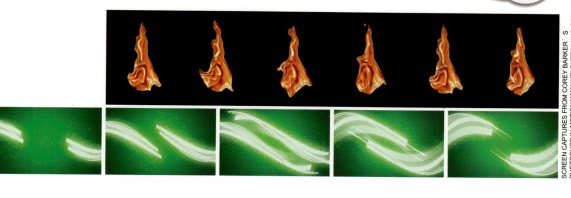

Photoshop 扩展版中的 3D 材质源

尽管在 Photoshop CS3 和 Photoshop CS4 扩展版中不能直接创建 3D 模型，但是却有很多种方法来修改 3D 环境中的材质。

我们有两种方法来应用由其他软件创建的 3D 模型，这两种方法在 Photoshop CS3 和 Photoshop CS4 中都适用，都能将 3D 模型转换成 3D 图层，这个像是"包裹"的 3D 图层，其内部的各个组件相互独立，可以分别对其进行编辑处理或保存。

3D 格式

Photoshop CS3和Photoshop CS4扩展版可以打开和导入下面列出的3D格式的文件。在Photoshop CS4扩展版中，可以通过执行3D > Export 3D Layer（导出3D图层）命令将模型输出为U3D、OBJ、DAE、KMZ格式。

- U3D （一种普通的标准压缩格式）
- 3DS （3D Studio Max）
- OBJ （Alias/Wavefront）
- DAE （Collada 数字交流格式， 为连接 3D 文件和应用程序而设计）
- KMZ （一种压缩格式， Google Earth 4）

上面列举的这些格式也在变化，因此不能保证 Photoshop 扩展版能随时打开所有这些格式的文件。

如何应用

如果想对3D图层执行Edit （编辑）> Transform （变换）命令，或是想应用滤镜，则需要先将3D图层转换成智能对象▼[(Filter (滤镜)> Convert for Smart Filters（转换为智能滤镜）)]▼，或是先复制图层（Ctrl/⌘+J），再栅格化［在Photoshop CS3扩展版中执行Layer （图层）> 3D Layers（3D 图层）> Rasterize（栅格化）命令，在 Photoshop CS4扩展版中执行3D > Rasterize（栅格化）命令］。

附书光盘文件路径

🌀 >Wow Project File>3D Sources

知识链接

▼ 智能对象　第 18 页

▼ 智能滤镜　第 72 页

打开模型

执行 File（文件）> Open（打开）命令找到目标模型文件，在打开的对话框中说明了模型的情况，标明这个文件将要转换为多大尺寸。

Photoshop CS3 和 Photoshop CS4 扩展版中不能直接创建 3D 模型，若图片很大，文件占用的计算机资源就会很多，运行速度就会变慢。（Photoshop CS4 扩展版没有提供这个对话框）。

导入模型

为了将模型文件以 RGB 模式导入，可以执行 **New Layer From 3D File（从 3D 文件新建图层）** 命令，该命令在 Photoshop CS3 扩展版中位于 Layer（图层）> 3D Layers（3D 图层）菜单中，如 A 所示，在 Photoshop CS4 扩展版中位于 3D 菜单，如 B 所示。模型会自动与打开的文件尺寸相匹配。

利用消失点工具捕捉3D图层

在 Vanishing Point（消失点）窗口中，从照片中捕捉表面，将其转换成 3D 图层，然后应用 3D Rotate（3D 旋转）工具和 3D Roll（3D 滚动）工具将这个面放到正对视图的位置。打开图片，如 A 所示，执行 Filter（滤镜）> Vanishing Point（消失点）命令，在需要捕捉的区域上创建网格，如 B 所示▼，利用 Edit Plane Tool（编辑平面工具选择网格，单击窗口左上的图标），选择 Return 3D Layer to Photoshop（将 3D 图层返回到 Photoshop）命令，如 C 所示，单击 OK 按钮。图片上被网格覆盖的区域被抓取出来，并转换成了 3D 图层，如 D 所示。你可以使用 3D 工具调整这个面，如 E、F 所示，最后将其转换成智能对象，并进行调整。▼

从消失点工具到 After Effects

当需要为影片创建一个场景却又无力承担现场拍摄或创建复杂三维模型带来的费用时Vanishing Point（**消失点**）**滤镜**和**After Effects**软件非常有用。打开一张包含着香港小巷的照片，这张图片中有一条清晰的小路，可以应用于After Effects的摄影机。在Vanishing Point（消失点）窗口中▼，绘制相接的网格，涵盖所有有关的面形成虚拟道路，包括上下左右，以及用于限制摄影机不会移动到太远位置的道路"终点"（图中有3个网格被选中）。绘制完网格后，在窗口菜单中选择Export for After Effects (.vpe)丨导出为After Effects所用格式（.vpe）丨命令。Photoshop将每个网格覆盖的区域输出为.png格式，连同.3ds和.vpe文件一起，After Effects将2D图像重建为3D模型。通过After Effects内部的几种控制位置和摄影机的功能，可以利用照片创建视频素材。

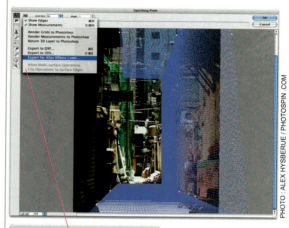

CS4 3D明信片

Photoshop CS4 扩展版中的 New 3D Postcard From Layer（从图层新建 3D 明信片）菜单命令可以将目标图层，转换成一个 3D 空间中的 2D 平面。在 3D 空间中扭曲文字、图片会更加容易和直观，至少在开始的阶段，实现带有透视的扭曲效果，要比执行 Edit（编辑）> Transform（变换）菜单命令容易得多。在 Photoshop 扩展版中打开一个从 InDesign 软件导出的 PDF 文件，作为要进入 3D 空间的目标图层，如 A 所示。执行 **3D > New 3D Postcard From Layer（从图层新建 3D 明信片）**菜单命令，如 B 所示，在 Photoshop 扩展版创建 3D 图层之后，使用 3D 工具对图层进行调整，如 C、D 所示。

3D 明信片在制作文字和图片动画时非常有用，也可以作为一种放大或缩小照片的方法。**注意**：在使文字、图片符合照片的透视属性时，消失点工具和 Edit（编辑）> Transform（变换）菜单命令看起来效果不错，可能是因为摄影机的镜头使背景也发生了透视变形。

CS4 3D 明信片：翻转

3D 明信片在创建具有透视效果的倒影时非常有效，我们打开一个文件，如 A 所示，将它复制到一个新的图层中（CTRL/⌘+J），执行 Edit（编辑）> Transform（变换）> FlipVertical（垂直翻转）菜单命令。然后将画布扩大到足以容纳倒影的尺寸（将高度调整为原来的 200%，如 B 所示），快捷键为 Ctrl+Alt+C（Windows），⌘+Option+C（Mac）。按住 Shift 键将倒影图层向下拖动，并降低其不透明度，如 C 所示，直到它的强度符合我们的需求（我们通常用蒙版来进行调整）。按住 Shift 键在图层面板中加选另一个图层，执行 **3D > New 3D Postcard From Layer（从图层新建 3D 明信片）**菜单命令，如 D 所示，再利用 3D 旋转工具调整图层的方向，如 E 所示，使其准备成为我们的背景图层。**注意**：第 629 页关于 2D 的倒影不限于 Photoshop CS4 或是扩展版。

CS4 体积

3D > New Volume From Layers（从图层新建体积）菜单命令用来处理符合 DICOM 标准的医用图像，比如将超声波和磁共振成像转换成 3D 体积。Photoshop 扩展版的帮助告诉我们如何应用这个命令。那些经常与切片打交道，组织学或病理学的科学家，会发现这个功能非常有用。将切片作为图例图层按照顺序排列起来，选择目标图层，再执行 3D > New Volume From Layers（从图层新建体积）菜单命令，在弹出的 Convert To Volume（转换为体积）对话框中，改变 X 和 Y 的设置，可以使切片变形，改变 Z 的设置，会使切片的厚度发生变化。**为了让新生成的体积更加不透明，可以选择 3D > Render Settings（渲染设置）菜单命令进行调整。**

形状

New Shape From Layer（从图层新建形状）菜单命令可以将图层的内容，如A应用到Photoshop CS4扩展版提供的11种模型上。简单地选择包含所需内容的图层，打开3D菜单，选择你需要的形状，如B所示，图层中的图像将会成为模型网格上Diffuse（漫反射）纹理（表面颜色和图案），如C所示。如果模型有多个网格，你无法控制图像被应用到哪个网格上，但是在打开模型之后，你可以选择目标网格来应用不同的纹理。这里显示的Ring（环形）与Hat（帽形）和Donut（圆环）相似，只有一个网格。但是下面要讲解的"形状和尺寸"中的形状拥有更多的网格。

Shapes.psd

形状和尺寸

下面，我们将对New Shape From Layer（从图层新建形状）菜单命令中提供的部分形状进行介绍，应用一个正方形的图像，默认情况下，它将成为这些形状的Diffuse（漫反射）纹理，几乎没有形变。所谓"默认纹理"，意思是执行New Shape From Layer（从图层新建形状）菜单命令后直接应用的纹理。通过实验，**方形文件**（最左边）应用于下列模型的样子如下图所示，包含锥体、立方体、易拉罐、酒瓶（对于易拉罐和酒瓶，图片在模型背后进行重复）。

一个2:1的矩形文件覆盖在圆柱体和球体的样子如下图所示。

从灰度新建网格

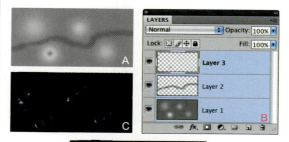

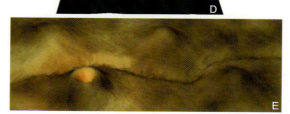

New Mesh From Grayscale（从灰度新建网格）菜单命令用于将2D图像创建为3D网格。灯光照亮的部分变得高亮，暗调区域成为暗点。当你应用这个命令的时候，可以使用一张易于识别的图像（比如风景照片），复制图层并模糊其副本，然后执行New Mesh From Grayscale（从灰度新建网格）菜单命令。如果你使用的是锐利的照片，你会发现你得到了一张具有很强立体感的图片。

不同于从照片开始的制作过程，我们将会用一个虚构的景观来创建地形。新建一个文件，用50%的灰色进行填充，将笔刷设置成白色、低不透明度，单击创建一些圆点作为山脉。新建一个图层，将笔刷设置成深灰色，使用Dissolve（溶解）模式绘制峡谷。执行Filter（滤镜）>Blur（模糊）> Gaussian Blur（高斯模糊）菜单命令处理这个图层，并降低它的不透明度。在第3个图层中，我们在一个山峰上绘制陨石坑，如A所示，在图层面板中选中这3个图层，如B所示，执行New Mesh From Grayscale（从灰度新建网格）菜单命令创建3D图层，如C所示，使用3D Rotate（旋转）工具倾斜平面，为了让效果看起来更真实，我们可以降低它的Glossiness（光泽度）和Shininess（反光度），如D所示。添加Diffuse（漫反射）纹理和Bump（凹凸）纹理（参见第657页），然后编辑环境和光源的颜色。复制一个副本并栅格化副本图层，然后使用模糊工具将一些生硬的区域变柔和，复制这个图层（Ctrl/⌘+J），设置其图层混合模式调整为 Hard Light（强光），设置其不透明度为 50%，如 E 所示。

landscape.psd

3D 工具

练习

3D 功能存在于 Photoshop 扩展版中，在 Photoshop CS3 中你可以导入 3D 模型、替换或改变模型表面纹理、改变光源属性。在 Photoshop CS4 中，你可以将这些模型再次输出为 3D 模型。下面我们将检视 Photoshop 扩展版 3D 功能的菜单、工具和面板。同时，我们将使用一种会对设计师和插画师有很大帮助的方法，来简单试用 Photoshop 扩展版的 3D 功能。在这个简单的例子中，你可以将这里讲解的 3D 功能和前面第 603 页讲解的 Warp（变形）功能进行对比。每种方法都有其优势。3D 功能可以创建精确的结果，使标志紧贴在瓶子上，而且在你完成这项工作之后，你可以轻松地将酒瓶调整到不同的位置和角度。应用 Warp（变形）功能的用户，如果没有太多的 3D 知识，也不用去学习一组陌生的界面，这个方法可以更加简单地将标志贴在酒瓶或是其他非圆柱体的模型上。

附书光盘文件路径

> Wow Project Files > Chapter 10 >Exercising 3D Basics:

- WinePhoto-Before.psd （原始文件）
- LabelGraphics.psd
- 3DWineBottle.obj
- Wine Photo-After CS3 (or CS4).psd （效果文件）

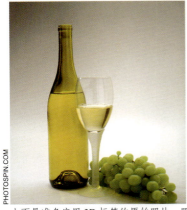

上面是准备应用 3D 标签的原始照片。照片中的阴影比较柔和而且光线来自于多个方向。有些光线来自于物体背后，在物体前面形成阴影。而有些灯光来自于右前方，在照亮背景的同时，也将玻璃杯的阴影投射在酒瓶上。我们将会把玻璃杯的图像选择出来，复制到一个新的图层里面，这样就可以把标志放在玻璃杯和酒瓶之间了。

模型从哪里来

由于我们要在 Photoshop CS3 和 Photoshop CS4 版中使用同样的 3D 模型来完成练习，因此我们使用 Photoshop CS4 扩展版来创建并输出 **3DWineBottle.obj** 文件。下面讲解具体过程。执行 File（文件）> New（新建）菜单，命令创建一个 800×800，背景透明的文件，其高度与照片中的酒瓶差不多，而选择正方形是因为在应用时，这是一种最好的形状，参见第 671 页。执行 3D>New Shape From Layer（从图层新建形状）>Wine Bottle（酒瓶）菜单命令，如 A 所示，这样 Photoshop 扩展版就会在场景中创建一个酒瓶，将一个空图层转换为 3D 图层，如 B 所示。在图层面板中可以看到，Wine Bottle（酒瓶）拥有 3 个纹理，玻璃材料、木塞材料和图层 1。我们原先的空图层 Layer 1 成为了酒瓶的标签，如 C 所示。

执行 Window（窗口）> 3D 菜单命令打开 3D 面板，3D(Scene)［3D（场景）］面板中列出了场景中的所有材料。单击其中一个，面板的标题栏将变为 3D(Materials)［3D（材料）］。酒瓶模型标志的默认颜色是粉色，如图 D 所示。我们在 3D（场景）面板单击标志材料，将看到 Ambient（环境）和 Diffuse（漫反射）属性后面的色板变成粉色，如 E 所示。我们依次单击 Ambient（环境）和 Diffuse（漫反射）属性后面的色板，将两个颜色都改为白色，如 F 所示。这里白纸的标签后面将会被修改。执行 3D > Export 3D Layer（导出 3D 图层）菜单命令输出 3D 图层，保存为 3DWineBottle.obj。

1a 在Photoshop CS3中 导入模型

用 Photoshop CS3 扩展版打开 WINEPHOTO-BEFORE. PSD 文件，然后执行 Layer（图层）> 3D Layers（3D 图层）> New Layer From 3D File（从 3D 文件新建图层）菜单命令，如 A 所示，将 3DWineBottle.obj 文件导入进来成为 3D 图层，高度与照片匹配。在 Layer（图层）面板，如 B 所示显示了这个 3D 图层的纹理列表。

灯光经常不能随着对象一起被输出，而你看到的灰色模型是最典型的情况，如 C 所示。设置模型使图片正对我们，将标签恢复为白色。执行 Layer（图层）> 3D Layers（图层）> Transform 3D Model（变换 3D 模型）菜单命令，然后从视图列表中选择 Front（前视图），如 D 所示。为了让颜色恢复，单击 Lighting and Appearance Settings（光源和外观设置）按钮，如 E 所示，在光源设置列表中选择 No Lights（没有灯光）选项，如 F 所示，以此恢复本来的颜色。Layers（图层）面板中显示了纹理列表，如 G 所示。

1b 在Photoshop CS4中 导入模型

用 Photoshop CS4 扩展版打开 WINEPHOTO-BEFORE. PSD 文件，然后执行 3D>New Layer From 3D File（从 3D 文件新建图层）菜单命令，如 A 所示，将 3DWineBottle. obj 文件导入进来成为 3D 图层，高度与照片匹配。在 Layer（图层）面板，如 B 所示显示了这个 3D 图层的纹理列表。

灯光经常不能随着对象一起被输出，而你看到的灰色模型是最典型的情况，如 C 所示。但是在这里我们。我们在标签图像到达合适位置之后调整灯光，然后设置模型使图片正对我们。选择 3D 对象工具（快捷键 K），然后在选项栏中选择 Front（前视图）命令，如 D 所示。**注意**：如果你想让标签背后更加明亮一些，可以在 3D（场景）面板中设置 Global Ambient（全局环境色），将颜色设置成灰色，甚至是白色。

2 修改纹理

在 Photoshop CS3 或 Photoshop CS4 扩展版中，双击图层面板中的 Layer 3 图层，打开酒瓶标签纹理，本图将以 psd 格式作为智能对象打开。▼打开 LabelGraphics.psd 图像，如 A 所示，使用移动工具 ▶⊕ 将图像移动到 Layer 3.psd 中。

为了不让酒瓶标签在垂直方向上占用过多空间，我们不会让图像在高度方向上充满整个图像，而是要在图像边缘留下用于裁切的空间。利用 Ctrl/⌘+T 快捷键应用自由变换工具按住 Alt/Option 键和 Shift 键拖动鼠标，沿中心进行缩放。（在模型上，标签差不多将酒瓶围住了半圈，为了不让标签图像过于靠边，其高度与宽度被缩放到 80%，如图 B 所示）。使用移动工具 ▶⊕ 将图像移动到文件的中下部，如图 C 所示，最后在选项条上单击 ✔ 按钮确认变换。保存文件，Layer 3 文件在主文件中将自动更新，如 D 所示。

3 隐藏部分模型

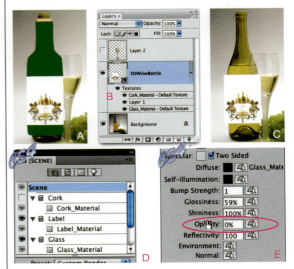

我们为酒瓶添加标签之后，只想在瓶子上应用标签，而不是酒杯或软木塞上。应用移动工具 ▶⊕ 调整好模型之后，如 A 所示，我们下一步要让酒杯和软木塞消失。为了达到这个目的，需要修改它们材料的透明度。

- 在 Photoshop CS3 中打开这个文件，在图层面板中双击 Cork（软木）材料，如 B 所示。在打开 psd 文件后，双击背景图层，将其传换成标准图层，然后将它的 Opacity（不透明度）改为 80%。保存 psd 文件，回到主文件。软木塞变得不可见了。使用同样的方法处理酒杯，如 C 所示。

- 在 Photoshop CS4 中，你不用离开主文件就可以让软木塞和酒杯变得不可见。打开 3D（场景）面板，单击需要消失的材质名（这里处理Cork 材料，如 D 所示），从 3D（场景）面板切换到 3D（材料）面板。在材料属性列表中，找到 Opacity（不透明）属性，将其设置成 0%，如 E 所示，使用同样的方法处理酒杯。

知识链接

▼ 智能对象
第 75 页

4 缩放和旋转标签

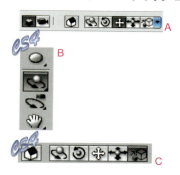

当调整好酒瓶的方向、角度和尺寸后，我们不需要浪费太多的时间来匹配照片的角度和比例。使用移动工具 ➤ 调整 3D 标签的位置。在 Photoshop CS3 中执行 Layer（图层）> 3D Layers（3D 图层）> Transform 3D Model（变换 3D 模型）菜单命令，在工具选项栏中设置移动和缩放参数，如 A 所示。在 Photoshop CS4 中，如果在工具栏下方选择了 3D 工具，这个工具也会在工具选项栏中显示，如 B、C 所示。首先选择 3D Scale Tool（3D 比例工具）⬚，向下拖动鼠标使标签变小，或者向上拖动使标签变大。使用 3D Drag/Pan（3D 平移）工具 ➤，上下移动标签或者使用 3DSlide（3D 滑动）工具 ➤ 让对象在 3D 空间中前后移动。由于酒瓶模型在照片中摆放得不是很稳当，选择 3D Roll（3D 滚动）工具 ↻ 进行轻微调整标签，使其微微倾斜，这样标签就在上下两端与酒瓶完全匹配了。目前，摄影机的透视图不能完全对准酒瓶，看看稍稍偏下。为了相互匹配，选择 3D Rotate（3D 旋转）工具 ➤ 或者按住 Alt/Option 键将 3D Roll（3D 滚动）工具切换成 3D Rotate（3D 旋转）工具。3D Rotate（3D 旋转）工具可以轻易地旋转模型，但却难以控制。为了更好地进行控制，开始时需要对准方向慢慢操作（在这里，向下拖动鼠标倾斜标签），然后快速按下 Shift 键将旋转方向锁定。拖动鼠标，将标签上边缘的曲线重新设置，类似瓶中酒的水平曲线。使用各种工具仔细调整标签的尺寸和位置等细节，使其符合照片的透视和尺寸，标签将保留 3D 外观，如 D 所示。

5a 裁剪标签（Photoshop CS3）

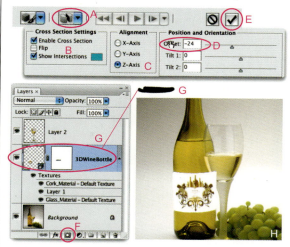

下面，我们要移除标签的多余部分。在 Photoshop CS3 扩展版中，单击 Cross Section Settings（横截面设置）按钮 ，如 A 所示，打开 Cross Section Settings（横截面设置）对话框，勾选 Enable Cross Section（激活横截面）和 Show Intersections（显示相交线）复选框，如 B 所示。这是为了能够看到相交线（平面与模型相交，围绕横截面的线），更容易区分标签的背面和前面，以便于将背面隐藏起来。横截面垂直于其中的一个轴，为了能让横截面与标签顶部相交，我们需要选择 Z 轴，如 C 所示。Offset（偏移量）决定了横截面在建立时离中心的距离（整个酒瓶，不是标签）。使用 Offset（偏移量）滑块将截面放置在所需的位置（本案例为 24，如 D 所示）。单击 ✔ 按钮应用设置，如 E 所示。

保持 3D 图层被选中状态，单击图层面板底部的 Add layermask（添加图层蒙版）按钮 ，如 F 所示。选择一个柔边画笔，▼ 使用黑色绘制隐藏后面的边缘，如 G 所示。▼ 绘制蒙版后取消勾选 Show Intersections（相交线）复选框，现在不再需要标定标签的边缘了，如 H 所示。可以通过执行 Layer（图层）> 3D Layers（3D 模型）> Transform 3D Model（变换 3D 模型）菜单命令来完成这个操作。

知识链接

▼ 调整画笔　第 71 页
▼ 绘制蒙版　第 84 页

5b 裁剪标签（Photoshop CS4）

6a 使用灯光效果（Photoshop CS3）

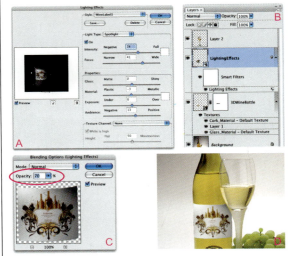

为了在Photoshop CS4扩展版中移除多余的区域，需要使用3D（场景）面板，该窗口可以通过执行Window（窗口）>3D菜单命令打开。选择Scene（场景），如 A 所示，在面板下方勾选Cross Section（横截面）和Intersection（相交线）复选框，如果你愿意，还可以勾选Plane（平面）复选框（该平面与模型相交形成截面，可以设置它的不透明度，如 B 所示。这是为了能够看到相交线（平面与模型相交，围绕横截面的线），更容易区分标签的背面和前面，以便于将背后隐藏起来。横截面垂直于其中的一个轴，为了能让横截面与标签顶部相交，我们需要选择Z轴，如 C 所示。Offset（偏移量）决定了横截面在建立时离中心的距离（整个酒瓶，不是标签）。使用Offset（偏移量）滑块将截面放置在所需的位置（本案例为-24，如 D 所示）。

选中 3D 图层，单击图层面板下方的 Add Iayermask（添加图层蒙版）按钮，如 E 所示。选择黑色，使用一个柔边画笔进行绘制▼，隐藏黑色边缘，如 F 所示▼。绘制完蒙版后，取消勾选 Intersection（相交线）复选框，后面就不用标示标签边缘了，如 G 所示。

Photoshop CS3 扩展版提供了一些 3D 灯光预设，如同第一步显示的那样，先将光源设置为 No Lights（无光源）。在这个案例里我们决定用 Lighting Effects（光照效果）滤镜使灯光匹配。让最上面的图层处于可见状态，然后即可通过酒杯创建标签阴影。为了在标签上应用 Lighting Effects（光照效果）滤镜，先复制 3D 图层（Ctrl/⌘+J）。在图层面板上双击副本的名字，将其更名为 Lighting Effects，按住 Ctrl 键右击图层，在快捷菜单中选择 Rasterize 3D（栅格化 3D）命令。在同样的快捷菜单中选择 Convert to Smart Object（转换为智能对象）命令。Lighting Effects（光照效果）滤镜有一个小的预览窗口，可以帮助你多次调整，直到获得满意的效果，因此使用智能对象会更加高效。▼

首先执行Filter（滤镜）> Render（渲染）> Lighting Effects（灯光效果）菜单命令打开参数窗口。▼开启时默认设置为Spotlight（点光），调整灯光的尺寸、角度以及Intensity（强度）、Focus（聚焦）参数，来匹配照片的光照效果，如 A 所示。昏暗的点光会照在第一个光源产生的阴影上，一个强度非常低的Omni（全光源）会在标签左边产生微弱的阴影。你可以打开WinePhoto-After CS3.psd，在图层中选择Lighting Effects来打开参数窗口。单击"确定"按钮后，双击滤镜图标 ⚡，如 B 所示，打开Blending Options（混合选项）对话框，将不透明度设置为70%，如C、D 所示。

6b 使用灯光效果
（Photoshop CS4）

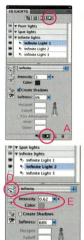

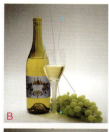

Photoshop CS4 允许你在 3D 空间中创建、移动、调整灯光。在 3D（光源）面板下方单击 Toggle lights（切换光源）按钮 ，如 A 所示，在图像中出现的具有蓝色头部的引脚线代表了灯光（本例中有 3 个，如 B 所示）。利用 3D（光源）面板左侧的工具，你可以直观地移动光源。你可以实时地改变灯光设置，查看最终的效果。现在让位于顶层的酒杯可见，可以看到酒杯产生的阴影，与标签阴影一样。

单击第一个光源的名字，即 Infinite Light1（无限光 1），打开灯光，如 C 所示。在下面的属性列表中，你可以更改灯光类型（这里没有），选中无限光，单击左边的 图标可以将灯光移动到当前视图。接下来选择 Rotate Light（旋转光源）工具，如 D 所示调整灯光。只有当前选中的光源会移动。旋转光源，使其产生的灯光、阴影与照片相匹配。然后调整光源强度，使明亮的部分符合自己的需求，细心调整高光，单击颜色方块，使光源的颜色（暖色）与照片匹配。光源的颜色越浅，标签上的颜色也就越浅。如果你希望光源产生阴影，可以在这里进行设置（这里没有）。对每个光源重复上述过程，如 E 所示。我们使用两个暖色无限光来照亮标签，如 F 所示。

7 保存文件

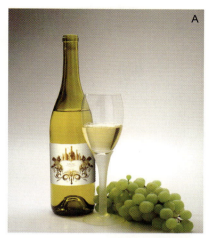

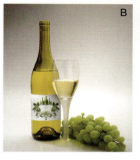

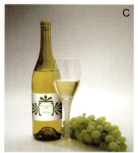

当酒瓶标签设置完毕后，如 A 所示，请保存一个分层的 psd 文件。这样就可以轻易地进行修改，比如下次用新纹理替换旧纹理。在 Photoshop CS3 中，将 Lighting Effects（光照效果）滤镜转换为智能滤镜后，可以将其复制到一个新层中，这样就不用重复设置灯光了。你还可以添加调整图层来修改标签的颜色，比如，在添加色相／饱和度调整图层后，标签的颜色由金色变成了绿色，如 B 所示。

你也可以通过在模型上进行绘画的方法来改变纹理，如 C 所示。在 Photoshop CS3 中你需要打开 psd 文件，以展开的方式绘制纹理。在 Photoshop CS4 中，你可以在 3D 视图中进行绘制，在 3D（场景）面板选择 Paint On：Diffuse（绘制于：漫反射），然后用画笔直接在标签上进行绘画。▼

若要向其他人展示自己的设计，则需要创建成易于交流的格式，比如 JPEG 和 PDF。

知识链接

▼ 在 3D 中进行绘制
第 657 页

从视频中
获取静态图像

如果你想从视频中获取静帧图像，并应用于网络或印刷，使用视频编辑软件简单地将图像保存为 Photoshop 可识别的众多格式之一即可。本练习中我们使用 Stills from Video-Before.tif 文件，执行 File（文件）> Open（打开）菜单命令，打开"文件类型"列表，你可以看到众多 Photoshop 支持的格式。如果你想捕捉的图像是视频的第一帧，或者你使用的是 Photoshop 扩展版，那就不需要使用视频编辑软件了（参考下面的提示）。

在 Phtoshop 中直接打开视频

在某些情况下，对于 Photoshop 支持格式（比如 QuickTime 的 mov 格式）的视频，你可以直接使用，而不需使用其他视频编辑软件来抓取图像，再保存为 tif 格式或是其他格式即可。执行 File（文件）> Open（打开）菜单命令打开 QuickTime 视频的显示**第1帧**。如果第1帧正是你需要的，直接设置即可。在图层面板中按住 Ctrl 键右击图层名称，在快捷菜单中选择 **Rasterize Layer（栅格化图层）**命令。

如果你拥有 Photoshop 扩展版，那么在捕捉第一帧时将不会有任何问题。比如 QuickTime 视频，执行 File（文件）> Open（打开）菜单命令，视频将作为视频图层被打开。如果动画面板没有打开，则执行 Window > Animation（窗口>动画）菜单命令来开启（以时间轴模式打开），拖动 Current Time Indicator（当前时间指示器），直到窗口中显示出你想要捕捉的视频图像。然后单击面板右下角的 **Convert Toframe Animation（转换为帧动画）**按钮，切换到帧模式，需要捕捉的视频出现后，按住 Ctrl 键右击图层名，在快捷菜单中选择 **Rasterize layer（栅格化图层）**命令。

附书光盘文件路径

> Wow Project Files > Chapter 10 > Stills from Video:
• Stills from Video-Before.tif（原始文件）
• Stills from Video-After.tif （效果文件）

---

1 打开视频

VIDEO: JOHN ODAM

在 Photoshop 中执行 File（文件）> Open（打开）菜单命令，打开 Stills from Video-Before.tif，如果你有 Photoshop 扩展版，可以打开 Stills from Video-Before.mov（参考左边的提示，你会发现我们打开的帧位于 3:10）。Photoshop 认为图像使用方形像素，除非你另有设置。因此在打开非方形像素的图像后，会出现比例不合适的情况。为了更正屏幕显示状态，让 Photoshop 知道图像并未使用方形像素，可以执行 **Image（图像）>Pixel Aspect Ratio（像素长宽比）**菜单命令（Photoshop CS3，左图），或是 View（视图）> Pixel Aspect Ratio（像素长宽比）菜单命令（Photoshop CS4，右图），然后选择适当的像素比，比如上面显示的 D1/DVNTSC (0.9)。

缺失的像素长宽比

如果你在 Photoshop 中打开一个文件，而且它的像素比没有列在 Image（图像）>Pixel Aspect Ratio（像素长宽比）菜单，或是 Photoshop CS4 的 View（视图）> Pixel Aspect Ratio（像素长宽比）菜单中，这时你可以执行 Pixel Aspect Ratio（像素长宽比）> Custom Pixel Aspect Ratio（自定像素长宽比）菜单命令创建自定义设置，如果你不知道视频的像素长宽比，可以尝试默认选项或创建一个自定义的宽高比，凭经验找到一个使图像正确显示的数值。

2 更正视图

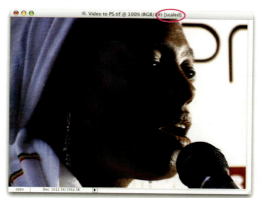

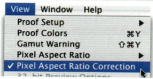

选择像素长宽比后，Photoshop 将会缩放屏幕显示，图像在电脑屏幕上显示的比例就会和电视上显示的一样了。窗口顶端的 scaled（缩放）标记表示现在处于正确的显示状态。

用于切换两种显示模式的命令是 View（视图）> Pixel Aspect Ratio Correction（像素长宽比校正），当你的图像使用非方形像素的时候，选择该命令后 Photoshop 将会自动调整。

同时显示两个视图

为了在屏幕上同时看到非正确和正确的效果，执行 Window（窗口）>Arrange（排列）> New Window for...（为……新建窗口）菜单命令，在其中一个文件中执行 View（视图）> Pixel Aspect Ratio Correction（像素长宽比校正）菜单命令。

3 转换文件

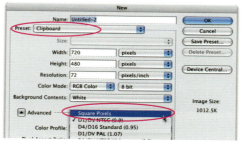

一旦你在 Photoshop 中打开了视频文件，就可以借助 Pixel Aspect Ratio Correction（像素长宽比校正）菜单命令看到图像的真实面貌，此时你依然需要将图像转换成方形像素以应用于网络或印刷。也就是说，现在你只是修改了电脑屏幕显示状态，而并没有改变文件中的像素。

你只需先创建一个使用方形像素的照片，然后将视频图像复制到剪贴板中，再复制到刚刚创建的使用方形像素的文件中即可，全选（Ctrl/⌘+A）并复制（Ctrl/⌘+C），创建新文件，默认情况下，新建的文件，其尺寸会与剪贴板中的文件尺寸一致。这是很棒的功能！在 New（新建）对话框的底端，软件提供了很多预设像素长宽比设置以匹配剪贴板中的内容，但是我们此时不需要。选择 Square（方形），然后单击"确定"按钮关闭对话框，粘贴剪贴板中的内容到新文件中（Ctrl/⌘+V）。

在新建的使用方形像素的文件中，你会发现图像边缘出现了多余的白色空间。这些空间决定于初始视频的像素长宽比，在步骤 5 中我们将会删除这个部分。

4 逐行

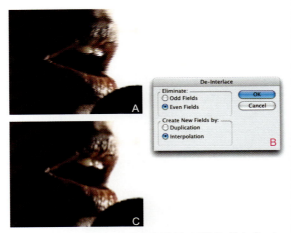

为了获得流畅的动画，有些视频使用了隔行扫描方式，如 A 所示。每帧图像都由两个独立的场构成，每个场各包含了图像一半的水平扫描线。与全画幅图像相比，这些较小的文件更多地应用在帧速率较高的动画中，以产生更流畅的效果。一个场的扫描线以奇数来标识，另一个以偶数标识。用于印刷或网络时，你会希望去掉图像中的隔行扫描效果。Photoshop 的 De-Interlace（逐行）滤镜可以完成这个工作。在对图像进行处理前，请不要进行任何操作，比如栅格化、锐化等，这些都会影响隔行扫描的效果，干扰滤镜的应用。（其他数字摄影机是逐行扫描信号而不是隔行扫描，那种情况下不需要应用"逐行"滤镜）。

为了去除隔行扫描的效果，获得更好的图像，执行 Filter（滤镜）>Video（视频）> De-Interlace（逐行）菜单命令。滤镜在去除奇数场和偶数场的像素时，使图像变得更加自然。填充时，可以重复一场的扫描线，也可以使两场相互穿插，如 B 所示。你可以实验一组设置的效果，撤销后再选择另一组设置，直到获得满意的效果，如 C 所示。

为印刷而增大图像尺寸

如果你想让转换的视频图像适合大尺寸的印刷领域，需要选择Image（图像）> Image Size（图像大小）命令，勾选Resample Image（重定图像像素）复选框，然后在下拉列表中选择Bicubic Smoother［两次立方（适用于平滑渐变）］命令，图像放大之后，将会需要锐化来体现细节，Unsharp Mask（USM锐化）和Smart Sharpen（智能锐化）滤镜经常会产生过度的锐化效果，如果出现这种情况，可以参考第337页的"突现细节的方法"来进行处理。

5 裁切、重定尺寸、锐化

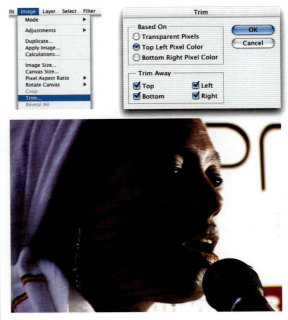

为了去除边缘多余的白色空间，执行 Image（图像）> Trim（裁切）菜单命令，在 Based On（基于）选项组中选中 Top Left Pixel Color（左上角像素颜色）单选按钮，选中 Trim Away（裁切掉）选项组中的所有选项。

为了使图像尺寸符合网络和印刷的需要，执行 Image（图像）> Image Size（图像大小）菜单命令，勾选 Constrain Proportions（约束比例）和 Resample Image（重定图像像素）复选框。设置图像宽度为 3inch（英寸）、分辨率为 300 pixels/inch（像素/英寸），在下拉列表中选择 Bicubic Smoother［两次立方（适用于平滑渐变）］选项，若对扩大后的图像效果满意，则单击"确定"按钮结束操作。

改为逐行方式并重定图像尺寸可以让图像变得更加柔和，因此此时需要使用锐化滤镜。▼我们可能还会要改善图像的颜色和对比度，其中的一个方法是添加色阶和曲线调整图层。▼

如果你需要输出一张展开的图像，可以将其保存为分层的 psd 格式，执行 Image（图像）> Duplicate（复制）菜单命令，在打开的对话框中勾选 Duplicate Merged Layers Only（仅复制合并的图层）复选框，如果需要，可以执行 Layer（图层）> Flatten Image（拼合图像）菜单命令，然后保存为需要的格式。

知识链接

▼ 锐化　第 337 页

▼ 色阶和曲线　第 246 页

从 Photoshop
到视频

如果用带有方形像素的 Photoshop 文件创建一段视频，第一步要为视频创建一个尺寸和像素长宽比都正确的新文件。然后将 Photoshop 文件中需要的图层，移动到新建的视频文件中，添加材料并保存，再到视频编辑软件中去进行后续工作。

附书光盘文件路径

 > Wow Project Files > Chapter 10 >From Photoshop to Video:

- PS to Video-Before.psd （原始文件）
- PS to Video-After.psd （效果文件）

参考线

创建了视频文件后，Photoshop会提供两组参考线，外侧参考线限制了电视屏幕的action-safe（显示安全区），内侧参考线限制了电视屏幕的title -safe（标题安全区）。有些电视不能显示全部的视频帧图像，一定要把重要的细节都包含在外侧参考线之内，此外，有些电视屏幕边缘图像会发生变形，因此要确保文字处于内侧参考线之内，以保证文字清晰可读。新的电视设备中，这种情况有很大改进，即使你不用参考线，也不会丢失任何细节，但是在你为客户工作时，还是添加参考线为好。

如果参考线在图像中显示效果不是很好，可以执行 Edit（编辑）> Preferences（首选项）菜单命令或 Photoshop> Preferences（首选项）菜单命令，然后选择 Guides，Grid & Slices（参考线、网格和切片）选项，改变参考线的颜色。

1 新建视频文件

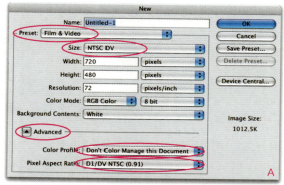

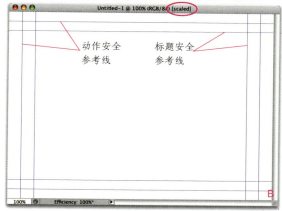

执行 File（文件）>New（新建）菜单命令新建一个视频文件，在 New（新建）对话框中选择 Film & Video（胶片和视频）预设，然后在列表中选择视频格式。比如在此案例中我们选择 NTSC DV，如 A 所示。

如果打开了下面的 Advanced（高级）选项组，可以看到 Photoshop 提供了众多像素长宽预设来满足你的需要，这里选择的是 D1/DV NTSC（0.9/0.91，Photoshop CS4 提供的更准确版本），单击"确定"按钮，如果弹出了警告窗口，则再次单击"确定"按钮。

空白文件中会有两组参考线，如 B 所示，如果没有显示，可以执行 View（视图）> Show（显示）> Guides（参考线）菜单命令，左侧的"参考线"提示解释了相关的细节。注意此时标题栏上 scaled（缩放）标记提示你屏幕显示已经修正过，就像在 Photoshop 中查看标准方像素图像时一样。

2 导入图像

打开文件，如 A 所示，这里我们打开 PS to Video-Before. psd，选择移动工具 ▶⊕，如果素材图像不止拥有一个图层，则在图层面板中选择目标图层的缩览图，确认工具选项勾选中的 Auto-Select（自动选择）复选框未勾选中，从素材文件窗口拖动图像到视频文件窗口，如 B 所示，如果想让拖动过去的图像处于新窗口的中央，请按住 Shift 键。

如果文档显示在 Photoshop CS4 的标签窗口而不是浮动窗口，将图像拖动到视频文档的标签上，当标签高亮显示之后，就可以拖动到文档里面了。

同时移动多个图层

如果想将素材文件中的多个图层同时移动到视频文件中，请按住 Shift 在图层面板中进行选择（或配合 Ctrl/⌘ 键进行不连续选择），使用移动工具 ▶⊕，（确认工具选项条中的 Auto-Select（自动选择）复选框未被选中，拖动鼠标，将这些图层移动到目标文件中。如果文档在 Photoshop CS4 中以标签窗口形式而不是浮动窗口形式显示，将图像拖动到视频文档的标签上，当标签高亮显示之后，即可拖动到文档里面了。

3 缩放图像

Photoshop 不会自动调整图像尺寸以适合视频的尺寸。现在的素材文件尺寸大于视频的文档尺寸，因此需要对它进行缩放，以适合视频的尺寸。按 Ctrl/⌘+T 键，如果窗口中看不到四个手柄中的任何一个，可以按 Ctrl/⌘+0 键扩大窗口来显示自由变换工具框，如 A 所示，当你能够看到完整的自由变换工具框时，按住 Shift 键拖动角落上的手柄设置图像的尺寸。或者按住 Alt/Option+Shift 键拖动，沿中心进行缩放，如 B 所示。▼这样图像即适合视频的尺寸了，如果还不行，那就需要继续调整，直到图像完全处于参考线显示的安全区之内。对图像的位置和大小都满意之后，双击自由变换工具框内部，完成变换操作，或者按 Enter 键。

知识链接

▼ 自由变换   第 67 页

预先缩放

如果事先你知道素材的尺寸比新建的视频尺寸要大，那么在导入到视频文件之前，可以先执行 Image（图像）> Duplicate（复制）菜单命令复制图像，再执行 Image（图像）> Image Size（图像大小）菜单命令，勾选 Resample Image（重定图像像素）复选框和 Bicubic Sharper（两次立方较锐利）复选框来缩小文件。

4 处理视频文件

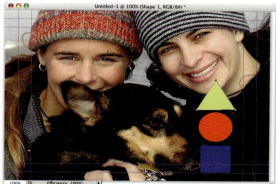

如果愿意的话，可以通过执行 View（视图）> Pixel Aspect Ratio Correction（像素长宽比校正）菜单命令来切换显示方式，如 A 所示，缩放后的显示状态如 B 所示，也可以通过执行 Window（窗口）>Arrange（排列）> New Window for...（为…新建窗口）菜单命令同时显示两个窗口，通过切换窗口来查看不同的效果。

现在，你可以添加任何图像，只要视频的格式支持就行。▼在你工作的时候，Photoshop 将在每个视图中显示正确的结果。比如，按住 Shift 键用椭圆工具绘制一个圆形，▼在有 scaled（缩放）标记的窗口中它将显示为一个圆，在另一个窗口中显示为椭圆。

5 保存文件

在保存视频文件之前，有两件事情要做。第一，为了今后能更方便地应用，保存一个分层的 psd 文件。第二，查看视频编辑软件，看看它能够支持哪些文件格式（以及各个文件格式的细节，比如有的软件支持 tif 格式，但无法读取其中的分层信息）。Photoshop 支持所有的主要文件格式，甚至还支持一些很不常用的格式，因此你总能找到适合视频编辑软件的格式。如果你不放心，还可以执行 Layer（图层）> Merge Visible（合并可见图层）菜单命令将所有可见图层和效果都合并到背景图层中。这种做法虽然稳妥，但是会将延伸到图像尺寸限制之外的部分裁切掉。

此时，你要确认图像的颜色处于现有视频格式支持的色域范围内（参见第 661 页的"对比度与色彩"）。或者就像我们现在要做的一样，使用视频支持的 RGB 色彩空间配置文件。

执行 File（文件）> Save As（保存为）菜单命令，选择一个视频编辑软件能使用的格式，单击 Save（保存）按钮。如果保存为 psd 格式，请确认勾选了 Maximize Compatibility（最大兼容）复选框，如果该复选框出现的话，在首选项的 File Handling（文件处理）选项面板中将其设置为 Always maximize compatibility（总是），那么该功能将被自动应用而不再询问。

知识链接
▼ 设计视频　第 660 页
▼ 使用形状工具　第 451 页

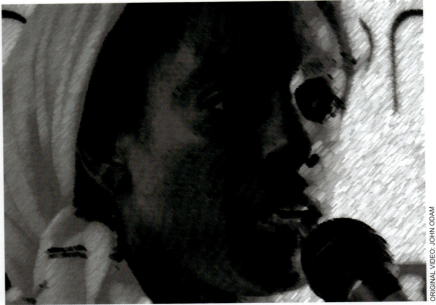

ORIGINAL VIDEO: JOHN ODAM

利用 Photoshop 扩展版制作视频动画

附书光盘文件路径

WOW > Wow Project Files > Chapter 10 > Animating a Video Clip:

- Video-Before.mov （原始文件）
- Video-After.mov （效果文件）

在Photoshop扩展版的Window（窗口）菜单打开这些面板

- Layers（图层）• Actions（动作）
- Animation（动画）

步骤简述

打开视频文件 • 将视频复制到一个新的图层上 • 将图层副本转换成智能对象 • 在智能对象上应用滤镜 • 对应用滤镜的图层的Opacity（不透明度）属性设置关键帧

视频制作师John Odam希望用crossfade（淡出）的方式为自己的动画制作一个说明。他用Adobe Premiere软件输出了一段QuickTime（.mov）格式的视频，导入到Photoshop扩展版，应用一个Sketch（素描）滤镜。这里我们使用了一段大约4秒（120帧）、尺寸为720 x 480像素的视频。为了方便学习滤镜，可以使用任何拥有的QuickTime视频，或者使用Odam精简过的视频Video-Before. Mov，该文件在本书光盘中。

认真考量项目。 使用Photoshop扩展版打开视频文件之后，文件即成为一个视频图层，当对这段视频应用滤镜的时候，只有第一帧产生滤镜效果。如果将这段视频转换成智能对象，再应用滤镜，那么整段视频都将产生滤镜效果。Photoshop扩展版的动画（时间轴）面板允许将不同的视频图层进行合成。因此可以在原有视频片段和应用了滤镜效果的视频片段间添加过渡效果，比如crossfade（淡出）。

1 导入视频。 执行 File（文件）> Open（打开）菜单命令打开视频文件。像素长宽比使得图像在水平方向上像是被拉伸一样。对此，我们无须担心，因为在应用滤镜、设置淡出效果后，这段视频还会以同样的格式输出。如果需要以其他方式输出，可能需要将其转换为方形像素（参见 678 页）。在

684 第 10 章 3D、视频和动画

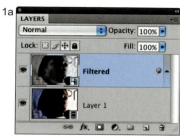

导入的视频成为视频图层。

在动画（时间轴）面板中会看到视频图层的名字和一个绿色的时间条。

将复制出来的视频图层转换成智能对象。

素描滤镜要使用前景色和背景色。你可以通过快捷键 D，将颜色重置为黑白。

应用 Chalk & Charcoal（粉笔和炭笔）滤镜（Odam 应用此滤镜至全尺寸视频上。你也可以使用其他设置应用在其他的视频上）。

Photoshop 扩展版的图层面板中，你会看到一个视频图层，如 1a 所示，该图层在动画（时间轴）面板中显示为一个绿色横条，如 1b 所示。

2 设置智能对象。 复制视频图层（Ctrl/⌘+J），双击图层的名字将其重命名（此处取名为 Filtered），将其转换成智能对象。在图层面板中，按住 Ctrl 键右击新视频图层，在弹出的快捷菜单中选择 Convert to Smart Object（转换为智能对象）命令，如 2 所示，另一个转换智能对象的方法是执行 Filter（滤镜）> Convert for Smart Filters（转换为智能滤镜）菜单命令。

3 应用滤镜。 在应用滤镜效果之前，请先将前景色和背景色设置成需要的颜色。通过快捷键 D，可以将颜色重置为黑白，如 3a 所示。执行 Filter（滤镜）>Filter Gallery（滤镜库）菜单命令，打开滤镜库。在滤镜库中央的面板区域选择缩览图，如 3b 所示。我们在 Sketch（素描）滤镜组中选择 Chalk & Charcoal（粉笔和炭笔）滤镜，在 Artistic（艺术效果）滤镜组中选择 Colored Pencil（彩色铅笔）滤镜、Neon Glow（霓虹灯光）滤镜和 Palette Knife（调色刀）滤镜，单击 OK 按钮，如 3c 所示。

4 淡出。 单击动画面板下方的 Play（播放）按钮▶，会看到应用了滤镜的视频片段。为了在两个片段间创建过渡效果，在动画面板中单击视频片段名称（此处为 Filtered）左边的三角标记，打开可更改的图层属性列表，如 4a 所示。为了创建过渡效果，我们需要对应用过滤镜的图层进行设置，在开始位置设置其 Opacity（不透明度）为 100%，在结束位置设置其 Opacity（不透明度）为 0%。首先将 Current Time Indicator（当前时间指示器）放到片段开始的位置（最左边）。单击 Opacity（不透明度）左边的秒表图标◎ 增加 1 个关键帧（显示为黄色钻石图形），属性值为 100%，如 4b 所示。关键帧记录当前时间的属性值，Photoshop 利用相邻关键帧的值来计算中间过程。

将当前时间指示器放到视频片段的最后，动画面板的右边。在此，你只需调整 Opacity（不透明度）的值，就可以轻松建立一个关键帧。将其设置为 0%。Photoshop 扩展版会知道我们仍在对 Opacity（不透明度）设置关键帧（因为秒表图标已经被激活）。只要将当前时间指示器放到指定位置并设

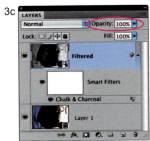

3c

应用滤镜后的图层面板。由于此时应用过滤镜的
图层其 Opacity（不透明度）为 100%，因此播放
时只显示处于上层的这个图层。

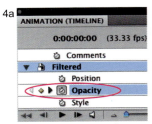

4a

在动画面板中，Opacity（不透明度）是 1 个可以
设置成随时间改变的属性。

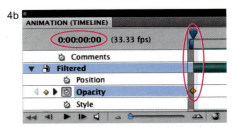

4b

Opacity（不透明度）的第 1 个关键帧，其时间显
示在面板的左上角。

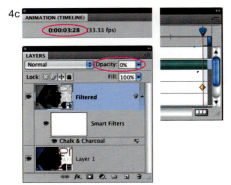

4c

第 2 个关键帧，拖动当前时间指示器在时间轴中
定位，在图层面板中改变 Opacity（不透明度）值。

定参数值，关键帧就会创建出来，如 **4c** 所示。现在将当前
时间指示器放回起始位置并播放▶，就能看到两段视频之间
的淡出效果了。

为了使淡出的效果更加完美，你可以向前或向后拖动第 2 个
关键帧。拖动当前时间指示器到两个关键中间的某个位置，
调整 Opacity（不透明度）的值会产生新的关键帧，这样可
以使片段某个部分的淡出效果更快或更慢。向左移动中间的
关键帧，可以让前半段的效果变化得更快，向右移动可以让
后半段变化得更快。添加更多的关键帧，就可以进行更准确
地控制。

5 输出视频。淡出效果制作完成后，将文件保存为分层的
psd 文件，以便日后修改和应用，然后执行 File（文件）>
Export（导出）> Render Video（渲染视频）菜单命令输出视频。
在 Render Video（渲染视频）对话框中，为文件设置一个新
名字，如 5 所示。在 File Options（文件选项）选项组中选
择 QuickTime Export（QuickTime 导出）单选按钮，在其下
拉列表中选择 QuickTimeMovie（QuickTime 影片）选项。如
果想了解更多的输出设置，可以打开 Photoshop 的帮助，查
询"导出视频文件或图像序列"或"指定 QuickTime 影片设
置"。指定格式后，如果 Settings（设置）按钮处于可用状态，
单击这个按钮可以进行更多设置。连续单击两次 Settings（设
置）按钮，在 Compression 可以（压缩类型）下拉列表中选
择 DV/DVCPRO-NTSC，单击"确定"按钮关闭对话框。现
在你可以用动画面板播放这段视频，或者是在 QuickTime 播
放器中观看，第 684 页显示了 3 处关键帧的效果。

5

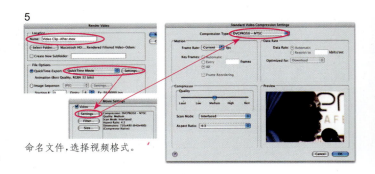

命名文件,选择视频格式。

Photoshop 扩展版中的视频编辑技巧

下面介绍 Photoshop 扩展版中视频编辑的改进和技巧。其中一部分来自影视动画师兼 Photoshop 培训讲师 Geno Andrews，另一部分来自影视动画师 Ken Burns。我们将从最简单的开始，逐步提高。如果你需要更多有关 3D 明信片或 3D 工具的知识，请参见第 651 页～第 660 页的内容。有关于混合模式的内容，参见第 502 页～第 504 页的内容。第 691 页的"稳定图像"对改变设置非常高效，但是这项功能基于处理器的能力，使用 Photoshop 扩展版进行这项工作的时候，需要高效的计算机并要花费大量时间。除了提到的视频，所有这些案例中使用的视频都可以通过执行 File（文件）>Open（打开）菜单命令打开。

并不是说 Photoshop 能代替其他视频处理软件来完成各种任务，而是在需要改进一小段视频时可以考虑这些技巧。

附书光盘文件路径

 > Wow Project Files > Chapter 10 > Quick Video

不要忘记阴影和高光

第 684 页的"利用 Photoshop 扩展版制作视频动画"讲解了对视频片段应用智能滤镜的方法。Image（图像）> Adjustments（调整）菜单中的 Shadows/Highlights（阴影/高光）和 Variations（变化）功能可以当作智能滤镜来使用。Geno Andrews 说："将视频转换成智能对象并使用 Shadows/Highlights（阴影/高光）功能，为作品补偿极为炽热的灯光，之前没有任何视频编辑软件中的滤镜能做到这点"。

不要忘记文字变形

样式是动画（时间轴）面板中可以设置关键帧的属性之一，除了 Layer Style（图层样式）对话框中的效果之外，不要忘记样式也包括**文字**变形功能。在文字工具的选项条上单击该按钮，或者选择 Layer（图层）> Type（文字）> Warp Text（文字变形）命令，即可制作变形文字。

首先设置逐行扫描

如果你的视频采用了隔行扫描方式，那么在Photoshop中进行操作前，最好先转换成逐行扫描方式。在应用自由变换、滤镜和其他修改功能前，如果不这样做，那就是在冒险，你改变设置后其应用效果将会被放大。

如果你不知道你的视频是否采用了隔行扫描方式，可以将视频放大显示200%（按Ctrl/⌘++键）查找扫描线。如果你还是不能确定，还有个方法可以确认。执行Filter（滤镜）> Convert for Smart Filters（装换为智能对象）菜单命令，将视频图层转换成智能对象，应用De-Interlace（逐行）滤镜，如果图像边缘变粗糙，那么视频就没有采用隔行扫描方式。本例中，需要撤销应用De-Interlace（逐行）的步骤（Ctrl/⌘+Z）。

隔行扫描

ORIGINAL VIDEO: VIDEOMETRY / PHOTOSPIN.COM

逐行扫描

在 De-Interlace（逐行）对话框中进行设置，我们可以看到奇偶场与复制、插值的组合哪个效果最好。

知识链接

逐行扫描 第 680 页

改变影片外观

ORIGINAL VIDEO: CHER THREINEN-PENDARVIS

前

后

Film Look.psd

为了使视频的色彩和对比度更加完美，可以在视频上方创建一个**空的调整图层**，应用 Soft Light（柔光）模式。具体方法是：在图层面板中选中视频图层，单击面板下方的 Create new fill or adjustment layer（创建新的填充或调整图层）按钮，选择 Levels（色阶）命令，但是不做任何设置。在 Photoshop CS3 中单击"确定"按钮关闭对话框。现在将图层设置成 Soft Light（柔光）模式，查看视频的效果。如果调整之后的效果过强，可以在图层面板中减小图层的 Opacity（不透明度）。

上色或改为黑白

前

后

ORIGINAL VIDEO: FOOTAGEFIRM.COM

Tinted Video.psd

改变整段影片颜色的方法，请参考第 203 页的"着色效果"或第 214 页的"从彩色到黑白"（使用了调整图层且未涉及蒙版，如果想使用蒙版来获得目标效果，参见第 692 页）。选中视频图层，单击面板下方的 Create new fill or adjustment layer（创建新的填充或调整图层）按钮，选择 Hue/Saturation（色相/饱和度）命令，勾选 Colorize（着色）复选框，移动色相滑块得到绿色，然后将饱和度滑块向左移动少许（在 Photoshop CS3 中，我们需要先关闭对话框）。然后改变图层的混合模式为 Color Burn（颜色加深）。

制作阴影

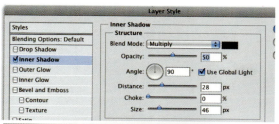

若要使视频边缘变暗，或是模仿镜头光晕等简单的特殊效果，可以参考第278页起的快速渐晕方法，或者用下面的方法使用图层样式来进行设置。在图层面板中选择视频图层，单击面板下方的 Add a layer style（添加图层样式）按钮 *fx*，选择 Inner Shadow（内阴影）命令，Inner Shadow（内阴影）功能被激活后，设置 Angle（角度）为90°，然后调整 Distance（距离）、Size（大小）和 Choke（阻塞）。Distance（距离）为 0，阴影就会缩在边缘。Distance（距离）越大，顶部阴影就越多。Size（大小）影响阴影的深度和柔和度。Choke（阻塞）提高强度。调整 Opacity（不透明度）至合适的值（请参见第710～713页的案例）。由于样式是一个可以进行过渡的属性，因此也可以设置关键帧。▼

使用"图案叠加"样式完成对焦

PHOTO: ANNA PARCIAK / PHOTOSPIN.COM

你可以使用 Pattern Overlay（图案叠加）样式来模拟对焦图片的效果。如果使用的是 Photoshop CS4 扩展版，可以参见第 690 页。打开一张静态图片，如 A 所示，这是一张很大的图片，对焦在其中一个局部即可。全选（Ctrl/⌘+A），执行 Edit（编辑）> Define Pattern（定义图案）菜单命令，如 B、C 所示。在影片文件中添加一个新图层（Ctrl/⌘+Shift+N），填充图层（Ctrl/⌘+Delete）。使用任何颜色均可，因为马上要覆盖它。单击图层面板下方的 *fx* 按钮，选择 Pattern Overlay（图案叠加）命令，如 D 所示，打开图案列表，选择刚刚定义好的图案，如 E 所示。减小 Scale（缩放）值，获得你需要的尺寸，如 F 所示。▼选择除 25% 和50% 之外的数值，使对焦效果更加柔和，且第 1 帧不会比其他图像清晰太多。回到文档窗口，拖动鼠标确认想要放大的部分，单击 OK 按钮。

在时间轴窗口中拖动当前时间指示器到达对焦动作起始的位置，单击 Style（样式）前面的秒表图标 🕐，添加一个关键帧。确定对焦动作结束的位置，在图层面板中双击 Pattern Overlay（图案叠加），重新打开参数设置窗口。再次调整 Scale（缩放）值，如 G 所示，不要使用 25%、50% 和 100%，避免产生锐利的图像边缘，单击 OK 按钮。执行 File（文件）>Export（导出）> Render Video（渲染视频）菜单命令渲染影片，应用 QuickTime Export（QuickTime 导出）设置。▼使用 Photoshop 扩展版打开这段 Mov 格式的视频，执行 Filter（滤镜）> Convert for Smart Filters（转换为智能滤镜）菜单命令，再应用 Unsharp Mask（USM 锐化）或 Smart Sharpen（智能锐化）滤镜，最后进行渲染。

使用3D功能完成对焦

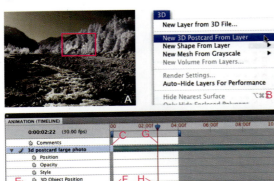

WOW Panning-Zooming

在 Photoshop CS4 扩展版中，如果你想让文字、图片、静态照片（本例）甚至是视频出现摄影机由远到近、逐步放大的效果，可以使用 3D 明信片功能和 3D 摄影机工具。为了防止照片被过度放大而虚化，制作时，使照片全尺寸对焦放大后不要超过视频的尺寸。比如，如果工作文档的尺寸是 720×480，分辨率为 72dpi，也就是说，放大后的区域至少要达到这个标准。在图层面板中选择包含图像的图层，如 A 所示，执行 3D > New 3D PostcardFrom Layer（从图层新建 3D 明信片）菜单命令，使图层进入 3D 空间，如 B 所示。

在动画（时间轴）面板移动当前时间指示器到对焦动作开始的位置，如 C 所示。为了完成对焦动作，需要选择 3D Zoom（3D 缩放）工具 ，如 D 所示，向上拖动可缩小图像，向下拖动则放大图像。选择 3DPan View（3D 平移视图）工具 确定需要对焦的位置。为了给对焦动作设定关键帧，需要单击 3D 明信片前的可旋转三角形按钮来打开其属性列表。单击 3D Camera Position（3D 摄影机位置）前的秒表图标 ，如 E、F 所示。移动当前时间指示器到你希望完全对焦的位置，如 G 所示。向下拖动 3D Zoom（3D 缩放）工具完成对焦动作，这样就会生成另一个关键帧，如果需要的话，对 3DPan View（3D 平移视图）工具进行同样操作，如 H 所示，播放视频，就可以看到对焦的动作了，如 I 所示。具体操作可以参考右栏的内容。

平移

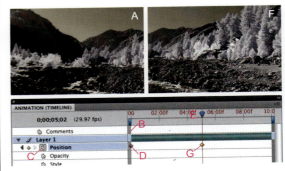

为了创建跨越景观的平移效果，而不是对焦，我们需要先打开一张风景照片，然后进行平移操作。这个操作可以用 Pattern Overlay（图案叠加）样式来完成，简单移动图案设置关键帧即可，而不用缩放，参见第 689 页。这个效果也可以用 3D Postcard（3D 明信片）功能来完成，主要使用的工具是 3D Pan View（3D 平移视图）工具，而不是 3D 缩放工具。

如果你只需要平移图像，不涉及对焦操作，那就没有必要使用 Pattern Overlay（图案叠加）或 3D Postcard（3D 明信片）功能，只需为照片图层的 Position（位置）属性设置动画即可。使用移动工具 将图层拖动到平移动作开始的位置，如 A 所示。在动画（时间轴）面板，移动当前时间指示器到平移动作开始的时间点，如 B 所示，单击图层前面的可旋转三角图标，打开可设置关键帧的属性列表。单击 Position（位置）属性前面的秒表图标，如 C 所示，设置第 1 个关键帧，如 D 所示。移动当前时间指示器到平移动作结束的时间点，如 E 所示，使用移动工具 将图层拖动（如果需要进行水平移动，可以按住 Shift 键）到平移动作结束的位置，如 F 所示，创建另一个关键帧，如 G 所示。

更好地进行平移和缩放操作

在依托照片完成平移和对焦操作之后，我们可能会不满足于由两个关键帧形成的简单动作。在这种情况下，可以在平移和对焦操作的开始和结束动作之间设置更多的关键帧，比如把整体动作分成前三分之一和后三分之二。▼ 拖动中间的关键帧，可以让平移和对焦动作加速或减速。

知识链接

▼ 设置关键帧　第 685 页

旋转文字和图片

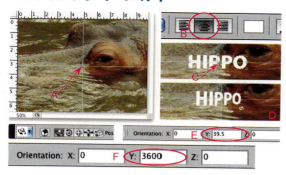

有一个方法可以为你的视频添加旋转的文字或图片。选中一个图层，选择移动工具，在工具选项条中勾选 Show Transform Controls（显示变换控件）复选框。显示标尺（Ctrl/⌘+R），从左侧标尺上拖动出一条参考线，使其对齐控件的中心点。再从上边的标尺上拖动出一条参考线，使其也对齐到中心点，如 A 所示。两条参考线的交汇点标明了视频的中心。选择文字工具 T，在工具选项栏中设置字体、字号和颜色，再单击 Center Text（居中对齐文本）按钮，如 B 所示，将光标放到参考线的交叉点上并输入文字。如果需要的话，可以选择移动工具，将文字框与中心对齐，如 C 所示。执行 3D > New 3D Postcard From Layer（从图层新建 3D 明信片）菜单命令，将文字转换为 3D 图层，这样就可以应用 3D 对象工具了。此时由于文字处于 3D 明信片的中央，因此当明信片旋转时，文字也会跟着旋转。在动画（时间轴）面板中移动当前指示器到旋转动作的起始时间点，单击图层名前面的可旋转三角形图标，再单击 3D Object Position（3D 对象位置）属性的秒表图标。选择 3D Rotate TOOL（3D 旋转工具），也可选择 3D Roll（3D 滚动）工具，我们将使用这个工具进行旋转，然后在工具选项栏中输入旋转值。移动当前指示器到旋转动作的结束时间点，按住 Shift 键向右拖动一点，如 D 所示。停止拖动后，会发现工具选项栏中的数值也发生了变化，如 E 所示，在工具选项栏中输入 360°的倍数，如 F 所示，因为 360°代表旋转一周，我们希望文字在旋转后回到初始的状态。可以输入的最大值为 3600，即 10 圈，按 Enter 键确认。将当前时间指示器移动到第一个关键帧的位置，单击播放按钮▶观看旋转效果。然后使用移动工具将文字拖动到你需要的位置。

稳定图像

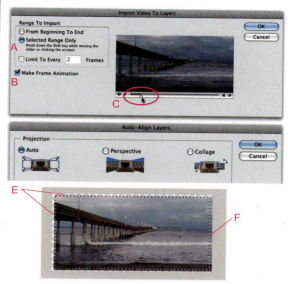

尽管打开了摄像机的图像稳定功能，家用便携式摄像机还是会出现一些运动模糊。为了使图像变得稳定，可以采用下面的方法。首先执行 File（文件）>Import（导出）> Video Frames to Layers（视频帧到图层）菜单命令，再选择 SelectedRange Only（仅限所选范围）和 Make Frame Animation（制作帧动画）选项如 A、B 所示。然后按住 Shift 键拖动滑块选择视频的起点和终点，如 C 所示，单击 OK 按钮。Photoshop 扩展版将打开一个分层的文件，每个帧为一层，**选择所有图层**（此时图层面板中的最底层应该已经被选中，再按住 Shift 键选择最顶层的缩略图）。执行 Edit（编辑）> Auto-Align Layers（自动对齐图层）菜单命令，选择 Auto（自动）单选按钮，如 D 所示，单击 OK 按钮。对齐之后，会看到在图像的一边或者两边出现透明的边界，如 E 所示。使用矩形选框工具 ▢ 在透明边界的内部画一个区域，如 F 所示，执行 Image（图像）> Crop（裁切）菜单命令。播放影片（单击动画面板下面的播放按钮 ▶），可以看到透明的区域消除了。为了使影片恢复到原先的尺寸（此处为 360×180），在取消勾选 Constrain Proportions（约束比例）复选框的情况下执行 Image（图像）> Image Size（图像大小）菜单命令。下面渲染影片。选择 File（文件）> Export（导出）> Render Video（渲染视频）命令，再选择 QuickTime 格式。使用 QuickTime 播放器进行播放，如果影片看起来需要锐化（因为裁切过），就在 Photoshop 扩展版中选择 Filter（滤镜）> Convert for Smart Filters（转换为智能滤镜）命令，再选择 Smart Sharpen（智能锐化）或 Unsharp Mask（USM 锐化）命令。

wow Image Stabilizing

Geno Andrews 的 "恐怖" 效果

尽管你从来不可能真的将一个迷人的孩子变成一只怪兽， 但是你可以学习 Geno Andrews 实现此种效果的的方法。 他使用原始视频， 并将操作限制在一个特定的区域内。 下面我们将仔细观看 Geno Andrews 是如何在图层面板和动画 （时间轴） 面板中进行操作。 秘密就在剪贴组中。

为了实现闪现怪兽面孔的特殊效果， Geno 使用 File （文件） > Open （打开） 命令在 Photoshop 扩展版打开了一段时长为 32 秒的视频片段。 这段视频成为一个视频图层出现在图层面板中， 同时以时间条的方式出现在动画 （时间轴） 面板中。 他拖动当前时间指示器检索视频， 选择一个小片段。 他拖动两个工作区域指示器， 将渲染范围限制在这个小片段上， 这样就不会在不需要的视频片段上浪费渲染时间了。

为了实现特殊光效， Geno 需要应用 Plastic Wrap （塑料包装） 滤镜和 Hue/Saturation （色相/饱和度） 调整图层， 并将效果限制在男孩的脸部。 他需要让效果快速、 平滑地淡入和淡出。 在实现效果时， 他需要在照亮脸部的同时， 使帧画面的其他部分变暗， 以便与光照效果形成对比。 第 684 页的 "利用 Photoshop 扩展版制作视频动画" 详细讲解了合成两段视频的方法。 同样的， 复制视频图层， 使用 Filter （滤镜） > Convert for Smart Filters （转换为智能滤镜） 命令将副本图层转换为智能对象之后， ▼应用滤镜效果。 因为如果直接在视频图层上应用滤镜效果， 滤镜将只会影响到视频的第 1 帧。 转换为智能滤镜后， ▼Geno 选择 Filter （滤镜） > Artistic （艺术效果） > Plastic Wrap （塑料包装） 命令， 然后为了提亮效果， 继续执行了 Filter （滤镜） > Sharpen （锐化） > Unsharp Mask （USM 锐化） 菜单命令。

为了将效果限制在男孩的脸部， 他用黑色填充智能滤镜， 并用白色在需要显示滤镜效果的区域进行绘制。 但是使用这种方法后就不能创建平滑的转场效果了， 因为在时间轴窗口中， 无法控制智能滤镜的蒙版的不透明度。 为了创建一个特殊的 "蒙版"， 使其不透明度可以用关键帧来控制， 这就需要使用剪贴组了。 ▼他在刚应用过滤镜的图层下面新建一个图层， 使其成为剪贴组的基础。 在这个图层 （Layer 3） 上， 他使用 Brush （画笔） 工具 ✐ 进行绘画， 确定视频片段被显示的部分， 该画笔使用柔软的笔触并被设置成黑色 （可以是任何颜色）。 然后他按住 Alt/Option 键， 在该图层和应用了滤镜的图层之间的边界上单击， 再在应用滤镜的图层上添加 Hue/Saturation （色相/饱和度） 调整图层▼， 勾选 Colorize （着色） 复选框， 调整滑块， 出现蓝色带有恐怖效果的光效。 ▼按住 Alt/Option 键， 单击 Hue/Saturation （色相/饱和度） 图层的边缘， 将其也添加到剪贴组。 为了使其他区域变暗， 他使用了带有蒙版的曲线调整图层。 ▼

在准备好所有元素后， 他打开时间轴窗口， 为 Layer 3 的不透明度属性设置关键帧， 分别设置其值为 0%、 100%、 100% 和 0%， 持续时间为 2/3 秒， 即 20 帧。 这些关键帧可以同时控制滤镜效果图层和色相/饱和度图层， 因此不需要为这两个图层单独设置关键帧。 他还为曲线调整图层设置关键帧， 因为在照亮脸部的同时， 其他区域要变暗。 为了复制一个图层的关键帧并应用到其他图层上， 首先选择所有关键帧， 在窗口菜单中选择 Copy Keyframe(s) （拷贝关键帧） 命令。 移动当前时间指示器到希望设置第一个关键帧的位置， 选择需要添加关键帧的图层 （这里是 Curves1） 和需要应用关键帧的属性 （这里是不透明度）， 在窗口菜单中选择 Paste Keyframe(s) （粘贴关键帧） 命令， 他在第 2 个和第 3 个关键帧之间添加了另一个关键帧。

◇ Layer 3: 0%
◇ Curves1: 0%

◇ Layer 3: 100%
◇ Curves1: 50%

◇ Curves1: 100%

◇ Layer 3: 100%
◇ Curves1: 50%

◇ Layer 3: 0%
◇ Curves1: 0%

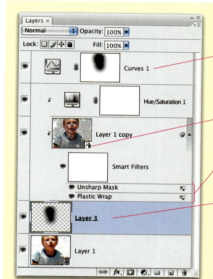

曲线调整图层应用蒙版的目的是保护脸部不受影响，只让其他部分变暗。

视频图层的副本被转换成智能对象，以便滤镜能对所有帧起作用。

智能滤镜应用于包含视频图层副本的智能对象。

新建立的剪贴组里面，蒙版位于 Layer 3，也包含了视频和色相／饱和度图层。应用于滤镜效果的蒙版，其不透明度要能够在时间轴窗口中设置关键帧。

用于控制 Layer 3 不透明度属性的关键帧有 4 个（滤镜效果图层和色相／饱和度调整图层受到 Layer3 的影响，因此只改变面部区域），在 4 个关键帧的基础上，Geno 又添加了 1 个关键帧，用来控制曲线调整图层的不透明度，这个图层使图像的其他区域在照亮脸部的同时变暗。

制作逐帧动画

本章的大部分内容只适用于 Photoshop 扩展版（Photoshop Extended）。只在这段猫和老鼠的动画，我们使用了帧模式的动画面板，因此 Photoshop 基础版 和 Photoshop 扩展版都能完成这项工作。

认真考量项目。我们有很多种制作网络动画的方法（比如基于矢量的 Flash 动画），而以简单手工方式创建的 GIF 格式动画则适用于几乎所有的浏览器。下面，我们使用一张手绘图像开始我们的工作，通过组合、修改，来创建一段具有 6 帧图像的卡通动画。为了让动画在尺寸方面具有一定的灵活性，在开始工作时，我们将动画尺寸设置为最终动画的 2 倍。使用 Photocopy（影印）滤镜可以略微增加维度，创建更微妙的动画。

有很多种控制动画时间的方法，在浏览器中打开 Catanimation. gif，查看这段动画的时间信息。

- 白色小老鼠通过舞台的速度是变化的，这种变化源自小动物的**移动**。相似的速度效果也出现在小猫头部、爪子和尾巴的转动上，相邻两帧之间转动的角度各不相同。将这些帧组合，就能看到这些变化了。

- 在小老鼠出现时会有一段比较长的暂停，在小猫爪子按住老鼠的时候会出现短暂停。这些效果会在所有帧都完成之后，通过调整 timing（帧延迟时间）进行制作。

- 肌肉部分的细微动作是对每一帧应用 Photocopy（影印）滤镜完成的，在各帧之间轻微调整属性。

1 准备图像。打开包含特定内容的图像文件，或者使用 Catanimation-Before.psd 文件，如 1a 所示。

附书光盘文件路径

 > Wow ProjectFiles > Chapter 10 >Frame-by-Frame:

- Catanimation-Before. psd（原始文件）
- Catanimation-After. psd& Catanimation-After.gif（效果文件）

从 Window（窗口）菜单打开这些面板
- 图层
- 动画（帧）

步骤简述
通过移动、自由变换、编辑工具绘制动画的效果
- 调整时间 · 为每一帧创建图层 · 复制图层，对副本应用滤 镜，再与原图层合并
- 优化、保存动画

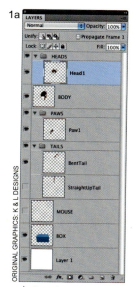

在 Catanimation-Before.psd 文件中，图层可见性围绕着第 1 帧来设置，如果你使用自己的文件来操作，那就需要单击 ● 图标来确定图层在第 1 帧中是否可见。

在图层面板中关闭 Propagate Frame 1（传播帧 1），这样第 1 帧就可以单独修改，而不会影响其他帧的效果。

单击 Duplicate Selected Frame（复制所选帧）按钮 复制第 1 帧，使其成为第 2 帧的起始状态，此后，你所做的任何操作都将在第 2 帧中反馈出来。

文件包含小猫的头部、身体、爪子、两种样子的尾巴（弯曲和直立）、老鼠、小猫身下的箱子，以及一个白色的背景，每个对象都处于它们自己的图层中，并由图层组组织在一起。身体和箱子将一直可见，且没有发生过移动。你可以复制、改变其他部分，或是通过打开、关闭可见性图标设置各帧的效果，完成动画。

在开始制作帧动画前，取消勾选图层面板上方的 Propagate Frame 1（传播帧 1），如 1b 所示。如果你没有找到这个选项，在面板的扩展菜单中选择 Animation Options（动画选项）命令，然后选择 Automatic（自动），现在只要打开了动画面板，这个选项就会出现在图层面板中。关闭 Propagate Frame 1（传播帧 1）是为了在回到第 1 帧进行编辑的时候，不会意外地把后面的帧也更改。确保 Propagate Frame 1（传播帧 1）已关闭，不管第一帧是否被激活，除非需要对所有帧进行统一操作，才可以临时性地打开这个选项。在动画面板的扩展菜单 ▼≡ 中取消 New Layers Visible in All Frames（新建在所有帧中都可见的图层）。

保留目前的效果作为第 1 帧，创建第 2 帧并选中这个帧。**单击动画面板下方的 Duplicate Selected Frame（复制所选帧）按钮** ，如 1c 所示。此后调整画面效果、改变图层可见性设置时，都不会影响第一帧的效果。

2 利用自由变换工具制作第 2 帧。现在按照需要调整作品的艺术效果来创建动画的另一帧。小猫动画的**第 2 帧**，表现的主要内容是老鼠的出现、头部的移动，以及老鼠吸引了小猫的注意。在图层面板中单击 ● 图标，开启老鼠图层的可见性。选择 Head1 图层并复制（Ctrl/⌘+J），如 2a 所示。按 Ctrl/⌘+T 键或执行 Edit（编辑）> Free Transform（自由变换）菜单命令，在自由变换框外面，逆时针拖动曲线状双箭头图标，旋转小猫的头部，让其观看右侧的老鼠对象，如 2b 所示。在变换框内部双击关闭变换框，再隐藏 Head1 图层。选择 Brush（画笔）工具 来绘制出小猫眼睛的变化，如 2c 所示，按住 Alt/Option 键读取需要的颜色。▼在完成第 2 帧之后，单击 Duplicat selected Frame（复制所选帧）按钮 ，然后选择第 3 帧，如 2d 所示。

> **知识链接**
> ▼ 使用画笔工具
> 第 379 页

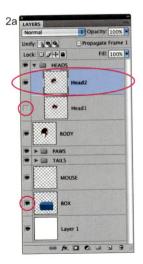

2a

第 2 帧中，老鼠图层的可见性被激活，复制 Head1 图层复制，然后重命名（双击图层名，输入 Head2）新生成的副本图层。最初的 Head1 图层被隐藏。

3 利用自由变换工具制作第 3 帧。在第 3 帧中，使用移动工具 将老鼠图层向远离左侧的地方略微拖动，如 **3a** 所示，单击动画面板下方的 按钮，开始第 4 帧，如 **3b** 所示。

4 利用自由变换工具制作第 4 帧。在这一帧中，使用移动工具 将老鼠直接拖动到小猫的前面。在图层面板中单击 Head1 图层的缩略图将其选中，按（Ctrl/⌘+J）键复制出新的图层，并命名为 Head3，打开 Head3 图层的可见性，关闭 Head2 的可见性。旋转 Head3 并重新绘制小猫的眼睛，使其观看下面的老鼠，关闭 BentTail 图层的可见性，打开 StraightUpTail 图层的可见性，如 **4a** 所示。

为了制作伸出爪子的动作，复制 Paw1 图层创建 Paw2，关闭 Paw1 的可见性，按 Ctrl/⌘+T 键打开自由变换工具，将旋转中心（图像中心的小手柄）拖动到肩部区域，将作为肢体转动的轴心，如 **4b** 所示。现在，在自由变换框外逆时针旋转爪子，使其指向下方。旋转到位后，拖动自由变换框中下部的手柄，拉伸爪子使其接触到老鼠。第 4 帧完成后，**单击动画面板下方的** 按钮，开始第 5 帧，如 **4c** 所示。

2b

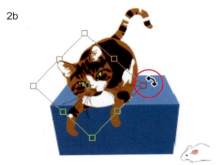

转动 Head2 图层，对准老鼠。

2c

眼睛被重新绘制，看向老鼠。绘制时使用了色彩取样功能。

2d

制作完第 2 帧，复制出第 3 帧。

3a

复制第 3 帧开启第 4 帧。

3b

第 3 帧中老鼠移动的距离非常微小。

4a

在第 4 帧，老鼠的移动距离较长，小猫的头部旋转后看向下方，显示 StraightUpTail 图层。

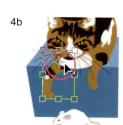

4b

在 Paw2 图层中，将中心点移动到肩部（左上），旋转图层后拉伸爪子，使其接触到老鼠。

4c

复制出第 5 帧，

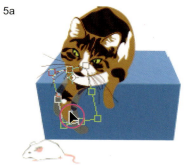

5a

通过调整另外两个图层的不透明度，轻松地将 Paw3 图层放到两个图层之间。

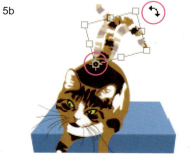

5b

复制得到 BentTail 图层的副本，将其旋转。

5 利用自由变换工具制作第 5 帧。再将老鼠移动一段距离，关闭 Head3 的可见性，显示 Head1，即小猫头部最初的状态。

再次复制 Paw1，显示出新生成的 Paw3 和之前的 Paw1 和 Paw2 图层，减小 Paw1 和 Paw2 图层的不透明度，这样就可以在工作时参考其他帧的状态，进行更好的操作了。选择 Paw3 图层，按 Ctrl/⌘+T 键打开自由变换框，将中心再次移动到肩部，旋转肢体到 Paw1 和 Paw2 之间的位置，在自由变换框中拖动鼠标，将肢体向下稍稍移动，如 5a 所示。恢复 Paw1 和 Paw2 图层的不透明度，再将它们隐藏。

显示 BentTail 图层并复制。选中新图层，按 Ctrl/⌘+T 键打开自由变换框，将尾巴的转动中心移动到其与身体连接的位置，将尾巴旋转到初始位置和 StraightUpTail 图层中间，如 5b 所示，然后执行 Edit（编辑）> Transform（变换）> Flip Horizontal（水平翻转）菜单命令，如 5c 所示，再调整尾巴的位置。恢复 BentTail 和 StraightUpTail 图层的不透明度，隐藏这两个图层，在动画面板中新建一帧，如 5d 所示。

6 利用自由变换工具制作第 6 帧。在这一帧中，老鼠移动到图像的最左边，复制第 5 帧中创建的 BentTail 图层的副本，移动旋转中心然后向左转动，如 6 所示，再调整图层可见性。

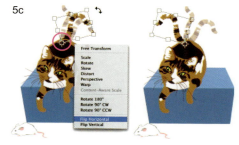

5c

翻转 Bent-Tail 图层的副本，打开自由变换框后，在按住 Ctrl 键的同时右击鼠标，在快捷菜单中选择 Flip Horizontal（水平翻转）命令。

5d

复制第 5 帧，生成第 6 帧。

6

在第 6 帧中完成了老鼠逃跑的动画。

7

改变第 1 帧的延迟时间。

8a

将每一帧都转换成单独的图层。

8b

选择 Flatten Frames Into Layers（将帧合并到图层）命令后，即将帧转换为图层。

7 测试动画并设置延迟时间。单击动画面板底部的播放按钮 ▶ 逐帧显示动画。单击 ■ 按钮停止播放，根据需要改变部分帧的延迟时间。具体方法是：单击帧右下角的三角形图标，在弹出的菜单中进行选择。将第 1 帧设置为 2 秒（较长的暂停，如 7 所示），第 2 帧设置为 0.5 秒，第 3 帧设置为 0.1 秒，第 4 帧设置为 0.3 秒（震惊后的轻微犹豫），第 5 帧和第 6 帧都设置为 0.1 秒（快速逃跑）。

现在检查延迟时间。执行 File（文件）> Save For Web（保存为 Web）菜单命令，单击对话框右下角动画选项组中的播放按钮▶，再单击对话框下方的 Preview（预览）按钮查看动画，单击 Cancel（取消）按钮关闭对话框，回到 Photoshop。

这时仍然可以在动画面板中调整动画的延迟时间，再次预览，直到获得满意的动画效果。如果想改变某帧的效果，可单击动画面板中的这一帧，在工作窗口和图层面板中重新调整位置和可见性等属性，再次预览。

8 增加细节。Photocopy（影印）滤镜可以增加阴影和边缘的精确度。但是由于不能向某一帧应用滤镜，因此就需要一个图层。这时要在动画面板中单击扩展按钮，选择 Flatten Frames Into Layers（将帧合并到图层）命令，如 8a 所示，将每一帧都转换为图层，显示在所有图层的最上方，如 8b 所示。

按顺序对这些图层应用 Photocopy（影印）滤镜。首先选择移动工具 ⊹，这时你可以用键盘快捷键来切换图层混合模式（在选中移动工具的情况下，按 Shift++ 键可以切换选中图层的混合模式）。按 D 键恢复前景色和背景色的默认设置，如果动画拥有很多帧，记录并应用动作会提高应用滤镜效果的工作效率，▼ 但是由于我们只有几个图

知识链接
▼ 记录动作 第 122 页

层，因此我们用快捷键来完成操作。

在应用滤镜效果之前，请确认图层面板中的 Propagate Frame 1（传播帧 1）已关闭。在动画面板中单击第 1 帧，图层面板中，与第一帧相对应的图层（Frame 1）将自动显示出来，但还是需要在图层面板中单击其缩略图来激活这个图层。复制这个图层（Ctrl/⌘+J），执行 Filter（滤镜）> Sketch（素描）> Photocopy（影印）菜单命令，将 Detail（细节）设置为 6，将 Darkness（暗度）设置为 2，单击 OK 按钮关闭对

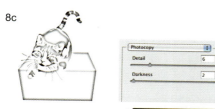

8c

在 Frame 1 的副本上应用 Photocopy（影印）滤镜，然后将图层混合模式设置为 Multiply（整片叠底）。

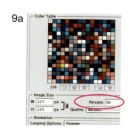

9a

在 Photoshop 的 Save for Web & Devices（保存为 Web 和设备所用格式）对话框中，将图像尺寸减小到 50%。为了输出成 GIF 格式的文件，按 Enter 键减小图像的尺寸，这个操作不会永久性地改变 psd 文件的大小。

9b

使用 Selective（可选择）方法，设置 Color（颜色）为 64，设置 Diffusion Dither（扩散仿色）为 50%，设置 Lossy（损耗）为 0。

9c

在对话框中的设置使得下载时间减少为 2 秒（256kbps）。

话框。如果对这个效果不满意，撤销本次操作（Ctrl/⌘+Z），再次打开 Photocopy（影印）滤镜（Windows 中 Ctrl+Alt+F，Mac 中 ⌘+Option+F），改变设置，单击 OK 按钮。应用滤镜后，将副本的混合模式设置为 Multiply（正片叠底），如 8c 所示。然后按 Ctrl/⌘E 键合并两个图层，对应的动画帧被自动更新。

单击动画面板下方的 Select next frame（选择下一帧）按钮 ▶，然后在图层面板中选择这一帧对应的图层。按 Ctrl/⌘ +J 键复制图层，按 Ctrl/⌘ +F 键重新应用滤镜，再按住 Shift 键，连续按 3 次 + 键将图层的混合模式设置成 Multiply（正片叠底），最后按 Ctrl/⌘ +J 键合并滤镜效果图层和原始图层。使用同样的方法来处理第 4 帧，稍有不同的是，在应用滤镜时，我们选择 Ctrl+Alt+F（Windows）或 ⌘+Option+F（Mac）键打开 Photocopy（影印）对话框，这样我们就可以将 Detail（细节）设置为 10，Darkness（暗度）设置为 2，来强调老鼠的震惊状态。到下一帧时，需要再次按 Ctrl+Alt+F（Windows）或 ⌘+Option+F（Mac）键打开对话框，将 Detail（细节）设置为 6，将 Darkness（暗度）设置为 2，恢复之前的设置。这样我们之后就可以使用 Ctrl/⌘ +F 键直接应用这个效果了。

9 优化和保存。在动画面板中单击 ▾☰ 按钮，在扩展菜单中选择 Optimize Animation（优化动画）命令，确保勾选了 Bounding Box（边框）和 Redundant Pixel Removal（去除多余像素）复选框，优化 GIF 动画，可以参见第 153 页。执行 File（文件）> Save for Web & Devices（保存为 Web 和设备所用格式）菜单命令，在 Image Size（图像大小）选项组（对话框右下角）中缩小文件尺寸（要记得在开始时，我们将文件的尺寸设置为真正尺寸的 2 倍），如 9a 所示。

在色彩优化方面，一般的图片具有最大的色彩复杂度。在这段猫和老鼠的动画中，色彩并不复杂，只是在第 4 帧中包含了更多的阴影细节，如 9b 和 9c 所示。

优化文件之后，在浏览器中预览文件，确定效果之后单击 Save（保存）按钮。在 Save Optimized As（将优化结果存储为）对话框中选择 Images Only（仅限图像），然后保存。

过渡和调整

附书光盘文件路径

(wow) > Wow Project Files > Chapter 10 > Tweening & Tweaking:

- Bounce-Before.psd（原始文件）
- Bounce-After.psd & Bounce-After.gif（效果文件）

从Window（窗口）**菜单打开这些面板**
- 图层•动画（帧）

步骤简述
移动各个元素，打开或关闭图层的显示，改变图层不透明度和样式
- 调整帧延迟时间

1a

在 Bounce-Before.psd 中，Squashed Ball 图层（可见性被关闭）是 Ball 图层的副本，对 Ball 执行 Edit（编辑）>Transform（变换）> Scale（缩放）菜单命令进行变形得到其副本。▼ Shadow 图层由 Ellipse Tool 椭圆工具▼创建，也是由同样的方式变形得到的。

知识链接

▼ 自由变换　第 67 页

▼ 使用形状工具　第 451 页

在创建 GIF 动画时，可以使用过渡功能，让 Photoshop 自动计算起始帧和结束帧之间的帧，这样可以节省大量的时间。下面就提供一个简单的案例。

认真考量项目。小球向下掉在地板上，受到影响，小球将会变形并弹起。同时，我们会改变球体阴影的强度、大小和位置，并使其靠近或远离地板，图层属性中的 Position（位置）、Opacity（不透明度）和 Effects（图层样式在图层面板中进行控制可以应用过渡功能。你可以对 Opacity（不透明度）和 Inner Glow（内发光）应用过渡功能，调整阴影的属性。对"压扁"的球会单独创建一帧，因为不能对自由变换工具应用过渡功能。

1 检查第 1 帧。打开 Bounce-Before.psd 文件，这是一个包含 4 个图层的 photoshop 文件，如 **1a** 所示，包含了 Ball 图层、作为 Ball 图层副本出现的 Squashed Ball 图层、在垂直方向上被压缩了一些，（目前没有显示）、包含黑色形状的 Shadow 图层、白色的背景。在 Shadow 图层上存在 Inner Glow（内发光）样式。

动画（帧）面板中的第 1 帧反映了当前文件的状态。圆球被定位在图像的上方。由于球在地板上方一定距离，因此在图层面板中将 Shadow 图层中阴影的 Opacity（不透明度）减小到 50%。

双击图层面板中的 Inner Glow（内发光）选项，打开 Layer Style（图层样式）对话框，如 **1b** 所示，可以看到在将 Size（大小）设置为 20 像素之后，图像的边缘变得柔和了。单击 Cancel（取消）按钮关闭对话框。

在动画（帧）面板中，单击第 1 帧右下角的箭头图标，在弹出的菜单中选择 No Delay（无延迟）或 0 Seconds（0 秒）。

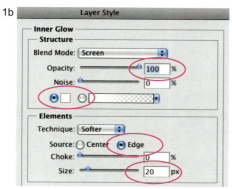

1b

将 Opacity（不透明度）设置为 100%，将混合模式设置为 Screen（滤色）后，白色内发光效果会使阴影更加柔和。

2a

复制第 1 帧，生成第 2 帧。

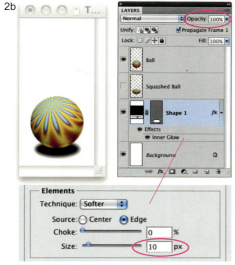

2b

随着球落下，阴影逐步加强。同时减小内发光的效果，使阴影边缘更清晰。

3a

开启过渡功能。

这个延迟设置将会应用到所有由这个帧生成的帧上。

2 制作第 2 帧。 单击动画面板下方的 Duplicates Selected Frame（复制所选帧）按钮，如 2a 所示，复制第 1 帧。在图层面板中选择 Ball 图层，使用移动工具 将球拖动到地板上，选中 Shadow 图层使其也向下移动一些。通过在图层面板中提高阴影的 Opacity（不透明度）属性值，来增强阴影的效果。双击图层面板中的 Inner Glow（内发光）选项，打开 Layer Style（图层样式）对话框，如 2b 所示，将 Size（大小）减小为 10 像素。

3 过渡。 现在单击图层面板下方的 Tween（过渡动画帧）按钮 创建两者之间的帧，如 3a 所示。在 Tween（过渡）对话框中，如 3b 所示，将 Tween With（过渡方式）设置为 Previous Frame（上一帧），将 Frames to Add（需要增加的帧数）设置为 5，再勾选下面 3 个复选框。这样就为控制球体移动的 Position（位置）属性、增强阴影强度的 Opacity（不透明度）属性，以及提高阴影边缘清晰度的 Inner Glow（内发光）样式应用了过渡功能。单击 OK 按钮关闭对话框。Photoshop 添加了 5 个中间帧，如 3c 所示。

4 球体变形。 应用过渡功能之后，最后一帧依然处于被选中状态。复制这一帧，单击 图标，显示 Squashed Ball 图层，隐藏 Ball 图层，如 4 所示。

3b

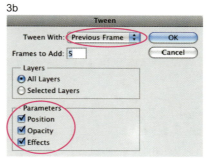

在 Tween（过渡）对话框中进行设置时，如果选中的是两个帧而不是一个，那么在 Tween With（过渡方式）下拉列表中将显示 Selection（选区），过渡功能将在选区中应用。

3c

过渡之后增加 5 个关键帧。

4

100%

显示 Squashed Ball 图层，隐藏 Ball 图层。

其他可应用过渡功能的属性

除了这些独立的效果之外，Layer Style（图层样式）中的Angle of the Global Light（角度）属性也可以设置过渡功能，用来模拟光源的移动。

Bolt Bulb.psd & .gif files

虽然未列在Layer Style（图层样式）对话框中，Warped Text（文字变形）功能也可以设置过渡功能。

Type Warp tween.psd & .gif

5 利用过渡功能制作球体弹起动作。 在动画面板中，复制最后一个球体依然为圆形的帧（球体变形前的那一帧），方法是按住Alt/Option键将这一帧拖动到球体变形那一帧之后。这一帧开启了球体弹起的动作，如 5a 所示。再次单击Tween（过渡）按钮，在Tween（过渡）对话框中保留原有设置，只是将 **Tween With（过渡方式）** 设置为First Frame（第一帧），这个操作会增加5个帧，将球弹回高处的起点，如 5b 所示。

6 调整延迟时间。 为了真实模拟球体加速和减速的过程，可以调整部分帧的延迟时间。设置第1帧的延迟为0.2秒；设置第2帧、球体变形帧、最后一帧延迟为0.1秒；设置第3帧起的其他帧延迟为0.05秒，如 6 所示。在动画面板的左下角，选择一种循环方式，如果你不想使用现在的Once（一次）、3 times（三次）和Forever（永远），可以选择Other（其他）以设置需要的循环次数。

保存和输出。 保存 Photoshop 文件，单击动画面板上的 按钮，在扩展菜单中选择 Optimize Animation（优化动画）命令。优化文件后，执行 Save for Web & Devices（保存为 Web 和设备所用格式）菜单命令输出为 GIF 格式，详情请参见第 699 页的内容。

5a

复制出弹起动作的第1帧。

5b

利用过渡功能制作小球向上弹起的动作。

6

改变帧的延迟时间。

■伸过来的手，紧紧握住具有流动感的物体，相互连接在一起，描绘出了网络服务的形象。网络服务和应用允许用户通过远程服务共享资源。Rob Magiera 首先使用 Alias Maya 创建了手和中央的物体，然后在 Adobe Illustrator 中创建外侧的图案线。在 Photoshop 中打开这个文件，将其存储为 TIFF 格式并导入 Maya。接下来，Magiera 在 Photoshop 中创建了一个纹理文件，表现出数据的感觉，然后将其导入 Maya 并应用在中央的物体上。

他把每个部分渲染成单独的文件，以便在 Photoshop 中添加特殊效果并合成。Maya 自动为每个文件生成 Alpha 通道，这样 Magiera 就能在 Photoshop 中轻松得到选区并把背景删除（具体过程第 706 页有详细描述）。

当 Magiera 在 Photoshop 中打开这些渲染好的文件后，将它们拖动到工作文档中，在图层面板下方单击 Create a Layer Mask（创建图层蒙版）按钮 □ 添加图层蒙版，然后使用黑色画笔进行绘制，让某些对象的局部位于前面，让某些对象的局部位于后面。

为了绘制外侧圆环的发光效果，Magiera 复制包含圆环的图层（Ctrl/⌘+J），选择 Filter（滤镜）> Blur（模糊）> Gaussian Blur（高斯模糊）滤镜模糊副本图层，然后将副本图层的混合模式设置为 Screen（滤色）▼。

他复制了之前应用于中央物体的纹理，按 Ctrl/⌘+T 键或者执行 Edit（编辑）> Free Transform（自由变换）菜单命令将其放大后，放在所有图层的上方。为了将纹理限制在图像的外侧边缘，

他添加了图层蒙版并利用黑白径向渐变进行填充。▼

为了完成这幅名为 atmosphere 的作品的细节，Magiera 新建了一个图层，执行 Edit（编辑）> Fill（填充）> Pattern（图案）菜单命令，填充蓝色竖直条纹，然后模糊图层。创建图层蒙版，降低该层的 Opacity（不透明度）之后，他使用较大的黑色喷枪▼进行绘画，避免条纹出现在中央和四角。

■ Derek Lea 的插画作品 Biorhythms 是为 Cancer Nursing Practice 杂志绘制的，其中的 3D 元素来自三款不同的 3D 程序。Lea 首先新建一个 Photoshop 文件，创建外层空间，具体方法如下。单击通道面板下方的 Create newchannel（创建新通道）按钮，创建一个 Alpha 通道。设置前景色和背景色分别为白色和黑色（先按 D 键，再按 X 键），然后执行 Filter（文件）> Render（渲染）>Clouds（云彩）菜单命令。在通道面板中按住 Ctrl/⌘键单击通道的缩略图读取选区信息，然后使用 Gradient（渐变）工具▢在一个单独的图层中绘制渐变效果。▼选择 Brush（画笔）工具 ✐ 并调整画笔直径和硬度，▼在另一个图层中点缀一些星星。在 Bryce 软件中，他创建了一个明亮的太阳，然后复制粘贴到 Photoshop 文件中。

他添加了自己的照片作为创建女性头部的参考，复制这个图层，调整后作为背景并保存为 TIFF 格式。在 Poser3D 中打开这个图片，在这里他

A

B

将依据这张照片建立一个女性头部模型，照亮场景以正常肤色进行渲染。然后，再以线框模式进行第二次渲染。

将具有真实效果的头部渲染图拖到 Photoshop 中。将以线框模式渲染的图片复制到另一个 Alpha 通道中，因此他就可以读取线框选区，然后执行 Edit（编辑）> Fill（填充）> Color（颜色）菜单命令将线框填充为需要的颜色。他使用图层蒙版融合三种模式的头部图像，然后使用 Hue/Saturation（色相/饱和度）、Levels（色阶）和 Selective Color（可选颜色）调整图层，以改变颜色和对比度，如 A 所示。他通常会先降低图片的饱和度，▼然后使用 Levels（色阶）调整图层得到所需的色调组合方式，▼然后他使用 Selective Color（可选颜色）调整图层对 Blacks（黑色）、Whites，（白色）和 Neutrals（中性色）进行着色。▼通常会使用很多图层，借助图层蒙版

来调整着色效果和整体色调。

金属时钟元素和正弦曲线元素是先在 AdobeIllustrator 中绘制出曲线，然后在 Strata 3D 中拉伸并渲染的，渲染时使用了一张合层后的背景图片。这张渲染图被导入到 Photosho 中，放在背景图层的上面，头部图层的下面，如 B 所示。波浪线通过蒙版融合到背景图层中，将头部图层成组，调整蒙版和混合模式，使头部与背景、波浪线融合在一起。▼

类似 Biorhythms，当作品最终完成即将印刷时，Lea 会将文件转换为 CMYK 模式。他知道使用 RGB 模式可以获得更广的色域空间，但他说："我没有看到使用广色域空间的优点，因为它不能表现得更准确"。他又解释道："这样使用是一个老习惯，我可以准确地预测结果"。在每个项目里，他都会精确调整色调细节来提升作品的品质。他通常不使用那些仅

能在 RGB 模式下工作的 Photoshop 滤镜和命令，因此在使用 CMYK 模式时他也不会想起他们。同时，他会一直不断调整选项直到得到满意的效果，在将文件从 RGB 模式转换成 CMYK 模式前他从不会合并任何图层。▼

对于插画师 Rob Magiera 来说，橡树果和橡树的隐喻完美表现了伴随互联网发展而出现的各种缩略语。在作品 Seeds of Internet Growth 中，Magiera 首先使用 3D 程序 Alias Maya 和 Photoshop 标准版中的命令和工具来完成场景。Maya 中的部分，Magiera 使用 Maya 中的 Paint Effects 工具绘制图像中最核心的部分，得益于软件的功能，他使 Maya 在渲染时直接生成 Alpha 通道，这样在 Photoshop 中就能轻松地将树分离出来。在 Photoshop 中执行 Select（选择）> Load Selection（载入选区）菜单命令读取选区，然后按下 Ctrl/⌘+Shift+I 键反转选区，再按 Delete 键删除黑色背景图像。为了删除所有树木边缘遗留下来黑色痕迹，Magiera 执行 Layer（图层）> Matting（修边）

> Remove BlackMatte（移去黑色杂边）菜单命令，这个命令可以将边缘的黑色区域透明化（在 Maya 中渲染时他将背景设置为黑色）。

为了获得地面的效果，他使用扫描仪扫描了一小铲泥土，当然在此之前需要在扫描仪上铺垫一层塑料薄膜，以免产生划痕，并且这样也便于清洗。然后为了绘制橡果发芽的效果，他打开了一张存储在电脑中的素材图片，绘制出根部，然后在图层面板下方单击 Add a layer style（添加图层样式）按钮 *fx*，在弹出的菜单中选择 Drop Shadow（投影）命令。然后 Magiera 打开渲染出的树木的主体文件，并复制粘贴出其他树木和泥土地面。

为了能够方便地找到各种设计元素，他创建了图层组，用来存储远处的树

木，也包括近处这一棵。在创建图层组时可以先选择一个图层，再按住 Ctrl/⌘ 键或 Shift 键选择其他图层的缩略图，最后在按住 Shift 键的同时，单击图层面板底部的 Create a new group（创建新组）按钮 将所有选中的图层归纳到一个组中。

Magiera 选择 Type（横排文字）工具 T，拖出一个面积大于树木主体部分的矩形文本框，用以容纳各种文字。使用文本工具在图像中单击或者拖动，Photoshop 会自动创建一个文字图层。在工具选项栏中设置好字体、字号、颜色后他便开始录入文字，然后单击图层面板下方的 Add a layer style（添加图层样式）按钮 *fx*，在弹出的菜单中选择 OuterGlow（外发光）命令添加图层样式。为了能够照亮文

字和其光晕，他在图层面板中将图层的混合模式设置为 Screen（滤色）

Magiera 复制文字图层（Ctrl/⌘+J），然后在图层面板中拖动副本图层的缩略图到远方树木的上方。按 Ctrl/⌘+T 键或执行 Edit（编辑）> Free Transform（自由变换）菜单命令，接着按住 Shift 键拖动四角的手柄缩小文字图层的副本，然后栅格化文字图层。

在将所有元素都导入到 Photoshop 之后，Magiera 借助图层蒙版、剪贴组和调整图层开始修饰工作。在创建基于泥土图层的剪贴组之后，为泥土图层中处于树木下部的根和阴影绘制蒙版，将露出地表的根和阴影隐藏起来。在这个剪贴组中还有一个色相/饱和度调整图层，用来提亮橡果周围的泥土。创建剪贴组的方法如下所述，单击选中将要成为蒙版的图层，然后按住 Alt/Option 键单击该图层与上方相邻图层的边界，如果需要，可连续对图层进行操作，加高层堆栈，扩大剪贴组。

他为每个文字图层创建图层蒙版，使得文字只出现在叶子附近，在某些情况下，图层蒙版要比剪贴组好用一些，因为可以修改蒙版，以便模糊处理图像边缘、用黑色绘画隐藏图像中的部分文字，或显示树木的枝干。创建图层蒙版时，他首先按住 Ctrl/⌘ 键单击树木图层的缩略图，然后选中文字图层，单击图层面板下方的 Add layer mask（添加图层蒙版）按钮 ▣。在 Photoshop CS3 中，执行 Select（选择）>Refine Edge（调整边缘）菜单命令羽化蒙版的边缘，改变设置后可以在工作窗口即时预览效果。▼在 Photoshop CS4 中可以执行 Refine Edge（调整边缘）菜单命令，也可以使用 Masks（蒙版）面板来进行调整，后者可以保持羽化的"活性"，根据需要就可以随时调整。▼在图层面板中单击图层缩略图和图层蒙版缩略图之间的 ⛓ 图标，可以将文字和蒙版分开，因此可以随时移动文字直到满意为止。

在图片中，Magiera 使用了多个图层来表现氛围。他首先在图层堆栈的下方创建一个以灰色填充的图层。再把一个降低了不透明度的白色图层放在远处树木和近处树木之间，作为环境雾来表现景深。新建一个以渐变色填充的图层，设置混合模式为 Overlay（叠加），该图层用来调整图片上方的绿色。然后他添加一个 Hue/Saturation（色相/饱和度）调整图层对环境雾图层和渐变色图层着色，对渐变色图层着色时要使用图层蒙版，避免着色操作影响周围的树木。

为了在近处树木的附近添加更多环境效果，Magiera 通过将 DropShadow（投影）样式转换为图层，创建了一个柔和、墨绿色的树木图层副本，具体操作为执行 Layer（图层）>Layer Style（图层样式）> Create Layer（创建图层）命令。在这个图层上它可以调整 Opacity（不透明度）属性。

知识链接

▼ 调整边缘命令　第 59 页

▼ 蒙版面板　第 63 页

在这张为 The Art of Poser and Photoshop 创作的插画中，Stephen Burns 使用 Poser 创建角色模型，使用 Photoshop 创建背景图像。在 Poser 中创建模型时，他用背景照片来生成模型的光源，然后在 Poser 中渲染角色。然后他使用 Photoshop 合成场景，让模型与树干和树根的照片完全融合为一个整体，然后调整颜色和对比度。下面讲解他的操作方法。首先，他利用 Poser 的人物模型库创建 Kelvin G2，在 Poser 的 FBM（Full Body Morph）菜单中设置 Endomorph 和 Mesomorph 的值，使人物具有肌肉感。在 Main Camera 菜单中，他将 Focal and Perspective 值设置为 31mm，以便创建出一种夸张的景深效果。通过调整 HeadCamera 参数，他让角色的眼睛微微眯起，嘴巴张开，再将嘴唇调整为像是正在怒吼样子，如 A 所示。在 Poser 的 Advanced Texture 面板中，他将一个 brick 图像应用到了 DiffuseColor（表面的颜色和图案）和 Bump（凹凸）属性上。在 Photoshop 扩展面板中改变模型表面颜色和纹理的方法参见第 657 页。本案例中，所有 3D 工作均是在 Poser 中完成的。

在 Photoshop 中 Burns 首先选择了 Photomerge 命令，使用 Auto（自动）设置将 8 张日落照片拼合成一张全景图片，如 B 所示。▼然后他执行

Image（图像）> Duplicate（复制）菜单命令，并勾选 DuplicateMerged Layers Only（仅复制合并的图层）复选框，将全景图片分开的 8 个图层合并为 1 个。再执行 Edit（编辑）>Transform（自由变换）菜单命令，或者按下 Ctrl/⌘+T 键，并拖动侧面的手柄压缩图像，夸大云的透视角度和太阳的光芒，如 C 所示。接着他以智能滤镜的方式模糊图像，这样以后就可以随时调整模糊的效果了。▼

Burns 将 4 张树根和树干的照片 D 复制到正在工作的 Photoshop 图像文件中，执行 Edit（编辑）> Transform（自由变换）菜单命令，▼应用变形功能、图层蒙版，将树木的各个部分融合在一起，形成地面的近景和远景。▼为了增加场景的戏剧效果，他使用 Curves（曲线）调整图层改善图像的

颜色和对比度，如 E 所示。▼

Burns 创建了一张合层之后的背景副本图片，然后将这张图片导入到 Poser 中为模型创建灯光。他将图片应用到背景的 Colorchannel 上，这样该场景就会以这张图片作为背景。参考背景图片中灯光的颜色和强度，他通过调整 Poser 软件的 Image Based Lighting 选项照亮场景中的模型文件。在此过程中他会使用 Poser 中的 Spot、Infinite 或是 Point light 等任何一种灯光。

他将图像以背景图片的尺寸、300ppi 的分辨率进行渲染，如 F 所示。在 Photoshop 中打开渲染好的文件并拖曳当前的工作文件中。在图层面板中按住 Ctrl/⌘ 键单击角色图层的缩略图，读取角色的选区。然后他选中一个树木图层并添加图层蒙版，该蒙版

将隐藏与身体重叠部分之外的树木的其余部分。在其他树木图层上也完成同样的工作后，他用黑色或白色在蒙版上进行绘画，将树的各个部分融合在一起。

Burns 还为颜色填充图层和纹理填充图层添加黑色图层蒙版。通过选择合适的混合模式，比如 Overlay（叠加）和 Lighter Color（浅色）▼，然后在蒙版中用白色进行绘制，他使高光部分变暖，使阴影部分变冷，同时加强表面的纹理显示细节。

■ Geno Andrews 在使用 AppleFinal Cut Pro 制作影片 Cold Play 时，花费了很多时间。这段影片是在 Photoshop 扩展版中收尾的。在用 Final Cut 输出为 QuickTime 格式之后，他在 Photoshop 扩展版中打开这个文件，如 A 所示，添加了两个文字图层，一个是 buenos aires，另一个是金色的用来匹配门廊的 aeropuertointernacional，如 B 所示。对这两个图层进行旋转和缩放，使它们的位置与建筑相匹配。

在图层面板中单击图层的名字并选中文字图层，然后选择横排**文字工具T**，在工具选项栏中单击 Create warped text（创建文字变形）按钮，将 Style（样式）设置为 Arch（拱形），调整下面的三个滑块，如 C 所示，使文字符合建筑的曲率，如 D 所示。同样的方法，处理另外一个文字图层。

为了表现文字图层在一侧窗户上若隐若现的效果，在图层面板中将 buenos aires 图层的混合模式设置为 Soft Light（柔光，E）。为了表现另一个文字图层在金属上镂刻的效果，他为 aeropuerto internacional 图层添加 Inner Shadow（内阴影）效果，如

F 所示。

"你可能会创建 inner bevel（向内的斜面）效果并将图像的效果表现得更夸张，这对于静态图像来说是非常好的"，Andrews 说，"但是将一段高清视频以标准视频格式压缩后，效果会变得更加柔和。在这种情况下，使用基础的 Inner Shadow（内阴影）样式会更好"。

每个文字图层都添加了图层蒙版，通过在蒙版上绘画，可以将被树叶挡住的文字隐藏起来，如 G、H 所示。

为了在画面上添加正在降落的飞机，Andrew 使用了一张飞机的静态照片，然后把飞机的标志去掉。借助 Background Eraser（背景橡皮擦）工具，他将飞机从背景中取出来并拖到视频文件中，接着按 Ctrl/⌘+T 键或执行 Edit（编辑）> Transform（自由变换）菜单命令，按住 Shift 键拖动边角的操作手柄，缩放飞机图像到适合视频文件。

Andrews 使用动画（时间轴）面板将飞机调整为正在降落的状态。他首先使用 Move（移动）工具将飞机放在图像边缘，即将飞入图像的位置

上。在动画面板单击 Airplane 图层左侧的 ▶ 按钮，如 I 所示。打开属性列表，显示出所有可设置关键帧的属性。他移动 Current Time Indicator（当前时间指示器），也称为 play head（播放头），到飞机动画开始的位置，然后单击 Position（位置）属性前面的秒表图标，创建一个关键帧（标记为一个黄色钻石图形 ◆）记录飞机现在的位置。移动当前时间指示器到另一个时间点，然后用移动工具向左拖动飞机，添加另外一个关键帧。直到飞机与建筑完全重叠，如 J 所示。

现在，剩下的工作就是通过蒙版让飞机飞到建筑的后面，而不是前面。先执行 Select（选择）> Color Range（色彩范围）菜单命令，选择天空，然后单击图层面板底部的 Add layermask 按钮，Andrews 将天空选中。选择 Brush（画笔）工具。用黑色在蒙版上进行绘制，如 K 所示。现在，播放视频片段时就可以看到飞机在天空出现，然后飞到建筑后面的效果了。

A

B

C

D

E

F

H

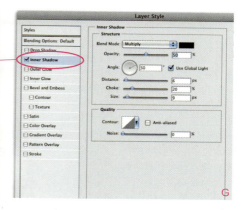
G

J

K

WWW.COLDPLAYTHEMOVIE.COM

■在这段来自 Cold Play 的视频片段中，Indigo（Vanessa Branch 饰演）向锦鲤商人（Jacklyn Blomker 饰演）买一些鱼。由于影片的预算不允许专门租用这个场景，而且拍摄时间非常有限（整个影片的拍摄周期只有 16 天半），因此影片将正在池塘边游览的两名游客也摄制进去了，如 A 所示，他们将在一个 5 秒的镜头中被移除，拍摄时使用了固定机位。"拍摄影片需要的演员，并将其他不需要的游客分离开"，身兼演员、导演、编辑数职于一身的 Geno Andrews 说，"广角镜头有助于整个拍摄工作，但是要考虑到镜头推近后的取景问题，如 B 所示，在拍摄时你可以有很多变化，这样后期的问题就会少一些"。

将这段用广角镜头拍摄的影片用 Photoshop 扩展版打开，Andrews 会创建一个单独的图层，这个图层位于视频图层的上方，要隐藏掉多余的游客。由于游客下方的护栏上有大面积的钢管和金属网格，如 C 所示，因此他可以选择 Lasso（套索）工具 和 Rectangular Marquee（矩形选框）工具 使用复制、粘贴的方法重建船屋，将其合并为一个普通的 Photoshop 图层，如 D 所示。在同样的图层中，他选择 Clone Stamp（仿

制图章）工具 ，设置柔软的笔触，然后在工具选项栏中将 Sample（样本）设置为 All Layers（所有图层），并在边缘进行绘制，让图层能够更好地融合。这样，他就在视频图层上方获得了一个修饰好的图层，如 E 所示，然后执行 File（文件）>Export（导出）> Render Video（渲染视频）菜单命令，Photoshop 扩展面板软件就会将两个图层合并，创建为一段新的视频，并且里面的游客也被去掉了。

上面显示的视频画面效果中应用了 Inner Shadow（内阴影）样式，详细讲解参见第 689 页。

■在这段来自 Cold Play 的视频片段中，影片制作人 GenoAndrews 被告知不能使用 Malibu 酒店的名字。同时还有一个问题，那辆一辆大型白色面包车始终停在场景中，如 A 所示，一直没有离开。

在 Photoshop 扩展版中，Andrews 选择了 Rectangular Marquee（矩形选框）工具 ⊡，在工具选项栏中设置好 Feather（羽化）属性后，在建筑外墙上绘制一个矩形区域并复制，然后在名字上多次粘贴，将其彻底遮盖。他将所有复制得到的图层合并，并始终保持其在视频图层的上方。合并图层时，可以按 Ctrl/⌘ +E 键，或者执行 Layer（图层）>Merge Layers（合并图层）菜单命令。随后 Andrews 对一个文字图层使用图层样式，使新名字看起来像是被雕刻在建筑物上，如 B 所示。第 710 页有详细的操作方法讲解。

为了移除白色面包车，他使用了与处理标志时同样的方法，在白色白面车上方复制高速公路并粘贴，如 C 所示，"最棘手的部分"，Andrews 说，"是在前景中保留画笔"。在补丁图层上黄色花朵的周围，他画了一个蒙版。尽管摄影机处于固定机位，但是花依然在风中摆动。在最终的影片中，花朵因风而弯曲，由于蒙版的作用弯曲后的花会部分消失。Andrews 说，"在屏幕上不会有人注意到这一点，将画面清理到这种程度就足够了，因为这是视频。它与照片不同，人们不会关注这个细节的。它会非常快速地闪过，同时压缩过程也会很好地帮助你隐藏影片中生硬的细节。因此，强迫自己将这个细节修饰得完全真实是没有必要的。"

在去除车辆的时候，有很多事情要注意。" Andrews 说，"你最不想做的就是一帧一帧地去修改。"他的解决方法就是让录像带播放 5 分钟，从中选出车辆相对较少的那一段，那些汽车，然后借助 Clone Stamp（仿制图章）工具 ⛃ 将街对面的一些红色锥体也去除掉。另一种方法是将车辆较少的一系列帧存成单独的文件，执行 File（文件）> Scripts（脚本）> Statistics（统计）菜单命令，将 ChooseStack Mode（选择堆栈模式）设置为 Median（中间值）后，把显示频率低于半数帧的部分去掉（参见第 327 页）。

两种拍摄方式

电影制片人Geno Andrews建议，"如果害怕拍摄建筑或人群可能会引发法律纠纷的话，可以考虑在拍摄时一次让摄影机移动起来，一次将摄影机锁定。如果使用锁定模式，后期在Photoshop中进行处理时就会容易得多"。

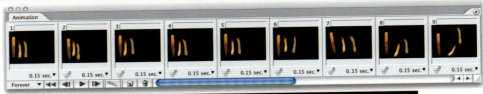

www.freedomfriesart.org

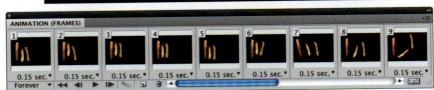

■在 FreedomFries Art Collective 的标志动画中，Sharon Steuer 使用一种类似黏土动画的方法来创作作品，这项工作在 Photoshop 基本版和扩展版中均适用。像黏土动画一样，她需要在场景中将各组成元素摆放到位，然后通过调整这些元素创建动画的每一帧。但不用为每一帧都拍照，她只使用了一张照片，然后在 Photoshop 中使用 SmartObjects（智能对象）功能和帧模式下的 Animation（动画）面板完成其他调整工作。在 Photoshop 基本版中，Frames（帧）模式是动画面板惟一的模式。在 Photoshop 扩展版中，如果动画面板在打开时处于 Timeline（时间轴）模式，则可以

在扩展菜单中选择 Convert to Frame Animation（转换为时间轴）命令。

Steuer 首先在白色背景上用薯条摆出 F 标志，然后用数码相机将场景拍摄下来。在 Photoshop 中，通过执行 File（文件）> New（新建）菜单命令，创建一个尺寸为 640×480、采用 RGB 模式和黑色背景的文件。

执行 File（文件）> Save As（另存为）菜单命令，勾选 As a Copy（作为副本）复选框，将图片完整地保存为一个副本文件。选择 Magic Wand（魔棒）工具，在工具选项栏中取消勾选 Contiguous（连续）复选框，然后在背景上单击，选择照片中所有的白色背景。单击工具栏最下方的 按

钮切换到 Quick Mask（快速蒙版）模式。使用白色和黑色的笔刷将选区清理干净，▼然后按 Backspace/Delete 键重新切换回普通模式。这一操作让三个薯条处于清晰的透明背景上。按 Ctrl/⌘ +A 键全选，再按 Ctrl/⌘ +C 键进行复制，单击使用黑色背景的工作文件窗口，按 Ctrl/⌘ +V 键进行粘贴。然后按 Ctrl/⌘ +T 键应用 Free Transform（自由变换）命令，拖动边角的操作手柄，使薯条组成的 F 文字符合文件的尺寸，如 A 所示。

接下来 Steuer 使用 Lasso（套索）工具 在一块薯条的周围绘制宽松的选区，然后将其复制到一个独立的图层中（Ctrl/⌘ +J），并使用同样的

方法选择、复制第二块和第三块薯条。在图层面板中，用鼠标右键单击图层名，然后在快捷菜单中选择 Convertto Smart Object（转换为智能对象）命令，将 3 个薯条图层转换为智能对象，如 B 所示。智能对象的"包装"可以使三个薯条图层避免因制作动画时反复旋转而造成的不良影响。

通过单击图层面板中的 👁 图标，Steuer 关闭了 F 图层的显示状态。下面的工作就是使用类似制作黏土动画的方法来进行操作。选择移动工具▶⊕，在工具选项栏中勾选 AutoSelect: Layer（自动选择：图层）和 Show TransformControls（显示变换控件）复选框，如 C 所示，在工具选项栏中选择薯条图层时，自由变换框将会自动显示出来。她在自由变换框内部拖动光标，改变薯条的位置，然后在自由变换框外部拖动曲线状双箭头图标，旋转薯条图层，如 D 所示，然后按 Enter 键确认变换效果。当为动画的第 1 帧，将所有薯条放到合适的位置并旋转到位后，执行 Window（窗口）> Animation（动画）菜单命令开启动画面板，在其上显示出第 1 帧。此时，有一点是非常重要的，一定保存好你所进行过的所有变换操作，因为我们还要在此基础

上继续制作下一帧。下面有一个技巧可供大家参考。在移动到下一帧前，在图层面板中单击图层的缩略图选中文件顶部的图层，添加一个所有当前可见图层合层后的副本（Windows 中 Ctrl+Alt+Shift+E，Mac 中 ⌘+Shift+Option+E），然后单击动画面板下方的 Duplicates selected frame（复制所选帧）按钮 🔲 添加另一帧，现在在图层面板中关闭合层副本的可见性，然后再次移动和变换每个智能对象，排列出第 2 帧需要的效果。

Steuer 继续添加新的帧，重新排列薯条。为了在最后一帧将网站的名字添加上去，她在动画面板中单击≡▼ 按钮打开动画面板菜单，确保 New Layers Visible inAll Frames（新建在所有帧中都可见的图层）处于关闭状态，如 E 所示，这样，这个文字图层在被添加到动画时就会只出现在最后一帧。然后她选择 Type（横排文字）工具添加网址，再执行 Layer（图层）> Rasterize（栅格化）>Type（文字）菜单命令，将文字栅格化。

Steuer 为动画的每一帧设置了统一的延迟时间，然后在动画面板左下角将循环属性设置为 Once（一次）。单击 Play（播放）按钮▶ 预览动画。为

了同时设置所有帧的延迟时间，需要先选中第一帧，再按住 Shift 键选择最后一帧，然后单击其中一帧右下角的小三角按钮，在弹出的菜单中选择 Other（其它）命令，在 Set Delay（设置延时）数值框中输入 0.15。

执行 File（文件）> Export（导出）>Render Video（渲染视频）菜单命令，将 QuickTime Export（QuickTime 导出）设置为 QuickTime Movie（QuickTime 影片），单击 Render（渲染）按钮，如 F 所示。Jeff Jacoby 使用 Apple FinalCut Pro 合成了配音和背景音乐，以及其他视频。这段视频可以在 www.freedomfriesart.org/pages/viewtrailer.html 中看到。

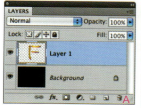

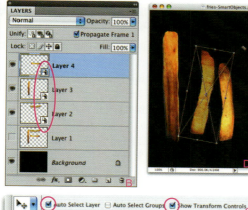

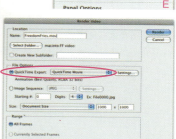

知识链接

▼ 快速蒙版　第 60 页

测量和分析

11

Photoshop和科学研究

介于Photoshop已经成为用于改善数字图像效果的标准，很多科学期刊已经对Photoshop可否用于修缮出版物图片或收集分析数据做出了规定。如果你的工作领域为理工科，那么还是很有必要核查工作领域内专业期刊的有关图片编辑标准。如下所述为摘自两本细胞生物学期刊当前的标准。

《自然细胞生物》（Nature Cell Biology），"作者、编辑和出版方针、数字图像和标准指南"（www.nature.com/authors/editorial_policies/image.html）。

"作者应列出所有使用的图像获取工具，以及图像处理软件。作者应提供关键图像收集的设置和处理方法的书面证明。应避免使用修缮工具（例如Photoshop中的复制和修复工具）或其他模糊功能。仅允许对整幅图片应用同等的处理并进行等量的调节（例如亮度和对比度）。不得因调节对比度而丢失数据。不宜进行诸如在有损图像其他区域的代价下突出某个区域的过多操作，该操作只会突出与此调节相关的实验数据。"

《细胞生物学》（Journal of Cell Biology），"作者、编辑方针、图像操作说明"（http://jcb.rupress.org/misc/ifora.shtml）：

"图像中没有明确的可改进、模糊、移动、删除或者引进的特性。可以对整幅图像进行亮度、对比度或者色彩平衡调整，前提是这些操作不会模糊、删除或者歪曲包括背景在内的原图像所表述的信息。非线性调节（例如，伽马设置的更改）必须在图例中明确说明。"

用于测量和记录的 Photoshop 扩展版工具和命令位于 Analysis（分析）菜单中。

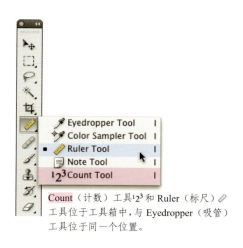

Count（计数）工具1₂³ 和 Ruler（标尺）🖊 工具位于工具箱中，与 Eyedropper（吸管）工具位于同一个位置。

有趣的资源

The Office of Research Integrity of the National Institutes of Health（美国国立卫生研究院研究诚信办公室）提供了几种验证小工具（forensic Droplets），以及在 Photoshop 中使用它们的说明。这些小工具可以供编辑、审校和其他相关人员查看科学插画的细节，以及检查图像的更改度（http://ori.dhhs.gov/tools/droplets.shtml）。

Photoshop 就像一个数据仓库。它可以跟踪每一幅彩色图像的位置和每个像素的 3 或 4 个通道的有价值彩色数据。Photoshop 扩展版的 CS3 和 CS4 版本均含有使用测量和分析工具"采集"数据的功能。本章讲述了 Photoshop 扩展版如何计量图像特性，设置衡量尺度，测量线性尺寸、面积及所选特性的其他参数。Photoshop 扩展版的 Analysis（分析）菜单和 Measurement Log（测量日志）面板给出了该功能的简单介绍。Photoshop 还可以用于收集和分析来自照片的数据。Photoshop 计数功能和测量功能的作用，可以使用手头的可用工具验证它们的有用性。

计数和测量

左栏图中的 Analysis（分析）菜单和扩展工具箱，以及第 718 页介绍的"测量工具"展示了 Photoshop 扩展版测量装备的组件。

- Measurement Log（测量日志）面板（Window > Measurement Log）记录了 Count（计数）工具1₂³ 的统计结果，以及 Ruler（标尺）工具🖊 的测量结果。执行选择操作后，面板会记录选区各个部分的面积和其他参数。数据类型作为栏标题在 Measurement Log（测量日志）面板顶部列出，测量值会作为表中的行键入。可以在测量日志中重新布局，并删除行和栏。若要在测量日志中将测量值保存为单个文本文件，可选择要包括的行并单击日志面板右上角的 Export selected data（导出选择的数据）按钮🖂。

测量工具

Analysis（分析）菜单（参见第717页）提供了对所记录数据的 Measurement Log（测量日志）面板的访问，可以在 Select Data Points（选择数据点）对话框中选择在 Measurement Log（测量日志）面板记录哪些数据，可以在 Measurement Scale（测量比例）对话框中为图像或者图像系列设置比例。

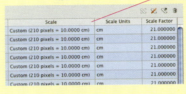

设置好比例后（Analysis > Set Measurement Scale > Custom），比例将应用于所有的测量值。在菜单中选择相应的命令打开对话框，接着拖动 Ruler（标尺）工具（自动可用），输入真实的 Logical Length（合理长度）和 Logical Units（合理单位）值，单击 OK（确定）按钮。如果比例需要因图而异，请确认在更换图像时重新设置测量比例。

Select Data Points（选择数据点）对话框的选项将决定 Measurement Scale（测量比例）对话框中包含哪些参数。即便删除了日志中的数据栏，系统仍会记录该参数，除非在 Select Data Points（选择数据点）对话框中作了相应的更改。默认情况下，所有选项都开启。

如果需要在 Measurement Log（测量记录）面板的测量记录中显示 Scale（比例）项，应确保在 Select Data Points（选择数据点）对话框中勾选 Scale（比例）复选框。

选择好要记录的参数并设置比例后，即可使用 Ruler（标尺）工具或者 Count（计数）工具，或者选择一个选区。执行 Analysis（分析）> Record Measurements（记录测量值）命令，或者在 Measurement Log（测量日志）面板开启时，可通过单击面板上的 Record Measurements（记录测量值）按钮记录数据。

单击 Record Measurements（记录测量值）按钮，可在 Measurement Log（测量日志）中添加当前的测量值（计数值、标尺测量值或者选区测量值）。

在栏标题中，左右拖动分隔线可以让栏变宽或者变窄。

Measurement Log（测量日志）面板没有 Undo（撤销）功能。如果选择了错误的要测量区域，例如，直到记录测量值时方才发现，可以选择这些行单击 Delete selected measurements（删除已选测量值）按钮，删除不想要的测量值。

删除已选测量值的方法是：单击栏标题选择整栏或者在行内任意一处单击以选择测量值，并单击 Delete（删除）按钮。

选择所有测量值　取消选择所有测量值

导出已选测量值

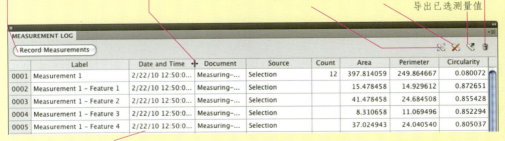

默认情况下，测量值按日期和时间顺序排列。但是也可以以其他的标准排序。双击任何栏标题可使用该参数排序。栏标题的右侧会有一个小三角形，单击它还可以在升序和降序中进行切换。

将栏移动到 Measurement Log（测量日志）面板其他地方的方法为单击栏标题选择整栏，松开鼠标按钮，再次按下按钮并且向左或者向右拖动以重新定位该栏。可以通过鼠标拖过多个相邻的栏标题来选择多栏，也可在选择时按住 Shift 或 Ctrl/⌘键单击来选择。

Measurement Log （测量日志） 记录了来自计数和测量的数据，未存储在图像文件中。因此将 .txt 文件存储在日志中，以便日志可以与图像文件一起导出到一个文件夹中是个不错的主意。

可以设置 Count（计数）工具标记的颜色以对比计数的功能。在 Photoshop CS4 中可以设置点尺寸和文字尺寸，并且可以将计数分成不同的功能。例如，图中的绿色软糖和白色软糖。

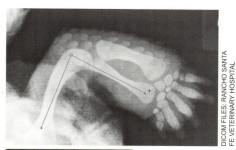

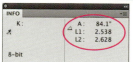

使用 Ruler（标尺）工具 ✐ 时，信息面板上会显示线长（L 或者 L1 和 L2）和角度值（A），并以 Preferences（首选项）(Ctrl/⌘+K) 中设置的 Unit（单位）表示，以基于 Image Size（图像大小）中的 Resolution（分辨率）计量。但是在 Photoshop 扩展版 的 Measurement Log（测量日志）中记录的测量值则基于 Measurement Scale（测量比例）对话框中设置的比例。对于单一的测量线而言，角度是从水平（0°）开始测量的，对于量角器而言，角度是两条线之间的测量值。

注意：Measurement Log（测量日志）起始于每个 Photoshop 扩展版会话——不是每次文档的开启或者每次设置测量比例，而是每次打开 Photoshop 扩展版。这就可以在同一日志中收集来自几幅图像的数据，且分别带有不同图像的比例。这也意味着如果程序被挂起或者计算机崩溃，当前 Photoshop 扩展版会话的所有的数据都会丢失。为了避免丢失数据，可以周期性地导出 Measurement Log（测量日志）。

- 若要确定在 Measurement Log（测量日志）中记录哪些测量值、计数值和统计值，可以执行 Analysis（分析）> Set Data Points（设置数据点）> Custom（自定义）命令。在 Set Data Points（设置数据点）对话框中，选择为 Count（计数）工具、Ruler（标尺）工具和选区记录哪些数据，以及生成哪些数据（例如日期和文件名称）。

- 执行 Analysis（分析）> Set Measurement Scale（设置测量比例）命令，设置的比例表示图像中多少像素代表实际生活中的多少英寸或者其他的测量单位。

计数

图像文件中的计数功能就是简单地单击 Count（计数）工具 ¹²³ 以分别标注。在标注后统计总数时，执行 Analysis（分析）> Record Measurements（记录测量值）菜单命令或者单击 Measurement Log（测量日志）面板中的 Record Measurements（记录测量值）按钮即可。对于每次计数而言，Measurement Log（测量日志）中的记录将包含总的计数、文档名称、计数日期和时间。因为 Measurement Log（测量日志）不与特定的文档相连。例如，可以统计一系列照片的同一特征，将所有的读数捕获到 Measurement Log（测量日志）面板中，并且导出日志（带 tab 界定区域的 txt 文档），所有照片的计数都位于一个单独的文本文件中，以在同一电子数据表中进行比较。可以计数的 Photoshop 扩展版 系统显著地改善了 Photoshop CS3 和 CS4 版本的性能。将统计的数据与图像文件放在一起，通常可以确定统计的是哪个特征，这一方法可参见第 724 页的"在 Photoshop 扩展版中计数"。

测量

除了计数外，Photoshop 扩展版还可收集由 Ruler（标尺）工具 ✐ 测量出来的位置、距离和角度，以及通过选择有趣的功能

ORIGINAL PHOTO: ANDY DEAN / PHOTOSPIN.COM

在Photoshop扩展版中为田地的照片添加一个空白图层以"存放"测量值，接着执行Filter（滤镜）> Vanishing Point（消失点）菜单命令。

绘制完一个透视平面后，▼沿着拖拉机的长度方向拖动Measure（测量）工具 ✐，因为已知该值长15英尺，所以可以直接输入15作为Length（长度）值。

VP Measure.psd

在测量几块农田的长度和宽度后，执行Render Measurements to Photoshop（将测量值渲染到Photoshop）命令。测量的标记将被记录在最初添加的空白图层上。

和计算选区各种测量而得到其他测量值。

Ruler（标尺）工具 ✐。在Photoshop和Photoshop扩展版中，Ruler（标尺）工具都用于精确定位或测量线性距离和角度。从要测量部分的一端拖动标尺，到另一端后单击完成。测量线将标注出测量的距离，选项栏和信息面板将显示距离和角度（水平为0°）以及其他数据。测量两条测量线之间的角度而非某条测量线与水平线之间的角度时，可以在按住Alt/Option键的同时从已有测量线的一端拖动创建第二条测量线，创建Photoshop称之为量角器的工具。

在Photoshop扩展版中，Ruler（标尺）工具 ✐ 也用于为图像的测量值设置比例，以便在为Photoshop选择特征时自动测量，并且测量值将以设置好的比例单位表示。如果有一系列的图像，且每个图像中都需要测量某个特征以对比，那么Ruler（标尺）工具将尤其有用。打开每个文件，按需重设Measurement Scale（测量比例），拖动标尺进行测量，并单击Measurement Log（测量日志）面板顶部的Record Measurements（记录测量值）按钮。要想将标尺每次的测量值作为测量日志的一部分保留下来，则需在下次使用标尺前记录上一次的测量值。

日志中记录的标尺测量值将参照Ruler 1、Ruler 2等形式从会话的第一个测量值到最后一个测量值一一列出。因为日志文本框中的项无法编辑，所以没有办法明确测量值。Measurement Log（测量日志）面板与Ruler（标尺）测量值之间就测量的特定特征没有联系。文件中不会永久地保留距离标记。因此，如果对每幅图像进行了几种标尺测量，那么很难再现该特征采用的测量方式。

测量消失点。Vanishing Point（消失点）滤镜中有可以在透视图中设置比例的Measure（测量）工具 ✐，可以根据比例进行测量。设置比例时，在透视网格上用测量工具拖过一段数值已知的距离，接着在Vanishing Point（消失点）▼窗口顶部的Length（长度）数值框中输入该距离值。例如，如果需要搞清楚左栏照片中某块农田的大致尺寸，且了解图片中的Caterpillar D4拖拉机包含刀片在内的长度大约是15英尺长，便可以估算出每块农田的长宽值。在Vanishing Point（消失点）所做的精确测量不仅取决于绘制比例的精确性，还取决于透视平面的精准性。

知识链接

▼ 消失点　第612页

应用消失点的测量工具 ✐，可以在文件中保留测量值，以标识每个测量值对应的特征，即使视图中的图像是不需要进行透视图校正的普通正视图。在输入消失点之前，选择矩形工具▢，并单击选项栏中的图形图层按钮▢，接着拖动绘制一个矩形，为文件添加一个新的空白图层（方法是单击图层面板底部的▢按钮）。

执行Filter（滤镜）>Vanishing Point（消失点）命令。使用Create Plane Tool（创建平面工具）▰，绘制网格，将透视平面的4个角节点放在添加的矩形的各个角。网格是一个由蓝色小方框组成的矩形。选择Measure（测量）工具，设置比例进行测量。在Vanishing Point（消失点）菜单中选择Render Measurements to Photoshop（将测量值渲染到Photoshop），用来测量的线和数字将与它们一同被收集到添加的空白图层上。

在保存文件时，任何使用消失点测量工具得到的测量值都会保留，并且在该文件中输入消失点的任何时刻，该值都是可编辑的。还可以在Vanishing Point（消失点）菜单▾☰（对话框的左上角）中执行Render Measurements to Photoshop（将测量值渲染到Photoshop）命令，将这些测量值渲染到Photoshop文件中，作为与文件一起保留的标记。Photoshop扩展版的Measurement Log（测量日志）面板中不会记录消失点测量值，但是文件中会保留标记和测量值。

测量选区。可以使用Photoshop的任意选择方法选择图层的多个要测量部分，并可在Select Data Points（选择数据点）对话框的Selections（选区）部分，设置要在测量日志中记录的数据。如果要测量的特征可以通过颜色选择（例如，通过执行Select > Color Range命令），那么最便捷的方法就是绘制选区。但是对于那些被高光和阴影分割开来的不连续的特征或者由很多部分组成的特征（例如由树叶和树枝组成的树）而言，就无法通过颜色选择。第728页的"在Photoshop扩展版中测量"讲述的便是对选区进行测量的案例。

DICOM

DICOM是医学数字影像系统（诸如X射线和PET扫描）的标准。执行File（文件）> Open（打开）命令，并且选择一个或多个DICOM文件，打开一个可以在其中选择多个文件导入为某个Photoshop文件中的多个图层，或者单个图层中平铺的多幅图像的对话框。如果因为某些原因，文件不能作为单个文件中的多个图层打开，可以试着执行File（文件）> Scripts（脚本）> Load Files Into Stack（将文件载入到堆栈）命令。如果已将多个文件作为某个文件中的多个图层打开，那么之后便可以通过在Animation（动画）面板菜单 ▾☰中执行Make Frames From Layers（从图层制作帧）命令来制作动画，▼这对于制作系列动作非常有用。可以将一系列DICOM格式的片断转换成可以使用3D工具和命令操作的3D对象——File（文件）> Open（打开），在Frame Import Options（帧导入选项）中选择Import As Volume（导入为体积）。与JPEG等相同的是，DICOM也是一种文件格式，可以使用Photoshop扩展版的Image Sequence（图像序列）功能打开（参见第723页）。

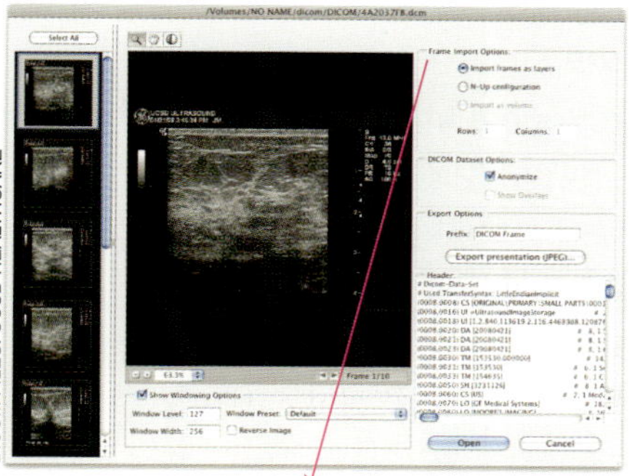

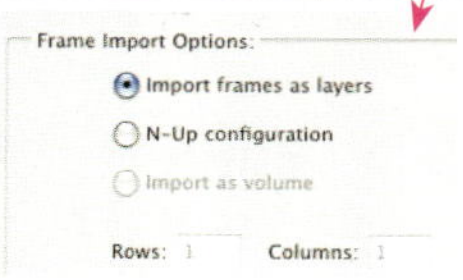

一系列DICOM文件可以作为单个文件，诸如3D体积或者图像序列之类的图层或者拼贴块打开。

知识链接

▼ 动画面板
第 664 页

即便是对那些非科学领域的人而言，DICOM文件也是一种不错的影像来源。上图中的纹理就来源于乳房X线照片，左侧的骨骼覆盖图则来源于X射线。

利用File（文件）> Scripts（脚本）> Statistics（统计）命令可以将多个文件作为堆栈图层载入，制作成多个图层的智能对象，并且执行在Image Statistics（图像统计）对话框中选择的统计分析。

并排对比

为了更轻松地对比几个打开的文件，可以执行Window（窗口）>Arrange（排列）>Tile（平铺）命令，在不叠放的情况下显示所有的文件。选择Zoom（缩放）工具 并且在选项栏中选择Zoom All Windows（缩放所有窗口）复选框。选择Hand（抓手）工具 ，并在选项栏中选择Scroll All Windows（滚动所有窗口）复选框。之后，在图像中移动鼠标时，所有其他的窗口也会一同滚动。同样，缩放时，所有的窗口也会一同缩放。可以仅使用一个工具进行所有的平移和缩放操作。

MATLAB

如果已经开始采用广泛应用于数据分析和可视化显示的技术脚本环境MATLAB来统计和测量照片中的特征，那么便可发现，设置Photoshop扩展版和MATLAB，让MATLAB命令行可以直接调用某些特定的图像非常有用。这样一来，便可以不用在两个软件之间来回导入、导出文件了。安装在Photoshop文件夹中的MATLAB文件夹内有一个MATLAB Photoshop Read Me.pdf文件。它讲解了如何安装MATLAB–Photoshop链接、测试安装并且从MATLAB内部使用Photoshop。同样，在这个文件夹中有一个MATLAB可以调用的Photoshop扩展版命令的列表（参见第13页）。

统计

Photoshop扩展版可以通过对比图层、通道的颜色值，为位于图层堆栈中的每个像素计算大量的统计值。这些计算值将会以图像文件中的颜色和色调表示。第325页中的"均化杂色"讲述了如何使用这些统计值中的Mean（平均值）来删除噪波，第327页中的"创建幽静的效果"便使用了Median（中间值）来删除位于分布在图层堆栈中少于半数图像中的特征。统计功能可以用来对比那些大部分相似，但仅有稍许差别的图像，并且可以用来查看图像间的哪些差别最大。可以通过以下方式应用这些对比，将文件以图层堆栈的方式打开，基于内容对齐图层，再应用统计功能。执行File（文件）> Scripts（脚本）> Statistics（统计）命令，在Image Statistics（图像统计）对话框中确定要堆栈的文件，在对话框的顶部选择Stack Mode（堆栈模式），在对话框的底部打开Attempt to Automatically Align Source Images（尝试自动对齐源图像），以排列特征，方便图层之间的对比。单击OK按钮时，Photoshop扩展版会生成带有智能对象的文件（每个图像一个图层），▼显示的图像是在堆栈模式下计算了统计数值后的结果。因为整个图层堆栈是一个智能对象，所以可以更改统计选择[执行Layer（图层）> Smart Objects（智能对象）> Stack Mode（堆栈模式）命令并且选择不同的选项]，或者可以通过在Layers（图层）面板中双击智能对象缩览图，打开.psb文件，并且关闭想删除的图层可视性，将图层排除在计算之外，当保存.psb文件时，则会在主文档中计算统计值。

知识链接
▼ 智能对象　第75页

ORIGINAL PHOTO: LISA LEVIN

10 cm

图像序列

将一系列带有序号的文件作为一个图像序列打开，对编辑延时摄影、自动将时间排序的照片转变成一个视频图层很有用。将该系统的所有文件放在一个文件夹中。执行File（文件）> Open（打开）命令，并且在Open（打开）对话框中选择系列文件中的第一个文件，勾选对话框底部的Image Sequence（图像序列）复选框，单击Open（打开）按钮。在Frame Rate（帧速率）对话框中选择一个帧速率（如果此处的推测有误，还可以在稍后调节），图像系列可以作为一个视频图层打开，之后，可以通过单击Animation（Timeline）［动画（时间轴）］面板中的播放按钮▶进行播放。还可以随时更改帧速率，从Animation动画面板扩展菜单▼≡中选择Document Settings（文档设置）命令，并单击OK按钮。可将全部或部分电影渲染成视频，参见第686页。

其他有用功能

以下列举的一些Photoshop和Photoshop扩展版功能，在分析或者呈现科学技术领域中的图像时非常有用。

- Bridge中的Slideshow（放映幻灯片）功能（参见第139页）是一个很不错的查看大量照片（例如时间序列）以及查找带有有趣内容的方式。

- **缩放**非常适合用来在网上展示诸如组织学之类的幻灯片，或者大型照片的几个不同的位置，可以近距离查看（参见第12页和第130页）。

- 如下所示，Photoshop扩展版的Place Scale Marker（置入比例标记）命令提供了一个显示图像中比例的方法。

- **黑白调整**图层，可以将用于出版的彩色照片和图表转换成黑白效果（照片参见第214页，图形参见第490页）。

如图 A 所示，两个红点表示的距离为10厘米。对于这张在太平洋内1000米深处、沼气渗漏的状态下拍摄的快照，可以在Photoshop扩展版中执行Analysis（分析）> Set Measurement Scale（设置测量比例）命令，及Analysis（分析）> Place Scale Marker（置入比例标记）命令来设置比例，如B所示。作为包含带标记的标准图层图层组一部分的比例标记中的文字图层，是可编辑的。整个Group（组）被重定位，以显示近距离显示的虫管、海蜘蛛和小虾的比例。

在 Photoshop 扩展版中计数

附书光盘文件路径

> Wow Project Files > Chapter 11 > Counting:

- Counting-Before.jpg（原始文件）
- Counting CS3-After.psd & Counting CS4-After.psd（效果文件）

从Window（窗口）菜单打开以下面板

- Layers（图层）. Measurement Log（测量日志）

步骤简述

在图像文件中标注并自动统计元素，将统计数据作为文件的一部分保存。 选择要在测量日志中保存哪些信息 在日志中记录统计数据 在图像中对其他类型的统计进行记录

假设要研究位于Dover Harbor港口海滨的野鸭，其中包括每月一次从海滨4个不同点拍摄的照片上统计的数量，估算鸭子的组成。要查看野鸭的公母比例以及与海鸥的比例，需要在每张照片上进行3种计数统计——公鸭、母鸭和海鸥。Photoshop扩展版的Count（计数）工具可用于进行数字记录，并且将这一原始数据作为照片文件的一部分保存。

认真考量项目。 当对照片计数时，最好能为每个文件进行多个计数统计，并且在图像文件中保存计数标记，这样可以随时回过头来查看计数的结果。在Photoshop CS4扩展版中，用户可以对每幅图像进行多组计数统计，标记由Count（计数）工具1、2、3设置，并在文件关闭后仍自动保留。在Photoshop CS3版本的扩展版中，只有一种计数，并且不会保留计数，所以，如果要生成所需的数据丰富的图像文件，还需要进行更多的工作，不过可以借助屏幕捕捉工具来帮忙。

1 针对计数设置。 在Photoshop扩展版中打开图像文件，或者使用提供的Counting-Before.jpg文件，如 **1a** 所示，做好计数的准备，从左上角开始计数，再向下，然后向右。尽管有自

1a

原始图像 Count-Before.jpg。

1b `123` Total Count: 0 Label Color: ▢ Clear

Photoshop CS3 扩展版的计数工具选项栏为计数
标记提供了颜色选择。

1c `123` Count: 0 Count Group
Clear Marker Size: ▢ Label Size: ▢

Photoshop CS4扩展版为"标记尺寸"（如 A 所
示），以及"文字大小"（如 B 所示）添加了选
项，用户可以添加更多的统计组，如 C 所示。

2a

每次单击计数工具的"+1"光标，都会放置一个
数字点。

2b `CS4` Count: 1 ✓ Count Group 1 Clear Marker Size: 2
Rename

在 Photoshop CS4 扩展版中，可以重命名计数组。

2c

当计数工具的"+1"光标位于某个标记之上时，
加号会变大。按住Alt/Option键时，"+"会更改
为"−"号，此时单击即可删除标记。

3a `123` Total Count: 42 Label Color: ▢ Clear

选项栏中会显示统计数字，在Photoshop CS3扩展
版中只显示Total Count（总计数）。

ORIGINAL PHOTO: DESIGN PICS / PHOTOSPIN.COM

己的计数顺序，但是采用系统的方式对于完整计数会更有帮
助，这样更能保证不会遗漏什么。

选择Count（计数）工具`123`。在选项栏中，如 **1b**、**1c** 所示，选
择一种颜色（与照片中要计数项有较大的对比）。此处使用默
认的青色。在Photoshop CS4扩展版中，还可以选择用作计数标
记的点的大小，并设置与每个点同时出现的文字的大小。

2 第一个计数。 在图像窗口中，单击每个要计数的项，如 **2a** 所
示。在Photoshop CS4扩展版中，计数的同时会创建Count Group
1，可以从选项菜单中选择Rename（重命名）命令，如 **2b** 所
示，并且输入更有描述性的组名，此处使用"Male Mallards"。

完成计数后，再次检查整幅图像，确认没有错过任何的东
西，并且没有对某些东西进行重复统计。完成后，保存文
件，执行File（文件）> Save As（存储为）命令，并将新文件
命名为Count-After.psd。如果操作有误，可将Count（计数）工
具光标悬停在要删除的点上，等加号变大后，按下Alt/Option键
（"+"会更改为"−"号）单击即可，如 **2c** 所示。待计数
点删除后，所有大于删除计数点的数字将会自动重新计数。

3 记录计数信息。 当前计数会在选项栏中显示，如 **3a**、**3b** 所示。
完成计数后，便可以核对整个计数并且手动记录。还可以使
用 Photoshop 扩展版的测量日志来记录。执行 Analysis（分析）
> Select Data Points（选择数据点）> Custom（自定义）命令，
在 Select Data Points（选择数据点）对话框的 Common（常
规）选区选择要在记录数据中包含的识别项：Label（标签）
（如 **3c** 所示）、Date and Time（日期和时间）、Document
（文档）以及 Source（源，数据收集的方式，在此指的是使
用计数工具）。在 Select Data Points（选择数据点）对话框的
Count Tool（计数工具）选项组中已经勾选了 Count（计数）
复选框，如 **3d** 所示。

执行Analysis（分析）> Record Measurements（记录测量）
命令，计数可以作为测量日志中的项保存，如 **3e** 所示。要记
住的是测量记录会记录当前会话中用户告知它要记录的测量
值。要保留数据记录，可以在退出Photoshop之前导出日志
内容。

3b

Photoshop CS4 扩展版的选项栏会同时记录总的
计数（左侧的数字），以及选中组的计数（右侧
括号内的数字）。

3c

在 Select Data Points（选择数据点）对话框中勾
选的每一项都会变成测量日志中的一栏。

3d

勾选 Select Data Points（选择数据点）对话框底
部的 Count（计数）复选框会为计数工具数据创
建一栏。

3e

计数被记录在测量日志中。

4a

当添加了一个黑色填充图层后，Photoshop CS3
扩展版中出现的图像的细节（靠近左上角）。

4b

将计数的屏幕快照图像与 Photoshop CS3 扩展版
中照片的左上角对齐，可以看到粘入的数字和可
编辑的计数数字。

4 在文件中存储计数数据。（使用Photoshop CS4扩展版，计数
数据会自动与文件一同保存，因此可以直接跳转到步骤5。）
Photoshop CS3扩展版不会自动地同时保存文件和统计数据。
有一个办法可以解决这个问题：在Layers（图层）面板中选中
图像图层，让整幅图像在屏幕上可见，按Ctrl/⌘+0键让整个视
图以适合屏幕的大小显示。添加一个图层（按Ctrl/⌘+Shift+N
组合键，或者单击Layers（图层）面板底部的🔲按钮），并
使用黑色或白色填充该图层，以便与在步骤1中选择的计数
颜色产生良好的对比效果，按D键将前景色和背景色设置为
黑色和白色，接着按Alt+Backspace组合键（Windows）或者
Option+Delete组合键（Mac）使用黑色填充，按Ctrl+Backspace
组合键或者⌘+Delete组合键使用白色填充。现在，可看到
与纯黑色或纯白色背景形成鲜明对比的计数点和数字，
如 4a 所示。

使用抓屏工具（如Windows的SnagIt、Mac的SnapzPro，或者
操作系统自带的工具）将带有数字点的白色和黑色区域捕捉
到剪贴板上。Windows自带的抓屏工具可按Alt+PrtScreen组
合键调出。Mac有Grab工具，位于Applications > Utilities文
件夹中。在Photoshop扩展版中，将抓屏图粘贴到计数照片
中（Ctrl/⌘+V）。使用Move（移动）工具，移动新图层，
让黑色或白色区域（不包含任何窗框）的左上角与计数图像
的左上角对齐（不包含任何窗框），如 4b 所示。按Ctrl/⌘+T
（自由变换）组合键，并且按需对粘贴的图像进行放大或缩
小，与文档右下角对齐（按住Shift键的同时拖动变换框右下
角的手柄重新按比例设置大小），如 4c 所示，按Enter键完
成整个变换。

在抓屏之前，先在Layer（图层）面板中关闭为文件添加的黑
白填充图层的可视性。接着，单击添加图层的缩览图，单击
Layer（图层）面板底部的Add a layer style（添加图层样式）
按钮**fx**，并选择Blending Options（混合选项）。在靠近
Layer Style（图层样式）对话框底部的This Layer（本图层）
滑块中，向内移动阴影或亮光滑块，直到背景颜色消失，
只剩下数字，如 4d 所示。▼即便计数很清晰，但为了能统
计其他特征（步骤5）或以便退出
Photoshop扩展版还能使用，粘贴的
数字将保留。

知识链接

▼ 混合颜色带 / 本图层
第66页

4c

缩放抓屏图以与 Photoshop CS3 扩展版中的照片相匹配，让计数标记位于右侧。

4d

Blend If: Gray

This Layer: 21   255

如果在 Photoshop CS3 扩展版文件的图层中存储计数标记，则即便（选项栏中的）计数被清除了，或者文件被关闭后重新开启，仍能够看到它们的位置。在清除之前，计数看似有两个（如上图所示），这取决于抓屏的大小需要被缩放多少以适配图像。

5a

在 Photoshop CS3 扩展版中，单击 Clear（清除）按钮即可开始新的计数。

5b

在 Photoshop CS4 扩展版中，可以通过单击选项栏中的 按钮在不丢失原计数的情况下添加一个新的 Count(计数)组。从菜单中执行 Rename(重命名)命令打开 Count Group Name（计数组名）对话框，为组起一个好记易辨识的名字。单击色板更改标记颜色，便可以将新组与原来的组区别开。

6

单击 Export selected measurements（导出选择测量）按钮 可打开带制表符分隔的文本文档。可以根据需要在文本编辑器中打开文件，编辑计数组名以使名称更有辨识性。在此 Count 1 被更改为 Male Mallards，Count 2 已被选中，并准备做更改。

5 进行其他计数。 如没有其他要统计的内容，则可直接执行步骤6。进行其他统计时，可以让原始数字可见，也可以让它们不可见。如果不想看到它们，可以进行如下操作。

- 在Photoshop CS3扩展版中，在Layers（图层）面板中单击带有数字图层的 👁 图标。

- 在Photoshop CS4扩展版中，在Count（计数）选项栏中单击 👁 图标。要添加新的计数，可以进行如下操作。

- 在Photoshop CS3扩展版中，单击选项栏中的Clear（清除）按钮，将第一次统计的标记删除，如 5a 所示，记录的统计数字信息仍会保留在测量日志里，并且带截屏的图层仍会保留。

- 在Photoshop CS4扩展版中，单击选项栏中的Create a new count group（创建新的计数组）按钮，并对新组命名，将此处的组命名为Female Mallards，如 5b 所示。

为第2个计数选择一种新颜色， 此处使用黄色。重复步骤1到步骤4的计数、记录和清除过程（在Photoshop CS3扩展版中不需要添加另一个黑色的填充图层，只需开启在步骤4中添加图层的可视性）。**注意：在 Photoshop CS4扩展版中，在测量日志中记录计数信息时，关闭目前正在记录的计数之外的其他计数的可视性，** 否则所有可视的计数将被添加到一起，并且作为单个计数。如果在分别记录了所有计数后，要统计计数的总量，该功能则非常有用。第3个计数是针对海鸥进行的，同时颜色被设置为红色，结果参照第724页的顶部图。

6 导出测量日志。 导出测量日志（这是一个好习惯，因为退出Photoshop后，日志信息将会丢失）的步骤为：在测量日志中选择要导出的行（按住Ctrl/⌘+单击或者Shift+单击多选），或者单击位于测量 日志右上角的Select all measurements（选择所有测量）按钮 ，再单击Export selected measurements（导出选择的测量）。数据会被导出成用制表符分割的文本文件，如 6 所示。

ORIGINAL PHOTO: MARK GRISSOM / PHOTOSPIN.COM

在 Photoshop 扩展版中测量

附书光盘文件路径

(wow) > Wow Project Files > Chapter 11 > Measuring:

- Measuring-Before.jpg（原始文件）
- Measuring-After.psd（效果文件）
- Anthopleura cover1.txt（文本文件）

从Window（窗口）菜单中打开以下面板：

- Channels（通道）• Measurement Log（测量日志）

步骤概览

选择要在测量日志中记录的参数•设置测量比例•选择所有要测量的区域•将选区保存为Alpha通道•保存文件•记录测量值•导出测量日志

Photoshop扩展版的测量日志可以记录与当前选区相关的信息，并且将它导出为文本文件，以便在其他程序中使用。在太平洋西北的潮汐虚拟研究中，需要使用存档照片估计覆盖在海洋上的黄海葵的百分比（作为它成功地与几种褐藻、粉红色珊瑚藻和其他在岩石表面覆盖的种类竞争的度量）。还需要记录有关尺寸和变化的信息（就像是人口中的年龄结构调查）。

认真考量项目。需要选择被每种海葵占领的区域。展开的海葵颜色与周围的珊瑚藻和海藻叶的颜色有明显的不同。但是在这幅照片中通过颜色进行选择会存在一些常见的问题。第一个问题是，将每个特征作为一个独立的选区，与其他藻类接触的海葵将并入到单个选区中。第二个问题是，一些海葵呈聚拢状，露在外面的蓝绿色数量无法表示尺寸。第三个问题是，对于某些海葵而言，蓝绿色被分成了几块，部分被海藻叶遮蔽，这些海藻叶覆盖在它们上方，但是并没有附着在照片中该区域的岩石上。既然在本实例中需要大量的手绘工作来通过颜色编辑选区，那么就手动绘制所有的选区。先要为每幅照片设置测量比例，以便得到真实的测量值，并且可以对比不同照片中的测量值。

在从Photoshop扩展版的"测量日志"面板中导出测量值时，数据会存储在用制表符分割的文本文件中，而不是测量图像文件自身中。为了管理好照片和数据，应该将测量日志导出至测量文件存储的同一文件夹。

要测量选区，需要为Common（常规，包括Scale）和Selections（选区）设置数据点。可以在Selections（选区）列表中找到这些测量的数据。

使用 Ruler（标尺）工具拖动来测量照片中已知尺寸项的像素长度。

标尺测量的 Pixel Length（像素长量）会自动地键入到 Measurement Scale（测量比例）对话框中，如 A 所示。之后，键入真实的测量值，如 B、C 所示。

单击工具箱底部的按钮，即可在快速蒙版和当前选区之间进行切换。

为绘制快速蒙版设置画笔笔尖大小和硬度。

1 **决定记录哪些测量值。** 打开Measuring-Before.jpg文件，执行Analysis（分析）> Select Data Points（选择数据点）> Custom（自定义）命令，打开Select Data Points（选择数据点）对话框，在此可以勾选要包含数据的复选框，并取消不想要的项目的勾选，如1所示。要想进行此处的选区测量，需留意的对话框部分是Common（常规）和Selections（选区）。可以选中Common（常规）部分的所有选项。在Selections（选区）部分选中必须要进行测量的选项，但要取消那些必须要与像素颜色一起使用项的勾选——从Gray Value (Minimum)一直到列表的底部。

2 **设置测量比例。** 执行Analysis（分析）>Set Measurement Scale（设置测量比例）命令。当打开Measurement Scale（测量比例）对话框时，在工具箱中选择Ruler（标尺）工具（或按Shift+I组合键直到选中它），在照片中沿着10cm的标尺工具拖动，如2a所示。在Logical Length（逻辑长度）数值框中键入10，并在Logical Units（逻辑单位）文本框中键入cm，如 2b 所示。之后选择并且测量生物，以及记录测量值时，所有的值将以cm和cm^{2}为单位记录。

3 **选择海葵。** 考虑到不可能真看到附着到岩石上的海葵，所以只能估计。利用使用过的方法，在工具箱的底部单击Edit in Quick Mask mode（以快速蒙版模式编辑）按钮，如 3a 所示。▼选择Brush（画笔）工具（Shift+B），在选项栏中选择一个硬的、圆头的画笔笔尖，以及一个不至于花太多力气涂抹海葵的尺寸，选择60像素，如3b所示。通常，可以按需使用方括号键（[和]）更改画笔笔尖尺寸，或者在启用OpenGL绘画的状态下动态更改画笔笔尖尺寸。▼按D键将黑色设置为前景色。海葵张开的口盘尺寸是标识该生物在岩石上占据面积大小的良好指示器。在海葵身上涂抹，如 3c 所示。根据需要，使用带更小的硬画笔笔尖的橡皮擦工具，为红色蒙版擦拭出一些窄条。这样，海葵即被分隔开，如 3d 所示。

涂抹完所有的海葵后，如3e所示，再次单击按钮，从快速蒙版模式转换到当前选区模式。默认情况下，快速蒙版的红色表示未选择区域，因此我们需要反选选区（Ctrl/⌘+Shift+I）以选择海葵。

知识链接

▼ 使用快速蒙版 第 60 页

▼ 画笔笔尖大小 第 71 页

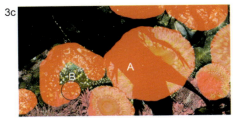

3c

为海葵绘制快速蒙版的过程中，可以在覆盖在海葵上方的海藻叶上绘制，如 A 所示。因为海葵占据着岩石上的这块区域。也可以在照片中未展开的海葵身上涂抹，正如靠近左下角处的光标处所显示的那样，如 B 所示（它们可以由那些吸附在它外表面上的贝壳来标识）。

3d

在需要快速区分相邻海葵的地方，需要使用带小型硬画笔笔尖的橡皮擦工具 ✐ 进行擦除，这样才能分别为每个海葵创建单独的选区。

3e

在快速蒙版模式下涂抹所有的海葵。

4

当快速蒙版转换成选区并且反选后，反选的选区将被作为 Alpha 通道保存。

4 保存选区。 保存选区的操作十分容易，执行Select（选择）> Save Selection（保存选区）命令，将Operation（操作）设置为New Channel（新通道），如需命名，可以为Alpha通道起一个名字，单击OK（确定）按钮确认，如 4 所示。现在便有了一个永久与文件一起保存的关于测量区域的记录。因此，可以随意查看选中目标和要测量目标。

5 记录测量值。 若要记录步骤1中说明的那些测量值，可以单击"测量日志"面板上的Record Measurements（记录测量值）按钮，如 5 所示。默认情况下，记录的测量值会按从最远（面板的顶部）到最近（面板的底部）的日期和时间的顺序排列。▼无论何时基于某个多部分选区（例如本实例）记录测量值，日志中的第一个测量行都会用来存放所有部分测量值的和。在此之后，则会按照Feature 1、Feature 2等列出各个选区及它们的测量值。

知识链接
▼ 测量日志面板
第 718 页

6 记录整个区域。 要计算海葵的覆盖比例，不仅需要了解被海葵占据的区域，还要了解整个区域的面积。因此，在开始测量其他照片前，需要在这幅照片中记录一个测量值：按Ctrl/⌘+A组合键全选，接着再次切换到快速蒙版模式，并使用黑色涂抹那些被漂浮的藻叶遮盖的区域，这些藻叶足够大，能够遮住下方占据岩石上的生物，如 6a 所示。再次单击 ▣ 按钮，制作一个当前选区，将它保存成为另一个Alpha通道（如步骤4所述），并单击Record Measurements（记录测量

5

	Label	Date and Time	Document	Source	Count	Area	Perimeter	Circularity
0001	Measurement 1	2/22/10 12:50:0...	Measuring-	Selection	12	397.814059	249.864667	0.080072
0002	Measurement 1 - Feature 1	2/22/10 12:50:0...	Measuring-	Selection		15.478458	14.929612	0.872651
0003	Measurement 1 - Feature 2	2/22/10 12:50:0...	Measuring-	Selection		41.478458	24.684508	0.855428
0004	Measurement 1 - Feature 3	2/22/10 12:50:0...	Measuring-	Selection		8.310658	11.069496	0.852294
0005	Measurement 1 - Feature 4	2/22/10 12:50:0...	Measuring-	Selection		37.024943	24.040540	0.805037
0006	Measurement 1 - Feature 5	2/22/10 12:50:0...	Measuring-	Selection		76.145125	33.492970	0.852991
0007	Measurement 1 - Feature 6	2/22/10 12:50:0...	Measuring-	Selection		29.519274	20.998117	0.841308
0008	Measurement 1 - Feature 7	2/22/10 12:50:0...	Measuring-	Selection		64.133787	31.178200	0.829077
0009	Measurement 1 - Feature 8	2/22/10 12:50:0...	Measuring-	Selection		14.335601	14.432296	0.864878
0010	Measurement 1 - Feature 9	2/22/10 12:50:0...	Measuring-	Selection		51.916100	28.125795	0.824712
0011	Measurement 1 - Feature 10	2/22/10 12:50:0...	Measuring-	Selection		19.854875	17.414554	0.822721
0012	Measurement 1 - Feature 11	2/22/10 12:50:0...	Measuring-	Selection		37.807256	24.423885	0.796445
0013	Measurement 1 - Feature 12	2/22/10 12:50:0...	Measuring-	Selection		1.809524	5.074692	0.882988

由选区得到测量值系列的第一行，给出了所有选区值的和。Count（计数）是所有选区数目的总和，如 A 所示。此处，12组测量值对应着 12 个被选中的海葵。第一个 Area（面积）测量值，如 B 所示，是海葵占领面积的总和，以及 12 个海葵分别对应的各个测量值（Feature 1、Feature 2 等）。

6a

在漂浮的部分藻叶上涂抹，以从照片的整体区域中减去隐藏的和"未知的"区域。此时，是在那些不想选择的区域上涂抹，因此当切换到当前选区时,不必在将它保存成Alpha通道之前反选选区。

6b

0011	Measurement 1 - Feature 10	2	19.854873	1
0012	Measurement 1 - Feature 11		37.807256	1
0013	Measurement 1 - Feature 12		1.809524	
0014	Measurement 2	2	1236.163265	20
0015	Measurement 2 - Feature 1		2.417234	
0016	Measurement 2 - Feature 2		1233.746042	19

岩石整个区域记录的测量值，可以在照片中查看到。测量值的前两行是整个选区的合，另外两行是位于左上角小部分区域（参见图6a）和选区其他部分的测量值。

7

CHANNELS

保存的 .psd 文件包含两个 Alpha 通道，且记录了多个选区，以防需要重新核查测量值。

8a

Area	Perimeter	Circularity
897.814059	249.864667	0.080072

"测量日志"面板右上角的如 A 所示按钮可以选择所有数据，如 B 所示按钮可以将选择的数据导出到一个以制表符分割的文本文件中。

值）按钮，如 6b 所示。

7 保存测量文件。执行File（文件）> Save As（存储为）命令，可以Photoshop（.psd）格式保存图像文件，保留Alpha通道，如 7 所示。

测量其他图像。在此，如果有其他的测量照片，可以打开另一个文件，重新设置与新照片相匹配的测量比例（步骤2），并且重复步骤3到步骤6，不断执行此步骤，直到在"测量日志"面板中记录了所有图像的数据。

8 导出日志。在得到并记录完所有所需的测量值后，通过单击面板顶部的Select all measurements（选择所有测量值）按钮，选择"测量日志"面板中的所有数据，再单击Export selected measurements（导出选中的测量值）按钮，如 8a 所示。确认在退出Photoshop扩展版之前已经导出了日志，因为退出后测量值将不再保存。在Save（存储）对话框中，找到要将保存的.psd照片文件的文件夹，这样，导出的文本文件 8b 和包含Alpha通道的照片才能被存储在一起。

分析数据。来自测量日志的文本文件将被导入到一个电子数据表程序或MATLAB中进行分析。在每张照片中，都可以用海葵覆盖的整体区域（由海藻选区得到的第一组测量值的第一组记录）除以整个可用的区域（整个照片区域减去藻叶下方的未知区域）。可以分析各个海葵选区的Area（面积）值，以确定大小的变化性，Circularity（圆度）测量值可能更有趣。在海葵很拥挤的地方，它们的形状会被挤压，且在相交的区域内环形不会表现得太圆。因此，对比照片间海葵的平均Circularity（圆度），还可以提供有关局部栖息地更有趣的信息。

8b

"Label"	"Date and Time"	"Document"	"Source"	"Count"	"Area"	"Perimeter"	"Circularity"	"Height"	"Width"
"Measurement 1"	"2010-02-22T13:00:47-08:00"		"Measuring-After.psd"	"Selection"	"12"	"397.814059"		"249.864667"
"Measurement 1 - Feature 1"	"2010-02-22T13:00:47-08:00"		"Measuring-After.psd"	"Selection"				"15.478458"
"Measurement 1 - Feature 2"	"2010-02-22T13:00:47-08:00"		"Measuring-After.psd"	"Selection"				"41.478458"
"Measurement 1 - Feature 3"	"2010-02-22T13:00:47-08:00"		"Measuring-After.psd"	"Selection"				"8.310658"
"Measurement 1 - Feature 4"	"2010-02-22T13:00:47-08:00"		"Measuring-After.psd"	"Selection"				"37.024943"
"Measurement 1 - Feature 5"	"2010-02-22T13:00:47-08:00"		"Measuring-After.psd"	"Selection"				"76.145125"
"Measurement 1 - Feature 6"	"2010-02-22T13:00:47-08:00"		"Measuring-After.psd"	"Selection"				"29.519274"
"Measurement 1 - Feature 7"	"2010-02-22T13:00:47-08:00"		"Measuring-After.psd"	"Selection"				"64.133787"
"Measurement 1 - Feature 8"	"2010-02-22T13:00:47-08:00"		"Measuring-After.psd"	"Selection"				"14.335681"
"Measurement 1 - Feature 9"	"2010-02-22T13:00:47-08:00"		"Measuring-After.psd"	"Selection"				"51.916108"
"Measurement 1 - Feature 10"	"2010-02-22T13:00:47-08:00"		"Measuring-After.psd"	"Selection"				"19.854875"
"Measurement 1 - Feature 11"	"2010-02-22T13:00:47-08:00"		"Measuring-After.psd"	"Selection"				"37.807256"
"Measurement 1 - Feature 12"	"2010-02-22T13:00:47-08:00"		"Measuring-After.psd"	"Selection"				"1.809524"
"Measurement 2"	"2010-02-22T17:19:14-08:00"		"Measuring-After.psd"	"Selection"	"2"	"1236.163265"		"208.944439"
"Measurement 2 - Feature 1"	"2010-02-22T17:19:14-08:00"		"Measuring-After.psd"	"Selection"				"2.417234"
"Measurement 2 - Feature 2"	"2010-02-22T17:19:14-08:00"		"Measuring-After.psd"	"Selection"				"1233.746042"

从测量日志中导出的文本文件，可以直接由诸如电子数据表和MATLAB之类可以接受由制表符分割的数据应用程序使用。

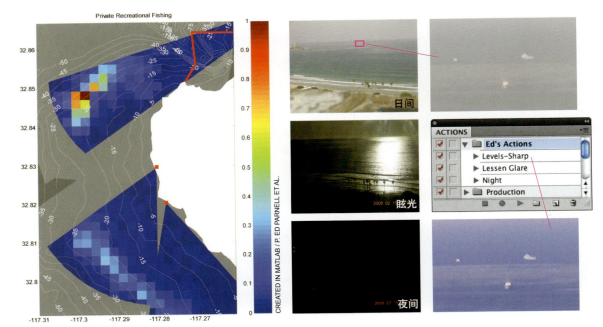

对 P. Ed Parnell et al.拍摄的照片进行初步分析采用的软件是 Photoshop，这些照片是《生态应用》（Ecological Applications）（出版物）中刊出的论文 "Spatial Patterns of Fishing Effort Off San Diego: Implications for Zonal Management and Ecosystem Function" 的配图。这个项目隶属于一个系列研究，这个系列研究地是在南加利福尼亚海岸近海域选择的最佳水产保护区域。该研究的目标是保护动物，保持该区域野生动物的种类和数量。设置此保护区域的另一个目标是让娱乐及商业捕鱼对此的干扰最小化。该系列的其他研究则着重考虑现有的物种和数量，以及该区域内的多种栖息环境（基于局部洋流、水深和底部类型，如沙地或者岩石）。对于那些在该区域内濒临灭绝的物种，Parnell et al.进行了进一步的关注，以便确定严重影响局部濒临灭绝生物生活史的不同时期的环境。例如，一些生物幼虫的安居以及成长需要一大片的海藻。

在这个研究中，目标是确定过度捕捞的区域。调查还包括对渔民的采访及渔业日志的回顾，5架装有防水外罩的尼康 Coolpix 8700 相机被安置在海岸边，基于多年对生活环境的研究及捕捞模式的观察拍摄那些重要的区域。相机由 DigiSnap 2100 相机控制器控制（www.harbortronics.com），程序设置为每15分钟拍摄一张照片——这一数值综合考虑了提供充足的船只信息、相机内存容量，以及相机分析时间之间的平衡。捕鱼的结果通过与不同类型捕捞相关的船只出现频率，以及船只的行为来量化。例如，只在一张照片中出现过的不管任何类型的船只都只是经过此处，不用计算在内。

在项目初期，Photoshop被用来改善不同条件下拍摄的照片效果，以便识别不同类型的船只。记录多个动作以锐化日间的照片（如上图所示）、减少午后图像的眩光、提亮夜间照片的明度。Photoshop的快捷批处理功能，被用来对照片进行自动批处

理。当 Parnell et al.使用 Photoshop 确定了船只类型后，又使用 MATLAB 的 Image Processing Toolbox（图像处理工具箱）处理项目的剩余部分，调节曝光和对比度，根据透视图来变换图像，以精确定位船只的位置，并将各张照片划分成不同的区域，以便在100%的视图下进行便捷的屏幕分析，确定船只类型和捕鱼的位置。通过将结果映射为私人休闲捕鱼、租船休闲捕鱼以及商业海胆和龙虾捕鱼，研究人员便可以确定出哪些地方应该最小化捕鱼量，以保护生物栖息地。

附录

附录 A：滤镜演示

附书光盘文件路径

 > Wow Project Files > Appendixes >
Filter Demo-Before.psd（原始文件）

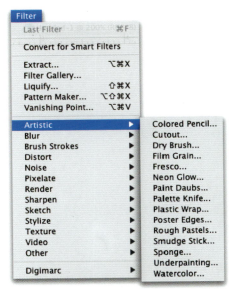

Filter	
Last Filter	⌘ F
Convert for Smart Filters	
Extract...	⌥⌘X
Filter Gallery...	
Liquify...	⇧⌘X
Pattern Maker...	⌥⇧⌘X
Vanishing Point...	⌥⌘V
Artistic ▶	Colored Pencil...
Blur ▶	Cutout...
Brush Strokes ▶	Dry Brush...
Distort ▶	Film Grain...
Noise ▶	Fresco...
Pixelate ▶	Neon Glow...
Render ▶	Paint Daubs...
Sharpen ▶	Palette Knife...
Sketch ▶	Plastic Wrap...
Stylize ▶	Poster Edges...
Texture ▶	Rough Pastels...
Video ▶	Smudge Stick...
Other ▶	Sponge...
	Underpainting...
Digimarc ▶	Watercolor...

ORIGINAL PHOTO: CORBIS ROYALTY FREE

这几页提及的滤镜都位于Photoshop的Filter（滤镜）菜单下。Photoshop CS4中的列表与此同，不过，菜单顶部的滤镜列表有所区别。Extract（抽出）滤镜和Pattern Maker（图案生成器）滤镜已被删除。它们被添加到了根目录的Goodies文件夹中的Optional Plugins中，也可以在www.adobe.com.cn上找到它们。

本附录演示了Photoshop中配置的绝大多数滤镜，这不包括单独滤镜菜单顶部的单独滤镜。此处将以上面的照片和绘画作品为例应用这些滤镜。绘画作品的创作过程为首先采用Pen（钢笔）工具绘制路径，再使用Brush（画笔）工具在透明图层上描边，添加一个包含白色外发光效果的图层样式。最后将绘制完成的图层放置在木纹扫描图片的图层上，再将两个图层拼合即可。

本附录将按照Filter（滤镜）菜单中的分组和顺序逐一介绍各种滤镜。针对所需效果更改默认设置后，设置将按滤镜对话框中显示的顺序排列设置。如果使用默认设置，本书将则不再说明。

应用滤镜功能的例图是一个408像素×408像素的正方形，大部分滤镜的设置以像素为单位，因此在评论某设置的效果时，需同时考虑设置与图像大小（具有普遍性但并非绝对）。如果图像大小为例图的两倍（例如800像素×800像素），那么为了达到与例图相同的效果——假设例图的设置值为20像素，就应该把图像的值设为40像素。

知识链接
▼ 滤镜库 第 270 页

这里显示的很多滤镜可以通过执行 Filter（滤镜）> Filter

Gallery（滤镜库）命令，并且从滤镜库对话框中进行设置、预览和应用。这几页列出的所有滤镜，还可以作为智能滤镜使用，这可以使滤镜设置保持可编辑状态。这个重要的改善是 Photoshop CS3 的新增功能，它将 Photoshop 的滤镜添加到了一个没有任何破坏性改变的列表中。▼

知识链接
▼ 智能滤镜　第 72 页

除了Filter（滤镜）菜单中的滤镜外，Image（图像）> Adjust-ments（调整）菜单中的两个命令也可以充当智能滤镜使用。在选择颜色和色调之前，Variations（变换）调整命令可以帮助对比颜色以及屏幕上色调的变化，Shadow/Highlight（阴影/高光）调整命令用于去除主体对象的阴影/或恢复背景中消失的天空。

应用滤镜后，若希望重新调整设置，首先应将图像转换成智能对象（如果它不是智能对象）。在图层面板中选择要应用滤镜的图层，执行Filter（滤镜）> Convert for Smart Filters命令（如上图所示）或者Layer（图层）> Smart Objects（智能对象）> Convert to Smart Object（转换成智能对象）命令，这两个命令执行的是同一个操作。另外，也可以使用快捷键。在图层面板中右击/Ctrl+单击图层的名字，在弹出的右键快捷菜单中选择Convert to Smart Object（转换成智能对象）命令即可。

Shadow/Highlight（阴影/高光）调整命令和 Variations（变换）调整命令也可以作为智能滤镜应用。

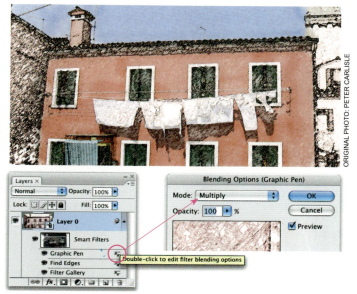

ORIGINAL PHOTO: PETER CARLISLE

分别对一个智能对象应用几个滤镜时，每个滤镜都可以有自己的混合模式和 Opacity（不透明度）。相对而言，当通过滤镜库对一个智能对象应用几个滤镜时，多个滤镜效果将综合成为一个智能滤镜，并且只有一个混合模式和不透明度设置，从而被应用至综合效果。在此，先后通过滤镜库对红色和白色图像使用Dry Brush（干画笔）滤镜和Charcoal（炭笔）滤镜（都属于艺术效果滤镜组）。接着使用Find Edges（查找边缘）滤镜。再分别对黑色和白色使用Graphic Pen（绘图笔）滤镜，将Graphic Pen（绘图笔）滤镜的混合模式更改为Multiply（正片叠底）。在智能滤镜蒙版中进行绘制可以限制所有智能滤镜的效果。

Artistic（艺术）滤镜（仅8位/通道模式）

Colored Pencil　　FG	Cutout　　FG	Dry Brush　　FG	Film Grain　　FG	Fresco　　FG
Neon Glow　　FG	Paint Daubs　　FG	Palette Knife　　FG	Plastic Wrap　　FG	Poster Edges　　FG
Rough Pastels　　FG	Smudge Stick　　FG	Sponge　　FG	Underpainting　　FG	Watercolor　　FG

Blur（模糊）滤镜（8&16位/通道，除非特别说明）

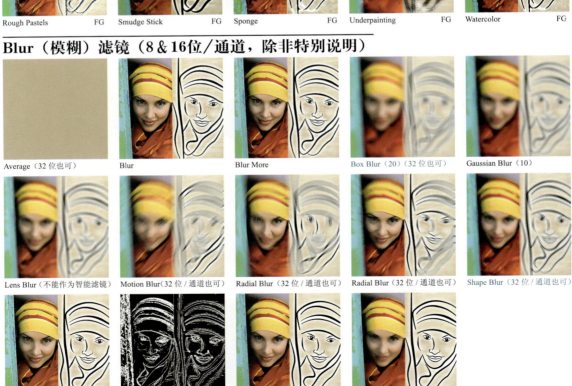

Average（32 位也可）	Blur	Blur More	Box Blur（20）（32 位也可）	Gaussian Blur（10）
Lens Blur（不能作为智能滤镜）	Motion Blur（32 位 / 通道也可）	Radial Blur（32 位 / 通道也可）	Radial Blur（32 位 / 通道也可）	Shape Blur（32 位 / 通道也可）
Smart Blur（仅 8 位 / 通道）	Smart Blur（仅 8 位 / 通道）	Surface Blur（32 位 / 通道也可）	Surface Blur（32 位 / 通道也可）	

Brush Strokes（画笔描边）滤镜（仅8位/通道模式）

Accented Edges　　　FG

Angled Strokes　　　FG

Crosshatch　　　FG

Dark Strokes　　　FG

Ink Outlines　　　FG

Spatter　　　FG

Sprayed Strokes　　　FG

Sumi-e　　　FG

Distort（扭曲）滤镜（8位/通道模式，除非特别说明）

Diffuse Glow　　　FG

Displace(Honeycomb 10/Repeat Edge Pixels)

Displace(Random Strokes 25)

Displace(Snake Skin/Repeat Edge Pixels)

Glass(Frosted)　　　FG

Glass(Blocks)

Lens Correction(16位/通道也可)

Lens Correction(16位/通道也可)

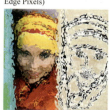

Ocean Ripple　　　FG

Pinch(100%)

Pinch(-100%)

Polar Coordinates

Polar Coordinates

Ripple

Shear

Spherize(100%/Normal)

Spherize(-100%/Normal)

Twirl

Wave

Zigzag(Pond Ripples)

Noise（杂色）滤镜（8 & 16位／通道）

Add Noise(Gaussian/50%)

Add Noise(Uniform/50%)

Despeckle

Dust & Scratches(5/25)

Median(5)

Reduce Noise(10/0)

清除通道杂色

在Photoshop中可以对单个颜色通道使用Reduce Noise（减少杂色）滤镜。例如如果Blue（蓝）通道中有杂色，Green（绿）通道会显示出精密细节的最高对比度。通过为Blue（蓝）通道添加滤镜可以减少杂色，并且不会把Green（绿）通道中的细节弄模糊。通过这种方式，可以从整体上改善彩色图像的效果，或者提高Blue（蓝）通道，为转换黑白图像做好准备。单击Reduce Noise（减少杂色）对话框中的Advanced（高级）单选按钮，在Per Channel（每通道）选项卡中对单个通道进行减少杂色的操作。

Pixelate（像素化）滤镜（仅8位／通道）

Color Halftone

Crystallize(10)

Facet

Fragment

Mezzotint(Coarse Dots)

Mezzotint(Medium Lines)

Mosaic

Pointllize(White Background Color)

像素化滤镜

大多数Pixelate（像素化）滤镜都可以将图像转换成含有单一专色的格式。除了Facet（彩块化）滤镜和Fragment（碎片）滤镜外，其他的像素化滤镜均可以控制色块的大小，并根据大小设置创建出不同的效果。

Render（渲染）滤镜

Clouds（云彩）

Difference Clouds

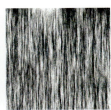
Fibers(16 位／通道也可)

Lens Flare（16&32位/通道也可)

Lighting Effects(默认)

Lighting Effects（Soft Direct Lights：全角）

Lighting Effects(Flashlight)

Lighting Effects（Flashlight: Texture ch.Green）

渲染滤镜

Render（渲染）滤镜用于制作纹理或〝氛围〞，且任意两种滤镜可以独立作用于图像中的颜色。Clouds（云彩）滤镜可以参与天空的制作，Fiber（纤维）滤镜则用于制作各种纤维效果。

Sharpen（锐化）滤镜（8 & 16位/通道，除非特别说明）

Sharpen

Sharpen Edges

Sharpen More

Smart Sharpen(Sharpen 50，1.0)

Unsharp Mask（32 位 / 通道也可）

Sketch（素描）滤镜（仅8位/通道模式）

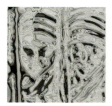

Bas Relief   FG

Chalk & Charcoal   FG

Charcoal   FG

Chrome   FG

Conté Crayon   FG

Graphic Pen   FG

Halftone Pattern(Dot)   FG

Note Paper   FG

Photocopy   FG

Plaster   FG

Reticulation   FG

Stamp   FG

Torn Edges   FG

Water Paper   FG

Stylize（风格化）滤镜（8位/通道，除非特别说明）

Diffuse

Emboss(16&32 位 / 通道也可)

Extrude (Blocks)

Extrude (Pyramids)

Find Edges(16 位 / 通道)

Tiles

Wind(Wind)

Glowing Edges   FG

Solarize(16 位 / 通道也可)

Trace Contour(50/Upper)

Texture（纹理）滤镜

Craquelure   FG

Grain(Sprinkles)   FG

Grain(Stippled)   FG

Grain(Vertical)   FG

Grain(Speckle)   FG

Mosaic Tiles(25/2/4)   FG

Patchwork   FG

Stained Glass(3/1/1)   FG

Texturizer(Brick)   FG

Texturizer(Canvas)   FG

Texturizer(Sandstone)   FG

纹理滤镜

绝大多数 Texture（纹理）滤镜都可以为图像制作出不光滑的表面效果。Stained Glass（染色玻璃）滤镜可以将图像分离成数个多边形，其中每个多边形都可以进行单独的色彩填充。所有的纹理滤镜都可以在滤镜库中找到。

Video（视频）滤镜（8、16 & 32位通道）

NTSC Colors

Other（其他）滤镜

Custom（仅 8&16 位 / 通道可用）High Pass(10)　　　　Maximum(1)　　　　Minimum(1)　　　　Offset(100/100/Wrap Around)

Digimarc滤镜（仅8位/通道模式）

Embed Watermark(4)

Digimarc 滤镜

执行Filter（滤镜）>Digimarc>Embed Watermark（嵌入水印）
菜单命令，可以在自己的图像中嵌入图案，从而避免作品未经许
可被他人使用，起到版权保护的作用。

附录 B：Wow 渐变

附书光盘文件路径

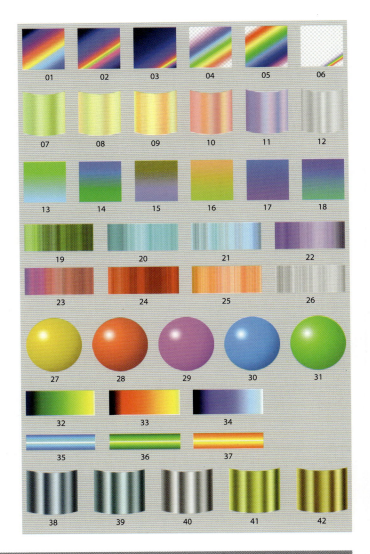

wow > Wow Project Files > Appendixes > Wow Gradients

载入Wow Gradients之后，▼Photoshop中所有出现Gradient（渐变）标记的地方都可以应用这些渐变。比如选择Gradient（渐变）工具■■后的工具选项栏、渐变填充和渐变映射图层、部分图层样式和预设管理器的效果窗口。

经典Wow Gradients效果包含以下种类。

样式01-06为光谱渐变（参见第198页）。

样式07-12与38-42具有闪烁的外观，模拟了曲面的高光特性。

样式13-18为用于背景或着色的双色调渐变（参见第207页）。

样式19-26为杂色渐变，非常适合制作条纹表面。▼

样式27-31用于圆形的对象（参见下面的"渐变"技巧）。

知识链接

▼ 载入 Wow 预设
第 4 页
▼ 杂色渐变
第 197 页

渐变蒙版

渐变填充图层包括一个可以设定渐变形状的蒙版。选择Elliptical Marquee（椭圆选框）工具○绘制一个选区，然后单击Create new fill or adjustment layer（创建新的填充或调整图层）按钮●，在弹出的菜单中选择Gradient（渐变）命令。在弹出的对话框中将Style（样式）设置为Radial（径向）。单击渐变色条旁边的下三角按钮，选择Wow Gradients 27-31中的一个。在工作窗口中拖动高光进行定位并调整Scale属性进行调试，完成后单击OK（确定）按钮。

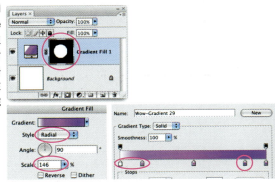

这些渐变与由白色到彩色的简单渐变相比要复杂得多。为了在每个渐变上做出明显的高光效果，通过移动色彩标记使白色与浅色非常靠近，这样就使颜色的变化更加突然，阴影色调的变化被插入到渐变的最右端。

样式32-34用于渐变映射（参见第208页的案例）或是用于特殊的发光效果和迸发状渐变描边样式（参见第198页）。

样式35-37可以作为霓虹图层样式，参见第552页的"霓虹的轮廓"。

新的Wow Gradients（43-77）分成两种：

样式43-54用于减少了不透明度或是使用Color（颜色）、Hue（色相）混合模式的渐变填充图层，该图层常用于风景照片。其中，样式43-47包含透明属性，允许对象的原始颜色透出来，而渐变颜色调整了背景和前景对象。可以移动或调整透明区域从而匹配指定的照片（参见第207页的"为风景进行渐变着色"）。

样式55-77用于渐变映射调整图层。其中的大多数，样式62-77尤其是模拟了过去的暗室过程。参见第208页"使用渐变映射图层"制作深褐色色调的过程，同时"模拟分离色调"将展示如何使用Wow Gradient 65制作分离色调效果。

 Wow Gradients.psd、Wow-Gradients.grd

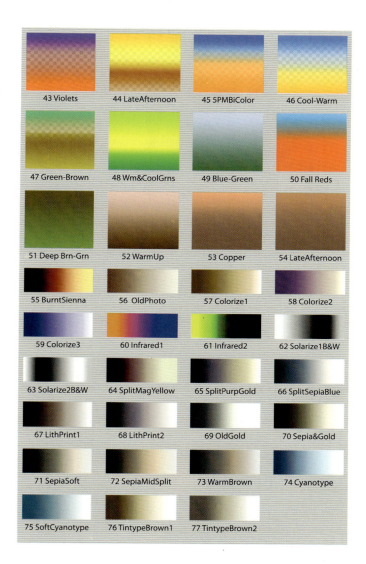

附录 C: Wow 图层样式

PHHOTO·BEVERLY GOWARD

照片的**Wow样式**针对制作打印文件而设计，它的分辨率为225像素/英寸。在本附录中，我们将对单向尺寸超过1000像素的大照片应用该样式。如果要查看内置于Wow-Edges-Frame样式中的投影（例如此处的**Wow-Edge Color**），只需要图像周围存在足够的便于扩充阴影的透明空间，然后执行Image（图像）>Canvas Size（画布大小）菜单命令并增加Width（宽度）和Height（高度）的值即可。

"文字和图形"的**Wow样式**也采用225像素/英寸分辨率设计，它们可以通过Styles（样式）面板应用，也可以从Wow-Sampler文件中复制出来应用。▼

Wow-Button样式的分辨率为72像素/英寸，对屏幕上的导航元素应用该样式可以得到不错的效果。

背景样式化

不能对Background（背景）图层应用样式。要应用样式，需在Layers（图层）面板中的"Background（背景）"字样将该图层转换为可以应用样式的图层。

知识链接

▼ 安装 Wow 图层样式　第 4 页

▼ 对分辨率不是 225 或 72 像素 / 英寸的文件应用样式　第 83 页

▼ 复制及粘贴样式　第 500 页

附录C收集了很多**Wow图层样式**实例，解决方案参见随书附赠的本书光盘。安装Wow样式后，▼具体操作通过Photoshop的Styles（样式）面板。Wow图层样式包括：

- 照片以及诸如第744～751页所示的绘画的图像样式，用于设计结构，添加表面纹理，提亮颜色色调。

- 为单调的图形和文字添加颜色、增加立体感、添加光效的样式（第752～759页）。

- 用于为小的导航性元素添加交互式翻转样式（第759页），以吸引访问者单击按钮进入。

你也能找到一些技法，例如：有关效果作用方式，如何操作Wow样式、改变颜色、更换图案，或在不更改斜面效果相对大小的前提下，降低色彩度。更多使用、修改和设计样式的知识可参见第80页的"图层样式"和第8章剖析部分的技法。

不论是对那些与样式"设计分辨率"相匹配的文件应用Wow样式，还是对其他分辨率的文件应用Wow样式——照片的设计分辨率是225像素/英寸，按钮样式为72像素/英寸，▼我们均建议在应用效果的同时打开Scale（缩放）对话框。［方法之一是执行Layer（图层）>Layer Style（图层样式）>Scale Efftects（缩放效果）。］之后，尝试调节Scale（缩放），以查看是否要根据图像的大小或者图形的"权重"调整缩放。

带*号的Wow样式采用了一种内置的图案。分辨率为225像素/英寸（或者72像素/英寸的Wow-Button样式）的文件，对图案进行比例为25%、50%、100%或200%缩放不会造成图案的质损。如果按其他百分比缩放，或者对其他分辨率的文件应用该样式，则需要放大检测缩放后的图案质量。

边缘和相框

Wow-Edges-Frames样式▼为本页的照片提供了样式独特的相框。

在**Wow-Soft White**中，柔和的白色Inner Shadow（内阴影）会隐藏图像边缘。Inner Shadow（内阴影）的Distance（距离）设为0，这样渐隐的效果将环绕整个图像边缘。Saturation（饱和度）模式下的白色Inner Glow（内发光）的颜色会在边缘渐隐。如果不想丢失该颜色，可以单击Layers（图层）面板中Inner Glow（内发光）效果的👁图标将它关闭。

Wow-Edge Color还同时使用了白色的内阴影和内发光，但是内发光应用于Difference（差值）模式，因此该样式会将边缘颜色转换为补色。此外，该样式还包含Drop Shadow（投影），如果照片的边缘有额外的透明空间便可以看到投影效果。

Wow-Modern可制作暗色条纹边缘。条纹来自黑色的Inner Shadow（内阴影）的100%的Noise（杂色）设置，锐化边缘来自100%的Choke（阻塞）设置——该设置可以加强阴影效果。黑色Inner Glow（内发光）为外边缘添加了阴影效果。

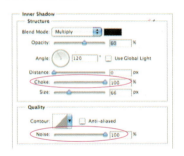

Wow-Soft White

Wow-Edge Color

Wow-Modern

Wow-Wood Frame、Wow-Wood&Mat和Wow-Fabric&Mat这三种"古典"边框样式使用了Stroke（描边）效果以及Bevel and Emboss（斜面和浮雕）效果来制作相框，该样式被设为Stroke Emboss（描边浮雕）。Contour（等高线），可帮助塑造木质相框的形状。Stroke（描边）的Fill Type（填充类型）被设为Pattern（图案）。单击图案样板并选择不同的图案还可以更改材质。

Wow-Wood Frame*

Wow-Wood&Mat*

Wow-Wood&Mat和Wow-Fabric&Mat中的"mat（衬边）"指的是内发光。Choke（阻塞）被分别设为100%和90%，以将发光效果强化为纯色条纹。可以通过单击Layers（图层）面板中的👁图标关闭Inner Glow（内发光）效果来删除衬边。或者通过单击色板选择另一种颜色来更改颜色（为了让衬边与图像相互匹配，可以在图像中进行颜色取样）。

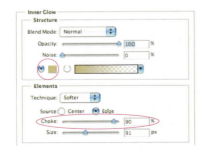

Wow-Fabric&Mat*

晕影

Wow-Vignette样式可模拟出传统的由镜头和滤镜或者相机制作的效果，抑或在暗房中获得的效果。通过加深边缘突出中心，或直接提高中心亮度、对中心图像添加暖色或冷色来聚焦。

Wow-Top&Bottom使用Gradient Overlay（渐变叠加）产生效果。该样式中应用了对称的黑色－透明的渐变，且勾选了Reverse（反向）选项，以将清晰部分定位在中央，黑色定位在外侧。渐变的Angle（角度）为90°（垂直），该设置将暗色边缘分布在顶部和底部。渐变采用了Overlay（叠加）模式，并且效果的强度可通过更改渐变叠加的Opacity（不透明度）来调节。

Wow-Vignette 1和Wow-Vignette 2样式系列均包括Soft Light（柔光）模式下的黑色Inner Shadow（内阴影），Distance（距离）设为0，以便暗化效果能均匀地分布在照片的周围。它们的区别在于内阴影的不透明度，Vignette1的为75%，Vignette2的为100%，因此Vignette2更暗。

Wow-Vignette 1和Wow-Vignette 2样式的其他组成为Overlay（叠加）模式下的浅色Inner Glow（内发光）——叠加模式对高光的增亮效果好于柔光。选择Center（居中）而非Edge（边缘），Inner Glow（内发光）对中心的增亮效果最为显著。

Wow-Top&Bottom

Wow-Vignette 1

Wow-Vignette 1 Warm

Inner Shadow（内阴影）和Inner Glow（内发光）的大小均被设为最大的250像素，且Choke（阻塞）被设为0，以尽可能地产生柔和、发散的效果。因此光线会从中部扩散，暗色会从边缘向内扩展。

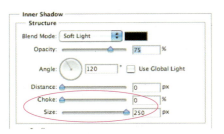

只需简单更改Inner Shadow（内阴影）和Inner Glow（内发光）的Opacity（不透明度），即可平衡从中部发散开来的增亮效果以及从边缘发散开来的变暗效果。

Wow-Vignette 1和Wow-Vignette 2样式中的内发光颜色和不透明度各异。Wow-Vignette 1Warm（设置如下）和两个Wow-Vignette 2样式均采用了淡黄到橘黄的渐变色，因此这些样式兼备了晕影和暖色滤镜效应。Wow-Vignette 1 Cool使用浅蓝色作为内发光。

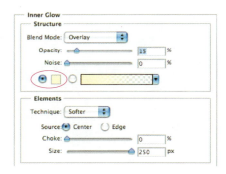

Wow-Vignette 1 Cool

Wow-Vignette 2 Warm

Wow-Vignette 2 Warmer

着色

Wow-Tint FX样式可以应用或者去除颜色，其中部分样式具备边缘调整功能和整体纹理。边缘调整通过Inner Shadow（内阴影）和Inner Glow（内发光）效果执行。

Wow-Sepia 1在Color（颜色）模式下应用暖棕色的Color Overlay（颜色叠加）。将颜色叠加的Opacity（不透明度）设为60%，以允许显示原色彩。

在Wow-Sepia 2中，Color Overlay（颜色叠加）的不透明度设置较高：95%。与Wow-Sepia 1的另一个不同之处是此处使用的棕色属于更为中性的颜色，因此可以生成更冷的棕褐色着色效果。Wow-Sepia 2由一个整体的表面纹理组成，该纹理应用了Bevel and Emboss（斜面和浮雕）的Texture（纹理）功能。为了允许纹理布满整个图像，可以将Bevel and Emboss（斜面和浮雕）的Style（样式）设为Inner Bevel（内斜面）而非不常用的Contour（等高线），以防止边缘倾斜（除创建斜面外的另一种对纹理进行浮雕化处理的方法参照第757页"图案、纹理和斜面"）。

为了对比两种Wow-Sepia样式，可以通过调节不透明度来显示更多或更少的原始颜色，更改Color Overlay（颜色叠加）的混合模式可以防止图像的中性色不被着色。

Wow-Black&White在Hue（色相）模式应用了黑色的Color Overlay（颜色叠加）——该样式在Color（颜色）或Saturation（饱和度）模式下的效果也十分出色。

Wow-Subdue在Normal（正常）模式下应用了白色Color Overlay（颜色叠加），其中不透明度为80%。这样一来，图像便可以用作文本或其他元素的背景。

Wow-Gradient Tint在Color（颜色）模式下应用渐变。该样式适用于风景画，可以加强图像中顶部天空和底部草地和颜色。通过选取不同的渐变，还可以修改样式来加强落日的颜色。

原照片

Wow-Sepia 1

Wow-Sepia 2*

Wow-Black&White

Wow-Subdue

Wow-Gradient Tint

着色　**749**

颗粒和纹理

多数Wow-Grain & Texture样式采用Pattern Overlay（图案叠加）效果在Overlay（叠加）或Soft Light（柔光）模式下应用灰度图案。因为在这两种"对比度"模式下，中性灰不显示，所以只有高光和阴影能影响图像的效果、添加表面纹理。其中Wow-Texture 05、06、07和10使用Bevel and Emboss（斜面和浮雕）而非Pattern Overlay（图案叠加）的Texture（纹理）来为图像添加表面纹理突起的效果。

Wow-G&T 01*

Wow-G&T 02*

Wow-G&T 03*

Wow-Texture 01*

Wow-Texture 02*

Wow-Texture 03*

Wow-Texture 04*

Wow-Texture 05*

Wow-Texture 06*

Wow-Texture 07*

Wow-Texture 08*

Wow-Texture 09*

Wow-Texture 10*

文字和图形样式

铬黄

Wow-Chrome样式▼被设计用于模拟各种闪亮、具有反射特性的表面。尽管这些样式里的大多数都具有内置的反射特性，仍需要采用第530页"自定义铬黄"中讲述的详细步骤制作反射图像。

此处的Wow-Chrome样式被用于Photoshop的自定义形状。皇冠向我们展现了样式是如何作用厚、薄不均的分量的，以及尖角和圆角的。同时还应注意当样式中的斜面往外延伸（05、07、15、17、19）而非从边缘向内延伸时，元素的权重以及元素间的间距发生的变化。

大多数Wow-Chrome样式完全取代了图形或文字的原有颜色。Wow-Chrome 11是惟一能保留一定原始颜色的样式。因此，如果从一个彩色符号（右下方）而非一个黑色符号着手时，皇冠会呈现微弱的色彩。

圆角

带圆角而非尖角的铬黄样式（例如Wow-Chrome 11）作用于带圆角的图形和文字时，可以得到特别好的效果。在选择图形和字体时要牢记这一点。也可以在应用样式后调整某些角度。▼

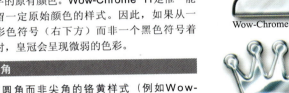

更改角点以弯曲点。调整它们的位置以圆滑角。

Wow-Chrome Samples.psd

Wow-Chrome 01*

Wow-Chrome 02*

Wow-Chrome 03

Wow-Chrome 04

Wow-Chrome 05

Wow-Chrome 06

Wow-Chrome 07

Wow-Chrome 08

Wow-Chrome 09

Wow-Chrome 10*

Wow-Chrome 11*

Wow-Chrome 12

Wow-Chrome 13

Wow-Chrome 14*

Wow-Chrome 15

Wow-Chrome 16*

Wow-Chrome 17*

Wow-Chrome 18

Wow-Chrome 19

Wow-Chrome 20

Wow-Chrome 11*
applied to red graphic

金属

有些Wow-Metal样式▼具有纹理表面，其他的样式则拥有图案化的不平滑表面。第522页"剖析凸起"就讲述了图层样式如何作用于纹理表面的知识。另一个重要的变量是Bevel and Emboss（斜面和浮雕）效果斜面的Size（大小）。类似Wow-Cast Metal的大Size（大小）会"占用"大多形状，而只留下小量的顶部表面，Wow–Metal样式则相反。

调整混合模式

如果图层样式中的阴影和发光无法从黑白背景中显现出来，可以尝试更改这些效果的混合模式。例如 Wow-Hot Metal 展示了灰色背景（下图）而非白色背景（右图）上的炙热的发光效果。为了得到黑白背景上的类似发光效果，可以将 Drop Shadow（投影）的模式更改为 Multiply（正片叠底），将 Outer Glow（外发光）的模式更改为为 Screen（滤色）。

Wow-Heavy Rust*   Wow-Gold*   Wow-Molten Metal*

Wow-Rust*   Wow-Hot Metal*   Wow-Polished Steel*

Wow-Brushed Steel*   Wow-Stamped Metal   Wow-Cast Metal

 **Wow-Metal Samples.psd**

玻璃、冰和晶体

Wow-Glass样式▼晶莹透明，允许图层堆栈下方的图像透过它们显示。透明效果可以通过降低填充不透明度来获取。对效果使用Overlay（叠加）模式可使背景图象变亮。Wow-Ice和Wow-Clear Ice中明亮的表面反射效果由Bevel and Emboss（斜面和浮雕）效果中的设置创建。Pattern Overlay（图案叠加）效果创造出了Wow-Crystal和Wow-Smoky Glass的"视觉"效果。

适当缩放

在应用图层样式特别是立体的图层样式时，可以通过右击/Ctrl+单击图层样式的●图标并选择Scale Effects（缩放效果）来进行适当的缩放。▼

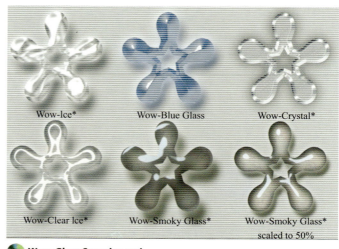

Wow-Ice*   Wow-Blue Glass   Wow-Crystal*

Wow-Clear Ice*   Wow-Smoky Glass*   Wow-Smoky Glass* scaled to 50%

Wow-Glass Samples.psd

知识链接
▼ 安装 Wow 样式
第 4 页
▼ 缩放样式
第 81 页

宝石和晶莹的石头

有些Wow-Gem样式▼是不透明的，而其他的则是透明的。光线经过宝石（例如Wow-Gibson Opal、Wow-Amber、Wow-Tortoise Shell和Wow-Clear Opal）后产生的光线增强错觉由Multiply（正片叠底）模式下的彩色Drop Shadow（投影）效果以及浅色Outer Glow（外发光）效果产生，其中，外发光效果可以是Screen（滤光）模式或Overlay（叠加）模式。

此处，**Wow-Gem样式**被应用于由Polygon（多边形）工具◯创建的形状。Polygon（多边形）工具与Rectangle（矩形）工具▢和其他形状工具位于工具箱中的同一位置。在选项栏中，Polygon（多边形）的Side（边）被设为3，且勾选了Smooth Corners（平滑拐角）复选框［参见单击Sides（边）选项左侧几何图形选项处的小三角形展开的面板］。

 Wow-Gem Samples.psd

缩放图案化样式

在图层样式中，带Pattern Overlay（图案叠加）效果的表面图案（例如**Wow-Wood样式**和**Wow-Gem样式**表面）是基于像素的图案。如果图像放大的比例过大，图案便会产生柔化现象。▼

Wow-Turquoise*　　Wow-Red Amber*　　Wow-Gibson Opal*

Wow-Amber*　　Wow-Jasper*　　Wow-Abalone*

Wow-Light Marble*　　Wow-Dark Marble*　　Wow-Tortoise Shell*

Wow-Clear Opal*

木头

有些Wow-Wood样式▼的颗粒显著，但有些却十分光滑。所有的样式均包括应用了Pattern Overlay（图案叠加）的表面图案。▼

 Wow-Wood Samples.psd

Wow-Blonde Wood*　　Wow-Fine Wood*　　Wow-Bocote*

Wow-Rustic Wood*　　Wow-Oak*　　Wow-Birdseye*

塑料

Wow-Plastic样式▼展示不同程度的半透明和透明效果。第525页的"清爽的颜色"便讲述了如何在图层样式中制作这些特质，如何让颜色和立体感相辅相成，并服务于这些样式。

 Wow-Plastic Samples.psd

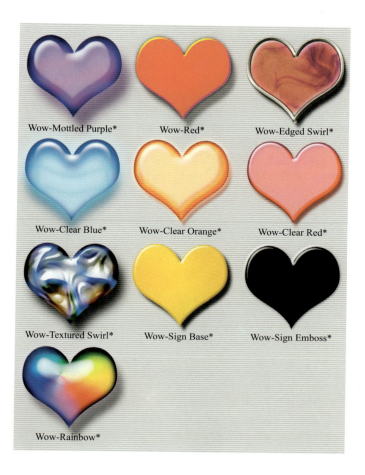

Wow-Mottled Purple* Wow-Red* Wow-Edged Swirl*

Wow-Clear Blue* Wow-Clear Orange* Wow-Clear Red*

Wow-Textured Swirl* Wow-Sign Base* Wow-Sign Emboss*

Wow-Rainbow*

更清爽、多彩的 Wow 样式

150个Wow-Button样式（参见第759页）中的多数样式是"塑料外形"的。这些样式不限于网页元素的应用，也可以用于文字和图案中。若想扩充清爽、多彩的选项，可以将Wow-Button样式载入到样式面板中，单击缩览图即可进行应用。在应用后，应缩放样式，以得到理想的颜色、透明度以及立体感。

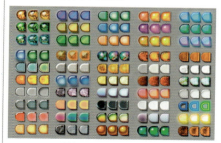

Wow-Button样式的详情参见第759页，大多数的样式都是彩色的、带表面反射特性且呈半透明状，与Wow-Plastic样式相似。

标识和牌照

两种Wow-Plastic样式（Wow-Sign Base和Wow-Sign Emboss）被设计用于在堆栈图层中创建压印或绘制的金属标识和牌照。Wow-Emboss Bevel.psd文件展示了如何使用这些图层样式在两个图层中构造标识。样式化图层堆叠之所以有效是因为Wow-Sign Emboss样式是通过Emboss（浮雕）选项来创建斜面部分向内、部分向外的效果的。▼向外延展超出应用元素的边缘部分的斜面是清晰的，因此下面的颜色也能显示出来。

 Wow-Emboss Bevel.psd

有机材质

是**Wow-Organic样式**▼从天然纹理照片制作的无缝拼贴图案中沿袭了所有的特征。本书光盘中Pattern（图案）预设的**Wow-Organic Patterns.pat**文件中含有这些样式中使用的大多数图案与17种其他自然材质图案。这些图案通过Pattern Overlay（图案叠加）效果包含在样式中。在某些情况下，同一图案还会用作Bevel and Emboss（斜面和浮雕）效果的Texture（纹理）分量，为表面纹理添加立体感。

 Wow-Organic Samples.psd

Wow-Seed Pod1*

Wow-Seed Pod2*

Wow-Water*

Wow-Green Mat*

Wow-Green Mezzo Paper*

Wow-Brown Paper*

Wow-Rice Paper*

Wow-Bamboo*

Wow-Green Weave*

调整图案位置

如果将拥有诸如**Wow-Seed Pod**样式的大尺寸Pattern Overlay（图案叠加）的图层式样应用于相对较小的图案上时，则需要调整元素中显示的局部图案。（对那些没有浮雕表面效果的样式而言更为有效）。要想重新放置图案，可以打开Layer Style（图层样式）对话框的Pattern Overlay（图案叠加）界面：其中一种方法是双击Layers（图层）面板中图层名称右侧的 ⓕ 图标，再单击效果列表中的Pattern Overlay（图案叠加）。之后，将光标移至Photoshop窗口，并拖曳图案以重定位。

Wow-Brown Weave*

包含不能在白色环境中突出显示的浅色Outer Glow（外发光）的**Wow-Seed Pod 1**样式。参见第753页"调整混合模式"技巧。

知识链接

▼ 安装 Wow 样式
第 4 页

织物

Wow-Fabric样式▼是表面包含细微浮雕的无缝重复图案。边缘是倾斜的，但是斜面已被去除（参见第757页的"图案、纹理和斜面"）。**Wow-Fabric样式**使用了6种图案，第761页的**Wow-Fabric Patterns**预设更是包含39种以上的织物图案。

 Wow-Fabric Samples.psd

Wow-Butterfly*

Wow-Violet*

Wow-Black Geometric*

Wow-Pineapple*

Wow-Yellow Ikat*

Wow-Flowing Triangles*

岩石和砖块

Wow-Rock样式▼拥有图案化、纹理化的表面和斜面边缘。对多数样式而言，同一图案被用作表面图案的Pattern Overlay（图案叠加）或者用作表面纹理的Bevel and Emboss（斜面和浮雕）效果的Texture（纹理）分量。在**Wow-Veined Stone**中，图案被转换为Texture（纹理）分量，因此黑色的纹理像是已经被刻入到岩石中而非从表面中凸起。

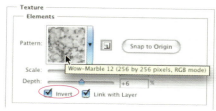

Wow-Rock Samples.psd

知识链接
▼ 安装 Wow 样式
第 4 页

Wow-Bricks*

Wow-Green Rock*

Wow-Brown Rock*

Wow-Purple Rock*

Wow-Granite*

Wow-Iron Rock*

Wow-Veined Stone*

Wow-Weathered Wall*

Wow-Stucco*

图案、纹理和斜面

在带有诸如Wow-Veined Stone样式（如上图所示）的纹理化表面的图层样式中，表面纹理通常可以通过Bevel and Emboss（斜面和浮雕）效果的Texture（纹理）分量来应用。但是可以在保持斜面位置的同时关闭纹理显示，反之亦然。可以通过双击Layers（图层）面板中样式化图案的 ⓕ 图标打开Layer Style（图层样式）对话框，在对话框左侧的效果列表选择相应的项，并在得到满意的变换时单击OK（确认）按钮应用变换。

- 要想去除浮雕纹理，而保留倾斜边缘，只需单击取消 Bevel and Emboss（斜面和浮雕）下方的 Texture（纹理）的勾选，如 A 所示。

- 要想去除倾斜边缘而保留表面纹理，不能单纯取消Bevel and Emboss（斜面和浮雕）的勾选，因为纹理是斜面的一部分，纹理会随着斜面的消失而消失。在Layer Style（图层样式）对话框的列表中单击Bevel and Emboss（斜面和浮雕）进入相应的界面。在Structure（结构）选项组中将Size（大小）滑块向左侧拖动直至0处。这样斜面将会消失，但是因为Bevel and Emboss（斜面和浮雕）仍处于勾选状态，因而纹理效果仍旧保留。单击效果列表中的Texture（纹理）名称并且增加Depth（深度）设置，恢复表面纹理，如 B 所示。

Wow-Stucco*

在同时勾选Bevel and Emboss（斜面和浮雕）和Texture（纹理）的同时，将斜面的Size（大小）减少到0，将纹理的Depth（深度）值提高斜面的Depth与纹理原Depth值的和（此处为481+6），即可去除斜面，保留纹理。

光晕和浮雕

与下页"发光与霓虹"相似的是，Wow-Halo 样式▼创建的是可以应用于图像内侧和外侧的深色或浅色的边缘效果。此处，我们将该样式应用至一个红色的图案。有些式样包含黑色和灰色颜色叠加，有些则包含减少了的填充不透明度。在这两个"雕刻"样式中，黑色的颜色叠加与减少填充不透明度（并非全部设为0）一起完成凹陷表面的阴影效果。

知识链接
▼ 安装 Wow 样式
第 4 页

 **Wow-Halo Samples.psd**

Wow-Black&White   Wow-Simple Halo   Wow-Nolsy Halo

Wow-Carved Sharp   Wow-Carved Round   Wow-Rainbow

Wow-Reverse Stencil   Wow-Rainbow applied to a black graphic   Wow-Black&White scaled to 60%

描边和填充

多数Wow-Stroke样式▼均含描边效果。可以通过拖曳使用其他样式中的效果来替换样式中的Stroke（描边）或其他效果。Stroke（描边）的Position（位置）决定了描边会使添加该效果的图形或文字"变胖"，还是会通过侵占边缘内部"变瘦"。

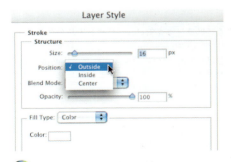

 **Wow-Stroke Samples.psd**

Wow-Hot Plasma*

Wow-Cricus

Wow-Darks

Wow-Fuzzy*

Wow-Mottled Fill*

Wow-Banded Fill*

Wow-Comix

发光和霓虹

大多数Wow-Glow样式采用0%的填充不透明度来确保文字和图形不显示，并且使用基于渐变的描边效果来添加沿轮廓分布的发光。一些Wow-Glow样式▼在作用于能与光效形成鲜明对比的暗色调和中色调背景时，可以得到非常理想的效果。其他的则看起来像是处于"关闭"状态或在白天发光的霓虹灯管。参照第551页"绘制霓虹发光效果"步骤5中描述的方式，通过打开已经应用了样式的图层的Layer Style（图层样式）对话框、更改各个图层效果中使用颜色，来更改Wow-Glow样式的颜色。

Wow-Red Glow　　Wow-Orange Tubes　　Wow-Yellow Bright

Wow-Green Tubes　　Wow-Red Tubes　　Wow-Iridescent Glow

知识链接
▼ 安装 Wow 样式
第 4 页

 Wow-GlowSamples.psd

按钮样式

本页展示的200个Wow按钮样式，被设计用于创建72dpi文件，尤其可用于将图形转换为屏显按钮。▼Wow-Button Styles.psd文件（如右图所示）包括150个单个按钮样式——50组，每组均对应有三个样式。每一栏的头3行分别为5种样式的不同色彩效果。

Wow-Button Rollovers.psd文件（如右下图所示）有50个图层，每个图层都有一个由3个相关按钮样式组成的组合翻转样式▼，这3个相关按钮样式分别为：Nomal（正常）、Over（指向）、Down（按下）。

 **Wow-Button Styles.psd**

知识链接
▼ 安装 Wow 样式
第 4 页
▼ 使用图层样式
第 80 页

以上的150个Wow按钮样式可以通过单击Styles（样式）面板的弹出菜单⊙按钮并选择Wow-Button样式载入到Photoshop中。之后，选择图层，单击样式缩览图，便可以将样式应用至72dpi文件中。或者你也可以从Wow Button Styles.psd文件中复制、粘贴单个样式。

附录 D: Wow 图案

在图案填充图层或图层样式中应用图案时，可以缩小图案（如上图所示），也可以通过在工作窗口中拖曳来调整它的位置。

接下来的5页列举了附书光盘中提供的Wow Patterns样板。其中部分图案来自扫描图片和数码照片的矩形选区。例如Wow-Marble和Wow-Media图案便采用这种方式得来。接下来，参照第560页"无接缝图案"中的方法，将矩形转变为无接缝重复图案即可。第556页的"背景和纹理"提出了几种基于原矩形拼贴创建图案的方法。Wow-Fabric采用Xaos Tools（www.xaostools.com）中的Terrazzo插件创建而得。

Photoshop 中提供了几种应用图案的方法：

- 图案填充图层。

- 图层样式中的一种或多种效果。在该图层样式中，图案可以充当Pattern Overlay（图案叠加）用于表面图案，可以充当Bevel and Emboss（斜面和浮雕）效果的Texture（纹理）分量用于为表面添加"凸起"，或者充当Stroke（描边）用于沿着图层内容边缘添加图案。

- 执行 Edit（编辑）>Fill（填充）菜单命令。

- Pattern Stamp（图案图章）工具。

无论在photoshop的何处应用图案，都可以找到一个列出了Photoshop的Presets>Patterns文件夹▼中当前所有图案的菜单。也可以通过单击⊙按钮从面板菜单中载入存储在此文件夹外的其他图案。

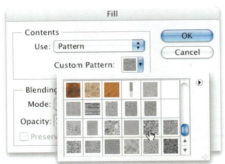

执行Edit（编辑）> Fill（填充）菜单命令应用图案，并没有为填充图层或图层样式提供缩放、位置调整、替换选项。但是却提供了一种可以在图层蒙版或Alpha通道中应用图案的方法。

知识链接

▼ 安装 Wow 样式
第 4 页

织物

Wow-Fabric图案是背景和填充理想介质。该图案被用作图层样式中的Pattern Overlay（图案叠加）效果，同样的图案也可以作为Bevel and Emboss（斜面和浮雕）效果的Texture（纹理）分量，对表面图案进行轻微的浮雕处理。**Wow-Fabric**样式（第756页）对此有详细的说明。通过替换样式中Pattern Overlay（图案叠加）和Texture（纹理）的**Wow-Fabric**图案即可更改这些样式中的图案。如图所示，许多Wow-Fabric图案均被缩放至50%以更好地显示重复图案的效果。

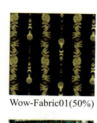
Wow-Fabric01(50%)

Wow-Fabric02(50%)

Wow-Fabric03(50%)

Wow-Fabric04(50%)

Wow-Fabric05(50%)

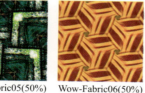
Wow-Fabric06(50%)

Wow-Fabric07(50%)

Wow-Fabric08(50%)

Wow-Fabric09(50%)

Wow-Fabric10(50%)

Wow-Fabric11(50%)

Wow-Fabric12(50%)

Wow-Fabric13(50%)

Wow-Fabric14(50%)

Wow-Fabric15(50%)

Wow-Fabric16

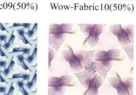
Wow-Fabric17

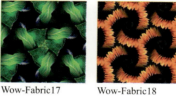
Wow-Fabric18

Wow-Fabric19(50%)

Wow-Fabric20(50%)

Wow-Fabric21

Wow-Fabric22

Wow-Fabric23(50%)

Wow-Fabric24(50%)

Wow-Fabric25

Wow-Fabric26(50%)

Wow-Fabric27(50%)

Wow-Fabric28(50%)

Wow-Fabric29(50%)

Wow-Fabric30(50%)

Wow-Fabric31

Wow-Fabric32

Wow-Fabric33(50%)

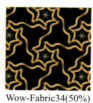
Wow-Fabric34(50%)

Wow-Fabric35

Wow-Fabric36(50%)

Wow-Fabric37

Wow-Fabric38(50%)

Wow-Fabric39(50%)

Wow-Fabric40

Wow-Fabric41(50%)

Wow-Fabric42(50%)

Wow-Fabric43(50%)

Wow-Fabric44(50%)

Wow-Fabric45(50%)

知识链接

▼ 使用渐变　第 174 页

▼ 使用图层样式添加纹理　第 512 页

大理石

Wow-Marble图案可以照原样或者使用调整图层创建精细的背景。单击Layers（图层）面板底部的◉按钮即可添加调整图层。在勾选Colorize（着色）复选框的情况下，应用Hue/Saturation（色相/饱和度）图层。在图层面板中将调整图层的混合模式设为Color（颜色），以保留图案中的黑色和白色，便对灰色进行着色。或者使用Gradient Map（渐变映射）图层，单击渐变采样栏，打开Gradient Map（渐变编辑器）并移动色标或者更改颜色，以得到自己想要的效果。▼要创建自己的类似大理石的背景，也可以尝试使用Clouds（云彩）滤镜（参见第738页）。

Wow-Marble B&W01

Wow-Marble B&W02

Wow-Marble B&W03

Wow-Marble B&W04

Wow-Marble B&05

Wow-Marble Purple

Wow-Marble Brown

Wow-Marble Green01

Wow-Marble Green02

Wow-Marble Gold01

Wow-Marble Gold02

混杂表面

Wow-Misc Surface图案有助于创建生成平滑、光亮或纹理感强的表面。有些Misc Surface图案应用于Wow-Rock样式（第757页），你可以通过对图层应用其中的一种样式，接着替换Pattern Overlay（图案叠加）效果Wow-Misc Surface图案以及Bevel and Emboss（斜面和浮雕）效果中的Texture（纹理）分量，来创建个性化的类似样式。▼

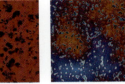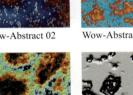
Wow-Abstract 01

Wow-Abstract 02

Wow-Abstract 03

Wow-Abstract 04

Wow-Abstract 05

Wow-Abstract 06

Wow-Abstract 07

Wow-Abstract 08

Wow-Abstract 09

Wow-Abstract 10

Wow-Abstract 11

Wow-Blurred Bump

Wow-Brick(50%)

Wow-Brown Rock

Wow-Brushed Metal

Wow-Brushed Stucco

Wow-Bump

Wow-Chrome
Spaghetti

Wow-Corrosion

Wow-Granite 01

Wow-Granite 02

Wow-Inferno 01

Wow-Inferno 02

Wow-Inferno 03

Wow-Inferno 04

Wow-Light Rust

Wow-Rock Textured

Wow-Rust

Wow-Sandstone

Wow-Streaked Gold

Wow-Stripes (200%)

Wow-Styrofoam

有机质

Wow-Organics样式以照片为基础，无缝重复背景。如果将图案作为Pattern Fill（图案填充）图层或者图层样式中的Pattern Overlay（图案叠加）效果应用，那么便可以从打开的对话框将图案拖曳到工作窗口中进行应用。在调整类似Seed Pod的含有大型组成元素的图案位置时，这一点尤其有效。

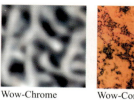

Wow-Brown Paper

Wow-Cork

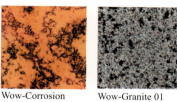

Wow-Green Mezzo
Paper

Wow-Hay Paper

Wow-Rice Paper
Black

Wow-Rice Paper
White

Wow-Seed Pod
Cover 01(50%)

Wow-Seed Pod
Cover 02(50%)

Wow-Seed Pod Spine

Wow-Weave 01(50%)

Wow-Weave 02(50%)

Wow-Weave 03

Wow-Weaver 04(50%)

Wow-Weave 05

Wow-Weave 06

Wow-Bamboo Wall

Wow-Tortoise Shell

Wow-Abalone 01

Wow-Abalone 02

Wow-Wood 01(50%)

Wow-Wood 02(50%)

Wow-Wood 03

Wow-Wood 04(50%)

Wow-Wood 05(50%)

Wow-Wood 06

杂色

大多数Wow-Noise样式都被设计用来模拟那些胶片颗粒或数字噪点,已便使那些经过模糊处理、外形太过平滑的整体或局部艺术效果与图像的其他部分相匹配,实例参见第301页"聚焦技法"。该样式作为图层样式中的Pattern Overlay(图案叠加)效果或者作为Pattern Fill(图案填充)图层作用于图层上时更为有效——如果需要,还可以选择图层蒙版。Wow-Noise图案是灰色的,目的是为了使用Overlay(叠加)或其他"对比度"混合模式。

Wow-Noise Big Soft Color

Wow-Noise Big Soft Gray

Wow-Noise Big Hard Color

Wow-Noise Big Hard Gray

Wow-Noise Small Strong Color

Wow-Noise Small Strong Gray

Wow-Noise Small Subtle Gray

Wow-Noise Small Subtle Color